Gesamtverzeichnis des deutschsprachigen Schrifttums (GV) 1700 – 1910

Bearbeitet unter der Leitung von
Hilmar Schmuck und Willi Gorzny
Bibliographische und redaktionelle Beratung:
Hans Popst und Rainer Schöller

83

Kuo - Lam

K · G · Saur München · New York · London · Paris 1983

CIP-Kurztitelaufnahme der Deutschen Bibliothek

Gesamtverzeichnis des deutschsprachigen Schrifttums :
(GV). – München, New York, London, Paris : Saur.
Bd. 1 – 6 bearb. unter d. Leitung von Peter Geils
u. Willi Gorzny.
ISBN 3-598-30000-X

1700 – 1910 / bearb. unter d. Leitung von Hilmar
Schmuck u. Willi Gorzny. Bibliograph. u. red.
Beratung: Hans Popst u. Rainer Schöller

NE: Schmuck, Hilmar [Bearb.]

83. Kuo - Lam. - 1983.

Techn. Realisierung und Druck: Norbert Gärtner, Mainz-Kastel
Binden: Karl Schaumann, Darmstadt
Printed in the Federal Republic of Germany
ISBN 3-598-30000-X (Gesamtwerk)

Kuoharinen, Pekka, s. Finnland's Gegenwart u. Zukunft.

Kuöhl, C., die Buchführung im Schiffs-Rhederei-Geschäft. Theorie und Praxis. gr. 8. (54 S.) Hannover 874, Cohen und Risch. * 1 80

Kuon, Karl, Abhandlung v. Barometer. 8. Dilling. 784.

-— Gespräche über den Luftball. 8. Dilling. 784.

– Sätze aus d. Generalphysik zu e. öffentl. Prüfung. 8. Dilling. 788.

Chaletfabrik Kuoni & Cie, Chur-Schweiz. [Album. II S. + 17 Tafeln.] quer-4. Zürich, Lith. A. Thellung, [Juli 1901.] [fr. 2.80]

Beilage: ... (Prospectus), *deutsch u. franz.* [4 S.] 4. Chur, Jos. Casanova.

Kuoni, Andreas: Die einseitige Unverbindlichkeit des unter Irrtum, Betrug und Furchterregung abgeschlossenen Vertrages nach Schweizerischem Obligationenrecht (Versuch, die rechtliche Natur derselben zu erklären). Chur 1897. S. 114. 8°.

Bern. Jur. Diss. 1897/98.

Kuoni, Andr., die einseit. Unverbindlichkeit des unter Irrtum, Betrug u. Furchterregg. abgeschloss. Vertrages nach schweizer. Obligationenrecht. (Versuch, d. rechtl. Natur derselben zu erklären.) Diss. gr. 8. (114 u. II S.) Chur 897. (Hitz.) n. 1. 50

— die eidgenöss. Zollpolitik ist d. Hauptursache d. Notlage d. schweiz. Bauernsame. Ein Vortrag, geh. im landwirtschaftlichen Verein in Wädensweil. gr. 8. (39 S.) Ebd. 898. n. 1. —

Kuoni, Jakob

Kuoni, J., Balzli, d. Schwabengänger. E. Geschichte f. Jung u. Alt. M. Illustr. v. Karl Jauslin. gr. 8. (IV, 142 S.) Zürich (894). J. R. Müller. Geb. in Leinw. 3.—

Kuoni, J., Balzli, der Schwabengänger. Eine Geschichte f. Jung u. Alt. Vorgeschlagen v. der Jugendschriften-Kommission des schweizer. Lehrervereins. (IV, 195 S.) S. Basel 909. Verein f. Verbreitg. guter Schriften. Geb. in Leinw. 1. 60

Kuoni, J. (Lehrer in St. Gallen.) Ein Blick in die Vergangenheit. Zwei Vorträge, gehalten in den landwirthschaftlichen Vereinen von Flawil und Kirchberg. In-8°. Selbstverlag d. Verfassers. 1881.

Kuoni, J., Dein gedenk' ich! Eine Handvoll Verse f. Albumblätter u. Ansichtskarten. 1. u. 2. Aufl. 12. (à III, 108 S.) Zürich 900. 901. Th. Schröter. Geb. in Leinw. n. 2.—

— kleine Schweizergeschichte f. Primarschulen. 8. (99 S.) St. Gallen 899. Fehr. Kart. n. — 60

Kuoni, J., Die Gründung der Eidgenossenschaft. Zur 600 jährigen Jubelfeier dem freien Schweizervolke und seiner Jugend erzählt. Mit ca. 60 Illustr. von *K. Jauslin.* In-8°. 72 S. Zürich, J. R. Müller. 1891. 1 —

Kuoni, J., der Jesuitenstreit, s.: Bibliothek vaterländischer Schauspiele.

Das St. Galler Jugendfest, seine Entstehung u. Entwicklung bis z. Gegenwart. Nach d. Akten dargest. von J. **Kuoni**, Schulratsaktuar. St. Gallen: Schmid (aufgestempelt: Fehr [in Komm.]) 1910. 62 S. 8° [10. 17/08

Kuoni, J. Dramatische Kleinigkeiten f. Schule u. Haus. [1.]—3. Bdchn. 16. St. Gallen, Huber u. Comp. [1. Bdchn. (III, 116 S.) 889. * 1 40; 2. Bdchn. (123 S.) 891. * 1 20; 3. Bdchn. (111 S.) 892. * 1 20.] * 3 80

Kuoni, J., dramatische Kleinigkeiten f. Schule u. Haus. 2. u. 3. Bdchn. 12. (123, 111 S.) St. Gallen 891. 893. Huber & Co. à n. 1. 20 (1–3.: n. 3. 80)

— dramatische Kleinigkeiten für Schule u. Haus. 1. u. 4. Bdchn. 12. St. Gallen, Fehr. à n. 1. 20
1. 2. Aufl. (123 S.) 896. — 4. (116 S.) 896.

Kuoni, J. Dramatische Kleinigkeiten für Schule u. Haus. 5. Doppelbändchen. In-12°. 211 S. St. Gallen, Fehrsche Buchhandlung. 1898. 2 40

— dramatische Kleinigkeiten f. Schule u. Haus. 2. u. 6. Bdchn. 12. St. Gallen, Fehr. à n. 1. 20
2. 2. Aufl. (124 S.) 903. — 6. (125 S.) 901.

Kuoni, J[acob]. Dramatische Kleinigkeiten für Schule und Haus. Bändchen 3. 2. Aufl. 112 S. 8. St. Gallen, Fehr, 1906. (fr. 1.40)

Kuoni, J[acob]. Dramatische Kleinigkeiten für Schule und Haus. Hrg. von J. K'. Bändchen 1. 3. Aufl. 119 S. 8. St. Gallen, Fehr, 1907. [fr. 1.40]

Kuoni, J[acob]. Dramatische Kleinigkeiten für Schule und Haus. Bändchen 4. 2. Aufl. 118 S. 8. St. Gallen, Fehr, 1907. (fr. 1.40)

Kuoni, J[acob]. Der Kunkels. Separatabdruck aus den «St. Galler-Blättern». 40 S. 8. St. Gallen, Zollikofer, 1901. [fr. —. 60]

Kuoni, J[acob]. Sagen des Kantons St. Gallen. Dem st. gallischen Volke zu seiner ersten Centenarfeier gewidmet von J. Kuoni, Lehrer. Mit 16 Illustrationen [Tafeln] nach photogr. Aufnahmen von Schobinger & Sandherr in St. Gallen [und Vignetten]. Vom h. Regierungsrate subventioniert. XX + 305 S. 8. St. Gallen, Wiser & Frey, 1903. [geb. fr. 5. —]

— Kleine Sprachlehre für Volksschulen. 8°. 72 S. St. Gallen. Fehr'sche Buchhandlung. 1899. Cart. — 60; Partiepreis — 50

Kuoni, J[acob]. Kleine Sprachlehre (mit Wörterverzeichnis) für Volksschulen. 2., verbesserte und vermehrte Aufl. 88 S. 8. St. Gallen, Fehr, 1906 (**Umschlag:* 1907). [cart.] Einzelpreis fr. —. 70, Partienpreis —. 60

[Kuoni, Jacob.] Landammann Dr (Nikolaus) Friedrich von Tschudi (1820–1886). Gedenkblatt für die Familie und Freunde. (SA.) 8. St Gallen 1886.

[R.] Ulrich Varnbüler oder der Klosterbruch zu Rorschach. Vaterländ. Schausp. in 5 Aufz. Von J. **Kuoni**. *Aarau: H. R. Sauerländer & C. 1896.* (233 S.) 1 Bd 8.
= **Bibliothek** vaterländischer Schauspiele Bdch. 51 52. (97. 8)

Kuoni, J[acob]. Verwaist, aber nicht verlassen. Eine Erzählung für die Jugend und ihre Freunde. 2. Aufl. Mit 4 Illustrationen [Tafeln]. VI + 234 S. 8. Zürich, Orell Füssli, [1904]. [geb. fr. 4.—]

Kuoni, J[acob]. Was schreiben wir heute? Stilproben für die oberen Primarschulklassen. 3 Bändchen. 8. St. Gallen, Fehr.
(Bändchen 1.) VI + 160 S. 1895. (fr. 2. —)
Bändchen 2. VI + 190 S. 1898. (fr. 2. 40)
Bändchen 3. IV + 191 S. 1901. [fr. 2. 40]

— was schreiben wir heute? Stilproben f. die oberen Primarschulklassen. I. u. III. Bdchn. 8. Ebd. à n. 2. —
1. 2. Aufl. (V, 206 S.) 906. — 3. (IV, 191 S.) 901.

Kuoni, J[acob]. Was schreiben wir heute? Stilproben für die oberen Primarschulklassen. Bändchen 2. 2. Aufl. VI + 206 S. 8. St. Gallen, Fehr, 1907. [fr. 2.40]

— der Nachtwächter Werner. Eine Erzählg. f. Jung u. Alt. gr. 8. (100 S.) Basel 901. Verein f. Verbreitg. guter Schriften. Kart. n. — 70

– Wörterbüchlein f. St. Gallische Schulen. 12. (52 S.) St. Gallen 896. Fehr. n. — 20

Kuoni, M., Bilder aus dem Volksleben des Vorder-Prättigau's alter und neuer Zeit, s. Sutermeister, O., Schwizer-Dütsch.

Kuonrât von Wirczeburc, s. Konrad von Würzburg.

Kuonrät von Wirzeburc, dër Wärlte lon hrsg. v. Franz Roth. gr. 8. (2 B.) Frankfurt a. M. 843, Hermann'sche Bh.*

Kup, Diss. de dolore ischiadico. Duisb. 4°. *Doering*, I, 152. 1 7 8 9

Kuparenko Johann Ritter von: Zur Geschichte der französischen Adjektivabstrakta.
M. 1909 PN 2763 Diss. Wien, Univ.

Kuparenko, Johann Ritter v.: Geschichte des k. k. 3. Staatsgymnasiums in Czernowitz, nach den Akten und Aufzeichnungen der Direktion zusammengestellt. Czernowitz: Mucho 1910.

Kupczanko, Grégor (Iwan)

— Vide: Erlebnisse eines Nihilisten.

Kupczanko, Greg., der russische Nihilismus. 8. (VII, 208 S.) Leipzig 884, Friedrich.

Kupczanko, Greg.(Iwan) Russland in Zahlen. Statist. Sammelwerk. Mit e. (farb.) Eisenbahnkarte. gr. 8. (VII, 148 S.) Leipzig 902. O. Wigand. 3. —

Kupczanko, Greg., die Schicksale der Ruthenen. gr. 8. (IV, 195 S.) Leipzig 887, Friedrich. * 4 —

Kupelwieser, Leopold. Erinnerungen seiner Tochter. Wien 1902. V: *Kupelwieser, Elisabeth.* (EB)

Kupelwieser, Leopold. Erinnerungen seiner Tochter. gr. 8. (19 S.) Stuttgart 902. München, Allgemeine Verlags-Gesellschaft. n. — 80

Kupelwieser, Franz

—— und Rud. Schöffel, Beiträge zum Studium des Hohofen-Processes durch directe Bestimmungen. Zusammengestellt von Frz. Kupelwieser. gr. 8. (61 S.) Wien 873, (Hölder.) * 1 —
Aus: Berg- und Hüttenmännisches Jahrbuch, besonders abgedruckt.

Kupelwieser, F., Über die Entwicklung und Bedeutung des steiermärkischen Erzberges. Wien, 1893. 9 S. mit 1 Karte.

Kupelwieser, Frz., das Hüttenwesen, s. Ausstellungs-Bericht, officieller.

Kupelwieser, F., das Hüttenwesen mit besonderer Berücksichtigung des Eisenhüttenwesens, s. Bericht über die Weltausstellung in Paris 1878.

Kupelwieser, F. Das Hüttenwesen mit besonderer Berücksichtigung des Eisenhüttenwesens. Wien, 1879.

—— das Hüttenwesen mit besonderer Berücksichtigung des Eisenhüttenwesens in den Vereinigten Staaten Amerikas, s. Bericht über die Weltausstellung in Philadelphia 1876.

Kupelwieser, F. Das Hüttenwesen. mit besonderer Berücksichtigung des Eisenhüttenwesens in den Vereinigten Staaten Amerikas. Wien. 1877

Kupelwieser, F. Das Hüttenwesen auf der Wiener Weltausstellung. Wien. 1873.

— u. Rud. Schöffel, die Kohlenreviere von Ostrau, Rossitz, Fünfkirchen, Kladno, Pilsen u. Miröschau u. ihre Leistungsfähigkeit in Bezug auf die Erzeugung von für den Hohofenbetrieb taugl. Coaks. Zwei Berichte erstattet im Auftrage des Ackerbau-Ministeriums, einbegleitet von R. v. Tunner. Wien 870. Gerold's Sohn. gr. 8. (112 S.) n. 28 ngr.

Kupelwieser, F. Studien über den Bessemer-Process. Abdruck. Wien, 1869.

—— Studien über den Bessemer-Process. gr. 4. (4 S.) Wien 870, Manz. * — 30
Aus: Zeitschrift für Berg- und Hüttenwesen, besonders abgedruckt.

Kupelwieser, Hans (Wien): Untersuchungen über den feineren Bau und die Metamorphose des Cyphonautes. (Aus dem zoologischen Institut der Universität Leipzig.) Mit 5 Tafeln und Textfiguren. Stuttgart: E. Nägele 1905. (50 S.) 4° ¶ (Aus: Zoologica H. 47.)
Leipzig, Phil. Fak., Ref. Chun, Pfeffer, Diss. v. 9. Febr. 1906
[Geb. 30. Okt 79 Wien; Wohnort: Wien, Staatsangeh.: Österreich; Vorbildung: Gymn. Baden b. Wien Reife M. 98 Studium Wien 4, Leipzig 6 S.; Rig. 28. Juli 04.]

Untersuchungen über den feineren Bau und die Metamorphose des Cyphonautes von Hans **Kupelwieser**, (Wien). (Aus d. zool. Inst. d. Univ. Leipzig.) Mit 5 Taf. u. 8 Textfig. Stuttgart: E. Nägele 1905. (50 S.) 4°
— **Zoologica**. Bd 19. Lfg 4. [06. 9916

Kupelwieser, (J.,) kl. Lustspiele. 16 Bdchn. Die 4 Bräute. — Der Polterabend. — Der falsche Bart. — Liebesproben. 16 Wien 825, (Leipz., Liebeskind.)

Kupelwieser, J., kleine Lstsple. 16 Bdchen. Die 4 Bräute. — Der Polterabend. — Der falsche Bart. — Liebesproben. 16. Wien 826. Sollinger. (Leipz., Liebeskind), 20 K Hbg. Pr. 6 K

Kupelwieser, Leopold

Kupelwieser, L., k. u. k. Feldmarschall Lieutenant. Die Kämpfe Oesterreichs mit den Osmanen vom Jahre 1526 bis 1537 Mit 5 Karten-Skizzen und einer Beilage
8. Wien und Leipzig 1898.

Die Kämpfe Oesterreichs mit den Osmanen vom Jahre 1526 bis 1537. Von L. Kupelwieser. Mit 5 Karten-Skizzen und einer Beilage. Wien und Leipzig. 1899. Braumüller. Gr.-8°. IV, 113 S. fl. 1.50

Kupelwieser, L., die Kämpfe Ungarns m. d. Osmanen bis zur Schlacht bei Mohács, 1526. M. 12 Karten u. Plänen. gr. 8. (VII, 253 S.) Wien 895. W. Braumüller. n. 6. —

Die Kämpfe Ungarns mit den Osmanen bis zur Schlacht bei Mohács, 1526. Von L. Kupelwieser. Mit 16 Karten-Skizzen im Texte. 2. umgearbeitete Auflage. Wien und Leipzig. 1899. Braumüller. Gr.-8°. VII, 254 S. fl. 2.50

Kuppelwieser's, Leop., Odoaker vor dem heil. Severin, s. Kunstschätze, die, Wiens.

Kupelwieser, Leopold: General-Major Ritter von Sziljak, der Vertheidiger Arads. Ein Soldatenleben in der ersten Hälfte dieses Jahrhunderts.
Separat-Abdruck aus dem „Armeeblatt" Wien 1899 8°

Kupelwieser, Leop., Johann Katzianer's Zug gegen die Türken 1537. gr. 8. (14 S.) Wien 899. (W. Braumüller.) n. — 80
Sonderabdruck aus: „Neue Armee-Zeitung".

Der Küper im Kleinen, oder kurze und gründliche Anweisung über die Behandlung des Weins, für die, welche ihren Tischtrunk selbst besorgen wollen. Meissen Leipzig: Andrä in Comm. 1820. -- [Zit. nach Weber]
BJ. 1819. -- Bibliotheca oeconomica 1819. -- Bibliotheca oenologica. 1819. -- Heinsius und Kayser 1819.

Küper, August (Wilhelm Hermann)

Küper, das Gotteshaus. Predigt über Psalm 84, gehalten am 20. Juli 1873 in der Kirche zu Heringsdorf. gr. 8. (16 S.) Stettin 873, v. der Nahmer. * — 30

Kueper, Aug., Jeremias libror. sacror. interpres atque vindex. 8maj. ($13\frac{1}{4}$ B.) Berolini 837, Reimer.

Küper, das Priesterthum des alten Bundes. gr. 8. (V und 238 S.) Berlin 866, Hertz. *

—— das Prophetenthum des alten Bundes übersichtlich dargestellt. gr. 8. (VIII, 540 S.) Leipzig 870, Dörffling und Franke. *

—— s. Reden bei der Begräbniß-Feier des General-Superintendenten Dr. Jaspis.

Kueper, Aug. Guil. Herm. Theses theologicae. Berolini (1837) (2 Bl.) 4°
Berlin, Theol. Thes. v. 21. Okt. 1837

Küper, A., evangelische Zeugnisse aus dem Alten Testament. Predigten über alttestamentl. Texte. gr. 8. (VIII, 272 S.) Gütersloh 886, Bertelsmann. * 4 —
—— dass. — 2. Abtl. gr. 8. (IV, 317 S.) Ebendas. 888. * 4 50

Küper, G. C. D., Sendschreiben an d. evangel. Gesammt Synode d. Grafschaft Mark, über die Annahme der Kirchenagende für d. Hof- u. Domkirche in Berlin. 8. Schwelm 825. Scherz. 4 gr

Küper, Hennige [Pseud.], s. Schnorr, Heinrich Theodor Ludwig

Küper, J. Wilh. W., s. Gebetbuch, das allgemeine.

Kueper, Car. (geb. Werl in Westf. 29. 4. 1818) De eclampsia parturientium. Berolini (1842) (26 S.) 8°
Berlin, Med. Diss. v. 4. Aug. 1842

Küper, Wilhelm, appr. Arzt a. Steele: Aus dem Laboratorium der Privatkinderpoliklinik des Herrn Privatdozenten Dr. H. Koeppe zu Gießen. Über Haemolyse durch Alkohol sowie durch Natronlauge unter osmotisch verschiedenen Verhältnissen. Mit zwei Figuren im Text. Gießen 1905: v. Münchow. (31 S.) 8°
Gießen, Med. Fak., Ref. Geppert, Diss. v. 5. Mai 1905
[Geb. 9. Dez. 79 Steele, Ruhr; Wohnort: Steele/Ruhr; Staatsangeh.: Preußen; Vorbildung: Gymn. Coesfeld Reife O. 00; Studium: Greifswald 1, Marburg 3, Kiel 1, Berlin 2, Gießen 3 S.; Coll. 15. Febr. 05; Approb. 26. Jan. 05.]

Küpers, Ernst, s.: Harz, der, in Bild u. Poesie.

Kupetzky, Johann, der Portraitmaler. Sein Leben u. seine Werke, s. Nyári, Alex.

Kupfer [Sachliches Ordnungswort]

A. C. Bibelerklärende Kupfer, darauf alle zur jüdischen Geschichte gehörigen Dinge, als Thiere, Fische, Bäume etc. nach natürlichen Farben vorgestellt werden, nebst deren Erklärung. Danzig 1756. 4.

Kupfer zum Eipeldauer. 2 Bde. Enthaltend 99 Kupfer und 3 gest. Titelblätter. Wien 1813—20. Quer-4°. (600 Kr., Gilhofer & Ranschburg, 1912.)

— z. Erklär. d. natürlichen Gegenstände, s. Lederer Orbis Pictus.

— zum apostol. Glaubensbekenntniß, in 18 Vorstell. Landsh., Krüll. 1 ℛ 21 gr

— zu Hübners Hist. s. Hübner.

— 6, zu Gothes Wilhelm Meister. Braunschw. 799. Vieweg. 1 ℛ

— 60, die sämmtl. Geschichten d. Bibel A. u. N. Test. vorstellend. 4. Amsterd. ... Sülpke. 6 ℛ 4 gr

Kupfer, 24, zu jeder Ausgabe von Richardsons Clarisse Harlowe, gezeichnet u. gestochen v. D. Chodowiecki. Leipz. Sommer.

— 52, z. d. Beschr. d. Churf. Antiken-Gallerie in Dresd. v. Lipsius, als Supplem. z. le Plats Recueil de Marbres antiques etc. Fol. Dresd. Walther. 803.

Kupfer, 52, zur Baeler u. andern Handbibeln. 8. Nürnb. 765. Bauer u. Rasp. 6 gr illum. 12 gr

— 12, zum Campe'schen Robinson. Berl., Franke. (Leipz., Barth). 12 gr illum. 1 ℛ

Kupfer [Verfasser]

Kupfer, s.a. Kupffer.

Kupfer. Adnotationes ad Aeschyli Persas inde a versu 854 usque ad 910 ed. Hermanni. 10 S.
Cöslin, Progr. 1859

Kupfer, Was hältst du von Israels Rettung? Ein Vortrag. Straßburg 862. (Bern, Mann.) 8. (32 S.) 3 ngr.

Kupfer, Adolf Theodor, s. Kupffer, Adolf Theodor.

Kupfer, Chr. Gthlf., die grosen u. wichtigen Belehrr. Gottes in den Begebenheiten unsers Zeitalters. gr. 8. Zeitz u. Naumb. 794.

— — De eo quod justum est circa Tacitam piarum caussarum hypothecam. Diss. Lpz. (Gottfr. Bruder) 16. II. 1813. 52 S. (3.—) 20232
Gew.: Chr. G. Haubold, Joh. Conr. Sickel.

Kupfer, C. G., üb. d. bisherigen Fortschritte des Menschengeschlechts in seiner relig. u. sittl. Bild. 8. Zeitz, Webel. 801.

— s. neue Predigerlitteratur.

— Predigt, d. d. Lehre v. d. Freyen in Christo mit der Vernunft eben so sehr übereinstimmt ꝛc. gr. 8. Ebendas. 802.

— Predigten an den Stiftungstagen 1793, 94 u. 99. gr. 8. Zeitz ... Webel. (à 3 gr) 9 gr

Kupfer, Chr. G. (Naumburg), De ratione constituendi articulos fundamentales religionis christianae. Diss. Wittenberg (A. Chr. Charisius) 23. IX. 1802. 60 S. (3.80) 20231
Gew.: Chr. G. v. Burgsdorff, Fr. V. Reinhard, C. Chr. Tittmann.

— über die Verbesserung des Religionsunterrichts in öffentl. Schulen. Weißenf. 785. (Hinrichsche B. in Leipz.) 3 ℛ

Kupfer, Ed. Anleitung u. Sprachstoffe zur Erteilung v. freien deutschen Sprechübungen in utraquistischen Volksschulen. gr. 8. (116 S.) Bresl. 892, F. Hirt. * 1 25

Kupfer, Ed., Anleitung u. Sprachstoffe zur Erteilung v. freien deutschen Sprechübungen in utraquistischen Volksschulen. 2., verb. Aufl. gr. 8. (120 S.) Breslau 895. F. Hirt. n. 1. 25

Kupfer, Ed., Anleitg. u. Sprachstoffe z. Erteilg. v. freien deutschen Sprechübungen in utraquist. Volksschulen. 3., verb. Aufl. gr. 8. (120 S.) Breslau 898. F. Hirt. n. 1. 25

—— Schul-Verordnungen der königl. Regierung zu Oppeln. Nach amtl. Quellen zusammengestellt. gr. 8. (628 S.) Ebd. 892. geb. * 5 50

Kupfer, Emil, u. Heinr. Rübner, weitere 25 Jahre Krebsgeschichte 1883—1907. Im Auftrage des Festausschusses u. im Anschluß an die Eduard Langersche Festschrift üb. die ersten 25 Jahre hrsg. (IV, 76 S.) gr. 8. Berlin 907. „Krebs", Verein jüng. Buchhändler. nnn 1.50; geb. nnn 2. —

Kupfer, Er. Aug., Diss. inaug. de graviditate ovarii. 8. Dorpat 822.

Kupfer, Fr. Wlh, Diss. inaug. de notione et diagnosi febris. 4. Getting. 784. Dieterich. 2 ℛ

—. **Fr. W.** (Curonis), Diss. med. de notione et diagnosi febris. Goettingen (H. M. Grare) 28. X. 1784. 18 S. (4.—) 20233

Kupfer, Friedrich

Kupfer, Fr. Uber den Gebrauch des Participii Praesentis bei Curtius. 13 S. **Progr.** *Cöslin* 1876.

Kupfer Friedrich Gebrauch des Participii (Umschlagtitel: Participiums) auf *urus* bei Curtius. 4 (10 S.). G *Cöslin* 1887 (119)
Progr.

Kupfer, Friedrich Heinrich: Norwegen und seine Besiedelung. Schneeberg, Druck v. C. M. Gärtner, 1895; 1 Bl., 31 S. 4.
Schneeberg, k. G, OP 1895 (550)

— **H. Ed.** (Gazenensis), De VI, quam aër pondere suo et in motum sanguinis, et in absorptionem exercet. Diss. med. Lpz. 6. XI. 1827. 68 Seiten. (2.80) 20234
Gew.: Car. Fr. Constantin, Chr. Frid. Buchheim, Chr. Aug. Sonnenkalb.

Kupfer, H. Ed., Commentat. physiolog.-med. de vi, quam aër pondere suo et in motu sanguinis et in absorptionem exercet. 8 maj. (5 B.) Lipsiae 828, Voss.

Kupfer, Heinr Die Burg in der deutschen Dichtung und Sage. I. Teil. 18 S. **Progr.** *Schneeberg* 1880

Kupfer, Hnr., Die Burg in der deutschen Dichtung und Sage. Th. 1.. im Mittelalter. Schneeberg 1880. 4.
Progr. d. Realsch. Schneeberg. . . . . (D.)

Kupfer, Heinr., Liederbuch f. Männerchöre höh. Schulen, s.: Doft, Bruno.

Kupfer, Heinrich Zacharias, s. Küpfer, Heinrich Zacharias.

Kupfer, J. C. H., Referat über die Frage wegen der Differential-Zölle, den Herren Aeltesten der berliner Kaufmannschaft erstattet. (Als Manuscr. gedr.) gr. 8. (40 S.) Berlin 847, Amelangsche Sortimentsh.

Kupfer, J. C. H., Referat üb. die Frage wegen der Differential-Zölle, den Herren Aeltesten der Berliner Kaufmannschaft erstattet. [Als Manuscr. gedr.] gr. 8. (40 S.) Berlin 847, Gärtner. 6 ℛ

Kupfer, J. C. H., Sendschreiben an e. Gutsbesitzer üb. d. System d. Handels-Balance in d. National-Oeconomie, mit besond. Bezieh. auf d. Frage: welche Industrie, die d. Colonial-Zucker- od. die d. Rüben-Zucker-Fabriken aus d. Gesichtspunkten d. Gemeinwohls, d. Staats- u. des Privat-Interesse den Vorzug verdient. gr. 8. (5¼ B.) Berlin 841, Mittler. *

—— zweites Sendschreiben an e. Gutsbesitzer üb. d. Zuckerfrage. gr. 8. (9½ B. u. 1 Tab.) Ebds. 841. *

Kupfer, Julius [aus Bamberg]: Die Amputation resp. Resection des Mastdarms bei Carcinom ... Würzburg, Becker's Univ.-Buchdr., 1893; 44 S., 1 Bl. 8.
Würzburg, Med. Fak., Inaug.-Diss. v. 1893

Kalman KUPFER Orographisches Lexikon zu den Büchern des alten Testament und zu den tanaitischen Quellen
Diss.Prag 1906/07.

KUPFER, Karl: Beiträge zur Casuistik der Lungengangrän. A. u. B. Lungengangrän nach Durchbruch eines Ösophaguscarcinoms. C. Lungengangrän nach Phthise.- München: Wolf 1902. 38 S.
8.7.1902 - Chr 1902/03,22; Jv 1902/03,310
Diss.Ingolst.-Landsh.-Mchn.

KUPFER, Karl August: Beiträge zu dem Forst- und Jagdwesen. · Leipzig 1819. 294 S., 1 Taf.

Kupfer, Carl A., Beyträge zu dem Forst- und Jagdwesen. gr. 8. Leipzig, Rein. 819. Rthlr.

Kupfer, (Carl Aug.,) Beitr. z. Forst- u. Jagdwesen. 2r Bd. Mit 2 Kpfrtaf. gr. 8. Leipz. 826, Glück.

Kupfer, C. A.: „Beiträge zum Forst- und Jagdwesen für Forstmänner, Forstbesitzer, Forst- und Jagdlehrlinge, wie auch Jagdliebhaber, Oekonomen und Gartenfreunde", Leipzig 1826 (Glück).

Kupfer, Karl Aug., Beiträge zum Forst- und Jagdwesen ꝛc. Leipzig 827. jetzt Wade in Berlin.

— Beschreibung u. Abbildung einiger Instrumente zum sichern Fange d. Rebhühner. Nebst Winken f. Forstmänner ꝛc. 8. Lpz. ... Centr.-Cpt. 8 ℛ (A. u. d. T.: Jocher's Magie ꝛc. 436 Hft.)

— Haus- u. Handbuch, allgem. nützliches, oder Sammlung neuer Erfindungen, erprobter Rezepte u. Mittel über viele Gegenstände in der Haus- u. Landwirthschaft ꝛc. M. 2 Kpf. 8. Lpz. 825, (Kayser.)

Kupfer, Carl Aug., neu verbess. u. verm., allgemeinnützl. Haus- u. Handbuch, Samml. neuer Erfindungen, erprobter Recepte u. Mittel üb. viele Gegenstände in d. Haus- u. Landwirthschaft, f. Oeconomen, Familienväter, Künstler, Handwerker ꝛc. 2 Thle. 8. (18 B. u. Abbild.) Leipzig 835, Drobisch.

(——) neu erfund. ꝛc. Hülfsmittel z. Vertilgung d. Gartenraupen, s. Hülfs-Mittel ꝛc.

— neuerfundene u. prakt. bewährte Hülfsmittel z. Vertilgung der Ratten, Hamster- Haus- u. Feldmäuse ꝛc. Mit 1 Kpf. 8. Lpz. 823, Rein

Kupfer C. A.: Neu erfundene u. praktisch bewährte Hülfsmittel z. Vertilgung d. Wald- u. Gartenraupen. Leipz. 1822. 60 S. P.

— neu erfundene u. prakt. bewährte Hülfsmittel z. Vertilgung d. Wald- u. Gartenraupen. 8. Lpz. 822, Rein.

Kupfer, Carl Aug., neu erprobtes u. gründl. Hülfsmittel, d. Stoßwind, d. Regenwasser u. d. Sonnenschein v. d. Schornsteine abzuhalten. 8. (1¼ B.) Leipzig 834, Drobisch.

(——) pract. bewährte Hülfsmittel z. Vertilgung d. Feldmäuse, s. Hülfs-Mittel rc.

— die prakt. auf Erfahrung gegründete Holzzucht. M. 1 Kpf. gr. 8. Lpz. 821, Rein.

(Kupfer): Der Jagd- u. Hühner-Hund ... nebst ... Mitteln wider den Biss eines tollen Hundes, u. die vorzüglichsten Krankheiten d. Hunde. Leipz. 1821. (114) S. (Særtr.).

— der Jagd- u. Hühnerhund, oder vollständ. Anleitung zur Erziehung u. Abrichtung desselb. 8. Leipz. 821. 2e A. 822. Rein. 9 Gr.

— untrügliche, durchaus sichere u. bisher noch unbekannt gebliebene Mittel, zur Vertilgung u. gänzl. Ausrottung der Ratten, Hamster, Hausmäuse, Erdflöhe, Maulwürfe, Kröten, Schnecken, Heimchen, Kornwürmer, u. dem Brande im Waizen vorzubeugen. Mit 1 Kpfr. 2e verm. Aufl. mit e. Vorrede von Dr. F. A. W. Netto. 8. Leipz. u. Naumb. 832. Franke. 5 Gr. 1e Aufl. s. Hülfsmittel.

— untrügliche durchaus sichere und bisher noch unbekannt gebliebene Mittel zur Vertilgung u. gänzlicher Ausrottung d. Ratten, Hamster, Hausmäuse, Erdflöhe, Maulwürfe, Kröten, Schnecken, Heimichen, Kornwürmer und dem Brande im Weizen vorzubeugen. 2e verm. Aufl., mit e. Vorworte v. F. A. W. Netto. Mit 1 Kpfrtaf. 8. Leipzig 832. Melzer. 5 Gr.

Kupfer, K. A., Winke f. Forstmänner, vorzügl. dem z. Forstmann u. wilden Gärtner sich bildenden Scholaren gewidmet. Nebst Beschreib. eines Instruments zum leichten u. sichern Fange d. Rebhühner. Mit 1 K. 8. Leipz. Joachim. 812.

KUPFER, Carl August: Winke für Forstmänner und Forstbesitzer, vorzüglich dem zum Forstmann und wilden Gärtner sich bildenden Scholaren. - Leipzig 1812. - 2. Aufl. ebd. 1817. XXV, 257 S., 4 Taf.

— Winke für Forstmänner und Forstbesitzer, vorzüglich den zum Forstmann u. wilden Gärtner sich bildenden Scholaren rc. Mit 4 Kupf. gr. 8. Leipzig, Cnobloch. 817.

Kupfer (vgl. K u p f f e r), Karl Heinrich

Kupfer, (Hofrath, Oberlehrer Dr.) Karl Hnr., Anfangsgründe der Buchstabenrechnung u. Algebra, mit Inbegriff der Combinationslehre u. unbestimmten Analytik, nebst Uebungsaufgaben. Zur Repetition des mündl. Unterrichts u. zur eignen weitern Fortbildung neben diesem. gr. 8. Reval 832. (Leipz. Brockhaus. 20 Gr.

— Versuch e. Methode, durch welche sich bestimmen ließe, ob u. in welcher Anzahl eine gegebene allgem. algebraische Gleichung, von welchem Grade sie auch sei, imaginäre Wurzeln habe; nebst e. Untersuch. über die allgem. Form völlig entwickelter vielgliedriger Funktionen. Mit 1 Kpft. gr. 4. Dorpat 819. (Riga, Hartmann). 18 Gr.

Kupfer, C. H., Versuch einer Methode, durch welche sich bestimmen ließe, ob und in welcher Anzahl eine gegebene allgem. algebraische Gleichung, von welchem Grade sie auch sey, imaginäre Wurzeln habe rc. Mit Kpfrn. gr. 4. (Riga, Hartmann.) 820.

Kupfer, Marie, Gedichte d. hannoverschen Volksdichterin K. Hrsg. v. Wilh. Bube. 8. (IV, 60 S.) Leipzig 897. G. H. Meyer. n. 1. —; geb. n. 1. 60

Kupfer, Max [pr. Arzt aus Friedeberg N./M.]: Flimmerskotom und entoptische Erscheinungen ... Freiburg i. B., Buchdr. H. Epstein, 1893; 22 S., 2 Taf. 8.
Erlangen, Med. Fak., Inaug.-Diss. v. 25. Juli 1891

Kupfer, Otto, Tierarzt aus Gröbzig, Herzogtum Anhalt: Über Kropfoperation bei Tauben und Hühnern unter Berücksichtigung der anatomischen und histologischen Verhältnisse. ⟨Aus der chirurgischen Klinik der Kgl. Tierärztlichen Hochschule zu Dresden. Direktor: Prof. Röder.⟩ Fürstenberg a/O. . IV + 75 S. und fünf Tafeln. 8°. [6. III. 08.]
Bern. Vet.-med. Diss. 1908/09

Kupfer, Otto. Über Kropfoperation bei Tauben und Hühnern, unter Berücksichtigung der anatomischen und histologischen Verhältnisse. Diss. Vet.-Med. Bern. [Mit 5 Tafeln.] *Kopftitel:* Aus der chirurgischen Klinik der Kgl. tierärztlichen Hochschule zu Dresden.... IV + 75 S. 8. Fürstenberg a/O., E. Svoboda, [1909].

Kupfer, R., Wettin's Fürsten von Markgraf Konrad dem Großen bis König Albert m. ihren Stammburgen Wettin u. Meißen. Biographische Schildergn. m. 34 in Photolith. ausgeführten Fürsten-Porträts u. Abbildgn. der Burgen zu Wettin u. Meißen. 4. (31 S.) Leipzig 889. O. Kuhl. n. 1.50

Kupfer, Robert, Referendar: Die Haftung wegen Fahrlässigkeit im Pressgesetz. Würzburg 1908: Stürtz. 64 S. 8°
Marburg, Jur. Diss. v. 30. Sept. 1908, Ref. Traeger
[Geb. 15. Febr. 83 Bayreuth; Wohnort: Frankfurt a. M.; Staatsangeh.: Preußen; Vorbildung: Goethe-Gymn. Frankfurt a. M. Reife O. 01; Studium: Lausanne 1, München 1, Leipzig 3, Berlin 1, Marburg 1 S.; Rig. 27. Juli 08.] [U 09. 3124

Kupfer, Siegfried, a. Burgkundstadt: Zulässigkeit einer Verfassungsänderung während der Regentschaft nach deutschem, insbesondere bayerischem Staatsrecht. Erlangen 1905: Junge & Sohn. (VIII, 65 S.) 8° [F.]
Erlangen, Jur. Fak., Ref. Rieker, Diss. v. 13. Okt. 1905
[Geb. 14. Nov. 82 Burgkundstadt; Wohnort: Burgkundstadt; Staatsangeh.: Bayern; Vorbildung: Gymn. Nürnberg Reife Juli 01; Studium: München 3, Erlangen 1, Kiel 1, Berlin 2, Erlangen 2 S.; Rig. 26. Juli 05.]

Kupfer, Wold. Karl, Diss. inaug. de solutione morbosa membranarum tractus intestinorum. 8. Dorpat 826.

Küpfer, F., Burgen u. Schlösser der Schweiz. In Lichtdr. hrsg. v. H. Besson. 1.—6. Lfg. qu. Fol. (à 5 Taf.) Basel 893. (Georg & Co.) à n. 1. 20

Küpfer, F., Burgen u. Schlösser d. Schweiz. In Lichtdr. hrsg. v. H. Besson. 7.—19. Lfg. qu. Fol. (à 5 Taf.) Basel 895. (Georg & Co.) à n. 1. 20

— dasselbe. Histor. Notizen, gesammelt v. Eug. Probst. 20. u. 21. Lfg. qu. Fol. (5 Taf. m. 16 S. Text.) Ebd. 895. à n. 1. 20

Küpfer, F., Wappenbuch der Schweizer Städte. 120 Wappenschilder, gesammelt u. gezeichnet. Fol. (12 color. Steintaf.) Basel 885. (Bern, Jenni.) In Carton-Mappe n n. 25. —; in Leinw.-Mappe n.n. 28. 50

Küpfer, F., Wappenbuch der Schweizer Städte. 120 Wappenschilder, gesammelt und gezeichnet. Fol. (12 color. Stnt.) Basel 885. (Bern, Köhler's Buchh.) In Carton-Mappe ** 25 —
In Leinw.-Mappe ** 28 50

Küpfer, Fr.

— **Aus der Heimath in die Heimath. In-8°, 40 S.** 1881. **— 25**

— **Die Christengemeinde auf den Nilagiri, 2. Auflage. In-12°, 16 S.** 1881. **— 10**
Sämmtlich: Basel, Missionsbuchhandlung.

Küpfer, Fr., mein Lieber, willst du ein Christ sein, so hilf die Heiden bekehren. Eine Ansprache an das gesammte Christenvolk über Evang. St. Luc. 12, 42. 43. 47. 48. 4. Aufl. 8. (31 S.) Basel 880. Missionsbuchhandlung. n. — 10

— Pitkairn u. Norfolk. 2. Aufl. In-12⁰, 16 S. — 10
1881.

— Der indische Fürstensohn Jakob Ramawarma. 2. Auflage. In-8⁰, 48 S. 1881. — 25

— Wilajat Ali, der Märtyrer von Delhi. 2. Aufl. In-8⁰, 16 S. 1881. — 10

KÜPFER, FRITZ. Ueber die Einwirkung der Methyltrihydrooxychinolincarbonsäure in ihrer Natronverbindungen auf das Froschherz. Bern, 1888.

Küpfer, Heinrich Zacharias

Küpfer, H. Z. (Dortmund), Diss. jur. de differentiis juris Rom. et Germ. in heredis institutione necessaria. Präs. J. T. Carrach. Halle (Jo. G. Kittler) 9. II. 1751. 41 S. (5.—) 20045
Widm. v.: Jo. Ph. Carrach, H. T. Marck v. Landschede, E. H. J. Bordelius.

— **H. Zach.** (Dortmund), De eo quod justum est circa sumtus quos parentes in dignitates filiorum praesertim acad. libros peregrinationes ac praeparationem militiae fecerunt. Präs. Martin Pilger. Dortmund (Baedeker) 30. VIII. 1746. (6.—) 20235
Gew.: Heinr. Mallincrodt. Mit dichter. Widm. von C. B. Broeckelmann, G. W. Schroeder, J. Fr. Ennichmann, J. L. Goes, C. C. Wever, Chr. Retman, J. Fr. Zimmermann, B. C. Zimmermann, J. Fr. Vogt, J. P. Müller, C. J. Quabeck, C. T. Frydag, F. W. Heusler, J. W. B. Hymmen, J. Fr. Hahn, W. A. Pilger, E. H. J. Bordelius, Th. Gg. Isenberg, C. C. Wilkau u. a.

— **Heinrich Zacharius** (Dortm.), M a l l i n k r o t, H. A., Freundschaftsode. Als der ... Herr Heinr. Zach. Küpfer in der Rechtsgelarheit die Doktorwürde annahm. Halle (Gebauer) 9. II. 1751. 8 S. (3.—) 20046

Kupferabbildungen milit. Gruppen z. Ausmahlen f. Kinder in 12 Blättern. Dresd. Zehl.

Kupfer-Atlas d. vorzüglichsten Handelspflanzen, in treuen Abbildungen nach der Natur gezeichnet u. mit erläut. Text. Als Anhang zu den merkantil. Werken von Courtin, Leuchs, Mac-Culloch, Schiebe rc. 8 Hefte. (48 illum. Tafeln.) gr. 4. Jena 838, 39 Mauke. (à n. 1/2 ₰), 4 ₰

Kupferberg, Florian (Mainz)
Ein Beitrag zur pathologischen Anatomie der Geschwülste im Verlaufe der Nerven.
Mainz: F. Kupferberg 1854. 38 S. u. 4 Taf.
Diss. med. Giessen 10.8.1853. vorh. 26. 7.

Kupferberg, Florian, ein Beitrag zur pathologischen Anatomie der Geschwülste im Verlaufe der Nerven. Inaugural-Abhandlung. Mit 4 Steindrucktaf. (in 4. u. Fol.). Mainz 854. (Giessen, Ricker.) gr. 4. (2 Bl., 38 S.) 20 ngr.

Kupferberg, Florian, ein Beitrag zur Beurtheilung des Gesundheits-Zustandes einer Stadt mit besonderer Berücksichtigung Mainzer Verhältnisse. gr. 8. (VIII, 42 S.) Mainz 877, v. Zabern. *

Kupferberg, Heinrich [pr. Arzt aus Mainz]: Ein Beitrag zur Kenntnis der Hautreflexe bei Nerven-Gesunden. ... Freiburg i. B., Universitats [sic!] -Buchdr. v. Chr. Lehmann, 1889; 35 S. 8⁰
Freiburg i. B., Med. Fak., Inaug.-Diss. v. 1889

KUPFERBERG, HUGO. Beitrag zur Kenntniss der drei Isomeren Oxybenzoësäuren. Leipzig, 1877.

Kupferberg, Josef [aus Berlin]: Zur Integration der Differentialgleichungen der Bewegung eines materiellen Punktes in der Ebene ... Halle a. S., Hofbuchdr. v. C. A. Kaemmerer & C., 1895; 52 S., 1 Bl. 8.
Halle, Phil. Fak., Inaug.-Diss. v 31. Jan. 1895

Kupferberg, Jos. Versicherungsgesetz. , s. B e r n s t e i n , Otto

Kupferdarstellungen, 12, aus D. Mart. Luthers Leben und Wirken, zum Andenken des dritten Jubiläums d. 5 Reformationsfestes. Von Warmholz gemalt und von Endner gestochen. 4. (Leipzig, literar. Central-Compt. in Comm.) 818. schwarz
illum.

J. Kupferer. Über die lateinischen Praepositionen. 71 S. Mit dem Lektionsverzeichnis 84. Bruchsal, P 1831

Kupfer- und Messing-Fabrikate, Die, zu Crusau bey Flensburg ... [Flensburg 1833.] V: *Straten, Josias thor.* (schles)

Kupfergeist, der, od. Die Zukunftsmusik, Musik v. J. Schweitzer, s. a. E s s e r 's, J., Sammlg. leicht aufführbarer Theaterstücke.

Der **Kupfergeist** oder Die Zukunftsmusik. Posse in 3 Akten. [N. t.st.]
Partitur *Paderborn: J. Esser 1899.* (45 S.) 2 Bde 8⁰ [F.]
[Text.] 2. Aufl. Partitur in Musik gesetzt von J. Schweitzer
— **Sammlung, J. Esser's**, leicht aufführb. Theaterstücke. H. 64. 65. [co. 460]

Kupferhübel [Schlagwort]

Kupferhübel, s.: A n n a b e r g.

Küpferle, Leopold, approb. Arzt aus Freiburg (Baden): Die Erfolge der Radikalbehandlung des Mastdarmkrebses. *Tübingen 1904: H. Laupp Jr.* (93 S.) 8⁰ ¶(Aus Beiträge zur klinischen Chirurgie, Bd 42, H 3.)
Heidelberg, Med. Diss. v. 1904

Kupfermann, W., Turnunterricht u. Jugendspiel. Anweisung zur Durchführg. der in dem Erlasse Sr. Exz. d. königl. preuß. Ministers der geistl. rc. Angelegenheiten, Hrn. Dr. v. Goßler, vom 27. Oktbr 1882 enthaltenen Anordngn. betr. das Turnen u. die Jugendspiele. Mit 71 erläut. Abbildgn. gr. 8. (VIII, 118 S.) Breslau 884. F. Hirt n. 1. 26

Kupfermünzen, Griechische, gefunden auf der Insel Leuke. O. O. [1859]. V: *Friedländer, Jul.* (Cat. d. Stadtbibl. Zürich. Zürich 1864—97.)

Kupfernagel, Paul: Über die Behandlung der Gallensteinerkrankungen in der chirurgischen Universitätsklinik zu Halle vom 1. April 1890 bis zum 31. März 1898. *Halle a. S. 1898: C. A. Kaemmerer & C.* (47 S.) 8⁰
Halle, Med. Diss. v 13. Aug. 1898

Kupferniederschläge von den im „Wissen der Gegenwart" erschienenen Abbildungen. Prag, F Tempsky 1885. Ins. 71

Kupfersammlung

—— zu jeder Naturgeschichte brauchbar, s. W i l m s e n, F. P.

— zu Schuberts u. jeder andern Naturgesch. brauchbar. In 12 Bl. gr. 8. Erlang. 826. Heyder. illum. 1 ₰ 16 ₰ In schwarzem Abdr. 1 ₰

— der vorzüglichsten deutschen klassischen Dichter. Herausg. von Jos. Stöber. 1e–3. Lfrg. (Bürger's, Schiller's u. Göthe's Gedichte.) 6 Bl. gr. 8. Wien 833. Mayer u. Comp. (à Lfrg. 1/3 ₰) 1 ₰

— aus J. C. Lavaters physiognom. Fragmenten ꝛc. 3 Hfte. gr. 4. Winterth. 806—7. Steiner. (à Hft. 1 ₰ 16 ₰) 5 ₰

Kupfer-Sammlung d. vorzügl. Gallerie- u. Kirchengemälde Europas. 1e Liefr. Fol. Dresden 824, Hilscher.

— zu dem Leben u. d. Thaten d. weisen Junkers Don Quixotte v. la Mancha, nach .. Bertuchs Uebersetzung. 30 Blatt. Hannov. ... Hahn. Hbg. Pr. 2 ₰ 12 ₰

—— von 72 Portraits berühmter Männer (u. Frauen), in 12 Hftn. (Gest. v. J. H. Fiedler.) 1—3. Hft. gr. 4. (18 Portr. u. 8 Bog. Text.) Frankfurt a. M. 828, Jäger. à Hft. 15 Gr.

Kupfer-Sammlung zu Calderon's Schauspielen. 6 Hfte. od. 33 Kpfrt. Lex.-8. Nürnberg, Schrag.

Kupfersammlung zu der neuen Taschenausgabe von F. G. Klopstocks sämmtl. Werken, in 12 Bl. 12. Leipz. 824. Fr. Fleischer. 1 ₰ Erste Abdrücke in gr. 8. 3 ₰

— zu Coopers sämmtl. Werken. 1e Lief. enth. d. Ansiedler; d. Letzte d. Mohikaner; d. Lootse; Lionel Lincoln; d. Spion; d. Steppe. Frkf. a. M. 830. (Sauerländer). à 20 ₰

Kupfersammlung zu Coopers Werken. 2e Lfrg. in 8 Bl.: Der rothe Freibeuter (Rcd. Roven). — Die Grenzbewohner. — Die Wassernixe. — Der Bravo. 8. Frankfurt a. M. 833. Sauerländer. 2/3 ₰

—— zu Goethe's sämmtl. Werken in 40 Bdn., sowohl zur Taschen- als Octavausg. 8 Lfgn. à 5 Blätt. 16. Leipzig 827—30, Fr. Fleischer. à 8 Gr., 2 Thlr. 16 Gr.; gr. 8. à 12 Gr.

—— dass. 9—11. od. d. Supplemente 1—3. Lfg. à 5 Blätt. Nach Zeichn. v. Retzsch, gest. v. Langer, Eissner, Leop. Beyer, Weiss, Schwerdgeburth etc. 16. Ebds. 833. à 8 Gr., 1 Thlr.; gr. 8. à 12 Gr.

— zu Göthe's Werken. 9e—11e Lfrg. oder der Supplemente 1e—3e Lfrg. 16. Leipzig 834 Fr. Fleischer. Subscr.-Pr. 1 ₰ Alle 11 Lfrgn. n 3 2/3 ₰ (in gr. 8. 1 1/2 ₰) n. 5 1/2 ₰

— zu W. Irving's sämmtl. Werken. 1e Lief. enth.: Bracebridge-Hall; Eingemachtes; Erzähll. eines Reisenden; d. Skizzenbuch. Frankf. a. M. 830. (Sauerländer). à 16 ₰

— zu Wash. Irvings sämmtl. Werken. 2e Lfrg. in 4 Bl.: Leben und Reisen Christoph Columbus. 8. Frankfurt a. M. 833. Sauerländer. 1/3 ₰

—— zu Walter Scott's sämmtl. Werken. 1—9. Lfg. à 4 Blätt. 8. Frankfurt a. M. 828, Sauerländer. à Lfg. 8 Gr.

— zu Wielands sämmtl. Werken, in 52 Tafeln, nebst 1 Bd. Erklärung von J. G. Gruber. Leipz. 824—26. Fr. Fleischer. 4 ₰ 18 ₰ Erste Abdr. gr. 8. avant la lettre 6 ₰ 16 ₰

Der Kupferschieferbergbau und der Hüttenbetrieb zur Verarbeitung der gewonnenen Minern in den beiden Mansfelder Kreisen und im Sangerhäuser Kreise der Preußischen Provinz Sachsen unter Berücksichtigung der geognostischen und historischen Verhältnisse. Hrsg. von der Ober-Berg- und Hüttendirektion in Eisleben. Eisleben, 1881. 135 S. mit 6 Taf.

Dasselbe. Neue, veränderte und bis 1888 ergänzte Ausg. Ebd., 1889. 125 S. mit 3 Taf.

Kupferschieferbergbau, der, u. der Hüttenbetrieb zur Verarbeitung der gewonnenen Minen in den beiden Mansfelder Kreisen der Preuß. Prov. Sachsen unter Berücksicht. der geognost. u. histor. Verhältnisse. Dargestellt v. der Ober-Berg- u. Hütten-Direction in Eisleben. Hrsg. v. der Mansfeld'schen Kupferschieferbauenden Gewerkschaft. Lex.-8. (125 S. m. 3 Taf.) Eisleben 889, (Kuhnt. — Freiberg i. S., Craz u. Gerlach.) ** 6 —

Kupferschmid, Adalbert

Kupferschmid, Alb., theoretisch-prakt. Anleitg. zur Erlerng. u. Ausbildg. e. vollkomm. Finger- u. Handfertigkeit (Cheiropädie). Für Angehör. aller Stände, d. e. kräft., zu künstler. u. gewerbl. manuellen Thätigkeiten ausgebild. Hand benöthigen, od. überhaupt m. Handarbeit jeder Art ihr Brot sich verdienen müssen. Für alle an Bewegungsstörgn. d. Hände u. Finger Leidende (Neurosen [Schreib- etc. Krampf], nervöses Zittern, Muskelschwäche, Lähmgn. etc.). M. 50 Illustr. u. Abb. des Hand- u. Fingerstärkers (Cheiropädion), patentirt in fast allen Culturstaaten! gr. 8. (103 S.) Berlin 897. M. Richter. n. 2. 50; geb. n. 3. 50

(F) Kupferschmid, A., Die geschulte Hand. Ambidextrie (Finger- und Handfertigkeit). 16° (15 S.) † K —.30

Mähr.-Schönberg: Wanke 1902.

Kupferschmid, Adb., das physikal. Heilverfahren, s.: Cahier, C. G., Institut f. schwed. Massage u. Gymnastik.

Kupferschmid, Adb., das Kindesalter u. dessen geistige u. leibliche Entwickelung. Die Entstehg. der Nervenübel u. die Erfolge des Kneipp'schen Heilverfahrens, in Bezug auf nervöse Erkrankgn. Auf Grundlage e. naturgemäßen Volkserziehg. u. Behandlg. dargestellt. Mit 2 autotyp. Abdr. u. Anh. „die Kinderlähmg.". gr. 8. (XII, 102 S.) Freiburg i/B. u. Leipzig 894. J. B. Schorpp. n. 1.20; geb. n. 2. —

Kupferschmid, Adb., Mürzzuschlag als Terrain-Cur-Ort im Semmering-Gebiet. Nach dem System des Prof. Dr. Oertel geschildert und dargestellt, unter Mitwirkung des Oberförsters L. Schmölz und des Vorstandes der Section „Mürzthal" des österreich. Touristenclubs W. Daskow. Hrsg. von der Gemeindevertretung des l. f. Marktes Mürzzuschlag. 8. (116 S. mit 1 Distanzkarte der Curwege und meteorolog. Tab.) Wien 887, (v. Waldheim.) * 1 —

—— linguistisch-kulturhistorische Skizzen und Bilder aus der deutschen Steiermark. 8. (XI, 170 S.) Karlsruhe 888, Gebr. Pollmann. * 3 —

Kupferschmid, Adalb., wie werde ich e. perfekter Maschinenschreiber. Aerztlicher Ratgeber, auf Grundlage seiner eigenen Methode der physiolog. Ausbildg. des Muskelsinnes bearb. (27 S.) 8. Würzburg (908). W. Ott. 1.—

Kupferschmid (vgl. Kupfferschmid), Johann

Kupferschmid, De machina humana ejusque praeservatione. Bas. 4°. 1715

Kupferschmid, (A.) J. De morbis praeliantium quos in victoriosa Bernatum expeditione A 1712 observare licuit. (141.) 4. Basilae 1715.

Kupferschmid, L., de morbis praedicantium. 4. Basel, Turneysen. 715.

Kupferschmid, Jo., De morbis praeliantum. Bas. 4°. *Haller, Bibl. chir. II, 37.* 1716

Kupferschmid, Josef, appr. Arzt: Zur Klinik der alkoholischen Geistesstörungen. Statistische u. klin. Mitteilungen über d. 1900—1907 in d. Tübinger psychiatr. Klinik behandelten Alkoholkranken. Tübingen: Pietzcker 1908. 22 S. 8°
Tübingen, Med. Diss. v. 15. Febr. 1909, Ref. Gaupp
[Geb. 12. Febr. 83 Spaichingen; Wohnort: Spaichingen; Staatsangeh.: Württemberg; Vorbildung: Gymn. Rottweil Reife Juli 01; Studium: Tübingen 6, München 1, Tübingen 3 S.; Coll. 30. Jan. 09; Approb. 14. März 08.] [U 09. 3933

Kupferschmid, W[ilhelm]. Enquete über die verschiedenartigen Organisationen der Schutzaufsicht für entlassene Sträflinge in den Kantonen der Schweiz. Im Namen des Zentralvorstandes des schweizerischen Vereins für Straf-, Gefängniswesen und Schutzaufsicht bearbeitet = Enquête sur les différentes formes d'organisation du patronage des détenus libérés en Suisse. Enq' entreprise, au nom du Comité central de la Société suisse des prisons et du patronage des d' l'. Separatabdruck aus der Liefg. 3 der «Zeitschrift für schweizerische Statistik», Jahrg. 42, [Band 1,] 1906. 18 S. 4. [Bern, Stämpfli & Cie.]

Kupferschmid, W[ilhelm]. Aus den Erfahrungen eines Strafhauspfarrers. Verfasst im Auftrage der Zürcherischen Hülfsgesellschaft. [Mit 1 Tafel.] 63 S. kl.-4. Zürich, Schulthess & Co. (Komm. Fäsi & Beer), 1908. [fr. 2. 50]
108. Neujahrsblatt der Zürcherischen Hülfsgesellschaft auf das Jahr 1908.

(Kupferschmid, Wilhelm.) Gedenkblatt ([an] Emma Kupferschmid) 1830—1906 (Ansprache bei der Beerdigung ... 15. Jan. 1906). [Mit Porträt.] II + 8 S. 8. (Bern, Büchler, & Co., [1906].)

Kupferschmied, W[ilhelm]. Karl Gottlieb Wegmann von Zürich (1819–1891). [Biographische Skizze.] 8. Zürich 1892.

Kupferschmidt, Dr. Hofger.-Rath, Züge aus d. Leben Johann Nepomuck Biechele's, der Theologie Doctor etc., als Mensch, Priester u. Gelehrter. 8. Freiburg ... Waizenegger. ½ rf

Kupferschmidt, Max

Kupferschmidt, M., üb. das Handschriftenverhältnis der Winchester-Annalen, s.: **Studien, englische.** 13. Bd.

Kupferschmidt, Max: Die Haveloksage bei Gaimar und ihr Verhältnis zum Lai d'Havelok. (Separat-Abdruck aus den Romanischen Studien, hrsg. von Eduard Boehmer, [IV], S. 411—430.) Bonn, Eduard Weber's Verlag (Julius Flittner), 1880. 8. II, (20 S.).

Kupferschmied, Der. Fach-Organ des Unterstützungs-Vereins der Kupferschmiede Deutschlands. Herausg. vom Central-Vorstand. Redact.: F. Wilhelm. Jhg. 1—4. 1886—89. Hamburg. gr. 4.

Kupferschmied, der. Fach-Organ des Unterstützungs-Vereins der Kupferschmiede Deutschlands. Hrsg. vom Central-Vorstand. Redact.: F. Wilhelm. 2. und 3. Jahrg. 1887 und 1888. à Jahrg. 24 Nrn. (Bog.) gr. 4. Hamburg, Jensen und Comp. à Jahrg. *
Der 1. Jahrg. war nicht im Handel.

Kupferschmied, der. Organ d. Unterstützungsvereins der Kupferschmiede Deutschlands x. Red.: F. Wilhelm. 2.—4. Jahrg. 1887—1889. à 24 Nrn. (B.) gr. 4. Hamburg, (Jensen & Co.). à Jahrg. n. 4. —

Kupferschmied, der. Organ d. Unterstützungsvereins d. Kupferschmiede Deutschlands. Hrsg. v. Centralvorstand. Red.: E. Lindner. 6. Jahrg. 1891. 24 Nrn. (Bog.) gr. 4. Hamburg-Eilbeck. Fr. Meyer. n. 4. —

Kupferschmied-Kalender pro 1889. Hrsg. von Carl Pataky. Mit vielfach verm. Text. Reich illustrirt. gr. 16. (III, 112, 165 S.) Berlin, Pataky. geb. in Leinw. * 2 —
geb. in Leder * 2 50

Kupferschmied-Kalender f. 1891. Hrsg. von Carl Pataky unter Mitwirkg. von E. Dalchow, Foehr, G. Langbein u. vieler anderer Praktiker. gr. 16. (XIII, 104, 224 u. V S. m. Abbildgn.) Berlin, Pataky. geb. n. 2. —

Kupferschmied-Kalender f. 1893. Hrsg. v. Carl Pataky unter Mitwirkg. v. E. Dalchow, Foehr, G. Langbein u. vieler anderer Praktiker. 13. Jahrg. 2 Thle. gr. 16. (XIII, 128, 128; III, 122 S. m. Abbildgn. u. 1 Taf.) Berl., Pataky. geb. in Leinw. u. geh. * 2 —

Kupferschmied-Kalender für 1894. Herausgegeben von Carl Pataky. Reich illustrirt. XIV. Jahrg. 16. (128 S., mit Notizblättern.) In Lnwd. geb. 1.30
Wien: Perles 1893.

Kupferschmied-Kalender f. 1895. Hrsg. v. Carl Pataky unter Mitwirkg. vieler Fachleute. 15. Jahrg. 2 Thle. gr. 16. (XV, 128, 128 u. 120 S. m. Abbildgn. u. 1 Taf.) Berlin, C. Pataky. Geb. in Leinw. u. geh. n. 2. —

Kupferschmied-Kalender für 1896. Herausgegeben von Carl Pataky. Reich illustrirt. XVI. Jahrg. 16. (160 S., mit Notizblättern.) In Lnwd. geb. Ebd. 1.30

Kupferschmid-Kalender für 1897. Herausgegeben von Carl Pataky. Reich illustrirt XVII. Jahrg. 16. (160 S., mit Notizblättern.) In Lnwd. geb. Ebd. 1.30

Kupferschmied-Kalender für 1898. Herausgegeben von Carl Pataky. Reich illustrirt. XVIII. Jahrg. 16. (160 S. mit Notizblättern.) In Lnwd. geb
Wien: Perles 1897.

Kupferschmied-Kalender f. 1899. Hrsg. v. Carl Pataky unt. Mitwirkg. vieler Fachleute. 19. Jahrg. 2 Thle. 12. (XV, 128, 192 u. 116 S. m. Fig. u. 2 Taf.) Berlin, C. Pataky. Geb. in Leinw. u. geh. n. 2. —

Kupferschmied-Kalender für 1900. Herausgegeben von Carl Pataky unter Mitwirkung vieler Fachleute. Reich illustrirt. XX. Jahrgang. Wien. Perles. 8°. 212 S. Geb. fl. 1.30

Kupferschmied-Kalender für 1901. Herausgegeben von Carl Pataky unter Mitwirkung vieler Fachleute. Reich illustrirt. XXI. Jahrgang. Wien. Perles. 8°. 208 S. Geb. K 2.60

Kupferschmied-Kalender für 1902. Herausgegeben von Carl Pataky unter Mitwirkung vieler Fachleute. Reich illustrirt. XXII. Jahrgang. Wien. Perles. 8°. 208 S. Geb. K 2.60

Kupferschmied-Kalender f. 1903. Hrsg. v. Carl Pataky unter Mitwirkg. vieler Fachleute. 23. Jahrg. 12. (XV, 128 u. 208 S. m. Fig.) Berlin, C. Pataky. Geb. in Leinw. n. 2. —

Kupferschmied-Kalender f. 1906. Hrsg. v. Carl Pataky unter Mitwirkg. vieler Fachleute. 26. Jahrg. (XV, 128 u. 224 S. m. Fig.) kl. 8. Berlin, C. Pataky. Geb. in Leinw. n. 2. —

Kupferschmied-Kalender f. 1911. Hrsg. v. Carl Pataky unter Mitwirkg. vieler Fachleute. 31. Jahrg. (XV, 128 u. 224 S. m. Fig.) kl. 8. Berlin, C. Pataky. Geb. in Leinw. 2. —

Kupferstatistik für 1892—1902. (Aron Hirsch & Sohn, Halberstadt.) Halberstadt 1903. Dasselbe: 13. Jahrgang (1891—1904 ff. bis 18. Jahrgang (1891—1909).

Der Kupferstich der Gegenwart in Europa. (Red. von Carl v Lützow.) *Wien: Gesellsch. f. vervielf. Kunst 1891.* (IV, 168 S., 55 Taf.) 2°
— Kunst, Die vervielfältigende, d. Gegenwart. 2. [o3. 15348]

Kupferstiche, 399, v. vierfüß. Thier. u. Vögeln, a. Büffons Hist. d. Nat. z. Gebr. d. Zeichner ꝛc. gr. 4. Leipz. Heinsius. 791.

Kupferstiche u. Holzschnitte alter Meister in Nachbildungen. Hrsg. v. der Direction der Reichsdruckerei unter Mitwirkg. v. F. Lippmann. 1.—3. Mappe. gr. Fol. (à 50 Bl. m. 1 Bl. Text.) Berl. 889,90,91, Reichsdruckerei. In Mappe à * 100 —

Kupferstiche u. Holzschnitte alter Meister in Nachbildungen. Hrsg. v. der Direction der Reichsdruckerei unter Mitwirkg. v. F. Lippmann. 5 Mappen. gr. Fol. (à 50 Blatt m. 1 Blatt Text.) Berlin 889—893. Reichsdruckerei. In Mappe. à n. 100. —

Kupferstiche u. Holzschnitte alter Meister in Nachbildgn. Hrsg. v. d. Direction d. Reichsdruckerei unt. Mitwirkg. v. F. Lippmann. 6.—9. Mappe. gr. Fol. (à 50 Blatt m. 1 Blatt Text.) Berlin 895—898. Reichsdruckerei. In Mappe à n. 100. —

Kupferstiche u. Holzschnitte alter Meister in Nachbildungen. Hrsg. v. der Direction der Reichsdruckerei unter Mitwirkg. v. F. Lippmann. 10. (Schluss-)Mappe. gr. Fol. (50 Blatt m. 1 Blatt Text.) Berlin (899). (Amsler & Ruthardt.) In Mappe n. 120. —

Kupferstiche, (100) zu den sonn- u. festtägl. Evangelien. 8. Sie sind zu jedem Evangelienbuche in 8vo anzuwenden. Augsb., Doll. (Landsh., Krüll). 1 ℛ 8 𝒦

Kupferstiche, Neue französische. [Weimar 1795.] V: *Böttiger, Carl August.* (MGT)

Photographirte Kupferstiche nach den Fresco-Gemälden von Michel-Angelo Buonarotti in der sixtinischen Kapelle im Vatikan zu Rom. Gezeichnet von Vincent Dolcibene, gestochen von Dom. Omego 23 Bl. auf Carton. Wien: Fr Schultz's Selbstverlag 1865. In Umschlag.

Kupferstiche u. Radirungen alter Meister in Nachbildungen. Fol. (70 Taf. m. 2 S. Text u. Text auf d. Rückseite.) Berlin (902). Düsseldorf, Fischer & Franke. In Mappe n. 18.—

Kupfer- u. Stahlstiche zu Tieck's Werken. Nach J. Petzl u. Wilh. Hensel gest. v. C. A. Schwerdgeburt, Ludw. Meyer, C. L. Schuler u. Ernst Rauch. 1. u. 2. Lfg. 8. (13 Bl.) Berlin, Reimer. [1. (6 Bl. zum Octavian.) 831. 16 Gr., 2. (7 Bl. zur Genoveva.) 832. 22 Gr.]

— (24) zu M. v. Schönbergs biblischen Geschichten. 8. Auch diese sind zu andern ähnlichen Werken zu verwenden. Augsb., Doll. (Landsh., Krüll). 10 𝒦

Kupferstiche nach Werken neuerer Meister in der königl. Gemäldegalerie zu Dresden. Hrsg. auf Veranlassg. d. königl. sächs. Ministeriums d. Innern u. der Generaldirektion der k. Sammlgn. f. Kunst u. Wissenschaft. Biographischer Text v. Wilh. Rossmann u. Woldemar v. Seidlitz. 1—4. Lfg. Fol. (VII, 20, 30, 31 u. 18 S. m. 12 Kupferst.) Dresden 886. (Gutbier.) n. 120. —

Kupferstichkabinet, das. Nachbildgn. v. Werken d. graph. Kunst v. Ende des XV. bis zum Anfang des XIX. Jahrh. 1. Jahrg. 12 Hfte. (à ca. 8 Fksm.-Taf.) Fol. Berlin 896. Fischer & Franke. à n. 1. —

— dasselbe. Hrsg. v. Alb. Fischer Edler v. Zickwolff u. Willib. Franke. II. Jahrg. 12 Hfte. (à ca. 8 Fksm.-Taf.) Fol. Ebd. 897. à 1. —

Kupferstichkabinet, das. Nachbildungen v. Werken der graph. Kunst vom Ende des XV. bis zum Anfang des XIX. Jahrh. Hrsg. v. Alb. Fischer, Edlen v. Zickwolff u. Willib. Franke. III.—V. Jahrg. (Oktbr. 1898—Septbr. 1901.) à 12 Hfte. Fol. (à 8 Fksm.-Taf.) Ebd. à Hft. n. 1. —
Erscheint nicht mehr.

Kupferstich-Katalog v. Stiefbold & Co., Berlin SW. 1. Abth. Deutsche Kupferstiche. gr. 4. (56 S.) Berlin (902). Stiefbold & Co. 1. 50

Kupferstich-Katalog v. Stiefbold & Co., Berlin S.W. 2. Abtlg.: Englische Kupferstiche etc. (IV, 69 S. u. 70 S. Abbildgn.) 31,5×24 cm. Berlin (906). Stiefbold & Co. 5. —

Kupferstich-Sammlung, die, aus dem Nachlasse Sr. Maj. des Königs Ferdinand v. Portugal, Herzogs zu Sachsen. Meist hervorrag. Stiche, Radirgn. u. Holzschn. v. den ersten Meistern aller Schulen. Versteigerung zu Köln den 29. Novbr. 1893 u. die folg. Tage durch J. M. Heberle (H. Lempertz' Söhne). Lex.-8. (XI, 201 S.) Köln 893 J. M. Heberle. 3. —

Sieben und dreysig Kupfertabellen sehens- und merkwürdiger Sachen in des heil. Röm. Reichsstadt Nürnberg. Daselbst zu finden bei George Peter Monath 1777.
Tit. 1 Bl. m. 1 Holzschn., 37 Taf. in Kupferst. 2°
Auf Taf. XIII—XVIII 51 Kostümdarstellungen, Abdrucke des Werkes: Kleidungsarten und Prospekten zu Nürnberg zu finden bey Peter Con. Monath, das nur Trachtenbilder enthält.

Kupfertafeln, chirurgische. Eine kleine Sammlung der nothigsten Abbildungen von anatomischen Präparaten und chirurgischen Instrumenten zum Gebrauch für praktische Chirurgen. 6 Hefte. gr. 4. Weimar, Industrie-Compt. 820—821. à 12 Gr.

Kupfertafeln, chiruchische; eine Samml. d. nöthigsten Abbild. v. äußerlich. sichtbaren Krankheitsformen ꝛc., welche auf d. Chirur. Bezug haben. Mit Erklärung. 76—396 Hft. gr. 4. Weimar 821—27. Ind.-Compt. à 12 gr.

Kupfertafeln, chirurg., e. auserles. Samml. d. nöthigsten Abbildn. v. äußerl. sichtbaren Krankheitsformen, anatom. Präparaten, so wie v. Instrumenten u. Bandagen, welche auf d. Chirurgie Bezug haben, z. Gebr. f. prakt. Chirurgen. 40—66. Hft. Jedes mit ca. 5 ill. u. schw. Kpfrt. od. Taf. 231—337. gr. 4. (à 1—2½ B. Text.) Weimar 827—35, Landes-Ind.-Comptoir. à Hft.
1—39. Hft. Ebendas. 1820—27. à 12 Gr.

Kupfertafeln, chirurg., e. auserles. Samml. d. nöthigsten Abbildn. v. äußerl. sichtbaren Krankheitsformen, anatom. Präparaten, so wie v. Instrumenten u. Bandagen, welche auf d. Chirurgie Bezug haben, zum Gebr. f. prakt. Chirurgen. Hrsg. v. Rob. Froriep. 67—87. Hft. Jedes m. ca. 5 ill. (od. schw.) Kpfrt. od. Taf. 338—442. gr. 4. (à 1—4¾ B. Text.) Weimar 836—42, Landes-Indust.-Comptoir. à H.

Kupfertafeln, chirurgische, eine auserlesene Sammlung der nöthigsten Abbildgn. von äußerl. sichtbaren Krankheitsformen, anatom. Präparaten so wie von Instrumenten u. Bandagen, welche auf die Chirurgie Bezug haben, zum Gebr. für prakt. Chirurgen. Hrsg. v. Rob. Froriep. 88—95. Hft. Taf. 443—482. gr. 4. (14 B. Text.) Weimar 843—46, Landes-Industrie-Comptoir. à
1—87. Hft. Ebendas. 1820—42. à 15 Ngr.

Kupfertafeln, chirurgische. Hrsg. von Rob. Froriep. 96. Heft. Taf. 483—487. gr. 4. (10 S. Text.) Weimar 848, Landes-Industrie-Comptoir.
1—95. Heft. Ebendas. 1820—46. 47 Thlr. 15 Ngr.

Kupfertafeln, Klinische. Eine auserlesene Sammlung von Abbildungen in Bezug auf innere Krankheiten ... Weimar 1828—38. H: *Froriep*, *Robert*. (BrMm)

—— klinische, e. auserles. Samml. v. Abbildn. in Bezug auf inn. Krankheiten, vorzügl. auf deren Diagnostik u. patholog. Anatomie, f. pract. Aerzte. 1—9. Lfg. à 6 ill. u. schw. Kpfrt. od. Taf. I—LIV. gr. 4. (à 2—3½ B. Text.) Weimar 828—33, Landes-Ind.-Comptoir. à Lfg.

—— klinische, e. auserles. Samml. v. Abbildn. in Bezug auf innere Krankheiten, vorzügl. auf deren Diagnostik u. patholog. Anatomie, f. pract. Aerzte. Hrsg. v. Rob. Froriep. 10—12. Lfg. à 6 ill. u. schw. Kpfrt. od. Taf. LV—LXXII. gr. 4. (2½, 2¼ v. 2 B. Text.) Weimar 836, 37, Landes-Indust.-Comptoir. à L.
10. u. 11. Lfg. bilden: Froriep's patholog.-anatom. Abbildn. aus d. k. Charité-Heilanstalt zu Berlin. 1. u. 2. Lfg.
1—9. Lfg. Ebendas. 1828—33. à L. 1 Thlr. 12 Gr.

— klinische, eine auserles. Sammlung von Abbildungen ꝛc. für prakt. Aerzte. 8e—12e Lfrg. Taf. XLIII—LXXII. Herausg. von R. Froriep. gr. 4, Weimar 832—38. Landes-Industrie-Compt. (à 1½ ℛ) 7½ ℛ (10e Lfrg.: Frorieps patholog.-anatom. Abbildg. aus der Königl. Charité-Heilanstalt zu Berlin. 1e Lfrg. — Vgl. Froriep, 1—12. 19 ℛ

Kupffender, Alfred, Apotheker aus Bromberg: Ueber o-Methylchinaldin und α-o Dimethylchino-a = p-chinolin. *Freiburg i. B. 1900: H. Epstein.* (63 S.) 8°
Freiburg i. B., Phil. Diss. v. 1900

Kupffender, Hugo [aus Neuhaus a. d. Elbe]: Beiträge zur Anatomie der Globulariaceen und Selaginaceen und zur Kenntnis des Blattcambiums ... Kiel, *Buchdr. v. J. Grossmann, Potsdam*, 1891; 60 S., 1 Bl. 8.
Erlangen, Phil. Fak., Inaug.-Diss. v. 1891

Kupffender, J. P. (Frankfurt/Oder), Diss. jur. de marito alienante. Präs. J. Fr. Polac. Frankfurt a. Oder (J. Chr. Winter) 2. VIII. 1760. 20 Seiten. (4.—) 20236
Gew.: Ph. Jos. v. Jariges.

Kupffer, s.a. Kupfer.

Kupffer, Krissas Abenteuer, s.: Naschtschenko.

Kupffer, Adf., zwei Zeugen göttlicher Offenbarung, das Weltall und der Mensch. gr. 8. (123 S.) Berlin 873, Schlawitz. [Leipzig, Hinrichs' Verlag.] * 2 —

Kupffer, Adolf Theodor

— De calculo crystallonomico. (Inaug.-Diss.) Cum tabula. Gotting. 1821. 4°.

Kupffer, A.-T., Compte-rendu annuel, s. Annales de l'observatoire physique central de Russie.

— siehe: **Correspondance météorologique.**

Kupffer, A. T., über den Einfluss der Wärme auf die elastische Kraft der festen Körper und ins Besondere der Metalle. Mit 4 Taf. (Kpfrst. in 4. u. Fol.) Eine von der K. Societät der Wissensch. in Göttingen gekrönte Preisschrift. (Aus d. Mémoires de l'Acad. Imp. des Sciences de St. Pétersbourg.) St. Pétersbourg 857. (Leipzig, Voss.) gr. 4. (1 Bl., 98 S.) nn. 1 ℛ. 20 ngr.

Kupffer, Adph. Th. v., Handbuch der Alkoholometrie. Anweisung zum Gebrauch der gläsernen u. metallenen Alkoholometer u. zu ihrer Construction. Berlin 865. Springer's Verlag. Lex.-8. (X, 238 S. mit 18 in den Text gedr. Holzschn.) 2 ℛ 15 ngr.

Kupffer, Ado. Theod., Handbuch d. rechnenden Krystallonomie. gr. 4. (75 B. u. 14 Kpfrt.) St. Petersburg 831. (Leipzig, Voss.)

Kupffer, Ado. Theod., Instructions pour faire des observations météorologiques et magnétiques. gr. in-8. (6 B. u. 2 Kpfrt.) St.-Pétersbourg 836. (Leipzig, Voss.) **

Kupffer, Dr. Ad. Theod., Preisschrift über die genaueste Messung der Winkel an Krystallen. (Gekrönt 3/7 1823 von der Berliner Akademie.) Berlin 1825. 4°.

Kupfer, (A. Th.,) gekrönte Preisschrift über genaue Messung d. Winkel an Krystallen. gr. 8. Berl. 825. (Dümmler.)

Kupfer, Ad. Thdr., gekrönte Preisschrift über genaue Messung d. Winkel an Krystallen. gr. 4. Berl. 826. (Dümmler). 1 ℛ

—— Recueil d'observations magnétiques, faites à St.-Pétersbourg et sur d'autres points de l'empire de Russie. gr. in-4. (89½ B. u. 1 Kpfrt.) St.-Pétersbourg 837. (Leipzig, Voss.) **

Kupffer, A. T., résumés des observations météorologiques faites dans l'étendue de l'Empire de Russie et déposées aux archives météorologiques de l'Acad. des sciences, publiés sous les auspices et aux frais de l'Acad. des sciences. 1. cahier. gr. 4. (49 S. m. 1 lith. Taf.) St. Pétersbourg 846. (Leipzig, Voss.) baar ⅔ ℛ

—— Tables psychrométriques et barométriques, à l'usage des observatoires météorologiques de l'empire de Russie. gr. in-8. (16¾ B.) St. Pétersbourg 841. (Leipzig, Voss.) **

Kupffer, A. T., Tables psychrométriques et barométriques à l'usage des observatoires météorologiques de l'Empire de Russie. 2me édit. 8. (VII, 266 S.) St. Petersburg 860. Leipzig, Voss. * 3 50

— Mittlere Temperaturen in Russland. (Extr du Bull. de la classe physico-mathem. de l'Acad. Impér. des Sc. de St. Pétersbourg, T VII, No. 24.)

Kupffer, A. Th., Travaux de la Commission pour fixer les mesures et les poids de l'Empire de Russie. II Tomes. gr. in-4. (Mit 2 Tab. u. 1 Atlas mit 15 Steintaf.) St. Pétersbourg 841. (Leipzig, Voss.) baar 5⅓ ℛ

—— Voyage dans les environs du mont Elbrouz dans le Caucase, entrepris par ordre de Sa Maj. l'Empereur; en 1829. Rapport fait à l'Académie Impér. des Sciences de St.-Petersbourg. gr. in-4. (16 B. u. 1 Kpfrt.) St.-Petersbourg 830. (Leipzig, Voss.)

Kupffer, A. T., Einige Worte über die Bemerkungen von Biot, welche die von der französischen Regierung beabsichtigte Errichtung von meteorologischen Observatorien in Algerien hervorgerufen hat. (Gedruckt mit Genehmigung der Kais. Akad. der Wissensch., den 19. März 1856).

Kupffer, Arth., das Verhalten der Druckschwankungen u. d. Athmungsquantums bei künstlicher Respiration nach den Methoden v. Schultze, Silvester, Pacini u. Bain. Inaug.-Diss. gr. 8. (38 S. m. 1 Taf.) Dorpat 890. (Karow.) n. 1. —

Kupffer, Aug., über die chemische Constitution der baltisch-silurischen Schichten. gr. 8. (128 S. mit 2 lithogr. Taf., wovon 1 in Fol.) Dorpat 870, (Glaeser.) [Schnakenburg.] * 2 —
Aus: Archiv für die Naturkunde Liv-, Ehst- und Kurlands, besonders abgedruckt.

Kupffer, E., das Arbeiter-Wohnhaus auf der „Ausstellung f. Arbeiter-Wohnungen u. Volksernährung“, Riga 1907. Zusammengestellt im Auftrage d. Ausstellungs-Komité. Nebst e. Nachtrag üb. die Lauben-Gärten v. G. Kuphaldt. (IV, 69 S. m. Abbild.) gr. 8. Riga 907. G. Löffler. 2. 20

Kupffer, Elisar v. (Elisarion), s.: Aino u. Tio.

Kupffer, Elisàr v., Auferstehung. Irdische Gedichte. 8. (XII, 148 S. m. Bildnis.) Eberswalde (901). Verlag „Jung-Deutschland“. n. 3. —

Kupffer, Elisàr v., Auferstehung. Irdische Gedichte. 2. Aufl. (XII, 148 S. m. Bildnis.) 8. Leipzig (904). M. Spohr. n. 3. —

Kupffer, Élisàr von. Doppelliebe. Novellen von Eestland. 148 S. 8. Zürich, Caesar Schmidt, 1901. [fr. 2. 50]

Kupffer, Elisar von: Ehrlos! Novellen u. Skizzen. 1.–3. Taus. Berlin: R. Eckstein Nf. [1898]. (127 S.) 1 Bd. 8°

Kupffer, Elisar v., Ehrlos! Novellen u. Skizzen. 1.—3. Taus. schmal 12. (127 S. m. Titelbild.) Berlin 898. Leipzig, G. Müller-Mann. n. 1. —

— Feuer im Osten, s.a. Universal-Bibliothek.

Feuer im Ofen. Dramat. Szenen aus d. russ.-balt. Revolution in 3 Aufz. von Elisàr v. **Kupffer** (Elisarion). Leipzig: Ph. Reclam jun. [1907]. (88 S.) 8° [F.]
(Universal-Bibliothek. 4962.) 08. 4791

— der Herr der Welt Tragödie in 5 Akten. 8. (122 S.) Berlin 899. E. Ebering. n. 2. 50

— Irrlichter. Drama in 3 Tln. 8. (92 S.) Ebd. 900. n. 2. —

Klima und Dichtung. Ein Beitrag z. Psychophysik von Élisàr v. **Kupffer**. München: E. Reinhardt 1907. (68 S.) 8°
— **Grenzfragen** d. Literatur u. Medizin in Einzeldarstellungen. H. 4. 07. 3667

— Heiland Kunst. — Olympia u. Golgatha, s.: Lebenswerte.

— Leben u. Lieben. Gedichte. 8. (IV, 81 S.) Dresden 895. E. Pierson. n. 1. 50; geb. n. 2. 50

— Lieblingminne u. Freundesliebe in der Weltlitteratur. Eine Sammlung m. e. ethisch-polit. Einleitg. gr. 8. (II, 220 S.) Berlin-Neurahnsdorf 900. [A. Brand.] Eberswalde, S. Dyck. (Nur direkt.) 5. —; Sonderausg. 10. —

— Der Maler der Schönheit Giovan Antonio — il Sodoma. Eine Seelen- u. Kunststudie. (100 S. m. 1 Taf. u. 26 S. Abbildgn.) 8. Leipzig (908). M. Spohr. 3. —

— u. Eduard v. **Mayer**, Priesterin Mutter, s.: Lebenswerte.

— An Edens Pforten — aus Edens Reich. Sufische Gedichte, m. 2 Bildern, Kompositionen u. Erläutergn. (VIII, 157 S.) 8. Dresden (907). [E. Pierson.] München, Verlag Akropolis. 3.50; geb. n 4. 50

Kupffer, Fedor, Analyse septisch inficirten Hundeblutes. Inaugural-Dissertation. gr. 8. (64 S.) Dorpat 884, (Karow.) *

Kupffer, Henr., de Miraculis Biblicis, praesertim Novi Testamenti, commentat. exeget.-crit. 8 maj. (5¾ B.) Brunsvigae 832, J. H. Meyer.

Ist die Freimaurerei wertlos? Ein Wort der Mahnung und Anregung von H[ugo] v. **Kupffer**. Als Ms. f. Frmr. gedr. Berlin: Wunder 1904. 32 S. 8°

[Dasselbe.] 2. Aufl. Ebendas. 1905. 32 S. 8°
Recens: f. 1. Aufl.: Wöchentl. Anzeiger d. Frmr. Logen v. Berlin. 36 (1904) S. 202; Bh. 47 (1904) S. 416 (C. Gotthold); FZ. 58 (1904) S. 406 (H. G. Thenau); H. 15 (1904) Nr 39 (K. Pistorius), 41; SL. 24 (1904) S. 162—163; R. 31 (1904) S. 96; ArSt. 1 (1904) S. 355; BZC. 33 (1904) S. 488—489; Z. 35 (1904—1905) S. 48 (H. Glücksmann); Al. 31 (1905) S. 127; f. 2. Aufl.: H. 16 (1905) Nr 12 (K. Pistorius).
cf. f. 1. Aufl.: BstF. 13 (1904) S. 175 (L. Müffelmann); Bbl. 18 (1904) S. 612—613 (G. Diercks); FT. 11 (1904) S. 85 (A. J. Lange); L. 27 (1904) S. 184 (R. Fischer); DrL. 35 (1904—1905) S. 24—25 (A. Denecke); Bk. 24 (1905) Nr 85 (J. Feiner); S. 12 (1905) S. 5—6 (J. G. Findel); f. 2. Aufl.: MitteilRuT. (Hamburg) 1 (1904—1905) S. 40 bis 41 (F. W. V. Bahnson); Z. 35 (1904 bis 1905) S. 359 (H. Glücksmann).
Aufgaben der Frmrei u. des Logenwesens in heutiger Zeit. Veranlasst durch die Broschüre von I. Duhz.

Kupffer, Hugo v. Reporter-Streifzüge. Ungeschminkte Bilder aus der Reichshauptstadt. 8. (124 S.) Styrum 889, Spaarmann. * 1 —

Kupffer, Jul., Goethe's Faust als Erzählung zur Einführung in das Verständnis d. Originals. 8. (XX, 402 S.) Naumburg 892. A. Schirmer's Verl. n. 4. 50

Kupffer, Jul., Goethe's Faust als Erzählg. z. Einführg. in das Verständnis des Originals. 2. [Titel-] Ausg. m. ergänz. Vorwort. (XII, III—XX u. 402 S.) 8. Riga [892] 909. Jonck & Poliewsky. 3.50; geb. 5. —

Kupffer, Jul., Stellg. u. Zweck des Menschen in der Natur u. die Natur der Staatsverfassung. Ein nächtl. Gedanke. gr. 8. (32 S.) Riga 900. Jonck & Poliewsky. n. — 80

Kupffer, K., und Ludwig K.: Die Beziehung der Nervi vagi und splanchnici zur Darmbewegung.
Separatabdruck aus: Sitzungsber. d. Kais. Akademie d. Wiss. in Wien. Bd. 25. S. 580.

Aus der jüngsten Vergangenheit des Rigaschen Polytechnischen Instituts. Materialien z. Geschichte d. akad. Lebens in d. Jahren 1896 bis 1906. Im Auftr. u. unter Mitw. d. Professorenkolleg. d. Rigaschen Polytechn. Inst. zsgest. von Adj.-Prof. K. R. **Kupffer**. Riga: C. Löffler in Komm. 1906. (160 S.) 4°(8°) 06. 13478

Kupffer, Karl von

— u. N. **Rüdinger**, Arbeiten aus dem anatomischen Institute, s.: Abhandlungen, Münchener medicinische.

[F.] Ueber Energiden und paraplastische Bildungen. Rede beim Antritt d. Rektorats d. Ludwig-Maximilians-Univ. geh. am 28. Nov. 1896 v. Dr. Carl **von Kupffer**. München, kgl. Hof- u. Univ.-Buchdr. v. Dr. C. Wolf & Sohn, 1896; 25 S. 4.

Kupffer, Karl: Die Entwicklung des Herings im Ei. Mit 4 Tafeln. (Berlin. 1878.)
In: 3. Jahresbericht der Commission zur wissenschaftlichen Untersuchung der deutschen Meere in Kiel. Jg. 4., 5. und 6. Fol.

Kupffer, C. v. Ueber die Entwicklung v. Milz u. Pankreas, s. Abhandlungen, Münchener medicinische.

Kupffer, C., und B. Benecke, die ersten Entwickelungsvorgänge am Ei der Reptilien. gr. 8. (11 S. mit eingedr. Holzschn.) Königsberg 878, Hartung'sche Verlagsdruckerei.

Kupffer, C., Epithel und Drüsen des menschlichen Magens. Lex.-8. (22 S. mit 2 Taf.) München 883, Rieger'sche Universitäts-Buchh. *
Aus: Festschrift, dem ärztlichen Verein München zur Feier seines 50jährigen Jubiläums gewidmet, besonders abgedruckt.

— - Gedächtnissrede auf Theodor L. W. v. Bischoff, gehalten in der öffentl. Sitzung der k. b. Akademie der Wissenschaften zu München zur Feier ihres 125. Stiftungstages am 28. März 1884. gr. 4. (52 S.) München 884, (Franz'sche Buchh.) **

Kupffer, Karl. Giebt es e. Fortschritt? gr. 8. (19 S.) Libau 890, Puhze. 1 20

Kupffer, Karl: Über Laichen und Entwicklung des Herings in der westlichen Ostsee. (Berlin. 1878.)
In: 3. Jahresbericht der Commission zur wissenschaftlichen Untersuchung der deutschen Meere in Kiel. Jg. 4., 5. und 6. Fol.

Kupffer, Carol., de embryogenesi apud chironomos observationes. gr. 4. (16 S. mit 1 Stnt.) Kiel 867, (Universitäts-Buchh.) *

Kupffer, Karl von: Über das Pankreas bei Ammocoetes, s. Abhandlungen, Münchener medizinische.

—— und Berthold Benecke, Photogramme zur Ontogenie der Vögel. 1. Serie in 15 (Lichtdr.-)Taf. gr. 4. (46 S.) Halle 880. (Leipzig, Engelmann.) *
Aus Nova Acta der k. Leop.-Carol. deutschen Akademie der Naturforscher, besonders abgedruckt.

Kupffer, Carl, 30 ausgewählte Schachpartien. gr. 8. (19 S.) Libau 891. (R. Puhze.) n. 1. —

—— und Fritz Bessel-Hagen, Immanuel Kants Schädel. 5 photogr. Bl., mit erläut. Bemerkungen. Photogr. von P. Rosenow. 4. (4 S.) Königsberg 880, Hübner und Matz. *

— — Schädel und Skelete der anthropologischen Sammlungen zu Königsberg i. Pr., s. Sammlungen, die anthropologischen, Deutschlands.

Kupffer, C., die Stammverwandtschaft zwischen Ascidien und Wirbelthieren. Nach Untersuchungen über die Entwicklung der Ascidia canina [Zool. dan.] gr. 8. (58 S. mit 3 lithogr. Taf. in gr. 8. und 4.) Bonn 870, Cohen und Sohn. * 4 50
Aus: Archiv für mikroskop. Anatomie, besonders abgedruckt.

— Studien zur vergleichenden Entwicklungsgeschichte. d. Kopfes der Kranioten. 1. u. 2. Hft. gr. 8. München, J. F. Lehmann's Verl. n. 20. —
1. Die Entwicklg. d. Kopfes v. Acipenser sturio, an Medianschnitten untersucht. (IV, 95 S. m. Textabbildgn. u. 9 Taf.) 893. n. 10. —
2. Die Entwicklg. des Kopfes v. Ammocoetes Planeri. (79 S. m. 13 lith. Taf.) 894. n. 10. —

Kupffer, C. v., Studien zur vergleichenden Entwicklungsgeschichte d. Kopfes d. Kranioten. 3. Hft. gr. 8. München 895. J. F. Lehmann's Verl. n. 8. — (1—3: n. 28. —)
Die Entwicklung der Kopfnerven v. Ammocoetes Planeri. (80 S. m. 48 Abb.)

Kupffer, C. v., Studien zur vergleichenden Entwicklungsgeschichte des Kopfes der Kranioten. 4. Hft.: Zur Kopfentwicklg. v. Bdellostoma. gr. 8. (86 S. m. Abb.) München 900. J. F. Lehmann's Verl. n. 8. —
Hft. 1—4. Ebd. 893—900. n. 36,—.

Kupffer, Carol., de medullae spinalis textura in ranis ratione imprimis habita indolis substantiae cinereae. Dissert. inaug. Accedit tab. lithogr. Dorpati Liv. 854. (Mitau, Reyher.) gr. 8. (1 Bl., 61 S.) 18 ngr.

Kupffer, C., und F. Bidder, Untersuchungen über die Textur des Rückenmarks, s. Bidder, F.

Kupffer, Karl von u. B. Benecke
— — der Vorgang der Befruchtung am Ei der Neunaugen. gr. 4. (22 S. m. 1 Steintaf.) Königsberg 878. Nürmberger's Verl. n. 1. 50

Kupffer (vgl. Kupfer), Karl Heinrich

Kupffer, C. H., Anfangsgründe d. Buchstabenrechnung u. Algebra, mit Inbegriff d. Combinationslehre u. unbestimmten Analytik, nebst Uebungsaufgaben. Zur Repetition d. mündl. Unterr. u. zur eignen weit. Fortbildung neben diesem. gr. 8. (16 B.) Reval 832. (Leipzig, Brockhaus.)

—— Versuch einer Methode, durch welche sich bestimmen liesse, ob und in welcher Anzahl eine gegebene allgemeine algebraische Gleichung, von welchem Grade sie auch sei, imaginäre Wurzeln habe. Dorpat (1819). 4.

Kupffer, Carola, Gedichte. 1893—1895. (VI, 140 S.) 8. Dresden 903. E. Pierson. n. 2. 50; geb. n. 3. 50

Kupffer, Ludw., stereometrische Punktir-Apparate für Bildhauer. hoch 4. (12 S. mit eingedr. Holzschn.) Leipzig 864, (Weber.) *

Kupffer, M. J. (Gold./Kurland), Morbos scholarum Germaniae. Präs. H. H. Ludovicus (Gotha). Jena (Müller) Apr. 1712. 63 S. (5.—) 20237
Gew.: A. Danzius, Ph. Slevogt, W. Wedel, C. Posner.

Blumenlieder. Allen Blumenfreunden z. Gruß von Marie Kupffer. Berlin-Leipzig C. Wigand 1907. (39 S.) 8° [illegible]

Kupffer, V., die Gesetze über den Civilprocess vor den Friedensgerichten der Ostseeprovinzen. gr. 8. (187 S.) Dorpat 882. Karow. n. 4. —

Kupfferschmid (vgl. Kupferschmid), Johann:
Diatribe medico-chirurgica inauguralis de machina humana eiusque conservatione.
Basel; med. Diss. 1715.

Kupfferschmitt, Jo. Henr. (Wetzlar), De juramento appellationis ad. § 118. recessus imperii de anno 1654. Präs. Jo. C. Koenig. Marburg (Ph. C. Müller) 12. I. 1745. 44, 2 S. (4.—) 20241

— Jo. L. (Wetzlar), De jure ordinum imperii decorandi honoribus militaribus. Präs. J. Gg. Estor. Marburg (Müller) Jul. 1744. 80 S. (5.—) 20242

Kupffner, C.: P e r i k l e s der Olympier 2 Bde. Wien 1809 8°

Kuphaldt, G.: Städtische G a r t e n a n l a g e n und ihre Bedeutung für die Stadt Riga. Vortrag, geh. 1909 in Riga. Als Ms. gedr. Riga 1909: Häcker. 16 S. 8°
(Hefte d. Gesellschaft f kommunale Sozialpolitik in Riga. No. 10.)

Kuphaldt, G., Lauben-Gärten, s.: Kupffer, E., das Arbeiter-Wohnhaus.

Kuphaldt, G., d. ration. Obstbau in d. nordwestl. Provinzen d. russ. Reiches. Ein Handbuch d. Obstkultur f. Gärtner u. Gartenfreunde. gr. 8. (VII, 185 S. m. 12 Abb.) Riga 896. N. Kymmel's Sort. Kart. n. 4. –

Kuphaldt, [Hans Heinrich]: Die F l o r a von Plön. Plön 1863. Plön, Gymn.-Progr. 8°

KUPIDO oder die Kunst den Damen und liebenswürdigen Gesellschaften zu gefallen. Aus d. Italien. zu Gunsten der Damen übersetzt von T e r p a n d e r. Paris (Cöthen, Glandenberg), 1787. 8°. (In München: Phil. pr. 323.) Rar!
32 S. Enth. 4 Kapitel, das 2te freien Inhalts. — Weller, fing. Dr.

— ein poet. Taschenbuch, herausg. v. Imm. Meier u. S. G. Laube, mit Musik. 8. Penig 804. Dienemann. (Leipz., Leich). 1 ₰ 12 K

— oder die Kunst, bei Damen Glück zu machen, e. Taschenbuch auf 1808. Leipz., Joachim. 16 K

Kupido, (F. J.,) neuentdecktes Nacht-Pfauen-Auge, Saturnia Cacigena No. 4. — Mit latein. Texte für's System u. deutscher Beschreibung. Mit 1 lithograph. u. fein illum. Abbild. gr. 4. Brünn 825, Traßler.

— 's Mobiliarverloosung, ein neues Gesellschaftsspiel rc. (v. Th. Tratt. Plant). 8. Berl. 791. Maurer. 12 K

Kupitz, E. (Sorau/Laus.), Diss. med. de vomitu cruento. Präs. D. M. Alberti. Halle (Chr. Henckel) Aug. 1718. 48 S. (4.—) 20243

Kupka, Frz., Album. 1. Lfg. (1 Bl. in Farbdr. u. Text auf dem Umschlag.) 42,5×29,5 cm. Prag (909). B. Kočí. — 80

Kupka, Jiří Vilém, rukověť pro zpovědníka. Podle Caj. Mar. Bergamo sestavil a rozmnožil. Prag 861. Hess. 12. (VI, 230 S.) n. 20 ngr.

Kupka, P. F., amerikanische Eisenbahnen. gr. 8. (V, 108 S.) Wien 877, Lehmann und Wentzel. *

Kupka, P., amerikanische Eisenbahnen. gr. 8. (V, 108 S.) Wien 877. Spielhagen & Schurich. n. 3. —

—— amerikanische Eisenbahnen. Aus dem Berichte an das k. k. österreich. Handelsministerium. gr. 8. (24 S. mit 5 lithogr. Taf., wovon 3 in qu. gr. 4.) Wiesbaden 878. (Wien, Helf's Sortiment.) *

Kupka, P. F., die Eisenbahnen Österreich-Ungarns 1822—1867. gr. 8. (X, 386 S.) Leipzig 888, Duncker und Humblot. *

Kupka, P. F., Eisenbahn- und Tarif-Politik in den Vereinigten Staaten Nordamerikas. Vortrag, gehalten im Club österreich. Eisenbahnbeamten am 23. Novbr. 1880. gr. 8. (28 S.) Wien 880, (C. Helf's Sortiment.) **
Aus Oesterreichische Eisenbahn-Zeitung, besonders abgedruckt.

— geodätische Instrumente, s.: Bericht über die Weltausstellung in Philadelphia 1876.

Kupka, P. F., Wiener „Papyri". Skizzen aus Jung- u. Altägypten. gr. 8. (X, 217 S.) **Dresden 894. E. Pierson.** n. 4. —; geb. in Leinw. n. 5. —

-- die Verkehrsmittel in den Vereinigten Staaten von Nordamerika. Mit 1 (chromolithogr.) Karte der Vereinigten Staaten von Nordamerika. gr. 8. (X, 413 S.) Leipzig 883, Duncker und Humblot. *

—— über Verkehrsmittel, Tarifirung und Eisenbahnbewegung [the granger movement] in den Vereinigten Staaten Nord-Amerika's. Vortrag, gehalten am 18. Jan. 1878 im Niederösterreichischen Gewerbeverein. gr. 4. (6 S.) Wiesbaden 878. (Wien, Helf's Sortiment.)

Kupka, Paul Zur Chronologie und Genesis des Roman de la Rose. 28 S. 8.
Städt. Realschule mit latein. Nebenabteilungen von Sexta bis Quarta *Gardelegen* 1901 (285).
Progr.

Kupka, Paul, zur Chronologie u. Genesis des Roman de la Rose. gr. 8. (28 S.) Gardelegen 901. (Leipzig, Buchh. G. Fock.) n. 1. 20

Zur Genesis der Totentänze von Paul **Kupka**. Stendal 1907: Gewert & Sluyter. (24 S.) 8° [illegible]

Kupka, Paul, zur Genesis der Totentänze. (24 S.) gr. 8. Stendal 907. (E. Schulze.) nn — 75

Kupka, Paul: Zur Genesis der mittelalterlichen Totentänze. Stendal 1908: Gewert & Sluyter. 35 S. 8°
Stendal, G P 1908 (326) [S 08. 259

Kupka, Paul, Dr.: Ueber mittelalterliche Totentänze. Untersuchungen über ihre Entstehung und ihre Verwandtschaftsverhältnisse. Stendal 1905: Franzen u. Grosses Buchdr. (VII, 35 S.) 8°
Stendal, G OP 1905 (298)

Kupka, *Lorenz Bernhard* Paul [aus Guben (Prov. Brandenb.)]: Über den dramatischen Vers Thomas Dekkers ... Halle a. S., Hofbuchdr. v. C. A. Kaemmerer & C., 1893; 2 Bl., 37 S. 8.
Halle, Phil. Fak., Inaug.-Diss. v. [22. Juni] 1893

Kupke, die jetzige Behandlung der Herzkrankheiten. [Aus: „Allg. med. Centralzeitg."] **gr. 8. (7 S.) Berlin** 894. O. Coblentz. **n. 1. —**

Kupke, Georg (Bearb.): Nuntiaturen des Pietro B e r t a n o und Pietro Camaiani, s. a. B e r t a n o , Pietro

Kupke, Geo., Nuntiaturen des Pietro Bertano u. Pietro Camaiani 1550—1552, s. a. Nuntiaturberichte aus Deutschland. I. 12.

Kupke, Georg [aus Posen]: Das Reichsvicariat und die Stellung des Pfalzgrafen bei Rhein bis zu Sigmunds Zeit ... Halle a. S., Hofbuchdr. v. C. A. Kaemmerer & C., 1891; 63 S., 1 Bl. 8.
Halle, Phil. Fak., Inaug.-Diss. v. 12. Dez. 1891

Kupke, Oskar: De c h o l e r a Posnaniensi anni 1852. Berolini (1853). (29 S.) 8°
Berlin, Med. Diss. v. 24. Sept. 1853

Kupke, W.: Die R e a l i e n in d. Mittelschule. Posen 1863. Dass. Forts. Ebda. 1864.
Schul-/Univ.-Schrift

Kupp, P. Th., Preisschrift von dem adelichen Frauenkloster Marienberg. gr. 4. Münch. 792. (G. Franz). 8 gr

Küpp, Wilhelm Otto: Die unmittelbaren Quellen des Parzival von Wolfram von Eschenbach. Halle a. S. 1884: Waisenhaus. 31 S. 8°
Halle-Wittenberg, Phil. Diss. v. 8. Okt. 1884
Geb. Halle a. d. S. 22. 11. 1856. V.
Ersch. vollst. in: Zeitschrift f. deutsche Philologie. Bd [17]. Halle 1885. S. 1—72.

Kuppe, J. G., praes. **Gerike**, De dolorum utilitatibus e mechanicis causis deductis. 38 pp. Helmst. 4°. 1739

Kuppe Rudolf: In controversia Callimachi et Apollonii Rhodii quas artis rationes secutus sit Theocritus, in Ὕλας et Διόσκουροι, quae inscribuntur, carminibus ostenditur.
H. 1909 PN 2713 Diss. Wien. Univ.

Kuppelgrab, das, bei Menidi, hrsg. vom deutschen archaeolog. Institute in Athen. gr. 4. (IV, 57 S. mit 9 Taf. in Steindr.) Athen 880, (Wilberg.) **

Kuppelmayr, Waffensammlung. München [1895.] H: *Kuppelmayr, Rudoph.* (Berl)

Kuppelmayr, (Hans). Waffen-Sammlung Kuppelmayr. München, (Druck von Knorr & Hirth 1895).
Titelbild, Tit., 1 Bl., 46 S., 1 Bl. m. 180 Abb.; 30 Taf. 2°.

Kuppelmayr. (M.) Waffen-Sammlung. T. 1. München (1895). 2°.

Kuppelmayr, Hans, Tierarzt und Direktor des Schlacht- und Viehhofes in Metz: Die Milchverhältnisse der Stadt Metz. Metz 1910. 55 S. und eine Tabelle. 8°. [19. V. 10.]
Bern. Vet.-med. Diss. 1909/10.

Kunst und Kunstgewerbe der Sammlungen (Max) Kuppelmayr. (Hrsg.: Rudolph Kuppelmayr.) *München: [Dr. v. Knorr & Hirth] (1896).* (3 Bl., 85 S., 30 Taf.) 1 Bd 2.(4.) [58. 6407

Küppeln, F. Jl., s. Knüppeln, Julius Friedrich

Kuppelung, Selbstwirkende, für Eisenbahnwagen. Brünn 1862. V: *Winter, G.* (EB)

KUPPEL-WEIBER, Die Listigen, Zwey treuhertzige Schwestern. (Darunter die Caricatur-Bildnisse als Holzschnitt-Vignette.) O. O. 1751. 4°. (In Leipzig, Stadtbibl.) Ungemein rar! (6 Mk. G. Priewe, 1895.) Wustmann II. p. 242.
4 voll bedruckte Bll. Gespräch zwischen Frau Hilleböckgen u. Frau Bockfellin, derb-satyrisch. — Am Schluss Zugabe von 4 Reimzeilen:
Ein Kuppel-Weib, ein hungrig Thier ein ohnentbährlich Wesen
Ein Weib das zur Profession sich Mädgens auserlesen (!)
An die sie junge Cavaliers vor Batzen copuliret
Und wo Gelegenheit u. Zeit, manch junges Läppschgen schnieret.

Kuppelweizer, Franz (Übers.), s. Gruner, L.: Abhandlungen über Metallurgie.

Kuppelwieser, Leopold, s. Kupelwieser, Leopold.

Kuppenheim, Rudolf [app. Arzt aus Pforzheim]: Ueber Indikationen und Wert der künstlichen Frühgeburt. . . . Pforzheim, Buchdr. v. Ferd. Hamberger, 1889; 43 S. 8°
Heidelberg, Med. Fak., Inaug.-Diss. v. [8. Febr.] 1889

Kupper, Joh., Processionale Romanum, s. Processionale.

Kupper, Walter, a. Wiesendangen (Schweiz): Über Knospenbildung an Farnblättern. Jena: G. Fischer 1906. (72 S.) 8°
München, Phil. Fak., Ref. Goebel, Diss. v. 13. März 1906
[Geb. 25. Nov. 74 Wiesendangen; Wohnort: Wiesendangen; Staatsangeh.: Schweiz; Vorbildung: Zürcher Lehrerseminar zu Küsnacht, Reife O. 95; Studium: Zürich 8, München 6 S.; Rig. 13. März 06.]

Küpper: Veranschaulichung d. Fundamentalsätze d. Zahlenreihe. Trier 1864. 14 S. 4°
Schul-/Univ.-Schrift

Küpper, Alb., Aufgaben für's Schriftrechnen, s. Wagner, J.

Küpper, C. W., Leitfaden der Geographie in Form von Reisen. 8. (26 S.) Saarbrücken 865, (Möllinger.) *

— **Wegweiser zur Rechenkunst.** gr. 8. (III und 85 S.) Saarbrücken 864, Siebert. cart. *

Kvepper, Franciscvs Carolvs (geb. am 10 Juli 1830 in Aachen): De carcinomate epitheliali nonnvlla ... Bonnae, typ. F. Krvegeri (1863). 30 S., 1 Bl. 8.
Bonn, Med. Fak., Diss. v. 10 Aug. 1863

Küpper, Frid. Guil. (geb. Mettmann bei Düsseldorf 8. 2. 1815): De pericarditide. Berolini (1840). (59 S.) 8°
Berlin, Med. Diss. v. 8. Febr. 1840

Küpper, Henricus: De carcinomate ventriculi. Halis (1866): Heynemann. 31 S. 8°
Halle-Wittenberg, Med. Diss., nachgeliefert von dem am 8. Juni 1866 auf Thesen promovierten Verf.
Geb. Ronsdorf (Kr. Lennep) 8. 12. 1843. V.

Küpper, Henricus: Theses, loco dissertationis de carcinomate ventriculi mox edendae. Halis (1866): Heynemann. 2 Bl. 8°
Halle-Wittenberg. Med. Thesen v. 8. Juni 1866

Küpper, J., das Gebet d. Herrn in Predigten. gr 8. (8 B.) Berlin 829, Reimer.

Küpper, Johann Andreas

Küpper, J. A., Fest-Predigten. gr. 8. (26 B.) Trier 841, Troschel.

Küpper, Jh. Andr., die Gestaltung der evangel. Kirche. 1r Thl. gr. 8. Düsseld. 818. Schreiner. 1 rl 18 gr

— Predigten bei außerordentl. Gelegenheiten gehalten. gr. 8. Elberf. 804. (Schönian). 12 gr

— s. Versuch e. Verfassung f. protestant. Prediger.

Küpper, Karl, Anwendung der in diesen Abhandlungen [VII. Folge 8. Bd.] vorgetragenen Sätze üb. algebraische Curven auf die Theorie der Raumcurven. [Aus: „Abhandlgn. d. k. böhm. Gesellsch. d. Wiss."] gr. 4. (16 S.) Prag 891. (F. Řivnáč.) n. — 60

— **Bestimmung** der Minimalgruppen f. C^m, das heisst der Gruppen v. kleinster Punctzahl, welche in Beziehg. zu Curven m^{ter} Ordng. anormale Lage haben. [Aus: „Sitzungsber. d. k. böhm. Gesellsch. d. Wiss."] gr. 8. (10 S.) Ebd. 892. n. — 20

— **geometrische Betrachtungen** auf Grundlage der Functionentheorie. [Aus: „Sitzungsber. d. k. böhm. Gesellsch. d. Wiss."] gr. 8. (16 S.) Ebd. 892. n. — 40

—— Geometrische Betrachtungen üb. den Strahlen-Complex u. die Congruenz. gr. 4. (11 S.) (Ebd.) 891. * — 40
aus: Abhandlgn. d. k. böhm. Gesellsch. d. Wiss., besonders abgedruckt.

Küpper, Carl, üb. Beziehgn. zwischen Polygonalen u. Raumcurven. [Aus: „Sitzungsber. d. k. böhm. Ges. d. Wiss."] gr. 8. (11 S.) Prag 896. (F. Řivnáč.) n. —20

— Einleitg. in die projektiv. Geometrie der Ebene, s.: Bobek, Karl.

Küpper, Carl, Einleitung in die Mechanik durch rein geometrische Betrachtungen. gr. 4. (V und 82 S. mit vielen in den Text eingedr. Holzschn. und 1 Stnt.) Trier 866, (Groppe.) *

Projective Erzeugung der Curven m^{ter} Ordnung C^m. Von Carl Küpper (in Prag). *Prag: Böhm. Ges. d. Wiss. 1896.* (16 S.) 8°
— Sitzungsberichte d. k. böhm. Gesellsch. d. Wiss. Math.-naturw. Cl. 1896,
(96. 1033

— projective Erzeugung d. Curven m^{ter} Ordnung C^m. [Aus: „Sitzungsber. d. k. böhm. Gesellsch. d. Wiss."] gr. 8. (16 S.) Prag 896. (F. Řivnáč.) n. — 32

Küpper, C., über Involutionen I^n auf einer Curve dritter Ordnung C^3. gr. 4. (18 S. mit eingedr. Fig.) Prag 883, (Calve'sche Universitäts-Buchh.) *

Küpper, Carl (Jos.), hyperelliptische C^{3n}. Hierzu ein Anhang von Carl Bobek. gr. 4. (47 S.) Prag 885, (Calve'sche Hof- und Universitäts-Buchh.) *

— üb. K-gonale Curven $C_p^{n\,ter}$ Ordnung vom Geschlecht p. [Aus: „Sitzungsber. d. k. böhm. Gesellsch. d. Wiss."] gr. 8. (16 S.) Ebd. 895. n. — 30

— Nachtrag z. d. „k-gonal-Curven". [Aus: „Sitzungsber. d. k. böhm. Gesellsch. d. Wiss."] gr. 8. (9 S.) Ebd. 896. n. — 20 (Hauptwerk u. Nachtrag: n. — 60)

Küpper, Karl, üb. die Curven $\frac{n}{p}$ v. n^{ter} Ordnung u. dem Geschlecht $p > 1$, auf welchem die einfachsten Specialschaaren $g_2^{(1)}$, $g_3^{(1)}$ vorkommen. gr. 4. [Aus: „Abhandlgn. d. k. böhm. Gesellsch. d. Wiss."] (18 S.) Prag 889. (Calve.) n. — 60

Die ultraelliptischen Curven C_p^n, $p > 1$. Von Karl Küpper. *Prag: Kgl. böhm. Ges. d. Wiss. 1896.* (11 S.) 8.
= Věstník Král. Č. Společnosti Náuk. Třída math.-přírodovědecká. 1896. [No] 43.
(97. 8430

— Curventheoretisches. [Aus: „Sitzungsber. d. k. böhm. Gesellsch. d. Wiss."] gr. 8. (7 S.) Ebd. 898. n. — 20

— Nachtrag zu der Untersuchung üb. die Steiner-schen Polygone. [Erschienen im 6. Bde. der VI. Folge der Abhandlgn.] gr. 4. (10 S. m. eingedr. Fig.) Ebend. 884. n. — 30

—— über geometrische Netze. gr. 4. (25 S.) Ebendas. 886. *
aus: Abhandlungen der k. böhm. Gesellschaft der Wissenschaften, besonders abgedruckt.

Küpper, Karl. Ueber geometrische Netze. [Fortsetzung.] gr. 4. (11 S.) Prag 889, (Řivnáč). * — 60

Küpper, Karl, üb. geometrische Netze. [Fortsetzung.] [Aus: „Abhandlgn. d. k. böhm. Gesellsch. d. Wiss."] gr. 4. (11 S.) Prag 889. (Calve.) n. — 60
(1. u. 2.: n. 1. 26)

Note zur projectiven Erzeugung der C^{2n+v}. Von Prof. Karl Küpper. *Prag: Kgl. böhm. Ges. d. Wiss. 1897.* (15 S.) 8.
= Věstník Král. Č. Společnosti Náuk. Třída math.-přírodovědecká. 1897. [No] 5.
(97. 8434

Die primitiven und imprimitiven Specialgruppen auf C_p^n. Von Karl Küpper. *Prag: Kgl. böhm. Ges. d. Wiss. 1897.* (14 S.) 8.
= Věstník Král. Č. Společnosti Náuk. Třída math.-přírodovědecká. 1897. [No] 31.
(97. 8441

— Untersuchung üb. algebraische u. Raumcurven. [V. diese Abh. B. III, IV, F. VII.] Fortsetzung. [Aus: „Abhandlgn. d. k. böhm. Gesellsch. d. Wiss."] gr. 4. (15 S.) Ebd. 892. n. — 80

Küpper, Karl Ferdinand

Kuepper, C. F. (Rheinländer), De inflammatione et praesertim de puris generatione. Diss. med. Berlin (Jordan) 18. X. 1828. 64 S. Mit Biogr. (M.: Marcus.) (3.—) 20047
Gew.: J. A. Kuepper (Vater). — Oppon.: A. Niemann, V. Wesche, H. Hermann.

Küpper, Ludwig

K(üpper), L., Die Lehrmeinung von der Unfehlbarkeit des Papstes u. ihre Erhebung zu einem Dogma. Zur Orientierung für kathol. Laien. Aachen, Henien, 1866, 12°, 86 S., 50 Pf.

Küpper, Ludw., d. Mysterien d. Christenthums, s.: Scheeben, Matth. Jos.

Küpper, P., zur Vertilgung der Blutlaus. Resultat eigener Beobachtungen aus dem J. 1883. gr. 8. (8 S.) Bonn 884. Hauptmann. n. – 10

Küpper, P., zur Vertilgung der Blutlaus. Resultat eigener Beobachtungen aus dem J. 1884. 2. Heft. 8. (16 S.) Bonn 885. Hauptmann. **

Küpper, Guilelmus ‹geb. am 8 Okt. 1813 in Derendorf (jetzt Teil der Stadt Düsseldorf)›: Sectionis caesareae nuper in clinico nostro obstetricio felici cum eventu institutae historia ... Cum tabulis lithogr. Bonnae, typ. C. Georgii (1838). 2 Bl., 44 S., 1 Bl., 2 Taf. 4.
Bonn, Med. Fak., Diss. v. 5 Jan. 1838

Kupperberg, Menasse Ber.: Der Aufbau der realen und idealen Welt und die allgemeine Struktur des objektiven Erkennens. Bern 1909. VIII + 72 S. 8°. [25. X. 07.]
Bern. Phil. Diss. 1909/10.

Kupperberg, M. B.: Zur Philosophie des Bewussten. [1.] Prolegomena. Bern 1909: Scheitlin, Spring & Cie 1909. 8°
(Berner Studien z. Philosophie u. ihrer Geschichte. Bd. 69.)

— Register, s.: Archiv f. Philosophie.

Kuppermann, (A.) Heinrich

Kuppermann, Heinr.: Vollständige Notariats-Kunst, oder practische Anleitung für Notarien über vorkommende Notariatsgeschäfte jeder Art nebst vorausgeschickten Notariatsgesetzen u. einer Einl. über den Ursprung, die Rechte u. Pflichten der Notarien überhaupt. Hamburg 1806.

— vollständ. Notariatskunst. gr. 8. Altona, Hammerich. 806. sonst 2 Rthlr. 6 gr. jetzt

Kuppermann, H.: Vollständ. Notariatskunst u. s. w.; nebst vorausgeschickten Notariatsgesetzen u. e. Einleit. üb. d. Ursprung, d. Rechte u. Pflichten d. Notarien. *Hamb.*, Kratzsch. 806. 8. (2 Thl. 6 Gr.)

— Sammlung auserlesener Vertheidigungsschriften. gr. 8. Leipz. Sommer. 806.

Kuppermann, H., Sammlung vorzüglich guter Vertheidigungsschriften, mit e. Vorrede v. Erhard. 2te Ausg. gr. 8. Leipz. Sommer. 811.

Kuppermann, A. Heinr.: Sammlung vorzüglich guter Vertheidigungsschriften schwerer Verbrechen. Aus wichtigen Untersuchungsacten gezogen u. f. pract. Juristen bearb. Mit ein. Vorr. v. Chr. D. Erhard. N. Ausg. *Lpz.*, (Sommer. 806.) W. Nauck. 818. gr. 8. (2 Thlr. 6 Gr.

Kuppermann, H., Sammlung vorzüglich guter Vertheidigungen schwerer Verbrecher. Mit einer Vorrede von C. D. Erhard. N. A. gr. 8. Leipzig, Sommer. 818.

Kuppermann, A. Heinr.: Versuch eines pract. Handbuchs für Notarien, Sachwalter u. Gerichtsactuarien in verschied. Mustern aussergerichtl. u. gerichtl. Verhandlungen in einer reinen deutschen Schreibart zur Verbesser. d. Acten- u. jurist. Stils abgefasst. 3 Bde. *Leipz.*, Breitkopf u. Härtel. 789—95. gr. 8. (4 Thl.)

Kuppermann, Heinr.: Juristisches Wörterbuch zur Verbesserung des Aktenstils und Einführung einer reinen deutschen Schreibart in gerichtl. u. außergerichtl. Geschäften, mit prakt. Beispielen. Leipzig 1792.

— jurist. Wörterbuch zur Verbesserung des Aktenstyls ꝛc. mit Beispielen erläutert. gr. 8. Leipz. 792. (Breitkopf u. H.) 1 ₰ 12 K

Kuppermann, Car. Henr. (Guben/Lausitz), Disp. viges. tertia selectiora juris principia ad ordinem digestorum exposita libri XVI spec. I. Präs. Tob. Richter. Lpz. (Langenheim) 7. IV. 1753. 16 S. (4.—) 20247

Küppers, s.: Entwurf e. Normallehrplans f. Handelsrealschulen.

Küppers Metallwerke, Erwiderung auf die Schrift von A Lippmann „über Versuche mit Lötmitteln". (30 S) Köln (1908)

— Rede auf d. Altkatholikenkongreß in Wien, s.: Bunkofer, Wilh., mein Austritt aus d. röm. Kirche.

Küppers, A., u. F. Arndt, Robinson. Eine Erzählung für Kinder von 8—10 Jahren. Im Auftrage der Duisburger Lehrerconferenz bearb. Mit einem Vorwort von Armstroff. 8. (V, 77 S.) Duisburg 881. Ewich. cart. n. — 40

Küppers, A., u. F. Arndt, Robinson. E. Erzählg. f. Kinder v. 8 bis 10 Jahren. M. e. Vorwort v. Armstroff. 3. Aufl. 8. (72 S.) Duisburg 894. J. Ewich. Kart. n. — 40

Küppers, Albert [aus Aachen]: Ueber die Volkssprache des 13. Jahrhunderts in Calvados und Orne mit Hinzuziehung des heute dort gebräuchlichen Patois. . . . Halle a. S., Hofbuchdr. v. C. A. Kaemmerer & Co., 1889; 54 S. + 1 Bl. 8°
Halle, Phil. Fak., Inaug.-Diss. v. [10. Apr.] 1889

Küppers, Ernst, chemisch-analytische Untersuchung der Hieronymus-Quelle in Niederkontz. s.: Biltz, Heinr.

Küppers, Ernst Fr(iedrich) H(ermann), aus Kirn a. d. Nahe: Über die thermische Spaltung der Dichloraethane. *Kiel 1904: H. Fiencke.* (49 S.) 8°
Kiel, Phil. Diss. v. [16. Juli] 1904

Küppers, Fritz, s.: Elternzeitschrift, deutsche.

Küppers, Gustav, aus Köln: Über die Reduktion von m- und o-Oxybenzaldazin in alkalischer Lösung. *Heidelberg 1901: J. Hörning.* (52 S.) 8°
Heidelberg, Naturw.-math. Diss. v. 1901

Kueppers, Henricus, Crefeldensis: De Lygdami carminibus. Jenae 1904: G. Neuenhahn. (55 S.) 8°
Jena, Phil. Fak., Ref. Goetz, Diss. v. 14. Okt. 1904
[Geb. 26. Febr. 82 Crefeld; Wohnort: Crefeld; Staatsangeh.: Preußen; Vorbildung: Gymn. Crefeld O. 00; Studium: München 3, Jena 5 S.; Rig. 10. Juni 1904.]

Küppers, Heinrich, Arzt, aus Waldfeucht: Aus d. med. Klinik in Bonn. Ueber die Chorea electrika. *Bonn 1903: S. Foppen.* (47 S.) 8°
Bonn, Med. Diss. v. 29. Apr. 1903

Küppers, Heinrich, Gerichtsref. aus Krefeld: Die Grundsätze des gemeinen und preussischen Rechts sowie insbesondere des neuen Bürgerlichen Gesetzbuchs über die Todeserklärung. *Krefeld 1898: W. Greven.* (52 S.) 8°
Erlangen, Jur. Diss. v. 20. Okt. 1898

Küppers, Heinrich [aus Kaldenkirchen]: Kollineationen, durch welche fünf gegebene Punkte des Raumes in dieselben fünf Punkte transformiert werden. . . . Bonn, Univ.-Buchdr. v. C. Georgi, 1890; 78 S., 1 Bl. 8°
Münster, Phil. Fak., Inaug.-Diss. v. 28. Dez. 1890

Küppers, Hermann, Referendar: Der Befreiungsanspruch des Bürgen nach § 775 BGB. M.Gladbach 1910: Riffarth. VII, 60 S. 8°
Heidelberg, Jur. Diss. v. 24. Juli 1910, Ref. Heinsheimer
[Geb. 10. Juni 87 M.-Gladbach; Wohnort: M.-Gladbach; Staatsangeh.: Preußen; Vorbildung: Gymn. M.-Gladbach Reife O. 06; Studium: Freiburg i. B. 3, München 1, Bonn 3 S.; Rig. 21. Juni 10.] [U 10. 1921

Küppers, Hub., Sammlung beliebter Vaterlands-, Volks- u. Jugendlieder. 1—3. Thl. 8. Aachen 877. Barth. n. — 80
1. Für die unteren Klassen der Volksschulen, sowie für die unteren Klassen der Vorschulen höherer Lehranstalten. (32 S.) n. — 20
2. Für die mittleren Klassen der Volksschulen, sowie für die oberen Vorklassen höherer Lehranstalten. (32 S.) n. — 20
3. Für die oberen Klassen der Volksschulen, sowie für die unteren Klassen höherer Lehranstalten. (70 S.) n. — 40

Küppers, Ignaz, Der Apoxyomenos des Lysippos, m. Abb., Bonn 1869, 14 S., 1 Taf., 4°.

Küppers, I.: Der Apoxyomenos des Lysippos und die griechische Palästra. Berlin 1873. 56 S. (Samml. gemeinverständl. wissenschaftl. Vorträge. 8, 191.)

Küppers, J., Der Apoxyomenos d. Lysippos u. die griech. Palästra. 1874. 56 S. u. 1 Taf. 1.50

Küppers, J., der Apoxyomenos d. Lysippos u. die griechische Palästra, s. a. Sammlung gemeinverständl. wissenschaftl. Vorträge.

Küppers, Ign., Organisationsplan zur Gründung von Turnanstalten und turnerisch-pädagogischen Seminarien an den Universitäten. br. 8. (36 S.) Leipzig 867, Keil. *

Zur Pädagogik am Krankenbette. Vortrag d. Schulrats Dr. [Ignaz] **Küppers** aus Berlin zu Bonn u. Essen 1897. *Barmen: H. Klein [1898].* (24 S.) 8° [J.]

Küppers, J.: Über den Phyllossprung. Berlin 1900. 7 S. Sonderdr. aus: Wochenschr. f. klass. Philologie. 1900.

Küppers, J. Das Turnen e. Mittel zur Charakterbildung. Vortrag, geh. bei der 13. Tagg. d. rhein. Turnlehrervereins in Neuwied am 8. Aug. 1891. gr. 8. (30 S.) Bonn 891, (Habicht). * — 50

Küppers, Ignaz: Das Turnen ein Mittel zur Charakterbildung. Vortrag geh. in Neuwied 1891. Neuwied & Leipzig Heuser 1893. (26 S.) 8°
= [Schule, Für die, aus der Schule. H. 38.]

Küppers, Johannes [aus Xanten]: Zur Casuistik der Becken-Echinococcen ... Greifswald, Druck v. J. Abel, 1897; 28 S. 8.
Greifswald, Med. Fak., Inaug.-Diss. v. 20. März 1897

Kueppers, Iohannes Iacobus (geb. 1830 in St. Tönis bei Krefeld): Curae criticae in Thucydidem ... Bonnae, form. I. F. Carthausii (1856). V, 7—30 S., 1 Bl. 8.
Bonn, Phil. Fak., Diss. v. 20 Febr. 1856

Küppers, Lothar, aus Bonn **Hernia retromesenterica.** *Berlin 1899: E. Wertheim.* (53 S.) 8°
Berlin, Med. Diss. v 7 Febr. 1899

Küppers, Marcus (geb. am 6 Aug. 1849 in Rees): Ueber Harnröhrenstricturen ... Bonn, Druck v. C. Georgi 1873. 25 S., 1 Bl. 8.
Bonn, Med. Fak., Diss. v. 31 Juli 1873

Küppers, Paul: Ein Beitrag zur Geschichte des Musik-Instrumentenmacher-Gewerbes mit besonderer Rücksicht auf Leipzig .... *Altenburg, Pierer'sche Hofbuchdr. Stephan Geibel & Co.*, 1886; 48 S. 8°.
Leipzig, Phil. Fak., Inaug.-Diss. v. 8. Aug. 1886.

Küppers, Paul, ein Beitrag zur Geschichte des Musik-Instrumentenmacher-Gewerbes mit besonderer Rücksicht auf Leipzig. Diss. Leipzig 1886. Gustav Fock. 8°. 48 S.

Der Liebe und der Freiheit Lied. Gedichte von Paul **Küppers**. Dortmund F. W. Ruhfus [1907]. (63 S.) 8° [F.]

Küppers, Pet., angeschmeet, s.: Theaterbibliothek.

— Die beiden Deserteure, s.: Heibelmann's, A., Theaterbibliothek.

— Der beherzte Schohmächer, s.: Heibelmann's, A., Theaterbibliothek.

Küppers, (Theod. Arnold) Rudolf: De endocarditide nonnulla Berolini (1853). (30 S.) 8°
Berlin, Med. Diss. v 10. Jan. 1853

Küppers, Walter

Küppers, W., die Berichte üb. das Leben Jesu, zu einer Harmonie geordnet. (XV, 199 S.) 4. Gr. Lichterfelde (903). E. Runge. n. 2. 75; geb. n.n. 3. 75

Israels Heimkehr. Ein Wunder Gottes in unseren Tagen. Von Johannes Walther [d. i. Walter **Küppers**]. Königsberg i. Pr.: Gedrat [übergeklebt: Klucke] 1910. 28 S. 8°

— im Kampf m. der theologischen Zunft. Ein Stück Leben. (IV, 47 S.) 8. Ebd. (903). n. — 50

Im Kampf mit der theologischen Zunft. Ein Stück Leben von Dr W **Küppers**. 2. Taus. *Gr. Lichterfelde-Berlin: E. Runge in Komm. [1903].* (47 S.) 8° [F.]

Küppers, Walth., John Locke u. d. Scholastik. Diss. gr. 8. (41 S.) Berlin 895. (Bern, H. Körber.) n. — 75

Küppers, das Alte Testament u. d. neueste Forschung. Eine Übersicht üb. den Stand der Frage. (32 S.) gr. 8. Königsberg 910. Ev. Buchh. des ostpr. Prov.-Ver. f. innere Mission. — 40

Küppers, W., neue Untersuchungen über den Quellenwert der vier Evangelien. gr. 8. (V, 123 S.) Groß-Lichterfelde-Berlin 902. E. Runge. n. 2. 50

Gottes Weltregierung für Gläubige und Ungläubige aus Gottes Wort erklärt von Johannes Walther [d. i. Walter **Küppers**]. T. 1. 2. Königsberg i. Pr.: Klucke 1910—11. 8°
1 Daniel, Jesus u. Paulus. 1910. 2. Die Offenbarung Johannis. 1911

Wie und wann kommt das Reich Gottes? Ein Gang durch d. Bibel. Von Johannes Walther [d. i. Walter **Küppers**]. Königsberg i. Pr.: Klucke 1910. 44 S. 8°

Küppersbusch, F., & Söhne, A. G: Kataloge und Prospekte betr. Öfen, Herde usw. 1905 ff. Gelsenkirchen-Schalke

Küppersbusch, F., & Söhne: Spezial-Katalog über Massen-Kochanlagen. 2. Aufl. Gelsenkirchen-Schalke (1903). Fol.

Kuppinger, d. Überschwemmg. d. Eyachthales am 4 u. 5. Juni 1895. Im Auftr. d. Bezirkshilfskomites verf. gr. 8. (24 S.) Balingen 895. (Ebingen, U. Reffien.) — 15

Kuppinger, Karl, Pfullingen u. Umgebung. Mit 27 Abb. u. 1 Karte, Buchschmuck v. Bruno Goldschmidt. (70 S.) kl. 8. Eßlingen (909). W. Neff. 1. —

Kuppis, Gust., Biographie des Honvéd-Generals Moritz Perczel v. Bonyhád. Nach dem Ungar. des E. Vahot u. auf Grundlage anderweit. authent. Daten erweitert. Pest 868. Lauffer's Verl. gr. 8. (95 S.) n. 16 ngr.

Kuppler, C. G. (Prof. an der kgl. polyt. Schule) „Ueber die Anwendung der Poinsot'schen Gegenpaare in der technischen Mechanik". pg. 3—11. 4°. Mit einer Tafel. Campe'sche Officin.
Nürnberg, Progr. 1840/41

Kuppler, C. G.: Der Bau der Kettenbrücken. Nürnberg 1825. 4°

Kuppler, C. G., Elemente d. Maschinen. 36 Blätter nebst erläut. Text. 1. u. 2. Hft. qu. gr. Fol. (à 6 Kpfrt. u. 1½ B. Text.) Nürnberg 840, 41, Recknagel. à *

—— Handbuch f. Ingenieure u. Techniker. I. Abthl. I. u. II. Lfg. gr. 8. (12¼ B.) Nürnberg 839, Recknagel. à L. *

Kuppler, C. G., Die Maschinenelemente u. die Hydraulik. Nürnberg 1841. 8°.

Kuppler, G. C.: „Französische, englische, russische, preussische, österreichische und bayerische Maass- und Gewichts-Vergleichungen", Nürnberg 1838. — Vorh.: Preuß. Oberbergamt Dortmund — Qu. b. 90.

— s. Poncelet, industrielle Mechanik.

Kuppler, Geo., die Ausdrucksformen der neuhochdeutschen Sprache. Eine Elementargrammatik für Mittelschulen. gr. 8. (IV, 199 S.) Nürnberg 881. v. Ebner. n. 2. —

Kuppler, Georg „Festschrift zur Feier des 25jährigen Bestehens der Königlichen Realschule in Weissenburg a. S. 1875—1900". Nebst statistischen Beigaben für den Zeitraum 1875—1900. pg. 3—55. 8°. Braun & Elbel.
Weissenburg i.B., Progr. 1899/1900

Kupplerinnen, die, v. Berlin. Enthüllungen aus perversen Kreisen, v. Asmodeus. 8. (31 S.) Berlin 901. Tessaro-Verlag. n. — 50

Kuprin, Aleksander (Ivanovič)

Kuprin, A., das Duell. Ein russ. Militär-Roman. Einzige autoris. Uebersetzg. v. Adf. Heß. 1.—3. Aufl. (Je 258 S.) 8. Stuttgart 905. Deutsche Verlags-Anstalt. n. 2. 50; geb. n. 3. —

Das Duell [Poedinok]. Ein russ. Militär-Roman. Von A(leksandr) **Kuprin.** Berlin: Buchverl. fürs Deutsche Haus 1909. 288 S. 8°
(Die Bücher d. Deutschen Hauses. Bd 92.) [10. 13360

Kuprin, A., das Duell, s. a. Bücher, die, des deutschen Hauses.

— Erzählungen, s.: Deba-Roman-Sammlung 57. Bd.

KUPRIN, A[lekſandr Ivanovič]. Das Freudenhaus. Roman. Deutſch von Siegfried Brauner. Berlin, Murawkin, 1910. 8°. 174 S.

Kuprin, A., das Freudenhaus. Beschlagnahmt.

— Die Gruft. (Deutsch v. C. Philips.) (248 S.) kl. 8. München 910. G. Müller. 3.—; geb. n 4. 50

— — Die Gruft. (Deutſch von C. Philips.) 3. Auflage. München und Leipzig, Georg Müller, 1910. 8°. 248 S. [4. Auflage 1918. 223 S.]

Lebendig begraben. Erzählung von A[leksandr] I[vanovič] Kuprin. Berlin-Charlottenburg: Brauner [1910]. 171 S. 8° [11. 448

— Der Moloch u. andere Novellen, s.: Aus Nord u. Ost. 1. Bd.

Kupritz, Alexander, aus Bialystock (Russland): **Untersuchungen über die Ausfällung und die Koagulation von Eiweisskörpern.** ⟨Aus dem physiologischen Institut Zürich.⟩ **Grüningen 1908. 22 S. 8°. [4. VIII. 08.]**
Zürich. Med. Diss. 1907/08.

Kupritz, Alexander. Untersuchungen über die Ausfällung und die Koagulation von Eiweisskörpern. Diss. Med. Univ. Zürich. *Kopftitel:* Aus dem physiologischen Institut Zürich. 22 S. 8. Grüningen, J. Wirz, 1908.

Kupsch, Chr. Th. (Lausick), De VI naturae medicatrice quae est in febre. Diss. Lpz. (Staritz) 1. IV. 1841. 19 S. (3.—) 20248

Kupsch, C., unter dem rothen Kreuz. Reiseſkizzen vom Kriegsſchauplatze über Liebesgaben-Vertheilung, Krankenpflege und Geheimniſſe der Hülfs-Vereine. gr. 8. (68 S.) Berlin 870. Kortkampf. * 1 —

(1804-1904.) Zur Erinnerung an die Feier des 100jährigen Bestehens der evangelischen Kirchengemeinde Evingsen am 20. März 1904. (Verf. Pfarrer Theodor **Kupsch**, Evingsen.) *Altena i. W. (1904): R. Kord-Ruwisch.* (29 S.) 8° [04. 4384

Kupsch, Th., am Meeresſtrand. Eine Sammlg. v. Liedern u. Sprüchen. 12. (X, 116 S.) Norden 894. D. Soltau. n. 1. 60; geb. n. 2. —

Ⓑ Kupsch, Th., am Meeresſtrand. 894. Jetzt: Norderney, H. Hofmann.

Kuptschinsky, F. Die „Helden der Etappe". Die verbrecherische Tätigkeit russ. Intendantur-Beamten während des russ.-japan. Krieges. Aus d. Russ. von Brutus. 1. Berlin 1910. 8°.

Kuptschinsky, F. Die „Helden der Etappe" Bd 1 Übſ. von Brutus Berlin 1910. 194 S

Die **Kur** in Bad Kreuznach. Unter Mitw. von Fachleuten hrsg. von Dr. F[ranz] Eichholz. Kreuznach a. Nahe: Harrach 1910. 182 S. 8° [10. 13613

Kur, die homöopathiſche, ſ. Liebhabertheater.

Kur, die, in Karlsbad. Humorist. Gedicht. 18. Aufl. gr. 8. (7 S.) Karlsbad 897. H. Feller. n. — 40

Kur, die, in Karlsbad. Humoristisches Gedicht. 20. Aufl. gr. 8. (7 S.) Karlsbad 899. H. Feller. n. — 40

Kur, die, aller Kuren! Kurzes Lehrstück der neuesten Diätkur. (42 S.) gr. 8. Hannover (905). (Gebr. Hiller.) 1. —

KUR, Unfehlbare, der bösen Weiber. Jena 1750. 4°
Rar!
Bibl. Günther. III. no. 6810.

Programm, Viertes — der öffentlichen sechsklaſſigen Ober-Realſchule zu Reichenberg, wodurch zugleich zu der Schlußfeier des abgelaufenen Schuljahres im Namen des Lehrkörpers höflichſt einladet Ervin Ant. Weyrauch, Realſchul-Direktor. Juli 1855. Reichenberg. 1855. Druck von Rudolf Gerzabek. (36 S. 8.)
Inhalt: Die Dampfmaſchine von Watt. Abhandlung vom ſuppl. Lehrer Wenzel Kur. (Mit einer Lithografie.)

Kurad, A.H. (Resp.): De principio vitali, s. Apinus, Johannes Ludovicus (Präs.)

Katalog von hervorragenden Gemälden älterer Meister aus dem Nachlasse des Fürsten Alexander Borissowitsch Kourakine [Aleksandr Borisovič **Kurakin**], verstorben zu St. Petersburg. Köln a. Rh.: M. Du Mont Schauberg 1907. (6 S.) 4° [07. 7000

Kuraſt, Fr., Pouka u gospodarstvu za preparandije. Verlag der königl. Landesregierung in Agram. (Min.-Erl. v. 3. October 1893, Z. 16830.)
I. Theil: Acker- u. Gartenbau, mit 104 Illuſtrationen. Agram 1887. Gebunden 1.—
II. Theil: Weinbau, Kellerwirthſchaft u. Obſtbau, mit 268 Illuſtrationen. Agram 1888. Gebunden 1 —

Kuralt, Franc. Umni sadjerejec. V Celovcu, St Hermagoras-Druck., 1878. 144 S.

Kuralt, Rob., praktiſche Religion Jeſu Chriſti zur Beförder. des Chriſtenthums, mit Anmerkk. gr. 8. Linz 793. Haslinger. 8 gl.

Kur'an, der, mit neuen arabiſchen Typen gedruckt und mit Randgloſſen verſehen vom Prof. Frähne. Fol. Kaſan. (Stiller in Roſtock.) 817.

Kuranda, Adolf — Verzeichniß verschiedener nachgelassener Bibliotheken, enthaltend naturwissenschaftliche, geschichtliche und geographische Werke u. s. w. so wie eines Theils meines Lagers, bestehend in Philosophie, Philologie, Medizin und Belletristik, welche ich vom 31. März 1856 an, täglich von $3^1/_2$ bis 7 Uhr Abend in der kleinen Jesuitengasse Nr. 156—1 öffentlich an den Meistbietenden versteigere — —. Prag, 1856. Druck des artist. typ. Instituts von K. Bellmann. (18 S. 8.)

Kuranda, Adolf — Verzeichniß verschiedener Bibliotheken und eines Theils meines Lagers aus vielen Fächern der Literatur, namentlich: Naturwissenschaften, Geschichte, illustrirte Werke und Varia u. s. w., welche ich vom 20. Okt. an, täglich von 3—7 Uhr Nachmittags, anfangs der Zeltnergasse Nr. 902—1, links vom großen Ring aus, versteigern werde — —. 1te Abtheil. Prag, 1856. Druck von Karl Bellmann. (48 S. 8.)

Verzeichniß antiquarischer Bücher des Adolph Kuranda in Prag. Prag, 1855. Druck von Karl Bellmann. (24 S. 8.)

Verzeichniß, XIII. — antiquarischer Bücher des Adolph Kuranda in Prag, welche auch durch jede Buch- und Antiquar-Handlung zu beziehen sind. Belletristik. Prag, 1855. Druck von Karl Bellmann. (40 S. 8.)

Verzeichniß antiquarischer Bücher, zu haben bei Adolf Kuranda in Prag. 3te Abtheil. Prag, 1856. Druck von Joh. Spurny. (30 S. 8.)

Verzeichniß antiquarischer Bücher, welche bei Adolf Kuranda in Prag, Eisengasse Nr. 480—1 zu haben sind. Druck von Karl Bellmann in Prag, 1856. (72 S. 8.)

Kuranda, Ign., Belgien, seit seiner Revolution. 8. ($29^5/_8$ B.) Leipzig 846, Herbig.

Kuranda, I., s. Grenzboten, die. — Novellen-Album.

Kuranda, Lud[wig]. «Globus» Internationaler Reiseführer «Schweiz», einschliesslich Chamonix, Wallis, Veltlin bis Mailand. Gotthard, (Ital. Seen), Bodensee, Genfersee. Mit 10 Spezial-Karten und div. Beilagen [*d. i.* 1 Kartenskizze im Text, 4 Karten u. Plänen und 11 Reclame-Beilagen]. Praktisches Handbuch für Reisende, Touristen und Sportleute. Redigiert u. zusammengestellt v. Lud. K'. Saison 1907/08. XII + 504 [+ *Anzeigen* 88] S. 8. Wien, Internat. Reisebücher und Reclame-Verlag «Globus» ([geb.] fr. 4. 50)

Kuranda, Ludwig. «Globus», Internationaler Reiseführer für das reisende Publikum und Touristen nebst Reisebeschreibung und Wegweiser zu den Sehenswürdigkeiten in der Schweiz: Gotthard, ⟨Ital. Seen⟩, Chamonix, Veltlin, Genfersee usw., sowie den angrenzenden Teilen von Ober-Italien und Tirol. Praktisches Handbuch für Reisende, Touristen und Sportleute. Mit 10 Spezial-Karten und Beilagen [*d. i.* Illustrationen, 8 Karten u. Pläne, 29 Reclame-Beilagen, sowie 1 Formular]. Redigirt und zusammengestellt von L' K'... Erscheint jährlich 4 mal. (6. Aufl.) Ausgabe Mai 1909 XII + 672 [+ *Anzeigen* 168] S. 8. Wien, Hrg. im Selbstverlage des Internat. Reisebücher-Verlag «Globus». ([geb.] fr. 4. —)

Kuranda, Ludw., s. a. Globus. Internationaler Reiseführer.

Wörishofener Kur-Anzeiger 1893 – 1899

Kürassier, Der Rohrische. Halberstadt 1787. V: *Sangerhausen, Chph Friedrich.* (KY) (MGT)

Der | Kürassier von Wörth. | Geschichte | eines | elsässischen Soldaten | aus dem letzten Kriege. | (Fig.: *Abschied des Soldaten*, 70 × 75) | Reutlingen. | Druck und Verlag von Robert Bardtenschlager. (= *Reutlinger Volksschriften*, 127). o. J., 48 S., 162 × 101, U.-Fig. wie Titel-Fig.
LBS d. D. oct K 3521.

Kürassierbriefe e. Kriegsfreiwilligen. (Von Osk. v. Hase.) gr. 8. (VIII, 186 S.) Leipzig 895. Breitkopf & Härtel. Nicht im Handel.

Kurbad, das. Centralorgan f. Einrichtg. u. Betrieb v. Kur- u. Bade-Anstalten. Hrsg.: L. Greger u. H. Müller. Verantwortlich: Paul Quack. 1.—3. Jahrg. 1908—1910. à 24 Nrn. (à ca. 12 S. m. Abbildgn.) Lex. 8. Berlin, P. Quack. à Jahrg. 6. —

Kurberg, A., 1300 Monogramme f. Holzbrand, Kerb- u. Lederschnitt, sowie Weissstickerei. qu. 4. (130 Bl.) St. Petersburg 893. (H. Schmitzdorff.) n. 10. —

Kurberichte üb. Erfolge d. physikalisch-diät. Heilfaktoren. Centralblatt f. d. ges. Interessen d. Kur-, Heil-, Bade-, Massage- u. orthopäd. Anstalten, sow. d. Vertreter u. Anhänger d. natürl. Heilweise. Schriftleiter: Edm. Demme. 1. u. 2. Jahrg. 1897—1898. à 24 Nrn. (à ca. 12 S.) 4. Leipzig, E. Demme. à Jahrg. n. 4. —; einz. Nrn. n. — 20
Kann auch vierteljährlich bezogen werden.

Kurberichte über Erfolge der physikalisch-diätetischen Heilfaktoren. Centralblatt f. die gesamten Interessen d. Kur-, Heil-, Bade-, Massage- u. orthopäd. Anstalten, Luftkurorte u. Sommerfrischen, See- etc. Bäder, sowie der Anhänger e. naturgemässen Lebens- u. Heilweise. Red.: Paczkowski. 3.—5. Jahrg. 1899—1901. à 24 Nrn. 4. (à ca. 16 S.) Leipzig, E. Demme. à Jahrg. n. 4. —

— dasselbe. (Bäder-Nachrichten.) Centralblatt f. die gesamten Interessen der Kur-, Heil-, Bade-, Massage- u. orthopäd. Anstalten, Luftkurorte u. Sommerfrischen, See- etc. Bäder, sowie der Vertreter u. Anhänger der physikal.-diätet. Heilweise u. e. rationellen Hygieine. Red.: Paczkowski. 6. Jahrg. 1902. 24 Nrn. 4. (à ca. 16 S.) Ebd. n. 4. —

Kurberichte. (Bäder-Nachrichten.) Zentralblatt f. die gesamten Interessen der Kur-, Heil-, Bade-, Massage- u. orthopäd. Anstalten, Luftkurorte u. Sommerfrischen, See- etc. Bäder, sowie der Vertreter u. Anhänger der physikalisch-diätet. Heilweise u. e. rationellen Hygieine. Red.: Paczkowski. 7.—10. Jahrg. April 1903—März 1907. à 24 Nrn. (à ca. 16 S.) Lex.-8. Leipzig-Schleussig, E. Kretschmer. à Jhrg. n. 4. —

Kurberichte. (Gesamtausgabe der vereinigten Zeitschriften: „Bädernachrichten" u. „Neue Gesundheitswarte".) Illustriertes Zentralblatt f. Bade- u. Bäderwesen, Gesundheitspflege u. Gesundheitssport. Mit den Beiblättern: „Siesta" (Feuilleton) u. „Masseur- u. Bademeister-Praxis". Red.: Hugo Rösch. Fachred.: Ernst Kretschmer. 11. Jahrg. 1907. (à ca. 12 S.) 30,5 × 23 cm. Leipzig-Plagwitz (Nonnenstr. 25/27), K. Wagner & Co. 4. —
Fortsetzung u. d. T.:

— u. neue **Gesundheitswarte.** Zentralblatt f. Gesundheitspflege u. Gesundheitssport, Bade- u. Bäderwesen. Organ des Verbandes der Masseure u. Krankenpfleger, Sitz Leipzig. Red.: Ernst Kretschmer. 12. Jahrg. 1908. 24 Nrn. (à ca. 8 S.) 30,5×23 cm. Ebd. 4. —
Erscheint nicht mehr.

Kurbi, J., Zelin-Töne. 8. (114 S.) Nordhausen 847, Köhne.

Kürbis, C. F., s. P. F. *Corsini* italien. Gespräche.

Heiteres Deklamatorium für Damen. Neue kom. Vortr. von Rud. Wellnau [d. i. Rudolf **Kürbis**] u. a. *Styrum: A. Spaarmann [1898].* (79 S.) 8° [F.] (≈. 11537

Tutti Frutti. Die neuesten u. besten kom. Vortr. Von Rudolf Wellnau [d. i. Rudolf **Kürbis**] u. a. *Styrum. A. Spaarmann [1898]* (79 S.) 8° [F.] (≈. 11538

Kürbisius, Hermann, genannt Rolf; eine Adeptenmetamorphose. Germanien [Altenburg] 1788. V: *Müller, Johann Christian Wilhelm.* (Wr) (MGT) »1788—89« (Ky) (Call)

Kürbisius, Herrmann, eine Adepten Metamorphose für Adepten beyderley Geschlechts in radirten Blättern, 2 Theile, 8. Germanien, (Altenburg) 788. (Richter) 2 Rthl. 8 sgl.

Herrmann **Kürbisius,** eine Adeptenmetamorphose für Adepten beiderlei Geschlechts. Bd 1—2. Germanien. [Jena: Akadem. Buchh.] 1788—1789. 8°
TB. 65.

Kürbitz, Walter, appr. Arzt a. Pyritz: Zur Kasuistik der psychogenen Krampfanfälle nach Erhängungsversuch. ⟨Aus der Prov.-Irrenanstalt Treptow a. R.⟩ Greifswald 1905: J. Abel. (19 S.) 8°
Greifswald, Med. Fak., Ref. Schultze, Diss. v. 10. Nov. 1905
[Geb. 26. Dez. 79 Pyritz; Wohnort: Treptow a. R.; Staatsangeh.: Preußen; Vorbildung: Domgymn. Naumburg a. S. Reife O. 00; Studium: Marburg: Leipzig. München. Leipzig. Greifswald; Coll. 15. Febr. 05.]

Kur-Blatt, Harzer. Saison-Zeitschrift f. die Bäder, Luftkurorte u. Sommerfrischen d. Harzes. Unter besonderer Mitwirkg. von O. Eyselein, W. Kühne u. F. Saxer hrsg. v. R. Wichmann. 1. Jahrg. Saison 1890. gr. 4. (Nr. 1. ¼ B.) Braunschweig, Lohmann. n. 2. —

Kurblatt, Harzer. Saison-Zeitschrift f. die Bäder, Luftkurorte u. Sommerfrischen d. Harzes. 2.—5. Jahrg. Saison 1891—1894. à 18 Nrn. (½ Bog.) gr. 4. Wolfenbüttel, W. Lohmann. à Jahrg. n. 1. 25

Kur-Blatt, Harzer. Saison-Zeitschrift f. d. Bäder, Luftkurorte u. Sommerfrischen des Harzes. 6.—8. Jahrg. 1895—1897. à 18 Nrn. (à ca. 6 S.) Fol. Braunschweig, W. Lohmann. à Jahrg. n.n. 1. 25
Weiter nicht erschienen.

Kur- u. Reiseblätter, hygienische. Illustrierte Monatsschrift f. Bäderverkehr, Touristik, Sport- u. Gesundheitspflege. Aerztliche Schriftleitg.: C. Hennig. Red.: Rich. Gollmer. Juni—Aug. 1904. 3 Nrn. (à ca. 20 S.) 4. Berlin, C. H. O. Lange. — 75
Erscheint nicht mehr.

Kürbs, Oscar [pr. Arzt in Remda]: Die Erkrankungen des Kniescheibenschleimbeutels und ihre Behandlung ... Jena, Druck v. B. Vopelius, 1894; 23 S. 8.
Jena, Med. Fak., Inaug.-Diss. v. [15. Juni] 1894

Kurc, Vaclav: Der G e b r a u c h des Participiums in dem Nibelungenliede.
Phil. Diss., Prag 1902/03.

Kürchberger, Leopold: Historia morbi chronici et specimen historiae cicutae. Diss. 100 S., gbd.

Viennae: de Trattnern 1771

Kürchhoff, Detmar

Kürchhoff, D., die Geldverhältnisse im heutigen Afrika in ihrer Entwicklung. (84 S.) gr. 8. Hamburg (907). L. Friederichsen & Co. 1. 60
Sonderabdruck aus: „Mittlgn. d. geogr. Gesellschaft in Hamburg".

Kürchhoff, Detmar (Hrsg.), s. N a c h r i c h t e n , Afrikanische.

Die Viehzucht in Afrika von D[etmar] **Kürchhoff.** Berlin: W. Süsserott 1907. (38 S.) 8° [Umschlagt. F.]
— **Abhandlungen,** Koloniale. H. 11. (07. 13337

Kurd u. Blanda. Ein Nachspiel zu Nathan dem Weisen. Heidelberg 867. C. Winter's Universitäts-Buchh. 8. (24 S.) n. 6 *ngr.*

Kure, S., a.: Neurologia.

Kurek Karól Rady dla początkujących w praktyce gospodarskiéj, oraz uwagi nad niektóremi częściami wewnętrznéj administracyi gospodarstw krajowych. 8. Warschau 841, Orgelbrand. 1⅓ *ℳ*

Kurella, Ernst Gottfried

— Beweis, daß die Ausschläge nicht von Würmern entstehen. 8. Berl. u. Potsd. 750.

— Entdeckung der Maximen, ohne Zeitverlust ein reicher Mann zu werden. 8. Berl. 751.

Kurella, Ern(st) Gottfr(ied): Fasciculus dissertationum ad historiam medicam speciatim anatomes spectantium... 485 S., gbd.

Berolini: Haude & Spener 1754

Kurella, Er. Gttl., Gedanken von Besessenen und Bezauberten. 64 S. Halle. 8°.
1749

— anatom.-chirurg. Lexikon, mit Heisters Vorrede. 4. Berl. 753.

— s. S c h a a r s c h m i d t, Feldkrankheiten, dess. vener. Krankh., dess. Wunden x, dess. Rezeptschreiben.

Kurella, Ernst Gottfried: Progr. de s e c t i s in medicina variis usque ad tempora Neronis. Hal. 1749. 4°

— chym. Versuche u. Erfahrr. 5 Stcke. mit Kpf. 8. Berl. 756—59. Haude u. Sp. 20 *ℳ*

— patriot. Vorschläge, wie der dürftige Landmann wohlfeil Brod haben kann. 8. Berl. 771. Haude u. Sp. 3 *ℳ*

— patriot. Vorschl., wie man wohlfeil Brod haben kann. 8. Ebend. 772.

Kurella, Gust., Betrachtungen über die rechtlichen und socialen Verhältnisse Minderjähriger und Unselbstständiger. gr. 8. (84 S.) Berlin 864, Springer's Verlag.

Kurella, Hans, s.: Abhandlungen, zwanglose, aus dem Gebiete der medizinischen Elektrologie u. Röntgenkunde.

Kurella, Hans (Hrsg.), s. Abhandlungen, Zwanglose, a.d. Gebiete der Elektrotherapie u. Radiologie.

Kurella, Hans, s.: Bibliothek f. Socialwissenschaft.

— s.: Centralblatt f. Nervenheilkunde u. Psychiatrie.

— Die Gemütsbewegungen, s.: Lange, C.

Kurella, Hans, elektrische Gesundheits-Schädigungen am Telephon, s.a.Abhandlungen, zwanglose, aus dem Gebiete der Elektrotherapie. 5. Heft.

Elektrische Gesundheits-Schädigungen am Telephon. Ein Beitrag z. Elektropathologie. Von Dr. Hans Kurella. Leipzig J. A. Barth 1905. 56 S. 8°
(Zwanglose Abhandlungen aus d. Gebiete d. Elektrotherapie u. Radiologie. H. 5.)

— die Grenzen der Zurechnungsfähigkeit u. die Kriminal-Anthropologie. Für Juristen, Aerzte u. gebildete Laien dargestellt. (VI, 123 S. m. 20 Abbildgn.) gr. 8. Halle 903. Gebauer-Schwetschke. n. 3. —

— s.: Grenzfragen des Nerven- u. Seelenlebens.

Kurella, Hans (Hrsg.), s. Lange, Karl: Sinnesgenüsse u. Kunstgenuß.

— Cesare Lombroso als Mensch u. Forscher, s.: Grenzfragen des Nerven- u. Seelenlebens. 78. Heft.

Kurella, H., Cesare Lombroso u. die Naturgeschichte d. Verbrechers, s.a.Sammlung gemeinverständlicher wissenschaftlicher Vorträge.

Kurella H, Cesare Lombroso und die Naturgeschichte des Verbrechers. (Sammlung gemeinverständlicher wissenschaftlicher Vorträge Neue Folge 147) Hamburg 1892

Kurella, Hans (Hrsg.), s. Lombroso, Cesare: Die Anarchisten. – Entartung u. Genie.

— Naturgeschichte d. Verbrechers. Grundzüge der criminellen Anthropologie u. Criminalpsychologie f. Gerichtsärzte, Psychiater, Juristen u. Verwaltungsbeamte. Mit zahlreichen anatom. Abbildgn. u. Verbrecher-Portraits gr. 8. (VIII. 284 S.) Stuttgart 893. F. Enke. n. 7. —

— Taschenkalender f. Nerven- u. Irren-Aerzte. Hrsg. v. Hugo Hoppe. 8. Jahrg. 1907. (VII, 172 u. 12 Monatshefte je 32 S.) kl. 8. Berlin, Vogel & Kreienbrink. Geb. in Ldr. u. geh. n. 3. —

— Taschenkalender f. Nerven- u. Irren-Ärzte. Hrsg. v. Hugo Hoppe. 9. Jahrg. 1908. (VIII, 208 u. 12 Monatshefte je 32 S.) kl. 8. Berlin, Vogel & Kreienbrink. In Ldr.-Brieftasche u. geh. 3. —
Erscheint nicht mehr.

— s.a.Taschenkalender f. Nerven- u. Irrenärzte.

Kurella H. Wohnungsnot und Wohnungsjammer. (68 S) Frankfurt a. M. 1900

— s.: Zeitschrift f. medizinische Elektrologie u. Röntgenkunde.

— s.: Zeitschrift f. Elektrotherapie.

Der neue Zolltarif und die Lebenshaltung des Arbeiters. Von Hans Kurella. *Berlin: J Springer 1902.* (45 S.) 8°
— Flugschriften, Handelspolitische H. 3.

Kurella, J. H. (Neidenburg), De caussa servitutum perpetua. Präs. J. G. Heineccius. Halle (Jo. Chr. Grunert) 20. VI. 1738. 56 S. (4.—) 20249
Gew.: J. Kurella (Vater), Jo. Chr. G. Heineccius.

Kurella, Marie, Frauenbriefe. 8. (V, 192 S.) Berlin 902. Freund & Jeckel. n. 2. —; geb. n. 3. —

Kurella, Michael

— prakt. Bienenzucht. 8. Mietau 773. (W. Rauck in Leipz.) 6 K

— praktische Bienenzucht. 8. Mietau. (Sommer, Leipz. 773.

Kurella, Mich., Entwurf d. alten u. neuen Bienenzucht in Preußen. 8. Königsb. 771. Kanter. 2 K

Kurella M.: Kurzer Entwurf d. alten u. neueren Bienenzucht in Preussen Königsb. (1771). 88 S.

Kurella, Mich., Entw. d. Bienenzucht in Preußen. 8. Königsb. Kanter. 772.

Kuren, die Kneipp'schen, im Lichte der Naturheilkunde. Hrsg. v. der Wasserheilanstalt Brunnthal. gr. 8. (31 S. m. 7 Abbildgn.) Berl. 892, Steinitz, Verlag. * — 60

Die Kurenberglieder erl. u. ins Neuhochdeutsche übertr. Von Robert Schneider, Oberlehrer a. D. Halberstadt Schimmelburg 1909. 19 S. 8°

Kuriess, A., Sallusts Invective gegen Cicero. Ein Pamphlet aus dem Jahre 54 v Chr. S.-A. 15 S. 1.—

Kuerfgen, Ludolf

Kuerfgen, Lud. (Rheinländer), De morbis glandulae prostatae. Diss. med. Berlin (Nietack) 1. XII. 1837. 29 S. Mit Biogr. (M.: Cath. Schimmel.) (3.—) 20050
Gew.: Heinr. Kürfgen, Joa. Kürfgen (Vater).

Kurfürst, Der grosse, vor Rathenau. Ein vaterländisches Schauspiel in vier Aufz. Berlin 1795. V: *Rambach, Friedrich Eberhard.* (GGr)

Kurfürst, d. Große, v. Rathenau. Vaterländ. Schsp. v. Rambach, (od. Rambach Schspie, in Th. 1r.) 8. Berl. Maurer. 795.

Kurfürst, der, von Hessen, seine Dynastie und seine Gegner. Vom Verf. der „göttlichen Mission Preußens". 1. Heft. gr. 8. (36 S.) Wien 869, Herzfeld und Bauer. [Brüder Winter.] * — 60

Kurfürst, der schwarze, s.: Volks-Bibliothek, neue.

Kurfürsten u. Fürsten, die neuen u. alten, der Entschädigungsländer als Mitglieder des deutschen Reichs, als Regenten u. als Menschen geschildert. Mit 5 Portr. 8. Gera 804. Heinsius. 1 ℳ 12 gℓ

Kurfürstentäge, die, u. röm. Königswahlen bei Lebzeiten e. regierenden Kaisers, aus d. Geschichten u. deutschen Staatsrechten betrachtet. 4. Frankf. 764. Andreä. 5 gℓ

Kurfürstinnen, Die durchlauchtigsten, von Bayern, der gegenwärtigen churf. Braut Maria Anna . . . vorgestellet. Dresden 1747. V: ***Götze, Joh. Chn.*** **(EB)**

Kurgast, der. Saison-Blatt u. Fremden-Liste für Rheinfelden — Badenweiler — St. Blasien, samt der übrigen besuchtesten Bäder u. Luftkurorte des südwestlichen Schwarzwaldes u. des Rheinthales. 1. Jahrg. 1882. gr. 4. (Nr. 1. 2 B.) Schopfheim 882. Uehlin. n. 4. —

Kurgast, der. Saison-Blatt u. Fremden-Liste f. die Schwarzwald-Bäder u. Luftkurorte samt der Sool-Bäder im Oberrheinthal. 2–5. Jahrg. 1883—1886. à 20 Nrn. (à ½—1 B.) gr. 4. Schopfheim, Uehlin. à Jahrg. n. 3. —

Kurgast, der. Saison-Blatt u. Fremden-Liste f. die Luftkurorte u. Heilbäder im Schwarzwald u. am Oberrhein. 6.—9. Jahrg. 1887—1890. à 20 Nrn. (à ½—1 B.) gr. 4. Schopfheim, Uehlin. à Jahrg. n. 3. —

Kurgast, der. Saison-Blatt u. Fremden-Liste f. die Luftkurorte u. Heilbäder im Schwarzwald u. am Oberrhein. Red.: Ad. Brunner. 10. u. 11. Jahrg 1891. 1892. à 20 Nrn. (à ½—1 Bog.) gr. 4. Schopfheim, G. Uehlin. à Jahrg. n. 3. —

— der, in Bad Oeynhausen. [Rehme.] Ein Wegweiser f. Badegäste. Mit e. Plane Oeynhausens u. d. Kurparks, sowie der Spezial-Karte d. Wesergebiets v. Luhmann. 8. (IV, 36 S.) Minden 886. Bruns. n. 1. —

Für Kurgäste, welche die Gesundheitsquellen von Wiesbaden, Schlangenbad, Ems und Schwalbach am zweckmäßigsten gebrauchen wollen, nebst einigen Bemerkungen über den Gebrauch des Bades überhaupt. Frankfurt a.M.: Jäger [1804]. 76 S. 8°

Kurgespenst, das, am Gräfenberg. (8 S.) 8. Freiwaldau 907. A. Blaček. —10

Kurhaus, das königliche, in Bad Reichenhall. Denkschrift zur Feier der Eröffng., hrsg. vom Baugeschäft Heilmann & Littmann, G. m. b. H., in München. gr. 8. (VIII, 25 S. m. Abb., Plänen u. 1 Bildnis.) München 900. (L. Werner.) n. 2. —

Kurhessen [Sachliches OW]

Kurhessen und seine Dynastie. Ein polit. Ehescheidungs-Prozeß. Von einem Enkel der nach Amerika Verkauften. gr. 8. (16 S.) Berlin 866, Röhring.

Kurhessen im Jahre 1806. Kassel: Kurhess. Volksschriftenverein 1907. 48 S. 8° [10. 16106 4

Kurhessen im J. 1866. (48 S.) 8. Kassel 907. (G. H. Wigand.) —50

Kurhessen unter dem Vater, dem Sohn und dem Enkel. Hamburg 1860. V: ***Klauhold, Alfred.*** **(Bamberger, Erinnerungen. Berlin 1899, S. 391.)**

Kurhessen unter dem Vater, dem Sohne u. dem Enkel. (Abdruck aus den „Demokratischen Studien" von L. Walesrode.) Hamburg 860. O. Meißner. gr. 8. (64 S.) 7½ ngr

Kurhessen [Schlagwort]

Kurhessen — Geognostische Karte von — und den angr. Ländern zwischen: Taunus-, Harz- u. Weser-gebirge. Gez. von A. Schwarzenberg u. Heinr. Reusse. Verl. v. Justus Perthes in Gotha 1854. 400,000. 1 Bl.

Kurhessens Anschluß an Preußen. Von einem Kurhessen. gr. 8. (15 S.) Göttingen 866, Wigand.

Kurhessens Recht vor dem preußischen Abgeordnetenhause in dessen Sitzungen am 20. u. 21. April 1860. Nach stenographischen Berichten nebst einer historisch-kritischen Einleitung in die kurhessischen Verfassungs-Angelegenheiten. Berlin 860. Gebr. Scherk. gr. 8. (90 S.) 7½ ngr

Kurhessens Verfassungs-Urkunde vom 5. Jan. 1831 nebst den 1848 u. 1849 eingetretenen Aenderungen derselben, gegenübergestellt der Verfassungs-Urkunde vom 13. April 1852. Nach dem officiellen Abdr. besorgt. gr. 8. (91 S.) Cassel 852, Scheel. ¼ ℳ

Kurhessens freud. Zukunft, d. treuen Volke verbürgt in d. am 5. Jän. 1831 erschien. Landesverfassung. Zeitgemäße Bemerkn. e. Hanauer Bürger-Gardisten. gr. 8. (1¼ B.) Hanau 831, König. Thlr.

Kurier, s. a. L.

Kurier: Der Kurier (Be)
v. Schweizer Handels-Courier.

Kurier. – Der Kurier –
Halle. – 3.I 1828 – 31.XII.1834(?).
Fortges. u.d.T Der Courier

Kurier. –
Landshut. – 1 VII 1850 – 1 X.1933
Vorh. u.d.T.: Tagblatt.

Aarauer Kurier
③ Posthörnchen ④ Aargauer Blatt ⑤ 2. 5. 1845—31. 3. 1848 ⑥ 4° ⑦ wöchentlich 2× ⑧ Aarau: Salomon Landolt ⑨ Salomon Landolt ⑪ Salomon Landolt ⑫ freiheitlich ⑬ BGSZ 941 722 ⑭ Be 1. ⑮ Der «Aarauer Kurier» übernimmt die Numerierung des «Posthörnchens» und beginnt mit Nr 32.

Kurier. – Augsburger Kurier –
14.IX.1884 – 31.XII.1898.
Vorh. u.d.T.: Augsburger Kurir.

Kurier. – Bayerischer Kurier. –
München. – 1857 – 31.X.1934.

Kurier. – Fränkischer Kurier. –
Nürnberg. – 1.IV.1850 – 31.VIII.1944.
Vorh. u.d.T.: Mittelfränkische Zeitung.
Fortges. u.d.T.: Neuer Kurier.

Kurier: Freiburger Kurier v. Courrier fribourgeois.

Kurier: Gelber Kurier
(5) 1844 (7) wöchentlich 3× (8) St. Gallen: Unteregger (13) BGSZ: 1047.

Kurier. – H i l d e s h e i m e r Kurier. –
1.I.1883(?) – 29.VI.(?)1921.
Vorh. u.d.T.. Neuer Courier.

Kurier. – N e u e r Bayerischer Kurier. –
München. – 1.I.1864 – 31.X.1867.

Kurier. – N e u e r Pfälzischer Kurier. –
Ludwigshafen. – 1.IX.1892 – 11.IV.1903.

Kurier. – N o r d i s c h e r Kurier. –
Itzehoe. – 17.III.1901 – 31.XII.1938.

Kurier. – N ü r n b e r g e r Kurier. –
5.V.1842 – 12.IV.1853.
Vorh. u.d.T.: Der Friedens- u. Kriegs-Kurier.
Fortges. u.d.T.: Friedens- und Kriegs-Kurier.

Kurier. – N ü r n b e r g e r Kurier. –
4.IV.1858 – 13.IX.1862
Vorh. u.d.T.: Nürnberger Friedens- und Kriegs-Kurier.

Kurier. – O b e r p f ä l z i s c h e r Kurier. –
Weiden. – 1.X.1878 – 31.VII.1937.

Kurier. – Der o b e r s c h l e s i s c h e Kurier –
Königshütte. – 22.X.1908 – 1945.
Vorh. u.d.T : Volkszeitung Königshütte.

Kurier. – P f ä l z i s c h e r Kurier. –
Ludwigshafen, sp. [ab 15.IX.1892] Neustadt. –
1.X.1859 – 27.IX.1935.

Kurier, polit. literar., d. Departement am Niederrhein. 4. Straßb. Treuttel. 791.

Kurier. – R h e i n i s c h e r Kurier. –
Wiesbaden – 20.XI.1866 – 31.III.1908
Fortges. u.d.T.: Wiesbadener Zeitung.

Kurier, stenographischer. Centralblatt für Stenographen aller Systeme. Hrsg. u. Red.: W. K r o n s b e i n. 1. Jahrg. Febr. 1895—Jan. 1896. 12 Nrn. (Bog.) Fol. Wiesbaden (R. Bechtold & Co.). n. 3. 40

— dasselbe. 2. u. 3. Jahrg. 1896—1897. à 12 Nrn. (Bog.) Fol. Ebd. à Jahrg. n. 3. 40
Weiter nicht erschienen.

Wiener Kurier und praktischer Führer durch Wien und Umgebung mit vollständigem Straßen- und Gassenverzeichnis der 21 Bezirke. 1905. 8°. (479 S.) K —.40
Wien: Szelinski & Co.

Kurierfreiheit, die, e. hl. Gut des deutschen Volkes. Denkschrift zur Wahrg. der Kurierfreiheit. Hrsg. v. Vorstande des deutschen Vereins der Naturheilkundigen. 2., verm. Aufl. (66 S.) gr. 8. Berlin 908. (Leipzig, M. Altmann.) — 80

Katekizmo Pirmamokslis arba Trumpas Suglaudimas visųreikalingiausių mokslų švento katalikų Tikėjimo. Parašė A. **Kurietis**. Tilžeje 1903: J. Schoenke. (16 S.) 8°
[Elementarlehre d. Katechismus oder kurze Zusammenfassung d. allernotwendigsten Lehren d. hl. kath. Glaubens. Geschrieben von Kurietis. Tilsit.] [03. 3444 10

Populäre Einleitung in das Studium der Naturwissenschaften. 3 Vorlesungen von Prof. Dr. B. K u r i l o f f [Venedikt Viktorinovič **Kurilov**], deutsch bearb. unter Mitw. d. Verf. von Margarete L a d e n b u r g. Halle: W. Knapp 1906. (54 S.) 8° [06. 8009 3

Kurimoto T.: *Diplogonoporus grandis* (*R. Blanchard*) ... 1900. [Krabbes Saml.].

Kuriositäten, s.a. Kuriositäten.

Kuriositäten mathematische neu-erfundene
Neu-erfundene mathematische Curiositäten.
Theil 1 - 2, gbd., Abb.
Kaintz: Bourgeat 1709 - 1710

Verbesserter hamburgischer Curiositäten-Calender [Kuriositäten-Kalender] auff das ...Jahr...beschrieben von Paul Halcken [Halcke]. 1719. Hamburg: Neumann [1718]. 8°

1719: [1718.]

Kurir. – A u g s b u r g e r Kurir. –
1.I.1877(?) – 13.IX.1884.
Fortges. u.d.T.: Augsburger Kurier.

Kurka, A. J., deutsche Vorschriften der höheren Kalligraphie. Fol. Wien 819. Müller. 6 Blätter. 1 fl 12 kr ord. Ausg. 16 kr

— neueste Vorschriften der höheren Kalligraphie. qu. Fol. Ebd. 819. 4 fl 12 kr ord. Ausg. 2 fl

K u r k a, Rud. Wilh., Rathgeber in Clavier-Angelegenheiten. Ueber Auswahl, Ankauf und Erhaltung der Claviere, sowie Reparaturen an denselben. Eine Abhandlung, für Freunde dieses Instrumentes und angehende Pianofortebauer gemeinfassl. dargestellt. 8. (VIII, 64 S.) Wien 882, (Lechner's Verlagsh.) *

Kurland [Sachliches OW]

Kurland unter den Herzögen. [Mitau 1816—26.] V: *Cruse, Carl Wilhelm.* (R-N)

Kurland am Scheidewege. gr. 8. (22 S.) Stuttgart 879. Metzler's Verl. n. — 40

Kurland [Schlagwort]

Kurland, s.a. Livland.

Kurland, s.a. Russland. Rücker, C. G.

Kurland. **B ü h l e r, Ed., Karte v. Curland u. e. Theil der angrenzenden Gouvernements Livland u. Litthauen.** (Neue Aufl.) 43×63 cm. Lith. Strassburg (901). Strassburger Druckerei u. Verlagsanstalt. n. 2. —

Kurland. B ü h l e r, Ed., Karte v. Curland u. e. Theil der angrenzenden Gouvernements Livland u. Litthauen. (Neue Aufl.) 43×63 cm. Lith. Strassburg (909). Strassburger Druckerei u. Verlagsanstalt. 2. —

Kurland [Verfasser]
Lieder aus Niedersachsen. Ausgew. von Gotthard **Kurland**. Wolfenbüttel: Zwißler 1910. 111 S. 8° [10. 13901]

Kurland, Gotthard, s. u. Lieder aus Niedersachsen.

Der Kurländer: Jahrgang 1, no. 1—8, Apr.—Nov. 1906.
Monthly. Published in English and German. Sub-title A Monthly publication devoted to the Interests of Baltic Residents in the U.S. Nachrichten aus Baltischen Provinzen und Locales aus Baltischen Kreisen. Large quarto, each issue 14 pages; illustrated. Published by The Kurländer Publishing Co., J. Berman, pres.
New York, NY

Kurländer, D., Unterricht z. Schön-Schreibekunst. 8. Berlin 821. (Leipzig, Melzer.) 1/8 ℛ

Kurländer, (D.,) Versuch e. auf Erfahrung gegründeten Unterweis. z. Schönschreibekunst. 8. Berl. 821, Büreau f. Litt.

Kurländer, Friedrich (Franz?) August von

Kurländer, F.A.. A l m a n a c h , Dramatischer,
s. A l m a n a c h . . .

Kurländer, Fr. Aug. v., s. A l m a n a c h dramatischer Spiele für Gesellschafts-Theater.

—— der verwundete Liebhaber. Lustsp. in 1 Aufz. Nach Dupaty u. nach e. kleinen Erzähl. bearb. gr. 8. (1 1/4 B.) Wien 839, Wallishausser.

v. **Kurländer**, F. A., (Lustspiele) oder Almanach dramat. Spiele für Gesellschaftstheater. Mit Kpf. 1r—7r Jahrg. 12. Wien 810—15. Geistinger. (Gerold). 9 ℛ 8 gr Hbg Pr, jed. J. 16 gr

— 1r Jahrg. 1811. Enth.: die zerbrochene Brille; Lstspl. — Die Ueberlisteten; dramat. Kleinigkeit. — Der Lügner u. sein Sohn; Posse. — Das alte Gemälde; Schausp. — Dichterfreundschaft.

— 2r Jahrg. 1812. Enth.: der Abschied. — Wiedervergeltung. — Die Krankenwärterin. — Der falsche König Stanislaus.

— 3r Jahrg. 1813. Enth.: Jenny; Schspl. — Zwei Tage auf dem Lande; Lstspl. — Zufall u. List; Lstspl. — Liebhaber und Geliebte in einer Person.

— 4r Jahrg. 1814. Enth.: die Schmähschrift. — Der Oheim als Neffe. — Abracadabra. — Der todte Ehemann.

— 5r Jahrg. 1815. Enth.: der hohe Besuch. — Die Tante. — Das Abentheuer im Gasthofe. — Die Folgen des Maskenballes.

— 6r Jahrg. 1816. Enth.: die Fremden zu Bagdad. — Die Eremiten. — Der blaue u. rothe Domino. — Der Bräutigam wider Willen.

v. **Kurländer**, F. A., (Lustspiele) oder Almanach dramat. Spiele für Gesellschaftstheater. 7r Jahrg. 1817. Enth.: das Ideal. — Das Landgut. — Schauspielerstand.

— 8r Jahrg. 1818. Mit Kpf. 12. Ebd. 817. Wallishausser. 1 ℛ 12 gr Enth.: Shakspeare als Liebhaber. — Leichtsinn u. Heichelei. — Die Charaden.

— 9r—23r Jahrg. Mit Kpf. 12. Wien u. Leipz. 818—32. Baumgärtner. (à 1 ℛ 12 gr) 22 ℛ 12 gr 9r Jahrg. 1819. Enth.: der Großonkel. — Haß für Haß. — Verschiedene Lebensweise. — Welche von Beiden.

— 10r Jahrg. 1820. Enth.: die Familie Rosenstein. — Das funfzehnjährige Fräulein. — Der sechzigjährige Jüngling. — Die seltsame Entführung.

— 11r Jahrg. 1821. Enth.: der Brautwerber. — Malchen. — Der Lustspieldichter auf dem Lande. — Der König u. der Hirtenknabe.

— 12r Jahrg. 1822. Enth.: die Liebeserklärung. — Studentenwirthschaft. — Der junge Husaren-Oberst. — Die Fahrt zum Seehafen von Dieppe.

— 13r Jahrg. 1823. Enth.: Hans am Scheidewege. — Der Streitführer ohne Streitsache. — Mädchen u. Frau. — Der Vorsichtige. — Eins für zehn.

— 14r Jahrg. 1824. Enth.: eine Stunde in Karlsbad. — Kindliche Liebe. — Der junge Krak. — Das Gedicht. — Zahlung gleicher Münze. — Prüfung ehelicher Treue.

— 15r Jahrg. 1825. Enth.: der großmüthige Onkel. — Der philosophische Bediente. — Die Taubenpastete. — Der Mechanikus zu Plundershausen. — Der Perückenmacher. — Das Wiedersehn, als Fortsetzung von Hans am Scheidewege.

— 16r Jahrg. 1826. Enth.: Flattersinn u. Liebe, oder das Portrait. — Das ändert die Sache. — Baron Furet. — So hassen Damen.

— 17r Jahrg. 1827. Enth.: der Todte in Verlegenheit. — Narciß der Zweite. — Der Roman in Briefen. — Schüchtern und dreist.

— 18r Jahrg. 1828. Enth.: der Zweikampf; Schspl. — Die Heirath aus Vernunft; Schspl. — Neues Mittel, Töchter zu verheirathen; Lstspl. — Die Kriegslist; Lstspl.

Kurländer, F(rz.). A(ug.). v., Lustspiele, od. dramat. Almanach f. d. J. 1829—36. 19—26. Jahrg. Jeder m. 6 ill. Kpfr. 12. Leipzig, Baumgärtner. à J.
1829. Die Geld-Heirath, Charaktergemälde. (Gegenstück zur Heirath aus Vernunft.) — Der Hochzeitstag. Lustsp. (19 1/2 B.)
1830. Die Heirath aus Neigung. Schausp. — Vier Jahre darnach. Drama. (Als Fortsetz. d. Heirath aus Vernunft.) — Der aufrichtige Freund. Lustsp. — Freuden u. Leiden eines Kranken. Lustsp. — Der geheime Briefwechsel. Lustsp. (26 1/4 B.)
1831. Der Ehemann als Bittsteller. Lustsp. nach Waylli. — Das Geheimniß. Schausp. nach Scribe. — Der Rothkopf. Lustsp. (16 1/4 B.)
1832. Die Ehescheidung. — Der Unglücksvogel. — Der Pflegesohn. — Erstes u. letztes Kapitel. Gemälde a. d. bürgerl. Leben: Schön Klärchen. — Frau Klara. (16 B.)
1833. Die Schutzfrau. — Eigensinn u. Liebe. — Damen-Launen od. gerade wie ehemals. — Das Gelübde. (17 B.)
1834. Ewig. — Die Freunde als Nebenbuhler. — Siegmund. — Warum? (17 B.)
1835. Hanns als Schildwache. — Die Altistinn. — Zufall u. List. — Haushaltung einer Dichterinn. (14 1/4 B.)
1836. Die Tochter d. Geizigen. Schausp. in 3 Aufz. — Sie ist wahnsinnig. Schausp. in 2 Aufz. — Eine Hütte u. sein Herz. Lustsp. in 3 Aufz. (17 1/4 B.)
1—7. Jahrg. 1811—17. Wien, [Gerold.] à 1 Thlr. 12 Gr., 2., 3., 5—7. J. (1. u. 4. fehlt) zusammengenommen, hrbgs. Pr. 2 Thlr. — 8. J. 1818. Wien, Wallishausser. 1 Thlr. 12 Gr. — 9—18. J. 1819—28. Leipzig, Baumgärtner. à 1 Thlr. 12 Gr.

Lustspiele oder dramatischer Almanach für das Jahr ... v. F[riedrich] A[ugust] von Kurländer ... Mit ... Kupf. ([von] I[ohann] C[hristian] Böhme [u. a.].)
Leipzig: Baumgärtner (1828—[1835]). 12°
26/1836 [Umschlagt.:] Dramatischer Almanach für das Jahr ...
Die ersten hier nicht vorh. Jgg. u. d. T.: Almanach dramatischer Spiele für Gesellschafts-Theater.

19/1829: (1828.) X S., 1 Bl., 292 S., 4 Bl., 1 kol. Titelkupf., 2 kol. Kupfertaf. [*3 weitere Kupfer fehlen.*]
23/1833: (1832.) VIII S., 1 Bl., 388 S., 5 Bl., 1 kol. Titelkupf., 3 kol. Kupfertaf [*2 weitere Kupf. fehlen.*]
24/1834: (1833.) VIII S., 1 Bl., 388 S., 4 Bl., 1 kol. Titelkupf., 5 kol. Kupfertaf.
25/1835: (1834.) VIII S., 1 Bl., 324 S., 3 Bl., 1 kol. Titelkupf., 5 kol. Kupfertaf.
25 [richtig 26]/1836: [1835.] 1 Bl., 393 S., 4 Bl., 1 kol. Titelkupf., 5 kol. Kupfertaf.

Kurländer, F(rz.). A(ug.). v., Lustspiele, od. dramat. Almanach f. d. J. 1837—41. 27—31. Jahrg. Jeder m. 4 ill. Kpfrn. 12. Leipzig, Baumgärtners Buchh. à Thlr. *
1837. Der achtzigste Geburtstag. Schausp. — Das goldene Kreuz. Schausp. — Geliebt seyn, od. Sterben. Lustsp. (11½ B.)
1838. Das geraubte Kind. Schausp. — Haß u. Liebe. Lustsp. — Das Gespenst. Lustsp. — Der Erbe. Schausp. (11 B.)
1839. Die Seiltänzerin. Lustsp. — Herz u. Ehre. Schausp. — Der letzte Starkenberg. Lustsp. — Der Militärbefehl, Lustsp. — Der Seecapitain. Posse. (14½ B.)
1840. Das Jagdschloß. Drama. — Fester Wille. Lustsp. — Das letzte Bild. Schausp. — Die Jugendfreundinn. Lustsp. (16 B.)
1841. Der Student u. die Dame. Lustsp. — Qualen d. Wahnes. Schausp. — Hans Michel. Lustsp. — Diana v. Chivri. Drama. (13⅞ B.)

Kurländer, Ign., s.: Jahrbücher der kön. ung. Central-Anstalt f. Meteorologie u. Erdmagnetismus.

Kurländer, Ignatz, Erdmagnetische Messungen in den Ländern der ungarischen Krone in den Jahren 1892—94. Budapest 1896.

Kurlbaum, A., deutsche Reichs-Konkursordnung, s.: Wilmowski, G. v.

Kurlbaum, F., die preußische allgemeine Hypotheken-Ordnung vom 20. Dezember 1783, s. Hypotheken-Ordnung.

Kurlbaum, F.: Die Preußische Allgemeine Hypotheken-Ordnung vom 20. Dez. 1783. Unter Weglassung der obsoleten oder aufgehobenen Vorschriften u. Einschaltung der noch geltenden erg. u. erl. Gesetze u. Bestimmungen. Berlin 1853.

Kurlbaum, Ferdinand

Kurlbaum, F: Änderung der Emission und Absorption von Platinschwarz und Ruß mit zunehmender Schichtdicke. Leipzig 1899

Kurlbaum. Ferdinand [aus Burg]: Bestimmung der Wellenlänge einiger Fraunhofer'scher Linien .... Berlin, Druck v. Hermann Blanke (1887); 95 + 1 S. 8°.
Berlin, Phil. Fak., Inaug.-Diss. v. 23. Jul. 1887.

Kurlbaum, Ferdinand, Bestimmung der Wellenlänge einiger Fraunhofer'scher Linien. Diss. Berlin 1887, Mayer & Müller. 8°. 95 S.

Kurlbaum, F., über die Emission langwelliger Wärmestrahlen, s.: Rubens, H.

Kurlbaum, Ferdinand: Über die Herstellung eines Flächenbolometers, s. Lummer, O.

Kurlbaum, Ferdinand: Der elektr. geglühte ... Körper, s. Lummer, O.

— Ueber eine Methode zur Bestimmung der Strahlung in absolutem Maaß und die Strahlung des schwarzen Körpers zwischen 0 und 100 Grad. Leipzig 1898

Kurlbaum, F., und Lummer: Ueber die neue Platinlichteinheit der Physikalisch-Technischen Reichsanstalt. Berlin 1895

— über e. optisches Pyrometer, s.: Holborn, L.

— und G. Schulze: Temperatur nichtleuchtender, mit Metallsalzen gefärbter Flammen. Braunschweig 1906 (Mitteil. a. d. Physik.-Techn. Reichsanst.)

— Temperaturdifferenz zwischen der Oberfläche und dem Innern eines strahlenden Körpers. Leipzig 1900

Kurlbaum, Ferdinand: Bolometrische Untersuchungen für eine Lichteinheit, s. Lummer, O.

Kurlbaum, F., und G. Schulze: Pyrometrische Untersuchungen an Nernstlampen und Hohlkörpern aus Nernstmasse. Braunschweig 1903

Kurlbaum, F: Ueber eine bolometrische Versuchsanordnung für Strahlungen zwischen Körpern von sehr kleiner Temperaturdifferenz. Leipzig (1897)

Kurlbaum, Karl

Kurlbaum, K., kritische Bemerkungen zu dem Entwurf e. Gesetzes üb. das Vormundschaftswesen nebst Erläutergn. Ausgearb. im Königl. Justizministerium. Mit e. amendirten Entwurfe. gr. 8. (66 S.) Berlin 870. Vahlen. n. 1. 20

Kurlbaum, Karl, neue Grundsätze der Zwangsversteigerung von Immobilien nach dem preussischen Gesetze vom 13. Juli 1883. 1. und 2. unveränd. Aufl. gr. 8. (IV, 92 S.) [Stuttgart 883,84.] Essen, Werther. *

Kurlbaum, K., u. A. Kurlbaum, deutsche Reichs-Konkursordnung, s.: Wilmowski, G. v.

Kurlbaum, K., die preussische Subhastationsordnung vom 15. März 1869 unter dem Einflusse der deutschen Justizgesetze und der preussischen Ausführungsgesetze zu denselben. gr. 8. (111 S.) Stuttgart 879, Werther. *

— die Vormundschaftsordnung vom 5. Juli 1875, nebst 1. Gesetz, betr. die Geschäftsfähigkeit Minderjähriger und die Wiedereinsetzung in den vorigen Stand. Vom 12. Juli 1875. 2. Gesetz, betr. das Hinterlegungswesen. Vom 19. Juli 1875. Text-Ausg. mit erläut. Vorwort und vollständ. Sachregister. 1.—20. Aufl. 16. (60 S.) Berlin 876,77, Vahlen. cart. *

— die Vormundschaftsordnung vom 5. Juli 1875, nebst 1) Gesetz, betr. die Geschäftsfähigkeit Minderjähriger u. die Aufhebg. der Wiedereinsetzg. in den vor. Stand, vom 12. Juli 1875. Text-Ausg. m. erläut. Vorwort u. vollständ. Sachregister. 15. Aufl. 16. (60 S.) Ebend. 876. n. — 35

— die Vormundschaftsordnung vom 5. Juli 1875, nebst 1) Gesetz, betr. die Geschäftsfähigkeit Minderjähriger u. die Aufhebung der Wiedereinsetzung in den vorigen Stand, vom 12. Juli 1875; 2) Gesetz, betr. das Hinterlegungswesen. Vom 19. Juli 1875. Text-Ausg. mit erläut. Vorwort u. vollständigem Sachregister. 21. Aufl. 16. (60 S.) Berlin 879. Vahlen. cart. n. — 35

—— die Vormundschaftsordnung vom 5. Juli 1875, nebst 1) Gesetz betreffend die Geschäftsfähigkeit Minderjähriger und die Aufhebung der Wiedereinsetzung in den vorigen Stand. Vom 12. Juli 1875. 2) Gesetz, betreffend das Hinterlegungswesen. Vom 19. Juli 1875. Text-Ausg. mit erläut. Vorwort und vollständ. Sachregister. 21. Aufl. 16. (60 S.) Berlin 880, Vahlen. cart. *

— dasselbe. 22—24. Aufl. 16. (87 S.) Ebend. 880—82. cart. n. — 50

—— dass. — Nebst 1) Gesetz betr. die Geschäftsfähigkeit Minderjähriger und die Aufhebung der Wiedereinsetzung in den vor. Stand. Vom 12. Juli 1875. 2) Hinterlegungsordnung. Vom 14. März 1875. Text-Ausg. mit erläut. Vorwort und vollständ. Sachregister. 22.—25. Aufl. 16. (87 S.) Ebendas. 880—83. cart. *

Kurlbaum, Karl, die Vormundschaftsordnung vom 5. Juli 1875, nebst I. Gesetz, betr. die Geschäftsfähigkeit Minderjähriger und die Aufhebung der Wiedereinsetzung in den vorigen Stand. Vom 12. Juli 1875. II. Hinterlegungsordnung. Vom 14. März 1879. Text-Ausg. mit erläut. Vorwort und vollständ. Sachregister. 26.—28. Aufl. 16. (87 S.) Berlin 885,88, Vahlen. cart. *

— die Vormundschaftsordnung vom 5. Juli 1875, nebst I. Gesetz, betr. die Geschäftsfähigkeit Minderjähriger u. die Aufhebg. der Wiedereinsetzg. in den vorigen Stand. Vom 12. Juli 1875. II. Hinterlegungsordnung. Vom 14. März 1879. Text-Ausg. m. erläut. Vorwort u. vollständ. Sachregister. 27. Aufl. 16. (87 S.) Berlin 886. Vahlen. cart. n. — 50

Kurlbaum, K., die Vormundschaftsordnung vom 5. Juli 1875, nebst I. Gesetz, betr. die Geschäftsfähigkeit Minderjähriger u. die Aufhebung der Wiedereinsetzung in den vorigen Stand. Vom 12. Juli 1875. II. Hinterlegungsordnung. Vom 14. März 1879. Text-Ausg. m. erläut. Vorwort u. vollständ. Sachregister. 29. Aufl. 16. (87 S.) Berlin 889. Vahlen. cart. n. — 50

Kurlbaum, K., Vormundschaftsordnung vom 5. Juli 1875. Gesetz, betr. die Geschäftsfähigkeit Minderjähriger u. die Aufhebung der Wiedereinsetzung in den vorigen Stand vom 12. Juli 1875. Hinterlegungsordnung vom 14. März 1879. (87 S.) Berlin 1891. Vahlen.

Kurlbaum, K., s. a. Vormundschafts-Ordnung.

Kürle, Hans, aus Gelnhausen: **Die Erfolge der letzten 100 Ovariotomieen an der Kgl. Universitäts-Frauenklinik zu Würzburg.** *Gelnhausen 1898: F. W. Kalbfleisch.* (72 S.) 8° Würzburg, Med. Diss. v. 1898

Kurliste von Bad Ilmenau. Saison 1881—1888. à Saison 20 Nrn. 4. Ilmenau, Paul Schultze. à Saison **

Kur- u. Fremden-Liste vom Wörthersee. Klgft., Heyn, 1882—96. Quart. 14 Jgg. (Fortsetzung v.: Folgendes.)

Kurliste, Pörtschacher, vom Wörthersee. Pörtschach (typ. St. Josefs-Druck. in Klgft.), 1896. 20 Nummern.

Kurmayer, Josef: Der Disputir-Hans, s.a. Kinder-Theater.

— Der Disputir-Hans. Lustspiel für Kinder in 1 Aufzug. 12. (31 S. Wien, Geitler. 1865.

—— Dornröschen. Dramatisirtes Märchen in 3 Abbild. und 6 Bildern. (Der Bühne gegenüber als Mscr. gedr.) gr. 8. (32 S.) Wien 864, Lechner's Universitäts-Buchh.

– Gleiches mit Gleichem, s.a. Kinder-Theater.

— Gleiches mit Gleichem, oder: Des armen Tirolerknaben heilige Christ. Schauspiel für Kinder in 2 Aufzügen. 12. (46 S.) Ebd. 1865

—— der daumenlange Hans oder die verzauberte Prinzessin. Dramatisirtes Mährchen in 4 Abthlgn. (Der Bühne gegenüber als Mscr. gedr.) gr. 8. (33 S.) Wien 864, Lechner's Universitäts-Buchh.

—— der gestiefelte Kater. Faschings-Komödie für Kinder mit Tanz, Gesang und Evolutionen in 5 Abthlgn. (Der Bühne gegenüber als Mscr. gedr.) gr. 8. (36 S.) Wien 865, Lechner's Universitäts-Buchh.

Kurmayer, J. *Kinder-Theater* von Josef Kurmayer. Enthält: Rübezahl, Dornröschen. Der daumenlange Hans. Der Nörkelkönig. Der gestiefelte Kater. Der Weihnachtstraum ... Wien, R. Lechner [1865]. Titel, 40, 32, 33, 36, 36, 36 S. und 6 schöne Lithographien, sign. AVE. 8°. Illustr. hellgr. Or.-Pappbd. m. Leinenrücken. Erstausgabe dieser 6 reizenden Komödien. 20.—
— — Dasselbe Werk in Titelauflage: Leipzig, Alfred Oehmigkes Verlag (ca. 1870?). Mit den gleichen Bildern. Broschiert. Einige Fleckchen.

– Die Malerfamilie, s.a. Kinder-Theater.

— Die Malerfamilie. Schauspiel für Kinder in 2 Aufzügen. 12. (30 S. Ebd. 1865.

– Der Maskenball, s.a. Kinder-Theater.

— Der Maskenball. Lustspiel für Kinder in 2 Aufzügen. 12. (44 S. Ebd. 1865.

—— der Nörkelkönig oder die Kindesliebe. Kinderkomödie in 5 Abthlgn. Nach einer Tiroler Sage bearb. (Der Bühne gegenüber als Mscr. gedr.) gr. 8. (36 S.) Wien 865, Lechner's Universitäts-Buchh.

—— Rübezahl, oder: Peter Nimmersatt und sein Glück. Kinderkomödie in 5 Abthlgn. und 1 Vorspiel. (Der Bühne gegenüber als Mscr. gedr.) gr. 8. (40 S.) Wien 864, Lechner's Universitäts-Buchh.

– Der Unsichtbare, s.a. Kinder-Theater.

— Der Unsichtbare. Dramatischer Schwank in 1 Akt. 12. (32 S.) Ebd. 1865.

– Fee Viola, s.a. Kinder-Theater.

— Fee Viola. Dramatisirtes Kindermärchen in 1 Akt. 12. (32 S. Ebd. 1865.

—— der Weihnachtstraum. Kinderkomödie in 3 Abthlgn. und 6 Bildern. (Der Bühne gegenüber als Mscr. gedr.) gr. 8. (36 S.) Wien 865, Lechner's Universitäts-Buchh.

Kürn, Peter Otto: Dissertatio inauguralis medica de malo hysterico. 36 S. 4°
Basel; med. Diss. 1766

Kurnatowski, Konstantin von, aus Mitau: **Georg Friedrich Markgraf von Brandenburg und Die Erwerbung des Bistums Kurland. Ein Beitrag zur kurländ. Geschichte d. 16. Jhs.** *Erlangen 1903: Junge & Sohn.* (61 S.) 8°
Erlangen, Phil. Diss. v. 9. Juni 1903

Kurnatowski, L. v., Geschäftsanweisung f. die Rentmeister der königl. Kreiskassen vom 19. XII. 1894 u. Anleitung der Ober-Rechnungskammer vom 5. II. 1896 zur Aufstellung der Rechnung üb. die direkten Steuern. Mit erläut. Bemerkgn. f. den prakt. Gebrauch bearb. (183 S.) Lex.-8. Arnsberg 906. F. W. Becker. Geb. in Leinw. n. 5.50

Kürnbach, s.: Geologische Karten, Spezialkarte (Baden).

Kuernberger, Ferdinand

Der Amerika-Müde. Amerikanisches Kulturbild. Von Ferdinand Kürnberger.
Frankfurt a.M.: Meidinger 1855. 503 S. 8°

Kuernberger, Ferdinand

Der Amerika-Müde. Amerikanisches Kulturbild. Von Ferdinand Kürnberger. Bd 1.2.
Frankfurt a.M.: Meidinger 1855. 8°
(Deutsche Bibliothek. Bd 8.)

Kürnberger, Ferd., der Amerika-Müde, s.a. Bibliothek, deutsche.

Kürnberger, Ferd., der Amerika-Müde, s. Hausbibliothek, belletristische.

Kürnberger, Ferd. Der Amerikamüde, s. Universal-Bibliothek.

Kürnberger, Ferd., Aufruf für Schleswig-Holstein. Epistel an den Kaiser von Oesterreich. München 864. Fleischmann. 8. (7 S.) 1½ ngr.

Kürnberger, Ferd., Aufruf für Schleswig-Holstein. Epistel an den Kaiser von Oesterreich. 8. (7 S.) München 864, [Merhoff's Verlag.]

(F) Aug und Ohr. Novelle von Ferdinand Kürnberger [Allgemeine National-Bibliothek 264. 265.] Wien. [1900.] Daberkow. 8°. 72 S. K —.20

Kürnberger, Ferd., die Braut d. Gelehrten, s.: National-Bibliothek, allgem.

— Briefe an e. Freundin (1859—1879), hrsg. v. Otto Erich Deutsch, s.: Schriften des literarischen Vereins in Wien. VIII.

— Catilina. Drama in 5 Aufzügen. Hamburg 855. Hoffmann u. Campe. 8. (2 Bl., 280 S.) 1 ₰.

(F) Kürnberger, F., Catilina. [Allg. National-Bibliothek. 330—331] 8°. (98 S) K —.20
Wien: Daberkow 1903.

Kürnberger, Ferd., Catilina, s.a. National-Bibliothek, allgem.

Kürnberger, Ferdinand: Der Drache,
s. National-Bibliothek, Deutsch-österreichische.

— Dramen. (III, 98, 98, 80, 86 u. 84 S. m. 1 Fksm.) kl. 8. Wien (907). Th. Daberkow. Geb. in Leinw. 2. 60

— Eis. Aus Liebe sterben, s.: Universal-Bibliothek.

— 50 Feuilletons. Mit einem Präludium in Versen. (438 S. m. Bildnis.) kl. 8. Wien (905). Th. Daberkow. n. 2. —; geb. in Leinw. n. 3. —

— dasselbe, s.: National-Bibliothek, allgemeine.

(F) Kürnberger, F., Firdusi. Drama in 5 Aufzügen. [Allg. Nationalbibliothek. Nr. 301—302.] 8°. (80 S.) K —.20
Wien: Daberkow 1902.

Kürnberger, Ferdinand: Giovanna,
s. National-Bibliothek, Allgem.

—— das Goldmärchen, s. Lesekabinet, leipziger.

— das Goldmärchen. Wien 857. Hartleben. 8. (VII, 164 S.) 18 ngr

Kürnberger, Ferd., der Haustyrann. Roman. 8. (VIII, 283 S.) Wien 876, Rosner. *

Kürnberger, Ferd., literarische Herzenssachen. Reflexionen u. Kritiken. gr. 8. (VIII, 376 S.) Wien 877. Rosner. n. 5. —

– D. Kind m. d. Briefe. Ein Brautpaar in Polen,
s. National-Bibliothek, Allgem.

(F) Die Kinder der Vornehmen. Novelle von Ferdinand Kürnberger. [Allgemeine National-Bibliothek 263.] Wien. [1900.] Daberkow. 8°. 54 S. K —.20

– Das große und das kleine Loos,
s. National-Bibliothek, Deutsch-österreichische.

—— Löwenblut. Novelle. Aus dem Nachlaß d. Dichters hrsg. v. Wilh. Lauser. 1. u. 2. Aufl. 8. (158 S.) Dresd. 892, Minden. * 2 —

— Löwenblut. Novelle. Aus dem Nachlaß des Dichters hrsg. v. Wilh. Lauser. 3. Aufl. (128 S.) 8. Dresden (910). H. Minden. 1. —

(F) Quintin Messis. Schauspiel in fünf Aufzügen von Ferdinand Kürnberger. [Allgemeine National-Bibliothek 260. 261.] Wien. [1900.] Daberkow. 8°. 98 S. K —.20

—— Novellen. 1—3. Bd. 8. München 861,62, Fleischmann's Separat-Conto. [1. Bd. (III und 347 S.) 1 Thlr. 20 Ngr., 2. (III und 272 S.) 1 Thlr. 10 Ngr., 3. (III und 271 S.) 1 Thlr. 10 Ngr.]

—— Novellen. [Künstlerbräute. — Bergschrecken. — Der Erbe. — Die Last des Schweigens. — Liebesschuld. — Alinek und der Derwisch.] 8. (315 S.) Berlin 878, Hertz.

— Novellen. Aus d. Nachlasse d. Dichters hrsg. von Wilh. Lauser. (Neue wohlf. [Titel-] Ausg.) 8. (III, 315 S.) Stuttgart (898). 898. Deutsche Verlags-Anstalt. n. 1. —; geb. n. 1. 25

— Novellen. (III, 72, 48, 40; VI, 17, 54, 88, 80, 70, 84, 36, 54 u. 72 S. m. 2 Bildnissen.) kl. 8. Wien (907). Th. Daberkow. Geb. in Leinw. 3. —

— Ausgewählte Novellen, s.: Meyer's Volksbücher.

Kürnberger, Ferdinand. Ausgewählte Novellen. *Prag* 1857. Druck und Verl. v. *C. Bellmann.* 400 S. 8°.

(F) **Kürnberger**, F., Das Pfand der Treue. Bürgerliches Schauspiel in 5 Aufzügen. [Allg. Nationalbibliothek. Nr. 303—304] 8°. (84 S.) K —.20
Wien: Daberkow 1902.

– Heimlicher Reichthum,
s. National-Bibliothek, Allgem.

(F) Die Sängerin von Augsburg. Ein mittelalterliches Frauenbild. — Der Schulmeister Krachenberger. Novellete. Von Ferdinand Kürnberger. [Allgemeine National-Bibliothek 262.] Wien. [1900.] Daberkow. 8°. 36 S. K —.20

— das Schloß der Frevel. Roman. Hrsg. u. m. e. Vorwort versehen v. Karl Rosner. 2 Bde. (313 u. 250 S.) 8. Leipzig 904. Berlin, H. Seemann Nachf. n. 5.—

– Schulmädchen u. Hausfrau,
s. National-Bibliothek, Allgem.

Kürnberger, Ferd., Siegelringe. Eine ausgewählte Sammlung polit. und kirchl. Feuilletons. 8. (XX, 525 S.) Hamburg 874, O. Meißner.

(F) **Kürnberger**, F., Das Trauerspiel. Lustspiel in 3 Aufzügen. [Allg. National-Bibliothek Nr. 299—300.] 8°. (86 S.)
Wien: Daberkow 1902.

– Die Versuchungen der Armen,
s. National-Bibliothek, Deutsch-österreichische.

Kürnberger, Ferd., gesammelte Werke. Hrsg. v. Otto Erich Deutsch. 1. u. 4. Bd. 8. München, G. Müller. à 6.—; geb. à 7.50; Luxusausg. à 16.—
1. Siegelringe. Eine Sammlung polit. u. kirchl. Feuilletons. Neue wesentlich verm. Aufl. (570 S.) 910.
4. Der Amerika-Müde. Amerikanisches Kulturbild. 3. Aufl. (591 S.) 910.
Bd. 2 u. 3 sind noch nicht erschienen.

– Windfall, s. National-Bibliothek, Allgem.

Kürnberger, Hedwig, Im Bergwerke zu Schemnitz oder ehrlich währt am längsten. (Aus Rothaug's Jugendbibliothek. II. Abthl. kl. 8. (76 S. mit 4 Abbild.) Prag, F. Tempsky. In grünem Leinwandband 40 kr. 1883.

Kürnberger, H., im Bergwerke zu Schemnitz, s. a. Jugend-Bibliothek.

Kürner, Alfred [aus Backnang '(Württemb.)']: Beitraege zur Erweiterungsfaehigkeit der Conjugata eines engen Beckens ... Würzburg, Becker's Univ.-Buchdr., 1892; 23 S. 8.
Würzburg, Med. Fak., Inaug.-Diss. v. 1892

Kürner, F., Materialien zum Dictiren. 2 Bdchn. 8. (13 B.) Wien 830, Adolph. (Leipzig, Cnobloch.) à 10 Gr.

—— Musterbriefe f. d. Jugend. Zur Bildung im natürl., richt. u. ungekünstelten Gedankenausdrucke. 8. (7½ B.) Wien 829, Pichler. (Leipzig, Liebeskind.)

Kürner, J., die Chlorose. Ein Versuch zur Begründung und Feststellung einer auf die Physiologie und organ. Chemie der Verdauung, des Bluts und der Ernährung sich stützenden, rationellen Pathologie und Therapie dieses und einiger verwandten krankhaften Zustände. gr. 8. (XII und 231 S.) Tübingen 848, Osiander'sche Buchh.

Offizier-Stammliste des Königlich Preußischen Infanterie-Regiments Markgraf Karl ⟨7. Brandenburgischen⟩ Nr. 60 v. 1. Juli 1860 bis 1. Okt. 1905. Auf Befehl d. Regts zsgest. von (Max) **Kürner**, Lt. Berlin: E. S. Mittler & Sohn 1905. (IV, 245 S.) 8° [F.]
Inf. 7499

Kurnickl, s.: Gesetzbuch, das bürgerliche.

— s.: Gesetzbuch, praktisches.

— s.: Rechtsbuch, neuestes, f. das Deutsche Reich.

Kurnig, der Neo-Nihilismus. — Anti-Militarismus. — Sexualleben. (Ende der Menschheit.) 2. verm. Aufl. gr. 8. (VIII, 192 S.) Leipzig 901. M. Spohr. n. 1.80

Kurnig, Der Neo-Nihilismus. — Anti-Militarismus. — Sexualleben. (Ende der Menschheit.) 2. verm. Aufl. gr. 8°. Leipzig, M. Spohr, 1902.

Kurnig, der Neo-Nihilismus. Anti-Militarismus—Sexualleben (Ende der Menschheit). 2. verm. Aufl. (VIII, 192 S.) gr. 8. Leipzig 903. [M. Sängewald.] Heilbronn, Kurnig's Selbstverlag (Schell'sche Buchdr.) n. 1.80

— der Pessimismus der Anderen. Pessimistische „Geflügelte Worte" u. Citate. gr. 8. (VIII, 28 S.) Ebd. 899. n. — 60

Kurnig, das Sexualleben u. der Pessimismus. gr. 8. (IV, 46 S.) Leipzig 897. M. Spohr. n. 1.—

— s. a. Sexualleben, das, u. d. Pessimismus.

Kurnik, Max, Angela. Roman in 2 Bdn. 8. (VI und 515 S.) Breslau 851(52,) Kern.

Kurnik, Max, Breslau und die schlesischen Eisenbahnen. 8. (VI und 163 S.) Leipzig 856, Brockhaus. *
Aus: Brockhaus' Reise-Bibliothek.

Kurnik, Max., ausgewählte Dramen, analytisch erläut. 2 Hfte. gr. 8. Breslau, Kohn. *
Hft. 1. Emilia Galotti. (4½ B.) 845. * 10 Ngr.
" 2. Nathan der Weise. (5½ B.) 846. * 15 Ngr.

— Goethe's Frauen. In 2 Lfgn. Mit 1 Stahlst. gr. 8. (121 u. 123 S.) Breslau 848. 49, Kern. (à ⅓ ℛ) 1 ℛ

Kurnik, Max, Karl v. Holtei. Ein Lebensbild. Mit dem Portr. Karl v. Holtei's in Radirung. gr. 8. (24 S.) Breslau 880, Schottländer. *
Aus: Nord und Süd, besonders abgedruckt.

— ein Menschenalter. Theater-Erinnerungen [1845—1880]. gr. 8. (VIII, 356 S.) Berlin 882. Janke. n. 5.—

—— dass. — 2. (Titel-)Ausg. gr. 8. (VIII, 356 S.) Ebendas. 888. *

Kuroda, S., a.: Licht, das, des Buddha.

— Mahâyâna. Die Hauptlehren des nördl. Buddhismus. Autoris. deutsche Ausg. nach dem englisch-japan. Original v. K. B. Seidenstücker. (VIII, 49 S.) 8. Leipzig 904. Buddhist. Verlag. n. — 80

Kuron, Constantin: Aus der Königl. chirurg. Klinik Breslau. ⟨Geheimer Medicinalrat Prof. Dr. Mikulicz.⟩ Beitrag zur Statistik der Operationen der tuberkulösen Lymphomata colli. *Breslau: Schletter 1898.* (76 S.) 8°
Breslau, Med. Diss. v. 20. Juni 1898

Kuronia. Oder: Dichtungen u. Gemälde aus d. ältesten kurländ. Zeiten; (herausgg. v. K. A. Küttner.) 1r Bd. 4. Mitau 791. N. verm. Aufl. unt. d. T.: Kurona: Dichtungen u. Gemälde aus d. nord. Vorzeit. 2 Bde. 8. Leipz. 793. Mit neuem Titelbl. Halberst. 810. (Brüggemann). 1 ℳ Holl.: P. 1 ℳ 8 K

Kurona, oder Dichtungen und Gemählde aus den ältesten kurländischen Zeiten. Mietau 1791—93. V: *Küttner, Carl August.* (Ky) (MGT) (R-N) (BrMm) (JL)

Kurona, Dicht. u. Gemälde a. d. nord. Vorz. 2 Thle. 8. Leipz. Kummer. 793. (à 18 gr.)

Kurona, Dichtungen u. Gemälde a. d. nord. Vorzeit, v. K. A. Küttner. 2 Bde. 8. Halberst. Büreau f. Literat. u. Kunst. 810.
Holländ. Pap.

Kuropatkin, Aleksěj Nikolaevič

Kuropatkin, A., die Ergebnisse des russisch-japanischen Krieges, s.u. Rechenschaftsbericht an den Zaren üb. den russisch-japanischen Krieg.

Kuropatkin, A. Die Ergebnisse des russ.-japan. Krieges. T. 1, Bd 4. Aus d. Russ. von Navi. Berlin 1910. 8°. — 1. Detaillierter Rechenschaftsbericht an den Zaren. Bd 4. (Über die Lage in der Mandschurei und die russ. Maßnahmen von 1898—1904.)

Geschichte des Feldzuges Skobelews in Turkmenien nebst einer Übersicht d. krieger. Tätigkeit d. russ. Truppen in Zentralasien von 1839–1876 [Zavoevanie Turkmenii] von [Aleksěj Nikolaevič] **Kuropatkin.** Deutsch von [Richard] Ullrich, Lt. im Inf.-Rgt Nr. 158. Mühlheim a. Rh.: C. G. Künstler Wwe 1904. (190 S.) 8° [F.] los. 1760

— Memoiren. (Die Lehren des russisch-japan. Krieges.) Mit e. Einleitg. v. Rich. Gädke. (XXXV, 569 S.) gr. 8. Berlin 909. H. Bondy. 10.—; geb. 12.—
Dass. 2. Aufl. Ebda. 1909.

Kuropatkin, A. Rechenschaftsbericht an den Zaren über den russ.-japan. Krieg bis zu den Mukdener Kämpfen einschließlich. Aus dem Russ. von Navi. Berlin 1909. 371 S.
(E. a. Witte.)

Kuropatkin, kritische Rückblicke auf den russisch-türkischen Krieg 1877/78. Nach Aufsätzen von K. bearb. von Krahmer. 1.—4. Heft [1. Bd.]. gr. 8. Berlin, Mittler und Sohn. *

Inhalt:

Heft 1. Vom Beginn des Krieges bis zur Schlacht bei Lowtscha. (VI, S. 1—92 mit 2 lithogr. Skizzen.) 885. *ℳ 2.25.

" 2. Von der Schlacht bei Lowtscha bis zum 10. Septbr. vor Plewna. (V, S. 93—188 mit 1 Plane.) 885. *ℳ 2.25.

" 3. 4. Der 11. und 12. Septbr. bei der russischen Westarmee-Abtheilung, der 13. und 14. Septbr. bei dem linken Flügel derselben. — Kritik der Ereignisse vom 6. bis 12. Septbr. 1877 vor Plewna. (VII, S. 189—391 mit 2 Skizzen im Text.) 885. *ℳ 4.—.

— dasselbe. Neue Folge. [2. Bd.] Die Blockade Plewna's. 3 Hfte. [Des ganzen Werkes 5.—7. Hft.] gr. 8. (VIII, 351 S. m. 2 Textskizzen u. 4 Plänen.) Ebd. 887. n. 8. 30

— dasselbe. 3. (Schluß-)Bd. gr. 8. Ebd. 890. n. 4. 50; geb. n.n. 5. 50

Uebergang der Armee-Abtheilung d. Generals Skobelew üb. den Balkan u. die Schlacht bei Scheinowo. (VII, 196 S. m. 10 Plänen u. Skizzen.)

Kuropatkin, kritische Rückblicke auf den russisch-türkischen Krieg 1877/78. Nach Aufsätzen von K. bearb. von Krahmer. 1. Bd. (4 Hfte.) 2. Aufl. gr. 8. Berlin 889. Mittler & Sohn. n. 8. 50; geb. n.n. 10. —

1. Vom Beginn des Krieges bis zur Schlacht bei Lowtscha. (VI, S. 1—92 m. 2 lith. Skizzen.) n. 2. 25
2. Von der Schlacht bei Lowtscha bis zum 10. Septbr. vor Plewna. (V u. S. 93—188 m. 1 Plane.) n. 2. 25
3. 4. Der 11. u. 12. Septbr. bei der russischen Westarmee-Abtheilung, der 13. u. 14. Septbr. bei dem linken Flügel derselben. — Kritik der Ereignisse vom 6.—12. Septbr. 1877 vor Plewna. (VI u. S. 189—391 m. 2 Skizzen im Text.) n. 4. —

Kuropatkin, kritische Rückblicke auf den russisch-türk. Krieg 1877/78. Nach Aufsätzen v. K. bearb. von Krahmer. Neue Folge. 1. Hft. (D. ganzen Werkes 5. Hft.) Die Blockade Plewnas. 2. Aufl. gr. 8. (III, 109 S. m. 2 Textskizzen u. 2 Plänen.) Berlin 893. E. S. Mittler & Sohn. n. 2. 80

Kuropatkin, kritische Rückblicke auf den russisch-türkischen Krieg 1877/78. Nach Aufsätzen v. K. bearb. v. Krahmer. Neue Folge. 2. Hft. (Des ganzen Werkes 6. Hft.) Die Blockade Plewnas. 2. Aufl. gr. 8. (III u. S. 111—226 m. 2 Plänen.) Berlin 894. E. S. Mittler & Sohn. n. 2. 50

Kuropatkin, kritische Rückblicke auf den russisch-türkischen Krieg 1877/78. Nach Aufsätzen v. K. bearb. v. Krahmer. Neue Folge. 3. Hft. (Des ganzen Werkes 7. Hft.) Die Blockade Plewnas. 2. Aufl. gr. 8. (V u. S. 227—351 m. 2 Plänen.) Berlin 899. E. S. Mittler & Sohn. n. 3.—

[Russ.] Zapiski generala (A[lekséja] N[ikolaeviča]) **Kuropatkina** o russko-japonskoj vojně. Itogi vojny. Berlin: Ladyschnikow 1909. VIII, 549 S. 8°

[Auf d. Umschl.:] Gen. Kuropatkin, Memoiren (über d. russ.-japan. Krieg. Resultate d. Krieges). 09. 7448

[Umschlagt.:] Sanatorium Hohenhonnef am Rhein. Siebengebirge. Heilanstalt f. Lungenkranke. **Kur- und Haus-Ordnung.** *Bonn: [Commr. v. E. Strauss]; (Dr. v. C. Georgi) (1896).* (30 S.) 1 Bd 8. 96. 8196

Kur-Ordnung des klimatischen Kurortes Meran. 8. (21 S.) Meran 884, Pötzelberger. *

Kurordnung, neue, f. den Kurort Bad Hall. Kundmachung der k. k. Statthalterei im Erzherzogt. Oesterreich ob der Enns vom 18. IV. 1905. (12 S.) 8. Linz 905. Zentraldruckerei vorm. E. Marcis. n. — 60

Kurort.— Über den Kurort, Mineralbrunnen u. d. Bad zu Bocklet, s. Baumhämel, Johann Friedrich

Kurort.— Über den Kurort, Mineralbrunnen und das Bad zu Bocklet, s. Bocklet, Der Curort.

Kurorte, die böhmischen, s. Grieben's Reise-Bibliothek.

Kurorte: Die europäischen Kurorte
v. Evropejskie Kurorty — Les villes d'eaux d'Europe — Die europäischen Kurorte.

Curorte. K' in Graubünden. Davos-Platz (1910) s. (Hasselbrink, Friedrich).

Kurorte, die schlesischen, s. Grieben's Reise-Bibliothek.

Kurorte u. Sommerfrischen in Mähren u. Schlesien. Mit e. Besprechg. der benachbarten Städte. Mit 1 Titelbilde, 137 Abbildgn. im Texte u. 1 Übersichtskarte. Hrsg. vom Fremdenverkehrsverband f. Mähren u. Schlesien. 6. Ausg. (389 S.) kl. 8. Wien 909. C. Vetter. — 60

Kurorte u. Sommerfrischen, die, in Westfalen, Lippe u. Waldeck. Mit e. Uebersichtskarte u. vielen Abbildgn. 1.—5. Taus. (160 S.) kl. 8. Dortmund (906). C. L. Krüger. n. 1. 50

Die Kurorte und Sommerfrischen in Westfalen, Lippe und Waldeck. Mit 1 Übersichtskt. u. vielen Abb. 2. Aufl. Dortmund: Krüger [1906]. 162 S. 8°

Kurorty: Evropejskie Kurorty
② Evropejskie Kurorty - Les villes d'eaux d'Europe - Die europäischen Kurorte (Titel des Heftumschlags) ⑤ 5. 8. 1909—1. 11. 1909; 15. 3. 1910—15. 8. 1910 ⑥ in-4° ⑦ bi-mensuel (5. 8. 1909—1. 11. 1909); mensuel (15. 3. 1910—15. 8. 1910) ⑧ Davos-Platz: Imprimerie de Davos S.A. ⑩ Société d'éditions russes «Kurort», Genève, plus tard Davos ⑪ G. Ja. Avrašov' ⑫ Be: L ⑬ Revue en langue russe.

Kurow [Schlagwort]

Kurow, s.: Geologische Karten (Preussen).

Krakau — Karte von der Woywodschaft — von Theodor Stanisl. Kurowski vormaligem polnischen Kron-Lieutenant 1797. C. Jaeck sulp. in Berlin. 1 : 220,000. 1 Bl.

Kurowski, Heliodorus *[geb. Pawlowitz in Pos. 11. 3. 1817]*: Theses theologicae . . pro licentiati in theologia honoribus rite capessendis. Vratislaviae (1842). (2 Bl.) 8°
Breslau, Kath.-theol. Liz.-Thesen v. 2. Juli 1842

Kurowski, Ludwig

Kurowski, L. Die Höhe der Schneegrenze mit besonderer Berücksichtigung der Finsteraarhorn-Gruppe. Lex. in-8°. (S. 119—160). Wien und Olmütz, Ed. Hölzel. 1891. Mk. 1 80
*** Sonderabdr aus den „Geograph. Abhandlungen" hrsg. von Prof. Dr. Albr. Penck. Bd. V, Heft 1."

Kurowski, Ludw., Menschenbilder. 1. Thl. 2., durchgeseh. Aufl. u. 2. Thl. 12. (64 u. 68 S.) Wien 901. Klosterneuburg bei Wien, Selbstverlag. à n.n. — 25

Kurowski Ludwig: Untersuchungen über die Schneegrenze, mit besonderer Berücksichtigung der Finsteraarhorn-Gruppe.
H. 1890 PN 604 Diss. Wien. Univ

Kurowski, Stanislaus *(geb. Krakau)*: De hypochondriasis et hysterismi differentia. Vratislaviae 1818. (20 S.) 4° *[Die Promotion wurde wegen nachträglich bekannt gewordener Betrügereien des Verf. bei der Bewerbung um den Dr.-Titel von der Fakultät am 6. Nov 1819 für ungültig erklärt.]*
Breslau, Med. Diss. v. [16. Okt.] 1818

Kurowski-Eichen, Friedrich von (vgl. Kurowsky)

— über den Anbau des ägyptischen Roggens u. mehrerer anderer ausländischer Getreidearten. Berl., Mittler. 10 gr

v. Kurowski-Eichen, Frdr., die Eroberung v. Paris od. Gesänge der Erinnerung aus Preußens jüngster weltgeschichtlich-erhabener Zeit. 1. Thl. 8. (IV u. 562 S.) Königsberg 846. (Potsdam, Horvath'sche Buchhandlung.) n. 2 ℛ

— die Feldfuhrküche, dargestellt mit Hinsicht auf ihre Nothwendigkeit, Ausführbarkeit u. Anwendung. Mit 1 Kpfr. 8. Berl. 813. (Rücker). 8 gr

v. Kurowski-Eichen, (Friedr.,) die vier wandernden Helden. E. Erzähl. f. d. Jugend. 8. Liegn. 827, (Kuhlmey.)

v. Kurowski-Eichen. F., Schauspiele, s. dessen sämmtl. Werke. 1r Bd.

— die Sonnentempel d. alten europ. Nordens u. deren Kolonien. 1s Heft. 8. Berlin 827, Hold.

Kurowski-Eichen, Friedr. v., sämmtl. Werke. 4 Bde. 8. (53½ B.) Gotha 830, 31, Flinzer.
Bd. 1. Dramatischen Inhalts. — 2. u. 3. Schönwissenschaftl. u. geschichtl. Inhalts. — 4. Der Deutsche Liedergarten u. seine Melodien.

Kurowski-Eichen, F. von, die Zerstörung von Tantalis, mythologisch romant. Dichtung in 8 Gesängen. Taschenbuch f. 1816. gr. 8. Erfurt, Müller. 815.
in Futt.

Kurowsky, Fr. v., die Feldfuhrküche, dargestellt mit Hinsicht auf ihre Nothwendigkeit, Ausführbarkeit u. Anwendung. Mit 1 Kupfert. 8. Berl. Salfeld. 813.
Vgl. Kurowski-Eichen, Friedr. v.

Kurowsky, Fr. v., die Feldfuhrküche &c. 8. Berlin. 813. Jetzt Rücker

Kurowsky, J. N. v., über den Anbau des egyptischen Roggens und mehrerer anderer ausländischer Getreidearten Berlin, Mittler.
Vgl. Kurowski-Eichen, Friedr. v.

Kurosawa, K(akusaburo), Arzt aus Japan: Über den Einfluß verschiedener Ernährungsweise auf die Größe der Eiweißausscheidung bei chronischer Nephritis. *Erlangen 1903: Junge & Sohn.* (45 S.) 8°
Erlangen, Med. Diss. v. 30. Juli 1903

Kurpfuscher, befugte. Ein offenes Wort zur Ärztefrage in Österreich. (67 S.) 8. Wien 908. C. Konegen. 1. —

Gegen die Kurpfuscherei und den Heilmittelschwindel. Amtl. Sammlung d. öffentl. Warnungen d. Ortsgesundheitsrates d. Haupt- u. Residenzstadt Karlsruhe. Hrsg. v. Stadtrat d. Haupt- u. Residenzstadt Karlsruhe. (Vorr.: Siegrist, Bürgermeister.) Karlsruhe: G. Braun 1905. (148 S.) 8° [F.] 05. 7901

Kurpfuscherei- u. Geheimmittelunwesen, das, im Herzogt. Oldenburg. Bericht, erstattet v. der ad hoc gewählten Kommission (K. Müller, Roth, Wulff) in der ordentl. Generalversammlg. des Oldenburger Aerztevereins am 8. VI. 1903. (24 S.) gr. 8. Oldenburg 903. (A. Littmann.) n. — 30

Kurpfuschertum, das, u. seine Bekämpfung. 7 Vorträge, geh. auf der 1. Jahresversammlg. der deutschen Gesellschaft zur Bekämpfg. des Kurpfuschertums. Hrsg. v. Wilh. Back. (IV, 122 S.) gr. 8. Strassburg i/E. (Jung St. Peterplatz 6), (904). W. Back. n. — 90

Lehr- und Übungsbuch für das Rechnen in Bergschulen, Bergvorschulen und bergbaulichen Fortbildungsschulen ... von R. Kurpiun. Tarnowitz: A. Kothe 1906. (183 S.) 8° [F.] 07. 9906 2

Ergebnisse des Lehr- und Übungsbuches für das Rechnen in Bergschulen, Bergvorschulen u. bergbaulichen Fortbildungsschulen, sowie zum Selbstunterr. von R. Kurpiun. Tarnowitz: A. Kothe 1907. (16 S.) 8° [Umschlagt. F.] 08. 3333

Der Mutter Blut. Roman von Robert Kurpiun. Breslau, Kattowitz, Leipzig: Phönix-Verl. [1910]. 481 S. 8° 10. 1406 2

Kurpiun, Rob., der Mutter Blut. Roman. 2.—4. Aufl. (481 S.) 8. Kattowitz (910). Phönix-Verlag. 3.50; geb. n 4.50
1. Aufl. (481 S.) 909. 5.—; geb. 6. —

Kurpjuweit, Oscar, pract. Arzt: Aus d. Pathol. anat. Institut zu Königsberg. (Entzündungsversuche am Knochen. (Hierzu Taf. VII.)) *Berlin 1901: G. Reimer.* (20 S.) 8° ¶(Aus: Virchow's Archiv f. pathol. Anat. u. Physiol., Bd 163, 1901.)
Königsberg, Med. Diss. v. 28. Febr. 1901

Der neue Kur-Prospekt für Wiesbaden. Hrsg. von d. Städt. Kurverwaltung. Wiesbaden (1907): Gebr. Petmecky. (105 S.) 8° 07. 17433 4

Kurr, Johann Gottlob

Kurr, Joh. Gtlo., Beiträge zur fossilen Flora d. Juraformation Württembergs. Roy.-4. (2¾ B. u. 3 Stnt.) Stuttgart 846, Beck u. Fränkel. *

Kurr, Joh. Glob, Geognosie u. Mineralreichthum d. Hauptgebirge Europa's u. ihrer Länder-Bezirke. Stuttgart 1835. 8

Kurr, J. G. Zur Geologie der Triasformation in Württemberg und des Steinsalzes im Besonderen. 1848.

Kurr, Joh. Gtlo., Grundzüge d. ökonom.-techn. Mineralogie. Ein Lehr- u. Handb. f. Oekonomen u. Gewerbsmänner, sowie f. Real-, Gewerbs-, land- u. forstwirthschaftl. Anstalten. 8. (28½ B. u. 6 Kpfrt.) Leipzig 836, Baumgärtners Buchh.

KURR, J. G.: Grundzüge der ökonomisch-technischen Mineralogie. Ein Lehr- und Handbuch für Oekonomen und Gewerbsmänner sowie für polytechnische, Real-, Gewerbs-, land- und forstwirtschaftliche Lehranstalten. Leipzig 1836. 28 1/2 B 6 Taf. - 2. Aufl. ebd. 1844. 619 S., 7 Taf.

—— Grundzüge der ökonomisch-technischen Mineralogie. Ein Lehr- u. Handbuch f. Oekonomen u. Gewerbsmänner, sowie f. polytechn., Real-, Gewerbs-, land- u. forstwirthschaftl. Lehranstalten. 2. Aufl. gr. 8. (41 B. u. 6 schw. u. 1 ill. Kpfrt.) Leipzig 844, Baumgärtners Buchh.

Kurr, Joh. Gtlo., Grundzüge der ökonomisch-technischen Mineralogie. Ein Lehr- und Handbuch für Oekonomen und Gewerbsmänner, sowie für polytechn., Real-, Gewerbs-, land- und forstwirthschaftl. Lehranstalten. 3., verm. Aufl. gr. 8. (XXX und 662 S. mit 6 schw. und 1 ill. Kpfrt. in qu. gr. 4.) Leipzig 851, Baumgärtners Buchh.

Kurr, J. G. v., das Mineralreich in Bildern, s. Naturgeschichte d. Tier-, Pflanzen- u. Mineralreichs.

Kurr, J. G. v., das Mineralreich in Bildern. Naturhistorisch-technische Beschreibung und Abbildung der wichtigsten Mineralien. Imp.-4. (VI und 102 S. mit 24 ill. Stnt.) Stuttgart 858. [Eßlingen, Schreiber.]

Kurr, J. G. v., das Mineralreich in Bildern. Natur-historisch technische Beschreibung u. Abbildung der wichtigsten Mineralien. Stuttgart 858. Schreiber u. Schill. Imp.-4. (VI, 78 S. u. 24 lith. u. color. Taf. m. 24 Bl. Erklärung.) 5 ℳ.

Kurr, J. G. v., das Mineralienreich in Bildern. Naturhistorisch-technische Beschreibung u. Abbildung der wichtigsten Mineralien. 2. Aufl. Eßlingen 869. Schreiber. Fol. (VI, 63 S. mit 24 Steintaff., wovon 23 color. u. 12 Bl. Text.) geb. 3 ℳ

Kurr, J. G. v., das Mineralreich in Bildern. Natur-historisch-techn. Beschreibg. u. Abbildg. der wichtigsten Mineralien. 2. Aufl. 2. Ster.-Abdr. Fol. (VI, 64 S. m. 24 zum Theil. farb. Steintaf. u. 24 S. Tafelerklärgn.) Eßlingen 875. Schreiber. n. 10. 50

Kurr, J. G. v., das Mineralreich in Bildern. Naturhistorisch-techn. Beschreibung und Abbild. der wichtigsten Minerale. 3. Aufl. Bearb. von A. Kenngott. Fol. (76 S. mit 22 Chromolithogr.) Eßlingen 878, Schreiber. cart. *

Kurr, J. G. v., s.: Schreiber's große kolor. Wandtafeln des Mineralreichs.

Kurr, Joh. Gtlo., Untersuchungen üb. d. Bedeutung d. Nektarien in d. Blumen, auf eig. Beobachtn. u. Versuche gegründet. gr. 8. (10 B.) Stuttgart 833, [Balz.]

Kurr, Jh. Glo., Untersuchungen über die Bedeutung der Nektarien in den Blumen, auf eigene Beobachtungen und Versuche gegründet. gr. 8. Stuttgart 833 Henne. 7/12 ℳ

Kurras, A. Aus vergangenen Tagen, s. Hausbibliothek, deutsche.

Kurrein, Adf. Arbeit u. Arbeiter im jüdischen Volke. Vortrag. gr. 8. (21 S.) Frankf. a. M. 890, (Kauffmann). * — 50
Aus: Populär-wissenschaftl. Monatsblätter, besonders abgedruckt.

Kurrein, Adf., Bibel u. Heidenthum, Heidenbekehrung. Eine Studie. gr. 8. (36 S.) Frankfurt a/M. 898. J. Kauffmann. n. — 50

Kurrein, Adf., brauchen die Juden Christenblut? Nach Religion, Geschichte u. christl. Zeugnissen beantwortet. gr. 8. (49 S.) Prag 900. J. B. Brandeis. n. — 80

—— Die sociale Frage im Judenthum 8. (61 S.) Mülheim a. Rh. 890. (Frankf. a. M., Kauffmann.) * — 80

Kurrein, Adf., die Frau im jüdischen Volke. Vortrag. gr. 8. (39 S.) Bielitz 885. (Frankfurt a. M., Kauffmann.) *

— die Frau im jüdischen Volke. Vortrag, geh. am 21. I. 1884 im isr. Frauenwohlthätigkeitsverein in Bielitz. 2. Aufl. gr. 8. (33 S.) Berlin 901. Frankfurt a/M., J. Kauffmann. n. — 50

—— Der Friede die Lehre, das Ideal u. das Leben Israels. gr. 8. (94 S.) Ebd. 892. * 1 —

— der Grabstein. Eine Abhandlg. gr. 8. (16 S.) Ebd. 897. n. — 25

— s.: Jellinek, Adf., Lichtstrahlen.

— Judäa u. Rom. Vortrag, geh. in der „Oesterr. israel. Union" in Wien am 28. I. 1899. gr. 8. (23 S.) Ebd. 901. n. — 40

[F.] Das Kaddisch der Trauernden v. Dr Adolf Kurrein. *Frankfurt a. M.: J. Kauffmann 1896* (14 S.) 1 Bd 8. [98. 6605

—— s. Lichtstrahlen aus d. Reden Adf. Jellinek's.

Kurrein, Adf., „Maggid le-Adam". Die Menschenlehre des Judentums. Der Mensch, die Menschlichkeit u. Menschheit. 10 Reden. 8. (V, 201 S.) Wien 882. (D. Löwy.) n. 2. —

Kurrein, Adf., „Maggid le-Adam". Die Menschenlehre des Judentums. Der Mensch, die Menschlichkeit und Menschheit. Zehn Reden. 8. (V, 201 S.) Wien 882, (Polák.) *

—— „Magith mereschith". Die Offenbarungen der Schöpfung. Fünf Reden. 8. (64 S.) Wien 880, (Gottlieb's Buchh.) *

— das Neschomoh-(Seelen)-Licht. E. Abhandlg. gr. 8. (15 S.) Ebd. 898. n. — 30

— Patriarchenbilder in Sabbath-Vorträgen f. die Jugend. I. Abraham. 12. (II, IV, 98 S.) Frankfurt a/M. 893. J. Kauffmann. n. 1. —

[F.] Die Pflichten des Besitzes nach Bibel und Talmud v. Dr. Adolf Kurrein, Rabbiner in Teplitz, Böhmen. *Frankfurt a. M., J. Kauffmann 1892.* (1 Bl., 28 S.) 1 Bd 8. [98. 6604

—— Pithche olam. Voroffenbarungen. Reden in 2 Abthlgn. 8. Wien. (Brünn, Epstein.) *
Inhalt:
Abthl. 1. Die Offenbarungen der Schöpfung. (64 S.) 880. * ℳ 1.
„ 2. Die Menschenlehre des Judentums. (201 S.) 882. * ℳ 2.

— Pitheche Olam. Vorosfenbarungen. Reden in 2 Abtheilungen: I. Die Offenbarungen der Schöpfung, II. Die Menschenlehre des Judentums. 8. (VII, 64 u. V, 201 S.) Wien 882. D. Löwy. n. 3. —

— Traum u. Wahrheit. Lebensbild Josefs nach der Agada. 2. Aufl. 12. (X, 182 S.) Brünn 889, Epstein u. Comp. * 1 40

[J. u. Ant.] Der Umgang mit den Menschen '(Derech erez)' nach dem Talmud v. Dr. Adolf Kurrein, Rabbiner in Teplitz. *Frankfurt a. M.: J. Kaufmann 1896.* (1 Bl., 27 S.) 1 Bd 8.

Kurrein Herbert: Über die Einwirkung von Äthyloxalsäurechlorid auf Natriummalonsäureester. S. 114. Hb. 3 . . . . vgr.
Separatabdruck

Kurrein, Max, Gefügeänderungen in Flusseisen von 0,1 % C unter mechanischer Beanspruchung. Mittlg. aus dem mechanisch-techn. Laboratorium der k. k. deutschen techn. Hochschule in Brünn. (20 S. m. 16 Fig. u. 2 Taf.) Stuttgart 904. (Freiburg i/B., J. Bielefeld.) 4.50
Sonderdruck aus: „Baumaterialienkunde".

Kurrein Viktor: Hidoth Izopeto.
H. 1904 PN 1708 Diss. Wien, Univ.

Kurrelmeyer, Herm., the historical development of the forms of the future tense in Middle High German. (94 S.) gr. 8. Strassburg 904. K. J. Trübner. n. 2. 50

Kurrelmeyer, William

Kurrelmeyer, W., s.: Bibel, die erste deutsche.

Kurrelmeyer, William, the historical development of the types of the first person plural imperative in German. gr. 8. (80 S.) Strassburg 900. K. J. Trübner. n. 2. —

Kurrentien-Tarif, der neue, f. Advokaten. Hrsg. v. der Red. der „Gerichtshalle". (8 u. 8 S.) Lex. 8. Wien 909. M. Breitenstein. — 40

Kurrer, Arnold *August* [app. Arzt aus Esslingen a. N.]: Ueber Temperaturerhöhungen bei Heizern ... Braunschweig, Druck v. F. Vieweg & Sohn, 1892; 20 S., 1 Bl. 8.
Kiel, Med. Fak., Inaug.-Diss. v. [12. Apr.] 1892

Kurrer, Burckh. (Tübingen), De eo, quod justum est circa feras ex custodia dilapsas. Lpz. (J. Titius) 11. XII. 1704. 32 S. (4.50) 20250

Kurrer, Oskar, appr. Arzt: Zur Kenntnis der Struma sarkomatosa. München 1906: Kastner & Callwey. (26 S.) 8°
München, Med. Fak., Ref. v. Bollinger, Diss. v. 22. Nov. 1906
[Geb. 27. Jan. 73 Dürrmenz-Mühlacker, O.-A. Maulbronn; Wohnort: Tübingen; Staatsangeh.: Württemberg; Vorbildung: Evangel. Seminar Blaubeuren Reife O. 91; Studium: Tübingen 9, München 2 S.; Coll. 22. Nov. 06; Approb. 24. März 97.]

Kurrer, Wilhelm Heinrich von (Hrsg.), s. Bancroft, Edward: Neues engliches Färbebuch.

v. Kurrer, Wilh. Heinr., das Bleichen der Leinwand u. der leinenen Stoffe in den europ. Ländern, von dem Standpunkte der Wissenschaft u. der prakt. Erfahrungen beleuchtet, in steter Hinweisung auf eigene Beobachtungen, Erfahrungen u. Verfahrungsarten, u. den verschied. Appreturen, mit einem Anh. üb. den gegenwärt. Standpunkt u. die neuesten Verfahrungsarten in der Kunst, baumwollene Stoffe jeder Gattung auf die schnellste, sicherste u. unschädlichste Art, sowohl f. den Druck, als f. den weißen Bedarf, vollkommen weiß zu bleichen u. zu appretiren. Mit 5 Taf. Abbildungen in Kpfrst. (u. gr. Fol.) gr. 8. (XIV u. 204 S.) Braunschweig 850, Vieweg & Sohn. n. 2 ₰

Kurrer, Wilh. Heinr. v., das Bleichen der Leinwand und der leinenen Stoffe in den europäischen Ländern, von dem Standpunkte der Wissenschaft und der praktischen Erfahrungen beleuchtet rc., mit einem Anhang über den gegenwärtigen Standpunkt und die neuesten Verfahrungsarten in der Kunst, baumwollene Stoffe jeder Gattung auf die schnellste, sicherste und unschädlichste Art, sowohl für den Druck, als für den weißen Bedarf, vollkommen weiß zu bleichen und zu appretiren. 2., durch e. Nachtrag verm. Aufl. Mit 5 Taf. Abbildgn. in Kpfrst. (in Fol.). Braunschweig 854. Vieweg. gr. 8. (XIV, 1 Bl., 252 S.) n. 2 ₰.;
der Nachtrag allein 15 ngr

— die Druck- u. Färbekunst in ihrem ganzen Umfange, von dem Standpunkte der Wissenschaft u. der prakt. Anwendung bearb., od. die Kunst, Schafwoll-, Seiden-, Baumwoll- u. Leinen-Stoffe zu drucken u. zu färben. 3 Bde. 1 u. 2. Bd. à 6 Lfgn. 3. Bd. 7 Lfgn. gr. 8. (1. Bd. XXIV u. 556 S. 2. Bd. XIV u. 544 S. 3. Bd. XVIII u. 654 S.) Wien 848—50, Gerold. (à Lfg. 1/2 ₰) 9 1/2 ₰

Kurrer, Wilh. Heinr. v., u. R. Engels, Färberei u. Druckerei. Neueste Entdeckungen u. Erfindungen. 3., verm. Aufl. Berlin 867. Grieben. gr. 8. (XVII, 460 S.) 1 ₰ 24 ngr
Nachträge zur 2. Aufl. (IX u. 176 S.) 22 1/2 ngr

Kurrer, W. H. v., und R. Engels, Färberei und Druckerei. Neueste Entdeckungen und Erfindungen. 4. Aufl. gr. 8. (XVII, 460 S.) Leipzig 874, O. Weigel. *

Kurrer, Wilh. Heinr. v., Geschichte d. Zeugdruckerei, der dazu gehör. Maschinen u. Hilfswerkzeuge u. der Erfindungen im Gebiete d. Kolorits f. d. Baumwollen-, Leinen-, Seiden- u. Schafwollendruck, bis auf d. neueste Zeit. Nebst e. ausführl. Uebers. d. gegenwärt. Standes dies. Kunst, in techn., commerz. u. statist. Hinsicht. Mit Beitrn. v. K. J. Kreutzberg. gr. 8. (11 1/2 B., Abbildn. u. Tab. auf 2 Bl.) Nürnberg 840, Schrag.

Kurrer, Wilh. Heinr. v., Geschichte der Zeugdruckerei, der dazu gehörigen Maschinen u. Hülfswerkzeuge u. der Erfindungen im Gebiete des Colorits f. den Baumwollen-, Leinen-, Seiden- u. Schafwollendruck bis auf die neueste Zeit. Mit Beiträgen v. K. J. Kreutzberg. Neu umgearb., verm. u. verb. Aufl. gr. 8. (19 1/2 B., 2 Kpfrt., 6 Tab. u. mehr. Holzschn.) Nürnberg 844, Schrag, Verl.

Kurrer, Wilhelm Heinrich von, s. Journal f. Druck-, Färbe- u. Bleichkunst.

Kurrer, W. H. v., die Kunst vegetabil., vegetabil.-animal. u. rein animalische Stoffe zu bleichen. M. 8 Kpfrt. (qu. Fol.) gr. 8. (27 1/2 B. u. 5 Tab. auf 2 B.) Nürnberg 831, Schrag.

— die Kunst vegetabil., vegetabil.-animal. u. rein animal. Stoffe zu bleichen. (Als Supplement z. früh. Schrift.) — A. u. d. T.: Das Neueste, od. d. neuesten Erfahrn. in d. Bleichkunst. gr. 8. (8 B. u. 2 Stnt.) Nürnberg 838, Schrag.
Dess., die Kunst vegetabil. rc. Stoffe zu bleichen. Ebendas. 1831. 3 Thlr.

— Magazin für d. Druck-, Färbe- u. Bleichkunst, s. Journal, neues, für Indiennen- oder Baumwollendruckerei.

Kurrer, Wilh. Heinr. v., das Neueste oder die neuesten Entdeckungen und Erfindungen in dem Gebiete der Druck- und Färbekunst von dem Standpunkte der Wissenschaft und der prakt. Erfahrung bearb. gr. 8. (XI und 284 S.) Berlin 858, Th. Grieben. *

Kurrer, Wilh. Heinr. v., das Neueste oder die neuesten Entdeckungen und Erfindungen in dem Gebiete der Druck- und Färbekunst von dem Standpunkte der Wissenschaft und der prakt. Erfahrung bearb. 2., sehr verm. Aufl. gr. 8. (XV und 383 S.) Berlin 862, Th. Grieben. *

Kurrer, Wilh. Heinr. v., das Neueste in der Druck- und Färbekunst als Nachträge zu der Schrift: das Neueste oder die neuesten Entdeckungen in dem Gebiete der Druck- und Färbekunst gr. 8. (VII und 101 S.) Berlin 862, Th. Grieben. *

— über kieselsaure Verbindungen (Wasserglas) und deren vortheilhafte Verwendung in der Druck- und Färbekunst, sowie zum Schwermachen, Verdichten, Appretiren und Waschen der verschied. Webestoffe, dann über die erfolgreiche Anwendung des Wasserglases für viele andere industrielle, technische- und Baugegenstände. gr. 8. (IV und 48 S.) Zwickau 857, Verlagsbuchhandlung des Volksschriften-Vereins. *

— das neue Verfahren, Leinwand und leinene Stoffe zu bleichen, wie es zu Blaubeuren im Königr. Würtemberg eingeführt ist. Als Supplement zur Schrift: „Das Bleichen der Leinwand ꝛc.“ Braunschweig 854. Vieweg. gr. 8. (60 S.) n. 15 ngr.

Kurrer, Wilhelm Heinrich von, s. Vitalis, B.: Grundriß der Färbekunst.

Kurrier an der Donau –
Passau – 1790 – 1803
Fortges. u.d.T : Kourier an der Donau.

Kurrle, W. H., die wichtigsten Regeln der französischen Sprache mit ausgewählten Beispielen. gr. 8. (48 S.) Wilhelmsdorf (901). Verlag der Ziegler'schen Anstalten. Kart. n. — 60

Kurs [Sachliches OW]

Kurs f. Anstaltspädagogik. Veranstaltet vom Cassianeum in Donauwörth 18.—20. VIII. 1910. Kursbericht, im Auftrag der Direktion des Cassianeums erstattet von Red. Jos. Weber. (189 S.) gr. 8. Donauwörth 910. L. Auer. 2. 50

Kurs, marianischer, d. i. das kleine Officium Unserer Lieben Frau. Sep.-Abdr. aus den Regel- und Gebetbüchern des 3. Ordens O. S. Fr. 24. (180 S. in Schwarz- und Rothdruck mit Holzschn.) Augsburg 883, Literar. Institut von M. Huttler. * 50 Pf.; geb. **

Kurs, marianischer, d. i. das kleine Offizium Unserer lieben Frau. Ausg. mit grobem Druck. 16. (XXXI, 151 S.) [München 886.] Augsburg, Literar. Institut von Dr. M. Huttler. 50 Pf.; geb.

— dass. — Taschenausg. 885,88. 2. und 3. sehr verm. Aufl. 32. (XXXI, 112 S.) Ebendas. 50 Pf.; geb. Mit beigebund. Gebetbuch * ℳ 1.—.; geb.

— marianischer, od. die kleinen Tagzeiten der allerseligsten Jungfrau Maria. 2. Aufl. 16. (158 S. m. 1 Stahlst.) Passau 890, Waldbauer. — 45 —; geb. * — 70

Kurs, marianischer, d. i. das kleine Offizium Unserer Lieben Frau. Ausg. m. großem Druck. 2. Aufl. 12. (XXXI, 126 S. m. 1 Bild.) Augsb. 891, Literar. Institut v. Huttler. ** — 50

Kurs, der Münchener katechetische, 1905. Ausgeführter Bericht im Auftrage des Kurskomitees hrsg. v. Jos. Göttler. (IV, 318 S.) gr. 8. Kempen 906. J. Kösel. n. 3. —

— der Münchener katechetische, 1907. Ausgeführter Bericht, im Auftrage des Kurskomitees hrsg. v. Jos. Göttler. (IV, 562 S.) gr. 8. Kempten 908. J. Kösel. 4.50; geb. 5. 50

— 3. Münchener katechetischer. Ausgeführter Bericht, im Auftrage des Kurskomitees hrsg. v. Jos. Göttler. (IV, 310 S.) gr. 8. Ebd. 910. 3. 20

— der neue. Zeitschrift f. öffentl. Angelegenheiten. 1. u 2. Jahrg. Juli 1892 Juni 1894. à 24 Hfte. (à ca. 3 Bog gr. 8. Berlin, F. Luckhardt. à Jahrg. n. 12 — einzelne Hfte. à — 75

Kurs, der neue, Zeitschrift für öffentl. Angelegenheiten. 3. Jahrg. 1. Quartal Jan.—März 1894. 6 Hfte. (à ca. 36 S.) gr. 8. Berlin, F. Luckhardt. n. 3. —; einz. Hfte. — 75

— dasselbe. Hrsg. von Emil Dominik. 3. Jahrg. 3. Quartal. Juli — Septbr. 1894. 6 Nrn. gr. 8. (S. 209—448.) Berlin (Thormann & Goetsch). n. 3. —; einz. Hfte. n. — 50

— dasselbe. 4. Jahrg. 1. Quartal. Oktbr.—Dezbr. 1894. 6 Nrn. gr. 8. (240 S.) Ebd. n. 3. —; einz. Hfte. n. — 50
Fortsetzung erschien u. d. T.: Revue, Berliner.

— d. neue, od. d. Prinzipien d. deutschen Gesellschaft Souveränität von M. H. 16. (6 S.) Leipzig-Gohlis (Langestr. 45) 897. H. Barenberg. n. — 10

— der 2. pädagogisch-katechetische, in Wien, 16.—29. II. 1908. Vollständiger Bericht, erstattet vom vorbereit. Komitee. (Hrsg. v. der österreich. Leo-Gesellschaft.) (XXX, 355 S.) Lex. 8. Wien 908. H. Kirsch. 6. —

Курсъ философіи общественной жизни. (Kurs der Philosophie des socialen Lebens.) 8. (III und 180 S.) Leipzig 864, Brockhaus' Sortiment und Antiquarium. *

Kurs, praktisch-sozialer. Zugleich Organ f. charitative Bestrebgn. Red. v. H. C. Chlad. 1. Jahrg. 1907. 12 Hefte. (à ca. 32 S. m. Abb.) gr. 8. Innsbruck 907. E. Sibler. 5. —

Kurs, der richtige. Wochenschrift f. Handel, Gewerbe u. Finanzen, Nationaloekonomie u. Rechtspflege. Chef-Red.: Fritz Friedmann. 1. Jahrg. Dezbr. 1900 – Novbr. 1901. 52 Nrn. gr. Fol. (à ca. 8 S.) Brüssel (2, Rue Borgval), Verlag der Wochenschrift „Der richt. Kurs“. n. 16. —

— der sichere. Monatsbl. f. die kaiserl. Marine. Schriftleitung: Max Haberer. 1. u. 2. Jahrg. 1909 u. 1910. à 12 Nrn. (à ca. 8 S.) Lex. 8. Hamburg, Deutschlands Großloge II. à Jahrg. 2. 40

Kurs [Verfasser]

Kurs, A. (Bearb.), s. Arndt, Ernst Moritz: Märchen.

Kurs, A, Elisabeth, Herzogin v. Braunschweig-Calenberg geborene Prinzessin v. Brandenburg, s. a. Schriften f das deutsche Volk.

Kurs, A., Elisabeth, Herzogin v. Braunschweig-Calenberg geb. Prinzessin v. Brandenburg. (36 S.) Halle a. S. 1891. Niemeyer.

Kurs, A s. Familienbibliothek, Schweizer. Nr. 73.

Kurs, A., des Rheinlandes Sagen und Legenden. 8. (XIV, 290 S.) Köln 881, Ahn. geb. mit Goldschn. *

Kurs, A., Rheinland's Sagen u. Legenden. 2., erweit. Aufl. gr. 8. (XVI, 328 S.) Köln 891. A. Ahn. 4. —; geb. 5. —

Rheinlands Sagen und Legenden. Erzählt von A. Kurs. 3. erw. Aufl. *Berlin, Köln, Leipzig: A. Ahn (1902).* (XX, 348 S.) 8° [F.] [illegible]

Kurs, Alice, auf Festung, s.: Enßlin's Roman- u. Novellenschatz.

Kurs, Alice, die Generalprobe in der Kaserne, s.: Bloch's, Ludw., Militär-Festmappe.

Heil Euch im Silberkranz! Festspiel z. Feier d. silb. Hochzeit Sr. Majestät d. Kaisers u. Ihrer Majestät d. Kaiserin 27. Febr. 1906 von Alice Kurs. Berlin: E. Bloch (1906). (22 S.) 8° [F.] [06. 9800

— Dem Kaiser zu Ehren, s.: Mädchen-Bühne.

Kurs, Alice, Lebensberuf. Erzählg. f. junge Mädchen. 8. (477 S.) Bielefeld 899. Velhagen & Klasing. Geb. in Leinw. n. 5. 50

— Ein Markstein im Leben, s.: Bloch's, Ludw., Militär-Festmappe.

— nur e. Stunde, s.: Enßlin's Roman- u. Novellenschatz.

Kurs, Auguste, ein Ausflug nach Thüringen. 16. (58 S.) Berlin 860, Hayn. Thlr. ⅙

— Cora-Lynn. Dichtung nach dem Englischen. Berlin 858. Remak. 16. (1 Bl., 93 S.) n. 20 ngr.

— Epheublätter. Gedichte. 3. verm. Aufl. Berlin 854. Adolf u. Co. 8. (VIII, 196 S.) 20 ngr.

Kurs, Auguste, geb. ......, siehe a. Epheublätter.

Kurs, Auguste, Am Fenster. Novellen-Cyclus. 1. u. 2. (Titel-)Aufl. 854. — 3. (Titel-)Aufl. Pasewalk 857. Braune. 8. (2 Bl., 171 S.) 1 rthl.

Kurs, Auguste, ausgewählte Gedichte. 8. (X, 291 S.) Berlin 894. Vossische Buchh. 2. 25; geb. n. 3. —

—— Gemüth und Leben. Gedichte. 16. (VI und 125 S.) Berlin 855, Hayn.

— Germania, s. Germania.

— Nora. Dichtung. Berlin (856.) Sacco. 16. (3 Bl., 90 S.) 15 ngr.

— Aus dem Sommer. Reisebilder. Berlin (856.) Sacco. 16. (4 Bl., 223 S.) 25 ngr.

Kurs, Vict., über den Artikel 54 d. Reichsverfassung (u. zur Frage der Anwendbarkeit dieses Artikels auf die modernen großen Hafen- u. Schiffahrtsstraßen-Bauten im Deutschen Reiche). gr. 4. (II, 24, 9, 4, 4, 4, 6, 1, 5, 5, 6, 2, 7, 12, 4, 2, 5, 2, 22, 31, 2 u. 2 S.) Berlin 902. (Deutscher Verlag.) 3. —

— Artikel 54 d. Reichsverfassung u. die Schiffahrtsabgaben, s.: Für Kanalfreunde. IV.

Bericht über den Entwurf eines Gesetzes, betr. die Herstellung und den Ausbau von Kanälen und Flussläufen im Interesse d. Schiffahrtsverkehrs u. d. Landeskultur. Erstattet in d. Hauptversammlung d. Central-Ver. f. Hebung d. deutschen Fluss- u. Kanalschiffahrt am 31. Jan. 1901. Von Major a. D. Victor Kurs. Mit e. Kartenskizze. *Berlin (1901): A. W. Hayn's Erben.* (14 S.) 4°
— Zeitschrift f. Binnen-Schiffahrt. Jg 8. 1901. Sonder-Ausg. Beil. zu H. 5.

Kurs, Binnenschiffahrts-Statistik, s.: Páp, Dáv.

Der Dortmund-Rhein-(Emscherthal)-Kanal und die deutsche Rheinschiffahrt. (Verf.: Victor Kurs.) *Berlin: Deutscher Verl. 1901.* (21 S.) 8° [Umschlagt. F.]
— Kurs: Für Kanalfreunde. No 2. [02. 13464 4

Die deutschen Heere und die französischen Schiffahrtsstraßen im Kriege 1870/71. (Verf.: Victor Kurs, Major a. D.) *Hannover 1902: Gebr. Jänecke.* (32 S.) 8° [F.]
— Sammlung von Schriften z. Kanalfrage. 1902, No 1.

— s.: Kanalfrage, die Leipziger.

Die neue Kanalvorlage und die preussischen Staatseisenbahnen von Victor Kurs. *Hannover: Jänecke 1900.* (27 S.) 8° [Umschlagt. F.] [04. 1912 7

Die neue Kanalvorlage und die Preußischen Staatseisenbahnen. Von Victor Kurs. *Hannover 1900: Jänecke.* (27 S.) 8° [F.]
— Sammlung von Schriften z. Kanalfrage. No 8. [04. 10330 4

Kurs, Vict., tabell. Nachrichten üb. d. flößbaren u. d. schiffbaren Wasserstraßen des Deutsches Reiches. Erläutergn. zu d. v. demselben Verf. entworf. u. gezeichn. Karte der flößbaren u. schiffbaren Wasserstraßen des Deutschen Reiches, 1 : 1,000,000, auf 4 Blättern. Fol. (X, 168 S.) Berlin 894. (Siemenroth & Troschel.) n.n. 15. —; m. Karte u. 4 Blättern à 50,5×64,5 cm. Farbendruck. n.n. 25. —;

Kurs, V., Nach- und Vorteile der Einführung von Befahrungsabgaben auf natürlichen Wasserstraßen. Vortrag. Hannover, 1904. 20 S.

Die preussische wasserwirtschaftliche Vorlage von 1901 und das österreichische Wasserstrassengesetz vom 11. Juni 1901. Von Victor Kurs. *Berlin: Deutscher Verl. 1901.* (6 S.) 8° [Umschlagt. F.]
— Kurs: Für Kanalfreunde. No 3. [02. 13464 4

Hohenzollerusche Wasserstrassenpolitik im Gebiete zwischen Oder und Elbe. Ein Vortrag von Victor Kurs. Hannover 1902: Gebr. Jänecke. (60 S.) 8° [Umschlagt. F.]
— Sammlung von Schriften zur Kanalfrage. 1902, No 4. [07. 13144 2

Die Weser im zukünftigen deutschen Schiffahrtsstrassen-Netz. Ein Vortrag von Victor Kurs. Hannover: Jänecke 1902. 19 S. 8° [Umschlagt.]
(Sammlung von Schriften z. Kanalfrage. Nr 3.) [11. 14009

Kuers, F. A., die Diätetik od. Gesundheitspflege d. Pferdes, Schafes u. Rindes. 2 Bde. gr. 8. (10½ B.) Berlin 839, Rücker u. Püchler.

—— über Einrichtung u. Leitung d. Thierarzneischulen, zum Besten d. Landwirthe u. Thierärzte u. üb. allgem. Einführ. d. guten Hufbeschlages. Eine gekr. Abhandl. gr. 8. (5 B.) Berlin 841, Rücker u. Püchler.

Kuers F. A.: Ueber Einrichtung u. Leitung d. Thierarzneischulen z. Besten d. Landwirthe u. Thierärzte u. üb. allgemeine Einführung d. guten Hufbeschlages. Gekr. Abhandl. Berl. 1841. 72 S.

—— Jahresbericht üb. d. Fortschritte u. crit. Uebersicht d. gesammten in- u. ausländ. Literatur, im Gebiet d. Wissenschaft d. Viehzucht u. Thierheilkunst d. J. 1834. I. Jahrg. gr. 8. (17½ B.) Berlin 835, [Bethge.]

Kuers, F. A., Jahresbericht über die Fortschritte u. Übersicht der in- u. ausländisch. Litteratur üb. Tierheilkunst. I. 34. Berlin 35. Klemann. M. 4.50

—— die drei wichtigsten Jugendkrankheiten d. Schafe: Die Traberkrankheit, Drehkrankheit u. Lämmerlähme, u. deren sichere Vorbeugung. 8. (8¼ B.) Berlin 840, Rücker u. Püchler.

Kuers F. A.: Die drei wichtigsten Jugendkrankheiten d. Schafe: Die Traberkrankheit, Drehkrankheit u. Lämmerlähme, u. deren sichere Vorbeugung. Berl. 1840. 127 S.

— s. Magazin von Beobachtungen ꝛc. aus d. Gebiet d. Züchtungs-, Gesundheit-Erhaltungs- u. Heilkunde d. Hausthiere.

Kursachsen, ein geogr.-statist. Lesebuch, s. Geographie u. Statistik d. Kurfürstenthümer.

—, soll es die Königswürde annehmen? 8. Leipz. ... Magaz. f. Ind. 8 K

Kurs-Anzeiger für Graubünden. Uebersicht der sämmtl. Postkurse u. ihrer Eisenbahn-, Dampfboot- u. Postanschlüsse, nebst dem Extrapost-Tarif u. e. Uebersicht der Briefposttaxen. Mit einem Postkärtchen von Graubünden. Chur, Hitz'sche Buchhdlg. 1875. 1. —

Kursaufschwung, s.: Coursaufschwung.

Kursava, Ludovicus (geb. Trebnitz in Schles. 2 11 1807) De partu violento peragendo. Vratislaviae (1831). (37 S.) 8"
Breslau, Med. Diss. v. 5. Sept. 1831

Kursbuch, s. a.: Coursbuch.

Kursbuch. Hrsg. v. den „Hamburger Nachrichten", Eisenbahn- u. Dampfschiffs-Fahrpläne, Postverbindungen, nach offiziellen Quellen bearb. Winter-Ausg. 1910/11. 6. Jahrg. (390 u. 39 S. m. 1 Karte.) 22,5×12 cm. Hamburg (Speersort 11), Hermann's Erben. — 30

Kursbuch, allgemeines, f. d. Schweiz, nebst Anschlüssen ans Ausland. — Guide Suchard pour voyageurs en Suisse. Nr. 5. Sommer-Saison 1899. 12. (XIV, 490 S. m. 2 Karten.) Neuchâtel. (Zürich, C. Schmidt.) n. — 50

— für die Beförderung v. Vieh u. Pferden auf den deutschen Eisenbahnen. 9. Ausg. Im amtl. Auftrage auf Grund des v. den Eisenbahnverwaltgn. gelieferten Materials bearb. v. Otto Schmidt. Winter 1906/07. (544 u. 6 S. m. 1 Karte.) gr. 8. Berlin, E. S. Mittler & Sohn. n. 2. —
Erschien früher u. d. T.:
Kursbuch f.d.Viehverkehr.

— für die Beförderung v. Vieh u. Pferden auf den deutschen Eisenbahnen. 18. Ausg. Im amtl. Auftrage auf Grund des von den Eisenbahnverwaltgn. gelieferten Materials bearb. v. Otto Schmidt. Winter 1908/09. (562 S. m. 1 Karte.) gr. 8. Berlin, E. S. Mittler & Sohn. 2. —
Fortsetzg., s.: Viehkursbuch.

— Drei-Kaiserreich-Ecke. Fahrpläne f. die oberschles., russ. u. österreich. Grenzgebiete nebst sämtl. Anschlüssen, Fahrpreistafeln, Reglementsbestimmgn. u. Tarifvorschriften. Oktbr. 1906—April 1907. (294 S. m. 3 Karten.) schmal 8. Kattowitz, G. Siwinna. — 20

— Drei-Kaiserreich-Ecke. Fahrpläne f. die oberschles., russ. u. österreich. Grenzgebiete nebst sämtl. Anschlüssen. Oktbr. 1910—Mai 1911. (182 S. m. 2 eingedr. Karten.) kl. 8. Kattowitz, Phönix-Verlag. — 20

Kursbuch für die badischen Eisenbahnen, die Bahnen in Bayern, Württemberg, Hessen, Rheinbayern, Elsaß-Lothringen, Hohenzollern und der Schweiz, sowie für die wichtigsten Anschlußlinien. Mit den Post-Omnibus-Kursen für Baden und Hohenzollern nebst Dampfbootkursen. Jahrg. 1888. 2 Hefte. 8. (à Heft ca. 150 S. mit 2 Karten.) Karlsruhe, Müller'sche Hofbuchh. à Heft *
Erscheint jährlich zweimal, am 1. Juni und 1. October.

— für Elsass-Lothringen, Baden u. Rheinpfalz. Bearb. nach d. amtl. Fahrplänen. M. 1 Eisenbahnkarte. Sommer 1898. 27. Jahrg. Nr. 53. Gültig v. 1. V. bis 30. IX. 1898. 12. (XVIII, 208 S.) Strassburg, Strassburger Druckerei u. Verlagsanstalt. n. — 50

Kursbuch f. Elsass-Lothringen, Baden u. Rheinpfalz. Bearb. nach den amtl. Fahrplänen. Mit 1 Eisenbahnkarte. Winter 1902/1903. 31. Jahrg. Nr. 61. Gültig v. 1. X. 1902 bis 30. IV. 1903. 12. (XVIII, 209 S.) Strassburg, Strassburger Druckerei u. Verlagsanstalt. n. — 50

— für Elsass-Lothringen, Luxemburg, Baden u. Rheinpfalz. Bearb. nach den amtl. Fahrplänen. Mit 1 Eisenbahnkarte. Winter 1906/07. 35. Jahrg. Nr. 70. Gültig vom 1 X. bis 30. IV. 1907. (L, 209 S.) kl. 8. Strassburg, Strassburger Druckerei u. Verlagsanstalt. n. — 50; kart. n. — 70

— für Elsass-Lothringen, Luxemburg, Baden u. Rheinpfalz. Bearb. nach den amtl. Fahrplänen. Mit 1 Eisenbahnkarte. Winter 1910/11. 39. Jahrg. Nr. 78. Gültig vom 1. X. 1910—30. IV. 1911. (II, LVIII, 217 S.) kl. 8. Strassburg, Strassburger Druckerei u. Verlagsanstalt. — 50; kart. — 70

— enth. die Fahrpläne der Pfälzischen Eisenbahnen, der Bahnen in Baden, Bayern, Elsass-Lothringen, Hessen, Nassau, Rheinpreussen, Württemberg, der Schweiz m. anschliess. Verkehrslinien, nebst Kursplan der Rhein- u. Bodensee-Dampfboote, der pfälz. Postverbindgn., Bestimmgn. üb. den Post- u. Telegraphenverkehr etc. Sommerdienst. Gültig vom 1. Juni 1886 an. 12. (XIII, 164 S.) Ludwigshafen 886. Baumgartner. n. — 40

— enthaltend die Fahrpläne der Pfälzischen Eisenbahnen, der Bahnen in Baden, Bayern, Elsass-Lothringen, Hessen, Nassau, Rheinpreussen, Württemberg, der Schweiz und anschliessender Verkehrslinien, nebst Kursplan der Rhein- und Bodensee-Dampfboote, den pfälz. Postverbindungen, Bestimmungen über den Post- und Telegraphenverkehr etc. 1886—1888. Jährlich 2 Hefte. [Sommerdienst und Winterdienst.] 12. (à Heft ca. XVIII, 160 S.) Ludwigshafen, (Baumgartner.) à Heft * *

— enth. die Fahrpläne der Pfälzischen Eisenbahnen, der Bahnen in Baden, Bayern, Elsass-Lothringen, Hessen, Nassau, Rheinpreussen, Württemberg, der Schweiz u. anschliess. Verkehrslinien, nebst Kursplan der Rhein- u. Bodensee-Dampfboote, den pfälz., bad. u. hess. Postverbindgn., Bestimmgn. üb. den Eisenbahn-, Post- u. Telegraphenverkehr, den pfälz. Telephonverbindgn. etc. 1890. 2 Hfte. 12. (XX, 203 u. XX, 204 S. m. je 1 Karte.) Ludwigshafen 890. (Baumgartner.) à n. — 40

Kurs-Buch, enth. die Fahrpläne der pfälzischen Eisenbahnen, der Bahnen in Baden, Bayern, Elsass-Lothringen etc., nebst Kursplan der Rhein-, Bodensee- etc. Dampfboote. 1891 u. 1892. Jährlich 2 Hefte. (Sommer- u. Winterdienst.) 12. (à Heft ca. 250 S. m. Karte.) Ludwigshafen, (Baumgartner). à Heft * — 50
Jahrg. 1889 u. 1890. Ebd. à Heft * — 40.

— enth. die Fahrpläne der pfälzischen Eisenbahnen, der Bahnen in Baden, Bayern, Elsass-Lothringen, Hessen, Nassau, Rheinpreussen, Württemberg, der Schweiz u. anschliess. Verkehrslinien, nebst Kursplan der Rhein-, Bodensee- etc. Dampfboote, den pfälz., bad., elsass-lothring. u. hess. Postverbindgn., Bestimmgn. üb. den Eisenbahn-, Post- u. Telegraphenverkehr, den pfälz. Telephon-Verbindgn etc Winterdienst. Giltig vom 1. Octbr. 1894 an. Nach amtl. Quellen bearb. 12. (XVI, 256 S. m. 2 Karten.) Ludwigshafen, (F. Baumgartner) n. — 50

— enth. d. Fahrpläne d. pfälzischen Eisenbahnen, d. Bahnen in Baden, Bayern, Elsass-Lothringen, Hessen, Nassau, Rheinpreussen, Württemberg, d. Schweiz u. anschliess. Verkehrslinien, nebst Kursplan d. Rhein-, Bodensee etc. Dampfboote, der pfälz., bad., elsass-lothring. u. hess. Post-Verbindgn., Bestimmgn. üb. d. Eisenbahn-, Post- u. Telegraphenverkehr, den pfälz. Telephon-Verbindgn. etc. Winterdienst. Giltig vom 1. X. 1898 an. Nach amtl. Quellen bearb. 12. (XX, 299 S. m. 2 Karten.) Ludwigshafen (A. Lauterborn). n.n. — 50

— enth. die Fahrpläne der pfälzischen Eisenbahnen, der Bahnen in Baden, Bayern, Elsass-Lothringen, Hessen, Nassau, Rheinpreussen, Württemberg, der Schweiz u. anschliess. Verkehrslinien, nebst Kursplan der Rhein-, Bodensee- etc. Dampfboote, den pfälz., bad., elsass-lothring. u. hess. Post-Verbindgn., Bestimmgn. üb. den Eisenbahn-, Post- & Telegraphenverkehr, den pfälz. Telephon-Verbindgn. etc. Winterdienst. Giltig vom 1. X. 1901 an. Nach amtl. Quellen bearb. 8. (XII, 399 S. m. 2 Karten.) Ludwigshafen (A. Lauterborn). n.n. — 50

— enth. die Fahrpläne der pfälzischen Eisenbahnen, der Bahnen in Baden, Bayern, Elsass-Lothringen, Hessen, Nassau, Rheinpreussen, Württemberg, der Schweiz u. anschliess. Verkehrslinien, ferner die Bestimmgn. üb. die Beförderg. v. Personen, die Kurspläne der Rhein-, Bodensee- etc. Dampfboote, die pfälz. Post-Verbindgn. nebst Bestimmgn. üb. den Post-, Telegraphen- u. Telephon-Verkehr etc. Winterdienst. Gültig vom 1. X. 1906 an. Nach amtl. Quellen bearb. (XII, 388 S. m. 1 Karte.) kl. 8. Ludwigshafen (A. Lauterborn). n. — 60

— enth. die Fahrpläne der pfälzischen Eisenbahnen, der Bahnen in Baden, Bayern, Elsass-Lothringen, Hessen, Nassau, Rheinpreussen, Württemberg, der Schweiz u. anschliess. Verkehrslinien, ferner die Bestimmgn. üb. die Beförderg. v. Personen, die Kurspläne der Rhein-, Bodensee- etc. Dampfboote, die pfälz. Verbindgn. nebst Tarif f. Briefe u. Telegramme. Winterdienst. Gültig vom 1. X. 1908 an. Nach amtl. Quellen bearb. (XVI, 402 S. m. 1 Karte.) kl. 8. Ludwigshafen (A. Lauterborn). nn — 60

Kurs- und Auskunftsbuch, kleines, für Provinz Sachsen, Braunschweig, Thüringen und Anhalt. Sommer 1885. 16. (VII, 74, 32 S. mit 2 Karten.) Osterwieck, Zickfeldt.
Erscheint nicht mehr.

Kurs-Buch der Liebe. Berlin: Kleines Witzblatt [um 1904]. (64 S.) 8°
— Witzblatt-Bilderbuch. Bd 8. [ca. 9383]

Kursbuch, mecklenburgisches. Sämmtliche Eisenbahn-, Post- u. Dampfschiff-Verbindgn. in Mecklenburg-Schwerin u. Mecklenburg-Strelitz m. Angabe der Anschlüsse. 1886. 2 Hfte. 12. (à X, 53 S. m. 1 Karte.) Waren, Kaibel's Nachf. à n. — 20

Kursbuch, Metzer. Fahrpläne sämmtl. Eisenbahnen in Elsass-Lothringen, sowie der Haupt- u. Anschluss-Routen der luxemburg., pfälz., rhein., bad., belg. Bahnen u. der franz. Ostbahn, nebst den Personen-Post-Verbindgn. in Lothringen. Nr. 33. Sommerdienst 1890. Gültig vom 1. Juni ab. 16. (64 S.) Metz 890. (Deutsche Buchhandlg.) n. — 25

— dasselbe. Nr. 34. Winterdienst 1890—91. Gültig vom 1. Oktbr. ab. 12. (67 S. m. 1 Karte.) Ebd. n. — 25

— Metzer. Fahrpläne sämmtl. Eisenbahnen in Elsass-Lothringen sowie der Haupt- u. Anschluss-Routen der luxemburg., pfälz., rhein., bad., belg. Bahnen u. der französ. Ostbahn, nebst den Personen-Post-Verbindgn. in Lothringen. Nr. 35 [2. Aufl.] Sommerdienst 1891. Gültig vom 1. Juni ab. 16. (67 S. m. 1 Karte.) Metz, (Deutsche Buchh.). n. — 25

— dasselbe. Nr. 36. Winterdienst 1891/92. Gültig vom 1. Oktbr. ab. 16. (67 S. m. 1 Karte.) Ebd. n. — 25

— für Mittel- u. Norddeutschland. Mit 1 Eisenbahn-Karte v. Mittel- u. Norddeutschland. Hrsg. vom Verkehrs-Bureau der „Magdeburg. Zeitg." Octbr. 1902—April 1903. 8. (XVI, 89 S.) Magdeburg, Faber'sche Buchdr. — 20

— für Mittel- u. Norddeutschland. Mit 1 Eisenbahn-Karte v. Mittel- u. Norddeutschland. Hrsg. vom Verkehrs-Bureau der „Magdeburg. Zeitg." Oktbr. 1906 bis Mai 1907. (XXI, 82 S.) 8. Magdeburg, Faber'sche Buchdr. — 20

— für Mittel- u. Norddeutschland. Mit e. Eisenbahn-Karte v. Mittel- u. Norddeutschland. Hrsg. vom Verkehrs-Bureau der „Magdeburg. Ztg." Sommerausg. Mai—Oktb. 1907. (128 S.) kl. 8. Magdeburg, Faber'sche Buchdr. — 20
Fortsetzg., s.: Faber's Kursbuch.

— für Nordwestdeutschland, f. Rheinland, Westfalen, Hannover, Braunschweig, Oldenburg, Hamburg, Lübeck, Bremen m. allen grossen in- u. ausländischen Bahnanschlüssen. Winter-Ausg. 1. X. 1910. (157 S.) kl. 8. Hannover, Verlag des hannoverschen Couriers. (Nur direkt.) — 20

— für Norwegen sammt Post- u. Telegraphenwesen hrsg. auf Veranlassg. d. Postverwaltg. u. red. v. Nils Meyer. — Time-tables for Norway together with its postal and telegraphic service. — Norges communicationer. 28. Jahrg. 3. VII. 1897. (Norwegisch, englisch u. deutsch.) gr. 8. (12, 126 S. m. 1 eingedr. Karte.) Christiania, A. Cammermeyer. n.n. — 35

— offizielles schweizerisches, enth. die Fahrpläne sämtl. schweizer. Eisenbahnen, Dampfboote u. Personenposten, sowie der Grenzgebiete des Auslandes u. die internationalen Zugsverbindungen m. der Schweiz. Mit e. Uebersichtskarte. Bearb. v. der Generaldirektion der schweiz. Bundesbahnen u. der schweiz. Oberpostdirektion. Eisenbahnausg. Jahrg. 1906/7. 4 Nrn. (In deutscher, französ. u. italien. Sprache.) (Nr. 1. X, 36, 184, 196, 99, 64, 97, 156 u. 29 S.) 8. Bern, Stämpfli & Co. à n.n. 1. 20; Postausg. zu gleichem Preise.

— offizielles schweizerisches, enth. die Fahrpläne sämtl. schweizer. Eisenbahnen, Dampfboote u. Personenposten, sowie der Grenzgebiete des Auslandes u. die internationalen Zugsverbindgn. m. der Schweiz. Mit 1 Übersichtskarte. Bearb. v. der Generaldirektion der schweiz. Bundesbahnen u. der schweiz. Oberpostdirektion. Eisenbahnausg. Jahrg. 1910/11. 4 Nrn. (In deutscher, französ. u. italien. Sprache.) (à ca. 40, 336, 120, 66, 98, 44 u. 8 S.) 8. Bern, Stämpfli & Co. Postfrei à nn 2.—; Postausg. zu gleichem Preise.

— des Vereins deutscher Eisenbahn-Verwaltungen, Officielles, mit den Anschlüssen der Post- und Dampfschiffahrten. Herausg. . . von W Koch. 1863. Mit 1 lith. Karte u. 1 Tabelle. Stuttgart 1863. 8. [illegible]
6 Nummern.

Österr. Kursbuch. Offizielle Ausgabe. (Früher unter dem Titel „Der Conducteur".) 35. Jahrg. 1905. 8°. erscheint in 10 Heften kompl. K 14. –, kleine Ausgabe kompl. K 7.—
Wien: R.v.Waldheim.

— österreichisches. Offizielle Ausg. (früher u. d. T.: Der Conducteur). Fahrpläne der österreich., ungar. u. bosnisch-hercegovin. Eisenbahnen, Post- u. Dampfschiff-Kurse, m. Führer in den Hauptstädten, Reiserouten nach den wichtigsten Orten des In- u. Auslandes, Eisenbahnkarte der Hauptverkehrslinien v. Europa u. Eisenbahnroutenkarte v. Mittel-Europa (61×78,5). 36. Jahrg. 1906. 10 Hefte. (à ca. LX, 704 u. XVI S.) 8. Wien, Druckerei- u. Verlags-A.-G. vorm. R. v. Waldheim. à n. 1. 40

— dasselbe. Offizielle Ausg. (früher u. d. T.: Der Conducteur). Fahrpläne der österreich., ungar. u. bosnisch-hercegovin. Eisenbahnen u. Dampfschiffe m. e. Eisenbahnroutenkarte v. Mittel-Europa. (61×78,5 cm). Kleine Ausg. Jahrg. 1906. 10 Hefte. (à ca. XLVIII, 432 S.) 8. Ebd. à n. — 70

— österreichisches. Offizielle Ausg. Fahrpläne der österreich., ungar. u. bosnisch-hercegovin. Eisenbahnen, Post- u. Dampfschiff-Kurse, m. Führer durch Wien u. die Landeshauptstädte. Reiserouten nach den wichtigsten Orten des In- u. Auslandes, Eisenbahnkarte der Hauptverkehrslinien v. Europa u. Eisenbahnroutenkarte v. Mittel-Europa. (61×78,5 cm.) 40. Jahrg. 1910. 10 Hefte. (à ca. XCLI, 800 u. XVI S.) 8. Wien, Druckerei- u. Verlags-Aktiengesellschaft R. v. Waldheim. à 1. 60

— dasselbe. Fahrpläne der österreich., ungar. u. bosnisch-hercegovin. Eisenbahnen u. Dampfschiffe m. 1 Eisenbahnroutenkarte v. Mittel-Europa. (61×78,5 cm.) Kleine Ausg. Jahrg. 1910. 10 Hefte. (à ca. LII, 470 S.) 8. Ebd. à — 90

Kursbuch der deutschen Reichs-Postverwaltung. Bearb. im Kursbureau d. kaiserl. General-Postamtes. 1875. 10 Nrn. à 4 Thle. Mit eingedr. Karten u. Plänen. qu. Fol. Berlin, v. Decker. à n. — 75

1. [Nordosten] enth. die Eisenbahn-, Post- u. Dampfschiffs-Verbindungen im nordöstl. Deutschland, Dänemark, Schweden, Norwegen u. Russland. (86 S.)
2. [Südosten] enth. die Eisenbahn-, Post- u. Dampfschiffs-Verbindungen im südöstl. Deutschland, Oesterreich, Ungarn, der Türkei u. dem Orient. (47 S.)
3. [Nordwesten] enth. die Eisenbahn-, Post- u. Dampfschiffs-Verbindungen im nordwestl. Deutschland, den Niederlanden, Belgien, Luxemburg u. England. (60 S.)
4. [Südwesten] enth. die Eisenbahn-, Post- u. Dampfschiffs-Verbindungen im südwestl. Deutschland, Tirol, der Schweiz, Italien, Frankreich, Spanien u. Portugal. (768.)

Kursbuch der deutschen Reichs-Postverwaltung. Bearb. im Kursbureau des kaiserl. General-Postamts. Enth. die Eisenbahn-, Post- und Dampfschifffahrts-Verbindungen in Deutschland und Oesterreich-Ungarn, sowie die bedeutenderen Eisenbahn- und Dampfschifffahrts-Verbindungen der übrigen Theile Europa's. Mit 4 (lithogr.) Uebersichtskarten der Eisenbahnen in Deutschland und Oesterreich-Ungarn (in qu. gr. 4.), sowie 19 in den Text eingedr. Kartenskizzen fremder Länder etc. 1875 und 1876. à 10 Nrn. hoch 4. (à ca. XXXII, 276 S.) Berlin, v. Decker's Verlag. à Nr. *

—— dass. — Mit 1 (lithogr.) Eisenbahn-Uebersichtskarte von Deutschland und den angrenzenden Ländern (in Imp.-Fol.), sowie 19 in den Text eingedr. Kartenskizzen fremder Länder etc. 1877. 8 Nrn. hoch 4. (à ca. XXXII, 287 S.) Ebendas. à Nr. *

—— dass. — Mit 1 (lithogr.) Eisenbahn-Uebersichtskarte von Deutschland und den angrenzenden Ländern (in Imp.-Fol.), sowie 10 in den Text eingedr. Kartenskizzen fremder Länder etc. 1878. 8 Nrn. hoch 4 (à ca. XXXIV, 289 S.) (Ebendas.) à Nr.

—— dass. — Mit 1 (lithogr.) Eisenbahn-Uebersichtskarte von Deutschland und den angrenzenden Ländern (in Imp.-Fol.), sowie 7 in den Text eingedr. Kartenskizzen fremder Länder etc. 1879. 8 Nrn. hoch 4. (à ca. 337 S.) (Ebendas.) à Nr.

Kursbuch der deutschen Reichs-Postverwaltung. Enthaltend sämmtl. Eisenbahn-, Post- und Dampfschiff-Verbindungen in Deutschland, Oesterreich-Ungarn, Schweiz, sowie die bedeutenderen Verbindungen der übrigen Theile Europa's und die Dampfschiffverbindungen mit aussereurop. Ländern. Bearb. im Kursbureau des Reichs-Postamts. Mit 1 (lithogr.) Karte von Deutschland und Skizzen fremder Länder. 1880 und 1881. à Jahrg. ca. 8 Nrn. gr. 8. (à Nr. ca. 480 S.) Berlin, Springer. à Nr.

Fortsetzung s. Reichs-Kursbuch.

—— für Rügen, Neu-Vorpommern und Mecklenburg. Sommer-Saison 1887. Nach amtl. Quellen hrsg. im Mai 1887. gr. 16. (IV, 87 S. mit 1 Eisenbahnkarte.) Stralsund, (Hingst Nachf.) *

—— dass. — Nach amtl. Quellen bearb. von A. Schwarze. Sommer-Saison 1888. gr. 16. (IV, 90 S. mit 1 Eisenbahnkarte.) (Ebendas.) *

— für Russland. Fahrpläne sämmtl. Eisenbahnen u. der wichtigsten Dampferlinien Russlands, m. Angabe der Anschlüsse f. hervorrag. Verkehrszentren des In- u. Auslandes. Winter-Fahrpläne. Giltig vom 15. X. 1906. (In russ. u. deutscher Sprache.) (XLVI, 298 S. m. 1 Karte.) kl. 8. Riga, N. Kymmel's Sort. n. 1. 40

— für Russland. Fahrpläne sämmtl. Eisenbahnen u. der wichtigsten Dampferlinien Russlands, m. Angabe der Anschlüsse f. hervorrag. Verkehrscentren des In- u. Auslandes. Winter-Fahrpläne. Giltig vom 15. X. 1910. (In russ. u. deutscher Sprache.) (LXIV, 374 S. m. 1 Karte.) kl. 8. Riga, N. Kymmel. 1. 50

— für Sachsen. Der Stern. Sommer 1906 (gültig vom 1. V. bis 30. IX.) (79 S. m. 1 Plan u. 1 Karte.) kl 8. Dresden, Stern-Verlag. (Leipzig, F. Schneider.) — 10

— fürs Sauerland. Fahrpläne d. Nebenbahnen, Kleinbahnen u. Postverbindgn., sowie d. wichtigsten elektr. Bahnen des Sauerlandes u. der angrenz. Gebiete. Verzeichnis der Sonntagskarten. (27 S.) kl. 8. Dortmund (908). Koeppen. — 10

Kursbuch, schweizer, Bopp. Winter 1910/11. 1. X. bis 30. IV. 32. Ausg. (140 S. m. 1 Karte.) 8. Zürich, A. Bopp. — 40

Kursbuch, schweizerisches. Uebersicht der Eisenbahn-, Post- und Dampfschiff-Kurse. Nach officiellen Quellen bearb. Mit Kärtchen (in Holzschn.) Nr. 1—16. (à ca. 55 S.), St. Gallen 859—61, Scheitlin und Zollikofer. à Nr. * 4 Ngr. *

Kursbuch, schweizerisches. Uebersicht der Eisenbahn-, Post- und Dampfschiff-Kurse. Nach offiziellen Quellen bearb. Nr. 17—24. gr. 16. (à ca. 76 S. mit Kärtchen in Holzschn.) St. Gallen 862—64, Scheitlin und Zollikofer. à Nr. *

Kursbuch Südost. Eisenbahn-Fahrpläne für Ober-Schlesien u. die österr. Grenzlande nebst Anschlüssen, Fahrpreistafeln u. Tarifvorschriften. Oktbr. 1906—April 1907. (160 S.) kl. 8. Kattowitz, Gebr. Böhm. n. — 20

— Südost. Eisenbahn-Fahrpläne f. Oberschlesien, die österreich. Nachbargebiete u. den russ. Grenzverkehr, nebst Anschlüssen, Fahrpreistafeln einschliesslich genauer Darstellg. des neuen Gepäcktarifs u. Tarifvorschriften. Winter-Ausg. Oktbr. 1908—April 1909. (162 S.) 8. Kattowitz, Gebr. Böhm. — 20

— südwestdeutsches, einschliesslich der meisten Bahnen d. Schweiz, nebst Kilometerzeiger d. Stationen Freiburg, Offenburg, Karlsruhe u. Heidelberg, sow. d. meisten Personenpostkursen Badens u. d. Dampfbootkursen. Sommer 1898. 12. (94 S. m. 1 Karte.) Freiburg i/B., Lorenz & Waetzel. — 30

— dasselbe. Winter 1898/99. 12. (94 S. m. 1 Karte.) Ebd. — 30

— südwestdeutsches, einschliesslich der meisten Bahnen der Schweiz, nebst Kilometerzeiger der Stationen Freiburg, Offenburg, Karlsruhe u. Heidelberg, sowie den meisten Personenpostkursen Badens u. den Dampfbootkursen. Winter 1900/1901. 12. (94 S. m. 1 Karte. Freiburg i/B., F. P. Lorenz. — 30

Kursbuch für den Viehverkehr enth. d. Fahrpläne d. Vieh-, Eilgüter- u. gemischten Züge ... im Deutschen Reiche ... Im amtl. Auftr. auf Grund des von d. Eisenbahnverwaltungen gelieferten Materials bearb. von Otto Schmidt, Rechn.R. im Reichs-Eisenb.-Amt. [1.] Gültig v. 1. Okt. 1902 ab. *Berlin: E. S. Mittler & Sohn 1902.* 8° [F.]

— für den Viehverkehr, enth. die Fahrpläne der Vieh-, Eilgüter- u. gemischten Züge, der f. den Vieh-Fernverkehr in Betracht komm. Güterzüge u. der zur Viehbeförderg. freigegebenen Personenzüge im Deutschen Reiche, nebst e. Verzeichniß der wichtigeren zwischen den Eisenbahnverwaltgn. vereinbarten Zugverbindgn. f. die Beförderg. v. Vieh in Wagenladgn. Gültig v. 1. X. 1902 ab. Im amtl. Auftrage auf Grund des von den Eisenbahnverwaltgn. gelieferten Materials bearb. von Otto Schmidt. gr. 8. (420 S.) Berlin, E. S. Mittler & Sohn. n.n. 1. 80

— für den Viehverkehr, enth. die Fahrpläne der Vieh-, Eilgüter- u. gemischten Züge, der f. den Vieh-Fernverkehr in Betracht komm. Güterzüge u. der zur Viehbeförderg. freigegebenen Personenzüge im Deutschen Reiche, nebst e. Verzeichnis der wichtigeren zwischen den Eisenbahnverwaltgn. vereinbarten Zugverbindgn. f. die Beförderg. v. Vieh in Wagenladgn. Gültig vom 1. X. 1903 ab. Im amtl. Auftrage auf Grund des v. den Eisenbahnverwaltgn. gelieferten Materials bearb. v. Otto Schmidt. (440 S. m. 1 Karte.) gr. 8. Ebd. n.n. 1. 80

Forts.s.:Kursbuch f.d.Beförderung v.Vieh u.Pferden...

Kursbuch, württemb. Eisenbahn- u. Post-Verbindgn. in Württemberg u. Hohenzollern. Eisenbahn- u. Dampfschiff-Verbindgn. in Süddeutschland, der Schweiz, dem grösseren Theil v. West-, Mittel- u. Norddeutschland u. v. Oesterreich. Nr. 17: Sommerfahrdienst 1892, u. Nr. 18: Winterfahrdienst 1892/93. Hrsg. v. der Generaldirektion d. k. württemb. Staats-Eisenbahnen. 12. (à Nr. ca. 270 S. m. 2 Karten.) Stuttg., Union. à Nr. * — 60
Erscheint jährlich 2 Mal.

Kursbuch württemb. Eisenbahn- u. Post-Verbindgn in Württemberg u. Hohenzollern. Eisenbahn- u. Dampfschiff-Verbindgn. in Süddeutschland, der Schweiz, dem grösseren Theil v. West-, Mittel- u. Norddeutschland u. v. Oesterreich. Nr. 23. Winterfahrdienst 1894/95. Giltig vom 1. Oktbr an. Hrsg. v. der Generaldirektion der k. württemb. Staats-Eisenbahnen. 12. (XV, 295 S. m. 2 Karten.) Stuttgart, Union. n. — 60

— württembergisches. Eisenbahn- u. Post-Verbindgn. in Württemberg u. Hohenzollern, Eisenbahn- u. Dampfschiff-Verbindgn. in Süddeutschland, der Schweiz, d. grösseren Theil v. West-, Mittel- u. Norddeutschland u. v. Oesterreich. Nr. 33 u. 34. Sommerfahrdienst 1898. Ausg. v. 1. V. bezw. 1. VI. 1898. Bearb. im Fahrdienstbureau d. Generaldirektion d. k. württemb. Staats-Eisenbahnen. 12. (à XVII, 325 S. m. 2 Karten.) Stuttgart, Union. à n. — 60

— dasselbe. Nr. 35. Winterfahrdienst 1898/99. Ausg. v. 1. X. 1898. Bearb. im Fahrdienstbureau d. Generaldirektion d. k. württemb. Staats-Eisenbahnen. 12. (XVIII, 336 S. m. 2 Karten.) Ebd. n. — 60

— württembergisches. Eisenbahn- u. Post-Verbindgn. in Württemberg u. Hohenzollern, Eisenbahn- u. Dampfschiff-Verbindgn. in Süddeutschland, der Schweiz, dem grösseren Theil von West-, Mittel- u. Norddeutschland u. v. Oesterreich. Nr. 46. Winterfahrdienst 1902/03. Ausg. v. 1. X. 1902. Bearb. im Fahrdienstbureau der Generaldirektion d. k. württemb. Staats-Eisenbahnen. 12. (XVI, 434 S. m. 2 Karten.) Stuttgart, Union. n. — 60

— württembergisches. Eisenbahn- u. Post-Verbindgn. in Württemberg u. Hohenzollern, Eisenbahn- u. Dampfschiff-Verbindgn. in Süddeutschland, der Schweiz, dem grösseren Teil v. West-, Mittel- u. Norddeutschland u. v. Oesterreich. Nr. 54. Winterdienst 1906/07. Ausg. vom 1. X. 1896. Bearb. im Fahrdienstbureau der Generaldirektion der k. württ. Staats-Eisenbahnen. (XVI, 470 S. m. 2 Karten.) kl. 8. Stuttgart, Union. n. — 60

— württembergisches. Übersicht der Eisenbahn-, Post- u. Kraftwagenverbindgn. in Württemberg u. Hohenzollern, der Eisenbahn- u. Dampfschiffverbindgn. in Süddeutschland, d. Schweiz, dem grösseren Teil v. West-, Mittel-, Nord- u. Ostdeutschland u. v. Österreich, m. den wichtigeren Anschlüssen nach den übrig. Ländern Mitteleuropas. Nr. 62. Gültig vom 1. X. 1910—30. IV. 1911. Bearb. im Fahrdienstbureau der Generaldirektion der k. württ. Staats-Eisenbahnen. (XXVIII, 540 S. m. 2 Karten.) kl. 8. Stuttgart, Union. — 70

Kursbüchlein. Erinnerung an den Gemüsebaukurs in Münchenbuchsee im J. 1881. Hrsg. vom gemeinnütz. Verein in Münchenbuchsee und Umgegend. gr. 8. (86 S.) Bern 882, (Wyß.) *

Kürschák, Jos., s.: Berichte, mathematische u. naturwissenschaftliche, aus Ungarn.

Kürschák, Jos., s.: Bolyai de Bolya, Ios., appendix.

Kurschat, Alex., litauische Elementar-Grammatik, s.: Schlekopp, R.

Kurschat, Alex., Hanno, der Liliputanerfürst. Eine Erzählg. f. die Jugend. gr. 8. (III, 151 S. m. 1 Kartenskizze.) Tilsit 894. M. Beraens. n. 2. 50

Kurschat, Alex. Unedierte Horazscholien des codex parisinus lat. 7975 (γ) zum vierten Buch der Oden, den Epoden, dem Carmen saeculare und dem ersten Buch der Satiren. 59 S. G. *Tilsit* 1884. Progr

Kurschat, Alexander Proben litauischer Briefe. 4 (S. 17—26). In: Teil I der Festschrift zum 300jähr. Jubiläum des Progr. G. *Tilsit* 1886 (zu 17).

Kurschat, Alexander: Goethes 'Italienische Reise' im deutschen Unterricht der Prima. Tilsit 1908: v. Mauderode. S. 3—31. 4°
Tilsit, k. G P 1908 (17) [S 08. 260

Kurschat, Alexander: T i l s i t in seiner geschichtlichen Entwickelung. Mit zahlr. Abb. Hrsg. von E[dward] Pawlowski. Tilsit: Pawlowski 1910. 66 S. 8°

[F. u. Ant.]: **Kurschat**, Alexander: Verzeichnis der Schüler-Bibliothek des Kgl. Gymnasiums zu Tilsit. Nach ihrem Bestande zu Ostern 1892 aufgen. Tilsit, Druck v. H. Post, 1892; 127 S. 8.
Tilsit, k. G, P 1892 (16)

[F.] **Kurschat**, Alexander: Welche Berücksichtigung verdient die deutsche Dichtung des neunzehnten Jahrhunderts im deutschen Unterricht auf der Prima höherer Lehranstalten? Tilsit, gedr. bei O. v. Mauderode, 1895; 26 S. 4.
Tilsit, k. G, OP 1895 (16)

Kurschat, Friedr., Beiträge zur Kunde der littauischen Sprache. 1. Hft. Deutsch-littauische Phraseologie d. Präpositionen. Eine ergänzende Beil. z. Ruhig-Mielke'schen Wörterb. 8. (4 B.) Königsberg 843, Hartung.

Kurschat, Friedr., Beiträge zur Kunde der littauischen Sprache. 2. Heft: Laut- und Tonlehre der littauischen Sprache. 8. (VIII und 212 S. mit 1 Tab. in qu. 4.) Berlin 849, (Th. Enslin.)
1. Heft. Ebendas. 1843. 15 Ngr.

Kurschat, Fr., s. Dainos oder litthauische Volkslieder.

Kurschat, Friedr., Grammatik der littauischen Sprache. Mit 1 (chromolithogr.) Karte des littauischen Sprachgebiets (in qu. gr. 4.) und einer Abhandlung über littauische Volkspoesie nebst Musikbeilage von 25 Dainosmelodien. gr. 8. (XXIV, 476 S.) Halle 876, Buchh. des Waisenhauses. *

Kurschat, Friedr., Wörterbuch der lithauischen Sprache. 1. Thl.: Deutsch-lithauisches Wörterbuch. 1. und 2. Bd. Lex.-8. Halle, Buchh. des Waisenhauses. *

Inhalt:

Bd. 1. A—K. in 5 Lfgn. (XX, XX, 723 S.) 869—73. (1.—4. Lfg. à *ℳ 2,50.; 5. Lfg. *ℳ 1,50.) *ℳ 15.

» 2. L—S. (XII, 392 S.) 874. *ℳ 12.

Kurschat, Friedr., Wörterbuch der littauischen Sprache. 2. (Schluss-)Thl.: Littauisch-deutsches Wörterbuch. gr. 8. (XII, 350 S.) Halle 883, Buchh. des Waisenhauses. *

1. Thl. 2 Bde. Ebendas. 1870—74. *ℳ 27.

Kurschmidt, der erfahrene, od. prakt. Anweisung f. d. Landmann u. überhaupt f. jeden Pferdebesitzer. Hinterlassen von einem Husaren-Obrist rc. 8. Köln ... Imhof-Schwarz. 10 gr.

Der erfahrene **Kurschmied**, oder praktische Anweisung für den Landmann... Hinterlassen von e. Husaren-Obristen. Köln 1819. 136 S.

Kürschner, der. Zeitschrift f. die Interessen der Kürschner, Mützenmacher u. Rauchwaarenzurichter. Red.: P. Kobis. 1. Jahrg. April—Dezbr. 1890. 18 Nrn. (2 B.) Fol. Hamburg, Jensen & Co. n. 4.—

Kürschner, der. Zeitschrift f. die Interessen der Kürschner, Mützenmacher u. Rauchwaarenzurichter. Publikationsorgan d. Verbandes der deutschen Kürschner, Zurichter, Mützenmacher u. verw. Berufsgenossen [Sitz Hamburg]. Red.: Paul Kobis. 2. Jahrg. 1891. 24 Nrn. (2 Bog.) Fol. [Hamburg, Jensen & Co.] Hamburg-Eilbeck, Fr. Meyer. n. 4.—

Kürschner, Ernestus Fridericus. Dissertatio historico antiquaria de nolis in vestitu, ad illustrationem verborum hymni sacri: Und die Schellen klingen Stargardiae, Typis Joannis Tilleri (1725).
16 S. 8°

Kürschner, Fr., e. wichtige Frage uns. Volkswirtschaft: Wie kann der Bund das zum Ankauf der Schweizerbahnen nötige Geld umsonst erhalten, wie kann er d. jetzigen Besitzer reichlich entschädigen u. zugl. d. Wohlstand d. Schweiz in ungeahnter Weise heben? E. off. Brief an d. hohen Bundesrat u. das Schweizervolk. 8. (13 S.) Aarau 898. E. Wirz. n. — 40

Kürschner, Frz., das Archiv der Stadt Eger. Ein Bericht. [Aus dem Archiv für Kunde österreich. Geschichtsquellen.] Wien 869. (Gerold's Sohn.) Lex.-8. (39 S.) n. 5 *ngr.*

Kürschner, Franz: Eger und Böhmen. Die staatsrechtl. Verhältnisse in ihrer historischen Entwicklung. Größtenteils nach handschriftl. Quellen dargest. — Wien: Selbstverl. d. Verf., Waldheim i. Komm. 1870. VIII, 206, IX—XXVII S.

Kürschner Franz. Dr. Einlösung des Herzogtums Troppau durch Wladislaw II., König von Böhmen und Ungarn. 1507–1511. Ar. 37. 147 ngr
Separatabdruck

Kürschner, Frz., Einlösung des Herzogth. Troppau durch Wladislaw II., König von Böhmen und Ungarn, 1507—1511. Nach archival., bisher unbekannten Quellen. Lex.-8. (58 S.) Wien 867, (Gerold's Sohn.) *

— Jobst v. Einsiedel und seine Correspondenz mit der Stadt Eger. Aus dem Archive der Stadt Eger mitgetheilt. Lex.-8. (48 S.) Wien 867, (Gerold's Sohn.) *

aus: Archiv für Kunde österreich. Geschichtsquellen, besonders abgedruckt.

— Jobst v. Einsiedel u. seine Correspondenz mit der Stadt Eger. Aus dem Archive der Stadt Eger mitgetheilt. [Aus dem Archiv für Kunde österreich. Geschichtsquellen.] Wien 868. (Gerold's Sohn.) Lex.-8. (48 S.) n. 6 *ngr.*

—— die Urkunden Herzog Rudolfs IV. von Oesterreich [1358—1365]. Ein Beitrag zur speciellen Diplomatik. Lex.-8. (88 S.) Ebendas. 873. *

aus: Archiv für österreich. Geschichte, besonders abgedruckt.

Kürschner, Friedrich. Einführung in die Englische Umgangs- und Geschäftssprache. Kurzgefasste praktische Anleitung die englische Sprache in kurzer Zeit ... zu lernen. Lehr- und Lesebuch ..., unter besonderer Berücksichtigung ... des Handels- und Gewerbestands. Mit genauer Bezeichnung der Aussprache und Betonung. Von Friedrich Kürschner, Professor (Orselina-Locarno). XVI + 144 S. 8. Leipzig, Dr. iur. Ludwig Huberti, [1902]. [geb.] M. 2. 75

Dr. iur. Ludwig Huberti's Moderne kaufmännische Bibliothek.

Kürschner, Frdr., Einführung in die französische Umgangs- u. Geschäftssprache. Kurzgefasste prakt. Anleitg., die französ. Sprache in kurzer Zeit verstehen, lesen, schreiben u. sprechen zu lernen. Lehr- u. Lesebuch zum Gebrauch in kaufmänn., techn. u. gewerbl. Schulen, beim Privat- u. Selbstunterricht, unter besond. Berücksicht. der Bedürfnisse des Handels- u. Gewerbestands. Mit genauer Bezeichng. der Aussprache u. Betong. (Dr. Ludw. Huberti's moderne kaufmänn. Bibliothek.) (XVI, 199 S.) gr. 8. Leipzig (903). [Dr. L. Huberti.] Verlag. d. mod. kaufm. Bibliothek.
Geb. in Leinw. n. 2. 75

Kürschner F, 200 engl. Geschäftsbriefe u Formular. a. d. Praxis. (93 S) Leipzig (1899)

— 200 engl. Geschäftsbriefe u. Formularien aus der Praxis in systematisch-methodischer Anordnung zur gründlichen Erlernung der englischen Handelskorrespondenz, nebst Erläutergn. im allgemeinen u. zu jedem einzelnen Briefe, f. Schule, Kontor u. zur Selbstbelehrg. gesammelt u. bearb. 2., genau durchges. u. verm. Aufl. gr. 8. (XVI, 104 S.) Ebd. 901. Geb. in Leinw. n. 2. 75

— 200 französische Geschäftsbriefe u. Formularien aus der Praxis, in systematisch-method. Anordng. zur gründl. Erlernung der französ. Handelskorrespondenz nebst Erläutergn. im allgemeinen u. zu jedem einzelnen Briefe, f. Handelsschulen u. zum Selbstunterricht gesammelt u. bearb. (Sammlg. kaufmänn. Sprachbücher.) gr. 8. (XVI, 108 S.) Ebd. (899). Geb. in Leinw. 2. 75

Kürschner, Friedrich. 200 Französische Geschäftsbriefe und Formulare aus der Praxis in systematisch-methodischer Anordnung zur gründlichen Erlernung der französischen Handelskorrespondenz, nebst Erläuterungen ... für Schule, Kontor und zur Selbstbelehrung gesammelt und bearb. von Friedrich Kürschner, Professor ... in Aarau. 2., genau durchgesehene und vermehrte Aufl. XVI + 118 S. 8. Leipzig, Dr. iur. Ludwig Huberti, [1903]. [geb.] M. 2. 75

Dr. iur. Ludwig Huberti's Moderne kaufmännische Bibliothek.

Kürschner, Federico, L'Italiano parlato. Frasi usuali giornaliere con trascrizione fonetica. gr. 8. (X, 73 S.) Leipzig 898. O. R. Reisland. n. — 80

Kürschner, Friedr. Deutsche Kurzschrift. Ein Beitrag zur Verallgemeinerg. dieser Kunst u. zur Schaffung e. einheitl. deutschen Kurzschrift. gr. 8. (8 autogr. S.) Elberf. 889, (Fassbender). * — 25

Kürschner, Georg [Berlin]: Ueber das ius accrescendi bei der Intestat- und testamentarischen Erbfolge ... Freienwalde a. O., E. Pilger's Buchdr., 1896; 89 S., 2 Bl. 8.
Erlangen, Jur. Fak., Inaug.-Diss. v. 1896

Kürschner, Gottlieb Regesten zur Geschichte Jägerndorfs unter den Herrschern aus dem Hause Brandenburg. 1523—1622. IX. Gruppe der Urkunden des schlesischen Landesarchives nach dessen Neuordnung. 8 (S. 3—21).
Progr. K. k. Staats-G. *Troppau* 1892

Kürschner, G.: Die Urkunden der Tropp. Museumsbibliothek n. d. Neuordnung. 8 S. – Troppau, Progr. 1886.

Kürschner, Gottl. Die Urkunden des Troppauer Stadtarchives nach dessen Neuordnung. 12 S. 8. Progr. G. *Troppau* 1885.

Kürschner, Gottl. Österreichs Vorgeschichte. 20 S. 8. Progr. G. *Troppau* 1877.

Kürschner, Gottlieb Andreas

Kürschner, Theoph., Comment. de corde, cujus ventriculi sanguinem inter se communicant. Cum (II) tabulis lithogr. 4maj. Marburgi 837. Elwert. n. 1/2 ℔

Kürschner, Theoph. Andr., de Gemellis eorumque partu. Commentat. inaug. 8maj. (4⅛ B.) Gothae 833. (Eisenach, Bärecke.)

Kürschner, G., Grundriss der allgem. Physiologie. Nach dem Tode d. Verf. ausgegeb. u. m. ein. Vorw. v. R. Wagner begleitet. Lex.-8. (11⅞ B.) Eisenach 843, Baerecke.

Kürschner, G., s. Marshall Hall's, über d. Nervensystem.

Kürschner, Hans, Augsburg u. seine Umgebung. M. 20 Illustr., 1 Stadtplan u. 1 Ausflugskarte. 12. (III, 76 S.) Augsburg 895. Gebr. Reichel. 1. 20

Kuerschner, Henricus, Wasenbergensis Borussus: P. Papinius Statius quibus in Achilleide componenda usus esse videatur fontibus. Marpurgi Chattorum 1907: F. Scheel, Cassel. (69 S.) 8°

Marburg, Phil. Fak., Ref. Birt, Diss. v. 28. Dez. 1907

[Geb. 14. Nov. 80 Wasenberg b. Cassel; Wohnort: Corbach; Staatsangeh.: Preußen; Vorbildung: Gymn. Hersfeld Reife O. 01; Studium: Marburg 4, Freiburg i. B. 1, Marburg 4 S.; Rig. 27. Juli 07.]

Kürschner, Hugo. Der Amerikaner. Ein Wegweiser in den Vereinigten Staaten v. Amerika. Englisch u. Deutsch. 8. (VII, 274, 170, IV S.) Washington 891. (Lpz., The International News Company.) geb. 6 —

Kuerschner, Hugo, s. Langenscheidt's Sachwörterbücher.

Kürschner, Hugo (Bearb.), s. Naubert, Karl: Land und Leute in Amerika. 2. Aufl.

— s.: Notwörterbuch der englischen u. deutschen Sprache.

Kürschner, Johann Christoph

Kürschner, Jo. Chr. (Niederrossla / Sa.-Weimar), Diss. med. de singularibus quibusdam ad polyaemiam spectantibus. Präs. E. A. Nicolai. Jena (Stranckmann) 10. IV. 1790. 24 S. (4.—) 20051

Kürschner, Jh. Cph., († d. 1. Mai 1801.), s. Doubler, neue Untersuchung.

Kürschner, Josef

Kürschner, Jos., das preußische Abgeordnetenhaus. 1894. 64. (78 u. II, 455 S. m. Bildnissen.) Stuttgart 894. Deutsche Verlags-Anstalt. n. — 50

Kürschner, Jos. Das Abgeordnetenhaus d. Reichsrats. 64. (74, 371 S. m. 354 Portr. in Autotypie.) Stuttg. 891, Selbstverlag. * — 70

Kürschner, Jos., König Albert u. Sachsenland. Eine Festschrift zum 70. Geburtstage u. 25jähr. Regierungsjubiläum d. Monarchen. M. 302 Illustr. gr. 4. (XIV, 334 S.) Berlin 898. Reinh. Schwarz. Geb. in Leinw. n. 15. —

Kuerschner, Josef [Einl.]
s. Anzengruber, Ludwig: Feldrain und Waldweg. 1882.

Kürschner, Joseph (Bearb.), s. Armee und Marine.

Atlas von Baden. Mit e. geogr. Lexikon bearb. von Joseph **Kürschner**, für d. lexikal. Teil, u. Christian Peip, für d. kartogr. Teil. Mit e. Gesamteinl. von Ober-Reg.R. Dr. [Gust.] Lange. 38 Karten u. 9085 Artikel. *Berlin. Eisenach. Leipzig: H. Hillger (1901).* (VI S., 658 Sp., 35 Karten.) 8° [F.]
(Kürschner-Peip, Deutsches Kartenwerk.) [01. 1768]

Atlas von Württemberg und Hohenzollern. Mit e. geogr. Lexikon bearb. von Joseph **Kürschner** f. d. lexikal. Teil u. Christian Peip f. d. kartogr. Teil. Mit e. Gesamteinl. von Oberstudienrat Dr. Julius v. Hartmann. 37 Karten u. 10 587 Artikel. *Berlin, Eisenach, Leipzig: H. Hillger (1900).* (VI S., 694 Sp., 37 Karten.) 8° [F.]
(Kürschner-Peip, Deutsches Kartenwerk.) [01. 1767]

Kürschner, Josef (Hrsg.), s. Aus fremden Zungen.

Kuerschner, Josef [Einl.]
s. Becker, August: Auf Waldwegen. 1881.

Bibliothek Jos. **Kürschner**. 1. Leipzig: Rossberg [1906]. 8°
(Antiquariats-Katalog No 4 d. Rossberg'schen Buchh. Jäh & Schunke, Leipzig.) [07. 8000]

Kürschner's, Jos., Bücherschatz. Bibliothek fürs Haus. Eine Sammlg. illustr. Romane u. Novellen. Nr. 1—119. 12. Berlin, H. Hillger. à n. — 20; geb. à — 40; je 4 Nrn. in 1 Halbleinwbd. 1. 25

Inhaltsübersicht in alphabet. Ordnung:

Achleitner, Arth., d. Jochkreuz. E. Erzählg. aus den Tiroler Bergen. M. 25 Illustr. v. R. A. Jaumann. (118 S.) 897. (Nr. 1.)
Ahlgren, Ernst, Frau Marianne. Roman. Autoris. Uebersetzg. aus d. Schwed. v. Mathilde Mann. M. 20 Illstr. von A. v. Schrötter. (128 S.) 897. (Nr. 7.)
Alexander, Annie, zu Tode gehetzt. Roman. Autor. Uebersetzg. v. Gertrude Eggert. M. 25 Illustr. v. Mart. Mänike. (128 S.) 897. (Nr. 21.)
Amyntor, Gerh. v., e. Sonderling. Roman. M. 25 Illustr. v. Willy Werner. (127 S.) 897. (Nr. 10.)
Andrea, Ant., e. moderner Dämon. Novelle. M. 25 Illustr. v. H. Albrecht. (126 S.) 897. (Nr. 12.)
— das „Mädchenheim". Tanten Mieken. M. 25 Illustr. von M. Mänike. (126 S.) 897. (Nr. 45.)
Baierlein, Jos., am Seil. Erzählung. — Sylvio Spreti. Novelle. M. Illustr. v. W. Roegge. (128 S.) 898. (Nr. 98.)
— Käthe u. Kathinka. Erzählg. Auf dem Kriegsfuße. Novelle. Mit 25 Illustr. v. Mart. Mänike. (128 S.) 897. (Nr. 43.)
Baudissin, Gräfin Eva v., auf d. Grenze. Roman. Mit Illustr. v. Mart. Mänike. (126 S.) 898. (Nr. 87.)
Beniczky, Helene v., e. Ehrenwort. Roman. Aus d. Ung. übers. v. C. Langsch. Mit Illustr. v. E. Ranzenhofer. (128 S.) 898. (Nr. 83.)
Berger, Wilh., Schuld. Roman. M. Illustr. v. Willy Werner. (128 S.) 898. (Nr. 71.)
— Undine. Erzählg. M. 25 Illustr. v. Mart. Mänike. (127 S.) 897. (Nr. 24.)
Blüthgen, Vict., e. Friedensstörer. Erzählg. M. 25 Illustr. v. H. Albrecht. (127 S.) 897. (Nr. 36.)
— Poirethouse. Roman. M. 25 Illustr. v. H. Albrecht. (128 S.) 897. (Nr. 13.)
Boborykin, P., an der Seite des Mörders. Der Leichnam. Aus d. Russ. übers. v. Eug. Gad. M. 25 Illustr. v. H. Albrecht. (128 S.) 897. (Nr. 23.)
Bock, Annie, d. Tote. Erzählg. — Robert. Humoreske. M. Illustr. v. Mart. Mänike. (128 S.) 898. (Nr. 97.)
Boisgobey, Fortuné de, der Fall Matapan. Roman. Autor. Uebersetzg. M. 25 Illustr. von A. v. Schrötter. (124 S.) 897. (Nr. 30.)
Bosse, A., alles schief. Humorist. Ocean-Novelle. M. Illust von A. v. Schrötter. (120 S.) 898. (Nr. 85.)
Brociner, Marco, im Banne d. Leidenschaft. Novelle. Florica. Erzählung aus Rumänien. Mit Illustr. v. E. Ranzenhofer. (126 S.) 898. (Nr. 105.)
Cobb, Thom., gesühnte Schuld. Roman. Mit Illustr. v. R. A. Jaumann. (128 S.) 898. (Nr. 72.)
Crawford, F. Marion, d. Kinder d. Königs. Roman. Autor. übersetzg. v. Gertr. Hildebrandt-Eggert. Mit 24 Illustr. von A. v. Schrötter. (126 S.) 897. (Nr. 41.)
Daudet, Alph., d. kleine Dingsda. Roman. Deutsch v. Wilh. Thal. M. Illustr. v. Mart. Mänike. (128 S.) 897. (Nr. 59.)
Dedenroth, E. H. v., aus sturmbewegter Zeit. Novelle. M. 25 Illustr. v. Willy Werner. (128 S.) 897. (Nr. 33.)
Edler, Karl Erdm., d. Lindenbühler. — D. Geburtstagsgeschenk. Novellen. M. Illustr. v. W. Roegge. (126 S.) 898. (Nr. 108.)

Eicho, R., Weltflüchtig. Erzählg. Mit 25 Illustr. v. R. A. Jaumann. (128 S.) 897. (Nr. 4.)

Eschen, M. v. (Mathilde v. Eschstruth), unt. d. Tannen. Zur rechten Zeit. Novellen. M. Illustr. v. Osk. Herrfurth. (127 S.) 897. (Nr. 63.)

Etlar, Carit (Carl Brosböll), eine Ballnacht. Erzählg. Dem Dän. nacherzählt v. Emil Jonas. (Autor. Uebersetzg.) Mit 25 Illustr. v. Willy Werner. (126 S.) 897. (Nr. 28.)

Eysell-Kilburger, Clara, gute Kameraden. D. weiße Kleid. Frau Hedwig. Im Sonnenschein. Illusion perdue. Die Ich-form. Novellen. M. Illustr. v. Mart. Känike. (128 S.) 897. (Nr. 61.)

Fischer-Sallstein, C., an Bord der Königin Elsbeth. Erzählg. M. 20 Illustr. v. H. Albrecht. (127 S.) 897. (Nr. 9.)

Fischer, Wilh., der Thunichtgut. Erzählg. — Herr Wagner, der nichts merkt. M. Illustr. von A. v. Schrötter. (127 S.) 898. (Nr. 82.)

Gerhardt, Dagob. v. (Gerh. v. Amyntor), Pension Streitleben. Roman. Mit Illustr. v. Osk. Herrfurth. (127 S.) 897. (Nr. 60.)

Gerlach, Clara (C. Gerhard), nur e. Künstler. Roman. Aus eigner Kraft. Novelle. M. Illustr. v. W. Roegge. (127 S.) 898. (Nr. 112.)

Gopčevic, Spiridion, Beata. Novelle. Mit Illustr. v. W. Roegge. (126 S.) 898. (Nr. 95.)

Gottschall, Rud. v., d. steinerne Gast. Roman. M. Illustr. v. Mart. Känike. (128 S.) 897. (Nr. 62.)

— das verzauberte Schloß. Mit Illustr. von A. v. Schrötter. (128 S.) 898. (Nr. 111.)

— Schulröschen. Erzählg. M. 25 Illustr. von A. v. Schrötter. (127 S.) 897. (Nr. 48.)

Groller, Balduin, schuldig? Roman. M. 25 Illustr. v. E. Ranzenhofer. (127 S.) 897. (Nr. 34.)

Groner, Auguste, d. Leutverderber. D. Beichtgeheimnis. D. letzte Nacht. Mit 25 Illustr. v. R. A. Jaumann. (128 S.) 897. (Nr. 17.)

— wer ist es? D. seltsame Schatten. Kriminalnovellen. Mit Illustr. v. E. Ranzenhofer. (128 S.) 898. (Nr. 74.)

Hardt, Charlotte, Frau Talina. Orig.-Roman. M. Illustr. v. Mart. Känike. (128 S.) 898. (Nr. 84.)

Harte, Bret, eingeschneit. Kaliforn. Lebensbild. M. Illustr. v. R. A. Jaumann. (128 S.) 898. (Nr. 113.)

— die Höhle am Hügel. Jack Despard. Enriquez Santillo. M. 25 Illustr. v. M. Känike. (128 S.) 897. (Nr. 37.)

Heiberg, Herm., höchste Liebe schweigt! Roman. M. Illustr. v. Osk. Herrfurth. (120 S.) 898. (Nr. 79.)

Hermstein, G., Ruth Leuschner. Novelle. Mit Illustr. v. Mart. Känike. (127 S.) 897. (Nr. 58.)

Herczeg, Frz., die Ehe d. Herrn v. Szabolcs. Roman. Sirius. Einz. autor. Uebersetzg. v. Adph. Kohut. M. Illustr. v. Mart. Känike. (128 S.) 898. (Nr. 80.)

Höcker, Paul Osk., Geldheiraten. Roman. M. 25 Illustr. v. Willi Werner. (128 S.) 897. (Nr. 14.)

Hofmann, Else, Carry. Sein Tod — s. Sühne. Erzählgn. Mit Illustr. von A. v. Schrötter. (126 S.) 898. (Nr. 94.)

Hungerford, Mrs., d. wilde Hummel. Autor. Uebersetzg. M. Illustr. v. Emil Ranzenhofer. (127 S.) 898. (Nr. 78.)

Janitschek, Maria, im Sonnenbrand. — Nicht vergebens. — D. Bauernbub. — E. Irrtum. — D. Haubenstock. — Gerichtet. — Leopold. — E. Harzreise. Novellen. M. Illustr. v. Mart. Känike. (127 S.) 898. (Nr. 91.)

Jókai, Maurus, Weibertücke. Roman. Deutsch von Ludw. Wechsler. M. 25 Illustr. v. E. Ranzenhofer. (128 S.) 897. (Nr. 52.)

Isenbeck, J., der gute Doktor. Erzählg. M. Illustr. v. W. Roegge. (128 S.) 898. (Nr. 102.)

Kapff-Essenther, F. v., die graue Mauer. Novelle. Mit 25 Illustr. v. G. Brandt. (119 S.) 897. (Nr. 5.)

— d. Wert d. Lebens. D. Ring d. Polykrates. Novellen. M. Illustr. v. E. Ranzenhofer. (127 S.) 897. (Nr. 66.)

Keyser, Stefanie, neuer Kurs vor e. Jahrhundert. Roman. M. 25 Illustr. von A. v. Schrötter. (120 S.) 897. (Nr. 25.)

Klinck-Lütetsburg, Fanny, die Dennhardtsbrüder. Roman. M. 25 Illustr. v. Mart. Känike. (127 S.) 897. (Nr. 49.)

— d. Sonnentochter. Roman. M. 26 Illustr. v. Osk. Herrfurth. (127 S.) 897. (Nr. 29.)

Klopfer, Karl Ed., Irrtümer. Roman. Mit 25 Illustr. v. Rud. Mayer. (128 S.) 897. (Nr. 20.)

Köhler, Heinr., allein in der Welt. Roman. M. Illustr. v. Willy Werner. (127 S.) 898. (Nr. 93.)

Land, Hans, schlagende Wetter. Roman. Mit 25 Illustr. v. Mart. Känike. (128 S.) 897. (Nr. 50.)

Lang, H., Kohleneck. Roman. Mit Illustr. v. W. Roegge. (128 S.) 898. (Nr. 100.)

Lay, Max, Don Pedros Brautfahrt. Erzählg. aus d. mexikan. Kriege. Mit Illustr. v. R. A. Jaumann. (128 S.) 898. (Nr. 86.)

— auf d. Ulmerhof. Roman. In aller Eile. Eine Manövergeschichte. Mit 25 Illustr. v. O. Herrfurth. (125 S.) 897. (Nr. 15.)

Lermina, Jules, A. V. Roman. E. falscher Zeuge. Roman. M. 25 Illustr. v. O. Herrfurth. (128 S.) 897. (Nr. 35.)

Lie, Jonas, Susanne! u. and. Geschichten. Einz. autor. Uebersetzg. v. E. Brausewetter. Mit Illustr. von A. v. Schrötter. (127 S.) 898. (Nr. 118.)

Loti, Pierre, d. Islandfischer. Roman. Aus d. Franz. übers. v. Wilh. Thal. Mit 23 Illustr. v. Mart. Känike. (128 S.) 897. (Nr. 53.)

Löwen, Eug., Helene. Roman. M. Illustr. v. Mart. Känike. (118 S.) 898. (Nr. 76.)

Misch, Rob., aus d. Geleise. Roman. M. 25 Illustr. v. Mart. Känike. (125 S.) 897. (Nr. 40.)

Möller, Otto M., Gold u. Ehre. Roman. Einz. autor. Übersetzg. v. E. Brausewetter. Mit 25 Illustr. v. Mart. Känike. (128 S.) 897. (Nr. 22.)

— Uebermenschen. Roman. Einzig autor. Uebersetzg. aus d. Dän. v. Ernst Brausewetter. M. Illustr. v. E. Ranzenhofer. (128 S.) 897. (Nr. 57.)

Möllhausen, Balduin, d. alte Korpsbursche. Roman. Mit Illustr. v. R. A. Jaumann. (128 S.) 898. (Nr. 77.)

Niemann, Aug., ein Günstling des Volkes. Roman. Mit 25 Illustr. v. O. Herrfurth. (128 S.) 897. (Nr. 8.)

Ortmann, Rhold., d. Fehde d. Besiegten. Orig.-Roman. M. Illustr. v. Mart. Känike. (127 S.) 898. (Nr. 114.)

— vergiftetes Wasser. Novelle. Mit 25 Illustr. von A. v. Schrötter. (120 S.) 897. (Nr. 11.)

Pasqué, Ernst, Gold-Aninla. E. Erzählg. aus d. Engadin. M. 25 Illustr. v. Willy Werner. (128 S.) 897. (Nr. 19.)

— d. steinerne Mann u. d. steinerne Frau. Erzählg. M. Illustr. v. Mart. Känike. (125 S.) 898. (Nr. 90.)

Paulsen, John, d. Frau e. Dichters. Novelle. Autor. Uebersetzg. aus d. Norweg. v. Helmine Fick. M. Illustr. v. W. Roegge. (128 S.) 898. (Nr. 110.)

Perfall, Frhr. A. v., d. Glück v. Tennexton. Roman. Mit Illustr. v. R. A. Jaumann. (119 S.) 898. (Nr. 70.)

— Jack. D. weiße Gamsbock. M. Illustr. v. R. A. Jaumann. (125 S.) 897. (Nr. 56.)

— d. Tragödin. Roman. M. 20 Illustr. v. H. Albrecht. (118 S.) 897. (Nr. 3.)

Peschkau, Emil, d. Aermsten. Lebensbild. M. Illustr. von Mart. Känike. (128 S.) 897. (Nr. 65.)

Rangabé, A. R., Seriendis. D. Najade. D. Gefängnisse. Novellen. Einz. autor. Uebersetzg. aus d. Griech. v. Johs. Mitsotakis M. Illustr. v. Willy Werner. (124 S.) 898. (Nr. 75.)

Read, Opie, Len Gansett. Roman. Aus d. Amerikan. v. A. Gröning. Mit Illustr. v. W. Roegge. (128 S.) 898. (Nr. 103.)

Reichenbach, Mor. v., gnädige Frau. Novellen. M. 25 Illustr. v. R. A. Jaumann. (118 S.) 897. (Nr. 6.)

Reichenbach, Mor. v., Josefa. Roman. Mit Illustr. v. Mart. Känike. (128 S.) 898. (Nr. 101.)

Renz, B., Am Ibenstein. E. Erzählg. M. 25 Illustr. v. Osk. Herrfurth. (128 S.) 897. (Nr. 2.)

— nach vierzig Jahren. — Pyramus u. Thisbe. Novellen. M. Illustr. v. W. Roegge. (128 S.) 898. (Nr. 115.)

Ring, Max, Irrwege. Novelle. E. Staatsgeheimnis. Roman. M. 22 Illustr. v. Willy Werner. (127 S.) 897. (Nr. 39.)

Römer, Alex., im Netz. Novelle. M. 25 Illustr. v. A. v. Schrötter. (125 S.) 897. (Nr. 16.)

Sacher-Masoch, Leop. v., Entre nous. Roman. M. Illustr. v. Mart. Känike. (123 S.) 898. (Nr. 92.)

— d. Stumme. Roman. Turandot. Novelle. M. 25 Illustr. v. Mart. Känike. (127 S.) 897. (Nr. 32.)

Savage, Rich. Henry, d. Prinzeß v. Alaska. Autor. Uebersetzung v. Gertrude Hildebrandt-Eggert. M. Illustr. von A. v. Schrötter. (125 S.) 898. (Nr. 73.)

Schjörring, Johanne, Melitta. Roman. Autor. Uebersetzg. aus d. Dän. v. M. Mann. M. 25 Illustr. v. A. v. Schrötter. (127 S.) 897. (Nr. 27.)

Schlicht, Frhr. v., Excellenz kommt! Humoresken. M. Illustr. v. Mart. Känike. (128 S.) 898. (Nr. 119.)

— point d'honneur. Sechs Erzählgn. aus d. Offizierleben. M. 25 Illustr. v. Mart. Känike. (127 S.) 897. (Nr. 31.)

— Türke u. Stachelschwein. Militär. Humoresken. M. 25 Illustr. v. Mart. Känike. (127 S.) 897. (Nr. 55.)

Schmidt, Max, d. Blinde v. Kunterweg. D. Scherzelgeiger. M. 25 Illustr. v. R. A. Jaumann. (128 S.) 897. (Nr. 26.)

— d. Herrgottsmantel. Kulturbild aus d. bayrisch-böhm. Waldgebirge. M. 25 Illustr. v. R. A. Jaumann. (127 S.) 897. (Nr. 51.)

— d. Wildbraut. Hochlandserzählg. M. 25 Illustr. v. R. A. Jaumann. (128 S.) 897. (Nr. 38.)

— d. Zuggeist. M. 25 Illustr. v. R. A. Jaumann. (128 S.) 897. (Nr. 64.)

Schneidt, Karl, freudvoll u. leidvoll. Roman. M. Illustr. v. W. Roegge. (128 S.) 898. (Nr. 106.)

Schreibershofen, H. v., David Veronski. Roman. Aus d. Papieren meines Oheims. M. Illustr. v. E. Ranzenhofer. (127 S.) 898. (Nr. 69.)

Schumacher, Heinr. Vollrat, d. v. Lennep. Roman. M. Illustr. v. E. Ranzenhofer. (120 S.) 898. (Nr. 96.)

Schwartzkoppen, C. v., verirrt am Wege. Im Gebirgsstädtchen. Novellen. M. Illustr. v. Willy Werner. (128 S.) 898. (Nr. 89.)

Schweichel, Elise, dunkle Mächte. Roman. In Fesseln. Novelle. M. 25 Illustr. v. Osk. Herrfurth. (127 S.) 897. (Nr. 54.)

Spaettgen, Doris Freiin v., Nautilus. E. kleiner Roman. Heimatlos. Novelle. M. 25 Illustr. v. O. Herrfurth. (128 S.) 897. (Nr. 18.)

Strahl, A. E., neue Zeiten. Roman. M. Illustr. v. Mart. Känike. (126 S.) 898. (Nr. 68.)

Suttner, A. G. v., Gebrandmarkt. Roman. M. Illustr. v. Mart. Känike. (127 S.) 898. (Nr. 104.)

— Sein Verhängnis. Roman. M. 25 Illustr. v. E. Ranzenhofer. (127 S.) 897. (Nr. 44.)

Telmann, Konr., d. Wahn ist kurz. Roman. In d. Ruinen. Novelle. M. 25 Illustr. v. E. Ranzenhofer. (128 S.) 897. (Nr. 47.)

Teschner, Karl, d. Junker v. Landstein. Roman. M. Illustr. v. W. Roegge. (128 S.) 898. (Nr. 99.)

Tschechow, Ant. Pawlowitsch, Duell. Roman. Aus d. Russ. v. C. Berger. M. Illustr. v. E. Ranzenhofer. (128 S.) 898. (Nr. 109.)

Twain, Mark, d. Million-Pfundbanknote u. and. Erzählgn. M. 25 Illustr. v. R. A. Jaumann. (127 S.) 897. (Nr. 46.)

Valera, Juan, Juanita la Larga. Roman. Autor. Uebersetzg. v. Helene Katz. M. Illustr. v. W. Roegge. (126 S.) 898. (Nr. 116.)

Verga, Giov., Eros. Roman. Aus d. Italien. übers. von H. Katz. M. Illustr. von A. v. Schrötter. (128 S.) 898. (Nr. 58.)

Wachenhusen, Hans, In d. Nilbarke. Roman. M. Illustr. v. Osk. Herrfurth. (128 S.) 896. (Nr. 67.)

Winterfeld, A. v., e. Versprechen. Roman. M. 25 Illustr. v. Mart.Ränike. (128 S.) 897. (Nr. 42.)

Wohlbrück, Olga, aus eig. Kraft. Roman. M. Illustr. v. R. A. Jaumann. (128 S.) 898. (Nr. 107.)

Zola, Emile, Therese Raquin. Roman. Deutsch v. Wilh. Thal. M. Illustr. v. Mart. Ränike. (127 S.) 898. (Nr. 81.)

Zoeller-Lionheart, Ch., Geister uns. Zeit. Roman. M. Illustr. v. W. Roegge. (128 S.) 898. (Nr. 117.)

Kürschner's, Jos., Bücherschatz. Bibliothek fürs Haus. Eine Sammlg. illustr. Romane u. Novellen. Nr. 120—326. 12. Berlin, H. Hillger. à n. — 20; je 4 Nrn. in 1 Halbleinw.-Bd. 1. 25

Inhaltsübersicht in alphabetischer Ordnung:

Achleitner, Arth., im Gebiet des Großglockners. Alpenerzählg. Mit Illustr. v. R. A. Jaumann. (128 S.) (900.) (Nr. 209.)

d'Adhémar, Graf G., die Boeren. Roman aus d. Transvaal. Autoris. Uebersetzg. v. Wilh. Thal. Mit Illustr. v. W. Roegge. (128 S.) (900.) (Nr. 205.)

Aho, Juhani, Gutsbesitzer Hellmann u. and. Novellen. Autoris. Uebersetzg. v. J. Madsen. Mit Illustr. v. W. Roegge. (128 S.) 899. (Nr. 134.)

Artopé, Th., der Strandgeist. Roman. Mit Illustr. v. W. Roegge. (128 S.) (901.) (Nr. 274.)

Asti-Leonhard, Anna (A. Vogel vom Spielberg), der letzte Akt. Roman. Mit Illustr. v. R. A. Jaumann. (128 S.) (901.) (Nr. 230.)

Asti-Leonhard, Hugo, Neros Fackeln. Historische Erzählung. — Schach. Novelle. Mit Illustr. v. E. Ranzenhofer. (128 S.) (900.) (Nr. 181.)

Baierlein, Jos., der Bilwitzschneider. Erzählg. Mit Illustr. v. W. Roegge. (127 S.) (899.) (Nr. 156.)

— Hui u. Pfui. Dorfroman aus der Oberpfalz. Mit Illustr. v. R. A. Jaumann. (109 S.) (902.) (Nr. 288.)

Baudissin, Eva Gräfin v., Liebeskämpfe. Roman. Mit Illustr. v. E. Ranzenhofer. (128 S.) 899. (Nr. 141.)

Bauditz, Sophus, Schneespuren. Der Glockengießer. Die Prinzessin u. ihre beiden Freier. Die Stimme des Schicksals. Das Erdbeben v. Windeby. Erzählgn. Dem Dän. nacherzählt von Emil Jonas. Mit Illustr. von A. v. Schrötter. (124 S.) (901.) (Nr. 233.)

Bazin, René, Landflucht. Roman. Mit Illustr. von Hug. (127 S.) (901.) (Nr. 259.)

Behrend, Mart., Haus Gerling. Roman. Mit Illustr. von W. Roegge. (128 S.) (901.) (Nr. 244.)

Belmonte, Carola, über alles geht die Liebe. Roman. Mit Illustr. v. A. Hug. (109 S.) (902.) (Nr. 313.)

Beniczky-Bajza, Helene v., das Geheimnis der Baronin. Erzählung. Deutsch v. Ludw. Wechsler. Mit Illustr. v. E. Ranzenhofer. (128 S.) (902.) (Nr. 303.)

— späte Liebe. Roman. Aus dem Ung. von C. Langsch. Mit Illustr. v. E. Ranzenhofer. (127 S.) (901.) (Nr. 237.)

Berger, Wilh., das Jungfernstift. Roman. Mit Illustr. von Hugo L. Braune. (126 S.) (902.) (Nr. 295.)

— Phantasus. Roman. Mit Illustr. v. Wilh. Roegge. (127 S.) 899. (Nr. 148.)

Björnson, Björnstjerne, Absalons Haar. Novelle. Aus dem Norweg. übers. v. Otto Hauser. Mit Illustr. v. W. Roegge. (125 S.) (899.) (Nr. 162.)

— der Mutter Hände. — Ein Tag. — Eine schreckl. Jugenderinnerung. — Ein Rätsel. Novellen. Aus d. Norweg. übers. v. Otto Hauser. Mit Illustr. v. Hug. (112 S.) (901.) (Nr. 261.)

Birkenfeld, Herm., auf der alten Scholle. Roman. Mit Illustr. v. Osc. Graf. (125 S.) (901.) (Nr. 228.)

Blüthgen, Clara (C. Eysell-Kilburger), Frauenehre. — Zwischen Gräbern. — Nur e. Episode. Mit Illustr. v. Braune. (124 S.) (901.) (Nr. 255.)

Blüthgen, Vict., u. Clara Blüthgen (C. Eysell-Kilburger), Hand in Hand. Novellen. Mit Illustr. von A. v. Schrötter. (128 S.) 899. (Nr. 149.)

Boborykin, P., am Scheidewege. Roman. — Die Unverbesserlichen. Erzählung. Aus dem Russ. übers. v. E. God. Mit Illustr. von A. v. Schrötter. (128 S.) (900.) (Nr. 185.)

Böcker, Ewald, Waldasyl. — Anneli. Novellen. Mit Illustr. v. Mart. Ränike. (126 S.) (901.) (Nr. 239.)

Boisgobey, Fortuné de, das Verbrechen im Omnibus. Roman. Autoris. Uebersetzg. v. Wilh. Thal. Mit Illustr. v. W. Roegge. (128 S.) (901.) (Nr. 240.)

Böttcher, Karl, Juchhei am Rhein! Humorist. Roman. Mit Illustr. v. W. Roegge. (128 S.) (900.) (Nr. 171.)

Bourget, Paul, Vererbung? Ipse est anim. — Die Zeit der Liebe. — Der Andere. — Calda. — Die Anbetg. der hl. drei Könige. Autoris. Uebersetzg. v. A. Bruch. Mit Illustr. von Mart. Ränike. (128 S.) (900.) (Nr. 202.)

Braune-Roßla, Rud., Künstlergeschichten. Humoresken. Mit Illustr. v. Wilh. Stumpf. (128 S.) (902.) (Nr. 312.)

Brunner, Armin, Erbgift. Ein Wiener Roman. Mit Illustr. v. Mart. Ränike. (127 S.) (900.) (Nr. 187.)

— „Ich sterbe freiwillig . . !“ Wiener Kriminalroman. Mit Illustr. v. E. Ranzenhofer. (128 S.) 899. (Nr. 123.)

— im Schnitterglück. Roman. Mit Illustr. v. Arth. Lewin. (128 S.) (902.) (Nr. 307.)

Burgh, F. C. van der, ein Sohn. Roman. Autoris. Uebersetzg. v. Mathilde Mann. Mit Illustr. v. W. Roegge. (127 S.) (901.) (Nr. 246.)

Buß, Geo., Kinder des Ostens. Orig.-Roman. Mit Illustr. v. A. Hug. (125 S.) (902.) (Nr. 324.)

Castelnuovo, Enrico, an venetianischen Fenstern. (Helenens Tagebuch. — Unheilbar. — Ein gefährl. vis-à-vis.) Novellen. Uebers. v. M. Sommerfeld. Mit Illustr. v. Braune. (125 S.) (901.) (Nr. 275.)

Chesney, Weatherby, der gläserne Dolch. Mit Illustr. von Mart. Ränike. (128 S.) (899.) (Nr. 168.)

Christmas, Walt. v., an Bord der Orova. Eine Reiseerinnerg. — Maima. Novelle. Mit Illustr. von A. v. Schrötter. (124 S.) (900.) (Nr. 204.)

Colban, Marie, Perlen. Roman. Autoris. Uebersetzg. aus d. Norweg. Mit Illustr. v. W. Roegge. (127 S.) (901.) (Nr. 252.)

Dahl, Konr., der Löwe. Roman. Einzige autoris. Uebersetzg. v. E. Brausewetter. Mit Illustr. v. Arth. Lewin. (128 S.) (902.) (Nr. 326.)

Daudet, Alphonse, Tartarin in den Alpen. Roman. Deutsch v. Wilh. Thal. Mit Illustr. v. R. A. Jaumann. (124 S.) (900.) (Nr. 223.)

Daudet, Ernest, im Banne der Liebe. (Eine Täuschg. — Eine Ehescheidg.) Deutsch v. Burghard Aßmus. Mit Illustr. von A. v. Schrötter. (111 S.) (902.) (Nr. 300.)

Dilling, L., Begabt. Roman. Autoris. Uebersetzg. v. Emil Jonas. Mit Illustr. v. W. Roegge. (128 S.) 899. (Nr. 136.)

Duncker, Dora, morsch im Kern. Roman. 2 Bde. Mit Illustr. v. E. Ranzenhofer. (128 u. 128 S.) (901.) (Nr. 265. 266.)

Edler, Karl Erdm., auf dem Turme. — Der Gruftengel. — Ein Blumenseelchen. — Ein Weihnachtslied. — Eleanor u. Lori. Mit Illustr. von A. v. Schrötter. (123 S.) (902.) (Nr. 280.)

Egge, Pet., der Schiffsjunge. Eine Seegeschichte. Einzig autoris. Uebersetzg. v. E. Brausewetter. Mit Illustr. v. Adf. Hug. (125 S.) (902.) (Nr. 297.)

Etlar, Carit, der Junker v. Agersböl. Das Pfingstfest in Tibluke. 2 wahre Geschichten aus Dänemarks Vergangenheit. Autoris. Uebersetzg. aus dem Dän. v. Pauline Klaiber. Mit Illustr. v. A. Hug. (121 S.) (902.) (Nr. 321.)

Farina, Salvatore, Stempelpapier. — Warum ich Nein gesagt habe. Erzählungen. Mit Illustr. von A. v. Schrötter. (127 S.) (900.) (Nr. 172.)

— „Was wird die Welt sagen?“ Roman. Uebers. v. Florentine Schrader. Mit Illustr. v. R. A. Jaumann. (126 S.) 899. (Nr. 132.)

Feuillet, Octave, die Wittwe. Roman. — Die kleine Gräfin. Deutsch v. Burghard Aßmus. Mit Illustr. v. Braune. (127 S.) (901.) (Nr. 270.)

Fischer, Wilh., im Angesichte des Todes. Erzählung. — Eine Wahlgeschichte. — Der Hilferuf. Mit Illustr. v. Mart. Ränike. (125 S.) (901.) (Nr. 231.)

— vier Blüten u. Eine Frucht. — Melanie. — Der Kandidat. Mit Illustr. v. Mart. Ränike. (126 S.) 899. (Nr. 138.)

— eine denkwürdige Vorladung. — Erziehen, nicht erdrücken. 2 Erzählungen. Mit Illustr. von A. v. Schrötter. (128 S.) (900.) (Nr. 201.)

Fischer-Sallstein, C., „das Liebespaar der Zarin!“ Roman. Mit Illustr. v. E. Ranzenhofer. (125 S.) 899. (Nr. 135.)

Foley, Charles, Mama. — Eine Künstlerseele. — Auswanderer. — Ein Leben im Schatten. Novellen. Autoris. Uebersetzg. v. Wilh. Thal. Mit Illustr. v. A. Hug. (128 S.) (901.) (Nr. 258.)

Friedmann, Alfr., Tantalus. Moderner Roman. Mit Illustr. v. Mart. Ränike. (128 S.) (901.) (Nr. 249.)

— Wahnsinn! — Andere Blätter. — Der Schein trügt. Novellen. Mit Illustr. v. W. Roegge. (125 S.) (902.) (Nr. 304.)

Gardener, James R., Fräulein Kieselherz. Humor. Roman. Mit Illustr. v. E. Ranzenhofer. (128 S.) (899.) (Nr. 166.)

Gnedkow, Anna, Tante Monicas Verwandte. — Comteßchen. Novellen. Mit Illustr. von Mart. Ränike. (125 S.) (901.) (Nr. 245.)

Gorki, Maxim, Tschelkasch. — Malva. — Jemeljan Pilaj. Deutsch v. Wilh. Thal. Mit Illustr. v. W. Roegge. (128 S.) (902.) (Nr. 291.)

Gottschall, Rud. v., das Häuschen m. den Jalousieen. Erzählung. Mit Illustr. v. W. Roegge. (123 S.) (902.) (Nr. 293.)

Greinz, Rud., Assuridilili. Humoresken. Mit Illustr. v. E. Ranzenhofer. (900.) (Nr. 198.)

Groner, Auguste, nach 20 Jahren. — Der Brief aus dem Jenseits. Kriminalnovellen. Mit Illustr. von W. Roegge. (126 S.) (902.) (Nr. 294.)

— das Skelett. Kriminalnovelle. Mit Illustr. v. W. Roegge. (128 S.) (900.) (Nr. 188.)

— warum sie das Licht verlöschte. Kriminal-Roman. Mit Illustr. v. W. Roegge. (127 S.) 899. (Nr. 133.)

Grosse, Jul., versäumte Jugend. Roman in 4 Büchern. Mit Illustr. v. Arth. Lewin. (125 S.) (902.) (Nr. 316.)

— Terka Wissyleni. Erzählg. Mit Illustr. v. Adf. Hug. (126 S.) (901.) (Nr. 267.)

Habicht, Ludw., das Geheimnis des Waldes. Roman. Mit Illustr. v. W. Roegge. (125 S.) (900.) (Nr. 217.)

— besondere Kennzeichen. Erzählg. Mit Illustr. v. W. Roegge. (105 S.) (902.) (Nr. 320.)

— Widersprüche. Novelle. Mit Illustr. v. W. Roegge. (128 S.) (899.) (Nr. 151.)

Hagenau, Fr. K., ein Experiment. Roman. Mit Illustr. v. W. Roegge. (124 S.) (902.) (Nr. 311.)

Haidheim, L., Unversöhnlich. Roman. Mit Illustr. v. W. Roegge. (127 S.) 899. (Nr. 157.)

Harte, Bret, der Grubenmillionär. — Peter Schroeder. Deutsch v. Arth. Roehl. Mit Illustr. v. R. A. Jaumann. (124 S.) (902.) (Nr. 278.)

Hedenstjerna, Alfr. af, die Badereise der Familie Hellvik. Humoristische Erzählung nebst 2 Novellen u. 2 Humoresken. Mit Illustr. v. Mart. Ränike. (128 S.) 899. (Nr. 144.)

Helberg, Herm., einer vom Adel. Roman. 2 Bde. Mit Illustr. v. R. A. Jaumann. (128 u. 127 S.) 899. (Nr. 142. 143.)

Heims, Paul, eine seltene Ehre u. andere Novellen. Mit Illustr. v. Arth. Lewin. (109 S.) (902.) (Nr. 284.)

Herczeg, Frz., die Tochter des Obersten. Roman. Deutsch v. Ludw. Wechsler. Mit Illustr. v. W. Roegge. (127 S.) (902.) (Nr. 317.)

Hermstein, G., der Gespensterhund. — Nach Claudia. Novellen. Mit Illustr. v. Mart. Ränike. (120 S.) 899. (Nr. 129.)

Herold, H., Nixenblumen. Roman. Mit Illustr. v. W. Roegge. (128 S.) (899.) (Nr. 154.)

Hervey, Maurice H., Dartmoor. Roman. Autoris. Bearbeitg. v. Berta Katscher. Mit Illustr. v. W. Roegge. (127 S.) (901.) (Nr. 242.)

Höcker, Paul Osk., Argusaugen. Roman. Mit Illustr. v. W. Roegge. (127 S.) 899. (Nr. 124.)

— vor dem Kriegsgericht. Kriminalroman. Mit Illustr. v. W. Roegge. (127 S.) (900.) (Nr. 179.)

Hoffmann, B. (B. Krais), Silvia Baglione. Novelle. Mit Illustr. v. Mart. Ränike. (128 S.) (899.) (152.)

Hyan, Hans, die Flugmaschine. Roman. Mit Illustr. v. W. Roegge. (124 S.) (901.) (Nr. 288.)
Jensen, Hennig, Pastor Dahlberg. Roman. Ins Deutsche übers. v. Mathilde Mann. Mit Illustr. v. M. Ledeli. (128 S.) (899.) (Nr. 158.)
Johannsen, Alb., aus Heide u. Moor. Erzählgn. u. Lebensbilder aus dem schleswigschen Volksleben. Mit Illustr. v. W. Roegge. (124 S.) (902.) (Nr. 291.)
Jókai, Maurus, ein Verhängnis. — Eine Ballnacht. — Aus dem Tagebuche e. Krüppels. — Der General u. sein Geist. — Die Amazone. — Das Mädchen m. dem Glorienschein. Erzählgn. u. Novellen. Deutsch v. Ludw. Wechsler. Mit Illustr. v. Braune. (125 S.) (901.) (Nr. 263.)
Isenbeck, J., der Brinkenhof. — Durch Flammen u. Glut. Erzählgn. Mit Illustr. v. Mart. Känike. (128 S.) (900.) (Nr. 137.)
Kaltenhauser, Fanny, 's Dornröserl v. Diesenbach. Oberösterr. Erzählg. Mit Illustr. v. W. Roegge. (127 S.) (900.) (Nr. 182.)
Kapff-Essenther, F. v., ins Bodenlose. Mitgift. — Liane. — Lilie. Erzählgn. Mit Illustrationen v. W. Roegge. (128 S.) (900.) (Nr. 203.)
— Dienstboten-Geschichten. Der gnädige Herr. — Lächerlich. — Nur e. Diener! — Das Christkindl. — „Verzeih's". Mit Illustr. von A. v. Schrötter. (109 S.) (901.) (Nr. 268.)
— jenseits v. gut u. böse. Roman. Mit Illustr. v. W. Roegge. (118 S.) 899. (Nr. 130.)
— Kleineleuts-Geschichten. Wie kleine Leute hausen. — Edis Väter. — Ein guter Kerl. — Der Freier der Johanna. — Berthas Glück. — Allerseelentrost. Mit Illustr. v. W. Roegge. (128 S.) (902.) (Nr. 277.)
— Vergangenheit. Letzter Roman. 2 Bde. Mit Illustr. v. W. Roegge. (123 u. 124 S.) (902.) (Nr. 285. 286.)
Kaye, Lorin, zwischen zwei Feuern. Roman. Mit Illustr. v. W. Roegge. (128 S.) (901.) (Nr. 235.)
Kellen, Tony, der Wunderdoktor. Aus dem Leben e. Abenteurers. Mit Illustr. v. W. Roegge. (128 S.) (902.) (Nr. 309.)
Kielland, Alex. L., Schnee. Erzählg. Uebers. v. Otto Hauser. Mit Illustr. v. Braune. (124 S.) (901.) (Nr. 250.)
Kipling, Rudyard, indische Erzählgn. Mit Illustr. von A. v. Schrötter. (128 S.) (899.) (Nr. 160.)
Klinck-Lütetsburg, F., die Erbin v. Abbot-Castle. Roman. Mit Illustr. v. Mart. Känike. (128 S.) 899. (Nr. 145.)
Klodwig, Martha, Annette. Roman. — Tantalus. Erzählg. Mit Illustr. v. E. Ranzenhofer. (128 S.) (899.) (Nr. 163.)
Klopfer, Carl Ed., Fegfeuer. Roman. Mit Illustr. v. E. Ranzenhofer. (128 S.) 899. (Nr. 127.)
— der Selige. Roman. Mit Illustr. v. W. Roegge. (125 S.) (900.) (Nr. 214.)
Köhler, Heinr., verschlungene Schicksale. Roman. Mit Illustr. v. W. Roegge. (128 S.) (901.) (Nr. 224.)
Kossak, M., ihr Märchenprinz. Erzählg. Mit Illustr. v. W. Roegge. (125 S.) (900.) (Nr. 186.)
— der schwarze Ritter. Roman. — Armer Joffef — armes Czygan. — Ihr Roderich. — Unter der Maske. Mit Illustr. v. R. A. Jaumann. (127 S.) (901.) (Nr. 232.)
Lang, Paul, ein ganz Gefährlicher. Dorfroman. Mit Illustr. von A. v. Schrötter. (128 S.) (900.) (Nr. 208.)
Lattorff, A. v., Ernstes u. Heiteres. Kriegs-Erlebnisse. Mit Illustr. v. Mart. Känike. (125 S.) (901.) (Nr. 226.)
Lay, Max, ein Goldmädchen. Orig.-Roman aus Klondyke. Mit Illustr. v. Arth. Lewin. (126 S.) (902.) (Nr. 310.)
Leffler, Charlotte, aus dem Leben. (Weinende Venus. — Tante Malvine. — Gustav bekommt die Pfarre. — Im Armenhaus.) Aus dem Schwed. v. Ilse u. Klara Mautner. Mit Illustr. v. Adf. Hug. (125 S.) (902.) (Nr. 283.)
Lemmermayer, Fritz, das öde Haus. Erzählung. — Armut u. Uebermut. Capriccio. Mit Illustr. v. W. Roegge. (123 S.) (900.) (Nr. 196.)
Lermina, Jules, das Drama der Rue St. Anna. Roman. Autoris. Uebersetzg. v. Wilh. Thal. Mit Illustr. von Arth. Lewin. (126 S.) (902.) (Nr. 319.)
Lier, Jan., Celestyne. Novelle. Autoris. Uebersetzg. aus dem Böhm. v. Franta Hájek. Mit Illustr. v. W. Roegge. (128 S.) (901.) (Nr. 248.)
Lincke, Elvire, u. H. Carlos-Duchow, das Haus Förstenau. Roman. Mit Illustr. v. Mart. Känike. (127 S.) (901.) (Nr. 225.)
— — Jochebeth. Mit Illustr. v. W. Roegge. (127 S.) (902.) (Nr. 289.)
Lorenzen, Frdr., aus dem Journalistenleben. 2 Erzählgn. Mit Illustr. v. Mart. Känike. (128 S.) (900.) (Nr. 213.)
Lubliner, Hugo, der Roman e. anständigen Mädchens. Mit Illustr. v. Mart. Känike. (120 S.) 899. (Nr. 126.)
Maupassant, Guy de, das Erbe. Roman. Deutsch von Ludw. Wechsler. Mit Illustr. von A. v. Schrötter. (127 S.) (900.) (Nr. 183.)
Mayne-Reid, die Auswanderer des Transvaal. Roman. Uebers. v. Wilh. Thal. Mit Illustr. v. W. Roegge. (128 S.) (899.) (Nr. 173.)
Milbach, Carl, Rivalen. Novelle. Mit Illustr. von A. v. Schrötter. (128 S.) (902.) (Nr. 276.)
Möllhausen, Balduin, das Fegefeuer in Frappes Wigwam. Roman. Mit Illustr. v. W. Roegge. (127 S.) (900.) (Nr. 222.)
Mordtmann, A. J., das Albumblatt. Bekenntnisse e. Frau. Mit Illustr. v. A. v. Schrötter. (123 S.) (900.) (Nr. 212.)
Münchgesang, Rob., Runen. (6) Altdeutsche Novellen aus der Zeit Cäsars. Mit Illustr. v. W. Roegge. (109 S.) (901.) (Nr. 269.)
Muschi, Jean Bernard, der Marmorfuß. Roman. Mit Illustr. v. W. Roegge. (126 S.) (900.) (Nr. 219.)
Noël, A., Fenella. — Gegenüber. — Die Augen der Mutter. Novellen. Mit Illustr. v. W. Roegge. (128 S.) (900.) (Nr. 184.)
— Orgelpfeifen. 1. Oktave. Mit Illustr. v. Braune. (123 S.) (901.) (Nr. 260.)
Novellen, chinesische. Die beiden Freier. — Schuld u. Sühne. — Der Himmel giebt u. nimmt. — Eine Advokatin. — Gattentreue. — Chrysanthemen. Deutsch v. Wilh. Thal. Mit Illustr. v. R. A. Jaumann. (120 S.) (900.) (Nr. 216.)
Ohnet, Georges, die Dame in Grau. Kriminal-Roman. Mit Illustr. v. W. Roegge. 2 Bde. (128 u. 128 S.) (902.) (Nr. 314. 315.)
Ortmann, Rhold., die Gewalten der Tiefe. Roman. Mit Illustr. v. A. v. Schrötter. (128 S.) (899.) (Nr. 169.)
— in den Höllengrund. Novelle. — Fräulein Doktor. Eine Sommergeschichte. Mit Illustr. v. E. Ranzenhofer. (126 S.) (901.) (Nr. 247.)
Orzeszko, Elise, der Verehrer der Macht. Roman. Autoris. Uebersetzung aus dem Poln. von Malwina Blumberg. Mit Illustr. v. W. Roegge. 2 Bde. (112 u. 109 S.) (901.) (Nr. 257. 258.)

Ouida, Fresken. Roman. — Umilta. Novelle. Genehmigte Uebersetzg. von Arth. Röhl. Mit Illustr. v. E. Ranzenhofer. (126 S.) (900.) (Nr. 207.)
— Ruffino. Roman. Aus dem Engl. Mit Illustr. von A. v. Schrötter. (109 S.) (902.) (Nr. 303.)
— treu bis in den Tod. Roman. — Ein regnerischer Juni. Novelle. Mit Illustr. v. E. Ranzenhofer. (128 S.) (901.) (Nr. 237.)
Palmé-Paysen, H., Doktor M. Burgländer. Ein sizilian. Roman. Mit Illustr. v. W. Roegge. (112 S.) (902.) (Nr. 325.)
Pasqué, Ernst, Hans Kieberg. Der Roman des „bon Allemand" u. der „belle Allemande". Mit Illustr. v. W. Roegge. (124 S.) (902.) (Nr. 298.)
— Eine Visitkarte Bismarcks. Erzählg. — Herr Kommerzienrat Ips. Humoreske. Mit Illustr. v. W. Roegge. (127 S.) 899. (Nr. 146.)
Paulsen, John, Frau Cäcilie. Roman. Autoris. Uebersetzg. v. E. Brausewetter. Mit Illustr. v. E. Ranzenhofer. (128 S.) (900.) (Nr. 174.)
Pekár, Jul., die Dame in Weiß. Roman. Deutsch v. Ludw. Wechsler. Mit Illustr. v. E. Ranzenhofer. (127 S.) (899.) (Nr. 156.)
Peschkau, Emil, Leidenschaft. — Löwenherz. 2 Novellen. Mit Illustr. v. W. Roegge. (105 S.) (902.) (Nr. 322.)
— ein moderner Märtyrer. — Schloßzauber. 2 Novellen. Mit Illustr. v. A. Jaumann. (128 S.) (901.) (Nr. 236.)
— allerlei Menschen. — Helden. 2 Novellen. Mit Illustr. v. R. A. Jaumann. (128 S.) 899. (Nr. 140.)
Pichler, Fritz, der Frankfurter. Eine Geschichte aus dem 18. Jahrh. Mit Illustr. von A. v. Schrötter. (128 S.) 900. (Nr. 175.)
Pollaczek, Max, der zweite Doktor. — Dr. Wholestone. — Lord Roberts Reise. — Sterns Gedichte. Mit Illustr. v. W. Roegge. (126 S.) (901.) (Nr. 243.)
Potapenko, J. N., gesunde Ansichten. Memoiren e. vernünft. Menschen. Roman. Mit Illustr. v. W. Roegge. (128 S.) 899. (Nr. 120.)
— eine Familiengeschichte. Roman. Aus dem Russ. übertr. v. Helene Schiltky. Mit Illustr. v. W. Roegge. (126 S.) (902.) (Nr. 296.)
— zwei Wege. Eine Episode aus unseren Tagen. Aus dem Russ. übers. v. C. Eiben. Mit Illustr. v. Braune. (125 S.) (902.) (Nr. 279.)
Pötting, Hedw. Gräfin, um e. Buch. Novelle. Mit Illustr. v. A. v. Schrötter. (125 S.) (901.) (Nr. 241.)
Przyborowski, Walery, die dunkle Stunde. Roman. Autoris. Uebersetzg. v. Emilja Veit. Mit Illustr. v. W. Roegge. (127 S.) 899. (Nr. 147.)
Rabusson, Henry, Modern. Roman. Autoris. Uebersetzg. aus dem Franz. v. E. Müller. Mit Illustr. v. W. Roegge. (128 S.) (901.) (Nr. 254.)
Reichenbach, Mor. v., sie liebten sich. (Mit Blut verschrieben. — Wilma.) Mit Illustr. von A. v. Schrötter. (127 S.) (901.) (Nr. 272.)
Reiswitz, W. Frhr. v., der Kampf um die Liebe. Roman. Mit Illustr. v. W. Roegge. (127 S.) (899.) (Nr. 165.)
Rhenstaedt, Ada, Margareth. Eine Erzählg. aus Westpreußen. Mit Illustr. v. R. A. Jaumann. (126 S.) (901.) (Nr. 264.)
Riesenthal, Osk. v., Onkel Martin. — Zugvögel. 2 Erzählgn. Mit Illustr. v. Mart. Känike. (128 S.) 899. (Nr. 121.)
Ring, Max, der Herr Professor. Roman. Mit Illustr. von A. v. Schrötter. (128 S.) (899.) (Nr. 161.)
Robida, Alb., das elektrische Jahrhundert. Einzig gesetzlich berecht. Bearbeitg. von Marie v. Schebe. Mit Illustr. von W. Roegge. (124 S.) (899.) (Nr. 128.)
Rodziewicz, Marie, Anima vilis. Roman. Uebersetzg. aus dem Poln. v. A. Brandt. Mit Illustr. v. R. A. Jaumann. (128 S.) (899.) (Nr. 125.)
Roehl, Arth., der schöne Hederich. Roman. Mit Illustr. von W. Roegge. (126 S.) (902.) (Nr. 301.)
— Pension Volkerling. Humoristische Erzählg. aus dem Berliner Leben. Mit Illustr. v. Mart. Känike. (124 S.) (901.) (Nr. 234.)
Roland, E., das Glück der Hammerfelds. Roman. Mit Illustr. v. Mart. Känike. (128 S.) (900.) (Nr. 216.)
Römer, Alex. (Ch. Regenstein), Gerettet. Novelle. Mit Illustr. v. Mart. Känike. (128 S.) 899. (Nr. 139.)
Rüttenauer, Benno, der neue Troubadour. Eine Reisegeschichte in 7 Abenteuern. Mit Illustr. von A. v. Schrötter. (125 S.) (901.) (Nr. 251.)
— Walpurgisnächte. — Am Mägdefelsen. — Der Kampf m. dem Marmorbild. — Meister Ambrogios Himmelfahrt. Mit Illustr. v. E. Ranzenhofer. (128 S.) (900.) (Nr. 178.)
Sassen, Alfr., der Schritt in Freiheit. Roman. Mit Illustr. v. R. A. Jaumann. (124 S.) (902.) (Nr. 302.)
Schjörring, Johanne, verwandte Seelen. Roman. Autoris. Uebersetzg. Aus dem Dän. v. Mathilde Mann. Mit Illustr. von A. v. Schrötter. (127 S.) (900.) (Nr. 221.)
Schlicht, Frhr. v., um Ehre. — Ein Freund. — Zwei Brüder. Eine Schuld. — Rehabilitiert. — Kurzes Glück. Erzählungen. Mit Illustr. v. Mart. Känike. (128 S.) (900.) (Nr. 218.)
Schmidt, A., Sachsen in Tirol. Roman. Mit Illustr. v. W. Roegge. (126 S.) (900.) (Nr. 200.)
Schmidt, Aug., der Latschenhof. Erzählung aus dem bayr. Hochgebirge nach e. wahren Begebenheit. Mit Illustr. von R. Jaumann. (127 S.) (901.) (Nr. 278.)
Schoeler, Charlotte v., Hans im Glück u. Anderes. Aus dem Nachlaß. Mit e. Vorwort von Hans v. Wolzogen. Mit Illustr. v. Braune. (127 S.) (901.) (Nr. 253.)
Schwartzkoppen, Clotilde v., geb. v. François, Frau Holls Brautschleier. Roman. Mit Illustr. von A. v. Schrötter (110 S.) (902.) (Nr. 318.)
Sienkiewicz, Henryk, junge Leiden. Roman. Deutsch von Wilh. Thal. Mit Illustr. von A. v. Schrötter. (127 S.) (902.) (Nr. 282.)
Simson, Arth. Eug., der Hungerturm od. die Ratsherren v. Groß-Glogau. Historische Erzählg. Mit Illustr. v. Arth. Lewin. (121 S.) (902.) (Nr. 305.)
Stein, Ghard., ein sonderbarer Fall. Kriminal-Geschichte. Mit Illustr. v. W. Roegge. (125 S.) (901.) (Nr. 229.)
Stuckenberg, Viggo, der holden Worte süßer Klang. Roman. Autoris. Uebersetzg. aus dem Dän. v. Mathilde Mann. Mit Illustr. v. W. Roegge. (124 S.) (901.) (Nr. 271.)
Suttner, A. G. v., Scharfeneck. Roman. Mit Illustr. v. E. Ranzenhofer. (128 S.) (900.) (Nr. 220.)
Suttner, B. v., Ku-i-kuk. Novelle. Niemals e. Zweite. Mit Illustr. v. Mart. Känike. (128 S.) (899.) (Nr. 150.)

Telmann, Konr., mit der Glücksklappe. — Recht. — Das Recht des Schwächeren. Novellen. Mit Illustr. v. Mart. Rä-nike. (128 S.) (900.) (Nr. 180.)
Teschner, Karl, Rafael. Roman. Mit Illustr. von A. v. Schrötter. (128 S.) 899. (Nr. 157.)
Theuriet, Andr., Raymonde. Roman. Mit Illustr. v. E. Ranzenhofer. (126 S.) 899. (Nr. 123.)
Thieme, Frdr., ein Millionendiebstahl des 20. Jahrh. Zukunfts-Kriminalgeschichte. — Unter der Erde. Erzählung aus den Pyrenäen. Mit Illustr. v. W. Roegge. (126 S.) (900.) (Nr. 199.)
Tolstoi, Graf Leo N., Auferstehung. 4 Bde. Deutsch v. Wilh. Thal. Mit Illustr. von A. v. Schrötter. (490 S.) (900.) (Nr. 189—192.)
— der Tod. Autoris. Uebersetzg. v. Wilh. Thal. Mit Illustr. von A. v. Schrötter. (124 S.) (899.) (Nr. 153.)
Turgenjew, Iwan, ein König Lear der Steppe. Deutsch v. Wilh. Thal. Mit Illustr. v. Adf. Hölzel. (118 S.) (900.) (Nr. 196.)
Twain, Mark, Tom Sawyers Abenteuer. 2 Bde. Deutsch v. Thom. Bärl. Mit Illustr. v. W. Roegge. (128 u. 124 S.) (900.) (Nr. 176. 177.)
Verne, Jules, von der Erde zum Mond. Roman. Mit Illustr. v. W. Roegge. (124 S.) (902.) (Nr. 308.)
— Reise um die Erde in 80 Tagen. Aus dem Franz. v. Rud. Damm. 2 Bde. Mit Illustr. v. W. Roegge. (128 u. 126 S.) (900.) (Nr. 210. 211.)
Vide, Joh., ein Testament. Erzählung. Vom Verf. autoris. Uebersetzg. von A. R. Mit Illustr. v. W. Roegge. (127 S.) (899.) (Nr. 170.)
Weck, G., Hans Hoheneck. Orig.-Roman. Mit Illustr. v. W. Roegge. (125 S.) (899.) (Nr. 167.)
Wegerer, Agnes v., das Ende vom Liede. Zeit- u. Lebensbild. Den Memoiren e. alten Soldaten entnommen. — Ein Opfer ihrer Zeit. Episode aus dem Kriege 1870/71. Mit Illustr. v. Braune. (124 S.) (902.) (Nr. 310.)
— Joh. v. Treuenfels. Novelle aus Luxemburgs Vergangenheit. — Die junge Frau Doktorin. Humoreske. Mit Illustr. von A. v. Schrötter. (125 S.) 899. (Nr. 151.)
Wichmann, Frz., der Minnesinger. Geschichte vom Bodensee. — Merlin. Mit Illustr. v. W. Roegge. (128 S.) (899.) (Nr. 159.)
Wollmar, Leop., Daheim u. im Felde. Die beiden Ehestifter. — Der Lichte u. der Finstere. 2 heitere Erzählgn. Illustr. von A. v. Schrötter. (127 S.) (900.) (Nr. 193.)
Wundtke, Max, der Glückspudel u. andere Glückshumoresken (Schneetreiben. Der Korrespondent der Firma Poppe & Co.). Mit Illustr. v. Braune. (106 S.) (902.) (Nr. 323.)
Zapp, Arth., o Maienzeit, o Liebestraum! — Jolly. Zwei Novellen. Mit Illustr. v. W. Roegge. (128 S.) (900.) (Nr. 194.)
Zeihe, B., wer da Geld hat. Novelle. — Der verschwundene Leutnant. Militär-Humoreske. Mit Illustr. v. Arth. Lewin. (107 S.) (902.) (Nr. 299.)
Zeitler, Rud., Jäger- u. Wilderergeschichten aus Berg u. Thal. Mit Illustr. v. W. Roegge. (126 S.) (900.) (Nr. 206.)
Zell, C. v., Delia. Roman. — Wer war's? Ein wahres Erlebnis. Mit Illustr. v. Braune. (126 S.) (901.) (Nr. 243.)
Zobel, Eug., Gegensätze. Eine militär. Novelle. Mit Illustr. v. Arth. Lewin. (125 S.) (902.) (Nr. 293.)
Zola, Emile, die Ueberschwemmung. — Nantas. — Der Sturm auf die Mühle. — Jacques Damour. Novellen. Mit Illustr. v. M. Ledeli. (128 S.) (899.) (Nr. 164.)

Kürschner's, Jos., Bücherschatz. Eine Sammlg. illustr. Romane u. Novellen, begründet 1896 v. Jos. Kürschner, hrsg. v. Herm. Hillger. Nr. 327—536. kl. 8. Berlin, H. Hillger. à Nr. n. — 20; à 4 Nrn. in 1 Halbleinw.-Bd. 1. 50

Albrecht, Maria, arme Mädchen. Roman. (125 S.) (905.) (Nr. 477.)
Andrea, Ant., auf der Jagd nach dem Glück. Roman aus der italien. Gesellschaft. (128 S.) (904.) (Nr. 413.)
Astl-Leonhard, Hugo, Caligula im Hafer. Humoristische Novelle aus dem österreich. Militärbeamtenleben. Mit Illustr. (96 S.) (906.) (Nr. 496.)
Audouin, Maxime, das Geheimnis v. Pen-Houarn u. andere Novellen. Einzige autoris. Uebersetzg. v. Wilh. Thal. Mit Illustr. v. A. Lewin. (112 S.) (906.) (Nr. 522.)
Baierlein, Jos., Monika. Dorf- u. Sittenroman aus der Oberpfalz. Mit Illustr. v. W. Roegge. (109 S.) (904.) (Nr. 386.)
Baierlein, Marie, ein gutes Werk. — Ein Schicksal. 2 Novellen. Mit Illustr. v. W. Roegge. (109 S.) (903.) (Nr. 339.)
Barfus, E. v., der schwarze Diamant u. andere Novellen. (111 S.) (906.) (Nr. 486.)
— ein rätselhafter Mord u. andere Novellen. Mit Illustr. v. W. Roegge. (111 S.) (904.) (Nr. 391.)
Baudissin, Eva Gräfin v., „a. D." Roman. Mit Illustr. v. Arth. Lewin. (109 S.) (903.) (Nr. 331.)
— unsere Menagerie u. andere Humoresken. Mit Illustr. v. W. Roegge. (109 S.) (903.) (Nr. 366.)
Bauer, Max, der Blitz. Eine Abenteuerergeschichte. Mit Illustr. v. W. Roegge. (94 S.) (904.) (Nr. 409.)
Beetschen, Alfr., aus dunkeln Welten. Roman. Mit Illustr. v. A. Lewin. (109 S.) (904.) (Nr. 411.)
Berger, Wilh., elementare Gewalten. Roman. Mit Illustr. v. Baworowski. (108 S.) (904.) (Nr. 431.)
Berges, Philipp, die Auswanderer. Kriminalroman. (128 S.) (905.) (Nr. 465.)
— der Posträuber. Eine texan. Hochlandsgeschichte. — Hans Walters Brautfahrt. Eine moderne Indianergeschichte. Mit Illustr. v. W. Roegge. (109 S.) (903.) (Nr. 359.)
Birkenfeld, Herm., Mutter Ortlands Kinder. Erzählung. Mit Illustr. v. W. Roegge. (107 S.) (903.) (Nr. 347.)
Bittrich, Max, Fidele Kameraden. Frohe Geschichten. Mit Illustr. v. A. Lewin. (95 S.) (906.) (Nr. 524.)
— Sonnenschein. Frohe Geschichten. Mit Illustr. v. A. Lewin. (111 S.) (905.) (Nr. 463.)
Bleibtreu, Karl, aus Norwegens Hochlanden. (Wie's im Liede heißt. — Unter den Gletschern.) 2 Novellen. Mit Illustr. v. W. Roegge. (108 S.) (903.) (Nr. 379.)
Bliß, Paul, aus hartem Holz. Roman. (112 S.) (904.) (Nr. 427.)
Blüthgen, Vict., die Stiefschwester. Erzählung. 2 Bde. Mit Illustr. v. W. Roegge. (112 u. 92 S.) (903.) (Nr. 355. 356.)
— der Rezensent. Erzählung. (110 S.) (904.) (Nr. 382.)
Bonhomme, Paul, Villa Tournesol. Baderoman. Autoris. Uebersetzg. v. Wilh. Thal. (128 S.) (905.) (Nr. 454.)
Böttcher, Karl, die berühmte Tragödin. Ein Künstlerroman. Mit Illustr. v. A. Lewin. (111 S.) (903.) (Nr. 376.)
Bourget, Paul, der Talisman u. andere Novellen. Autoris. Uebersetzg. v. A. Bruch. Mit Illustr. v. Baworowski. (93 S.) (905.) (Nr. 443.)
Brachvogel, Carry, ihr Dichter u. andere Novellen. (111 S.) (906.) (Nr. 487.)
Brociner, Marco, die Liebesabenteuer des Herrn Bobrica. Mit Illustr. v. A. Lewin. (109 S.) (906.) (Nr. 492.)
Brun-Barnow, J. v., Haith. Roman aus der Gesellschaft. Mit Illustr. v. A. Lewin. (106 S.) (903.) (Nr. 358.)
— Gräfin Ruth od. Die Rivalen. Roman. Mit Illustr. von W. Roegge. (94 S.) (904.) (Nr. 404.)
Buß, Geo., das ist der Dank. — Das Wunderkind. 2 Novellen. Mit Illustr. v. W. Roegge. (108 S.) (904.) (Nr. 384.)
Bülow, A., Lulu. Erzählg. Mit Illustr. v. A. Lewin. (107 S.) (904.) (Nr. 383.)
— Schuldig. Roman. Mit Illustr. v. A. Lewin. (125 S.) (903.) (Nr. 344.)
Clausius, Sabine (S. Kyn), Jeder seines Glückes Schmied. Roman. Mit Illustr. v. A. Lewin. (110 S.) (904.) (Nr. 420.)
Courths-Mahler, Hedw., Schein-Ehe. Roman. Mit Illustr. v. R. Braun. (111 S.) (905.) (Nr. 472.)
Davis, Rebecca, u. Rich. Harding **Davis**, Gallegher u. andere Geschichten. Berechtigte Uebersetzg. von Gertrude Hildebrandt-Eggert. Mit Illustr. v. W. Roegge. (107 S.) (903.) (Nr. 361.)
Delpit, Alb., die Witwe Sorbier. Roman. Autoris. Uebersetzg. von Max v. Weißenthurn. Mit Illustr. von W. Roegge. (103 S.) (905.) (Nr. 444.)
Dessauer, Alfr., „das Totenwannerl". Ein humorist. Roman aus dem Bergsteigerleben. (110 S.) (906.) (Nr. 499.)
Dincklage-Campe, E. v., im Tramontan. Roman. (112 S.) (904.) (Nr. 432.)
Dincklage-Campe, Fr. Frhr., Tänzerin u. Fürstin. — Wenn der Schuh drückt. 2 Erzählgn. Mit Illustr. v. W. Roegge. (108 S.) (903.) (Nr. 363.)
Döring, Fritz, kleinstädtische Herzen. Erzählung. — Ruth v. Bergen. Die Geschichte einer jungen Frau. Mit Illustr. v. W. Roegge. (106 S.) (904.) (Nr. 408.)
Dornau, C. v., Unfrei. Erzählung. (112 S.) (905.) (Nr. 446.)
Dostojewski, F. M., Raskolnikoff. Roman. Deutsch v. Wilh. Thal. 2 Bde. (128 u. 125 S.) (904.) (Nr. 397. 398.)
Dulmchen, Thrd., die Perle der Antillen. Novelle. Mit Illustr. v. A. Lewin. (98 S.) (905.) (Nr. 482.)
Duncker, Dora, falsches Ziel. Familie. Novellen. Mit Illustr. v. A. Lewin. (110 S.) (906.) (Nr. 525.)
Elbe, A. v. der, eine Lebensstunde. Roman. (126 S.) (905.) (Nr. 458.)
Echo, Rud., der Fichtenhofer. Mit Illustr. v. A. Hug. (110 S.) (903.) (Nr. 362.)
Elster, O., nach 20 Jahren. (Clarissa.) Roman. Mit Illustr. v. A. Lewin. (112 S.) (904.) (Nr. 414.)
Ender, Hedw., im Knotenpunkt. Erzählung. Mit Illustr. von A. Lewin. (108 S.) (905.) (Nr. 452.)
Enzio, R. W., der Krüppel. Roman e. Jugend. Mit Illustr. v. H. Binde. (112 S.) (906.) (Nr. 513.)
Eschricht, E., Josephinens Schicksale. Roman. (127 S.) (904.) (Nr. 410.)
Fischer, Wilh., Bekas. Novelle. — Briefe ohne Unterschrift. — Nicht versetzt. Mit Illustr. von W. Roegge. (110 S.) (904.) (Nr. 394.)
Friedmann, Alfr., Ernte ohne Saat. Roman. (128 S.) (904.) (Nr. 422.)
— Spieler. Moderner Roman. Mit Illustr. von W. Roegge. (112 S.) (903.) (Nr. 334.)
— Zwiespalt. Roman. Mit Illustr. v. W. Roegge. (111 S.) (905.) (Nr. 475.)
Gawalewicz, Marjan, ein weiblicher Othello u. andere Geschichten. Autoris. Uebersetzung von Henny Bock-Neumann. (108 S.) (904.) (Nr. 429.)
Gerhardt-Amyntor, Dagob. v., zwiefache Krisis. (Roman.) Mit Illustr. v. Baworowski. (127 S.) (904.) (Nr. 416.)
Glanville, Ernest, die Tochter seines Feindes. Roman. (112 S.) (906.) (Nr. 489.)
Gnade, E., kleinstädtische Geschichten. Mit Illustr. v. A. Lewin. (111 S.) (906.) (Nr. 497.)
Goldschmidt, Wilh., fremdes Blut u. andere Novellen. Mit Illustr. v. W. Roegge. (110 S.) (904.) (Nr. 406.)
Grabein, Paul, Frau Lurley u. andere Novellen. Mit Illustr. v. W. Roegge. (96 S.) (905.) (Nr. 455.)
Groner, Auguste, das Geheimnis des Apothekerhauses. Kriminalnovelle. Mit Illustr. von W. Roegge. (93 S.) (904.) (Nr. 401.)
Gyp, der Wildfang. Roman. Nur keine Fremde. Erzählung. Mit Illustr. v. A. Lewin. (92 S.) (904.) (Nr. 419.)
Hancke, Osw., russische Hofkabalen. Historische Erzählg. aus der Zeit der Kaiserin Katharina II. Mit Illustr. v. A. Lewin. (112 S.) (906.) (Nr. 533.)
Harte, Bret, eine vornehme Familie. Roman. Einzig rechtmäß. Uebersetzg. von Herm. Elmbach. Mit Illustr. von A. Lewin. (110 S.) (903.) (Nr. 364.)
Heims, P. G., auf feuchten Pfaden. 4 Erzählgn. Mit Illustr. v. W. Roegge. (107 S.) (904.) (Nr. 396.)
Heindl, Ant., hoch vom Dachstein. Roman aus der Sommerfrische. Mit Illustr. v. W. Roegge. (110 S.) (904.) (Nr. 407.)
Herczeg, Frz., unter fremden Menschen. Erzählung. Deutsch v. Herm. Farkas. Mit Illustr. v. W. Roegge. (96 S.) (906.) (Nr. 509.)
— Mutamur. — Sirius. Erzählgn. Deutsch v. Ludw. Wechsler. Mit Illustr. v. Baworowski. (95 S.) (905.) (Nr. 447.)
Hildeck, Leo, eigensinnige Herzen. Roman. (127 S.) (906.) (Nr. 508.)

Hirschberg-Jura, Rud., zwei Hundertmarkscheine. Roman. Der Detektiv im „Blauen Ferkel". Erzählung. Mit Illustr. v. H. Binde. (112 S.) (906.) (Nr. 527.)

Hochfeldt, Hans, Narren. Roman. (124 S.) (904.) (Nr. 424.)

Hoechstetter, Sophie, eine „fromme" Lüge. Erzählung. Mit Illustr. v. Rud. Braun. (106 S.) (905.) (Nr. 481.)

Höcker, Paul Osk., 's Heller Trauil. Erzählung. Mit Illustr. v. W. Roegge. (109 S.) (903.) (Nr. 340.)

Hoffmann, Max, das Problem. Orig.-Roman. Mit Illustr. v. W. Roegge. (110 S.) (906.) (Nr. 491.)

Hopfen, Hans, zwei Dorfgeschichten. (Zwischen Dorf u. Stadt. Aus den Alten, aus der Welt.) Mit Illustr. von A. Lewin. (109 S.) (904.) (Nr. 385.)

Hornung, Ernest William, aus dem Busch. Autoris. Uebersetzg. aus dem Engl. von Mathilde Beck. Mit Illustr. von W. Roegge. (110 S.) (903.) (Nr. 375.)

Horst, Woldem., das Recht auf Leben. Kriminalroman. Emins. Eine türk. Geschichte. Mit Illustr. von W. Roegge. (108 S.) (906.) (Nr. 485.)

Hyan, Hans, aus der Tiefe des Lebens. Verbrechergeschichten. Mit Illustr. v. A. Lewin. (111 S.) (906.) (Nr. 516.)

Jacobsen, Frdr., Sand. Roman. Mit Illustr. v. A. Lewin. (128 S.) (906.) (Nr. 518.)

Janitschek, Maria, das Haus in den Rosen. Roman. (128 S.) (905.) (Nr. 481.)

Jobst, Julia, der Puppenjunge u. andere Novellen. Mit Illustr. v. A. Binde. (111 S.) (906.) (Nr. 531.)

— wenn man allein bleibt. Erzählung. Mit Illustr. von W. Roegge. (94 S.) (905.) (Nr. 479.)

Kandler, Flora, Irrleben. Roman. (128 S.) (905.) (Nr. 448.)

Kapff-Essenther, F. v., vom Glück verfolgt. Erzählung. Mit Illustr. v. W. Roegge. (107 S.) (903.) (Nr. 337.)

Kirchbach, Wolfg., deutsche Heimgeschichten. (112 S.) (906.) (Nr. 510.)

Kirstein, Paul A., Glückshandel. Zeitroman. (110 S.) (905.) (Nr. 483.)

Kleinecke, Rud., ohne Liebe leben ... 3 Novellen. Mit Illustr. v. W. Roegge. (106 S.) (906.) (Nr. 532.)

Klinck-Lütetsburg, Fanny, fest im Sturm. Erzählg. vom Nordseestrand. Mit Illustr. v. W. Roegge. (108 S.) (903.) (Nr. 348.)

Krauß, Gust. Johs., Irrwege. Das helle Fenster. Deutsch-österr. Novellen. Mit Illustr. v. R. A. Jaumann. (124 S.) (902.) (Nr. 328.)

Kretzer, Max, sonderbare Schwärmer. Roman. 2 Bde. Mit Illustr. v. W. Roegge. (126 u. 94 S.) (903.) (Nr. 380. 381.)

La Chapelle Robol, Susanne, Schuld. Roman. Autoris. Uebers. a. d. Holl. v. Martha Sommer. (128 S.) (906.) (Nr. 514.)

Land, Hans, Sonnenwende u. andere Novellen. Mit Illustr. v. A. Lewin. (89 S.) (904.) (Nr. 412.)

Landskron, Gräfin Amalie v., Clemente Baldi. Roman. Mit Illustr. v. Rud. Braun. (108 S.) (906.) (Nr. 493.)

Lang-Anton, Helene, das Ende vom Liede. Roman. Mit Illustr. v. A. Lewin. (112 S.) (906.) (Nr. 511.)

Lay, Max (Capt. Red Cloud), Nomaden. Roman. Mit Illustr. v. R. Mauff. (112 S.) (904.) (Nr. 426.)

— Seemannsliebe. Novellen. Mit Illustr. v. W. Roegge. (104 S.) (906.) (Nr. 506.)

— zu Straßburg auf der Schanz. Roman. Mit Illustr. v. W. Roegge. (107 S.) (903.) (Nr. 369.)

Lee, Heinr., Rosen-Rosel. Roman. Mit Illustr. v. W. Roegge. (106 S.) (905.) (Nr. 438.)

Lesueur, Dan., die Braut aus Amerika. Eine Mutter. Erzählungen. Deutsch v. Ludw. Wechsler. Mit Illustr. v. W. Roegge. (111 S.) (903.) (Nr. 351.)

Liliencron, Detlev v., Greggert Meinstorff u. andere Novellen. Mit Illustr. v. A. Lewin. (106 S.) (904.) (Nr. 403.)

Lohde, Clarissa, Jugendfreunde. Roman. Mit Illustr. v. W. Roegge. (109 S.) (903.) (Nr. 378.)

— Sturmflut u. andere Novellen. Mit Illustr. v. A. Lewin. (109 S.) (905.) (Nr. 467.)

Lorenzen, Frdr., der Universal-Bazar. Geschichten. Mit Illustr. v. W. Roegge. (110 S.) (903.) (Nr. 329.)

Mairet, Jeanne, Meeresblume. Roman. Autoris. Bearbeitg. Mit Illustr. v. W. Roegge. (111 S.) (905.) (Nr. 457.)

— zwiefach besiegt u. andere Novellen. Mit Illustr. v. A. Lewin. (110 S.) (905.) (Nr. 436.)

Merk, Emma, Frauengestalten. Erzählungen. Mit Illustr. v. W. Roegge. (128 S.) (906.) (Nr. 503.)

— die junge Generation. Roman. (112 S.) (904.) (Nr. 396.)

Mierswa-Judeich, E., aus dem Reiche des Naphtha. Roman. Mit Illustr. v. W. Roegge. (94 S.) (903.) (Nr. 327.)

Mikszáth, Koloman, ungarische Novellen. Aus dem Ung. v. C. Langsch. Mit Illustr. v. W. Roegge. (112 S.) (903.) (Nr. 370.)

Möllhausen, Balduin, der Postreiter. Erzählg. Mit Illustr. v. Arth. Lewin. (124 S.) (903.) (Nr. 346.)

— Sankt Elmsfeuer u. andere Novellen. Mit Illustr. v. A. Lewin. (112 S.) (905.) (Nr. 459.)

— die Verlorene. — Die Bärenhaut. 2 Erzählgn. Mit Illustr. v. W. Roegge. (110 S.) (904.) (Nr. 389.)

Mordtmann, A. J., sonnige Tage. Der Roman e. Geigers. — Leukothea. — Pfingstidylle. Mit Illustr. v. Braune. (108 S.) (903.) (Nr. 372.)

Rast, Clara, ein falscher Märtyrer. Eine Erzählg. aus Rußland. — Der tote Johannes. Eine Dorfgeschichte aus Russisch-Litauen. Mit Illustr. v. H. Binde. (111 S.) (906.) (Nr. 528.)

— Zigeunermischka u. andere Erzählungen. Mit Illustr. v. W. Roegge. (110 S.) (905.) (Nr. 439.)

Neera, letzte Liebe u. andere Novellen. Mit Illustr. v. R. Mauff. (112 S.) (904.) (Nr. 428.)

Niemann, Aug., immer vernünftig. Novelle. — Die schwarze Messe. Mit Illustr. v. W. Roegge. (109 S.) (903.) (Nr. 343.)

Noël, R., aus Laune. Novelle. — Durch die Zeitung. Novellette. (125 S.) (904.) (Nr. 390.)

Nordensvan, Geo., Leutnant Seidenkaninchen. Baronin Bartinsky. Autoris. Uebersetzg. v. P. Stine. Mit Illustr. v. W. Roegge. (111 S.) (906.) (Nr. 520.)

Okonkowski, Geo., ein Liebesdienst. Roman. Mit Illustr. v. W. Roegge. (110 S.) (904.) (Nr. 405.)

Ortmann, Rhold., des Anderen Weib. Novelle. Mit Illustr. v. A. Lewin. (107 S.) (903.) (Nr. 354.)

— starke Herzen. Novelle. — Nellys Verlobung. Eine nächtl. Geschichte. Mit Illustr. v. A. Lewin. (111 S.) (905.) (Nr. 465.)

— im goldenen Käfig. Novelle. Mit Illustr. v. W. Roegge. (94 S.) (906.) (Nr. 515.)

— die Madonna des Botticelli. Novelle. Cäsars Frack. Humoreske. Mit Illustr. v. A. Lewin. (108 S.) (906.) (Nr. 488.)

— die Mine des toten Mannes. Erzählung. Der Schnellmaler v. Dawson-City. Eine Geschichte aus Clondyke. Mit Illustr. v. A. Lewin. (106 S.) (904.) (Nr. 388.)

— ein Rezept. Ums tägl. Brot. Novellen. (128 S.) (905.) (Nr. 473.)

Oertzen, Margarete v., Blaustrumpfabenteuer. Mit Illustr. v. R. Mauff. (111 S.) (904.) (Nr. 417.)

— ein tönendes Erz u. andere Novellen. Mit Illustr. v. Bawarowski. (111 S.) (905.) (Nr. 440.)

— Herzfeuer u. Herzfanee. Eine Tiroler Geschichte. Mit Illustr. v. W. Roegge. (95 S.) (903.) (Nr. 371.)

— die Mäzenin. Roman. (128 S.) (906.) (Nr. 523.)

— Nordlandsgeschichten. Mit Illustr. v. W. Roegge. (111 S.) (905.) (Nr. 461.)

Orzeszko, Elise v., die Tugendhaften. Erzählung. Deutsch v. E. Bett. Mit Illustr. v. A. Lewin. (95 S.) (905.) (Nr. 474.)

Ott, Adf., der Schürzenbauer. Hochgebirgsroman. (123 S.) (905.) (Nr. 466.)

— Wildfeuer. Hochgebirgsroman. (128 S.) (906.) (Nr. 507.)

Ouida, Bebée. Roman. Die schöne Favette. Eine Rokokoskizze. Deutsch v. A. Roehl. Mit Illustr. v. A. Lewin. (111 S.) (904.) (Nr. 415.)

— Santa Rosalia. Roman aus dem Engl. Gemma. Erzählung. Deutsch v. A. Roehl. Mit Illustr. v. W. Roegge. (95 S.) (906.) (Nr. 534.)

Pekár, Jul., die Romanze e. blinden Mädchens u. andere Erzählungen. Deutsch v. Ludw. Wechsler. Mit Illustr. v. R. Mauff. (108 S.) (904.) (Nr. 421.)

Pemberton, Max, durch Nacht u. Eis. Roman nach wahren Begebenheiten. Autoris. Uebersetzg. v. Alb. Hauff. (128 S.) (905.) (Nr. 449.)

Pollaczek, Max, Geläutert. Roman. (127 S.) (904.) (Nr. 420.)

— Glatteis. Roman. (128 S.) (906.) (Nr. 536.)

Pontoppidan, Henrik, der Eisbär. Ein Porträt. — Eine Liebesgeschichte. Mit Illustr. v. A. Hug. (110 S.) (903.) (Nr. 338.)

Potapenko, J. N., Vater Ambrosius. — Die Erde. 2 Erzählgn. Aus dem Russ. übertr. v. Helene Schütky. Mit Illustr. v. W. Roegge. (111 S.) (904.) (Nr. 387.)

Rangabé, A. R., die beiden Schwestern u. andere Novellen. Mit Illustr. v. W. Roegge. (109 S.) (906.) (Nr. 498.)

Rehren, Ludmilla v. (L. Heymer), drei aus einem Nest u. andere Geschichten. Mit Illustr. v. W. Roegge. (112 S.) (905.) (Nr. 451.)

— Reinheit. — Die Freunde. Mit Illustr. v. A. Lewin. (108 S.) (903.) (Nr. 368.)

Renz, B., die polnische Gefahr u. andere Novellen. Mit Illustr. v. A. Lewin. (110 S.) (905.) (Nr. 456.)

— im Gertraudenhof. Roman. Mit Illustr. v. W. Roegge. (108 S.) (903.) (Nr. 362.)

Ribaux, Adolphe, Geborgen. Roman. Autoris. Uebersetzg. v. A. Bruch. Mit Illustr. v. A. Hug. (96 S.) (903.) (Nr. 345.)

Ronai, Armin, Lebenskünstler. Humoristischer Roman. Frei nach dem Ungar. Mit Illustr. v. A. Lewin. (112 S.) (905.) (Nr. 469.)

Rosegger, Pet., Geschichten. (Die Rache der Knechtin. Der Mädeljäger. Mann u. Weib.) Mit Illustr. v. W. Roegge. (94 S.) (904.) (Nr. 400.)

— arme Sünder u. andere Geschichten. Mit Illustr. v. W. Roegge. (108 S.) (903.) (Nr. 365.)

Rosny, J. H., das Eheversprechen. Novelle. Autoris. Uebersetzg. v. Wilh. Thal. Mit Illustr. v. A. Lewin. (109 S.) (905.) (Nr. 478.)

Rubiner, B., geheime Mächte. Kriminalnovelle. — Die große Erbschaft. — In Blaubarts Kammer. Mit Illustr. v. W. Roegge. (108 S.) (903.) (Nr. 374.)

Sacher-Masoch, L. v., die Kartenschlägerin. Novelle. Mit Illustr. v. A. Lewin. (110 S.) (906.) (Nr. 495.)

Sartorius, Benvenuto, Verirrt. Dornröschen. Novellen. Mit Illustr. v. A. Lewin. (95 S.) (905.) (Nr. 470.)

— ein letzter Wille. Novelle. Mit Illustr. v. A. Lewin. (111 S.) (906.) (Nr. 521.)

Schanz, Pauline, Felice. — Verloren u. Gewonnen. 2 Novellen. Mit Illustr. v. A. Lewin. (112 S.) (903.) (Nr. 350.)

Scheve, Marie v., o diese Leutnants! Roman. Mit Illustr. v. W. Roegge. (112 S.) (904.) (Nr. 423.)

Schindler, Wilh., sächsische Dorfgeschichten. Mit Illustr. v. W. Roegge. (109 S.) (903.) (Nr. 341.)

Schlaegel, Max v., böser Leumund. Erzählung. Mit Illustr. v. W. Roegge. (94 S.) (906.) (Nr. 494.)

Schmidt, Aug., Mütter. Roman. Mit Illustr. v. W. Roegge. (112 S.) (903.) (Nr. 332.)

Schneidt, Karl, einfache Menschen: Unsichtbare Mächte. Novelle. Der Altgeselle. Eine Geschichte aus unserm Dorfe. Mit Illustr. v. W. Roegge. (107 S.) (903.) (Nr. 353.)

Schnitzer, Manuel, Humoresken. Mit Illustr. v. A. Lewin. (111 S.) (904.) (Nr. 392.)

— der kleine Peter Willaschek u. andere Novellen. Mit Illustr. v. R. Braun. (111 S.) (905.) (Nr. 476.)

Schulte vom Brühl, Walth., Haru. Ein japan. Intermezzo u. anderes. Mit Illustr. v. W. Roegge. (95 S.) (906.) (Nr. 526.)

— Wintersnahen u. andere Erzählungen. Mit Illustr. v. W. Roegge. (112 S.) (904.) (Nr. 418.)

Seeger, Joh. Geo., Präexistenz? Der Entschluß. Zwei Novellen. (112 S.) (905.) (Nr. 453.)

Seeliger, Ewald Gerh., über den Watten. Ein heiterer Nordsee-Roman. (128 S.) (905.) (Nr. 460.)

Selonskij, N. N., Daraajans Testament. Ein phantast. Roman. Deutsch v. Ludw. Wechsler. Mit Illustr. v. W. Roegge. (120 S.) (903.) (Nr. 378.)

Sienkiewicz, Henryk, an der Riviera. — Marysia. 2 Novellen. Deutsch v. Wilh. Thal. Mit Illustr. v. A. Lewin. (96 S.) (903.) (Nr. 342.)

Sims, George R., die verschwundene Braut u. andere Erzählungen. Autoris. deutsche Uebertragg. v. G. A. Volchert u. B. T. Koner. Mit Illustr. v. O. Bernhardt. (92 S.) (906.) (Nr. 501.)

Sivle, Per., Streik. (Erzählung.) Mit Illustr. v. A. Lewin. (93 S.) (906.) (Nr. 512.)

Spielmann, C., am Bagno vorbei. Roman. Mit Illustr. v. A. Lewin. (111 S.) (903.) (Nr. 441.)

Stahr, Margarethe, in fremden Landen. — Geheilt! 2 Novellen. Mit Illustr. v. W. Roegge. (106 S.) (904.) (Nr. 399.)

Stenglin, Fel. Frhr. v., aus dem Buche des Lebens. Geschichten v. kleinen Leuten. Mit Illustr. v. W. Roegge. (111 S.) (905.) (Nr. 480.)

Stern, Detlef, nach zehn Jahren. Roman. Lorelei. Novelle. Mit Illustr. v. Rud. Braun. (112 S.) (906.) (Nr. 490.)
— in Venedig. — Falsch gerechnet. 2 Novellen. (111 S.) (904.) (Nr. 398.)
Stieber, Ferd., Nimbus. Roman. (111 S.) (905.) (Nr. 456.)
Suttner, A. Gundaccar v., Dory's Roman. Mit Illustr. v. C. Ranzenhofer. (128 S.) (903.) (Nr. 330.)
Theden, Dietr., Herzgold. Roman. (128 S.) (906.) (Nr. 529.)
Theuriet, André, das Garbenhaus. Roman. — Der Don Juan (v. Bergen). Deutsch v. Arth. Roehl. Mit Illustr. v. W. Roegge. (108 S.) (903.) (Nr. 360.)
— der Pate des Marquis. Roman. Aus dem Franz. v. A. Wendt. Mit Illustr. v. W. Roegge. (124 S.) (904.) (Nr. 402.)
Thieme, Frdr., die Flucht des Kassierers. Kriminal-Novelle. Mit Illustr. v. A. Lewin. (112 S.) (906.) (Nr. 483.)
— der Offizialverteidiger. Die Flucht ins Gebirge. 2 Kriminalnovellen. Mit Illustr. v. W. Roegge. (108 S.) (903.) (Nr. 377.)
— der einzige Zeuge. Ein Automobilroman. Mit Illustr. v. W. Roegge. (96 S.) (905.) (Nr. 425.)
Thorel, Jean, an der Schwelle des Glücks. Roman. Berechtigte Uebersetzg. v. Emil Burger. Mit Illustr. v. W. Roegge. (111 S.) (903.) (Nr. 367.)
Trahndorff, Otto, im Verdacht. Novelle. Mit Illustr. v. A. Lewin. (94 S.) (906.) (Nr. 503.)
Ulrich, Marianne, Heimkehr u. andere Novellen. Mit Illustr. v. W. Roegge. (112 S.) (906.) (Nr. 464.)
Vely, E., Gustel. Roman. Mit Illustr. v. H. Binde. (96 S.) (906.) (Nr. 505.)
— Bocca della Verità. Roman. (111 S.) (905.) (Nr. 442.)
Verne, Jules, fünf Wochen im Reich der Lüfte. Roman. 2 Bde. Mit Illustr. v. W. Roegge. (128 u. 128 S.) (903.) (Nr. 335. 336.)
Waldow, Ernst v., der gläserne Pantoffel. Kriminalroman. (128 S.) (906.) (Nr. 471.)
Westkirch, Luise, die große Klippe. Durchgekämpft. Novellen. (127 S.) (906.) (Nr. 519.)
Wohlbrück, Olga, Extreme. Roman. Mit Illustr. v. Bawo-rowski. (124 S.) (904.) (Nr. 425.)
Wundtke, Max, dunkle Gewalten. Roman. Mit Illustr. v. W. Roegge. (110 S.) (903.) (Nr. 341.)
Yates, Edm., der stille Zeuge. Roman. Aus dem Engl. v. Arth. Roehl. Mit Illustr. v. W. Roegge. (126 S.) (903.) (Nr. 357.)
Zahn, Klara, die Werdenden. Roman. (124 S.) (906.) (Nr. 517.)
Zapp, Arth., die Frau Leutnant. Roman (aus dem deutschen Offiziersleben). (111 S.) (906.) (Nr. 555.)
Zeitler, Rud., Wald-, Wild- u. Jagdgeschichten. Mit Illustr. v. W. Roegge. (108 S.) (905.) (Nr. 466.)
Zitelmann, Katharina (K. Rinhart), alte Liebe. Roman. Mit Illustr. v. A. Hug. (127 S.) (903.) (Nr. 333.)
Zobeltitz, Fed. v., unter der Dornenkrone. Roman. 2 Bde. (128 u. 128 S.) (905.) (Nr. 433. 434.)
Zobeltitz, Hanns v., zwischen zwei Meeren. Roman. 2 Bde. (128 u. 112 S.) (906.) (Nr. 500. 501.)
Zöldi, Mart., Bauern- u. Diebesgeschichten. Uebers. v. Geo. Busse. Mit Illustr. v. W. Roegge. (93 S.) (906.) (Nr. 530.)
Zoeller-Lionheart, C., böse Zungen. Roman. Mit Illustr. v. Baworowski. (128 S.) (905.) (Nr. 437.)
Erschien bis Nr. 586 u. d. T.: Kürschner's Bücherschatz. Bibliothek für's Haus. Eine Sammlung illustr. Romane u. Novellen.

Kürschner's Bücherschatz. Eine Sammlg. illustr. Romane u. Novellen, begründet 1896 v. Jos. Kürschner, hrsg. v. Herm. Hillger. Nr. 587—758. kl. 8. Berlin, H. Hillger. à Nr. — 20

Aidé, Hamilton, das Geheimnis der Klippe. Deutsch v. Wilma Willerer. Mit Illustr. v. H. Fr. Rumpf. (111 S.) (910.) (Nr. 749.)
Amyntor, Gerh. v., Gewissensqualen. Novelle. Mit Illustr. v. A. Lewin. (96 S.) (909.) (Nr. 658.)
Andrea's-Carel, A., Jugendstürme. Roman. Mit Illustr. v. A. Lewin. (128 S.) (907.) (Nr. 576.)
Baadsgaard, Anna, Brigitte. Roman. Deutsch v. Bernh. Mann. (112 S.) (908.) (Nr. 639.)
Babillotte, Arth., Kleinstadt. Die Geschichte e. Gymnasiastensehnsucht. (112 S.) (908.) (Nr. 624.)
Baierlein, Jos., der Tropfen. Erzählung aus der Oberpfalz. Mit Illustr. v. H. Binde. (95 S.) (908.) (Nr. 606.)
Baudissin, Eva Gräfin v., der gute Erich. Roman. (112 S.) (910.) (Nr. 746.)
— Die Schwestern. Roman. (112 S.) (908.) (Nr. 614.)
Behnisch-Kappstein, Anna, Ehrenschuldner u. andere Erzählgn. Mit Illustr. v. A. Lewin. (96 S.) (908.) (Nr. 592.)
Bernhard, Marie, große u. kleine Leute. Novellen. (112 S.) (909.) (Nr. 694.)
— Prüfung des Herzens. Novellen. (112 S.) (910.) (Nr. 733.)
Bethusy-Huc, Valeska Gräfin (Mor. v. Reichenbach), Glückskinder. Roman. Mit Illustr. v. H. Binde. (171 S.) (908.) (Nr. 634. 635.)
Bliß, Paul, Bauernblut. Roman. (112 S.) (909.) (Nr. 683.)
Böttcher, Max, die Jagd nach dem Mann. Roman. Mit Illustr. v. W. Roegge. (127 S.) (908.) (Nr. 600.)
Boy-Ed, Ida, die Kadettenmutter u. andere Marine-Erzählgn. Mit Illustr. v. A. Lewin. (96 S.) (909.) (Nr. 700.)
Braddon, M. E., unter der roten Fahne. Erzählg. aus den Tagen der Kommune. Übersetzung aus dem Engl. v. Aug. Schacht. Mit Illustr. v. A. Lewin. (112 S.) (909.) (Nr. 665.)
Brady, Cyrus Townsend, der Kaffee-Corner. Ein Roman aus der Geschäftswelt Newyorks. Übers. v. Arth. Brehmer. Mit Illustr. v. H. Binde. (112 S.) (907.) (Nr. 574.)
Brieger-Wasservogel, Loth., Menschen, die anders sind. Novellen. Mit Illustr. v. W. Roegge. (111 S.) (908.) (Nr. 633.)
Brügge, Walt., der Gemäldediebstahl am Cavendish-Square. Kriminal-Erzählung. Mit Illustr. v. A. Lewin. (111 S.) (909.) (Nr. 695.)
Buchhorn, Jos., Luginsland. Ein Skizzenbuch vom Niederrhein. Mit Illustr. v. A. Lewin. (112 S.) (908.) (Nr. 611.)
Burnett, Frances Hodgson, die hübsche Schwester v. José. Erzählung. Autoris. deutsche Übertragg. v. P. Wollmann. Mit Illustr. v. H. Binde. (96 S.) (907.) (Nr. 580.)
Busse-Palma, Geo., Don Juan v. Bank u. andere Erzählgn. Mit Illustr. v. A. Lewin. (108 S.) (907.) (Nr. 587.)
Buysse, Cyriel, holländische Dorfgeschichten. Autoris. Übersetzg. aus dem Holl. v. Rhea Sternberg. (95 S.) (909.) (Nr. 655.)
Champol, Klippen der Liebe. Roman. Deutsch v. Ludw. Wechsler. (127 S.) (910.) (Nr. 782.)
Clausius, Sabine, im Himmelreich. Roman. Mit Illustr. v. W. Roegge. (95 S.) (907.) (Nr. 554.)
Courths-Mahler, H., im Waldhof. Erzählung. (111 S.) (909.) (Nr. 677.)
Daudet, Ernest, die Spionin. Erzählung. Deutsch v. Ludw. Wechsler. Mit Illustr. v. A. Lewin. (112 S.) (908.) (Nr. 605.)
Diers, Marie, Fräulein Doktor. Roman. Mit Illustr. v. H. Binde. (111 S.) (908.) (Nr. 644.)
Döring, Fritz, Lachtauben. Heitere Geschichten. (112 S.) (910). (Nr. 742.)
— Die Stenographin. Zwei Küsse. Novellen. Mit Illustr. v. A. Lewin. (112 S.) (908.) (Nr. 608.)
Dornberg, Heinr., auf der Flucht. Ein histor. Roman, frei nach dem Engl. (112 S.) (910.) (Nr. 704.)
Dostojewski, Fjodor, der ehrliche Dieb u. andere Erzählgn. Mit Illustr. v. A. Lewin. (96 S.) (910.) (Nr. 757.)
Duncker, Dora, der schöne Ede u. anderes. Neue Berliner Novellen. Mit Illustr. v. H. Binde. (96 S.) (909.) (Nr. 684.)
Elcho, Rud., Liebeszauber. Novellen. (111 S.) (907.) (Nr. 542.)
Emants, Marcellus, Wahn. Novelle. Autoris. Übersetzg. aus dem Holl. v. Ferd. Böninger. (112 S.) (908.) (Nr. 602.)
Ertl, Emil, der tote Punkt u. anderes. Erzählungen. Mit Illustr. v. A. Lewin. (112 S.) (910.) (Nr. 722.)
Eyre, Archibald, sie soll ihn erziehen. Humoristischer Roman. Einzig berecht. Übersetzg. v. M. W. Sophar. Mit Illustr. v. L. Berwald. (128 S.) (909.) (Nr. 676.)
Falke, Gust., heitere Geschichten. Mit Illustr. v. H. Binde. (111 S.) (907.) (Nr. 555.)
Ferno, M., das Glück der Schwestern Halbenhorst. (92 S.) (909.) (Nr. 691.)
Fleischer, Vict., Leute vom Dorf. Erzählungen. Mit Illustr. v. Erich Gützlaff. (94 S.) (909.) (Nr. 680.)
Fritz, S. (Fritz Singer), die kleinen Dummheiten. Geschichten. Mit Illustr. v. A. Lewin. (95 S.) (910.) (Nr. 745.)
Ganske, Hugo, die Kaiserrede. Humoristischer Militärroman. Mit Illustr. v. W. Werner. (96 S.) (910.) (Nr. 752.)
— Königs Töchter. Humoristischer Roman. Mit Illustr. v. A. Lewin. (112 S.) (910.) (Nr. 719.)
— Nachbarskinder. Humoristischer Roman. Mit Illustr. v. H. Binde. (128 S.) (907.) (Nr. 552.)
Gerbrandt, Marie, der Lieblingssohn. Roman. (111 S.) (909.) (Nr. 667.)
— Verlorener Posten. Novelle. Mit Illustr. v. O. Telling. (96 S.) (910.) (Nr. 717.)
Gersdorff, Ada v., betrogen u. beglückt. Erzählung. Mit Illustr. v. W. Roegge. (95 S.) (909.) (Nr. 653.)
— Gerettet. (95 S.) (910.) (Nr. 758.)
— Königin-Mutter. (112 S.) (910.) (Nr. 740.)
— Des Vaters Schuld. Roman. Mit Illustr. v. W. Roegge. (207 S.) (909.) (Nr. 684. 685.)
Gorkij, Maxim, Boles u. anderes. Geschichten. Übers. aus dem Russ. v. Eug. Ch. Mit Illustr. v. O. Delling. (111 S.) (910.) (Nr. 724.)
Gottschall, Rud. v., die Madonna v. Fiesole. Erzählung. Mit Illustr. v. H. Binde. (111 S.) (908.) (Nr. 593.)
— Romeo u. Julie am Pregel. Novelle. Mit Illustr. v. A. Lewin. (128 S.) (907.) (Nr. 547.)
Goetz, Ruth, das Glück des anderen. Roman. Mit Illustr. v. A. Lewin. (111 S.) (907.) (Nr. 578.)
— Der Meister u. andere Novellen. Mit Illustr. v. E. Stübner. (95 S.) (909.) (Nr. 689.)
Götzendorff-Grabowski, H. v., der Märchenprinz. Roman aus der Gesellschaft. (127 S.) (908.) (Nr. 630.)
Grabein, Paul, Irrlicht. Roman. Mit Illustr. v. A. Lewin. (96 S.) (907.) (Nr. 585.)
Grad, Max, der Heizirgl. Roman. Mit Illustr. v. A. Lewin. (96 S.) (907.) (Nr. 551.)
Graeser, Erdm., Julie u. andere Erzählungen. Mit Illustr. v. W. Werner. (96 S.) (910.) (Nr. 731.)
Gréville, Henry, der Dämon. Roman. Deutsch v. Herm. Farkas. Mit Illustr. v. A. Lewin. (128 S.) (907.) (Nr. 566.)
Groller, Balduin, das Rätsel des Blutes. Roman. Mit Illustr. v. C. Ranzenhofer. (94 S.) (907.) (Nr. 548.)
Grombeck, Ernst Ludw., die indischen Opale. Kriminal-Roman. (112 S.) (910.) (Nr. 736.)
Heiberg, Herm., zwischen drei Feuern. Roman. Mit Illustr. v. A. Lewin. (191 S.) (909.) (Nr. 671. 672.)
— Schuldlos belastet. Mit Illustr. v. A. Lewin. (207 S.) (910.) (Nr. 738. 739.)
Heide, Minna v., Menschen u. Geschicke. Roman. Mit Illustr. v. W. Roegge. (112 S.) (908.) (Nr. 596.)
Heigel, K. v., Weltverächter. Novelle. Mit Illustr. v. H. Binde. (88 S.) (908.) (Nr. 619.)
Heldt, C. van, Konflikte. Nach dem Amerikan. Mit Illustr. v. Erich Gützlaff. (112 S.) (910.) (Nr. 706.)
Hellmut, C., das Recht der Sitte. Roman. (112 S.) (908.) (Nr. 607.)
Hellmuth, Maria (Albrecht), ihre beste Idee. Eine heitere Reisegeschichte. Fahnenflüchtig. Erzählung. Mit Illustr. v. A. Lewin. (111 S.) (907.) (Nr. 561.)
Herczeg, Frz., die Brüder Gyurkovics (Noblesse oblige). Erzählung. Deutsch v. Hermine Farkas. (111 S.) (908.) (Nr. 612.)
— Sprechen Sie mit Mama . . . Eine unzusammenhäng. Geschichte. Deutsch v. Herm. Farkas. Mit Illustr. v. A. Lewin. (95 S.) (907.) (Nr. 572.)

Herold, Karl, die Hauptprobe. Erzählung. Mit Illustr. v. L. Berwald. (112 S.) (910.) (Nr. 708.)

— Ramses II. Erzählung. Mit Illustr. v. W. Roegge. (111 S.) (909.) (Nr. 663.)

Heymann, Rob., um die Ehre gespielt. Roman. Mit Illustr. v. L. Berwald. (112 S.) (910.) (Nr. 716.)

Hindermann, Adele, glücksflüchtig. Roman. Mit Illustr. v. W. Roegge. (111 S.) (907.) (Nr. 557.)

Hoffmann, Max, der Sohn aus Afrika. (Orig.-)Roman. (112 S.) (909.) (Nr. 652.)

Horn, Herm., wie Gottlieb wieder zu sich kam. Eine Erzählg. aus Schwaben. Mit Illustr. v. A. Lewin. (95 S.) (907.) (Nr. 582.)

Horn-Pascha, der Übermensch u. anderes. Mit Illustr. v. A. Lewin. (96 S.) (909.) (Nr. 648.)

Horst, Erich v., der Erbe. Roman. Mit Illustr. v. A. Lewin. (112 S.) (907.) (Nr. 578.)

Hottner-Grefe, A., dunkle Gewalten. Die Villa. Erzählgn. Mit Illustr. v. A. Lewin. (112 S.) (910.) (Nr. 730.)

Hungerford, Mrs., Prinzeßchen. Erzählung. Autoris. Übertragg. v. P. Wollmann. (127 S.) (907.) (Nr. 588.)

Hyan, Hans, der Millionenschwindler. Ein Berliner Börsenroman. (128 S.) (907.) (Nr. 558.)

Jaeger, W., Eiskönig u. andere Erzählungen. Illustrationen v. R. E. Stübner. (112 S.) (910.) (Nr. 707.)

Janitschek, Maria, überm Tal. Novelle. Mit Illustr. v. W. Roegge. (93 S.) (907.) (Nr. 541.)

Jensen, Wilh., ein Frühlingsnachmittag. Auf der Brücke. Erzählungen. Mit Illustr. v. E. Kimmer. (78 S.) (908.) (Nr. 640.)

Jobst, Julia, er liquidiert. Eine ärztl. Komödie. Mit Illustr. v. W. Werner. (96 S.) (910.) (Nr. 721.)

Isolani, Eug., von ihr u. mir. Humoresken. (110 S.) (908.) (Nr. 625.)

Judeich-Mierswa, Sidonie, Coeurbube. Roman. Mit Illustr. v. W. Roegge. (128 S.) (907.) (Nr. 581.)

Katt, Frida, Affäre Bodasie. Mit Illustr. v. O. Theuer. (95 S.) (910.) (Nr. 705.)

Klemperer, Vict., aus härtern u. weichern Tagen. Geschichten u. Phantasien. (112 S.) (910.) (Nr. 728.)

Klitscher, Gust., von Weibes Herzen. 2 Novellen. Mit Illustr. v. H. Binde. (110 S.) (907.) (Nr. 545.)

— Über u. unter den Wolken. Eine Liebesgeschichte aus den Bergen. Mit Illustr. v. Erich Gützlaff. (111 S.) (909.) (Nr. 690.)

Kloerß, Sophie, Hamburger Blut. Erzählung. Mit Illustr. v. E. Fiedler. (112 S.) (909.) (Nr. 679.)

Köhler, Heinr., in schwerer Stunde. Roman. Mit Illustr. v. A. Lewin. (96 S.) (909.) (Nr. 675.)

Kranzhoff, Wilh., der große Unbekannte. Kriminal-Roman. (112 S.) (909.) (Nr. 656.)

Kretzer, Max, im Sturmwind des Sozialismus. Erzählung aus großer Zeit. (111 S.) (907.) (Nr. 562.)

Krobath, Karl, Lawinen. Geschichten aus Kärnten. Mit Illustr. v. R. E. Stübner. (111 S.) (910.) (Nr. 714.)

Kühl, Thusnelda, Margaret Wendt. Novelle. (108 S.) (907.) (Nr. 571.)

Lancken, B. v. d., Gräfin Sofies Heirat. Roman. (111 S.) (910.) (Nr. 756.)

— Um der Mutter willen. Roman. Mit Illustr. v. H. Binde. (111 S.) (908.) (Nr. 637.)

Lee, Heinr., die Frau aus Japan. Roman. (110 S.) (910.) (Nr. 715.)

Le Fanu, Sheridan, das Zimmer im „Fliegenden Drachen". Autoris. Übersetzg. von F. v. Holtzendorff. (112 S.) (909.) (Nr. 668.)

Lindner, Ella, gib mir e. Menschen! Sommergeschichte. Mit Illustr. v. H. Binde. (112 S.) (907.) (Nr. 569.)

Lohde, Clarissa, Streber. Ein Roman aus der modernen Gesellschaft. (128 S.) (909.) (Nr. 674.)

Loti, Pierre, namenloses Land u. anderes. Deutsch v. Ferd. Runkel. Mit Illustr. v. H. Binde. (96 S.) (909.) (Nr. 662.)

Lynch, Gertrude, im Wirbel der Welt. Roman. Mit Illustr. v. Willi Werner. (112 S.) (910.) (Nr. 727.)

Marriot, Emil, Erstarrung. Novelle. — Stilles Martyrium. Geschichte e. Mädchens. Mit Illustr. v. W. Roegge. (96 S.) (909.) (Nr. 657.)

— Ein schwerer Verdacht. Novelle. Vertauschte Rollen. Dem Leben nacherzählt. Mit Illustr. v. A. Lewin. (111 S.) (907.) (Nr. 559.)

Mater Stillwell, Mrs. van, die Kupferprinzeß. Ein Roman aus dem Amerikan. Mit Illustr. v. A. Lewin. (111 S.) (909.) (Nr. 673.)

Matull, Kurt, aus dem Wunderland des Westens. Mit Illustr. v. H. Binde. (112 S.) (908.) (Nr. 603.)

Merkel, Rich., Gerechtigkeit. Bauerngeschichte aus dem Vogtland. Mit Illustr. v. A. Lewin. (94 S.) (909.) (Nr. 649.)

Milbach, Karl, ohne Spuren. (Kriminal-Roman.) Mit Illustr. v. R. Mauff. (128 S.) (910.) (Nr. 713.)

Mordtmann, A. J., Jasiliü-Tasch. — Zacharula. Zwei Geschichten vom „Goldnen Horn". Mit Illustr. v. A. Lewin. (96 S.) (908.) (Nr. 613.)

Morgan, Kamillo, was die Wildbahn erzählt. Mit Illustr. v. A. Lewin. (94 S.) (907.) (Nr. 575.)

Morrisson, Arth., der rote Triangel. Kriminalroman. Autoris. Übersetzg. u. Bearbeitg. v. Siegfr. B. Lux. Mit Illustr. v. H. Binde. (909.) (Nr. 701. 702.)

Murger, Henry, die Bohème. Szenen aus dem Pariser Künstlerleben. Mit Illustr. v. A. Lewin. (112 S.) (910.) (Nr. 747.)

Murray, Dav. Christie, der bettelarme Millionär. Kriminal-Roman. Autoris. Übersetzg. aus dem Engl. v. Josefine Kunkel. Mit Illustr. v. A. Lewin. (200 S.) (908.) (Nr. 645. 646.)

Muusmann, Carl, Artistenblut. Erzählungen. Autoris. Übersetzg. v. B. Mann. Mit Illustr. v. A. Lewin. (112 S.) (910.) (Nr. 754.)

— Matadora. Roman. Deutsch v. Bernh. Mann. (112 S.) (909.) (Nr. 670.)

Nast, Clara, Anne-Marie. Marja. Novellen. Mit Illustr. v. A. Lewin. (111 S.) (910.) (Nr. 743.)

— Der Eintagskönig. Novellen. Mit Illustr. v. A. Lewin. (112 S.) (909.) (Nr. 669.)

— In der Sumpfkate. Eine Erzählg. aus Preußisch-Litauen. Mit Illustr. v. W. Roegge. (96 S.) (907.) (Nr. 588.)

Nathusius, Annemarie v., „Erika". Erzählg. Mit Illustr. v. H. Binde. (110 S.) (907.) (Nr. 584.)

Nordhausen, Rich., Urias Weib. Eine Großstadtgeschichte. Mit Illustr. v. W. Roegge. (78 S.) (908.) (Nr. 628.)

Oehmke, H., im Lebenskampf. Novellen. Mit Illustr. v. H. Binde. (112 S.) (907.) (Nr. 586.)

Ohnet, Georges, verjährter Groll. Roman. Mit Illustr. v. A. Lewin. (208 S.) (908.) (Nr. 609. 610.)

Oliphant, Mrs., Olivers Braut. Verdeutscht durch Emil Penner. Mit Illustr. v. H. Binde. (95 S.) (908.) (Nr. 598.)

Ortmann, Rhold., zur linken Hand. Basiliki. Erzählungen. Mit Illustr. v. W. Gentz. (112 S.) (910.) (Nr. 741.)

— Im Rausch. Mit Illustr. v. A. Lewin. (96 S.) (909.) (Nr. 686.)

— Der Stumme vom Hause d'Ambra. Céleste Miramon. Novellen. Mit Illustr. v. A. Lewin. (111 S.) (908.) (Nr. 597.)

— In den wilden Wassern. Ein Griff ins Leben. Novellen. Mit Illustr. v. H. Binde. (111 S.) (907.) (Nr. 553.)

Oertzen, Margar. v., Lore Freyeisen. Roman. (112 S.) (908.) (Nr. 591.)

Pauli, Karl, Masken. Theaterhumoresken. Mit Abbildgn. v. L. Berwald. (96 S.) (909.) (Nr. 699.)

— Der Schleier der Naiven. Tragödie aus der Theaterwelt u. andere Geschichten. (102 S.) (908.) (Nr. 648.)

Perfall, Ant. Frhr. v., das verkaufte Genie. Ein Sommernachtstraum. Novelle. Mit Illustr. v. A. Lewin. (96 S.) (909.) (Nr. 650.)

Peichtau, Emil, das Rätsel e. Nacht. Roman. Mit Illustr. v. A. Lewin. (96 S.) (907.) (Nr. 513.)

Pilot, Anna, Warnemünder Geschichten. Novellen. Mit Illustr. v. A. Lewin. (96 S.) (907.) (Nr. 563.)

Podewils, Tom Frhr. v., zweifelhafte Charaktere. Roman. Mit Illustr. v. A. Lewin. (96 S.) (909.) (Nr. 678.)

— Selbstverschuldetes Leid. Erzählung nach dem Leben. Mit Illustr. v. A. Lewin. (108 S.) (907.) (Nr. 579.)

Puschkin, Alex., Menschen u. Mächte. Novellen. (112 S.) (909.) (Nr. 692.)

Rehren, Ludmilla v., Gertrud Gawenda. Ein Berliner Roman. (128 S.) (909.) (Nr. 651.)

Remling, Konr., Götze Gold. Roman. (112 S.) (909.) (Nr. 696.)

— Der Weg des Märtyrers. Roman. Mit Illustr. v. A. Lewin. (128 S.) (907.) (Nr. 564.)

Revel, H. A., der Brandstifter. Roman (nach dem Franz.). (224 S.) (908.) (Nr. 621. 622.)

— Der Dieb. Roman. (128 S.) (907.) (Nr. 568.)

Rex, Ina, stille Schicksale. Novellen. (96 S.) (908.) (Nr. 623.)

Riedberg, Erika, Wandlungen. Roman. (128 S.) (907.) (Nr. 567.)

Roberts, Alex. Baron v., Faschingszauber u. andere Novellen. Mit Illustr. v. A. Lewin. (112 S.) (909.) (Nr. 688.)

— Aus Mitleid. — Nie! Zwei Novellen. Mit Illustr. v. A. Lewin. (95 S.) (908.) (Nr. 617.)

Robertson, Fl., ein verschwundener Millionär u. andere Abenteuer des Detektiv Addington Peace. Mit Illustr. v. Walt. Roegge. (128 S.) (910.) (Nr. 735.)

Rohmann, Ludw., eine Lüge. Roman. (128 S.) (910.) (Nr. 729.)

— Prometheus. Roman. Mit Illustr. v. H. Binde. (127 S.) (907.) (Nr. 556.)

— Weltflüchtig. Roman. Mit Illustr. v. H. Binde. (192 S.) (909.) (Nr. 659. 660.)

— Der Ruhm. Roman. (182 S.) (910.) (Nr. 710. 711.)

— Villa „Eigenheim". Humoristischer Roman. 2 Bde. Mit Illustr. v. H. Binde. (112 u. 111 S.) (907.) (Nr. 539. 540.)

Sell, Sophie Charlotte v., Erfolg. Roman. (96 S.) (909.) (Nr. 687.)

Sienkiewicz, Henryk, drei Frauen. Eine Künstlergeschichte. Deutsch v. K. Grelich. Mit Illustr. v. R. Gutschmidt. (79 S.) (909.) (Nr. 681.)

Sinclair, F. de, Herr Fokus als Hypnotiseur u. andere Humoresken. Deutsche Bearbeitg. v. Albr. Otto. (112 S.) (910.) (Nr. 718.)

— Möblierte Zimmer m. Pension u. anderes, Erinnerungen. Autoris. deutsche Bearbeitg. v. Albr. Otto. Mit Illustr. v. W. Roegge. (94 S.) (908.) (Nr. 638.)

Skowronnek, Fritz, die geerbte Braut. Roman. Mit Illustr. v. A. Lewin. (111 S.) (908.) (Nr. 616.)

— Mein Freund Boruch u. andere Erzählungen. Mit Illustr. v. W. Roegge. (111 S.) (907.) (Nr. 580.)

— Im Schutz der Sippe u. andere Novellen. Mit Illustr. v. A. Lewin. (112 S.) (910.) (Nr. 712.)

Spielhagen, Frdr., breite Schultern. Der Vergnügungskommissar. 2 Erzählgn. Mit Illustr. v. W. Roegge. (88 S.) (908.) (Nr. 615.)

Stahr, Margar., wahre Liebe. Roman. (128 S.) (907.) (Nr. 544.)

Stangen, Eug., hinter der Frühlingsgrenze. (Lebensgesch.) Mit Illustr. v. A. Lewin. (112 S.) (909.) (Nr. 683.)
Stark, Adf., ein verschwundenes Depot. Kriminalroman. Mit Illustr. v. A. Lewin. (96 S.) (908.) (Nr. 627.)
Stein, Gerh., das Bild. Eine Liebesgeschichte. Mit Illustr. v. A. Lewin. (96 S.) (909.) (Nr. 654.)
Stenglin, Fel. v., aus den Erinnerungen des Majors. Geschichten. Mit Illustr. v. A. Lewin. (96 S.) (910.) (Nr. 734.)
— Die Landpomeranze. Eine heitere Familiengeschichte. Mit Illustr. v. H. Binde. (112 S.) (907.) (Nr. 577.)
Stern, Adf., die Totenmaske u. andere Novellen. (112 S.) (909.) (Nr. 698.)
Stinde, Jul., Zigeunerkönigs Sohn u. andere Noveletten. (111 S.) (910.) (Nr. 720.)
Stona, Maria, mein Dorf. Novellen u. Skizzen aus Schlesien. Mit Illustr. v. W. Roegge. (111 S.) (908.) (Nr. 604.)
Tanera, Karl, Militärhumoresken u. andere Erzählungen. Mit Illustr. v. A. Lewin. (112 S.) (910.) (Nr. 744.)
Tanner, Ilse-Dore, ... denn das Glück ist immer da. Roman. Mit Illustr. v. A. Lewin. (111 S.) (909.) (Nr. 697.)
Teschner, Carl, ungleiche Seelen. Roman. Mit Illustr. v. L. Berwald. (96 S.) (910.) (Nr. 723.)
Theuriet, André, die Schwestern. Roman. Nach dem Franz. v. Heinr. Köhler. Mit Illustr. v. R. A. Stübner. (112 S.) (910.) (Nr. 737.)
Thieme, Frdr., der Einäugige. Kriminalroman. Mit Illustr. v. A. Lewin. (240 S.) (910.) (Nr. 725. 726.)
— Nach Sibirien verbannt. Erzählg. (128 S.) (908.) (Nr. 599.)
Tolstoi, Graf Leo N., Göttliches u. Menschliches. Deutsch v. Adf. Heß. Mit Illustr. v. A. Lewin. (110 S.) (908.) (Nr. 631.)
Treu, Max, das Gastmahl des Marschalls v. Sachsen u. anderes. Mit Illustr. v. W. Roegge. (110 S.) (908.) (Nr. 620.)
— Es lebe der König! u. anderes. Mit Illustr. v. A. Lewin. (96 S.) (907.) (Nr. 570.)
Turgenjew, Iwan, die erste Liebe u. anderes. Mit Illustr. v. L. Berwald. (96 S.) (910.) (Nr. 735.)
Urban, Mich., Anna. Ein Berliner Gegenwartsroman nach den Quellen des C. Reinfels. Mit Illustr. v. A. Lewin. (112 S.) (909.) (Nr. 698.)
Uxkull, Gräfin L., Eisgang. Roman. Mit Illustr. v. H. Binde. (111 S.) (909.) (Nr. 647.)
Bely, E., alles wohl an Bord! Roman. Mit Illustr. v. Osk. Theuer. (111 S.) (909.) (Nr. 682.)
— Geerteerd. Novelle. Mit Illustr. v. W. Kürschner. (112 S.) (909.) (Nr. 661.)
— Serenissima. Roman. (112 S.) (908.) (Nr. 618.)
Villinger, Hermine, Onkel Sigmund. Gegen den Grundsatz. Novellen. Mit Illustr. v. H. Binde. (110 S.) (908.) (Nr. 612.)
— Randglossen. Das goldene Zeitalter der Büggebacher. Mit Illustr. v. L. Berwald. (96 S.) (910.) (Nr. 758.)
Voß, Rich., Bacchanten. Römische Erzählungen. (94 S.) (907.) (Nr. 550.)
Waldow, Ernst v., der Ehrenpunkt. Novelle. Mit Illustr. v. H. Binde. (94 S.) (908.) (Nr. 632.)
— In eigener Schlinge. Roman. Mit Illustr. v. W. Roegge. (108 S.) (907.) (Nr. 546.)
Wiener-Braunsberg, Jos., die letzte Instanz. Eine Kriminal- u. Liebesgeschichte aus den Tiroler Bergen. Mit Illustr. v. A. Lewin. (110 S.) (907.) (Nr. 587.)
Wilcken, A., Schatten. Kriminalroman. Mit Illustr. v. A. Lewin. (96 S.) (908.) (Nr. 601.)
Wohlbrück, Olga, Herr Ivenhang. Roman. (112 S.) (908.) (Nr. 626.)
Wolters, Wilh., ach, wenn du wärst mein eigen ... Roman. Mit Illustr. v. W. Roegge. (96 S.) (908.) (Nr. 595.)
Zahn, Clara (Umschlag Klara), sein Modell. Erzählung. Mit Illustr. v. A. Lewin. (96 S.) (910.) (Nr. 709.)
— Der neue Tag. Roman. Mit Illustr. v. W. Roegge. (127 S.) (907.) (Nr. 565.)
Zangwill, Israel, das große Geheimnis der Bowstraße. Detektivgeschichte. Mit Illustr. v. W. Roegge. (224 S.) (907.) (Nr. 588.)
Zapp, Arth., drei Mädchen. Eine internat. Liebesgeschichte. (112 S.) (908.) (Nr. 629.)
Zobeltitz, Fed. v., die Abenteurer. Roman. (228 S.) (910.) (Nr. 750. 751.)
— In der Welt verloren. Roman nach den Aufzeichngn. v. e. Konsulatsbeamten. 2 Bde. (128 u. 112 S.) (908.) (Nr. 590. 591.)
Zöller-Lionheart, C., ohne Liebe vermählt. Erzählung. Mit Illustr. v. W. Roegge. (95 S.) (907.) (Nr. 549.)

Kürschner, Joseph. Die Buren und der Südafrikanische Krieg. Berlin, Alfred B. Mundt (1902). XV + 419 S. m. zahlr. Abb.; 4 farb. Taf., 1 Karte. 4°

Kürschner, Jos., s.: China.

Kürschner, Jos., s.: Das ist d. Deutschen Vaterland.

— s.: Deutschland u. seine Kolonien.

Kürschner, Josef, s. Deutschland [Schlagwort].

Kürschner, Jos., s.: Formulare, 583 gerichtliche u. außergerichtliche.

— Fünf-Sprachen-Lexikon. (Deutsch—Englisch—Französisch—Italienisch—Lateinisch.) Mit e. fünfsprach. Lexikon geograph. u. Personennamen, e. Sammlung geflügelter Worte, Sentenzen 2c., e. Abhandlung üb. Geschichte u. Eigenart der Sprachen, Verzeichnissen der in den verschiedenen Sprachen gebräuchl. Abkürzgn. sowie e. Fremdwörterbuche u. Briefsteller. 2. verb. Aufl. gr. 8. (IV S. u. 3322 Sp.) Berlin (900). H. Hillger.
Geb. in Leinw. n. 5. —

Kürschner, J: Fünf-Sprachen-Lexikon. (Deutsch-Englisch-Französisch-Italienisch-Lateinisch.) 2. Aufl. Berlin, Eisenach und Leipzig (1901)

Kürschner, Josef: Handbuch der Presse. Für Schriftsteller, Redaktionen, Verleger, überhaupt f. Alle, die mit d. Presse in Beziehung stehen. Berlin, Eisenach, Leipzig: H. Hillger 1902. (VI S., 1600 Sp. S. 1601–1622.) 8°

— Gekrönte Häupter. 64. (444 S. m. Abbildgn.) Stuttg. 891, Deutsche Verlags-Anstalt. * — 50

— Heil Kaiser Dir! D. Leben u. Wirken Kaiser Wilhelms I. Zum Gedächtniß s. 100. Geburtstages. 1797. 1897. 32. (416 S. m. Abb.) Berlin 897. H. Hillger.
n. — 50; geb. 1. —

— Jahrbuch 1899. Kalender, Merk- u. Nachschlagebuch f. Jedermann. 8. (XX S. u. 938 Sp. m. Abb.) Ebd.
n. 1. —; geb. in Leinw. n. 1. 50

— Jahrbuch 1903. Kalender, Merk- u. Nachschlagebuch f. Jedermann. Begründet 1898 v. Jos. Kürschner. Hrsg. v. Herm. Hillger. 8. (XII S., 954 Sp. u. 3 S. m. Abbildgn.) Berlin 903. H. Hillger. n. 1. —;
geb. in Leinw. n. 1. 50

— Jahrbuch. 1907. Kalender, Merk- u. Nachschlagebuch f. Jedermann, begründet 1898 v. Jos. Kürschner. Hrsg. v. Herm. Hillger. (XII S. u. 932 Sp. m. Abbildgn.) 8. Berlin, H. Hillger. n. 1. —; geb. in Leinw. n. 1. 50

Kürschner, Joseph. Kürschners Jahrbuch 1908. Welt- und Zeitspiegel, Kalender, Geographisch-Statistisches Handbuch und Verkehrslexikon, begründet 1898 von J' K'. Hrg. von Hermann Hillger. Mit Hunderten von Illustrationen. XVI S. + 938 Sp. [+ 19 S.]. 8. Berlin-Leipzig, Hermann Hillger. [M. 1. —]

Kürschner's Jahrbuch 1910. Welt- u. Zeitspiegel, Kalender, geograph.-statist. Handbuch u. Verkehrslexikon, begründet 1898 v. Jos. Kürschner. Hrsg. v. Herm. Hillger. (XVI S., 872 u. 20 Sp. m. Abb.) 8. Berlin, H. Hillger. 1.20;
geb. in Leinw. 1. 80

Kürschner, Jos., Jahrbuch 1902 für die österr.-ungar. Monarchie. Kalender, Merk- u. Nachschlagebuch f. Jedermann. 8. (XVIII S. u. 916 Sp. m. Abbildgn.) Wien, C. Fromme. n. 2. —
Erscheint nicht mehr.

Kürschner, Jos., Jahrbuch für das deutsche Theater. Eine umfassende Rundschau über die Zustände und Ereignisse auf theatral. und verwandten Gebieten während des letzten Theaterjahres. Nebst einem ausführlichen Register. 1. Jahrg. [Vom 1. Oktbr. 1877 bis 30. Septbr. 1878.] gr. 8. (XII, 317 S.) Leipzig 879, Foltz. * M 2,75.; geb. ~

Kürschner, Jos., Jahrbuch für das deutsche Theater. Eine umfassende Rundschau über die Zustände und Ereignisse auf theatral. und verwandten Gebieten während des letzten Theaterjahres. Nebst einem ausführl. Register. 2. Jahrg. [Vom 1. Oktbr. 1878—30. Septbr. 1879.] gr. 8. (VIII, 384 S.) [Leipzig, Foltz.] Bockenhausen, Feist. *ℳ 7.; geb. *
Nicht weiter erschienen.

Katalog der Sammlungen des zu Eisenach verstorbenen Herrn Geh. Hofrat Prof. [Josef] Kürschner .. Versteigerung 30. Mai (1904). (Vorr.: A[ugust] Sauer.) *Leipzig: C. G. Boerner (1904).* (XI, 215 S.) 8°
(Auktion 78 [von C. G. Boerner].)
04. 6304

— s.: Kolonien, die deutschen, in Wort u. Bild.

— Konversations-Lexikon. 8. gänzlich umgearb. Aufl. v. Ernst Entreß. (IV S. u. 1660 Sp. m. 32 Taf.) 16. Stuttgart (904). Union. Geb. 3. —

— d. große Krieg 1870—71 in Zeitberichten. Nach Paul v. Elpons „Tagebuch d. deutsch-französ. Krieges" neu hrsg. v. K. M. mehr als 300 Textillustr. u. 7 Kunstbeilagen. Lex.-8. (VIII S. u. 1296 Sp) Ebd. (895). Geb. in Halbleinw. n. 8. 50

Kürschner, J. Der große Krieg 1870—71 in Zeitberichten. Nach P. v. Elpons „Tagebuch des deutsch-franz. Krieges." Berlin (1896). 4°.

— der bayerische Landtag. 1893—1899. 64. (175 S. m. Bildnissen) München u. Regensburg 894 Nationale Verlagsanstalt. n. — 50

Kürschner, Jos., Conrad Ekhof's Leben und Wirken. Eine biograph. Skizze. 16. (67 S. mit 1 Holzschntaf.) Wien 872, Hartleben's Verlag.

— Lexikon des deutschen Rechts. Nachschlagewerk der gesamten Reichsgesetzgebg. zum prakt. Gebrauch. Unter Mitwirkg. von Böhm, R. Caro, J. Chomse ꝛc. bearb. Mit e. Sammlg. v. 538 Formularen, Kontrakten, Klagen, Gesuchen, Eingaben, Liquidationen, e. Verwandtschaftstafel u. A. 2 Bde. gr. 8. (CVI, 1894 S.) Berlin (900). H. Hillger. Geb. in Halbleinw. n. 20.—; in Halbfrz. n. 24.—

Ⓑ Kürschner's Lexikon d. deutsch. Rechts. 900. Jetzt: Berlin-Schöneberg, R. Jacobsthal & Co. Ladenpr. aufgeh.

Kürschners deutscher Literatur-Kalender. Berlin: De Gruyter, 1879- . Useful biographical record.

Kürschner, Joseph. Deutscher Litteratur Kalender auf das Jahr 1901. Hrg. von Joseph Kürschner. Jahrg. 23. Mit zwei Porträts. 52 + 1788 Spalten *resp.* S. [+ 6 S.] 8. Leipzig, G. J. Göschen. [geb. M. 6. 50]

Kürschner, Joseph. Deutscher Litteratur Kalender auf das Jahr 1902. Hrg. von Joseph Kürschner. Jahrg. 24. Mit zwei Porträts [Tafeln]. 52 + 1800 Spalten *resp.* S. [+ 6 S.] 8. Leipzig, G. J. Göschen. [geb. M. 6. 50]

Kürschner, (Joseph). Kürschners deutscher Litteratur-Kalender auf das Jahr 1903. Hrg. von Hermann Hillger. Jahrg. 25. Mit einem Porträt [Tafel]. 8 + 1722 Spalten *resp.* S. [+ 8 S.] 8. Leipzig, G. J. Göschen. [geb. M. 6. 50]

Kürschner, (Joseph). Kürschners Deutscher Literatur-Kalender auf das Jahr 1904. Hrg. von Dr. Heinrich Klenz. Jahrg. 26. Mit zwei Bildnissen [Tafeln]. VIII + 46 + 1677 Spalten *resp.* S. [+ 4 S.] 8. Leipzig, Göschen. [geb. M. 6. 50]

Kürschner, [Joseph]. Kürschners Deutscher Literatur-Kalender auf das Jahr 1905. Hrg. von Dr. Heinrich Klenz. Jahrg. 27. Mit zwei Bildnissen [Tafeln]. VIII + 48* + 1828 Spalten *resp.* S. [+ 4 S.] 8. Leipzig, G. J. Göschen. [geb. M. 6. 50]

Kürschner, [Joseph]. Kürschners Deutscher Literatur-Kalender auf das Jahr 1906. Hrg. von Dr. Heinrich Klenz. Jahrg. 28. Mit zwei Bildnissen [Tafeln]. VI + 48* + 1901 Spalten *resp.* S. 8. Leipzig, G. J. Göschen. [geb. M. 6. 50]

Kürschner, [Joseph]. Kürschners Deutscher Literatur-Kalender auf das Jahr 1907. Hrg. von Dr. Heinrich Klenz. Jahrg. 29. Mit vier Bildnissen [Tafeln]. VI + 50* + 2010 Spalten *resp.* S. 8. Leipzig, G. J. Göschen. ([geb.] M. 8. —)

Kürschner, [Joseph]. Kürschners Literatur-Kalender auf das Jahr 1908. Hrg. von Dr. Heinrich Klenz. Jahrg. 30. Mit vier Bildnissen [Tafeln]. VIII S. + 56* + 2095 Sp. *resp.* S. 8. Leipzig, G. J. Göschen. [geb. M. 8. —]

— deutscher Literatur-Kalender auf d. J. 1910. Hrsg. v. Heinr. Klenz. 32. Jahrg. (VI S., 60 u. 2074 Sp. m. 8 Bildnissen.) kl. 8. Leipzig, G. J. Göschen. Geb. in Leinw. 8. —

— s. a. Litteratur-Kalender, deutscher.

Kürschner, Jos., Frau Musika. E. Buch f. frohe u. ernste Stunden. M. 47 Illustr. nach Zeichngn. von A. v. Schrötter. gr. 4. (XII, 598 S.) Berlin 897. H. Hillger. n. 8. —; geb. in Leinw. n. 10. —

— s.: National-Litteratur, deutsche.

Kürschner, Josef (Hrsg.), s. Pierer: Konversations-Lexikon.

Kürschners, J., Quart-Lexikon. Ein Buch für Jedermann. 4. (VIII, 2976 Sp. mit 1460 Illustr.) Stuttgart 888, Spemann. geb. *

— der neue Reichstag 1890. 64. (432 S. m. Portr.) Stuttgart 890. Deutsche Verlags-Anstalt. n. — 40

—— Der neue Reichstag 1890. 64. (78, 432 S. m. Portraits.) Ebd. 890. * — 40; geb. * 1 —

— der neue Reichstag. 1893. 128. (416 S. m. Bildnissen.) Stuttgart, Deutsche Verlags-Anstalt. n. — 50; geb. in Leinw n. 1. —

— d. neue Reichstag. 1898—1903. X. Legislaturperiode. 64. (80 u. 416 S. m. Bildn.) Leipzig 898. G. J. Göschen. n. — 50; geb. n. 1. —

— —1898-1903, X. Legislaturperiode. Leipzig. (1898.) 8° Fortges. u. d. T.:
Deutscher Reichstag. Biographisch-statistisches Handbuch begründet v. Joseph Kürschner. Hrgg. v. Hermann Hillger. Berlin u. Leipzig. 8°
1903—1908, XI. Legislaturperiode (1903.)
1907—12, XII. Legislaturperiode (1907.)

— deutscher Reichstag. Biographisch-statist. Handbuch. 1907—1912. XII. Legislaturperiode. 2. Aufl. 506.—530. Taus. Von Herm. Hillger. (410 S. m. Bildnissen.) 9,2×6,3 cm. Berlin (907). H. Hillger. — 60

— s. a. Reichstag, deutscher.

Kürschner, Josef (Hrsg.), s. Richard-Wagner-Jahrbuch.

— d. Richard Wagner-Museum in Eisenach. [Rev. Abdr. aus: „Eisenacher Zeitg."] gr. 8. (30 S.) Eisenach 897. (H. Kahle.) n.n. — 30

Kuerschner, Josef [Einl.]
s. Schücking, Levin: Etwas auf dem Gewissen. 1882.

Kuerschner, Josef [Einl.]
s. Silberstein, August: Hochlandsgeschichten. 1882.

Kürschner's Staats-, Hof- u. Kommunal-Handbuch des Reichs u. der Einzelstaaten (zugleich statist. Jahrbuch). Bearb. v. Kettler. 1904. 19. Ausg. Mit Porträts, Flaggen, Wappen- u. Ordenstafeln. (VIII S. u. 1332 Sp.) 8. München, E. Koch. Geb. in Halbleinw. 6. 50.

Kürschner's Staats-, Hof- u. Kommunal-Handbuch des Reichs u. der Einzelstaaten (zugleich statist. Jahrbuch). Auf Grund nur amtl. Mitteilgn. bearb. 1905. 20. Ausg. Mit Porträts, Flaggen-, Wappen- u. Ordenstafeln. (VIII S. u. 1420 Sp.) 8. München, E. Koch. Geb. in Halbleinw. 10. —

— Staats-, Hof- u. Kommunal-Handbuch des Reichs u. der Einzelstaaten (zugleich statist. Jahrbuch.) Auf Grund nur amtl. Mitteilgn. bearb. v. Gerh. Reuter. 1906. 21. Ausg. Mit Porträts, Flaggen-, Wappen- u. Ordenstafeln. (VIII S. u. 1422 Sp.) 8. München, E. Ertel. Geb. in Halbleinw. n.n. 10. —

Kürschner's Staats-, Hof- u. Kommunal-Handbuch des Reichs u. der Einzelstaaten, zugleich statist. Jahrbuch. Begründet 1883. Auf Grund amtl. Mitteilgn. bearb. v. G. Reuter. 1907. 22. Ausg. Mit Porträts, Flaggen-, Wappen u.- Ordenstafeln. (VIII S. u. 1424 Sp) 8. München, E. Ertel. Geb. in Halbleinw. 10. —

Kürschner's Staats-, Hof- u. Kommunal-Handbuch des Reichs u. der Einzelstaaten (nebst Anh.: Die ausserdeutschen Staaten), zugleich statist. Jahrbuch. Begründet 1883. Auf Grund amtl. Mitteilgn. bearb. v. G. Reuter. 1908. 23. Ausg. Mit Porträts, Flaggen-, Wappen- u. Ordenstafeln. (VIII S. u. 1376 Sp.) 8. München, E. Ertel. Geb. in Halbleinw. 10. —

Kürschner's Staats-, Hof- u. Kommunal-Handbuch des Reichs u. der Einzelstaaten (nebst Anh.: Die ausserdeutschen Staaten), zugleich statist. Jahrbuch. Begründet 1883. Auf Grund amtl. Mitteilgn. bearb. v. G. Reuter. 1909. 24. Ausg. Mit Porträts, Flaggen-, Wappen- u. Ordenstafeln. (VIII S. u. 1452 Sp.) 8. München, E. Ertel. Geb. in Halbleinw. 10. —

— Staats-, Hof- u. Kommunal-Handbuch des Reichs u. der Einzelstaaten (nebst Anh.: die außerdeutschen Staaten), zugleich statist. Jahrbuch. Begründet 1883. Auf Grund amtl. Mitteilungen bearb. v. Gerh. Reuter. 1910. 25. Ausg. Mit Porträts-, Flaggen-, Wappen- u. Ordenstaf. (VIII S. u. 1468 Sp.) 8. München, Wilh. Girr. Geb. in Halbleinw. nn 10. —

—— s.a. Staats-, Hof- und Kommunal-Handbuch des Reichs und der Einzelstaaten.

Kürschner's Taschen-Konversations-Lexikon. 16. (IV, 1668 Sp. m. 31 Taf.) Stuttgart 884. Spemann. geb. n.n. 3. —

—— Taschen-Konversations-Lexikon. 7. gänzlich umgearb. Aufl. 16. (IV, 1644 Sp. mit Illustr.) Stuttg. 889, Union. geb. ** 3 —

(Josef) **Kürschner's** Taschen-Konversations-Lexikon. 8., gänzl. umgearb. Aufl. von Ernst Entreß, Prof. in Stuttgart. Stuttgart, Berlin, Leipzig: Union [1904]. (IV, 1000 Sp.) 8° [J.] [illegible]

— Universal-Konversations-Lexikon. (Neubearbeitung des Quartlexikons.) Lex.-8. (IV, 2378 Sp. m. ca. 2500 Abbildgn.) Berlin 894. Eisenach u. Leipzig, H. Hillger Geb. in Halbleinw. Nicht im Handel

— Universal-Konversations-Lexikon. M. 455 farb. u. 2262 schwarz. Illustr., e. chronol. Abriß d. Weltgeschichte, Übersichten üb. d. 3 Naturreiche, sow. 1 Münztabelle. Neue Aufl. gr. 8. (IV, VI S., 2394 Sp. u. 5 S.) Berlin (895) 896. H. Hillger. Geb. in Leinw. n. 3. —

— Universal-Konversations-Lexikon. Mit 2738 schwarzen Illustr. im Text, 420 farb. auf 12 Taf., 4 Doppelkarten, e. chronolog. Abriß der Weltgeschichte, Übersichten üb. die drei Naturreiche, immerwähr. Kalender, sowie e. vergleich. Münztabelle. 3. Aufl. Lex.-8. (IV S. u. 2742 Sp.) Berlin (901). H. Hillger. Geb. in Leinw. n. 5. —

— Universal-Konversations-Lexikon. Hrsg. von Herm. Hillger. 4. verm. u. verb. Aufl. (IV S., 2686 Sp. u. III S. m. Abbildgn. u. 10 Taf.) gr. 8. Berlin 906. H. Hillger. Geb. in Leinw. 5. —

— Welt-Sprachen-Lexikon (Deutsch-Englisch-Französisch-Italienisch-Lateinisch). M. e. fünfsprach. Lexikon geograph. u. Personennamen, e. Sammlg. geflügelter Worte, Sentenzen etc., e. Abhandlg. üb. Geschichte u. Eigenart d. Sprachen, Verzeichn. d. in d. verschied. Sprachen gebräuchl. Abkürzgn., sow. e. Fremdwörterbuch. gr. 8. (IV S. u. XII, 3264 Sp.) Berlin (895). H. Hillger. Geb. in Leinw. n. 3. —

— s.: Wilhelm II., Kaiser, als Soldat u. Seemann.

Kürschner, Karl, die Biene etc., s. Klopfleisch, Chr.

Kürschner, Karl Theodor Gottfried

Kürschner, ein Wort über die sechs sogenannten Schleswigschen Dörfer. 8. (13 S.) Rendsburg 864, Matthiessen.

Kürschner, Max, das internationale Problemturnier des deutschen Schachbundes Nürnberg 1883. Eine Auswahl von 118 der schönsten Probleme, nebst dem Urteil und dem krit. Bericht der Preisrichter. Unter Mitwirkung von J. Kohtz und C. Kockelkorn hrsg. gr. 8. (V, 158 S. mit eingedr. Diagrammen.) Leipzig 884, Veit und Comp. *

Kürschner, Max, das internationale Problemturnier d. deutschen Schachbundes Nürnberg 1883. Eine Auswahl v. 118 der schönsten Probleme, nebst dem Urtheil u. dem krit. Bericht der Preisrichter. Unter Mitwirkg. v. J. Kohtz u. C. Kokelkorn hrsg. gr. 8. (V, 158 S. m. eingedr. Diagrammen.) Leipzig 885. Veit & Co. n. 4. —

Kürschner Richard: „Leibniz System de la Nature" und seine Briefe an Bourquet.
1898 PN 1148 **Diss.** Wien Univ.

Kürschner, Theodor (Friedrich): De melaena s. morbo nigro Hippocratis. Berolini (1851). (29 S.) 8°
Berlin, Med. Diss. v. 26. Sept. 1851

Kürschner Walter Marburg im Jahre 1645. 48 S. 8.
Oberrealschule mit Reformgymn. i. E. *Marburg a. d. L.* 1909 (566).
Progr

Kürschner, Walt., Marburg im J. 1645. (48 S.) gr. 8. Marburg 909. N. G. Elwert's Verl. — 80

Kürschnerkalender, deutscher, f. d. J. 1910. Hrsg. v. Carl Buchheim. (235 S.) 16. Langensalza, J. Beltz. Geb. in Leinw. 1. 75

Kürschner-Zeitung. Fachzeitschrift für die gesamte Rauchwaren-Industrie und den -Handel. Kürschnerei, Mützenmacherei, Beutlerei und Hut-, Handschuh-, Pelz- etc. Geschäfte. 1. und 2. Jahrg. 1883 und 1884. à Jahrg. 24 Nrn. (Bog.) 4. Leipzig, A. Duncker. à Jahrg. *

Kürschner-Zeitung. Fachzeitschrift f. die gesamte Rauchwaren-Industrie u. den -Handel. Kürschnerei, Mützenmacherei, Beutlerei u. Hut-, Handschuh-, Pelz- etc. Geschäfte. Organ f. Kürschner-Inngn. u. den Verein deutscher Kürschner. 2. u. 3. Jahrg. 1885 u. 1886. à 26 Nrn. (1½ B.) gr. 4. Leipzig, A. Duncker. à Jahrg. n. 8. —

Kürschner-Zeitung. Fachzeitschrift f. die gesamte Rauchwaren-Industrie u. den -Handel, Kürschnerei, Mützenmacherei, Beutlerei u. Hut-, Handschuh-, Pelz- etc. Geschäfte. Organ f. Bekanntmachgn. von „Kürschner-Inngn.", „d. Vereins deutscher Kürschner" u. „Bund deutscher Kürschner-Inngn." 4.—7. Jahrg. 1887—1890. à 26 Nrn. (1½ B.) gr. 4. Leipzig, A. Duncker. à Jahrg. n. 8. —

Kürschner-Zeitung. Fachzeitschrift f. die gesamte Rauchwaren-Industrie u. den -Handel. Kürschnerei, Mützenmacherei, Beutlerei u. Hut-, Handschuh-, Pelz- etc. Geschäfte. Organ f. Bekanntmachgn. v. „Kürschner-Innungen" u. „des Vereins deutscher Kürschner". 8.—10. Jahrg. 1891—1893. à 26 Nrn. (à 1½ Bog.) gr. 4. Leipzig, A. Duncker. à Jahrg. n. 8. —

Kürschner-Zeitung. Fachzeitschrift f. d. ges. Rauchwaren-Industrie u. d. Handel. Kürschnerei, Mützenmacherei, Beutlerei u. Hut-, Handschuh-, Pelz- etc. Geschäfte. Organ f. Bekanntmachgn. v. „Kürschner-Inngn." u. „d. Vereins deutscher Kürschner". 12.—15. Jahrg. 1895—1898. à 26 Nrn. (à ca. 20 S.) gr. 4. Leipzig, A. Duncker. à Jahrg. n. 8. —
Kann auch vierteljährlich bezogen werden.

Kürschner-Zeitung. Fachzeitschrift f. die gesamte Rauchwaren-Industrie u. den -Handel. Kürschnerei, Mützenmacherei, Beutlerei u. Hut-, Handschuh-, Pelz- etc. Geschäfte. Organ f. Bekanntmachgn. v. „Kürschner-Inngn." u. des „Vereins deutscher Kürschner". 16.—19. Jahrg. 1899—1902. à 26 Nrn. gr. 4. (à ca. 24 S. m. Taf.) Leipzig, A. Duncker. à Jahrg. n. 8.—

Kürschner-Zeitung. Fachzeitschrift für die gesamte Rauchwaren-Industrie u. den -Handel. Kürschnerei, Mützenmacherei, Beutlerei u. Hut-, Handschuh-, Pelz- etc. Geschäfte. Organ f. Bekanntmachgn. von „Kürschner-Inngn.", d. „Vereins deutscher Kürschner" usw. 23. Jahrg. 1903—1906. à 26 Nrn. (à ca. 30 S. m. Abb. u. Taf.) 4. Leipzig, A. Duncker. à Jhrg. n. 8.—

Kürschner-Zeitung. Fachzeitschrift f. die gesamte Rauchwaren-Industrie u. den -Handel, Kürschnerei, Mützenmacherei, Beutlerei u. Hut-, Handschuh-, Pelz- etc. Geschäfte. Organ f. Bekanntmachgn. v. „Kürschner-Inngn.", des „Vereins deutscher Kürschner" usw. 24.—27. Jahrg. 1907—1910. à 26 Nrn. (à ca. 50 S. m. Abb. u. Taf.) 33×24,5 cm. Leipzig, A. Duncker. à Jahrg. 8. —

—— allgemeine. Organ für die Interessen der gesammten Rauchwaaren-Industrie. Im Verein mit Fachmännern hrsg. von Gust. Schulze. 1. Jahrg. 1874. 52 Nrn. (Bog.) hoch 4. Leipzig, G. Schulze. [Schroeter.]

Kürschner-Zeitung, allgemeine. Organ für die Interessen der gesammten Rauchwaaren-Industrie. Im Vereine mit Fachmännern hrsg. von Gust. Schulze. 2. Jahrg. 1875. 26 Nrn. (Bog.) gr. 4. Leipzig, G. Schulze. *
Nicht weiter erschienen.

Kürschner-Zeitung, deutsche. Special-Organ für Kürschner, Pelz- und Rauchwaarenhändler, Mützenmacher, Stoff- und Fantasie-Hutfabrikanten, Lederlakirwaaren-, Mützenschirm- und Fournituren-Fabrikanten. 1. Jahrg. Octbr. 1870—Septbr. 1871. 12 Nrn. (Bog. mit lithogr. Beilagen.) 4. Berlin, Expedition der deutschen Kürschner-Zeitung. *

Landeskirchliche **Kurse** von 1909 zur Einführung in die Kenntnis und das Verständnis der sozialen Aufgaben und des Anteils der Kirche an ihrer Lösung ... geh. in d. Zeit v. 14.–22. April in Berlin u. v. 2.–10. Juni in Essen. 2. Aufl. ⟨Als Ms. gedr.⟩ Berlin Warneck 1910. XVII, 206 S. 4°(8°) [10. 16491 2

Die **Kurse** für Lehrer an Fortbildungsschulen. *o. O. [1900]*. (2 Bl.) 4° [Kopft.]
— Schriften d. deutschen Vereins f. d. Fortbildungsschulwesen. No 5. [10. 4711

Kurse u. Distanzen, rechtweisende, in d. Nordsee u. im Engl. Kanal. Tabelle. qu. Fol. Bremen 897. Leipzig, M. Heinsius Nachf. n. — 20

Kurse, die Regensburger. Hrsg. v. der landwirtschaftlichen Zentralgenossenschaft des bayer. Bauernvereins f. Ein- u. Verkauf (e. G. m. b. H.) Regensburg. (32 S.) 8. Regensburg (907). (Zentralst. d. christl. Bauernvereine Bayerns.) (Nur direkt.) — 30

* *Kursell*, Mor. Engelbr., epistola ad virum clarissimum Jo. Geo. Eckium, cum summos in philosophia honores capesseret. 8. Leipz. 765.

Kürsinger, s. Hempel-Kürsinger, J. Nep. Fr. v.

Kürsinger, Ign. v., u. Franz Spitaler, der Groß-Venediger in der norischen Central-Alpenkette, seine erste Ersteigung am 3. Septbr. 1841, u. sein Gletscher in gegenwärt. u. ehemal. Ausdehnung. Mit e. Anh.: Die zweite Ersteigung am 6. Sept. 1842. Von Spitaler. gr. 8. (19½ B., 5 lith. Ans. u. 2 Kärtchen.) Innsbruck 843, Wagner'sche Buchh. *

Kürsinger, Ignaz von (Red.), s. Landeszeitung, Salzburger.

Kürsinger Ign. v. Lungau. 4. Hft. Salzburg. Oberer 1852. 8.

Kursinger, Ign. v., Lungau. 5. Heft. 8. (S. 321—400) Salzburg, Oberer (Endl u. Pencker) 1853.

Kürsinger, Ignaz v. — Lungau. Von 6.—8. Heft. 8. (S. 401—640). Salzburg, Oberer'sche (Endl und Penker) Buchdruckerei.

Kürsinger, Ign. v., Lungau. 9. Hefte. 8. (S. 641—720 und 2 Tafeln.) Salzburg. Druck. Oberer (Endl und Peucker) 1853. (1371.)

Kürsinger, Ign. v., — Lungau historisch, ethnographisch und statistisch aus bisher unbenützten urkundlichen Quellen dargestellt von — —. Mit artistischen Beigaben. Zehntes Heft (S. 719 — 785) Inhalt, Titel und Pränumeranten-Verzeichniß. Schluß. Salzburg, Oberer'sche (Endl und Penker Buchdruckerei 1853.

Kürsinger, Ign. v., Ober-Pinzgau, od.: Der Bezirk Mittersill. Eine geschichtl., topograph., statist., naturhistor. Skizze. gr. 8. (18½ B. u. 1 statist. Uebersichtstab.) Salzburg 841, Oberer'sche Buchh.

Kursiv-Schriften, neue. (Barock-Schriften.) (8 Taf.) 18,5×27 cm. Leipzig (910). R. Bauer. 1. 30

v. Kursky, Fr., vaterländ. Kriegslieder. 8. o. O. (Bremen) 813. Heyse. 12 K Schrbp. 16 K

Kurs-Paritäten v. Franken f. 100 Mark u. Mark f. 100 Franken, nebst Umrechnungen. (Deutsch u. Französisch.) 8. (18 S.) Zürich 885. (Schmidt.) n. — 80

Christlicher Verein Junger Kaufleute in Basel. Kurs-Reglement. Anhang: Unterrichtsprogramm und Lehrplan. (März 1903.) 16 S. 8. [Basel,] M. Werner-Riehm, 1903.

Landesbank, Württemb. Kurstabellen d. Berlin. Fonds-Börse. (162 S.) Berlin 1910

Kürsteiner, Tabelle zur Kritik der alpinen Unglücksfälle 1891—1900, s.: Jahrbuch d. schweizer Alpenclub.

Kürsteiner, Zuruf an d. Volk von Appenzell Außer Rhoden. 8. ... St. Gallen 829, Huber u. Comp.

Kürsteiner, J. A., Ueber die Entwickelung und den Bestand des Krankenkassenwesens im Kanton Appenzell a. Rh. 8°. Trogau. 1884.

Kürsteiner, Jacob, aus Trogen: Beiträge zur Untersuchungstechnik obligat anaerober Bakterien sowie zur Lehre von der Anaörobiose überhaupt. Mit 6 Figuren. Jena 1907. VI + 73 S. 8°. S.-A. a. d. Centralblatt f. Bakteriologie, Abt. II. Bd. 19. [27. VII. 07.]
Zürich. Phil. Diss. II. S. 1906/1907.

Kürsteiner, Jacob. Beiträge zur Untersuchungstechnik obligat anaerober Bakterien, sowie zur Lehre von der Anaerobiose überhaupt. Diss. Phil. [II.] Univ. Zürich von Jakob K'.... Mit 6 Figuren. [Sep.-Abdr. aus: Centralblatt für Bakteriologie, Parasitenkunde und Infektionskrankheiten. Abteilung II.... Band 19.] VI + 74 S. 8. Zürich (Jena, Frommannsche Buchdr.,) 1907.

Kürsteiner, Johann Ulrich

Kürsteiner, J. U. Dr. J. Georg Oberteufer als Glied e. appenzellischen Aerzte-Familie vor 100 Jahren. gr. 8. (VI, 41 S.) St. Gallen 891, Huber u. Comp. * — 80

Kürsteiner, L[udwig]. Die zweite Druckleitung des Elektrizitätswerkes Kubel (bei St. Gallen). [Illustriert.] Sonderabdruck aus der «Schweizerischen Bauzeitung» Bd. 48 Nr. 18. II + 4 S. 4. Zürich, Jean Frey, 1906.

Kürsteiner, L[udwig]. Das Elektrizitätswerk Kubel bei St. Gallen (einer Aktien-Gesellschaft mit Sitz in Herisau). Sonder-Abdruck aus der «Schweizerischen Bauzeitung» Bd. 43, Nr. 14, 15, 18, 19, 20, 23 und 24. (Mit 54 Textfiguren.) II + 26 S. 4. Zürich, Ed. Raschers Erben, 1904. (fr. 1. 50)

Kürsteiner, L., siehe: *Project.*

(Kürsteiner, L[udwig], und Strub, E[mil].) Die Säntis-Bahn. (Projekt) Veröffentlicht vom Säntisbahn-Komitee (Mai 1905). ([Mit Illustrationen, 10 Tafeln und 3 Karten, sowie 2] Gutachten.) IV + 44 S. kl.-fol. St. Gallen, Zollikofer, 1905.

Kürsteiner, W. Beiträge zur pathologischen Anatomie der Papillome und papillomatösen Krebse von Harnblase und Uterus. M. 1 kol. Taf. In-8°. 27 S. Bern. These. 1894.

Kürsteiner, W., das alpine Rettungswesen in der Schweiz, s.: Mitteilungen, wissensch., des schweiz. alpinen Museums in Bern.

Kuersten, E. O. (Leipzig), Nonnulla de trachomate eiusque therapia. Diss. med. Lpz. (A. Edelmann) 10. VII. 1855. 23 S. (M.: Wilh. Stöltzner.) (3.—) 20052
Gew.: C. H. Haase.

Kürsten, H. R., s. Volks-Bibliothek, allgem. Deutsche, 1. Band.

Kürsten, O., das Waldfest. Ein Cyklus von Spielen f. Kindergarten, Schule u. Haus. Hrsg. von F. Seidel. gr. 8. (19 S.) Wien 890. Pichler's Wwe. & Sohn. n. — 50

Kürsten, Otto

— Neue Thüringer Klänge. (16 S.) 8. Erfurt (910). Körner. — 15

Lautlehre der Mundart von Buttelstedt bei Weimar. Von Otto **Kürsten** u. Otto Bremer. Leipzig: Breitkopf & Härtel 1910. XII, 270 S. 8°
(Sammlung kurzer Grammatiken deutscher Mundarten. Bd 9.) (11. 3791 4

Kürsten, Otto, aus Buttelstedt: **Phonetik und Vokalismus der nordostthüringischen Mundart von Buttelstedt bei Weimar.** *Leipzig 1901: Breitkopf & Härtel.* (39 S.) 8° ¶(Die vollst. Lautlehre erscheint als: Sammlung kurzer Grammatiken deutscher Mundarten, Bd 7.)
Jena, Phil. Diss. v. (21. Juli) 1900

Kürsten, Otto: Schnetzchen on Schnarze. Thüringer Klänge. H. Nr. 1–5. Weimar: Grosse [1902–04]. 8°
1. 4. Aufl. [1903.] 2. 3. Aufl. [1904.]
3. Schnetzchen ... von Thomas Wilde, hrsg. von Kürsten. [1902.]
4. 2. Aufl. [1904.] 5. [1904.]

Kürsten, Otto, s. Schnetzchen on Schnarze.

Kürsten, Otto, s.: Schnoseln, Erfurter.

Kürsten, Otto: Der Vokalismus der südwestthüringischen Mundart, veranschaulicht an dem Dialekte an den Gleichen. 1. Die kurzen Vokale. (Erfurt 1910: Ohlenroth.) 12 S. 4°
Erfurt, st. OR OP 1910 (365) [S 10. 244

Kürsten, Rudolf [aus Reichenbach i./S.]: Beiträge zur Kenntnis der Bestandteile von Podophyllum peltatum. . . . Berlin, Druck d. norddeutschen Buchdr. u. Verlagsanst., 1891; 2 Bl., 29 S., 1 Bl. 8°
Erlangen, Phil. Fak., Inaug.-Diss. v. 1891

Kursübersicht der Berliner Börse. 1908—1909 u. Jan. 1909—März 1910. Sonderheft der Monatskurstabelle der Berliner Börse. (19 u. 20 S.) Lex. 8. Berlin (910). Finanzverlag A. Neumann. à — 75

Kursus f. Jugendpflege im Rauhen Hause v. 10.—15. X. 1910. Protokoll zusammengestellt u. bearb. v. Eberh. Röhricht. (46 S.) gr. 8. Hamburg 911. Agentur des Rauhen Hauses. — 30

Kursus Marianus vom Predigerorden des heil. Dominikus. Zugleich ein kathol. Gebetbuch. Neu hrsg. und verb. von Andr. Büschl. 2., durchgesch. Aufl. 12. (XII und 348 S. mit 1 Stahlst.) Augsburg 855, Schmid'sche Vrlgsh.

Kursus Marianus vom Predigerorden des heiligen Dominikus. Zugleich ein kathol. Gebetbuch. Neu hrsg. und verb. von Andr. Büschl. 4. Aufl. 12. (VIII und 348 S. mit 1 Stahlst.) Augsburg 860, Schmid'sche Verlagsbuchh.

Vom missionswissenschaftlichen Kursus, gehalten vom 29. September bis z. 1. Oktober 1896 im Kurhaus Palmenwald Freudenstadt. In-8°. 63 S. Basel, Missionsbuchhandlung. 1897. 1 —

— pädagogischer, in Stuttgart. Vom 10. bis 14. IX. 1906. Veranstaltet v. kathol. Schulverein f. die Diözese Rottenburg. (V, 151 S. m. 1 Bildnistaf.) 8. Stuttgart (Wilhelmsplatz 8) (907). Kath. Schulverein f. die Diöz. Rottenburg. 1.—

Kursus, prakt., z. Selbstunterricht in der Buchhaltung,
— dasselbe in d. englischen Sprache,
— dasselbe in d. französischen Sprache,
— dasselbe in d. italienischen Sprache,
— dasselbe in d. russischen Sprache,
— dasselbe in d. spanischen Sprache,
f.: Panorama d. Wissens u. d. Bildung.

Kursus für das Schönschreiben. 1.—13. Heft. Neue Aufl. Hrsg. von Lehrern der Duisburger Konferenz. 4. Ruhrort 874, Andreae und Comp. [1.—5., 8., 9., 11. Heft. (à 20 S.); 6., 7., 10., 12., 13. Heft. (à 24 S.)] à Heft ** 10 Pf. **

Kurt, d. schwarze Bastard, auf seinen Reisen in unbekannte Länder. 8. Lpz. Weygand. 792.

Kurt und Edwina. Eine Sage vom Schauenforst. Aus hinterlassenen Papieren. Nebst einem Anhang den Schauenforst behandelnder Gedichte von Alb. und C. Voigt, T. Treicher und H. Eismann. 8. (16 S.) Kahla 883, Heyl.

Kurt, A., Outlines of English history. For the use of schools. 16. (68 S.) Berlin 865, Meumann. cart. *

—— dass. — 2. edit. (Titel-Aufl.) 16. (68 S.) Berlin 868, Kobligk. cart.

Kurt, A., Outlines of English History. For the use of schools. 3d edit. 16. (64 S.) Berlin 872, Kobligk. cart. *

Kurt, Geo., Novellen. (108 S.) kl. 8. Leipzig 908. Verlag f. Literatur, Kunst u. Musik. 2.—; geb. n 3. —

Kurt, L., die Nacht. (47 S.) 8. Dresden (908). E. Pierson. 1.—; geb. n 2. —

Kurt, N. Das Freiheitsdogma in seinen neuesten Gestaltungen. Kritische Weckrufe an die Gebildeten aller Stände. gr. 8. (42 S.) Lpz. 892, W. Friedrich. * 1 —

— Wahrheit u. Dichtung in den Hauptlehren Eduard v. Hartmann's. gr. 8. (88 S.) Leipzig 894. (F. Fleischer.) n. 1. 25

Kurt, N., Willensfreiheit? Eine krit. Untersuchg. f. Gebildete aller Kreise. gr. 8. (136 S.) Leipzig 890. Friedrich. n. 2. 40

Kurt, N., die Willensprobleme in systematischer Entwickelung u. kritischer Beleuchtung. gr. 8. (75 S.) Weimar 902. R. Wagner Sohn. n. 1.50

Kurt v. d. Aue, s. Heldengemälde.

Kurt von der Aue, (Amad. Wiesner), das Ritterthum u. die Ritter-Orden, od. historisch-krit. Darstellung der Entstehung des Ritterthums, u. vollständ. Beschreibung d. bestehend. Ritter-Orden alter u. neuer Zeit. gr. 8. Merseb. 825. (Weidemann). 1 rℓ

Kverten, Arnoldvs (geb. am 17 Jan. 1842 in Heppendorf Rgbz. Köln): De methodis cataractae sanandae ... Bonnae, form. F. Krvegeri [1866]. 25 S. 8.
Bonn, Med. Fak., Diss. v. [16 Juni 1866]

Kverten, Arnoldvs (geb. am 17 Jan. 1842 in Heppendorf Rgbz. Köln) Theses defendendae. Bonnae, form. F. Krvegeri (1866). 2 Bl. 8.
Bonn, Med. Fak., Thes. v. 16 Juni 1866

Kürten, H. (Red.), s. Ibis.

Kürten, H. G., neues Kanal-Transport-System zur Beseitigg. d. Fäkalien u. der. Zuführg. in d. Landwirtschaft m. erläut. Abb. gr. 8. (18 S. m. 3 Taf.) Leipzig 896. C. F. Tiefenbach. n. — 50

Kürten, Joh. Barthel, Erklärung des geometrischen Systems zum Entfernungsmessen, nebst Zeichnungen und Beschreibungen verschiedener verbesserter geometr. Entfernungsmesser, auch Distanzmesser, Feldmesser oder Telemeter genannt, deren Construction auf demselben Prinzipe beruht, welches dem vom Verf. im J. 1874 erfundenen und für ganz Preußen patentirten Distanzmesser in Taschenformat zu Grunde liegt. 8. (88 S. mit eingedr. Holzschn. und 17 Stnt.) Köln 879, (J. und W. Boisserée.) *

Kürten, J. B., Theorie der magischen Zahlen-Quadrate und Kreise. 8. (70 S.) Köln 886, (Theissing.) *

Kuerten, (Henr.) Joseph. (geb. Cöln a. Rh. 11. 4. 1836) De pericarditidis symptomatibus. Berolini (1861). (32 S.) 8°
Berlin, Med. Diss. v. 30. März 1861

Kurtenacker, Albin: Kinetik der Bromat-Nitritreaktion (mit 1 Textfigur)
Separatabdruck aus: Sitzungsber. d. kais. Akad. d. Wiss. in Wien, Bd. 123. IIb. S. 419.

Kurtenacker Albin Kinetik der Jodat-Nitritreaktion (mit 10 Textfiguren). S. 122. IIb. 1913 vgr. Separatabdruck

KURTENACKER, LUDWIG. Ueber einige Derivate des Trinitrodimethylhydrochinons und des Paradiamidodimethylhydrochinons. (Basel) Wiesbaden, 1891

Kurth, Bilder aus dem Burenkriege. Eine Skizzensammlung f. das deutsche Volk nach Zeitungsberichten, Briefen u. anderen Quellen. 1. Bdchn. bis zur Schlacht bei Colenso. gr. 8. (114 S. m. 1 farb. Karte.) Meldorf 900. M. Hansen. n. 1.50; erm. Pr. n. — 50

Kurth, ein' feste Burg. Eine Sammlg. v. Predigten f. Sonn- u. Festtage e. Kirchenjahres. Mit 12 Bildtaf. u. 12 Vignetten. Hrsg. unter Mitwirkg. hervorrag. Kanzelredner aus allen Teilen Deutschlands. 1. Heft. (S. 1 – 20.) 4. Groß-Lichterfelde (906). Verlag ev. Erbauungsschriften. n. — 60

— Übungsstoffe zu französischen Sprachübungen für Gymnasien. Nach Klassenstufen den Forderungen der neuesten preuß. Lehrpläne gemäß bearb. 8. (54 S.) Leipzig 902. Renger. n. — 60

Klar zum Gefecht. Lustspiel in 5 Akten von Adolf Kurth u. Victor Laverrenz. Berlin: E. Bloch (1899). (109 S.) 8° [J.]

Kurth, Adf., u. Vict. Laverrenz, Talólo. (Samoanisches Liebeswerben.) Schwank in 3 Akten. 8. (88 S.) Berlin (901). E. Bloch. n. 2. —

Kurth, C., zielbewußter Anbau des Baum- u. Beerenobstes. Unter besond. Berücksicht. der Verhältnisse des Siegerlandes u. ähnl. Bezirke dem Landmann u. Obstzüchter in Vorträgen dargeboten. (VIII, 180 S.) 8. Creuzthal i/W. 906. (Hilchenbach, L. Wiegand.) Geb. in Leinw. 2. —

Kurth, Edmund, a. Berlin: Beiträge zur Lehre vom Warenlombard mit besonderer Berücksichtigung des Getreidelombards. Berlin 1905: George Chasté. (65 S.) 8°
Heidelberg, Phil. Fak., Ref. Gothein, Diss. v. 8. Mai 1905
[Geb. 22. Nov. 68 Berlin; Wohnort: Berlin; Staatsangeh.: Preußen; Vorbildung: Falk-Realgymn. Berlin Reife M. 88; Studium: Berlin 6 S.; Rig. 13. Dez. 04.]

Kurth, Emil, Hr. Dr. Dittes, als philosophischer Kritiker beurteilt unter Bezug auf seine Abhandlung „Eine Verjüngung des absoluten Idealismus". gr. 8. (59 S.) Dresden 886, Bleyl und Kaemmerer. *
Die erwähnte Abhandlung steht im „Pädagogium" 1884, Heft 7—10, und ist allein nicht erschienen.

Kurth Ernst: Der Stil der Opera seria von Chr. W. Gluck. Diss. Wien, Univ.
D: Studien zur Musikwissenschaft, Bd. 1, Wien 1913.
1908 PN 2466

Ferdinand Max **Kurth** Dichtungen. Cyklus 1, H. 1. Berlin: F. M. Kurth [1890]. 8° [F.]

Kurth, Ferdinand Max. Durch Mitleid wissend. Ein Versbuch von F' M' K' [Regisseur am Stadttheater zu Bern]. (Die Deckelvignetten zeichnete Hans Kurth.) 104 S. 8. Berlin, Kunsttheaterverlag, 1908. [M. —. 35]

Kurth, Ferd. Max, s.: Kunsttheater, das.

— Reigen der Totentänze. Kunsthistorische Darstellg. der bedeutendsten Totentänze beziehungsweise Bilder des Todes vom Anfang des 15. Jahrh. bis auf unsere Tage unter besond. Berücksicht. zeitgenöss. Meister. gr. 8. (28 S. m. 5 Taf.) Berlin 900. Buchdr. u. Kunsthandlg. „Der Eigene". 1. 50

— die Sonne des Todes. In e. Dichtg. u. e. Composition f. Orgel. 8. (24 S.) Dießen (902). J. C. Huber. n. 2. —

Kurth, Friedrich: Der Anteil niederdeutscher Kreuzfahrer an den Kämpfen der Portugiesen gegen die Mauren. (T. 1). (Innsbruck 1909: Wagner.) 35 S. 8° ¶(Ersch. mit d. größten T. d. Restes in: Mitteilungen d. Inst. f österr. Geschichtsforschung. *)Erg.Bd 8, H. 1. Ein weiterer, vor allem Quellenuntersuchungen enth. Teil wird demnächst veröffentlicht in: Neues Archiv.)
Berlin, Phil. Diss. v. 27. Febr. 1909, Ref. Schäfer
[Geb. 21. Nov 84 Großbadegast; Wohnort: Großbadegast; Staatsangeh. Anhalt, Vorbildung: Gymn. Cöthen O. 04; Studium: Leipzig 2, Berlin 6 S.; Rig. 23. Juni 08.] [U 09. 219

Kurth, G., die Arbeiter-Einigungen des Mittelalters, s.: Leimbach, K. A.

Kurth, Godefroid

Kurth, Gottfried: Das deutsche Belgien und der deutsche Verein. Arlon u. Anbel 1888.

Kurth, Gottfried: Deutsch Belgien. Organ des Deutschen Vereins zur Hebung und Pflege der Muttersprache im deutschredenden Belgien. 2 Bde. Arel u. Brüssel 1888, 1900. Je 116 S.

Wynfrith – Bonifatius, Deutschlands großer Apostel (680–755). Von G[odefroid] **Kurth.** Mit Erlaubnis d. Verf. frei übertr. von H. Eltester. *Fulda: Actiendr. 1903.* (VIII, 172 S.) 8°

Kurth, H., Auswahl dreistimmiger Gesänge für Schule und Haus. 3 Hefte. 16. (à Heft 16 S.) Bremen 862, Geisler's Verlag. à Heft * 2⅓ Ngr. *

Kurth, H., u. Henry Petit, neues illustr. Kochbuch f. die feine u. bürgerliche Küche. 21 Lfgn. gr. 8. (XXXVII, 1196 S. m. 3 farb. Taf. u. 1 Abbildg.) Breslau 891—894. J. Max. à — 30 (kplt. geb.: 8. —)

[F.] Neues Illustrirtes Kochbuch für die bürgerliche und feine Küche bearb. v. H. **Kurth** & Henry Petit. M. vielen Abb., 2 bunten Taf. u. Notizbl. 2. verb. Aufl. *Berlin. Breslau, Leipzig: J. Max 1897.* (2 Bl., V, 631, XXXIV S., 14 Bl., 2 Taf.) 1 Bd 8.

Kurth, H., u. Henry Petit, neues illustr. Kochbuch f. d. bürgerl. u. feine Küche. M. vielen Abb., 2 bunten Taf. u. Notizblättern. 2., verb. Aufl. gr. 8. (V, 631 u. XXXIV S.) Breslau 897. M. Tietzen. Geb. in Leinw. 4. —

Kurth, H., u. Henry Petit, preisgekröntes illustr. Kochbuch f. die bürgerliche u. feine Küche. 3. verb. Aufl. (VII, 592 u. XV S. m. Abbildgn. u. 8 farb. Taf.) gr. 8. Breslau 903, Trewendt & Granier. Geb. n. 4. —

Kurth, H., bremisches Liederbuch geistlicher und weltlicher Gesänge für Schule und Haus. gr. 16. (VIII und 200 S.) Bremen 859, [Geisler's Verlagsh.] *

Kurth, H., bremisches Liederbuch geistlicher u. weltlicher Gesänge f. Schule u. Haus. 3. Aufl. 12. (VI, 200 S.) Bremen 885. Rühle & Schlenker. geb. n.n. 1. 25

Kurth, H., bremisches Liederbuch geistlicher u. weltlicher Gesänge f. Schule u. Haus. 4. Aufl., besorgt v. H. Schröder. 16. (VI, 200 S.) Bremen 893. Rühle & Schlenker. Geb. n.n. 1.25

Kurth's, H., bremisches Liederbuch geistlicher u. weltlicher Gesänge. 5. Aufl., besorgt v. H. Schröder. (VIII, 200 S.) kl. 8. Bremen 901. Rühle & Schlenker. Geb. nn 1. 50

Kurth, H., deutsches Liederbuch geistlicher und weltlicher Gesänge für Schule und Haus. 2. Aufl. gr. 16. (VIII, 200 S.) Halle 872, Gesenius. *

Kurth, Heinrich: Bacterium Zopfii. Ein Beitrag zur Kenntniss der Morphologie und Physiologie der Spaltpilze. (Leipzig) 1883. (27 S.) 4°
Berlin, Med. Diss. v. 19. Juli 1883

Kurth, Hermann, a. Leipzig: Die Lage des Kaffeemarktes und die Kaffeevalorisation. Jena: G. Fischer 1907. (34 S.) 8° ¶(Erscheint vollst. in: Abhandlungen d. Staatswissenschaftl. Seminars.)
Jena, Phil. Fak., Ref. Pierstorff, Diss. v. 1. April 1908
[Geb. 29. Mai 63 Lercha; Wohnort: Leipzig; Staatsangeh.: Sachsen; Vorbildung: Lehrersem. Freiberg-Nossen bis O. 83; Studium: Leipzig 8, Jena 4 S.; Rig. 14. Febr. 03.]

Kurth, Hermann: Die Lage des Kaffeemarktes und die Kaffeevalorisation. Jena: Fischer 1909. VIII, 162 S. 8°
(Abhandlungen d. staatswiss. Seminars zu Jena. Bd. 6, H. 3.)

Kurth, J. G., Hülfsbuch beim Religionsunterricht in der Unterklasse der Volksschule. gr. 8. (VIII u. 104 S.) Freiberg 849, Craz & Gerlach. n. ⅓ ℛ

— Materialien f. den Religionsunterricht in der Unterklasse der Volksschule gesammelt u. hrsg. 8. (60 S.) Freiberg 848, Reimmann. n. 4 ngr

Kurth, Jul.

Kurth, J., der gewandte Ball- u. Vortänzer; ein Leitfaden zum leichten u. umsicht. Arrangement eines Balles, nebst Choregraphie der beliebtesten Tänze u. Sammlung v. 50 Cotillon-Touren. Allen Freunden u. Freundinnen der Tanzkunst achtungsvoll gewidmet. 18. (VI u. 117 S. m. 11 lith. Taf.) Erfurt 851, Hennings & Hopf. — 2. verm. u. verb. Aufl. 12. (VIII u. 119 S. m. 12 lith. Taf.) Ebd. 852. ⅓ ℛ

Kurth, Jul., der gewandte Ball- und Vortänzer, ein Leitfaden zum leichten und umsichtigen Arrangement eines Balles, nebst Choregraphie über Polka Mazurke und der beliebtesten Tänze mit Sammlung von 50 Cotillon-Touren. Allen Freunden und Freundinnen der Tanzkunst gewidmet. 3. Aufl. Erfurt (854.) Hennings u. Hopf. 12. (VIII, 119 S. u. 12 lith. Taf.) 10 ngr.

Kurth, Jul., die allgemein beliebtesten Contre-Tanz-Touren u. die neuen Pariser Tanzfiguren der Quadrille a la cour zum Commando eingerichtet. 4. Aufl. Nordhausen 860. Eick in Comm. 32. (13 S.) n. 2½ ngr

Kurth, J(ul.), neueste Mode-Tänze. La Polka Mazurka, la Varsovianna, la Tiroliénne, la Siciliénne, l'Impérial in klarer ausführl. Beschreibung zum Selbstunterricht. Nebst Musik für Pianoforte zu obigen Tänzen von A. Möller. gr. 16. (31 S. und 4 S. Musikbeilagen in gr. 4.) Erfurt 854(55,) Hennings und Hopf. Thlr.

Kurth, Julius

Kurth, Jul., s.: Bibel, die.

Kurth, Julius: Suzuki H a r u n o b u . Mit 53 Abb. nach japan. Orig. München & Leipzig: Piper 1910. 123 S. 4⁰ (8⁰)
(Klassische Illustratoren. Bd. 7.)

— Japanische H o l z s c h n i t t e aus der Sammlg. Straus-Negbauer in Frankfurt a. M. Ausgestellt im Städel'schen Institut Novbr. bis Dezbr. 1909. Beschrieben v. K. Hrsg. v. Heinr. Hahn. Mit 1 farb. u. 24 schwarzen Abb. (64 S.) 8. Frankfurt a/M. (909). Städel'sches Kunst-Institut. 1. 50

Kurth, Julius: Die christliche Kunst unter Gregor dem Grossen. Eine archäologische Untersuchung. *Halle a. S. 1897: Wischan & Wettengel.* (76 S. mit Taf.) 8°
Heidelberg, Phil. Diss. v. [8. Sept.] 1897

— Japanische Lyrik aus 14 Jahrh., s. a. Fruchtschale, die. 17. Bd.

Japanische Lyrik aus vierzehn Jahrhunderten. Nach d. Orig. übertr. von Dr Julius **Kurth**. Mit 23 Abb. 3. Aufl. München & Leipzig: Piper [1910]. XIII, 138 S. 8°
(Die Fruchtschale. Bd 17.) [11. 4263

Kurth, Jul., Adolph Menzel u. sein Vaterunser. Studie auf Grund e. unveröffentlichten Schreibens des Meisters. Mit 1 Taf. u. dem Fcsm. des Menzelbriefes. (15 S.) Lex.-8. Berlin 905. R. Wagner. n. 2. 50

Die Mosaiken der christlichen Ära. Dr. phil. Julius **Kurth**, Prediger. T. 1. Die Wandmosaiken von Ravenna. [Mehr nicht ersch.] Berlin: Grund; [Leipzig-Berlin: Deutsche Bibelgesellsch.] 1902. VIII, 292 S. 4° [11. 16613

— die M o s a i k e n der christlichen Ära. 1. Thl. Die Wandmosaiken v. Ravenna. Mit 4 Taf. in Gold u. Farben u. 28 andern Taf. gr. 4. (VIII, 292 S.) Berlin 902. Deutsche Bibelgesellsch. n. 20. —; geb. n. 22. 50

Aus Pompeji. Skizzen u. Studien von Dr. Julius **Kurth**. Mit Abb. u. eigenen Zeichn. Berlin: Deutsche Bücherei [1907]. (82 S.) 8° [J.]
— Bücherei, Deutsche. Bd 84. [08. 8848

— S h a r a k u. (VII, 125 u. 72 S. m. 87 Abb. u. 8 farb. Taf.) Lex. 8. München 910. R. Piper & Co. 15.—; geb. in Halbleinw 18. —

— s.: Testament, das Neue.

— U t a m a r o. Mit 45 bunten u. schwarzen Taf. u. Abb., einschliesslich e. Farbenholzschn. u. 10 Schrifttaf. (XIII, 390 S.) Lex. 8. Leipzig 907. F. A. Brockhaus. Kart. 80. —

(Kurth, Julius:) Die W a n d m o s a i k e n von Ravenna. Mit 4 Taf. in Gold u. Farben u. 28 anderen Taf. Leipzig-Berlin: Deutsche Bibelgesellsch. (1902). (VIII, 292 S.) 4⁰
= Kurth: Die Mosaiken d. christl. Ära. T. 1.

— Wie sah Huss aus?, s.: F a b e r, Wilh.

Kurth, Karl Friedr., kurze u. faßl. Erzählung d. Uebergabe d. evangel. Glaubensbekenntnisses am 25. Juni 1830. 1. u. 2. Aufl. gr. 8. (à 1 B.) Leipzig, Serig. à

Kurth, K. F., kurze u. faßliche Erzählung der Uebergabe d. evangel. Glaubens-Bekenntnisses am 25. Juni 1830. Eine Festgabe zum 300jähr. Jubiläum. 2e Aufl. gr. 8. Leipz. 830. Serig. 1 K

Kurth, Karl Fr., s. C. G. D. Stein, kleine Geographie. 20e A.

Kurth, L., illustrirtes Kochbuch für bürgerliche Haushaltungen, sowie auch für die feine Küche. Mit zahlreichen in den Text eingedr. Holzschn. u. der (lith.) Abbildg. einer Küche im Kgl. Schlosse zu Berlin (in 4.). 857. — 2. (Titel-)Aufl. Berlin 858. M. Berendt. 8. (XXIV, 744 S.) 1 ℛ. 18 ngr

—— illustrirtes Kochbuch für bürgerliche Haushaltungen, sowie auch für die feine Küche. 2—5. Aufl. 8. (XXIV und 776 S. mit 105 in den Text gedr. Holzschn.. und der lithogr. Abbild. einer Küche im königl. Schlosse zu Berlin in qu. 4.) Berlin 857—61, Berendt.

Kurth, L., illustrirtes Kochbuch für bürgerliche Haushaltungen, sowie auch für die feine Küche. Mit 105 in den Text gedr. Holzschn. u. der (lith.) Abbildung einer Küche im Königl. Schlosse zu Berlin (in 4.). 3. Aufl. 860. (XXIV, 744 S.) 1 ℛ 18 ngr — 4—6. Aufl. Berlin 861, 62. Berendt. 8. (XXIV, 776 S.) 1 ℛ 20 ngr

Kurth, L., illustrirtes Kochbuch für bürgerliche Haushaltungen, sowie auch für die feine Küche. 7. Aufl. Leipzig 866. Literarisches Institut. br. 8. (XXIV, 752 S. mit 105 in den Text gedr. Holzschn. u. der Abbild. einer Küche im Königl. Schlosse zu Berlin in qu. 4.) 1 ℛ 20 ngr

Kurth, L., illustrirtes Kochbuch f. bürgerl. Haushaltgn., wie auch f. die feine Küche. Mit 105 in den Text gedr. Holzschn. u. der (lith.) Abbildg. e. Küche im königl. Schlosse zu Berlin. (in qu. gr. 4.) 8. verm. u. verb. Aufl. 8. (XXIV, 756 S.) Leipzig 876. literar. Institut. 5. —; geb. n. 6. —

Kurth, L., illustrirtes Kochbuch für bürgerliche Haushaltungen, wie auch für die feine Küche. Mit 105 in den Text gedr. Holzschn. u. der Abbildung einer Küche im königl. Schlosse zu Berlin. 9., verm. Aufl. Mit neuen u. alten Maaß- u. Gewichts-Angaben. gr. 8. (XXIV, 758 S.) Leipzig 877. Literar. Institut. 5. —

Kurth, illustrirtes Kochbuch für bürgerliche Haushaltungen, wie auch für die feine Küche. Mit 105 in den Text gedr. Holzschn. und der (lithogr.) Abbild. einer Küche im königl. Schlosse zu Berlin. 8. verm. und verb. Aufl. (XXIV, 756 S.) 1876: 9. verm. Aufl. Mit neuen und alten Maaß- und Gewichts-Angaben. 10 Lfgn. gr. 8. (XXIV, 758 S.) Leipzig 879, Literar. Institut. à Lfg. 50 Pf., ℳ 5.; geb. *

Kurth, illustrirtes Kochbuch für bürgerliche Haushaltungen, wie auch für die feine Küche. Mit 105 in den Text gedr. Holzschn. und der (lithogr.) Abbild. einer Küche im königl. Schlosse zu Berlin. 10. Aufl. gr. 8. (XXIV, 759 S.) Leipzig 883, Literar. Institut. geb. *

Kurth, L., illustrirtes Kochbuch f. bürgerliche Haushaltungen, wie auch f. die feine Küche. Mit 105 in den Text gedr. Holzschn. u. der Abbildg. e. Küche im königl. Schlosse zu Berlin. 11. verm. Aufl. Mit neuen u. alten Maaß- u. Gewichts-Angaben. 8. (XXIV, 759 S.) Leipzig 887. Literar. Institut. geb. n. 6. —

Kurth, L., illustrirtes Kochbuch f. bürgerl. Haushaltungen, wie auch f. die feine Küche. Mit 106 in den Text gedr. Holzschn. u. der Abbildg. e. Küche im königl. Schlosse zu Berlin. 12., verm. Aufl. Mit neuen u. alten Maaß- u. Gewichts-Angaben. gr. 8. (XXIV, 758 S.) Leipzig 890. Literar. Institut. geb. n. 6. —

Kurth, L., illustr. Kochbuch f. bürgerl. Haushaltgn., wie auch f. d. feine Küche. 13., verm. Aufl. M. neuen u. alten Maaß- u. Gewichts-Angaben. gr. 8. (XXIV, 759 S. m. 105 Holzschn.) Leipzig 895. Literar. Institut. Geb. in Leinw. n. 6. —

Kurth, L., illustr. Kochbuch f. bürgerl. Haushaltungen, wie auch f. die feine Küche. 14. verm. Aufl. Mit neuen u. alten Maaß- u. Gewichts-Angaben. 8. (XXII, 762 S. m. 105 Holzschn.) Leipzig 901. Literar. Institut. Geb. in Leinw. n. 6. —

Kurth, L., illustriertes Kochbuch f. die feine Küche, wie auch f. bürgerliche Haushaltungen. 15., verm. Aufl. (XXIV, 728 S. m. 105 Holzschn.) 8. Leipzig 909. Literar. Institut. Geb. in Leinw. 6. —

Kurth, L., illustrirtes Pfennig-Kochbuch für bürgerliche Haushaltungen, so wie auch für die feine Küche. 12 Lfgn. br. 8. (XXIV und 744 S. mit zahlreichen in den Text gedr. Holzschn. ꝛc. und 1 Stnt. in qu. 4.) Berlin 857. 58, Berendt. à Lfg. 4 Ngr. cplt. geb.

Kurth, Otto, Dr.: Die Bedeutung des Wassernetzes der Provinz Posen für die Entwickelung ihres Verkehrs. *Lissa i. P. 1900: A. Schmädicke.* (36 S.) 4°
Lissa i. P., k. Comenius-G, OP 1900 (169)

[F.] Kurth, Otto: Beitrag zur Erklärung der Farben von Krystallplatten im polarisierten Licht. (Th. 1.) Jauer, Druck d. Opitz'schen Buchdr., 1892; 1 Bl., 15 S., 1 Taf. 4.
Jauer, k. G, OP 1892 (187)

[Umschlagt.:] [F.] Kurth, Otto: „Beitrag zur Erklärung der Farben von Krystallplatten im polarisierten Licht.“ 2. Tl. (Forts. d. P-Beil. 1892.) Jauer, Druck d. Opitz'schen Buchdr., 1893; 1 Bl., 17—30 S., 1 Taf. 4.
Jauer, k. G, OP 1893 (190)

Kurth, Otto, Ergänzungs-Hefte zu den Kurthschen Musterschreibheften. 3. Hft. Vorlagen f. den Postverkehr. Mit genauer Berücksicht. der vom Hrn. Minister der geistl. pp. Angelegenheiten erlassenen Verfügg. vom 27. XI. 1901 nach dem Normal-Duktus hrsg. 4. (40 S.) Harburg (902). G. Elkan. n.n. — 25

Kurth, Otto, Ergänzungs-Hefte zu den Kurthschen Musterschreibheften. 1.—3. Heft. Mit genauer Berücksicht. der vom Herrn Minister der geistl. pp. Angelegenheiten erlass. Verfügg. vom 27. XI. 1901, nach dem Normal-Duktus hrsg. 8. Harburg, G. Elkan. n.n. — 60
1. Briefe u. Formulare a. d. Geschäftsleben I. (24 S.) (903). n.n. — 15. — 2. Dasselbe II. (24 S.) (903). — 20.
3. Vorlagen f. den Postverkehr. 2. Aufl. (40 S.) 906. n. — 25.

Kurth, Otto, Ergänzungs-Hefte zu den Kurth'schen Musterschreibheften. Mit genauer Berücksicht. der v. Hrn. Minister der geistl. pp. Angelegenheiten erlassenen Verfügg. vom 27. XI. 1901 nach dem Normal-Duktus hrsg. 3 Hefte. 8. Harburg, G. Elkan. p — 65
1. Briefe u. Formulare aus dem Geschäftsleben. I. 3. Aufl. (24 S.) (910.) — 15
2. Dasselbe. II. 2. Aufl. (24 S.) (909.) — 20
3. Vorlagen f. den Postverkehr. 3. erweit. u. ergänzte Aufl. (43 S.) (909.) — 30

Kurth, Geschichte der Leibesübungen in den Grundzügen, s.: Angerstein, Ed.

Kurth, Otto, Grundzüge d. Geschichte u. Entwicklg. der Leibesübungen, s.: Angerstein, Ed.

Kurth, Otto (III.), allgemeines deutsches Kochbuch für alle Stände. Eine umfassende Anleitung, alle Arten Speisen, Backwerke und Getränke auf die wohlfeilste und schmackhafteste Art zuzubereiten. Ein unentbehrl. Handbuch für Hausfrauen, Haushälterinnen und Köchinnen. gr. 8. (III, 288 S.) Berlin, SW. Alexanderinenstr. 27, 888, C. Ringer und Sohn, geb. 1 —

— Das Posener Land. Grundzüge e. allgemeinen Landeskunde auf wissenschaftl. Grundlage. Gemeinverständlich dargestellt. (IX, 98 S. m. 49 Abb. u. 1 farb. Karte.) 8. Lissa 911. O. Eulitz. 1. —

Kurth, Otto [aus Freienwalde a. O.]: Landulf der Aeltere von Mailand .... Halle Druck v. Emil Pilger, Freienwalde a. O., 1885; 4 + 32 S. 8°.
Halle, Phil. Fak., Inaug.-Diss. v. [12. Nov.] 1885.

Kurth, Otto, Landulf der Aeltere von Mailand. Diss. Halle 1885, Lippertsche Buchh. 8°. 32 S.

Kurth, Otto (I.), Landulf der Altere von Mailand. Ein Beitrag zur Kritik italiän. Geschichtsschreiber. gr. 8. (IV, 53 S.) Halle 885, Niemeyer. * 1 20

Die Ostmark Posen und ihre Bedeutung für Preußen-Deutschland. Eine hist.-statist. Studie z. Polenfrage von Dr. [Otto] Kurth, Oberl. in Lissa. *Berlin: Gose & Tetzlaff 1903.* (32 S.) 8° [F.] [04. 3736

Kurth, Otto (II.), Vorschriften nach dem Normal-Duktus des königl. Provinzial-Schul-Kollegiums der Provinz Hannover. qu. schmal gr. 8. (27 Stnt. mit 1 Bl. Text.) Harburg 887, Elkan. * — 25

Kurth, Otto, Vorschriften nach d. Normal-Duktus der kgl. Prov.-Schul-Kollegiums d. Prov. Hannover. 2. Aufl. qu. schmal gr. 8. (27 lith. S. m. 1 Bl. Text.) Harburg 898. G. Elkan. n. — 25

— Vorschriften nach dem Normal-Duktus des kgl. Prov.-Schul-Kollegiums der Prov. Hannover. 3. Aufl. (II, 27 S.) 8,5×22,5 cm. Ebd. (910). — 25

Kurth, Paul, das Gesetz der Freude. Dramatisch dargestellt. (58 S.) 8. Dresden 909. E. Pierson. 1.50; geb. n 2. 50

Kurth, Richard, aus Leipzig: Der Gebrauch der Präpositionen im Rumänischen. *Leipzig: J. A. Barth 1904.* (175 S.) 8°
¶ (Aus: Jahresbericht d. Inst. f. rumän. Sprache zu Leipzig, 10.)
Leipzig, Phil. Diss. v. 1904

Kürth, A. [u. a.] Festzug des vierten Leipziger Carneval. Entworfen von den Künstlern des Zug-Comités Elfenberger, Foedisch, Mothes, Römer u. Zucchi. Hrsg. von A. Kürth. [Umschlagtit.] Leipzig, Selbstverl. 1870.
12 Taf. in kol. Lithogr. gr 2°.

Kürth, Alfred: Ueber die Beziehung der Kugeldruckhärte zur Streckgrenze und zur Zerreißfestigkeit zäher Metalle. 1908. 45 S. 4° ¶ Auch in: Mitteilungen über Forschungsarbeiten auf d. Gebiete d. Ingenieurwesens. H. 65/66. 1909; Ausz. in: Zeitschrift d. Vereines deutscher Ingenieure. Bd 52, Halbj. 2.
Berlin, Dr.-Ing.-Diss. v. 13. 3. 1908

Kürth, A., über die Beziehung der Kugeldruckhärte zur Streckgrenze u. zur Zerreissfestigkeit zäher Metalle, s. a. Mitteilungen üb. Forschungsarbeiten auf dem Gebiete des Ingenieurwesens.

Kürth, Walter: Die hausindustrielle Fabrikation kleinerer musikalischer Instrumente im Vogtland und in Oberbayern. Borna-Leipzig 1910: Noske. VIII, 106 S. 8°
Leipzig, Phil. Diss. v. 8. Febr. 1910, Ref. Stieda, Schmid
[Geb. 4. Sept. 84 Dresden; Wohnort: Dresden; Staatsangeh.: Sachsen; Vorbildung: Gymn. Zittau Reife M. 07; Studium: Leipzig 7 S.] [U 10. 3181

Kurths, Paul

Kurths, P., Im neunzehnten Jahrhundert v. Chr., Festsp. m. Turnen, Tanz u. Gesang in 5 Akt., Magdeburg 1897, 45 S., 4°.

Kurths, Paul, Magdeburger Sagen. Dichtungen. (64 S.) 8. Leipzig (908). (Magdeburg, Creutz.) 1.50

KURTHS, Walther: Ein Fall von Melanosarkom des Grosshirns mit Metastasen in der Lunge und in einer Nebenniere.- Gera: Müller 1897. 20 S.
23.7.1897 - Chr 1897/98,18; Jv 1897/98,214 (Prom.-Datum: 1898)
Diss. Ingolst.-Landsh.-Mchn.

Kurths, Wilh., und F. Warmholz, erstes Lesebuch, s. Warmholz.

Kurths, W., Lesebuch für Volks- und Bürgerschulen, s. Warmholz, F.

Kurths, W., Lesetafeln, s. Warmholz, F.

Kurths, Wilh., Schreiblesefibel, mit besonderer Berücksichtigung der Orthographie. 8. (64 S.) Magdeburg 848, Baensch. 1/8 Thlr.

Kurths, W., und F. Warmholz,
—— —— Tabellen zur Unterstützung des ersten Leseunterrichts,
—— —— kalligraphische Wandvorschriften,
} s. Warmholz, F.

Kürti, Adolf Zur Quellenfrage des Tacitus. (Agricola, Germania, Historien, Annalen.) (Umschlagtitel: Tacitus.) S. 3—37. 8.
Progr. K. k. Staats-Realgymn. im XVII. Bezirke Wien 1910.

Kürti Adolf: De Cornelii Taciti scientia geographica. H. 1907 PN 2289 Diss. Wien, Univ.

Kürti, Desider: Betrachtungen über das Staatsmonopol im Allgemeinen und das Tabakmonopol im Speziellen. Eine volkswirtschaftliche Studie. ... Budapest, M. Deutsch'sche art. Anst. Czettel & Deutsch, 1890; 84 S. + 1 Bl. 8°
Leipzig, Phil. Fak., Inaug.-Diss. v. 31. März 1890

Kurtidis, Aristoteles P. ['(aus Athen)']: Gewöhnung und Gewohnheit. E. psychologisch-pädagog. Monographie ... Athen, Druck v. A. Konstantinidis, 1893; 2 Bl., 64 S. 8.
Jena, Phil. Fak., Inaug.-Diss. v. 1894

Kurtius, Kurt

Kurtius, K., die Braut des Schwarzadlers,
—— auf der Fährte des Mörders,
} s. Volks-Erzählungen, kleine.

Kurtius, K., der Deichbauer,
— der Dorfteufel,
— auf der Flucht,
— der Hausirer,
— ein Verbrecher,
— Hans v. Weser,
} s.: Bibliothek interessanter Erzählungen.

Kurtius, K., auf der Insel, s. Bibliothek interessanter Erzählungen.

Kurtius, Kurt, der Tatar, s.: Bibliothek interessanter Erzählungen.

—— der Tatar, s. Erzählungen aus Heimat und Ferne.

KURTOESSY, Josephus: Doctrina Lutheri, Zwingli et Calvini inter se comparatae in oppositione ad doctrinam ecclesiae catholicae. — (1888) 108 S. 4° (Handschr.) Diss. 404
Diss. Wien, Univ.

Kurts, Börsen-, Comtoir- und Reisekarte von Central-Europa nebst Zusammenstellung der Postverbindungen von den Eisenbahnstationen aus, so wie der electromagnet. Telegraphenlinien, und mit einem Anhange der Dampfschifffahrten. Nach officiellen Mittheilungen und aus den glaubwürdigsten Quellen gezogen. Neu bearb durch F. v. Buchholtz. 1. Aufl. 1850. und 2. verb. Aufl. Imp.-Fol. (2 lithogr. und ill. Bl. und 4 S. Text.) Berlin 851, C. Heymann. *

K[ur]ts: Architektonische E n t w ü r f e zu kleineren Landgebäuden, Garten-Verzierungen, Monumenten etc.
Berlin 1829. Querfol.

Kurts, Karte von Deutschland, mit beträchtlichen Theilen der angrenzenden Länder, nach den neuesten u. besten Hülfsmitteln bearbeitet. Berlin. D. Reimer. 1833. 5 lith. Blätter in Fol. (1/4 Thlr.)
——, —— M. 1 : 900000. Berlin. C. Heymann. 1833. 16 Bll. (2 Thlr. — Kolor. 3 Thlr.)

—— Karte von Mittel-Deutschland. Berlin. C. Heymann. Kolor. qu. gr. Fol. (2/3 Thlr.)

Kurts. Karte der Sächsischen Schweiz mit besonderer Bezeichnung der interessantesten Puncte für Reisende. 1 : 55 000. Berlin 1831. 1 Bl. L. Ff.

Kurts. Karte vom Preussischen Staate mit beträchtlichen Theilen der angrenzenden Länder nach den neuesten und besten Hülfsmitteln bearbeitet. 1 : 900 000. Berlin 1831. 12 Bl. c. L. Ff.

Kurts. Karte vom nordwestlichen Theile des Königreichs Böhmen, enthaltend die Haupt-Poststrassen-Verbindungen nach den Bädern Carlsbad, Teplitz, Marienbad, Franzenbrunnen pp. Berlin. 1 Bl. L. Ff.

Kurts, Neueste Post- und Reise-Karte von Deutschland und den angrenzenden Laendern, nach den besten Hülfsmitteln entworfen. Berlin, Zawitz, 1842. Imp.-Fol. Lith. u. kolor. (2/3 Thlr.)

Kurts, Uebersicht der vollendeten Eisenbahnen im Central-Europa, nebst Zusammenstellung der im Bau gesicherten so wie der nach ihren verschied. Quellen projectirten Bahnen, mit ein. Anh. der Dampfschifffahrten. Lith. u. col Roy.-Fol. (Nebst 4 B. Text in 8.: Statistischer Begleiter zur Eisenbahnkarte des Maj. Kurts v. Leop. v. Zedlitz-Neukirch.) Berlin 844, Heymann. Thlr. *

Kurts. Uebersicht der Haupt-Post-Strassen-Verbindungen in Mittel-Europa. Berlin 1835. 1 Bl. c. L. Ff.

Kurts, Major, Director, Uebersicht der Haupt-Post-Straßen-Verbindungen in Mittel-Europa. Nach officiellen Mittheilungen und den neuesten Hülfsmitteln bearbeitet. Nebst Nachweisung der Entfernungen zwischen den vorzügl. Hauptorten Mittel rc. Europa's. 1 lithogr. u. ill. Blatt in Imp.-Fol. (Berlin 836. Plahn'sche Buchh.; Nitze.) n. 1 3/4 Thlr.

— Uebersichts-Karte der Dampfschifffahrt auf dem Continent von Europa u. den überseeischen Handelsplätzen, so wie Darstellung der schon vorhandenen zu den projektirten Eisenbahnen und der Hauptstraßen-Verbindungen rc. Imp.-Form. Glogau 838, Prausnitz. illum. 7/12 Thlr.

Kurts: U m g e g e n d von Ems. Berlin. 1 Bl. L. Ff.

Kurts. Umgegend von Carlsbad. 1 : 9 223. Berlin. 1 Bl. Metallographie. Ff.

Kurts, Fr. Gust. Gerh., Denkwürdigkeiten aus d. Geschichte der Stadt u. Standesherrschaft Wartenberg. 8. (13 1/2 B.) Wartenberg 846. (Breslau, Kern.) *

Kurts, Friedr., Geschichts-Tabellen. Uebersicht der polit. und Cultur-Geschichte mit Beigabe der wichtigsten Genealogien in synchronist. Zusammenstellung für Schulen und den Privatunterricht bearb. Fol. (VI S. und 25 Tab. in qu. gr. Fol.) Leipzig 860, T. O. Weigel. *

Kurts, Friedr., Geschichtstabellen. Uebersicht der politischen und Cultur-Geschichte mit Beigabe der wichtigsten Genealogien in synchronist. Zusammenstellung für Schulen und den Selbstunterricht bearb. 2. verm., bis auf die Gegenwart ergänzte Aufl. gr. 4. (V, 54 S.) Leipzig 875, T. O. Weigel. *

Kurts, Friedr., Geschichtstabellen. Uebersicht der polit. und Kultur-Geschichte mit Beigabe der wichtigsten Genealogien in synchronist. Zusammenstellung, für Schulen und den Selbstunterricht bearb. 3. verm., bis auf die Gegenwart ergänzte Aufl. 2 Abthlgn. gr. 4. Leipzig, T. O. Weigel. cart. à Abthl. *ℳ 1,30.; in 1 Bd. *

Inhalt:
Abthl. 1. Alte und mittlere Geschichte. (18 Tab. in qu. Fol. mit 2 S. Text.) 880.
" 2. Neue Geschichte. (15 Tab. in qu. Fol. mit 1 S. Text.) 881.

Kurts, Friedr., allgemeine Mythologie. br. 8. (XII, 577 S. mit 97 eingedr. Holzschn.) Leipzig 869, T. O. Weigel.

Kurts, Frdr., allgemeine Mythologie. Ein Handbuch der klassischen, orientalischen, germanischen u. slavischen Götterlehre. Mit 106 (eingedr.) Holzschn. 2. Aufl. gr. 8. (XIV, 642 S.) Leipzig 881. T. O. Weigel. n. 7. —; geb. n.n. 8. 50

—— s. Nösselt's, Friedr., Weltgeschichte für Töchterschulen.

Kurts, Friedr., Spruchbuch für Schüler in evangelischen Stadtschulen. 2 Abthlgn. Brieg 864. (Bänder.) 8. [1. Abthl. (16 S.) n.n. 1 ngr, 2. Abthl. (26 S.) n.n. 1½ ngr] n.n. 2½ ngr

Kurts, Frdr., Tabellen der preussischen Geschichte. Übersicht der Geschichte des preussischen Staates in synchronistischer Zusammenstellung mit Beigabe einer genealogischen und heraldischen Tafel für Schulen u. den Selbstunterricht bearb. Leipzig 861. T. O. Weigel. gr. 4. (7 S. u. 6 Tab. in 4. u. Fol.) n. 12 ngr

—— über das Wesen und die Bedeutung der Schul-Disciplin. Vortrag bei der Schullehrer-Conferenz des Kirchenkreises Brieg am 13. Septbr. 1865 gehalten. gr. 8. (24 S.) Brieg 865, (Bänder.) *

Kurts, Theodor, aus Elbing, Referendar am Kgl. Amtsgericht zu Pr. Holland, Ostpr. Ist die Aneignung ⟨§ 958 B.G.B.⟩ ein Rechtsgeschäft, und welche Folgen hat dies? *Pr. Holland 1903: H. Weberstädt.* (46 S.) 8° [J.]
Rostock, Jur. Diss. v. [24. Dez.] 1903

(Kurtscheid, Heinrich:) Sozialdemokratische Streik-Taktik insbesondere gegenüber christlichen Gewerkschaften mit vorzugsweiser Berücks. einiger Vorgänge im Cölner Schreinergewerbe. 3. unveränd. Aufl. Cöln: Christl. Holzarbeiterverband 1905. 32 S. 8°

Kurtz, s.: Bericht der Reichstags-Kommission zur Vorberathung d. Gesetz-Entwurfs betr. die Abänderung d. Gesetzes gegen die gemeingefährlichen Bestrebungen der Sozialdemokratie.

Kurtz, s.: Forschungsreise S. M. S. „Planet".

Kurtz, Inhaltsverzeichniß, s.: Gerichtssaal, der.

Kurtz, s.: Kolpings-Kalender, neuer.

Der Moerser Liguoristreit. Ein Büchlein f. friedl. u. ehrl. Leute. Von Pfarrer Kurtz in Traar. *Kempen: Klöckner & Mausberg 1901.* (61 S.) 8°

Ein bequemeres Rechenverfahren zur Böhlerschen Basismessung. Von Kapitänlt. Kurtz. Berlin: E. S. Mittler & Sohn 1905. (7 S.) 8°
Aus: Mitteilungen aus d. deutschen Schutzgebieten. Bd 18, H. 1. 11

Kurtz, Alfred

Kurtz, A., der perfekte Skat-Spieler. Eine prakt. Anleitung zur Erlernung dieses beliebten Kartenspiels. 2.—8. Aufl. 16. (78 S.) Berlin 882—88, Mode's Verlag. — 60

Kurtz, Alfr., d. perfekte Skat-Spieler. E. prakt. Anleitg. z. Erlerng. dieses beliebten Kartenspiels. 10. Aufl. 16. (78 S.) Berlin 896. S. Mode's Verl. — 60

Kurtz, Alfr., der perfekte Skat-Spieler. Eine prakt. Anleitg. zur Erlerng. dieses beliebten Kartenspiels. 13. Aufl. gr. 16. (78 S.) Berlin (899). S. Mode's Verl. — 60

—— Streichhölzer. Ein Beitrag zur Unterhaltung für gesell. Kreise, insbesondere als Studium für Stamm- und Stehgäste am gemütl. Bier- und Weintisch. Ausgestattet mit zierl. Holzschn. 1.—5. Aufl. 16. (48 S.) Ebendas. 881—84.

Kurtz, Alfr. Streichhölzer. Ein Beitrag zur Unterhaltg. f. gesell. Kreise. 8. Aufl. 16. (48 S. m. Holzschn.) Berl. 890, Mode's Verlag. — 30

— Streichhölzer. E. Beitrag z. Unterhaltg. f. gesell. Kreise, insbes. als Studium f. Stamm- u. Stehgäste am gemütl. Bier- u. Weintisch. Ausgest. m. zierl. Holzschn. 11. Aufl. gr. 16. (48 S.) Ebd. 895. — 30

— Streichhölzer. Ein Beitrag zur Unterhaltg. f. gesell. Kreise, insbesondere als Studium f. Stamm- u. Stehgäste am gemütl. Bier- u. Weintisch. Ausgestattet m. zierl. Holzschn. 14. Aufl. gr. 16. (48 S.) Ebd. (899). — 30

Kurtz, Alfr., Streichhölzer. Ein Beitrag zur Unterhaltg. f. gesell. Kreise insbes. als Studium f. Stamm- u. Stehgäste am gemütl. Bier- u. Weintisch. Ausgestattet m. zierl. Holzschn. 17. Aufl. (48 S.) gr. 16. Berlin (903). S. Mode. — 30

—— neuestes Traumbuch für alle diejenigen, welche sich für die Deutung der Träume interessieren. 16. (112 S.) Ebendas. 881. *

—— neuestes Traumbuch für alle diejenigen, welche sich für die Deutung der Träume interessieren. 2.—8. Aufl. 16. (112 S.) Ebendas. 882—88. — 50

Kurtz, Alfr., neuestes Traumbuch f. alle diejenigen, welche sich f. die Deutung der Träume interessieren. 11. Aufl. 16. (112 S.) Berlin 892. S. Mode's Verl. n. — 50

— neuestes Traumbuch f. alle diejenigen, welche sich f. d. Deutg. d. Träume interessieren. 13. Aufl. 16. (112 S.) Ebd. 896. n. — 50

— neuestes Traumbuch f. alle diejenigen, welche sich f. die Deutg. der Träume interessieren. 16. Aufl. gr. 16. (112 S.) Ebd. 899. n. — 50

Kurtz, Alfr., neuestes Traumbuch f. alle diejenigen, welche sich f. die Deutung der Träume interessieren. 18. Aufl. (112 S.) 16. Berlin (907). S. Mode. — 50

Kurtz, Arth., Kind u. jubelnde Welt. „Das Geheimnis der Geheimnisse". Auszug aus e. ungedruckten u. illustr. Buche, welches die Geschichte e. neuen Gemäldes beschreibt. (14 S.) 16. Wien (909). A. L. Hasbach. — 35

KURTZ, Arthur
(F) Allerlei brauchbarer Unsinn. Weltperpetuum. Märchen oder Ernst. Zu Uraltem neuer Hauch. Verfasser: Der Einfall. Das Werkzeug des Verfassers: Arthur Kurtz. Meran. [1901.] In Comm. Ellmenreich. 8°. 108 S. K 1,60

Kurtz, C. J. De ebrietate ejusque noxis praecavendis et tollendis. Erfordiae 1741.

Kurtz, Carl, s. Kurtz, Karl.

Kurtz, Edmund, Dr.: Geologische Beobachtungen über die Bildung des Rurtals. Düren 1906: Hamel. (15 S., 2 Taf.) 4°
Düren, G P 1906 (540)

Kurtz, Edmund: Beziehungen zwischen Rur, Maas und Rhein zur Diluvialzeit. Düren 1909: Hamel. 23 S. 4°
Düren, G OP 1909 (588) [S 09. 275

Kurts, Edmund: Das Mündungsgebiet des Rheines und der Maas zur Diluvialzeit. Düren (1910): Hamel. 31 S. 8°
Düren, G OP 1910 (597) [S 10. 246

Kurts, Edmund, aus Ingersheim, Ob.-Els., wiss. Hilfslehrer am Realgymn. zu Essen-Ruhr: Das Netz der Kegelschnitte, die ein gegebenes Poldreieck haben. *Essen [1900]: Fredebeul & Koenen.* (23 S.) 8°
Münster, Phil. Diss. v. [7. Aug.] 1900

Kurts, Edmund, wiss. Hilfsl. Dr.: Das Netz der Kegelschnitte, die ein gegebenes Poldreieck haben. *Essen (1900): Fredebeul & Koenen.* (23 S.) 4°
Mülhausen i. E., OR (Gewerbe-S), MP 1900 (565)

Kurts, Eduard, s.: Christophoros Mitylenaios, dos. Gedichte.

— s.: **Gregorios', des Klerikers, Bericht üb. Leben usw. der hl. Theodora v. Thessalonich.**

Kurts, E., Miscellen zu Plutarch's Vitae u. Apophthegmata. gr. 8. (40 S.) Leipzig 888. A. Neumann's Verl. n. 1. —

Kurtz, Ed., und Ernst Friesendorff, griechische Schulgrammatik. gr. 8. (VI, 235 S.) Leipzig 879, Neumann's Verlag. *

Kurtz, Ed., u. Ernst Friesendorff, griechische Schulgrammatik. 2. Aufl. gr. 8. (VIII, 232 S.) Leipzig 880. Neumann. n. 3. —

— u. Ernst Friesendorff, griechische Schulgrammatik. 3. Aufl. gr. 8. (VIII, 232 S.) Ebend. 883. n. 2. 80

—— und Ernst Friesendorff, griechische Schulgrammatik. 4. Aufl. gr. 8. (VI, 215 S.) Ebendas. 887. * 2 50

— u. Ernst Friesendorff, griech. Schulgrammatik. 5. Aufl. (9. u. 10. Tausend.) gr. 8. (198 S.) Leipzig 901. A. Neumann. n. 2. 50

Kurtz, E., die Sprichwörter d. Eustathios, s.: Crusius, O., u. L. Cohn, zur handschriftlichen Ueberlieferung, Kritik u. Quellenkunde der Paroemiographen.

Kurtz, Ed., die Sprichwörtersammlung d. Maximus Planudes, erläutert. gr. 8. (47 S.) Leipzig 886. A. Neumann's Verl. n. 1. 50

Kurtz, Ed., zwei griechische Texte üb. die hl. Theophano, die Gemahlin Kaisers Leo VI. hoch 4. (XI, 76 S.) St. Petersburg 898. (Leipzig, Voss' Sort.) n. 2. —
Sonderabdruck aus: „Mémoires de l'acad. imp. des sciences de St. Pétersbourg".

—— Tierbeobachtung und Tierliebhaberei der alten Griechen. Vortrag. gr. 8. (21 S.) Ebendas. 886. * — 50

Kurtz, Ed., griechisches Übungsbuch zur Formenlehre und Syntax. gr. 8. (IV, 383 S.) Leipzig 881, Neumann's Verlag.

Kurtz, F., anatomische Beschreibung des Dionaea-Blattes, s. Munk, H., die elektrischen und Bewegungserscheinungen am Blatte der Dionaea muscipula.

Kurtz, F. S., der württembergische Flachsbau wie er ist, u. wie er sein könnte u. sollte. Offenes Sendschreiben an die Flachsbauern. M. Holzschn. gr. 8. (2⅓ B.) Stuttgart 843, Metzler'sche Buchh.

—— die Flachsbereitung nach dem anerkannt besten u. in Belgien üblichen Verfahren geschildert. 8. (2½ B., 1 Stnt. u. Holzschn.) Reutlingen 843, Mäcken Sohn.

Kurtz, F. S., s. Guénon, Fr., die außerordentl. Zeichen der Milchergiebigkeit, bei den Kühen &c.

Kurts, Franz [aus Flammersfeld]: Beiträge zur Kenntniss der Bestandtheile von Scilla maritima ... Erlangen, k. b. Hof- u. Univ.-Buchdr. v. F. Junge, 1893; 20 S. 8.
Erlangen, Phil. Fak., Inaug.-Diss. v. 1893

KURTZ, Franz (Neuwied): Über Sinusthrombose beim Kinde im Anschluss an Operation am Halse.- München, Neuwied: Strüder 1899. 25 S.
7.3.1899 - Chr 1898/99,14; Jv 1898/99,217
Diss. Ingolst.-Landsh.-Mchn.

KURTZ, Friedrich (Rippberg): Zur Frage der traumatischen Neurose.- München: Wolf 1892. 35 S.
7.7.1892 - Chr 1892/93,14; Jv 1891/92,205
Diss. Ingolst.-Landsh.-Mchn.

Kurtz, Fritz (geb. Berlin 6. 3. 1854): Aufzählung der von K. Graf von Waldburg-Zeil im Jahre 1876 in Westsibirien gesammelten Pflanzen. Berlin 1879. (66 S.) 8° * Aus: Verhandlungen des botan. Vereins der Prov. Brandenburg. Jg 21 1879. Einzelne Exemplare dieser Diss. haben am Schlusse der Vita den Zusatz: „Während seiner Studienzeit trank der Verfasser ca. 6 (genau 5,930) cbm Bier."
Berlin, Phil. Diss. v. 27. März 1879

Kurtz F.: Bericht üb. die Pflanzen, welche Karl Graf v. Waldburg-Zeil im August 1881 am unteren Jenissei gesammelt hat. 1893. [Rostr. Saml.].

Kurtz, Friedrich: Bericht über zwei Reisen zum Gebiet des oberen Rio Salado (Cordillera de Mendoza), ausgeführt in den Jahren 1891—1892 und 1892—1893. ([S.-A.] Abhandlungen des Botanischen Vereins der Provinz Brandenburg. Bd. 35. S. 95—120.) (Berlin 1893.) 26 S. 8°

Kurtz, F.: Die Flora des Chilcatgebietes im südöstlichen Alaska, nach den Sammlungen der Gebrüder Krause [Expedition der Bremer Geographischen Gesellschaft im Jahre 1882]. ([S.-A.] Engler's Botanische Jahrbücher. Bd. 19. S. 327—493.) Leipzig 1894. 167 S. 8°

Kurtz F.: Verzeichnis d. auf Island u. den Faer-Øern im Sommer 1883 v. Dr. K. Keilhack gesammelten Pflanzen. 1893. [Rostr. Saml.].

Kurtz, Hanns, Lebens-Melodien in Dur u. Moll. Eine Sammlung von Erzählungen u. Novellen. 3 Abthlgn. Wien 866. Mechitharisten-Congregations-Buchh. gr. 8. (XIV, 453 S.) 1 ₰ 6 ngr.

Verein zur Verbreitung guter katholischer Bücher. 1866. 4.—6. Heft. 8. (128, VII, 168 u. 156 S.) Wien, Mechitharisten-C.-B. 1 fl. 80 kr.
Inhalt: Kurtz, Hans, Lebens-Melodien in Dur und Moll. Eine Sammlung von Erzählungen.

Kurtz, Heinrich (Hrsg.), s. Zeugnisse der Wahrheit.

Kurtz, Hermann, 1813–1873, Dichter, s. Kurz, Hermann.

Kurtz, Herm., Adam u. die menschliche Urheimath. Eine anthropolog. Skizze. gr. 8. (45 S.) Hannover 894. F. Rehtmeyer. n. 1. —

Kurtz, Herm., d. Name Teut i. Lippischen. E. Beitrag z. Erforschg. d. Platzes d. Varusschlacht. gr. 8. (24 S.) Düsseldorf 890. Mainz, Militär-Verlagsanstalt. n. 1. —

Kurtz, Herm., Trier u. der heilige Rock. gr. 8. (IV, 128 S.) Zürich 892. Verlags-Magazin. n. 1. 60

Kurtz, Johannes: Über Entziehung von Alkalien aus dem Thierkörper. Diss. Dorpat. 1874. 49 S. 8°

Kurtz, Joh. Heinr., Abriß der Kirchengeschichte. Ein Leitfaden für den Unterricht in höheren Lehranstalten. 3., verkürzte Aufl. gr. 8. (VIII und 210 S.) Mitau 856, Neumann's Verlag.

Kurtz, Joh. Heinr., Abriß der Kirchengeschichte. Ein Leitfaden für den Unterricht in höheren Lehranstalten. 4. Aufl. gr. 8. (VIII und 206 S.) Mitau 858, Neumann's Verlag.

Kurtz, Joh. Heinr., Abriß der Kirchengeschichte. Ein Leitfaden für den Unterricht in höheren Lehranstalten. 5. Aufl. 1863. und 6. Aufl. gr. 8. (VI und 206 S.) Mitau 868, Neumann's Verlag.

Kurtz, Joh. Heinr., Abriß der Kirchengeschichte. Ein Leitfaden für den Unterricht in höheren Lehranstalten. 7. Aufl. (VIII, 208 S.) 1871. ℳ 2,10., und 8. Aufl. gr. 8. (VIII, 211 S.) Mitau 875, Neumann's Verlag. *

—— Abriß der Kirchengeschichte. Ein Leitfaden für den Unter- in höheren Lehranstalten. 9. Aufl. gr. 8. (VIII, 206 S.) Leipzig 878, Neumann's Verlag. *

Kurtz, Joh. Heinr., Abriß der Kirchengeschichte. Ein Leitfaden für den Unterricht in höheren Lehranstalten. 10. Aufl. gr. 8. (VIII, 206 S.) Leipzig 882. Neumann. n. 2. 20

Kurtz, Joh. Heinr., Abriß der Kirchengeschichte. Ein Leitfaden für den Unterricht in höheren Lehranstalten. 11. Aufl. gr. 8. (VIII, 214 S.) Leipzig 886, A. Neumann's Verlag. * 2 20

Kurtz, J. H., Abriß der Kirchengeschichte. Ein Leitfaden f. den Unterricht in höheren Lehranstalten. 12. Aufl. 8. (VIII, 219 S.) Leipzig 889. Neumann's Verl. n. 2. 20

Kurtz, Joh. Heinr., Abriß der Kirchengeschichte. Ein Leitfaden f. den Unterricht in höheren Lehranstalten. 13. Aufl. gr. 8. (VI, 229 S.) Leipzig 892. A. Neumann's Verl. n 2. 20

Kurtz, Joh. Heinr., Abriß d. Kirchengeschichte. E. Leitfaden f. d. Unterr. an höh. Lehranst. 14, rev. Aufl. gr. 8. (VI, 229 S.) Leipzig 896. A. Neumann. n. 2. 20

Kurtz, Joh. Heinr., Abriß der Kirchengeschichte. Ein Leitfaden f. den Unterricht an höh. Lehranstalten. 15., rev. Aufl. gr. 8. (VI, 228 S.) Ebd. 901. n. 2. 20

Kurtz, Joh. Heinr., Abriß der Kirchengeschichte. Ein Leitfaden f. den Unterricht an höh. Lehranstalten. 16., rev. Aufl. (VI, 229 S.) gr. 8. Leipzig 906. Aug. Neumann. n. 2. 20

Kurtz, Jh. Hnr., die Astronomie und die Bibel. Versuch einer Darstellung der biblischen Kosmologie, so wie einer Erläuterung u. Bestätigung derselben aus den Resultaten und Ansichten der neuern Astronomie. 8. Mitau 842, Lucas. (A. Neumann.) 1 ₰

—— Atlas zur Geschichte des alten Bundes, s. Jung, G.

Kurtz, Joh. Heinr., Beiträge zur Symbolik des alt-testamentlichen Cultus. 1. Hft.: Cultusstätte. [Abdr. aus der Zeitschrift für die gesammte Lutherische Theologie von Rudelbach u. Guericke.] gr. 8. (70 S.) Leipzig 851, Dörffling & Franke. n. 1/3 ₰

—— Beiträge zur Vertheidigung u. Begründung der Einheit des Pentateuches. I. Beitrag. Nachweis der Einheit von Gen. I—IV. gr. 8. (8½ B.) Königsberg 844, Gräfe u. Unzer. *

— Bibel u. Astronomie, nebst mehr. Zugaben verwandten Inhalts. Ein Beitrag zur bibl. Kosmologie f. Freunde der heil. Schrift. 2. gänzlich umgearb. u. vielfach erweit. Aufl. gr. 8. (X u. 317 S.) Berlin 849, J. A. Wohlgemuth. 1½ ₰

—— Bibel und Astronomie, nebst Zugaben verwandten Inhaltes. Eine Darstellung der bibl. Kosmologie und ihrer Beziehungen zu den Naturwissenschaften. 3., zum großen Theil neu ausgearb. Aufl. 12. (VIII und 570 S.) Berlin 853, J. A. Wohlgemuth. *

— Bibel und Astronomie nebst Zugaben verwandten Inhaltes. Eine Darstellung der biblischen Kosmologie und ihrer Beziehungen zu den Naturwissenschaften. 4., zum großen Theile neu ausgearb. Aufl. Berlin 858. Wohlgemuth. 8. 4 Bl., IV, 586 S.) n. 2 ₰.

— Bibel und Astronomie nebst Zugaben verwandten Inhaltes. Eine Darstellung der biblischen Kosmologie u. ihrer Beziehung zu den Naturwissenschaften. 5., verb. Aufl. Berlin 865. Wohlgemuth. gr. 8. (XII, 532 S.) n. 2 ₰

Kurtz, Joh. Heinr., der Brief an die Hebräer erklärt. gr. 8. (XII, 436 S.) Mitau 869, Neumann's Verlag. (*ℳ 8.) *

— the doctrines of the christian religion, based in Dr. Luther's smaller catechism. Translated from the German into Tshi on the missionary station at Akropong, Akuapem, Gold Coast, W. Africa. 2. ed. gr. 8. (141 S.) Basel 900. (Missionsbuchh.) Kart. n. 2. —

—— die Ehe des Propheten Hosea, nach Hosea I—III. gr. 8. (84 S.) Dorpat 859, Glaeser's Verlag.

— die Ehen der Söhne Gottes mit den Töchtern der Menschen. Eine theolog. Untersuchung zur exeget., histor., dogmat. u. prakt. Würdigung des bibl. Berichtes Gen. 6, 1—4. (Zugleich ein Nachtrag zu des Verf. Geschichte des Alten Bundes. Bd. I.) Berlin 857. Wohlgemuth. gr. 8. (V, 100 S.) 18 ngr

—— die Einheit der Genesis. Ein Beitrag zur Kritik u. Exegese d. Genesis. gr. 8. (18 B.) Berlin 846, J. A. Wohlgemuth, Verl. *

Kurtz, Joh. Heinr., biblische Geschichte. Der heil. Schrift nacherzählt und für das Verständniß der untern Klassen in Gymnasien und höh. Bürgerschulen erläutert. 1. Aufl. (VIII und 312 S.) 1847. * 16 Ngr. und 2., verb. Aufl. gr. 8. (VIII und 262 S.) Berlin 850, Wohlgemuth. *

— biblische Geschichte. Der heil. Schrift nacherzählt u. erläutert. 3—6. Aufl. Berlin 854—58. Wohlgemuth. 8. (VIII, 262 S.) n. 10 ngr

Kurtz, Joh. Heinr., biblische Geschichte. Der heil. Schrift nacherzählt und erläutert. 6—8. Aufl. 8. (VIII und 262 S.) Berlin 859. 60, J. A. Wohlgemuth. Thlr. *

— biblische Geschichte. Der heiligen Schrift nacherzählt u. erläutert. 7—11. Aufl. Berlin 859—64. Wohlgemuth. 8. (VIII, 262 S.) n. 10 ngr

— biblische Geschichte. Der heil. Schrift nacherzählt u. erläutert. 12—17. Aufl. Berlin 865—68. Wohlgemuth. 8. (VIII, 262 S.) n. 10 ngr

—— biblische Geschichte. Der heil. Schrift nacherzählt und erläutert. 17.—26. Aufl. 8. (VIII, 262 S.) Berlin 868—75, Wohlgemuth. *ℳ 1.; geb. *

Kurtz, Joh. Heinr., biblische Geschichte. Der heil. Schrift nacherzählt und erläutert. 27.—32. Aufl. 8. (VIII, 262 S.) Berlin 876—79, Wohlgemuth's Verlagsh. *

— biblische Geschichte. Der heil. Schrift nacherzählt u. erläutert. 33. Aufl. (Nach der neuen Rechtschreibung.) 8. (VIII, 262 S.) Berlin 881. Wohlgemuth. n. 1. —

—— biblische Geschichte. Der heil. Schrift nacherzählt und erläut. 31.—37. Aufl. 8. (VIII, 262 S.) Berlin 880—84, Wohlgemuth's Verlagsh.

geb.

—— biblische Geschichte. Der heil. Schrift nacherzählt und erläut. 38.—41. Aufl. 8. (VIII, 262 S.) Berlin 885—88, Wohlgemuth's Verlagsh. *ℳ 1.—; geb. * 1 25

Kurtz, Joh. Heinr. Biblische Geschichte. Der hl. Schrift nacherzählt u. erläutert. 42.—45. Aufl. 8. (VIII, 262 S.) Berl. 889—92, Wohlgemuth. * 1 —; geb. * 1 25

— biblische Geschichte. Der hl. Schrift nacherzählt u. erläutert. 46. Aufl. 8. (VIII, 262 S.) Berlin 893. J. A. Wohlgemuth. n. 1. —; geb. n.n. 1 25

— biblische Geschichte. D. hl. Schrift nacherz. u. erläut. 49. Ster.-Aufl. 8. (VIII, 262 S.) Breslau 898. F. Hirt. n. 1. —; geb. n. 1. 35

IBiblische Geschichte. Der Heiligen Schrift nacherzählt u. erl. von Joh. Heinr Kurtz, em. Prof. 51. Ster. Aufl. *Breslau: F. Hirt 1901.* (VIII, 262 S.) 8° [F.] (o). 1901: 2

IBiblische Geschichte. Der Heiligen Schrift nacherzählt u. erl. von Joh. Heinr. Kurtz, emer. Prof. 52. u. 53., durchges. ⟨Ster.⟩ Aufl. in d. neuen deutschen Rechtschreibung Mit Karten u. Bildern. Breslau: F. Hirt 1904. (250, VIII S.) 8° [F.] (o4. 3800

Kurtz, Joh. Heinr., biblische Geschichte. Der hl. Schrift nacherzählt u. erläutert. 54: (Ster.-)Aufl. Mit Karten u. Bildern zur Geschichte des hl. Landes. (250 u. VIII S.) 8. Breslau 909. F. Hirt. 1.—; geb. 1. 35

—— Geschichte des alten Bundes. 1. Bd. Lex.-8. (304 S.) Berlin 848, Wohlgemuth.

Kurtz, Joh. Heinr., Geschichte des alten Bundes. 1. Bd. 2., verb. u. zum Theil umgearb. Aufl. Berlin 853. Wohlgemuth. gr. 8. (4 Bl., 358 S.) n. 2 Thlr.

—— Geschichte des alten Bundes. 2. Bd. (in 2 Abthl.) gr. 8. (XII und 563 S.) Berlin 854(55,) J. A. Wohlgemuth. *
1. Bd. Ebendas. 1848. 1 Thlr. 15 Ngr.

—— Geschichte des alten Bundes. 2. Bd. 2. Aufl. gr. 8. (XIV und 576 S.) Berlin 858, J. A. Wohlgemuth. *
1. Bd. 2. Aufl. Ebendas. 1853. * 2 Thlr.

Kurtz, Joh. Heinr., Geschichte des Alten Bundes. Anh. zum 2. Bde.: Die Gesetzgebung. 1. Thl. A. u. d. T.: Der Alttestamentliche Opfercultus nach seiner gesetzlichen Begründung und Anwendung dargestellt und erläutert. Lex.-8. (XII und 402 S.) Mitau 862, Neumann's Verlag. *

—— Geschichte des alten Bundes. 1. Bd. 3., mit einem Nachtrag verm. Aufl. gr. 8. (IX und 368 S.) Berlin 864, Wohlgemuth. *

— Handbuch der allgemeinen Kirchengeschichte. 3., neu ausgearb. Aufl. (In 2 Bdn. oder 4 Abthlgn.) Mitau, Neumann. gr. 8.
1. Bd.: Vorgeschichte, Urgeschichte und Entwickelungsgeschichte in der antik-classischen Bildungsform.
1. Abth.: Bis zum Siege des Christenthums über das römisch-griechische Heidenthum. 853. (XII, 332 S.) 1 Thlr. 3 ngr
2. Abth.: Von Konstantin d. Gr. bis zum zweiten trullanischen Concil. 853. (XII, 546 S.) 1 Thlr. 21 ngr
3. Abth.: Geschichte der orientalischen Kirche vom trullanischen Concil bis zur Eroberung Konstantinopels. 854. (VIII, 205 S.) 21 ngr
2. " Entwickelungsgeschichte der Kirche in der mittelalterlich germanischen Bildungsform.
1. Abth.: Von den ersten Anfängen der germanischen Kirche bis zum Ende der karolingischen Zeit. (4—9. Jahrh.) 856. (XII, 563 S.) 1 Thlr. 24 ngr

— — 2. Ausg. 1. Bd. 1—3. Abth. Ebend. 858. gr. 8. (XI, 422; XII, 558; VIII, 206 S.) 3 Thlr. 27 ngr
1. Abth.: 1 Thlr. 12 ngr — 2. Abth.: 1 Thlr. 24 ngr — 3. Abth.: 21 ngr

—— Lehrbuch der heil. Geschichte. Ein Wegweiser z. Verständniß des göttl. Heilplanes f. Freunde der heil. Schrift. Auch als Leitfaden f. die Behandlung der heil. Geschichte in höhern Lehranstalten. 1. Aufl. (14¼ B.) 843. 22½ Ngr. u. 2., verb. u. verm. Aufl. gr. 8. (15⅝ B.) Königsberg 845, Gräfe u. Unzer. *

—— Lehrbuch der heiligen Geschichte. Ein Wegweiser zum Verständniß des göttl. Heilplanes nach seiner geschichtl. Entwicklung. 3. Aufl. (XVIII und 622 S.) 1847. * 24 Ngr., 4. Aufl. (XVI und 288 S.) 1850. * 25 Ngr. und 5., verb. und verm. Aufl. gr. 8. (XVI und 306 S.) Königsberg 851, Gräfe und Unzer. *

— Lehrbuch der heiligen Geschichte. Ein Wegweiser zum Verständniß des göttlichen Heilplanes nach seiner geschichtlichen Entwickelung. 6. verb. u. verm. Aufl. 853. (XVIII, 314 S.) n. 26 ngr — 7. verb. Aufl. 855. (XVI, 318 S.) n. 26 ngr — 8. verb. Aufl. Königsberg 858. Gräfe u. Unzer. gr. 8. (XVIII, 322 S.) n. 27 ngr

—— Lehrbuch der heiligen Geschichte. Ein Wegweiser zum Verständniß des göttl. Heilplanes nach seiner geschichtl. Entwickelung. 8. Aufl. 1858. 27 Ngr. und 9. verb. Aufl. gr. 8. (X und 343 S.) Königsberg 861, Gräfe und Unzer. *

— Lehrbuch der heiligen Geschichte. Ein Wegweiser zum Verständniß des göttlichen Heilsplanes nach seiner geschichtlichen Entwickelung. 10., verb. Aufl. Königsberg 864. Gräfe & Unzer. gr. 8. (X, 345 S.) n. 28 ngr

—— Lehrbuch der heiligen Geschichte. Ein Wegweiser zum Verständniß des göttl. Heilplanes nach seiner geschichtl. Entwicklung. 11., verb. Aufl. gr. 8. (X und 329 S.) Königsberg 868, Gräfe und Unzer. *

—— Lehrbuch der heiligen Geschichte. 13. revid. Aufl. gr. 8. (331 S.) Königsberg 874, Gräfe und Unzer. *

—— Lehrbuch der heiligen Geschichte. Ein Wegweiser zum Verständniß des göttl. Heilsplanes nach seiner geschichtl. Entwicklung. 14. revid. Aufl. gr. 8. (X, 331 S.) Königsberg 877, Gräfe und Unzer. *

— Lehrbuch der heiligen Geschichte. Ein Wegweiser zum Verständniß des göttlichen Heilsplanes nach seiner geschichtl. Entwicklung. 15., rev. Aufl. gr. 8. (X, 331 S.) Königsberg 880. Gräfe. n. 2. 80

— Lehrbuch der heiligen Geschichte. Ein Wegweiser zum Verständnis d. göttl. Heilsplanes nach seiner geschichtl. Entwicklg. 16. Aufl. gr. 8. (X, 331 S.) Königsberg 884. Gräfe. n. 2. 80

—— Lehrbuch der heiligen Geschichte. Ein Wegweiser zum Verständnis d. göttl. Heilsplanes nach seiner geschichtl. Entwicklg. 17. rev. Aufl. gr. 8. (XII, 331 S.) Lpz. 889, Reichardt. * 2 80
geb. * 3 40

— Lehrbuch d. heiligen Geschichte. E. Wegweiser z. Verständnis d. göttl. Heilsplanes nach s. geschichtl. Entwicklg. gr. 8. (VIII, 331 S) Leipzig 895. G. Reichardt. n. 2. 80; geb. in Halblbr. n. 3. 40

— Lehrbuch der Heiligen Geschichte. Ein Wegweiser zum Verständnis des göttl. Heilsplanes nach seiner geschichtl. Entwicklg. 19., rev. Aufl. (VIII, 330 S.) 8. Leipzig 906. G. Reichardt. n. 2. 80; geb. n. 3. 40

Kurtz, Joh. Heinr., Lehrbuch der Kirchengeschichte. Seitenstück u. Ergänzung zu des Verf. „Lehrbuch der heil. Geschichte." gr. 8. (XII u. 348 S.) Mitau 849, Neumann. n. 1 ℛ — 2. vielfach verb. u. verm. Aufl. gr. 8. (XVI u. 489 S.) Ebd. 850. 1 ℛ 18 ngr

—— Lehrbuch der Kirchengeschichte zunächst für höhere Lehranstalten. 1. Aufl. (VIII und 237 S.) 1852. und 2., verb. Aufl. gr. 8. (X und 245 S.) Mitau 853, Neumann's Verlag.

— Lehrbuch der Kirchengeschichte für Studirende. 3. Ausg. (Neue Ausarbeitung.) Mitau 857. Neumann. gr. 8. (XX, 724 S.) 2 ℛ 12 ngr

— Lehrbuch der Kirchengeschichte für Studirende. 4. Aufl. 860. (XX, 780 S.) n. 2 ℛ 16 ngr — 5. verb. Aufl. Mitau 863. Neumann. gr. 8. (XVIII, 811 S.) n. 2 ℛ 18 ngr

— Lehrbuch der Kirchengeschichte für Studirende. 6. verb. Aufl. Mitau 868. Neumann's Verlag. gr. 8. (XX, 820 S.) n. 2 ℛ 20 ngr

—— Lehrbuch der Kirchengeschichte für Studirende. 7. verb. Aufl. 2 Bde. gr. 8. (XIV, 456; XI, 488 S.) Ebendas. 874. *

—— Lehrbuch der Kirchengeschichte für Studirende. 8. zum großen Theil neu ausgearb. Aufl. 4 Thle. in 2 Bdn. gr. 8. (XI, 291; VIII, 314; VIII, 319; VII, 281 S.) Leipzig 881, Neumann's Verlag. *

— Lehrbuch der Kirchengeschichte f. Studirende. 9. Aufl. in durchgängig erneuter Bearbeitg. 2 Bde. zu je 2 Tln. gr. 8. (XII, 341; VIII, 323; VIII, 337 u. VII, 344 S.) Leipzig 885. A. Neumann's Verl. n. 15. 50

— Lehrbuch der Kirchengeschichte f. Studierende. 10. Aufl. in durchgängig erneuter Bearbeitg. 4 Tle. in 2 Bdn. gr. 8. (XII, 363; VIII, 348; VIII, 358 u. VII, 351 S.) Leipzig 887. A. Neumann's Verl. n. 16. —

—— Lehrbuch der Kirchengeschichte f. Studierende. 11. Aufl. in erneuter Bearbeitg. 4 Tle. in 2 Bdn. gr. 8. (XII, 372; VIII, 361; VIII, 359; VII, 368 S.) Ebd. 890. * 16 60

[F.] Lehrbuch der Kirchengeschichte für Studierende v. Joh. Heinr. **Kurtz**, weil. Doktor d. Theol. u. Prof. 12. rev. Aufl. Bd 1. 2. *Leipzig: A. Neumann 1892.* 2 Bde 8.
1. Bis zur Reformation.
   T. 1. Entwickelungsgeschichte d. Kirche in d. griech.-röm. u. griech.-byzant. Kulturzuständen. M. d. Bildnis d. Vfs. (XII, 373 S., 1 Portr.)
   T. 2. Entwickelgsgesch. d. Kirche in d. mittelalterl.-germ. u. -roman. Kulturzuständen. (VIII, 302 S.)
2. Seit d. Reformation. Entwickelgsgesch. d. Kirche in d. modern-europäischen Kulturzuständen.
   T. 1. Kirchengesch. d. 16. 17. 18. Js. (VIII, 359 S.)
   T. 2. Kirchengesch. d. 19. Js. (VII, 361 S.) [98. 358 Ge

Kurtz, Joh. Heinr., Lehrbuch der Kirchengeschichte f. Studierende. 13. Aufl. besorgt von N. Bonwetsch u. P. Tschackert. 4 Tle. in 2 Bdn. gr. 8. Leipzig 899. A. Neumann. n. 16. 80
1. Bis zur Reformation, bearb. v. N. Bonwetsch. 2 Tle. (X, 236 u. IX, 383 S.)
2. Seit der Reformation, bearb. v. P. Tschackert. 2 Tle. (VIII, 366 u. VIII, 371 S.)

Lehrbuch der Kirchengeschichte für Studierende von Joh. Heinr. Kurtz. 14. Aufl. besorgt von N[athanael] Bonwetsch u. P[aul] Tschackert. Bd 1. 2 (in je 2 T.). Leipzig: A. Neumann 1906. 2 Bde 8° [F.]
1. Bis z. Reformation, bearb. von N. Bonwetsch.
   1. Entwicklungsgeschichte d. Kirche in d. griech.-röm. Kulturzuständen.
   2. ... in d. mittelalterl.-byzantin. u. german.-roman. Kulturzuständen.
2. Seit d. Reformation, bearb. von P. Tschackert.
   1. Kirchengeschichte von d. Reformation bis z. Anfange d. 19. Jhs.
   2. Kirchengeschichte seit Anfang d. 19. Jhs. [06. 7303

— Lehrbuch der Kirchengeschichte f. Studierende. 14. Aufl., besorgt v. N. Bonwetsch u. P. Tschackert. 4 Tle. in 2 Bdn. gr. 8. Leipzig 906. Aug. Neumann. n. 16. 80
1. Bis zur Reformation, bearb. v. N. Bonwetsch. 2 Tle. (X, 338 u. X, 376 S.)
2. Seit der Reformation, bearb. v. P. Tschackert. 2 Tle. (VIII, 374 u. VIII, 372 S.)

—— das mosaische Opfer. Ein Beitrag z. Symbolik des mosaischen Cultus. Mit besond. Berücksichtig. der neusten Bearbeitung dieses Gegenstandes in der „Symbolik des mosaischen Kultus v. K. Chr. W. Fr. Bähr." gr. 8. (21 1/2 B.) Mitau 842, Lucas.

— das Mosaische Opfer. Ein Beitrag zur Symbolik des Mosaischen Cultus. Mit besond. Berücksichtigung der neusten Bearbeitung dieses Gegenstandes in der „Symbolik des Mosaischen Kultus von Dr. K. Chr. W. Fr. Bähr." gr. 8. Mitau 842, A. Neumann. 1 1/4 ℛ

— christl. Religionslehre. Nach dem Lehrbegriff der evangel. Kirche u. auf Grundlage des Lutherschen Katechismus. Zunächst für den Gebrauch in höhern Lehranstalten. 8. Mitau 844, Lucas. (A. Neumann.) n. 1/2 ℛ

—— christl. Religionslehre. Nach dem Lehrbegriff der evang. Kirche u. auf Grundlage des lutherschen Katechismus. Zunächst f. d. Gebr. in höhern Lehranstalten. 1. Aufl. (12 2/3 B.) 844. * 15 Ngr. u. 2., verb. Aufl. 8. (12 1/2 B.) Mitau 846, Lucas.

— christl. Religionslehre. Nach d. Lehrbegriff der evang. Kirche. 3. verb. u. verm. Aufl. 8. (VIII u. 199 S.) Ebd. 848. — 4. verb. u. verm. Aufl. 8. (VIII u. 208 S.) Ebd. 851. n. 12 ngr

—— christliche Religionslehre. Nach dem Lehrbegriff der evangel. Kirche. 5. Aufl. (VIII und 212 S.) 1853. und 6. Aufl. 8. (VIII und 212 S.) Mitau 855, Neumann's Verlag. *

—— christliche Religionslehre. Nach dem Lehrbegriff der evangelischen Kirche. 7., verb. Aufl. 8. (VIII und 212 S.) Mitau 859, Neumann's Verlag. *

— christliche Religionslehre. Nach dem Lehrbegriff der evangelischen Kirche. 8., unveränd. Aufl. Ebend. 863. 8. (VIII, 212 S.) n. 12 ngr

— christliche Religionslehre. Nach dem Lehrbegriff der evangel. Kirche. 9., unveränd. Aufl. Ebend. 867. 8. (VIII, 212 S.) n. 12 ngr

—— christliche Religionslehre. Nach dem Lehrbegriff der evangel. Kirche. 10. Aufl. 1871. *ℳ 1,20., und 11. revid. Aufl. gr. 8. (VIII, 211 S.) Ebendas. 875. *

— christliche Religionslehre. Nach dem Lehrbegriff der evangel. Kirche. 12., rev. Aufl. 8. (VIII, 211 S.) Ebend. 878. n. 1. 40

—— christliche Religionslehre. Nach dem Lehrbegriff der evangel. Kirche. 3.—13. revid. Aufl. 8. (VIII, 211 S.) Ebendas. 880—83.

—- Christliche Religionslehre. Nach dem Lehrbegriff der evangel. Kirche. 14. Aufl. 8. (VIII, 211 S.) Ebd. 889. * 1 40

— christliche Religionslehre. Nach dem Lehrbegriff der evangel. Kirche. 15. Aufl. 8. (211 S.) Ebd. 902. n. 1.40

—— Recensentenunfug. Eine Appellation von der Redaction der Dieckhoff-Kliefoth'schen theolog. Zeitschrift an die Leser derselben. (Gratiszugabe zu des Verf. alttestamentl. Opfercultus.) Lex.-8. (25 S.) Mitau 863, Neumann's Verlag.

—— die Söhne Gottes in 1 Mos. 6, 1—4 und die sündigenden Engel 2 Petr. 2, 4. 5 und Jud. Vs. 6. 7. Eine Streitschrift gegen Hrn. Dr. Hengstenberg. (Nachtrag zu des Verf. Geschichte des alten Bundes. Bd. 1) Lex.-8. (XV und 95 S.) Mitau 858, Neumann's Verlag.

— zur Theologie der Psalmen. [Aus: Dorpater Zeitschrift für Theologie u. Kirche.] Dorpat 865. Gläser's Verlag. gr. 8. (III, 173 S.) n. 24 ngr.

Kurtz, Josef Felix von, s. Kurz, Josef Felix von.

Kurtz, Julie, im Ofen des Elends. Lebensbild e. Leidensschwester, v. e. Leidensschwester. 2. Aufl. (45 S.) kl. 8. Herborn 905. Buchh. d. nass. Colportagevereins. — 15

Kurtz, Karl

Kurtz, C., Anleitung zur Bearbeitung der Strafsachen bei den Amtsgerichten mit Berücksicht. des Bureau- und Kostenwesens, nebst einem Anhang, enthaltend die Vorschriften über Strafnachrichten, Zählkarten und ein Formular-Verzeichniß. 8. (XIV, 198 S.) Berlin 887, Siemenroth und Worms. cart. * 3 —

—— Anleitung zur Bearbeitung der Vormundschafts-, Nachlaß- und Testamentssachen mit den einschlägigen gesetzlichen Bestimmungen und Anhang, enthaltend Formulare zu gerichtl. Taxen. gr. 8. (X, 239 S.) Breslau 885, Koebner. * 3 —

Kurtz, Carl: Die fixen Antipyrinexantheme. *Berlin (1898): E. Ebering.* (29 S.) 8°
Berlin, Med. Diss. v. 29. Juli 1898

[F.] Die Armenpflege im Preussischen Staate. E. systemat. geordn. Sammlg aller darauf bezügl., jetzt gelt. Gesetze u. Verordngn zsgest. u. erläut. v. C. **Kurtz**, Amtsgerichtsr. *Breslau: W. Koebner 1897.* (VIII, 168 S.) 1 Bd 8. [97. 617

Kurtz, Carl, Aufnahme von Nottestamenten durch die bestellten Urkundspersonen, s. a. Guttentag's Sammlung preußischer Gesetze.

Aufnahme von Nottestamenten durch die bestellten besonderen Urkundspersonen. (Anweisung v. 15. März 1904.) Text-Ausg. mit Anm., erl. Musterbeispielen, e. Abriß d. Erbrechts u. Sachreg. von C[arl] **Kurtz**, Amtsger.R. *Berlin: J. Guttentag 1904.* (144 S.) 8° [F.]
— **Sammlung**, Guttentag'sche, Preuß. Gesetze. No 3. [04. 1048]

Kurtz, C., d. Bureau- u. Kanzleiverwaltung bei d. preuß. Amtsgerichten. Nebst Formularen, Beispielen u. Anmerkgn. Nach d. amtl. Text d. bis auf d. Gegenwart ergang. minister. Verfüggn. erläut. gr. 8. (X, 378 S.) Ebd. 896. n. 5. 20; geb. in Leinw. n. 6. —

— die Feuerpolizei u. das Feuer-Sozietätswesen. gr. 8. (39 S.) Berlin 877. Bruer & Co. — 75

—— die Feuerpolizei und das Feuer-Sozietätswesen. gr. 8. (39 S.) Berlin 877, [C. Pfeiffer'sche Buchh.] Dörner.

— das Forstdiebstahls-Gesetz vom 15. Apr. 1878. Mit Commentar u. einem Anh., enth. A. einen Auszug aus dem Gerichtskosten-Gesetze vom 18. Juni 1878; B. die Gebühren-Ordnung für Zeugen u. Sachverständige, u. C. Formulare zu Forstdiebstahls-Verzeichnissen, nebst Gebrauchs-Anweisung des Justizministers vom 29. Juli 1879. Zum praktischen Gebrauche für Amtsrichter, Amtsanwälte u. Forstbeamte. gr. 8. (35 S.) Ratibor 880. Schmeer & Söhne. n. 1. —

Kurtz, C., das Gefangenen-Transportwesen. Zum prakt. Gebrauche f. Gerichte, Staatsanwaltschaften, Gefängnisbeamte, Landratsämter, Polizeiverwaltgn., Amtsvorsteher ꝛc. zusammengestellt. 8. (VII, 104 S.) Berlin 891. O. Liebmann. Geb. in Leinw. n. 2. 50

— Gefängniß-Ordnung f. die Justizverwaltung in Preußen. Vom 21. XII. 1898. Mit den Vorschriften üb. die Fondsverwaltg., Beschäftigg., Verpflegg., Bekleidg. u. Lagerg. der Gefangenen. Textausg. m. Anmerkgn. u. den ergangenen ministeriellen Verfüggn. u. Sachregister. 12. (155 S.) Berlin 899. F. Dümmler's Verl. n. 2. —

— der Gefängnißvorsteher. Handbuch der Gefängnißverwaltung in Preußen. gr. 8. (XI, 290 S.) Berlin 889. C. Heymann's Verl. n. 6. —

Kurtz, (Carl), die Gerichtsschreibereigeschäfte. Handbuch f. ihre Bearbeitg. u. Revision bei den preuß. Amtsgerichten. Zusammenstellung der bis auf die Gegenwart ergangenen Verwaltungsanordngn. u. hierauf bezügl. gesetzl. Vorschriften, nach dem amtl. Text nebst Anmerkgn. u. Formularen erläutert. (XII, 495 S.) 8. Düsseldorf 910. L. Schwann. 7.—; geb. in Leinw. 8. —

— die Geschäftsordnung f. d. Gerichtsschreibereien d. Amtsgerichte v. 14. XII. 1896. Nebst Formularen u. Anmerkgn. Nach d. amtl. Text d. bis auf d. Gegenwart ergang. minister. Verfüggn. erläut. gr. 8. (VII, 159 S.) Ebd. 897. n. 2. —

— das preuß. Gesetz betr. d. Anerbenrecht bei Renten- u. Ansiedelungsgütern v. 8. VI. 1896 nebst Ausführungsbestimmgn. u. e. Anh. enth. d. Renten- u. Ansiedelungsgesetzgebg. Text-Ausg. m. Tabellen u. Anmerkgn. Auf Grund d. amtl. Quellen zum prakt. Gebrauch bearb. gr. 8. (XX, 95 S.) Breslau 897. H. Scholtz. n. 2. —

— das preußische Gesetz üb. die freiwillige Gerichtsbarkeit v. 21. IX. 1899. Text-Ausg m. Einleitg., Anmerkgn. u. Sachregister. Auf Grund der amtl. Quellen z. prakt. Gebrauch bearb. Mit e. Anh., enth. den Textabdr. des Reichsgesetzes üb. die Angelegenheiten der freiw. Gerichtsbarkeit vom 17. V. 1898. 12. (151 S.) Hannover 900. C. Meyer. n. 1. 50

Kurtz, C., Das Güterrechtsregister. Seine rechtl. Natur u. Anwendg. in der Praxis der Gerichte. Mit den einschläg. Bestimmgn. nebst Formularen hrsg. (VIII, 142 S.) 8. Düsseldorf, L. Schwann. 1909. Kart. 2. —

— Hilfsbuch f. Strafvollzugs-, Rechtshilfe- u. Auslieferungs-Angelegenheiten. Enth. die Vorschriften üb. Strafregisterführg., Zählkartenstatistik, Mitteilungen u. Ersuchen in Strafsachen, nebst sämtl. Auslieferungsverträgen, ergänzt durch Gesetze, Verordngn., ministerielle Erlasse, den Verzeichnissen der Gerichtsbehörden Oesterreich-Ungarns, Rußlands und der Schweiz, der Konsulate ꝛc. Mit Anmerkgn. versehen. gr. 8. (XII, 271 S.) Ebd. 893. Kart. n. 4. 50

—— Instruktion f. die Verwaltung der Etatsfonds bei den preuß. Justizbehörden vom 3. März 1885, mit ihren Abändergn. bis auf die Gegenwart, Formularen u. dem Verzeichnis der Kapitel u. Titel d. Justizetats. Unter Berücksicht. der ministeriellen Verfüggn. ergänzt u. zusammengestellt. gr. 8. (56 S.) Berl. 892, L. Liebmann. cart. * 1 50

Kurtz, K[arl], Prof. Dr.: Die Irrlichter. *Ellwangen 1900: G. Bäuerle.* (S. 1—29.) 4°
Ellwangen, k. G, P 1900 (628)

-- Kassen-Instruktion f. die preußischen Justizbehörden vom 1. Dezbr. 1884, m. ihren Abändergn. bis auf die Gegenwart, mehreren Formularen u. e. Anh., enth. die Vorschriften üb. das Verwaltungszwangsverfahren nebst Tarif, den Gebührenansatz u. die Registerführg. der Gerichtsvollzieher u. e. Verzeichnis der Kapitel u. Titel d. Justizetats. Unter Berücksicht. der ministeriellen Verfüggn. ergänzt u. zusammengestellt. 8. (VII, 103 S.) Ebd. 892. Kart. n. 2. 25

— das Kassen- u. Etatswesen bei den preußischen Justizbehörden. Nebst sämtl. Formularen u. Anhängen. Nach dem amtl. Text der bis auf die Gegenwart ergangenen ministeriellen Verfüggn. erläutert. 2., umgearb. u. wesentlich erweit. Aufl. gr. 8. (XII, 380 S.) Ebd. 894. Kart. n. 5. 50

Kurtz, Karl [app. Arzt aus Ravensburg]: Zur Kenntniss der Hypoplasie der männlichen Genitalien ... München, Buchdr. v. M. Ernst, 1892; 17 S. 8.
München, Med. Fak., Inaug.-Diss. v. 1892

— Leitfaden f. preußische Schiedsmänner. Eine Darstellg. des gesamten Verfahrens auf Grund der Schiedsmannsordng. vom 29. III. 1879 u. den seither bis in die Neuzeit ergangenen Ergänzgn. u. Ausführungsbestimmgn. m. Mustern zur Führg. der Protokollbücher, Erteilg. v. Bescheiniggn., Aufstellg. v. Übersichten sowie e. Sachregister, zum prakt. Gebrauch bearb. (86 S.) 8. Berlin 907. Erich Weber. Kart. 1. 50

— Muster f. das gerichtliche Registerwesen. Eine Sammlg. von Anmeldgn. u. Verfüggn. zum Handels-, Genossenschafts-, Muster-, Börsen-, Vereins-, Güterrechts- u. Schiffs-Register auf Grund amtl. u. selbstgewählter Formulare m. Anmerkgn. u. e. Anh., enth. das gerichtl. Kostenwesen. gr. 8. (VIII, 131 S.) Berlin 901. A. W. Hayn's Erben. Geb. in Leinw. n. 3. —

Das gerichtliche Registerwesen. Eine Sammlung der auf das Handels-, Genossenschafts-, Muster-, Börsen-, Vereins-, Güterrechts- u. Schiffs-Register bezügl. gesetzl. u. instruktionellen Vorschriften mit d. amtl. Musterformularen u. e. Anh. nebst Anm. von C. **Kurtz**, Amtsger.R. *Berlin: A. W. Hayn's Erben 1901.* (x, 360 S.) 8° [F.] [01. 3909

— das Reichsgesetz üb. d. Angelegenheiten d. freiwilligen Gerichtsbarkeit v. 17. V. 1898. Text-Ausg. m. Einleitg., Anmerkgn. u. Sachreg. Auf Grund d. amtl. Quellen z. prakt. Gebrauch bearb. gr. 8. (VIII, 81 S.) Berlin 898. A. Hanck. Kart. n. 2. —

Kurtz, C., des Amtanwalts amtliche Stellung und Thätigkeit. Eine systemat. Zusammenstellung der hierauf bezügl. Reichs- und preuß. Landesgesetze. gr. 8. (VII, 59 S.) Ratibor 879, Schmeer und Söhne. *

Kurtz, Carl, das magistratualische od. Dorf-Testament. Hülfsbuch f. Gemeinde- u. Gutsvorsteher bei Errichtg. v. Nothtestamenten, nebst der ministeriellen Anweisg. v. 28. VI. 1900. Mit Sachregister. 8. (70 S.) Hannover 901. C. Meyer. Kart. n. — 80

— die Untersuchungen v. Körperverletzungen insbesondere der tödlichen. Zusammenstellung der hierauf bezügl. gesetzl. Verwaltungs-Bestimmgn. einschliesslich der neuesten Vorschriften üb. Leichen-Untersuchgn. zum prakt. Gebrauch f. Gerichts- u. Polizei-Behörden, Staatsanwaltschaften u. Gerichtsärzte. Text-Ausg. m. Vorbemerkgn., Anmerkgn., Beispielen, Gebühren u. Reisekosten-Vorschriften u. Sachregister. (V, 139 S.) 8. Düsseldorf 906. L. Schwann. Kart. n. 1. 80

— das Verfahren der Vormundschaftsgerichte u. ihrer Organe (Waisenräte, Vormünder, Pfleger ꝛc.) bei der Überleitung der bisherigen Vormundschaften u. Pflegschaften in den Rechtszustand des bürgerl. Gesetzbuches. gr. 8. (20 S.) Hannover 899. C. Meyer. n. — 50

— das Verfahren in Zwangsverwaltungssachen u. die Geschäftsführung der Verwalter. Nach dem preuß. Gesetze vom 13. Juli 1883 u. der allgemeinen Verfügg. vom 7. März 1892, betr. die Geschäftsführg. der Verwalter in diesem Verfahren u. die denselben zu gewähr. Vergütg., nebst den dazu gehör. Formularen, prakt. Beispielen, Prozent- u. Gerichtskostentabellen u. s. w. zusammengestellt u. m. Anmerkgn. versehen. gr. 8. (II, 46 S.) Ebd. 892. Kart. n. 1. 30

—— Verfügungen und Verhandlungen in Grundbuchsachen. Nebst Uebungen im Expeditions-, Stempel- und Kostenwesen. gr. 8. (XI, 191 S.) Breslau 884, Koebner.

— das deutsche Vormundschaftsrecht nach d. bürgerl. Gesetzbuch, s.: Handbibliothek, Leipziger juristische.

Kurtz, Karl Bruno, s.: Annalen des kgl. sächs. Ober-Landes-Gerichts zu Dresden.

Kurtz, Karl Maria Flora des Bezirks Ellwangen. 16, 24 SS. Progr. *Ellwangen* 1881. 1883.

Kurtz, Paul Theodor Eduard

Kurtz, Theod. Ed., kurze Anweisung üb. d. homöopath. Behandlung d. asiat. Cholera. Für Aerzte u. Nichtärzte. 8. Breslau ..., [Berlin,] Richter.

Kurtz, P. Th. Ed. (Trebnitz/Schles.), De medicinae arte et scientia habito simul respectu ad gentis mentisque humanae evolutionem. Diss. med. Berlin (Brueschcke) 14. VIII. 1822. 47 S. mit Biogr. (M.: Beata Gründler.) (3.—) 20254
Oppon.: E. Gurlt, F. Piltz, E. Deckart.

Kurtz, Paul Theod. Ed., Führer durch die Dolomit-Gruppen von Enneberg, Buchenstein, Prags, Sexten, Schluderbach und Ampezzo. gr. 16. (XXIII, 89 S. mit 1 Stnt. in qu. 4.) Gera 874, Amthor. *

Kurtz, Paul Thdr. Ed., Führer durch die Dolomiten. 2. Aufl. (89 S. mit 1 Taf.) 1874; 3. Aufl., umgearb., ergänzt und verm. von Jul. Meurer. 8. (VII, 95 S.) Gera 883. Amthor.

Kurtz, Paul Thdr. Ed., Führer durch die Dolomiten. 3. Aufl., umgearb., ergänzt u. verm. v. Jul. Meurer. 8. (VII, 95 S.) Augsburg 884. Amthor's alpiner Verl. n. 1. 50

Kurtz, P. Th. Ed., s. Jahrbücher, medicinische.

Kurtz, P. Th. E., Maßregeln der Entstehung, der Verbreitung u. der Gefährlichkeit der Cholera vorzubeugen. Zur Belehrung für Nichtärzte. 1. u. 2. Aufl. Dessau 866. Aue's Verlag. gr. 8. (II, 32 S.) n. 5 ngr.

—— Maßregeln der Entstehung, der Verbreitung und der Gefährlichkeit der Cholera vorzubeugen. Zur Belehrung für Nichtärzte. 3. nochmals durchgeseh. Aufl. gr. 8. (34 S.) Dessau 873, Reissner. *

—— offenes Sendschreiben an rc. Dr. J. C. G. Jörg. Veranlaßt durch dess. Wünsche f. d. Vervollkommn. d. Arzneiwissenschaft rc. gr. 8. (2½ B.) Leipzig 838, L. Schumann.

—— über d. Werth d. Heilmethode mit kaltem Wasser u. ihr Verhältniß z. Homöopathie u. Allopathie, nebst Vergleich. d. Verfahrungsart d. Prof. Oertels mit der d. Vinz. Prießnitz. Eine Schrift f. Jedermann. Nach eignen Erfahrn. bearb. 8. (6 B.) Leipzig 835. [Berlin, Klemann.]

Kurtz, Thdr. Ed., über den Werth der Heilmethode mit kaltem Wasser u. ihr Verhältniß zur Homöopathie u. Allopathie, nebst Vergleichung der Verfahrungsart des Prof. Oertel's mit der des Vinzenz Prießnitz. Eine Schrift für Jedermann. Nach eigenen Erfahrungen bearb. 8. Leipzig 835. G. Wigand. 1⁄3 ℛ

Kurtz, Robert

— zur Psychologie der vorexilischen Prophetie in Israel. Mit 9 schemat. Darstellgn. im Text. (V, 102 S.) 8. Ebd. (904.) n. 2. —

Kurtz, Rob., woran sollen wir glauben? Entscheidung der religiösen Glaubensfrage nach neuen wissenschaftl. Gesichtspunkten. (VII, 189 S.) gr. 8. Pößneck (904). B. Feigenspan. n. 3. —

Kurtz, Rudolf (Hrsg.), s. Solger, Karl Wilh. Ferd.: Erwin.

Kurtz, Wilh., üb. Carcinom am prolabierten Uterus. Ein Beitrag zur Ätiologie des Cervixcarcinoms. Diss. gr. 8. (16 S. m. 1 Taf.) Tübingen 894. F. Pietzcker. n n. — 70

KURTZ, WILHELM Ueber Pseudophenylessigsäure (Kiel) Tübingen. 1896

Kurtze, F. H., topographische Charte des Freistaates Hamburg. gr. Fol. Lith. u. color. Hamburg 850, Gassmann. n. 1 ℛ 6 ngr

Kurtze, Gust. Adolf Grundriß der mathematischen Geographie für obere Gymnasialklassen. 29 S. u. 2 Taf. G. *Neustrelitz* 1878. Progr.

Kurtze, Gust. Adolf Leitfaden für den Unterricht in der Geologie in den oberen Klassen. I. Abt. 30 S. Progr. G. *Neustrelitz* 1884.

Kurtze, Gustavus Adolphus: De petrofactis quae in schisto bituminoso Mansfeldensi reperiuntur. Halae (1839): Ploetz. 36 S., 3 Taf. 4° (2°)
Halle-Wittenberg, Phil. Diss. v. 26. Okt. 1839
Geb. [Halle a. d. S. 21. 12. 1815]
Im Buchhandel unter gleichem Tit. (verm. um S. 37 f.: Tabularum explicatio & Corrigenda) Halae: Anton 1839. 38 S., 3 Taf. 4°
Verf. erlebte das goldene Dr.-Jubiläum 1889 als Gymnasial-Professor a. D. in Neustrelitz.

Kurtze, O., der Berliner Milchhandel. Geschichtl. u. statist. Darstellg. d. Versorgg. Berlins m. Milch, nebst Polizei-Verordng. v. 6. Juni 1887. Auf Grund eingeh. Studien dargest 8. (IV, 48 S.) Berlin (890). (Gebr. Kurtze.) — 50

Kurtze, O., Nachweisung der Amtsbezirke des Regierungsbezirks Cöslin, nebst alphabet. Verzeichniß der Ortschaften unter Angabe des Amtsbezirks u. Postbestellbezirks. Nach amtlichen Quellen zusammengestellt u. hrsg. 1. Thl. Die Amtsbezirke u. Amtsvorsteher im Reg.-Bez. Cöslin. 8. (92 S.) Tessin 879. (Neu-Ruppin, Petrenz.) n. 1. —

Kurtze, Otto, das Geheimnis des Menschenglücks. Lebensbilder zur Charakterisierg. der Sittenmoral u. Religions-Gesetze, sowie Voschläge f. humanist. Unternehmgn. zwecks Lösg. der Frauenfrage. (In 10 Bdn.) 1.—3. Bd. gr. 8. W.-Jena (906). [Thüringer Verlagsanstalt.] Gera, O. Heinrich. à 1. —
1. Dämonische Gewalten. (128 S.) — 2. Menschentum. (127 S.) — 3. Menschenpflichten. (128 S.)

Kurtzel, A. Geschichte der Law'schen Finanzoperation während der Minderjährigkeit Ludwig's XV. in Frankreich (o. O. u. J.). (Historisches Taschenbuch N. F. VII.

Kürtzel, C. A. (Leipzig), Diss. jur. quaestiones speciales circa in officiosum testamentum cont. Präs. H. Fr. Schorch. Erfurt (Nonne) 22. XII. 1768. 22, 8 S. (4.—) 20053
Gew.: Gg. A. Kürtzel (Vater).

— Chr. G. (Mylau / Vogtl.), Diss. jur. de testibus iniuratis. Präs. Abr. Kaestner. Leipzig (Gabr. Troge) 27. III. 1743. 16 S. (3.—) 20054

Kurtzenbaum, C A Kurze Darstellung der Regierung des Ordensmeisters Wolter v Plettenberg. 4 Riga 1836.

Kurtzer, der prakt. Dorfrichter. Ein unentbehrl. Handbuch f. Gerichtsschulzen, Gerichtsmänner u. Gemeindeschreiber derjenigen preuß. Provinzen, in welchen das allgem. Landrecht u. die Gerichts-Ordnung Geltung finden. gr. 8. (7 B.) Breslau 844, Freund. -

KURTZER: Zusammenstellung der ungewöhnlich kurzen Verjährungsfristen nach dem Landrechte u. der Allerhöchsten Cabinetsordre vom 31. März 1838, nach der Zeitfolge gefertigt. *Neisse*. (Hennings.) 838. 8. (4 Gr.)

Kurtzmann, L., s. Katalog der Raczyńskischen Bibliothek in Posen.

Kurtzmann, L., die polnische Literatur in Deutschland, bibliographisch zusammengestellt. gr. 8. (89 S.) Posen 881. (Krakau, Buchh. der poln. Verlags-Gesellschaft.) n. 1. 80

Kurtzmann, L., die polnische Literatur in Deutschland bibliographisch zusammengestellt. 8. (89 S.) Posen 881. Zupanski. 3. —

Kurtzrock - Wellingsbüttel, Graf Carl; ein Jugendbild . . . Wien 1867. V: *Gudenau, Johann v.* (Zuwachsverzeichnis der Bibliotheken in Zürich 1898 ff.)

Kurtzrock-Wellingsbüttel, Graf Carl. Ein Jugendbild. 2., verb. Aufl. Wien 868. Sartori. gr. 8. (VII, 211 S. mit photogr. Portr. u. 1 lithogr. Karte in Fol.) n. 1 ₰ 10 ngr.

Kurtswig, H(ermann), Tierarzt: Aus d. chirurg. Klinik d. Tierärztl. Hochsch. zu Berlin ⟨Vorstand: Eberlein⟩. Ueber Peridentitis ⟨Periostitis alveolaris⟩ beim Pferde, mit besonderer Berücksichtigung der Erkrankung des M_1 im Unterkiefer. Mit 15 Abb. auf Taf. 1—4. Stuttgart 1908: Union. 57 S. 8° ¶(Aus: Monatshefte f. prakt. Tierheilkunde. Bd 20.)
Gießen, Veterinär-Med. Diss. v. 30. Okt. 1908, Ref. Pfeiffer
[Geb. 19. Juli 76 Bernau b. Berlin; Wohnort: Verden; Staatsangeh.: Preußen; Vorbildung: Andreas-Realgymn. Berlin Reife M. 07; Studium: Berlin Tierärztl. Hochsch. 9 S.; Rig. 30. Juli 08.] [U 09. 1159

Kuru, Haruzo: Über die Tuberkulosis der Articulatio sacro iliaca. Würzburg 1908: P. Scheiner. 50 S. 8°
Würzburg, Med. Diss. v. 18. Sept. 1908, Ref. Enderlen
[Geb. 5. Febr. 76 Miye; Wohnort: Würzburg; Staatsangeh.: Japan; Vorbildung: Gymn. Miye Reife März 93; Studium: Tokio 8, Würzburg 2 S.; Rig. 13. Juli 08.] [U 09. 4128

Kurudjieff, Atanas. G.: Beiträge zur Entwicklung der bulgarischen Landwirtschaft seit 1894. Königsberg i. P. 1909: Gruel. 70 S. 8°
Königsberg, Phil. Diss. v. 5. Aug. 1909, Ref. Albert
[Geb. 26. Okt. a. St. 86 Jambol: Wohnort: Königsberg i. P.; Staatsangeh.: Bulgarien; Vorbildung: Gymn. Sadovo b. Philippopel Reife Aug. 05; Studium: Halle 4, Königsberg 4 S.; Rig. 29. Juni 09.] [U 09. 2406

Kuruniotis, Konstantin [aus Chios]: Herakles mit Halios geron und Triton auf Werken der älteren griechischen Kunst ... München, kgl. Hof- u. Univ.-Buchdr. v. Dr. C. Wolf & Sohn, 1893; 47 S. 8.
München, Phil. Fak., Inaug.-Diss. v. 1894

Kury, Konrad [pract. Arzt in Derendingen (Solothurn)]: Ueber die Erfolge der Lumbalpunction auf der med. Klinik in Zürich. Solothurn 1897. 70 S. 8°.
Zürich. Med. Diss. 1897/98.

Küry, Adolf. Die Seelsorge in der Diaspora. Referat gehalten auf der Synode in Biel. [Sep.-Abdr. aus: Der Katholik. Jahrg. 28, 1905, Nr. 30.] 6 S. 8. (Bern, H. Jent, [1905].)

Kurylowicz, Steph., der kleine Pole, od. kurze Bemerkn. üb. d. Wörter d. poln. Sprache, nebst e. Samml. der z. Sprechen nöthigsten Wörter, Redensarten, Sprichwörter, u. leichter Gespräche, f. d. gesellschaftl. Leben. Poln. u. Deutsch. Ein Hülfsbuch f. diejen., welche sich d. Erlern. d. poln. Sprache widmen, z. Uebung d. Gedächtnisses hrsg. 16. (8½ B.) Wien 833, Gerold.

Kurz und bündig. –
— — Freimaurerische Ansprachen, Anreden u. Denksprüche. Zusammengest. v. R. M(ahlau). gr. 8. (79 S.) Frankfurt a/M. (900). Mahlau & Waldschmidt. n. 2. 10

Kurz u. bündig. Hrsg.: Bruno Beheim-Schwarzbach. Red.: P. Herzfeld. April—Dezbr. 1901. 39 Nrn. hoch 4. (798 S.) Berlin, Verlag „Kurz u. bündig". 3. 90

— — dasselbe. Wochenschrift der Gegenwart. Mit monatl. Beilage „Kurz u. Gut" (Mitteilungen aus den Gebieten der populären Technik u. des Sports). Hrsg.: Bruno Beheim-Schwarzbach unter Red. v. Fel. Lorenz u. Paul Herzfeld. 2. Jahrg. 1902. 52 Nrn. hoch 4. (à ca. 20 S.) Ebd. 5. 20

Kurz u. gut. Das ist: kleines Betbüchel, enth. Morgen-, Abend-, Meß-, Beicht- u. Communion-Gebete. Nebst d. Kreuzwege. Mit Abbild. 12. Münch. ... Jaquet. 1⅓ K

Kurz u. gut, od. Handbüchlein d. nützl. Gebete. 32. Münst. ... Aschendorf. 1 K

KURTZ, UND GUT, das ist, Andächtige Gebetter, Deren Man sich Fruhe- Abends, und auch sonsten den Tag hindurch in unterschiedlichen umständen mit Nutzen gebrauchen kan: die in diesem Kleinen Bett-Büchel. Um desto leichter es bey sich zutragen, Kürtzlich eingeschlossen seynd. Clausenburg: Academ. Buchdruckerey der Gesellschaft Jesu im Jahr 1766. (20) 156 S. - 110 mm

Kurz u. gut, d. i. kurze u. schöne Andachten, den Tag über nützlich zu üben, nebst einigen Kirchengesängen. 12. Bresl. 791. Graß, B. u. C. (Leipz., Barth.) 6 K

Kurz u. gut. Auserlesene Morgen-, Abend-, Meß-, Beicht-, Communion- u. and. Gebete f. kathol. Christen, von e. vieljähr. Seelsorger. 32. Augsb. 824. Kranzfelder. Das Dutzend 10 K

—— und gut, auserles. Morgen- Abend- Meß- Beicht- Kommunion- u. a. Gebethe f. kathol. Christen. Von e. vieljähr. Seelsorger. 2. Aufl. 32. (64 Seit.) Augsburg 838, [Kreuzer u. Comp.]

Kurz u. Gut, auserlesene Morgen-, Abend-, Meß-, Beicht-, Communion- u. andere Gebete f. kath. Christen. Von e. vieljähr. Seelsorger. 3. Aufl. 32. Augsburg 846, Fahrmbacher. geb. m. Futt. n. 2 ngl

Kurz und gut. Oder: Kleines Gebethbüchlein, worin auserles. Morgen-, Abend-, Meß-, Beicht- u. Kommunion-Gebethe, nebst and. nützl. Andachten enth. sind. 17. Aufl. 18. (162 Seit.) Landshut 835, [Regensburg,] Manz.

Kurz, A., Dr., Ueber die von bewegten Gasmassen geleistete Arbeit, respective Bemerkungen zum Aufsatze dieses Titels. (Von Dr. L. Boltzmann, Poggend. Ann., Bd. CXL.) Augsburg 1870.

Kurz, A., Geschichte e. Liebe. (Anfang.) (82 S.) 8. Leipzig-Gohlis 909. B. Volger. 1. —

— dasselbe. 2. Tl. (Schluß.) (34 S.) 8. Ebd. 909. 1. —

Kurz, A., Mittheilungen des technischen Vereins in Augsburg. Aphorismen aus der Wiener Weltausstellung. gr. 8. (20 S.) Augsburg 874, Rieger'sche Buchh.

Kurz, Albert, aus Nürnberg: König Eduard und der Einsiedler, eine mittelenglische Ballade. Erlangen 1905: Junge & Sohn. (XVIII, 30 S.) 8°
Erlangen, Phil. Fak., Ref. Varnhagen, Diss. v. 24. Febr. 1904
[Geb. 14. Sept. 66 Nürnberg; Staatsangeh.: Bayern; Vorbildung: Gymn. Erlangen Reife 98; Studium: Erlangen 10 S.; Rig. 24. Febr. 04.]

Kurz, [Albert]: Die jungggeglühte Frau. Eine mittelengl. Legende. Gotha 1908: Perthes. 18 S. 4°
Gotha, st. R OP 1908 (917) [S 08. 201

Kurz, Alb. Ornamente f. Maler. Motive f. Decken u. Wände, Friese, Ecken, Mitten u. Rosetten, allerlei Füllgn., Embleme 2c. 1. Serie. 40 Taf. (in Licht- u. Farbendr.). Fol. (1 Bl. Text.) Berl. 889, Deutsches Litteratur-Comptoir. In Mappe 30 —

Kurz, Alb., der Rechtsfreund f. d. Canton Bern. Od.: Anleitung, die im Leben vorkomm. Rechtsgeschäfte nach d. bestch. Gesetzen u. Uebungen abzuschließen. (1. Abthl.) 8. (3⅛ B.) Zürich 841, Schultheß.

Kurz, A., der Rechtsfreund f. den Canton Bern. Oder: Anleitung die im Leben vorkommenden Rechtsgeschäfte nach den bestehenden Gesetzen u. Uebungen abzuschließen. 2. Abthl. 8. (3 B.) Zürich 842, Schultheiß.
1. Abthl. Ebendas. 1841. 10 Ngr.

Kurz, Alb., Rechtsfreund für den Kanton Bern, ein populäres Lehrbuch des bernischen Privatrechts, mit Formularien. 2., völlig umgearb. Aufl. gr. 8. (XIV und 572 S.) Bern 858. Zürich, Schultheß. *
Vgl. Kurz, Ludw.

KURZ, Alfred (Stuttgart): Ueber Perforation des Oesophagus durch Carcinom desselben. Mit 2 Abb.- München: Fried & Reich 1878. 31 S., Taf.
15.8.1878 - Urk (Titel: De perforatione oesophagi carcinomate orta.); Chr 1878/79,11
Diss. Ingolst.-Landsh.-Mchn.

Kurz, Alois „Die isometrische Perspective". pg. 3—8. 4°. Mit Textfiguren. Lauter.
Augsburg, Progr. 1839/40

Kurz, Alwin, Geschichte des ungar. Freiheitskampfes oder Zusammenstellung der histor. Begebenheiten in Ungarn vom 15. März 1848 bis 14. Aug. 1849. 8. (IV u. 99 S.) Glogau 849, Flemming. 1/4 ℛ

Kurz, A., Nachlese d. ungar. Geschichte, s. Nachlese.

Kurz, Anton

Kurz, Borszék, Siebenbürgens berühmtester Kurort, nebst ein. kurzen Anhange üb. Belbor. 8. (12½ B.) Kronstadt 844. (Nemeth.) Thlr. *

Kurz, Ant., der Episcopat, der höchste vom Presbyterate verschiedene Ordo. Historisch-dogmat. Abhandlung. gr. 8. (IV, 116 S.) Wien 877, Braumüller. *

Kurz, Ant., christl. Gedanken vom Tode. 8. Augsb. 796. Matth. Rieger. 6 ℋ

Kurz, Ant., katholische Lehre vom Ablasse. Kreuzweg-Andacht, Kreuzweg-Abläße. 8. (XII, 126 S.) Wien 888, Kirsch. * 1 60

Die katholische Lehre vom Ablass vor und nach dem Auftreten Luthers. Von Dr. Anton Kurz, Prof. zu Prag. *Paderborn: F. Schöningh 1900.* (IV, 308 S.) 8° [00. 7692 7

Kurz, Ant., s. Magazin für Geschichte rc. Siebenbürgens.

Kurz, Ant., Maipredigten. 31 Betrachtgn. f. den Monat Mai. 8. (VIII, 191 S.) Paderborn 894. F. Schöningh. n. 1. 50

Kurz, Ant., Mariologie oder die Lehre der kathol. Kirche über Maria, die seligste Jungfrau. gr. 8. (VIII, 483 S.) Regensburg 881, Manz.

Kurz, Ant. Monat Mariä od. Predigten auf alle Tage d. Monates Mai. Unter ausdrücklich gestatteter Zugrundelegg. d. Mois de Marie par Msgn. Ricard bearb. gr. 8. (III, 188 S.) Wien 890, Kirsch. * 2 40

Kurz, Ant., Predigten üb. die lauretanische Litanei. Mit Erlaubnis d. Abbé Thiébaud in Besançon nach dessen „Fleurs mystiques" bearb. gr. 8. (VIII, 480 S.) Regensburg 884. Verlags-Anstalt. 6. —

Kurz, A., die ältesten deutschen Sprachdenkmale der Sachsen in Siebenbürgen, s. Sprachdenkmale.

Kurz, A.: „Versuch einer Entwickelung der Grundsätze, nach welchen die Zweckmäßigkeit des Staatsorganismus in constitutionellen Monarchien zu beurtheilen ist; nebst einem Grundrisse zu einem Verwaltungsgesetzbuche", München 1821. — Vorh.: Preußische Staatsbibliothek Berlin.

Kurz, (A.) Versuch e. Entwickelung d. Grundsätze, nach welcher die Zweckmäßigkeit des Staats-Organismus in konstitutionellen Monarchien, zu beurtheilen ist rc. gr. 8. Münch. 822, Lentner.

Kurz, Aug., Friedrich der Streitbare, der letzte Babenberger, s.: Volks- u. Jugend-Bibliothek.

Kurz, August, a. Darmstadt: Über Christian Gabriel Fischers Vernünftige Gedanken von der Natur. Halle a. S. 1908: E. Karras. (33 S.) 8° ¶ (Erscheint vollst. u. d. gleichen Titel als: „Abhandlungen z. Philosophie u. ihrer Geschichte", hrsg. v. B. Erdmann, Bd 29.)
Bonn, Phil. Fak., Ref. Erdmann, Diss. v. 27. Febr. 1908
[Geb. 17. April 71 König im Odenwald; Wohnort: Darmstadt; Staatsangeh.: Preußen; Vorbildung: Gymn. Laubach Reife O. 90; Studium: Leipzig 24, Bonn 4 S.; Rig. 13. Nov. 07.]

Über Christian Gabriel Fischers Vernünftige Gedanken von der Natur von August Kurz. Halle a. S.: M. Niemeyer 1908. (55 S.) 8°
— Abhandlungen z. Philosophie u. ihrer Geschichte. H. 29. [08. 10724 3

Kurz, August: Geschichte des Stargarder Gymnasiums von seiner Begründung bis zur Erhebung zum collegium illustre, 1633—1714. T. 1. Stargard i. P. 1908: Hendess. 35 S. 4°
Stargard i. P., k. u. Gröningsches G OP 1908 (196) [S 08. 262

Kurz, August: Geschichte der Stargarder Gymnasiums von seiner Begründung bis zur Erhebung zum collegium illustre, 1633—1714. T. 2. Stargard i. P. (1909): Hendess. 42 S. 4° ¶ [Forts. d. P-Beil. 1908.]
Stargard i. P., k. u. Gröningsches G OP 1909 (205) [S 09. 276

Kurz, Aug., das schwachsinnige Kind. Eine Anleitg. f. den ersten Unterricht schwachbefähigter u. schwachsinn. Kinder. 8. (56 S.) Wiener-Neustadt 891. A. Folk. n. 2. —

Kurz, A., Das schwachsinnige Kind. (56 S.) Wiener-Neustadt 1892. Folk.

Kurz, Aug., siehe: Militär-Zeitschrift, Schweizer.

Kurz, Aug., Taschenbuch der Festigkeitslehre. Ein Anhang zu Lehrbüchern der reinen Mechanik. Mit (eingedr.) Holzschn. und einem Anhang über Mechanik der wässrigen und luftförmigen Körper. 8. (VIII, 54 S.) Berlin 877, Ernst und Korn. cart. *

Kurz, August Hermann

Kurz, Aug. Herm., Hülfsbuch f. den evangelischen Religionsunterricht in den untern Klassen höherer Schulen. Mit 1 Karte v. Palästina. gr. 8. (V, 176 S.) Berlin 894. Nicolai's Verl. n. 1. 50; geb. n. 1. 80

[F.] Der lateinische Lernstoff für Sexta und Quinta zsgest. v. A[ugust] H. Kurz, Oberl. ... zu Demmin. *Berlin: Reuther & Reichard 1896.* (110 S.) 1 Bd 8. [96. 8097

— evang. Schulgesangbuch f. d. Prov Pommern, nach d. „Evang. Gesangbuch f. d. Prov. Pommern" zusammengest. u. hrsg. 8. (70 S.) Ebd. 896. n.n. — 20

— u. H. Juds, evang. Schulgesangbuch f. d. Prov. Pommern, nebst d. kleinen Katechismus D. Mart. Luthers u. d. v. kgl. Konsistorium d. Prov. Pommern ausgew. Sprüchen. 4., unveränd. Aufl. 8. (II, 90 S.) Ebd. 896. Kart. n.n. — 30

Kurz, A. H., u. H. Juds, evangelisches Schulgesangbuch f. die Prov. Pommern, nebst dem kleinen Katechismus D. Martin Luthers u. den v. königl. Konsistorium der Prov. Pommern ausgew. Sprüchen. 6., unveränd. Aufl. 8. (II, 90 S.) Berlin 899. Reuther & Reichard. Geb. n.n. — 30

Kurz, A. H., u. H. Juds, evang. Schulgesangbuch f. die Prov. Pommern, nebst d. kleinen Katechismus D. Martin Luthers sowie Sprüchen u. Gebeten. 10., verm. u. verb. Aufl. (112 S.) 8. Berlin 904. Reuther Reichard. Geb. n.n. — 40

Evangelisches Schulgesangbuch für die Provinz Pommern, nebst d. kleinen Katechismus D. Martin Luthers, sowie Sprüchen u. Gebeten. Hrsg. von A[ugust] H[ermann] **Kurz**, Prof. in Stargard, u. H. Juds, Rektor in Kolberg. 12., durchges. Aufl. Berlin: Reuther & Reichard 1907. (112 S.) 8° [F.] 107. 14377

Kurz, A. H., u. H. Juds, evangelisches Schulgesangbuch f. die Prov. Pommern, nebst dem kleinen Katechismus D. Martin Luthers sowie Sprüchen u. Gebeten. 15. Aufl. (120 S.) 8. Berlin 910. Reuther & Reichard.
Geb. nn — 40

Kurz, B., Predigt, gehalten in d. Dom-Kirche zu Berlin, d. 28. Jan. 1827 (üb. Röm. 8, v. 14). gr. 8. (1 B.) Berlin 828, (Plahn.)

—— Predigt, gehalten d. 11. Febr. 1827 in d. Garnison-Kirche zu Potsdam, üb. 1. Cor. 1, v. 23 u. 24. gr. 8. (1 B.) Berlin 828, (Plahn.)

Knrz, E. (I.), die rationelle Behandlung des Puerperalprocesses mittelst der continuirlichen Desinfection und Neutralisation der in Aufsaugung begriffenen und im Blute kreisenden Infectionsstoffe, s. Klinik, Wiener.

Kurz, Edgar, ein Fall von Placenta praevia centralis. Inaugural-Dissertation. gr. 8. (31 S.) Tübingen 874, (Fues'sche Sortimentsb.) *

Kurz, Edg., Gedichte. Hrsg. u. m. e. biograph. Vorwort versehen von Isolde Kurz. (XXI, 87 S.) 8. Stuttgart 904. J. G. Cotta Nachf. n. 1. 50; geb. in Leinw. n. 2. 50

— s.: Volkslieder aus der Toscana.

Kurz, Eduard

Kurz, Ed.: H a t die Sage vom trojanischen Kriege einen historischen Kern? 6 S. – Graz, I. OG., Progr. 1860.

Kurz, Ed., das Wiederaufleben deutscher Dichtung in Oesterreich seit der 2. Hälfte des 18. Jahrh., ein bequemer Leitfaden für alle, die sich mit der neueren vaterländ. Poesie bekannt machen wollen. gr. 8. (45 S.) Krems 864. (Wien, Braumüller's Sortiment.) *

Kurz, Emil Aufgaben zum Übersetzen ins Griechische. 60 S. 8.
Progr. Ludw. G. *München* 1880.
Vgl. des Verf. Aufgaben zum Übersetzen ins Griechische für die oberen Gymnasialklassen. (90 S.) 8. München 1860, Lindauer. 1 Mk. 20 Pf.

Kurz, Emil, Aufgaben zum Uebersetzen ins Griechische für die oberen Gymnasialklassen. gr. 8. (90 S.) München 880, Lindauer'sche Buchh.

Kurz, Acm., Aristeæ epistula ad Philocratem. 25 pp. in-8. Bern, Huber & Co. 1872. —. 80
Diss.

Kurz, E., Zu Xenophon's griechischer Geschichte. Kritisches und Exegetisches. I. Pr. 1878. 16 S. 4°. 1.—
1.20

Zu Xenophons griechischer Geschichte. Kritisches und Exegetisches. II. Teil. — Von Emil Kurz, G. P. — 1875. München, ibid. - S. 2—30⁴.
Progr. München, Ludwigsgymnasium

Kurz, E., und Lor. Englmann, Grammatik der griech. Sprache, s. Englmann, Lor.

Kurz, Emil s. Kurz, Friedrich. Aus dem Tagebuch des Malers F. K.... Bern (1894–)1896.

Kurz, E. (II.), A. Ueber den Octavius des Minucius Felix, mit dem Text von Cap. 20—26 incl. B. Die Persius-Scholien nach den Bernerhandschriften. II. Die Scholien zu Sat. II und III, nebst dem Text von Sat. II und III, nach Cod. Bern. 257. gr. 8. (VIII, 59 S.) Burgdorf 888, Langlois. * 1 20

Kurz, E., D. Persius-Scholien nach d. Berner Handschriften m. d. Scholien zum Prologe u. zur I. Satire u. d. Vita Persii. Pr. 1875. 85 S. 1.50
— — II. Pr. 1889. 56 S. 1.50

Kurz, *E.*, Die Persius-Scholien nach den Berner Handschriften I, II und III. Burgdorf 1875, 1888 und 1889.
Progr.

Kurz, Emil. Specialwörterbuch zum Qorān. Probeheft als Manuskript gedruckt. 8°. IV, 12 S. (Bern, Schmid & Francke.) 1899. 1 —

Ueber die Zeit-Bestimmung der ersten Rede des Demosthenes gegen Philippos. Von Emil Kurz, Stdl. — 1887. Ebend. — S. 3—23.
Progr. München.

Kurz, Eugen: Die Dünengestalten der Kurischen Nehrung. Königsberg i. Pr. 1904: H. Jaeger. (65 S.) 8°
Königsberg, Phil. Fak., Ref. Hahn, Diss. v. 8. Nov. 1904
[Geb. 21. Nov. 78 Danzig; Wohnort: Königsberg i. Pr.; Staatsangeh.: Preußen; Vorbildung: Realgymn. St. Johann Danzig Reife O. 01; Studium: Heidelberg 1, Königsberg 4, Graz 1 S.; Rig. 27. Juli 04.]

Kurz, Eugen, Medizinalpraktikant, München: Die doppelseitige Eröffnung des Abdomens bei Appendicitis. München 1907: C. Wolf & Sohn. (40 S., 1 Taf.) 8°
München, Med. Fak., Ref. v. Angerer, Diss. v. 4. Jan. 1908
[Geb. 2. Aug. 81 Straubing; Wohnort: Straubing; Staatsangeh.: Bayern; Vorbildung: Gymn. Straubing Reife Juli 01; Studium: München 10 S.; Coll. 4. Jan. 08; Approb. 15. Dez. 07.]

Kurz, Eug., Studienjahre im Liede. Gedichte. (VII, 119 S.) kl. 8. Dresden 906. E. Pierson. n. 2. —; geb. n. 3. —

Kurz, Ferd., der Antheil der Münchener Studentenschaft an den Unruhen der J. 1847 u. 1848. (Lola Montez. — Studentenfreicorps.) 8. (112 S. m. Bildnissen.) München 893. Academ. Verlag. n. 1. —

Kurz, Ferdinand, appr. Arzt a. Stuttgart: Ueber das episklerale Melanom. Tübingen: F. Pietzcker 1905. (21 S.) 8°
Tübingen, Med. Fak., Ref. v. Baumgarten, Diss. v. 20. Juni 1905
[Geb. 18. Okt. 80 Stuttgart; Wohnort: Hall; Staatsangeh.: Württemberg; Vorbildung: Gymn. Stuttgart Reife M. 98; Studium: Tübingen 10, München 2 S.: Coll. 17. Mai 05; Approb. 20. Juli 04.]

Kurz, Ferd., § 193. Beleidigung u. berechtigte Interessen. Eine Sammlg. v. 40 strafrechtl. Fällen nach der Spruchpraxis des bayer. Obersten Landesgerichts. (28 S.) gr. 8. Nürnberg 909. U. E. Sebald. — 50

Kurz, Frz., s.: Verkehrs-Geschichte des Arlberg.

Kurz, Frz. Seraph., Beitr. z. Geschichte d. Landes Oesterreich ob der Ens. 4 Thle. gr. 8. Linz 805—10. Akadem. Buchh. (Haslinger). 7 ꝛß 6 K (1r Thl. A. u. d. T.: Geschichte des Bauernkrieges in Oberösterreich unter Anführ. Steph Fädingers u. Achaz Wielingers. 805. 2r Thl. A. u. d. T.: zwei histor. Abhandll.: Gesch. d. Aufruhrs im Hausruck- u. im Machland-Viertel. 807. 1r u. 2r Thl. 3 ꝛß 6 K 3r Thl. A. u. d. T.: Gesch. d. Stadt Lorch, d. Grenzvestung Ensburg u. d. Klosters St. Florian ꝛc. 808. 2 ꝛß 4r Thl. A. u. d. T.: Gesch. d. Kriegsvolks, welches d. Kaiser Rudolph II. im J. 1610 zu Passau anwerben ließ ꝛc. 2 ꝛß)

Kurz, Frz., d. Einfall d. v. Kaiser Rudolf II. i. Passau angeworb. Kriegsvolkes in Oberösterreich u. Böhmen. (1610—1611.) Aus dessen Nachlass mitgetheilt u. m. e. Einleitg. versehen v. Albin Czerny. gr. 8. (376 S.) Linz 897. (V. Fink.) n. 2. 60; erhöh. Pr. n. 3. —

Kurz, F., Geschichte d. Landwehr in Oestreich ob d. Ens. 2 Bde. 8. Linz, Haslinger. 811.

Kurz, Frz. Ser Geschichte Osterreichs unter Kaiser Rudolf II (IV.) 8. Linz 1821

Kurz, (Frz.) Oestreichs Handel in den ältern Zeiten. gr. 8. Linz 822, Haslinger.

Kurz, F. „Oesterreichs Handel in älteren Zeiten", Linz 1822. — Vorh.: Com. Bibl. Hamburg.

Kurz, (Frz.) Oestreichs Militairverfassung in älteren Zeiten. gr. 8. Linz 825. Haslinger.

Kurz, Frz. Seraph., Oesterreich unt. Hrzg. Albrecht III. 2 Thle. gr. 8. (39½ B.) Linz 827, Haslinger.

— Oesterreich unter Herzog Albrecht dem Lahmen. 8. Linz 819. Haslinger. 2 ꝛß

—— Oesterreich unt. Hrzg. Albrecht IV. Nebst e. Uebersicht d. Zustandes Oesterreichs während d. 14. Jahrh. 2 Thle. gr. 8. (56 B.) Linz 830, [Fink u. Sohn.]

Kurz, Frz. Seraph., Oesterreich unt. K. Albrecht d. Zweyten. 2 Thle. gr. 8. (46 B.) Wien 835, Kupffer u. Singer.

— Oesterreich unter Kaiser Friedrich dem Schönen. 8. Linz 818. Haslinger. 2 ꝛß 8 K

Kurz, Frz. Sev. Österreich unter König Friedrich dem Schönen. 8. Linz 1818.

— Oesterreich unter Kaiser Friedrich IV. 2 Thle. mit Portr. gr. 8. Wien 812. Ant. Doll. 2 ꝛß 16 K

— Oesterreich unter K. Ottokar u. K. Albrecht I. 2 Bde. 8. Linz 816. Haslinger. 2 ꝛß 10 K

Kurz, Frz. Sev. Oesterreich unter König Ottokar II. und Kaiser Albrecht I. 2 Bde. 8. Linz 1816.

Kurz, Franz, regul. Chorherr und Pfarrer zu St. Florian. Oesterreich unter den Königen Ottokar und Albrecht I. (2 Bde.) 8. Linz 1816.

Kurz, Franz Sev. Oesterreich unter König Ottokar und Kaiser Albrecht I. 2 Bde. 8. Linz 1816. 8,00.

— Oestreich unter Rudolph den Vierten. gr. 8. Linz 821 Haslinger.

—— Schicksale d. Passauischen Kriegsvolkes in Böhmen, bis z. Auflösung dess. im J. 1611. gr. 8. (7¾ B.) Prag 831, Haase Söhne.
Aus d. „Abhandln. d. kgl. böhm. Gesellsch. d. Wissensch." besond. abgedr.

Kurz, F. Schicksale des Passauischen Kriegsvolkes in Böhmen bis zur Auflösung i. J. 1611 Prag 1831. 123 S

Kurz, Frz. Xav., s.: Kurz-Elsheim, Frz.

Kurz, Friedrich: 24 Jahre in Amerika, 15 Jahre in der Heimat. o. O. [1910.]8°

Kurz, Frdr., aus dem Tagebuch des K. über seinen Aufenthalt bei den Missouri-Indianern 1848—1852. Bearb. u. mitgeteilt v. dem Neffen Emil Kurz. Mit Abbildgn. aus dem Skizzenbuch, jetzt im Besitz des histor. Museums in Bern. [Aus: „XIII. Jahresber. d. geograph. Gesellsch. v. Bern".] gr. 8. (86 S.) Bern 894. (Schmid, Francke & Co.) n. 1 60

Kurz, Frdr., aus d. Tagebuch d. K. über s. Aufenthalt bei d. Missouri-Indianern 1848—1852. Bearb. u. mitgeteilt v. d. Neffen Emil Kurz. M. 29 Abb. aus d. Skizzenbuch, jetzt im Besitz d. histor. Museums in Bern. [Aus: „Jahresber. d. geograph. Gesellsch. v. Bern".] gr. 8. (IV, 229 S.) Bern 896. (Schmid & Francke.) n. 2. 40

Kurz, Frdr. Adf., mein Traumbild. Roman. (86 S.) 8. Dresden 904. E. Pierson. n. 1. 50; geb. n. 2. 50

Kurz, G., das mutige Schweizer-Mädchen im Schwabenkriege 1499. Eine Aufführg. f. 8 Knaben u. 2 Mädchen bei Schulfestlichkeiten u. im Familienkreise. 8. (11 S.) Grüningen 899. J. Wirz. n. — 50

Kurz, Gotthold

Kurz, Gtho., die Fahrten u. Abentheuer d. kleinen Jacob Fingerlang. Ein Mährchen. 1. Aufl. 837. 1 Thlr. u. wohlf. Ausg. 839. ⅝ Thlr. 12. (à 13 B. u. 4 Stahlst.), neue Aufl. kl. 16. (20 B. u. 6 Kpfr.) Nürnberg 840, Schrag. Schw. 5/12 Thlr., col.

Kurz, Gthold., Prinz Lilliput. Eine Erzählg. f. Kinder von 6—12 Jahren. 4. Aufl. 8. (107 S. m. 4 Farbdr.) Stuttgart (901). Reutlingen, R. Bardtenschlager. Geb. 2. 50

Kurz, Gottlieb. Wie's dir auch gehen kann. Eine Dorfgeschichte. Preisschrift der schweizerischen gemeinnützigen Gesellschaft. In-8°, 35 S. Zürich, Fr. Schulthess. 1888. — 40

Kurz, Gust., die bernische Kantonalbank als Staatsanstalt. Nebst e. Vorschlag zu deren Verschmelzung mit der Berner Handelsbank. Bern 869. Dalp. gr. 8. (59 S.) 7½ ngr.

Kurz, Gust. Adolph, rechtl. Abhandl. d. heut. Rechtsgelahrheit. 4. Greifsw. Löffler. 745.

Kurz, H., Realienbuch f. die IV. Klasse der Volksschule nach den Bestimmgn. der pfälz. Lehrordng. bearb. (VII, 113 S.) 8. Ludwigshafen (909). W. Hofmann. Kart. — 85

Kurz, Heinrich

—— u. Placid. Weissenbach, Beiträge z. Geschichte u. Literatur, s. Beiträge.

Kurz, Heinr., s. Bibliothek der deutschen Nationalliteratur.

Kurz, Heinr., Blumenlese aus neuern Schweizerischen Dichtern, s. Volksbibliothek, schweizerische.

— ältere Dichter, Schlacht- und Volkslieder der Schweizer, } s. Volksbibliothek, schweizerische.

Kurz, Heinrich, Deutschland und seine Bundesverfassung. Augsburg, C. A. Fahrmbacher, 1848. 76 S. 8°.

— deutsche Dichter und Prosaisten, von der Mitte des 15. Jahrhunderts bis auf unsere Zeit nach ihrem Leben u. Wirken geschildert. 1. Abth. Mit 14 Portr. (in Holzschn.) Leipzig 863. Teubner. 16. (IV, 699 S.) 1 *ℛ* 15 *ngr.*
2. Abth. s. Paldamus, F.

— u. Friedr. Paldamus, deutsche Dichter u. Prosaisten nach ihrem Leben u. Wirken geschildert. 4 Bde. Neue (Titel-)Ausg. Leipzig (856—65) 867. Zander. gr. 16. (XIV, 2638 S. mit 58 Portr. u. Facs. in Holzschnutaff.) 1 *ℛ* 15 *ngr.* geb. n. 2 *ℛ* 10 *ngr.*
Vgl.: Dichter, deutsche, u. Prosaisten.

Kurz, Heinrich: Schweizerische Erzählungen, s. Volksbibliothek, Schweizerische.

—— Falstaff und seine Gesellen, s. Konewka, P.

(Kurz, Heinrich.) Johann Fischart über das im Jahr 1588 zwischen Zürich, Bern und Strassburg geschlossene Bündniss. [A.] 4. (Aarau [1847].)

Kurz, Heinrich. Janus Cäcilius Frey († 1631). Biographische Skizze. ([Mit Anhang:] Recitus veritabilis super terribili esmeuta paisanorum de Ruellio. Auctore Samon Faillyona.) [SA.] 8. [Bern 1858.]

Kurz, Heinr. Ritter v., s.: Führer, illustr., auf den k. k. österr. Staatsbahnen.

— Geschichte der deutschen Literatur mit Proben aus den Werken der vorzüglichsten Schriftsteller. Mit vielen Illustr. in (eingedr.) Holzschn. Von d. vorzüglichsten Künstlern Deutschlands. 1–14. Lfg. Lex. 8. (1. Bd. XIV u. 867 S.) Leipzig 851—53, Teubner. (à 9 *ngr*) 4 *ℛ* 6 *ngr*

Kurz, Heinr., Geschichte der deutschen Literatur mit ausgewählten Stücken aus den Werken der vorzüglichsten Schriftsteller. Mit vielen nach den besten Originalen u. Zeichnungen ausgeführten Illustr. in Holzschn. 15—35. Liefg. Leipzig 853—58. Teubner. Lex.-8. (2. Bd.: 764 S.; 3. Bd.: S. 1—576.) Jede Liefg. 9 *ngr.*
Das ganze Werk wird gleichzeitig auch in einer neuen (Titel-)Ausgabe in 50 Liefgn. à 6 *ngr.* ausgegeben.

— Geschichte der deutschen Literatur mit ausgewählten Stücken aus den Werken der vorzüglichsten Schriftsteller. Mit vielen nach den besten Originalien und Zeichnungen ausgeführten Illustr. in (eingedr.) Holzschn. 36—39. (letzte) Liefg. Leipzig 859. Teubner. Lex.-8. (3. Bd.: XI, S. 577—841.) Jede Liefg. 9 *ngr.*

—— dass. — 2. (Titel-)Aufl. 1. Abthl. 3—21. Lfg. und 2. Abthl. 4—38. Lfg. gr. Lex.-8. Ebendas. (856. 57.) [1. Bd (XIV und S. 97—867.) 2. (XII und S. 145—764.) 3. (XI und S. 1—841.] à Lfg. 6 Ngr.
1. Abthl. 1. und 2. Lfg. und 2. Abthl. 1—3. Lfg. Ebendas. 1855. 1 Thlr.

— — 2. (Titel-)Aufl. 3 Bde. Ebend. 858, 59. Lex.-8. 11 *ℛ* 21 *ngr.*

—— dass. — 3. Aufl. 48 Lfgn. gr. Lex.-8. Ebendas. 860,61. [1. Bd. (XIV und 867 S.) 2. (XII und 764 S.) 3. (XI und 841 S.)] à Lfg. 7½ Ngr.

Kurz, Heinr., Geschichte der deutschen Literatur mit ausgewählten Stücken aus den Werken der vorzüglichsten Schriftsteller. Mit vielen nach den besten Orig. und Zeichnungen ausgeführten Illustr. in Holzschn. 4. Aufl. 48 Lfgn. oder 1.—3. Bd. Lex.-8. Leipzig 863,64, Teubner. à Lfg. 7½ Ngr.
Auch in 3 Bdn. oder 6 Halbbdn. einzeln:
Inhalt:
Bd. 1. (1. und 2. Halbbd.) Von den ältesten Zeiten bis zum ersten Viertel des 16. Jahrh. (XVI und 867 S. mit 53 Illustr.) 4 Thlr. 7½ Ngr.
» 2. (3. und 4. Halbbd.) Vom ersten Viertel des 16. Jahrh. bis ungefähr 1770. (XII und 764 S. mit 168 Illustr.) 3 Thlr. 22½ Ngr.
» 3. (5. und 6. Halbbd.) Von ungefähr 1770 bis zu Goethe's Tode. (1832.) (XII und 841 S. mit 306 Illustr.) » 4 Thlr.
Nur vollständige Bände werden einzeln abgegeben.

Kurz, Heinr., *Geschichte der deutschen Literatur* mit ausgewählten Stücken aus den Werken der vorzüglichsten Schriftsteller. 3 Bde. 4. Aufl. Mit vielen nach d. besten Originalen u. Zeichnungen ausgef. Illustr. in Holzschnitt. Leipzig, B. G. Teubner, 1864—65. Imp.-8°. Ppbde.
I: 6 Bll., 867 S. II: 5 Bll., 763 S. III: 5 Bll., 841 S. — Text zweispaltig.

—— dass. — 4. Bd. Von Goethe's Tod bis auf die neueste Zeit. 1.—5. Lfg. Lex.-8. (S. 1—240.) Ebendas. 868. à Lfg. 7½ Ngr.

—— Geschichte der deutschen Literatur mit ausgewählten Stücken aus den Werken der vorzüglichsten Schriftsteller. Mit vielen nach den besten Originalen und Zeichnungen ausgeführten Illustr. in Holzschn. 4. Bd.: Von Goethe's Tod bis auf die neueste Zeit. 6.—20. Lfg. Lex.-8. (XV, S. 241—983.) Leipzig 869, Teubner. à Lfg. 75 Pf.
1.—3. Bd. und 4. Bd. 1.—5. Lfg. *M* 41,25.

— Geschichte der deutschen Literatur m. ausgewählten Stücken aus den Werken der vorzüglichsten Schriftsteller. Mit vielen nach den besten Orig. u. Zeichngn. ausgeführten Illustr. in Holzschn. 4. Bd. Von Goethe's Tod bis auf die neueste Zeit. 14—20. (Schluß-)Lfg. Lex.-8. (XV u. S. 625—983.) Leipzig 871. 72. Teubner. à — 75

—— dass. — 1.—3. Bd. 5. Aufl. (In 24 Lfgn.) Lex.-8. Ebendas. 869—72. à Lfg. *M* 1,50.

Kurz, Heinr., Geschichte der deutschen Literatur ꝛc. 5. Aufl. des 1—3. Bandes. (In ca. 16 Liefgn.) 1—11. Liefg. Ebend. 870. Lex.-8. (1. Bd. XIV, 866 S. u. 2. Bd. S. 1—192.) Jede Liefg. 15 *ngr.*

—— dass. — 4 Bde. Lex.-8. Ebendas.
Inhalt:
Bd. 1. Von den ältesten Zeiten bis zum ersten Viertel des 16. Jahrh. 6. unveränd. Aufl. (VIII, 867 S.) 873. *M* 12.
» 2. Vom ersten Viertel des 16. Jahrh. bis ungefähr 1770. 6. unveränd. Aufl. (XII, 764 S.) 873. *M* 12.
» 3. Von ungefähr 1770 bis zu Goethe's Tode [1832]. 6. unveränd. Aufl. (841 S.) 873. *M* 12.
» 4. Geschichte der neuesten deutschen Literatur von 1830 bis auf die Gegenwart. 2. unveränd. Aufl. (XV, 983 S. mit eingedr. Holzschn.) 874. *M* 15.

Kurz, Heinr., Geschichte der deutschen Literatur mit ausgewählten Stücken aus den Werken der vorzüglichsten Schriftsteller. Mit vielen nach den besten Originalen und Zeichnungen ausgeführten Illustr. in Holzschn. 1.—3. Bd. 7. unveränd. Aufl. Lex.-8. Leipzig 876, Teubner. à Bd. * ℳ 12. *

Inhalt:

Bd. 1. Von den ältesten Zeiten bis zum ersten Viertel des 16. Jahrh. (XIV, 867 S.)
" 2. Vom ersten Viertel des 16. Jahrh. bis ungefähr 1770. (XII, 764 S.)
" 3. Von ungefähr 1770 bis zu Goethe's Tode [1832]. (XI, 841 S.)
4. (Schluß-)Bd. Ebendas. 1874. ℳ 15.

Kurz, Heinr., Geschichte der deutschen Literatur mit ausgewählten Stücken aus den Werken der vorzüglichsten Schriftsteller. Mit vielen nach den besten Orig. und Zeichnungen ausgeführten Illustr. in Holzschn. 4. Bd. A. u. d. T.: Geschichte der neuesten deutschen Literatur von 1830 bis auf die Gegenwart. 3. Aufl. (XIII, 983 S.) 1873; 4. bericht. Aufl. Lex.-8. (XIII, 997 S.) Leipzig 881, Teubner.

1.—3. Thl. Ebendas. 1876. à ℳ 12.

Kurz, Heinr., Grammatik d. deutschen Sprache nach Becker, zunächst f. höh. Real- u. Industrieschulen. gr. 8. (26⅔ B.) Zürich 839, Orell, Füßli u. Comp.

—— Handbuch d. poet. Nationalliteratur d. Deutschen von Haller bis auf d. neueste Zeit. Vollständ. Samml. v. Musterstücken aus allen Dichtern u. Dichtungsformen, nebst Angabe d. früh. Lesarten, biograph. Notizen u. literar.-ästhet. Kommentar. 3 Abthln. gr. Lex.-8. Zürich, Meyer u. Zeller.

Abthl. 1. Haller bis Göthe. (23½ B.) 840. 1 Thlr. 18 Gr.
" 2. Schiller bis Beck. (24¼ B.) 840. 1 Thlr. 18 Gr.
" 3. Kommentar. (14¼ B.) 642. 1 Thlr. 3 Gr.

— Handbuch der poetischen National-Literatur der Deutschen von Haller bis auf die neueste Zeit. Vollständige Sammlung von Musterstücken aus allen Dichtern u. Dichtungsformen, nebst Angabe der früheren Lesarten, biographischen Notizen u. literarisch-ästhetischem Kommentar. 3. verm. etc. Aufl. 3 Thle. (in 6 Abthlgn.) Zürich 857, 58. Meyer u. Zeller. 4. (XVI, 744; 850; VIII, 452 Sp.) Jede Abth. n. 24 ngr

—— Handbuch der poetischen National-Literatur der Deutschen von Haller bis auf die neueste Zeit. Vollständige Sammlung von Musterstücken aus allen Dichtern und Dichtungsformen, nebst Angabe der frühern Lesarten, biograph. Notizen und literarisch-ästhet. Kommentar. 3., verb. und verm. Aufl. 3 Thle. (In 6 Abthlgn.) hoch 4. Zürich 857—59, Meyer und Zeller's Verlag. [1. und 2. Abthl. (XVI und Sp. 1—744.) 3. und 4. Abthl. (850 Sp.) 5. und 6. Abthl. (VIII und 452 Sp.) à Abthl. * 24 Ngr.] *

—— Handbuch der deutschen Prosa von Gottsched bis auf d. neueste Zeit. Histor. geordnete Sammlung v. Musterstücken aus den vorzügl. Prosaikern unter Berücksichtig. aller Gattungen der prosaischen Schreibart, nebst einem literarisch-ästhetischen Kommentar. 2 Abthlgn. gr. Lex.-8. Zürich, Meyer u. Zeller. *

Abthl. 1. Gottsched bis Kant. (27½ B.) 845. * 1 Thlr. 17½ Ngr.
" 2. Göthe bis auf die neueste Zeit. (29¼ B.) 846. * 1 Thlr. 22½ Ngr.

— Handbuch der deutschen Prosa v. Gottsched bis auf die neueste Zeit. Historisch geordnete Sammlung von Musterstücken aus den vorzüglichsten Prosaikern unter Berücksicht. aller Gattungen der prosaischen Schreibart, nebst einem literarisch-ästhet. Kommentar. 3. Abth.: Literarisch-ästhetischer Kommentar. 2 Hälften. hoch 4. (VIII u. 511 S.) Zürich 852, Meyer & Zeller. 1¾ ß (cmplt. 4 7/12 ß)

Kurz, Heinrich. Ueber Walthers von der Vogelweide Herkunft und Heimat. (Progr.) 4. Aarau 1863.

—— über Walthers von der Vogelweide Herkunft und Heimat. gr. 4. (24 S.) Aarau 868, (Sauerländer's Verlag.) *

Kurz, Heinr., die französ. Conjugation nebst ein. Versuche üb. die Bildungsgesetze der französ. Sprache. gr. 8. (9 B.) Zürich 843, Meyer u. Zeller. *

Kurz, H., über einige d. neuesten Leistungen in d. Chines. Litteratur, Sendschr. an Hrn. Prof. Ewald in Göttingen. gr. 4. (2½ B.) Paris 830. (München, Literar.-Art. Anstalt.) Thlr.

— über einige der neuesten Leistungen in der Chinesischen Literatur. Sendschreiben an Prof. Ewald in Gottingen. gr. 4. Paris 830. (Münch., Cotta). 8 K

—— Leitfaden zur Geschichte der deutschen Literatur. gr. 8. (XIV und 294 S.) Leipzig 860, Teubner. *

—— Leitfaden zur Geschichte der deutschen Literatur. 2., verb. Aufl. gr. 8. (XVI und 307 S.) Leipzig 865, Teubner. *

—— Leitfaden zur Geschichte der deutschen Literatur. 3. Aufl. (XVIII, 319 S.) 870, und 4. verb. Aufl. gr. 8. (XVIII, 328 S.) Ebendas. 872. *

Kurz, Heinr., Leitfaden zur Geschichte der deutschen Litteratur. 5. Aufl., nach d. Verf. Tode überarb. u. erweitert von G. Emil Barthel. gr. 8. (XX, 356 S.) Leipzig 878. Teubner. n. 3. 60

—— die deutsche Literatur im Elsaß. 1. und 2. unveränd. Aufl. gr. 8. (47 S.) Berlin [Leipzig] 874, Heinersdorff's Verlag. *

— die deutsche Literatur im Elsaß. 2. unveränd. Aufl. gr. 8. (47 S.) Bielefeld 874. Gülker & Co. n. 1. —

—— Mémoire sur l'état politique et religieux de la Chine, 2300 ans avant notre ère, selon le Chou king. gr. in-8. (5½ B.) Munic 831, Literar.-Art. Anstalt.

Kurz, Hnr., Memoire sur l'état politique et religieux de la Chine, 2300 ans avant nôtre ere, selon le Chou king. gr. in 8. Munch. 831. de Cotta. 12 K

Kurz, Heinrich (Hrsg.), s. Murner, Thomas: Gedicht vom großen lutherischen Narren.

— s. Pellico S., meine Gefangenschaft.

—— über die chinesische Poesie, s. Blumenblatt.

Kurz, Heinr., die Schweiz. Land, Volk und Geschichte in ausgewählten Dichtungen. 1. Hälfte. 4. (XVI und 490 S.) Bern 852, Dalp'sche Buchh. *

— die Schweiz. Land, Volk u. Geschichte in ausgewählten Dichtungen. 2 Hälften. 4. (XVI u. 499 S.) Bern 852, Dalp. (1: n. 1⅓ ß 2: n. ⅔ ß) n. 2 ß

Kurz, Heinrich (Hrsg.), s. Wieland, Christoph Martin: Werke.

Kurz, Heinrich Karl

Kurz, H. C., Darstellung des Rechtes der Gewissens-Vertretung im gemeinen deutschen Civilprocess nach sein. Ursprung u. in den heutzutage anzunehmenden Grundsätzen. Inauguralabhandlg. 12. (3⅙ B.) Aschaffenburg 843, Pergay. -

Kurz, Heinr. Karl, das churfürstlich Mainz'sche Land-Recht vom J. 1755 mit Erläuterung u. Ergänzung aus dem gemeinen Rechte, u. unter Vergleichung mit den rhein., sowie mit anderen Partikularrechten fränk. Ursprungs, mit der Frankfurter Reformation etc. für die Anwendung bearb. Aschaffenburg 866. (Krebs.) Lex.-8. (VIII, 736 S.) n. 3 ß 15 ngr

Kurz, Hermann

— s. Ariost's rasender Roland.

Kurz, Herm. (Herm. Kurz-Heidt), das Arkanum, s.: Bücher, bunte.

Kurz, Herm., das Arcanum u. andere Novellen, s.: Universal-Bibliothek.

Briefwechsel zwischen Hermann Kurz u. Eduard Mörike. Hrsg. von J. Bächtold. Stuttgart Kröner 1885.

Kurz, Herm., s. a. Briefwechsel.

Kurz, Hermann, s. Chateaubriand's ausgewählte Werke. – dess. Geist d. Christenthums. –

Kurz, Herm., Dichtungen. 8. (16¾ B.) Pforzheim 839. [Stuttgart, Scheible, Rieger u. Sattler.]

Kurz, Herm., Erzählungen. 3 Bde. gr. 16. Stuttgart 857. — 61, Franckh'sche Verlagsh. [1. Bd. (VII und 359 S.) 2. (VIII und 293 S.) 3. (III und 307 S.) à Bd. 1 Thlr. Thlr.

Kurz, Herm., Erzählungen. 1. Bd. Stuttgart 858. Franckh. 16. (VII, 359 S.) 1 ₰.

Kurz, Herm., Erzählungen. 2. u. 3. Bd. Stuttgart 859, 61. Franckh. 16. (VIII, 293 S.; 2 Bl., 307 S.) Jeder Bd. 1 ₰

— ausgewählte Erzählungen, s.: Hausbücherei, rheinische.

— gesammelte kleinere Erzählungen. 4 Tle. in 1 Bde. Mit Einleitgn. v. Herm. Fischer. (150, 204, 189 u. 168 S.) 8. Leipzig (904). M. Hesse. Geb. in Leinw. n. 1. 80

Kurz, Hermann. Fortunatus. Roman. [Mit illustriertem Umschlag.] IV + 196 S. 8. Heilbronn, Eugen Salzer, 1909. [M. 2. 50, geb. 3. 50]
2. u. 3. Aufl. 1909.

Kurz, Herm., die Fragen der Gegenwart u. das freye Wort. Abstimmung e. Poeten in polit. Angelegenheiten. 16. (20¼ B.) Ulm 845, Heerbrandt u. Thämel.

—— Gedichte. 8. (13 B.) Stuttgart 836, Hallberger'sche Vrlsh.

—— Genzianen. Ein Novellenstrauß. 8. (24¾ B.) Stuttgart 837, Erhard.

— Die Glocke v. Attendorn. Das Horoskop. Das gepaarte Heiratsgesuch. s. a. Erzähler, unsere.

Hermann Kurz. Die Glocke von Attendorn Das Horoskop. Das gepaarte Heiratsgesuch. Münster i. W.: Aschendorff [1909]. 94 S. 8°
(Unsere Erzähler. Buch 1.) [10. 3734

Kurz, Hermann. Die Glockengiesser. [Erzählung.] 64 S. 8. Basel, Emil Birkhäuser, Oktober 1907. fr. —. 10
Verein für Verbreitung guter Schriften. Basel, No. 75.

— eine reichsstädtische Glockengießerfamilie u. andere Erzählungen, s.: Hesse's, Max, Volksbücherei.

Kurz, Herm., s. Gottfried von Straßburg, Tristan und Isolde.

—— Schillers Heimathjahre, s. Volksbibliothek, deutsche.

—— Schiller's Heimathjahre. Vaterländ. Roman. 3 Thle. 8. (90½ B.) Stuttgart 843, Franckh'sche Vrlgsh.

Kurtz, Herm., Heinrich Roller oder Schiller's Heimathjahre. Vaterländ. Roman. 2. wohlf. Ausg. 3 Thle. 8. (VIII, 408. 404 u. 551 S.) Stuttgart 847, Franckh. 3 ₰ 12 ₰

Kurz, Herm., Schiller's Heimathjahre. 2., durchgeseh. Aufl. 2 Bde. gr. 16. (XXI und 716 S.) Stuttgart 856(57,) Franckh'sche Vrlgsh.

— Schillers Heimatjahre. Historischer Roman. Mit 50 Illustr. v. W. Planck. 3. Aufl. 2 Tle. in 1 Bd. gr. 8. (290 u. 269 S.) Stuttgart (899). Franckh.
Geb. in Leinw. n. 4. —; Luxusausg. n. 6. —

Schillers Heimatjahre. Hist. Roman von Hermann Kurz. Mit e. Vorbemerkung u. d. Bilde d. Verf. (Vorr.: Dr. Arthur Ploch.) Halle a. S.: O. Hendel (1905). (IV, 504 S.) 8° [J.]
(Bibliothek d. Gesamtlitteratur d. In- u. Auslandes. No 1880–86.) [05. 10374

— dasselbe, s. a. Bibliothek der Gesamtlitteratur.

— Schillers Heimatjahre. Illustrationen von G. Adf. Closs. (514 S. m. Textabbildgn. u. 9 [1 farb.] Vollbildern.) 8. Stuttgart (905). Union. Geb. in Leinw. n. 7. —
Erschien auch in 10 Lfgn. à n. — 50.

— dasselbe, s.: Hesse's, Max, Volksbücherei.

— dasselbe, s.: Württemberg, wie es war u. ist.

Kurz, Hermann. Stoffel Hiss. Roman von H' K' [Basel]. (Buchausstattung von Arthur Gratz.) II + 192 S. 8. Berlin, Wiegandt & Grieben, 1907. [M. 3. —, geb. 4. —]

Kurz, Herm., Stoffel Hiß. — Jetzt: Leipzig, G. K. Sarasin.

Kurz, Hermann [aus Nürnberg]: Zur Kenntniss der Chlornitrobenzoësaeuren .... Freiburg i. B., Buchdr. v. Chr. Ströcker, 1888; 58 S. + 1 Bl. 8°
Freiburg i. B., Phil. Fak., Inaug.-Diss. v. 1888

— St. Urbans Krug, s.: Bücher, bunte.

— St. Urbans Krug u. and. Erzählgn., s.: Hesse's, Volksbücherei.

Kurz. Herm., s.: Monatsschrift, mitteleuropäische.

Kurz, Hermann, s. Moore, Th.: Papadies und die Peri.

— s.: Novellenschatz des Auslandes.

Kurz, Hermann [Hrsg.]
s. Novellenschatz, Deutscher. 1875.

Kurz, Hermann. Die Schartenmättler. Roman von H' K' [Basel]. [Mit illustriertem Umschlag.] 160 S. 8. Berlin, Wiegandt & Grieben, 1907. [M. 3.—, geb. 4.—]
Jetzt: Leipzig: G.K.Sarasin.

—— der „Sonnenwirth", s. Bibliothek, deutsche.

— dasselbe, s.: Hesse's, Max, Volksbücherei.

—— Sonnenwirth, s. Volksbibliothek, deutsche.

Kurz, Herm., der Sonnenwirth. Schwäbische Volksgeschichte aus dem vorigen Jahrhundert. 3 Bde. 2. Aufl. gr. 16. (VI und 599 S.) Berlin 862, Janke.

Der Sonnenwirt. Schwäb. Volksgesch. aus d. 18. Jh. von Hermann **Kurz**. Bd 1. 2. *Stuttgart & Berlin: J. G. Cotta Nachf. [1903].* 2 Bde 8° [F.]
— Handbibliothek, Cotta'sche. No 74. 75. (04. 1967)

Der Sonnenwirt. Roman von Hermann **Kurz**. Berlin: Scherl [1909]. 736 S. 8°
(Bibliothek August Scherl. Bd 531–533.) (10. 13917)

—— Streifzüge in Literatur und Geschichte. 1. Bdchn.: Zu Shakspeare's Leben und Schaffen. Altes und Neues. 8. (V, 155 S.) München 868, Merhoff's Verlag. *

—— Aus den Tagen der Schmach. Geschichtsbilder aus der Melacszeit. gr. 8. (XII, 256 S.). Ebendas. 871.

— Tristan u. Isolde, siehe: Gottfried v. Straßburg.

— die beiden Tubus, s.: Hesse's, Max, Volksbücherei.

— die beiden Tubus, s.: Universal-Bibliothek.

Kurz, Hermann
Die beiden Tubus, oder Denkwürdiger Blick-, Brief- und Wortwechsel zweier Deutschen. Berlin 1875.
In: Novellenschatz, Deutscher. Bd 18.

Die beiden Tubus. Den Galgen! sagt der Eichele. Das Arkanum. Sankt Urbans Krug. 4 Erzählungen von Hermann **Kurz**. Berlin: H. Neelmeyer [1906]. (144 S.) 8° [F.]
— Bücherei, Deutsche. Bd 55. (06. 7883)

— der Weihnachtsfund, s.: Hausbücherei der deutschen Dichter-Gedächtnis-Stiftung. 8. Bd.

— dasselbe. Die Zaubernacht u. andere Novellen, s.: Hesse's, Max, Volksbücherei.

— der Weihnachtfund, s. Unter dem Tannenbaum.

—— der Weihnachtfund. Erzählung aus dem schwäb. Volksleben. 2. Ausg. 16. (256 S. mit 1 Holzschnt. in Tondr.) Berlin (861)62, Janke.

—— s. Weisser, Ludw., Bilder-Atlas zur Weltgeschichte. — Lebensbilder.

—— wenn es euch beliebt. Der Kampf mit dem Drachen. Ein Ritter- u. Zaubermärchen. Zum Besten des Tristansängers u. Tristankritikers Hrn. Osw. Marbach mit neu-mittel- u. althochdeutschen aber aller Welt verständlichen Glossen gegeben, Karlsruhe den 30. Novbr. 844. gr. 8. (4 B.) Stuttgart 845, Becher's Verl.

Kurz, Herm., gesammelte Werke. Mit einer Biographie des Dichters hrsg. von Paul Heyse. 10 Bde. Mit dem Bildnisse des Dichters (in Stahlst.). 8. (LV, 199; 220; 240; 232; 184; 196; 207; 223; 272; 268 S.) Stuttgart 874, Kröner. à Bd. ℳ 1,50. geb. in 5 Bdn. *

Hermann **Kurz'** sämtliche Werke in 12 Bden. Hrsg. u. mit Einleitungen versehen von Hermann Fischer. Mit 3 Bildn. u. 1 Gedicht nach d. Hs. Bd 1–12. *Leipzig: M. Hesse [1903].* 12 Bde 8° [F.]
1. Biograph. Einl. Gedichte. 2–4. Schiller's Heimatjahre. (T. 1–3.) 5–7. Der Sonnenwirt. (T 1–3.) 8. Der Weihnachtsfund. 9. 10. Kleinere Erzählungen. (Bd 1. 2.) 11. Denkwürdigkeiten u. Erinnerungen. 12. Das Wirtshaus gegenüber. Die beiden Tubus.

Kurz, Herm., sämtliche Werke in 12 Bdn. Hrsg. u. m. Einleitgn. versehen v. Herm. Fischer. Mit 3 Bildnissen u. e. Gedicht nach der Handschrift. (XXXVIII, 140, 191, 203, 194, 162, 168, 172, 150, 204, 139, 146 u. 139 S.) 8. Leipzig (904). M. Hesse. In 3 Bdn., geh. n. 4.—; geb. in Leinw. n. 6.—; in Halbfrz. n. 9.50; Luxusausg., in Liebhaberhalbfrz. n. 12.50

Kurz, Hermann. Wie der Grossvater die Grossmutter nahm — Ein Hersenastreich. Erzählungen. 43 [+5] S. 8. Basel, Emil Birkhäuser, April 1904. fr. —.10
Verein für Verbreitung guter Schriften. Basel, No. 61.

Kurz, Hermann: Wie der Großvater die Großmutter nahm. Schwäbische Novellen. Kevelaer: Butzon & Bercker [1907]. 96 S. 8°
(Aus Vergangenheit u. Gegenwart. Bdch. 82.)

— Wie der Großvater die Großmutter nahm, s.a. Aus Vergangenheit u. Gegenwart.

Kurz, J., s.: Verhandlungen des internationalen Kongresses f. Thalassotherapie.

Kurz, J., s. Zeit, Die, e. Zeitschrift.

Kurz, J. Fr. (Tübingen), Diss. hist. de Romanorum et Saxonum expeditionibus in Britanniam. Präs. L. J. Uhland. Tübingen (J. Ad. Sigmund) Oct. 1768. 30 S. (5.—) 20255
Widm. v.: L. J. Uhland.

Kurz, J. H., das Geheimnis der Kraft f. das tägliche Leben. 12. (56 S.) Barmen 901. (Verlag „Des Königs Botschaft".) — 25

Kurz, J. H., das Geheimnis der Kraft fürs tägliche Leben. 2. Aufl. (48 S.) 8. Gotha 904. Missionsbuchh. P. Ott. n. — 25

— das wahre Lebensglück. 12. (32 S.) Gotha 902. Missionsbuchh. P. Ott. n. — 20

Kurz, J. J., das landwirthschaftliche und gewerbliche Leben in Liebenfels und den liebenfelsischen Höfen, s. Beiträge, Thurgauische, zur vaterländischen Geschichte.

Kurz, J. J.,
Haus Tobel, s.: Beiträge, Thurgauische, zur vaterländ. Geschichte.

[F.] Festungs-Schloss Wartburg v. Johann Christoph **Kurz** 1757. *Eisenach: H. Kahle 1896.* (13 S.) 1 Bd 8.
— Beiträge z. Geschichte Eisenachs. [H.] III. (96. 4090)

Kurz, Joh. Jak. Beschreibung sehr vorzüglicher massiver Feuerspritzen u. s. Gussarbeiten. Stuttgart 1800.

Kurz, Jos., s. 1) Frauenwerth. 2) Gli. Wahrmuth.

Kurz, Jos. (Hrsg.), s. Blätter, Gemeinnützige, vorzüglich für Niederbayern.

Kurz, Jos., Gedenkbuch der l.-f. Stadtpfarre zu den neun Chören der Engel am Hof. gr. 8. (IV, 139 S. m. 6 Abbildgn.) Wien 891. Mayer & Co. n.n. 4. –

— Ehrendomherr bei St. Stephan etc. Nachträge zum „Gedenkbuch der landesfürstlichen Stadtpfarre zu den neun Chören der Engel Am Hof“ mit besonderer Rücksichtnahme auf die Mariensäule Am Hof. (II. Theil.) 8. Wien 1897

Kurz, Jos., zur Geschichte der Mariensäule Am Hof u. der Andachten vor derselben. (46 S. m. Titelbild.) gr. 8. Wien 904. (H. Kirsch.) n. — 60

Kurz, Jos., Lebensgeschichte des hl. Stanislaus Kostka, s.: Jenner, Ferd.

Kurz, J., s. Obstbüchlein.

Kurz, Jos., s. Winkelhofer's, Seb., Festtags- u. Gelegenheitspredigten.

Kurz, Josef (Hrsg.), s. Wochenblatt f. d. Bürger u. Landmann.

Kurz, Josef Felix von

KURZ, Joseph (v.). Comicus *Bernardon*, Eine neue Tragoedia, betittelt Bernardon, die getreue Prinzeßin Pumphia, und Hanns Wurst der tyrannische Tartar-Kulikan. Nebst einer Kinder Pantomime, betittelt Kolekin, der glücklich gewordene Bräutigam, componirt von —. O. O 1756. 8°
— — Dasselbe. Neu aufgelegt und zu finden im Kraußischen Buchladen. O. O. 1767 8° 64 S. ohne den Anhang.
Auf dem Titel dieser Ausgabe nennt er sich *Joseph von Kurz*. Beides sehr selten!

— Berardon, oder der ohne Holz lebendig verbrannte Zauberer. 8. Wien 770. Trattner. 4 K

SINGSPIEL, Ein neues pantomimisches, in einem Aufzuge, genannt: Die Herrschaftskuchel auf dem Lande, mit Bernardon dem dicken Mundkoch, oder Die versoffenen Köche und die verliebten Stubenmädel (von *Josef Felix v. Kurz*). Wien 1770. (In Zürich, Cantonsbibl.)
Anon.-Lex. VI. p. 294 (nach dem Cat genannter Bibl.). – Höchst selten!

Bernardon *(Kurz)*, Die Herrschaftskuchel auf dem Lande. Oder die versoffenen Köche und die verliebten Stubenmädel. (Farce.) Wien, Wallner, 1770.
Eine ältere Fassung bei Goedeke § 259, 5 u. der Raab'schen Bernardon-Biographie, wo noch andere Stücke mit Stubenmädchen angeführt werden: p. 22, 58 ff., 79, 121, 159 (Anmerkg. 2), 177 ff. — Gugitz p. 148.

— die Judenhochzeit, oder Bernardon der betrogene Rabbiner. Singspl. 8. Wien 770. Trattner. 2 K

Kurz, Josef Felix von: List über List, ein Lustspiel in 5 Aufzügen. Leipzig 1768. 8°

— Prinzessin Pumphia, s. Neudrucke, Wiener.

— der unruhige Reichthum. Lstspl. in 3 Aufz. 8. Wien 770. Trattner. 4 K

Der neue Krumme Teufel, ein Singspiel etc. von Jos. von Kurtz. 1767. 8o.

Kurz, Jos[eph] Ferd[inand]. Der grosse Elsässer aus dem alten Bisthum Basel, St. Leo IX., Papst. Ein Lebensbild auf den neunhundertjährigen Geburtstag 21. Juni. 1002–1902. [Mit 2 Tafeln.] 36 S. 8. (Binningen b. Basel,) Im Selbstverlag des Verfassers; [Basel,] Offizin des «Basler Volksblatt», 1902. [fr. —. 80]

Kurz Js.: Mathematische Aufgaben für die VIII. Cl. 40. Kremsmünster 78. Progr.

Kurz, Isolde. Arnold Böcklin. 16. Januarius 1901. ([Gedenkblatt, mit Umrahmung von] G[eorg] R[oemer].) 1 S. 4. [Leipzig, Hermann Seemann Nachfolger.] [M. —. 50]

Kurz, Isolde, unsere Carlotta. Erzählung. 12. (82 S.) Leipzig (901). H. Seemann Nachf. n. 2. —; geb. n. 3.—

(B) Kurz, Isolde, unsere Carlotta. 901. Jetzt: Stuttgart, J. G. Cotta Nachf.

— von dazumal, Erzählungen. 8. (III, 255 S.) Berlin 900. Gebr. Paetel. n. 4. —; geb. n. 5. —

— Florentinische Erinnerungen. (1. u. 2. Aufl.) (VII, 390, bezw. VII, 392 S.) 8. München 910. 11. G. Müller. 5.—; geb. 6. 50

Kurz, Isolde, italien. Erzählungen. 8. (300 S.) Stuttgart 895. Leipzig, G. J. Göschen. n. 4. —; geb. n. 5. 50

— italien. Erzählungen. 8. (300 S.) Stuttgart 895. [Göschen.] Leipzig, H. Seemann Nachf. geb. n. 5. 50

(B) — Italien. Erzählungen. 895. — Frutti di Mare. 902. — Jetzt: Stuttgart, J. G. Cotta Nachf.

— Frutti di Mare. 2 Erzählgn. 8. (100 S.) Leipzig (902). H. Seemann Nachf. n. 2. —; geb. n. 3. —

Kurz, Isolde, Gedichte. 8. (IX, 208 S.) Frauenfeld 888. [Huber.] Stuttgart, Göschen. n. 3. —; geb. n. 4. —

— dasselbe. 2., stark verm. Aufl. 8. (XII, 254 S.) Stuttgart 891. Göschen. geb. n. 4. —

— Gedichte. 3., unveränd. Aufl. 8. (XII, 254 S.) Leipzig 898. G. J. Göschen. Geb. in Leinw. n. 4. —

— Gedichte. 3. Aufl. 8. (XII, 254 S.) Leipzig 898. [Göschen]. H. Seemann Nachf. geb. n. 4. —

Gedichte von Isolde Kurz. 4. u. 5. Aufl. Mit d. Portr. d. Dichterin. Stuttgart & Berlin: J. G. Cotta Nachf. 1906. (VIII, 216 S.) 8° [F.] [07. 18180

Neue Gedichte von Isolde Kurz. Stuttgart & Berlin: J. G. Cotta Nachf. 1905. (VII, 136 S.) 8° [F.] [05. 5973

— Genesung. Sein Todfeind u. Gedankenschuld. Erzählungen. 8. (232 S.) Leipzig (902). H. Seemann Nachf. n. 4. —; geb. n. 5. —
Jetzt: Stuttg.: Cotta.

— Die Kinder der Liliṫh. Ein Gedicht. (80 S.) 8. Stuttgart 908. J. G. Cotta Nachf. Kart. 3. —

— Hermann Kurz. Ein Beitrag zu seiner Lebensgeschichte. Mit 9 Bildbeilagen u e. Gedichtfksm. (XIII, 346 S.) München 906. G. Müller. n. 6. —; geb. n. 7. 50

Kurz, Isolde. Lebensfluten. Novellen. 238 S. 8. Stuttgart und Berlin, J. G. Cotta, Nachfolger, 1907. (M. 3. —, geb. 4. —) [1. Aufl.] — 2. Aufl.

—— Florentiner Novellen. gr. 8. (359 S.) Ebd. 890. * 4 — geb. * 5 50

— Florentiner Novellen. 2. Aufl. 8. (359 S.) Stuttgart 893. [Göschen.] Leipzig, H. Seemann Nachf. Geb. n. 5.50

Florentiner Novellen von Isolde Kurz. 3. Aufl. Stuttgart & Berlin: J. G. Cotta Nachf. 1905. (348 S.) 8° [F.]

— Florentiner Novellen. 4. u. 5. Aufl. (348 S.) 8. Ebd. 908. 3.50; geb. in Leinw. 4. 50

— Phantasieen u. Märchen. 12. (III, 164 S.) Ebd. 890. cart. n. 3. —

— die Stadt des Lebens. Schilderungen aus der florentin. Renaissance. 8. (288 S. m. 14 Taf.) Leipzig (902). H. Seemann Nachf. n. 5. —; geb. n. 6. 50

— die Stadt des Lebens. Schilderungen aus der florentin. Renaissance. 3. Aufl. (296 S. m. 15 Taf.) 8. Ebd. (906.) n. 5. —; geb. in Leinw. n. 6. 50

— Die Stadt des Lebens. Schildergn. aus der florentin. Renaissance. 4.—6. Aufl. (VIII, 300 S. m. 16 Taf.) 8. Ebd. 907. 11. 5.—; geb. in Leinw. n 6. 50

Kurz, J., in der Steppe, } s.: Reiselectüre.
— die goldenen Träume, }

— Im Zeichen des Steinbocks. Aphorismen. (XVI, 87 S.) 8. München 905. G. Müller, n. 5. —; geb. n. 6. 50

Im Zeichen des Steinbocks. Aphorismen von Isolde Kurz. 2., verm. Aufl. München & Leipzig G Müller 1909. XVI, 201 S. 8°

Kurz, K. F., vom Nil zum Fujiyama. Mit 38 Abbildgn. im Text nach Orig.-Zeichngn. des Verf. (III, 317 S.) 8. Frauenfeld 910. Huber & Co. Geb. in Leinw. 5. —

Kurz, Karl, a. Kolmar i. Els.: Die Beeinflussung der Ergebnisse luftelektrischer Messungen durch die festen radioaktiven Stoffe der Atmosphäre. Gießen 1907: O. Kindt. (72 S.) 8° Gießen, Phil. Fak., Ref. König, Diss. v. 8. Juli 1907
[Geb. 24. Apr. 81 Kolmar i. E.; Wohnort: Gießen; Staatsangeh.: Hessen; Vorbildung: Oberrealsch. Darmstadt Reife M. 03; Studium: Gießen 7 S.; Rig. 13. März 07.]

Kurz, Carl, d. Nothlage d. Handlungsgehülfen, s.: Miniatur-Bibliothek.

Kurz, Karl, Dr. phil.: Radium, Thorium und Aktinium in der Atmosphäre und ihre Bedeutung für die atmosphärische Elektrizität. München: Kgl. Bayer. Akad. d. Wiss. 1909. 56 S., 4 Taf. 4° ¶ Aus: Abhandlungen d. K. Bayer. Akademie d. Wissenschaften. Math.-phys. Kl. Bd 25.
München Te. H., Hab.-Schr. v. 22. 7. 1909

Kurz, Karl, Radium, Thorium u. Aktinium in der Atmosphäre u. ihre Bedeutung f. die atmosphärische Elektrizität, s. 4. Abhandlungen der königl. bayerischen Akademie der Wissenschaften. Mathem.-phys. Kl. 25, I.

— Der Radiumvorrat der Natur. Vortrag, geh. im polytechn. Verein zu München. (31 S.) 8. München (910). Verlag der ärztl. Rundschau. 1. —

— Registrierungen der luftelektrischen Zerstreuung in unmittelbarer Nähe des Erdbodens, s.: Abhandlungen der königl. bayer. Akademie d. Wissenschaften. Mathem.-phys. Klasse 25, I. (Ebert, H.)

Kurz, Karl Frdr., der k. u. k. Generalstab u. sein Chef im Spiegel der Geschichte. (94 S.) gr. 8. Wien 907. „Elbemühl". 2. —
Ergänzter u. durchgeseh. Sonderabdr. aus: „Vedette", Beilage zum Fremden-Blatt".

— Geschichte der Pionierkadetten u. deren Schulen, s.: Kemenović v. Belovar, Fel.

Kurz, Karl Frdr., ein Kriegsschul-Abenteuer und andere Geschichten aus dem Offiziersleben. (79 S.) 8. Wien (907). (L. W. Seidel & Sohn).

Kurz, Karl Frdr., Militär-Taschen-Lexikon. 12. (XXIII, 245 S.) Wien (IX, Hahngasse 12), (Administration der Reichswehr). 1900. Geb. in Leinw. n. 2. —

Kurz, Karl Friedrich, Redacteur und Manöverberichterstatter der „Reichswehr" Militär-Taschen-Lexikon. Durchgesehene, bis Ende 1900 berichtigte und ergänzte 2. Auflage. (Mit 1 Porträt.) 8. Wien 1901.
— — 3. Auflage. (Ergänzt und berichtigt bis Juli 1902.) 8. Wien 1903.
— — 4. Auflage. Im Texte ergänzt und berichtigt bis Juli 1903; dazu noch Ergänzungen und Berichtigungen während des Druckes. 8. Wien 1904.

Kurz, K F., Militär-Taschenlexikon. 5. Aufl. 8°. (XLIV, 350, 32 S. mit 1 Tabelle) geb. K 3.—
Wien: "Elbemühl" 1905.

Kurz, Karl Frdr.. Militär-Taschen-Lexikon. 6. Aufl. Im Texte ergänzt u. berichtigt bis Oktober 1906. 2 Tle. (XVIII, 268; IX, 148 u. 32 S.) kl. 8. Wien 906. „Elbemühl". (Nur direkt.) Geb. u. geh. n. 3. —

Kurz, K. F., Militärtaschenlexikon. 9. Aufl. 1. Teil. 8°. (XLVIII, 320 S.) II. Teil. 8°. (XI, 210 S.) geb 3.50
Wien: "Elbemühl" 1909.

— Militär-Taschenlexikon. 10. Aufl. Im Text ergänzt u. berichtigt bis Oktbr. 1910. 2 Tle. (XLV, 360 u. XI, 236 u. 32 S. m. Tab.) kl. 8. Wien 911. „Elbemühl". Geb. in Leinw. 4. —

— Skizzen aus den österreichisch-ungarischen Garnisonen. (III, 128 S.) 8. Wien 904. (L. W. Seidel & Sohn.) n. 2. —

Kurz, Konr., Ferial-Vorbereitung zur Aufnahmsprüfung für die Mittelschule. gr. 8. (IV, 107 S.) Salzburg 887, Kerber. * 1 50

Kurz, Kurt. Hobelspähne, s. Humorist, der.

KURZ, Leopold (Weiden): Streitentscheidung durch Schiedsrichter. Nach den Quellen des gemeinen Rechts.- München: Gotteswinter u. Mössl 1866. 57 S.
2.6.1866 - Urk (Titel: De modo litis per arbitros finiendae.); F 49
Diss. Ingolst.-Landsh.-Mchn.

Kurz, Leop., die Zerbrochenen. Novellen. (V, 158 S.) 8. Budapest 904. F. Sachs. n. 2. —

Ⓑ Kurz, L., d. Zerbrochenen. 904. Infolge Rechtsspruchs unbrauchbar gemacht.

Kurz, Ludwig

Kurz, L.: Bericht und Anträge der Direktion des Innern betreffend die Revision des Gesetzes über das Wirtschaftswesen und den Handel mit Getränken vom 29. Mai 1852. 8°. 56 S. Februar 1868. Bern.

Kurz, Ludw., Rechtsfreund für den Kanton Bern. 2. Thl. Das Verwaltungswesen. gr. 8. (IX und 312 S.) Zürich 866, Schultheß. *
Vgl. Kurz, Alb.

Kieler Album in acht Blättern. Gez. v. M. Kurz, gest. v M. Kurz u. J. Poppel. Stahlst. München. Kiel. [1847.] 4° k.
Enthält 4 Ansichten von Kiel und außerdem: Knoop, Plön, Gremsmühlen, Eutin.

Kurz, M., u. J. Poppel, Gallerie europäischer Städte, siehe: Poppel, J.

Kurz, Marie, Märchen. Stuttgart 867. Schober. gr. 8. (III, 187 S.) 18 ngr; geb. n. 24 ngr

Kurz, Matthäus

Kurz, M., Führer in Cilli u. Umgebung. Mit 1 Plane der Stadt u. deren nächster Umgebg. v. Karl Lebitsch. 12. (83 S.) Cilli 894. F. Rasch. n. 1 60

Kurz, Matthäus, aus Halbsocialien. Ein Bild aus der Gegenwart. 12. (114 S.) St. Pölten 893. (Wien, H. Kirsch.) n. — 60

Kurz, Matthäus: Katalog der Lehrerbibliothek des k. k. Staats-Obergymnasiums in Cilli nach dem Stande vom April 1899. (Umschlagtitel: .. bibliothek nach dem Stande vom 8. April 1899. I. Theil.) 8 (43 S.). Erste Fortsetzung. 8 (S. 44—85). Progr. K. k. Staats-G. *Cilli* 1899. 1900.

Kurz, M[atthäus]: Katalog der Lehrerbibliothek nach dem Stande vom 8. April 1899. Schluß. S. 86—143. 8. Progr. K. k. Staats-Gymn. *Cilli* 1901.

Kurz, Matthäus Die Synonyma des Johannes von Garlandia. 32 S. 8. Progr. G. IX. Bez. *Wien* 1885

Kurz, M., die Synonyma des Johannes von Garlandia. gr. 8. (32 S.) Wien 885, (Pichler's Wwe. und Sohn.) * — 70

Kurz, Oswald, die Freiübungen. Ein kurzes Lehrmittel f. die Theorie des Turnens. Zum Schulgebrauch u. zum Selbstunterricht bearb. 2. Aufl. (III, 48 S.) gr. 8. Straubing 905. O. Kurz. — 80

Kurz, Oswald, methodischer Lehrgang der Stenographie. 1. u. 2. Tl. gr. 8. Straubing, Selbstverl. n. 6. 30
1. Die stenograph. Buchstaben u. ihre Verbindg. (VII, 112 z. Tl. lith. S.) München 891. n. 3. 50
2. Das Kürzungsverfahren. (XI, 121 S.) Dresden 894. n. 2. 80

— methodischer Lehrgang der Stenographie. 1. u. 2. Tl. gr. 8. (Leipzig, O. Maier.) à n. 1. 20
1. Die stenograph. Buchstaben u. ihre Verbindg. (Verkehrsschrift.) 2., gänzlich umgearb. Aufl. Nach den Beschlüssen des 7. deutschen Stenographentages u. den Regeln f. die neue Rechtschreibg. Jubiläums-Ausg. (IV, 56 S.) Straubing 904.
2. Das Kürzungsverfahren. (Redeschrift.) 2. gänzlich umgearb. Aufl. nach den Beschlüssen des VII. deutschen Stenographentages. (52 S.) Dresden 906.

Kurz, Osw., Übersicht über das Turnen. Ein kurzes Lehrmittel für die Theorie des Turnens. Zum Schulgebrauch und zum Selbstunterricht bearb. 2 Bdchn. 12. Straubing 885, Attenkofer. * 1 80
Inhalt:
Bdchn. 1. Wesen und Bedeutung des Turnens. Die Freiübungen im allgemeinen. (VII, 80 S.) * 80 Pf.
" 2. Die Gerätübungen im allgemeinen. (IV, 126 S.) * ℳ 1.—.

KURZ, Otto (Pfullingen): Phenacetin als Antineuralgicum.- München: Wolf 1889. 24 S., 1 Bl.
2.3.1889 - Chr 1888/89,19; Jv 1888/89,215
Diss. Ingolst.-Landsh.-Mchn.

Kurz, Otto, e. Vorschlag z. Verbesserg. parlamentar. Vertretgn., s.: Godin, Fr. Frhr. v.

v. Kurz, P., Journal über die in der Umgegend von Glas, oder Aigen, hervorgegrabenen Alterthümer, bestehend in den Ruinen einer anschaulichen Villa u. eines Bades, in einer Wasserleitung, in Wärmeröhren, in Parzellen musiver Fußböden rc. Mit der Entstehungsgeschichte, begleitet mit Bemerkungen. 1e Lief. 4. Salzburg 817. Duyle. 4 ℛ

— Notizen über Alterthümer, Grab- u. Denkmäler, welche in dem Garten u. in den Feldern des Hrn. J. Rosenegger, zu Bieglstein, bei Salzburg, hervorgegraben u. aufgestellt worden sind. Mit Anreihung der Geschichte des Mythos, der Sitten u. Gebräuche, des Costums u. Cultus der Römer rc. 2s Bdchn. Mit 1 illum. Kpf. 12. Salzb. 818. Duyle. 8 ℛ

Kurz, Phil., vollständiges Lehrbuch der praktischen Damen-Bekleidungskunst nach einer ganz neu erfundenen höchst einfachen und zuverlässigen Methode zum gründlichen Selbstunterrichte. Mit über 100 Zeichnungen von Damen-Garderoben-Gegenständen und ein Centimeter-Reductionsschema zum bequemen Nachzeichnen der geometrischen Figuren. Unter Mitwirkung von H. Klemm jun. in Dresden herausg. Dresden (857.) Klemm. Lex.-8. (VIII, 56 S. u. 7 lith. Taf. in gr. Fol.) 1 ℛ. 7½ ngr

Kurz, Phil., vollständiges Lehrbuch der praktischen Damen-Bekleidungskunst. Nach einer ganz neu erfundenen höchst einfachen und zuverlässigen Methode zum gründlichen Selbstunterrichte bearb. unter Mitwirkung von H. Klemm jun. Mit über 100 Zeichngn. von Damen-Garderoben-Gegenständen und einem Centimeter-Reductionsschema zum bequemen Nachzeichnen der geometr. Fig. (auf 7 lith. Taf. in gr. Fol.) 2. Aufl. Dresden 861. Klemm. gr. 8. (IV, 56 S.) 1 ℛ 7½ ngr

Kurz, Sam., A-B-C u. Lesebuch. 8. (120 S. m. 19 Abb.) Budapest 893. (Franklin-Verein.) Geb. n. — 48

— Gottlieb August Wimmer, weil. evang. Pfarrer A. C. i. Oberschützen. Schilberg. s. Lebenslaufes. gr. 8. (79 S. m. Bildn.) Budapest 895. (L. Kókai.) n. — 65

Kurz, Sebst., († d. 17. Juli 1806.), s. Leben Sph. B. v. Galen.

Kurz, Th.: Das Kgl. Bayer. Grenadier-Garde-Regiment von 1814–1826, s. Müller, K.

Kurz, Th. Historische Uniformen des bayer. Heeres 1800–1873. Serie 1–4. München 1900.
Serie 1 u. 6 1800–1826.
2 1826–1848.
3 1848–1860.
4 1860–1873.

Kurz, Wilh., Dodekas neuer Cladoceren nebst e. kurzen Uebersicht der Cladocerenfauna Böhmens. [Mit 3 (lith.) Taf. Abbildgn. (in qu. 4.)] [Aus: „Sitzungsber. d. k. Akad. d. Wiss."] Lex.-8. (82 S.) Wien 875. (Gerold's Sohn.) n. 2. 50

Kurz, Wilh., Eunicicola Clausii, ein neuer Anneliden-parasit, beschrieben. [Mit 2 (lith.) Taf.] [Aus: „Sitzungsber. d. k. Akad. d. Wiss."] Lex.-8. (8 S.) Wien 877. (Gerold's Sohn.) n. 1. —

— über androgyne Missbildung bei Cladoceren. [Mit 1 lith. Taf.] [Aus: „Sitzungsber. d. k. Akad. d. Wiss."] Lex.-8. (7 S.) Ebend. 876. n. — 40

Kurz, Wilhelm, approb. Arzt aus Echzell: Aus d. anat. Institut zu Gießen. Der Uterus von Tarsius spectrum nach dem Wurf. Mit 15 Fig. auf d. Taf. 1/4. *Wiesbaden: J. F. Bergmann 1904.* (38 S.) 8°
Gießen, Med. Diss. v. 1904

Kurz-Elsheim, Frz. (Frz. Xav. Kurz), Artistenblut, s.: Spielmann, C.

— Brettl-Sterne. Phantasien u. Stimmgn. kl. 4. (918.) Leipzig 902. H. Seemann Nachf. n. 2. —

Kurz-Elsheim, Frz. (Frz. Xav. Kurz), Eintagsfliegen, s.: Roman-Gallerie f. Salon u. Reise.

Kurz-Elsheim, Franz: Estrella, s. Eckstein's Miniaturbibliothek.

— fin de siècle. Verse u. Reimereien. 12. (72 S.) Leipzig 896. W. Friedrich. n. 1. —

— Flittergold, s. u. Salterino, Signor, u. M. Behrend, fahrendes Volk.

Flittergold. Geschichten aus dem Artistenleben von Franz Kurz-Elsheim. *Mülheim a. d. Ruhr: J. Bagel 1898.* (143 S.) 8° [F.] [98. 4813

Flittergold. Geschichten aus d. Artistenleben von Franz Kurz-Elsheim. Mülheim a. d. Ruhr: J. Bagel [1904]. (99 S.) 8° [F.] [04. 2188

— Dämon Geld, s.: Dilettanten-Bühne, kathol.

— Höllenbrand, s.: Eckstein's Miniaturbibliothek. Nr. 87.

— niederrheinische Kleinstadt-Geschichten, s.: Taschenbibliothek, allgemeine. Nr. 5.

Kurz-Elsheim, Franz: Die schöne Witfrau, s. Eckstein's Miniaturbibliothek.

Kurz zu Thurn u. Goldenstein, Ludw. R. v., s.: Album religiöser Kunst.

Ritter von Kurz zu Thurn und Goldenstein, Ludwig Josef Ritter von Führich. (Umschlagtitel . Ein Gedenkblatt.) S. 3—18. 8. K. k. erstes Staats-Gymn. *Graz* 1902. Progr

— s.: Schongauer, Mart., Meisterwerke.

Kürz, Ernst

— Gesundheitspflege auf dem Lande, s. a. Sammlung gemeinnütziger Vorträge Nr. 328.

(F) Kürz, E., Gesundheitspflege auf dem Lande. [Sammlung gemeinnütziger Vorträge. Nr 328.] Gr.-8° (26 S.) K —.40
Prag: Calve 1906.

Kürz, Ernst, der Fall H. als res iudicata, s.: Grenzfragen, juristisch-psychiatrische. IV. 1.

Kürz, Ernst, soziale Hygiene. (117 S.) Lex. 8. Berlin 907. Urban & Schwarzenberg. 2. 40
Sonderabdruck aus: „Medizin. Klinik".

Kürz, Ernst, zur Reform d. socialen Gesetzgebung. 8. (20 S.) Mainz 896. J. Diemer's Verl. — 60

Kürz, Ernst Geo., Georgius Pictorius v. Villingen, e. Arzt des 16. Jahrh. u. seine Wissenschaft. 8. (97 S.) Freiburg i/B. 895. J. C. B. Mohr. n. 1. 80

Kurzak, Fr., Lehrbuch der Receptirkunde. Für Aerzte und Apotheker. gr. 8. (IV und 247 S, mit 24 in den Text eingedr. Holzschn.) Wien 855, Braumüller. *

KURZAK, Heinrich (Sakrau/Schlesien): Ueber den Tod durch Herzermüdung bei Hypertrophie des rechten Ventrikels in Folge von Kypho-Scoliose.- München: Grassl 1883. 26 S.
31.12.1882 - Urk (Titel: De cordis dilatatione in ventriculi dextri hypertrophia cyphoscoliosi effecta.); Chr 1882/83,17
Diss. Ingolst.-Landsh.-Mchn.

Kurzbauch's Reise nach Leipzig; e. komische Gesch. unserer Zeit. 8. Eisenberg, Schöne. 804.

Kurzbauchs Reise nach Leipzig, eine kom. Geschichte unserer Zeit, 8, Eisenberg 806. Schöne.

Kurzbauch's Reise ec., ist von Fr. Bornschein.

Kurzbauer, Georg, *Prof. d. Merkantilrechnens und Buchhaltens am k. k. politechn. Institut.* Berechnung der neuen Notirung der Effecten- u. Wechsel-Curse, nebst Zinsentabellen in österr. Währung für Obligationen und Aktien. *Wien* 1859. Druck und Verlag von *C. Gerolds S.* 2 Bl., 60 S., gr. 8°.

Kurzbauer, Geo., leichtfaßliche Darstellung der doppelten Buchhaltung zum Gebrauche für Handelsschulen und zum Selbstunterrichte. Wien 858. Braumüller. gr. 8. (VII, 135 S.) n. 24 ngr.

Kurzbauer, Geo., Lehrbuch der kaufmännischen Buchhaltung. Lex. 8. (XVI u. 424 S.) Wien 850, Braumüller. 2⅔ ₰

Kurzbauer, Geo., Lehrbuch der kaufmännischen Buchhaltung. 2., umgearb. Aufl. gr. 8. (VII und 447 S.) Wien 864, Braumüller. *

Kurzbauer's, Geo., Lehrbuch der einfachen und doppelten Buchhaltung. 4. Aufl., hrsg. und neu bearb. von Max Kurzbauer. gr. 8. (X, 304 S.) Wien 882, Gerold's Sohn. 4
3. Aufl. erschien im Selbstverlage des Verfassers.

Kurzbauer, Georg —. Lehrbuch des kaufmännischen Rechnens. Zum Gebrauche für Handels-Lehranstalten und zur Selbstbelehrung für Handelsbeflissene, von — —. 8. (X, 414. S.) Wien. Verlag und Druck von Karl Gerold und Sohn. 1855.

—— Lehrbuch des kaufmännischen Rechnens. Zum Gebrauche für Handels-Lehranstalten und zur Selbstbelehrung für Handelsbeflissene. 2., umgearb. und verm. Aufl. gr. 8. (IV und 444 S.) Wien 859, Gerold's Sohn.

— Lehrbuch des kaufmännischen Rechnens. Zum Gebrauche für Handels-Lehranstalten und zur Selbstbelehrung für Handelsbeflissene. 3. umgearb. u. verm. Aufl. Wien 863. Gerold. gr. 8. (XIII, 433 S.) 2 ₰

Kurzbauer, Geo., Lehrbuch des kaufmännischen Rechnens. Zum Gebrauche für Handels-Lehranstalten u. zur Selbstbelehrung für Handelsbeflissene. 4. u. 5. umgearb. Aufl. Wien 867, '70. Gerold's Sohn. gr. 8. (X, 373 S.) 2 ₰

Kurzbauer, Geo., Lehrbuch des kaufmännischen Rechnens. Zum Gebrauche für Handels-Lehranstalten und zur Selbstbelehrung für Handelsbeflissene. 5. Aufl. (X, 385 S.) 1870, und 6. Aufl. (IV, 400 S.) 872. ℳ 6., und 7. mit Rücksicht auf die neue österreich. Maß- und Gewichtsordnung und die neuesten Veränderungen in den Kursnotirungen umgearb. Aufl. gr. 8. (IV, 407 S.) Wien 874, Gerold's Sohn. * 7 —

—— Lehrbuch des kaufmännischen Rechnens. 5. Aufl., hrsg. und neu bearb. von Max Kurzbauer. gr. 8. (IV, 331 S.) Ebendas. 882.

Kurzbein, Hans, Schwänke u. Erzählungen. 8. Quedlinb. 812. Basse,

Kurzbein's Schwänke, s.a. Schwänke.

KURZBEIN, K. A. (ps.), Onkel Warm, und sein schönes Mümchen (sic!). Eine interessante Familiengeschichte. 2 Thle. Mit TKpfrn. Leipzig, Jos. Polt, 1800. 8⁰.
Tit., 180 u. 199 SS. Zahm. — Fehlt in Weller's Lex. Ps.

Kurzbein, K. A., Onkel Warm u. sein schönes Mähmchen. 2 Thle. 8. Leipz. 801. Joachim.

Kurzböck, Josef Ritter von

KURZBÖCK, J. Ritter v., Neueste Beschreibung aller Merkwürdigkeiten Wiens. Ein Handbuch für Fremde und Innländer. Mit vielen Kupfern. Wien, im Verlage bei Joseph Edlen von Kurzböck 1779. 8⁰. 218 S., 4 S. Inhaltsverzeichnis. Rar!
C. G. Boerner, Lpzg., Febr.-Auct. 1909, no. 1260.

Kurze, Ernst, s. Kurze, Karl Friedrich Ernst.

Kurze, Frdr., s.: Annales regni Francorum.

Kurze, Friedrich: Einhard. 8 (91 S.).
Progr. Kgl. Luisen-G. *Berlin* 1899

Kurze, Frdr., Einhard. gr. 8. (91 S.) Berlin 899. [R. Gaertner.] Weidmann. n. 2. —

Kurze, F., deutsche Geschichte, s.a. Sammlung Göschen.

Kurze F. Deutsche Geschichte. I. 3. Aufl. II. III. (Slg. Gösch. 33-35) 16⁰ Leipzig 1906

Kurze, F., deutsche Geschichte im Mittelalter, s.: Sammlung Göschen.

Kurze, Friedrich, Geschichte der Sächsischen Pfalzgrafschaft bis zu ihrem Uebergange in ein Territorialfürstentum. Diss. Halle 1886, Lippertsche Buchh. 8⁰. 31 S.

Kurze, Friedrich [Dr.]: Die Hersfelder und die grösseren Hildesheimer Jahrbücher bis 984. Stralsund, Druck d. kgl. Reg.-Buchdr., 1892; 1—25 S. 4.
Stralsund, G, OP 1892 (144 [vielm. 145])

Kurze, Friedr. Bischof Thietmar v. Merseburg u. seine Chronik, s. Neujahrsblätter.

Kurze, G., s.: Mitteilungen der geograph. Gesellschaft (f. Thüringen) zu Jena.

Kurze, Günter

Kurze, G., Freud' u. Leid in d. Mission, s.: Heiden, aller, Trost.

Kurze, G., die evangelische Mission, s.: Gundert, H.

Kurze, Morgenrot üb. den Bergen Afghanistans. 8. (8 S. m. 2 Abbildgn.) Leipzig 893. Verlag der Akadem. Buchh. (W. Faber). — 10

— Natal. Wanderungen durch e. afrikan. Missionsfeld. 8. (24 S. m. 2 Abbildgn.) Ebd. 893. — 10

— nicht geheilt u doch genesen, s.: Kreuz u. Halbmond.

[F.] Eine Rundfahrt durch die Londoner Südseemissionen mit dem Missionsdampfer 'John Williams'. E. Jubiläumsschrift. Von G **Kurze**, Pfarrer in Bornshain '(S.-Altenburg)'. *Berlin: Buchh. d. Berl. ev. Missionsges. [1897].* (81 S.) 1 Bd 8. [97. 2964]

— Samoa. Das Land, die Leute u. die Mission. gr. 8. (V, 108 S.) Berlin 900. M. Warneck. n. 2. —; geb. n. 3. —

Kurze, G., wie die Kannibalen v. Tongoa Christen wurden. Ein Blatt aus der Missionsgeschichte. Nach den eigenhänd. Aufzeichngn. des Miss. O. Michelsen. Mit e. Kartenskizze der Insel Tongoa. 8. (VIII, 110 S.) Leipzig 894. Verlag der Akadem. Buchh. (W. Faber). n. 1. —

— John Williams, s.: Besser, W. F.

KURZE, J.
(F) Die häusliche Erziehung. Anleitung zu einer guten Kinder-Erziehung, aus der Praxis für die Praxis. Von J. Kurze. Warnsdorf. [1900.] Opitz. 16⁰. 96 S. K - 20, geb. K - 48

Kurze, J., die häusliche Erziehung, s.a. Volksaufklärung.

Kurze, Schule u. Haus. Vortrag, geh. auf d. II. Vereinstage d. kathol. Volksvereine d. Friedländer Bezirkes in Mildenau am 9. Aug. 1896. 12. (27 S.) Warnsdorf 896. A. Opitz. n. — 15

Kurze, Th. Gf., s. v. Boissy, die verwechselten Briefe.

Kurze, Carolus Fridericus Ernestus: De fabula Philoctetae. P prior Halis Saxonum (1864): Orphanotropheum. 38 S. 8°
Halle-Wittenberg, Phil. Diss. v. 11. [vielmehr: 13.] Aug. 1864
Geb. Eckartsberga 16. 5. 1839. V.

Kurze, *Karl Friedrich Ernst* Fest-Ode. 4 (1 S.). 1886.
Progr. Rg. *Landeshut* (zu 1887, 204).

Kurze, Ernst Der Unterricht im Lateinischen an Realgymnasien.
XX S. **Progr.** *Landeshut* 1885.

Kur- u. Bade-Zeitung der österreichischen Riviera. Illustrierte Wochenschrift zur Förderg. des Fremdenverkehres in den Kur- u. Badeorten an der Küste des adriat. Meeres. Beilage: Amtliche Kurliste v. Abbazia. Hrsg. u. Red.: Frz. Kreisel. 5. Jahrg. 1910. ca. 72 Nrn. (à ca. 14 S.) 37,5×27,5 cm. Abbazia, Verwaltung der Kur- u. Bade-Zeitg. 18. —

Kur-Zeitung, illustrirte. Unterhaltungsblatt f. Promenade, Trinkhalle u. Kursaal, m. dem Beiblatt „Kurort- u. Bäder-Nachweis", hrsg. v. der Deutschen Verkehrs-Gesellschaft. Red.: Max F. Sebaldt. Jahrg. 1890. 52 Nrn. (B. m. Illustr.) gr. 4. Berlin, Deutsche Verkehrs-Gesellschaft. n. 4. —

Kur-Zeitung vom Wörthersee. Klgft., Heyn, 1897—. Quart.

Kurzeitung vom Wörthersee Jahrg. 1907 4°. Erscheint wöchentlich während der Saison kompl K 5.—
Klagenfurt: J.Heyn.

Kurzeitung vom Wörthersee. XXVI. Jahrg. Lex.- 8°
Erscheint in 52 Nrn. Klagenfurt: Heyn 1910.

Kürzel, Alb., die Stadt Ettenheim u. ihre Umgebung. Geschichtlich beschrieben. 8. (V, 92 S.) Lahr 883. (Freiburg i/Br., Stoll & Bader.) n. 1. —

Kürzel, Gg. Ad., Disp. de nominatione autoris in criminalibus. Erfurt (Grosch) 1725. 56 S. (5.—) **20055**

Kürzel, Camillo [aus Mühlau]: Ueber einige Derivate der Orthooxychinolincarbonsäure. . . . Rostock, Carl Boldt'sche Hof-Buchdr., 1889; 44 S. 8°
Rostock, Phil. Fak., Inaug.-Diss. v. 1. Jun. 1889

Kürzel, Carl, bacc. iur. a. Crimmitschau, Referendar am Kgl. Amtsgericht Großschönau: Der Notweg nach dem Bürgerlichen Gesetzbuche unter Berücksichtigung des römischen und gemeinen Rechts. Borna-Leipzig 1906: R. Noske. (IX, 62 S.) 8°
Leipzig, Jur. Fak., Diss. v. 30. Aug. 1906
[Geb. 19. Aug. 80 Crimmitschau; Wohnort: Großschönau; Staatsangeh.: Sachsen; Vorbildung: Gymn. Altenburg Reife O. 00; Studium: Freiburg i. B.; Rig. 9. Juli 03.]

Kürzel, Richard [approb. Arzt aus Crimmitschau i. S.]: Ueber die Lage des Uterus und die physiologische Bedeutung des Sphincter ani tertius . . . . München, Druck d. Textes v. M. Ernst, Druck d. Tafeln v. Joh. Roth sel. Ww., 1887; 42 S. + 1 Bl. u. 5 Taf. 8°.
München, Med. Fak., Inaug.-Diss. v. 1887.

Kürzel, R., über die Lage d. Uterus u. die physiologische Bedeutung d. Sphincter ani tertius. Inaug.-Diss. gr. 8. (44 S. m. 8 Abbildgn. auf 5 Steintaf.) München 887. (Passau, Waldbauer.) n. 2. —

Kurzesunge, David, approb. Arzt aus Pleschen: Ein Fall von geheiltem traumatischen Gehirnabscess. *Freiburg i. B.: Speyer & Kaerner 1901.* (40 S.) 8°
Freiburg i. B., Med. Diss. v. 1901

Kurzesunge, Jakob [aus Pleschen, Prov. Posen]: Ein Fall von Perityphlitis mit Arrosion der Vena femoralis . . . Berlin, Druck v. M. Schrinner, 1893; 24 S. 8.
Erlangen, Med. Fak., Inaug.-Diss. v. [22.] Juli 1893

Kurzgedichte, 1000. 16. (203 S.) Wien 893. (G. Szelinski.) n. 2. —

Kürzinger, J. F. X., Unterricht z. Singen u. d. Violine zu spielen. 4. Augsb. Lotter. 803.

Kürzinger, J. F. X., Unterricht z. Singen mit Manieren u. d. Violine zu spielen. 4. Augsb. 803. 4e X. ... (Reitmayr). 6 K

Kurzky, Fr. von, vaterländ. Kriegslieder. 8. Bremen, Heyse. 814. Druckp. Postp.

Kurzmanni — Dissertatio de servis veterum fatidicis. Jenae 761. 4.

Kurzmann, Jo. Phil.

Kurzmann, Jo. Ph. (Mühlhausen/Thür.), **Comm. de VI symbolorum obligandi in veteri ecclesia. Göttingen (Jo. Chr. Dieterich) 4. VI. 1792. 36 S. (3.20) 20256**

— commentat. de vi symbolorum obligandi in vet. ecclesia. 4maj. Götting. 792. Dieterich (v. Vandenhöck u. R.) 4 K

— — Narratio critica de interpretatione locorum novi testamenti, in quibus donorum spiritus sancti mentio imicitur. Göttingen (Jo. Chr. Dieterich) 4. VI. 1793. 38 S. (3.—) 20257

Kurzmann, Ludwig, Rechtspraktikant a. Bayreuth: Die Völkerrechtsnormen in den deutschen Handelsverträgen. Bayreuth 1907: L. Ellwanger vorm. Th. Burger. (40 S.) 8°
Heidelberg, Jur. Fak., Ref. Jellinek, Diss. v. 26. März 1907
[Geb. 1. März 82 Bayreuth; Wohnort: Bayreuth; Staatsangeh.: Bayern; Vorbildung: Humanist. Gymn. Bayreuth Reife Juli 00; Studium: München 4, Berlin 1, Würzburg 3 S.; Rig. 27. Febr. 07.]

Kurzmann, M(ax): Ueber die osmotischen Eigenschaften der Substitutions-Derivate des Fluoresceïns und ihr Vermögen, die Oxydation der arsenigen Säure im Lichte zu beschleunigen. München 1909: Kastner & Callwey. 26 S. 8°
München, Med. Diss. v. 27. Mai 1909, Ref. v. Tappeiner
[Geb. 5. März 80 Bayreuth; Wohnort: Bayreuth; Staatsangeh.: Bayern; Vorbildung: Gymn. Koburg Reife O. 00; Studium: München 4, Kiel 1, München 7 S.; Coll. 27. Mai 09; Approb. 6. Sept. 07.] [U 09. 3354

Kurzreiter, H. Ueber die Hamburgische Dramaturgie und Corneille's Discours. 2 Teile. Graz, St. R., 1887, 1888. 32. 41 S. **Progr.**

Kurzreuter, Bruno, d. Gewerbekunde in d. Bäckerfachklasse. F. d. Hand d. Schüler in Fortbildungsschulen, Innungsfachschulen u. z. Selbstunterr. Method. bearb. u. leichtfaßl. dargest. gr. 8. (VIII, 118 S.) Leipzig 897. A. Hahn. Geb. n.n. 1. 25

Kurzreuter, Bruno, die Gewerbekunde in der Bäckerfachklasse. Für die Hand der Schüler in Fortbildungs- u. Innungsfachschulen. 2. verb. Aufl. gr. 8. (128 S.) Leipzig 908. A. Hahn. Geb. n.n. 1. 30

Kurzreuter, Bruno, die Gewerbekunde in der Bäckerfachklasse. Für die Hand der Schüler in Fortbildungsschulen, Innungsfachschulen u. zum Selbstunterrichte. Methodisch bearb. u. leicht faßlich dargestellt. 8., verm. u. verb. Aufl. (159 S.) 8. Leipzig 908. A. Hahn. Geb. in Leinw. 1. 80

v. *Kurzrock*, ..., Fräulein, († d. .. April 1805.) l'année mémorable etc., s. *l'Année*.

v. *Kurzrock*, .., s. F. Gli. *Klopstock*, le Messie.

Kurzrock, August

Kurzrock, A., s.: Volks- u. Soldatenlieder, altbraunschweigische.

Kurzrock, H., s.a. Kurzruck, H.

Kurzrock, H., lerne stenographieren! Begleitwort zu K.'s stenotachygraph. Übungsheften f. den Selbstunterricht. gr. 8. (14 S.) Kassel (Grüner Weg 46) 900. Lehrer Kurzrock. n. — 15

Kurzrock, Jonath. [Pseud.], s Jossay, Dr. [wirkl. Name]

Kurzrock, C(onrad) C(arl). Enthüllungen aus meinem Reiseleben [von] K. K. K'. 2. Aufl. ([Mit 1 Porträt und 1 Abbildung nach] Zeichnung von Franz Müller, Münster....) 46 S. 8. Altmorschen, Bz. Kassel, K. K. Kurzrock & Co., Natur-Verlag... (Für den Buchh.: C. v. Schmidts, Ascona, 1904). [fr. —. 60 = M. —. 50, geb. M. —. 90]
1. Aufl. Altmorschen... 1903.

Kurzrock, C(onrad) C(arl). Das natürliche Geschlechtsleben. Geschlechtskrankheiten und deren sichere Heilung durch Selbstbehandlung. Von K. K. K'. 6. Aufl. [Illustriert.] 50 S. 8. Ascona, Carl von Schmidtz, 1906. fr. —. 75
1.—5. Aufl., 1898—1904, in deutschem Verlage erschienen.

Kurzrock, Conrad Carl. Der Mensch und das Paradies oder Wie soll der Mensch leben? Die wahre naturgemässe Lebensweise und Körperpflege des gesunden sowie kranken Menschen mit Ausnutzung aller Naturkräfte von K' K' K'. 2. [Titel-]Aufl. (*Umschlag:* Kehrt zum Paradies zurück!) [Illustriert.] 96 S. 8. Zürich, Caesar Schmidt, [1904]. M. 1. 50
1. Aufl. Leipzig 1903.

Kurzrock, Conrad Carl. Der Mensch und das Paradies oder Wie soll der Mensch leben? Die wahre naturgemässe Lebensweise und Körperpflege des gesunden sowie kranken Menschen mit Ausnutzung aller Naturkräfte. Von K' K' K'. 3. Aufl. [Illustriert.] 96 S. 8. Ascona, Carl von Schmidts, 1906. M. 2. 50 = fr. 3. —, [geb. fr. 4. —]

Kurzrock, C(onrad) C(arl). Wie lebt der Mensch in Gottes freier Natur? Wie erlange ich Gesundheit, Kraft, Schönheit und ein hohes Alter? Von K. K. K'. 11. Aufl. [Illustriert.] 25 S. 8. Ascona, Carl von Schmidts, 1906. M. —. 30
1.—10. Aufl., 1902—1905, in deutschem Verlage erschienen.

Kurzruck, H., s.a. Kurzrock, H.

Kurzruck, H., stenotachygraph. Uebungshefte f. d. Selbstunterricht. 1.—5. Hft. 4. (à 24 S.) Kassel (Grüner Weg 46) 896—897. Selbstverlag. à n. — 35

— stenotachygraphische Uebungshefte f. den Selbstunterricht. 4 Hfte. (2. Aufl.) 4. Ebd. (900). à n. — 35
1. (24 S.) — 2. (24 S.) — 3. (20 S.) — 4. (20 S.)

Kurz- oder Linien-Schrift, deutsche, e. Unterweisung, Reden, Schriften u. Gedanken in deutscher Sprache, mit Geschwindigkeit nachzuschreiben. W. J. B. gr. 8. Hamburg 827, Nestler.

Kurzschrift auf 2 Tafeln, nebst Winken für Praktiker von einem Arendsianer. gr. 8. (8 autogr. S.) Berlin 888, Luck. — 30
—— dass. — Beilage, enthaltend Übungen. gr. 8. (6 S.) Ebendas. 888. * — 20

Kurzschriftsystem, welches, wird als das beste anzuerkennen sein? — Erfahrgn. m. d. Unterricht in d. Roller'schen Stenographie an Volksschüler. gr. 8. (8 S.) Berlin 894. (Leipzig, J. H. Robolsky.) n. — 20

Feste Kürzungen im Stenographiesystem Gabelsberger K —.20
Marburg: C. Scheidbach 1907.

Kürzungen, Stolze'sche, für angehende Stenographen. 8. (4 autogr. S.) Hamburg 886, Martens. * — 10

Kürzungsverfahren, Das, der Fonographie; Anleitung zum leichten wörtlichen und sicheren Nachschreiben der schnellsten Reden . . . Wien 1876. V: *Braut, Gust.* (EB)

Kürzungsverfahren, das, der Fonografie. Anleitung zum leichten, wörtl. u. sicheren Nachschreiben der schnellsten Reden. Mit vergleich. Schriftproben u. vielen Leseübgn. Von dem Erfinder der Fonografie. 8. (VIII, 108 S.) Wien 876. Bermann & Altmann. n. 3. —

Kurzveil, Franz: Beitrag zur Lokalisation der Sehsphäre des Hundes. (Altenburg) 1909. 19 S.
Wien, Vet.-med. Diss. v. 1909.

Kurzwaren-Zeitung. Organ f. Fabrikation, Export, Import u. Innenhandel u. Maschinenanzeiger der gesammten Kurzwaren-Industrie, Bijouterie-, Galanterie-, Leder-, Schreib-, Papier-, Spiel-, Korb-, Metall-, Eisenwaren, Fahrräder, Nähmaschinen, Beleuchtungs-, Heiz- u. Haushaltungsgegenstände, Majolika, Japan- u. Chinawaren, Gummi-, Holz- u. Glaswaren, Musikinstrumente, techn. Artikel etc. 2. Jahrg. 1898. 24 Nrn. (à ca. 24 S.) gr. 4. Leipzig, G. Hiller. n. 4. —
Kann auch vierteljährlich bezogen werden.

Kurzweil, allerhand. Lustige Märchen, Geschichten u. Schwänke f. Mädchen u. Buben im Alter von 7 bis 10 Jahren. (32 S. m. z. Tl. farb. Abbildgn.) 4. Köln 904 H. & G. Schaffstein. Kart. n. 1. 50

Kurzweil, allerlei. Sechs Bilder in Farbendr. von F. Lipps. 4. (Mit eingedr. Verschen.) Stuttgart 884, Weise.
Als Leinwand-Bilderbuch *

Kurzweil, allerlei. 4. (12 Chromolithogr. mit untergedr. Text.) Stuttgart 888, G. Weise. cart. — 50
—— dass. — 4. (6 Chromolithogr. mit Text.) Ebendas. (888). — 25
—— dass. — Unzerreißbares Bilderbuch. 4. (6 Chromolithogr. auf Carton.) Ebendas. 887. geb. * — 50

Kurzweil, allerlei. 4. (12 S. m. z. Tl. farb. Bild.) Leipzig 895 Wezel & Naumann. 1. —

—— allerlei, für's kleine Volk. Ein unzerreißbares Bilderbuch für kleine Knaben und Mädchen. Zeichnungen von Heinr. Dibbern u. A. Text von Herm. Pilz. 4. (10 Chromolithogr.) [Görlitz 885,86.] Leipzig, Foerster's Verlag. geb. * 3 —

— - dass. — 2. Aufl. 4. (10 Chromolithogr.) Leipzig 887, Foerster's Verlag. 2 25

— allerlei, für's kleine Volk. Ein unzerreißbares Bilderbuch f. kleine Knaben u. Mädchen. Zeichngn. v. Heinr. Dibbern u. A. Text v. Herm. Pilz. 2. Aufl. hoch 4. (10 Chromolith. m. eingedr. Text.) Görlitz 886. Foerster's Verl. geb. n. 3. —

Kurzweil, allerlei, fürs kleine Volk. Ein unzerreißbares Bilderbuch f. kleine Knaben u. Mädchen. Zeichnungen v. Heinr. Dibbern u. A. Text v. Herm. Pilz. 2. Aufl. (Neue Ausg. auf Leinw.) 4. (10 farb. Taf.) Leipzig 893. A. Foerster. Geb. n. 3. —

— dasselbe Leporello-Album. 4. (10 farb. Taf. auf Pappe.) Ebd. n. 2. 60

Zur Kurzweil des Publikums. (Komische Erzählungen, Gedichte, Anekdoten etc.) 2 Thle. (od. Nr 1—26, soviel ersch.?) Berlin 1786. 8°. (2 Mk. W. Koebner, Breslau, vor 1885.)
216 SS Einiges etwas frei.

Kurzweil in Sinngedichten. Freyb. i. Br. 1774. V: *Sautier*, *Heinrich.* (Jes) (BGE) (MGT)

Kurzweil an Winterabenden, s.: Miniatur-Bibliothek.

KURZWEIL, Alfred (ps.), Ein Stündchen in froehlicher Gesellschaft. 1854.
Weller, Lex. Ps. p. 302.

Kurzweil, Balthasar: Eine ganz neue Methode, die qualvolle Langeweile durch sehr kurzweilige und unterhaltende Scherzspiele ... wegzutändeln ... von – Kienreich, Grätz 1793. 48 S., 1 Bl.

KURZWEIL, Friedr (ps.), Der Anecdotenschatz oder 600 Pillen gegen üble Laune und Langeweile. 6 Bdchn. (soviel ersch.?). Pest 1829. 12°. (1 Mk., Bdchn. 1 u. 6, A. Bielefeld, 1891.)
Weller. Lex. Ps. p. 302, wo noch ff. Ausgaben 1831, 45, 53, 57, 70, 75.

Kurzweil, Friedrich (Hrsg.). s.o. Anekdotenschatz, Der.

KURZWEIL, Jocosus Hilarius (ps.). Der Sorgenbrecher. 1843.
Weller, Lex Ps. p. 302, wo noch ff Ausgaben 1844, 46, 73.

Kurzweil, Jocos. Hilar., (psdn.,) s. Sorgenbrecher, der.

Kurzweil, Leop., die Theorie des Baumeisters. Mathematik (Algebra — Geometrie — Trigonometrie) u. Festigkeitslehre. Für die Baumeisterprüfg. u. zum Gebrauche f. Architekten, Baumeister u. Bautechniker in der Praxis. (VIII, 172 S. m. 207 Abbildgn.) gr. 8. Wien 909. K. Graeser & Co. 4.—; geb. in Leinw. 4. 80

KURZWEIL, Superbe (ps.), Taschenbuch zur Erheiterung für Freunde des Scherzes. Schwarm Berliner, Wiener und Hamburger Spaßvögel von jeder Farbe und Geschlecht. Aufgejagt von —, Magister der freien Künste. 2 Bde. Mit 1 illum. Kupfer. 1835—44.
Harpf's (Königsb.) Leihbibl. Cat., no. 21136—37, Weller, Lex. Ps. p. 302.

Kurzweil, Superbe, Taschenbuch zur Erheiterung für Freunde des Scherzes. Schwarm Berliner, Wiener und Hamburger Spaßvögel von jeder Farbe u. Geschlecht. 1s Bdchn. 2e Aufl. Mit 1 color. Kpfr. 16. Hamburg 838. Niemeyer. 3/8 ℛ — 2s – 4s Bdchn. Mit 1 schwarz. Kpfr. Ebd. à 3/8 ℛ

Kurzweil, Superbe, Taschenbuch z. Erheiterung f. Freunde d. Scherzes. Schwarm berliner, wiener u. hamburger Spaßvögel von jeder Farbe u. Geschlecht. 1. Bdchn. 1. u. 2. Aufl. Jed. m. 1 col. Kpfr., 2—5. Bdchn. Jed. m. 1 schw. Kpfr. 16. Hamburg 838—40, Niemeyer. à

Kurzweil, Superbe, (psdn.,) s. Taschenbuch z. Erheiterung.

Kurzweile, Die; Anekdoten und Räthsel, gesammelt vom Kohlenbrenner am Pilatus. Luzern 1872. V: *Egli*, *Johann Baptist.* (Cat. d. Stadtbibl. Zürich. Zürich 1864—97.)

Kurzweile f. Jüngl. u. Mädchen. 2 Thle. m. K. 8. Wien, Gerold. 780.

Kurzweil-Kalender, neuester, für das J. 1867. 3. Jahrg. 3., verm. u. verb. Aufl. Wels, Haas. 8. (64 S. mit vielen Bildern.) n. 3 ngr.

Kurzweil-Kalender, neuester, zu 14 kr., für das Jahr 1870. 6. Jahrgang. Mit vielen Bildern. kl. 8. (64 S.) Wels, Haas. 14 kr

Kurzweil-Kalender, Neuester zu 15 kr f. das Schaltjahr 1884. 20. Jahrg. Mit vielen Bildern. kl. 8. 80 S. Wels, Joh. Haas. 15 kr

Kurzweil-Kalender, Neuester, zu 15 kr. für das Jahr 1898. 34. Jahrgang. Mit vielen Bildern. 16. (96 S.) —.15
Wels: Haas 1897.

Kurzweil-Kalender, neuester, f. d. J. 1907. 43. Jahrg. (78 S. m. Abbildgn.) kl. 8. Wels, J. Haas. — 20

(F) Neuester Kurzweilkalender auf das Jahr 1910. 8°. (96 S.) Wels: Haas 1909. K —.20

Kurzweil-Kalender, neuester, f. d. J. 1911. 47. Jahrg. (64 S. m. Abbildgn.) kl. 8. Wels, J. Haas. — 20

Kurzwelly, Albrecht *Alexander August:* Forschungen zu Georg Pencz ... [Erschien vollst. 1895 bei K. W. Hiersemann in Leipzig.] Leipzig, Druck v. W. Wigand, 1895; 66 S. 8.
Leipzig, Phil. Fak., Inaug.-Diss. v. [4. Juni] 1895

Kurzwelly, Albr., Forschgn. zu Georg Pencz. gr. 8. (94 S.) Leipzig 895. (K. W. Hiersemann.) n. 8. —

Kurzwelly, A., die bäuerliche Kleinkunst im Königr. Sachsen, s.: Dorfkirche u. Bauernhaus im Königr. Sachsen.

Kurzwelly, Albr., Altthüringer Porzellan, s.: Graul, Rich.

Kurzwelly, Albr., der Silberschatz der Halloren. Kritisches Verzeichnis. (18 S. m. 8 Lichtdruck-Taf.) 4. Halle (906). (M. Niemeyer.) n. 15. —

Kurzwelly, Ludwig, approb. Arzt aus Leipzig: Die Behandlung der Ischias durch subcutane und paraneurotische Injectionen. *Leipzig 1904: B. Georgi.* (47 S.) 8°
Leipzig, Med. Diss. v. (23. März) 1904

Kurzwelly, Tob. (Chemnitz), De angina sic dicta Ludwigii. Diss. med. Lpz. (C. G. Naumann) 15. X. 1856. 16 S. mit Biogr (M.: Henr. Graefe.) (3.—) 20258
Gew.: A. Chr. Fr. Kurzwelly (Vater), Ed. Weickert, Th. Graupner.

Kurzwelly, Walther, aus Leipzig: Ueber die Widerstandsfähigkeit trockener pflanzlicher Organismen gegen giftige Stoffe. *Leipzig: Gebr. Borntraeger 1902.* (51 S.) 8° ¶[Aus: Jahrbücher f. wiss. Botanik, Bd 38.]
Leipzig, Phil. Diss. v. [29. Nov.] 1902

(F) **Kurzwernhart,** R., 36 Marienlieder für kirchliche und häusliche Andacht. 8. Aufl. 16°. (67 S.) K —.20
Linz: Preßverein 1906.

Kurzwernhart, Hermann

Kurzwernhart H.: China, Land und Leute. 22 und Karte. St. Pölten 09.
Progr.

Kurzwernhart, H., der grammatische Unterricht in der Volksschule. Progr. Lex.-8. (15 S.) St. Pölten 898. (L. Schubert.) n. — 40

Kurzwernhart, H., das Wissenswerteste aus der Weltgeschichte u. Literatur. Synchronistische Tabellen f. österreich. Mittelschulen u. verwandte Lehranstalten. (34 S.) 8. Horn (904). J. Pichler. n. — 50

Kues, Werner [aus Schwerin]: Beiträge zur Kenntniss der γ-Ketonsäuren .... Würzburg, Druck d. Stahel'schen Buchdr., 1887; 28 S. 8°.
Erlangen, Phil. Fak., Inaug.-Diss. v. 1887.

Kues, Werner, Beiträge zur Kenntniss der γ-Ketonsäuren. Diss. Erlangen, 1887, Th. Blaesing. 8°. 28 S.

Kusale, Insel, s.: Seekarten.

Kušar Marcel, Čitanka za I. razred srednjih škola. 2., im wesentlichen unveränderte, sonach gemäß Min.-Erl. vom 9. Mai 1900, Z. 12186, allgemein zulässige Auflage. Wien 1906. K. k. Schulbücherverlag. Geh. K 2.30, geb. K 2.50.

Kušar, Marcel, Čitanka za III. razred srednjih škola. Drugo izdanje. Wien 1903. K. k. Schulbücher-Verlag. Preis, geheftet 2 K 86 h, gebunden 3 K.

ספר הכוזרי Kusari, das Buch, welches Jehuda Halévy in arabischer Sprache verfaßt, und Jehuda Ibn-Tibon aus Granada ins Hebräische übertragen, die hebräische Uebertragung mit einem neuen exegetisch-kritischen Commentar und mit einer histor. u. philosoph. Einleitung begleitet von Gedalja Brecher. 1r—4r Bd. gr. 8. Prag 838—40 (Leipzig, Fritzsche. (1r Bd. n. $\frac{5}{6}$ ℳ 2r Bd. $\frac{2}{3}$ ℳ 3r u. 4r Bd. n. $1\frac{1}{3}$ ℳ) $2\frac{5}{6}$ ℳ

Das Buch Kusari, des Jehuda ha-Levy, nach d. hebrä. Texte d. Jehuda Ibn-Tibbon hrsg., übers. u. mit fortlauf. deutschen Kommentar, so wie mit e. allgem. Einleit. vers. v. Heimann Jolowicz u. Dav. Cassel. (1. Lfg.) Lex.-8. ($6\frac{1}{2}$ B.) Leipzig 841, Franke. *

ספר הכוזרי Das Buch Kusari, übersetzt u. kommentirt v. Heimann Jolowicz u. Dav. Cassel. 2. Lfg. gr. 8. (6 B.) Leipzig 841, Hunger. * —
1. Lfg. Leipzig 841. Franke. $17\frac{1}{2}$ Ngr.

Kusch, Ernst: C. G. J. Jacobi und Helmholtz auf dem Gymnasium. Beitrag z. Geschichte d. Victoria-Gymn. Potsdam, Krämer'sche Buchdr., 1896; 1 Bl., 43 S. 8.
Potsdam, Victoria-G, OP 1896 (83)

Kusch, Ernst, C. G. J. Jacobi u. Helmholtz auf d. Gymnasium. Beitrag z. Geschichte d. Victoria-Gymnasiums z. Potsdam. Progr. gr. 8. (43 S. m. 2 Fksms.) Potsdam 896. (Leipzig, B. G. Teubner.) n. 1. 60

Kusch, Ernst: Schwingungen parabolisch begrenzter Membranen. Potsdam, Druck d. Krämer'schen Buchdr., 1894, 1—30 S. 4.
Potsdam, Victoria-G, OP 1894 (84)

Kusch, Jos., die Bestimmungen der Ueberführungszahlen der Jonen für Lithium- und Kohlensäureverbindungen. Inaugural-Dissertation. gr. 8. (32 S. mit 2 Stnt.) Breslau 881, (Köhler.) *

Kusch, Max, die Betriebskräfte, ihre Betriebssicherheit, Wirtschaftlichkeit u. Wahl f. kleinere Wasserwerke. (20 S.) 31,5×24,5 cm. Berlin 908. L. Simion Nf. 1. —

Kusch, Max: Die Betriebssicherheit und Wirtschaftlichkeit von kleineren Heißdampflokomobilen, Sauggasanlagen und Dieselmotoren. 1907. 50 S. 4° ¶ Auch in: Verhandlungen d. Vereins zur Beförderung d. Gewerbfleißes. Jg. 86.
Berlin, Dr Ing.-Diss. v. 22. 3. 1907

Absalom z. den drei Nesseln: Abschieds-Worte des Brs. Erich Küesch an die Sehr Ehrw. Loge Absalom nebst den dabey geäusserten zufälligen Gedanken des Brs. Matthias Arnold Wodarch. Hamburg, den 29ten Dec. 1756. [Hamburg 1756]: Piscator. 16 S. 4° [Umschlagtit.]
Kl 835. Selten. Gelegenheitsworte; Wodarch legt dar, dass der Verlust würdiger Mitgl. eine Mahnung zur Pflichterfüllung für die Brr sei. 193.

Kuesch, Er. (Hamburg), Diss. de frigore et febris intermittentis accessione. Präs. A. Fr. Walther. Lpz. (Langenheim) 23. XII. 1740. 36 S. (4.—) 20056

Küsch, Joh. Voigt (Schlesw.-Holst.), Diss. jur. de praescriptione immemoriali sanae rationi et juri civili contraviante. Präs. D. Fr. Hoheisel. Halle (Hendel) März 1724. 52, 2 S. (4.—) 20057
Gew.: Gg. Holmer, Chr. Sandtag.

Kuschakewitsch, Sergius, über den Ursprung der Urgeschlechtszellen bei Rana esculenta. Vorläufige Mitteilg. (S. 89—102 m. 11 Fig.) gr. 8. München 908. (G. Franz' Verl.) — 50
Sonderabdr. a.: „Sitzungsber. der bayer. Akad. d. Wiss.".

Kuſchar, Rud., ſ. a.: Röwen, Jul.

Kuſchar, Rud., dem Ahnl ſei' Geiſt, — der Garg'ſcheite, } ſ.: **Carro, Carl v.**

— ſ.: **Rama Deva.**

Kusche, Arth., Legends of the Rhine. Illustrations by Frz. Stassen. Translated from the German by Elsie Palmer. (IV, 92 S.) 8. Mainz (903). V. v. Zabern. n. 2. —; geb. n. 3. —

Kuſche, Arth., Sagen vom Rhein. Mit Bildern v. Frz. Staſſen. 8. (90 S.) Mainz 902. V. v. Zabern. n. 2. 50; geb. n. 3. —

Kusche, Wilhelm, aus Elbing: **Ursprung und Bedeutung der üblicheren Handwerkerbenennungen im Französischen.** *Kiel 1902: H. Fiencke.* (XI, 98 S.) 8°
Kiel, Phil. Diss. v [13. Dez.] 1902

Kuschel, Ernst: De t a b e dorsuali. Berolini (1844). (30 S.) 8°
Berlin, Med. Diss. v. 15. Apr. 1844

Kuschel, Friedrich, aus Leubus i. Schl.: Zur **Kenntnis des** o-Chlor-allo-m-Bromanilins und des o-Chlor-ana-bromchinolins. *Freiburg i. B. 1900: H. Epstein.* (47 S.) 8°
Freiburg i. B., Phil. Diss. v. 1900

Kuschel, Hans, Referendar: Die Vereinbarungen zwischen Deutschland und anderen seefahrenden Staaten über die wechselseitige Unterstützung hilfsbedürftiger Seeleute. Stettin 1908: F. H. Hiller. (VI, 45 S.) 8°
Greifswald, Jur. Fak., Ref. Stoerk, Diss. v. 8. Aug. 1908
[Geb. 6. Febr. 86 Rostock; Wohnort: Wolgast; Staatsangeh.: Preußen; Vorbildung: Schiller-Realgymn. Stettin Reife O. 04; Studium: Berlin 4, Greifswald 2 S.; Rig. 19. Dez. 07]

Kuschel, Joannes *(geb. Breslau 2. 5. 1823)*: De fontibus et auctoritate Dionysii Halicarnassensis. Part. 1. Wratislaviae (1846). (42 S.) 8°
Breslau, Phil. Diss. v. 18. Apr. 1846

Kuſchel. Ueber die Quellen von Virgils Aeneis. 33 S.
Breslau, Kath., Progr. 1858

Kuschel, Joseph *(geb. Glatz 23. 9. 1855)* Die Bestimmung der Ueberführungszahlen der Jonen für Lithium- und Kohlensäureverbindungen. Breslau (1881). (32 S., 2 Taf.) 8°
Breslau, Phil. Diss. v. 3. Febr. 1881

Kuschel, J., der intraokulare Flüssigkeitsstrom in seinen Beziehungen zum biomechanischen Aufbau des Auges unter gesunden Verhältnissen, beim Glaukom u. bei der Kurzsichtigkeit. (III, 252 S. m. 18 Abbildgn.) Lex. 8. Berlin 910. S. Karger. 7. —
Sonderabdruck aus: „Ztschr. f. Augenheilkde."

KUSCHEL, Joseph (Gierichswalde): Verschleppung des Eisens durch den Flüssigkeitsstrom in der Augenlinse.- München: Ernst 1896. 38 S.
15.3.1895 - Chr 1894/95,22; Jv 1896/97,295 (Prom.-Datum: 1896)
Diss. Ingolst.-Landsh.-Mchn.

Kuschel, Cletus (geb. Mittelwalde in Schles. 27. 10. 1848) Ueber das Vorkommen von Scorbut seit 1860 in historisch-geographischer und ätiologischer Hinsicht. Berlin (1873). (32 S.) 8°
Berlin, Med. Diss. v. 20. Febr. 1873

Kuschel, Max, Tierarzt: Aus d. Klinik f. kl. Haustiere d. Tierärztl. Hochsch. in Berlin. Vorstand: Regenbogen. Vergleichende Untersuchungen über den Wert der verschiedenen Tötungsmethoden bei Hunden einschliesslich des von Leduc empfohlenen Verfahrens mit Hilfe des intermittierenden Gleichstroms. Mit 5 Tab. Nimptsch 1910: Wolff. 39 S. 8°
Gießen, Veterinär-Med. Diss. v. 5. Juli 1910, Ref. Geppert
[Geb. 29. Dez. 84 Tarnau, Kr. Frankenstein; Wohnort: Berlin; Staatsangeh.: Preußen; Vorbildung: Gymn. Patschkau Reife O. 05; Studium: Breslau 1, Tierärztl. Hochschulen Berlin 3, München 1, Berlin 2 S.; Rig. 14. März 10.]
[U 10. 1222

Kuſchel, Paul, Leitfaden der Naturgeſchichte. Bearb. nach dem Lehrplane für vier-, fünf- und ſechsklaſſ. öſterreich. Volksſchulen. Für das 6., 7. und 8. Schulj. an vier- und fünfklaſſ. und für das 5.—8. Schulj. an ſechsklaſſ. Volksſchulen. gr. 8. (IV, 128 S. mit eingedr. Holzſchn.) Wien 881, Klinkhardt. *

— - Leitfaden der Naturgeſchichte für Volksſchulen. 2. verb. Aufl. gr. 8. (IV, 128 S. mit eingedr. Holzſchn.) Ebendaſ. 882. *

KUSCHEL, Richard: Ueber Resultate bei Nervennähten.- München: Kastner & Lossen 1901. 69 S.
11.3.1901 - Chr 1900/01,20; Jv 1900/01,240
Diss. Ingolst.-Landsh.-Mchn.

Kuschke, [Carl] Friedrich: P e r i o s t i t i s purulenta acutissima. Zür. E. Kiesling Dr. 1853. 2. Bl., 36 S. 8°
Zürich, Med. Diss. v. 9. März 1853.

Kuſchke, J., Sammlung geiſtl. Lieder zur Beförder. d. öffentl. u. häusl. Andacht. Nebſt e. Anh. v. Begräbnißliedern. 8. Bresl. ... N. A. 820. W. G. Korn. 4 K

Kuschljanskaja, Doba, von **Minsk (Russland): Ueber V o r k o m m e n und Bedeutung basophil granulierter** Erythrocyten **im Blut und in blutbildenden Organen** des Embryo. **⟨Hämatologische Arbeiten unter Leitung** von Privatdozent Dr. Nägeli, Zürich.⟩ **Zürich-Selnau** 1908. 23 S. 8°. [11. VIII. 08.]
Zürich. Med. Diss. 1907/08.

Kuschljanskaja, Doba. Ueber Vorkommen und Bedeutung basophil granulierter Erythrocyten im Blut und in blutbildenden Organen des Embryo. Diss. Med. Univ. Zürich. *Kopftitel:* Hämatologische Arbeiten unter Leitung von Privatdozent Dr. O[tto] Nägeli, Zürich. 23 S. 8. Zürich-Selnau, Gebr. Leemann & Co., 1908.

Kuschnir, Mordko. Ein Fall von akuter Magenerweiterung im Wochenbett ⟨Aus dem Frauenspital Basel⟩. Diss. Med. Basel. 38 S. 8. Basel, Friedrich Reinhardt, 1907.

Kuschnir, Wladim., der Neopanslavismus. (31 S.) gr. 8. Wien (908). C. W. Stern. — 50

Kuschnir Wladimir: Die galizischen Ruthenen um die Wende des 18. und 19. Jahrhunderts.
1909 PN 2778 **Diss.** Wien. Univ.

Kuschniriuk, Michael Über Combinationen zu bestimmten Summen. 8 (S. 3—19, 1 S. Corrig.). **Progr.** Staats-Oberg. *Mähr.-Trübau* 1895.

Kuschniriuk Michael: Zur Theorie des arithmetisch-geometrischen Mittels. 20. Wien XVIII. R. 91.
Progr.

Kuſchnitzky, Fritz, ein eigentümlicher Menſch. (VIII, 181 S.) 8. Leipzig 909. Verlag f. Literatur, Kunſt u. Muſik. 3. —

Kuse, Henr. (Guil.) (geb. Hemmerde in Westf. 27. 2. 1841): De diabete mellito. Berolini (1865). (34 S.) 8°
Berlin, Med. Diss. v. 2. Aug. 1865

v. d. Küsebeck, W. Fr.: Diss. jur. de advocatis et jure advocati in Ducatu Cellensi s. Luneburgico. ***Gott.* 787. 4.**

Joseph II. und die äußere Kirchenverfassung Innerösterreichs (Bistums-, Pfarr- u. Kloster-Regulierung). Ein Beitrag z. Geschichte d. Österr. Staatskirchenrechtes von Dr. jur. J[akob] R. **Kušej**, Graz. Mit 3 Karten. Stuttgart: F. Enke 1908. (XVIII, 358 S.) 8°

— Abhandlungen. Kirchenrechtliche. H. 49 u. 50. (08. 7331

Kuṣejr ʿAmra. Band I Text Band II 41 farbige Tafeln. Wien 1907 Folio M 210. — Inhaltsübersicht Vorwort von Dr David Heinrich von Müller Kuṣejr ʿAmra Von Dr Alois Musil Die Auffindung von Kuṣejr ʿAmra Die Aufnahme des Schlosses. Die Aufnahme der Wandgemälde Zur Topographie und Geschichte der Gebiete von ʿAmra bis zum Ausgange der [illegible] Anmerkungen. Architektonische Beschaffenheit des Baues. Von Max Kropf. Die Aufnahme der Malereien. Von A. L. Mielich Die chemische Analyse der Farben. Von J. Pollak und F. Wenzel. Der Stil der Malereien. Von Franz Wickhoff Erklärung der Tafeln. Von Franz Wickhoff. Datierung und Bestimmung des Baues Von Dr. Josef Ritter von Karabacek

Kusel [Schlagwort]

Kusel, s.: Deutschland. Kürschner-Pelp.

Kusel, Bez., s.: Pfalz.

Küsel, Albert *Heinrich Martin Theodor* **[aus Wittenberge]: Ueber die Constitution des Hippuroflavins ... Kiel, Druck v. Schmidt & Klaunig, 1894; 33 S., 1 Bl. 8.**
Kiel, Phil. Fak., Inaug.-Diss. v. [26. Jan.] 1894

Küsel, Albert: Der Heilbronner Convent. Ein Beitrag zur Geschichte des dreissigjährigen Krieges. (Th. 1.) Halle a/S. (1877): Karras. 32 S. 8°
Halle-Wittenberg, Phil. Diss. v. 19. Dez. 1877
Geb. Parey a. d. Elbe (Prov. Sachsen) 27. 2. 1852. V
Ersch. vollst. im Buchhandel Halle: Niemeyer 1878. 105 S. (Hallesche Abhandlungen zur neueren Geschichte. H. 7.)

Küsel, Alb., der Heilbronner Convent. Ein Beitrag zur Geschichte des 30jährigen Krieges. gr. 8. (106 S.) Halle 878. Niemeyer. n. 2. 20

Küsel, Eduard [Dr., Dir.]: Bericht über die Feier der Einweihung des neuen Gymnasial-Gebäudes. (Umschlagt.: ... am 9., 10. u. 11. April 1891.) Memel, gedr. bei F. W. Siebert, 1892; 3—25 S. 4.
Memel, k. Luisen-G, P 1892 (13)

Küsel, E., über Schiller's Gleichnisse. 1. Thl. 4. (28 S.) Gumbinnen 874. (Sterzel.) * 1 —

Küsel, Eduard, Dr., Dir.: Die Königin Luise in ihren Briefen. Eine Mitgabe für unsre Schüler. *Memel 1900: F. W. Siebert.* (143 S.) 8° [Ant. u. F.]
Memel, k. Luisen-G, OP 1900 (12)

Küsel, Ed., die Königin Luise in ihren Briefen. Eine Mitgabe f. unsre Schüler. Progr. Lex.-8. (143 S.) Memel 900. (Leipzig, B. G. Teubner.) n. 3. —

Küsel, E., die Schlacht von Sedan im deutschen Liede. Festrede zum 2. September 1880. gr. 8. (32 S.) Gumbinnen. 880. Sterzel. n. 1. —

Küsel, Edu. Drei Schulreden. (I. „Licht, Liebe, Leben" — Herder [Einführungsrede 1882.] S. 5—8. II. „Nehmet den heiligen Ernst mit in das Leben hinaus, denn der Ernst, der heilige, macht allein das Leben zur Ewigkeit" Goethe. [Abiturienten-Entlassungs-Rede. 1. April 1884.] S. 9—12. III. Ansprache, gehalten bei der mit einem Schauturnen verbundenen Eröffnung der neuen Turnhalle, 21 Nov 1884. S. 12—14. *Progr. Memel* 1885.

Küsel, Eduard [Dir. Dr.]: „Sei getreu!" Ansprache an d. Abiturienten bei d. Entlassungsfeier am 22. März 1895. Memel, gedr. bei F. W. Siebert, 1896; 3—9 S. 4.
Memel, k. Luisen-G, P 1896 (12)

Kuesel, Ed., Synonymicae Homericae particula I. Dissertatio inauguralis philologica. gr. 8. (50 S.) Königsberg 866, (Akademische Buchh. von Schubert und Seidel.) *

— Volkslied und Drama von 1870—71. Vier Vorträge. gr. 8. (175 S.) Ebendas. 882.

— das historische Volkslied von 1870—71. Festrede zum 80. Geburtstage Kaiser Wilhelms, geh. in der Aula des königl. Friedrichs-Gymnasiums zu Gumbinnen den 22. März 1876. [Aus: „Herrig's Archiv f. d. Stud. d. neueren Sprachen u. Lit."] gr. 8. (32 S.) Ebend. 877. n. 1. —

Küsel, J. G., Wörterbüchlein üb. Pepliers Grammaire. 8. Leipz. 737.

Küsel, Johann Jakob

Küsel, Jh. Jak., Anleitung zum Schön- u. Geschwindschreiben. 4. Prag 810. Enders. 13 kr.

Küsel, J. J., Anleitung z. Schön- u. Geschwindschreiben. 4. Prag, Enders. 812. Rthlr.

— Anweisung u. Grundlagen zur Schönschreibekunst f. jene, welche sich d. Handelsstande u. and. Gewerben widmen. 16 Hft. 14 Blatt u. 1 Titelbl. (Aus Küsels Meisterstücken besond. abgedr.) gr. 4. Prag 819. Calve. 1 fl. 5 kr.

— Fraktur- u. Kanzlei-Vorschriften, nebst mehrern d. vorzügl. alten Kirchen-, Mönchs- u. Römischen Schriften. 37 Bl. qu. 4. Prag 822. Calve. 3 fl.

Küsel, (J. J.,) das Ganze d. Schönschreibekunst. Dargestellt durch Musterschriften u. erläut. durch Regeln, nebst Abhandl. üb. d. Schönschreibekunst rc. 4. Prag 824, Kronberger u. W.

(—) Grundlagen zur Erlernung d. Schönschreibekunst, dargestellt durch Musterblätter, in 5 ganz verschied. deutschen Current-Schriftarten, stehender u. liegender Kanzlei, deutscher Fraktur, engl. Rand- u. Runninghand, d. neuesten deutschen Druckschrift mit einigen Variationen d. Röm. Rand- u. Quadrat- (Lapidar) u. d. franz. Couler (Current) Schrift. 2 Hfte. Fol. 17 Kpft. Prag 828. (Leipz., Engelmann). 1 fl. 8 kr.

Küsel, J. J., Meisterstücke der Schönschreibekunst an den Schriftzügen d. gebildeten europäischen Völker musterhaft dargestellt sowohl für diejenigen, welche noch gar keine Unterricht im Schreiben erhalten haben, als auch für jene, welche die Fehler ihrer Handschrift verbessern wollen. 1te bis 12te Liefg. gr. 4. Prag, Calve. 817—20. Jede Lieferung 1 Thlr. 6 Gr. 1

— Meisterstücke der Schönschreibekunst in den Schriftzügen d. gebild. europ. Völker dargestellt. 13e Liefer. d. Blätter No. 121—130. gr. 4. Prag 822, Calve.
aus der ganzen Suite sind einzeln zu haben:
Deutsche Vorschriften. –
Engl. Vorschriften. –
Fractur- u. Kanzlei-Vorschriften. –
Franz., holl., ital. u. lat. Schriften. –
Griechische, hebr., poln. etc. Vorschriften. –

— französische, holländische, italienische u. latein. Schriften. 27 Bl. gr. 8. Prag 822. Calve. 2 fl. 6 kr.

— Taschenschreibmeister, od. gründl. Anleit. in kurzer Zeit, ohne Schreibmeister geschwinder u. schön schreiben zu lernen. qu. 4. Prag 816, Enders.

— der vollständige Taschenschreibmeister, oder Anleitung, in kurzer Zeit ohne Schreibmeister geschwind u. schön schreiben zu lernen, als Fortsetzung zu den bereits erschienenen 2 Heften Vorschriften. qu. 4. Prag 816. Enders. 1 fl. 8 kr.

— Uebungen in der Schönschreibekunst für diejenigen, welche sich dem Handelsstande u. andern Gewerben widmen. qu. 4. 16 Hft. 27 Blatt Prag 819. Calve Velinp. 2 fl. 6 kr.

— theoretisch-prakt. Unterweisung in d. Kalligraphie in liegender u. sächs. Currènt mit Initialen, sächs. u. liegender Kanzelei, deutsch. u. engl. Fraktur, engl. Round- u. Large-Hand, wie auch d. gothischen Schrift. gr. 4. 19 Kpft. Prag 827. Pachmayer. (Leipz., Engelmann). 18 *K*

Küsel, Jo. Jak., Vorschriften. 4. Leipz., Klein. 8 *K*

— Vorschriften, 4. (17 Bl. in Kpfrstich.) Prag 829. Micheletto. (a. Enders). 8 *K*

— deutsche Vorschriften 30 Blatt.

— englische Vorschriften 24 Blatt.

—— Gothische Vorschriften. 1 Bl. gr. Fol. Prag 829, Enders.

— griechische, hebräische, polnische, russische, serbische u. ungarische Vorschriften, nebst Uebungen in freien Zügen. 18 Bl. gr. 4. Prag 822. Calve. 1 ₰ 12 *K*

— kaufmännische Vorschriften; oder fortgesetzte Anleitung zum Schön- u. Geschwindschreiben. 4. Prag 812. Enders. 1 ₰

Bericht über die Tätigkeit der Milzbranduntersuchungsstelle des Provinzialverbandes Ostpreussen. Im Auftr. d. Herrn Landeshauptmann v. Brandt erstattet von Landesrat [Otto] **Küsel** u. Kreistierarzt Dr. [Franz] Fischoeder. Königsberg i. Pr. 1906: Ostpreuss. Dr. (56 S.) 1° [J.] [c6. 1906 10

Rudolf von Brandt, Landeshauptmann der Provinz Ostpreußen. Ein Lebensbild, aus Anlaß s. 50jähr. Dienstjubelfeier 1907 dargest. von Landesrat Otto **Küsel**. Mit e. Bilde v. Brandts. Elbing (1907): E. Wernich. (15 S.) 8°
Aus Altpreuß. Monatsschrift. Bd 45. [08. 1716 10

Küsel, R.

Küsel. Die Gegend um Buckow und das Diluvium von Schlagentin. Eine geognostische Skizze. (Jahres-Bericht über die Stralauer höhere Bürger-Schule für das Schuljahr 1857 bis 1868.) Berlin (1858). 20 S. 8°

Küsel (R.), Die oberen Schichten des Mittel-Oligocäns bei Buckow. Berlin 1871. 4.

Küsel, Walther [pr. Arzt]: Aus d. Ambulatorium d. Privatdoc. Hrn Dr. Kafemann zu Königsberg i. Pr. Beitrag zur Kenntniss der Geschwülste der Nasenscheidewand. '(M. 2 Abb.)' ... Königsberg i. Pr., Hartungsche Buchdr., *1896*; 27 S., 1 Bl., 1 Taf. 8.
Königsberg, Med. Fak., Inaug.-Diss. v 8. Mai 1896

Küsel, Walth., Beitrag zur Kenntniss d. Geschwülste d. Nasenscheidewand. Diss. gr. 8. (27 S. m. 1 Taf.) Königsberg 896. (W. Koch.) n. — 80

Das Trachom in Ostpreussen. Kurzgefasste Darstellung s. Pathologie u. Therapie. Von Dr. [Walter] **Küsel**, Stabsarzt. Halle: Marhold 1910. 80 S. 8°
(Sammlung zwangloser Abhandlungen aus d. Geb. d. Augenheilkunde Bd 8, H 2.) [10. 720] 3

Küsell, Joh. Dan., gründlicher Nachweis zur Vertilgung des Kornwurms oder Käfers. 8. Pyritz 833. Berlin, (Weidle.)

Kusenberg, Geschichte d. rhein. Ulanen-Regiments Nr. 7. 1815—1890. Auf Befehl d. Regimentskommandeurs zusammengestellt. gr. 8. (V, 147 S. m. 8 Bildnissen, 2 Uniformbildern u. 3 Karten.) Berlin 890. Mittler & Sohn. n. 4. —

Kusenberg, Otto, Entstehung u. Beendigung des Bergwerkseigentum nach dem in Elsaß-Lothringen geltenden Rechte. (V, 115 S.) 8. Straßburg 905. K. J. Trübner. n. 2. —

Kusenberg, Otto, die Rechtseigenart der Aktien-Urkunde. 12. (70 S.) Straßburg 900. Schlesier & Schweikhardt. n. 1. —

Kuserzow, Deutsch-Russe; od. russ. Verdeutscher d. allernöthigsten im gemeinen Leben am häufigsten vorkomm. Wörter ꝛc. Ein Noth- u. Hülfsbüchl. russisch-deutsch, u. deutsch-russisch. 8. Leipz. Joachim. 813.

— neuster russ. Dollmetscher, od. kleines Sprach-Orakel f. Russen u. Deutsche. 2 Abthl. 1ste Russisch-deutsche. 10 gr. 2te Deutsch-russische, 8 gr. gr. 8. Ebend. 813.

— russische Sprachverständigungstafel. Royalfol. Ebend. 813.

Kusick, Jul., experimentelle Studien üb. die corticale Innervation der Rumpfmuskulatur. Inaug.-Diss. gr. 8. (75 S.) Dorpat 890. (Karow.) n. 1. 50

Kuske, s.: Uniformen, die, der deutschen Armee.

Kuske, Bruno, aus Dresden: Das Schuldenwesen der deutschen Städte im Mittelalter. *Tübingen 1904: H. Laupp jr.* (III, 93 S.) 8° ¶ [= Zeitschr. f. d. ges. Staatswiss., Erg.H. 12.]
Leipzig, Phil. Diss. v. 1904

Das Schuldenwesen der deutschen Städte im Mittelalter. Von Dr. Bruno **Kuske**. *Tübingen: H. Laupp 1904.* (V, 92 S.) 8°
— Zeitschrift f. d. gesamte Staatswissenschaft. Erg.H. 12. [04. 6485

Kuske, Wilhelm: Das deutsche Heer, s, Knötel, Richard

Kuskop, Karl, a. Waren i. M.: Der Grund zu Alfred de Vignys Pessimismus. Coburg 1906: A. Roßteutscher. (111 S.) 8°
Leipzig, Phil. Fak., Ref. Birch-Hirschfeld u. Wülker, Diss. v. 3. Dez. 1906
[Geb. 22. Juli 79 Waren (Mecklenburg); Wohnort: Dresden; Staatsangeh.: Mecklenburg-Schwerin; Vorbildung: Realgymn. Dresden-N. Reife O. 00; Studium: Leipzig 9 S.; Rig. 24. Juli 06.]

Kuskop, Theodor, aus Waren i. M.: Nicholas Breton und seine Prosaschriften. *Leipzig: Seele & Co. 1902.* (99 S.) 8°
Leipzig, Phil. Diss. v. [18. Okt.] 1902

Kusmanek, Herm., u. Max R. v. Hoen, d. Sanitäts-Dienst im Kriege, an e. Reihe v. Beispielen applicator. dargest. 1.—3. Hft. gr. 8. Wien 897. (L. W. Seidel & Sohn.) n. 13. 50
1. I. Thätigkeiten im Aufmarschraume. II. Sanitäre Einrichtg. d. in d. Aufmarschraum führ. Communicationen. M. 2 Karten u. 6 Skizzen. (161 S.) n. 4. —
2. III. Sanitätsdienst bei Truppen-Divisionen unt. Berücksicht. d. sanitären Thätigkeiten bei e. vorgeschob. Cavallerie-Brigade. M. 3 Kart. u. 5 Skizz. (S. 163—320.) n. 4. 50
3. IV. Sanitätsdienst b. Corps. V. Sanitätsdienst b. e. Armee u. in deren Etappen-Bereiche. Kranken-Abschub. VI. Kranken-Zerstreuung u. freiwill. Sanitätspflege. M. 6 Skizzen u. 1 Tab. (II u. S. 321—531.) n. 5. —

Kusmanek, Jos., der Hypnotismus im Dienste der Staaten u. der Menschheit. Ein Wort an die Regiergn. aller Culturvölker. gr. 8. (56 S.) Leipzig 891. W. Friedrich. n. 1. —

Kusmanoff, Sotir, a. Kruschovó: Das örtliche Geltungsgebiet der Normen und Strafgesetze. Prinzipielle Erörterungen. Halle a. d. S. 1906: H. Köhler. (59 S.) 8°
Halle, Jur. Fak., Ref. Finger, Diss. v. 11. April 1906
[Geb. 29. Juni 81 Kruschovo in Mazedonien; Wohnort: Halle a. S.; Staatsangeh.: Bulgarien; Vorbildung: Staatsgymn. Sophia Reife Juni 02; Studium: Sophia 4, Leipzig 2, Halle 3 S.; Rig. 7. März 06.]

Kusmin, Michail, Taten des grossen Alexander. (Die autoris. Übersetzg. besorgte Ludw. Rubiner.) (VII, 152 S.) 8. München 910. Hyperion-Verlag. 3.—; geb. 4.—

Kusmine, Catharina, Lauréat der Universität Lausanne: Aus dem physiologischen Institut der Universität Bern. Histologische Untersuchung über den Einfluss der Lymphagoga auf die Leber. (Mit einer Tafel.) München 1905. 2 + 32 p. 8°. [14. XI. 05.]
S.-A. aus Zeitschr. f. Biologie 1905. Bd. 46.
Lausanne. Thèse méd. 1905/1906.

Kusminski, P., der rote Admiral. (Leutnant Schmidt.) Historisches Drama in 4 Akten aus der jüngsten Vergangenheit. (In russ. Sprache.) (111 S.) 8. Berlin 906. B. Behr's Verl. n. 2. 25

Küsnacht am Zürichsee. Exkursionen vom Z' zum Greifensee. Verfasser: Seminarlehrer Prof. Dr. C[arl] Dändliker, Dr. (Heinrich) Flach und Dr. [August] Aeppli (*d. i.* Dr. Hans Frey). Illustrirt [mit Textabbildungen und 6 Tafeln] von R[udolf] Ringger. [Mit 1 Karte.] 8. Zürich 1900.

Kusnetzoff, Alex., Beitrag zur Entwicklungsgeschichte der Cutis. [Aus d. Sitzungsberichten der k. Akad. der Wiss.] Wien 867. (Gerold's Sohn.) Lex.-8. (6 S. mit 2 Steintaf. in 4.) n. 8 ngr.

Kusnezoff, Alex., üb. blutkörperchenhaltige Zellen der Milz. [Aus: „Sitzungsber. d. k. Akad. d. Wiss."] Lex.-8. (10 S.) Wien 873. (Gerold's Sohn.) n. — 30

Kusnetzow, I. D., Fischerei u. Thiererbeutung in den Gewässern Russlands. Hrsg. vom Ministerium f. Landwirthschaft u. Reichsdomänen. Departement f. Landwirthschaft. (Übers. v. R. K. Broschniowski.) gr. 8. (VI, 120 S.) St. Petersburg 898. (Knigowjed.) n. 2. —

Minist. f. Landwirthsch. u. Reichsdomänen. Dep. f. Landw. Fischerei und Thiererbeutung in den Gewässern Russlands. Von I. D. Kusnetzow *St. Petersburg 1898: A. Laschinsky.* (120 S.) 8° (… 1095

Kusnetsow, Konstantin, a. Nowotscherkask ⟨Rußland⟩: Das Zweikammersystem in Nordamerika im XVII. und XVIII. Jahrhundert. Heidelberg 1906: D. Straus. (51 S.) 8°
Heidelberg, Phil. Fak., Ref. Jellinek, Diss. v. 10. Aug. 1906
[Geb. 9. Sept. 83 Nowotscherkask; Wohnort: Nowotscherkask: Staatsangeh.: Rußland; Vorbildung: Gymn. Nowotscherkask Reife O. 02; Studium: Moskau 5, Heidelberg 3 S.; Rig. 26. Juli 06.]

Kusnezow, A. Ch., u. F. L. Herrmann, Influenza. Eine geschichtl. u. klin. Studie. Nach dem Russ. bearb. v. J. V. Drozda. gr. 8. (V, 106 S.) Wien 890. Šafář. n. 3. —

Kusnezow, A. Ch., u. F. L. **Herrmann,** Influenza. Eine geschichtl. u. klin. Studie. Nach dem Russ. bearb. v. Jos. V. Drozda. Neue, bill. (Titel-)Ausg. gr. 8. (V, 105 S.) Wien 893. J. Šafář. n. 2. —

Кузнецовъ, Н. С., русско-нѣмецкій военно-техническій словарь. A. II. gr. 8. (X, 496 S.) St. Petersburg 872. Devrient. n. 20. —

Kuznetzoff, J. S. Russisch-deutsches militärtechnisches Wörterbuch. Petersburg 1872. 495 S.

Kusnezow, N., Gentiana, s.: **Engler, A., u. K. Prantl,** d. natürl. Pflanzenfamilien.

Kusnezow, N. J., s.: Sitzungsberichte der Naturforscher-Gesellschaft bei der Universität Jurjew.

Küspert, Frz., Lehrgang der Chemie u. Mineralogie f. höhere Schulen. 2. Aufl. 3 Tle. 8. Nürnberg 909. C. Koch. Geb. 4. 90
1. Metalloide. (VIII, 226 u. 11 S. m. Fig.) Geb. 2. 20
2. Metalle. (VIII u. S. 227—344 u. 8 S. m. Fig.) Geb. 1. 50
3. Mineralogie. (II, 68 S. m. Fig.) Geb. 1. 20

Küspert, Franz: Versuche zur Darstellung neuer Metallverbindungen des Acetylens und Benzols. Nebst einem Anhang: I. Über die Einwirkung von Hydroxylamin auf Calciumcarbid. II. Eine Methode zur massanalytischen und gasometrischen Bestimmung von Hydroxylamin und Hydrazin. *München 1898: V. Höfling.* (45 S.) 8°
München, Phil. Diss. v. 1898

Küspert, J. F., kleine Geographie u. Geschichte v. Bayern. F. d. Hand d. Schüler bearb. 2. Aufl. 8. (25 S.) Wunsiedel 895. H. Dressel. n. — 20

Küspert, Oskar, aus Poppenlauer: Über Bedeutung und Gebrauch des Wortes 'caput' im älteren Latein. Eine lexikalisch-semasiol. Untersuchung. *(Hof 1902: Mintzel.)* (52 S.) 8°
Erlangen, Phil. Diss. v. 22. Juli 1902

Küspert, Oskar, Dr., Gymnasialassistent: Über Bedeutung und Gebrauch des Wortes 'caput' im älteren Latein. Eine lexikalisch-semasiologische Untersuchung. *(Hof 1903: Mintzel.)* (51 S.) 8°
Hof, k. humanist. G, P 1903

Küspert, Oskar, Dr.: Über Bedeutung und Gebrauch des Wortes „caput". Eine lexikalisch-semasiologische Untersuchung. T. 2. Hof (1906): Mintzel. (53 S.) 8° ¶(Forts. d. P-Beil. 1903.)
Hof, k. G P 1906

Küspert, Wlfg., d. vorzügl. Wahrheiten über Menschen, Natur u. Gott, für Elementarschulen bearbeitet. 8. Nürnb. 825. Riegel u. W. 18 kr

Küspert, (W.,) die vorzügl. Wahrheiten üb. Menschen, Natur u. Gott, f. Elementarschulen bearb. 8. Nürnberg 826, Riegel u. W. Rthlr.

Kuß [Sachliches OW]

Kuss, Der, oder Das ganz neu musikalische Schäfer-Spiel . . . Franckfurth u. Leipzig 1748. V: *Mylius, Christlob.* (MN)

KUSS, Der. Abhandlung von 82 Seiten aus Krünitz' Encycl. 1793. Gr. 8°. (1 Mk. 50 Pfg. B. Seligsberg, Bayreuth, 1911.)

KUSS, Der erste. Ein Bade-Abenteuer. Erzählt von *K. O.* Das Elixir. Von *V. R. (Vast- Ricouard).* Mit (freiem) TKpf. (Der neue Boccaccio. XII.) Budapest. M.DCCC LXXXV. (1885.) Kl. 8°. Mit bunt illustr. Umschl.
56 S. Rücks. d. Tit.: Druck von Sam. Markus, Budapest

KUSS, Der von einem aufrichtigen Freunde an Lisetten angebrachte unschuldige, und ohne Noth von Strephon übel aufgenommene, beschrieben von einem, der es mit Erstaunen angesehen hat. Gedruckt zu Franckfurt am Mayn, wo das Küssen ist allgemein. 1752. 4°.

Kuß, üb. d., u. d. Küssen. Ein hist. jur. med. Abhandl. 8. Leipz. Joachim. (auch Pichler in Wien.) 802.

Kuß, der, u. das Küssen. Den Gebildeten beiderlei Geschlechts gewidmet. 8. Quedlinb. 825, Basse.

— — Dasselbe. Quedlinburg 1826. 8°. 120 S. (4 Kr. Hain & Goldmann, Wien, 1904.)

Kuß, Der, und das Küssen. Aus den Papieren eines lachenden Philosophen. kl. 8. (16 S.) geh. 10 kr.
Wien: Massanetz & Co. 1882.

Über den Kuß und über die Langeweile. (Typogr. Ornam. u. Zierleiste.) Sorau, bey Gottlob Hebolds Erben. 1777. — *A. E.*: Sagan, gedr. bey Joh. Chp. Lauhen. 8⁰. (6 Mk. G. Priewe, Heringsdorf, 1895.)
80 S. (incl. Tit. u. 1 Bl. Vorber., unterz. *S.*).

MEIN erster und mein letzter Kuss. Aus den hinterlassenen Papieren einer gefeierten Primadonna. Leipzig, Verlagsanstalt (W. Röhl), o. J. (c. 1873). 12⁰. Zahm. (2 Kr. Halm & Goldmann, Wien, 1904.)

Kuß, der, und die Ohrfeige, ein Spiel in Versen u. in 1 Aufz. von K. Schall. 8. Breslau, Holäufer. 818.

Kuss, Röschens, ein ländliches Gemählde . . . [Leipzig 1794.] V: *Müller, Joh. Ernst Frdr. Wilh.* (MGT)

Kuß [Verfasser]

Kuß, Ant. A., wie hat sich die Volksschule dem Dialekt gegenüber zu verhalten? s.: Abhandlungen, pädagogische. 3. Heft.

Kuß, Christian

— Grundriß e. Naturbeschreib. d. Herzogth. Schleswig u. Holstein, zum Gebrauch in Bürger- u. Landschulen. 8. Altona 817. Hammerich. 8 gr

Kuss C.: Grundriss einer Naturbeschreibung d. Herzogth. Schleswig u. Holstein . . . Altona 1817. 180 S.

Kuss C.: Jahrbuch denkwürdiger Naturereignisse in den Herzogthümern Schleswig u. Holstein v. 11. bis z. 19. Jahrh. 2 Th. Altona 1825-26. (16, 455) S.

Kuß, Chr., Jahrbuch denkwürd. Naturereignisse in d. Herzogth. Schleswig u. Holstein, vom 11ten bis zum 19ten Jahrh. 2 Thle. 8. Altona 826. (Aue). 2 Rthl 9 gr

Kuß, (Chr.) Jahrbuch denkwürd. Naturereignisse in d. Herzogth. Schleswig u. Holstein, v. 11n bis z. 19n Jahrh. 2 Thle. 8. Altona 826, (Busch.)

Kuß, *Ch.,* Versuch einer Naturbeschreibung des Herzogth. Schleswig u. Holstein zum Gebrauch in Bürger- u. Landschulen. 8. Altona, Hammerich. 817.

— Versuch e. ausführl. Naturbeschreib. d. Herzogth. Schleswig u. Holstein. I. 1s—4s H. 8. Alt. 817—821. (Hammerich). 1 Rthl 8 gr

Kuß, Christian; Versuch einer ausführlichen Naturbeschreibung der Herzogthümer Schleswig und Holstein. Bd. 1. Altona. 1820. (Heft 1. 2. Aufl. 1819. Heft 2 u.3. 1820.)8⁰

Kuss, Ernst [app. Arzt]: Ueber Pseudathrosen und ihre Behandlung. . . . München, Druck v. M. Ernst, 1888; 28 S. 8⁰
München, Med. Fak., Inaug.-Diss. v. 1888

Kuß, J., s. Leitfaden für den Unterricht in der Kunstgeschichte.

Kuß, Johanna, die holsteinische Küche, oder Anleitung zur Führung des Hausstandes in einer Anzahl auf Erfahrung begründeter, bewährter Anweisungen. 8. (VIII und 243 S.) Altona 856, Wendeborn'sche Buchh. *

Kuß, Johanna, die holsteinische Küche, oder Anleitung zur Führung des Hausstandes in einer Anzahl auf Erfahrung begründeter, bewährter Anweisungen. 2. verm. u. verb. Aufl. Mit einem Anhang, enth.: 90 der vorzüglichsten Anweisungen aus dem praktischen Kochbuch von Charlotte Amalie Lönne. 860. — 3. Aufl. 862. — 4. verm. ꝛc. Aufl. Altona 864. Haendcke & Lehmkuhl. br. 8. (IV, 311 S.) 1 Rthl

Kuß, Johanna, die holsteinische Küche, oder Anleitung zur Führung des Hausstandes in einer Anzahl auf Erfahrung begründeter, bewährter Anweisungen. 2. Aufl. 1861. und 3., verm. und verb. Aufl. Mit einem Anhang, enthaltend: 90 der vorzügl. Anweisungen aus dem prakt. Kochbuch von Charlotte Amalie Lönne. gr. 8. (VIII und 296 S.) Altona (861)62, Wendeborn'sche Buchh. * 1 Thlr.; geb. *

Kuß, Johanna, die holsteinische Küche, oder Anleitung zur Führung des Hausstandes in einer Anzahl auf Erfahrung begründeter, bewährter Anweisungen. 4., verm. und verb. Aufl. 1864. und 5. (Titel-)Aufl. Mit einem Anh., enth.: 90 der vorzüglichsten Anweisungen aus dem prakt. Kochbuch von Charlotte Amalie Lönne. 8. (IV und 311 S.) Altona 866, Haendcke und Lehmkuhl. * 1 Thlr.; geb. * Mit Goldverzierungen. *

Kuß, Johanna, die hamburgische Küche, oder Anleitung zur Führung des Hausstandes in e. Anzahl auf Erfahrung begründeter, bewährter Anweisungen. 6., verm. u. verb. Aufl. Mit e. Anh., enthltd.: 80 der vorzüglichsten Anweisungen aus dem prakt. Kochbuch von Charlotte Amalie Lönne. Altona 869. Haendcke & Lehmkuhl. 8. (IV, 315 S.) 1 Rthl.; in engl. Einb. n. 1 Rthl 5 ngr u. 1 Rthl 7 ngr
Erschien zu gleichem Preise a. u. d. T.: „Die norddeutsche Küche."

Kuß, Johanna, die holsteinische Küche oder Anleitung zur Führung des Hausstandes in einer Anzahl auf Erfahrung begründeter, bewährter Anweisungen. 6.—9. verm. und verb. Aufl. Mit einem Anhang, enth.: 90 der vorzüglichsten Anweisungen aus dem pract. Kochbuch von Charl. Amalie Lönne. 8. (IV, 315 S.) Gotha 869—74, Haendcke und Lehmkuhl. 3 —
geb. ℳ 3,75.; mit Goldbdruck 4 —
Erschien a. u. d. T.: „Die norddeutsche Küche" und „Hamburgische Küche".

Kuß, Johanna, die holsteinische Küche oder Anleitung zur Führung des Hausstandes in einer Anzahl auf Erfahrung begründeter, bewährter Anweisungen. 10. verb. und verm. Aufl. (IV, 347 S.) 1876; 11. Aufl. gr. 8. (IV, 315 S.) Hamburg 878, Haendcke und Lehmkuhl. *ℳ 3.; geb. *
geb. mit Goldschn. *

Kuß, Johanna, die holsteinische Küche oder Anleitung zur Führung des Hausstandes in einer Anzahl auf Erfahrung begründeter, bewährter Anweisungen. 14. Aufl. 8. (XV, 332 S.) Dresden 886, Dieckmann. ℳ 3.—.; geb. 3 50

Kuß, Johanna, die holsteinische Küche od. Anleitg. zur Führg. d. Hausstandes in e. Anzahl auf Erfahrg. begründeter, bewährter Anweisgn. 16. Aufl. 8. (XXIII, 332 u. Reg. XV S.) Leipzig 891. Dürr'sche Buchhandlg. Geb. n. 3.50
A. u. d. T: Hamburger, resp. Norddeutsche Küche.

— dasselbe. 17. u. 18. Aufl. 8. (XXIII, 347 u. XVI S.) Ebd. 892. 893. Geb. in Leinw. n. 3.50

Kuß, Johanna, die norddeutsche Küche od. Anleitg. z. Führg. d. Hausstandes in e. Anzahl auf Erfahrg. begründ., bewährter Anweisgn. 21. Aufl. 8. (XXXIII, 364 S. m. 1 Fig.) Leipzig 897. Dürr'sche Buchh. Geb. in Leinw. n. 3.50
A. u. d. T.: „Die Hamburger Küche", „Die holsteinische Küche" u. „Die hannoversche Küche".

Kuß, Johanna, die holsteinische Küche od. Anleitung zur Führg. des Hausstandes in e. Anzahl auf Erfahrg. begründeter, bewährt. Anweisgn. 23. Aufl. 8. (XXXIII, 364 S. m. Fig.) Leipzig (900). Dürr'sche Buchh. Geb. in Leinw. n. 3.50

Kuß, Johanna, die holsteinische Küche od. Anleitg. zur Führung des Hausstandes in e. Anzahl auf Erfahrg. begründ. bewährter Anweisgn. 25. Aufl. (XXXIII, 364 S. m. Fig.) 8. Leipzig (906). Dürr'sche Buchh. Geb. in Leinw. n. 3.50

Acht Tanzreigen von Martha **Kuß**. Berlin: E. Bloch [1905]. (24 S.) 8⁰ [S.]
— Mädchen-Bühne. H. 75.

Warum muß sich ein wahres Gotteskind einer christlichen Gemeinde anschließen? Welche Merkmale muß e. christl. Gemeinde nach d. Neuen Testament haben? Ein Referat von Max Kuß, Prediger. Auf Wunsch d. Sächs. Vereinigungskonferenz erw. u. gedr. Kassel: Selbstverl.; J. G. Oncken Nachf. in Komm. [1905]. (30 S.) 8° [F.]

Bei der Feldtelegraphie des Generals von Werder. Heitere Erinnerungen eines Kriegs-Veteranen. Von Otto Kuß. Darmstadt: E. Roether 1907. (177 S.) 8° [F.] (07. 19916

Kuß, Otto. Ut mine Ferientid. Plattdütsche Vertellung in mecklenbörg'sche Mundort. 8. (VII, 236 S.) Minden 889, Köhler. * 3 — geb. * 4 —

Kuß, Otto, de Stadthauptmann v. Fredenhagen un de falsche Bismarck. 'Ne plesirl. Geschicht' in mecklenbörg'sche Mundort. 8. (308 S.) Minden i/W. 891. W. Köhler. Geb. n. 3. —

—— De Wiwerfind. 'Ne Leiwsgeschicht in mecklenbörgsch plattdütsche Mundort. 8. (VI, 336 S.) Ebd. 890. * 4 — geb. * 4 80

Kuess, Arm. (Stolp / Pommern), De talipede varo. Diss. med. Berlin (Nietack) 6. III. 1838. 27 S. Mit Biogr. (M.: Growe.) (4.—) 20058

Küss, E., s.: Kirchenkalender, evang., f. Elsass-Lothringen.

Küss, E., de la vascularité et de l'inflammation. gr. 8. (3½ B.) Strasbourg 846, Treuttel u. Wurtz. *

Küss, Hugo, eine neue Form des Bunsen-Photometers, s. Abhandlungen aus dem Gebiete der Naturwissenschaften.

Küß, J. F., das Leben Jesu nach den vier Evangelisten und Dr. Mart. Luther's Uebersetzung in geschichtlicher Zeitfolge geordnet und dargestellt. Straßburg 862. Treuttel & Würtz. gr. 8. (IV, 142 S.) n. 28 ngr

Küss, Joh. Christiane, s.a. Kies, Joh. Chr.

Küssin, Vorschrift. zu allerhand Koch- u. Backwerk. 8. Lüb. Schramm. 798.

Kussáka, Johannes Tsiôsiro [aus Kaga in Japan]: Das japanische Geldwesen. . . . Jena, Frommannsche Buchdr., 1890; VI S., 1 Bl., 100 S. 8°
Jena, Phil. Fak., Inaug.-Diss. v. 1890

Kussáka, J. T., das japanische Geldwesen. Geschichtlich u. kritisch dargestellt. gr. 8. (VII, 100 S.) Berlin 890. R. L. Prager. n. 2. 80

Küsse, drei, u. eine lange Nase, v. F. Laun.
Auch unter dem Titel:
Kleine Erzählungen. 8. Leipz. Hartknoch. 814.

Küsse, Die, des Johannes Secundus. Königsb. 1798. B: *Scheffner, Joh. George.* (call)

Küsse, die, des Johannes Secundus in 3 Sprachen, mit Kpf. 8. Königsb. 798. (Michelsen in Leipz.) 16 gr Velinp. 1 rß 8 gr (Vergl. Natürlichkeiten d. sinnl. Liebe.)

Küsse, die, des Johannes Secundus in 5 Sprachen, m. K. Königsb. Nicolovius. 798. (ist d. 4te Thl. v. Natürlichkeit d. sinnl. Liebe.)
Velinp.

Küssenberg, Heinrich. H' Küssenberg's Chronik der Reformation in der Grafschaft Baden, im Klettgau und auf dem Schwarzwalde. Im „Archiv für die Schweizerische Reformations-Geschichte" (Bd. 3 ... veröffentlicht und mit einem Sach- und Personen-Register hrg. durch Johann Huber .... (Vorläufiger Abdruck.) 8. Solothurn 1875.

Küsser, Alois

Küsser, A., Alt- u. Jung-Regensburg. M. 4 Vollbild. u. zahlr. Text-Illustr. nach Orig.-Zeichngn. v. Jul. Widmann u. Heinr. Werk. 2 Tle. in 1 Bd. 8. (66 u. 35 S. m. Plan u. Karte.) Regensburg 895. W. Wunderling. n. 1. 50; geb. n. 2. 30

Küsser, Alois, Donaumücken. Kleine Humoresken u. Satiren. (IV, 144 S.) 8. Regensburg 904. W. Wunderling. n. 1. 20

— Regensburger Fremdenführer. M. e. Stadtplan u. Orientierungskärtchen. 8. (35 S. m. Abb.) Ebd. 895. n. — 75

KÜSSER, Johann Baptist (Regensburg): De chlorosi.- Annachil: Glasser 1838. 11 S. 27.12.1837 - Urk; P 63 (= Küssner)
Diss. Ingolst.-Landsh.-Mchn.

v. Kusserow. Geschichte des brandenburg. Jäger-Bataillons No. 3 u. des magdeburg. Jäger-Bataillons No. 4 von 1815—1865. 8. M. 2 Krtn. Berlin 1865

Kusserow: Preisliste für Apparate und Instrumente zur Brauerei- und Brennerei-Betriebskontrolle. Berlin 1907

Kusserow, F., unter dem Christbaum. Gedichte. Wechselgespräche u. dramat. Festspiele f. Kinder zur Feier des hl. Christabends in Schulen. 3. Aufl. 12. (144 S.) Cöslin 890. (P. Perrin.) n. 1. —

[F.] Unter dem Christbaum. Gedichte, Wechselgespräche u. dramat. Festspiele f. Kinder z. Feier d. heil. Christabends in Schulen v. F. Kusserow, Lehrer in Wandhagen (Pommern). 4. Aufl. . . . *Cöslin: Selbstverl.; gedr. bei C. G. Hendess (1895).* (160 S.) 1 Bd 8. (96. 117

Kusserow, F., unter dem Christbaum. Gedichte, Wechselgespräche u. dramat. Festspiele f. Kinder zur Feier des hl. Christabends in Schulen. 5. Aufl. 8. (179 S.) Köslin (899). (C. G. Hendeß Nachf.) n.n. 1. 20

Kusserow, Reinhold

Kusserow, R., der Brennereibetrieb. Eine Anleitg. zur Betriebscontrolle u. Erkenng. u. Beseitigg. v. Betriebsstörgn. in Lufthefefabriken, Hefefabriken m. altem Verfahren u. Dickmaischbrennereien. 8. (107 S. m. Abb.) Berlin (N.W. Lehrterstr. 41) 900. Selbstverl. Geb. n. 3. —

Kusserow, Reinhold [aus Pommern]: Ueber Derivate der Brom- u. Anilidobernsteinsäure und über die Constitution der Fumar- u. Maleïnsäure. . . . Greifswald, Druck v. Julius Abel, 1889; 48 S. 8°
Greifswald, Phil. Fak., Inaug.-Diss. v. 22. Okt. 1888

Kusserow, R., Mitteilungen f. Brennerei u. Presshefefabrikation. Nr. 15—21. Jan., April, Juli u. Oktbr. 1905 bezw. März, Juni u. Septbr. 1906. (31, 30, 48, 48, 48, 48 u. 48 S. m. Abbildgn.) kl. 8. Sachsenhausen (Mark). Dr. R. Kusserow. à n.n. — 50
Die Nrn. 15—18 erschienen in Berlin.

Kusserow, R., Mitteilungen f. Brennerei u. Presshefefabrikation. Nebst Anh.: Adressbuch der Lieferanten f. das Brennereigewerbe. Nr. 22—38, Jan. 1907—Dezbr. 1910. (à ca. 32 S. m. Abbildgn.) kl. 8. Sachsenhausen (Mark) (Chausseestr. 8), Dr. R. Kusserow. à nn — 50

Kussfeld [Schlagwort]

Kussfeld, s.: Preussen. Messtischblätter.

Kussin, F. A., analyt. Chemie, s. Barreswil.

Kussin, Geo., Portale. Architektonische Details. (10 Taf. u. Titelbl.) 31×23,5 cm. Berlin (909). F. Sensenhauser. 5.—

KUSSLIEB, Dr., Fünf populär-philosophische Vorlesungen über die Küsse. 1843.
Weller, Lex. Ps. p. 302.

Kussmahly, Franz Beobachtungen zum Prometheus des Aeschylus 4 (24 S.). **Progr.** Sophien-Rg. *Berlin* 1888 (95)
I. Zusammenstellung der metrischen Eigentümlichkeiten des Prometheus. II. Zusammenstellung der sprachlichen Eigentümlichkeiten des Prometheus. III. Beurteilung der sprachlichen und metrischen Eigentümlichkeiten des Prometheus. IV. Erwähnung der übrigen gegen den Prometheus vorgebrachten Bedenken.

Kussmahly, Frz., Beobachtungen zum Prometheus des Aeschylus. gr. 4. (24 S.) Berlin 888, Gaertner's Verlag. * 1 —

Kussmann, Ernst, Kreistierarzt aus Glowitz: **Ueber die Wirkung einiger Abführmittel auf die Dünndarmfistel eines Hundes.** [Mit 22 Figuren im Text.] Stolp in Pom. [1909.] 28 S. 8°. [10. III. 09.]
Bern. Vet.-med. Diss. 1909/10.

Kußmann, Gust., Valerius Herberger. Deklamatorium. (24 S.) 8. Dresden (906). Verbandsbuchh. (E. Zacharias.) n. — 40

Kussmann, Ludwig, aus Frankfurt a. M.: **Beiträge zur Überlieferung des 'Livre des quatre Dames' von Alain Chartier.** *Greifswald 1904: J. Abel.* (XXII, 41 S.) 8°
Greifswald, Phil. Diss. v. 30. März 1904

[F.] **Kussmann**, Wilhelm [Gerichtsref.]: **Ueber die unmittelbare Haftung des Kommanditisten gegenüber den Gesellschaftsgläubigern** . . . Greifswald, Druck v. J. Abel, 1897; 55 S. 8.
Greifswald, Jur. Fak., Inaug.-Diss. v. 1897

Kussmanoff, Alex., die Ausscheidung der Harnsäure bei absoluter Milchdiät. Inaugural-Dissertation. gr. 8. (37 S.) Dorpat 885, (Karow.) * 1 —

Kußmaul, Adolf

Kußmaul, A., zwanzig Briefe über Menschenpocken- und Kuhpocken-Impfung. Gemeinverständliche Darstellung der „Impffrage". gr. 8. (VIII, 120 S. mit 1 Stnt. in gr. 4.) Freiburg i. Br. 870, Wagner'sche Buchh. * 1 —

—— über die fortschreitende Bulbärparalyse und ihr Verhältniss zur progressiven Muskelatrophie, s. Sammlung klin. Vorträge.

Kußmaul, Adf., aus meiner Dozentenzeit in Heidelberg. Mit dem Bilde des Verstorbenen nach e. Photographie v. Max Kögel. Hrsg. v. Vinzenz Czerny. gr. 8. (VI, 102 S.) Stuttgart 908. A. Bonz & Co. n. 3.—; geb. in Halbfrz. n. 4.50

Kußmaul, Adf., aus meiner Dozentenzeit in Heidelberg. Mit dem Bilde des Verstorbenen nach e. Photographie v. Max Kögel. Hrsg. v. Vinzenz Czerny. 2. Aufl. (VII, 102 S.) gr. 8. Stuttgart 908. A. Bonz & Co. 3.—; geb. in Halbfrz. 4.50

Kussmaul, A., die Entwicklungs-Phasen der exacten Medicin. — Ueber die Ursachen und den Gang unseres Ablebens. 2 öffentl. Vorträge. 8. (III und 68 S.) Freiburg i. Br. 866, Wagner'sche Buchh. *

[F.] Über den kommissarischen Entwurf zur Revision der deutschen medizinischen Prüfungsordnung v. Dr. Adolf **Kussmaul**, emer. Prof. d. Univ. Strassburg. *Heidelberg: C. Winter 1897.* (23 S.) 1 Bd 8. [97. 84

Kussmaul, Ad., die Farbenerscheinungen im Grunde des menschlichen Auges. gr. 8. (9¾ B.) Heidelberg 845, Groos.

—— s. Illness, the, of the emperor Frederick III.

[F.] Jugenderinnerungen eines alten Arztes v. Adolf **Kussmaul.** M. d. Portr. d. Vfs nach e. Gemälde v. Franz Lenbach. *Stuttgart: A. Bonz & C. 1899.* (VIII, 495 S.) 1 Bd 8. [98. 11334

Jugenderinnerungen eines alten Arztes von Adolf Kussmaul. Mit d. Portr. d. Verf. von Franz Lenbach. 2. Aufl. Stuttgart: A. Bonz & Co. 1899. (VIII, 495 S.) 8° [F.] [99. 9900 6

Jugenderinnerungen eines alten Arztes von Adolf **Kussmaul.** Mit d. Portr. d. Verf. nach e. Gemälde von Franz Lenbach. 4. Aufl. *Stuttgart A. Bonz & C. 1900.* (VIII, 490 S.) 8° [F.] [00. 4479 2

— Jugenderinnerungen e. alten Arztes. Mit dem Portr. des Verf. nach e. Gemälde v. Frz. Lenbach. 3.—5. Aufl. gr. 8. (VIII, 496 S.) Ebd. 899—902. n. 7.20; geb. in Halbfrz. n. 8.50

Kußmaul, Adf., Jugenderinnerungen e. alten Arztes. Mit dem Portr. des Verf. nach e. Gemälde v. Frz. Lenbach. 6. u. 7. Aufl. (à VIII, 496 S.) gr. 8. Stuttgart 903. 906. A. Bonz & Co. n. 7.20; geb. in Halbfrz. n. 8.50

— Jugenderinnerungen e. alten Arztes. Mit dem Portr. des Verf. nach e. Gemälde v. Frz. Lenbach u. 1 Abbildg. der Denkmalbüste v. H. Volz. 8. Aufl. (VIII, 496 S.) gr. 8. Ebd. 909. 7.20; geb. in Halbfrz. 8.50

Kußmaul, Adolf, s. Krankheit, Die, Kaiser Friedrich III.

Kussmaul, Adph., von dem Mangel, der Verkümmerung und Verdopplung der Gebärmutter, von der Nachempfängniss, und der Ueberwanderung des Eies. gr. 8. (VIII und 384 S. mit 58 eingedr. Holzschn.) Würzburg 859, Stahel'sche Buchh. *

Kussmaul, Adf., Benedict Stilling. Gedächtnissrede, gehalten auf der 52. Versammlung deutscher Naturforscher und Aerzte zu Baden-Baden am 18. Septbr. 1879. Mit zahlreichen Noten von Goltz, Waldeyer und dem Hrsgbr. Kussmaul. gr. 8. (71 S.) Strassburg 879, Trübner. *

Kussmaul, Adf., die Störungen der Sprache, s. a. Handbuch der speciellen Pathologie u. Therapie.

— die Störungen der Sprache. Versuch einer Pathologie der Sprache. [Aus: „Handbuch d. spec. Path. u. Ther., hrsg. v. Ziemsson".] gr. 8. (X, 299 S.) Leipzig 877. F. C. W. Vogel. n. 5.50

— Die Störungen der Sprache. Versuch e. Pathologie der Sprache. 4. Aufl., hrsg. u. m. Kommentar versehen v. Herm. Gutzmann. (X, 409 S.) gr. 8. Leipzig 910. F. C. W. Vogel. 10.—; geb. 11.25

— die peristaltische Unruhe des Magens, s.: Sammlung klinischer Vorträge.

—— **Untersuchungen über den constitutionellen Mercurialismus und sein Verhältniss zur constitutionellen Syphilis. (In 2 Lfgn.) 1. Lfg. Lex.-8. (192 S.) Würzburg 861, Stahel'sche Buchh.** *

—— **Untersuchungen über den constitutionellen Mercurialismus und sein Verhältniss zur constitutionellen Syphilis. 2. Lfg. Lex.-8. (XIV und S. 193—434.) Würzburg 861, Stahel'sche Buchh.** *
1. Lfg. Ebendas. 1861. * 1 Thlr.

—— **Untersuchungen über das Seelenleben des neugeborenen Menschen. Programm zum Eintritt in den königl. akadem. Senat der Friedrich-Alexanders-Universität zu Erlangen. gr. 8. (40 S.) Leipzig 859, C. F. Winter'sche Verlagsh.** *

—— Untersuchungen über das Seelenleben des neugeborenen Menschen. 2. unveränd. Aufl. gr. 8. (32 S.) Tübingen 884. Moser.

Untersuchungen über das Seelenleben des neugeborenen Menschen von Dr. Adolf **Kussmaul**, Geh.R. 3. Aufl. Tübingen: Pietzcker 1896. 58 S. 8° [10. 11786

Kussmaul, Adf., und Adf. **Tenner,** Untersuchungen über Ursprung und Wesen der fallsuchtartigen Zuckungen bei der Verblutung sowie der Fallsucht überhaupt. (Aus den von J. Moleschott herausg. Untersuchungen zur Naturlehre des Menschen u. der Thiere abgedr.) Frankfurt a. M. 857. Meidinger. gr. 8. (120 S.) 1 ℛ. 15 ngr.

—— **und Adf. Tenner, Untersuchungen über Ursprung und Wesen der fallsuchtartigen Zuckungen bei der Verblutung sowie der Fallsucht überhaupt. gr. 8. (120 S.) Frankfurt a. M. 857. [Hamm, Grote'sche Buchh.]**
Ermässigter Preis
Aus den von J. Moleschott hrsg. „Untersuchungen zur Naturlehre d. Menschen und der Thiere" besonders abgedruckt.

Kussmaul, F.: Beschreibung der Shed-Bauten nach s. Systeme. Basel 1873.

Küssnacht. Kur- u. Wasserheilanstalt K' am Vierwaldstättersee. A.-G. Sanatorium für Nervenkranke (*Umschlag*: Klimatischer Luftkurort).... [Illustrierter Prospect.] 8. (Zürich) *o. J.* [1895/1900].

Küssnacht sur le Lac des quatre cantons et ses environs. Un coin de terre classique de la Suisse primitive. Altdorf 1895. V: *Türler, E. A.* (BSchwLk III, 2)

Küssnacht am Vierwaldstätter See u. seine Umgebungen Ein Stück klass. Bodens der Urschweiz. 8. (46 S. m. Illustr. u. 1 farb. Karte.) Luzern 894. (A. Gebhardt) n. — 80

Küssnacht am Vierwaldstädter-See . . . Luzern 1894. V: *Türler, E. A.* (Cat. d. Stadtbibl. Zürich. Zürich 1864—97.)

Küssnacht, s.a. Zollikon.

Küssner, Bernhard

— u. Rich. **Pott,** die acuten Infectionskrankheiten. gr. 8. (VII, 460 S.) Braunschweig 882. Wreden. n. 8. 60

Kuessner, Bernh., über Lebercirrhose, s.: Sammlung klinischer Vorträge.

Küssner, Bernh., zur Lehre von den Vorstufen des Harnstoffs. Inaugural-Dissertation. gr. 8. (25 S.) Königsberg 874. (Leipzig, Kessler.) 1 —

Kuessner, Bernhard: Ueber die physiologischen und therapeutischen Wirkungen des Thymols. Halle a. S. 1878: Gebauer-Schwetschke. 35 S. 8°
Halle-Wittenberg. Med. Hab.-Schr. v. 24. Juli 1878
Aus: Zeitschrift f. d. ges. Naturwissenschaften. Bd 51. Berlin 1878 S. 407—441.

Küßner, Frdr., Materialien f. den Rechen-Unterricht in den Handwerker- u. Fortbildungsschulen. 8. (IV, 68 S.) Mainz 883. Diemer. n. — 60; Resultate (16 S.) n. — 60

Küßner, Friedr., Materialien für den Rechen-Unterricht in den Handwerker- und Fortbildungsschulen. 2. verm. und verb. Aufl. 8. (IV, 99 S.) Mainz 886, Diemer. cart. *

—— Materialien für den Rechen-Unterricht in den Handwerker- und Fortbildungsschulen. Abteilung für das mündliche Rechnen. gr. 8. (20 S.) Ebendas. 884.

Küßner, Frdr., Rechenbuch f. Fortbildungs-, Kunstgewerbe- u. Handwerkerschulen. (67 S.) 8. Gießen 910. E. Roth. — 60; kart. n — 70; Ergänzungen (8 S.) — 10; Resultate. (16 S.) — 50

Küßner, Gustav

— **Darum** wird e. Mann Vater u. Mutter verlassen u. seinem Weibe anhangen. Ein Beitrag zur Kultur-Psychologie. (51 S.) 8. Braunschweig 910. H. Wollermann. — 60

Küssner, G[ustav]: Zur Frauenfrage. Beitrag z. einer prinzipiellen Lösung derselben. — Kiel u. Leipzig: Lipsius & Tischer 1901. 134 S. 8°

Küßner, Gustav [cand. theol.]: Kritik des Pessimismus. Versuch einer Theodizee .... Halle-Saale, Heynemann'sche Buchdr. (F. Beyer), 1888; 58 S. 8°
Jena, Phil. Fak., Inaug.-Diss. v. 1888

Küßner, Gust., Kritik des Pessimismus. Versuch einer Theodizee. gr. 8. (58 S.) Halle 888, Pfeffer. *

Predigt geh. am 11. Nov. 1906 im Hauptgottesdienst zu Mölln v. [Gustav] **Küszner.** (Mölln i. Lbg. 1906.) 4°, geb. in 8°

Küßner, Gust., was ist Christentum? Ein Mahnruf u. Programm f. Alle, denen die religiöse Not unseres Volkes zu Herzen geht. (IV, 592 S.) gr. 8. Leipzig 909. J. C. Hinrich's Verl. 6.—; geb. in Leinw. 7.—

Küßner, Gust., was können Magistrate kleiner Städte gegen den Misbrauch geistiger Getränke thun? Zugleich e. Wort an alle, denen die Volks-Wohlfahrt in kleinen Städten am Herzen liegt. gr. 8. (IV, 91 S.) Mölln 902. (L. Alwart.) 1.50

Küssner, was sind wir unseren Kanalarbeitern schuldig? Im Auftrag des deutschen Vereins gegen den Missbrauch geist. Getränke bearb. (94 S.) gr. 8. Berlin (905). (Mässigkeits-Verlag.) — 50
Sonderabdruck aus: „Alkoholismus".

Deutscher Verein gegen d. Mißbrauch geistiger Getränke. Was sind wir unseren Kanalarbeitern schuldig? Bearb. von Pastor Dr. [Gustav] **Küßner**. [Berlin: Mässigkeits-Verl. 1906.] (94 S.) 8° [Umschlagt.]
Aus Der Alkoholismus. [08. 14632 11

Küssner, (Rich. Ottom.) Herm., quid statuendum sit de quaestione inde a glossatorum aetate varie tractata: utrum venditor, qui tradere potest, teneatur omni modo ad rem tradendam, quam vendidit; an solvendo id, quod interest, obligationi satisfaciat. Spec. I. 8maj. (4¼ B.) Regimonti Pruss. 841, (Fratr. Borntraeger.) *

Küßner, Herm., das preußische Schwurgericht. Eine prakt. Anleitung f. Geschworne. 8. (52 S.) Königsberg 850, Gräfe & Unzer. n. 6 ngr.

Küßner, Paul, Philipp Melanchthon. Ein kurzes Lebensbild fürs liebe evangel. Christenvolk. Hrsg. als gekrönte Preisschrift vom evangel. Preßverein f. Schlesien. 12. (46 S.) Liegnitz 897. Buchh. d. schles. Prov.-Vereins f. innere Mission. n. — 15

Kuessner, Werner, Referendar: Das Unterdrücken wahrer Tatsachen als Mittel der Verübung eines Betruges. Halle a. S. 1909: Kaemmerer. XV, 75 S. 8°
Halle, Jur. Diss. v. 11. Aug. 1909, Ref. Finger
[Geb. 17. Jan. 84 Halle a. S.; Wohnort: Halle; Staatsangeh.: Preußen; Vorbildung: Landessch. Pforta Reife O. 03; Studium: Königsberg 1, Halle 6 S.; Rig. 27. März 09.] [U 09. 1590

Küsswetter, Hans: Beiträge zur Shakespeare-Bacon-Frage. Borna-Leipzig 1905: R. Noske. (VIII, 28 S.) 8°
Erlangen, Phil. Fak., Ref. Varnhagen, Diss. v. 15. März 1906

Kušta, Joh.

— - Weitere Beiträge zur Kenntniss der Steinkohlenflora von Rakonitz. (Sitz.-Ber. d. Königl. Böhm. Gesellsch. d. Wissensch. 1886.) Prag 1886. 8. Mit 1 Tafel.

Kušta (Joh.). Ueber die fossile Flora des Rakonitzer Steinkohlenbeckens. (Sitz.-Ber. d. Kgl. Böhm. Gesellsch. d. Wissensch. 1883.) Prag 1883. 8.

Die **Küste** von Annam. Im Auftr. d. Dir. d. Seewarte aus d. neuesten französ. Segelhandbuch übers. vom Hülfsarbeiter Kapt.-Lieut. a. D. [Georg] Wislicenus. Berlin: E. S. Mittler & Sohn 1894. (40 S.) 4° [Umschlagt.]
Aus. Service hydrographique de la Marine. No 747 T. 2
= **Annalen** d. Hydrographie u. Marit. Meteorologie. Jg 22, Beiheft 2. [07. 7381

Küste v. Kamerun, s.: Seekarten.

Die **Küste** von Tonkin. Im Auftr. d. Dir. d. Seewarte aus d. neuesten französ. Segelhandbuch übers. vom Hülfsarbeiter Kapt.-Lt. a. D. [Georg] Wislicenus ... Berlin: E. S. Mittler & Sohn (1894). (48 S.) 4° [Umschlagt.]
— **Annalen** d. Hydrographie u. Marit. Meteorologie. Jg 22, Beiheft 3. [07. 7381

Von den Küsten und aus See. Deutsche Gesellschaft zur Rettung Schiffbrüchiger. Flugblatt. Herausg. u. red. von dem Bureau der Deutschen Gesellschaft zur Rettung Schiffbrüchiger. Jhg. 1—2. Bremen 1871—72. gr. 8. . . . . (IIC.)

Organ der Deutschen Gesellschaft zur Rettung Schiffbrüchiger. Jhg. 3—24. 1873—95. gr. 8.

Von den Küsten und aus See. Organ der —. Jahrg. 1893–98. Bremen.

Hamburg, Deutsche Seewarte, Küstenansichten aus den Ostasiatischen Gewässern nach Zeichnungen deutscher Schiffsführer nebst Bemerkungen aus Schiffs-Journalen über Reisen, Häfen und Witterungs-Verhältnisse daselbst. (Aus dem Archiv der D. Seew., 1886, No. 4.) Hamburg 1886.

Küsten-Ansichten von Japan bis Capstadt und St. Helena in 5 (lithogr.) Blättern. Zusammengestellt aus Aufnahmen der Officiere S. M. S. Arcona während der ostasiat. Expedition 1860—61. Hrsg. durch das königl. Marine-Ministerium. Imp.-Fol. Berlin 864, (D. Reimer.) * *

Küsten Artillerie Unterricht. (Mit einer kolorierten Tafel) (Lithographiert.)
Fol. (ohne Ort zirka **1840.**)

Küstenfahrten an der Nord- und Ostsee. Neue bill. Ausg. [von „Unser Vaterland in Wort und Bild", 2. Serie]. Geschildert von Edm. Hoefer, M. Lindeman, Otto Rüdiger und Johannes Wedde. Illustr. von Gust. Schönleber, J. Gehrts u. A. Fol. (VIII, 360 S.) Stuttgart 887, Gebr. Kröner. *

Küstenkarte des Adriatischen Meeres. Maassstab 1 : 180.0000. Herausgegeben vom Hydrographischen Amte der k. u. k. Kriegsmarine in Pola. Ausgabe Mai 1892. Heliogravure. à 93·5 × 63 cm. In Comm à * 1.—
Triest: Schimpff.

Küstenkarte des Adriatischen Meeres. Maassstab 1 : 180.000. Herausgegeben vom Hydrographischen Amte der k. u. k. Kriegsmarine Imp.-Folio. Heliogr. In Comm. à * 1.—
Blatt Nr. II. Cap Promontore bis Spitze Punte—Bianche. — VI. Spitze d'Ostro bis Cap Laghi — VII. Cap Laghi bis Nord-Corfu
Triest: Schimpff 1892.

Küstenkarte.., Blatt III: Punte Bianche bis Insel Lissa.
Blatt IV: Cap Planka bis Klippe Glavat.
Blatt V: Klippe Glavat bis Spitze d'Ostro.
Triest: Schimpff 1893.

Die preuss. **Küstenlafetten.** Berlin 1873. 8°

Küstenland [Schlagwort]

Küstenland, österr., s.: Dalmatien. —

— s. a: Hand- u. Reisekarten. 29. —

Küstenland, österr., s.: Karstländer.

Küstenland, s.: Krain. — Radfahrerkarten. Freytag.

Küstenland, österreich. Leohner's Generalkarte vom Küstenland. 1 : 300,000. 87×54 cm. Farbdr. Wien (901). R. Lechner's Sort. In Leinw.-Decke n. 3. —; auf Leinw. in Leinw.-Decke n. 4. 50

Küstenländer des Schwarzen Meeres, s.: Hand- u. Reisekarten 96.

Küstenländer der Ostsee — Special Charte der sämtlichen — und zwar von Toenningen bis Memel. Nach Originalquellen, und den neuesten Ortsbestimmungen entworfen von F. W. Streit Oberlieut. und herausgegeben von dem geographischen Institute zu Weimar 1811. 1 : 180,000. 29 Bl.

KÜSTENMACHER, Max: Beiträge zur Kenntnis der Gallenbildungen mit Berücksichtigung des Gerbstoffes. - Berlin 1894. 3 Bl., 104 S. - Diss. Univ. Erlangen 1894. - (Pringsheim Jb. wiss. Bot. Bd. 26, H. 1)

Küstenmacher, Max, Beiträge zur Kenntniss der Gallenbildungen m. Berücksicht. des Gerbstoffes. Diss. [Aus: „Pringsheim's Jahrbb. f. wissenschaftl. Botanik".] gr. 8. (V, 104 S. m. 6 Taf.) Berlin 894. Gebr. Borntraeger. n. 4. —

Küstenvermessung, die, u. ihre Verbindung mit der Berliner Grundlinie. Ausgeführt v. der trigonometr. Abtheilung des Generalstabes. Hrsg. v. J. J. Baeyer. Mit 3 (lith.) Figurentaf. u. 1 (lith.) Karte (in gr. Fol.) gr. 4. (XX u. 587 S.) Berlin 849, Dümmler in Comm. n. n. 6 ℛ

Küster, Thdr., Franz Milens & Sohn. Novelle. 8. (211 S.) Leipzig 879. Schulze & Co. n. 3. —

Küster, Hauptm. und Compagnie-Chef im Inft.-Reg. Nr. 93. Geschichte des anhaltischen Inft.-Reg. Nr. 93. Auf Veranlassung des königlichen Regiments bearbeitet. 1. Th. Mit 8 farbigen Uniform-Abbild. und Facsimile zweier Briefe. 2. Th. Mit 1 Titelbild, einem Fahnen- und einem Uniformbilde, sowie der Ansicht der Kasernen Dessau, Bernburg und Zerbst. 8. Berlin 1893—1895.

Küster, Geschichte des Anhaltischen Infanterie-Regiments Nr. 93. Auf Veranlassg. des königl. Regiments bearb. 1 Thl. Mit 8 farb. Uniform-Abbildgn. u. dem Facsim. zweier Briefe. gr. 8. (X, 206 S.) Berlin 894. E. S. Mittler & Sohn. n. 8. —

Küster, Geschichte des Anhalt. Infant.-Regts. Nr. 93. Auf Veranlassg. d. kgl. Regiments bearb. 2. Thl. Mit 1 Titelbild, 1 Fahnen- u. 1 Uniformbilde, sow. d. Ansicht der Kasernen Dessau, Bernburg u. Zerbst. gr. 8. (X, 280 S. m. 1 Karte.) Berlin 895. E. S. Mittler & Sohn. n. 7. 50; geb. in Leinw. n.n. 9. — (1 u. 2.: n. 15. 50; geb. n.n. 18. 50)

Küster. Die Küstenbefestigung Englands. (Mit) Atl. Berlin 1873. 8° u. 2°. (Mitteilungen des Ingen.-Komitees. 17.)

— s.: Reglements der kaiserl. russischen Armee.

Küster, A., s. Dumas, A., sämmtl. Schriften. — Dumas, d. Graf v. Monte-Christo. — Portfolio, Italienisches. — Sammlung Italien. Autoren. I. — Sammlung der neuern u. best. Romane d. Franzosen.

Küster, A., das Jagdrecht der Provinz Pommern mit Ausschluß von Neu-Vor-Pommern und Rügen. Mit einem alphabetischen Wort-Register. Stettin 861. Nagel. gr. 8. (VIII, 64 S.) n. 10 ngr.

Küster-Fürstenwalde, A., die Ursachen und die Bekämpfung der landwirthschaftlichen Nothlage. gr. 8. (16 S.) Berlin 886, Teßmer.
Aus: Landwirthschaftliche Rundschau, besonders abgedruckt. — Vergriffen.

Küster, Agnes, Sonnenkäferchen. Kleine Geschichten zum Lesen u. Erzählen f. Kinder v. 5 bis 8 Jahren. Mit 4 farb. Vollbildern nach Aquarellen v. Fritz Bergen. 2. Aufl. 8. (154 S.) Stuttgart (902). Levy & Müller. Geb. n. 3. —

Küster, Alb. Ueber die actio quod iussu. Diss. gr. 8. (50 S.) Berl. 890. (Lps., Fock. — Rudolst., Dabis.) * 1 —

Küster, Albert

Küster, A., nutzviehloser Betrieb der Landwirtschaft. Anleitung, durch reinen Ackerbau ohne Nutzvieh einträglicher zu wirtschaften, nebst Beschreibg. v. 49 viehlosen Betrieben. Nach eigenen u. fremden Erfahrgn. verf., m. Vorwort v. Ernst Ring. gr. 8. (XII, 293 S.) Neudamm 902. J. Neumann. n. 5. —; geb. in Leinw. n. 6. —

Küster, A., nutzviehloser Betrieb der Landwirtschaft. Anleitung, durch reinen Ackerbau ohne Nutzvieh einträgl. zu wirtschaften, nebst Beschreibg. v. 178 nutzviehlosen Betrieben. Nach eigenen u. fremden Erfahrgn. verf. v. K., m. Vorwort v. Ernst Ring, 2., stark verm. u. verb. Aufl. (XV, 446 S.) 8. Neudamm 910. J. Neumann. 7.50; geb. in Leinw. 9. —

Die Erschliessung von Baugeländen und die Bildung geeigneter Baustellen durch Umlegung der Grundstücke von A[lbert] Küster, Wirkl. Geh. Ober-Reg.R. Beilage: 8 Pl. 2. veränd. Aufl. Düsseldorf: A. Bagel [1904]. (59 S.) 8° [od. 6817

Küster, A., die Erschliessung von Baugeländen u. die Bildung geeigneter Baustellen durch Umlegung der Grundstücke. 2. veränd. Aufl. (59 S. m. 8 farb. Plänen.) gr. 8. Düsseldorf (904). (Berlin, C. Heymann.) n. 2. —

Küster, A., Gesindelohn-Abrechnung, nebst d. f. d. Dienstboten wichtigsten gesetzl. Bestimmgn., welche im Königr. Preußen m. Ausnahme d. Rheinprovinz, Hessen-Nassau, Hannover u. Schleswig-Holstein, sowohl auf d. Lande wie in d. Städten Giltigkeit haben. Auf Veranlassg. des deutschen Bauern-Bundes (jetzt Bundes der Landwirte) hrsg. gr. 8. (4 u. 16 S.) Neudamm 898. J. Neumann. n. — 20

— der Gutsertrags-Voranschlag. Kurze Anleitg. z. Aufstellg. e. solchen f. alle Landwirte, d. e. Betrieb f. eig. Rechng. beginnen od. gewinnbringender gestalten wollen, insbes. f. unternehmungslust. Anfänger. Zugl. e. Würdigg. des viehlosen Betriebes. Gemeinverständl. dargest. u. m. e. Beispiel aus der Praxis vers. gr. 8. (32 S.) Ebd. 898. n. 1. —

— der Halm-Pahlfrucht-Gemengebau als Ackerbau-System d. Zukunft. E. Mittel zur Hebg. u. Sicherg. d. Erträge d. Landwirtschaft. Gemeinverständl. dargest. gr. 8. (30 S.) Ebd. 898. n. — 60

Der Halm-Palfrucht-Gemengebau als Ackerbau-Verfahren der Zukunft. Ein Mittel z. Hebung u. Sicherung d. Erträge d. Landwirtschaft. Gemeinverständl. dargest. u. m. neuzeitl. Zusätzen vers. von A[lbert] Küster. 2. verm. u. verb. Aufl. Neudamm: Neumann 1910. 37 S. 8° [11. 9030

Küster, A., das Kälken des Ackers, e. sicheres Mittel zum Steigern des Reinertrages. Nach eigenen Erfahrgn. f. den Gebrauch des Praktikers gemeinfaßlich dargestellt. Mit Vorwort v. Alb. Orth. 8. (VII, 32 S. m. Fig.) Neudamm 894. J. Neumann. n. — 60

— das Kälken d. Ackers, e. sich. Mittel z. Steigern d. Reinertrages. Nach eig. Erfahrgn. f. d. Gebrauch des Praktikers gemeinfaßl. dargest. Mit Vorwort v. Alb. Orth. 3., v. d. 2. unveränd. Aufl. gr. 8. (48 S. m. Fig.) Ebd. 899. n. 1. —

Küster, A., Der Landarbeiter, insbesondere die Vorbeuge seines Abzuges zur Stadt. Nach meist eigenen Erfahrungen dargestellt. gr. 8°. Neudamm, J. Neumann, 1895. 52 S.

— s.: Prout, John, lohnender Ackerbau ohne Vieh.

Küster, Alice, internationales Gedenk- u. Geburtstagsbuch. 12. (260 S.) Berlin 893. H. Spamer. Geb. in Leinw. n. 3. 50

Kuester, Antonius: Dissertatio. historica de Co insula. Halis Saxonum (1833): Baentsch. VI, 49 S. 8°
Halle-Wittenberg, Phil. Diss. v. 31. Jan. 1833
Geb. Kirchhellen (Westf.) 26. 10. 1804. V

Küster, Arnold: Von dem Spitâle von Jêrusalêm ein Gedicht verfasst von einem Angehörigen des Johanniter-Ordens. *Wiesbaden 1897: C. Ritter.* (105 S.) 8°
Strassburg, Phil. Diss. v. 1897

Küster, B., vollständiges Lehrbuch der internationalen Hilfssprache Esperanto. (III, 192 S.) 8. Dresden (A. 19, Teutoburgstr. 14) (910). (W. Thielking.) 1. 75

Küster, C. Jm., Dr. Schöpffer der große Reformator der Astronomie. Ein verkanntes Genie nach seinem wissenschaftl. Un-Werth gewürdigt. gr. 8. (14 S.) Cöln 874, Roemke und Comp. * — 25

Küster, C. L., Rückenmarksleiden u. deren Dependenzen. Nach langjähriger Selbstbehandlung zur Belehrung u. Selbsthülfe für Leidende hrsg. 2. Aufl. gr. 8. (176 S.) Leipzig 877. Grieben. n. 1. 50; Secreta dazu (18 S.) n. — 50

Kuester, C. M., **praes.** J. Fr. **Carthenser,** De singultu. 28 pp. Frcf. ad V. 4°. 1754

Küster, Carl, s. K ü s t e r , Karl.

Küster, Chr. G. (Leipzig), De accisis specimen primum. Disp. juris Saxonici. Präs. Chr. G. Einert. Lpz. (Jacobaeer) Juli 1779. 31 S. (4.—) 20061
Gew.: G. R. v. Wallwitz, V. C. v. Vieth, J. G. Spillner.

— — Diss. continens sel. cap. de jure bibliothecarum. Präs. J. L. E. Püttmann. Lpz. (Jacobaeer) Mai 1783. 27 S. (5.—) 20062

— — De re judiciaria Saxonica. Animadversiones quaedam et consilia. Lpz. (Saalbach) 22. V. 1788. 24 S. (3.—) 20063
Gew.: G. L. Winckler. (Namen.)

Küster, Clemens Franz, s. K ü s t e r , Klemens Franz.

Küster, Conrad, s. K ü s t e r , Konrad.

— D. (Bernburg / Anhalt), Disp. jur. de interpretatione beneficiorum principis. Präs. Chr. Thomasius. Halle (Chr. Salfeld) 25. VI. 1701. 29 S. (5.—) 20065
Widm. v.: E. A. Faber (Bernburg), J. L. Lehmann.

Küster, E., über die Grundsätze der Behandlung von Eiterungen in starrwandigen Höhlen, m. besond. Berücksicht. d. Empyems der Pleura. [Aus: „Deutsche med. Wochenschr."] gr. 8. (37 S.) Leipzig 889. G. Thieme. n. 1. —

Küster, E., üb. das Wesen u. die Erfolge der modernen Wundbehandlungsmethoden, gemessen an den Ergebnissen der Laparotomie, s.: S a m m l u n g klinischer Vorträge.

—— über die antiseptische Wundbehandlung. Populär-wissenschaftl. Vortrag, gehalten am 18. Juni 1883 in der Ausstellung für Hygiene zu Berlin. gr. 8. (16 S.) Berlin 888. Leipzig, G. Thieme. *

Küster, Eduard, Einführung in die Grundzüge d. Phonetik u. die nach phonetischen Grundsätzen vollzogene Neubearbeitung der „Fibel f. Stadt- u. Landschulen". gr. 8. (46 S.) Harburg (902). G. Elkan. n. — 50

Kuester, (Augustus) Eduard. (geb. Magdeburg 2. 8. 1818) De vulnerabilitate. Berolini (1843). (28 S.) 8°
Berlin, Med. Diss. v. 18. Febr. 1843

Küster, E., Wandfibel (zur Fibel f. Stadt- u. Landschulen). (Ausg. f. Niedersachsen.) (18 Taf.) 82×107 cm. Harburg (904). G. Elkan. n.n. 6. —; m. Leinw.-Rand u. Stäben n.n. 12. —; auf 9 Papptaf. 18. —

Küster, Elieser Gottlieb, s. A n q u e t i l du Peren: Ostindien.

– s. B u r g h , J.: Werth d. Menschen.

Küster, Elieser Gottlieb (Übers.), s. C a r a c c i o l i , Louis Antoine Marquis de: Das Modebuch.

— über den edlen Charakter d. weil. Oberhofmeisterin v. Schack. 8. Braunschw. 792.

Küster, Elieser Gtl., († d. 10. April 1799.) Charakterzüge d. Pastor Henke. 8. Braunschw. 786. Schulbuchh. 6 gr.

– s. H e i n r i c h IV.: Liebe.

– s. M a r i n , ... Geschichte.

– s. M o d e b u c h .

– s. M o n t e s q u i e u : Nachgelass. Schriften.

— Predigten bei seiner Amtsveränderung gehalten, nebst e. Einführungsrede. gr. 8. Braunschw. 793.

Küster, El. Gtl., s. Prinz, der, v. Abyssinien.

– s. P y l e : Paraphrase.

Küster, Emil, prakt. Arzt, Wetzlar ⟨Rheinprov.⟩: **Beiträge zur Aetiologie und Therapie congenitaler u. acquirirter Gynatresien.** *Würzburg 1901: P. Scheiner.* (46 S.) 8°
Würzburg, Med. Diss. v. 1901

Küster, Emil *Albert* [aus Falkenberg]: Die deutschen Buntsandsteingebiete ihre Oberflächengestaltung und anthropogeographischen Verhältnisse. . . . Marburg, *Druck d. Union Deutsche Verlagsges. in Stuttgart,* 1891; 101 S., 1 Bl. 8°
Marburg, Phil. Fak., Inaug.-Diss. v. [18. Febr.] 1891

Küster, Emil: Die Deutschen Buntsandsteingebiete. ihre Oberflächengestaltung und anthropogeographischen Verhältnisse. Stuttgart 1891. 102 S.
= Forschungen zur deutschen Landes- und Volkskunde. Bd. 5. Heft 4. 8°.

Küster, Emil, Dr. med., appr. Arzt u. Tierarzt, 1. **Assistent am Hygienischen Institut der Universität: Aus dem Hygien. Institut der Universität Freiburg i. Br. ⟨Direktor Geh. Hofrat Prof. Dr. Schottelius⟩. Über Kaltblütertuberkulose. Leipzig: J. A. Barth 1905.** (65 S., 6 Tafeln.) 4°(8°)
Freiburg i. B., Med. Fak., Hab.-Schr. v. 1905

Küster, Emil, Dr. med., appr. Tierarzt: Studien über das Freiburger hämorrhagische Mäusekarzinom. Mit 1 Kurve u. 9 Textfig. Jena: Fischer 1910. 33 S. 8° ¶(Aus: Zeitschrift f. Tiermed. 1910.)
Gießen, Veterinär-Med. Diss. v. 19. Mai 1910, Ref. Bostroem
[Geb. 11. April 77 Wetzlar; Wohnort: Freiburg i. B.; Staatsangeh.: Preußen; Vorbildung: Gymn. Wetzlar Reife O. 96; Studium: Gießen 7 S.; Rig. 29. Dez. 09.] [U 10. 1221

Anleitung zur Kultur der Mikroorganismen. Für d. Gebr. in zool., botan., med. u. landwirtsch. Laboratorien von Dr. Ernst **Küster**, Privatd. Mit 16 Abb. Leipzig & Berlin: B. G. Teubner 1907. (201 S.) 8° [07. 18379

Küster, Ernst: Über chemische Beeinflussung der Organismen durch einander. Vortrag geh. 1908 zu Halle a. S. Leipzig: W. Engelmann 1909. 25 S. 8°
(Vorträge u. Aufsätze über Entwickelungsmechanik d. Organismen. H. 6.)

Küster, Ernst, Dr. phil.: Beiträge zur Anatomie der Gallen. *München 1900: V. Höfling.* [S. 117—193.] 8° [Umschlagt.]
¶ Aus: Flora od. Allgem. botan. Zeitung, 1900, H. 2.
Halle, Phil. Hab.-Schr. v. 30. Apr. 1900

Küster, Ernst, Beschreibung und Regeln für das Lawntennisspiel, verb. Aufl., nach englischen Klubregeln zsgest., Frankfurt a. M., 21 S., 8°.

Küster, Ernst [aus Breslau]: Ueber die anatomischen Charaktere der Chrysobalaneen insbes. ihre Kieselablagergn ... M. e. Taf. ... (Aus: Bot. Centralbl., Bd LXIX.) Cassel, Druck v. Gebr. Gotthelft, Kgl. Hofbuchdr., 1897; 54 S., 1 Bl., 1 Taf. 8.
München, Phil. Fak., Inaug.-Diss. v. 1897

Die Chirurgie der Nieren, der Harnleiter und der Nebennieren. Von Dr. Ernst **Küster**, Prof. in Marburg. Mit 114 Abb. u. 8 Farbentaf. (In 2 Hälften.) *Stuttgart: F. Enke 1896–1902.* (CXXIII, 721 S.) 8°
— Chirurgie, Deutsche. Lfg 52b. [03. 9305

Kuester, Ern. (Georg. Ferd.) (geb. Kalkofen auf Wollin 2. 11. 1839)
De diabete mellito. Berolini (1863). (31 S.) 8°
Berlin, Med. Diss. v. 4. Aug. 1863

Küster, Ernst: Die Geschäftsfähigkeit der Minderjährigen nach dem Bürgerlichen Gesetzbuche für das deutsche Reich und ihre geschichtlichen Grundlagen. *Marburg 1897: J. A. Koch.* (47 S.) 8°
Marburg, Jur. Diss. v. [9. Okt.] 1897

Küster, Ernst, über Gewebespannungen u. passives Wachstum bei Meeresalgen. gr. 8. (32 S. m. 1 Taf.) Berlin 899. (G. Reimer.) n. 1. —
Sonderabdruck aus: „Sitzungsber. d. preuss. Akad. d. Wiss."

Küster, E., über Harnblasengeschwülste und deren Behandlung, s. Sammlung klinischer Vorträge.

Küster, Ernst, fünf Jahre im Augusta-Hospital. Ein Beitrag zur Chirurgie u. zur chirurgischen Statistik. Mit 2 (lith.) Taf. u. 22 (eingedr.) Holzschn. gr. 8. (VII, 315 S.) Berlin 877. Hirschwald. n. 9. —

Küster, Ernst, prakt. Tierarzt aus Bückeburg, Fürstentum Schaumburg-Lippe: Die Innervation und Entwicklung der Tastfeder. Mit vier Tafeln. Leipzig 1905. 27 S. 8°. S.-A. aus d. Morpholog. Jahrbuch Bd. 34, H. 1 u. 2. [16. II. 05.]
Bern. Phil. Diss. 1904/1905.

Küster, Ernst. Die Innervation und Entwicklung der Tastfeder. Diss. Phil. Bern. Mit vier Tafeln. Sonderabdruck aus: Morphologisches Jahrbuch Bd. 34, Heft 1 u. 2. 28 S. 8. Leipzig, Wilhelm Engelmann, 1905.

Küster, Ernst, die neue chirurg. Klinik zu Marburg, s.: Jahrbuch, klinisches.

— u. A. Geisse, Kompendium der prakt. Bakterienkunde f. Studierende der Medizin u. prakt. Ärzte. (VIII, 184 S. m. 26 Abbildgn. u. 18 farb. Taf.) kl. 8. Strassburg 911. J. Singer. Geb. in Leinw. 5. —

— die Krankenpflege in Vergangenheit u. Gegenwart. Rede, geh. b. Uebernahme d. Rektorats an d. Universität Marburg am 13. Oktbr. 1895. gr. 8. (26 S.) Marburg 895. N. G. Elwert's Verl. n. — 50

Die chirurgischen Krankheiten der Nieren. [Von] Prof. Dr. [Ernst] **Küster** (in Marburg). Hälfte 1. *Stuttgart: F. Enke 1896.* 8.
— Chirurgie, Deutsche. Lfg 52b. Hälfte 1. [96. 5305

Küster, Ernst, pathologische Pflanzenanatomie. In ihren Grundzügen dargestellt. (VII, 312 S. m. 121 Abbildgn.) gr. 8. Jena 903. G. Fischer. n. 8. —

— Rede am Sarge des Professors Heinrich Lahs. gr. 8. (8 S.) Marburg 902. N. G. Elwert's Verl. n. — 20

Küster, Ernst, zwei Schlussjahre klinisch-chirurgischer Tätigkeit. (XVI, 475 S. m. 31 Abb.) Lex. 8. Berlin 909. A. Hirschwald. 12. —

— Tabellen zum Gebrauch bei mikroskopischen Arbeiten, s.: Behrens, Wilh.

Küster, Ernst, ein chirurgisches Triennium. 1876, 1877, 1878. Mit 20 (eingedr.) Holzschn. u. 1 Farbentaf. gr. 8. (XVI, 376 S.) Berlin 882. Th. Fischer. n. 8. —

Küster, Ernst, ein chirurgisches Triennium. 1876. 1877. 1878. gr. 8. (XVI, 376 S. mit 20 eingedr. Holzschn. und 1 Farbentaf.) [Kassel 882, Fischer.] Leipzig, G. Thieme.

— Vermehrung der Sexualität bei den Pflanzen, s.a. Aus Natur u. Geisteswelt.

Vermehrung und Sexualität bei den Pflanzen. Von Dr. Ernst **Küster**, Privatd., Halle a. S. Mit 38 Abb. Leipzig: B. G. Teubner 1906. (V, 120 S.) 8° [Fr.]
— Natur, Aus, u. Geisteswelt. Bdch. 112. [07. 9056

— s.: Zeitschrift f. wissenschaftliche Mikroskopie.

KÜSTER, Ernst Friedrich (München): Ueber Pyelitis und Pyelonephritis.- München: Kastner & Lossen 1896. 64 S.
12.12.1895 - Chr 1895/96,9; Jv 1896/97,234 (Prom.-Datum: 1897)
Diss. Ingolst.-Landsh.-Mchn.

Küster, F., Tabelle der sinus und cosinus für den Radius 10000 und alle Winkel von 0 bis 90 Grad für jede Minute. Zum Berechnen von Coordinaten für Polygonzüge berechnet. Fol. (11 S.) Mühlhausen 862, Heinrichshofen'sche Buchh. *

Kuester, *Karl* Felix Baron [aus Strehlen bei Dresden]: Die klinische Bedeutung der Halsrippen ... Berlin, Druck v. B. Paul, 1895; 28 S., 2 Bl. 8.
Berlin, Med. Fak., Inaug.-Diss. v. 8. März 1895

Kuester, Baron v., Bruchband od. Radikaloperation? (6 S.) gr. 8. Berlin 909. J. Goldschmidt. — 60
Sonderabdruck aus: „Deut. medizin. Presse".

— Grundzüge der allgem. Chirurgie u. chirurgischen Technik f. Ärzte u. Studierende. (VI, 414 S. m. 291 Abb.) Lex. 8. Wien 908. Urban & Schwarzenberg. 10.—; geb. in Leinw. n 12. —

Küster, Franz, a. Wüllen, z. Z. Referendar beim Landgericht in Münster: Über die rechtliche Natur der Konkordate und Zirkumskriptionsbullen. Borna-Leipzig 1907: R. Noske. (VIII, 42 S.) 8°

Leipzig, Jur. Fak., Diss. v. 19. März 1907

[Geb. 28. Juli 83 Wüllen i. W.; Wohnort: Münster; Staatsangeh.: Preußen; Vorbildung: Gymn. Rheine Reife O. 02; Studium: München 2, Kiel 1, Berlin 1, Münster 2 S.; Rig. 3. Juli 05.]

Küster, Friedrich

Beitrag zur näheren Kenntniss der Varioloiden oder sogenannten modificirten Menschenblattern. Von F[riedrich] Kuster. Berlin 1828. 36 S. 8°

Aus: Archiv für medicinische Erfahrung.

Küster, F(riedrich): Hydrotherapeutischer Leitfaden für praktische Aerzte. 96 S., gbd.

Leipzig: Einhorn 1844

Küster, F., hydrotherapeutischer Leitfaden f. prakt. Aerzte. 1. u. 2. Abthl. gr. 8. (6½ B.) Leipzig 844. [Brandstetter.]

Küster, F., kurze Nachricht üb. d. Gas-, Mineral-Wasser-, Kräutersaft- u. Molkenkur-Anstalten zu Cronthal. gr. 8. (2¼ B.) Frankfurt a. M. 839. [Leipzig, Kersten.] *

Küster, F., kurze Nachricht über die Gas-, Mineral-Wasser-, Kräutersaft- und Molkenkur-Anstalten zu Cronthal. gr. 8. Frankfurt a. M. 839. Schmerber. n. 1/6 ₰

Küster, F., Soden u. seine Heilquellen. Nebst einem Anhange über d. Heilquellen von Kronberg. 8. Hadamar, Gelehrten-Buchh. 820.

Küster, (H. E. J.) F., Soden u. seine Heilquellen. Nebst e. Anh. über d. Heilquellen von Kronberg. 8. Hadamar 820. (Lanz in Weilb.) 10 ℔

—— über Wasserheilkunde, mit besond. Berücksichtigung d. Wasserheilanstalt zu Cronthal. gr. 12. (2⅔ B.) Frankfurt a. M. 841, Sauerländer.

Die Bedeutung der physikalischen Chemie für andere Wissenschaften. Antrittsvorlesg geh. am 11. Dez. 1897 an d. Univ. Breslau v. Prof. Dr. F[riedr.] W[ilh.] **Küster**, Abteilgsvorsteher im chem. Inst. d. Univ. Breslau. *Göttingen: Vandenhoeck & Ruprecht 1898.* (19 S.) 1 Bd 8. [98. 3889 Gu

Kuester, Friedrich Wilhelm [aus Falkenberg, Niederlausitz]: Ueber die Einwirkung von Chlor auf Brenzkatechin und o-Amidophenol. . . . Marburg, Buchdr. Fr. Sömmering, 1888; 68 + 1 S. 8°

Marburg, Phil. Fak., Inaug.-Diss. v. [28. Febr.] 1889

Küster, *Friedrich Wilhelm* [Dr. phil.]: Über die Erstarrungspunkte isomorpher Gemische ... (Aus: Zeitschr. f. physik. Chemie. VIII. Bd 6. Heft. 1891.) Marburg, *W. Engelmann in Leipzig,* 1891; 28 S. 8.

Marburg, Phil. Fak., Hab.-Schr. v. 24. Okt. 1891

Küster, F. W., Lehrbuch der allgemeinen, physikalischen u. theoretischen Chemie. In elementarer Darstellung f. Chemiker, Mediziner, Botaniker, Geologen u. Mineralogen. (Zugleich 7. Aufl. des allgemeinen u. physikal. Teiles v. Gmelins Handbuch der Chemie. (In etwa 12 Lfgn.) 1.—4. Lfg. (S. 1—256 m. Fig.) gr. 8. Heidelberg 906. C. Winter Verlag. à n. 1.60

Küster, F. W., Lehrbuch der allgemeinen, physikal. u. theoretischen Chemie. In elementarer Darstellg. f. Chemiker, Mediziner, Botaniker, Geologen u. Mineralogen. (Zugleich 7. Aufl. des allgem. u. physikal. Teiles v. Gmelins Handbuch d. Chemie.) 5.—9. Lfg. (S. 257—576 m. Fig.) gr. 8. Heidelberg 907—08. C. Winter, Verl. à Lfg. 1.60

— Namen- u. Sachregister, s.: Zeitschrift f. physikal. Chemie.

Küster, F. W., logarithmische Rechentafeln f. Chemiker. Für den Gebrauch im Unterrichtslaboratorium berechnet u. m. Erläutergn. versehen. 12. (65 S.) Leipzig 894. Veit & Co. In Leinw. kart. n. 1.50

Logarithmetische Rechentafeln für Chemiker. Zweite vollständig neu bearbeitete und erweiterte Auflage. Leipzig. 1900. 8vo.

Küster, F. W., logarithm. Rechentafeln f. Chemiker. Für den Gebrauch im Unterrichtslaboratorium u. in der Praxis berechnet u. m. Erläutergn. versehen. 3., neu berechnete u. erweit. Aufl. 8. (95 S.) Leipzig 902. Veit & Co. Geb. in Leinw. n. 2.—

— logarithmische Rechentafeln f. Chemiker, Pharmazeuten, Mediziner u. Physiker. Im Einverständnis m. der Atomgewichtskommission der deutschen chem. Gesellschaft f. den Gebrauch im Unterrichtslaboratorium u. in der Praxis berechnet u. m. Erläutergn. versehen. 4.—6., verb. u. verm. Aufl. (99 S.) kl. 8. Leipzig 904—906. Veit & Co. Geb. in Leinw. n. 2.—

— Logarithmische Rechentafeln f. Chemiker, Pharmazeuten, Mediziner u. Physiker. Im Einverständnis m. der Atomgewichtskommission der deutschen chem. Gesellschaft u. der internat. Atomgewichtskommission f. den Gebrauch im Unterrichtslaboratorium u. in der Praxis berechnet u. m. Erläutergn. versehen. 10., neu berechnete Aufl. (107 S.) kl. 8. Leipzig 910. Veit & Co. Geb. in Leinw. 2.40

— s.: Zeitschrift f. anorgan. Chemie.

— s.: Zeitschrift f. physikalische Chemie.

Küster, G., das Molkereiwesen in Dänemark, Schweden und Schleswig-Holstein, s. Bissering, B.

Küster, Georg Gottfried

Küster, G. G., Antiquitat. Tangermund. 4. Berl. Lange. 729.

Küster, Geo. Gf., († d. 28. März 1776.) u. Jh. Cph. Müller, altes u. neues Berlin, d. i. vollstand. Nachr. von d. Stadt Berlin, derselben Erbauern, Lage, Kirchen, Gymnasiis von a. 1106 bis 1806 ꝛc. 4 Abtheill. Fol. Berl. 737—69. Holle. 3 ₰ 12 ℔

Küster, G. G., fortges. alt. u. neues Berlin. 5 Abtheil. Fol. Berl. Holle. 752-59. (ist d. Fortsetz. v. dess. Berl. Chronik.) Rthlr.

— bibliotheca hist. Brandenburg. 8. Bresl. Korn jun. 743.

— bibliotheca historica Brandenburgica, scriptores rerum Brandenburgicarum, maxime marchicarum, exhibens, in suas classes distributa et duplici indice instructa. 8 Bresl. 743. — Accessiones ad biblioth. histor. Brandenburg. 8. Berl. 766. Haude u. Sp. 1 ₰ 16 ℔

— Berl. Chronik. 5 Thle. m. K. Fol. Berl. Rüdiger. 740.

— collectio opusculor. hist. marchic. illustr. XXIV. pts. 8 Berl. Haude. 731.

— — Ecclesiae evangelicae Marchicae anno saeculari secundo ausp. regiis. [cont.: Hildesheim, de vita Joachimi II, elect. Brand. Narratio histor.] Berlin (Chr. A. Gaeberdt). 31. V. 1739. 21 S. (4.—) 20067

Kuester, Geo. Gottfr. Programma de divo Georgio, principe Anhaltino. 4. Berolini 1730.

Küster, G. G., Geschichte des Alt-Adelichen Geschlechts derer von Seidel, vom Ursprung desselben bis auf jetzige Zeiten. Berlin 1751. 8.

— Geschichte d. Alt. Adel. Geschl. v. Seidel. 8. Berlin, Holle. 752.

— — Historia artis typographicae in Marchia. Berlin (Jo. G. Michaelis) 30. III. 1746. (5.—) 20069

— — Marchiae litteratae specimen quartum. Berlin (Jo. G. Michaelis) 5. IV. 1745. 16 S. (4.—) 20068

— — Marchiae litteratae specimen XXI. Berlin (Birnstil) 22. X. 1759. 12 S. (5.—) 20070

— Gg. Gottf. (Berlin), Memorabilium Coloniensium (Neukölln). Berlin (Schlechtiger) 4. IX. 1724. 16 S. (5.—) 20066
Namen: Wiegener, Holtorff, Kaestner, Campe, Eckardt, Alemann, Schultze, Luedecke, Reinhard, Graeff, Heinzelmann, Heffter, Sommerfeld, Geiersberg u. a.

— memorabilia Coloniensa. 8. Berlin, Cädicke. 727.

— s. Matt. Fr. Seidel, Bildersammlung.

— vindiciae statuae aeneae. 4. Berl. 755.

Küster, Gustav [app. Arzt aus Stassfurt]: Aus d. Laboratorium d. pharmakognost. Sammlung in Kiel. Beitrag zur Kenntnis der Wirkung des Atropin ... Kiel, Druck v. A. F. Jensen, 1892; 16 S. 8.
Kiel, Med. Fak., Inaug.-Diss. v. [8. Juli] 1892

Küster, H. C.

— die Gattungen Argonauta, Nautilus u. Spirula. — Die Gattungen Buccinum, Purpura, Concholepas u. Monoceras. — Die Gattungen Cassis, Cassidaria, Oniscia, Dolium, Eburna u. Harpa. — Die Flügelschnecken (Strombea). — Die Flussmuscheln (Unio et Hyria). — Die Gattungen Janthina u. Recluzia — Die Gattungen Linnaeus, Amphipeplea, Chilina, Isidora u. Physopsis. — Die Ohrschnecken (Auriculacea). — Die Gattungen Paludina, Hydrocaena u. Valvata. — Die Gattungen Pupa, Megaspira, Balea u. Tornatellina. — Die Gattung Ricinula. — Die Gattungen Tridacna u. Hippopus. — Die Gattungen Truncatella u. Paludinella. — Die Familie der Walzenschnecken (Volutacea, Menke), s.: Martini u. Chemnitz, systematisches Conchylien-Cabinet. I, 1. III, 1 a. b. IV, 1. IX, 2. II, 12. I, 17 b. I, 16. I, 21. I, 15. III, 1 e. VIII, 4. I, 23. V, 2.

Küster, H. C., u. S. Clessin, die Gattung Anodonta, nebst den übr. Najaden m. unvollkommenem Schloss. — Die Familie Malleacoae. — Die Familie der Mytilidae, s: Martini u. Chemnitz, systematisches Conchylien-Cabinet IX. 1. VIII, 1 u. VIII, 3.

Küster, H. C., ornithologischer Atlas der außereuropäischen Vögel. 16—16s Heft, jedes mit 8 ill. Kpfr. gr. 8. Nürnberg, Zeh. à Heft 5/6 ℔ — s. auch K. W. Hahn.

Küster, H. C., ornitholog. Atlas d. aussereuropä. Vögel, nach C. W. Hahn's Werke fortges. I. Abthl. 7 — 17. Hft. Jedes m. 8 f. col. (Kpfr.-) Taf. u. Erklär. gr. 8. Nürnberg 836 — 41, Zeh'sche Buchh. à *

Küster, H. C., ornithologischer Atlas der außereuropäischen Vögel. 17. Heft. Bucconidae. I. Mit 8 fein color. Tafeln. gr. 8. (Mit Text.) Nürnberg 841, Zeh'sche Buchh. (à) n. 5/6 ℔ Ladenpreis (à) n. 1 1/6 ℔

Küster, H. C. Dr. „Ueber die Bedeutung der Insecten in der Natur". I. pg. 25—31. 4°. Joh. P. Ad. Junge.
Erlangen, Progr. 1844/45

Küster, H. C. „Ueber die Bedeutung der Insecten in der Natur II. pg. 25 bis 36. 4°. J P. Ad. Junge.
Erlangen, Progr. 1845/46

Küster, H. C. Dr. „Ueber die Bedeutung der Insecten in der Natur". pg. 13 bis 23. 4°. J. J Barfus'sche U.-B.
Erlangen, Progr. 1849/50

Küster, H. C. (Lehrer der Naturgesch.) „Einige Bemerkungen über die hier seit einigen Jahren bemerkte übermässige Vermehrung schädlicher Raupen". pg. 24—31. 4°. Junge.
Erlangen, Progr. 1838/39

— u. L. Pfeiffer, die Gattungen Bulimus, Partula, Achatinella, Achatina u. Azeca, s.: Martini u. Chemnitz, systematisches Conchylien-Cabinet. I, 13.

Küster, H. C., systematisches Conchylien-Cabinet, s. Martini u. Chemnitz.

— u. H. C. Weinkauff, die Familie der Coneae od. Conidae s.: Martini u. Chemnitz, systematisches Conchylien-Cabinet. IV, 1.

— W. Dunker u. S. Clessin, die Familie der Limnaeiden, enth die Genera Planorbis, Limnaeus, Physa u. Amphipeplea, s.: Martini u. Chemnitz, systematisches Conchylien-Cabinet. I, 17.

— Icones Molluscorum et Testaceorum. — Abbildungen der Mollusken u. ihrer Schalen. 1e Abthl. Mollusca marina. — See-Mollusken. 1e Lfrg. (6 ill Tafeln u. 1/2 B. Text.) gr. 4. Nürnberg 833. Lechner. (v. Ebner.) 1 1/2 ℔ — 2e Abthl. Mollusca terrestria et fluviatilia. — Land- u. Süßwasser-Mollusken, 1e Lfrg. (6 illum. Tafeln u. 1/4 B. Text.) gr. 4. Ebd. 833. 1 1/2 ℔

— die Käfer Europas. Nach der Natur beschrieben. Mit Beiträgen mehrerer Entomologen. 1.—5. Hft. 16. (à 104 Bl. u. 10 Taf. Abbild.) Nürnb. 844—46, Bauer u. R. à n. 1 ℔

Küster, H. C., die Käfer Europa's. Nach der Natur beschrieben. Mit Beiträgen mehrerer Entomologen. 6—25. Heft. Mit 45 (in Kfr. gest. zum Theil col.) Taf. Abbild. 16. (à 100—108 Blatt.) Nürnberg 847—52, Bauer & Raspe. à n. 1 ℔ (1—25 : n. 25 ℔

Küster, H. C., die Käfer Europa's. Nach der Natur beschrieben. Mit Beiträgen mehrerer Entomologen. 26—28. Heft. Nürnberg 853, 54. Bauer u. Raspe. 16. (102 Bl.; 104 Bl.; 100 Bl. Text.) Jedes Heft mit 2 Kpfrtaf. n. 1 ₰.

— u. G. **Kraatz**, die Käfer Europa's. Nach der Natur beschrieben. Fortgesetzt v. J. Schilsky. 30. Hft. 16 (VIII, 129 Bl. u. 27 S.) Nürnberg 894. Bauer & Raspe In Futteral. n. 3. —
Das 29. Hft. s. Kraatz, G.

— u. G. **Kraatz**, d. Käfer Europa's. Nach d. Natur beschrieben. Fortgesetzt v. J. Schilsky. 31.—34. Hft. 12. Nürnberg, Bauer & Raspe. à n. 3. —; in einz. Blättern, in Futteral à n. 3. —
31. (VIII, 340 S.) 895. — 32. (VIII, 330 S. m. 1 Fig. u. 1 Taf.) 896. — 33. (IV, 375 S.) 897. — 34. (VIII, 380 S.) 898.

— u. G. **Kraatz**, die Käfer Europa's. Nach der Natur beschrieben. Fortgesetzt v. J. Schilsky. 35.—39. Hft. 12. Nürnberg, Bauer & Raspe. à n. 3. —; in einzelnen Blättern, in Futteral à n. 3. —
35. (VIII, 354 S.) 898. — 36. (IV, 354 S.) 900. — 37. (IV, 288 S.) 901. — 38. (VI, 362 S.) 902. — 39. (VII, 350 S.) 902.

— u. G. **Kraatz**, die Käfer Europa's. Nach der Natur beschrieben. Fortgesetzt v. J. Schilsky. 40.—43. Hft. (VIII, 470; 483 u. 24; VI, 372 u. XIX, 107 S.) 12. Nürnberg 903. 06. 06. Bauer & Raspe. à n. 3. —; in einzelnen Blättern, in Futteral à n. 3. —

— u. G. **Kraatz**, die Käfer Europa's. Nach der Natur beschrieben. Fortgesetzt v. J. Schilsky. 44.—46. Heft. (IV, 426; IV, 412 u. VIII, 465 S.) 16. Nürnberg 907—10. Bauer & Raspe. à 3. —; in einz. Blättern, in Futteral à 3. —

Küster, H. C. u. H. C. Weinkauff: Die Gattung Litorina, s. Martini u. Chemnitz: Syst. Conchylien-Cabinet. II, 9.

— die Ohrschnecken, 2. Tl., s.: Kobelt, Wilh., die Familie Auriculacea.

— u. W. **Kobelt**, die geschwänzten u. bewehrten Purpurschnecken (Murex, Ranella, Tritonium, Trophon, Hindsia). — Die geschwänzten unbewehrten Purpurschnecken. 1. Hälfte. Turbinella u. Fascialaria. — s.: Martini u. Chemnitz, systematisches Conchylien-Cabinet. III, 2. III, 3a

Küster, H. C. Dr. „Die Rhynchoten der Umgegend Erlangens" pg. 25-32. 4°. J. P. Ad. Junge & Sohn.
Erlangen, Progr. 1847/48

— u. **Philippi**, die Schliessschnecken u. die verwandten Gattungen (Clausilia, Balea, Cylindrella, Megaspira), s.: Martini u. Chemnitz, systematisches Conchylien-Cabinet I, 14.

Küster, H. C., und W. Kobelt, die Gattung Spondylus und Pecten, s. Martini und Chemnitz, systematisches Conchylien-Cabinet. VII, 2.

— systemat. Verzeichniss der in d. Umgegend Erlangens beobachteten Thiere. 1. Hft. Wirbelthiere, Mollusken u. Käfer enth. gr. 8. (3¼ B.) Erlangen 840, (Bläsing.) Thlr. *

Küster, H. C.: Nürnbergs Vorzeit und Gegenwart. Nürnberg 1845. (Fische aus Mittelfranken.)

Küster, H. C. „Das Wandern der Thiere in Beziehung auf die Veranlassung und ökonomische Wichtigkeit". pg. 25-32. 4°. Junge.
Erlangen, Progr. 1839/40

Küster, Hans

Küster, neues Lehrbuch der russischen Sprache unter besond. Berücksicht. des Unterrichts an den Kriegsschulen, dem Kadettenkorps u. bei den Regimentern. gr. 8. (VIII, 116 S.) Berlin 901. E. S. Mittler & Sohn. n. 2. 75; geb. in Leinw. n.n. 3. 25

Küster, Heinrich, Reg.-Baumeister a. D., Stadtbauinsp. zu Breslau: Die Belichtung von Aufenthaltsräumen in den Bauordnungen. [Berlin: Heymann 1908.] 79 S. 8°
Hannover, Dr.-Ing.-Diss. v. 23. 12. 1907

Küster, die Belichtung v. Aufenthaltsräumen in den Bauordngn. (79 S.) 8. Berlin 908. C. Heymann. 1. —
Sonderabdruck aus: „Techn. Gemeindebl."

Küster, Herm., die gebräuchlichsten Choräle mit Text nach dem Berliner Gesangbuche, für Schulen methodisch geordnet. 2 Hefte. Berlin, F. Schulze's Buchh. 8. [1. Heft (56 S.) 864. n. 4 ngr., 2. Heft (48 S.) 866. n. 7½ ngr.] 11½ ngr.

Küster, Herm., 52 der gebräuchlichsten Choräle mit Text nach dem Berliner Gesangbuche, leicht ausführbar für vierstimm. Männerchor gesetzt. 8. (48 S.) Berlin 866, F. Schulze's Buchh. *

Küster, Herm., die Elemente des Gesanges mit besond. Berücksicht. des Gesangunterrichtes auf Gymnasien und höheren Bürgerschulen. gr. 8. (16 S.) Neu-Ruppin 861, Oehmigke und Riemschneider. *

Küster, Herm., über Handels „Israel in Aegypten". Berlin 854. Trautwein'sche Buchhdlg. gr. 8. (15 S.) 3 ngr.

— Methode für den Unterricht im Gesange auf höheren Schulanstalten. Berlin 868. Th. Enslin. gr. 8. (47 S.) n. 6 ngr.

Küster, Hermann: Zur Morphographie und Siedelungskunde des oberen Nahegebietes. Marburg a. d. L. 1905: (Gebr. Knauer, Frankfurt a. M.). (65 S.) 8°
Marburg, Phil. Fak., Ref. Fischer, Diss. v. 10. Aug. 1905
[Geb. 15. Febr. 81 Donsbach, Dillkreis; Wohnort: Marburg; Staatsangeh.: Preußen; Vorbildung: Gymn. Wiesbaden Reife O. 00; Studium: Marburg 1, Halle 4, Marburg 4 S.; Rig. 20. Dez. 04.]

— vier Psalme leicht ausführbar für vierstimmigen gemischten Chor. Partitur. qu. 4. (14 S.) Neu-Ruppin 861, Oehmigke und Riemschneider. *

— leicht ausführbare Vor- und Nachspiele für die Orgel. 2 Hefte. hoch 4. (77 S.) Neu-Ruppin 865, Oehmigke und Riemschneider. à Heft 7½ Ngr.

— leicht ausführbare Vor- und Nachspiele für die Orgel. Neue Ausg. 2 Hefte in 1 Bd. gr. 8. (41; 36 S.) Neu-Ruppin 874, Petrenz. 1 50

— populäre Vorträge über Bildung u. Begründung eines musikalischen Urtheils mit erläut. Beispielen. 1. Cyklus. Die einfachsten Tonformen. Leipzig 871. Breitkopf & Härtel. gr. 8. (XII, 288 S.) 1 ₰ 24 ngr.

— populäre Vorträge üb. Bildung u. Begründung e. musikalischen Urtheils m. erläut. Beispielen. II. Cyklus. Die höheren Tonformen. gr. 8. (VIII, 227 S.) Leipzig 872. Breitkopf & Härtel. 4. 20

— dasselbe. 3. Cyklus. Ueber den Toninhalt. Sechs populäre Vorträge m. erläut. Beispielen. gr. 8. (XII, 236 S.) Ebend. 873. 4. 50

Küster, Herm., populäre Vorträge über Bildung u. Begründung eines musikalischen Urtheils mit erläuternden Beispielen. 4. Cyklus. A. u. d. T.: Das Ideal des Tonkünstlers. Sechs populäre Vorträge mit erläuternden Beispielen. gr. 8. (XII, 160 S.) Leipzig 877. Breitkopf & Härtel. 3. — (1—4.: 17. 10)

Küster, Hermann A(dolf), Arzt aus Godesberg a. Rh.: Ueber den Durchgang von Bakterien durch den Insektendarm. *Heidelberg 1902: K. Rößler.* (43 S.) 8°
Heidelberg, Med. Diss. v. 1902

Küster, Hugo: De A. Persii Flacci elocutione quaestiones. Pars I. Löbau Westpr., M. Hoffmann's Buchdr., 1894; 24 S. 8.
Löbau Wpr., k. PG, OP 1894 (34)

Küster, Hugo: De A. Persii Flacci elocutione quaestiones. P. II. [Forts. d. P-Beil. 1894.] Löbau Westpr., M. Hoffmann's Buchdr., 1896; 24 S. 8.
Löbau Wpr., k. PG, OP 1896 (33)

Küster, Hugo: De A. Persii Flacci elocutione quaestiones. P. III. [Forts. d. P-Beil. 1894. 96.] Löbau Westpr., M. Hoffmann's Buchdr., 1897; 23 S. 8.
Löbau Wpr., k. PG, OP 1897 (33)

Küster, Hugo, de A. Persii Flacci elocutione quaestiones. 3 partes. Progr. gr. 8. (24, 24 u. 23 S.) Löbau Wpr. 894, 96 u. 97. (Berlin, W. Weber.) n. 1. 50

Küster, J., Beobachtungen eines Landwirthes über die Entstehung der Kartoffel- u. Getreidekrankheit u. Viehseuche 2c. Düsseldorf 870. J. P. Mischel. 8. (29 S.) n. 5 ngr.

Küster, J. C., s. a. Anweis. Nelken z. ziehen.

Anweisung
— prakt., Nelken z. ziehen; e. Geschenk f. Blumenfreunde (v. J. C. Küster). 8. Hannover, 1789. Heinzmann. — 2⅓

Küster (J. C.), Versuch einer neuen Theorie der Parallellinien. Mit einer Vorrede von Bährens. Hamm 1821. 8.

Küster, (J. C.,) Versuch einer neuen Theorie d. Parallelen. Mit e. Vorrede vom Hofr. Bährens, nebst e. Steint. 8. Hamm 822, Schulz.

— Jo. Gottl. (Merseburg), Pro summo jure contra aequitatis defensores. Praes. C. F. Hommel. Lpz. (Langenheim) 15. X. 1751. 31. S. (5.—) 20072
Gew.: Gg. L. Wilckius, R. Aug. Schubart.

Küster, Johann Emanuel

Küster, Jh. Emm., Beiträge zur preuß. Staatskunde. 1e Samml. 8. Berl. 805. Haude u. Sp. 1 ₰ 8 K

Küster, Joh. Eman.: Beiträge zur Preußischen Staatskunde. Sammlung 1. [einz.] Berlin 1806.

— actenmäß. Bericht, war. d. Executions-Commission geg. d. Lütticher bisch. unvollstr. gebl. ist. gr. 8. Berlin, Rottmann. 791.

Küster, Johann Emanuel, s. Darstellung d. Benehmens d. französ. Regierung ...

Küster, J. E. Darstellung des jetzigen Krieges zwischen Deutschland und Frankreich in besonderer Hinsicht auf die Teilnahme Preußens bis zum Baseler Friedens-Congreß. 1795. Berlin 1796. 8°.

— Darstell. d. jetz. Kriegs zw. Deutschl. u. Frankr. 8. Berl. (Vieweg in Braunschw.) 796.

– s. Umriß d. preuß. Monarchie.

Küster, Johann Ernst

Einleitung in die Akologie oder Wundarzneymittellehre von J[ohann] E[rnst] Kuster. [Übers.: Johann Anton Schmidtmüller.] Leipzig: Breitkopf & Härtel 1801. 124 S. 8°

— Jo. E. (Berlin), Introductio in akologiam systematicam et rationalem. Diss. med. Halle 4. IV. 1795. 111 S. (3.—) 20071

Küster, Johann Georg

Küster, Jh. Geo., († d. 9. Juli 1812.), s. Cicero, Lälius.

Küster, Johann Philipp (Erster Wundarzt der 7. Batavischen Legion)
Theses [inaugurales medicae].
Giessae 8. Febr. 1798. 8 S. 4°

Johann Valentin Kuester

Über Bruchbänder. Erlangen 1829: Kunstmann. 48 S. 8°

Erlangen, Med. Diss. v. 1829

Küster, Jul., das Automobil u. seine Behandlg. (181 S. m. Abbildgn.) kl. 8. Leipzig 905. Berlin, G. Schönfeld. Geb. in Leinw. n. 2. 50

Küster, Julius: Das Automobil und seine Behandlung. Mit 125 Abb. 4. verb. u. verm. Aufl. besorgt von B. v. Lengerke. Berlin: R. C. Schmidt 1909. 309 S. 8°
(Autotechnische Bibliothek. Bd. 6.)

— dasselbe, s.: Küster's autotechn. Bibliothek. 6.

— s.: Automobil-Kalender.

Küster's autotechnische Bibliothek. 1., 2., 4., 6., 9., 15., 16., 19., 20., 22., 29. u. 31. Bd. kl. 8. Leipzig. Berlin, R. C. Schmidt & Co. Geb. in Leinw. à n. 2. 80
Bauer, M. H., das Motorboot u. seine Behandlung. Mit 91 Abbildgn. im Text (u. auf Taf.). (207 S.) 906. (Bd. 15.)
Heller, Arnold, der Automobilmotor im Eisenbahnbetriebe. Mit 83 Abbildgn. im Text. (116 S.) 906. (Bd. 29.)
Isendahl, Walth., Auto-Taschenkalender. (148 S. m. 1 Taf. u. 5 Kartenskizzen.) 906. (Bd. 1.)
Küster, Jul., das Automobil u. seine Behandlung. Mit 101 Abbildgn. im Text. 2. verb. u. verm. Aufl. (201 S.) 906. (Bd. 6.)
Lehmbeck, Thdr., Automobilmotor u. Landwirtschaft. Mit 77 Abbildgn. im Text. (128 S.) 906. (Bd. 19.)
Lengerke, B. v., u. R. Schmidt, Automobil—A—B—C. (165 S. m. 34 Abbildgn.) 905. (Bd. 2.)
Löwy, Jos., das Elektromobil u. seine Behandlung. Mit 69 Abbildgn. im Text. (124 S.) 906. (Bd. 16.)
— die elektrische Zündung bei Automobilen u. Motorfahrrädern. Mit 84 Abbildgn. im Text u. 1 Taf. (182 S.) 906. (Bd. 9.)
Oertel, Walt., der Motor in Kriegsdiensten. Mit 30 Abbildgn. im Text. (157 S.) 906. (Bd. 31.)
Romeiser, Wilh., Wagenbautechnik im Automobilbau. Mit 61 Abbildgn. im Text. (99 S.) 906. (Bd. 29.)
Schmidt, R., Dictionnaire autotechnique en 4 langues. Français — allemand — anglais — italien. (181 S.) 906. (Bd. 22.)
Valentin, Ernst, das Tourenfahren im Automobil. Mit 47 Abbildgn. im Text. (196 S.) 906. (Bd. 4.)

Küster's autotechn. Bibliothek. 1.—3. 5.—8. 10.—13. 18. 21. 23. 24. 26. 28. 30. u. 32. Bd. kl. 8. Leipzig. Berlin, R. C. Schmidt & Co. Geb. in Leinw., à Bd. 2. 80
Albrecht, M., Automobil-Lastwagen-Motore, nebst ihrer konstruktiven u. rechnerischen Durchführung gemeinverständlich dargestellt. Mit 153 Abbildgn. im Text. (168 S.) 907. (Bd. 12.)
Auto-Taschenkalender 1907—1908 v. Walth. Isendahl. (374 S. m. Fig.) 907. (Bd. 1.)
Buch, Max, Automobil-Getriebe u. -Kupplungen. Mit 62 Abbildgn. im Text. (128 S.) 907. (Bd. 8.)
— Automobil-Rahmen, -Achsen, -Räder u. -Bereifung. Mit 57 Abbildgn. im Text. (117 S.) 907. (Bd. 13.)
— Automobil-Steuerungs-, Brems- u. Regulierungs-Vorrichtgn. Mit 59 Abbildgn. im Text. (96 S.) 907. (Bd. 11.)
Dieterich, Karl, der Kraftwagen als Verkehrsmittel. Seine Bedeutung als solches; Fahren im Winter; behördl. Kontrolle, gesetzl. Bestimmgn. u. Geschwindigkeitsmesserfrage; das Reisen im Kraftwagen. Mit 73 Abbildgn. im Text. (155 S.) 907. (Bd. 3.)
Küster, Jul., das Automobil u. seine Behandlung. Mit 114 Abbildgn. im Text. 3. verb. u. verm. Aufl. (258 S.) 907. (Bd. 6.)
— Chauffeur-Schule. Theoret. Einführg. in die Praxis des berufsmäss. Wagenführers. Mit 113 Abb. (324 S.) 907. (Bd. 28.)
— Patent-, Muster- u. Marken-Schutz in der Motoren- u. Fahrzeug-Industrie. Mit Textabb. (323 S.) 908. (Bd. 30.)
Lehmbeck, Thdr., der Automobilmotor. Mit 91 Abb. im Text. (222 S.) 907. (Bd. 7.)
Lengerke, B. v., Automobil-Rennen u. Wettbewerbe. Mit 85 Abbildgn. im Text. (168 S.) 908. (Bd. 26.)
— u. R. Schmidt, Automobil-ABC. 2., stark verm. u. verb. Aufl. Mit 89 Abb. im Text. (266 S.) 908. (Bd. 2.)
Menzel, Johs., Automobil-Vergaser (Karburatoren). Mit 124 Abbildgn. im Text. (230 S.) 907. (Bd. 10.)
Méville, H. de (Nauticus), Motor-Jachten, ihre Einrichtg. u. Handhabung. Mit 84 Abb. im Text u. 2 Taf. (104 S.) 908. (Bd. 32.)
Romeiser, Wilh., Automobilkarosserien. (I. Tl.: Karosserieformen.) Mit 90 Abbildgn. im Text. (150 S.) 907. Atlas dazu. (13 Bl. m. III S. Text.) 25×32,5 cm. 907. (Bd. 5.) In Leinw.-Mappe 2. 80
Schmidt, R., Dictionary autotechnic, compiled in 4 languages. Vol. III: English-German-French-Italian. (207 S.) 907. (Bd. 23.)
— Dizionario autotecnico compilato quattro in lingue. Vol. IV. Italiano—tedesco—francese-inglese. (199 S.) 908. (Bd. 24.)
— Viersprachiges autotechn. Wörterbuch. Deutsch—Französisch—Englisch—Italienisch. (193 S.) 907. (Bd. 21.)

Schuricht, Walt., das Motorrad u. seine Behandlung. Mit 155 Abbildgn. im Text. (246 S.) 907. (Bd. 18.)
Fortsetzg., s.: **Bibliothek**, autotechnische.

Chauffeur-Schule. Theoret. Einführung in d. Praxis d. berufsmäßigen Wagenführers. Hrsg. von Julius **Küster**, Ziviling. in Berlin. Mit 113 Abb. Berlin: R. C. Schmidt & Co. 1907. (324 S.) 8°
— **Bibliothek**, Küsters Autotechnische. Bd 28. [07. 17969

Chauffeur-Schule. Theoretische Einführung in die Praxis d. berufsmässigen Wagenführers. Von Julius **Küster**, Ziviling. Mit 175 Abb. 3. verb. u. verm. Aufl. besorgt von R[ichard] Schmidt, Berlin. Berlin: R. C. Schmidt 1910. 311 S. 8°
(Autotechnische Bibliothek. Bd 28.) [10. 13822

Patent-, Muster- und Marken-Schutz in der Motoren- und Fahrzeug-Industrie. Bearb. von Jul. **Küster**, Ziviling., Berlin. Mit Textabb. Berlin R. C. Schmidt 1908. (323 S.) 8°
— **Bibliothek**, Autotechnische. Bd 30. [08. 8039

Personen- und Lasten-Dampfwagen von Julius **Küster**, Zivilingen., Berlin. Mit 170 Abb. Berlin: R. C. Schmidt & Co. 1908. (234 S.) 8°
— **Bibliothek**, Autotechnische. 17. [08. 12033

Küster, Jul., deutsche Rechtsprechg. im Automobilwesen, s.: **Bibliothek**, autotechnische. (Bursch, A.)

Küster, Karl, Lessing als Philolog, eine literarhistorische Studie. Attendorn 1874. Leipzig, Gustav Fock in Comm. 4°. 22 S.

Küster, Carl: 1. Über colloidale Phosphate und Chromate von Schwermetallen. 2. Synthese 1,1-diarylsubstituierter Sorbite. Erlangen 1908: Jacob. 80 S. 8°
Erlangen, Phil. Diss. v. 21. Okt. 1908, Ref. Paal
[Geb. 13. Juli 83 München; Wohnort: Nürnberg; Staatsangeh.: Bayern; Vorbildung: Realgymn. Nürnberg Reife 06; Studium: Würzburg 2, München Techn. Hochsch. 6, Erlangen 2 S.; Rig. 28. Juli 08.] [U 09. 839

Küster, Carl, Referendar, aus Düsseldorf: **Wie verhält sich das Wuchererergänzungsgesetz vom 19. Juni 1893 zu den Vorschriften über laesio enormis?** *Bonn 1898: K. Drobnig.* (IX, 84 S.) 8°
Erlangen, Jur. Diss. v. 11. Juni 1898

Küster, Karl (Red.), s. Zeitschrift für Brieftaubenkunde.

Küster, Karl Daniel

(NB. Soll auch Verfasser der [J. F. Michaelis II. zugeschriebenen] Belehrungen, Beispiel, Ermunterung rc. seyn).

Küster, Karl Dn., († d. 21. Sept. 1804.) d. Beschäftigung Gottes in seiner ideal. Welt vor d. Schöpfung rc. 8. Magdeb. 785. (v. Schütz). 4 gr.

Küster, K. Dan., d. Beschäftig. Gottes in s. ideal. Welt vor d. Schöpf. 8. Magdeburg, Scheidhauer. 786.

Küster, Carl Daniel, Bruchstück aus dem Campagne-Leben eines preuss. Feldpredigers in den 10 Wochen vor der nächtlichen Schlacht bey Hochkirch d. 14. Octobr. 1758 bis Weynachten desselben Jahres. (Nebst Anhang.) (Herausgeber Sack, kgl. Hofprediger.) Berlin 1790. 8.
— Dasselbe. Aufl. 2. Berlin 1791. 8.

Küster. Des preuß. Staabsfeldpredigers.... Bruchstück seines Campagnelebens im siebenjährigen Kriege. 2. Aufl. Berlin 1791. 8°. (1. Aufl. 1790.)

— Bruchstück s. Campagnelebens im siebenjähr. Kriege. 8. Berlin, Nauck. 791.

Küster, Karl Daniel, s.a. Bruchstücke aus d. Campagneleben.

— Charakterzüge d. preuß. Generallieutenant v. Salbern, mit prakt. Bemerk. über seine militär. Thaten u. über sein Privatleben. Mit 1 Kpf. 8. Berl. 793. (W. Nauck in Leipz.) 16 gr.

Küster, Karl Dn., sittl. Erziehungslexikon. 1e Probe. 8. Magdeb. 773. Scheidhauer. (Haller in Bern). 8 gr.

– s. Eukrist.

– s. Feldpredigermagazin.

— bibl. Geschichtskatechismus für Kinder. 8. Magdeb. 774. Hessenland. (Leipz., Lauffer). 8 gr

— bibl. Geschichtskatechismus f. Kinder. 8. Magdeb. Hessenland. (v. Schütz.) 774.

— d. künftige Himmelsreligion d. Christen. Erbauungsschrift. 8. 8. Magdeb. 795. Hessenland. (v. Schütz). 4 gr

– s. H o a d l y , B.: Weg

— ist es nützlich, beim Krankenbette frommer Freude gegenwärtig zu seyn? Eine Predigt. 8. Magdeb. 799.

— d. ruhmwürd. Jugendleben des großen Churf. Friedrich Wilh. v. Brandenburg in d. J. 1620–640. 8. Berl. Himburg. 791.

– s. K r a n k h e i t Fr Wilhelms.

— kleine preuß. Länderkenntniß. 2 Thle. gr. 8. Magdeb. 782. Scheidhauer. 1 Rthl 8 gr

— kl. preuß. Länderkenntn. 2 Thle. gr. 8. Magdeburg, Scheidhauer. 785.

Küster, C. D., Die Lebensrettungen Friedrichs des Zweiten im siebenjährigen Kriege u. besonders der Hochverrath des Barons von Warkotsch. (Mit Titelkupfer und Anmerkungen.) Berlin 1792. 8.
— — Dasselbe. Aufl. 2. Ib. 1797. 8.

— Lebensrettungen Friedrichs d. Großen im 7jähr. Kriege, u. besond. vom Hochverrath d. Baron v. Warkotsch. Aus Original-Urkunden dargestellt. 8. Berl. 792. 2e verb. Aufl. 797. (W. Rauck in Leipz.) 18 gr

– s. N a c h r r i c h t e n von d. reform. Gemeinde.

— Neujahrspredigten. 8. Magdeb. u. Leipz. 763.

Küster, C. D, Der Nutzen der vielmonatlichen Krankheit des verewigten Königs Friedrichs des Grossen. — Eine Belehrung am ersten Sonntage nach dem Tode des Königs, den 21 August 1786, gegeben. Magdeburg 1786 8

— Officierlesebuch, s. Officierlesebuch.

— Offizierlesebuch, histor.-militär. Inhalts. 6 Thle, mit Kpf. u. Karte. 8. Berl. 793—97. (W. Rauck in Leipz.) 4 Rthl 12 gr

Küster, K. Dn. Offiziers Lesebuch. 6 B 8 M K & Krt Berlin 1794--97 13.50

Küster: Offizier-Lesebuch, historisch-militairischen Inhalts, mit untermischten Anekdoten, von einer Gesellschaft militairischer Freunde. Berlin in Carl Matzdorffs Buchhandlung, 1796. Vierter Theil. 8°. p. 65 ff. *Mit dem Bildniss des Obristen Szekely.*

Einige Briefe Friedrichs II. an den Markgraf Karl in den Jahren 1731 bis 1740 franz. u. deutsch; Einige Briefe Friedrichs II. an seinen Vater Friedrich Wilhelm I. in den Jahren 1733—1740 p. 93 ff.

— Die Quellen der öffentlichen und häuslichen Armuth. 8°. Magdeburg 1771.

– s. R e l i g i o n s g e s c h i c h t e , Bibl.

— christl. Soldatenkatechismus. (A. unt. d. Tit.: christl. Soldatenbelehrungen.) Ein Lesebuch für die zum Militairstand bestimmte Jugend. 2 Thle. 8. Stendal 797. 2e A.... 3e A. 802. Franzen u. Gr. 9 gr

— christlicher Soldatenkatechismus. 2 Thle 8. Ebend. 801.

— christl. Soldatenbelehrungen. E. Lesebuch f. d. zu Militärst. best. Jug. 2 Thle. (Vorh. unt. d. Tit.: Soldatenkatechismus.) 8. Stendal, Franzen u. Grosse. 802.

— derselbe ins Polnische übersetzt. 8. Breslau, Barth. (Hamberger.) 802.

— Derselbe, ins Polnische übers. von C. F. Bantke. 8. Bresl. 802. Barth. (Siegert in Liegn.) 7 gr

— kleines bibl. Spruchbuch für d. Jugend aller Confessionen. 12. Magdeb. 795.

— Uebereinstimmung aller Religionen, in e. prakt. Vorlesungen f. angeh. Gottesgelehrte rc. gr. 8. Leipz. 796. (Friese in Pirna). 21 gr

– s. V e r g n ü g e n in Gott.

— Versuch, d. Theologie Johannis in Wahrheitsliebe darzustellen. 8. Leipz. 796. (Friese in Pirna). 21 gr

Der Witwen- und Waisenversorger, oder Grundsätze, nach welchen dauerhafte Wittwen- und Waisensocietäten auch Sterbecassen gestiftet und verbessert werden können, zum Nutzen unbelehrter Leser, welche Aufseher oder Glieder dieser wohlthätigen Anstalten sind, aufgesetzet von *C. D. Küster*, Königl. Consistorialr. Inspect. d. reform. Kirche u. Schule im Herzogth. Magdeburg disseits der Saale und der Altemark, und erster Prediger der deutschen reformirten Gemeinde in Magdeburg. Leipzig, bey Joh. Fried. Junius. 4. 135 S. 1772.

— Der Wittwen- u. Waisenversorger, oder Grundsätze der Wittwen- und Waisenkassen. 4°. Leipzig (Brockhaus) 1772.

— Wittwen- u. Waisenversorger, od. Grunds. d. Wittwen u. Waisenkassen. 4. Leipz. Gleditsch. 772.

– s. Z w i n g l i , U.. Anmerkungen.

Küster, Klemens Franz

— **Cl. Fr. (Westfale), De treuga et pace dei. Comm. histor. Münster (Fr. Regensberg) Juli 1852. 36 S. (3.—) 20064**
Gew.: Jos. Rospatt.

Küster, Cl. F., de treuga et pace Dei. Der Gottesfrieden. Rechtsgeschichtliche Studie, nach seiner Diss. an der Akademie z. Münster v. 22. VII. 1852 in erweit. Übersetzg. neu hrsg. gr. 8. (46 S.) Köln 902. (J. P. Bachem.) n. 2. —

Küster, Conr., Arzt und Publikum. Medizinische Skizzen für Laien und prakt. Aerzte. gr. 8. (IV, 74 S.) Berlin 874, Stilke. * 1 50

Kuester, Konr., Die Bekämpfung der Konfessionen durch Religion. Berlin 1907. 8°.
(Küster, Konr. Gesamm. Schriften. Bd 2.)

Kuester, Konr., Bekämpfung der politischen Parteiungen durch Politik. Berlin 1908. 8°
(Küster, K., Gesammelte Schriften. Bd 3.)

Küster, Konrad (Heinrich Julius): De morborum cutaneorum divisione et namenclatura. Berolini (1865). (32 S.) 8°
Berlin, Med. Diss. v 13. März 1865

Dr. Konr. **Küster**. Ernstes und Heiteres aus großer Zeit. Kriegserinnerungen von 1806 u. 1870/71. Berlin: J. Harrwitz Nachf. 1907. (149 S.) 8° [F.] (08. 2803

Das Grisern und seine Widersacher. Eine wissenschaftl. Tragikomödie. Von Geh. San.R. Dr. Konr. **Küster**. Eine Flucht in d. Öffentlichkeit gegen Lug u. Schein. Berlin: H. Steinitz (1906). (141 S.) 8° (07. 3461

Küster, Konr., die Kindererziehg. auf naturwissenschaftl. Grundlage, s. a. Beiträge zur pädagog. Pathologie.

Küster, Dr. Konr., Die Kindererziehung auf naturwissenschaftl. Grundlage. »Beiträge z. pädagog. Pathologie, 3. Heft.« (61 S.) Gütersloh 1907. C. Bertelsmann.

Kuester, Konr., Lösung der sozialen Frage durch Gesundung der wirtschaftlichen Verhältnisse. Berlin 1907 8°
(Küster, Konr. Gesammelte Schriften. Bd 1.)

Küster, Conr., zur Reform der Burschenschaften. Rede, gehalten am Tage nach dem Feste auf Tivoli in Berlin am 21. Jan. 1883. 3. Aufl. 8. (20 S.) Berlin 885, S. Schwartz. *

Küster, Konr., gesammelte Schriften. 1.—3. Bd. 8. Berlin, J. Harrwitz Nachf. 5.—; geb. 7. —
1. Lösung der sozialen Frage durch Gesundg. der wirtschaftl. Verhältnisse. (145 S.) 907. 1.50; geb. 2. —
2. Die Bekämpfg. der Konfessionen durch Religion. (127 S.) 907. 1.50; geb. 2. —
3. Bekämpfg. der polit. Parteign. durch Politik. (238 S.) 908. 2.—; geb. 3. —

Küster, C (Red.), s. Studentenzeitung, Allgemeine deutsche.

—— über die Truppenärzte im Felde. Nach eigenen Erlebnissen und Erfahrungen. gr. 8. (36 S.) Ebendas. 872. — 75

Küster, Konrad (Hrsg.), s. Universitätszeitung, Allgemeine deutsche.

Küster, Konrad (Hrsg.), s. Zeitschrift, Deutsche academische.

Kuster, L., s. *Aristophanes*, Nubes.

Küster, Lud., de vero usu verbor. medior. apud graecos. 12. Leid. 717.

— — id. l. vide Dresig.

— de verbis mediis graecae linguae, aliiq. de eisdem verbis libri. Curavit Wolle. Lips. 752. 8. 12gr.

Küster, M., s. Sprachunterricht durch Anschauung, Methode Bernot.

Küster, M., s.: Universal-Album, medicin.

Küster, Marie, Material zu französischen Sprechübungen im Anschluß an die Strübing-Winckelmannschen Bilder zum Anschauungs-Unterricht, bestehend in Vokabeln, Gedichten und Gesprächen. Für Schulen, vornehmlich höhere Töchterschulen gesammelt und methodisch geordnet. Halle 865. Schmidt's Verlag. 8. (IV, 67 S.) n. 6 ngr.

KÜSTER, Max (Erfurt): Zur Phathologie (!) und Therapie der Inversio vesicae fissae.- München: Moises 1887. 43 S.,1 Taf.
30.7.1887 - Chr 1887/88,18; Jv 1887/88,212
Diss. Ingolst.-Landsh.-München.

Küster, Max, zur Pathologie und Therapie der Inversio vesicae fissae. Inaugural-Dissertation. gr. 8. (43 S. mit 1 Taf.) München 887. (Leipzig, Fock.) *

Kuester, Maximilianus (geb. am 17 Jan. 1803 in Düsseldorf): De sectione caesarea in clinico obstetricio Bonnensi nuper instituta . . . Bonnae, ex off. Thormanniana (1829). 2 Bl., 31 S. 4. ¶ Erschien 1830 selbständig bei Habicht in Bonn.
Bonn, Med. Fak., Diss. v. 12 Sept. 1829

Kuester, M., de sectione caesarea in Clinico obstetricio Bonnensi nuper instituta. 4 maj. (4¼ B.) Bonnae 830, Habicht.

Küster, Otto, Bestimmung des ökonomischen Werthes der rotirenden Dampfmaschine. Vergleich zwischen e. gewöhnl. Dampfmaschine u. e. rotir. gr. 8. (95 S. m. 1 Taf.) Wermelskirchen 893. (Essen, G. D. Baedeker.) n. 2 75

Küster, P. J., Aufgaben zum mündlichen und schriftlichen Rechnen für Elementarschulen. 1. Thl. 5., verb. Aufl. 12. (130 S.) Köln 856, [Bollig's Buchh.] **

Küster, P. J., Aufgaben zum mündlichen und schriftlichen Rechnen für Elementarschulen. 1. Thl. 5. verb. Aufl. Köln 857. Bollig. 12. (130 S.) nn. 6½ ngr.

Küster, Paul [aus Holzappel (Nassau)]: Beitrag zum gerichtlich-chemischen Nachweis von Opium, unter specieller Berücksichtigung von Morphin, Narcotin und Codeïn. . . . München, M. Rieger'sche Univ.-Buchh. (Gustav Himmer), 1889; 21 S. 8°
Erlangen, Phil. Fak., Inaug.-Diss. v. 1889

Küster, R., Bad Cronthal bei Frankfurt am Main. Kurbericht über die letzten Jahre. Frankfurt a. M. 856. Auffarth. gr. 8. (16 S.) 5 ngr.

Küster, Rich. (I.), kurzer Abriss der Theorie des Gesanges. Seinen Schülern dargestellt. 8. (14 S.) Barmen 886, Selbstverlag.

Küster, Richard [Referendar aus Grabow a. O.]: Commandit- und Stille Gesellschaft. Eine vergleichende Studie . . . Stettin, Druck v. F. Hessenland, 1888; 50 S. 8°
Göttingen, Jur. Fak., Inaug.-Diss. v. 20. Jul. 1888

Küster, Rich. (II.), Commandit- und Stille Gesellschaft. Eine vergleichende Studie. Inaugural-Dissertation. gr. 8. (50 S.) Stettin 888. (Göttingen, Vandenhoeck und Ruprecht.) *

Küster, Robert: Die Verwaltungsorganisation von Mecklenburg im 13. und 14. Jahrhundert. Schwerin i. M. 1909: Bärensprung. 52 S. 8° ¶ (Aus: Jahrbücher d. Ver. f. mecklenb. Gesch. u. Altertumsk. Jg. 74.)
Freiburg i. B., Phil. Diss. v. 1909, Ref. v. Below
[Geb. 12. Mai 86 Gr.-Wanzleben; Wohnort: Freiburg i. B.; Staatsangeh.: Preußen; Vorbildung: Gymn. Heidelberg Reife Juli 05; Studium: Freiburg i. B. 2, Heidelberg 2, Paris 1, Heidelberg 1, Freiburg i. B. 3 S.; Rig. 9. Juni 09.] [U 10. 1064

Küster, Rudolf

Kuester, Anleitung zur Einrichtung und Verwaltung von Volksbibliotheken verf. im Auftr. d. Kgl. Regierung zu Oppeln m. bes. Berücks. Oberschlesiens.
[1. Aufl. 1896.]

Küster, Rudolf: A n l e i t u n g zur Einrichtung und Verwaltung von Volksbibliotheken ...
Oppeln: E. Raabe 1902. (79 S.) 8°

Anleitung zur Einrichtung und Verwaltung von Volksbibliotheken verf. im Auftr. d. Kgl. Reg. zu Oppeln mit bes. Berücks. Oberschlesiens von Dr. jur. **Küster**, Reg.-Assess. 2. Aufl. *Breslau: F. Hirt 1902.* (79 S.) 8° [F.]

Anleitung zur Einrichtung und Verwaltung von Volksbibliotheken, verf. im Auftr. d. Kgl. Reg. zu Oppeln mit besond. Berücks. Oberschlesiens von Dr. jur. [Rudolf] **Küster**, Ober-Reg.-R. 3. Aufl. Breslau: F. Hirt 1907. (79 S.) 8° [F.]

— s.: **Volksbücherei, die, in Oberschlesien.**

Küster, Rud., Wesen u. Ziele d. Deutschbundes. Vortrag, geh. in der „Freundschaft" zu Magdeburg am 29. Jan. 1895. gr.8. (26 S.) Magdeburg 895. B. Niemann. n.—40

Kulturelle Wohlfahrtspflege in Oberschlesien. Denkschrift d. Kgl. Regierung zu Oppeln. [Verf.: Ober-Reg.R. Dr. Rudolf **Küster**.] Kattowitz 1907: Gebr. Böhm. (63 S.) 4° [F.]

Kulturelle Wohlfahrtspflege in Oberschlesien. Denkschrift d. Kgl. Regierung zu Oppeln, verf. von Ober-Reg.R. Dr. R[udolf] **Küster**. 2. Aufl. Kattowitz: Gebr. Böhm 1907. (63 S.) 4° [F.]

Küster, Sam. Chr., († d. 4. Mai 1797.), s. Haushaltungskunst, wichtige.

Küster, Samuel Christian Gottfried

— Beantwortung der den bibl. Erzählungen angehängten Fragen zum Nachdenken, als Hülfsmittel beim Unterricht für Eltern u. Lehrer. 8. Berl. 820. 2e Aufl. 827. Th. Enslin. 10 gGr. Dass. in polnischer Sprache. 11 gGr.

Küster, Ritter Sam. Chr. Gf., über d. Beschuldigung, daß protestant. Geistliche im preuß. Staate eine Priesterherrschaft gründen wollen. 8. Berl. 818. Th. Enslin. 6 gGr.

Küster, Samuel Christian Gottfried, s. B r i e f e d. Apostel.

— zweimal 52 bibl. Erzählungen aus d. Alten u. Neuen Testamente, nach Joh. Hübner mit Fragen zum Nachdenken, nützl. Lehren, gottsel. Gedanken u. Bibelsprüchen. 8. Berl. 819. 8e Aufl. 831. Th. Enslin. 12 gGr. Mit 50 Bildern u. 1 Kärtchen v. Palästina. Ebd. 1 Thlr. 6 gGr. Die Bilder allein 18 gGr.

— Zweymal zwey und funfzig auserlesene biblische Erzählungen aus dem Alten und Neuen Testamente, nach Joh. Hübner mit Fragen zum Nachdenken, nützlichen Lehren, gottseligen Gedanken und Bibelsprüchen. 3te durchgesehene Aufl. 8. Ebend. 821.

— — dasselbe mit den Bildern, sauber gebunden, als Weihnachtsgeschenk. Ebend.

— — dasselbe mit illuminirten Bildern, sauber gebunden, als Weihnachtsgeschenk. Ebend.

Küster, (Ritter, S. Ch.,) Zweimal 52 auserl. bibl. Erzählungen, nach J. Hübner; mit Fragen zum Nachdenken, nützl. Lehren rc. 6e Aufl. gr. 8. Berl. 828, Enslin. 12 gr., mit 50 Bildern u. 1 Charte.

Küster, Sam. Chrst. Gtfr., zweimal 52 auserles. bibl. Erzählungen aus d. Alten u. Neuen Testamente, nach Joh. Hübner, mit Fragen z. Nachdenken, nützl. Lehren, gottsel. Gedanken u. Bibelsprüchen. 7—10., durchges. Aufl. (à 25 B.) 8. Berlin 829—35, Th. Enslin. à
Mit 50 Bild. u. 1 Chärtchen v. Palästina, 1 Thlr. 6 Gr. — Die Bilder allein 18 Gr. — Die besond. erschien. „Beantwortung der den bibl. Erzähln. angehängten Fragen" rc. 2. Aufl. Ebendas. 1827. 10 Gr.

Küster, Sam. Chrstn. Gtfr., zweimal 52 auserles. bibl. Historien aus d. alt. u. neu. Testam., n. Joh. Hübner, mit Fragen z. Nachdenken, nützl. Lehren, gottsel. Gedanken u. Bibelsprüchen. 12—14., durchges. Aufl. 8. (à 25½ B.) Berlin 838—42, Th. Enslin. à

Küster, Sam. Chrstn. Gtfr., zweimal 52 auserlesene bibl. Erzählungen aus d. A. u. N. Testamente nach Joh. Hübner mit Fragen zum Nachdenken, nützl. Lehren, gottsel. Gedanken u. Bibelsprüchen. 15. Aufl. 8. (25 B. u. Titkpfr.) Berlin 844, Th. Enslin.

Küster, Sam. Chr. Gfried., zweimal zwei u. funfzig auserlesene biblische Erzählungen aus d. Alten u. Neuen Testamente nach Joh. Hübner mit Fragen zum Nachdenken, nützl. Lehren, gottseligen Gedanken u. Bibelsprüchen. 17. neu durchgeseh. Aufl. Mit 1 Titelkpfr. 8. (400 S.) Berlin 850, Th. Enslin. ⅔ Thlr.

Küster, Sam. Chr. Gfr., zweimal 52 auserlesene biblische Erzählungen aus dem Alten und Neuen Testamente nach Joh. Hübner mit Fragen zum Nachdenken, nützlichen Lehren, gottseligen Gedanken und Bibelsprüchen. 18. neu durchges. Aufl. Nebst 1 Titelkpfr. Berlin 853. Th. Enslin. 8. (400 S.) 11¼ ngr.

Küster, S. C. G., fromme Gesänge nach bekannten Kirchenmelodien. 8. Berl. Rauck. (in Comm.) 814.

— fromme Gesänge nach bekannten Kirchenmelodien. 8. Berl. 814. 2e A. 823. Th. Enslin. 8 gGr.

— Geschichte d. deutschen Bibelübersetzung durch Dr. M. Luther. gr. 8. Berl. 824, Enslin.

— kurzgefaßte Geschichte d. christl. Kirche zur Beförderung eines evangel. Sinnes, besonders für d. Jugend entworfen. 8. Berl. 821. Th. Enslin. 10 gGr.

— d. christl. Hausaltar, oder Betracht. andächt. Christen in den Morgen- u. Abendstunden auf alle Tage im Jahre, aus d. Werken der vorzügl. Gottesgelehrten sorgfältig ausgewählt. 2 Bde, mit d. Verf. Portr. gr. 8. Berl. 822. 2e u. 3e A. 823. 4e A. 828. Th. Enslin. 3 Thlr. 16 gGr.

— der christl. Hausaltar, oder Betracht. andächt. Christen in den Morgen- u. Abendstunden auf alle Tage im Jahre, aus den Werken der vorzügl. Gottesgelehren sorgfältig ausgewählt. 2 Bde. 3e Aufl. mit d. Verf. Portr. gr. 8. Berlin 823, Enslin.

—— der christl. Hausaltar, od. Betrachtn. andächt. Christen in d. Morgen- u. Abendstunden auf alle Tage im Jahre. Aus d. Werken d. vorzügl. Gottesgelehrten sorgfältig ausgewählt. 2 Bde. 4., unveränd. Aufl. Mit Küster's Bildn. gr. 8. (93½ B.) Berlin 828, Th. Enslin.

—— der christl. Hausaltar od. Betrachtungen andächtiger Christen in d. Morgen- u. Abendstunden, auf alle Tage im Jahre. 2 Bde. 4., unveränd. Aufl. (Neuer Titl.) gr. 8. (93½ B.) Königsberg 839, Gebr. Bornträger.

— Jesus Christus, d. Sohn Gottes, in seiner Wirksamkeit auf Erden dargestellt. Mit Kpf. 8. Berl. 819. 2e A. 821. Th. Enslin. 12 K ohne Kpf. 10 K

— Katechismus, s. Luther, D. Mart.,

Küster, Ritter Sam. Chr. Gf., Dr. Mart. Luther, d. Mann Gottes. Eine lebensgeschichtl. Darstell. im einfachen Volkston. 3e verb. Aufl. 8. Berl. 818. 4e A. 826. Th. Enslin. 8 K

— Predigt bei d. Einweihung d. Friedrichs-Werderschen Kirche, u. bei Verkündigung d. zwischen beiden evangel. Gemeinden dieser Kirche vollendeten Union, am 3. Juli in allerhöchster Gegenwart Sr. Maj. des Königs gehalten. gr. 8. Berl. 831. Th. Enslin. 2 K

— Predigt zum Gedächtniß Hrn. Sam. Chr. Küsters rc., nebst Mehrings Standrede rc. 8. Berl. 797.

— Predigt auf A. J. Hecker. 8. Berl. 819. Enslin. 3 K

—— die Psalmen, mit Einleitn. u. Anmerkn. als Handb. z. Erbauung f. fromme Gemüther. gr. 8. (22½ B.) Berlin 832, Th. Enslin.

Küster, Sam. Christian Gottfr.: Reden zur Erinnerung an den Br. v. Guionneau ...,
s. Bellermann: Johann Joachim

— Schatzkästlein von 150 geistreichen Liedern älterer Zeit, mit Rücksicht auf besond. Lagen u. Verhältnisse d. Lebens, zur häusl. Erbauung gesammelt. 12. Berl. 821. Th. Enslin. 10 K

Küster, W.

Küster: Platons Ansicht vom Wesen u. Werthe der Lust,
32 S.–Berlin S., Progr. 1868

Küster: Die Grundsätze der stoischen Tugendlehre.
36 S.–Berlin Werd., Progr. 1864.

Küster, W. Das Object im Englischen mit vergleichendem Hinblick auf die deutsche Sprache. Danzig, R. zu St. Johann. 1860. 23 S. 4. Progr.

Küster, W. v. Die Ölkörper der Lebermoose und ihr Verhältnis zu den Elaioplasten. M. 1 Doppel-Tafel. In-8°. 41 S. Basel (Georg & Co.) These. 1895.

Küster, Wilh., Beiträge zur Finanzgeschichte des Deutschen Reichs nach dem Interregnum I. Das Reichsgut in den J. 1273—1313, nebst einer Ausgabe und Kritik des Nürnberger Salbüchleins. Inaugural-Dissertation. gr. 8. (120 S.) Leipzig 883, (Fock.) *

Küster, Guilelmus: • Leibnitii de deo doctrina. 54 S. 8° (4°)
Halle-Wittenberg, Phil. Diss. v. 17. April 1849
Geb. [Lychen (Kr. Templin) 25. 11. 1825]

Küster, Wilh., „wer rettet ein weißes Heidenkind?" Ein Aufruf des Berliner (kath.) St. Josefsheim in d. märk. Volkszeitg. od. unkirchl. Gedanken üb. die Kindertaufe, allen kirchlich Denkenden zu ernster Erwägg. anheimgegeben. 8. (16 S.) Berlin 896. (F. Cronmeyer.) — 30

Küster, William: Beitrag zur Kenntnis der Chinolinacrylsäure und einiger Derivate derselben. . . . Leipzig, Druck v. Walter Wigand, 1880; 21 S. + 1 Bl. 8°
Leipzig, Phil. Fak., Inaug.-Diss. v. 30. Dez. 1880

Küster, William [Dr. in Tübingen]: Beiträge zur Kenntnis des Hämatins. I. Darstellg u. empir. Zusammensetzg d. Hämatins u. einiger Ester dess. II. Oxydation d. Hämatins in essigsaurer Lösg durch dichromsaures Natrium .. Tübingen, F. Pietzcker, 1896; 51 S., 2 Taf. 8.
Tübingen, Naturw. Fak., Hab.-Schr. v. 1896

Küsterbüchlein, oder Anleitung für angeh. Küster zur genauen und würd. Wahrnehmung ihres kirchl. Dienstes. Bearb. nach dem röm. Rituale, mit besond. Berücksicht. der Verordnungen für die Diöcese Paderborn. gr. 16. (VIII, 181 S.) Paderborn 869, Schöningh. * — 80

Küsterbüchlein oder Anleitung für angehende Küster zur genauen und würdigen Wahrnehmung ihres kirchlichen Dienstes. Bearb. nach dem röm. Rituale, mit besond. Berücksicht. der Verordnungen für die Diöcese Paderborn. 2. sehr verm. Aufl. 12. (X, 212 S.) Paderborn 881, F. Schöningh. *

Kusterer, F. A., Staaten-Tabelle des deutschen Bundes. Bis 1825 berichtigt. gr. Fol. Frburg 825. Fr. Wagner. 10 K

— Staaten-Tabelle von Europa, nach den letzten Friedensschlüssen zu Wien u. Paris. gr. Fol. Nürnb. 823. Schneider u. W. 6 K

Kusterer, J. F.: Karte von Frankreich in 6 Blättern.
Wien. 1815. Fol.

Kustermann.: Bericht z.d. Projekt einer Wasserversorgung der Haupt-u. Residenzstadt München...
s. Del Bondio

KUSTERMANN, Alois (München): Ueber das Vorkommen der Tuberkelbacillen ausserhalb des Körpers in Gefängnissen. Eine experimentelle Untersuchung.- München: Lehmann 1891. 2 Bl.,21 S.- S.-Abdr. aus: Münchener Medizinische Wochenschrift.
6.3.1891 - Chr 1890/91,20; Jv 1891/92,205
Diss. Ingolst.-Landsh.-Mchn.

Kustermann, A. Ueber das Vorkommen der Tuberkelbacillen ausserhalb d. Körpers in Gefängnissen, s. Abhandlungen, Münchener medicinische.

Kustermann, F. S., Querschnitte des Stabeisen-Lagers [und Federstahles]. Fol. (12 chromolithogr. Bl. mit 2 S. Text.) München 872, J. A. Finsterlin. *. 2 —

Kustermann, R., Eisenbahntarife u. Wasserfrachten, s.: Roßmann, R.

Kustermann, R., Eisenbahntarife. siehe Schriften f. Socialpolitik.

KUSTERMANN, Robert (München): Das Mühlengewerbe im rechtsrheinischen Bayern.- Stuttgart: Union 1899. X,74 S. = Münchener volkswirtschaftliche Studien. 30.
23.5.1898 - Chr 1897/98,16; Jv 1898/99.210 (Prom.-Datum: 1899)
Diss. Ingolst.-Landsh.-Mchn.

Kustermann, Robert: Das Mühlengewerbe im rechtsrheinischen Bayern. Stuttgart: J. G. Cotta 1899. (X, 74 S.) 8°
= Studien, Münchener Volkswirtschaftliche. Stück 30.

Küstermann, H. (Bearb.), s. Glünicke, Martin:
Das Naturgesetz in der Heilkunst ...

[Professor Dr. Hermann Küstermann tritt in den Ruhestand.]
S. 26—28. 4. Progr. Katharineum *Lübeck* 1910 (986).

Küstermann, H. Über die innere Einrichtung unserer neuen f. d. naturwissensch. Unterr. bestimmten Schulräume. S. 25—32. G. *Lübeck* 1876. Progr.

Küstermann, J., deutsche Aufsätze in ausführlichen Katechisationen. gr. 8. (VI, 137 S.) Hannover 887, Helwing's Verlag. *

Küstermann, J. Deutsche Aufsätze in ausführlichen Katechisationen. 2. (Titel-)Ausg. gr. 8. (VI, 137 S.) Hannov. 892, Helwing. * 2 —

Küstermann, Johannes: Pathologisch-anatomische Studien über Quecksilbervergiftung nach subkutaner Einverleibung. *Halle a. S. 1897: C. A. Kaemmerer & C.* (34 S.) 8°
Halle, Med. Diss. v. 29. Nov. 1897

Küstermann, *Friedrich* Karl [aus Hamburg]: Ein Fall von acuter Myelitis der weissen Substanz des Rückenmarks ... M. e. lithogr. Taf. u. e. Holzschn. (Aus: Arch. f. Psychiatr. etc., Bd. XXVI.) Berlin, gedr. bei L. Schumacher, 1894; 27 S., 1 Bl., 1 Taf. 8.
Halle, Med. Fak., Inaug.-Diss. v. [6. Aug.] 1894

Küstermann, Mathilde, lustige Märchen aus aller Welt. Gesammelt u. f. d. deutsche Jugend bearb. Zeichnungen v. Karl Fahringer. (154 S. m. z. Tl. farb. Abbildgn.) 8. Wien 904. Gerlach u. Wiedling. Geb. n. 5. —

Küstermann, O. Führer durch die Stadt Merseburg. Unter Bezugnahme auf historisch-antiquar. Verhältnisse. Mit e. Plane der Stadt u. 2 Taf. in Lichtdr. 8. (56 S.) Merseb. 889, Stollberg. * 1 50
Führer apart * 1 —; Plan apart * — 75

Küstermann, O., Geschichte d. Ansiedelungen in d. Umgebung Merseburgs. gr. 8. (VI, 56 S.) Halle 894. (Merseburg, F. Stollberg.) n. 1. 20

Küstermann, O., der Kreis Merseburg, s.: Darstellung, beschreibende, der älteren Bau- u. Kunst-Denkmäler der Prov. Sachsen.

Küsters, G. L. H. Eisenbahnkarte des Königreichs der Niederlande. Amsterdam (1887). 1 Bl. c. l..

Küsters, Wilhelm, a. Wassenberg ⟨Rheinl.⟩: Aus d. Königl. chirurg. Universitäts-Klinik zu Kiel. Erfahrungen über Stauungshyperämie durch Saugung bei Mastitis. Kiel 1907: H. Fiencke. (20 S.) 8°
Kiel, Med. Fak., Ref. Helferich, Diss. v. 13. März 1908
[Geb. 4. Okt. 79 Wassenberg; Wohnort: Wassenberg; Staatsangeh.: Preußen; Vorbildung: Gymn. Brilon in Westf. Reife O. 01; Studium: Bonn 5, Berlin 1, München 1, Kiel 2 S.; Coll. 19. April 07; Approb. 14. Febr. 08.]

Küsters, (Peter) Wilhelm: De typho abdominali. Berolini (1866). (32 S.) 8°
Berlin, Med. Diss. v. 18. Juni 1866

Küsthardt, Friedrich

Küsthardt, Fr. Friedhof u. Grabsteine. 8. (24 S.) Halle a. S. 889, Hendel. — 50

Küsthardt, Fr., Führer auf u. um d. Wohldenberg. M. e. Karte u. vielen Abb. 8. (15 S.) Hildesheim 896. A. Lax. n. — 50

Küsthardt, Frdr., Hildesheim. Ein Führer f. Einheim. u. Fremde. Unter Mitwirkg. hervorrag. Fachleute zusammengestellt. Mit dem Plane der Stadt u. zahlr. Abbildgn. u. Grundrissen. 6. Aufl. 12. (IV, 142 S.) Hildesheim 899. Gerstenberg. n. 1. —

Kustner

— s. a. **Küstner, Kuistner.**

— **Jo. Balt.** (Leipzig), De re libraria in imperia Germanico ordinanda. Präs. Chr. G. Richter. Lpz. (Klaubarth) 30. III. 1786. 76, 2 S. (3.80) 20261
Widm. v.: Chr. G. Richter.

— — De pupillari testamento praeterita impuberis matre rato. Lpz. (Klaubarth) (5.) II. 1788. 36 S. (3.—) 20262
Gew.: C. W. Müller.

Küstner

— s. a. **Kuistner, Kustner.**

Küstner, Carl, s. Küstner, Karl.

Küstner, Christian Wilhelm

Küstner, Chr. W. (Paunsdorf), Memoria viri magnif. illustr. rever. consultissimi Chr. Wilh. Kustneri toparchae in Paunsdorf serenissimo duci electori Saxoniae plac. defuncti comm. ab rectore univ. litt. Lipsiens. (Leipzig, Breitkopf) 18. II. 1785. Mit Bibliogr. 36 S. (4.—) 20259

Procancellarius D. **Christianus Wilhelmus Küstnerus** a. d. 28. Juni 1764 confer. indicit atque l. 2. C. de resc. vend. liberis heredibus non opitulari contendit. (Lpz., Langenheim, 1764.) Mit Biogr. v.: God. Sigism. Seyfried (M.: Mar. El. Kress.) (3.—) 20081

Küstner, Christian Wilhelm

Küstner, Ch. W.: Chrestom. juris Enniana s. loci jus rom. illust. ex Ennio c. notis adj. *Leipzig*, Wendler. 762. 8. (6 Gr.)

Küstner, Chr. Wlh., († d. 18. Febr. 1785.) chrestomathia juris enniana. 8maj. Leipz. 763. (Hannov., Hahn). 6gr.

Küstner, C. G., chrestomathia juris enniana. 8. maj. Lips. Fritsch. 763.

— s. Sal. Deyling, institutiones.

— — et **Jo. W. Richter** (Leipzig), Disp. jur. de legatis ex testamento cui clausula codicillaris inest destituto non praestandis. Lpz. (Langenheim) 4. VIII. 1746. 35 S. (3.—) 20085

— — et **Jo. A. Bach,** Diss. de modo regum appellandorum apud veteres Romanos. Lpz. (Langenheim). 56 S. (4.—) 20084

— — Panegyrin inaug. cand. doct. Christiani Gottl. Heindelii a. d. 19. Aug. 1762 indicit. (Leipzig, Langenheim, 1762.) 16 S. (3.50) 20080

— — Pignus in caussa judicati captum. Leipzig (Langenheim) 19. III. 1744. 72 S. (3.80) 20078

— — Inaug. doctor. cand. dign. Godfr. Ferd. Lindemann (Dresden). Die 21. Mai 1767 indic. atque de recognitione personarum et rerum per testes commentatur. (Leipzig, Loeper, 1767.) 18 S. mit Biogr. v.: G. Fr. Lindemann (Dresden) (M.: M. Soph. Wiedemann.) (3.50) 20082

— Chr. W. (Leipzig), Diss. prima de ritu pignorum capiendorum apud veteres Romanos. Präs. Jo. A. Ernesti. Lpz. (Langenheim) 17. XI. 1742. 48, 4 S. (4.—) 20076
Widm. v.: Jo. A. Ernesti.

— — (Diss. secund.) ritum pignorum capiendorum in republica Romana. Präs. C. O. Rechenberg. Lpz. (Langenheim) 11. VII. 1743. 31 S. (3.50) 20077

— — Inaug. doct. in jure viri doct. Frid. Heinr. Eschenbach (Leipzig). Kal. Sept. 1768 indicit atque de testamento feminae capite non deminutae ad locum ciceronis top. c. 4. commentatur. (Leipzig, Langenheim, 1768.) 16 S. mit Biogr. v.: Fr. H. Eschenbach (M.: Sophia Regina Ordorff). (4.—) 20083

— — Diss. de tutela cessitia. Lpz. (Langenheim) (12. V. 1745). 16 S. (3.20) 20079

Küstner, Ernst Wilhelm

— — Ordinarius senior caeterique assessores facultatis juridicae Lipsiens. viro Ernesto Guilielmo Kuistnero. 20. Apr. 1782 collatos indicunt. inest: tract. de actione pauliana continuatio. (Leipzig, Jacobaeer) (1782). Mit Biogr. (M.: Char. Schneider.) (4.—) 20170

— E. W. (Leipzig), Diss. de publica rei librariae cura, imprimis Lipsiensi. Präs. A. Fr. Schott. Lpz. (Langenheim) (25. IX.) 1778. 104 S. (4.—) 20086

Kuistnerus, Ernestus Guilielmus: (Ernst Wilhelm Küstner): „De antiquissimis mercaturae iudiciis specimen I", Lipsiae 1782. — Vorh.: Industrie- und Handelskammer Leipzig.

Kuistner, E. W. (Leipzig), De antiquissimis mercaturae judicus specimen I. Lpz. (Breitkopf) 11. IV. 1782. 56 S. (3.—) 20169
Gew.: Chr. G. v. Gutschmid.

Küstner, Friedrich

Küstner, F., üb. Aenderungen der Lage der Erdaxe. Vortrag, geh. in der naturforsch. Gesellschaft zu Görlitz am 13. März 1891. [Aus: „Abhandlgn. d. naturforsch. Gesellsch. zu Görlitz".] gr. 8. (20 S.) Görlitz 893. (H. Tzschaschel.) n. — 80

Küstner, Friedrich (Hrsg.), s. Argelander, Friedr. Wilh. Aug.: Atlas des nördlichen gestirnten Himmels des Jahres 1855.

Küstner, Friedrich (Hrsg.), s. Argelander, Friedr. Wilh. Aug.: Nachgelassene Beobachtungen veränderlicher Sterne.

Küstner, Friedrich (Bearb.), s. Argelander, Friedr. Wilh. Aug.: Bonner Durchmusterung des nördlichen Himmels.

Küstner, Friedrich (Hrsg.), s. Argelander, Friedr. Wilh. Aug.: Untersuchungen über neue Sterne mit Eigenbewegungen. . .

Beobachtungen von 4070 Sternen zwischen 0° und 18° nördlicher Declination am Repsold'schen Meridiankreise der Bonner Sternwarte unter Mitw. von C[arl] Mönnichmeyer ausgef. u. bearb. von F(riedrich) **Küstner**. *Bonn: F. Cohen 1900.* (112 S.) 4°
— Veröffentlichungen d. Kgl. Sternwarte zu Bonn. No 4.

Beobachtungen an 4292 Sternen zwischen 18° und 36° nördl. Declination am Repsold'schen Meridiankreise der Bonner Sternwarte unter Mitw. von C[arl] Mönnichmeyer ausgef. u. bearb. von F[riedrich] **Küstner**. *Bonn: F. Cohen 1901.* (115 S.) 4°
— Veröffentlichungen d. kgl. Sternwarte zu Bonn. No 5.

Beobachtungen von 2294 Sternen zwischen 36° und 51° nördl. Declination am Repsold'schen Meridiankreise der Bonner Sternwarte unt. Mitw. von C[arl] Mönnichmeyer ausgef. u. bearb. von F[riedrich] **Küstner**. *Bonn: F. Cohen 1902.* (63 S.) 4°
— Veröffentlichungen d. Kgl. Sternwarte zu Bonn. No 6.

Küstner, Friedrich [aus Görlitz]: Bestimmungen des Monddurchmessers aus neun Plejadenbedeckungen des Zeitraumes 1839 bis 1876, mit gleichzeitiger Ermittlung der Oerter des Mondes. Halle, Druck von E. Blochmann & Sohn in Dresden, 1880. 4. (112 S.).

Küstner, Frdr., Bestimmungen des Monddurchmessers aus neun Plejadenbedeckungen des Zeitraumes 1839 bis 1876, mit gleichzeitiger Ermittelung der Oerter des Mondes. [Aus: „Nova Acta d. Ksl. Leop.-Carol.-deutschen Akad. der Naturforscher".] gr. 4. (112 S.) Halle 880. Leipzig, Engelmann in Comm. n. 6. —

Küstner, Frdr., Katalog v. 10663 Sternen zwischen 0° u. 51° nördlicher Deklination f. das Äquinoktium 1900, s.a. Veröffentlichungen der königl. Sternwarte zu Bonn. Nr. 10.

Katalog von 10663 Sternen zwischen 0° und 51° nördlicher Deklination für das Äquinoktium 1900 nach d. Beobachtungen am Repsoldschen Meridiankreise d. Kgl. Sternwarte zu Bonn in d. Jahren 1894 bis 1903 von Friedrich **Küstner**. Bonn: Cohen 1908. 333 S. 4°
(Veröffentlichungen d. Kgl. Sternwarte zu Bonn. Nr 10.)

Küstner, F., neue Methode zur Bestimmung der Aberrations-Constante, nebst Untersuchgn. üb. die Veränderlichkeit der Polhöhe,
— Resultate aus Beobachtungen v. 670 Sternen, angestellt in d. J. 1885 u. 1886 am grossen Berliner Meridiankreise,
s.: Beobachtungs-Ergebnisse der königl. Sternwarte zu Berlin.

Untersuchungen über die Eigenbewegungen von 335 Sternen nach älteren u. eigenen Beobachtungen v. F(riedrich) **Küstner**. *Bonn: F. Cohen 1897.* (1 Bl., 123 S.) 1 Bd 4.
— Veröffentlichungen d. Kgl. Sternwarte zu Bonn. No 2.

— s.: Veröffentlichungen d. Sternwarte zu Bonn.

Küstner, Gottfried Wilhelm

— G. W. (Leipzig), De herede ab intestamento repudiata. Präs. Jo. Fr. Olearius. Lpz. (J. Titius) 23. VIII. 1709. 28 S. (4.—) 20260

Küstner, Gottfridus Wilhelmus: „De menstrua et annali praescriptione literarum cambialium", Lipsiae 1711. — Vorh.: Bücherei der Industrie- und Handelskammer Leipzig.

— G. W., Diss. de menstrua et annali praescriptione literarum cambialium, Von der monatlichen u. jährl. Verfallzeit der Wechsel-Briefe. Lpz. (Schede) 29. X. 1717. 84 S. (5.—) 20087

Küstner, Gottfr. Wilh.: Tractatus de menstrua et annali praescriptione literarum cambialium, Von der monatlichen und jährlichen Verfall-Zeit der Wechsel-Briefe. [Ed. 2.] Halae Magdeb. 1740.

Küstner, Gf. W., v. d. monatl. u. jährl. Verfallzeit d. Wechselbriefe. 4. Halle. Fritsch. 740.

Küstner, Jh. Hnr., († d. 1. Mai 1816.), s. Feuerordnung.

Küstner, Karl

Küstner, Car. (Leipzig), De Autore feudali. Präs. A. L. Diemer. Lpz. (G. Bruder) 13. XII. 1806. 38, 1 S. (3.—) 20074
Gew.: Chr. G. Hermann. — Widm. v. A. L. Diemer.

— — De matrimonio atque ratione quae ei cum civitate atque ecclesia intercedit spectato imprimis codice Napoleoneo. Lpz. (G. Bruder) 8. III. 1810. 110 S. (3.50) 20075

Küstner, Karl Theodor von

Küstner, K. Th. v., Blätter der Erinnerung für Freunde, Bekannte und Mitgenossen. 16. (VII und 118 S.) Leipzig 863, (Dürr'sche Buchh.)

Küstner, Karl Theod., die beiden Brüder. Trauersp. in 4 Aufz. 8. (6¾ B.) Darmstadt 853. (München, Franz.)

Küstner, Carl Thdr. v., vierunddreißig Jahre meiner Theaterleitung in Leipzig, Darmstadt, München und Berlin. Zur Geschichte und Statistik des Theaters. gr. 8. (XV und 369 S.) Leipzig 853, Brockhaus. *

Küstner, Karl Thdr., dramat. Kleinigkeiten. (Feder u. Schwert. — Die Vermählte. — Die Ehemänner als Junggesellen.) 8. Leipz. 815. Magaz. f. Ind. 18 Gr

—— Rückblick auf d. Leipziger Stadttheater. Ein Beitr. z. Gesch. d. Leipziger Theaters, nebst allgem. Bemerkn. üb. d. Bühnenleitung in artist., wie finanz. Hinsicht. gr. 8. (23 B.) Leipzig 830, Brockhaus.

—— Taschen- und Handbuch für Theater-Statistik. gr. 16. (XXVII und 216 S.) Berlin 855, Vereins-Buchh. *

Küstner, C. Th. v., Taschen- und Handbuch für Theater-Statistik. 2. verm. Aufl. Mit einer Lithogr. des Lessing-Monuments zu Braunschweig. 8. (XXXI und 396 S.) Leipzig 857, Dürr'sche Buchh. Thlr. *

Küstner, Moris (Hrsg.u.Comm.):

s.: Mendel, M(oritz) H(einrich): Lehrbuch der Geburtshilfe für Hebammen. 2.Ausg. Breslau: 1824

Kuestner, Maur. (Leipzig), De perforatione capitis in partu ancipite. Diss. med. Lpz. (Staritz) 25. VI. 1819. 64 S. (3.—) 20088

Küstner, Mor., Diss. inaug. de perforatione capitis in partu ancipite. 4maj. Leipz. 819. Kohler. 10 Gr

Kuestner, Mauritius: De placentae solutione et de justo subligandi funiculi umbilicalis tempore in partu normali. Sectio I. (Vratislaviae 1829.) (LII S.) 4°
Breslau, Med. Fak., Hab.-Schr. v. 18. Febr. 1829

Die operative Behandlung der Retroversio-flexio uteri. Von Otto Küstner, (Breslau). Leipzig: Breitkopf & Härtel 1896. (22 S.) 8.
= Sammlung Klinischer Vorträge. N. F. No 171. [56. 9322]

Küstner, O., die Behandlung complicirter Retroflexionen u. Prolapse besonders durch ventrale Operationen, s.: Sammlung klinischer Vorträge.

Küstner, Otto, Beiträge zur Lehre von der Endometritis. Imp.-4. (61 S. mit 2 lithogr. Taf.) Jena 883, Fischer. *

Küstner, Otto, s.: Berichte u. Arbeiten aus der Universitäts-Frauenklinik zu Dorpat.

— üb. Episioplastik, s.: Sammlung klinischer Vorträge.

Küstner, Otto: Über Extrauterinschwangerschaft. Leipzig: Breitkopf & Härtel 1899. (39 S.) 8°
= Sammlung klinischer Vorträge. N. F. No. 244/45.

Küstner, Otto: Zwei Fälle von Osteoclase wegen nicht reducirbarer Luxation der Hüfte. Halle (1873): Plötz. 29 S. 8°
Halle-Wittenberg, Med. Diss. v. 19. Juli 1873
Geb. Trossin (Kr. Torgau) 26. 8. 1849. V.
Verf. erlebte die Diplomerneuerung 1923 als Geheimer Medizinalrat und ordentlicher Professor der Gynäkologie (in Breslau) in Trossin

Grundzüge der Gynäkologie von Dr. Otto Küstner, Prof. Mit 3 Taf. u. 117 Abb. Jena: Fischer 1893. XV, 382 S. 8° [11. 4146 11]

Über Indikationen und Kontraindikationen der Myomotomie. Von Otto Küstner, (Breslau). Leipzig: Breitkopf & Härtel 1896. (14 S.) 8.
— Sammlung Klinischer Vorträge. N. F. No 164. [56. 7765]

Küstner, Otto, die Indicationen und Methoden der Perineoplastik. Untersuchungen zur vergleichenden Methodik gynäkolog. Heilverfahren. Arbeit I. gr. 8. (39 S. mit 1 Taf. und 15 in den Text gedr. Holzschn.) Stuttgart 887, Enke. *
Aus: Zeitschrift für Geburtshülfe und Gynäkologie, besonders abgedruckt.

Küstner, Otto, Kaiserschnitt, Rückblicke u. Ausblicke. (77 S.) Lex. 8. Stuttgart 909. F. Enke. 3. —
Sonderabdruck aus: „Ztschr. f. Geburtshülfe u. Gynäkol."

— Lage- u. Bewegungs-Anomalien des Uterus u. s. Nachbarorgane, s.: Handbuch d. Gynäkologie.

— normale u. pathologische Lagen d. Bewegungen d. Uterus. Klinische Versuche u. Untersuchgn. Mit 25 Holzschn. u. 9 Tab. gr. 8. (VII, 116 S.) Stuttgart 885. Enke. n. 3. 60

— s.: Lehrbuch, kurzes der Gynäkologie.

Zur abdominalen Myomotomie. Totalexstirpation oder supravaginale Amputation? Von Otto Küstner. Berlin: Fischer 1898. (33 S.) 8.
— Klinik, Berliner. H. 125. [98. 10430]

Küstner, Otto, s.: Neisser, Alb., Stereoscop. medicin. Atlas.

— Die individualisierende Operation der inveterierten Scheiden-Damm-Mastdarm-Risse. (86 S. m. 10 Abbildgn. u. 7 Taf.) Lex. 8. Jena 909. G. Fischer. Kart. 3. 50

Über die Freund'sche Operation bei Gebärmutterkrebs v. Otto Küstner (Breslau) *Leipzig: Breitkopf & Härtel 1898.* (18 S.) 8. = Sammlung Klinischer Vorträge. N. F. No 204.

— u. A. Heyn, gynäkologische Operationen, s.: Neisser, Alb., stereoskopischer medizinischer Atlas.

Küstner, Otto, die Steiss- u. Fusslagen, ihre Gefahren u. ihre Behandlung, s.: Sammlung klinischer Vorträge.

— das untere Uterinsegment u. die Decidua cervicalis. Mit 2 (lith.) Taf. gr. 8. (III, 74 S.) Jena 882. Fischer. n. 2. 40

— über die Verletzungen der Extremitäten des Kindes bei der Geburt, s.: Sammlung klinischer Vorträge.

Kuestner, Otto Die typischen Verletzungen der Extremitaetenknochen des Kindes durch den Geburtshelfer. Halle a/S. 1877: Karras. 54 S., 1 Taf. 8°
Halle-Wittenberg, Med. Hab.-Schr v 27 März 1877
Im Buchhandel 1877 bei Niemeyer in Halle.

[Einladung zum Eintritt in den Eklektischen Freimaurerbund. Unterz.:] Simon Friedr. Küstner jun. [Dat.:] Frankfurt a. M. 1783. 2 Bl. 4° 138.

Die Feierlichkeiten der ger. u. vollk. Loge zur Einigkeit in Frankfurt am Mayn am 25sten Okt. 1789. bei der Einsetzung des Br. Joh. Peter Leonhardi zum Provinzial-Grosmeister über den Ober-Nieder-Rhein und Fränkischen Craiss. [Bericht von Simon Friedr. Küstner.] [Frankfurt a. M. 1789.] 56 S. 8°
Kl. 2935. Reden von A. v. Graefe, J. P. Leonhardi: Die Erneuerung der Verbindung von Frankfurt mit der engl. Grloge betr. u. a. m.

Küstner, Wilhelm [pr. Arzt aus Halle a. S.]: Über Bauchdeckenfibrome. . . . Halle a. S., Plötz'sche Buchdr., 1891; 28 S. 8°
Jena, Med. Fak., Inaug.-Diss. v. (13. Jul.) 1891

Küstner, Wilh. Ueber Bauchdeckenfibrome. Diss. gr. 8. (24 S.) Halle a. S. 891. (Rudolst., Dabis.) * — 40

Küstner, Wilhelm Eugen

Kuestner, Guilelmus Eugenius: De circumvolutionibus funiculi umbilicalis. Halis (1844): Hendel. 32 S. 8°
Halle-Wittenberg, Med. Diss. v. 13. Nov. 1844
Geb. Trossin (Kr. Torgau) 25. 9. 1821. V.

Kustobieff, C. L., Peter der Große in Carlsbad im J. 1711—1712. gr. 8. (23 S.) Pest 873. (Carlsbad, Feller.) * 1 —

Küstrin, s.: Deutschland. Uebersichtskarte. — Europa. Liebenow.

Küstrin, s.: Geologische Karten. Preussen 121.

Kustynowicz, Julian: Entstehungsgeschichte des k. k. Rudolfs-Gymnasium in Brody. S. 3—26, 1 Abb. 8. T. II. 26 S. 8.
Progr. K. k. Rudolf-Gymn. Brody 1904. 1905.

Kusý von Dúbrav, Emanuel Ritter

Kusý, Eman., zur Frage der Organisation des öffentlichen Sanitätsdienstes. I. Die Organisation des Gemeindesanitätswesens. gr. 8. (41 S.) Wien 879. (Brünn, Winiker's Buchh.) *
Aus: Medicinisch-chirurgisches Centralblatt, besonders abgedruckt.

Kusý, Eman., die Gesetze und Verordnungen über die Sanitäts-Organisation in Mähren. Handausg. zum Gebrauche der k. k. Behörden, Sanitätsorgane, Ärzte, Hebammen, Gemeindevertretungen, Delegirtenversammlungen, Sanitätscommissionen und ihrer Mitglieder. 8. (XI, 128 S.) Brünn 884, Winiker. *

Kusý, Eman., die Gesetze und Verordnungen über die Sanitäts-Organisation in Mähren. Handausg. zum Gebrauche der k. k. Behörden, Sanitätsorgane, Ärzte rc. 2. verm. Aufl. 8. (XII, 128, 55 S.) Brünn 886, Winiker. *

—— die Hygieine oder Gesundheitspflege in ihrer Bedeutung für die allgemeine Wohlfahrt. Eine populär-medizin. Skizze zur zeitgemässen Orientirung und Belehrung. 8. (27 S.) Kremsier 879. (Brünn, Winiker's Buchh.) *

Kusý v. Dúbrav, E. Ritter v., die Organisation des öffentl. Sanitätsdienstes in Oesterreich, m. Beiträgen von Alex. Frhr. v. Koller, E. v. Celebrini, E. Hofmokl, Frdr. Gauster, Karl Tinus u. B. Sperk, s.a. Verwaltung, sociale, in Oesterreich. II. 1.

Die Organisation des öffentlichen Sanitätsdienstes in Oesterreich. Von Dr. E. Ritter Kusý v. Dúbrav mit Beiträgen von Alexander Freiherr v. Koller, Dr. E. v. Celebrini, Dr. E. Hofmokl, Dr. Friedrich Gauster, Dr. Karl Tinus und B. Sperk. (Sociale Verwaltung in Oesterreich am Ende des 19. Jahrhunderts. Aus Anlass der Weltausstellung Paris 1900 mit Unterstützung durch die hohen k. k. Ministerien des Innern, des Handels und des Ackerbaues, sowie durch das k. k. General-Commissariat für die Weltausstellung Paris 1900 herausgegeben vom Special-Comité für Socialökonomie, Hygiene und öffentliches Hilfswesen. II. Bd. I. Heft.) Wien und Leipzig. 1900. Deuticke. Gr.-8°. 48 S. K 2.—

—— s. Sanitäts-Bericht des k. k. Landes-Sanitätsrathes für Mähren.

Kusý-Dúbrav, Eman. v., d. Sanitätsdienst als gesundheitl. Einrichtg., s.: Volksschriften d. österr. Gesellschaft f. Gesundheitspflege.

— — Sanitäts-Karte der Markgrafschaft Mähren 1880, unaufgezogen in Umschlag 1 fl.
Brünn: Winiker 1882.

Kusýn, Rich., Kostenüberschläge f. Hochbauten u. Schätzungen der Gebäude. Ein prakt. Handbuch f. Ingenieure, Architekten, Baumeister, Maurer- u. Zimmermeister, Bauunternehmer, Gutsbesitzer, Domainen-Direktionen, beeidete Schätzer, Hausadministratoren, Hausbesitzer, f. autonome Behörden, Assekuranzbeamte, Vertreter der Assekuranzanstalten, f. Fabriksbesitzer u. überhaupt f. Jedermann, der m. Baulichkeiten zu thun hat etc. gr. 8. (VIII, 1037 S. m. Text-Abbildgn. u. Taf.) Prag 892. (Fr. Řivnáč.) Geb. in Leinw. n.n. 17. —

Kusznitzki, Salomo *(geb. Kempen in Pos. 19. 1. 1846)*: Joël, Amos, Obadja qua aetate et quibus de rebus sint locuti. Vratislaviae (1872). (43 S.) 8° *[Im Buchhandel 1872 bei Schletter in Breslau.]*

Breslau, Phil. Diss. v. 10. Juni 1872

Kusznitzki, Sal., Joël, Amos, Obadja qua aetate et quibus de rebus sint locuti. Dissertatio inauguralis. gr. 8. (43 S.) Breslau 872, (Skutsch.) * 1 50

Kuszutski, N. v., Die Grundlagen des Realkredits oder woher stammt die Verschuldung des Grundbesitzes? 8°. Berlin 1860.

Kutanin, Michael: Aus d. physiol. Inst. d. Univ. Beiträge zur Kenntnis der chemischen Zusammensetzung des Gehirns bei verschiedenen Tieren. (Berlin 1910: Blanke.) 39 S. 8°
Berlin, Med. Diss. v. 9. Aug. 1910, Ref. Rubner
[Geb. 8. Juni 83 Wladimir; Wohnort: Wladimir; Staatsangeh.: Rußland; Vorbildung: Gymn. Moskau Reife 02; Studium: Phil. Moskau 6, Med. Berlin 9 S.; Rig. 21. Juli 10.] [U 10. 60

Kutemeyer, H., Observationes philol. de gestis Pauli in urbe Atheniensium. Dis 1706. 32 S. 4°. 1.-

Kütemeyer, ..., geb. Rösseltin, segensvolle Andenken. Herausg. von K. H. v. Bogatzky. gr. 8. Halle 766. Waisenh.: B. 4 gr.

Kütemeyer, C. Fr. (Mecklenburg-Schwerin), Diss. jur. de jure separationis in concursu creditorum. Präs. H. Becker. Rostock (Adler) 10. V. 1759. 68 S. (5.—) **20092**
Widm. v.: H. Becker.

Kütemeyer, Chr. B.

— überwundenes Aergerniß an Christo dem Gekreuzigten. 8. Halle 760. Gebauer. ¼ gr.

Kütemeyer, Chr. B., neue Kreatur als d. einzige göttl. Friedensregel, in e. Bußpredigt betrachtet. 8. Halle 759. Gebauer. 1 gr.

— G. Chr. (Schwerin), Diss. jur. de spolio usurarum aliisque et praesertim spuriis. Präs. Jo. C. Heimburg. Jena (Fickelscherr) 31. VII. 1747. 42 Seiten. (5.—) **20093**

Kutenberg, E., Sanct Nepomuk. Tragödie in 5 Acten. gr. 8. (142 S.) Wien, L. Rosner. 1 fl. 50 kr. 1883.

Küter, H., Auflösungen, s. Knops, Karl, u. Eduard Meyer, Lehr- u. Übungsbuch f. den Unterricht in der Mathematik.

Kutge, Johann Daniel, s. K u t t g e, Johann Daniel.

Die Regimentsböcke und andere Militärhumoresken. Von A[loys] **Kuth**. Köln: J. P. Bachem [1904]. (131 S.) 8° [F.] [ed. 188

Kuthan, J. W., Versuch eines Beweises, daß Pindars Siegeshymnen Urkomödien sind 2c. 1ste Abthl. gr. 8. Dortmund, Mallinkrodt. 808.

Kuthe. Üb. d. Zusammenh. zwischen d. Auftreten d. Ruhr i. Barackenlager d. Artill.-Schießpl. b. Hagenau u. d. Wittergsverhältnisse. (S.-A.) 1882.

Kuthe, A[nton], Dr., Prof.: Xenophons Anabasis als Grundlage des griechischen Elementarunterrichts. *Leipzig 1900: B. G. Teubner.* (39 S.) 8° [F.]
Wismar, Grosze Stadt-S (G u. R), OP 1900 (706)

Kuthe, Anton: Beiträge zur Statistik Spaniens, im Anschluss an De Laet: Respublica Hispanica [1629]. Th. 1. Einnahmen der Spanischen Grossen und Praelaten. 51 Bl. 4° (2°)
Halle-Wittenberg, Phil. Diss. v. 14. Jan. 1875
Geb. [Egeln (Kr. Wanzleben) 28. 10. 1849]

Kuthe, A. Römische Kriegsaltertümer. Für den Schulgebrauch zusammengestellt. 30 S. Progr. *Wismar* 1884.

Kuthe, [Anton (Adolf)], Prof. Dr., Dir.: Die Lateinschule in Parchim. 1782 bis 1800. Ein Beitrag z. Geschichte d. h. Schulwesens. *Parchim 1903: G. Gerlach.* (S. 3—30.) 4°
Parchim, großh. Friedrich-Franz-G m. RPG, OP 1903 (717)

Kuthe, *Anton* Die römische Manipulartaktik. 8 (S. 71—100).
In: Festschrift zur Feier des 50jähr. Dienst-Jubiläums des Direktors Nölting Gr. Stadtsch. *Wismar* 1886.
Progr.

Kuthe, die römische Manipulartaktik, s. Festschrift für Gymn.-Dir. Dr. Nölting.

Kuthe [Dr.]: I. Nachtrag zum (1888 erschienenen) Katalog der Bibliothek. Wismar, Eberhardt'sche Hof- u. Ratsbuchdr., 1890; S. 13—15; 4°
Wismar, groszo Stadt-S (G u. R), OP 1890

Kuthe, *Anton* [Dr.]: II. Nachtrag zum [1888 erschienenen] Katalog der Bibliothek. (I. Nachtr.: P 1890 S. 13—15, II. Nachtr.: 1891 S. 12—13.) Wismar, Eberhardt'sche Hof- u. Ratsbuchdr., 1892; 70—71 S. 4.
Wismar, Grosze Stadt-S (R u. G), OP 1892 (651)

Kuthe, *Anton* [Dr.]: III. [!] Nachtrag zum Katalog der Bibliothek. '(1891. 1892.)' [Forts. d. P-Beil. 1890—92.] Wismar, Druck d. Eberhardt'schen Hof- u. Ratsbuchdr., 1893; 8—12 S. 4.
Wismar, Grosze Stadt-S (G u. R), OP 1893 (651)

Kuthe, *Anton* [Dr.]: IV. Nachtrag zum Katalog der Bibliothek '(1893)'. [Forts. d. P-Beil. 1890—93.] Wismar, Druck d. Eberhardt'schen Hof- u. Ratsbuchdr., 1894; 14—15 S. 4.
Wismar, Grosze Stadt-S (G u. R), OP 1894 (650)

Kuthe, *Anton* [Prof. Dr.]: V. Nachtrag zum Katalog der Bibliothek '(1894)'. [Forts. d. P-Beil. 1890—94.] Wismar, Druck d. Eberhardtschen Hof- u. Ratsbuchdr., 1895; 14—15 S. 4.
Wismar, Grosze Stadt-S (G u. R), OP 1895 (680)

Kuthe, *Anton* [Prof. Dr.]: VI. Nachtrag zum Katalog der Bibliothek '(1895)'. [Forts. d. P-Beil. 1890—95.] Wismar, Druck d. Eberhardtschen Hof- u. Ratsbuchdr., 1896; 14—15 S. 4.
Wismar, Grosze Stadt-S (G u. R), OP 1896 (670)

Kuthe, *Anton* [Prof. Dr.]: VII. Nachtrag zum Katalog der Bibliothek '(1896)'. [Forts. d. P-Beil. 1890—96.] Wismar, Druck d. Eberhardtschen Hof- u. Ratsbuchdr., 1897; 14—15 S. 4.
Wismar, Grosze Stadt-S (G u. R), OP 1897 (682)

Kuthe, [Anton]: VIII. Nachtrag zum Katalog der Bibliothek ⟨1897⟩. *Wismar 1898: Eberhardt.* (14—16 S.) 4° [Fortsetzung d. P-Beilagen 1890—97.]
Wismar, Grosze Stadt-S (G u. R), OP 1898 (663)

Kuthe, [Anton], Prof. Dr.: IX. Nachtrag zum **Katalog** der Bibliothek (1898). *Wismar 1899: Eberhardt.* (S. 14—16.) 4° ¶ [Forts. d. P-Beil. 1888. 1890—98.]
Wismar, Grosze Stadt-S (G u. R), OP 1899 (690)

Kuthe, [Anton], Prof. Dr.: 10. Nachtrag zum **Katalog** der Bibliothek (1899). *Wismar 1900: Eberhardt.* (S. 14—16.) 4° ¶ [Forts. d. P-Beil. 1888. 1890—99.]
Wismar, Grosze Stadt-S (G u. R), OP 1900 (706)

Kuthe, [Anton], Direktor Prof. Dr.: Das Parallelsystem. Eine historisch-pädagogische Studie. Parchim 1906: G. Gerlach. (S. 3—20.) 4°
Parchim, großh. Friedrich-Franz-G OP 1906 (816)

Kuthe, (Georg Eduard) Ernst: Zur Behandlung brandiger Brüche. Berlin (1884). (29 S.) 8°
Berlin, Med. Diss. v. 15. Aug. 1884

Kuthe, Frdr. Wilh., Harzreise. (45 S.) 8. Dresden (907). E. Pierson. 1.—; geb. n 2.—

Kuthe, Frdr. Wilh., auf Reitschule. Eine Tragödie d. freien Liebe. 8. (VI, 78 S.) Dresden 902. E. Pierson. n. 1.50

— **Schau- u. Reimspiele.** 8. (V, 110 S.) Ebd. 901. n. 1.50

Kuthe, Heinr. Chr. Lev. (Gramsdorf/Magdeburg). Disp. de factis eius diei quo Christus e mortuis resurrexit. Präs. H. E. Güte. Halle (Jo. Chr. Hendel) 21. XII. 1780. 22 S. (4.—) 20263
Widm. v.: H. E. Güte, Fr. Leb. Weber, Chr. Frid. Pöckel.

Kuthe, Johannes: Drei Fälle von Echinococcustumoren der Organe der Bauchhöhle, welche zur Verwechslung mit Eierstockskystomen Veranlassung gegeben haben. Halle a. S. 1881: Plötz. 29 S. 8°
Halle-Wittenberg, Med. Diss. v. 11. März 1881
Geb. Merbitz (Saalkr.) 28. 11. 1853. V.

Kuthe, Karl Theodor Ludwig: De electrotherapie. Berolini (1858). (32 S.) 8°
Berlin, Med. Diss. v. 28. Aug. 1858

Kuthe, Max [aus Kauernick]: Ueber Menthylamin ... Dessau, Druck v. Hannesen & Kniestedt, 1893; 43 S., 1 Bl. 8.
Göttingen, Phil. Fak., Inaug.-Diss. v. [13. Juni] 1893

Kuthe, Max, üb. Menthylamin. Diss. gr. 8. (43 S.) Dessau 893. (Göttingen, Vandenhoeck & Ruprecht.) n. 1.—

Kuthe, Paul [aus Schöningen]: **Beitrag zur Lehre und zur Behandlung der Compressionsmyelitis ...** Göttingen, Druck d. Dieterich'schen Univ.-Buchdr., 1893; 16 S. 8.
Göttingen, Med. Fak., Inaug.-Diss. v. [2. März] 1893

Kuthe, Paul, Beitrag zur Lehre u. zur Behandlung d. Compressionsmyelitis. Diss. gr. 8. (16 S.) Göttingen 893. (Vandenhoeck & Ruprecht.) n. — 40

Kuthe, Rudolf *Paul* [aus Anhalt]: **Über Pemphigus chronicus. . . .** Greifswald, Druck v. J. Abel, 1891; 34 S. 8°
Greifswald, Med. Fak., Inaug.-Diss. v. 2. Mai 1891

Käthe, Heinrich, Oberveterinär a. Ober-Ingelheim in Hessen: Albumosurie bei Tieren. (Hannover) [1907] (A. Eberlein.) (27 S.) 8°
Gießen, Veterinär-Med. Koll., Ref. Frank, Diss. v. 9. Nov. 1907
[Geb. 12. Juli 74 Ober-Ingelheim; Wohnort: Celle; Staatsangeh.: Hessen; Vorbildung: Gymn. Bensheim Reife M. 06; Studium: Tierärztl. Hochsch. Berlin 7 S.; Rig. 29. Juli 07.]

Küther, Post-Handbuch, s. Geiß.

Kuthmayr, Rud., Gedichte eines Gottlosen. (III, 71 S.) 8. Dresden 904. E. Pierson. n. 1.—; geb. n. 2.—

Kuthy, Desider: Ueb. d. Einfluss d. verdünnten Luft auf d. Virulenz d. Pneumococcus Fraenkel. *Wien & Leipzig 1897.*
in: **Fortschritte** d. **Hydrotherapie.** Festschr. z. vierzigjähr. Doctorjub. d. Prof. Dr. W. Winternitz. [97. 1493]

Kuthy, Desider., üb. Lungenheilanstalten. Aus d. Werke: D. Therapie d. Lungentuberculose in Sanatorien. D. hygienisch-diätet. Therapie m. Rückblick auf unbemittelte Tuberculotiker. Bevorwortet v. Fr. Korányi u. E.-P. Léon-Petit. [Aus d. Ung.] M. 48, teilweise nach eig. photograph. Aufnahmen verfert. Abb. u. 2 statist. Landkarten. gr. 8. (III, 62 S.) Wien 898. W. Braumüller. n. 1.40

Physikalische Therapie der Skrofulose. Bearb. von Doz. Dr. D[ezsö] O. **Kuthy,** Budapest. Stuttgart: F. Enke 1906. (62 S.) 8°
— **Therapie,** Physikalische, in Einzeldarstellungen. [07. 3903]

Kutna, G[erson]. **Egoismus und Altruismus als Grundlage des Sittlichen. Diss. Phil. Bern ... angenommen ... 27. Juni 1901. 110 S. 8.** (Berlin, Theodor Abb.)

Egoismus und Altruismus als Grundlage des Sittlichen von Dr. G. **Kutna.** *Berlin: Mayer & Müller 1903.* (108 S.) 8°
[Erschien auch als Inaug.-Diss. Bern 1903.] [04. 4564]

— **Geschichte der Malerei, s. Hillger's illustr. Volksbücher.**

Geschichte der Malerei von Dr. G[erson] **Kutna.** Mit 31 Ill. Berlin, Leipzig: H. Hillger [1905]. (98 S.) 8° [B.]
— **Volksbücher,** Hillgers illustrierte. Bd 29.

Kutna, S. N., die Schöpfungslehre der mosaischen Urkunde innerhalb der Grenzen der blossen Vernunft. Studie. gr. 8. (70 S.) Przemyśl 892. (Wien, Ch. D. Lippe.) n. 1.20

Kutna, Salamon, Athereth Scholaum Weómeth. Homilien. Erläutergn. wie auch Erklärgn. schwier. Schriftstellen u. Sprüche der Weisen. 1. Bdchn. (In hebr. Sprache.) gr. 8. (VI, 118; 17 u. 12 S.) Eisenstadt 894. (Wien, Ch. D. Lippe.) n. 2.—

Kutner, C., Entwurf e. Schulzimmers nach d. Leitsätzen d. Schulgesundheitspflege. [Aus: „Deutsche Aerzte-Zeitg."] gr. 8. (10 S. m. 1 Zeichng.) Berlin 896. Ernst Hesse. n. — 25

Kutner, Hersch-Ber, a. Jekaterinoslaw (Rußl.): Ueber Fibrinurie. Berlin (1907): E. Ebering. (44 S.) 8°
Berlin, Med. Fak., Ref. v. Leyden, Diss. v. 20. Apr. 1907
[Geb. 1. Jan. 77 Jekaterinoslaw, Rußland; Wohnort: Jekaterinoslaw; Staatsangeh.: Rußland; Vorbildung: Gymn. Jekaterinoslaw Reife M. 01; Studium: Berlin 10 S.; Rig. 8. April 07.]

Kutner, Isidor: De incontinentia urinae. Berolini (1850). (29 S.) 8°
Berlin, Med. Diss. v. 14. Nov. 1850

Kutner, R., s.: **Elektrizität u. Licht in der Medizin.**

Kutner, Reinhold, Assistenzarzt a. d. Kgl. Universitäts-Poliklinik f. Nervenkranke: **Aus d. Kgl. Universitäts-Poliklinik f. Nervenkranke zu Breslau.** Ueber juvenile und hereditäre **Tabes** dorsalis. *Breslau 1900: R. Galle.* (28 S.) 8°
Breslau, Med. Diss. v. 24. März 1900

Kutner, Rob., d. instrumentelle Behandlg. d. Harnleiden m. bes. Berücksicht. d. Technik d. Katheterismus. Für prakt. Ärzte. gr. 8. (IX, 330 S. m. 61 Abb.) Berlin 898. A. Hirschwald. n. 8.—

Kutner, Robert [aus Ückermünde in Pomm.]: **Über Behandlungsmethoden der Harnröhrenstricturen mit besonderer Berücksichtigung der Le Fort'schen und der elektrolytischen Methoden. . . .** Berlin, Buchdr. v. G. Schade, *1890;* 87 S., 1 Bl. 8°
Berlin, Med. Fak., Inaug.-Diss. v. 28. Aug. 1890

— s.: **Entwicklung u. Fortschritte der Chirurgie.**

Das ärztliche Fortbildungswesen in Preussen. Referat, m. Benutzung amtl. Quellen erstattet in d. 1. Generalversammlung d. Zentralkomitees f. d. ärztl. Fortbildungswesen in Preussen ... von Dr. Robert Kutner. Leipzig: Thieme 1901. 52 S. 8°
(Zentralkomitee f. d. ärztl. Fortbildungswesen in Preussen. Jahresbericht. [1.])
[11. 7063

Kutner, Rob., das ärztl. Fortbildungswesen in Preussen. Referat, m. Benutzg. amtl. Quellen erstattet in der 1. Generalversammlg. des Zentralkomitees f. das ärztl. Fortbildungswesen in Preussen im Ministerium der geistl. p. Angelegenheiten am 18. V. gr. 8. (52 S.) Leipzig 901. G. Thieme. n. 1. 50

— s.: Grenzgebiete in der Medizin.

Kutner, R., s.: Hilfe, erste ärztliche.

Ausstellung ärztlicher Lehrmittel Berlin 1902 veranst. von d. Zentralkomitee f. d. ärztl. Fortbildungswesen in Preussen. Offizieller Katalog der Ausstellung red. von Dr. R[obert] Kutner. *Berlin: A. Scherl (1902).* (XVI, 111, 36 S.) 8°
[03. 1606

Kutner, Robert (Hrsg.),
s. Kriegswissenschaft, Ärztliche.

— s.: Medizin, gerichtliche.

— Methode z. Behandlg. d. chron. Gonorrhoe. Nach e. Demonstration in d. „Berliner medicin. Gesellschaft". [Aus: „Deutsche Aerztezeitg."] gr. 8. (8 S. m. 2 Fig.) Berlin (N. 24, Friedrichstr. 28) 898. Medicin. Waarenhaus. n. — 60

— s.: Rechtskunde, ärztliche.

— s. funktionell. Störg. d. Harnentleerung. (3 S.) gr. 8. Leipzig 906. Verlag der Monatsschrift f. Harnkrankh. n. — 40
Sonderabdr. aus: „Monatsschrift f. Harnkrankh. etc."

Kutner, Rob., Technik u. prakt. Bedeutg. d. Asepsis bei d. Behandlg. d. Harnleiden. gr. 8. (VI, 42 S. m. 8 Abb.) Berlin 897. A. Hirschwald. n. 1. —

Kutner, R. (Red.), s. Volksseuchen

Die Weiterentwicklung des ärztlichen Fortbildungswesens in Preussen. Von Dr. Robert Kutner. Jena: Fischer 1902. S. 463–488. 8° [Umschlagt.]
Aus: Klin. Jahrbuch. Bd 8.
(Zentralkomitee f. d. ärztl. Fortbildungswesen in Preussen. Jahresbericht. [2.])
[11. 7064

Kutner, R. (Red.), s. Zeitschrift für ärztliche Fortbildung.

— s.: Zentralkomitee f. das ärztliche Fortbildungswesen.

Kutner, Severin, neuestes deutsch-polnisches Taschen-Wörterbuch, enth. alle zur Unterhaltg., auf Reisen u. im Geschäftsverkehr erforderl. Wörter, nebst e. geograph. Anh. (Collection Feller.) 2 Vol. 16. Leipzig, B. G. Teubner. In Leinw. kart. à 1. 50
I. Polnisch-deutsch. (404 S.) (902.)
II. Deutsch-polnisch. (336 S.) (900.)

Kutner, Severin, d. polnische Umgangssprache. Eine Auswahl v. Gesprächen d. tägl. Lebens. Nebst Wörterbuch u. Erläutergn. in separatem Anh. 2 Tle. 8. Leipzig 895. R. Gerhard. n. 3. 30; geb. n.n. 3. 75
1. Übungsbuch. (V, 97 S.)
2. Wörterbuch u. Erläuterungen. (71 S.)

Kütner, s. Küttner.

Kutnewsky, Max, Rechenbuch f. Handwerker- u. gewerbliche Fortbildungsschulen, s.: Siebig, Osk.

— Sammlung v. Aufgaben aus der Arithmetik, Trigonometrie u. Stereometrie, s.: Müller, Heinr.

Kutorga, Steph., Beitrag z. Geognosie u. Palaeontologie Dorpat's u. sein. naechsten Umgebungen. Nebst e. Anh. ueber einige Amphibien-Ueberreste aus d. Sandsteine d. Andomschen Berges bei Wytegra. Hrsg. v. d. Mineralog. Gesellschaft. Lex.-8. (3¼ B. u. 7 Stnt.) St. Petersburg 835, (Eggers u. Comp.) •

—— dass. — Zweiter Beitrag. Hrsg. v. ders. Gesellschaft. Lex.-8. (3¼ B. u. 10 Stnt.) St. Petersburg 837, (Eggers u. Comp.) •

—— Beitrag z. Kenntniss d. organ. Ueberreste d. Kupfersandsteins am westl. Abhange d. Urals. Hrsg. v. d. Mineralog. Gesellschaft. Lex.-8. (2¾ B. u. 7 Stnt.) St. Petersburg 838, (Eggers u. Comp.) •

Kutorga, S., geognostische Beobachtungen im südlichen Finland. Mit 24 in den Text eingedr. Holzschn. (Aus den Verhandlungen der Mineralog. Gesellschaft zu St. Petersburg, Jahrg. 1850 – 1851 abgedr.) gr. 8. (136 S.) St. Petersburg 851. (Leipzig, Hartmann.) n. 1⅓ ß

—— Berichte über die Leistungen im Bereiche der Mineralogie, Geognosie, Palaeontologie und mineralog. Chemie in Russland, für die J. 1846—50. gr. 8. (52 S.) St. Petersburg 851. (Leipzig, Hartmann.) •
aus: Verhandlungen der mineralog. Gesellschaft zu St. Petersburg, Jahrg. 1850–51, besonders abgedruckt.

Kutorga. S. Ueber die Brachiopoden-Familie der Siphonotreteae. (Aus Verh. der russ. Miner. Gesellsch.) Petersburg. 1862. 8.

—— Miscellanea zootomico-physiologica. — E. s. t.: Scolopendrae morsitantis anatome observationibus zoolog. atque physiolog. illustrata. 4. (4 B. u. 4 Kpfrt.) Petropoli 834, (Eggers et Comp.) •

—— Naturgeschichte d. Infusionsthiere, vorzügl. n. Ehrenberg's Beobachtungen. M. 1 Atlasse (enth. 5 ill. u. 2 schw. Stnt., u. 2½ B. Text.) Im Aug. 1841 v. d. Verf., durch alle ihm seit dem ersten Erscheinen d. Werkes bekannt geword. Entdeckn., ergänzt, u. von ein. seiner Landsleute aus d. Russ. übers. St. Petersburg 839. gr. 8. (9½ B.) Carlsruhe 841, (Holtzmann.) •

—— zur Naturgeschichte d. Phoca communis F Cuvier. gr. 8. (1¾ B., 4 schw. u. 3 ill. Kpfrt.) St. Petersburg 840, (Eggers u. Comp.) •

— Scolopendrae morsitantis anatome, observationibus zoologicis atque physiologicis illustrata. Cum tab. aen. III. Et. s. tit.: Miscellanea zootomico-physiologica. 4maj. Ibid. 834. n. 4 ß

Kutorga, Stephan: Über einige Baltisch Silurische Trilobiten Russland's. (Aus Verhandl. der Russ. miner. Gesellsch.) Petersburg. 1847. 8°

—— einige Worte geg. d. Theorie d. stufenweisen Entstehung d. organ. Wesen auf d. Erde. gr. 8. (1¾ B.) Bonn 839. König. •

Kutrun. Mittelhochdeutsch, s. Bibliothek d. gesammten deutschen National-Literatur. 1r Bd.

Kutsch u. Pferde. Lstsp. v. Wetzel. 8. Lpz. Dyk. 786.

Kutsch, d. Stellg. d. Buchenhochwaldes im deutschen Nationalvermögen. Hrsg. im Auftr. d. Vorstandes d. Vereinigg. mitteldeutscher Waldbesitzer. gr. 8. (16 S.) Schotten 897. (Gießen, A. Frees.) n. — 50

KUTSCH: Die Stellung des Buchenhochwaldes im deutschen Nationalvermögen. - Giessen 1898. 15 S. hrsg. i. A. d. Vorst. d. Vereinig. mitteldtsch. Waldbesitzer

Kutsch, A. C., Rechenbuch für Schulen, enth. Aufgaben, Musterbeispiele, Auflösungen. 1. Thl. 8. (VIII, 294 S. mit 1 lithogr. Fig.-Taf.) Elbing 874, Neumann-Hartmann's Verlag. * 2 —

Kutsch, A. C. (Red.), s. Schulblatt, Pommersches.

Kutsch, A.C. (Red.), s. Schulblatt, Preussisches.

—— sechs Stufenleitern. Bildliche Darstellung der Grössen-Verhältnisse dekad. und decimaler Einheiten nebst Erläuterungen. 2. Aufl. 4. (1 Stnt.) Elbing 872. (Danzig, Saunier's Buchh.) ** — 15

—— Erläuterungen dazu. 16. (16 S. mit 1 Stnt. in qu. Fol.) Ebendas. 872. * — 30

Kutsch, Ernst Ist an dem mathematischen Unterrichte eine Änderung nach den Zielen und der Verteilung des Lehrstoffes wünschenswert? 9 S. Progr. G. *Giessen* 1884

Kutsch, Jh., polnische Sprachlehre für Schulen. 8. Bresl. 800. J. F. Korn. 1 Thlr.

Kutsch, William A., a. La Salle, Illinois, U.S.A.: Zur Kenntnis der überchromsauren Salze und ihrer Zersetzung in wässeriger Lösung. Freiburg i. B.: Speyer & Kaerner 1907. (49 S.) 8°

Freiburg i. B., Phil. Fak., Ref. Gattermann, Diss. v. 1907

[Geb. 21. Jan. 83 La Salle (Illinois U. St. A.); Wohnort: Freiburg i. B.; Staatsangeh.: Vereinigte Staaten; Vorbildung: Bachelor of science University of Illinois; Studium: Univ. of Illinois 6, Freiburg i. B. 5 S.; Rig. 11. Jan. 07.]

Kutscha, Gustav. Gutachten in Angelegenheit der Ueberprüfung des Wirtschaftsplanes der Religionsfonds-Domäne Föderaun-Tarvis. Klgft., Bertschinger, 1903. Quart. 43 S.

Kutscha, Rich., neueste Tabellen zur Malzuntersuchg. nach dem III. internationalen Kongressverfahren. Bearb. unter Kontrollsystembenutzg. Lex.-8. (IV, 73 S.) Leipzig 901. J. M. Gebhardt. Geb. in Leinw. n. 3. —

Kutschbach, Albin

Kutschbach, A., Aufruf an das deutsche Volk zum Beitritt zur „Neuen freien deutschen Arbeiter-Partei", behufs erfolgreicher Bekämpfung der Socialdemokratie. Im Auftrage des provisor. Comite's. 8. (27 S.) Kassel 877, Maurer's Buchh.

Kutschbach, A., Entwurf von Statuten für eine Fabriks-Pensionskasse und eine freie Vereins-Pensionskasse [Invaliden-, Wittwen- und Waisen-Pensionen]. Mit Berücksicht. des Gesetzes über die Krankenversicherung der Arbeiter vom 15. Juni 1883, sowie des Gesetzes über die Unfallversicherung vom 6. Juli 1884. gr. 8. (20 S.) Düsseldorf 884, Schwann'sche Verlagsb. *

—— in Montenegro und im Insurgentenlager der Herzegowizen. Reiseskizze eines Kriegsberichterstatters. gr. 16. (92 S.) Dortmund 877, Krüger. *

Kutschbach, A., die türkische Revolution im Juli 1908 u. im April 1909. Nebst e. Anh.: Politische Reiseskizzen aus dem Balkan im Sommer 1908. Tagebuchblätter. (159 S. m. 53 Abb.) 8. Halle (909). W. Kutschbach. 3. —

— Sophie Solutzeff — F. Lassalle. Eine Liebesepisode aus dem Leben Ferdinand Lassalle's. Tagebuch — Briefwechsel — Bekenntnisse. [Leipzig: F. A. Brockhaus, 1878.] Eine krit. Studie. 8. (99 S.) Chemnitz 881. Schmeitzner. n. 2. 50

—— Lassalle's Tod. Im Anschluß an die Memoiren der Helene v. Racowitza: Meine Beziehungen zu Ferdinand Lassalle, zur Ergänzung derselben. 1. und 2. Aufl. 8. (206 S.) Chemnitz 880, Schmeitzner. *

Kutschbach, Albin, die Wahlsiege der Socialdemokraten in ihrer Bedeutung für die Arbeitgeber. gr. 8. (11 S.) Leipzig 874, Leiner. ** — 25

— Die Wahlsiege der Sozialdemokraten in ihrer Bedeutung für die Arbeitgeber. 8° Leipzig 1875.

Kutschbach, Jh. Hnr., Gedichte. 1e Samml. 8. Eisenach 815. 2e A. 819. (Gotha, Gläser). 1 Thlr. 4 gr.

— Jesus Christus. (Gedichte.) 8. Eisenach 819. (Bärecke). 9 gr.

— von der noch nicht genug geachteten Impfung der Kuhpocken, nebst einem Vorschlage dieselbe, ohne großen Aufwand, auf das schnellste, vollkommenste und sicherste in einem Staate einzuführen. 8. Gotha, Gläser. 818. -

Kutschbach, K. W., Chronik der Stadt Küstrin. 8. (XVI u. 408 S.) Küstrin 849, Seelhaar in Comm. 1½ Thlr.

Kutsche [Sachliches OW]

KUTSCHE, Die, eine satyrische Geschichte. Leipzig, Barth 1781 8°. 108 S.

Vgl. Allg. dtsch. Bibl. 48, 157. — Goedeke IV, 656, 47. unter Werther-Litteratur.

Kutsche, die, eine satyrische Gesch. 8. Lpzg. Haug. (Barth.) 781.

— die stecken gebliebene; e. Geschichte nach Marivaux. 12. Wien 794. Alberti. (W. G. Korn in Bresl.) 9 kr.

Kutsche, die umgeworfene. — Das verfehlte Ziel. Zwei Erzählungen für die Jugend. Aus d. Französischen übersetzt. 3. Aufl. *Wien* 1858. *A. Pichler's Wtw. & S.* 139 S., 16°. Mit 1 Bilde.

Kutsche, die umgeworfene. — Das verfehlte Ziel. Zwei Erzählungen für die Jugend. Aus dem Französ. übers. 4., verb. Aufl. 8. (144 S.) Wien 860, Pichler's Wwe. und Sohn.

Kutsche [Verfasser]

Kutsche, Emil, die tüchtige Arbeiterfrau. Ein Leitfaden f. den Unterricht in Haushaltungsschulen, sowie zur Selbstbelehrg. Verf. im Auftrage d. oberschles. berg- u. hüttenmänn. Vereins u. v. diesen seinen Mitgliedern zur Einführg. empfohlen. gr. 16. (VIII, 149 S.) Laurahütte 891. J. Pramor. Kart. n. — 70

Kutsche, Emil, Die tüchtige Arbeiterfrau. Verf. i. Auftrage d. oberschles. Berg- u. Hüttenmänn-Vereins. (149 S.) Laurahütte 1892. Pramor. Kart.

Kutsche, Emil, d. tücht. Arbeiterfrau. Verf. im Auftr. d. oberschles. berg- u. hüttenmänn. Vereins. 2. Aufl. 8. (VIII, 132 S.) Wittenberg 897. R. Herrosé. n. — 60

Kutsche, Emil, Hauswirtschaftskunde f. junge Mädchen u. Frauen m. besond. Berücksicht. der Arbeiterklasse, zugleich als Leitfaden f. Haushaltungsschulen bearb. 2. Aufl. (IX, 162 S.) kl. 8. Kattowitz 910. Gebr. Böhm. 1. —

Lehr- und Lesebuch für die reifere weibliche Jugend. Unter besond. Berücks. d. hauswirtschaftl. Ausbildung bearb. von Emil Kutsche. Hauptlehrer, Wilhelm Koenig, Lehrer, Robert Urbaneck [vielm. Urbanek], Lehrer. (Vorr.: Kolbe, Kgl. Kreisschulinsp.) Wittenberg: R. Herrosé 1895. (XV [vielm. XI], 476 S.) 8° [F.]

GV83
8

Kutsche, E., W. Koenig u. A. Urbanek, Lesebuch für die reifere weibliche Jugend. Unter besond. Berücksicht. der hauswirtschaftl. Ausbildg. bearb. 2, verb. Aufl. (XII, 487 S.) 8. Wittenberg 905. R. Herrosé.
Geb. in Leinw. n. 2.40; Prämienausg. n. 3.—

Kutsche, E., Was man aus der Staats- u. Bürgerkunde wissen muss! Die wichtigsten Rechtsregeln des Familienrechts, Gemeinde- u. Staatslebens. Für Schule u. Haus bearb. (VII, 103 S.) 8. Kattowitz, Gebr. Böhm. 1910.
Geb. in Halbleinw. 1. 20.

Kutsche, Joseph. (geb. Lammsdorf bei Neisse 2. 11. 1819): De incubo eiusque medela. Berolini (1842). (32 S.) 8°
Berlin, Med. Diss. v. 14. Okt. 1842

Kutsche, Paul [app. Arzt aus Warmbrunn in Schles.]: Ueber einen Fall von multiplem Echinokokkus des Gehirns ... Rudolstadt, Druck d. fürstl. priv. Hofbuchdr. F. Mitzlaff, 1893; 11 S. 8.
Tübingen, Med. Fak., Inaug.-Diss. v. 1893

Kutscheit, Johann Valerius: Historisch-geographischer Atlas zu den allgemeinen Geschichtswerken v. C. v. Rotteck. Pölitz u. Becker in 50 colorierten Karten v. –. Freiburg i. Br. 1844. Fol.

Kutscheit Joh. Valer., historisch-geographischer Atlas. 50 (lithogr. und) ill. Karten. Mit (III und 60 S.) erläut. Texte. 3. Aufl. (von Jul. Löwenberg's histor.-geograph. Atlas.) Fol. Freiburg im Br. 854(55,) Herder'sche Vrlgsh. *

—— historisch-geographischer Atlas zu den Lehrbüchern der Weltgeschichte von Johs. Bumüller. 25 (lithogr. und) ill. Karten. gr. Fol. (1 Bl. Text.) Freiburg im Br. 850, Herder'sche Vrlgsh.

Kutscheit, Joh. Valerius, vollständiger Atlas der neuesten Erdbeschreibung in 31 (lith. u. color.) Karten mit genauer Angabe der Eisenbahnen u. der übrigen wichtigen Strassen etc. Für d. Schul- u. Privatgebrauch entworfen. qu. Imp. 4. Berlin 848, Nicolai. n. 1 1/3 ₰

Kutscheit, Jh. Valer., vollständiger historisch-geographischer Atlas des deutschen Landes u. Volkes. 1. Heft. (5 lith. u. illum. Bl.) Imp.-Fol. Berlin 842, Schropp u. Co. 2 ₰

—— Gedichte. 16. (8 B.) Berlin 846, Grobe. 1 Thlr.; in engl. Leinw. geb. *

—— Hand-Atlas der Geographie u. Geschichte des Mittelalters f. den Schul- u. Privatgebrauch. 2 Lfgn. gr. Fol. (8 lith. u. col. Bl. u. 1 Bl. Text.) Berlin 844, Trautwein'sche Buchh. à *

—— Hand-Atlas der Geographie und Geschichte des Mittelalters für den Schul- und Privatgebrauch. 3. (letzte) Lfg. gr. Fol. (6 lithogr. und ill. Bl.) Berlin 847, Trautwein'sche Buchh. *
1. und 2. Lfg. Ebendas. 1844. 2 Thlr.

— Hand-Atlas der alten Geschichte u. Geographie für den Schul- u. Privatgebrauch in 10 ill. Karten (u. Text.) gr. Fol. Berlin 843, Schröder. n. 2 ₰

— Herr Albert Heising für Tilly u. gegen Gustav Adolph, oder: Wie die ehrl. Deutschen mit Ruthen gestrichen werden wegen bisher geübter lügner. Geschichtschreibung. Ein Blick auf den 30jähr. Krieg; zugleich ein Beitrag zur Geschichte der Jesuiten in Deutschland. gr. 8. (53 S.) Magdeburg 847, Baensch. 1/4 ₰

Kutscheit, J. V., sieh Gustav Hempel, Reise- u. Eisenbahn-Buch.

Kutscheit, Joh. Valerius, Karte von Dänemark u. Schleswig-Holstein. hoch 4. Lith. u. color. Berlin 848, Nicolai. n. 3 ℳ

Kutscheit, J. Val., Karte der Deutsch-Französischen Gränzländer mit Angabe der seit dem 17. Jahrh. von Deutschland abgerissenen Landtheile und der Deutsch-Französischen Sprachgränze. Berlin, Nicolai, 1848. Fol. Lith. u. kolor. (1/6 Rt.)
——, —— Berlin, Nicolai, 1859. Imp.-4. Lith. u. illum. . . . . (Br. Mus.)
——, —— Berlin, Nicolai's Verlag, 1870. Fol. Lith. u. kol. . . . . (Br. Mus.)

— Karte v. Ober-Italien. [Aus Kutscheit's Atlas d. n. Geogr.] qu. gr. 4. Lith. u. color. Ebd. 848. n. 1/6 ₰

— Karte des ehemal. Königr. Polen u. des westl. Russlands. gr. 4. Lith. u. color. Ebd. 848. n. 1/6 ₰

Kutscheit, Johann Valerius: Karte der Herzogthümer Schleswig, Holstein und Lauenburg zur Übersicht der nationalen und sprachlichen Unterschiede ihrer Bewohner. 2. Aufl. Berlin. o. J. (vor 1839). Farbendruck. 1 Bl. Fol., 28,6/24 cm.

— Karte der Herzogth. Schleswig, Holstein u. Lauenburg, zur Uebersicht d. nationalen u. sprachlichen Unterschiede ihrer Bewohner. gr. 4. Lith. u. color. Ebd. 848. n. 1/6 ₰

— Karte der Staaten Mittel-Italiens. [Aus Kutscheit's Atlas d. n. Geogr.] gr. 4. Lith. u. color. Ebd. 848. n. 6 ℳ

— Karte v. Ungarn u. Siebenbürgen u. den Donaufürstenthümern Moldau u. Walachei mit Angabe der ethnograph. Verhältnisse. qu. Fol. Lith. u. color. Ebd. 848. n. 8 ℳ

— Karte der kirchl. Verhältnisse der Schweiz. Lith. gr. 4. Berlin 845, v. Puttkammer. 1/12 ₰

Kutscheit, Joh. Valerius, Kirchenkarte von Deutschland. Versuch einer kartographischen Darstellung der kirchlichen u. confessionellen Verhältnisse Deutschlands, incl. Preussens und der Schweiz. (Nebst: Uebersicht der Ausbreitung des Protestantismus in Deutschland vor der Einführung der Jesuiten.) Berlin. Gumprecht, 1845. Roy-Fol. Kolor. (2/3 Rt.) . . . . (Br. Mus.)

—— das deutsche Kirchenthum. Eine geschichtl.-statistische Betrachtung. Zugleich z. Beleucht. u. Vervollständigung meiner Kirchenkarte v. Deutschland. gr. 8. (4 1/4 B.) Danzig 846, Gerhard'sche Buchh. *

—— Hr. Prof. Dr. Lepsius u. d. Sinai. Prüfung u. Beseitigung d. v. dem genannt. Hrn. Prof. auf seiner Reise nach d. Halbinsel des Sinai f. die bibl. Geographie gewonnenen Resultate. gr. 8. (2 B. u. 1 Karte d. Sinai-Halbinsel.) Berlin 846, Moeser u. Kühn. *

Kutscheit, Jh. Valer., s. Löwenberg, Jul., histor.-geogr. Atlas.

— Orbis terrarum ex Corn. Nepotis vitis excellentium imperatorum descriptus. [Tabulae geographicae ad illustranda Graecorum et Romanorum scriptorum opera historica et geographica tab. I.] Fol. Lith. Ebd. 848. n. 1/6 ₰

—— Orbis terrarum ex Corn. Nepotis vitis excellentium imperatorum descriptus. (Tabulae geographicae ad illustranda Graecorum et Romanorum scriptorum opera historica et geographica Tab. I.) Lith. Fol. Berolini 851, libr. Nicolai. *

— Palästina. Ein Karten-Tableau zur Uebersicht der Geographie u. Geschichte des heil. Landes. Nebst 9 Plänen. 2. mit Nachträgen verm. Aufl. Roy.-Fol. lith. u. illum. Berlin 843, Trautwein. n. 3/4 ₰

— siehe: Profezeiungen. — Reise- u. Eisenbahn-Buch.

— u. G. Hempel, Reise- u. Eisenbahn-Buch, siehe: Hempel, G.

— die Schweiz (mit Bezeichnung d. Sonderbundes.) qu. gr. 4. Kpfrst. u. color. Ebd. 847. n. 1/6 ₰ — 2. Aufl. Kpfrst. u. col. Mit 1 Bl. Text: Zahlenverhältnisse d. polit., kirchl. u. militair. Kräfte d. Schweiz. Ebd. 847. — 3. Aufl. Ebd. 847. — 4. Aufl. Ebd. 847. — 5. Aufl. Ebd. 847. n. 8 ℳ

— Straßen-, Industrie- u. Verkehrskarte von Central-Europa, (der deutschen Bundesstaaten, Frankreich, Belgien, Niederlande, Großbritannien, Dänemark, Schweden u. Norwegen bis Bergen, Rußland bis Petersburg u. Moskau, Italien bis Florenz u. Livorno. (Mit Angabe der schiffbaren Flüsse u. Canäle, d. Eisenbahnen u. gewöhnl. Straßen ꝛc. ꝛc. — Commercial map of Central-Europe etc. — Carte routière, industrielle et commercielle de l'Europe centrale. (6 lith. u. col. Bl.) gr. Fol. Berlin 846, Trautwein'sche B. Auf Leinw. cart. 7 1/3 ₰

— Tabula geographica Italiae antiquae. gr. Fol. (6 lith. u. color. Bl.) Berolini 851, Nicolai. n. 2 2/3 ₰

— Vergangenheit, Gegenwart u. Zukunft. Aphorismen. gr. 12. (29 S.) Köln 849, Welter in Comm. n. 1/12 ₰

— Völker- und Sprachen-Skizze von Europa. Lithogr. und ill. qu. Fol. Berlin 848, Nicolaische Buchh. *

— Völker- u. Sprachen-Übersicht v. Mittel-Europa. qu. Fol. Lith. u. color. Berlin 848, Nicolai. n. 6 ngl

Kutscheit, Joh. Val., Völker- u. Sprachen-Uebersicht von Mittel-Europa. Berlin 1848. qu.-Fol. Lith. u. kolor.
—, — Berlin [1862?] . . . . (Br. Mus.)

— Zoll- auch Eisenbahn-Karte d. deutschen Zollvereins-Staaten nach den amtl. Bekanntmachungen entworfen. Lith. u. col. Fol. Berlin 846, Eyssenhardt'sche Buchh. n. 1/2 ₰

Kutscher [Sachliches OW]

Kutscher, d. vollkommene, oder d. Kunst zu fahren, Kutschpferde zu behandeln u. sie zu heilen. gr. 8. Leipz., (W. Nauck). 1 ₰

Kutscher, d. vollkommene, od. die Kunst zu fahren, Kutschpferde zu behandeln u. sie zu heilen. gr. 8. Leipz. Sommer.

Der vollkommene Kutscher, oder die Kunst, Kutsche und Pferde ... in gehörigem Stand zu halten ... nebst e. Unterricht für d. Kutscher, von Kutschpferden, ihren Krankheiten, u. d. Mitteln, selbige zu heilen. Nach d. 2. franz. Ausg. übers. von E. M. S. A. Frankfurt u. Leipzig 1778. 368 S.

Kutscher, Der vollkommene, ... nach der zwoten französischen Ausgabe ... Frankfurt u. Leipzig 1778. V: *Mancini-Mazarini, Phil. Julien.* (BrMm)

— der vollkommene, oder Anweis., wie man Pferde erziehen ꝛc. kann. Mit 2 Kpf. 8. Leipz. 801. Baumgärtner. 18 gl

— — dasselbe m. K. 8. Wien, Gerold. 805.

Der vollkommene u. wohlunterrichtete *Kutscher* ... Von F. L. v. H. Leipz. [1801]. (14) 196 S. 2 Tvl.

Kutscher, der, wie er sein sollte oder die Kunst Kutsche und Pferde in gehör. Stande zu halten und recht damit zu fahren. Eine Anweisung für Kutscher und die es werden wollen wie auch für jeden Equipagen-Besitzer. 8. (VIII, 95 S.) Quedlinburg 872, Ernst'sche Buchh. * 1 —

Kutscher [Verfasser]

Kutscher, vergleichende Untersuchungen über verschiedene Verfahren der Typhusschutzimpfung, s.: Kolle W.

Kutscher, Art., die Ausdruckskunst der Bühne. Grundriß u. Bausteine zum neuen Theater. (Der Buchschmuck wurde v. Freibank Schulz entworfen.) (VII, 223 S.) kl. 8. Leipzig 910. F. Eckardt. Geb. in Leinw. 2. —

Kutscher, Arthur, Dr. phil. München-Hannover: Friedrich Hebbel als Kritiker des Dramas. Seine Kritik und ihre Bedeutung. Berlin: B. Behr 1907. (XI, 229 S.) 8° [Ft.] ¶(= Hebbel-Forschungen Nr. 1.)
München, Phil. Fak., Hab.-Schr. v. 1907

— Die Kunst u. unser Leben, s.: Schriften der Münchener freien Studentenschaft. Nr. 1.

Kutscher, Arthur, a. Hannover: Das Naturgefühl in Goethes Lyrik. Straßburg-Frankfurter Lieder. Hannover 1904: A. Eberlein & Co. (35 S.) 8° ¶(Teil d. eingereichten Arbeit: Goethes Lyrik bis 1789).
München, Phil. Fak., Ref. Muncker, Diss. v. 3. Sept. 1904
[Geb. 17. Juli 78 Hannover; Wohnort: Hannover; Staatsangeh.: Preußen; Vorbildung: Lyzeum I Hannover Reife O. 99; Studium: München 2, Kiel 1, Berlin 1, München 6 S.; Rig. 2. März 03.]

Kutscher, Arth., das Naturgefühl in Goethes Lyrik. Strassburg—Frankfurter Lieder. Diss. (35 S.) 8. Hannover 904. (M. & H. Schaper.) n. 1. 50

Das Naturgefühl in Goethes Lyrik bis zur Ausgabe der Schriften 1789. Von Dr. phil. Arthur Kutscher. Leipzig: M. Hesse 1906. (X, 178 S.) 8°
[Ein T. erschien als Inaug.-Diss. München 1904.]
— Beiträge, Breslauer, z. Literaturgeschichte. 8. [06. 9310]

Kutscher, Arthur (Hrsg.), s. Reder, Heinrich von: Gedichte.

— Schiller u. wir, s.: Wertung. 12. Heft.

Kutscher, Arthur (Hrsg.), s. Schiller, Friedrich von: Werke.

Kutscher, E., die neue Aufbereitungs-Anstalt bei Clausthal. Mit einem Atlas mit 10 Taf. (Kpfrst.) und 4 Texttaf. (in Fol. und gr. Fol.). gr. 4. (20 S. mit 4 Kpfrtaf. in gr. 4. und Fol.) Berlin 873, Ernst und Korn. * 10 —
Aus: Zeitschrift für Berg-, Hütten- und Salinen-Wesen, besonders abgedruckt.

Kutscher, Emil, über die Verwendung der Gerbsäure im Stoffwechsel der Pflanze. Inaugural-Dissertation. gr. 8. (86 S. mit 2 Stnt.) Regensburg 888. (Göttingen, Vandenhoeck und Ruprecht's Verlag.) *

Kutscher, Franz, approb. Arzt aus Giessen: Aus d. chirurg. Universitätsklinik zu Giessen. Dir.: Prof. Dr. Poppert. Ein Fall von subcutaner totaler Ruptur der Arteria poplitea. *Strassburg: K. J. Trübner 1902.* (24 S.) 8°
Giessen, Med. Diss. v. 1902

Kutscher, Franz Jakob

Kutscher, Frz. Jak., († 1821.) Amerika, nach seiner ehemal. u. jetzigen Verfassung dargestellt, nach den besten Geschichts- u. Reisebeschreibb. 3 Bde. gr. 8. Schlesw. 802—5. (Altona, Hammerich). 4 ₰ 12 gl

Kutscher, F. J., Amerika nach seiner ehemal. u. jetzigen Verfass. nach d. best. Geschicht. u. Reisebeschr. 3 Bde. gr. 8. Schleswig, Christiani. 803—5. (1r 2 Rthlr. 2r 1 Rthlr. 12 gr. 3r 1 Rthlr.)

— Gesch. d. Christenth. d. Hierarchie u. Ketzerei nach ihrer Entsteh. ꝛc. Ein Beytr. z. Kirchengesch. d. eilf ersten Jahrhunderte. gr. 8. Erfurt, Rudolphi. (Hammerich, Altona.) 803.

Kutscher, F. J., Dr. M. Luthers Reisen und merkwürdige Schicksale. 8. 802. Hat jetzt Hammerich in Altona

— s.a. Mart. Luther, Reisen u. merkwürd. Schicksale. — Volkskalender.

Kutscher, Friedrich

Kutscher, Fr., u. Goswin Ziekgraf, die Bildung von Guanidin bei Oxydation v. Leim m. Permanganaten. Mitgetheilt v. Fr. Kutscher. (6 S.) gr. 8. Berlin 903. (G. Reimer.) n. — 50
Sonderabdruck aus: „Sitzungsber. d. preuss. Akad. d. Wiss."

Kutscher, Frdr., d. Endpunkte d. Trypsinverdauung. Habilitations-Schrift. gr. 8. (26 S.) Strassburg 899. K. J. Trübner. n. — 80

Kutscher, Friedrich [app. Arzt aus Schwetz]: Zur Casuistik der Gastritis diphtheritica ... M. e. Taf. Giessen, C. v. Münchow, Univ.-Dr., 1893; 32 S., 1 Taf. 8.
Giessen, Med. Fak., Inaug.-Diss. v. 1893

— zur Kenntniss der Amidosäuren der Reihe $C_n H_{2n} + 1 NO_2$. gr. 8. (5 S.) Berlin 902. (G. Reimer.) n. — 50
Sonderabdruck aus: „Sitzungsber. d. preuss. Akad. d. Wiss."

Kutscher, G. F., prakt. Clavierschule für Anfänger. 1s Heft. gr. 4. Regensb. 832. Reitmayr. 16 K

Kutscher, G., Tonleiter-Uebungen für das Pianoforte in allen harten u. weichen Tonarten, nebst einfachen u. doppelten chromatischen Tonleitern mit Fingerbezeichnung und 62 verschied. Cadenzen. qu. Fol. Regensburg 838. Reitmayr. 1/2 ß

Kutscher, G. F., s. Türk, D. G.: 120 Tonstücke für d. Pianoforte ...

Kutscher, H., Geometrie, Feldmessen u. Nivellieren. (Landwirtschaftliche Unterrichtsbücher.) 8. (IV, 126 S. m. 172 Abbildgn.) Berlin 894. P. Parey. Geb. in Leinw. n. 1. 40

[F.] Geometrie, Feldmessen und Nivellieren. Von H. Kutscher, Lehrer an d. ldw. Lehranst. . zu Hohenwestedt ... 2., neubearb. Aufl. M. 164 Textabb. *Berlin: P. Parey 1898.* (2 Bl., 122 S.) 1 Bd 8.
(Landwirtschaftliche Unterrichtsbücher. [No 14.]) [98. 6857

Kutscher, H. Plan- u. Situationszeichnen, s.a. Thaer-Bibliothek.

— Plan- u. Situationszeichnen. Vorlagen zum Gebrauche f. Landwirte u. landwirtschaftl. Lehranstalten. 8 (IV, 50 S. m. Fig. u. 24 Farbendr.-Taf.) Ebd. 892. Geb. n. 2. 50

Kutscher, H: Schubert's landwirthschaftliches Rechenwesen. 4. Aufl. Berlin 1891

— Wiesenbau, s.a. Unterrichtsbücher, landwirtschaftliche.

Kutscher, H.: Wiesenbau. Mit 45 Textabbildungen. Berlin. 1893.
= Landwirtschaftliche Unterrichtsbücher. Bd. 8. 8°

[F.] Wiesenbau. Von H. Kutscher, Lehrer ... zu Hohenwestedt in Holstein. 2., verm. Aufl. M. 67 Textabb. *Berlin: P. Parey 1898.* (2 Bl., 104 S.) 1 Bd 8.
(Landwirtschaftliche Unterrichtsbücher. [No 8.]) [98. 3030

Kutscher, H., Wiesenbau. (Landwirtsch. Unterrichtsbücher.) 3., neubearb. Aufl. (136 S. m. 87 Abbildgn.) 8. Berlin 909. P. Parey. Geb. in Leinw. 1, 40

Kutscher, Josef Die Ärzte des XVII. Jahrhunderts nach den Komödien Molières. 8 (S. 26—59).
Nicht im Tauschverkehr. Deutsche Staatsrsch. *Karolinenthal* 1891.
Progr.

Kutscher, J. Die Heldengestalten bei Racine. Teplitz, G., 1890. 64 S.

Kutscher, Karl [app. Arzt aus Berlin]: Ein Beitrag zur Kenntnis des Wachstums der Hauthörner ... Freiburg i. B., Buchdr. E. Kuttruff, 1895; 40 S., 2 Taf. 8.
Freiburg i. B., Med. Fak., Inaug.-Diss. v. 1895

Kutscher, Wilhelm: Die Stellung des Artikels x §§ 3 und 4 des deutsch-guatemalischen Vertrages vom 20. September 1887 zum System der Erwerbung und des Verlustes der deutschen Reichs- und Staatsangehörigkeit. *Greifswald 1897: J. Abel.* (37 S.) 8°
Greifswald, Jur. Diss. v. 1897

Kutschera, Ant., Geschichte der Vorzeit aus Denkmalen. 1—5. Heft. Graz 865—68. (Leuschner & Lubensky.) 16. (79 S.) n. 16 ngr.

Kutschera, B., ausführl. Darstell. d. Grundsätze d. deutschen Rechtschreibung, für Lehrer u. Lernende. gr. 12. Wien 826. Tendler. 16 K

Kutschera, E. E., s. Briefe eines Deutschen aus Nord-Amerika.

Kutschera, Edmund

— s.: Jahr- u. Adressenbuch d. Zuckerfabriken u. Raffinerien Oesterreich-Ungarns.

Kutschera, Edmund (Red.), s. Wochenschrift des Centralvereins f. Rübenzucker-Industrie ...

Kutschera, Edm., d. Artikel Zucker. Ein Beitrag zur Aufklärg. gr. 8. (23 S. m. 2 farb. Taf.) Wien 896. (W. Frick.) 1. 50

Kutschera, Eugen. Festspiel [für die] Aargauische Centenarfeier von G[ottlieb] Fischer, Musik von Eugen Kutschera. Clavierauszug mit Text. 59 S. gr.-8. Aarau, Comm. E. Wirz (Berliner Musikalien Druckerei Charlottenburg), [1903]. fr. 5. —

Kutschera, Eugen. Arnold von Melchtal. Festdrama in 3 Akten von G[ottlieb] Fischer. Musik von E' K'. Klavierauszug mit Text. 23 S. gr.-8. Aarau, H. R. Sauerländer & Co., 1908. [fr. 3. —]

Kutschera, Eugen. Spottlied der Bauern aus dem Aargauischen Festspiel: « Die Herre vò Züri u. Bärn ». Worte von G[ottlieb] Fischer, Musik von Eugen Kutschera. [Mit Klavierbegleitung. — Titel illustriert.] 10 S. gr.-8. Aarau, Comm. Emil Wirz, [1903]. [fr. 1. —]

Kutschera, Franz

Kutschera, F., das Buch vom Einmachen der Früchte u. Gemüse, s.: Klein, C. F.

Kutschera, Frz., das Buch d. Mehlspeisen u. Backwerke, s.: Klein, C. F.

— u. C. F. Klein, das Buch der Ragouts u. feinen Saucen. 8. (XX, 136 S. mit 2 Steintaf.) Leipzig 880. Lesimple. cart. n. 1. 60

Kutschera, Fr., u. C. F. Klein, das Buch der Ragouts u. feinen Saucen. 2. (Titel-)Ausg. 8. (XVIII, 136 S. m. 2 Taf.) Leipzig 892. A. Lesimple. Kart. n. 1. 20

— — das Buch der Suppen. 2. (Titel-)Ausg. 8 (2 u. 32 S.) Ebd. 892. Kart. — 45

Kutschera, Hugo Frhr. v., die Chasaren. Historische Studie. Ein Nachlass. 1. u. 2. Aufl. (271 S.) gr. 8. Wien 909. 10. A. Holzhausen. 5. —

Kutschera, J. G., s. Navier, (Ober-Ingenieur), Bericht ꝛc.

Kutschera, Ignaz (Hrsg.), s. Liguori, Alfons Maria von: Moral-Theologie.

Kutschera, (J. U.) Carl, Gräffenberg. Beschreibung der Heilanstalt und ihrer Umgebung nebst einer Anleitung für den dort. Curgebrauch. gr. 8. (74 S. mit 2 lithogr. Karten.) Wien 873, Braumüller. * 2 —

Kutschera, Karl, Lindewiese. Kurort für diätetische Heilmethode. Schilderung dieser Kur u. der sonstigen Verhältnisse dieses Kurortes. gr. 8. (72 S.) Freiwaldau 880. (Leipzig, Grieben.) n. 1. 20

Kutschera, Carl, die Schroth'sche Naturheilmethode in Lindewiese. (72 S.) 8. Freiwaldau 880. A. Blažek. — 70

KUTSCHERA, Max
Max Kutschera. Macau der erste Stützpunkt europäischen Handels in China. Wien. 1900. v. Hölzl. 8°. 69 S. Geb. K 3.—

Kutschera, Oscarus: Le manuscrit des sermons français de Saint Bernard traduits du latin date-t-il de 1207? Halis Saxonum 1878: Karras. 46 S. 8°
Halle-Wittenberg, Phil. Diss. v 2. Juli 1878
Geb. Berlin 28. 12. 1850. V

Kutschera Ritter v. Aichbergen, Adf., Anleitung zur Desinfection in der Landpraxis. 1.—3. Aufl. 8. (8 S.) Leoben 894. L. Nüßler. — 10

Kutschera Ritter v. Aichbergen, Adf., Compendium der österreichischen Sanitäts-Gesetze u. Verordnungen. Unter specieller Anführg. der steiermärk. Provinzialvorschriften zusammengestellt. gr. 8. (V, 292 S.) Graz 899. (Leuschner & Lubensky.) Geb. in Leinw. n.n. 6. 75

Kutschera Ritter v. Aichbergen, Adf., Kompendium der österreich. Sanitäts-Gesetze u. Verordnungen. 2. Bd. (IV, 277 S.) gr. 8. Graz 907. (Leuschner & Lubensky.) Geb. in Leinw. nn 6. —
Bd. I. Ebd. 899. Geb. nn 6.75

Kutschera Ritter von Aichbergen, Adolf, s.a. Compendium der österreichischen Sanitätsgesetze.

Kutschera von Aichbergen, Dr. Adolf, Navod k desinfectiji o praksi na deželi. 8. (17 S.) 15
Leoben: Nüssler 1897.

Kutschera Ritter v. Aichbergen, Adf., s.: Sanitätswesen, d. steiermärk.

Kutschera v. Aichbergen, Greg., Johann Anton Leisewitz. Ein Beitrag zur Geschichte der deutschen Literatur im 18. Jahrh. Nach dem Tode des Verf. hrsg. gr. 8. (VI, 142 S.) Wien 876, Gerold's Sohn. *

Kutscherow, Michael, a. St. Petersburg: Zur Kenntnis der Metallnitrosoverbindungen. Straßburg i. E. 1906: C. Müh. (67 S.) 8°
Straßburg, Math.-naturwiss. Fak., Ref. Thiele, Diss. v. 1906
[Geb. 4. Dez. 81 St. Petersburg; Wohnort: St. Petersburg; Staatsangeh.: Rußland; Vorbildung: Wwedenskaya-Gymn. St. Petersburg Reife 00; Studium: St. Petersburg 3. Straßburg 8 S.]

Kutscher-Spiegel. Sinn- u. Denksprüche, Anweisgn. und Verhaltungsregeln f. Kutscher u. Knechte. Fol. (1 Bl. m. 1 Abb.) Herborn 897. J. M. Beck'sche Buchdr. — 25

Kutscher-Zeitung, allgemeine deutsche. Illustr. Fachzeitschrift f. Pferdefreunde, Kutscher, Reitknechte u. Pferdepfleger. Mit der Unterhaltungs-Beilage: „Feierstunden". Red.: Rich. Schoenbeck. 1 Jahrg. Octbr.—Decbr. 1894. 13 Nrn. (à ca. 2 Bog.) gr. 4. Berlin, A. W. Hayn's Erben. n. 1. —

Kutscher-Zeitung, allgemeine deutsche. Illustr. Fachzeitschrift f. Pferdefreunde, Kutscher, Reitknechte u. Pferdepfleger. M. d. Unterhaltungs-Beilage „Feierstunden". Red.: Rich. Schoenbeck. 2. Jahrg. 1895. 52 Nrn. (à ca. 2 Bog.) gr. 4. Berlin, A. W. Hayn's Erben. n. 4. —

— dasselbe. Spezial-Organ f. Pferdeschutz m. d. Beilage „Illustr. Unterhaltungs-Blatt". Red.: Rich. Schoenbeck. 3. u. 4. Jahrg. 1896 u. 1897. à 52 Nrn. (à ca. 8 u. 4 S.) gr. 4. Ebd. à Jahrg. n. 4. —
Weiter nicht erschienen.

Kutschewski, Jos., Beobachtungen an Kanalstrahlen, s.: Sitzungsberichte der Heidelberger Akademie d. Wissenschaften. Math.-naturw. Kl. 1910. XIII. (Koenigsberger, Joh.)

— Beobachtungen üb. Lichtemission u. Kanalstrahlen, s.: Sitzungsberichte d. Heidelberger Akademie d. Wissenschaften. Math.-physik. Kl. 1910. IV. (Koenigsberger, Joh.)

Kutschig, Karl von: Über ein Einwirkungsprodukt von Phosphorpentasulfid auf Harnstoff.
Separatabdruck aus: Sitzungsberichte d. K. Akad. d. Wissensch. in Wien. Bd. 97. IIb. S. 391.

Kutschke, Artur Hoffmann-
s. Hoffmann-Kutschke. [illegible]

Kutschke, August, s.a. Hoffmann - Kutschke.

Kutschke's (Gbelf. Hoffmann) ausgew. Gedichte. E. patriot. Liederbuch f. alte u. junge Krieger. 8. (V, 213 S. m. Bildn.) Breslau 895. Schlesische Buchdruckerei ꝛc. n. 2. —

Kutschke's Kriegs-Memoiren. Von ihm selbst erzählt. Mit vielen Illustr. (in eingedr. Holzschn.) 8. (190 S.) Berlin 871. Leipzig, Fest. n. 1. 50

Kutschke's Kriegs-Memoiren. Von ihm selbst erzählt. 8. (190 S. mit vielen Illustr. in eingedr. Holzschn.) Berlin 871, Schlingmann. * 1 50

(Kutschke, August:) Füsilier Kutschke vor Metz. (Dresden: Dresdner Roman-Verl. [1906].) 32 S. 8° [Umschlagt.]
(Der Krieg. Bd. 11.)

—— des Füsiliers, Leben und Thaten. Nach seinen mündl. und schriftl. Mittheilungen und Schreibebriefen zusammengestellt und hrsg. von seinem Freunde Wutschke. Illustr. und mit vielen (eingedr.) Holzschn. und Figuren ausgeschmückt nach Orig.-Zeichnungen des berühmten Füsiliers. 19 Hefte. (917 S.) München 871—73, Wagner's Nachf. à Lfg. 40 Pf. 7 60

—— des wahrhaftigen, Lieder und Unterhaltungen aus dem deutschen Reichskriege. Vom alten Sechsundzwanziger. 16. (106 S. mit dem Portr. des Verf. in Holzschn.) Schwerin 871, Stiller'sche Hofbuchh. * — 50

Kutschke, Aug., Napolium-Lieder, zu singen nach der bekannten Weise: „Ich bin der Doctor Eisenbart." Bremen 870. Tannen. gr. 8. (4 S.) 1½ ngr

— — 2., stark verm. Aufl. Ebend. 870. gr. 8. (7 S.) 1½ ngr

Kutschke, Aug., Napolium-Lieder. 7., stark verm. Aufl. gr. 8. (15 S.) Bremen 871. Tannen. — 15

— dasselbe. 8. verm. Aufl. gr. 8. (18 S.) Ebend. 871. — 30

Kutschkelied, das, auf der Seelenwanderung, s. Ehrenthal, Wilh.

—— das, vor dem Untersuchungsrichter, s. Grieben, Herm.

Kutschker, Joh. Bapt., die gemischten Ehen, von d. kathol.-kirchl. Standpuncte aus betrachtet. 2., verm. Ausg. gr. 8. (22½ B.) Wien 838, [Wimmer, Schmidt u. Leo.]

Kutschker, Joh. Bapt., die gemischten Ehen, vom kathol.-kirchlichen Standpunkte betrachtet. 3., verm. Ausg. gr. 8. (32¼ B.) Wien 842. [Schmidt u. Leo.] 1

Kutschker, Jh. Bapt., die gemischten Ehen, vom katholisch-kirchlichen Standpuncte betrachtet. 3. verm. Ausg. gr. 8. Wien 842, Wimmer. 1¾ ℛ

Kutschker, Dr. Johann — Das Eherecht der katholischen Kirche nach seiner Theorie und Praxis. Mit besonderer Berücksichtigung der in Oesterreich zu Recht bestehenden Gesetze, dargestellt von — —. Erster Band. 1—3. Heft. Wien, 1856 Gedr. bei Josef Stöckholzer v. Hirschfeld. Wilh. Braumüller. (VIII. S. 1—590 8.) Schluß des 1ten Bandes.

Kutschker, Dr. Johann — Das Eherecht der katholischen Kirche nach seiner Theorie und Praxis. Mit besonderer Berücksichtigung der in Oesterreich zu Recht bestehenden Gesetze von — —. 2. Band. 1tes und 2tes Heft. Wien, 1856. Gedruckt bei J. Stöckholzer v. Hirschfeld. Wilhelm Braumüller. (308 S. 8.)

Kutschker, Dr. Johann — (Abt zur heiligen Jungfrau zu Pagrany, k. k. Hof- und Burgpfarrer zu Wien.) Das Eherecht der katholischen Kirche nach seiner Theorie und Praxis. Mit besonderer Berücksichtigung der in Oesterreich bestehenden Gesetze, von — —. 3ter Band. 1—4. Heft. Wien, 1856. Gedr. bei Josef Stöckholzer von Hirschfeld. Bei Wilh. Braumüller. (750 S. 8.) Schluß des dritten Bandes.

Kutschker, Dr. Johann — Das Eherecht der kathol. Kirche nach seiner Theorie und Praxis. Mit besonderer Berücksichtigung der in Oesterreich zu Recht bestehenden Gesetze, dargestellt von — —. 4. Bd. 1—4. Heft. Wien, 1857. Wilh. Braumüller, k. k. Hofbuchh. Gedruckt bei Josef Stöckholzer v. Hirschfeld. (816 S. 8.)

Kutschker, Johann. *Dr.* Das Eherecht der katholischen Kirche nach seiner Theorie und Praxis. Mit besonderer Berücksichtigung der in Oesterreich zu Recht bestehenden Gesetze, von — —. Fünfter Band. Erstes und zweites Heft. *Wien* 1857. Gedruckt bei *Josef Stöckholzer v. Hirschfeld. Wilhelm Braumüller,* k. k. Hofbuchhändler. 434 Seiten 8°.

Kutschker, Joh. *Dr. Abt zur h. Jungfrau in Pagrany, k. k. Hof- und Burgpfarrer zu Wien.* Das Eherecht der katholischen Kirche nach seiner Theorie und Praxis. — Mit besonderer Berücksichtigung der in Oesterreich zu Recht bestehenden Gesetze dargestellt. V. Bd. *Wien* 1857. *W. Braumüller*, k. k. Hofbuchhändler. Druck von *Jos. Stöckholzer v. Hirschfeld.* S. 435—1015. 8°. 3 fl.

Kutschker, Joh., das Eherecht der katholischen Kirche nach seiner Theorie und Praxis. Mit besonderer Berücksichtigung der in Oesterreich zu Recht bestehenden Gesetze dargestellt. 5 Bde. Wien 856—58. Braumüller. Lex.-8. (1. Bd.: VIII, 590 S.; 2. Bd.: 308 S.; 3. Bd.: 749 S.; 4. Bd.: 816 S.; 5. Bd.: 1015 S.) n. 14 ℛ.

Kutschker, Joh., das Eherecht der katholischen Kirche nach seiner Theorie und Praxis. 4. Bd. 4 Hefte und 5 Bd. Lex.-8. Wien 857—59, Braumüller's Verlags-Conto. [4. Bd. (816 S.) 5. (1015 S.)] *

1—3. Bd. Ebendas. 1856. * 7 Thlr. 6 Ngr.

— die heiligen Gebräuche, welche in der katholischen Kirche (ritus latini) vom Sonntage Septuagesimâ bis Ostern beobachtet werden. 1. Theil. Enthältend: Die heiligen Gebräuche vom Sonntage Septuagesimâ bis zum Palmsonntage. Nach Anleitung bewährter kathol. Schriftsteller erklärt. gr. 8. Wien 842, Braumüller u. Seidel. 1⅓ ℛ — 2. Thl. Enthalt.: Die heil. Gebräuche d. Charwoche. Nach Anleit. bewährter kath. Schriftsteller erklärt. gr. 8. Ebd. 842. 1⅓ ℛ

Kutschker, Joh. Bapt., die heiligen Gebräuche, welche in der kathol. Kirche (ritus latini) vom Sonntage Septuagesimâ bis Ostern beobachtet werden. 2 Thle. gr. 8. Wien, Braumüller u. Seidel. à 1 Thlr. 10 Ngr. Thlr.

Thl. 1. Die heil. Gebräuche v. Sonntage Septuagesimâ bis z. Palmsonntage. Nach Anleitung bewährter kathol. Schriftsteller erklärt. (23¾ B.) 842.

" 2. Die heiligen Gebräuche der Charwoche. Nach Anleitung bewährter kathol. Schriftsteller erklärt. (28¾ B.) 843.

Kutschker, Joh., die Lehre vom Schadenersatze od. v. der Restitution, nach dem Vorgange der Theologen mit Rückblick auf die kirchl. u. staatl. Gesetzgebung. Zum Gebrauche der Seelsorgsgeistlichkeit erläutert. gr. 8. (XIV u. 586 S.) Olmütz 851, Neugebauer. 2⅙ ℛ

Kutschker, Joh. (Bapt.), Sammlung der Vorschriften, nach welchen sich die Kuratgeistlichkeit bezüglich der Verkündigung des Wortes Gottes, der Spendung der heil. Sakramente, der seelsorglichen Geschäftsführung, dann ihres klerikal. Wandels zu richten hat, mit besond. Berücksicht. der in den genannten Beziehungen dem Klerus der olmützer Diöcese kundgemachten Anordnungen. 1. Thl. Enth. die Vorschriften über die Kundmachung der Gesetze, dann über die Matrikführung, die sogenannten Stolagebühren und mit diesen zusammenhängende Gegenstände der seelsorgl. Amtswirksamkeit. gr. 8. (III und 358 S. mit 1 Tab. in qu. gr. 4.) Olmütz 847, Hölzel. *

—— dass. — 2. Thl. Enth. die Vorschriften über die Spendung des heil. Sakramentes der Taufe und der Buße, unter Einbeziehung der gesetzl. Bestimmungen über alle auf diese beiden Materien Bezug habenden Gegenstände der seelsorgl. Amtswirksamkeit. gr. 8. (IV und 332 S.) Ebds. 848. *

—— dass. — 3. Thl. Enth. die Vorschriften über die kirchl. Ablässe und Bruderschaften, dann über andere fromme und gemeinnützige Vereine. gr. 8. (VI und 424 S.) Ebds. 849. *

— Sammlung der Vorschriften, nach welchen sich die Kuratgeistlichkeit bezüglich der Verkündigung des Wortes Gottes, der Spendung der heil. Sakramente, der seelsorglichen Geschäftsführung, dann ihres klerikal. Wandels zu richten hat; mit besonderer Berücksicht. der in den genannten Beziehungen dem Klerus der Olmützer Diöcese kundgemachten Anordnungen. 4 Thle. gr. 8. 1. Thl. Enth. die Vorschriften über die Kundmachung der Gesetze, dann über die Matrikführung, die sogenannten Stolagebühren u. mit diesen zusammenhängende Gegenstände der seelsorgl. Amtswirksamkeit. (IV u. 358 S. mit 1 lith. Taf. in qu. gr. 4.) 2. Thl. Enth. die Vorschriften über die Spendung des heil. Sakramentes der Taufe u. der Buße, unter Einbeziehung der gesetzl. Bestimmungen üb. alle auf diese beiden Materien Bezug habenden Gegenstände der seelsorgl. Amtswirksamkeit. (IV u. 532 S.) 3. Thl. Enth. die Vorschriften über die kirchl. Ablässe u. Bruderschaften, dann über andere fromme u. gemeinnützige Vereine. (VI u. 424 S.) 4. Thl. Enth. die Vorschriften über die Spendung d. allerheiligsten Altars-Sakramentes, des heil. Sakramentes der letzten Oelung u. den Krankenbesuch. (IV u. 360 S.) Olmütz 847—50, Neugebauer. (1: n. 1⅔ ₰ 2: n. 2 ₰ 3 u. 4: à n. 1 ₰) n. 5⅔ ₰.

Kutschmann, Marie: R i n g u. Kranz, s. K u t s c h m a n n , Theodor

KUTSCHMANN, MARIE. *Im Zauberbann des Harzgebirges.* Harz-Sagen und Geschichten. Mit 8 Farbendruckbildern u. 32 Holzschn. v. THEODOR KUTSCHMANN. Glogau, C. Flemming [1889]. 3 Bl. 213 S. Gr.-8°. Illustr. Orlwd. 10.—

Kutschmann, Marie. Im Zauberbann d. Harzgebirges. Harz-Sagen u. Geschichten. Mit 8 Farbendr.-Bildern u. 32 Holzschn. v. Thdr. Kutschmann. Lex.-8. (V, 213 S.) Glogau 890, Flemming. geb. 6 —

Kutschmann, Theodor

Kutschmann, Thdr., romanische Baukunst u. Ornamentik in Deutschland. 1. Serie. 30, zumeist Lichtdr.-Taf. m. erläut. Text. gr. Fol. (20 Sp. m. Abbildgn.) Berlin (902). B. Hessling. In Mappe n. 30. —

— Geschichte der deutschen Illustration vom ersten Auftreten des Formschnittes bis auf die Gegenwart. gr. 4. (417 S. m. Abbildgn. u. 75 Taf.) Berlin (899. 900). F. Jäger. 85. —; geb. in Leinw. 40. —
Erschien auch in 10 Lfgn. à n. 8. —.

Kutschmann, Th., s. Illustrationen zu deutschen Dichtern.

Kutschmann, Th., das Kaiserbuch, s.: Herrig, Hans.

Meisterwerke saracenisch-normannischer Kunst in Sicilien und Unteritalien. Ein Beitrag z. Kunstgesch. d. Mittelalters von Th[eodor] Kutschmann 32 Taf. in Lichtdr u. 8 Taf. in Chromo-Facs.-Dr. Mit reich ill. Texte *Berlin. F Jäger (1900).* (47 S.) gr 2° (oo. 8…

Kutschmann, Th., u. M. **Kutschmann**, Ring u. Kranz. E. Festgabe f. Deutschlands Frauen u. Jungfrauen. 12. (V, 198 S. m. 9 Taf.) Berlin 896. E. Wasmuth. Geb. in Leinw. m. Goldschn. n. 4. —

Kutschmann, Th., Rothenburg ob d. Tbr. und sein historisches Festspiel. 8. (15 S.) Rothenburg ob d. Tbr. 881, Klein's Buchh. *
Aus: Deutsches Familienblatt, besonders abgedruckt.

—— das Wappen, s. Phantasus, neuer.

Kutschpferd, das Oldenburger elegante schwere. 1583—1902. Informierende Mittheilgn., hrsg. vom Vorstande des Verbandes der Züchter des Oldenburger eleganten schweren Kutschpferdes. (III, 45 S.) Nebst Anh.: 14 Pferdebilder, Stammtafel vom Hengst Freibeuter. Karte des Zuchtgebiets. gr. 8. Rodenkirchen (Oldenburg) (903). Verband der Züchter des Oldenburger eleganten schweren Kutschpferdes. Geb. n. 2. 80

Das Oldenburger elegante schwere *Kutschpferd* 1583—1902. Informierende Mittheilungen, herausg. v. Vorstande d. Züchter d. Oldenburger eleganten schweren Kutschpferdes. Oldenburg [1905]. 45 S. 14 Tvl. 1 Kt. 1 Stamtvl. 4°.

Kutschuk, K. A., Beitrag zur Frage von der Empfänglichkeit der Vögel für Milzbrand. S.-A a. C f. P. Jena 99. Fischer.

(Kutt, Joh. Jac.), Das politische Reich Gottes. Jacobi 5, v 1 bis 9. — 3. Mose 19, v 12 bis 18. — Liebe deinen Nächsten, wie dich selbst, das ist das vollkommene Gesetz. 3. Mose 19, v. 18. — Marcus 12, v. 30 und 31. Frankfurt a. M., A. Stritt, 1849. 16 S. 8°.

Kutta, Carl: Ueber Firdûsîs Reime im Šâh-Nâma und ihre Bedeutung für die Kenntniss der damaligen Aussprache des Neupersischen. Preisschrift der Facultät. *München 1895: F. Straub.* (32 S.) 8° ¶ (Soll vollständig erscheinen.)
München, Phil. Diss. v. 1898

Kutta, W. M.: Zur G e s c h i c h t e der Geometrie mit constanter Zirkelöffnung. M. 3 Taf. ... Halle: Dr. v. E. Karras; In Comm. bei W. Engelmann in Leipzig 1897. (33 S., 3 Taf.) 4°
= Acta, Nova, Academiae Caes. Leopoldino-Carolinae Germ. naturae curiosorum. T. 71. No. 3.

Über eine mit den Grundlagen des Flugproblems in Beziehung stehende zweidimensionale Strömung. Von W. M. **Kutta**. München: Franz in Komm. 1910. 58 S. 8°
(Sitzungsberichte d. Kgl. Bayer. Akad. d. Wiss. Math.-phys. Kl. Jg. 1910, Abh. 2.)
(10. 7166

Kutta, Wilhelm, Assist. d. Techn. Hochsch. in München: **Beitrag zur näherungsweisen Integration totaler Differentialgleichungen.** *Leipzig 1901: B. G. Teubner.* (19 S.) 8°
München, Phil. Diss. v. 1902

Kuttalek-Ehrengreif, M. A. v., (geb. Neumann), Erzählungen für Knaben. Ausgewählt u. frei bearb. nach dem Französischen des Abbé Blanchard. Wien 867. Mayer & Comp. 8. (III, 68 S. mit 3 color. Steintaff.) cart. n. 13 ngr.

Küttel, C., der Fröbel'sche Kindergarten in der Schweiz. gr. 8. (179 S. mit 1 Tab. und 1 Taf.) Zürich 882, Orell, Füssli und Comp. cart. *

Kutten [Schlagwort]

Kutten, s.: Geologische Karten. Preussen 110.

Kuttenangst, die, der Liberalen, s.: Flugschriften, katholische, zur Wehr u. Lehr'.

Kuttenberg, Gg. Frid. resp. **Joh. Siegism. Griebner.** Summi spirituum moderatoris auxilio pneumatosin. Lpz. (Brandenburger) 13. VII. 1709. 47 Seiten. (5.—) 20265
Gew.: Chr. Wolff.

Kuttenberger, Carl, Bilder aus d. Soldatenleben. 8. (4¼ B.) Leipzig 844, Otto Wigand. *

Küttenbrugg, die Thermal-Bäder zu Teplitz u. Schönau vom therapeut. Standpunkte aus dargestellt. 8. (8⅞ B.) Prag 844, Borrosch u. André. *

Kuttenkeuler, Heinrich, a. Lohmar (Rheinland), Staatlich Geprüft. Nahrungsmittelchemiker: **Die Zersetzung von pflanzlichen Futtermitteln bei Luftabschluss.** **Berlin:** J. Springer 1906. (35 S.) 8°
Münster, Phil. Fak., Ref. König, Diss. v. 12. März 1906
[Geb. 11. Sept. 78 Lohmar; Wohnort: Münster; Staatsangeh.: Preußen; Vorbildung: Gymn. Siegburg Reife O. 00; Studium: Münster 1, München T.H. 3, Bonn 4 S.; Rig. 19. Dez. 05.]

Kuttenpeitscher, Naturgesch. des Mönchsth., s. Naturgeschichte.

Kuttenpeitscher, Melch. von [Pseud.], s.a. G e r s t e n - b e r g , Karl von

Kuttenpeitscher, Melchior von, vgl. W a l h a l l a.

KUTTER: Von den mathematischen Gesetzen, welche sich beim Wachsthum der Waldbäume und Waldbestände finden lassen. - Bern 1869. 22 S.

Kutter, Handbuch d. Grundsteuer-Verfassung im Kgl. Preuß. Stifte Merseburg, aus archivar. Nachrichten entlehnt u. sowohl chronolog. als systemat. geord. gr. 8. (12 B. incl. 1 Tab. qu. 4. u. 1 lith. B. 4.) Merseburg 833, (Ruland.)

Kutter, Handbuch der sächs. Grundsteuer Verfassung aus vieljähriger Sammlung, histor. Nachrichten, auch Gesetzbüchern entlehnt, und in systemat. chronol. Ordnung für das Königl. preuß. Herzogthum Sachsen bearbeitet. Merseburg, 1836, 37 2 Thle.

Kutter, Abr., der Büchsenmacher; ein vaterländ. Schspl. 8. ... 776.

Kutter jr., Eduard, der neue Regent, s.: Gesellschaftsstücke, ausgewählte. Nr. 3.

Kutter, Friedrich: De m a l l e o humido et farciminoso ad hominem translato. Berolini (1857). (28 S.) 8°
Berlin, Med. Diss. v. 3. Apr. 1857

Kutter, Herm., der A d v e n t der Armen. Predigt, geh. im Neumünster zu Zürich. (16 S.) 8. Zürich (906). Buchh. des schweiz. Grütlivereins. — 20

— Die soziale B e d e u t u n g des Kreuzes. Jesaias 41, 10 ff. (Predigt.) (16 S.) 8. Ebd. 908. — 20

Kutter, Hermann. Bibel und Wohnungsnot. Predigt gehalten in der Kreuzkirche zu Zürich. 16 S. 8. Zürich, Verlag der Grütlibuchh., (III. [19]07). fr. —. 20

— Soziales C h r i s t e n t u m. Predigt. (16 S.) 8. Ebd. (907). — 20

— Wahres C h r i s t e n t u m. Predigt zum Jahresanfang. (16 S.) 8. Ebd. 910. — 25

Kutter, Herm., Clemens Alexandrinus u. d. Neue Testament. E. Untersuchg. gr. 8. (IV, 152 S.) Giessen 897. J. Ricker. n. 3. 60

Kutter, Hermann. Die soziale Frage. Predigt gehalten in der Kreuzkirche zu Zürich. *Ausg. A.* 15 S. 8. Zürich, Buchdr. des Schweizerischen Grütlivereins, Verlag der Grütlibuchh., 1906. fr. —. 30
[1. Aufl.] — | 2. Aufl.
3. Aufl.

Kutter, Hermann. Die soziale Frage. Predigt gehalten in der Kreuzkirche zu Zürich. *Ausg. B:* Agitationsausgabe. 11.—15. Tausend. 16 S. 8. Zürich, Buchdr. des Schweizerischen Grütlivereins, Verlag der Grütlibuchh., 1906. fr. —. 10

— F r ö m m i g k e i t u. Gehorsam. Predigt, geh. am 11. VII. 1909. (16 S.) 8. Ebd. (909). — 30

— „G e d e n k e t d e r A n f ä n g e". Predigt. Jes. 48, 8 ff. (16 S.) 8. Ebd. (908). — 20

— G e l d u. Geist. Bettagspredigt, geh. im Neumünster zu Zürich. (15 S.) 8. Ebd. (906). n. — 20

Kutter, Hermann. Gerechtigkeit (Römerbrief Kap. I—VIII). Ein altes Wort an die moderne Christenheit von H' K', ... Zürich. 184 S. 8. Berlin, Hermann Walther, 1905. [M. 2. —]

— G e r e c h t i g k e i t. Ein altes Wort an die moderne Christenheit. 6. Taus. (193 S.) 8. Jena 910. E. Diederichs. 2.50; geb. 3. 50

— G l a u b e n. Predigt, geh. in d. Kreuzkirche zu Zürich. (16 S.) 8. Zürich 908. Buchh. d. schweiz. Grütlivereins. — 20

Kutter, Hermann. Leben. Reformationspredigt (von) H' K' (Pfarrer). Text: Römer 1, 17. II + 14 S. 8. Zürich, Verlag der Grütlibuchh., [1906]. (fr. —. 30)

— Wir P f a r r e r. 1.—5. Taus. (176 S.) 8. Leipzig 907. H. Haessel Verl. 2.—; geb. 2. 60

Kutter, Herm., P r e d i g t, geh. in der Kirche Neumünster am 18. XI. 1900. gr. 8. (16 S.) Zürich 900. Fäsi & Beer. n. — 30

— P r o t e s t a n t i s m u s. Predigt. Text: Matth. 6, 9—10. (16 S.) 8. Zürich (908). Buchh. d. schweiz. Grütlivereins. — 20

Kutter, Hermann. Recht und Pflicht. Ein Wort an die Arbeiterfrauen. 8 S. 8. Zürich, Verlag der Grütlibuchh., [1907]. fr. —. 10

— R e l i g i o n s - U n t e r r i c h t. Vortrag, geh. in der Kreuzkirche zu Zürich. (16 S.) 8. Ebd. 910. — 25

Kutter, Hermann. Die Revolution des Christentums, von H' K' [Zürich]. IV + 275 S. 8. Leipzig, H. Haessel, 1908. [M. 3. —]

Kutter, Hermann. Sie müssen. Ein offenes Wort an die christliche Gesellschaft. IV+263 S. 8. Zürich, Albert Müller, 1904. [fr. 3. —]

Kutter, Hermann. Sie müssen. Ein offenes Wort an die christliche Gesellschaft. 2. Tausend. 198 S. 8. Berlin, Hermann Walther, 1904. [M. 2. —]

Sie müssen. Ein offenes Wort an d. christl. Gesellschaft von Hermann Kutter, Pfarrer. 4. Taus. Berlin · H. Walther 1904. (196 S.) 8° [J.]

— S i e m ü s s e n! Ein offenes Wort an die christl. Gesellschaft. 8. Taus. (205 S.) 8. Jena 910. E. Diederichs. 2.50; geb. 3. 50

— Die T o r h e i t des Kreuzes. Predigt vom 27. II. 1910. (15 S.) 8. Zürich 910. Buchh. d. schweiz. Grütlivereins. — 25

— Das U e b e l. Predigt. Röm. I, 18—20. (15 S.) 8. Ebd. 910. — 25

Kutter, Hermann. Das Unmittelbare. Eine Menschheitsfrage, dargestellt von Lic. Hermann Kutter, Pfarrer ... in Zürich. X + 342 S. 8. Berlin, Georg Reimer, 1902. [M. 6. —]

(S) — Das Unmittelbare. 902. Jetzt: Jena, E. Diederichs.

— W e i h n a c h t. Predigt. Text: Jesaja 11, 1—9. (15 S.) gr. 8. Zürich 907. Buchh. des schweiz. Grütlivereins. — 25

Kutter, Hermann. Die Welt des Vaters. Predigten über Lukastexte. Gehalten von Lic. Hermann Kutter... in Zürich. IV + 236 S. 8. Zürich, Fäsi & Beer, 1901. [fr. 3. 20]
Jetzt: Jena: E.Diederichs.

Wilhelm v. St. Thierry, ein Repräsentant der mittelalterlichen Frömmigkeit. Dargest. u. beurteilt v. Lic. Hermann **Kutter.** *Giessen: J. Ricker 1898.* (IV, 205 S.) 8. 98. 4196

Kutter, J. M., Stemmatologia Wertheriana. Erfurti (17??). fol.

Kutter, Jh. Mart., Beiträge zur religiösen Aufklärung für gebildete Religionsverehrer. 8. Augsb. (Nürnb.) 803. (Monath u. K.) 1 rß 8 gK (Dannheimer in Kempt.) 1 rß 4 gK

Über das religiöse und sittliche Verderben unseres Zeitalters, und die Mittel, ihm abzuhelfen (von *Joh. Mart. Kutter*). Biberach, Weigel, 1805. 8° (2/3 Rthl.) Aarau, Cantonsbibl.

Anon.-Lex. IV. p. 203 (nach Meusel, Kayser und dem Cat. genannter Bibl.) — Selten!

— s. a. Verderben, über d. religiöse u. sittliche.

Kutter, Carl, kurzgefaßte gerichtlich-medicinische Darstellung der häufigsten zur Aburtheilung kommenden Criminalfälle. Zum Gebrauch bei schwurgerichtlichen Verhandlungen, insbesondere für Juristen [Vertheidiger] und Geschworene unter Mitarbeitung eines praktischen Arztes herausg. Stuttgart 860. Gebr. Mäntler. (Kröner.) gr. 8. (44 S.) 7½ ngr

Kutter, Karl, Kaiser Heinrich IV. Tragödie in 4 Acten. 16. (80 S.) Biberach 872, Dorn'sche Buchh. 1 —

Kutter, D., s. R. Barter, einige ernste Worte.

Kutter, P.

— gründl. Abhandlung über die Maulbeerbaum- u. Seiden-Kultur in Nord- u. Süd-Deutschland, nach den neuesten u. erprobtesten Quellen fur Oekonomen, Gärtner rc. 5 Lfrgg. Mit Steindr. 8. Blaubeuren 840. Mangold. (à 5/12 rf) 2 1/12 rf

Kutter, P., gründl. Abhandlung über die Maulbeerbaum- und Seidenzucht. 8. Ravensburg 840. Gradmann u. Knapp. 1/6 rß

Kutter, Paul, a. New-York: Joachim von Sandrart. Eine kunsthistorische Studie. Straßburg i. E. 1907: J. H. Ed. Heitz. (75 S.) 8° ¶[Erscheint vollst. als: „Studien zur deutschen Kunstgeschichte" H. 83.]

Straßburg, Phil. Fak., Ref. Debio, Diss. v. 15. Dez. 1906

[Geb. 4. Jan. 68 New-York, U. S. A.; Wohnort: Straßburg i. E.; Staatsangeh.: Preußen; Vorbildung: Gymn. Erfurt Reife 88; Studium: Berlin 4, Straßburg 4 S.]

Joachim von Sandrart als Künstler nebst Versuch eines Katalogs seiner noch vorhandenen Arbeiten von Paul **Kutter.** Mit 7 Lichtdrucktaf. Straßburg: J. H. E. Heitz 1907. (IX, 148 S.) 8°

Aus e. Doktordiss. hervorgegang. Studie.

— **Studien** z. deutschen Kunstgeschichte. H. 83. 07. 8196

Kutter, Pet., Antonio Farfallo. Der Bandit aus Ehrgefühl u. Menschenhaß. Ein Sittengemälde uns. Zeit. gr. 8. (10 B.) Ulm 841, Rübling.

Kutter, Rudolf

Kutter, R., eine Bahnhofglocke f. China. (16 S. m. Abbildgn.) 8. Basel (907). Basler Missionsbuchh. p — 10

Kutter, R[udolf]. Des Fünferleins Ende. [Illustriert.] 12 S. 8. Basel, Basler Missionsbuchh., [1906]. [fr. —. 10]

B[asler] M[issions-]K[inderschriften Heft] 4.

Kutter, W. R., Heiden- u. Christenfrauen in China. Beobachtungen u. Erinnergn. e. Missionars. (56 S. m. Abbildgn.) 8. Basel 909. Basler Missionsbuchh. — 20

Kutter, Wilhelm Rudolf: B e r i c h t über die neuen Theorien der Bewegung des Wassers in Flüssen und Kanälen, nebst einer Coefficienten-Scala. Bern 1868.

Kutter, W. R., Bewegung des Wassers in Canälen und Flüssen. Tabellen und Beiträge zur Erleichterung des Gebrauchs der neuen allgemeinen Geschwindigkeits-Formel von Ganguillet und Kutter. Mit Unterstützung des königl. preuss. Ministerium für Landwirthschaft, Domänen und Forsten hrsg. gr. 8. (IV, 134 S. mit 1 Taf.) Berlin 885, Parey. geb. *

Kutter, W. R., Bewegung d. Wassers in Canälen u. Flüssen. Tabellen u. Beiträge z. Erleichterg. d. Gebrauchs d. neuen allgem. Geschwindigkeits-Formel v. Ganguillet & Kutter. 2. Aufl., m. Unterstützg. d. kgl. preuss. Ministeriums f. Landwirthschaft, Domänen u. Forsten hrsg. 2. Abdr. 8. (IV, 134 S. m. 1 Taf.) Berlin 897. P. Parey. Geb. in Leinw. n. 7. —

Kutter, W[ilhelm] R[udolf]. Bewegung des Wassers in Kanälen und Flüssen. Tabellen und Beiträge zur Erleichterung des Gebrauchs der neuen allgemeinen Geschwindigkeits-Formel von Ganguillet & Kutter. 2. Aufl., mit Unterstützung des Königl. Preuss. Ministeriums für Landwirtschaft, Domänen und Forsten hrg. von W. R. K', [†] Ingenieur in Bern. 3. Abdruck. [Mit 1 Tafel.] IV + 134 S. 8. Berlin, Paul Parey, 1904. [geb. M. 7. —]

Kutter, Wilhelm Rudolf: Die E i n f ü h r u n g des Katasters im deutschen Theile des Kantons Bern. Bern 1849.

Kutter, W. R., die neuen Formeln für die Bewegung des Wassers in Kanälen und regelmässigen Flussstrecken. gr. 4. (92 S. mit 21 lithogr. Zeichnungsbl. in qu. Fol.) Wien 871, v. Waldheim. * 7 —

Aus: Allgemeine Bauzeitung, besonders abgedruckt.

Kutter, W. R., die neuen Formeln für die Bewegung des Wassers in Kanälen und regelmässigen Flussstrecken: 1) v. Humphreys und Abbot, nach der deutschen Bearbeitung von H. Grebenau, München 1867; 2) von H. Bazin, nach dessen „Recherches hydrauliques", Paris 1865; 3) von Ph. Gauckler, nach einem Auszuge des der Akademie der Wissenschaften zu Paris erstatteten Gutachtens der hiezu ernannten akadem. Spezial-Kommission. Paris 1867; 4) von E. Ganguillet und W. Kutter, Ingenieurs in Bern, nebst Besprechung einiger sonst. neuen Formeln und mit einigen Koëfficienten-Skalen zum prakt. Gebrauche. 2. Aufl. gr. 8. (157 S. mit 21 lithogr. Zeichnungs-Blättern.) Wien 877, v. Waldheim. *

Aus Allgemeine Bauzeitung, besonders abgedruckt.

Kutter, Wilhelm Rudolf: Die J u r a g e w ä s s e r k o r r e k t i o n im Jahre 1853. 4°

Kutter, W. R. Karte von Bern, siehe a. *Leuzinger.*

Kutter, Wilhelm Rudolf: K a r t e des Kantons Bern nach den eidgen. Aufnahmen bearb. und hrsg. Gezeichnet von R. Leuzinger 1 200.000. 2. ganz umgearb. und mit neuer Schrift verseh. Aufl. Chromolithogr. 7 mp.-Fol. Bern 878, Dalp'sche Buchh.

Kutter, W. R. Karte des Kantons Bern. 1 : 200 000. Ausg. 1887. Chromolith. In-fol. Bern, Schmid, Francke & Cie. 2 —
auf Leinwand 4 50

Kutter, W. R. Karte des Kantons Bern. 1:200,000. Ausgabe 1888. 2 Blatt. Chromolithogr. In-fol. Auf japan. Papier. Bern, Schmid, Francke & Cie. 2 50, auf Lwd. 5 —

Kutter, W. R., u. R. Leuzinger. Karte des Kantons Bern. Nach den eidg. Aufnahmen bearb. Maassstab 1 : 200,000. Neue rev. Auflage 1891. Farbendr. Imp. in-fol. Bern, Schmid, Francke & Co. 3 —; auf Leinwand 5 —

— Karte des Kantons Bern. Ebd. 1894. 3 50

Karte des Cantons Bern nach d. eidg. Aufnahmen bearb. & hrsg. durch **W. R. Kutter**, Ing: Nachträge 1901. Maßst. 1:200,000. (Lith. von R[udolf] Leuzinger. Bern: Schmid & Francke [1905]; Graph. Kunstanst. H. & A. Kümmerly & Frei.) (1 Kartenbl. 67×78 cm.) [kol.]
[Umschlagt.:] Carte du Canton de Berne par Kutter & Leuzinger. [05. 1900

Kutter und Leuzinger. Karte des Berner Oberlandes. Bern, Schmid, Francke & Co. 1894. 2 —

Karte des Berneroberlandes. (Von **Kutter** & R[udolf] **Leuzinger.**) Maßst. 1:200,000. *Bern: H. Kümmerly & Frey & A. Francke (1903).* (1 Kartenbl. 67×48 cm.) 8° [kol.]
[Umschlagt.:] Carte de l'Oberland bernois par Kutter & Leuzinger.

Kutter, W. R. Siehe a. *Karte des Berner Oberlandes.*

—— Versuch zur Aufstellung einer neuen allgemeinen Formel für die gleichförmige Bewegung des Wassers in Kanälen und Flüssen, s. Ganguillet, E.

Kutter-Rohner, Lydia. Fürs junge Volk an Festtagen. Umschlagzeichnung von Meta Löwe. 2., vermehrte Aufl. 151 S. 8. Bern, A. Francke, 1905. [fr. 3. —]
(Die erste Aufl. [erschien 1889] unter dem Pseudonym Martha Schnell.)

Kuttge, Johann Daniel (Pseud.: T. C. Basilius)

Basilius, Thimoth. Caesarinus. Politica Catholica, Das ist: Grosser Herren und Potentaten Vortheile Von dem Catholischen Glauben. Oder Abgenötigter Unterricht, daß die Röm: Cathol: Kirche und Religion, die Rechte der Weltlichen Obrigkeit weit mehr erhöbe und bevestige, und also dem Staat vil gemässer sey, als die Protestantische, Wider die offentliche Verläumbdungen und Prahlereyen ... deß jüngst hierwieder schnaubenden Tit: Herrn Christoph Matthaei Pfaffens, ... Cantzlers der Tübingischen Universitaet. Augsburg, J. M. Labhart für M. Wolff. 1726. Kl.8°. Gefalteter Titel in Rot und Schwarz, *Titelkupfer von J. M. Gutwein*, 13 Bl. 512 S.

Kutge, politica catholica, od. groß. Herren Vortheile v. kathol. Glauben. 8. Augsb. Wolf. 729.

Kuettge, Adolph. (geb. Breslau 1819): De amaurosi. Berolini (1843). (36 S.) 8°
Berlin, Med. Diss. v. 21. Apr. 1843

Kuttler, Al., Ehre der Andachten u. Gebräuche d. kathol. Kirche. Ein Gebet- u. Erbauungsb. f. Christen, die mit Verstand u. Nutzen d. Gotteverehrn. beiwohnen wollen. 2., verm. Aufl. 8. (23 B. u. 1 Holzschn.) Einsiedeln 828. (Augsburg, Kollmann.)

Kuttler, Al., Ehre der Andachten u. Gebräuche d. kathol. Kirche. Ein Gebet- u. Erbauungsbuch für Christen rc. 8. Einsiedeln ... 2e Aufl., mit Titelkpf. 8. Ebd. 828. (Augsb., Kollmann). (Orell in Zürich). 7 K

Kuttler, Gust., Altes und Neues aus Pfarrhaus und Pfarrleben. Mit Beiträgen von Ottilie Wildermuth, Louise Pichler, Friederike Pressel rc. gr. 16. (VIII, 200 S.) Ulm 869, Stettin'sche Buchh. * 2 —

Kuttler, Gust., Altes und Neues aus Pfarrhaus und Pfarrleben. Mit Beiträgen von Ottilie Wildermuth, Louise Pichler [Zeller], Friederike Pressel rc. 2. und 3. Aufl. 8. (VIII, 199 S.) M.-Gladbach 878, Schellmann Verlag. ℳ 2,50.; geb. *

Kuttler, Gust., die Blauthalbahn mit Aach und Schmiechen. Topographisch-historisch-ästhetische Skizze. 8. (108 S.) Blaubeuren 869, (Mangold.) cart.

Kuttler, G., die schwäbische Eisenbahn. Topographisch, historisch und ästhetisch geschildert. Ein Handbuch für gebildete Reisende. 8. (IV und 188 S. mit 1 chromolithogr. Eisenbahnkarte in Fol.) Heilbronn 859, Claß'sche Buchh. *

—— Heilbronn, seine Umgebungen und seine Geschichte für Fremde und Einheimische in kurzen Umrissen geschildert. 8. (66 S. mit 4 lithogr. Abbild. in Tondr.) Heilbronn 859, Claß'sche Buchh. *

—— König Ludwig I. von Bayern. In Skizzen geschildert. 3 Lfgn. gr. 8. (X, 154 S.) München 868, Kaiser. à Lfg. 40 Pf.

Kuttler, G., Olga und Wladimir. Skizzen aus der Urgeschichte Rußlands. Nach Nestors Annalen herausg. Stuttgart 857. F. Köhler. (Aue.) 8. (100 S.) 18 ngr

—— Olga und Wladimir, s. a. Olga.

—— Reisebriefe aus Schwaben. 2 Lfgn. gr. 8. Ulm, Gebr. Rübling. à Lfg. 50 Pf.
Inhalt:
Lfg. 1. Zum Blautopf und zum Bodensee. (S. 1—48.) 868.
" 2. Von Ulm durch das Lon- und Brenzthal. (S. 49—93.) 869.

Küttler Edmund: Ein Beitrag zur Erklärung der beiden Vedalieder R. V. X. 27 und X, 28.
II. 1910 PN 3057 Diss. Innsbruck, Univ.

Kuettler, Otto: Precationes quomodo oratores veteres usurpaverint in orationibus. Jena 1909: Neuenhahn. 50 S. 8°
Jena, Phil. Diss. v. 17. Juli 1909, Ref. Hirzel
[Geb. 21. Juni 85 Roda; Wohnort: Roda; Staatsangeh.: Sachsen-Altenburg; Vorbildung: Gymn. Eisenberg Reife O. 05; Studium: Jena 8 S.; Rig. 14. Mai 09.]
[U 09. 2196

Küttlinger und Kastner, Beobachtungen des Nordlichts vom 7. Januar 1831 zu Erlangen. (Aus: Archiv für Chemie und Meteorol., Bd. 3, Heft 1.)

Küttlinger. Dr., Ergebnisse meteorologischer Beobachtungen, angestellt zu Erlangen während des Jahres 1829 und der ersten drei Monate des laufenden Jahres. (Aus: Archiv f. Chemie u. Meteorol. B. 1, H. 2.) 1830.

— Die Erlanger Temperaturen der letzten Januarwoche in den Jahren 1820—31. (Aus: Archiv f. Chemie u. Meteorol. B. 2, H. 3.) 1831.

Küttlinger, ..., Georg Werlein, d. Mörder sein. Sohnes Martin. Ein merkwürd. Fall von Mordmonomanie; beobachtet u. dargest. gr. 8. (2½ B. u. W's. Bildn.) Erlangen 836, Palm u. Enke.

Küttlinger. Dr., Einige Worte über die Krankheits-Constitution im laufenden und vorigen Jahre (1829 und 1830.)

Küttlinger, Adelb., Ermahnung zur Abschaffung der Grüfte auf den Friedhöfen im Allgemeinen und insbesondere der über die Erdoberfläche gebauten als einer veralteten und sanitätspolizeiwidrigen Begräbnissart. gr. 8. (IV und 35 S. mit 1 Stnt. in gr. 4.) Erlangen 854, Blaesing. Thlr. *

Küttlinger, Friedemann, kurze Betrachtungen üb. d. wichtigsten Fortschritte d. Königr. Bayern in staatswirthschaftl. Bezieh. gr. 8. (4⅛ B.) München 839, Fleischmann. *

Küttlinger, F.: „Grundzüge einer allgemeinen Rechts- und Wissenschaftslehre für angehende Juristen und Cameralisten", 1. Band: „Bürgerliche Rechte und bürgerliche Wirthschaft", Erlangen 1836 (Palm).

—— Grundzüge e. allgem. Rechts- u. Wirthschaftslehre, z. Gebr. f. angeh. Juristen u. Kameralisten. 2 Bdchn. gr. 8. Erlangen, Bläsing. *
Bdchn. 1. Bürgerliches Recht u. bürgerl. Wirthschaft. (17⅛ B.) 836. * 1 Thlr.
" 2. Oeffentliches Recht u. öffentl. Wirthschaft. (25 B.) 837. * 1 Thlr. 10 Gr.

Küttlinger, Friedemann, Revision der Untersuchungen über die wirthschaftlichen Grundlagen des Rechts. gr. 8. (38 S.) Ansbach 847, Gummi in Comm. n. 6 ngr.

Küttlinger, Friedemann, Untersuchungen über die wirthschaftlichen Grundlagen des Rechts. gr. 8. (8½ B.) Ansbach 844. (Gummi.) *

Küttlinger, G. L. (Bayreuth), Observationes de Graecorum in litterarum studio imitatione. Erlangen (Hilpert) 8. X. 1798. 32 S. (3.50) 20095
Gew.: Gg. Fr. Seiler, Th. Chr. Harles, J. H. Küttlinger (Vater).

Küttlinger, Johann Friedrich (Mitarb.), s. Abhandlungen, einige auserlesene medizinisch-gerichtliche.

Küttlinger, J. F.: Einige auserlesene med. ger. Abhandlungen, s.u. Schmidt, W. Jos.

— Jo. Fr. (Bayreuth), Animadversiones de hydropis diagnosi causeis et quibusdam illi medendi methodis exemplis illustratae. Erlangen (A. E. Junge) Okt. 1797. 51 S. (3.—) 20096
Gew.: Fr. Wendt.

Küttlinger, Johann Friedrich, s. Pearson: Untersuchungen.

Kuttner, Alex., kleine Geografie mit vorzügl. Rücksicht auf das Kaiserth. Oesterreich und insbesond. auf das Königr. Ungarn, nebst einem Abrisse der bibl. Geografie. 13., illustr. und verm. Aufl. 8. (IV und 140 S. mit 1 lithogr. und ill. Karte in qu. Fol.) Pest 864, Lampel.
Frühere Aufl. s. Kuttner: Kl. Schul-Geographie...

Kuttner, Alex., Geografie von Palästina nebst ausführlicher Beschreibung der heil. Stätten. 8. (43 S. mit Illustr. in eingedr. Holzschn. und 1 lithogr. und ill. Karte in Fol.) Pest 861, Lampel.

—— ungarische Geschichte für Schule und Haus. 3., illustr. Ausg. 8. (95 S.) Pest 865, Lampel. *

—— Geschichte von Ungarn für Schule und Haus. 2., illustr. ungarisch-deutsche Ausg. 8. (180 S.) Pest 862, Lampel. *

Kuttner, Alex., Handbuch der allgemeinen Waarenkunde für kommerzielle Lehranstalten, so wie zum Gebrauche in den Sonn- u. Feiertags-Handelsschulen. Pest 856. Heckenast. 8. (XII, 156 S.) n. 12 ngr.

— kleine Handelsgeographie nebst einem kurzen Abrisse der Pflanzen-Zonen. Mit 1 Eisenbahnkarte von Mitteleuropa (in Holzschn. in 4.). Pesth 855. Emich. (Pfeifer.) 8. (3 Bl., 89 S.) 7½ ngr.

Kuttner, Alex., Leitfaden der Geografie mit Notizen aus der Waarenkunde und mit besond. Rücksicht auf die österreichisch-ungar. Monarchie. Für Handels-, Gewerbe- und Realschulen. br. 8. (IV, 220 S.) Budapest 869, Lampel's Verlag. *

—— Leitfaden der ungarischen Geschichte für Schule und Haus. br. 8. (108 S.) Pest 859, Lampel. *

— Leitfaden beim Unterricht in der Handelsgeschichte von den frühesten Zeiten bis auf unsere Tage, nebst einem kurzen Ueberblick der Entdeckungsreisen. Pesth 855. Emich. (Pfeifer.) 12. (3 Bl., 124 S.) 12½ ngr.

—— kurzer Leitfaden der Weltgeschichte nebst einem Abriß der deutschen Literaturgeschichte für Volks- und Töchterschulen, sowie zum Selbstunterrichte. 2., umgearb. und sehr verb. Aufl. 8. (162 S.) Pest 860, Lampel. 9⅓ Ngr.; geb.

—— Leitfaden der Weltgeschichte nebst einem Abriß der deutschen Literaturgeschichte. Für Volks- und Töchterschulen, sowie zum Selbstunterricht. 3., verb. und verm. Aufl. 8. (VIII und 151 S.) Pest 865, Lampel. *

Kuttner, Alex., Leitfaden der Weltgeschichte nebst e. Abriß der deutschen Literaturgeschichte. Für Volks- u. Töchterschulen sowie zum Selbstunterricht. 5. verb. u. verm. Aufl. gr. 8. (VI, 148 S.) Budapest 871. Lampel. n. 1. 40

Kuttner, Alex., Leitfaden der Weltgeschichte, nebst einem Abriß der deutschen Literaturgeschichte, für Bürger- und Töchterschulen, sowie zum Selbstunterricht. 6. umgearb. und sehr verb. Aufl. gr. 8. (164 S.) Budapest 875, Lampel. *

—— illustrirte Naturgeschichte der drei Reiche für den Schulgebrauch. gr. 8. (VIII, 172 S. mit 98 Abbild. in eingedr. Holzschn.) Ebendas. 871. *

—— illustrirte Naturgeschichte der drei Reiche für den Schulgebrauch. 2. Aufl. gr. 8. (VIII, 176 S. mit 98 Abbild. in eingedr. Holzschn.) Ebendas. 876. *

Kuttner, Alex., kleine Naturlehre m. den Elementen der Chemie. Für die Elementar-Volksschulen umgearb. v. Wilh. Suppan. 5., nach der ungar. Ausg. umgearb. Aufl. 8. (103 S. m. 57 Fig.) Budapest 889. R. Lampel. Kart. n. — 60

—— kleine Naturlehre für Volks- und Töchterschulen. 8. (53 S. mit 33 Abbild. in eingedr. Holzschn.) Ebendas. 873. cart. *

Kuttner, Alexander. —. Kleine Schulgeographie, mit besonderer Rücksicht auf das Kaiserthum Oesterreich, nebst einem Abrisse der biblischen Geographie, 8. (92 S.) Pesth, Gedr. bei J. Beimel und Basil Kozma. Verlag von Robert Lampel 1854.

— kleine Schulgeographie mit besonderer Rücksicht auf das Kaiserthum Oesterreich, nebst einem Abrisse der biblischen Geographie. 2. verb. Aufl. Mit 1 Karte (in Holzschn.). 855. (2 Bl., 94 S.) 7½ ngr. — 3. verm. rc. Aufl. Mit 2 Karten (lith. u. in Holzschn. in 8. u. 4.) 855. n. 10 ngr. — 7. verm. Aufl. Mit 1 (in Stahl gest. u. color.) Karte (in 4.). Pest 858. Lampel. 12. (3 Bl., 116 S. m. Holzschn. im Text.) n. 10 ngr.

Kuttner, Alexander — Kleine Schulgeographie mit besonderer Rücksicht auf das Kaiserthum Oesterreich nebst einem Abrisse der biblischen Geographie. Von — —. Vierte verbesserte und erweiterte Auflage. Mit zwei Karten. Pesth, 1856. Druck von J. Beimel und Basil Kozma. Verlag von Robert Lampel. (102 S. 8.)

Kuttner, Alexander — Kleine Schulgeographie mit besonderer Rücksicht auf das Kaiserthum Oesterreich nebst einem Abrisse der biblischen Geographie. Von — —. 5te, umgearbeitete Auflage. Mit zwei Karten. Pesth, 1857. Druck von J. Beimel und Basil Kozma. Verlag von Robert. Lampel. (109 S. 8.)

Kuttner, Alexander. Kleine Schulgeografie mit besonderer Rücksicht auf das Kaiserthum Oesterreich nebst einem Abrisse der biblischen Geografie. Von —. VII. verm. und illustr. Aufl. Mit einer Karte. *Pest* 1858. Verl. von *Rob. Lampel.* Druck von *Beimel* und *Basil Kozma* 1857. 116 S., 2 Bl. 8°.

—— kleine Schulgeografie mit besonderer Rücksicht auf das Kaiserth. Oesterreich nebst einem Abrisse der biblischen Geografie. 8., verm. und illustr. Aufl. 8. (V und 117 S. mit eingedr. Holzschn. und 1 lithogr. und ill. Karte in qu. Fol.) Pest 859, Lampel. *

—— kleine Schulgeographie mit besonderer Rücksicht auf das Kaiserthum Oesterreich nebst einem Abrisse der bibl. Geographie. 9. illust. u. verm. Aufl. Mit 1 Karte. 8. (120 S.) Ebd. 1860. 64 kr.

—— kleine Schul-Geographie mit vorzüglicher Rücksicht auf das Kaiserth. Oesterreich und insbesond. auf das Königr. Ungarn. 11., verm. und illustr. Aufl. 8. (138 S. mit 1 lithogr. Karte in Fol.) Pest 862, Lampel. *

13.Aufl.s.Kuttner:Kl.Geografie...

Kuttner, Alexander. Schulgeografie von Ungarn, Kroatien, Slavonien und Dalmatien, von der Woiwodschaft Serbien und dem temescher Banat, dem Fürstenthum Siebenbürgen und der Militärgrenze nebst einem Abriss der übrigen Kronländer des österr. Kaiserstaates. Mit einer Karte von Ungarn. *Pest* 1858. Verlag von *Rob. Lampel.* Druck von *J. Beimel* u. *Basil Kozma.* 1857. 109 S. 1 Bl. 8°.

—— Schulgeographie von Ungarn, Kroatien, Slavonien und Dalmatien, von der Woiwodschaft Serbien und dem Temescher Banat, dem Fürstenthum Siebenbürgen und der Militärgrenze. Nebst einem Abriß der übrigen Kronländer des österr. Kaiserstaates. Mit 1 Karte von Ungarn. 2. verb. u. verm. Aufl. 8. Ebd. 1860. 40 kr. geb. 50 kr.

Kuttner, Alex., Schulgeographie von Ungarn. 4., verb. ungarisch-deutsche Aufl. Ebend. 863. br. 8. (155 S. mit 1 Karte in Kpfrst. u. color. in Fol.) n. 10 *ngr.*

—— erster Unterricht in der Erdbeschreibung. Mit besond. Rücksicht auf das Königr. Ungarn. In Fragen und Antworten. (In deutscher und ungar. Sprache.) 3., verb. Aufl. 8. (80 S. mit eingedr. Holzschn.) Pest 865, Lampel. geb. *

Kuttner, Alex. Erster Unterricht in der Erdbeschreibung. Mit besond. Berücksicht. d. Königr. Ungarn. In Fragen u. Antworten. Durchgesehen v. Wilh. Suppan. 22. m. geograf. Characterbildern u. 1 Karte der österreichisch-ungar. Monarchie verseh. Aufl. 8. (56 S.) Budap. 890, Lampel. cart. * — 60

—— dass. — Mit besond. Berücksicht. der Länder der ungar. Krone. Für die Elementar-Volksschulen vollkommen umgearb. v. Wilh. Suppan. 23. Aufl. m. geograf. Characterbildern u. 1 Karte. 8. (111 S.) Ebd. 890. cart. * — 60

—— erster Unterricht in der ungarischen Geschichte. In Fragen und Antworten. (In deutscher und ungar. Sprache.) 8. (IV und 96 S. mit eingedr. Holzschn.) Pest 864, Lampel. geb. *

—— erster Unterricht in der ungarischen Geschichte in Fragen und Antworten. 6. verb. Aufl. [1. deutsche Separat-Ausg.] 8. (56 S. mit eingedr. Holzschn.) Ebendas. 873. cart. *

—— erster Unterricht in der ungarischen Geschichte in Fragen und Antworten. 7. und 8. verb. Aufl. 8. (56 S. mit eingedr. Holzschn.) Ebendas. 875,77. cart. *

—— Erster Unterricht in der ungarischen Geschichte in Fragen u. Antworten. Verb. v. Wilh. Suppan. 10. Aufl. 2. m. Szemlér's Zeichngn. ausgestatteter Abdr. 8. (62 S.) Ebd. 890. cart. * — 56

—— dass. — m. Berücksicht. der wichtigsten Theile der Weltgeschichte. Für die V. u. VI. Klasse der Volksschulen vollkommen umgearb. v. Wilh. Suppan. 11. m. M. Szemlér's Zeichngn. ausgestattete Aufl. 8. (96 S.) Ebd. 889. cart. * — 60

—— erster Unterricht in der Naturgeschichte. Mit Wiederholungsfragen. 8. (74 S. mit zahlreichen Abbild. in eingedr. Holzschn.) Ebendas. 873. cart. *

—— erster Unterricht in der Naturgeschichte. Mit Wiederholungsfragen. 2.—4. verm. Aufl. 8. (77 S. mit zahlreichen Abbild. in eingedr. Holzschn.) Ebendas. 875—77. cart. *

—— Erster Unterricht in der Naturgeschichte. Mit Berücksicht. der Gesundheitslehre u. Landwirthschaft. Umgearb. v. Wilh. Suppan. 8. verb. Aufl. 8. (180 S. mit 109 Abbildgn.) Ebd. 890. cart. * — 80

—— erster Unterricht in der Weltgeschichte. In Fragen und Antworten. (In deutscher und ungar. Sprache.) 8. (135 S.) Pest 865, Lampel. *

—— erster Unterricht in der Weltgeschichte. In Fragen und Antworten. 3. verb. und verm. Aufl. [1. deutsche Separat-Ausg.] 8. (72 S.) Ebendas. 873. cart. *

—— kleine Weltgeschichte nebst einem Abriß der griechischen und römischen Mythologie für Volks- und Töchterschulen sowie zum Selbstunterricht. 8. (VIII und 127 S.) Pest 858, Lampel. * geb. *

Kuttner, Ant., novae et rarae experientiae et chymiae spagyricae magisteria proprio Marte adinventa. 8. Prag 770.

Kuttner, Arth., Larynxödem u. submucöse Laryngitis. E. historisch-krit. Studie. gr. 8. (82 S. m. 1 Taf.) Berlin 895. G. Reimer. n. 2. —

Die entzündlichen Nebenhöhlenerkrankungen der Nase im Röntgenbild. Von Prof. Dr. A[rthur] **Kuttner.** Mit 20 phot. Taf. Berlin, Wien: Urban & Schwarzenberg 1908. (15 S., 20 Taf. mit je 1 Erl.-Bl.) 4° [08. 8333

Die nasalen Reflexneurosen und die normalen Nasenreflexe. Von Dr. A[rthur] **Kuttner**. *Berlin: A. Hirschwald 1904.* (VIII, 252 S.) 8° [04. 3840

— s.: Zeitschrift f. Tuberkulose.

Kuttner, Bernh., Erzählungen aus den hl. Schriften der Israeliten, s.: Flehinger, B. A.

Kuttner, Bernh. Für und wider die Fremdwörter. 23 S. **Progr.** R. isr. Gem. *Frankfurt a/M.* 1884.

Kuttner, Bernardus: De Propertii elocutione quaestiones. Halis Saxonum (1878: Trowitzsch in Berlin). 70 S. 8°

Halle-Wittenberg, Phil. Diss. v. 18. März 1878

Geb. Wongrowitz (Posen) 21. 9. 1848. V.

Im Buchhandel Berlin: Kamlah 1878.

Kuttner, [Bernhard]: Der Religionsunterricht am Philanthropin im ersten Vierteljahrhundert seines Bestehens. S. 141—165. 8. In: Festschrift zur Jahrhundertfeier der Realschule der israelit. Gemeinde (Philanthropin). 1804—1904. Teil II. *Frankfurt a. M.* 1904.

Progr.

— jüdische Sagen u. Legenden f. jung u. alt, gesammelt u. wiedererzählt. 1. Bdchn. gr. 8. (VI, 72 S.) Frankfurt a/M. 902. J. Kauffmann. Geb. n. 1. —

Kuttner, Bernh., jüdische Sagen u. Legenden, f. jung u. alt gesammelt u. wiedererzählt. 2.—4. (Schluß-)Bdchn. (IV, 75; IV, 75 u. IV, 76 S.) 8. Frankfurt a/M. 902. 904. 906. J. Kauffmann. Geb. à n. 1. —; (Vollständig in 1 Leinw.-Bd. n. 4. —)

Kuttner, Bernh., jüdische Sagen u. Legenden, f. jung u. alt gesammelt u. wiedererzählt. 1. Bdchn. 2. Aufl. (VI, 74 S.) 8. Frankfurt a/M. 909. J. Kauffmann.
Geb. in Leinw. 1. —

Kuttner, Bernh., Sprüche zur israelitischen Glaubens- u. Pflichtenlehre in konzentrischen Kreisen. 8. (II, 41 S.) Frankfurt a/M. 891. J. Kauffmann. Geb. n. — 50

— Sprüche zur israelitischen Glaubens- u. Pflichtenlehre in konzentrischen Kreisen. 2. verb. Aufl. 8. (II, 39 S.) Ebd. 899. Geb. n. — 50

— Sprüche zur israelitischen Glaubens- u. Pflichtenlehre in konzentrischen Kreisen. 3. verb. Aufl. (IV, 44 S.) 8. Ebd. 908. Kart. — 60

Kuttner, Ernst, appr. Arzt a. Glogau in Schlesien: Ueber die Wahrnehmung passiver Bewegungen. Leipzig (1907): A. Edelmann. (15 S.) 8°
Leipzig, Med. Fak., Ref. Hoffmann, Diss. v. 11. Aug. 1907
[Geb. 3. März 80 Glogau; Wohnort: Berlin; Staatsangeh.: Preußen; Vorbildung: Askan. Gymn. Berlin Reife M. 99; Studium: Berlin 9 S.; Coll. 15. Aug. 07; Approb. 18. Sept. 06.]

Kuttner, Franz: Die Mikroflora der Prager Wasserleitung Diss., Prag 1905/1906.

Kuttner, Georg: Alt-Israel. (Berlin: Selbstverl. [1909].) 30 S. 8°

Die privatrechtlichen Nebenwirkungen der Zivilurteile. Von Dr. Georg **Kuttner**, Ger Ass. München: C. H. Beck 1908. (VIII, 262 S.) 8°
— **Abhandlungen** z. Privatrecht u. Zivilprozeß d. Deutschen Reiches. Bd 16, H. 2. (o5. 5299

Politische Vereine und der Deutsche Flottenverein. Von Dr. Georg **Kuttner**, Landrichter Hannover Helwing (1908). (23 S.) 8° (o6. 14370

— Politische Vereine u. der deutsche Flottenverein. 2., veränd. Aufl. (29 S.) 8. Hannover 909. Helwing. — 80
1. Aufl. (23 S.) (908.) — 80

— Das Verhältnis des Zivilprozesses zum Erbscheinverfahren, s.: Festgabe der Berliner juriat. Fakultät f. Otto Gierke.

Kuttner, Johann David, s. Küttner

Kuttner, Leopold

Kuttner, L., d. Chirurgie d. Magens, s.: Lindner, H.

Die vegetabilische Diät und deren Bedeutung als Heilmethode. Von Dr. L[eopold] **Kuttner**, Oberarzt am Augusta-Hospital zu Berlin. *Berlin: Fischer. (1902).* (29 S.) 8°
— Klinik, Berliner H 163. (o2. 669

— zur Frage der Achylia gastrica. gr. 8. (30 S. m. 1 lith. Taf.) Berlin 902. A. Hirschwald. n. 1. —
Sonderabdruck aus: „Zeitschr. f. klin. Medicin".

Kuttner, Leopold [aus Gr.-Glogau]: Ueber palpable Nieren. . . . Berlin, Buchdr. v. Gustav Schade (Otto Francke) (1890); 46 S. + 1 Bl. 8°
Berlin, Med. Fak., Inaug.-Diss. v. 21. März 1890

Über abdominale Schmerzanfälle. Von Prof. Dr. L[eopold] **Kuttner** in Berlin. Halle a. S. C. Marhold 1908. (69 S.) 8°
— **Sammlung** zwangloser Abhandlungen aus d. Geb. d. Verdauungs- u. Stoffwechsel-Krankheiten. Bd 1, H. 3. (o8. 12:56 3

Kuttner, Louis, chronologische Tabellen zur allgemeinen Weltgeschichte. 1. Aufl. (74 S.) 867, u. 2. Aufl. Langensalza 868, Schulbuchhandl. von Greßler. 8. (88 S.) 7⅓ *ngr.*

Kuttner, Louis, chronologische Tabellen zur allgemeinen Weltgeschichte. 3. verm. Aufl. 8. (100 S.) Langensalza 874. Schulbuchh. — 90

Kuttner, Louis, chronologische Tabellen zur allgemeinen Weltgeschichte. 4. Aufl. 8. (III, 94 S.) Langensalza 878, Schulbuchh. von Greßler.

Kuttner, Louis, chronologische Tabellen zur allgemeinen Weltgeschichte. 5. Aufl. 8. (III, 94 S.) Langensalza 882, Schulbuchh. von Greßler.

Kuttner, Max, causeries berlinoises, s.: Écho de l'allemand parlé.

—— Huru tal as det i Berlin?, s. Eko af det tyska talspråket.

Kuttner, Max, franzöa. Lebensweisheit, s.a. Prosateurs francais.

Französische Lebensweisheit. Montaigne. Pascal. La Rochefoucauld. La Bruyère. Vauvenargues. Ausgewählt u. hrsg. von Dr. Max **Kuttner**, Oberl. zu Berlin. [Nebst] Anh. [u.] Wörterbuch. Bielefeld & Leipzig: Velhagen & Klasing 1905. 3 Bde 8°
— **Sammlung**, Velhagen & Klasings, franz. u. engl. Schulausgaben. Prosateurs franç. Lfg 162 B. (o6. 4227

Kuttner, Max, Lehrbuch d. französ. Sprache, s.: Feller, Louis.

Kleiner Leitfaden für den Unterricht der Französischen Sprache an kaufmännischen Fortbildungsschulen. Verkürzte Ausg. von Feller-Kuttner's Lehrbuch d. franz. Sprache. Bearb. von Dr. Max **Kuttner**. *Berlin: H. Spamer (1900).* (VI, 157 S.) 8° [F.]
— **Sammlung** Kaufmännischer Fach- u. Lehrbücher No 8. (o5. 8534

Kuttner, Max [aus Berlin]: Das Naturgefühl der Altfranzosen und sein Einfluss auf ihre Dichtung. Berlin, Druck v. George & Fiedler (1889); 2 Bl. + 86 + 1 S. + 1 Bl. 8°
Berlin, Phil. Fak., Inaug.-Diss. v. 29. Jun. 1889

— das Naturgefühl der Altfranzosen u. sein Einfluss auf ihre Dichtung. Inaug.-Diss. gr. 8. (86 S.) Berlin 889. (Leipzig, Fock.) n. 2. —

— englisches Uebungsbuch, s.: Röttgers, Benno.

Kuttner, Max, Dr.: Vauvenargues. *Berlin: R. Gaertner 1900.* (27 S.) 4°
Berlin, Dorotheen-S, OP 1900**

— Vauvenargues. Progr. 4. (27 S.) Berlin 900. [R. Gaertner.] Weidmann. n. 1. —

—— Wie spricht man in Berlin?, s. Echo der deutschen Umgangssprache.

Kuttner, Olga: Untersuchungen über Fortpflanzungsverhältnisse und Vererbung bei Cladoceren. Leipzig 1909: Klinkhardt. 35 S. 8° [Umschlagt.] ¶ (Aus: Internat. Revue d. gesamten Hydrobiol. u. Hydrograph. Bd 2, H. 3.)
Freiburg i. B., Phil. Diss. v. Dez. 1909, Ref. Weismann
[Geb. 31. Mai 83 Elberfeld; Wohnort: Elberfeld; Staatsangeh.: Preußen; Vorbildung: Luisenstädt. Oberrealsch. Berlin Reife M. 06; Studium: Berlin 5, Freiburg i. B. 4 S.; Rig. 26. Febr. 09.] [U 10. 1065

Kuttner, Otto: Historisch-genetische Darstellung von Kant's verschiedenen Ansichten über das Wesen der Materie. Als Preisschrift gekrönt von der philosophischen Fakultät zu Berlin am 3. August 1880. Halle a/S. 1881 (Mertsching in Sommerfeld). 83 S. 8°
Halle-Wittenberg, Phil. Diss. v. 17. Okt. 1881
Geb. Neubrück bei Wronke (Posen) 16. 5. 1858. V.
Verf. erlebte das goldene Dr.-Jubiläum 1931 als Studienrat a. D., Professor in Breslau.

Kuttner, *Otto* [Dr.]: Eine neue Religionsphilosophie (D. L. W. E. Rauwenhoffs) und der zweifelhafte Wert der Religionsphilosophie als Wissenschaft. Posen, Hofbuchdr. W. Decker & Co., 1891; 37 S. 4°
Gnesen, k. G, OP 1891 (149)

Kuttner, Otto, Daniel Schleiermacher, der Erneuerer religiösen Lebens und der Reformator theologischer Wissenschaft im 19. Jahrh. Vortrag, gehalten in der Aula des Gymnasiums zu Neuhaldensleben. 8. (19 S.) Neuhaldensleben 885, (Besser.)

[F.] Religiöse Schul-Ansprachen '(meist im Anschl. an d. Perikopen d. Kirchenjahres)' v. Dr. O[tto] **Kuttner**, ev. Religionsl. *Coblenz: Ev. Stift St. Martin [1895].* (112 S.) 1 Bd 8. [98. 8006

Kuttner, Paul, a. Groß-Glogau (Nieder-Schlesien): Zur Differentialdiagnose zwischen benigner und maligner Pylorusstenose. Leipzig 1907: B. Georgi. (26 S.) 8°

Leipzig, Med. Fak., Ref. Hoffmann, Diss. v. 1. Aug. 1907

[Geb. 13. Jan. 78 Glogau; Wohnort: Berlin, Staatsangeh.: Preußen; Vorbildung: Askan. Gymn. Berlin Reife O. 99; Studium: Berlin 6, München 1, Berlin 2 S.; Coll. 7. Aug. 07; Approb. 6. Apr. 06.]

Küttner, Arnold Eugen

Küttner, Leitfaden f. die Unterweisung der Referendare im Abfassen v. Urteilen u. s. w. in Zivilsachen. Im Auftrag des königl. sächs. Justizministeriums hrsg. (39 S.) gr. 8. Leipzig 906. Dietrich. Kart. n. 1. 80

Leitfaden für die Unterweisung der Referendare im Abfassen von Urteilen u.s.w. in Zivilsachen. Im Auftr. d. Kgl. Sächs. Justizminist. hrsg. von Oberjust.R. [Arnold Eugen] **Küttner** 2. unveränd. Aufl. Leipzig: Dieterich 1907. (39 S.) 8°. [F.] [07. 3303

Küttner, Leitfaden f. die Unterweisung der Referendare im Abfassen v. Urteilen in Zivilsachen. Verf. u. im Auftrag des königl. sächs. Justizministeriums hrsg. 3. verm. Aufl. (58 S. m. 4 Anlagen.) gr. 8. Leipzig 908. Dieterich. Kart. 1. 60

2. Aufl. (39 S. m. 4 Taf.) 907. Kart. 1. 80

— Urteilsbeispiele zu Küttners Leitfaden f. die Unterweisung der Referendare. 1. Klagen aus Forderungsrechten. (VIII, 77 S.) gr. 8. Ebd. 908. Kart. 2. 20

Küttner, C., und F. Herrmann, die Febris recurrens in St.-Petersburg, s. Herrmann, F.

Küttner, C., 74 Blatt Monogramme, Zierschriften u. Kronen. qu. 4. (1 Bl. Text.) Weimar 892. B. F. Voigt. 4. 50

Küttner, C., 74 (lith.) Blatt Monogramme, Zierschriften u. Kronen. 2. [Titel-] Aufl. qu. 4. (2 S. Text.) Weimar (892) 897. Leipzig, B. F. Voigt. 3. —

Küttner, Chr. Gf., († d. 14. Jan. 1789.) hypomnemata in N. T., quibus graecitas ejus explicatur et scholiis, quae ex scriptis recentiorum quorundam magni nominis philologorum, praesertim Ernestii, excerpta sunt, illustrantur. 8maj. Leipz. 780. Breitkopf u. H. 1 ₰ 16 ℊ

Küttner, Ernst Wolfgang, a. Berlin: Über das spezifische Volumen V_1 von Flüssigkeiten unter dem Sättigungsdruck. Rostock 1907: Adlers Erben. (38 S.) 8°

Rostock, Phil. Fak., Ref. Dieterici, Diss. v. 2. Aug. 1907

[Geb. 22. Nov. 79 Berlin; Wohnort: Rostock; Staatsangeh.: Preußen; Vorbildung: Luisenstädt. Realgymn. Berlin Reife O. 00; Studium: Techn. Hochsch. Berlin 8, Univ. Rostock 6 S.; Rig. 29. Juli 07.]

Küttner, Ferdin.: Ueber den Gebrauch von sponte und ultro. Thl. 1, 38 S. Thl. 2. 38 S. – Berlin, Fr.G.: Progr. 1859-60.

Küttner, F., Ueber den Gebrauch von sponte und ultro. Th. II. Berlin (Starcke) 28. IX. 1800. (Progr. collège royal franç.) 58 S. (3.—) 20097

Kuettner, Ferd., quaestio necessitatis quam definitionem quem fontem ultimum Aristoteles statuerit. Dissert. inaug. Berolini (853.) (Hertz.) 8. (4 Bl., 120 S.) n. 20 ngr.

Küttner, Ferd., Syntaxe de la langue latine à l'usage des classes moyennes du collége royal français. gr. 8. (IV und 184 S.) Leipzig 861, Violet. *

Küttner, Gust., s.: Kalender der Leipziger Bienen-Zeitung.

Küttner, Hans: Das Börsengesetz für das Deutsche Reich vom 22. 6. 1896 und das Depotgesetz (Gesetz betr. die Pflichten der Kaufleute bei Aufbewahrung fremder Werthpapiere) vom 5. 7. 1896. Leipzig 1896.

(Meinholds Jur. Handbibliothek. Red. von Hallbauer. Bd 75.)

Küttner, Hans, d. Börsengesetz f. d. Deutsche Reich u. das Depotgesetz (Gesetz, betr. d. Pflichten d. Kaufleute b. Aufbewahrg. fremder Werthpapiere), | s.: Meinhold's jurist. Handbibliothek.
— Reichsgesetz über d. Zwangsversteigerg. u. Zwangsverwaltg., |

Küttner, H[ermann]: Ueber die Bedeutung der Röntgen-Strahlen für die Kriegschirurgie. Nach Erfahrungen im griechisch-türkischen Kriege 1897. *Tübingen 1897: H. Laupp jr.* (98 S.) 8°

Tübingen, Med. Hab.-Schr. v. 1897

Küttner, (Herm.), s.: Beiträge zur klinischen Chirurgie.

Küttner, H., s.: Chirurgie des Kopfes.

— kriegschirurgische Erfahrungen aus dem südafrikanischen Kriege 1899/1900. gr. 8. (IV, 116 S. m. 13 Abb. u. 18 Taf.) Tübingen 900. H. Laupp. n. 4. —; geb. n. 5. —

Sonderabdruck aus: „Beiträge z. klin. Chirurgie".

— s.: Ergebnisse der Chirurgie u. Orthopädie.

Küttner, *Hermann* [app. Arzt]: Über die Resectio tibiocalcanea nach Bruns ... (Aus: Beitr. z. klin. Chir., Bd XI Heft III.) Tübingen, H. Laupp'sche Buchh., 1894; 3 Bl., 30 S. 8.

Tübingen, Med. Fak., Inaug.-Diss. v. 1894

— über Schusswunden an den Extremitäten, s.: Vorträge üb. ärztliche Kriegswissenschaft.

— unter dem deutschen roten Kreuz im südafrikanischen Kriege. Mit 1 Heliograv. u. 110 Abbildgn. im Text. Einbandzeichng. v. Fritz Schumacher. gr. 8. (VII, 252 S.) Leipzig 900. S. Hirzel. Geb. in Leinw. n. 6. —

Küttner, Johann David

Kuttner, Joh. David [Praes.], s. Bauer, Karl Christian: Diss. qua genuinam similitudinum de panno novo vestimento veteri non assuendo ac de musto in utres veteres non condendo sententiam e Matth. IX v. 16, 17.

— erbaul. Beichtexamen; nebst e. besond. geistl. Liedern. 8. Leipz. 752.

Kuttner, Joh. David [Praes.], s. Brummer, Adrian: De efficacia verbi humani et de iis inprimis, quae eam adjuvant.

— et Chr. G. Süttinger (Chemnitz), Disp. de efficacia verbi humani. Lpz. (A. M. Schede) 25. VIII. 1717. (4.—) 20099

Gew.: H. Pipping, Chr. Schreiter, R. Teller, J. G. Carpzow.

— Jo. D. resp. Adr. Brummer. Disp. de efficacia verbi humani. Leipzig (Schede) 27. VIII. 1718. (4.—) 20098

Küttner, J. D., Erkenntniß Gottes aus seinen Werken. 8. Leipz. (Frommann, Jena.) 726.

Küttner, Jh. Dav., († d. 19. Febr. 1769.) d. Gewissen aus den Büchern d. Natur u. d. Offenbarung in d. heil. Schrift erklärt. 8. Leipz. 754. Hilscher. 4 gr.

Küttner, K. G., s. Cumberland, der natürliche Sohn.

Küttner, Karl Aug., († d. 12. Jan. 1810.), s. 1) M. *Aurelii*, Olymp. Nemesiani. 2) Charaktere deutscher Dichter u. Prosaiker. 3) Callimachus, Hymnen. 4) Homer's Iliade. 5) Horaz, Oden. 6) Kuronia. 7) Musäus, Hero u. Leander. 8) Oden, vierzehn. 9) Orpheus, Argonauten. 10) Theocrit, Bion u. Moschus Idyllen.

Küttner, K. Aug., d. Argonauten, a. d. Griech. d. Orpheus. 8. Leipz. Sommer.

— d. Hymnen d. Kallimachus. 8. Leipz. Sommer.

— 14 Oden. 4. Mietau, Hinz. (auch Sommer in Leipzig.) 773.

— Uebersetzung einiger griechischen Dichter 1) Hero u. Leander d. Musäus. 2) die Hymnen d. Kallimachus. 3) die Argonauten des Orpheus. 4) Idyllen d. Theocrit, Bion Moschus u. Koluthus. 8. Altenb. (Akadem. Buchh. in Jena.) 784.

Küttner, Karl Gf., s. B r i e f e , Authent. d. Hauptmanns v. Arenswald.

Küttner, Karl Gf., († d. 13. März 1789.) von dem glückl. Einfluß d. Ehe auf d. Amtsführung e. Geistlichen. 4. Leipz. 774.

— ländl. Erzählungen. 8. Leipz. 783.

— zwey Feldpredigten im Lustlager bei Pillnitz gehalt. 8. Dresd. Gerlach. 782.

— Heinr. Sanders Leben. 8. Leipz. 784.

– s. M i s c e l l a n e e n , Neue, histor., polit. u. moral. Inhalts. (1.– 4. Stück v. Graf v. Lynar; 5.– 20. Stück v. Karl Gf. Küttner.)

— zwei Predigten, im Lager bei Pillnitz vor d. Lecoqschen Infanterieregiment gehalten. 8. Dresd. 782.

Küttner, Karl Gottlob

— Beyträge z. Kenntniß des Innern v. England, s. Beyträge ꝛc.

BEYTRÄGE z u r K e n n t n i s s v o r z ü g l i c h d e s I n n e r n v o n E n g l a n d u n d s e i n e r E i n w o h n e r. Aus den Briefen eines Freundes (*Carl Gottlob Küttner's*, des Verf.), gezogen von dem Herausgeber (Joh. Gottfr. D y k). 16 Stücke. Leipzig 1791—96. 8°. (In Aarau, Cantonsbibl.) Cplt. nicht häufig.

Dr. Franz Schnitzer's Bibl. München 1902. No. 118.
Anon.-Lex. I. p. 158 (nach Engelmann, Kayser, Meusel, Jördens).

— Beyträge z. Kenntniß d. Zustandes v. Frankreich ꝛc. gr. 8. Leipz. Dyk. 792.
Dass.s.a.: B e i t r ä g e ...

Küttner, Karl Gottlob, s. B e s t , C. C.: Briefe über Ostindien.

Küttner, Karl Glo., († d. 14. Febr. 1805.) Briefe über Irland an seinen Freund in Leipzig. 8. Leipz. 785. Barth. 1 thl 3 gr

Küttner, Carl Gottlob. Briefe über Irland. Leipzig 1785. H: *Schenk, M.* (ADB 17, 443)

Küttner, K. G., Briefe ein. Sachsen aus d. Schweiz ꝛc. s. Briefe.

[K ü t t n e r. Carl Gottlob.] Briefe eines Sachsen aus der Schweiz an Seinen Freund in Leipzig. 3 Theile. 8. Leipzig 1785–1786.

– s. E r i m i n a l g e s e t z e , Über.

Küttner, K. G., and W. Nicholson, New Dictionary accord. to the German Dictionary of J. C. Adelung, s. Wörterbuch, deutsch-englisches ꝛc.

– s. P r o g r a m m d. Leipziger Universität.

R e i s e

d u r c h D e u t s c h l a n d, D ä n e m a r k, S c h w e d e n. N o r w e g e n u n d e i n e n T h e i l v o n I t a l i e n, i n d e n J a h r e n 1797. 1798, 1799 (von *Carl Gottlob Küttner*). 4 Bde. 8° Mit 4 schönen Ansichten in Kupfst. Leipzig, G. J. Göschen, 1801. 8° (8 Mk., Hldr. mit altem Ex-libris, Adolf Weigel, 1909.)

— Reise durch Deutschland, Dänemark, Schweden, Norwegen u. e. Theil von Italien, in d. Jahren 1797 bis 1799. 4 Thle, mit Kpf. gr. 8. Leipz. 801. 2e verb. Ausg. 804. Göschen. 7 thl 12 gr

— Reise durch England ꝛc. siehe Reise durch England ꝛc.

[Küttner, Karl Glob.] Wanderungen durch die Niederlande, Deutschland, die Schweiz und Italien, in den Jahren 1793 u. 1794. Th. 1 2. Leipzig 1796. 8. . . . . (D.)
— , —— 2. unveränderte Aufl. Leipzig 1807 8.

— Wanderungen durch d. Niederlande, Deutschland, d. Schweiz, u. Italien, in d. J. 1793 u. 94. 3 Thle. 2e Aufl. 8. Leipz. 807. Voß. 3 thl (1e Aufl., s. Wanderungen.)

— üb. d. økonom. u. polit. Zustand v. Großbritannien im Jahr 1796 ꝛc. gr. 8. Ebend. 796.

— **L. E.** (Dresden), **Zur Prognose des Pneumothorax. Diss. med. Lpz. (A. Th. Engelhardt) 9. II. 1866. 22 S. (M.: E. Beschorner. (3.—) 20100**
Oppon.: Fiedler, Jacobi, Küttner.

Küttner, Oscar v., approb. Arzt aus St. Petersburg, Assist. an d. K. Universitäts-Frauenklinik Tübingen: **Experimentell-anatomische Untersuchungen über die Veränderlichkeit des Beckenraumes Gebärender.** *Tübingen 1898: (C. Grumbach, Leipzig).* (21 S.) 8° ¶ (Aus: Beitr. zur Geburtshilfe u. Gynäkologie, 1)
Tübingen, Med. Diss. v. 1898

Küttner, Otto *Berthold Ewald* [aus Potsdam]: Ueber die Heilwirkung operativer Eingriffe an sich ... Berlin, Buchdr. v. G. Schade, *1893;* 30 S., 1 Bl. 8.
Berlin, Med. Fak., Inaug.-Diss. v. 12. Mai 1893

Küttner, Paul [aus Koischwitz bei Liegnitz]: Über die Einwirkung von Halogenalkülen, Phosphorpentachlorid und Brom auf die Chinolin-o-Sulfonsäure und die Chinolin-p-Sulfonsäure ... Freiburg i. B., Universitätsbuchdr v. Chr Lehmann, 1886; 37 + 1 S. 8°.
Freiburg i. B., Phil.-Fak., Inaug.-Diss. v. 1886.

K ü t t n e r, P a u l, über die Einwirkung von Halogenabkülen, Phosphorpentachlorid und Brom auf die Chinolin-o-Sulfonsäure und die Chinolin-p-Sulfonsäure. Diss. Freiburg i. B. 1886, Fr. Wagnersche Univ.-Buchh. 8°. 37 S.

Küttner, Rob., die Erkältung u. die Erkältungskrankheiten. Ein Beitrag z. Erkrankungslehre. gr. 8. (13 B.) Dresden u. Leipzig 842, Arnoldische Buchh.

Küttner, Robert, Geburt, Leben und Tod der Epidemie. Frankfurt a. d. O. 1866.

Küttner, Rob., Parallele d. älteren u. neuen sächs. Pharmakopöe. 8. (2¾ B.) Leipzig 837, Gebr. Reichenbach.

Küttner, Rob., medicin. Phaenomenologie. Ein Handwörterbuch f. d. ärztl. Praxis. 2 Bde. gr. 8. (68½ B.) Leipzig 836, Gebr. Reichenbach. Thlr.

—— dass. — 2., umgearb. u. stark verm. Aufl. (3 Lfgn.) Lex.-8. (40 B.) Ebds. 842, 43.

— Rob. (Dresden), De signis, quae hämorrhagia inter vivo et mortuo corpori illata praebet. Diss med. Lpz. (Breitkopf & Härtel) 1. 11. 1831. 48 Seiten. (8.—) 20101
Gew.: Jo. Chr. Aug. Clarus.

—— über die Ursachen des häufigen Vorkommens körperl. Verkrümmungen in Dresden. Ein Beitrag z. Lehre von der Rhachitis. gr. 8. (2 B.) Dresden 842, Kori'sche Buchh. *

Küttner, S. [aus Heidelberg]: Über Chinazolin- und Indazolsynthesen. . . . Heidelberg, Univ.-Buchdr. v. J. Hörning, 1891; 88 S. 8°
Erlangen, Phil. Fak., Inaug.-Diss. v. 1891

Küttner, W., die Eheschliessungen im Königr. Sachsen mit besond. Berücksicht. des Bergmannsstandes, s. Zeuner, G., zur mathematischen Statistik.

KÜTTNER, W.: Tafeln zur Inhaltsbestimmung runder und vierkantig bearbeiteter Hölzer nebst den vorzüglich in Anwendung gekommenen Formzahlen. - Potschappel 1871. 140 S.

Küttner, W., Tafeln zur Inhaltsbestimmung runder und vierkantig bearbeiteter Hölzer nebst den vorzüglich in Anwendung gekommenen Formzahlen. gr. 8. (XIX, 140 S.) Leipzig 872, (Kessler.) *ℳ 3.; geb. *

Die steigende Rente in der Volksversicherung mit Berücks. d. Bestimmungen d. neuen Preußischen Knappschaftsgesetzes. Von W[ilhelm] Küttner. Berlin: Puttkammer & Mühlbrecht 1907. (27 S.) 8° [o8. 1930

Das Risiko der Lebensversicherungs-Anstalten und Unterstützungskassen. Von W. Küttner, Hofrat. Berlin: E. S. Mittler & Sohn 1906. (95 S.) 8° = Veröffentlichungen d. Deutschen Vereins f. Versicherungs-Wissenschaft. H. 7. [o6. 3388

Die Witwen- und Waisenversicherung nach dem gegenwärtigen Stande der Versicherungswissenschaft mit durchgeführten Zahlenbeispielen von W. Küttner Berlin: Puttkammer & Mühlbrecht 1910. XXIV, 231 S. 8° [10. 9091 7

Kuttruff, Joh. B., Rede bei der feierlichen Beisetzung des durchl. Fürsten und Herrn Hrn. Carl Egon zu Fürstenberg. Gehalten in Donaueschingen am 31. Oktbr. 1854. gr. 8. (11 S.) Villingen 855, Förderer.

KUTZ, Arthur (Bayreuth): Über Dermoidcysten, mit spezieller Berücksichtigung eines Falles von Sacraldermoid.- München: Knorr & Hirth 1895. 26 S.,1 Taf.
24.7.1895 - Chr 1895/96,7; Jv 1895/96,225
Diss. Ingolst.-Landsh.-Mchn.

Kutz, Arth., üb. Dermoidcysten, m. spez. Berücksicht. e. Falles v. Sacraldermoid. Diss. gr. 8. (26 S. m. 1 Taf.) München 895. (Bayreuth, C. Giessel.) n. 1.—

Kutz, J. Bapt., auch d. Berge predigen. Predigt am 4. Tage d. 200jähr. Jubelfeier in d. Mariahilfberg-Kirche bei Amberg d. 5. Jul. 1834 gehalt. gr. 8. (1½ B.) Sulzbach, v. Seidel.

Kutz, Carl, Gerichtsrefer.: Die Schlüsselgewalt der Ehefrau nach dem deutschen Bürgerlichen Gesetzbuch. Heidelberg 1908: Rössler & Herbert. 54 S. 8°
Heidelberg, Jur. Diss. v. 19. Dez. 1908, Ref. Schröder
[Geb. 10. Aug. 83 Stallupönen; Wohnort: Berlin; Staatsangeh.: Preußen; Vorbildung: Kneiphöfisches Gymn. Königsberg i. P. Reife O. 03; Studium: Freiburg i. B. 1, Leipzig 2, Königsberg 3 S.; Rig. 18. Nov. 08.] [U 09. 1834

Kutz, Richard, Arzt, z. Z. Assist. bei Hrn Dr. Elgnowski-Ortelsburg: Beitrag zur Kasuistik der Enchondrome am Halse. Beschreibung eines seltenen Falles von kongenitalem Enchondrom neben d. Processus spinosus d. 6. Halswirbels. *Königsberg i. Pr. 1902: O. Kümmel.* (30 S.) 8°
Königsberg, Med. Diss. v. 18. Nov. 1902

Kutzbach. Bericht über die Schießversuche gegen Panzerziele in England 1868. (Mit) Atl. Berlin 1869. 8° u. 2°.

Zur Bestimmung und wissenschaftlichen Ueberlieferung der älteren Bürgerhäuser Triers. Zugleich e. Beitrag z. älteren Geschichte d. deutschen Bürgerhauses. Von Fr Kutzbach Mit 1 Abb. Trier Lintz 1908. 16 S. 8°
Erw aus: Trierische Chronik. Jg. 4, Nr 5. [o9. 11769

Kutzebue, s. Kotzebue

Kutzen, Emil

Kutzen, Anleitung zur Anfertigung v. Krokis, Skizzen u. Erkundungs-Berichten. Für die Kriegsschule zu Glogau nach den Bestimmgn. der Felddienst-Ordnung u. den Angaben d. Leitfadens der Taktik u. der Terrainlehre zusammengestellt. Mit 4 Beilagen in Steindr. 12. (41 S.) Berlin 889. Mittler & Sohn. n. —80

Kutzen, Anleitung zur Anfertigung v. Krokis, Skizzen u. Erkundungs-Berichten. Nach den Bestimmgn. der Felddienst-Ordng. u. den Angaben d. Leitfadens der Terrainlehre zusammengestellt. 2., durchgeseh. u. erweit. Aufl. Mit 7 Beilagen in Steindr. 12. (68 S.) Berlin 892. E. S. Mittler & Sohn. n. 1.—

[iJ.] Anleitung zur Anfertigung von Krokis, Skizzen und Erkundungsberichten. Nach d. Bestimmgn d. Felddienst-Ordng u. d. Angaben des Leitf. d. Feldkunde zsgest. v. Kutzen, Oberstlt. , Dir. d. Kriegsschule Neisse. 3., durchges. u. erw. Aufl. M. 8 Beil. in Steindr. *Berlin: E. S. Mittler & Sohn 1897.* (72 S., 8 Beil.) 1 Bd 8. [97. 4771

Kutzen, Anleitung zur Anfertigung v. Krokis, Skizzen u. Erkundungsberichten. Nach den Bestimmgn. der Felddienst-Ordng., des Exerzier-Reglements f. die Infanterie u. den Angaben des Leitfadens der Feldkunde zusammengestellt. 4., bericht. u. verm. Aufl. Mit 8 Beilagen in Steindr. (VII, 72 S.) kl. 8. Berlin 908. E. S. Mittler & Sohn. 1.—

Kutzen, Josef

Kutzen, J. Schlesiens Bedeutung u. Leistungen für den Freiheitskampf i. J 1813. 8. Breslau 1864

Kutzen, J., Dr., Der Böhmerwald in seiner geographischen Eigenthümlichkeit und geschichtlichen Bedeutung, verglichen mit den Sudeten, besonders mit dem Riesengebirge. Breslau 1866.

Kutzen, Jos. Dichtung und Wahrheit über einige wichtige Momente aus dem Feldherrnleben Friedrichs des Grossen. 8. (Als Mscr. gedr.) Breslau 1869.

Kutzen, Jos., Friedrich der Große u. sein Heer in den Tagen der Schlacht bei Leuthen. Nebst einer umfassenden Darstellung der letzteren. Mit Beilagen u. 1 (lith. u. color.) Plane (in 4.) 8. (VIII u. 258 S.) Breslau 851, Hirt. n. 1½ ℛ

— Gedenktage deutscher Geschichte. 3 Hefte. Breslau 860. Hirt. 8. 3 ℛ 5 ngr

Inhalt: 1. Der Tag von Kolin. 2. Ausg. Mit 1 (lith.) Plane der Schlacht bei Kolin (in Fol.). (XVI, 300 S. u. 2 Tab. in 4. u. Fol.) 1 ℛ 10 ngr — 2. Der Tag von Leuthen. 3. Ausg. Mit 1 (lith.) Plane der Schlacht bei Leuthen (in Fol.). (IV, 278 S. u. 2 Tab. in 4.) 1 ℛ 5 ngr — 3. Der Tag von Liegnitz. Mit 1 (lith.) Plane der Schlacht bei Liegnitz (in 4.). (VIII, 143 S. u. 2 Tab. in 4.) 20 ngr

Kutzen, J., die Grafschaft Glatz. Ihre Natur und deren Beziehungen zu Geschichte und Leben der Menschen. gr. 8. (VI, 230 S. mit 18 Holzschn. nach Orig.-Zeichnungen von Thdr. Blätterbaum und 3 lithogr. Karten in 8. und gr. Fol.) Glogau 873, Flemming. *ℳ 4,50.; geb. *

— Vor hundert Jahren. Zwei Gedenktage deutscher Geschichte. In 2 Abthlgn. (2 Bdn.) 1. Abth.: Der Tag von Kolin. — 2. Abth.: Der Tag von Leuthen. Breslau 857. Hirt. 8. (XII, 299; IV, 278 S., 2 lith. Pläne u. 18 Tab. in 4.) 2 ℛ. 15 ngr

Kutzen, Professor Dr. J. Vor hundert Jahren. Zwei Gedenktage deutscher Geschichte. In 2 Abth. I. Abth. Der Tag von Kolin. (Mit 1 Plan.) II. Abth. Der Tag von Leuthen. (Mit 1 Plan.) Fortgesetzt unter dem Titel: Gedenktage deutscher Geschichte. III. Heft. Der Tag von Liegnitz. Mit 1 Plan der Schlacht bei Liegnitz. (3 Bde.) kl. 8. Breslau 1857—1860.

Kutzen, J., das deutsche Land. Seine Natur in ihren charakteristischen Zügen und sein Einfluß auf Geschichte und Leben der Menschheit. Skizzen u. Bilder. Zur Belebung vaterländischen Wissens u. vaterländischer Gesinnung. Breslau 855. Hirt. gr. 16. (XII, 507 S.) 1 ℛ. 22½ ngr

Kutzen, Jos., das deutsche Land in seinen charakteristischen Zügen und seinen Beziehungen zu Geschichte und Leben der Menschen. Zur Belebung vaterländ. Gesinnung. 2 Bde. 2., vielfach veränderte und großentheils vollständig umgearbeitete Ausg. Breslau 867. Hirt. 8. (XXIV, 873 S.) n. 3 ℛ 10 ngr

Kutzen, J., das deutsche Land in seinen charakteristischen Zügen u. seinen Beziehungen zu Geschichte u. Leben der Menschen. 3., verb. u. vielfach umgearb. Aufl. hrsg. von W. Koner. gr. 8. (VIII, 564 S.) Breslau 880. F. Hirt. n. 8. —; geb. n. 10. 50

Kutzen, J., das deutsche Land in seinen charakterist. Zügen u. seinen Beziehungen zu Geschichte u. Leben der Menschen. 4. Aufl., gänzl. umgearb. von Vict. Steinecke. Mit 116 Karten u. Abbildgn. in Schwarzdr., sowie 5 Karten u. 4 Taf. in vielf. Farbendr. gr. 8. (602 S.) Breslau 900. F. Hirt. n. 10. —; geb. in Halbfrz. n. 12. 50

Das deutsche Land in seinen charakteristischen Zügen u. s. Beziehungen zu Geschichte u. Leben der Menschen von Prof. Dr. J[osef] **Kutzen**. 5., neubearb. Aufl. mit 179 Bild. u. Fig. u. 12 Taf. u. Karten hrsg. von Dr. Victor Steinecke. Breslau: F. Hirt 1908. (559 S.) 8° [illegible]

Kutzen, J. Über die vermeintliche Schuld Friedrichs d. Gr. an dem Verlust der Schlacht von Kolin. Breslau 1862. 8°. (Aus: Abhandl. d. Schles. Gesellsch. für vaterl. Cultur.)

— aus der Zeit des siebenjähr. Kriegs, s. National-Bibliothek, deutsche.

Kutzen, Jos., aus der Zeit des siebenjährigen Krieges. Umrisse und Bilder deutschen Landes, deutscher Thaten, Charaktere und Zustände. Mit 7 (lith.) Kärtchen. (Abgedr. aus der deutschen National-Bibliothek.) Berlin 863. Brigl. (Kobligl.) gr. 8. (XXIV, 263 S. u. 1 Holzschn.) 27 ngr

Kutzen, Professor Dr. Joseph, in Breslau. Aus der Zeit des siebenjährigen Krieges. Umrisse und Bilder deutschen Landes, deutscher Thaten, Charaktere und Zustände. Mit 7 Kärtchen und 1 Porträt. 8. Berlin (1864).

Kutzen, J. Aus der Zeit des siebenjährigen Krieges. (263) 8. M. 7 Pl. Berlin 1863. 2,70. — 2. Ausg. 8. ib. 1870.

Kutzen, Josef August

Kutzen, Dr. Jos. Aug., Geschichte d. preuß. Staates. Zur Begründung d. ersten nothwend. Kenntnisse in d. vaterländ. Geschichte; zugleich ein Leitfaden für Lehrer an Stadt- u. Landschulen. 1r Bd. (16 Heft). Mit 1 Portr. u. 1 Karte, (lithogr. u. ill. in Fol.) 8. Bresl. 832. Pelz. 4 K

—Geschichte des Preuß. Staates. 1r Bd. 16 Heft. Wohlf. Ausg. 8. Breslau (834.) Pelz. 1/12 ℛ

Kutzen, Jos. Aug., Geschichte d. Preuß. Staates. Zur Begründ. d. ersten nothwend. Kenntnisse in d. vaterländ. Gesch.; zugleich e. Leitfaden f. Lehrer an Stadt- u. Landschulen. 2 Thle. (Bis zum Tode Friedrich II.) gr. 8. (41¾ B. u. 2 Tab.) Breslau 834, Pelz.

Kutzen, Josephus Augustus De Atheniensium imperio Cimonis atque Periclis tempore ad Strymonem fluvium constituto. Vratislaviae (1837). (VI, 32 S., 1 Taf.) 8° *[Im Buchhandel 1837 bei Gebhardt in Grimma.]*

Breslau, Phil. Fak., Antr.-Progr. als außerord. Prof. v. 4. März 1837

Kutzen, J. A., De Atheniensium imperio Cimonis atque Periclis tempore ad Strymonem fluvium constituto. (I, De Eione Strymonia. — II. De Amphipoli.) Diss. 1837. 32 S. u. 1 K. —,90

Kutzen, Josephus Augustus *(geb. Frankenstein in Schles. [24. 3.] 1801)* De Pericle Thucydideo. Spec. 1. Vratislaviae (1829). (VI, 54 S.) 8° *[Spec. 2 ist Breslauer phil. Hab.-Schr. v. 9. 11 1831 beides Vorarb. zu d. Verf. Werk. Perikles als Staatsmann. Grimma 1834.]*

Breslau, Phil. Diss. v. 22. Aug. 1829

Kutzen, Josephus Augustus. De Pericle Thucydideo. Spec. 2. Vratislaviae (1831). (34 S.) 8° *[Im Buchhandel 1831 bei Korn in Breslau — Spec. 1 ist Breslauer phil. Diss. v. 22. 8. 1829 Vorarb. zu d. Verf. „Perikles als Staatsmann" Grimma 1834.]*

Breslau, Phil. Fak., Hab.-Schr. v. 9. Nov. 1831

— Perikles als Staatsmann währ. d. gefahrvollsten Zeit seines Wirkens. gr. 8. (13½ B.) Grimma 834, J. M. Gebhardt.

KUTZER, Heinrich

Garn-Nummerirungen, Haspelungen und vergleichende oder Umrechnungstabellen (Verbrauchslängen). Zusammengestellt und berechnet von Heinrich Kutzer. Mit 2 Abbildungen. Wien. Pest. Leipzig. 1901. Hartleben. Gr.-8°, 45 S. Geb. K 2.20

Kutzer, Thdr., Einzelfragen der Finanzpolitik der Gemeinden, s.: Schriften des Vereins f. Socialpolitik. 127. I.

Kutzer, Thdr., d. bayrische Heimatrecht m. d. einschlägigen Rechte der Verehelichung u. des Aufenthalts, systematisch dargestellt. 4 Lfgn. (VIII, 610 S.) gr. 8. München 904. J. Schweitzer Verl. n. 9. —; geb. in Leinw. n. 10. —

Kutzer, Th., Die Organisation des Kredits der deutschen Städte. 8⁰. Leipzig, Duncker u. Humblot, 1910. (Schriften d. Vereins f. Socialpolitik, Bd. 127, Tl. 1.)

Kützing, Friedrich Traugott

Kützing, Friedrich Die Algenflora von Nordhausen und Umgegend. 16 S. Progr. Rg. Nordhausen 1878.

Kützing, Friedr. Traug., die kieselschaligen Bacillarien od. Diatomen. gr. 4. (20 B. u. 30 vom Verf. grav. Taf.) Nordhausen 844, Köhne. **

Kützing, Friedr. Traugott, die kieselschaligen Bacillarien oder Diatomeen. 2. Abdr. 4. (III und 152 S. mit 30 gravirten Taf.) Nordhausen 865, Förstemann's Verlag. In Mappe. *

—— Beleuchtung d. sogenannten „Berechtigung" des Hrn. C. G. Ehrenberg, im Bericht üb. die Verhandlungen d. Academie d. Wissenschaften z. Berlin, v. 12. Juni 1845. gr. 8. (½ B.) Nordhausen 846, Köhne.

— über ein neues Botrydium, s. Acta nova phys.-med. Acad. Caes. Leopold. Carol. XIX. Prs. II.

— die Chemie und ihre Anwendung auf das Leben. Ein nothwendiges Hand- u. Hülfsbuch zur Belehrung u. Unterhaltung für alle Stände. 6 Hefte. Mit 1 lithogr. Tafel. gr. 8. Nordhausen 838, 39, Köhne. (à 1/3 ß) 2 ß

—— die Chemie u. ihre Anwend. auf d. Leben. Ein nothwend. Hand- u. Hülfsb. z. Belehr. u. Unterhalt. f. alle Stände. (6 Hfte.) gr. 8. (36 B. u. 1 Stnt.) Nordhausen 839, Köhne.

Kützing, Frider. Traug., Algarum aquae dulcis Germanicarum Decas I—XII. 8. Halis Sax. 833—35, (Schwetschke et fil.) à

Kützing, Frid. Traug., Algarum aquae dulcis Germanicarum Dec. XIII—XVI. 8. Halis Sax. 836, (Schwetschke et fil.) à *
Dec. I—XII. Ibid. 1833—35. à * 16 Gr.

Kützing, Friedrich Traugott: Diagnosen und Bemerkungen zu 73 neuen Algenspecies. Nordhausen 1863.
Schul-/Univ.-Schrift

Kützing, Friedr. Traug., die Elemente der Geographie als Lesebuch für Gymnasien, Real-, Bürger- und Töchterschulen bearb. gr. 8. (IV und 127 S.) Nordhausen 849, Büchting. Thlr.

Kützing, Friedr. Traug., die Elemente der Geographie als Lehr- und Lesebuch für Gymnasien, Real-, Bürger- und Töchterschulen bearb. 2. Aufl. gr. 8. (IV und 128 S.) Nordhausen 853, Büchting.

Kützing, Friedr. Traug., die Elemente der Geographie als Lehr- und Lesebuch für Gymnasien, Real-, Bürger- und Töchterschulen bearb. 3. Aufl. gr. 8. (IV und 128 S.) Nordhausen 858, Büchting.

— die Elemente der Geographie als Lehr- und Lesebuch für Gymnasien, Real-, Bürger- und Töchterschulen bearb. 4. Aufl. gr. 8. (IV und 133 S.) Nordhausen 862, Büchting.

Kützing, Friedr. Traug., die Elemente der Geographie als Lehr- und Lesebuch für Gymnasien, Real-, Bürger- und Töchterschulen bearb. 5. Aufl. gr. 8. (IV, 148 S.) Langensalza 869, Beltz.

Kützing, Frdr. Traug., Grundzüge der philosophischen Botanik. 2 Bde. gr. 8. 1. Bd.: Historische Einleitung. Methode. Naturleben. Die Pflanzentheile. Mit 18 (grav.) Taf. Abbildungen. (XX u. 337 S.) 2. Bd.: Das Pflanzen-Individuum als Organismus. Mit 20 (grav.) Taf. Abbildungen. (XXX u. 345 S.) Leipzig 851. 52, Brockhaus. (à n. 2⅔ ß) n. 5⅓ ß

—— Compendium d. gesammten Naturgeschichte, als Leitfaden f. ein. stufenweisen Unterrichtsgang, f. Schüler v. Real- u. and. höh. Schulen. 3 Curse. gr. 8. (30 B.) Nordhausen 837, Müller.

— Compendium der gesammten Naturgeschichte, als Leitfaden für einen stufenweisen Unterrichtsgang, für Schüler von Real- u. and. höhern Schulen. In drei Cursen bearbeitet. gr. 8. Nordhausen 837. Müller; Leipzig, Fort. 1 ß

Kützing, Friedr. Traug., Lehrbuch für den geographischen Unterricht. Nach naturwissenschaftl. Methode und mit besond. Berücksicht. des internationalen Verkehrs für höhere Lehranstalten bearb. gr. 8. (VII, 192 S.) Braunschweig 879, Westermann. *

—— die Naturwissenschaften in den Schulen als Beförderer des christl. Humanismus. gr. 8. (X und 120 S.) Nordhausen 850, Büchting.

—— Phycologia generalis od. Anatomie, Physiologie u. Systemkunde der Tange. gr. 4. (61½ B. u. 80 vom Verf. gezeichn. u. grav. farbig gedruckte Taf.) Leipzig 843, Brockhaus. *

—— Phycologia germanica, d. i. Deutschlands Algen in bündigen Beschreibungen. Nebst ein. Anleitung z. Untersuchen u. Bestimmen dieser Gewächse f. Anfänger. gr. 8. (22 B.) Nordhausen 845, Köhne.

Kützing F. T.: Phycologia germanica, d. i. Deutschlands Algen in bündigen Beschreibungen. Nebst einer Anleitung z. Untersuchen u. Bestimmen dieser Gewächse f. Anfänger. Nordhaus. 1845. 340 S.

—— über d. Polypieres calcifères d. Lamouroux. 4. (4¼ B.) Nordhausen 841, [Schmidt'sche Buchh.]
Aus dem Programm d. Realschule zu Nordhausen v. 2. Apr. 1841 besond. abgedruckt.

Kützing, Fr. Traug., über die Polypières calcifères des Lamouroux. (Aus dem Programm der Realschule zu Nordhausen vom 2. April 1841 besond. abgedr.) 4. Nordhausen 843, Schmidt. 5/8 ß

—— die Sophisten u. Dialektiker, die gefährlichsten Feinde der wissenschaftl. Botanik. (Zugleich als Erwiderung auf eine Note in „Schelling's u. Hegel's Verhältniss zur Naturwissenschaft." Von M. J. Schleiden. gr. 8. (1½ B.) Nordhausen 844, Förstemann. *

—— Species Algarum. 8maj. (VI und 922 S.) Lipsiae 849, Brockhaus. *

Kützing, Friedr. Traug., Synopsis Diatomearum, od. Versuch e. systemat. Zusammenstell. d. Diatomeen. Hierzu 7 Taf. mit Abbild. gr. 8. (6 B.) Halle 834, (Schwetschke u. Sohn.) Thlr.
Aus der „Linnaea, hrsg. v. Schlechtendal" besond. abgedruckt.

—— Tabulae phycologicae oder Abbildungen der Tange. 1. Bd. gr. 8. (VI und 54 S. mit 100 Stnt.) Nordhausen 845—49, (Köhne.) *
ill. *

— Tabulae phicologicae oder Abbildungen der Tange. 1. Lfg. gr. 8. (Mit 10 Taf. Abbild.) Ebend. 846. n. 1 ß color. n. 2 ß

—— dass. — 2. Bd. 1—10. Lfg. (oder 11—20. Lfg. des ganzen Werkes.) gr. 8. (37 S. Text und 100 Stnt.) Ebds. 850—52. à Lfg. * 1 Thlr. *
ill. à Lfg. * 2 Thlr. *

—— Tabulae phycologicae oder Abbildungen der Tange. 3—6. Bd. à Bd. 10 Lfgn. (oder 21—60. Lfg. des ganzen Werkes.) gr. 8. Nordhausen, [Köhne.] [3. (100 Stnt. und 28 S.) 853., 4. (100 Stnt. mit XVI und 23 S.) 854., 5. (100 Stnt. mit IV und 30 S.) 855., 6. (100 Stnt. mit IV und 35 S.) 856.] à Bd. *
Ill. à Bd. *
1. und 2. Bd. Ebendas. 1845—52. à Bd. * 10 Thlr., mit ill. Taf. * 20 Thlr.

—— Tabulae phycologicae oder Abbildungen der Tange. 7—11. Bd. à 10 Lfgn. (oder 61—110. Lfg. des ganzen Werkes.) gr. 8. Nordhausen 857—61, (Förstemann's Verlag.) [7. Bd. (VII und 40 S. mit 100 Stnt.) 8. Bd. (IV und 48 S. mit 100 Stnt.) 9. Bd. (VIII und 42 S. mit 100 Stnt.) 10. Bd. (V und 39 S. mit 100 Stnt.) 11. Bd. (32 S. mit 100 Stnt.)] à Lfg. ** 1 Thlr. **
ill. à Lfg. ** 2 Thlr. **
1—6. Bd. (Ebendas.) 1845—56. ** 60 Thlr.; ill. ** 120 Thlr.

—— Tabulae phycologicae oder Abbildungen der Tange. 12.—18. Bd. à 10 Lfgn. (oder 111.—180. Lfg. des ganzen Werkes.) gr. 8. [12. Bd. (32 S. mit 100 Stnt.) 13. Bd. (31 S. mit 100 Stnt.) 14. Bd. (35 S. mit 100 Stnt.) 15. Bd. (36 S. mit 100 Stnt.) 16. Bd. (56 S. mit 100 Stnt.) 17. Bd. (34 S. mit 100 Stnt.) 18. Bd. (48 S. mit 100 Stnt.)] Nordhausen 862—68, (Förstemann's Verlag.) à Lfg. * 1 Thlr. *
ill. à Lfg. * 2 Thlr. *
1.—11. Bd. (Ebendas.) 1845—61. * 110 Thlr.; ill. * 220 Thlr.

—— Tabulae phycologicae oder Abbildungen der Tange. 19. Bd. [oder 181.—190. (Schluss-)Lfg. des ganzen Werkes]. gr. 8. (100 Stnt. mit 40 S. Text.) Nordhausen 869,70, (Förstemann's Verlag.) In Mappe à Lfg. * M 3. *
color. à Lfg. * M 6. *

Kützing, Frdr. Traug., tabulae phycologicae od. Abbildgn. der Tange. Index generum atque specierum. [Register üb. sämmtl. Gattgn. u. Arten, welche in den 19 Bdn. der tabulae phycologicae abgebildet sind.] gr. 8. (57 S.) Nordhausen 871. (Förstemann.) n. 2. —; (19 Bde. m. Reg.: n. 572 —; color. n. 1142.—)

—— über die Verwandlung der Infusorien in niedere Algenformen. (Mit 1 v. Verf. lith. Taf.) gr. 4. Nordhausen 844, Köhne. *

Kützing, Carl, Beiträge z. prakt. Akustik, als Nachtr. z. Fortepiano- u. Orgelbaukunst. 8. (4 B. u. 2 Stnt.) Bern u. Chur 838, Dalp.

— Beiträge zur prakt. Akustik; zunächst für die Besitzer meiner Fortepiano- u. Orgelbaukunst bestimmt. 8. Bern u. Chur 838. Dalp. ³/₄ nf.

Kützing, Carl, theoret.-prakt. Handbuch d. Fortepiano-Baukunst, mit Berücksichtig. d. neuesten Verbessern. M. 6 Stnt. (qu. Fol.) 8. (6½ B.) Bern 833, Dalp.

Kützing, Carl, theoret.-praktisches Handbuch der Fortepiano-Baukunst mit Berücksichtig. der neuesten Verbesserungen bearb. 1. Abthl. 2, verb. Ausg. 8. (6½ B. u. 6 Kpfrt.) Bern 843, Dalp.

—— theoret.-prakt. Handbuch d. Orgelbaukunst. 8. (9⅛ B. u. 8 Kpfrt.) Bern u. Chur 836, Dalp.

—— theoret.-praktisches Handbuch d. Orgelbaukunst. 2., verb. Ausg. 8. (9 B. u. 8 Kpfrt.) Bern 843, Dalp.

—— das Wissenschaftliche d. Fortepiano-Baukunst. gr. 8. (7⅛ B. u. 6 Kpfrt.) Bern 844, Dalp.

Kutzinski, Arnold

Kutzinski, A., systematische Beobachtungen üb. d. Wiedergabe kleiner Erzählgn. durch Geisteskranke, s.: Köppen, M.

Kutzinski, Arnold, a. Berlin: Zur Frage der Zeugnisfähigkeit bei Psychosen. Freiburg ⟨Baden⟩ 1905: E. Kuttruff. (28 S.) 8°
Freiburg i. B., Med. Fak., Ref. Hoche, Diss. v. 1905
[Geb. 17. Aug. 79 Berlin; Wohnort: Berlin; Staatsangeh.: Preußen; Vorbildung: Gymn. Gartz a. O. Reife 00; Studium: Berlin 4, München 1, Berlin 2, Freiburg i. B. 2 S.; Coll. 3. März 05.]

Kutzky, Ernst *Martin Erich* [pr. Arzt]: Ein Fall von Insertion der Nabelschnur am Kopfe eines Kalbsfoetus ... Königsberg i. Pr., Druck v. M. Liedtke, 1896; 2 Bl., 29 S., 3 Bl., 1 Taf. 8.
Königsberg, Med. Fak., Inaug.-Diss. v. 24. Dez. 1896

Kutzky, Ernst, e. Fall v. Insertion d. Nabelschnur am Kopfe e. Kalbsfoetus. Diss. gr. 8. (31 S. m. 1 Taf.) Königsberg 896. (W. Koch.) n. 1. —

Kutzleb, V., zur Controverse üb. die Ursache der Kleemüdigkeit, s.: Berichte aus dem physiologischen Laboratorium u. der Versuchsanstalt d. landwirthschaftlichen Instituts der Universität Halle.

Kutzleb, V., Untersuchungen über die Ursache der Kleemüdigkeit, s. a. Berichte aus dem physiologischen Laboratorium u. der Versuchsanstalt des landwirthschaftlichen Instituts der Universität Halle.

Kutzleb V.: Untersuchungen üb. die Ursache d. Kleemüdigkeit m. besond. Berücks. d. Kleemüdigkeit d. Wingendorfer Aecker. Diss. (Freiburg). Dresd. 1882. 90 S.

v. Kutzleben, Aug., s. Jahrbuch f. Pferdezucht.

KUTZLNIGG, Adolf
Über den Minenkrieg und dessen Zukunft von Adolf Kutzlnigg. Mit 1 Tafel. Separatabdruck aus den „Mittheilungen über Gegenstände des Artillerie- und Genie-Wesens." Jahrgang 1899, 7. Heft. Wien. 1899. In Comm. Seidel & Sohn. *fl. —.80

Kutzner, Adolf

Kutzner, Ad., praktische Anleitung zur Vermeidung der hauptsächlichsten Fehler in Anlage und Ausführung deutscher Aufsätze für die Schüler der mittleren und oberen Klassen der Gymnasien, Realschulen und anderer höherer Lehranstalten, sowie zum Selbststudium bei der Vorbereitung auf schriftl. Prüfungen im Deutschen. gr. 8. (75 S.) Leipzig 882, Teubner. cart. *

Kutzner, Ad., praktische Anleitung zur Vermeidung der hauptsächlichsten Fehler in Anlage u. Ausführung deutscher Aufsätze f. die Schüler der mittleren u. oberen Klassen der Gymnasien, Realschulen u. anderer höherer Lehranstalten, sowie zum Selbststudium bei der Vorbereitung auf schriftl. Prüfgn. im Deutschen. 2. Aufl. Neu bearb. v. Otto Lyon. gr. 8. (88 S.) Leipzig 891. B. G. Teubner. Kart. n. 1. —

Praktische Anleitung zur Vermeidung der hauptsächlichsten Fehler in Anlage und Ausführung deutscher Aufsätze f. d. Schüler d. mittl. u. oberen Klassen von Gymn., Realschulen u. a. höh. Lehranst., sowie z. Selbststud. bei d. Vorbereitung auf schriftl. Prüf. im Deutschen von Dr. Adolf **Kutzner**, Gymn.L. 3. Aufl. Neu bearb. von Prof. Dr. Otto Lyon. *Leipzig & Berlin: B. G. Teubner 1901* (87 S.) 8° [F.] (05. 4083)

Praktische Anleitung zur Vermeidung von Fehlern bei der Abfassung deutscher Aufsätze. Für d. Schüler höh. Lehranst., sowie z. Vorbereitung auf schriftl. Prüfungen im Deutschen von Dr. Adolf **Kutzner**, Gymn.L. 4. Aufl. Neu bearb. von Prof. Dr. Otto Lyon. Leipzig & Berlin B. G. Teubner 1907. (87 S.) 8° [F.] (07. 18796)

Kutzner, Adolf Die innere Gliederung des platonischen Dialogs vom Staate. 38 S. Progr. *Bunzlau* 1877

Kutzner, Adolf (Bearb.), s. Kutzner, J. G.: Geograph. Bilder. 2. Aufl. – Rübezahl. 2. Aufl.

Kutzner, E(mil), approb. Arzt aus Kriewen ⟨Posen⟩: **Beiträge zur Behandlung von Pseudarthrosen.** *Leipzig 1902: B. Georgi.* (57 S.) 8°
Leipzig, Med. Diss. v. (24. Okt.) 1902

Kutzner, Emil *(geb. Fraustadt in Pos. [20. 3.] 1848)*: Ueber Retroversio und Retroflexio uteri gravidi. Breslau (1872). (29 S.) 8°
Breslau, Med. Diss. v. 30. Nov. 1872

Kutzner, Aemil. Frid. (geb. Sorau 14. 9. 1830): De recentissimis ligaturis continentibus earumque ad fracturas ossium curandas usu. Berolini (1854). (35 S.) 8°
Berlin, Med. Diss. v. 15. Mai 1854

Kutzner, Georg, a. Posen: Auskunft, Rechenschaftsablage und Rechnungslegung nach Bürgerlichem Recht. Greifswald 1909: Abel. 235 S. 8°
Erlangen, Jur. Diss. v. 11. Juli 1909, Ref. Siber
[Geb. 8. April 76 Kielczewo; Wohnort: Berlin; Staatsangeh.: Preußen; Vorbildung: Marien-Gymn. Posen Reife O. 94; Studium: Berlin 6 S.; Rig. 23. Okt. 08.] [U 10. 733

Kutzner, J. G.

—— und v. Grumbkow, Atlas des preussischen Staates, s. Grumbkow, v.

Kutzner, J. G., kleine Bibelkunde für Kinder in Volksschulen. Langensalza 868. Beltz. 32. (22 S.) 1½ ngr.

Kutzner, J. G., geographische Bilder, enthaltend das Interessanteste und Wissenswürdigste aus der Länder- und Völkerkunde und der Physik der Erde. Nach neuen und guten Quellen für Lehrende und Lernende, sowie für Freunde der Geographie bearb. und gesammelt. 1. Bd. und 2. Bd. 1. und 2. Abthl. gr. 8. Glogau, Flemming's Verlag.
Inhalt:
Bd. 1. Europa. (VIII und 468 S.) 858. 1 Thlr.
2. 1. Abthl. Asien und Afrika. (S. 1—320.) 858. 22½ Ngr.
2. 2. Abthl. Amerika und Polynesien, nebst Aufsätzen aus der Physik der Erde. (S. 321—600 mit 1 Stahlst.) 859. 22½ Ngr.

Kutzner, J. G., geographische Bilder, enthaltend das Interessanteste und Wissenswürdigste aus der Länder- und Völkerkunde und der Physik der Erde. Nach neuen und guten Quellen rc. bearb. und gesammelt. 2. Bd. Asien, Afrika, Amerika und Polynesien nebst Aufsätzen aus der Physik der Erde. Mit 1 Lithogr. Glogau 859. Flemming. gr. 8. (2 Bl., 602 S.) 1 ℛ 15 ngr.

Kutzner, J. G., geographische Bilder, enth. das Interessanteste und Wissenswürdigste aus der Länder- und Völkerkunde und der Physik der Erde. 2. bedeutend verm. und verb. Aufl. von Ad. Kutzner. 2 Bde. Mit 15 Stahlst. und 1 lithogr. Taf. gr. 8. (XII, 480; VIII, 620 S.) Glogau 877, Flemming. geb. à Bd. * ℳ 7. *

— erste Einführung in die Gebiete der mathemat. Geographie, Himmelskunde, Geognosie u. Geologie. Ein Lehrbuch f. Schulen u. e. Lesebuch f. d. reifere Jugend. Mit 27 in den Text gedr. Holzschn. 8. (IV, 140 S.) Langensalza 871. Beltz. 1. —

—— Mac Clure's Entdeckung der nordwestlichen Durchfahrt in den J. 1850—1854, nebst einem Blick auf die früheren Entdeckungsreisen nach dem hohen Norden, sowie auf die nördliche Polarwelt im Allgemeinen. Für Jung und Alt. gr. 8. (VII und 145 S. mit 8 lithogr. Illustr. und 1 chromolithogr. Karte in qu. Fol.) Glogau 861, Flemming's Verlag.

— kurzgefaßte populäre Erdbildungskunde. Insbesondere für Anfänger in der Geologie. Mit vielen Abbildungen (Holzschn. im Text u. 2 lith. Taf.). Langensalza 858. Schulbuchhandlung. 8. (4 Bl., 186 S.) 24 ngr.

Kutzner, J. G., Hülfsbuch beim Unterricht in der deutschen Sprache in Volkslehranstalten, enth. das beim Anschluß des Sprachunterrichtes an Lesestücke nöthige grammat. und stylist. Material, bestehend in Orthographie rc. Methodisch bearb. 8. (XVI und 198 S.) Berlin 862, C. Heymann's Verlag.

—— Hülfs- und Schreibkalender für Lehrer auf das J. 1877. 11. Jahrg. Mit dem Portr. J. F. Herbart's (in Stahlst.). gr. 16. (268 S.) Leipzig, Siegismund und Volkening. geb. *
Erschien früher u. d. T.: Hülfs- und Schreibkalender für Lehrer.

—— dass. — auf das J. 1878. 12. Jahrg. Mit dem Portr. Karl Simrock's (in Stahlst.). gr. 16. (208, 80 S.) Ebendas. geb. *

—— dass. — auf das J. 1879. 13. Jahrg. Mit dem Portr. Jean Jacques Rousseau's (in Stahlst.). gr. 16. (208, 76 S.) Ebendas. geb. *

—— dass. — auf das J. 1880. 14. Jahrg. Mit dem Portr. Wander's (in Stahlst.). gr. 16. (208, 80 S.) Ebendas. geb. *

Kutzner's Hülfs- und Schreibkalender für Lehrer auf das J. 1881. 15. Jahrg. Mit dem (Stahlst.-)Portr. und der Biographie J. A. Comenius'. 12. (208, 80 S.) Leipzig, Siegismund und Volkening. geb. *

—— dass. — Auf das J. 1882. 16. Jahrg. Mit dem (Stahlst.-) Portr. und der Biographie John Lockes. 16. (304 S.) Ebendas. geb. *

Kutzner's Hülfs- u. Schreibkalender für Lehrer auf das Jahr 1883. 17. Jahrg. Mit dem (Stahlst.-)Portr. u. der Biographie Fröbels. gr. 16. (304 S.) Leipzig, Siegismund & Volkening. geb. n. 1. 20

Kutzner's Hülfs- und Schreibkalender für Lehrer auf das J. 1884 [bis Ostern 1885]. 18. Jahrg. Mit dem (Stahlst.-) Portr. und der Biographie Luthers. gr. 16. (306 S.) Leipzig, Siegismund und Volkening. geb. *

—— dass. — Auf das J. 1885 [bis Ostern 1886]. 19. Jahrg. Mit dem (Stahlst.-)Portr. und der Biographie des Schulr. Dr. Kehr. 16. (304 S.) Ebendas. geb. *

Kutzner's Hülfs- und Schreibkalender für Lehrer auf das J. 1886 [bis Ostern 1887]. 20. Jahrg. gr. 16. (304 S. mit dem Stahlst.-Portr. und der Biographie von Friedr. Dittes.) Leipzig, Siegismund und Volkening. geb. *

Kutzner's Hülfs- u. Schreibkalender f. Lehrer auf d. J. 1887 [bis Ostern 1888]. 21. Jahrg. Mit dem (Stahlst.-) Portr. u. der Biographie v. Frdr. Dittes. gr. 16. (304 S.) Leipzig, Siegismund & Volkening. geb. n. 1. 20

—— dass. — auf das J. 1888 [bis Ostern 1889]. 22. Jahrg. gr. 16. (304 S. mit dem Stahlst.-Portr. und der Biographie von Joach. Heinr. Campe.) Ebendas. geb. *

—— dass. — auf das J. 1889 [bis Ostern 1890]. 23. Jahrg. gr. 16. (XVI, 320 S. mit dem Portr. und der Biographie Friedr. Pollacks.) Ebendas. geb. *

Kutzner's Hülfs- u. Schreibekalender f. Lehrer auf d. J. 1890—1893. 24.—27. Jahrg. gr. 16. (à Jahrg. 300—320 S. m. Portr.) Lpz., Volkening u. Comp. geb. à Jahrg. * 1 20

Kutzner's Hülfs- u. Schreibekalender f. Lehrer auf d. J. 1891 [bis Ostern 1892]. 25. Jahrg. Mit dem Portr. u. der Biographie Jul. Greßler's. gr. 16. (XIII, 304 S.) Leipzig 890. Siegismund & Volkening. geb. n. 1. 20

Kutzner's Hilfs- u. Schreibkalender f. Lehrer auf d. J. 1895. 29. Jahrg. Ausg. m. Wochentagen. gr. 16. (XVI, 304 S. m. eingedr. u. 1 Stahlst.-Bildnis.) Leipzig, Volkening & Co. Geb. in Leinw. n. 1. —

Kutzner's J. G., Hilfs- u. Schreibkalender f. Lehrer auf d. J. 1897. 31. Jahrg. Ausg. m. Wochentagen. gr. 16. (XII, 208 u. 64 S. m. eingedr. u. 1 Stahlst.-Bildn.) Leipzig, E. Volkening. Geb. in Leinw. n. 1. —

— dasselbe f. Ostern 1898 bis dahin 1899. 32. Jahrg. 16. (VIII, 208 u. 64 S. m. eingedr. u. 1 Stahlst.-Bildn.) Ebd. Geb. in Leinw. n. 1. —

Kutzner's Hilfs- u. Schreibkalender f. Lehrer f. Michaelis 1902 bis Sylvester 1903. 37. Jahrg. gr. 16. (VIII, 208 u. 55 S. m. eingedr. u. 1 Stahlst.-Bildnis.) Leipzig, E. Volkening. Geb. in Leinw. n. 1. —

— dasselbe f. d. J. 1903. 37. Jahrg. gr. 16. (X S., Schreibkalender u. 80 S. m. eingedr. u. 1 Stahlst.-Bildnis.) Ebd. Geb. in Leinw. n. 1. —

Kutzner's, J. G., Hilfs- u. Schreibkalender für Lehrer. 40. Jahrg. f. d. J. 1906. (Kalendarium bis Ostern 1907.) (VI, 208 u. 61 S. m. eingedr. u. 1 Stahlst.-Bildnis.) 16. Leipzig, E. Volkening. Geb. in Leinw. n. 1. —

— dasselbe. 40. Jahrg. f. d. J. Ostern 1906/07. (VIII, 208 u. 74 S. m. eingedr. u. 1 Stahlst.-Bildnis.) 16. Ebd. Geb. in Leinw. n. 1. —

— dasselbe. 41. Jahrg. f. d. J. Michaelis 1906/07 (Kalendarium bis Sylvester 1907). (VIII, 208 u. 74 S. m. eingedr. u. 1 Stahlst.-Bildnis.) 16. Ebd. Geb. in Leinw. n. 1. —

Kutzner's, J. G., Hilfs- u. Schreibkalender f. Lehrer. 43. Jahrg. f. Michaelis 1908/09. (VIII, 208 u. 80 S. m. Abbildgn., eingedr. u. 1 Stahlst.-Bildnis.) 16. Leipzig, E. Volkening. Geb. in Leinw. 1. —

— dasselbe. 43. Jahrg. auf d. J. 1909. (Kalendarium bis Ostern 1910.) (VIII, 208 u. 80 S. m. eingedr. u. 1 Stahlst.-Bildnis.) 16. Ebd. Geb. in Leinw. 1. —

Kutzner, J. G., der deutsch-französische Krieg im J. 1870, mit besonderer Rücksicht auf die Waffenthaten der schlesischen Corps. Ein patriot. Gedenkbuch. 2 Bdchn. gr. 8. Liegnitz 871, Cohn. à Bdchn. 60 Pf.; compl. *

Inhalt:
Bdchn. 1. Von Ems bis Paris. (76 S.)
2. Von Paris bis zum Friedensschluß. (80 S.)

— Kriegs-Album. Bilder, Scenen u. interessante Skizzen aus dem deutsch-französ. Kriege im J. 1870. Ein Soldaten- u. Volksbüchlein zur Erhebg., Unterhaltg. u. Erheiterg. f. Jung u. Alt. (In zwanglosen Heften.) 1. Hft. 8. (56 S.) Leipzig 870. Siegismund & Volkening. n. — 40

Kutzner, J. G., die Lehre vom Menschen, oder Belehrung über den Bau, die Verrichtungen und die Pflege des menschlichen Körpers, insbesondere auch über die richtige Ernährung, über die Gifte u. A. m. Ein Lehr- und Lesebuch für Schule und Haus. 8. (X und 220 S.) Glogau 854, Flemming's Verlag.

— Naturbilder. Studien aus dem Natur- und Menschenleben. Nach dessen Tode hrsg. von seinem Sohne Ad. Kutzner. gr. 8. (VIII, 296 S.) Leipzig 873, Siegismund und Volkening. *

— Natur-, Reise- und Lebensbilder aus Unter-Aegypten, Ceylon und Vorderindien. Nach neuen und guten Quellen für die reifere Jugend bearb. br. 8. (V und 288 S. mit 5 lithogr. Zeichnungen in Farbendr. von Haun.) Berlin 861, Springer's Verlag.

— Naturlehre. Zum Gebrauch für Lehrer und zum Selbstunterrichte. Hrsg. von C. Schröder. 2 Thle. Mit zahlreichen (eingedr.) Holzschn. gr. 8. Ebendas. [1. Thl. (S. 1—150.) 874. *ℳ 1,60.; 2. Thl. (IV, S. 151—353.) 875. *ℳ 2.] *

— die Reise Sr. königl. Hoheit des Prinzen Waldemar von Preußen nach Indien in den J. 1844 bis 1846. Aus dem darüber erschienenen Prachtwerke im Auszuge mitgetheilt. gr. Lex.-8. (XI und 383 S. mit dem lithogr. Portr. des Prinzen, 4 lithogr. Karten in Imp.-4., qu. Fol., gr. Fol. und Imp.-Fol. und 4 Schlachtplänen auf 3 Stnt. in qu. Fol.) Berlin 857, Decker'sche geheime Ober-Hofbuchdruckerei. 3 Thlr. 7⅓ Ngr.; eleg. geb. *

— der illustrirte Rübezahl. Sagen und Märchen für Jung und Alt. Mit 30 Origin.-Zeichngn. (Holzschn.) von Eunom Elsner. Hirschberg 859. Rosenthal. gr. 16. (VIII, 130 S.) 1 ₰

Kutzner, J. G., Rübezahl. Sagen und Märchen für Jung und Alt. 2. bedeutend verm. Aufl. von Ad. Kutzner. 8. (XVIII, 135 S. mit Illustr., Holzschntaf.) Hirschberg 880, Kuh'sche Buchh. cart. *

— 12 anatomische Wandtafeln [in 13 (lithogr.) Blättern], zu einem methodischen Unterrichte in der Anthropologie für Gymnasien, Real- und höhere Bürgerschulen, sowie für Bürger- und Landschulen, entw. und hrsg. Fol. Glogau 854, Flemming's Verlag.

Kutzner, J. G., Wegweiser durch das Riesengebirge, s. Riesengebirge [Schlagwort].

— Wegweiser durch das Riesen- und Eulengebirge. 16. (16 S. mit 1 in Kpfr. gest. Karte in qu. Imp.-Fol.) Glogau 858, Flemming's Verlag.

— Wegweiser durch das Riesen-, Iser-, Raben-, Bober-Katzbach-, Waldenburger, Eulen- und Zobtengebirge. 2. verm. und verb. Aufl. gr. 16. (IV, 60 S. mit 1 Karte in Kpfrst. in qu. gr. Fol.) Glogau 869, Flemming.

— ein Weltfahrer, s. Jugend- und Hausbibliothek, illustrirte.

— ein Weltfahrer, s. Jugend- und Hausbibliothek, neue.

Kutzner, J. G. Ein Weltfahrer od. Erlebnisse in 4 Erdteilen. Jugend, Schicksale, Reisen u. Entdeckgn. v. Elisha Kent Kane, dem Nordpolfahrer. Unter Benutzg. der besten amerikan. Quellen hrsg. 3. umgearb. Aufl. gr. 8. (VI, 316 S. m. 85 Textabbildgn. u. 1 Buntbilde.) Lpz. 890, Spamer. * 3 —; cart. * 4 —

— ein Weltfahrer od. Erlebnisse in 4 Erdteilen. Jugend, Schicksale, Reisen u. Entdeckgn. v. Elisha Kent Kane, d. Nordpolfahrer. Unt. Benutzg. d. besten amerikan. Quellen hrsg. 4. [Titel-]Aufl. gr. 8. (VI, 316 S. m. 85 Abb u. 1 Farbendr.) Leipzig (890). 896. O. Spamer. n. 2. —; geb. in Leinw. n. 2. 50

— Ein Weltfahrer od. Erlebnisse in 4 Erdteilen. Jugend, Schicksale, Reisen u. Entdeckgn. v. Elisha Kent Kane, dem Nordpolfahrer. Unter Benutzg. der besten amerikan. Quellen hrsg. 5. [Titel-]Aufl. (IV, 316 S. m. 85 Abb.) 8. Leipzig [890] 907. O. Spamer. Geb. in Leinw. 2. —

— die Weltgeschichte in zusammenhängenden Einzelbildern nach schul- und volkspädagogischen Grundsätzen für Volkslehranstalten und zur Selbstbelehrung für Jedermann aus dem Volke bearb. 8 Thle. gr. 8. Berlin, G. Reimer. à Thl. 15 Ngr.

Inhalt:
Thl. 1. Das Alterthum. (IX und 248 S.) 856.
„ 2. Das Mittelalter. (III und 215 S.) 858.
„ 3. Die Neuzeit. (III und 247 S.) 859.

— der Zeichenunterricht in der Volksschule. Insbesondere für angehende Lehrer geschrieben. 8. (47 S. mit eingedr. Holzschn.) Langensalza 858, [Schulbuchhandlung von Greßler]

Kutzner, Julius, s. Clubführer durch die Tessiner-Alpen.

Kutzner, Richard [aus Thorn in Westpreussen]: Zur Casuistik und Histogenese der Lymphosarkome. . . . Greifswald, Druck v. Julius Abel, 1889; 34 S. 8°
Greifswald, Med. Fak., Inaug.-Diss. v. 5. Aug. 1889

Kutzsche, Max, Übungen im richtigen u. gefälligen Gedankenausdrucke. (VIII, 176 S.) 8. Leipzig 910. O. Wigand. nn 1.80; geb. 2. —

Kutzschenbach, Hans Erdmann von, Referendar: Genießen die Anlieger an einer öffentlichen zum Bebauen fertiggestellten Straße Schutz unter der Herrschaft des Bürgerlichen Gesetzbuches gegen Veränderungen oder Einziehung beziehungsweise Verlegung der Straße? Unter bes. Berücks. d. in Frage kommenden Verhältnisse in Preußen. Borna-Leipzig 1908: Noske. VI, 76 S. 8°
Leipzig, Jur. Diss. v. 19. Dez. 1908
[Geb. 15. April 84 Berlin; Wohnort: Mittenwalde i. M.; Staatsangeh.: Preußen; Vorbildung: Friedrich-Wilhelms-Gymn. Posen Reife O. 04; Studium: Genf 3, Berlin 1, Kiel 3 S.; Rig. 19. Dez. 08.] [U 09. 2583

Kutztown Journal: Feb. 2, 1870—1919?
Independent weekly. Sub-title: Eine Zeitung für den Bauerstand –gewidmet den Tages-Neuigkeiten und Beförderung allgemeiner Kenntnisse. Absorbed Republikaner von Berks (Reading). Circulation: 1871, 1200; 1880, 1600; 1892, 2600; 1905, 1900; 1915, 800; 1919, 500. Edited & published by Isaac F. Christ, Feb. 2, 1870—Feb. 1875; by A. B. Urick & Conrad Gehring, Feb. 16, 1875—1877; by A. B. Urick, 1877—86; Edited by Conrad Gehring, 1887—1904; by J. Schneider, 1905—13; by Jacob B. Esser, 1914; by F. K. Bernd, 1915—19. Published by Jacob B. Esser, 1887—96; by J. Schneider, 1897—1904; by Jacob B. Esser, 1905—13; by Kutztown Publishing Co., 1914—19.
Kutztown, PA

Kutztown Patriot: 1874 present Kutztown, PA

Kuun, Comes Géza

Kuun, Comes G., s.: Codex cumanicus.

Kuun, Comes Géza, Relationum Hungarorum cum oriente gentibusque orientalis originis historia antiquissima. 2 voll. Ed. II [titulata]. gr. 8. (285 u. 230 S.) Klausenburg (893. 95). 898. J. Stein. n.n. 12. —

Kuuza na Kwambukuya kwa njia ya Muungu (Pokomo Catechism). Neukirchen: Stursberg 1902. 23 S. 8° [11. 1902. 5

Kuwahara, Jushichiro (Higata): Über das hystologische Verhalten des Hodens bei Kryptorchismus. (Titel nach der Urkunde) 22.7.1904 – Urk; Chr 1904/05,12 Diss. Ingolst.-Landsh.-Mchn.

Kuwasseg, Jos., Landschafts-Schule nach der Natur. Herausgeg. von Herib. Lampel, Besitzer einer Lithographie und Buchbinderei in Gratz. 6 Hefte. (36 Bl. oder 200 Uebungsstücke.) Roy.-Fol. (Leipzig 842, Thomas.) n. 6²/₃ ℳ

— s. Sammlung von Ansichten der k. k. Staats-Eisenbahn durch Steyermark.

Kuwasseg, Jos., vollständ. Unterricht zum Landschaftszeichnen, in Studien nach d. Natur. 6 Hefte. Fol. Wien 829. Trentsensky. (à 8 gr) 2 ℳ

— Vordergründe u. Staffagen zum Landschaftszeichnen, in Studien nach d. Natur. 16—46 Heft à 12 gr 56 u. 66 H. (Baumgruppen) à 20 gr qu. 4. Wien 824. Trentsensky. 3 ℳ 16 gr

Kuwasseg (Kuwaseg), L.

Kuwaseg, L., Schlingmuster-Schule, od. kurze Anweis., wie man sich auf e. leichte Art jede belieb. Schlingform selbst zeichnen kann etc. 4. (7 lith. Bl. u. ½ B. Text.) Grätz 829, Kaiser.

Kuwasseg, L., Schlingmuster-Schule, oder kurze Anweis., wie man sich auf eine leichte Art jede belieb. Schlingform selbst zeichnen kann rc. 4. Grätz 829. Kaiser. (Weygand in Leipz.) 8 gr

Kuwerdt, J., Grundriß der doppelten kaufmännischen Buchführung. Ein Lehrbuch zum Selbststudium und zum Gebrauche an Handelslehranstalten. Mit 4 übersichtl. gehaltenen Tab. gr. 8. (23 S.) Leipzig 878, Wölfert's Buchh. *

Kuwert, Adolf: Über die Wirkung des Ferratin bei Chlorose. *Würzburg 1897: Becker.* (22 S.) 8°
Würzburg, Med. Diss. v. 1897

Kux, Auguste, die Feldküche. Gründliche Anleitung für Jedermann, die Speisen im Manöver und Felde mit den gegebenen Mitteln möglichst wohlschmeckend und nahrhaft zuzubereiten. 8. (VIII, 52 S.) Berlin 878, Mittler und Sohn. *

Kux, Auguste, „Hausmannskost". Kochbuch f. Gesunde u. Kranke. 16. (XII, 136 S.) Guben 885. König. n. — 50

'Hausmannskost'. Kochbuch f. Gesunde u. Kranke oder Populäre Anleitung z. wohlfeilen u. schmackhaften Zubereitung aller Arten Speisen von Auguste **Kux**. 7. erw. Aufl. vollst. neu bearb. von Lina Kux. Guben: A. Koenig (1905). (XIV, 163 S.) 8° [F.]
— **Hauswesen**, Das, in seinem ganzen Umfange. Bdch. 1. [05. 1968

—— das Hauswesen in seinem ganzen Umfange. 2 Bdchn. 16. Guben, König. à Bdchn. * 50 Pf. *
geb. à Bdchn. * 80 Pf. *

Inhalt:
Bdchn. 1. „Hausmannskost". Kochbuch für Gesunde und Kranke oder populäre Anleitung zur wohlfeilen und schmackhaften Zubereitung aller Arten Speisen. 1.—5. Aufl. (XII, 134 S.) 885-87.
2. „22 Pfennig-Küche!" Praktische Anweisung, die tägl. Mittagsmahlzeit für 1 Person für 22 Pfennige herzustellen, nebst vorangehenden Haushaltungsregeln, welche im Hausstande wohl zu beachten sind. (VI, 150 S.) 888.

Kux, Auguste, das Hauswesen in seinem ganzen Umfange. I. u. II. Bdchn. 16. Guben, A. Koenig. à — 50
I. „Hausmannskost". Kochbuch für Gesunde u. Kranke oder populäre Anleitg. zur wohlfeilen u. schmackhaften Zubereitg. aller Arten Speisen. 7. erweit. Aufl. Vollständig neu bearb. v. Lina Kux. (XIV, 162 S.) (905)
II. „22 Pfennig-Küche!" Praktische Anweisg., die tägl. Mittagsmahlzeit f. 1 Person f. 22 Pfennige herzustellen, nebst vorangeh. Haushaltungs-Regeln, welche im Hausstande wohl zu beachten sind. 7. erweit. Aufl., vollständig neu bearb. von Lina Kux. (VIII, 183 S.) 904.

— u. Lina **Kux**, die Kartoffel-Küche. Gründliche Anweisg. zur Bereitg. der verschiedensten Speisen v. Kartoffeln, als Klöße, Salate, Puddings, Aufläufe, Mehlspeisen, Nudeln, Strudel, Kuchen, Torten, Pasteten, Pfannkuchen, Waffeln, Suppen rc. auf beste u. wohlfeilste Art. 12. (80 S.) Ebd. 890. cart. — 60

— Kochbuch oder gründliche Anweisung, einfache u. feine Speisen mit möglichster Sparsamkeit zuzubereiten, mit besonderer Berücksichtigung der Fortschritte, die in der Chemie gemacht sind. Nebst einem Anh., enth. die beliebtesten jüd. Gerichte, für deren pikanten Reiz auch die Zunge vieler christl. Gourmands große Vorliebe empfindet. gr. 8. (XXIII, 419 S.) Berlin 877. Dörner. geb. n. 4. —

—— Kochbuch oder gründliche Anweisung, einfache und feine Speisen mit möglichster Sparsamkeit zuzubereiten, mit besond. Berücksicht. der Fortschritte, die in der Chemie gemacht sind. Nebst einem Anhang, enth. die beliebtesten jüd. Gerichte, für deren pikanten Reiz auch die Zunge vieler christl. Gourmands große Vorliebe empfindet. 2. Aufl. gr. 8. (XXIII, 419 S.) Berlin 878, Dörner. geb. *

— dasselbe. 8. Aufl. 8. (XXIII, 419 S.) Ebend. 882. geb. 3. —

Kux, Auguste, Kochbuch oder gründliche Anweisung, einfache und feine Speisen mit möglichster Sparsamkeit zuzubereiten, unter besond. Berücksicht. der Fortschritte, die in der Chemie gemacht sind. Mit einem Wegweiser für Hausfrauen beim Einkauf. 2.—9. Aufl. 8. (XXIII, 427 S.) Berlin 880—82, Dörner. geb.

—— Kochbuch oder gründliche Anweisung, einfache und feine Speisen mit möglichster Sparsamkeit zuzubereiten, unter besond. Berücksicht. der Fortschritte, die in der Chemie gemacht sind. 15. Aufl. 8. (XXIII, 427 S.) Berlin 886, (Sattler.) geb.

Kux, Auguste. Kleines Kochbuch. Ueber 200 ausgewählte Recepte aus dem großen Kochbuche „Deutsche Küche". 12. (80 S.) Mülheim a. d. R. 890, Bagel. cart. * — 50

—— kleines Kochbuch für die bürgerliche Küche. Enthält meist ganz neue, in der hannover. Kochschule ausprobierte und durch dieselbe eingeführte Koch- und Backrezepte, das Konservieren, sowie Anleitung zur Zubereitung der warmen und kalten Getränke. 8. (X, 119 S.) Mülheim 886, Bagel's Verlagsh. cart.

— u. Lina Kux, Koch-Lehr-Buch f. Haushaltungsschulen u. zum Selbstunterricht. 8. (211 S.) Hannover 893. Klindworth. Kart n.n. 1. 50

—— deutsche Küche. Kochbuch für die bürgerl. und feine Küche. I. Ausg. Meist ganz neue, in der hannover. Kochschule ausprobierte und durch dieselbe eingeführte Koch- und Backrezepte, zur wohlfeilen und schmackhaften Zubereitung aller im bürgerl. Hausstand beliebten Speisen. 8. (XVI, 176 S.) Ebendas. 886. geb.

—— dass. — II. Ausg. Ueber 1000 meist ganz neue, in der hannover. Kochschule ausprobierte und durch dieselbe eingeführte Koch- und Backrezepte, sowie die Erklärung der in der Küchensprache vorkommenden Fremdwörter und techn. Ausdrücke. 8. (XXVII, 280 S.) Ebendas. 886. ℳ 1.80.; geb. *

—— dass. — III. Ausg. Meist ganz neue, in der hannover. Kochschule ausprobierte und durch dieselbe eingeführte Koch- und Backrezepte, das Konservieren, Anleitung zur Zubereitung der warmen und kalten Getränke, das Arrangieren und Bedienen der Tafel, Erklärung vorkommender Fremdwörter und techn. Küchenausdrücke ꝛc., sowie den Speise-Zettel für bürgerl. und feine Küche für alle Tage im Jahre. 8. (XXXVI, 464 S.) Ebendas. 886. ℳ 3.—.; geb. *

—— Deutsche Küche. Kochbuch für die bürgerliche u. feine Küche. I. Ausg. 2. verb. u. verm. Aufl. 8. (XVI, 176 S.) Ebd. 890. geb. 1 50

Kux, Auguste, deutsche Küche. Kochbuch f. die bürgerl. u. feine Küche. II. Ausg. 3., verb. u. verm. Aufl. 8. Mülheim a/d. R. 892 J. Bagel. Geb. in Leinw. 2. 50
Meist ganz neue, in der hannoverschen Kochschule ausprobierte u. durch dieselbe eingeführte Koch- u. Backrezepte, das Konservieren, Anleitung zur Zubereitung der warmen u. kalten Getränke, sowie Erklärg. vorkomm. Fremdwörter u. techn. Küchenausdrücke. (XXXII, 304 S.)

[F.] Deutsche Küche. Kochbuch f. d. bürgerl. u. feine Küche v. Auguste **Kux**, Vorst. d. Hannoverschen Kochschule. II. Ausg. . . . 3. verb. u. verm. Aufl. . *Mülheim a. d. R.: J. Bagel (1892).* (XXXII, 304, XLVIII S.) 1 Bd 8. [94. 7145

— dasselbe. III. Ausg. 3., verb. u. verm. Aufl. 8. Ebd. 892. Geb. in Leinw. 4. —
Meist ganz neue, in der hannoverschen Kochschule ausprobierte u. durch dieselbe eingeführte Koch- u. Backrezepte, das Konservieren, Anleitung zur Zubereitung der warmen u. kalten Getränke, das Arrangieren u. Bedienen der Tafel, Erklärg. vorkomm. Fremdwörter u. techn. Küchenausdrücke ꝛc., sowie den Speise-Zettel f. bürgerl. u. feine Küche f. alle Tage im Jahre. (XXXVI, 491 S.)

[F.] Deutsche Küche. Kochbuch f. d. bürgerl. u. feine Küche v. Auguste **Kux**, Vorsteh. d. Hannov. Kochschule. 4. verb. u. verm. Aufl. III. Ausg. *Mülheim a. d. R.: J. Bagel (1894).* (XXXII, 559, XXXII S.) 1 Bd 8. 96. 7336

— deutsche Küche. Kochbuch f. die bürgerl. u. feine Küche. 6., verb. u. verm. Aufl. III. Ausg., enth. meist ganz neue, in der Hannov. Kochschule ausprobierte u. durch dieselbe eingeführte Koch- u. Backrezepte, das Konservieren, die Bereitg v. Obst- u. Beerenwein, Anleitg. zur Zubereitg. d. warmen u. kalten Getränke, d. Arrangieren u. Bedienen der Tafel, sowie den Speisezettel f. bürgerl. u. feine Küche f. alle Tage im Jahre u. f. besond. Festlichkeiten. (XXXVI, 584 S.) 8. Ebd. (905). Geb. in Leinw. 4. —

'22 Pfennig-Küche' Prakt. Anweisung, die tägl. Mittagsmahlzeit f. 1 Person f. 22 Pfennige herzustellen, nebst vorangehenden Haushaltungs-Regeln von Auguste **Kux**. 7. erw. Aufl. vollst. neu bearb. von Lina Kux. Guben A Koenig 1904. (182 S.) 8° [F.]
= Hauswesen, Das, in seinem ganzen Umfange. Bdch. 2. [05. 13669

Kux, Eduard: Über die elastische Formänderung der Wandungen eiserner Gasbehälterbassins. 1905. 51 S. 8° ¶ Aus: Schilling's Journal f. Gasbeleuchtung. Jg. 48. Hannover, Dr.-Ing.-Diss. v. 26. 9. 1905

Kux, H., gasvolumetrische Bestimmung organischer Säuren u. der Jodsäure. Diss. gr. 8. (41 S.) Wiesbaden 893. C. W. Kreidel. n. 1. 50

Das k. k. priv. bewaffnete Bürgerkorps in Olmütz. Festschrift. Geschichtl. Skizze z. 150. Jubelfeier von Dr. Hans **Kux**. Olmütz. Gemeinderat 1908. V, 213 S. 8° [09. 13030

Kux, Hans, das k. k. priv. bewaffnete Bürgerkorps in Olmütz. Festschrift. Geschichtl. Skizze zur 150. Jubelfeier. (VI, 213 S. m. Abb.) Lex. 8. Olmütz 908. (F. Grosse.) 5. —

Das Rathaus zu Olmütz. Ein Gedenkblatt zu s. Wiederherstellung. Von Dr. Hans **Kux** u. Ingen. M(ax) Kreß. *Olmütz: Gemeinderat 1904.* (VIII, 200 S.) 4°(8°) [F.] [04. 12320

Kux, Hans, u. M. Kreß, das Rathaus zu Olmütz. Ein Gedenkblatt zu seiner Wiederherstellung. (VIII, 200 S. m. Abbildgn. u. 2 [1 farb.] Taf.) Lex.-8. Olmütz 904. (F. Grosse.) n. 2. —

Kux, J. P., Berlin. Eine aus zuverlässigen Quellen geschöpfte genaue u. neueste Charakteristik u. Statistik dies. Residenz u. ihrer Umgebungen. Nebst ein. ausführl. Abhandlung üb. das berliner Armenwesen u. dessen Mängel, v. ein. vieljähr. Armenpfleger. 16. (22 B. u. lith. Grundr. u. Umgegend v. Berlin.) Berlin 842. [Danz.]

—— Handbuch f. Geschäfts-, Lust- u. Badereisende auf Eisenbahnen u. Dampfschiffen des nordöstl. u. nordwestlichen Deutschlands. 5 Thle. 12. (19½ B.) Berlin 843, Hermes. 1 Thlr. — jeder Thl. einz. Thlr.
Thl. 1. Berlin u. Potsdam.
2. Dessau, Magdeburg, Wernigerode, Braunschweig etc.
- 3. Leipzig, Dresden u. die sächs. Schweiz.
4. Frankfurt a. O., Breslau, Salzbrunn u. die schles. Gebirge.
5. Stettin, Rügen, Hamburg, Helgoland.

—— Handbuch f. die Geschäftswelt. 5 Thle. gr. 8. Berlin 839, Ende. à ½ Thlr. Zusamm. genomm. nur
A. u. d. Titln.:
Thl. 1. Handbuch d. niederen Arithmetik. (9 B.)
- 2. Handbuch d. prakt. Geometrie. (5 B. u. 2 Figtaf.)
- 3. Handbuch d. Elememte d. Mechanik fester Körper. (6¾ B. u. 2 Stnt.)
- 4. Handbuch d. einfachen u. dopp. Buchführung. Nebst e. Anh., enth. e Statistik d. preuß. Staates, als Zugabe z. ganzen Schrift (8 B.)
- 5. Kurze Darstellung d. preuß. Handelsrechts, nebst e. Anh. d. Wissenswerthesten aus d. Konkursordnung. (5 B.)

Kux, J. P., Handbuch f. Civil-Verwaltungs-Beamte. 2 Bde. gr. 8. (30 u. 28¼ B., u. 1 Bildn.) Berlin 835, Sander'sche Buchh. à 1½ Thlr.

Kux, J. P., Handbuch für Civil-Verwaltungs-Beamte. 2 Bde. Mit 1 Bildn. gr. 8. Berlin 835, 36. Sander'sche Buchh. 4 ℛ︁

Kux, J. P. Organismus und vollständige Statistik des Preussischen Staats. Berlin 1840. 8°.

Kux, J. P., Organismus u. vollständige Statistik des preuß. Staats aus zuverläss. Quellen. 2., nach den neuesten Verhältnissen bericht. Aufl. gr. 8. (20¼ B.) Leipzig 842, Kollmann. 1

KUX, Johann
(F) Geschichte der Stadt Littau von den ältesten Zeiten bis zum Jahre 1848. Von Dr. Johann Kux. Preisgekrönte Schrift. Herausgegeben vom deutschen Verein für die Geschichte Mährens und Schlesiens. Brünn. 1900. [In Comm. Winiker.] Lex.-8°. V, 256 S. K 5.—

Kux, Lina, deutsches Backbuch. Gründliche Anweisung zur Bereitung von Torten und Kuchen, überhaupt aller Bäckereien auf beste und billigste Weise. 8. (XV, 166 S.) Mülheim a. R. 888, Bagel's Verlagsh. geb.

Kux, Lina, deutsches Backbuch. Gründl. Anweisg. zur Bereitg. v. Torten u. Kuchen, überhaupt aller Bäckereien auf beste u. billigste Weise. 2., verb. u. verm. Aufl. 8. (XVI, 200 S.) Mülheim a/R. 895. J. Bagel. Geb. in Halbleinw. 2.—

Kux, Lina, deutsches Backbuch. Gründliche Anweisg. zur Bereitg. v. Torten u. Kuchen, überhaupt aller Bäckereien auf beste u. billigste Weise. 3., verb. u. verm. Aufl. (XVI, 196 S.) 8. Mülheim a/R. (905). J. Bagel. Geb. 2.—

—— kleines Backbuch. 8. (VIII, 110 S.) Ebendas. 888. cart.

— das Buch der Konserven oder so sollst du einmachen! Gründliche Anweisg. zum Einmachen der Früchte, Gemüse u. Fleischspeisen ꝛc. 8. (XII, 180 S.) Ebd. 889. cart. 1. 80

Kux, Lina, das Buch der Konserven od.: So sollst Du einmachen! Gründliche Anweisg. zum Einmachen d. Früchte, Gemüse u. Fleischspeisen, überhaupt aller Nahrungsmittel auf beste, verschiedenste u. billigste Art. Außerdem: Die Bereitg. der Obst- u. Beerenweine, das Trocknen der Früchte u. Gemüse, die Bereitg. der Fruchtsäfte, Marmeladen, Fruchtgelees u. die Aufbewahrg. der verschiedenst. Nahrungsmittel in ihrem natürl. Zustande, in üb. 400 meist neuen u. in der Hannoverschen Kochschule erprobten Rezepten. 4. verb. u. verm. Aufl. (207 S.) 8. Mülheim-Ruhr (909). J. Bagel. Geb. 1. 80

[F.] Einmachen der Früchte und Gemüse. E. Auswahl vorzügl. Rezepte a. d. .. prämiierten Buch d. Konserven . v. Lina Kux, Vorsteh. d. Hannoverschen Kochsch. *Mülheim a. d. Ruhr: J. Bagel [1897?]*. (84 S.) 1 Bd 8.

Kux, Lina. Die Fischküche. Gründliche u. allgemein faßl. Anleitg. zur Bereitg. aller Gerichte v. Süßwasser- u. Seefischen, Krebsen, Hummern ꝛc. 8. (X, 142 S.) Mülheim a. d. R. 889, Bagel. cart. 1 80

Kux, Lina: Die Kartoffel-Küche, s. Kux, Auguste.

Kux, Lina: Kochbuch, s. Kux, Auguste.

Kux, Lina: Koch-Lehr-Buch ..., s. Kux, Auguste.

Kux, Lina: Deutsche Küche, s. Kux, Auguste.

Kux, Lina (Bearb.), s. Kux, Auguste: Hausmannskost. 7. Aufl.

Kux, Lina (Bearb.), s. Kux, Auguste: 22 Pfennig-Küche. 7. Aufl.

Kux, Lina, die Pudding-Küche. Gründliche Anweisung zur Bereitung der verschiedensten Puddings, Mehlspeisen, Aufläufe, Charlotten, Flammeris, Cremes, der süßen Gelees ꝛc. auf beste u. wohlfeilste Art. Außerdem die Bereitung d. Speise-Eises in zusammen 365 meist neuen und in der Hannov. Kochschule erprobten Rezepten. Mit 2 Abbildgn. 8. (V, 192 S.) Weimar 889. B. F. Voigt. In Leinw. cart. 3.—

— die Pudding-Küche. Gründliche Anweisung zur Bereitung der verschiedensten Puddings, Mehlspeisen, Aufläufe, Charlotten, Flammeris, Cremes, der süßen Gelees, der Puddingsaucen usw. auf beste u. wohlfeilste Art. Ferner die Bereitg. des Speise-Eises in zusammen 434 meist neuen u. in der hannov. Kochschule erprobten Rezepten. 2. vollst. neubearb. u. erweit. Aufl. (V, 222 S. m. 5 Abb.) 8. Leipzig 904. B. F. Voigt. 2. 25; geb. 3.—

Kux, Ludwig [aus Köln (Rheinpreussen)]: Ueber die Veränderungen der Froschleber durch Inanition .... Würzburg, Paul Scheiner's Buchdr., 1886; 14 S. 8°.
Würzburg, Med. Fak., Inaug.-Diss. v. 1886.

Kux, Ludwig, über die Veränderungen der Froschleber durch Inanition. Diss. Würzburg 1886, Staheleche Univ.-Buchh. 8°. 14 S.

Kux, Theod., der Berg d. Seligkeiten, nebst einigen Blicken auf dieſ. u. d. künft. Leben. Funfzehn Predigten. gr. 8. (16¼ B.) Breslau 840, G. Ph. Aderholz.

Kux, Thdr., Fasten- u. Missionspredigten, nebst e. histor. Anhang über d. St. Hedwigskirche in Berlin. Mit 1 Kpf. gr. Lex.-8. Köln 833. (832.) J. G. Schmitz. 1 ₰ 6 K

Kux, Theod., Fasten- u. Missionspredigten, nebst e. histor. Anh. üb. d. unt. Friedrich d. Gr. f. d. Katholiken erbaute St. Hedwigskirche in Berlin. (Mit Ttlkpfr.) gr. 8. (21 B.) Köln 833, J. G. Schmitz.

— die Stimme des Rufenden in der Wüste an kathol. Glaubens-Brüder in der Nähe u. Ferne. Mit 1 Musik-Beilage. 8. Berlin 833. Rücker. ¼ ₰ — 2e verbess. Aufl. 8. Breslau 839. Aderholz. ¼ ₰

Kux, Theodor, Die Stimme des Rufenden in der Wüste an kath. Glaubensbrüder in der Nähe und Ferne. Breslau. Aderholz. 1839. 12°. VIII, 56 S., 2. Aufl.
Recens. Katholik 1840, Bd. 75, S. 219–20.

Kux, Theod., die erste Versuchung des Herrn in d. Wüste Quarantania. Eine Warnungs- u. Weckstimme f. die kathol. Christen unserer Zeit in ähnlicher Versuchung. gr. 8. (1⅓ B.) Breslau 845, G. P. Aderholz.

Kuxenmarkt. Der Rheinisch-Westfälische. Jahresbericht von Gebr. Stern, Bankgeschäft, Dortmund. Jg. 1904—1907. Dortmund, 1905—1908.

Kuxenmarkt, der rheinisch-westfälische in d. J. 1906—1909. Jahresbericht v. Gebrüder Stern, Dortmund. (280 S.; XVIII, 244 S.; XXI, 249 S.; XXV, 259 S. m. 9, 9, 7 u. 9 Tab.) 8. Dortmund (907—10). C. L. Krüger. à 3.—

Kuxen-Zeitung. Organ für die Kohlen-, Kali- u. Erz-Bergwerks-Interessen. Red.: Carl Bratz. Jahrg. 1899. 104 Nrn. Fol. (à ca. 8 S.) Berlin, Finanzverl. n. 14.—

— dasselbe. Tägliches Organ f. Bergbau, Hüttenwesen, Maschinenbau, Steinkohlen-, Braunkohlen-, Kali-, Erz- u. Cement-Industrie. Red.: Carl Bratz. Jahrg. 1900—1902. à ca. 300 Nrn. Fol. (à ca. 8 S.) Ebd. à Jahrg. n. 13.—

Kuxenzeitung. Tägliches Organ für Bergbau, Hüttenwesen, Maschinenbau, Steinkohlen-, Braunkohlen-, Kali-, Erz- und Zementindustrie. 5.—7. Jg. (1901—1903). Berlin, 1901—1903 u. ff.

Kuxen-Zeitung. Tägliches Organ f. Bergbau, Hüttenwesen, Maschinenbau, Steinkohlen-, Braunkohlen-, Kali-, Erz- u. Cement-Industrie. Red: Fel. Pinner. 7.—9. Jahrg. 1903—1905. à ca. 300 Nrn. (à ca. 8 S.) Fol. Berlin, Finanzverlag. n. 13.—

Kuylenstjerna, Elisab., Abhängigkeit. Roman. Aus dem Schwed. übers. v. Helene Vagt. gr. 8. (212 S.) Dresden 902. C. Reißner. n. 3. —; geb. n. 4. —

Kuylenstjerna, K. G.: Über Bisnitrosylbenzyle, s. Kjellin, Karl

von Küylenstjerna, *Anders Karl* Gust. [aus Stockholm]: Ueber die Einwirkung aromatischer Senföle auf aromatische Kohlenwasserstoffe und Phenoläther bei Gegenwart von Aluminiumchlorid ... Heidelberg, Univ.-Buchdr. v. J. Hörning, 1894; 31 S., 1 Bl. 8.
Heidelberg, Naturw.-math. Fak., Inaug.-Diss. v. [15. Nov.] 1893

Kuyper, Abraham

Kuyper, A., Evolutionismus, das Dogma moderner Wissenschaft. Übers. v. W. Kolfhaus. 8. (IV, 50 S.) Leipzig 901. A. Deichert Nachf. n. — 90

Die Krisis in Südafrika. Von Dr Abr. **Kuyper.** Ins Deutsche übers. von W. K. in R. *Berlin: M. Warneck 1900.* (51 S.) 8° [F.] [00. 6939

— die Krisis in Südafrika. Ins Deutsche übers. v. W. K. 2. Aufl. gr. 8. (51 S.) Berlin 900. M. Warneck. n. — 60

Kuyper, A., die 12 Patriarchen. Bibl. Charakterstudien. Vom Verf. genehm. deutsche Ausg. v. E. 8. (79 S.) Leipzig 899. E. Sonnenhol. n. — 80

Reformation wider Revolution [Het Calvinisme]. 6 Vorlesungen über d. Calvinismus. Geh. zu Princetown von Dr. Abraham **Kuyper.** Übers. von Martin Jaeger (Vorr.: Samuel Jaeger.) Gr. Lichterfelde: Reich Christi Verl. 1904. (196 S.) 8° [F.] [05. 3300

Kuyper, r. Abraham, Reformation wider Revolution. 6 Vorlesgn. üb. den Calvinismus. Geh. zu Princetown. Uebers. v. Mart. Jäger. (V, 196 S.) gr. 8. Berlin 904. Gr.-Lichterfelde, Tempel-Verlag. Geb. in Leinw. n.n. 4. —

Kuyper, die moderne Theologie [der Modernismus], eine Fata Morgana auf christl. Gebiet. Aus dem Holländ. übersetzt als Gegenstück zu unsern Schweizer. Zuständen. Mit einem Vorwort von C. Joh. Riggenbach. gr. 8. (VI, 73 S.) Zürich 872, Höhr.

— die Verwischung der Grenzen. Autor. Übersetzg. v. W. Kolfhaus. gr. 8. (IV, 92 S.) Leipzig 898. A. Deichert Nachf. n. 1. 35

Kuyper, H. S. S., vom Licht, das in die Finsternis leuchtet. Autoris. Übersetzg. aus d. Holl. v. P. Kaltschmidt. (175 S.) 8. Barmen (907). Wuppertaler Traktat-Gesellschaft. 1.80; geb. 2. 80

Kuypers, A., s. Böhl, Ed., zur Abwehr.

Kuypers, Aufka

Kuijpers, A., Anleitung zur Stimmbildung u. zum fliessenden Sprechen, gestützt auf praktische Erfahrg. Eine Anweisung zum Selbstunterricht in der Übg. u. in dem richt. Gebrauch der Sprechorgane f. Sänger u. Redner. Aus dem Holl. übers. v. S. Grelinger. 2. [Titel-]Aufl. 8. (IX, 188 S.) Amsterdam [899.] (901). (Leipzig, K. F. Koehler.) Geb. in Leinw. n. 3. 50

Kuijpers, A., Anleitung zur Stimmbildung u. zum fliessenden Sprechen, gestützt auf langjährige prakt. Erfahrg. Eine Anweisg. zum Selbstunterricht in der Uebg. u. in dem richt. Gebrauch der Sprechorgane f. Sänger u. Redner. Aus dem Holl. übers. v. S. Grelinger. 3. u. 4. Aufl. (à VII, 188 S.) 8. Leipzig 902. 903. (K. F. Koehler.) n. 2. 50

Anleitung zur Stimmbildung und zum fliessenden Sprechen, gestützt auf langjährige prakt. Erfahrung. [Handleiding tot stemvorming en vloeiend spreken...] Eine Anweisung zum Selbstunterricht ... von A. **Kuypers,** Lehrerin in Amsterdam. Aus d. Holländ. übers. von S. Grelinger, Lehrerin. 4. Aufl. Leipzig: K. F. Koehler in Komm. 1903. (183 S.) 8° [08. 7768

Anleitung zur Stimmbildung gestützt auf e. 33jähr. prakt. Erfahrung. Von A[ufka] **Kuypers.** 5. Aufl. Vollst. neu bearb. durch d. Verfasserin. Leipzig: K. F. Koehler in Komm. 1910. X, 176 S. 8° [11. 3387

Aphorismen zur Bildung der Singstimme von A. **Kuypers,** Lehrerin, Berlin. In Worte gefaßt von Drude Ellerhusen. Leipzig: K. F. Koehler 1908. (56 S.) 8° [F.] [08. 7763

Kuypers, Franz *Joseph Maria* [aus Calcar a. Rh.]: Vives in seiner Pädagogik. E. quellenmäss. u. systemat. Darstellg ... Leipzig, Druck v. B. G. Teubner, 1897; VIII, 81 S., 2 Bl. 8.
Kiel, Phil. Fak., Inaug.-Diss. v. [23. Jan.] 1897

Kuypers, Frz., Volksschule u. Lehrerbildung der Vereinigten Staaten in ihren hervortretenden Zügen, s. Aus Natur u. Geisteswelt.

Kuypers, F.: Volksschule und Lehrerbildung der Vereinigten Staaten in ihren hervortretenden Zügen. Leipzig 1907. 146 S. m. Abb. (Aus Natur u. Geisteswelt. 150.)

Kuypers, Heinrich: Studien über Rudolf den Kahlen. '(Rodulfus Glaber.)' ... Goch, Völcker'sche Buchdr., 1891; 3 Bl., 70 S., 2 Bl. 8.
Münster, Phil. Fak., Inaug.-Diss. v. [22. Dez.] 1891

Kužel, Dr. phil. Hans, Einige Bemerkungen zur Vorlage der hohen k. k. Regierung für ein Gesetz, betreffend den Schutz von Erfindungen: „Patent-Gesetz". 2. unveränderter Abdruck. Gr.-8. (31 S.) —.30
Wien: Deuticke 1896.

Kužela, Ant., Liederbuch. Sammlg. ausgew. zwei- u. dreistimm. Gesänge zum Gebrauche an Lehrerinnenbildungsanst., Mädchenlyceen, Töchterschulen u. verw. Lehranst. gr. 8. (VIII, 99 S.) Czernowitz 899. H. Pardini. Kart. n. 1. 50

Kužela, Ant., Liederbuch. Sammlg. ausgewählter zwei- u. dreistimm. Gesänge zum Gebrauche an Lehrerinnenbildungsanstalten, Mädchenlyceen, Töchterschulen u. verwandten Lehranstalten. 2., verb. u. verm. Aufl. (VII, 125 S.) 8. Czernowitz 905. H. Pardini. Kart. n. 1. 50

Kužela, Ant., Liederbuch. Sammlung ausgewählter 2- u. 3stimm. Gesänge zum Gebrauche an Lehrerinnenbildungsanstalten, Mädchen-Bürgerschulen, Mädchenlyzeen u. verwandten Lehranstalten. 3. Aufl. (VII, 125 S.) 8. Czernowitz 910. H. Pardini. Geb. 1. 60

Kuželewska, Stanislawa von, aus Warschau: Die Landarbeiterverhältnisse im Königreich Polen. Breslau [1909]. 91 S. 8°. [9. III. 10].
Zürich. Univ. Staatswiss. Diss. 1909/10.

Kuželj, Sreten: Zur Entwicklung der Handwerkerfrage im gegenwärtigen Serbien. Erlangen 1909: Jacob. VIII, 116 S. 8°
Erlangen, Phil. Diss. v. 31. Aug. 1909, Ref. v. Eheberg
[Geb. 8. Juni 82 Tschatschak; Wohnort: Belgrad; Staatsangeh.: Serbien; Vorbildung: Gymn. Nisch Reife 01; Studium: Belgrad 1, Jena 1, Leipzig 3, München 4, Bonn 4, Erlangen 1 S.; Rig. 2. März 09.] [U 10. 873

Kuziela Zenon: Der ungarische König Mathias Corvinus in der slawischen Volksdichtung.
II. 1906 PN 2086 Diss.Wien, Univ.

Kuzmány, Karl L., k. k. Schiffsbau-Ingenieur. Bericht über die wichtigsten Gegenstände des technischen Seewesens auf der Londoner Ausstellung und über die Thätigkeit in den englischen Schiffbau-Etablissements im Jahre 1862. (Mit 2 Taf.) gr. 8. Wien 1867.

Kuzmány, Karl, das gute Recht der evangel. A. C. Preßburger Superintendenz. Ein Wort zu seiner Zeit. gr. 8. (42 S.) Wien 866, Braumüller. *

Kuzmány, Karl: Praktische Theologie der evangelischen Kirche Augsb. u. Helvet. Confession. Bd 1. [Mehr nicht ersch.] Wien. 3 Bde
Abth. (1.) Lehrbuch des allgemeinen u. österreichischen evangel.-protestant. Kirchenrechtes. 1855.
„ 2. Urkundenbuch zum österreichisch-evangelischen Kirchenrecht. 1856.
„ 3. Handbuch des allgemeinen u. österreichischen evangel.-protestant. Eherechtes. 1860.

Kuzmány, Karl, praktische Theologie der evangelischen Kirche Augsb. u. Helvet. Confession. Zunächst für akadem. Vorlesungen bearb. 1. Bd. (2 Abthlgn.) Wien 856. Braumüller. gr. 8. (X, 1 Bl., 691; 1 Bl., 464 S.) n. 5 ₰.
1. Abth.: Lehrbuch des allgemeinen und österreichischen evangelisch-protestantischen Kirchenrechtes mit einer kurzen Einleitung in die praktische Theologie der evangel. Kirche Augsb. u. Helv. Confession.
2. Abth.: Urkundenbuch zum österreichisch-evangelischen Kirchenrecht etc.

Kuzmány, Carl, praktische Theologie der evangelischen Kirche augsburg. und helvet. Confession. Zunächst für akadem. Vorlesungen bearb. 1. Bd. 3. Abthl.: Handbuch des allgemeinen und österreichischen evangelisch-protestantischen Eherechtes mit durchgängiger Berücksicht. des Eherechtes anderer christl. Confessionen, häufiger Hinweisung auf die Ehegesetzgebungen fremder Staaten und einem Anhang hinsichtlich des a. h. Patents vom 1. Septbr. 1859. Lex.-8. (VIII und 552 S.) Wien 860, Braumüller's Verlags-Conto. Thlr. *

Kuzmany, Karl M., jüngere österreichische Graphiker. I.—III. Wien, Gesellschaft f. vervielfältig. Kunst. 40.—
I. Kupferstich u. Radierg. (III, 62 S. m. 40 Abb. u. 11 Taf.) 41×31 cm. 908. 20.—
II. III. Holzschnitt u. Lithographie. (III, 50 S. m. 35 Abb. u. 12 Taf.) 42×31,5 cm. 909. 20.—
Sonderabdrucke aus: „Graph. Künste".

Kuźmicz, Joh., Tabellen f. die Berechnung v. „Prorata-Prämien". (VI, 73 S.) 30,5×21 cm. Krakau 906. (D. E. Friedlein.) In Leinw. kart. nn 6.—

Kuznetzoff, s. Kusne(t)zow.

Kuznik, Thomas, kurzer Abriß der Kirchengeschichte, nebst einer Uebersicht der Geographie von Palästina zur Zeit Jesu. [Als Anhang zur bibl. Geschichte.] Für kathol. Volksschulen bearb. 1. Aufl. 1868, und 2. Aufl. 8. (24 S.) Breslau 869, Maruschke und Berendt. **
Mit Anhang: Kurze Lebensbeschreibungen der vaterländischen Heiligen. (12 S.) **
Anhang apart *

Kuznik, Th., kurzer Abriß der Kirchengeschichte, nebst einer Uebersicht der Geographie von Palästina zur Zeit Jesu. [Als Anhang zur bibl. Geschichte.] Für kathol. Volksschulen bearb. (3. Aufl.) 8. (II, 24 S.) Breslau 881, Maruschke und Berendt. *

Kuznik, Thom., und Franz Kühn, Aufgaben zum Zifferrechnen, s. Kühn, Franz.

Kuznik, Thom., Decimalbruch-Rechnung und das Ausziehen der Quadrat- und Kubikwurzeln. Theoretisch-prakt. Uebungsbuch für obere Klassen gehobener Elementarschulen, für Bürgerschulen, Präparanden-Anstalten und zum Selbstunterricht bearb. 8. (72 S.) Breslau 863, Leuckart.
Auflösungen dazu. (16 S.) *

— die Dezimal-Bruchrechnung unter Berücksicht. des metrischen Systems. Theoretisch-praktische Anleitung zur Erlernung des Rechnens in Decimalen, nebst einer Unterweisung über das Ausziehen der Quadrat- und Kubikwurzeln. Für Lehrer und Geschäftsleute bearb. 2. Aufl. 8. (IV, 71 S.) Breslau [Leipzig] 870, Leuckart.

— dass. — Auflösungsheft. 8. (17 S.) Ebendas. 870. *

— Elementar-Sprachlehre. Das Wichtigste aus der deutschen Wort-, Satz- und Rechtschreibelehre, nebst methodisch geordneten Aufgaben zu schriftl. Aufsätzen, für Elementarschüler bearb. 3 Hefte. 8. (VI und 40, 36 und 56 S.) Breslau 866, Leuckart. à Heft * 2⅓ Ngr. *

— Elementar-Sprachlehre. Das Wichtigste aus der deutschen Wort-, Satz- und Rechtschreiblehre nebst methodisch geordneten Aufgaben zu schriftl. Aufsätzen für Elementarschüler bearb. 2 Thle. in 3 Heften. 8. Ebendas. *
Inhalt:
Thl. 1. Sprachlehre. I. 3.—6. Aufl. (VI, 41 S.) 871. * 25 Pf.
„ 2. Aufgaben zu schriftlichen Aufsätzen. 1. Abthl.: Für die untere und mittlere Klasse. 4. verb. und sehr verm. Aufl. (44 S.) 874. * 25 Pf. 2. Abthl.: Für die obere Klasse. 4. verb. und sehr verm. Aufl. (53 S.) 875. * 25 Pf.

— Elementar-Sprachlehre. Das Wichtigste aus d. deutschen Wort-, Satz- u. Rechtschreibelehre, nebst methodisch geordnet. Aufgaben zu schriftl. Aufsätzen, f. Elementarschüler bearb. 1. Thl. Sprachlehre. 1. Hft. 6. Aufl. 8. (VI, 41 S.) Leipzig 876. Leuckart. — 25

— Elementar-Sprachlehre. Das Wichtigste aus der deutschen Wort-, Satz- und Rechtschreibelehre, nebst methodisch geordneten Aufgaben zu schriftl. Aufsätzen für Elementarschüler bearb. 1. Thl. und 2. Thl. 1. Abthl. 8. Leipzig 877, Leuckart. à Thl. 25 Pf.
Inhalt:
Thl. 1. Sprachlehre I. 7. Aufl. (VI, 41 S.)
„ 2. Aufgaben zu schriftlichen Aufsätzen. 1. Abthl.: Für die untere und mittlere Klasse. 5. Aufl. (47 S.)
2. Thl. 2. Abthl. Ebendas. 1875. * 25 Pf.

— Elementar-Sprachlehre. Das Wichtigste aus der deutschen Wort-, Satz- und Rechtschreibelehre, nebst method. geordneten Aufgaben zu schriftl. Aufsätzen, für Elementarschüler bearb. 3 Tle. Nach der neuen Rechtschreibung hrsg. von Frz. Schmidt. 8. Leipzig 882, Leuckart. à Tl. * 25 Pf. *
Inhalt:
Tl. 1. Sprachlehre. 8. verb. Aufl. (IV, 48 S.)
„ 2. Aufgaben zu schriftlichen Aufsätzen. 1. Abtl.: Für die untere und mittlere Klasse. 6. verb. Aufl. (48 S.)
„ 3. — dass. — 2. Abtl.: Für die obere Klasse. 5. verb. Aufl. (55 S.)

— kleine Erdbeschreibung. Das Wichtigste aus der allgemeinen Geographie, sowie aus der Länder- und Staatenkunde der 5 Erdtheile. Als Anh.: Kurze geschichtl. Gedächtnißtaf. Für Elementarschüler bearb. 1.—3., nach der neuesten polit. Gestaltung umgearb. Aufl. 8. (IV und 58 S.) Breslau 864—67, Maruschke und Berendt. **

— kleine Erdbeschreibung. Das Wichtigste aus der allgemeinen Geographie, sowie aus der Länder- u. Staatenkunde der 5 Erdtheile. Als Anhang: Kurze geschichtl. Gedächtnißtaf. Für Elementarschüler bearb. 2—4., nach der neuesten politischen Gestaltung umgearbeitete Aufl. Breslau 865—69. Maruschke & Berendt. 8. (IV, 58 S.) n.n. 2½ ngr.

—— kleine Erdbeschreibung. Das Wichtigste aus der allgemeinen Geographie, sowie aus der Länder- und Staatenkunde der fünf Erdtheile. Als Anhang: Kurze geschichtliche Gedächtnißtafeln. Für Elementarschüler bearb. 4. und 5. Aufl. 1869,71. * 25 Pf.; 6. und 7. nach der neuesten polit. Gestaltung bericht. Aufl. gr. 8. (IV, 58 S.) Breslau 872,74, Maruschke und Berendt. *

—— kleine Erdbeschreibung. Das Wichtigste aus der allgemeinen Geographie, sowie aus der Länder und Staatenkunde der fünf Erdtheile. Als Anhang: Kurze geschichtl. Gedächtnißtafeln. Für Elementarschüler bearb. 8. und 9. Aufl. 8. (63 S.) Breslau 876,77, Maruschke und Berendt. *

—— kleine Erdbeschreibung. Das Wichtigste aus der allgemeinen Geographie, so wie aus der Länder- und Staatenkunde. Als Anhang: Kurze geschichtl. Gedächtnistafeln. Für Elementarschüler bearb. 10. verb. Aufl. 8. (55 S.) Breslau 881, Maruschke und Berendt. *
cart. *

—— kleine Erdbeschreibung. Das Wichtigste aus der allgemeinen Geographie, sowie aus der Länder- und Staatenkunde. Als Anhang: Kurze geschichtl. Gedächtnistafeln. Für Elementarschüler bearb. 11. verb. Aufl. 8. (60 S.) Breslau 885, Maruschke und Berendt. * 30 Pf.; cart. * — 40

Kuznik, Thom., kleine Erdbeschreibung. Das Wichtigste aus der allgemeinen Geographie, sowie aus der Länder- u. Staatenkunde. Als Anh.: Kurze geschichtl. Gedächtnistafeln. Für Elementarschulen bearb. 12., verb. Aufl. 8. (60 S.) Breslau 891. Maruschke & Berendt. n. — 30; kart. n. — 40

—— das neue Geld. Erläuterungen zu dem Gesetze über die Ausprägung der deutschen Reichs-Goldmünzen, nebst Umrechnungs-Tabellen. 8. (16 S.) Ebendas. 872.

Kuznik, Thomas, das metrische Maß und Gewicht in der Volksschule. Sachliche Erläuterungen zur neuen Maß- und Gewichts-Ordnung für den norddeutschen Bund, nebst einer kurzen Anleitung zur prakt. Behandlung derselben in der Volksschule. Als Anhang: die wichtigsten Regeln der Dezimal-Bruchrechnung und Rechnenbeispiele mit den neuen Maßen und Gewichten. Für Lehrer an Volksschulen bearb. und hrsg. 1. und 2. Aufl. 8. (IV, 47 S.) Breslau 869, Maruschke und Berendt. * — 60

Kuznik, Th., das metrische Maß u. Gewicht. Sachliche Erläuterungen zur neuen Maß- u. Gewichts-Ordnung für den norddeutschen Bund, nebst einer kurzen Anleitung zur prakt. Behandlung derselben in der Volksschule. Zum Gebrauch für Jedermann bearb. u. hrsg. 1—7., verb. u. vermehrte Aufl. Unter besonderer Berücksichtigung der amtl. Verhältnißzahlen u. der Bestimmungen der Normal-Aichungs-Commission. Ebend. 869, 70. 8. (IV, 44 S.) n. 6 ngr.

—— das metrische Maß und Gewicht. Sachliche Erläuterungen zur neuen Maß- und Gewichts-Ordnung für den norddeutschen Bund, nebst einer kurzen Anleitung zur prakt. Behandlung derselben in der Volksschule. Zum Gebrauch für Jedermann bearb. und hrsg. 3.—8. verb. und verm. Aufl. Unter besond. Berücksicht. der amtl. Verhältnißzahlen und der Bestimmungen der Normal-Eichungs-Kommission. 8. (48 S.) Ebendas. 869—72. * — 60

—— das neue Maß und Gewicht. Faßlich bearb. für Jedermann. 16. (16 S.) Ebendas. 872. — 15

—— dass. — Auf dem Wochenmarkte. Ein Rathgeber für Hausfrauen. 16. (18 S.) Ebendas. 872. — 15

—— dass. — 2. Aufl. 16. (18 S.) Ebendas. 872. * — 60

— der metrische Rechenknecht. Ueberſichtliche Tabelle über die Reduction der bisherigen preußischen Maße u. Gewichte in metr., wie auch der Umrechnung der Preise nebst einer kurzen Belehrung über das metrische System. Als Anhang: Die Hauptregeln der Dezimalbruchrechnung. Zum Gebrauche für Jedermann, besonders für Kaufleute, Händler, Handwerker. 2 Thle. Ebend. 870. 16.
Jeder Thl. n. 5 ngr.

Inhalt: 1. Umwandlungen der Maße u. Gewichte. (46 S.) — 2. Umrechnung der Preise. (44 S.)

—— revidirtes Reglement für die katholische Elementar-Lehrer-Wittwen- und Waisen-Pensions-Anstalt der Prov. Schlesien. gr. 8. (23 S.) Ebendas. 872. * — 40

—— kleine Vaterlandskunde. Uebersicht der Geographie des preuß. Staates und der übrigen deutschen Länder, nebst einem Abriß der brandenburgisch-preuß. Geschichte, für Elementarschulen bearb. 1.—4., nach der neuesten polit. Gestaltung umgearb. Aufl. 8. (56 S.) Breslau 863—68, Leuckart. *

— kleine Vaterlandskunde. Uebersicht der Geographie des preußischen Staates und der übrigen deutschen Länder, nebst einem Abriß der brandenburgisch-preußischen Geschichte, für Elementarschulen bearb. 2—6., nach der neuesten politischen Gestaltung umgearb. Aufl. Breslau 865—70. Leipzig, Leuckart. 8. (56 S.) n. 2 ngr.

—— kleine Vaterlandskunde. Ueberſicht der Geographie des preuß. Staates und der übrigen deutschen Länder, nebst einem Abriß der brandenburg. preuß. Geschichte, für Elementarschulen bearb. 5.—7. Aufl. 1869—73. * 20 Pf., und 8.—11. verb. Aufl. 8. (59 S.) Leipzig 873—75, Leuckart. * — 25

—— kleine Vaterlandskunde. Uebersicht der Geographie des preuß. Staates und der übrigen deutschen Länder, nebst einem Abriß der brandenburgisch-preuß. Geschichte, für Elementarschulen bearb. 12. und 13. Aufl. 8. (56 S.) Leipzig 876,78, Leuckart.

—— kleine Vaterlandskunde. Uebersicht der Geographie des preuß. Staates und der übrigen deutschen Länder, nebst einem Abriß der brandenburgisch-preuß. Geschichte, für Elementarschulen bearb. 14. und 15. Aufl. 8. (56 S.) Leipzig 880,81, Leuckart.

—— dass. — 16. verm. und verb. Aufl., hrsg. von Rob. Meise. (VIII, 72 S.) 1882; 17. Aufl. 8. (VIII, 84 S.) Ebendas. 883. *

—— kleine Vaterlandskunde. Uebersicht der Geographie des preuß. Staates und der übrigen deutschen Länder, nebst einem Abriß der brandenburgisch-preuß. Geschichte, für Elementarschulen bearb. 18. verm. und verb. Aufl., hrsg. von Robert Meise. 8. (VIII, 87 S.) Leipzig 885, Leuckart. * — 30

—— Kleine Vaterlandskunde. Überſicht der Geographie d. preuß. Staates u. der übrigen deutschen Länder, nebst e. Abriß der brandenburgisch-preuß. Geschichte, f. Elementarschulen bearb. 19. verm. u. verb. Aufl., hrsg. v. Rob. Meise. (VIII, 93 S.) 889; 20. verm. u. verb. Aufl. v. Fr. O. Sander. 8. (VIII, 94 S.) Lpz. 892, Leuckart. * — 30

— Wandkarte der metrischen Maasse u. Gewichte, ein Anschauungsmittel für den Unterricht in Schulen. 1—7. Aufl. Breslau 869, 70. Maruschke & Berendt. qu. Imp.-Fol. n. 6 ngr.

Kuznik, Thom., Wandkarte der metrischen Maasse u. Gewichte, e. Anschauungsmittel f. den Unterricht in Schulen entworfen u. hrsg. 9. Aufl. Imp.-Fol. (1 Bl.) Breslau 872. Maruschke & Berendt. — 60

Vom Wege. Fremdes u. Eigenes von Ernst **Kuznitzky**. Breslau: Schletter 1906. (56 S.) 8° [F.] [07. 3733]

Kusnitzky, Martin [pr. Arzt aus Gnesen]: Wie und wann ist Syphilis zu behandeln? ... Strassburg i. E., Buchdr. C. Goeller, 1892; 60 S., 1 Bl. 8.
Strassburg, Med. Fak., Inaug.-Diss. v. 1892

Kuznitzky, Otto *(geb. Myslowitz 8. 7 1856)* Bemerkungen über die Eclampsia parturientium. (Nach Beobachtungen der hiesigen gynäkologischen Klinik und Poliklinik.) Breslau 1881. (37 S.) 8° *[Im Buchhandel 1881 bei Köhler in Breslau.]*
Breslau, Med. Diss. v. 15. März 1881

Kuznitzky, Simon *(geb. Myslowitz 23. 6. 1831)*: Meletemata atque observationes de diaphragmatis natura nonnullisque ejus morbis. Vratislaviae (1857). (29 S.) 8°
Breslau, Med. Diss. v. 21 März 1857

Kuzsinszky, Valentin, die Ausgrabungen zu Aquincum 1879—1891. Mit 2 Beilagen u. 48 Illustr. gr. 8. (III, 125 S.) Budapest 892. F Kilián. n. 6. —

Kuzsinszky, Valent., Führer durch die Ausgrabungen u. das Museum in Aquincum. 2., verb. u. verm. Aufl. (89 S. m. 18 Abbildgn. u. 1 Plan.) 8. Budapest 903. F. Kilián's Nachf. n. — 60

KUZUYA, Sadayuki (Aichi): Der Einfluss der Säuglingssterblichkeit auf die Wertigkeit der Überlebenden.- München: Kastner & Callwey 1909. 67 S.
16.12.1910 - Chr 1910/11,24; U 11.5673
Diss. Ingolst.-Landsh.-Mchn.

Kvačala (Kvacsala), Johann [d. i. Ivan]

Joh. V. Andreä's Antheil an geheimen Gesellschaften. Von J[oh.] Kvačala. Jurjew 1899: Mattiesen. 50 S. 8°
Recens: BZC. 28 (1899) S. 317—319 (W. Wald). cf. MCG. 8 (1899) S. 145—168 (W. Begemann), 307—310 (J. Kvačala), 310—312 (W. Begemann); BZC. 28 (1899) S. 372—376 (W. Wald). 25. 193.

Kvačala, J., J. V. Andreä's Antheil an geheimen Gesellschaften. gr. 8. (50 S.) Jurjew 899. (Berlin, E. S. Mittler & Sohn.) n. 1. —

— neue Beiträge zum Briefwechsel zwischen D. E. Jablonsky u. G. W. Leibniz. gr. 8. (XXVII, 202 S.) Jurjew 899. (E. J. Karow.) n. 4. 25

Thomas Campanella und Ferdinand II. Von Dr. J[van] **Kvačala**, Prof. Wien: A. Hölder in Komm. 1908. (48 S.) 8°
— **Sitzungsberichte** d. Kais. Akademie d. Wiss. in Wien. Phil.-hist. Kl. Bd 159, Abh. 5.

Kvačala, I[van]: Thomas Campanella, ein Reformer der ausgehenden Renaissance. Berlin: Trowitzsch 1909. XVI, 154 S. 8°
(Neue Studien z. Geschichte d. Theologie u. d. Kirche. St. 6.)

Kvačala, Joh., Johann Amos Comenius. Sein Leben u. seine Schriften. 3 Lfgn. gr. 8. (VI, 480 u. 89 S. m. 1 Bildnis.) Leipzig 892. J. Klinkhardt. à n. 1. 80

Kvačala, Joannes (Hrsg.), s. Comenius, Johannes Amos: Analecta Comeniana.

D. E. Jablonsky und Großpolen. Von Prof. Dr. Johann [d. i. Ivan] **Kvačala**. Posen 1901: Förster. 154 S. 8°
[Aus: Zeitschrift d. Hist. Gesellsch. f. d. Prov. Posen, Jg. 15. 16.]

Kvacsala, J., 50 Jahre im preussischen Hofprediger-dienste. D. E. Jablonsky. Vortrag, geh. in d. Aula d. Universität. [Aus: „Acta et commentationes imp. universitatis Jurievensis".] gr. 8. (23 S.) Jurjew 896. (Giessen, J. Ricker.) n. — 60

Kvacsala, Joh. [aus Petrovács, Südungarn]: Ueber J. A. Comenius' Philosophie insbesondere Physik .... Leipzig, 1886; 43 S. 8°.
Leipzig, Phil. Fak., Inaug.-Diss. v. 27. Mai 1886.

Kvacsala, Joh., über J. A. Comenius' Philosophie insbesondere Physik. Diss. Leipzig 1886, Gustav Fock. 8°. 43 S

Die pädagogische Reform des Comenius in Deutschland bis zum Ausgange des 17. Jahrhunderts. Hrsg. von Dr. Johannes **Kvačala**, Prof., Dorpat. Bd 1. 2. Berlin: A. Hofmann & Co. 1903—04. 2 Bde 8°
1. Texte. 1903. 2. Hist. Überblick, Bibliogr., Namen- u. Sachreg. 1904.
— **Monumenta** Germaniae Paedagogica. Bd 26. 32.

Kvacala, Joh., s. **Reform, die pädagogische, des Comenius in Deutschland.**

KVACZAK, Julius: Die Militärseelsorge. — (1907) 125 Bl. 8° (Maschinschr.)
Diss. Wien, Univ. Diss. 6652

Kvapil, Jaroslav, freie Weilen, s. Universal-Bibliothek.

Kvassay, Eug. 23 Gesetzartikel über das Wasserrecht, s. Kovácsy, Alex.

Kvassay, Eug. v., Schiffbarkeit d. Donau, s.: Matheś, Karl Ritter v.

Stand und Resultat der Donau-Regulirungsarbeiten in Ungarn im Jahre 1899. Von Eugen v. **Kvassay**. Berlin: Siemenroth & Troschel 1899. (S. 7—10.) 8°
— **Deutsch-Oesterr.-Ungar. Verband f. Binnenschiffahrt. Verbands-Schriften**. No 46, [2.]

Kvassay, Stefan von: Chemische Desinfektion des lebenden Körpers. Medicinal-Studie. Constantinopel 1907: Loeffler. 63 S. 8°

Kvaternik, Eug., das historisch-diplomatische Verhältniss des Königr. Kroatien zu der ungarischen St. Stephans-Krone, s. Verhältniss, das historisch-diplomatische.

Kvaternik, Eugen, Was ist die Wahrheit? Eine Erwiderung auf das Szalay'sche Pamphlet, betitelt: „Zur kroatischen Frage." gr 8. (VII. 281 S.) Agram, Jakić. 1861. 1 fl. 60 kr.

Kvergić, Geo., Beiträge zur Anlage u. Durchführung taktischer Übungen. gr. 8. (IV, 127 S.) Wien 895. (L. W. Seidel & Sohn.) n. 2. 40

Kverglé, Geo., Beiträge zur Anlage, Leitung u. Durchführung taktischer Übungen. 2., vollst. umgearb. Aufl. Mit zahlr. Skizzen im Texte. 8. (VI, 207 S.) Wien 898. (L. W. Seidel & Sohn.) n. 3. 20

Kvergić, Geo. Handbuch zur Ausarbeitung taktischer Aufgaben f. Truppen-Offiziere aller Waffen. Mit 30 Skizzen u. 1 Zeichen-Schlüssel. 12. (VIII, 127; 53 lithogr. S.) Graz 890, (Pechel). * 4 20; geb. * 4 70

Kvergić, Geo., Handbuch zur Ausarbeitung taktischer Aufgaben, dann als Behelf zum Kriegsspiel u. im Felde, f. Truppen-Officiere aller Waffen. Mit 48 Skizzen, 3 Zeichenschlüsseln u. Truppen-Signaturen. 4. Aufl. 12. (X, 271 S.) Wien 894. (L. W. Seidel & Sohn.) Geb. in Leinw. n. 4. 60

— Handbuch zur Ausarbeitg. takt. Aufgaben, dann als Behelf zum Kriegsspiel u. im Felde f. Truppen-Officiere aller Waffen. Mit 64 Skizzen, 3 Zeichenschlüsseln u. Truppen-Signaturen. 5., verm. u. vollst. umgearb. Aufl. 12. (XIV, 450 u. 62 S.) Ebd. 897. Geb. in Leinw. n. 4. 60

Květ, Franz B.

Květ, F. B., aestheticky rozbor rukopisu Kralodvorského. Pro širší kruhy. Prag 861. Schönfelder & Reinitzer. 8. (XVI, 159 S.) n. 24 ngr.

— Leibnitz und Comenius. Ein Vortrag. gr. 4. (19 S.) Prag 857, (Calve'sche Universitäts-Buchh.) *
Aus: Abhandlungen der k. böhmischen Gesellschaft der Wissenschaften, 5. Folge, 10. Bd., besonders abgedruckt.

Květ, Dr. Franz B. — Leibnitz'ens Logik. Nach den Quellen dargestellt von — —. Prag, 1857. Dr. von Karl Bellmann. Verlag von F. Tempsky. (VIII. 84 S. 8.)

— staročeská mluvnice. 2. přehlédnuté vydání. Prag 864. Kober. gr. 8. (VII, 120 S.) n. 22½ ngr.

— žití básnické. Báseň. Prag 859. Dominicus in Comm. 16. (26 S.) n. 4 ngr.

Květena. Souběr písní na Moravě nejoblibenějších. Olmütz 862. Halauska. 32. (180 S.) n. 6 ngr.

v. Kviatkovska, Jos., kurzer Auszug d. Geschichte d. Deutschen, mit Denkreimen zum Auswendiglernen. 8. Wien 818.

Anleitung zur Verarbeitung der Naphtha und ihrer Produkte. Von N. A. Kwjatkowsky [**Kvjatkovskij**], Ingen. in Moskau. Autor. u. erw. deutsche Ausg von M. A. Rakusin. Mit 13 Textfig. Berlin: J. Springer 1904 (XII, 143 S.) 8° [05. 2344

HEDWIG und Cimburgis, oder die starken Frauen . . . (Roman von *Josefine v. Kviatovska* geb. *Gerster v. Gerstorff*., Wien 1819. 8°. Zahm.
Anon.-Lex. II. p. 271 (nach Meusel, Kayser, Kehrein, Schindel).

v. Kviatowska, Jos., s. Hedwig u. Cimburgis.

Kvíčala, Joh., Beiträge zur Kritik und Erklärung des Sophokles. (Abdr. aus den Sitzungsber. d. k. Akad. d. Wiss.) Wien 864. Gerold in Comm. gr. 8. (106 S.) n. 16 ngr.

Kvíčala, Joh., Beiträge zur Kritik u. Erklärung des Sophokles. II—IV. [Aus d. Sitzungsber. d. k. Akad. der Wiss.] Wien (Gerold's Sohn). Lex.-8. [II. (105 S.) 865. n. 17. ngr., III. (124 S.) 865. n. 20 ngr., IV. (84 S.) 869. n. 12 ngr.] n. 1 ℛ 19 ngr.

Kvíčala, Joh., Beiträge zur Kritik und Erklärung des Sophokles [König Oidipus.] IV. Lex.-8. (84 S.) Wien 869, (Gerold's Sohn.) * 1 20
I—III. (Ebendas.) 1864,65. *M 5,30.

Kvíčala, Joh., Beiträge zur Kritik und Exegese der Taurischen Iphigenia des Euripides. Lex.-8. (89 S.) Wien 859, (Gerold's Sohn.) * *
Aus: Sitzungsberichte der k. Akademie der Wissenschaften, Jahrg. 1858, besonders abgedruckt.

Kviczala, Joh. Beiträge zur Lehre von den griechischen Negationen. 7 S. – Prag Kl., Progr. 1856.

Kvíčala, Joh., neue Beiträge zur Erklärung der Aeneis, nebst mehreren Excursen und Abhandlungen. gr. 8. (VIII, 463 S.) Prag 881, Tempsky. *

Kvíčala, J., Scholiorum Pragensium in Persii satiras delectus. S.-A. 1878. 39 S. 4°. 1.20

— Euripideische Studien. Lex.-8. (104 S.) Wien 866. (Gerold's Sohn.) *
aus: Sitzungsberichte der k. Akademie der Wissenschaften, besonders abgedruckt.

Kvíčala, Joh., Studien zu Euripides. Mit einem Anhang sophokleischer Analekta. Imp.-4. (107 S.) Wien 879, (Gerold's Sohn.) *
Aus: Denkschriften der k. Akademie der Wissenschaften, besonders abgedruckt.

— Studien zu Euripides. 2. Thl. [Alkestis, Jon, Hekabe.] Imp.-4. (94 S.) Wien 879, (Gerold's Sohn.) *
Aus: Denkschriften der k. Akademie der Wissenschaften, besonders abgedruckt.
1. Thl. Ebendas. 1879. *M 2,60.

— Studien zu Euripides. Mit einem Anh. sophokleischer Analekta. 1. u. 2. Thl. [Aus: „Denkschr. d. k. Akad. d. Wiss."] Imp.-4. (107 u. 94 S.) Wien 879. 80. Gerold's Sohn in Comm. n. 7. —

Kvíčala, Joh., Untersuchungen aus dem Gebiete der Pronomina, besonders der lateinischen. [Aus den Sitzungsber. d. k. Akad. d. Wiss.] Lex.-8. (79 S.) Wien 870. Gerold's Sohn in Comm. n. 1. —

— Vergil-Studien nebst einer Collation der Prager Handschrift. gr. 8. (VIII, 275 S.) Prag 878, Tempsky. *

Kwadyński, Stanislaus, a. Breslau: Legitimatio per subsequens matrimonium et per rescriptum principis unter Berücksichtigung des römischen, gemeinen Rechts, der Landesgesetze und des B.G.B. (§§ 1719—1740). Rostock 1904: Adlers Erben. (IX, 110 S.) 8°
Rostock, Jur. Fak., Ref. Matthiass, Diss. v. 20. Nov. 1904
[Geb. 1. Mai 73 Wreschen: Wohnort: Breslau; Staatsangeh: Preußen; Vorbildung: Gymn. Demmin i. P. Reife M. 96; Studium: Breslau 4, Berlin 2 S.; Rig. 21. Sept. 04.]

Kwadyński, Stanisl., Legitimatio per subsequens matrimonium et per rescriptum principis unter Berücksicht. des römischen, gemeinen Rechts, der Landesgesetze u. des B. G. B. (§§ 1719—1740). Diss. (X, 110 S.) Rostock 904. (Leipzig, Buchh. G. Fock.) n. 1. 20

Der moderne Gesangunterricht. Eine Kritik von Bernhard **Kwartin**. Wien Konegen 1910. 116 S. 8° [10. 9161

Der moderne Gesangunterricht. Eine Kritik von B(ernhard) **Kwartin**. 2. Aufl. Leipzig, Wien: Universal-Ed. (1910). 116 S. 8° (Universal-Edition. No 3085.) [11. 16169

Kwascha, Schimschon, a. Uman, Gouv. Kiew (Rußland): Ein Fall von Hyperemesis nach psychischem Insult. Berlin 1906: E. Ebering. (26 S.) 8°
Berlin, Med. Fak., Ref. v. Leyden, Diss. v. 30. Mai 1906
[Geb. 30. Aug. 76 Umagne, Rußland; Wohnort: Umagne; Staatsangeh.: Rußland; Vorbildung: Gymn. Kamenez-Podolsk Reife O. 98; Studium: Wien 8, Berlin 3 S.; Rig. 21. Mai 06.]

Kwaśnicka, Thomas, Andeutungen zu neuen Theorien der Physik. Gewidmet dem Andenken des großen englischen Naturforschers Newton. gr. 8. (84 S.) geh. 40 kr.
Wien: Gorischek 1882.

Kwaśniewski, B., złota ksinżeczka zwaie rająca żgcie Marcina Kruka. Opracował podług obcego wzoru i do potrzeb ludu polskiego. Gnesen 870. Lange. 8. (106 S.) n. 8 ngr; cart. n. 10 ngr.

Kwaśniewski, Joann(es) Michael: De scorbuto. Halis Saxonum (1832): Baentsch. 51 S. 8°
Halle-Wittenberg, Med. Diss., nachgeliefert von dem am 10. Nov 1832 auf Thesen promovierten Verf.
Geb. Sandomir (Polen) 1806. V.
Verf. wurde ohne rigorosum promoviert.

Kwaśniewski, Joan[nes] Michael: Theses medicae ... loco dissertationis de scorbuto iam exhibitae et propediem publici iuris faciendae. Halis Saxonum (1832): Baentsch. 2 Bl. 8°
Halle-Wittenberg, Med. Thesen v. 10. Nov. 1832

KWASNIEWSKI, Josef Gottlieb (Stassau/Polen): De functione partus.- Landishuti 1818.
30.7.1818 - Pe 565; F 58
Diss. Ingolst.-Landsh.-Mchn.

Kwasniewski, Paul [pr. Arzt]: Kaiserschnitt nach der conservirenden Methode bei ein und derselben Person zum zweiten, dritten und vierten Male wiederholt ... Jena, Frommannsche Hof-Buchdr., 1894; 44 S., 1 Bl. 8.
Jena, Med. Fak., Inaug.-Diss. v. [15. Juni] 1894

KWÁSNIOWSKI, Wladislaus (Wasilowka/Polen): De morbis retinae circulatione impedita. (Titel nach der Urkunde)
27.7.1872 - Urk; Chr 1871/72,21 Diss. Ingolst.-Landsh.-Mchn.

Edvard Grieg, Klavierkonzert in A-moll. '(op. 16.)' Erläut. v. Prof. James **Kwast**. *Frankfurt a. M.: H. Bechhold [1896].* (16 S.) 1 Bd 8.
— **Musikführer**, Der. No 70. [97. 96]

Kwast, James, Edvard Grieg's Klavierkonzert in A-moll (op. 16), — Felix Mendelssohn-Bartholdy's Klavier-Konzert in D-moll, — Felix Mendelssohn-Bartholdy's Klavier-Konzert in G-moll, } s. a. **Musikführer, der.**

Felix Mendelssohn-Bartholdy, Klavier-Konzert in D-moll. op. 40. Erl. v. Prof. James **Kwast**. *Frankfurt a. M.: H. Bechhold [1896].* (11 S.) 1 Bd 8.
— **Musikführer**, Der. No 91. [97. 1085]

Kwaysser, Arthur [aus Prag]: Substitutionsprodukte des Carbamidothiophenols und Phenylendiazosulfids ... Prag, Druck v. M. Schulz, 1892; 43 S. 8.
Heidelberg, Naturw.-math. Fak., Inaug.-Diss. v. [9. Nov.] 1891

Kwei lin fu [Schlagwort]

Kwei lin fu, s.: China. Karte.

Kweit, N. Zur Frage über die Zuschlagsprämie für erhöhte Risiken. St. Petersburg 1908.

Kweller, Fritz, approb. Arzt aus Charlottenburg: Ueber die Hernien der Linea alba. *Leipzig 1901: B. Georgi.* (27 S.) 8°
Leipzig, Med. Diss. v. (21. Okt.) 1901

KWERL, Grull Herrmann. Ein komischer (zahmer) Roman. 3 Thle. Mit Titelkpfr. u. Vign. Leipzig, Schwickert, 1785—86. Kl. 8°. (1—2: 4 Mk., Tit. gestemp., Bernh. Liebisch, Lpz., 1908.)
Tit., 316, 318 u. 336 Seiten.

Kwerl, Krull Herrmann. 3 Thle. 8. Leipz. 785, 86. Schwickert. 2 ₰ 12 gr

Kwestya włościańska w polsce podług właściwych swoich pierwiastków przed sąd opinji publicznej wytoczona i poprzedzona projektem, w jaki sposób chłopom w polsce a nawet w rossyi dopomódz mozna do nabycia własności gruntowej bez nadwerężenia zasad porządku publicznego. Rzecz wyjęta z rękopismu w r. 1847 napisanego przez niewadomego autora. Wydanie J. N. Bobrowicza. 8. (VIII u. 303 S.) Leipzig 849, Librairie étrangère. 1 ₰

Kwiasty czyli wykład znaczeń blisko tysiąca roślin krajowych i zagranicznych, w języku polskim, łacińskim i niemieckim spisanych. Ku użytkowi i zabawie płci obojéj ułożone. (Nowe wydanie.) 12. (VIII u. 152 S.) Lissa (840) 850, Günther. 12 ngr

Kwiatkiewiz, I., Lux ascetica peregrino terrestris. 8. Ingolst. Kräll. 733.

— Suada civilis et phoenix rhetorum. 12. Bresl. 720.

Kwiatkowski, die neue methodisch geordnete Normal-Schreiblehre. I. Deutsche [Current-]Schrift. 1.—3. Heft. qu. gr. 4. (24; 22; 22 lithogr. S.) Lissa 872, Scheibel. à Heft 15 Pf. — 45

Kwiatkowski, Alex., der praktische Bienenwirt. Eine Anleitung zur nutzbringenden Beschäftigung mit Bienen und Anfertigung zweckmäss. Bienenwohnungen, Maschinen und Geräte. 1. und 2. Aufl. gr. 8. (IX, 84 S. mit 7 lithogr. Tab.) Lissa 880, (Ebbecke.) geb. *

Kwiatkowski, Alex., der praktische Bienenwirt. Eine Anleitung zur nutzbringenden Beschäftigung mit Bienen und Anfertigung zweckmäß. Bienenwohnungen, Maschinen und Geräte. 3. verb. und verm. Aufl. 8. (VIII, 108 S. mit 86 in den Text gedr. Holzschn.) Berlin 881, Parey. *

Der praktische Bienenwirt. Eine Anleitung z. nutzbringenden Beschäftigung mit Bienen u. z. Anfertigung zweckmäss. Bienenwohnungen, Maschinen u. Geräte von Alexander **Kwiatkowski**, Techn. Lehrer zu Lissa. 4., verb. u. verm. Aufl. Mit 43 Textabb. *Berlin: P. Parey 1902.* (VIII, 131 S.) 8° [F.] [03. 1048]

—— geschichtliche Entwickelung des Volksschulwesens in Ost- und Westpreußen. Kurz dargestellt. gr. 8. (86 S.) Königsberg 880, Gräfe und Unzer.

Kwiatkowski, Ernest v., die Constitutio criminalis, Theresiana. Ein Beitrag zur theresian. Reichs- u. Rechtsgeschichte. (VIII, 145 S.) gr. 8. Innsbruck 904. Wagner. n. 3. —
[BTD 1903]

Kwiatkowski, Nestor, praes. Dan. Metzger, De nervorum fluido, decussatione gangliis. 12 pp. Regiom. 4°. *Blumenbach*, I, 721.
1784

Kwiatowski, Petrus, Historia Veteris et Novi Testam., quae stylo claro et solido conscripta, ss. patrum textibus illustrata aliorumque autorum floribus exornata, compendiose et dilucide collecta a P. Kw. Augsburg, Bartl, 1741, 4°, 706 S.

Kwiatkowsky, P. S. I., hist. V. et N. Test. stylo claro et solido conscripta. 4. Augsb. Doll. 741.

Kwjatkowsky, s. Kvjatkovskij

Kwiecinski Adam: Die Wirtschaften.
1908 PN 2546

Kwiecinski, Max, s. a. **Führer, neuer, durch Görlitz.**

Kwiecinski, M., neuer Führer durch Görlitz. Mit 18 Abbildgn. u. kleinem Stadtplan. 2. Aufl. Neu bearb. — Görlitzer Wanderbuch. 205 Halbtags- u. Ganztags-Ausflüge in d. engeren u. weit. Umgegend v. Görlitz m. Karte. 3. Aufl. (Umschlag: Görlitz u. seine Umgegend. 7. Aufl.) (110 u. VI, 162 S.) 12. Görlitz 903. Vierling. n. 1. 60

Kwiecinski, M. (Bearb.), s. Görlitz u seine Umgegend.

— Görlitzer Wanderbuch im Gebiete der Oberlausitz, Nordböhmens u. des niederschlesischen Berglandes. 32 Halbtags- u. 84 Ganztags-Ausflüge in der engeren u. weiteren Umgegend von Görlitz, m. 1 Karte der Umgegend. 2. Aufl. 12. (VIII, 99 S. m. 1 Abbildg.) Görlitz (899). Vierling. n. — 60

— Görlitzer Wanderbuch. 205 Halbtags- u. Ganztags-Ausflüge in der engeren u. weiteren Umgegend v. Görlitz m. Karte. 3. Aufl. (VI, 162 S.) 12. Görlitz (903). Vierling. n. 1. —

[Kwiecinski, Max:] Görlitzer Wanderbuch. 290 Halbtags- u. Ganztagsausflüge in d. engeren u. weiteren Umgegend von Görlitz mit 1 Übersichtskarte. 4. Aufl. Görlitz: Worbs [1908]. VIII, 152, 8 S. 8°

Das Wichtigste aus der Geschichte von Görlitz von Max **Kwiecinski**. *Görlitz: Vierling 1902.* (364 S.) 8° [F.]

Kwietniewski, Casimir R., Actiniaria v. Ambon u. Thursday Island, s.: Denkschriften der medicin.-naturwissenschaftl. Gesellschaft zu Jena.

Kwietniewski, Casimir R Actiniaria v. Ternate. *Frankfurt a. M. 1897.* in Ergebnisse e. zoolog Forschgsreise in d. Molukken u. Borneo Tl 2 Bd 1, H. 2.
= Abhandlungen hrsg. v d. Senckenbergischen naturforsch Gesellschaft Bd 23, H 2.

— Actiniaria v. Ternate. [Aus: „Kükenthal, Ergebnisse e. zool. Forschungsreise in d. Molukken, Abh. d Senckenb. naturforsch. Ges."] gr. 4. (26 S. m. 2 Taf.) Frankfurt a/M. 897. (M. Diesterweg.) n. 3. —

(B) **Kwietniewski, C. R., Actiniaria v. Ternate. 897. Jetzt: Frankfurt a/M. (Viktoria-Alle 7), Senckenberg. naturforsch. Gesellsch. Erm. Pr. nn 2. —**

Kwietniewski, Casimir R.: Ein Beitrag zur Anatomie und Systematik der Actiniarien. *Jena 1897: B. Engau.* (34 S.) 8° ¶[Erschien vollständig u. d. T.: Actiniaria von Ambon und Thursday Island, in: R. Semon, Zoologische Forschungsreisen in Australien und dem malayischen Archipel .., Bd 5 Lief. 4 = Denkschriften der medicinisch-naturwissenschaftlichen Gesellschaft zu Jena, Bd 8 Lief. 4.]
Jena, Phil. Diss. v. [17 Juli] 1897

Kwietniewsky, Stef., über Flächen des vierdimensionalen Raumes, deren sämtliche Tangentialebenen untereinander gleichwinklig sind, u. ihre Beziehung zu den ebenen Kurven. Diss. (51 S. m. Fig.) gr. 8. Zürich 902. E. Speidel. n. 1. —

Kwilecki, Adolf [pr. Arzt aus Xions (Prov. Posen)]: Aus d. hygien. Institut d. k. Univ. Würzburg. Studium über die Giftigkeit des vom Menschen inhalierten Schwefelwasserstoffs mit besonderer Rücksicht auf die Fabrikhygiene. . Würzburg, P. Scheiner's Buchdr., 1890; 35 S., 1 Tab. 8°
Würzburg, Med. Fak., Inaug.-Diss. v. 1890

Kwisch Ritter von Rotterau, Franz A. — Klinische Vorträge über spezielle Pathologie und Therapie der Krankheiten des weiblichen Geschlechtes Von — —. Nach dessen Tode fortgesetzt von Friedrich Wilh. Scanzoni. 3. Band 1. 2. Heft. (S. 1 bis 320.) 8. Prag. Druck von Kath. Gerzabek Verlag der J. G. Calve'schen Buchhandlung. Frdr. Tempsky. 18^{53}/54.

Kwisda, Adolf Einwirkung von Jodwasserstoff auf einige Amidosäuren.
Separatabdruck aus: Sitzungsber. d. Kais. Akad. d. Wiss. in Wien. Bd. 100. IIb S 370.

Kwisda A Leitfaden der Chemie für Brauer und Mälzer (370 S) Stuttgart 1900

Kwist, A. Eisenbahnen in militärischer Beziehung Zusammengestellt von Herausgegeben unter Mitwirkung des Militär-Lehrcomités des Generalstabes. 1. Th. Die Beförderung der Truppen auf Eisenbahnen. (Mit 4 Taf. und 7 Tabellen.)
8. St. Petersburg 1868.

Kwoczyński, P.: Psalterz Karpinskiego i jego stosunek do Psalterza Kochanowskiego. Lublin 1907. VIII + 10 + 132 S. 8°
Freiburg i. Schw Phil Diss. 1906/1907.

Kyas P Amand Übersetzung ausgewählter Kapitel aus dem arabischen Geographen Ibn Rusta. 60. Braunau 05.

Kyau's, Gedichte. Herausgegeben von Gregori. 8. Dresden, 820.

KYAU, Jacob (ps.), Der kluge Peter, oder: seltsame Schicksale eines pilgernden Hannoveraners. 2 Thle. Merseburg, Sonntag, 1823. 8°.
Ziemlich zahmer Avanturier. 185 u. 185 S. — Fehlt in Weller's Lex. Pseud

Kyaus Leben u. lust. Einfälle, neu erzählt. v. A. Wilhelmi. 8. Leipz. Linke. 797.

Kyaus Leben u. Schwänke. Neu ans Licht gestellt von Vetter Jakob d. Jüngern (A. Wilhelmi). 8. Leipz. 800. (W. Rauck). 10 gr. Schrbp. 16 gr. Schrbp. mit Kpf. 20 gr.

Kyaus Leben, lustige Streiche und Schwänke. Auf's Neue ans Licht gestellt vom Verf. der „Bilder vom Schlachtfeld in Oberitalien" rc. 12. (24 S.) Mittweida 860, Verlags-Buchdruckerei. (Billig.)

Kyau's lustige Streiche u. tolle Schwänke. Hrsg. v. E. v. D......n (Obeleben). 8. (7 B.) Leipzig 840, Schreck.

v. Kyaw, C. A. W., († d. 16. Juni 1821.) Epigramme. 8. Görlitz 809. (Anton in Halle). 12 gr.

Kyaw, Heinr. Rud., Familien-Chronik des adeligen und freiherrlichen Geschlechtes v. Kyaw. Nach authent. Quellen. Lex.-8. (XV, 479 S.) Leipzig 870, Teubner. * 8 —

Kyaw, Karl, Stabsarzt im K. S. 2. Gren.-Reg. No 101 'Kais. Wilh., König v. Pr.', aus Königsbrück: **Ueber einen Fall von multiplen Hirnhernien.** *Leipzig 1902: B. Georgi.* (26 S.) 8°
Leipzig, Med. Diss. v. (16. Dez.) 1902

Über die Bedeutung des General-Archivs zu Simancas für die neuere Geschichte Österreichs. Von Vlastimil **Kybal**. Wien: Gesellsch. f. Neuere Geschichte Österreichs 1910. 65 S. 8° [11. 3463]

Kybal, Vlastimil, s.: Janov, Matthiae de, regulae Veteris et Novi testamenti.

Kyber, Aug. Erich, Diss. inaug. med. Meletemata quaedam de inflammatione. 8. Dorpat 820.

Kyber, Eduard: Studien über die amyloide Degeneration. Erste Abtheilung. Diss. Dorpat 1871. 8°
215 S. mit 3 lithographirten Tafeln.

Kyber, Ed., Untersuchungen über die amyloide Degeneration. 1. Abthl. gr. 8. (VIII, 219 S. mit 3 lithogr. und chromolithogr. Taf. Abbildungen in gr. 8. und qu. 4.) Dorpat 871, Gläser. [Schnakenburg.] * 4 60

Kyber, Eduard, aus Taurien, Welchen Veränderungen unterliegen die einzelnen Formbestandtheile der Milz bei amyloider Degeneration, in welcher Reihenfolge erkranken sie und welchen Einfluss hat die Erkrankung derselben auf die Bluteirculation der Organe? Preisarbeit Dorpat 1868.

Kyber, Jh. Fr., Bemerkk. über d. Gattungen Lixus, Curculio rc., s. Schriften d. naturforsch. Gesellschaft zu Halle. 1r Bd., 6s Heft.

Kyber, Karl Manfr., Coeur-As. Roman. (159 S.) kl. 8. Berlin (905). H. Krüger. n. 2. —; geb. n. 3. —

® **Kyber, Manfr.,** Coeur-Aß. 905. Jetzt: Zehlendorf, R. Eckstein Nachf. 2.—; geb. 3. —

Kyber, Carl Manfr., Gedichte. kl. 4. (108 S.) Leipzig (902). H. Seemann Nachf. n. 1. 50

— Nordische Geschichten. (IV, 141 S.) 8. Riga 909. Jonck & Poliewsky. 3. —

— Meister Mathias. Dramatisches Gedicht. (59 S.) 8. Berlin-Ch. (906). Vita. 1. —

— Der Schmied vom Eiland. Gedichte. Neue Folge. 1. u. 2. Aufl. (XI, 140 S.) 8. Ebd. (909). 3. —

— drei Waldmärchen. Mit Zeichnungen v. Paul Haase. (28 S.) 8. Leipzig (903). Berlin, H. Seemann Nachf. n. — 60

Kyber, Kurt: Aus d. pathol. Inst. d. Univ. Leipzig. Ueber zwei Fälle von paradoxer Embolie ⟨mit einer Abbildung.⟩ Leipzig 1909: Georgi. 27 S. 8°
Leipzig, Med. Diss. v. 17. März 1909, Ref. Marchand
[Geb. 13. März 84 Leipzig; Wohnort: Leipzig; Staatsangeh.: Sachsen; Vorbildung: Realgymn. Leipzig Reife O. 03; Studium: Leipzig 10 S.; Coll. 25. März 09.] [U 09. 2815

Kyburg [Sachliches OW]

Kyburg, Kuno v.: Trauerspiel in 5 Aufz. v. Reldies. Stuttgart: Eichele. 1815. 8°

KYBURG, Kuno v. Nahm die Silberlocke des Enthaupteten und ward Zerstörer des heimlichen Vehmgerichts. Eine Kunde der Väter, erzählt vom Verf. der schwarzen Brüder (anstöss. Roman von *Heinr. Zschokke*). 2 Thle. Mit 1 Kpf. Berlin, Maurer, 1795—99. 8°.
Ueber dieses tolle Machwerk und seine beifällige Aufnahme s. Müller-Fraureuth p. 101, wo es u. A. heisst: „Auf dem Titelblatte sieht man drei Personen dargestellt, die an Krämpfen zu leiden scheinen".

— — Dasselbe. 2 Thle. Mit 2 Titelkpfrn. Ebd. 1799. 8° 280 u. 312 S. (4 Mk., schönes Expl. in Orig.-Buntpap.-Cart., Friedr. Klüber, München, c. 1905.)

— — Dasselbe, neu bearb. u. vollendet von H H. Mit Titelkpf. u. Titelvign. Westphalen (Berlin) 1800. 8°. 268 S. (2 Mk. J. Taussig, Prag, 1904.)

— — Dasselbe, neu bearb. von F. W. v Hoven. 1836. Gersdorf's Repert. 10, 214.
unt.d.Titel:

Kuno v. Kyburg. Eine Rittergeschichte aus den Zeiten der heiligen Vehme. Neu bearb. v. F. W. v. H. Th. 1. 2. Glogau: Flemming 1836. 8° TB. 275a.

Kyburg. Schloss K. [SA] s. St[ückelberg]. E[rnst] A[lfred].

Kyburg, die Stammburg mütterlicher Seite Rudolfs v Habsburg. Winterthur 1866 u. 1868 s.a.[Pfau. Matthäus].

Kyburg, die Stammburg mütterlicher Seite Rudolfs v. Habsburg. Wegweiser u. Gedenkblatt den Besuchern des Schlosses von J. H. Möller. Winterthur 866. (Zürich, Verlags-Magazin.) 8. (54 S. m. 1 Originalzeichnung in Stahlstich.) n. 10 ngr.

Kyburg, die Stammburg Rudolf's von Habsburg. Winterthur 1870 u. 1874 u. 1876 s.a.[Pfau, Matthäus].

Kyburg, die Stammburg Rudolfs von Habsburg [mütterl. Seite]. Wegweiser und Gedenkblatt den Besuchern des Schlosses. 3. Aufl. gr. 8. (32 S. mit 1 Stahlst.) Winterthur 870, Bleuler-Hausheer und Comp. * — 50

— — 3. Aufl. Winterthur 870. Bleuler-Hausheer & Co. gr. 8. (22 S. mit 1 Stahlstich.) n. 5 ngr.

Kyburg [Verfasser]

Kyburg, Bernhard [prakt. Arzt in Heldrungen]: Beschreibung von Foeten und peripheren Eitheilen einer Vierlingsgeburt nebst Musterung der Angaben über die Geschlechtsverhältnisse der einem Ei entstammenden Foeten .... Halle a. S., Druck d. Buchdr. Carl Colbatzky, 1887; 27 + 1 S. + 1 Bl. u. 1 Taf. 4°.
Halle, Med. Fak., Inaug.-Diss. v. 2. Apr. 1887.

Kyburg, Bernhard, Beschreibung von Foeten und peripheren Eitheilen einer Vierlingsgeburt nebst Musterung der Angaben über die Geschlechtsverhältnisse der einem Ei entstammenden Foeten. Diss. Halle 1887, Lippertsche Buchh. 4°. 27 S. mit einer Taf.

[Kyburz, Abraham.] Unpartheyische Beschreibung Alles dessen Was sich seit Anno 1732. biß auf diesen Tag Denckwürdiges zugetragen mit denen Separatisten und Wiedertäuferen Im Canton Basel und in der Republic Genff [Zeitungen der Fruchtbringenden Gesellschaft.] (Band) 2. [Stück] 5. 8. *o. O.* 1754.

Kyburz, Abraham. ... Busspredigt, Von dem Erdbidem, so den 1. Novemb. und 9. December, hin und wieder verspürt worden. Gehalten ... den 14. Dec. 1755 zu Erlenbach .... Von A' Kyburtz .... [Zeitungen der Fruchtbringenden Gesellschaft. Band] 3. [Stück] 6. 8. *o. O.* 1756.

[Kyburz, Abraham.] Fortsetzung Der heutigen Unruhen, Von Separatisten und Wiedertäuferen zu Basel und zu Genf. Worzu noch komt ein Gnaden-Wunder in Bekehrung einer Kindsmörderin ..., samt nochanderen Bekehrungs-Exempeln ... [Zeitungen der Fruchtbringenden Gesellschaft.] (Band) 2. [Stück] 7. 8. *o. O.* 1755.

[Kyburz. Abraham.] Das entdeckte Geheimniß der Bosheit in der Brüggler Secte .. 2 Theile 8 1753–1754
(Theil 1) [Mit 1 Porträt-Tafel] Zürich 1754
Theil 2 [Mit 1 Tafel] o O 1753.

— Der leidende und sterbende, auferstehende und gen Himmel fahrende von Ewigkeit zu Ewigkeit regierende Herzog des Lebens, Worbey betrachtet wird, was in der lezten Lebens- und Marter-Wochen mit unsern Herrn und Heiland vorgegangen. Basel, N Köllner, 1759 8° 8 Bl., inkl. *gestoch Frontispiz von P A Kilian*, 736 S. 4 Bl. *Mit vielen hübschen Kupfern (von Kilian) im Text (Szenen der Leidensgeschichte)* HPgt. d. Z., Rükken fehlt.
Dieses, vom Verfasser selbst verlegte Buch, bildet gleichzeitig den fünften Teil seiner „Kinderbibel" ist aber auch separat erschienen

Kyburz, Abr., Hist.-Kinder-Bet- u. Bilderbibel, mit eingedruckten Kupf. 3 Thlr. gr. 8. Augsburg, Felsecker. 736–42.

— — Historien-Bet- und Kinder-Bibel, oder das Geheimnis der Gottseligkeit und der Bosheit, in löblich- und sträflichen Geschichten, in einem ordentlichen Zusammenhang, nebst einfältigen Rand-Fragen, heilsamen Lehren, Erklärungen, und auf den Inhalt jeder Historie gerichteten Gebetern, auch eingedruckten 105. sehr saubern Kupfern. 2 Theile Augspurg 1739. 8° (Ldpr war 4 Rthl.!) Sehr selten!
Cat univ d Buchh d Waisenh. in Züllichau (c 1740)

KYBURZ, ABR. Catechetische Kinder-Bibel, oder heilige Kirchen- und Bibel-Historien, In einem ordentlichen Zusammenhang, nebst einfaltigen Rand-Fragen (usw.) 2 Tle. in 1 Bd. Bernstadt 1744 u. Zurich, Burckli, 1745. Starker 8°-Bd. 416 S., 4 Bl., 486 S. u. *zusammen 127 Kupfertaf* Etwas beschäd. u. berieb. Ld. d. Z. (eine Schließe fehlt).
Erstausgabe der Bearbeitung in 2 Bdn., welche mit 127 Kupfern komplett zu sein scheint.

[Kyburz. Abraham] Geschwind entsponnen. und geschwind gedämpfter Neuer Schweitzer-Krieg [Mit 1 Vignette] — [Zeitungen der Fruchtbringenden Gesellschaft Band] 3 [Stück] 1 8 *o. O* 1755

KYBURTZ, Abraham, Neu erläuterter Tugend- und Laster-Calender oder Katechetische und erbauliche Erklärung der Tugend- und Laster-Tafeln. 2 Thle. Bern 1735. 16°. 47 u. 92 S. (6 Mk. L. Rosenthal, 1906, 8 Mk. F. Waldau, 1808.)

[Kyburz. Abraham.] Heutige Verfolgung der Evangelischen in dem Erz-Herzogtum Oesterreich ob der Ens. in Steyrmark und Cärnthen, in Ungarn und anderen Landschaften. Aus bewährten Urkunden beschrieben. [Zeitungen der Fruchtbringenden Gesellschaft.] (Band) 2 [Stuck] 6 8 *o O* 1754

Kyburz. August: Über Peritonitis tuberculosa bei Erwachsenen. Zür F Walder u. S. Dr 1854 35 S. 8°
Zürich, Med. Diss. v 8 März 1854

Kyburz, G., kurze leichtfaßliche Anleitung zum Betrieb der Bienenzucht, s.: Zimmermann, J. H.

Kyburz, Jh. Rud., († d. ... Mai 1805.) Religionskatechismus f. d. Volk. 8. Bern 790. Haller. 9 gr

Kyburz, Rudolf. aus Solothurn Untersuchungen über das Chloralid und einige neue Verbindungen des Chlorals. Zür E. Kiesling Dr 1858. 28 S. 8°.
Zürich, Phil. Diss. v 14. [31] Juli 1858

Kyd, Thom., u. sein Kreis, s. Sarrazin, Greg.

Kyd, F. D: Gebrauchslehre des schnellrechnenden Schieblineals. Altdorf 1834. 12°

Kyd, F D Chinesisches Rechnungsbrett sammt dessen Gebrauchslehre Altdorf 1831 12

Kyd, Felix Donat. Panorama oder Aussicht & Rundsicht der zwei Anhöhen Gütsch und Bühl bei Brunnen .. Historische Notizen und Sagen. gesammelt von F' D' K' .... [Mit 1 Tafel.] 8 Schwyz 1860.

Kyd, Thom., Cornelia. Nach dem Drucke vom J 1594 hrsg. v. Heinr. Gassner. Progr. gr. 8. (VI, 76 S.) München 894. (Th. Ackermann) n. 2. —

Thomas Kyd's Spanish Tragedy Hrsg von J[osef] Schick. 1 *Berlin: E. Felber 1901* 8°
→ Forschungen, Litterarhistorische H. 19. [01. 113.1 10

Kyd, spanische Tragödie, s. Theater, altenglisches.

Kyds Tragödien, s. Markscheffel, Karl.

Kyffhausen, das thüring. Bergschloß, v. Verf. d. „Bertha v. Beichlingen"; aus d. Französ. 8. Leipz. 816. Hinrichs. 18 gr

Kyffhausen, C., s.a. Kohlis-Kyffhausen, C.

Kyffhausen, C., Liederbuch f. deutsche Gastwirts-Gehilfen, s.: Günther, Frz.

Kyffhäuser [Sachliches OW]

Kyffhäuser, der. Deutschnationale Rundschau. Redact.: K. H. Wolf. 4.—6. Jahrg. 1890—1892. à Jahrg. 12 Hefte. gr. 4. (à Heft ca. 24 S.) Wien 892, Lesk. à Heft * — 50; à Jahrg. * 6 —
1.—5. Jahrg. erschienen in Salzburg bis 1890 redig. v. Ign. Sinnreich, 1891 von H. v. Schullern u. Jos. Euttner. — Den 4. u. 5. Jahrg. debitirte [Höppner] G. A. Dewald in Berlin.

— dasselbe. Red.: K. H. Wolf. 6. u. 7. Jahrg. 1892. 1893. à 12 Hfte. (à ca. 3 Bog.) gr. 4. Ebd. à Jahrg. n. 6. —

Kyffhäuser, der. Deutschnationale Rundschau. Schriftleiter: Karl Ptak. 8. Jahrg. 1894. 1.—3. Hft. (à ca. 3 Bog.) gr. 4. Wien, K. Lesk. n. 1 50

— dasselbe. 2.—4. Quartal. 9 Hfte. (à ca. 3 Bog.) gr. 4. Wien, XVII 1, Rötzergasse 18/9, Administration. n. 4. 50

Kyffhäuser, der. Oesterr. Ausg. des „Zwanzigsten Jahrhunderts". Litterar. Vertreter: Hugo Bonte. Schriftleiter i. V.: Hans Lüstenöder. Neue Folge. 1. Jahrg. April 1895 — März 1896. 12 Hfte. (à ca. 100 S.) gr. 8. Berlin 895. Weimar, H. Lüstenöder. n. 12. —

— dasselbe, s. a.: Jahrhundert, das Zwanzigste.

Kyffhäuser, der. Deutsche Monatshefte f. Kunst u. Leben. Hrsg. u. Schriftleiter: Hugo Greinz. 1. Jahrg. April 1899—März 1900. 12 Hfte. hoch 4. (à ca. 32 S.) Linz (F. Steurer). n. 8.—

— dasselbe. Deutsche Blätter f. Politik, Kunst u. Leben. Hrsg.: Hugo Greinz. Politischer Tl.: Adf. Huber, wissenschaftl. Tl.: Karl v. Ettmayer. 2. u. 3. Jahrg. April 1900 —März 1902. à 24 Hfte. hoch 4. (à ca. 20 S.) Linz, Wien, Österreich. Verlagsanstalt. à Jahrg. n. 10. —
Fortsetzung, s.: Bahnen, neue.

Kyffhäuser, der. Zeitschrift f. die wehrhaften Vereine deutscher Studenten in der Ostmark u. ihre alten Herren. Schriftleiter: Rud. Bayer. Hrsg.: G. Bodirsky. 4. Jahrg. 1901. 12 Nrn. hoch 4. (à ca. 10 S.) Wien (VIII, Lederergasse 23), Dr. R. Bayer. n.n.n. 2. —
Nicht durch den Buchhandel zu beziehen.

— s.: Halt! Front!

Der Kyffhäuser als Nationalfeststätte, hrsg. v. Verb. d. Ortsaussch. f. Nationalf. am Kyffhäuser, Sondershausen, 16 S., 1 Tab., 1 Taf., 8°

Kyffhäuser [Schlagwort]

Kyffhäuser, s. a.: Harz.

Kyffhäuser, s.: Radfahrerkarten. Franke. Wunder.

Kyffhäuser. Grube-Einwald, L., Wegkarte der Südseite d. Kyffhäusers bei Frankenhausen. 1 : 7500. Lith. qu. Fol. Hamburg 887. Temps. n.n. — 75

Kyffhäuser. Köhler, Karl, Special-Karte vom Kyffhäuser-Gebirge. Für Touristenzwecke gezeichnet. 1 : 25,000. 2., verb. Aufl. 40×44 cm. Farbendr. Nebst Begleitworten v. Paul Lemcke (auf dem Umschlag). Leipzig 893. B. Franke's Verl. n. — 80

Kyffhäuser. Köhler, Karl, Special-Karte vom Kyffhäuser-Gebirge u. Umgebung. Für Touristenzwecke bearb. 1 : 25,000. 3. verb. Aufl. 40×45,5 cm. Farbdr. Leipzig 899. B. Franke. n. — 80

— Woise, O., Spezialkarte d. Kyffhäuser-Gebirges. 1 : 50,000. Farbendr. Mit Begleitwort v. P. Lemcke. 4. Sangerhausen 890. Franke. n. — 30

Kyffhäuser-Gebirge. Werneburg's Spezialkarte vom Kyffhäuser-Gebirge u. Umgebung. 1 : 25,000. 65,5×46,5 cm. Farbdr. Frankenhausen (909). C. Werneburg. 1. —

Kyffhäuser Gebirge — Höhenkarte vom —. Von C. R. Wolff. Berlin, bei S. Schropp 1855. 50,000. (Hor. Curven.) 1 Bl.

Kyffhäuser-Zeitung. Zur Feier des Kyffhäuserfestes der deutschen Studenten am 6. Aug. 1881. Hrsgbr.: Rich. Hamel. 2 Nrn. Fol. (20 S.) Rostock 881, Werther's Verlag. à Nr. * 50 Pf. *

Kyhnitzsch, Ernestus *Bruno* [Lipsiensis]: De contionibus, quas Cassius Dio historiae suae intexuit, cum Thucydideis comparatis ... Lipsiae, typ. M. Hoffmanni, 1894; 73, VI S., 1 Bl. 8.
Leipzig, Phil. Fak., Inaug.-Diss. v. [28. Febr.] 1895

Kyhnitzsch, Ernst, de contionibus, quas Cassius Dio historiae suae intexuit, cum Thucydideis comparatis. Diss. gr. 8. (73 u. 6 S.) Leipzig 894. (E. Gräfe.) n. 1. 50

KYKELEKY (ps.), Der durch ein Ey gefundene Schatz, d. i. das Mittel bald reich zu werden. Aus d. Dänischen. 1750. Selten!
Weller, Lex. Pseud. p. 302.

Kylburg, Aug., Handbuch der preußischen Forst- und Jagd-Gesetze nebst den dazu erlassenen Verordnungen, Instructionen, Regulativen, Reglements und Ministerial-Verfügungen. Nach amtl. Quellen hrsg. und bis auf die neueste Zeit vervollständigt. gr. 8. (VIII, 334 S.) Berlin 873, Wiegandt, Hempel und Parey. * 6 —

KYLBURG, August: Handbuch der preussischen Forst- und Jagdgesetze nebst den dazu erlassenen Verordnungen, Instructionen, Regulativen, Reglements und Ministerial-Verfügungen. - Berlin 1873. VIII, 334 S. - 2. Aufl. ebd. 1875. IV, 415 S.

Kyle, Hans tom, zum Ziele od.: Auch e. Distanzritt, s.: Thalia.

Kyle, Harry M., s.: Bulletin statistique des pêches maritimes des pays du nord de le l'Europe.

— s.: Bulletin trimestriel des résultats acquis pendant les croisières périodiques et dans les périodes intermédiaires, publié par le bureau du conseil permanent international pour l'exploration de la mer.

Kyle, Harry M., On a new form trawl net, designed to fish in midwater as well as on the ground, s.: Publications de circonstance du conseil permanent international pour l'exploration de la mer No. 8.

Kyle, Will., I. An exposition of the symbolic terms of the second part of Faust. II. How this part thus proves itself to be a dramatic treatment of the modern History of Germany worthy of the genius of Goethe and the life he devoted to the task. [The prologues and first act explained; the other acts generally.] gr. 8. (VII, 269 S.) Nürnberg 870, Stein's Buchh. * 5 —

Kylian, auch Kyllian, Jak., († im April 1774.) causa efficiens motus astrorum ex principiis pyrotechnicae naturalis convenienter hypothesi Copernicanae derivata suadetur a quodam speculatore naturae. Cum fig. 8. Danzig 760.

Kylian, auch Kyllian, Jak., Prodromus physico-astronomicus pyrotechnici systematis verticum. 8. Danzig 770. Jacobäer in Leipz. 10 gr.

Kylian, I., prodromus physico-astronom. pyrotechnici system. verticum. 8. Gedani. (Jacobäer, Lips.) 774.

Kylian, Johann, bacc. juris a. Wien: Die sogenannte Vollstreckungsgegenklage ⟨CPO § 767⟩. Taucha 1904: Aktien-Gesellschaft Aristophot. (83 S.) 8°
Leipzig, Jur. Fak., Diss. v. 9. Febr. 1905
[Geb. 26. Sept. 78 Wien; Wohnort: Leipzig; Staatsangeh.: Österreich; Vorbildung: Staatsgymn. Oberhollabrunn Reife Juli 98; Studium: Wien 4, Leipzig 5 S.; Rig. 17. Juli 03.]

Kylin, Harald, zur Kenntnis der Algenflora der norwegischen Westküste. (37 S. m. 6 Abbildgn.) 8. Uppsala 910. Berlin, R. Friedländer & Sohn. nn 1.20

— dasselbe, der schwedischen Westküste. (10 S. m. 1 Fig.) 8. Ebd. 908. nn — 60
2 Sonderabdrucke aus: „Arkiv f. botanik".

— Studien über die Algenflora der schwedisch. Westküste. Akademische Abhandlg. (IV, 288 S. m. Abb., 1 Karte u. 7 Taf.) gr. 8. Upsala 907. (Akadem. Buchh.) nn 10. —

Kyll, Henricvs ⟨geb. am 18 Okt. 1840 in Köln⟩: De effectv qvem habet camphora in erysipelate ... Bonnae, form. F. Krvegeri (1866). 21 S., 1 Bl. 8.
Bonn, Med. Fak., Diss. v. 30 Mai 1866

Kyll, Jacob ⟨geb. am 11 Okt. 1846 in Lechenich Kr. Euskirchen⟩: Ueber Erysipelas ... Bonn, Druck v. J. Trapp (1873). 2 Bl., 23 S., 2 Bl. 8.
Bonn, Med. Fak., Diss. v. 12 März 1873

Kyll, Joh. Baptist. ⟨geb. am 12 Apr. 1797 in Bonn⟩: De induratione et exstirpatione glandulae parotidis ... Bonnae, typ. P. Neusseri (1820). 2 Bl., 27 S. 4.
Bonn, Med. Fak., Diss. v. 13 [hs. 14] März 1820

Kyll, Peter ⟨geb. am 26 Dez. 1848 in Lechenich Kr. Euskirchen⟩: Die amyloide Degeneration der Conjunctiva ... Bonn, Druck v. J. F. Carthaus (1876). 2 Bl. 8. ¶ Nur Titelbl., Vita u. Thesen.
Bonn, Med. Fak., Thes. v. 17 Aug. 1876

Kyllburg [Schlagwort]

Kyllburg. Karte der Umgebung v. Kyllburg, Eifel, (Luftkurort). Hrsg. v. Schriftführer des Verschönerungs-Vereins 1 : 25,000. 32×36 cm. Lith. u. Farbdr. Trier 899. Paulinus-Druckerei. n. — 20

Kyllburg, Karl, Reiseerinnerungen e Geschäftsreisenden. gr. 8. (128 S.) Hannover 894. (Manz & Lange.) n. 1. 50

Kyllenion oder Ein Jahr in Arkadien. Gotha 1805. V: *August Emil Herzog zu Sachsen-Gotha-Altenburg.* (EE)

Kyllian, Jakob, s. Kylian, Jakob.

[F.] **Kyllmann,** Adolf [Referendar]: Ist die Reallast ein dingliches Recht oder die Summe einzelner Obligationen? ... Berlin, *Deutsche Verl.- u. Buchdr.-A.-G.*, 1892; 66 S., 1 Bl. 8.
Göttingen, Jur. Fak., Inaug.-Diss. v. [25.] März 1892

Kyllmann, Adf., ist die Reallast e. dingliches Recht od. die Summe einzelner Obligationen? Diss. gr. 8. (66 S.) Berlin 892. (Amelang.) n. 1. 20

Kyllmann, Walter: Bebauungsplan und Baupolizeiverordnungen in der Nähe von Großstädten. Prakt. Winke. Berlin: Ernst 1908. 24 S. 4° (8°)
(Städtebauliche Vorträge. Vortragszyklus 1. Bd. 1, H. 4.)

Kyllmann, Walt., Wilhelm Böckmann, s.: Gedächtnisfeier usw. f. Dr. James Hobrecht u. Wilhelm Böckmann.

Kyllmann & Heyden. 2 Pläne des Kaiser-Dioramas der akademischen Jubiläums-Kunst-Ausstellung Berlin 1886. Fol.

Kym, Andr. Ludw., Bewegung, Zweck und die Erkennbarkeit des Absoluten. Eine metaphysische Erörterung. gr. 8. (IV und 63 S.) Berlin 847, G. Bethge. *

—— Hegels Dialectik in ihrer Anwendung auf die Geschichte der Philosophie. Habilitationsschrift. gr. 8. (27 S.) Zürich 849, Orell, Füssli und Comp. **

Kym, A. L., die Gotteslehre des Aristoteles und das Christenthum. Eine prinzipielle Untersuchung. gr. 8. (46 S.) Zürich 862, Orell, Füßli und Comp. *

Kym, Andreas Ludwig: De juris notione Spinozae. Berolini (1846). (62 S.) 8°
Berlin, Phil. Diss. v. 24. Aug. 1846

Kym, A. L., das Problem des Bösen. Eine metaphys. Untersuchung. gr. 8. (78 S.) München 878, Th. Ackermann. *

—— Rede gehalten zur Feier des 100. Geburtstages J. Glieb. Fichte's. gr. 8. (32 S.) Zürich 862, Orell, Füßli und Comp.

Kym, A. L., üb. die menschliche Seele, ihre Selbstrealität u. Fortdauer. Eine psychologisch-principielle Untersuchung. 8. (46 S.) Berlin 890. Brachvogel & Ranft. n. — 80

Kym, A. L., metaphysische Untersuchungen. gr. 8. (XII, 414 S.) München 875. Th. Ackermann. n. 8. —

Kym, Andr. Ludw., die Weltanschauungen und deren Consequenzen. gr. 8. (III und 64 S.) Zürich 854, Höhr. Thlr. *

Kym, Hedw., Balladen aus der Schweiz. (155 S.) 8. Zürich 910. A. Bopp. Geb. in Leinw. 3. 50

Kym, Hedwig, Gedichte. 8. (VI, 258 S.) München 887, (Th. Ackermann's Verlag.) * 3 —

Kym, Hedw., neue Gedichte. 8. (VIII, 288 S.) Dresden 900. E. Pierson. n. 3. —; geb. n. 4. —

Lieder und Sprüche von Hedwig **Kym** u. Dr. Meta v. Salis-Marschlins. Zürich; (München: A. Buchholz) 1892. (200 S.) 8° [F.] 107. 8734

Kym, Otto, von Berlingen (Ct. Thurgau): Ueber Thioderivate des Di-β-naphtylamins und verwandter Körper. — Beitrag zur Kenntniss der aromatischen Harnstoffchloride. Uster-Zür. A. Diggelmann Dr. 1891. 47 S. 8°.
Zürich. Phil. Diss. [v. 29. Juni 1891].

Kymmell, Janus Tiemen, Specimen jurid. inaug., cont. observationes nonnullas ad locum jur. patrii hodierni de actis status civilis. 8maj. (3 B.) Groningae 841, Wolters. (Lipsiae, Friese.) *

Kyn, S., s.: Clausius, Sabine.

Kynades, Ludw., Herkules am Scheidewege od. Stöcker u. die conservative Fraktion. gr. 8. (15 S.) Leipzig 896. Hannov. Münden, R. Werther. n. — 25

Kynast [Sachliches OW]

— der. Ostdeutsche Monatsschrift f. Volkstum u. Kunst hrsg. v. Ernst Wachler. 1. Jahrg. Oktbr. 1898—Septbr. 1899. 12 Hfte. (à ca. 50 S.) gr. 8. Oppeln, G. Maske. n. 8. —; einz. Hfte. n. — 75
Kann auch vierteljährlich bezogen werden.

— s. a.: Flugblätter, deutsche, der Zeitschrift „Der Kynast".

Kynast, der. Alldeutsche Monatsschrift f. Politik u. Volkstum, Kultur u. Kunst, begründet u. hrsg. von Ernst Wachler. 2. Jahrg. 1. Qu. Oktbr.—Dezbr. 1899. 3 Hfte. gr. 8. (184 u. 40 S.) Oppeln, G. Maske. n. 3. —
Fortsetzung, s.: Zeitschrift, deutsche.

Kynast, der, die Burgruine im schlesischen Riesengebirge. Zur Erinnnerung für seine Besucher. 16. (16 S.) Warmbrunn 888, Leipelt. * — 10

Kynast, der, d. Burgruine im schlesischen Riesengebirge. Zur Erinnerg. f. s. Besucher. 8. (16 S.) Warmbrunn (891). E. Gruhn. n. — 10

Kynast [Verfasser]

Kynast, G. E., Handschriftemschule. Eine Sammlung von 140 verschiedenen Handschriften.. (Mit Handbuche dazu 83 S. in 8.) qu. 4. Oels 847. (Leipzig, Weinedel.) n. 1½ ₰

Kynast, G. E., ein Jahrgamg von Wochensprüchen und Liederversen aus den Verordnumgem der königl. Regierung in Breslau, veranlaßt durch die neuen Schul-Regulative. 6. Aufl. 16. (31 S.) Oels 867, Grünæberger und Comp. *

Kynast, Karl, a. Nürnberg: Versuch einer Grundlegung der Ästhetik als Wertwissenschaft. Erlangen (1907): E. Th. Jacob. (39 S.) 8° [F.]
Erlangen, Phil. Fak., Ref. Hensel, Diss. v. 31. Aug. 1907
[Geb. 3. Jan. 82 Nürnberg; Wohnort: Erlangen; Staatsangeh.: Bayern; Vorbildung: Altes Gymn. Nürnberg Reife Juli 00; Studium: München 6, Berlin 4, Genf 1, Erlangen 3 S.; Rig. 6. Juli 07.]

Kynast, Paul, praktische Anleitung zum einträglichen Betriebe d. Obst- u. Gartenbaues im Schulgarten. Ein Handbuch f. Seminaristen u. Volksschullehrer. gr. 8. (108 S. m. 50 Abbildgn.) Breslau 892. F. Hirt. n. 1. 25

Kynast, Paul, prakt. Anleitg. zum einträgl. Betriebe des Obst- u. Gartenbaues im Schulgarten. E. Handbuch für Volksschullehrer, Seminaristen, Gartenbau- u. Landwirtschafts-Schulen. M. 3 Taf. u. 64 erläut. Abb. 2., verb. u. verm. Aufl. gr. 8. (124 S.) Breslau 898. F. Hirt. n. 1. 40; geb. n.n. 1. 70

Anleitung zum Betriebe des Obst- und Gartenbaues im Schulgarten bearb. von Paul **Kynast**. Mit 3 Taf. u. 64 erl. Abb. 3. Aufl. Breslau: F. Hirt 1903. (VII, 124 S.) 8° [F.]
— **Unterricht**, Der landwirtschaftliche, im Seminar. T. 2. [03. 1145 2

Anleitung zum Betriebe des Obst- und Gartenbaues im Schulgarten bearb. von Paul **Kynast**. Mit 4 Taf. u. 73 erl. Abb. 4., durchges. Aufl. Breslau: F. Hirt 1904. (128 S.) 8° [F.]
— **Unterricht**, Der landwirtschaftl., im Seminar. T. 2. [04. 1149

Kynast, Paul, Anleitung zum Betriebe des Obst- und Gartenbaues im Schulgarten, s. Unterricht, der landwirtschaftliche, im Lehrerseminar. II.

Kynast, Reinhard: Über die Reflexion an isotropen, durchsichtigen Medien. Breslau 1906: Grass, Barth & Co. (47 S.) 8°
Breslau, Phil. Fak., Ref. Lummer-Pringsheim, Diss. v. 21. Dez. 1906
[Geb. 8. Febr. 82 Breslau; Wohnort: Breslau; Staatsangeh.: Preußen; Vorbildung: Johannes-Gymn. Breslau Reife O. 01; Studium: Breslau 10, Zürich 1 S.; Rig. 14. Nov. 06.]

Von der Gänsefeder bis zur Schreibmaschine. 1856 – 1. Nov. – 1906. Festschrift z. Feier d. 50j. Bestehens d. Firma Eduard Beyer in Chemnitz … Verf. von Richard **Kynast**. Chemnitz: E. Beyer; Berlin: Heintze & Blanckertz (1906). (47 S.) 4° [06. 14065 3

Kynast, Robert *(geb. Breslau 19. 12. 1854)*: Die temporalen Adverbialsätze bei Hartmann von Aue. Breslau 1880. (69 S.) 8°
[Im Buchhandel 1880 bei Kern in Breslau.]
Breslau, Phil. Diss. v. 22. Dez. 1880

Kynaston, E. R., Obst für Alle. Anweisung, wie es durch einfache und billige Mittel ununterbrochen und in großer Menge gezogen werden kann. Autoris. Uebersetzung von Ludw. Bauer. 12. (29 S. mit 1 lithogr. Taf.) Rudolstadt 882, Hartung und Sohn. *

Kynosarges, s. Bernhardi.

Kynosarges, e. Quartalschrift. 1r Bd. 1s Heft (von J. A. Bernhardi). 8. Berl. 802. (Duncker u. H.) 16 gr

KYNOSARGES. Eine Quartal-Schrift. Hrsg. von Aug. Ferd. Bernhardi. Erstes (einz.) Stück. Berlin 1802 bei Heinrich Frölich. 8°. (Expl. in Dresden: Eph. Litt. 680 m.)
Genaue Inh.-Angabe in: Bibliogr. Repertor. Bd. I, Sp. 21—26. — Sehr rar!

Kyntsch, M., Herzog Hans der Grausame v. Sagan, s.: Scriptores rerum Silesiacarum, 4. Bd.

Kyovský K.: Stilistisch rhetorische Eigenthümlichkeiten im Xen. Agesilaos. 46. Pilsen 84. Progr.

Kypke, Alb., von Moses bis Maleachi. Ein Jahrgang Predigten üb. alttestamentl. Texte. 4 Lfgn. gr. 8. (VIII, 407 S.) Halle a/S. 890. Mühlmann's Verl. Subscr.-Pr. à n. 1. — (cplt.: n. 4. 60; geb. n. 5. 60)

[F.] Von Moses bis Maleachi. E. Jg. Predigten üb. alttestamentl. Texte v. Albert **Kypke**, Archidiak. in Schleusingen. 2. Aufl. (In 4 Lfgn.) *Halle a. S.: R. Mühlmann 1896.* (VIII, 407 S., 1 Bl.) 1 Bd 8. [96. 6006

Kypke, Arthur Müller-
s. Müller-Kypke. [10. 3902

Kypke, Georg David

Kypke, Geo. Dav., († d. 28. Mai 1779.) Abhandl. von d. Kürze u. Weitläuftigkeit im schriftl. Vortrage. 4. Königsb. 755.

— Anmerkk. über Dr. Rau's hebräische Grammatik. 8. Königsb. 760. Unzer. 4 gr

— hebr. Grammatik, s. Rau.

Kypke, Geo. Dav., Danz hebr. u. chaldäische Grammatik, s. Danz.

– s. Locke: Anleitung.

Kypke, Georg David, s. Mendelssohn, Mos.: Aufsätze.

— observationum sacrarum in novi foederis libros, ex auctoribus potissimum graecis et antiquitatibus T. I. et II. 8maj. Bresl 755. W. G. Korn. 1 rthl 12 gr

— observationes sacrae, in quibus varia Matthaei et Marci dicta ex auctoribus profanis explicantur. II Tom. 8maj. Königsb. 755.

— Vocabularium graecum in N. T. Regiom. 784. 8. 1 rthl.

— vocabularium graecum in novi foeder. libros. 8. Königsb. 795. Unzer. 1 rthl 12 gr

— vocabularium hebraicum in Genesin. 8. Königsb. 754. Unzer. 5 gr

Kypke, H., durch welche Mittel ich meinen chron. Bronchialkatarrh, verbunden m. heftiger Atemnot, erfolgreich bekämpft habe. gr. 8. (16 S.) Leipzig 895. G. Wimmer. n. — 50

Kypke, Heinrich

Kypke, H., Brosamen aus der Missionsgeschichte, gesammelt für das christl. Volk. 1. Heft. gr. 8. (48 S.) (Berlin 874, Rother.) * — 40

Chronik des alten Adelsgeschlechtes der von dem Lenteze nebst d. bürgerl. Abzweigungen der Lenz (Lentz, Lentze), entworfen von H[einrich] **Kypke**, Pastor em. [Nebst] Erg.Bd d. Familien-Chronik … nebst Berichtigungen. Halle a. S. 19[04–]08: Wischan & Burkhardt. 8° [10. 8422

Kypke, H., Chronik des alten Adelsgeschlechtes der v. dem Lenteze, nebst den bürgerl. Abzweigungen der Lenz (Lentz, Lentze). (456 S. m. Bildnissen u. Stammtaf.) Lex. 8. Halle (906). (Leipzig, O. Lenz.) Geb. in Leinw. n.n. 18. —
Nur f. Familienangehörige bestimmt.

Ernstes und Heiteres aus dem Buren-Lande und -Kriege in Südafrika. Der deutschen Jugend u. d. deutschen Volke dargeboten v. H. **Kypke**. Pastor em. 3. Aufl. *Berlin: U. Meyer [1900].* (104 S.) 8° [F.] [01. 4965

Ernstes und Heiteres aus dem Buren-Lande und -Kriege in Südafrika. Der deutschen Jugend u. d. deutschen Volke dargeboten von H. **Kypke**, Pastor em. 6. verm. Aufl. *Berlin: U. Meyer [1900].* (170 S.) 8° [F.] [02. 1379 11

Kypke, H., Ernstes u. Heiteres aus dem Buren-Lande u. -Kriege in Südafrika. Der deutschen Jugend u. dem deutschen Volke dargeboten. 9. verm.—19. Aufl. 8. (à 200 S. m. Abbildgn. u. 3 Farbdr.) Berlin 901. 902. U. Meyer. n. 1. 20; geb. n. 1. 50
1.—3. Aufl. (à 184 S.) geb. n. 1. 20. — 4.—8. verm. Aufl. (à 170 S.) n. 1. 20; geb. n. 1. 50.

— Ernstes u. Heiteres aus dem Buren-Lande u. -Kriege in Südafrika. Der deutschen Jugend u. d. deutschen Volke dargeboten. 24. verm. Aufl. (218 S. m. Abb. u. 3 Farbdr.) 8. Berlin (903). [U. Meyer.] Konstanz, C. Hirsch. Geb. n. 2.—

Kypke, H., Missionsgeschichte für das christliche Volk. 8. (206 S.) Berlin 875, Hauptverein für christl. Erbauungsschriften. cart. *

Kypke, I. Dav., lineae theologiae dogmat. 8. Königsberg. 751.

Kypke, Mor., s. Brongniart, A., Handbuch d. Porzellan-Malerei.

Kypke, Mor., die Cholera, deren Behandlung und Verhütung auf diätetischem Wege. 8. (27 S.) Leipzig 865, Fr. Voigt. *

— die diätetische Heil-Methode ohne Arznei und ohne Wasserkur. Ausführlich beschrieben nach dem Verfahren des Naturarztes Schroth. 1. Thl. 2—26. Aufl. — 2. Thl. 1—19. Aufl. Berlin 861—64. Th. Grieben. gr. 8. (X, 126 S.; 88 S.) 1.: n. 20 ngr; 2.: n. 15 ngr
Inhalt: 1. Thl. Heilung der chronischen oder langwierigen Krankheiten unter Herstellung eines gesunden Magens und einer kräftigen Verdauung. Mit einer faßlichen Darlegung der Nutzlosigkeit und Gefährlichkeit der Arzneikuren. — 2. Thl.: Heilung der acuten oder hitzigen Fieber- und Entzündungs-Krankheiten nebst den zweckmäßigsten Verhaltungsregeln bei Vergiftungen.

— die diätetische Heilmethode ohne Arznei u. ohne Wasserkur. Ausführlich beschrieben nach dem Verfahren des Naturarztes Schroth. 2 Thle. Berlin 865—70. Grieben. gr. 8. n. 1 ₰ 5 ngr
1. Thl. Heilung der chron. oder langwier. Krankheiten unter Herstellung eines gesunden Magens und einer kräftigen Verdauung. Mit einer faßl. Darlegung der Nutzlosigkeit u. Gefährlichkeit der Arzneikuren. 27—35. Aufl. (X, 126 S.) n. 20 ngr
2. „ Heilung der acuten oder hitzigen Fieber- u. Entzündungs-Krankheiten. Nebst den zweckmäßigsten Verhaltungsregeln bei Vergiftungen. 20—24. Aufl. (90 S.) n. 15 ngr

Kypke, Mor., die diätetische Heilmethode ohne Arznei u. ohne Wasserkur. Zur Selbstanwendung ausführlich beschrieben u. erläutert nach den Lehrsätzen d. Naturarztes Joh. Schroth. 2 Thle. gr. 8. Berlin 875. Grieben. n. 3. —
1. 36. Aufl. (133 S.) Einzelpr. n 2. —. — 2. 25. Aufl. (90 S.) Einzelpr. n. 1. 50.

Kypke, Mor., die diätetische Heil-Methode ohne Arznei und ohne Wasserkur. Zur Selbstanwendung ausführl. beschrieben und erläut. nach den Lehrsätzen des Naturarztes Joh. Schroth. 2 Thle. gr. 8. Leipzig 886, Th. Grieben. * 3 50
Inhalt:
Thl. 1. Die chronischen oder langwierigen inneren und äußeren Krankheiten. 38. Aufl. (X, 128 S.) *ℳ 2.—.
„ 2. Heilung der acuten oder hitzigen Fieber- und Entzündungs-Krankheiten, Hautausschläge und äußeren Verletzungen. Nebst den zweckmäßigsten Verhaltungsregeln bei Vergiftungen. 27. Aufl. (97 S.) *ℳ 1.50.

Kypke, Mor., die diätetische Heil-Methode ohne Arznei u. ohne Wasserkur. Zur Selbstanwendung ausführlich beschrieben u. erläutert nach den Lehrsätzen d. Naturarztes Johann Schroth. 2 Thle. gr. 8. Leipzig 892. Th. Grieben. n. 3. 50
1. Heilung der chronischen od. langwierigen inneren u. äußeren Krankheiten unter Herstellung gesunder Säfte u. e. kräftigen Verdauung, verbunden m. e. faßl. Darlegg. der Nutzlosigkeit u. Gefährlichkeit d. Arzneigebrauchs. 40. Aufl. (XI, 128 S.) n. 2. —
2. Heilung der acuten od. hitzigen Fieber- u. Entzündungs-Krankheiten, Hautausschläge u. äußeren Verletzungen. Nebst den zweckmäßigsten Verhaltungsregeln bei Vergiftgn. 29 Aufl. (97 S.) n. 1. 50

Kypke, Mor., die diätetische Heil-Methode ohne Arznei u. ohne Wasserkur. Zur Selbstanwendg. ausführlich beschrieben u. erläutert nach den Lehrsätzen des Naturarztes Johann Schroth. 1. Thl. Heilung der chron. od. langwier. inneren u. äußeren Krankheiten unter Herstellg. gesunder Säfte u. e. kräft. Verdaug., verbunden m. e. faßl. Darlegg. der Nutzlosigkeit u. Gefährlichkeit des Arzneigebrauchs. 41. Aufl. (XII, 131 S.) gr. 8. Leipzig (903). Th. Grieben. n. 2. —; geb. n. 2. 75

Kypke, Mor., die gründlichste Heilung aller chronischen oder langwierigen Unterleibs- und Hautkrankheiten, als: Hypochondrie, Hysterie, Gicht, Rheumatismus ꝛc., einen gesunden Magen und eine kräftige Verdauung durch eine einfache Behandlungsweise mit Sicherheit zu erlangen, ohne Anwendung von Arzneimitteln oder Wasserkuren. Ausführlich beschrieben nach der diätet. Heilmethode des Naturarztes Schroth. Mit einer faßl. Darlegung Nutzlosigkeit und Gefährlichkeit der Arzneikuren. gr. 8. (128 Strehlen 860. (Dresden, Schöpff.)

— die moderne Combination der Kurmethoden von Schroth u. Prießnitz kritisch beleuchtet. Berlin 870. Grieben. gr. 8. (38 S.) n. 7½ ngr

—— le traitement diététique sans médicaments ni hydrothérapie d'après le système du médecin de la nature Schroth. 2 Parties. gr. 8. Berlin 864, Th. Grieben. *
Inhalt:
Part. 1. Guérison des maladies chroniques par le rétablissement des fonctions de l'estomac et des voies digestives; avec la description détaillée de l'inutilité et des dangers de la thérapeutique médicinale. Traduit de la 24. édit. de l'allemand. (VII und 120 S.) * 20 Ngr.
» 2. Guérison des maladies aiguës ou fièvres chaudes et inflammatoires, suivie d'un mode de traitement pratique des cas d'empoisonnements. Traduit de la 13. édit. de l'allemand. (III und 84 S.) * 15 Ngr.

—— le traitement diététique sans médicaments ni hydrothérapie d'après le système du médecin de la nature Schroth detaillé et expliqué. 1re et 2e partie. Nouv. édit. gr. 8. Ebendas. 872. * 3 50
Inhalt:
Partie 1. Guérison des maladies chroniques par le rétablissement des fonctions de l'estomac et des voies digestives; avec la description détaillée de l'inutilité et des dangers de la thérapeutique médicinale. (VII, 120 S.) *ℳ 2.
» 2. Guérison des maladies aiguës ou fièvres chaudes et inflammatoires, suivie d'un mode de traitement pratique des cas d'empoisonnements. (III, 84 S.) *ℳ 1,50.

Kypke-Burchardi, Franz [aus Ratzebuhr i. P.]: Uebertritt der Speisen aus dem Magen in den Darm. . . . Berlin, Druck v. M. Liebmann, 1891; 30 S. 8°
Erlangen, Med. Fak., Inaug.-Diss. v. 1891

Kypke-Burchardi, Otto [aus Ratzebuhr]: Ueber Ischias und die dabei zuweilen auftretende Skoliose ... Berlin, Druck v. M. Liebmann, 1892; 22 S. 8.
Erlangen, Med. Fak., Inaug.-Diss. v. 26. Febr. 1892

Κυπριανὸς, Γυμνασιάρχος Ἀ, τὰ απόῤῥητα τοῦ Ισοκράτους ἢ περὶ λόγων ἐσχηματισμένων. Εκδίδεται μετὰ θάνατον αὐτοῦ δαπάνῃ N. B. Νάκη. gr. 8. (XX, 225 S.) Ἀθῆναι 871. (Berlin, Calvary und Comp.) * 4 —

Kyrburg, Fritz v. der (O. Bilse), aus e. kleinen Garnison. Ein militär. Zeitbild. (269 S.) 8. Braunschweig 903. R. Sattler. (Wien, Wiener Verlag.) n. 3. —; geb. n. 4. 50
In Deutschland verboten.

— zwei Militär-Humoresken. (Der Alarm. Ein glückl. Reinfall.) (31 S.) schmal gr. 8. München (903). Verlag „Die Auster". — 75

— dasselbe, neue Aufl., s.: Bilse, Fritz Osw.

Vortrag f. d. 66. Versammlung deutscher Naturforscher u. Ärzte in Wien 1894. Die Segmentation des Sympathicus und seine Beziehungen zum cerebrospinalen Nervensystem. ⟨Theorie d. Nervenfunctionen.⟩ Dr. Johannes **Kyri**. (Wien 1894: Bartelt.) 16 S. 4°(8°)
[illegible] 11

Kyriacou, Nikolaos C.: Untersuchungen über Cystin. Heidelberg 1908: Pfeffer. 44 S. 8°
Heidelberg, Naturw.-math. Diss. v. 12. Jan. 1909, Ref. Curtius
[Geb. 6. Febr. 82 Konstantinopel; Wohnort: Konstantinopel; Staatsangeh.: Griechenland; Vorbildung: Lycée Imp. ottoman Galata-Seraï Reife Juli 99; Studium: Athen 4, Genf 1, Heidelberg 6 S.; Rig. 4. Dez. 08.] [U 09. 2052

Kyriak Cankof, A., u. D. Kyriak Cankof, Grammatik der bulgarischen Sprache. gr. 8. (IV u. 218 S.) Wien 852, Leo in Comm. baar n. 1 1/3 ₰

Κυριακίδης, Γεώργιος [Δ. Φ. Ἀδριανοπολίτης]: Θωμᾶς ὁ μάγιστρος καὶ Ἰσοκράτης ... Erlangen, Druck d. Univ.-Buchdr. v. E. Th. Jacob, 1893; 106 S. 8.
Erlangen, Phil. Fak., Inaug.-Diss. v. 1893

Kyriakos, Anastasios Diomedes

Kyriakos, A. Diomedes, Geschichte der orientalischen Kirchen von 1453—1898. Autoris. Übersetzg. nebst e. Vorworte v. Erwin Rausch. gr. 8. (X, 280 S.) Leipzig 902. A. Deichert Nachf. n. 4.—

Kyriakos, Panagiotes Georgiu(s) (geb. Kalamata in Messenien März 1828): De articuli humeri et cubiti resectione. Berolini (1854). (22 S.) 4°
Berlin, Med. Diss. v. 23. März 1854

Kyriale (Kyriale Romanum). –

Kyriale sive ordinarium missae continens cantum Gregorianum ad Kyrie, Gloria, Credo, Sanctus et Agnus Dei pro diversitate temporis ac festorum per annum juxta usum metropolitanae ecclesiae Coloniensis, cui accedunt cantiones aliquot sacrae in missa post elevationem cantandae, necnon modus respondendi ad versiculos in missa, et cantandi: Ite missa est — et: Benedicamus Domino. Edidit Albertus Gereon Stein. Editio II. gr. 8. (VI u. 70 S.) Coloniae 850, Bachem. n. 1/3 ₰

Kyriale sive Ordinarium Missae continens Cantum Gregorianum ad Kyrie, Gloria, Credo, Sanctus et Agnus Dei pro diversitate temporis ac festorum per annum juxta usum metropolitanae ecclesiae Coloniensis cui accedunt cantiones aliquot sacrae in missa post elevationem cantandae necnon modus respondendi ad versiculos in missa et cantandi: Ite missa est — et: Benedicamus Domino. Edid. Alb. Gereon Stein. Editio III. auctior. Coloniae 856. Bachem. gr. 8. (VIII, 80 S.) n. 12 ngr

— sive ordinarium missae pro diversitate temporis et festorum per annum. Accedunt missae defunctorum, vesperae, ordinarii hymni etc. juxta ritum s. romanae ecclesiae. Redegit F. J. Thinnes. 859. (VIII, 152 S.) — Editio II. Regensburg 861. Pustet. gr. 8. (VI, 168 S.) n. 10 ngr

Kyriale sive ordinarium missae pro diversitate temporis et festorum per annum. Accedunt missa defunctorum, antiphonae ad aspersionem aquae benedictae etc. (Ausg. in gr. 8.) Luxemburg 860. Gebr. Heintze. (142 S.) n. 10 ngr

Kyriale sive ordinarium missae pro diversitate temporis et festorum per annum. Accedunt missa defunctorum, antiphonae ad aspersionem aquae benedictae, Lauda Sion, Stabat mater etc. Luxemburg 860. Gebr. Heintze. Fol. (VI, 116 S.) n. 2 ₰ 12 ngr

—— Supplementum, in quo antiphonae ad aspersionem aquae benedictae, necnon praeter aliquot missas novas continentur quaedam antiquae, eae scilicet, quae per annum frequentius cantantur, juxta normam gradualis a. 1720 Antverpiae editi, et ab ecclesiis ruralibus communius recepti. Edit. III., auctior. Fol. (127 S.) Luxemburg 865, Brück. geb.

Kyriale sive cantus Gregorianus ad ordinarium missae in usum archidioecesis Coloniensis editum. Edit. I. 1865. et edit. altera. gr. 8. (IV und 52 S.) Regensburg 865, Pustet. *

Kyriale sive cantus Gregorianus ad ordinarium missae in usum archidioecesis Coloniensis editum. Edit. 3. gr. 8. (IV, 52 S.) Regensburg 873, Pustet. * — 60

Kyriale sive ordinarium missae pro diversitate temporis et festorum per annum. Accedunt missae defunctorum, antiphonae ad aspersionem aquae benedictae, missae votivae de ss. sacramento etc. Trier 869. Lintz' Verl. gr. 4. (IV, 64 S.) n. 2 ₰

Kyriale Romanum sive cantiones missae communes pro diversitate temporis et festorum per annum juxta Graduale Romanum quod curavit S. Rituum Congregatio. (Hrsg.: Fr[anz] X[aver] Haberl.) Ratisbonne: F. Pustet 1897. (IV, 78* S.) 8°

— romanum sive ordinarium missae secundum editionem typicam Vaticanam a ss. Pio PP. X emendatam. (IV, 126 u. Begleitworte 4 S.) 8. Regensburg 905. A. Coppenrath's Verl. n. — 60; geb. n. 1. —

— sive ordinarium missae conforme editioni Vaticanae a ss d. n. Pio PP. X evulgatae. Ed. Schwann A. (III, 128 S.) 8. Düsseldorf (905). L. Schwann. n. — 60; geb. in Leinw. n. 1. —; B. m. roten Initialen n. 1. —; geb. in Leinw. n. 1. 50

Kyriale sive Ordinarium Missae conforme editioni Vaticanae a SS. D. N. Pio PP. x evulgatae. Ed. Schwann F recentioris musicae signis. Duesseldorf: L. Schwann (1906). (104 S.) 8°

Kyriale sive ordinarium missae. Missa pro defunctis. Toni communes missae ... juxta ed. vatic. a SS. D. N. Pio PP. x. evulgatam. Editio Schwann D. Duesseldorf: Schwann (1907). 145 S. 8°

— dasselbe. Ed. Schwann O recentioris musicae signis. (VII, 163 S.) gr. 8. Ebd. (908). Geb. in Leinw. 1. —

— sive ordinarium missae. Missa pro defunctis. Toni communes missae. Toni V. gloria patri ad introitum. Modus cantandi alleluia tempore paschali. Te Deum. Veni creator. Pange lingua. Juxta editionem vaticanam a ss. d. n. Pio PP. X. evulgatam. Ed. Schwann A 1. (III, 113 u. VIII S.) gr. 8. Düsseldorf (909). L. Schwann. Geb. in Leinw. 1. —

Kyriale [Romanum] sive Ordinarium missae, missa pro defunctis, toni communes missae ... juxta editionem Vaticanam a SS. D. n. Pio PP. x. evulgatam. Editio Schwann D. Duesseldorf: Schwann [1910]. 145* S. 8°

Kyriale [Romanum] sive Ordinarium missae, missa pro defunctis, toni comm. missae necnon mod. cant. alleluja temp. pasch. Cum cantu Gregoriano editionis Vatic. Ed. 7. ster. Graecii & Viennae: Styria (1905). VII, 243 S. quer-8°

— sive ordinarium missae cum cantu Gregoriano editionis Vaticanae. (IV, 79 S.) gr. 8. Graz 906. Styria. n. — 60; geb. n. 1. —; Taschenausg. (VI, 168 S.) qu. 16. In Leinw. kart. n. — 50

— dasselbe. (Ausg. in Rot- u. Schwarzdr.) (IV, 79 S.) 8. Ebd. 906. n. 1. —; geb. in Leinw. n. 1. 40

Kyriale sive ordinarium missae. 5. Aufl. Taschenausgabe. 8°. (243 S.) geb. K —.90
Graz: Styria 1908.

— sive ordinarium missae. Missa pro defunctis, toni comm. missae necnon mod. cant. alleluia temp. pasch. cum cantu Gregoriano ed. vaticanae. E. VIster. (VII, 243 S.) 11×14, 5 cm. Graz (908). Styria. In Leinw. kart. — 75

Kyriale seu ordinarium missae juxta editionem vaticanam a ss. PP. Pio X evulgatam. (Ausg. in Schwarzdruck.) Ed. II. (IV, 87 u. 4 S.) gr. 8. Regensburg 906. F. Pustet. n. — 60; geb. in Leinw. n. 1. —; (Ausg. in Rot- u. Schwarzdr.) (IV, 87 u. 4 S.) n. 1. —; geb. in Leinw. n. 1. 40

Kyriale [Romanum] seu Ordinarium Missae juxta editionem Vaticanam a SS. PP. Pio x evulgatam. Ed. 3. Ratisbonae: F. Pustet 1906. (86* S.) 8° [07. 9903

— seu ordinarium missae quod juxta editionem vaticanam hodiernae musicae signis tradidit Fr. X. Mathias. (IV, 95 S.) 8. Ebd. 906. n. — 50; geb. in Leinw. n. — 70

Kyriale (Romanum) seu Ordinarium missae quod juxta ed. Vaticanam hodiernae musicae signis trad. Dr. Fr[anz] X[aver] Mathias, organista. Ed. 2. Ratisbonae F. Pustet 1906. (IV, 95 S.) 8° [07. 9905

— seu ordinarium missae, quod iuxta editionem Vaticanam hodiernae musicae signis tradidit Fr. X. Mathias. Ed. VII. (IV, 136 S.) 8. Regensburg 910. F. Pustet. — 80; geb. in Leinw. n 1. 10

Kyriale enth.: dreizehn Messen, vier Credos u. d. Requiem nach d. Vatikanischen Ausg. in Reform-Notation.... hrsg. von Joh. Rodenkirchen, Domorganist. Cöln: Boisserée in Komm. 1900. 58 S. 8° [10. 9728

Kyriale. Für den prakt. Gebrauch rhythmisiert u. in moderne Notenschrift übertr. v. Max Springer. (III, 116 S.) 8. Regensburg 910. A. Coppenrath's Verl. — 80; geb. 1. 20

— parvum sive ordinarium missae, una cum missa pro defunctis, te deum et hymnis ad processionem in festo corporis Christi, e graduali romano jussu SS. D. N. Pii PP. X evulgato excerptum. Ed. II. aucta. (80 S.) 8. Regensburg: F. Pustet 1910. in Leinw. — 80

Kyriale Romanum, s. Kyriale

Kyriasopoulos, K(onstantin), appr. Arzt a. Sparta: Ueber Kombination von Krebs und Tuberkulose im Anschluss an einen Fall von Carcinom und Tuberkulose der rechten Niere. München 1906: Kastner & Callwey. (21 S.) 8°
München, Med. Fak., Ref. v. Angerer, Diss. v. 9. März 1906
[Geb. 2. Febr. 83 Sparta; Wohnort: Sparta; Staatsangeh.: Griechenland; Vorbildung: Gymn. Sparta Reife Juni 99; Studium: Athen 2, Würzburg 4, München 6 S.; Rig. 9. März 06.]

Kyrie eleison seu preces matutinae et vespertinae, nec non ad s. missam, confessionem et communionem una cum litaniis, psalmis, hymnis et antiphonis. Ex opusculis spiritualibus SS. Patrum, aliorumque scriptorum illustrium imprimis Ludovici Granatensis depromptae. Monasterii 854. Cazin. 32. (2 Bl., 261 S.) n. 10 ngr
Vgl.: De studio religiosae perfectionis excitando etc.

Kyrie u. Gloria. Liederbüchlein f. Gustav-Adolf-Feste. Hrsg. v. sächs. Gustav-Adolf-Boten. gr. 16. (56 S.) Dresden 897. F. Sturm & Co n. — 25

Kyrieleis, Alb., ein Beitrag zu den multiplen Fibromen der Haut und den multiplen Neuromen. Inaugural-Dissertation. gr. 8. (26 S.) Göttingen 885, Vandenhoeck und Ruprecht's Verlag. * — 80

Kyrieleis, Richard, a. Hannover: Moritz August von Thümmels Roman „Reise in die mittäglichen Provinzen von Frankreich". Marburg 1907: J. A. Koch. (75 S.) 8° ¶ (= Beiträge z. deutschen Literaturwissenschaft Nr. 9.)
Marburg, Phil. Fak., Ref. Elster, Diss. v. 22. Mai 1908
[Geb. 5. Nov. 83 Hannover; Wohnort: Hannover; Staatsangeh.: Preußen; Vorbildung: Kaiser-Wilhelms-Gymn. Hannover Reife O. 03; Studium: Göttingen 2, Heidelberg 1, Berlin 1, Marburg 5 S.; Rig. 12. Juni 07.]

Moritz August v Thümmels Roman 'Reise in die mittäglichen Provinzen von Frankreich' Von Dr. Richard **Kyrieleis**. Marburg N G. Elwert 1908. (75 S.) 8°
[Erschien auch als Inaug.-Diss. Marburg 1907]
— **Beiträge** z. deutschen Literaturwissenschaft No 9.

Kyrieleis, Wilhelm: Über Grundwasserabsenkung bei Fundierungsarbeiten. Berlin: Springer 1911. IV, 114 S., 3 Taf. 8°
¶ Erw. 1913 u. d. T.: Grundwasserabsenkung...
Berlin, Dr.-Ing.-Diss. v. 15. 7. 1910

KYRIERIS, Alexis (Ismail/Russl.): Ueber Atrophia musculorum lipomatosa. Mit 2 Taf.- München, Augsburg: Riemer 1879. 21 S., Taf.
20.7.1880 - Urk (Titel: De atrophia musculorum lipomatosa.); Chr 1880/81,14
Diss. Ingolst.-Landsh.-Mchn.

Kyrillos, Lebensnachrichten üb. d. heiligen Theodosios, s.: Usener, H., der heilige Theodosios.

Κυρίλλου, τοῦ ἐν ἁγίοις Πατρὸς ἡμῶν, Ἱεροσολύμων ἀρχιεπισκόπου τὰ σωζόμενα. S. Patris nostri Cyrilli Hierosolymarum archiepiscopi opera quae supersunt omnia. Ad libros mss. et impressos recens., notis critic. commentariis indicibusque locuplet. illustr. Guil. Carol. Reischl. Vol. I. gr. 8. (CLXXII u. 321 S.) Monaci 848, Lentner. n. 2 ℳ

Κυρίλλου, τοῦ ἐν ἁγίοις πατρὸς ἡμῶν, Ἱεροσολύμων ἀρχιεπισκόπου τὰ σωζόμενα. S. Patris nostri Cyrilli, Hierosolymorum archiepiscopi, opera quae supersunt omnia. Vol. II. ed. Jos. Rupp. gr. 8. (IV und 495 S.) München 860, Lentner'sche Buchh.
Vol. I. Ebendas. 1848. 2 Thlr.

Kyrion, Joseph Die Geschichte Gelderns im Rahmen der allgemeinen deutschen Geschichte. ⟨Ein Beitr. z. Behandl. d. Lokalgeschichte im Geschichtsunterr.⟩ Geldern 1908: Müller. 60 S. 8°
Geldern, st. PG P 1908 (579) [S 08. 263

KYRIOSEBIUS, J. M., Höchstnöthige in Gottes Wort, in der wahren Liebe des Nächsten und auf ohnwidersprechliche Original-Urkunden gegründete Prüfung der in Zelle d. 24. Juni 1749 gehaltenen und in Altona im April Monat 1750 gedruckten Abschieds-Rede des Herrn Joh. Georg. Kühner. Nebst einem eingerückten hinlängl. Begriff von der Abscheulichkeit der Herrnhut-Secte und Lehre. Hamburg. 1750. 4.

Kyritz [Schlagwort]

Kyritz, s.: Deutschland. Kürschner-Pelp. — Geologische Karten. Preussen. 69.

Kyritz, Alphons, appr. Arzt: Aus d. Heilstätte Oberkaufungen. Das Röntgenverfahren und seine Entwicklung für die Diagnostik der Lungen- und Bronchialdrüsentuberkulose. Mit 1 Taf. Würzburg: Kabitzsch 1908. S. 129—159. 8°
¶ (Ersch. auch u. d. T.: Lungenspitzen- u. Bronchialdrüsentuberkulose im Röntgenbilde in: Beiträge z. Klinik d. Tuberkulose. Bd 10.)
Marburg, Med. Diss. v. 30. Juli 1908, Ref. Brauer
[Geb. 3. Juni 81 Heringen a. H.; Wohnort: Höchst a. M.; Staatsangeh.: Preußen; Vorbildung: Lessing-Gymn. Frankfurt a. M. Reife O. 00; Studium: Gießen 4, Leipzig 6 S.; Colll. 25. April 08; Approb. 18. Mai 07.] [U 09. 3143

Kyrklund, Karl, Studien über Fettresorption im Dünndarme. Akadem. Abhandlung. 8. (67 S.) Helsingfors 886, (Edlund's Buchh.) * 1 —

Kyrle, J.: Über die Regenerationsvorgänge im tierischen und menschlichen Hoden (mit 3 Doppeltaf.) Separatabdruck aus: Sitzungsberichte d. Kais. Akad. d. Wissensch. in Wien. Bd. 120. III. S. 3

Kysaeus: Der 31 Satz im 6. Buche d. Elemente d. Euklid. 10 S.–Burgsteinfurt, Progr. 1864

Kysaeus: Einige Sätze aus der niedern Analysis. 22 S. –Burgsteinfurt, Progr. 1859

Kysaeus, P. R., Bedeutung u. Anwendung der Zahlen in der Geometrie. gr. 4. (16 S. m. 1 lith. Taf.) Siegen 850, Schulz. n. 1/3 Rthlr.

Kysäus, Rud., üb. die Axendrehung d. Sonne. gr. 4. (3 1/4 B.) Siegen 846. (Schulz.)

Kysel, icones biblicae Vet. et Nov. Test. VI pts. 4. Nürnberg.

Kyselack, J., Skizzen e. Fußreise durch Oesterreich, Steiermark, Kärnthen, Salzburg, Berchtesgaden, Tirol u. Baiern nach Wien, nebst e. romant.-pittoresken Darstellung mehrerer Ritterburgen u. ihr. Volkssagen &c., unternommen im J. 1825. 2 Thle. Mit Kpfrn. gr. 8. (33 1/8 B.) Wien 829, Gerold.

Kyselak, J., Skizzen einer Fußreise durch Oesterreich, Steyermark, Kärnthen, Salzburg u. Tyrol &c. nach Wien, nebst e. romant.-pittoresken Darstell. mehrerer Ritterburgen u. ihrer Volkssagen, Gebirgsgegenden &c. auf dieser Wanderung, unternommen im J. 1825. 2 Thle, mit Kpf. gr. 8. Wien 829. (Gerold). 1 Rthlr. 8 gGr.

Kyselka, Josef (Bearb.), s. Martin, Konrad: Katolická mravouka ...

Kyser, Hans, der Blumenhiob. Roman. (248 S.) kl. 8. Berlin 909. S. Fischer, Verl. 3.50; geb. n 4.50

Kyser, Hans: Der Blumenhiob. Roman. 2. Aufl. Berlin: S. Fischer 1909. 248 S. 8°

— Einkehr. Lieder u. Gedichte. (139 S.) kl. 8. Berlin 909. P. Cassirer. 3.—

— Medusa. Tragödie in 5 Akten. (158 S.) kl. 8. Berlin 910. S. Fischer, Verl. 2.—; geb. n 3.—

Die elektrischen Bahnen und ihre Betriebsmittel von Dipl.-Ing. Herbert **Kyser**. Mit 73 Abb. u. 10 Taf. Braunschweig: F. Vieweg & Sohn 1907. (VIII, 153 S.) 8°
— Elektrotechnik in Einzel-Darstellungen. H. 9. 08. 480 7

Kyss, Alexander. Allgemeines Elementar-Alphabet, Logometrie, Ortographie, Logosophie, die diplomatische und currente Schrift des ganzen menschlichen Geschlechtes auf die ewigen Gesetze der Natur gegründet. Lateinisch und deutsch. 4. Pest 1813.

Kytka's Coursbuch. Prager Conducteur. Fahrpläne der Eisenbahn-, Post- und Dampfschiff-Course in Böhmen und den angrenzenden Ländern. Mit 1 Eisenbahnkarte. Jahrg. 1888. 12 Hefte. 12. (à Heft ca. 240 S.) Prag, Kytka. à Heft ** — 70

Erscheint seit 1879.

Kytka's Coursbuch nach offiziellen Angaben. Prager Conducteur, Fahrpläne der Eisenbahn-, Post- u. Dampfschiff-Course in Böhmen u. den angrenz. Linien. Mit e. (lithogr.) Eisenbahnkarte. 14. Jahrg. 1892. 12 Nrn. 16. (à Heft ca. 200 S.) Prag, Kytka. à Heft * — 70

Kytka's Coursbuch nach officiellen Angaben. Prager Conducteur. Fahrpläne der Eisenbahn-, Post- u. Dampfschiff-Course in Böhmen u. den angrenz Linien. Mit e. (lith.) Eisenbahnkarte. 16. Jahrg. 1894. 12 Nrn. 16. (Nr. 5, XXVIII, 181 S.) Prag, F. Kytka. à n. — 70

Kytka's Coursbuch nach offic. Angaben. Prager Conducteur. Fahrpläne der Eisenbahn-, Post- u. Dampfschiff-Course in Böhmen u. d. angrenz. Linien. M. e. (lith.) Eisenbahnkarte. 20. Jahrg. 1898. 12 Nrn. gr. 16. (à ca. XXXI, 144 S.) Prag, F. Kytka. à n.n. — 60

Kytka K.: **Die Krümmungslinien der Flächen II. Ordnung mit 2 Taf. 22 Pilsen R. 85. Progr.**

KYZLINK, Franciscus: De diluvio Noachico. — (1892) 122 S. 4° (Handschr.) Diss. 510
Diss. Wien, Univ.

L*, d. Grafen v., Leben; e. wahre Gesch. 8. Leipz. Müller. (Joachim.) 769.**

L, d. Hr. v., Gesch. 2 Thle. v. Verfass. des militairischen Sophrons, herausg. v. J. Mauvillon. 8. Lpz. Dyk. 791–93. (à 1 Rthlr. 6 gr.)**

L*, d. Mylord, Gesch., aus d. Engl. m. Kupf. 8. Nürnb. 747.**

L*, d. Mylord, seltsame, doch wahrh. Gesch., nebst d. merkwürdigen Lebensbeschreib. seines Sekretairs, a. d. Engl. 8. Lpz. Schneider. 788.**

L, les trois, du Dante. Nouvel essai d'un commentaire sur le chant I de la Divine Comédie. 3e édit. augmentée. 8. (16 S.) Klausenburg 886, (Demjén.) *

L* Graefin von**
s. Adelma, die Fürstenbuhlerin. 1805.

L. D. G. S. H. T. Aus dem Schwedischen. Berlin 1844. 8°. VIII, 212 S. Die Buchstaben S. H. T. bedeuten: Salvo Honoris Titulo. (Der Verfasser wußte keinen Titel.) Enthält Novellen (Mein 18. Liebesabentheuer, Die beiden Schwestern etc.) und Essais (über Lebensart und Manieren, von dem Tanze, über Genie etc.).

L., Wilhelmine
s. Lorenz, Wilhelmine

Früherntc. Gedichte e. jungen Mädchens von A. G. **Lae**. Berlin-Leipzig: C. Wigand 1909. 23 S. 8° 09. 14741

Laa, Leop. M., geht der Handwerkerstand seinem Untergang entgegen od. nicht, s. a. Tages- u. Lebensfragen.

Laa, Leop. M., Geht der Handwerkerstand seinem Untergang entgegen oder nicht? Eine Mahnschrift. (Tages- u. Lebensfragen, Nr. 11.) 8°. Bremerhaven, Chr. G. Tienken, 1892.

(Laaba, Menard.) Beiträge zu einer psychologischen Entwicklungs-Geschichte der österreichischen Armee. 8. Leipzig 1873.

— s. a. Bemerkungen zu den Betrachtungen über die Organisation der österreichischen Artillerie.

(Laaba, M. v.) Bemerkungen zu den Betrachtungen über die Organisation der österr. Artillerie. 2. Aufl. Cassel 1875. 8°. (1. Aufl. 1875.)

(Laaba, Menrad.) Psychologisches und physiologisches aus der österreichischen Armee (8. Bd. a. d. Werke „Militärische Bibliothek f. Off. aller Waffen"). Vom Verfasser der „Beiträge zu einer psychologischen Entwicklungsgeschichte der öst. Armee." 8. Leipzig, Cassel u. Berlin 1874.

– (Red.), s. Sportzeitung, Illustrierte.

Laaba, M. v. Das Land Tirol u. Vorarlberg v. milit. Gesichtspunkt betrachtet. Innsbruck 1876. 424 S.

Laaba, Menrad von, das Land Tirol u. Vorarlberg vom militärischen Gesichtspunkte betrachtet. 8. (XV, 426 S.) Innsbruck 878. Wagner. n. 5. 60

Laaber, Vict., Grundzüge d. neuern Philosophie. 2 Thle. 8 Wien 801. Ant. Doll. (Hartleben in Pesth). 1 ℳ

Laaber, Vict., Grundz. d. neuern Philosophie. 2 Thle. 8. Wien, Ant. Doll. (Liebeskind in Leipzig in Commission.) 801.

Laabs, Albert [app. Arzt aus Vockenhagen in Pomm.]: Über tuberkelbacillenähnliche Stäbchen in verschiedenen Körpersekreten und ihr Verhalten gegen einige der gebräuchlichsten Methoden der Tuberkelbacillenfärbung ... Freiburg i. B., Buchdr. H. Epstein, 1894; 82 S. 8.
Freiburg i. B., Med. Fak., Inaug.-Diss. v. 1894

Laabs, Alexander [app. Arzt aus Strassburg i. E.]: Ueber abnormes Auftreten von Bronchialatmen auf der gesunden Toraxhälfte bei akuter krupöser Pneumonie ... Strassburg i. E., Buchdr. C. Gœller, 1892; 41 S. 8.
Strassburg, Med. Fak., Inaug.-Diss. v. 1892

Laabs, Hermann, Marstalloberveterinär in Berlin: Vergleichende Untersuchungen über den Streptokokkus equi und andere pathogene Streptokokken. Berlin 1910. 29 S. 8°. [26. V. 10.]
Bern. Vet.-med. Diss. 1909/10.

Laabs, Otto. Beitrag zur Kenntnis des Rauschbrandes. Diss. Vet.-Med. Bern. 31 S. 8. Münster i. W., A.-G. für Verlag und Druckerei »Der Westfale«, 1909.

Laach, Kloster, od. die verfolgte Unschuld, s.: Volksbibliothek, deutsche.

Laache, Søren

Laache, S., Harn-Analyse für practische Aerzte. gr. 8. (VIII, 166 S. mit 21 Holzschn.) Leipzig 885, F. C. W. Vogel. *

Laache, S., s.: Krankheiten, die, des Blutes.

Laache, S., die Wechselbeziehungen in der menschlichen Pathologie u. Therapie. Eine allgemein-medizin. Studie. (IV, 75 S.) Lex.-8. Stuttgart 905. F. Enke. n. 3. —

Laachmann, Arthur. Ueber Nitroharnstoff, Nitrourethan und das Nitramid. München, 1895.

Laacke, A., Humor aus ernster Zeit, s.: Museum komischer Vorträge.

Laacke, A., Humor in ernster Zeit. Anecdoten, ernste und launige Gedichte. gr. 16. (VIII, 319 S.) Berlin 872. Janke. *

Laacke, A., Humor aus ernster Zeit. Anekdoten, humorist. Scenen, Wortspiele ꝛc., sowie kom. u. laun. Gedichte aus dem deutsch-französ. Kriege 1870—1871. 2. verm. Aufl. gr. 16. (VIII, 319 S.) Berlin 873. Janke. n. 1. 50

Laacke, Christian, s. Laacke, Karl Christian Fr.

Laacke, Franz, das Glaubensringen in der römisch-katholischen Kirche Deutschlands zu Bischof Sailer's Zeit. Vortrag auf Veranstaltg. d. evangel. Vereins f. kirchl. Zwecke zu Berlin am 12. Jan. 1874 im evangel. Vereinshause geh. 8. (56 S.) Berlin 874. Beck. n. — 50

Laacke, Frz. Xav., Darf der Protestant für die Verstorbenen beten? Eine theologische Abhandlung verbunden mit einer eingehenden Beleuchtung der amtlichen Erklärung des Consistoriums der evangelischen Kirchenprovinz Schlesien vom 19. April 1862. Berlin 863. Jansen. gr. 8. (IV, 98 S.) 10 ℊ𝔯

Laacke, Karl Christian Fr.

Laacke, Karl, das Besoldungswesen d. Lehrer im Deutschen Reiche u. d. neue Besoldungsgesetz in Preussen. E. Information f. Behörden u. Lehrer üb. d. Besoldgn. d. Lehrer in d. deutschen Staaten u. Städten, in d. Vororten Berlins, an d. Seminaren u. Präparandenanst., an d. Militärschulen, Straf-, Taubstummen- u. Blindenanst. etc., sow. an d. staatl. u. nichtstaatl. höh. Lehranst., Vorschulen etc. gr. 8. (IV, 203 S.) Leipzig 897. E. Wunderlich. n. 2. —; geb. n. 2. 40

Laacke, K., neues Choral-Melodienbuch für Volks-, Mittel- u. höhere Mädchenschulen, sowie f. Präparanden-Anstalten der Prov. Brandenburg. 8. (19 S.) Langensalza 889. Beyer & Söhne. — 15

Laacke, Karl Chr. Fr., das Kantor-, Küster- u. Organistenamt in seinen Rechtsverhältnissen. Ein Handbuch, f. den prakt. Gebrauch bearb. gr. 8. (VIII, 298 S.) Gotha 885. Behrend. n. 4. 50

—— Dr. Martin Luthers kleiner Katechismus mit Bezeichnung der Betonung und Gliederung, nebst Gebeten, Einmal Eins und Lern-Tabellen. Für die Hand der Kinder in Schule und Haus. Ausg. A. 4. verm. und verb. Aufl. 16. (48 S.) Berlin 885, (H. R. Mecklenburg.) *

— u. Karl Biergott, Dr. Martin Luthers kleiner Katechismus m. Bezeichnung der Betonung u. Gliederung, nebst Gebeten, Kirchenliedern, Sprüchen, Bibelkunde etc., Einmal-Eins u. sonstigen Lern-Tabellen. 26. verm. u. verb. Aufl. in der neuen Orthographie. Für die Hand der Kinder in Schule u. Haus. Ausg. A. Kirchenlieder nach dem Prov.-Gesangbuch. (Große Ausg.) (74 S.) kl. 8. Berlin 906. F. Asbelm. — 10

Laacke, Karl, u. Wilh. Teetz, Dr. Martin Luthers kleiner Katechismus m. Bezeichnung der Betonung u. Gliederung, nebst Gebeten, Kirchenliedern, Psalmen, Bibelkunde usw., Einmaleins u. sonstigen Lern-Tabellen. 29. verm. u. verb. Aufl. Für die Hand der Kinder in Schule u. Haus. Kirchenlieder nach dem Prov.-Gesangbuch. Große Ausg. (79 S.) kl. 8. Berlin 910. F. Asbelm. — 10

Laacke, Karl, Mart. Luther's kleiner Katechismus, m. Bezeichng. der Betong. u. Gliederg., Gebete, Kirchenlieder, Psalmen, Bibelkunde ꝛc., Einmal-Eins u. sonst. Lern-Tabellen. Für die Hand der Kinder in Schule u. Haus. 9., verm. u. verb. Aufl. Ausg. B. Nach dem Provinzial-Gesangbuch. 12. (64 S.) Berlin 890. F. Asbelm. — 10

— dasselbe. Kleine Ausg. 10. Aufl. 16. (48 S.) Ebd. 891. — 5

Laacke, Karl, Dr. Martin Luthers kleiner Katechismus (m. Bezeichnung der Betonung u. Gliederung, nebst Haustafel, Gebeten, Einmal-Eins u. anderen Lern-Tabellen. Für die Hand der Kinder in Schule u. Haus. 19. verm. u. verb. Aufl. (Kleine Ausg.) (56 S.) 16. Berlin 906. F. Asbelm. n. — 05

— — dasselbe. 23. verm. u. verb. Aufl. Kleine Ausg. (Ohne Kirchenlieder.) (56 S.) 16. Ebd. 910. — 05

Laacke, Karl, das Kirchen- und Pfarrwesen der evangelischen Kirche Preußens in seinen Rechtsverhältnissen. Ein Handbuch für Behörden, Geistliche und Juristen. gr. 8. (XVI, 426 S.) Bernburg 884, Bacmeister. 6 50

Laacke, Chr., Lernbuch. Enthltd. Lehr- u. Lernstoffe in den Volksschulen: Dr. Martin Luthers kleiner Katechismus; 180 Bibelsprüche; das christl. Kirchenjahr ꝛc. Anhang: Bibellesetafel u. bibl. Geschichten. Nach amtl. Lehrplänen für die Hand der Schüler in Schule u. Haus zusammengestellt. Altona 870. Hamburg, Mentzel. 8. (56 S.) n. 3 ngr; geb. n. 4 ngr

Laacke, Karl Chr. Fr., Lernlust. Zum Gebrauch beim concentrirten ersten Lese-, Sprach- u. Sachunterricht in Schule u. Haus bearb. 1. Abth. Berlin 864. Nemak. 8. (IV, 72 S.) n. 5 ngr

— Ministerial-Anweisung z. Ausführg. d. Lehrerbesoldungsgesetzes nebst Erläutergn. u. Haushaltungsplänen f. Lehrer u. Lehrerinnen als Grundlage bei der Gehaltsregelg. in Stadt u. Land. E. Ergänzg. zu d. Werke „Das Besoldungswesen d. Lehrer im Deutschen Reiche u. d. neue Besoldungsgesetz in Preußen". gr. 8. (IV, 136 S. m. 1 Tab.) Ebd. 897. n. 1. 40; geb. n. 1. 80

— die Neuregelung d. Lehrerbesoldgn. in d. einz. Provinzen, sow. d. Pensions- u. Reliktenverhältnisse in Preußen u. d. Gehaltsverhältnisse in d. and. deutschen Staaten. E. Information f. Lehrer u. Lehrerinnen in Stadt u. Land u. zugl. e. Ergänzg. zu d. Werke „D. Besoldungswesen d. Lehrer im Deutschen Reiche u. d. neue Besoldungsgesetz in Preußen". Bearb. u. zusammengest. gr. 8. (VIII, 275 S.) Ebd. 898. n. 2. 80; geb. n. 3. 40

Laacke, Karl, die Neuregelung der Lehrerbesoldungen nach dem Gesetz v. 3. III. 1897, sowie die Pensions- u. Relikten-Verhältnisse der Lehrer in Preußen u. die Gehaltsverhältnisse in den anderen deutschen Staaten. Ergänzungsheft. Eine Information üb. die Gehaltsverhältnisse der Lehrer u. Lehrerinnen in Berlin u. in den Vorstädten u. größeren Vororten um Berlin. gr. 8. (III, 32 S.) Leipzig 900. E. Wunderlich. n. — 50
Hauptwerk Ebd. 898. n. 2. 80; geb. n. 3. 40.

Laacke, Karl Chrn. Fr., die Schulaufsicht in ihrer rechtlichen Stellung. Sammlung der gesetzl. Bestimmungen, behördl. Verordnungen und gerichtl. Entscheidungen zum Schulaufsichtsgesetz vom 11. März 1872. Mit einem ausführl. Inhaltsverzeichniß und Zeitregister. 5 Lfgn. gr. 8. (XVI, 416 S.) Berlin 879, Schleiermacher. Subscr.-Pr. à Lfg. * 60 Pf.; compl. *

Laacke, Karl Chr. Fr.: Die Schulaufsicht in ihrer rechtlichen Stellung. Sammlung der gesetzl. Bestimmungen, behördl. Verordnungen und gerichtl. Entscheidungen zum Schulaufsichtsgesetz vom 11. März 1872. Berlin 1880.

— die Schulaufsicht in ihrer rechtlichen Stellung. Sammlung der gesetzl. Bestimmgn., behördl. Verordngn. u. gerichtl. Entscheidgn. zum Schulaufsichtsgesetz vom 11. März 1872. 2. Aufl. (In ca. 10 Lfgn.) 1—4. Lfg. gr. 8. (S. 1—256.) Prenzlau 886. Biller. à — 60

—— die Schulaufsicht in ihrer rechtlichen Stellung. Sammlung der gesetzl. Bestimmungen, behördl. Verordnungen und gerichtl. Entscheidungen zum Schulaufsichtsgesetz vom 11. März 1872. Mit einem ausführl. Inhaltsverzeichnis, Zeit- und Sachregister. (In 13 Lfgn.) 2. verm. und verb. Aufl. gr. 8. (V, 828 S.) [Berlin 886,87, Schleiermacher.] Prenzlau, Biller. *ℳ 8.—; geb. *

— dasselbe. 1. Nachtrag. gr. 8. (III, 173 S.) Leipzig 890. Oesterwitz Nachf. n. 1. 60

— die Schulaufsicht in ihrer rechtlichen Stellung. Eine Sammlg. gesetzl. Bestimmgn., behördl. Verordngn. u. gerichtl. Entscheidgn. zum Schulaufsichtsgesetz vom 11. März 1872. Ein Handbuch f. Behörden, Schulaufseher, Lehrer u. Lehrerinnen. 2. Aufl. 2. Nachtrag. gr. 8. (III, 224 S.) Leipzig 894. H. Oesterwitz Nachf. n. 3. 50
(Hauptwerk m. 1. u. 2. Nachtrag: n. 13. 10)

—— Schulgesetz-Sammlung. Gesetze, Verordnungen, Entscheidungen, Gesetzentwürfe, Gutachten ꝛc. über das Schulwesen in Preußen. 1. Thl.: Verfassungs-Urkunde für den preuß. Staat vom 31. Jan. 1850, Art. 20—26. 112. Allgemeine Bestimmungen über die Volksschule vom 15. Oktbr. 1872 nebst Erläuterungen und Ergänzungen. gr. 8. (224 S.) Leipzig 878, Siegismund und Volkening. *

—— Schulgesetz-Sammlung. Gesetze, Verordnungen, Entscheidungen, Gesetzentwürfe, Gutachten ꝛc. über das Schulwesen in Preußen. 2. Tl.: Allgemeine Bestimmungen über die Mittelschule vom 15. Oktbr. 1872. Die Prüfungs-Ordnungen für das niedere Schulwesen. Die Prüfungen für das höhere Schulwesen. Mit ergänzenden und erläut. Verordnungen der Behörden. gr. 8. (192 S.) Leipzig 881, Siegismund und Volkening. *ℳ 2.; geb. * 2 60
1. und 2. Tl. geb. in 1 Bd. * 4 80
1. Tl. Ebendas. 1878. *ℳ 2.; geb. *ℳ 2,60.

— Schulgesetz-Sammlung. Gesetze, Verordngn., Entscheidgn., Gesetzentwürfe, Gutachten ꝛc. üb. d. Schulwesen in Preußen. 3. Tl.: Allerhöchster Erlaß v. 13. Oktbr. 1890, betr. d. weit. Ausgestaltung des Schulwesens in Preußen, nebst Ausführungsbestimmgn. u. d. Amt des Lehrers in f. rechtl. Stellg. gr. 8. (210 u. II S.) Leipzig 896. Siegismund & Volkening. n. 2. —; geb. in Halbfrz. n. 2. 60

— Schulrechts-Lexikon. Enth.: Gesetzliche Bestimmgn., behördl. Verordngn. u. gerichtl. Entscheidungen auf dem Gebiete des Schulwesens in Preußen. Ein Hand- u. Nachschlagebuch f. Schulbehörden, Schulaufseher, Lehrer u. Lehrerinnen. Hrsg. in von A bis Z abgeschlossenen Heften. 1.—3. Hft. gr. 8. (à IV, 80 S.) Langensalza 901. 902. Schulbuchh. à 1. 20

— dasselbe. 1. Hft. 2. verb. Aufl. gr. 8. (IV, 80 S.) Ebd. 902. 1. 20

— Schulrechts-Lexikon. Enth.: Gesetzliche Bestimmgn., behördl. Verordngn. u. gerichtl. Entscheidgn. auf dem Gebiete des Schulwesens in Preußen. Ein Hand- u. Nachschlagebuch f. Schulbehörden, Schulaufseher, Lehrer u. Lehrerinnen. Hrsg. in von A bis Z abgeschlossenen Heften. I. Bd. 5 Hefte u. II. Bd. 1. u. 2. Heft. 8. Langensalza, Schulbuchh. Jedes Heft n. 1. 20
I. 1. 2. verb. Aufl. (IV, 80 S.) 904. — 2. 3. Aufl. (IV, 80 S.) 908. — 3. 2. verb. Aufl. (IV, 80 S.) 903. — 4. 1. u. 2. Aufl. (à IV, 80 S.) 902. 904. — 5. 1. u. 2. Aufl. (IV, 84 S.) 903. 905.
II. Hrsg. v. Karl Laacke u. Max Ueberschaer. 1. (III, 84 S.) 905. — 2. (III, II, 80 S.) 906.

— u. Max Ueberschaer, Schulrechts-Lexikon. Enth.: Gesetzliche Bestimmgn., behördliche Verordngn. u. gerichtl. Entscheidgn. auf dem Gebiete des Schulwesens in Preußen. Ein Hand- u. Nachschlagebuch f. Schulbehörden, Schulaufseher, Lehrer u. Lehrerinnen. Hrsg. in von A bis Z abgeschlossenen Heften. II. Bd. 5 Hefte u. III. Bd. 1 Heft. 8. Langensalza, Schulbuchh. à Heft 1. 20
II, 1. 2. Aufl. (III, 84 S.) 908. — II, 2. 2. Aufl. (VI, 80 S.) 910. — II, 3. (VIII, 80 S.) 907. — II, 4. (III, 80 S.) 908. — II, 5. (76 S.) 909. — III, 1. (57 S.) 910.

Laacke, Carl Fr., vergleichende Zusammenstellung des Unterrichtsgesetz-Entwurfes vom 2. November 1869 mit den älteren Schulgesetzen über die preuß. Volksschule in den alten u. neuen Provinzen. Ein Beitrag zur Schulfrage. Berlin 870. C. Heymann's Verl. 4. (44 S.) n. 8 ngr

Laackmann, Ferd. Wilh., s. Laakmann

Laackmann, Hans, s.: Bericht üb. die wissenschaftlichen Leistungen in der Naturgeschichte der niederen Tiere.

Laackmann, Hans, a. Kiel: Ungeschlechtliche und geschlechtliche Fortpflanzung der Tintinnen. Kiel 1906: Schmidt & Klaunig. (37 S.) 4° ¶ (Aus: Wissensch. Meeresuntersuchungen. Abt. Kiel. N. F. Bd 10.)
Kiel, Phil. Fak., Ref. Brandt, Diss. v. 1. Sept. 1906
[Geb. 30. Dez. 83 Kiel; Wohnort: Kiel; Staatsangeh.: Preußen; Vorbildung: Oberrealsch. Kiel Reife O. 03; Studium: Kiel 7 S.; Rig. 31. Juli 06.]

— Zur Kenntnis der heterotrichen Infusoriengattung Folliculina Lamarck, s.: Südpolar-Expedition, deutsche, XII, 1.

Laackmann Hans Dr. Adriatische Tintinnodeen mit 6 Taf. und 2 Textfiguren. S. 122 I 123 2.80
Separatabdruck

— Die Tintinnodeen der deutschen Südpolar-Expedition 1901—1903, s.: Südpolar-Expedition, deutsche. XI, 4.

Laaf, Joseph (geb. am 15 März 1852 in Ellen Kr. Düren): Aus d. pathol. Institut zu Bonn. — Ueber die entzündlichen Veränderungen des Knorpels bei der Arthritis fungosa. Bonn, Univ.-Buchdr. v. C. Georgi 1879. 27 S. 8.
Bonn, Med. Fak., Diss. v 16 Aug. 1879

Lauff, Wilh, Gedichte. 12. (VIII, 94 S.) Wiesbaden 892. C. Schnegelberger & Co. Geb. in Leinw. m. Goldschn. 1. 50

Laag, H., Anfangsgr. z. Clavierspielen und Generalbaffe. 4. Osnabrück, Schmidt. 774.

Laag, Hermann

Laag, H., der kleine Katechismus Dr. Martin Luther's nebst Spruchbuch. Für den Schulgebrauch bearb. 1. u. 2. Aufl. 8. (56 S.) Minden 888. 889. Hufeland. geb. n. — 40

Laag, H., der kleine Katechismus Dr. Martin Luthers nebst Spruchbuch. Für den Schulgebrauch bearb. 3. Aufl. 8. (56 S.) Minden 899. A. Hufeland. Geb. n. — 40

Laage, das Landzollwesen im Herzogthum Lauenburg. (Abdr. aus dem vaterländ. Archiv für das Herzogthum Lauenburg.) Ratzeburg 859. Linsen. gr. 8. (20 S.) n. 5 ngr.

Laage, Alfred, a. Staßfurt (Prov. Sachsen): Bedingungen der Keimung von Farn- und Moossporen. Halle a. S. 1906: (A. Hopfer, Burg b. M.) (44 S.) 8°
Halle, Phil. Fak., Ref. Klebs, Diss. v. 31. Juli 1906
[Geb. 31. März 79 Staßfurt; Wohnort: Charlottenburg; Staatsangeh.: Preußen; Vorbildung: Karls-Realgymn. Bernburg Reife M. 00; Studium: Göttingen 2, Leipzig 1, Halle 7 S.; Rig. 31. Juli 05.]

Laage, Clement, der Ernst des Lebens. Christl. Wegweiser für Männer und Jünglinge. Autor. Uebersetzung. 12. (XVI, 328 S.) Mainz 888, Kirchheim.

Laager, F., Konstruktionsaufgaben aus den Anfangsgründen der Planimetrie in bestimmten Massen, geeignet f. Sekundar-, Mittelschulen etc. (16 S.) 8. Zürich-Oberstrass 908. (Zürich, E. Speidel.) — 50

— Repetitions- u. Klausurfragen aus der Physik in vier Wichtigkeitsstufen unterschieden, besond. geeignet z. gründl. Vorbereitg. auf Examen u. z. Veranstaltg. period. schriftl. Prüfgn. (148 S.) 8. Ebd. 908. 2. —

Laager, Fridolin, von Mollis (Kt. Glarus): Ueber Arthur's, des ersten Herzogs von Wellington Thätigkeit in Indien. Zür Zürcher u. Furrer Dr. 1872. 52 S., 1 Bl. Thesen. 8°.
Zürich, Phil. Diss. [v. 8. Juli 1872].

Laager, Fritz, Fürsprech u. Notar: Eigentumsvorbehalt und Fahrnisverschreibung in der eidgenössischen Gesetzgebung. Heidelberg 1909: Rössler & Herbert. 40 S. 8°
Heidelberg, Jur. Diss. v. 3. Juni 1909, Ref. Schröder
[Geb. 27. Mai 83 Schöftland; Wohnort: Schöftland; Staatsangeh.: Schweiz; Vorbildung: Gymn. Aarau Reife O. 03; Studium: Genf 1, Zürich 1, Bern 5, Heidelberg 1 S.; Rig. 20. Febr. 09.] [U 09. 1835

Laager, Fritz. Versuch mit der Drehwage die Abhängigkeit der Gravitation vom Zwischenmedium nachzuweisen. Diss. Phil. [II.] Univ. Zürich. [Mit Figuren.] 34 S. 8. Bern, Haller, 1904.

van **Laak**, Ludwig, a. Rheinberg-Rheinl.: Kloster Kamp. Seine Entwicklung bis zum Anfang des XIV. Jahrhunderts. Marburg 1904: (Küpper, Rheinberg-Rheinl.) (57 S.) 8°
Marburg, Phil. Fak., Ref. von der Ropp, Diss. v. 2. Nov. 1904
[Geb. 4. Sept. 80 Rheinberg, Rhld.; Wohnort: Marburg; Staatsangeh.: Preußen; Vorbildung: Gymn. Emmerich Reife O. 99; Studium: Münster 5, Marburg 2, Berlin 1, Marburg 2 S.; Rig. 6. Juli 04.]

Laak, Wilhelm van, appr. Arzt a. Rheinberg: Aus der geburtshülflich-gynaecologischen Klinik zu Gießen. Die Verbreitung der Osteomalacie in der Umgebung der Universität Gießen. Rheinberg 1905: Küpper. (25 S.) 8°
Gießen, Med. Fak., Ref. Pfannenstiel, Diss. v. 2. Juni 1905
[Geb. 3. Nov. 81 Rheinberg (Rhld.); Wohnort: Rheinberg; Staatsangeh.: Preußen; Vorbildung: Gymn. Gaesdonck, Reife Emmerich O. 00; Studium: Marburg 4, Kiel 1, Berlin 2, Gießen 3 S.; Coll. 1. Apr. 05; Approb. 24. März 05.]

Laake, Franz Xaver, s. Laacke

Laake, O[tto], Pfarrer in Züllichau: Über den sakramentalen Charakter. Eine hist.-dogmat. Abhandlung. *München 1903: G. J. Manz.* (X, 210 S.) 8°
München, Theol. Diss. v. 1903
(Nur in beschränkter Zahl für den Austausch)

Laake, O., über den sakramentalen Charakter. Eine historisch-dogmat. Abhandlg. (X, 210 S.) gr. 8. München 903. (Regensburg, Verlagsanstalt vorm. G. J. Manz.) n. 2. —

(Laakmann,) Der rechte Weg zum Ziele. Eine vernünftige, vorurteilsfreie, objektive Untersuchung über die einzig berechtigte christliche Konfession. Paderborn, Junfermann, 1870, 8°, 46 S., 30 Pf

Laackmann, Ferd. Wilh., Riga, Livonius. Dissertatio inauguralis physiologica de secretione in gener
Basel; med. Diss. 1779.

Laakmann, Fd. Wlh, Diss. physiologica, de secretione in genere. 4 Basel 779. Schweighäuser. 3 gr.

Laakmann, H., Jesus, uns. Schutz u. Trost, s.: Klößges, L.

Laakmann, J. H., auf! zum Streite! Ermunterung an das kathol. Volk zu muthigem, männlichem Kampfe f. seinen hl. Glauben u. f. die religiöse Freiheit. 8. (240 S.) Paderborn 872. Junfermann. n. 1. 25

— der Ernst der Lage in Deutschland, s. Compaß für das kathol. Volk.

Laakmann, J. H., Wegweiser zum Himmel. Gebet- u. Erbauungsbuch. 2., verm. Aufl. 24. (VIII, 568 S. m. farb. Titel u. 1 Stahlst.) Kempen 895. Klöckner & Mausberg. — 90; geb. in Spaltldr. m. Goldschn. n. 1. 75; in Chagrin n. 2. 50

Laakmann, Wilhelm *Herm.* [app. Arzt aus Drochtersen]: Aus d. Frauen-Klinik zu Kiel. Ueber maligne Recidive nach Ovariotomien. Kiel u. Leipzig, Verl. v. Lipsius & Tischer, 1890; 29 S., 1 Bl. 8°
Kiel, Med. Fak., Inaug.-Diss. v. [12. Nov.] 1890

Laaland, C., s. Personalstatus der evangelisch-lutherischen und evangelisch-reformirten Kirche in Russland.

Laan, A. K. van der, die Behandlung des Alphabetes im Schreibunterrichte. Eine Handreichg. f. Schreiblehrer. (20 S. m. 4 Taf.) gr. 8. Hannover 903. F. Cruse. n. —60

Laan, A. K. van der, Geographie, s.: Keil, W.

Laan, A. K. van der, Geographie, s.: Sprockhoff. A.

Laan, A. K. van der, specielle Heimathkunde, dargestellt an Bederkesa u. Umgegend. Mit (eingedr.) Zeichnungen, Plänen (1 lith.) u. 3 lith. (u. color.) Karten. gr. 8. (VIII, 148 S.) Emden 881. Haynel. n. 3. —

Laan, A. K. van der, specielle Heimathkunde, dargestellt an Bederkesa und Umgegend. gr. 8. (VIII, 148 S. mit eingedr. Zeichnungen, Plänen [1 lithogr.] und 3 lithogr. und color. Karten.) Emden 882, Haynel. 3 —

Laan, A. K. van der, zur Jubelfeier der evangelischen Kirche. Eine Festgabe f. jung u. alt. 2 Thle. 8. Aurich 883. (Leipzig, Bredt.) n.n. — 50
1. Die christliche Kirche vor der Reformation. — Dr. Mart. Luther, e. Lebensbild. (III, 36 S. m. Holzschn.-Portr.) n.n. — 30
2. Zwingli u. Calvin, die Begründer der reformierten Kirche. (24 S.) n. — 20

—— das Kartenzeichnen nach der Normallinien-Methode. Eine Anleitung für Lehrer und Seminaristen. 4. (8 S. mit 24 lithogr. Kartenskizzen.) Hannover 886, Meyer. *

—— der Heidelberger Katechismus, s. Stolmann, G.

— Raumlehre, s.: Wiese, B.

—— Schrifttafeln. Imp.-Fol. (4 Stnt.) Hannover 888, Norddeutsche Verlagsanstalt. *
Auf Pappe gezogen *

—— Übungsbuch für den Unterricht in der deutschen Rechtschreibung. Auf Grundlage des ministeriellen Regelbuchs für Volksschulen bearb. 8. (VI, 50 S.) Emden 880, Haynel. cart. — 40

– dass., s.a. Laan, B.

Laan, B. van der, der Heidelberger Katechismus, s.: Stolmann. G.

Laan, B. van der, Übungsbuch für den Unterricht in der deutschen Rechtschreibung. Auf Grundlage des ministeriellen Regelbuchs für Volksschulen bearb. 8. (VI, 50 S.) Emden 880. Haynel. cart. n. — 40

– dass., s.a. Laan, A. K.

Laan, Bernhard van der, aus Jemgum (Ostfriesl.): Ueber die Hydrazide und Azide von Alkylglycolsäuren. *(Heidelberg) 1902: Hörning & Berkenbusch.* (55 S.) 8°
Heidelberg, Naturw.-math. Diss. v. 1902

Laan, H., die Krankenpflege in der Chirurgie. Einzig autoris. Übersetzg. aus dem Holl. ins Deutsche v. Alb. Caan. Mit e. Vorwort v. Arth. Schlossmann. (XII, 300 S. m. 327 Abbildgn.) Lex. 8. Leipzig 909. F. C. W. Vogel. 10.—; geb. 11. 25

Laan, Petrus Adrianus van der, De παρά praepositionis vi apud Euripidem in compositione verborum. Diss. (XI, 91 S.) gr. 8. Amsterdam 907. (J. Müller.) 3. 20

Laar [Schlagwort]

Laar, s: Deutschland. Karte. (Abt. Preussen.)

Laar, s.: Deutschland. Übersichtskarte.

Laar [Verf.]

Laar, Clara, s. Laar, Klara

Laar, Conrad, s. Laar, Konrad

Laar, (Fr.,) Festpredigten. gr. 8. Essen 824, Bädecker. Rthlr.

Laar, Fr., († d. 21. Juni 1827.) über d. Verschiedenheit religiöser Ansichten. Predigt. 8. Essen 819. Badeker. 4 gr.

Laar, Johannes Jacobus

Laar, J. J. van, Lehrbuch der mathemat. Chemie. Mit e. Einleitg. v. H. W. Bakhuis-Roozeboom. gr. 8. (XIX, 224 S. m. 28 Fig.) Leipzig 901. J. A. Barth. n. 7. —; geb. in Leinw. n. 8.—

Laar, J. J. van, Lehrbuch der theoretischen Elektrochemie auf thermodynamischer Grundlage. (XII, 307 S. m. 39 Fig.) gr. 8. Leipzig 907. W. Engelmann. 6.—; geb. in Leinw. 7. 20

Laar, J. J. van, die Thermodynamik in der Chemie. Mit e. Vorwort v. J. H. van't Hoff. gr. 8. (XVI, 196 S. m. 15 Holzschn.) Amsterdam 893. Leipzig, W. Engelmann. n. 7. —

Laar, J. J. van, sechs Vorträge üb. das thermodynamische Potential u. seine Anwendungen auf chemische u. physikalische Gleichgewichtsprobleme. Eingeleitet durch zwei Vorträge üb. nichtverdünnte Lösgn. u. über den osmot. Druck. (VIII, 119 S.) gr. 8. Braunschweig 906. F. Vieweg & Sohn. n. 3.60; geb. in Leinw. n. 4.20

— J. D. van der Waals. Ein Lebensabriss. gr. 8. (51 S.) Ebd. 900. n. 1. 60

Laar, Klara

Laar, Clara, Lebensbilder berühmter Todten. 8. (437 S.) [Zofingen 876, Schauenberg-Ott.] Zürich, Trüb'sche Buchh. *

Laar, Konrad

LAAR, CONRAD. Beiträge zur Kenntniss der Sulfanilinsäure. Leipzig, 1879.

Laarmann, Aloys, appr. Arzt aus Bochum i. W.: Eine Prüfung über das Eintreten des Gärtner'schen 'Venenphänomens' bei Gesunden und bei Kranken mit Kreislaufstörungen. *Bochum [1904]: Westfäl. Volkszeitung.* (23 S.) 8°
Erlangen, Med. Diss. v. [19. März] 1904

Laas, Ernst

— Kants Analogien der Erfahrung. Eine krit. Studie üb. die Grundlagen der theoret. Philosophie. gr. 8. (VIII, 363 S.) Berlin 876. Weidmann. n. 8. —

Laas, Ernst, der deutsche Aufsatz in der ersten Gymnasialklasse [Prima]. Ein Handbuch für Lehrer u. Schüler, enthltd. Theorie u. Materialien. Zusammengestellt aus den Erträgen u. Erfahrungen des Unterrichts. Berlin 868. Weidmann'sche Buchh. gr. 8. (XXIII, 392 S.) n. 1 Rthlr.

Laas, Ernst, der deutsche Aufsatz in der ersten Gymnasialklasse [Prima.] Ein Handbuch f. Lehrer u. Schüler, enth. Theorie u. Materialien. Zusammengestellt aus den Erträgen u Erfahrgn. d. Unterrichts. gr. 8. (XXII, 391 S.) Berlin 874. Weidmann. n. 5. —

Laas, Ernst, der deutsche Aufsatz in den oberen Gymnasialklassen. Theorie u. Materialien. 2., umgearb. Aufl. 1. u. 2. Abth. gr. 8. Berlin 877/78. Weidmann. n. 7. —
1. Einleitung u. Theorie. (X, 279 S.) n. 3. —
2. Materialien. (XVI, 694 S.) n. 4. —

Laas, Ernst, d. deutsche Aufsatz in d. oberen Gymnasialklassen. Theorie u. Materialien. 1. Abtlg.: Einleitg. u. Theorie. 3. Aufl., besorgt v. J. Imelmann. gr. 8. (XII, 260 S.) Berlin 898. Weidmann. n. 4. 50

Laas, Ernst, der deutsche Aufsatz in den oberen Gymnasialklassen. Theorie u. Materialien, zusammengestellt v. L. 2. Abtlg.: Materialien. 3. Aufl., besorgt v. J. Imelmann. gr. 8. (XII, 405 S.) Berlin 894. Weidmann. n. 6. —

Laas, Ernst, einige Bemerkungen zur Transcendentalphilosophie, s. Abhandlungen, Strassburger, zur Philosophie.

Laas, Ern. (geb. Fürstenwalde an d. Spree 16. 6. 1837): Εὐδαιμονία Aristotelis in ethicis principium quid velit et valeat. Berolini (1859). (60 S.) 8°
Berlin. Phil. Diss. v. 5. Dez. 1859

—— zur Frauenfrage, s. a. Zeit- und Streit-Fragen, deutsche.

Laas, Ernst: Zur Frauenfrage. — Berlin: Habel 1883. 36 S. 8° (Deutsche Zeit- u. Streitfragen. H. 184.)

—— Gymnasium und Realschule, s. a. Zeit- und Streit-Fragen, deutsche.

Laas E. Gymnasium und Realschule. (Zeit- und Streitfragen 49-50) Berlin 1875

—— Idealismus und Positivismus. Eine krit. Auseinandersetzung. 1., allgemeiner und grundlegender Thl. gr. 8. (IV, 275 S.) Berlin 879, Weidmann'sche Buchh. *

—— Idealismus und Positivismus. Eine krit. Auseinandersetzung. 2. und 3. (Schluss-)Thl. gr. 8. Berlin, Weidmann'sche Buchh.
Inhalt:
Thl. 2. Idealistische und positivistische Ethik. (IV, 398 S.) 882. *M 9.
» 3. Idealistische und positivistische Erkenntnisstheorie. (IV, 704 S.) 884. *M 16.
1. Thl. Ebendas. 1879. *M 6.

25 —

Laas, Ernst, literarischer Nachlaß: I. Idealistische und positivist. Ethik. II. Oekonomische Mängel unseres nationalen Bildungswesens. III. Gymnasium und Realschule. Hrsg. und eingeleitet von Benno Kerry. gr. 8. (78 S.) Wien 887, (Pichler's Wwe. und Sohn.) *

—— die Pädagogik des Johannes Sturm. Historisch und kritisch beleuchtet. gr. 8. (VI, 125 S.) Ebendas. 872. *

— Kant's Stellung in der Geschichte des Conflicts zwischen Glauben u. Wissen. Eine Studie. gr. 8. (V, 72 S.) Ebend. 882. n. 2. 40

Laas, Aristotelische Textes-Studien. Berlin 863. (Calvary & Co.) 4. (52 S.) n. 15 ngr.

—— der deutsche Unterricht auf höheren Lehranstalten. Ein kritisch-organisator. Versuch. gr. 8. (VIII, 408 S.) Ebendas. 872. *

—— der deutsche Unterricht auf höheren Lehranstalten. Ein kritisch-organisator. Versuch. 2. Aufl., besorgt von J. Imelmann. gr. 8. (XII, 412 S.) Berlin 886, Weidmann'sche Buchh. *

[Umschlagt.:] Laas, Martin *Heinrich Ernst* [aus Strassburg]: Ueber den Einfluss der Luft auf den Widerstand des Quecksilbers ... (Aus: Zeitschr. f. Instrumentenkunde 1892.) *Berlin, J. Springer, 1892;* 267—281 S. 4.(8.)
Strassburg, Math.-naturw. Fak., Inaug.-Diss. v. 1892

Laas, Rudolf [aus Strassburg i. E.]: Über den Einfluss der Fette auf die Ausnützung der Eiweissstoffe ... Strassburg, K. J. Trübner, 1894; 1 Bl., 16 S., 1 Bl. 8.
Strassburg, Med. Fak., Inaug.-Diss. v. 1894

Laas, (Walt.), Änderung der Schiffsvermessung. (15. S.) gr. 8. Hamburg 907. Eckardt & Messtorff. — 50

— Die Nettovermessung der Segelschiffe. (58 S.) Lex. 8. Oldenburg (910). G. Stalling's Verl. 2. —
Sonderabdruck aus: „Schriften d. deut. naut. Ver."

Laas, (Walt.), die Segelschiffahrt der Neuzeit, s. a. Meereskunde. III, 3.

Die Segelschiffahrt der Neuzeit von Walter Laas, Prof. Berlin: Mittler 1909. 39 S. 8° [Umschlagt.]
(Meereskunde. Jg. 3, H. 3.) 09. 9876

Die großen Segelschiffe. Ihre Entwickelung u. Zukunft. Von W[alter] Laas. Mit 77 Fig. Berlin: J. Springer 1903. (VIII, 127 S.) 4°(8°) 08. 3936

— Die grossen Segelschiffe. Ihre Entwickelg. u. Zukunft. Mit 77 Fig. im Text u. auf Taf.) (VIII, 127 S.) Lex. 8. Berlin 908. J. Springer. 6. —
Durch Nachtrag erweit. Sonderabdr. aus dem „Jahrb. d. schiffbautechn. Gesellsch".

Laasch, s.: Mit der Schutztruppe durch Deutsch-Afrika.

Laaser, Beitrag zur Pathologie u. Therapie d. äusseren Gehörgangs-Entzündungen (m. bes. Berücksicht. als Nachkrankheit v. Influenza). [Aus: „Allg. med. Central-Zeitg."] gr. 8. (5 S.) Berlin 896. O. Coblentz. n. 1. —

Laaser, das menschl. Gebiß, seine Pflege u. Erkrankung, s.: Sammlung populär-medizin. Abhandlungen auf wissensch. Grundlage.

Laaser, C. A., theoretisch-practische Generalbasslehre. Leichtfasslich zum Gebrauche f. Präparanden-Anstalten, Seminaristen, Organisten u. Organistenschulen, Konservatorien, Kapellmeister, Violoncellisten, Kontrabassisten u. Harfenisten bearb. Lex.-8. (XI S.) Leipzig 888. C. Mersoburger. 1. 20

Theoretisch practische Generalbasslehre. Leichtfasslich z. Gebr. f. Präparanden-Anstalten ... bearb. von C. A. Laaser. Leipzig: C. Merseburger [um 1905]. (x S.) 4° 07. 3464

— gedrängte theoretisch-praktische Instrumentations-Tabelle f. Horn-Musik (Jäger u. Pioniere), nach den besten Quellen bearb. Fol. (4 S.) Ebd. 888. — 60

Laaser, C. A., gedrängte theoretisch-praktische Instrumentations-Tabelle f. Horn-Musik (Jäger u. Pioniere). Nach den besten Quellen bearb. (2 S.) 56,5×39,5 cm. Leipzig (902.) C. Merseburger. — 60

Laaser, C. A., gedrängte theoretisch-praktische Instrumentations-Tabelle f. Horn-Musik (Jäger u. Pioniere). Nach den besten Quellen bearb. Neue Aufl. (2 S.) 56,5×39,5 cm. Leipzig 907. C. Merseburger. — 60

— dasselbe f. Kavallerie-Musik, nach den besten Quellen bearb. Fol. (4 S.) Ebd. 888. — 60

— dasselbe f. Kavallerie-Musik. (2 S.) 56×39,5 cm. Ebd. (902). — 60

— dasselbe f. Kavallerie-Musik. Neue Aufl. (2 S.) 56,5×39,5 cm. Ebd. (907). — 60

— dasselbe f. Militär-Infanterie-Musik, nach den besten Quellen bearb. Fol. (4 S.) Ebd. 888. — 60

— dasselbe. Neue Aufl. Fol. (4 S.) Ebd. 893. — 45

— dasselbe f. Militär-Infanterie-Musik. Neue Aufl. (2 S.) 56,5×39,5 cm. Ebd. (902). n. — 45

Laaser, C. A. Praktisch-theoretische Instrumentations-Tabelle f. Streich-Orchester. Neue Aufl. 39×56 cm. Lpz. 892, Merseburger. — 45

— dasselbe für Streich-Orchester. Neue Aufl. (2 S.) 56,5×39,5 cm. Ebd. (902). n. — 45

— dasselbe f. Streich-Orchester. Nach den besten Quellen bearb. 3. Aufl. (1 Bl.) 39,5×56,5 cm. Ebd. (909). — 45

Laaser, Moritz [aus Memel]: Zur Pathologie und Therapie der Sklerose des Trommelfells ... Erlangen, Druck v. A. Vollrath's k. b. Hofbuchdr., 1892; 35 S., 1 Bl. 8.
Erlangen, Med. Fak., Inaug.-Diss. v. 1892

Laaser, Paul, Zahnarzt (Oetzsch-Leipzig): **Die Zahnleiste und die ersten Zahnanlagen der Selachier.** Mit 1 lithogr. Taf. u. 13 Fig. im Text. *Jena: G. Fischer 1903.* (29 S.) 8°
Leipzig, Phil. Diss. v. [16. Febr.] 1903

Laasphe [Schlagwort]

Laasphe, s.: Preussen. Messtischblätter.

Laasphe, s.: Rheinprovinz, Liebenow, W.

Laass, welches ist das Ziel d. naturwissenschaftlichen Unterrichts, u. wieweit sind zu dessen Erreichung d. neueren Bestrebgn., bezw. Junge'schen Ideen zu berücksichtigen? [Aus: „Lehrerzeitg. f. Thüringen etc."] gr. 8. (29 S.) Leipzig 898. H. Haacke. n. — 40

Laaß, Andr. Gf., Predigten u. Homilien über d. Sonn- u. Fest-tags-Evangelien. 1r Bd. gr. 8. Lüneb. 795. Herold u. W. (a. Wienbrack in Leipz.) 1 ₰

Laaß, K., deutsche Fibel, s.: Burkhardt, Cl.

— Lehrplan der siebenstufigen Volksschule, unter Berücksicht. der Geraer Schulverhältnisse aufgestellt. gr. 8. (109 S.) Gera 899. Leipzig, Th. Hofmann. n. 1. 50; kart. n.n. 1. 60

— Lern- u. Uebungsbuch f. die deutsche Sprachlehre u. Rechtschreibung, s.: Bartels, Frdr.

— deutsches Lesebuch, s.: Bartels, Frdr. u. G. Wirth.

— Spruchbuch f. den Katechismus-Unterricht, s.: Bartels, Frdr.

Laass, W., das Zeichnen in der Volksschule nach dem Berliner Lehrplane, s.a.Sammlung pädagog. Vorträge. XIV. 1.

Das Zeichnen in der Volksschule nach dem Berliner Lehrplane. Von W. Laaß, Zeichenlehrer. (Minden i. W.: C. Marowsky [1904].) (24 S.) 8°.
— Sammlung pädagogischer Vorträge. Bd 14, H. 1. (05. 4493 6

Laatsch, Frau Hedwig Julie, s. a.: Hedwig-Julie.

— ein Jahr aus meiner Jugend. Pensionstagebuchblätter einer Fünfzehnjährigen. Für werd. Backfische aufgezeichnet. (VIII, 160 S.) 8. Dresden 905. E. Pierson. Geb. in Leinw. n. 2. 60

Laatsch, Hermann. Ueber das sogenannte Aethylidenoxychlorid Jena, 1882.

Labach, Reise nach dem Monde. 8. Ofen. 772. — 4

Labacher, K., der Dämon vom Walde. Kriminal-Roman. — Der Küster v. Sankt Markus. Aus alten Kriminal-Akten. — Ein Mord auf dem Schlachtfelde. Aus dem preußisch-österr. Kriege 1866. — Zwei Brüder. Deutsch v. Jenny Piorkowska. — Das Gift in der Geschichte. (96 S.) 8. Neuweißensee (905). E. Bartels. 1. —

Labacher, K., nur eine Hoffnung. Roman. 8. (276 S.) Breslau 882. Schottländer. n. 4. —; geb. n. 5. —

Labadie, Joh. de, Begr. d. wahr. Christenth. 8. Gießen. 721.

Labadismus, Der, die Quelle des **Pietismi.** O. O. 1734. V: *Edzardi*, *Sebastian* oder *Neumeister*, *Erdmann* [?]. (Myl)

Labadye, A. de, Kaiser Julian der Abtrünnige u. des Schatzmeisters Töchterlein, s.: Zeitbilder in Erzählungen aus der Geschichte der christlichen Kirche.

Labadye, A. de, Wilderich v. Rabenhorst und die deutschen Vaticanstürmer, s. Zeitbilder in Erzählungen aus der Geschichte der christl. Kirche.

Labahn, Hans Observationes criticae in Hesiodum. 10 S. *Schwetz* 1884.
Progr.

Labahn, Jsaac. De rebus Clazomeniorum. 40, 8 Gryphiswaldiae 1876.

Labahn, Th., Bericht über landwirthschaftliche Maschinen u. Ackergeräthe, welche sich in dem Industrie-Ausstellungs-Gebäude zu London befanden. [Abdruck aus den Eldenaer Jahrbüchern.] gr. 8. (38 S.) Greifswald 852, Bamberg in Comm. n. 1/3 ₰

Labaite, Emile

Labaite, E., die französische Handelscorrespondenz, s. Förster, G.

Labaite, E., Lehrbuch der deutschen Handelscorrespondenz, — Lehrbuch der allgemeinen französ. Handelskorrespondenz f. Deutsche, s.: Foerster, G.

Laban, F. C.

—— Anweisung zum Selbstbestimmen der phanerogamischen Gewächse und der Gefässkryptogamen der Heimat etc. 4. Aufl. ebd. 1887. 8°.

—— Flora des Herzogthums Holstein, des Fürstenthums Lübeck, der Stadt Lübeck und deren Umgegend. Anweisung zum Selbstbestimmen aller im Herzogth. Holstein, im Fürstenth. und auf dem Gebiete der Stadt Lübeck wild wachsenden phanerogam. Pflanzen, für Schüler, angehende Botaniker und Pharmaceuten. gr. 8. (VI und 250 S.) Hamburg 866, B. S. Berendsohn. *

Laban, F. C., Flora der Umgegend von Hamburg u. Altona. Anweisung zum Selbstbestimmen der phanerogam. Gewächse der Heimath für Schüler u. angehende Botaniker. Hamburg 865. B. S. Berendsohn. 8. (IV, 164 S.) n. 12 ngr.

Flora der Umgegend von Hamburg, Altona und Harburg. Anweisung zum Selbstbestimmen der phanerogamischen Gewächse der Heimath für Schüler und angehende Botaniker v. F. C. Laban. 3. Aufl. Hamburg. 1877. 8°.

Laban, F. C., Flora der Umgegend von Hamburg, Altona und Harburg. Anweisung zum Selbstbestimmen der phanerogamischen Gewächse und der Gefässkryptogamen der Heimath, für Schüler und angehende Botaniker. 4. verm. Aufl. 8. (VIII, 224 S.) Hamburg 887, Berendsohn. *

—— Garten-Flora für Norddeutschland. Eine Anweisung zum Selbstbestimmen der in unsern Gärten vorkommenden Bäume, Sträucher, Stauden und Kräuter. Für angehende Botaniker, Gärtner, Lehrer ꝛc. bearb. gr. 8. (VIII und 314 S.) Hamburg 867, O. Meißner.

— Garten-Flora für Norddeutschland. Eine Anweisung zum Selbstbestimmen der in unsern Gärten vorkommenden Bäume, Sträucher, Stauden u. Kräuter. Für angehende Botaniker, Gärtner, Lehrer ꝛc. bearb. Hamburg 869. O. Meißner. gr. 8. (VIII, 314 S.) 1 ℛ 6 ngr.

Laban, Ferd., dialogische Belustigungen. Die Hinterlassenschaft e. Einsiedlers. gr. 8. (VII, 87 S.) Pressburg 883. Stampfel. n. 2. —

Laban Ferdinand: Heinrich Josef Collin. Ein Beitrag zur Geschichte der neueren deutschen Literatur in Oesterreich.
1979 PN 127 Diss. Wien, Univ. 12

Laban, Ferd., Heinr. Joseph Collin. Ein Beitrag zur Geschichte der neueren deutschen Literatur in Oesterreich. gr. 8. (VI, 228 S.) Wien 879. Gerold's Sohn. n. 5. —

Laban, Ferd., Heinrich Friedrich Füger, der Porträtminiaturist. Mit 78 auf 13 zum Tl. farb. Lichtdr.-Taf. u. in den Text gedr. Abbildgn. (73 S. m. 13 Bl: Erklärgn.) gr. 4. Berlin 905. G. Grote. n. 15. —
Erweit. Sonderabdr. a.: „Jahrb. d. preuss. Kunstsammlgn."

Laban, Ferd., der Gemüthsausdruck d. Antinous. Ein Jahrhundert angewandter Psychologie auf dem Gebiete der antiken Plastik. gr. 8. (92 S. m. 1 Tab.) Berlin 891. W. Spemann. n. 3. —

(8) **Laban**, Ferd., der Gemüthsausdruck d. Antinous. 891. (KBL 28.) Jetzt: Berlin, G. Reimer.

Laban, Ferd., über die moralischen u. praktischen Grundelemente der Thierschutzbestrebung. Ein Wort an die Gebildeten aller Stände. gr. 8. (70 S.) Wien 879. Hölder. n. — 60

—— auf der Haimburg. Eine Dichtung. 8. (23 S.) Wien 881, Konegen. * 1 —

Laban, Ferd., s.: Kunsthandbuch f. Deutschland.

— Die Reiterdenkmäler Berlins u. Wiens. Mit e. Abbildg. des Fernkornschen Prinzen Eugen. (108.) 35,5×24,5 cm. Berlin 908. G. Grote. — 80

—— die Schopenhauer-Literatur. Versuch einer chronologischen Uebersicht derselben. gr. 8. (123 S.) Leipzig 880, Brockhaus. * 2 50

— Die Zeichnungen auf der deutschen Jahrhundert-Ausstellung. (40 S. m. Abbildgn. u. 8 [2 farb.] Taf.) 41×31 cm. Wien 907. Gesellschaft f. vervielfältig. Kunst. 12. —
Sonderabdruck aus: „Graph. Künste".

Die Zukunft des Papsttums. Hist.-krit. Studie von Baldassare **Labanca**, Prof., Rom. Autor. Uebers. von Maria Sell. Tübingen: J. C. B. Mohr 1906. (VIII, 128 S.) 8°
Erw. aus: Labanca: Il papato, sua origine, sue lotte e vicende, suo avvenire. (ed. 1903)

Laband, Ludwig, approb. Arzt aus Breslau: Aus d. Poliklinik d. Hrn Prof. Dr. H. Rosin zu Berlin. Beitrag zur Lehre von den Benzoylestern der Kohlehydrate im Harn. *Kiel 1903: Schmidt & Klaunig.* (20 S.) 8°
Kiel, Med. Diss. v. [6. Juli] 1903

Laband, Ludovicus (*geb. Sohrau in Oberschles. [20.] 2. 1805*):
De Laconico. Vratislaviae (1826). (31 S.) 8°
Breslau, Med. Diss. v. 15. [vielmehr 14.] Nov. 1826

Laband, Ludwig, aus Ruda: Studien über die Bedeutung der Electrolyse in der forensen und Nahrungsmittelchemie. *Erlangen 1901: E. Th. Jacob.* (52 S.) 8°
München, Phil. Diss. v. 1901

Laband, Moses (Schlesier), Spec. med. de locis in pleuritide affectis. Präs. Jo. Chr. Reil. Halle (Bathe) 10. III. 1796. 36 S. (3.—) 20267

Laband, Paul, s.: Archiv f. öffentl. Recht.

Laband, Paul, Beiträge zur Kunde des Schwabenspiegels. Berlin 861. Dümmler's Verlhdlg. gr. 8. (2 Bl., 80 S.) n. 15 ngr.

Laband, Beitr. z. Kunde d. Schwabenspiegels. Berlin 863.

Laband, Paul, das Budgetrecht nach den Bestimmungen der preußischen Verfassungs-Urkunde unter Berücksicht. der Verfassg. d. norddeutschen Bundes. [Aus „Zeitschrift f. Gesetzgebg. u. Rechtspflege in Preußen."] gr. 8. (IV, 83 S.) Berlin 871. Guttentag. n. 1. 20

Laband, P. Denkschrift über das Recht der Salzgewinnung im Fürstenthum Reuss j. L. 4°. Strassburg 1878.

Laband, Paul: [Umschlagt.:] Denkschrift über die Verstaatlichung der im Grossherzogthum Hessen gelegenen Strecken der Hessischen Ludwigs-Eisenbahn-Gesellschaft. Auf Veranl. d. Verwaltgsrathes d. Gesellsch. vf. v. Dr. Paul Laband, Prof. an d. Univ. Strassburg. Als Ms. gedr. Mainz: (Dr. v. H. Prickarts) 1893. (24 S.) 1 Bd. 4°

Gutachten über die Rechtsfragen, die sich aus dem Rückkaufe der schweizerischen Hauptbahnen für deren Obligationenanleihen ergeben. Im Auftr. d. eidg. Post- u. Eisenbahndep. erstattet von Dr. Paul **Laband**. Prof. in Straßburg. *Bern 1900: Stämpfli & Cie.* (18 S.) 4° (04. 1093)

Laband, Paul., Jura Prutenorum saeculo XIV condita nunc primum e libris manuscriptis. gr. 4. (22 S.) Königsberg 866, (Koch.)

— s.: Juristen-Zeitung, deutsche.

Das Deutsche Kaiserthum. Rede z. Feier d. Geburtst. S. M. d. Kaisers u. d. Wiedererrichtg d. deutschen Kaiserthums am 27. Jan. 1896 in d. Aula d. Kaiser-Wilhelms-Univ. Strassburg geh. v. Dr. Paul **Laband**, o. Prof. d. Rechtsw. Strassburg, J. H. E. Heitz, 1896; 30 S. 8.

— die vermögensrechtlichen Klagen nach den sächsischen Rechtsquellen des Mittelalters dargestellt. Königsberg 869. Hübner & Matz. gr. 8. (IX, 406 S.) n. 2 *ℛ* 15 *ngr.*

— zur Lehre v. der Rechtskraft, s.: Wach, A.

Laband: Die Literatur über das deutsche Patentrecht. Stuttgart 1878

Laband, Paul, die juristische Natur der Lebens- und Rentenversicherung, s.a. Festgabe zum Doctor-Jubiläum des Hrn. Geh. Justizr. Prof. Dr. Heinr. Thöl in Göttingen.

Laband P, die juristische Natur der Lebens- und Rentenversicherung. (Festgabe für Thöl in Göttingen) Strassburg 1879

Laband, Paulus *(geb. Breslau 24. 5. 1838)*: Privilegii dotalis hypothecarii origo, historia atque indoles. Vratislaviae (1858). (VIII, 61 S.) 8°
Breslau, Jur. Diss. v. 1. Mai 1858

Laband, P., s. Recht, das öffentliche, der Gegenwart.

—— Magdeburger Rechtsquellen. Zum akadem. Gebrauch hrsg. gr. 8. (IV, 148 S.) [Ebendas.] 869. (*ℳ 2,80.] *

— s.: Rechtswissenschaft, systematische.

— Deutsches Reichsstaatsrecht, s.a. Recht, das öffentl., der Gegenwart. I.

Deutsches Reichsstaatsrecht. Von Dr. Paul **Laband**, Prof., Straßburg. Neubearb. auf d. Grundlage d. 3. Aufl. d. kleinen Staatsrechts d. Deutschen Reichs. Tübingen: J. C. B. Mohr 1907. (VIII, 448 S.) 4°(8°)
— Recht, Das öffentliche, d. Gegenwart. 1. [o4. 13741

— Direkte Reichssteuern. Ein Beitrag zum Staatsrecht des Deutschen Reichs. 1.—3., unveränd. Aufl. (70 S.) 8. Berlin 908. O. Liebmann. — 80

– (Hrsg.), s. Renaud, Ach.: Das Recht der stillen Gesellschaften.

—— das Magdeburg-Breslauer systematische Schöffenrecht aus der Mitte des 14. Jahrh. gr. 8. (XLIII und 226 S.) Berlin 863, Dümmler's Verlag. *

Laband, P., das Staatsrecht d. Deutschen Reiches, s.a. Handbuch d. öffentlichen Rechts in Monographien.

— das Staatsrecht d. Deutschen Reiches. 1. Bd. gr. 8. (XI, 618 S.) Tübingen 876. Laupp. n. 12. —

— das Staatsrecht des Deutschen Reiches. 2. Bd. gr. 8. (VII, 490 S.) Freiburg i/Br. 878. Mohr. n. 11. —

— dasselbe. 3. Bd. Nebst einem das ganze Werk umfass. Sachregister. gr. 8. (III, 396 u. IV, 440 S.) Ebend. 880. 82. n. 17. — (cplt.: n. 40. —)

Laband, P., das Staatsrecht d. Deutschen Reiches. 2., umgearb. Aufl. (In 2 Bdn.) 1. Bd. u. 2. Bd. 1. u. 2. Abth. Lex.-8. Freiburg i/Br. J. C. B. Mohr. n. 36. 50
1. Bd. (XVI, 800 S.) 888. n. 17. 50; geb. n.n. 20. —
2. Bd. 1. Abth. (IV, 496 S.) 890. n. 11. —
2. Bd. 2. Abth. (IV u. S. 497—838.) 890. n. 8. —

Laband, Paul, das Staatsrecht d. Deutschen Reiches. 2., umgearb. Aufl. (In 2 Bdn.) 2. Bd. 3. Abth. Lex.-8. (IV u. S. 833—1114.) Freiburg i/B. 891. J. C. B. Mohr. n. 5. 50 (cplt.: n. 42. — ; geb. n.n. 47. —)

— das Staatsrecht d. Deutschen Reiches. 2., verb. u. verm. Aufl. (Handbuch d. Oeffentl. Rechts II. 1.) Lex.-8. (IV, 276 S.) Ebd. 894. n. 7. 50; geb. n.n. 8. 50

— d. Staatsrecht d. Deutschen Reiches. 3., verb. u verm. Aufl. in 2 Bdn. gr. 8. (XVI, 767 u. VIII, 1058 S.) Freiburg i/B. 895. Tübingen, J. C. B. Mohr. n. 42. —; Einbde. à n.n. 2. 50
Erschien auch in 23 Lfgn. à n. 1. 80.

— das Staatsrecht des Deutschen Reiches. 4. neubearb. Aufl. in 4 Bdn. gr. 8. Freiburg i/B. 901. J. C. B. Mohr. n. 45. —; Einbde. à n.n. 2. 50
1. (XII, 501 S.) n. 12. —. — 2. (IV, 296 S.) n. 7. —.
3. (IV, 500 S.) n. 12. —. — 4. (IV, 608 S.) n. 14. —.

Das Staatsrecht des Deutschen Reiches. Von Dr. Paul **Laband**, Prof., Strassburg. 3., neubearb. Aufl. *Tübingen & Leipzig: J. C. B. Mohr 1902.* (VII, 313 S.) 4°(8°)
— Handbuch des Oeffentlichen Rechts d. Gegenwart. Bd 2, Abt. 1. [03.3808

Laband-Leoni, Staatsrecht d. Deut. Reichs u. d. Reichslande Els.-Lothringen. Freib. i. Br. 884.

— d. Streit üb. d. Thronfolge im Fürstent. Lippe. gr. 8. (47 S.) Berlin 896. O. Liebmann. n. — 80

Laband, Paul, die Thronfolge im Fürstenth. Lippe, unter Benutzg. archival. Materialien erörtert. gr. 8. (III, 68 S. m. 1 Stammtaf.) Freiburg i/B. 891. J. C. B. Mohr. n. 2. —

[L.] Die Wandlungen der Deutschen Reichsverfassung. Vortr. geh. in d. Gehe-Stiftg zu Dresden am 16. März 1895 v. Dr. [Paul] Laband, Prof. in Strassburg i. E. *Dresden: v. Zahn & Jaensch 1895.* (1 Bl., 38 S.) 1 Bd 8.
= Vorträge, Staatswiss., u. Jahrb. d. Gehe-Stiftung zu Dresden. H. [4.] [95. 2445

— s.: Zeitschrift f. d. ges. Handelsrecht.

— s.: Zum Entwurf e. deutschen bürgerlichen Gesetzbuches.

Labarde Der Kampf gegen den Alkohol. (Aus dem Französischen von Dr W. O. Portugalow Hrsg. vom Temperenzverein in Odessa.) 1896.

Labarre, Aug. (Hrsg.), s.a. Abendunterhaltungen, Declamatorische.

Labarre, A., Abend-Unterhaltungen, declamatorische. Eine Auswahl des Interessantesten zu Vorträgen in geselligen Kreisen. 1—3. Heft. Zerbst 854, 55. (Leipzig) Wallerstein. 16. (VIII, 137; IV, 196; IV, 144 S.) Jedes Heft 5 *ngr.*

— — 1—3. Bdchn. 3. Aufl. Ebend. 860. 16. (144; IV, 148; IV, 140 S.) Jedes Bdchn. 5 *ngr.*

Labarre, Aug., declamatorische Abend-Unterhaltungen. Eine Auswahl des Interessantesten zu Vorträgen in geselligen Kreisen. 4—6. Bdchn. Leipzig 863. Klinkhardt. 16. (IV, 163; IV, 155; IV, 140 S.) Jedes Bdchn. 5 *ngr.*

Labarre, Aug., declamatorische Abend-Unterhaltungen. Eine Auswahl des Interessantesten zu Vorträgen in gesell. Kreisen. 1—4 Bdchen. gr. 16. Leipzig 878. Klinkhardt. à n. — 60
1. 4., verb. Aufl. (VI, 132 S.) — 2. 4., verb. Aufl. (IV, 139 S.) — 3. 4. Aufl. (VI, 126 S.) — 4. 2., verb. Aufl. (IV, 176 S.)

—— Ernst und Scherz, s.a. Ernst und Scherz.

— Ernst und Scherz. Eine Auswahl des Interessantesten zu Vorträgen in geselligen Kreisen. [Separatausgabe von dessen deklamatorischen Abendunterhaltungen II.] Leipzig 859 Mertens. (Klinthardt.) 16. (IV, 196 S.) 5 ngr.

Labarre, F., Leitfaden der brandenburgisch-preußischen Geschichte für höhere Lehranstalten. Mit 25 (eingedr.) Terrainskizzen in Holzschn. 8. (IV, 66 S.) Potsdam 880. Stein. cart. n. — 80

Labarre, Fr : Gallische Zustände zu Caesars Zeit. 17 S.– Neu-Ruppin, Progr 1870.

Labarre, Frz. Die römische Kolonie Karthago. 22 S G *Potsdam* 1882 **Progr.**

Amusements littéraires ou Correspondance politique, historique, philosophique, critique et galante (pour les années 1738 et 1739), par [Antoine] **de la Barre de Beaumarchais.** Vol. 1—3. Francfort: Varrentrapp 1738—1739. 8⁰

La Barre Duparcq, Ed. de, s.a. Duparcq de La Barre

La Barre Duparcq, Ed. de, Etudes historiques et militaires sur la Prusse. gr. 8. (VIII und 318 S.) Paris 854. Berlin, [Schneider.] *

de Labarre-Duparcq, Ed. Etudes historiques et militaires sur la Prusse. (VIII 317) 8 Paris, Berlin 1854 ib 1856 6,00

La Barre Duparcq, Ed. de, das Glück im Kriege. Eine Denkschrift. Autorisirte freie Uebersetzung aus dem Französ. von **Karl Edlen v. Gebler.** Prag 870. Hunger. gr. 8. (IV, 32 S.) n. 4 ngr.

La Barre Dubarcq, Ed. de, Histoire militaire de la Prusse avant 1756, ou introduction à la guerre de sept-ans. gr. 8. (XV und 371 S.) Paris 858. Berlin, F. Schneider. *

Barre-Duparcq, Ed. de la, Opinions et maximes de Frédéric le Grand recueillis, annotés, et précédés d'une introduction. Paris, Berlin 1857. 8.

—- historische und militairische Studien über Preußen. Deutsch bearb. von C. v. Reinhard. gr. 8. (XI und 131 S.) Leipzig 854. [Kaiserslautern, Meuth.] *

— historische und militairische Studien über Preußen. Deutsch bearb. von C. v. Reinhard. Leipzig 854. Remmelmann. (Kaiserslautern, Meuth.) gr. 8. (XI, 131 S.) n. 1 ₰.

Labarrière, E., die Rivalinnen. Roman Autoris. deutsche Uebersetzg. 8. (310 S.) Mannheim 892. J Bensheimer's Verl. n 4. – ; geb. 5. —

Labarrière, P., unschuldig verurtheilt. Roman. Autoris. Uebersetzg. v. E. Neumann. 8. (297 S.) Breslau 889. [Schottländer.] Schlesische Verlagsanstalt. n. 4. 50; geb. n. 5. 50

La Barthe, s.a Barthe, Marquis de la

La Barthe, Marquis de, vormahliger k k. österr Rittmeister etc Handbuch des Reiters zum Behuf der Officiere bei der Cavallerie und anderer Pferdeliebhaber von der nöthigen Kenntniss des Pferdes, von ihren gewöhnlichen Krankheiten etc. 2. verbesserte Auflage 8 Pest 1815.

Labarthe's, P., Reise nach der Küste von Guinea, oder Beschreibung der westlichen Küsten von Afrika, vom Cap Tagrin bis zum Cap Lopez-Gonsalvo. Aus dem Franz. mit Anmerk. übersetzt von J. A. Bergk. 8. Leipzig, Joachim. 805.

— Dasselbe, in einer andern Uebersetzung, s. a. Bibliothek d. Reisen 9r Bd.

— — dies. in einer andern Uebers. (a. d. Biblioth. d. Reisen 9r Bd.) gr. 8. Weim. Ind. Comt. 803.

— — dies. gr. 8. Leipz. Rein. 803.

Labat, Jean Baptiste. Abhandlung vom Zucker . . . a. d. Franz. . . . Nürnberg 1785. Ü: *Schad, Georg Friedrich Casimir von.* (Ky)

— Abhandl. vom Zucker, dessen Bau, Zubereitung u. mancherlei Gattungen; aus d. Französ., mit Zusätzen u. Register (von G F. C. v. Schad). Mit Kpf. 8. Nürnb 785. Bauer u. R. 1 ₰

— Reise nach Spanien und Italien. Aus dem Französ. von C. F. Tröltsch. Frankf. 758-61. 8 Bde. 8.

Labat, J. B. Reisen nach Spanien; a. d. Franz. Th. 1—8. Nürnberg 1758—61. Ü: *Schulin, Johann Philipp.* (Fiker) (MGT)

Labat, Jo. Bapt., Reisen nach Spanien u. Welschland. Aus d Französ. übersetzt von K. F. Tröltsch u J. Ph. Schulin. 8 Thle. 8. Nürnb. 758—62. Felssecker. 3 ₰

Labat, J. B., Reisen nach Spanien u. Welschland. 8 Thle. 8. Nürnb. Felsecker. 758-64.

— Reisen nach Westindien; nach d. neuesten Ausg. übers. u mit Anmerkk. u. Register versehen von G. F. C. v. Schad. 7 Thle, mit Kart. u. Kpf. gr. 8. Nürnb. 782—88. Bauer u. R. 5 ₰ 12 gr

— — nach Westindien. 7 Thle. gr. 8. Nrnb. Raspe. 782-88. (1r u. 2r à 18 gr. 3r bis 7r à 1 Rthlr.)

— voyage du chevalier des Marchais en Guinée. IV Vols., avec carte et fig. gr. 12. Paris. ... (Frankf. a. M., Varrentrapp). 3 ₰

— voyages en Espagne et en Italie, avec fig. VIII Vols gr. 12. Frankf a M, (Varrentrapp). 3 ₰ 12 gr

Labaume, E., Erzählung von dem Feldzuge in Rußland im J. 1812, s. Kriegsbibliothek. 2r Bd.

— kurze Geschichte d. Republik Venedig, s. a. Benzel-Sternau, histor. Bibliothek d. Auslandes.

Labaume, E. Kurze Geschichte der Republik Venedig Nach d Französ 8 Frankfurt 1812 8,50

Labaume, E., Histoire de la Chute de l'empire français ornée de 8 plans ou cartes, pour servir au recit des principales batailles livrées en 1813 et 1814. 2 Vol. in 8. Paris, 820.

La Baume, Frid. Guil. Franc. Alex(and.) (geb. Eisleben 22. 12. 1813)
De cardialgia. Berolini (1839). (32 S.) 8°
Berlin, Med. Diss. v. 19. Febr. 1839

La Baume, W.: Die afrikanischen Wanderheuschrecken. Von Dr. W. La Baume, Berlin. Mit 10 Abb. u. 4 Taf. (Berlin: Tropenpflanzer 1910.) S. 65–128. 8°
(Tropenpflanzer. Beihefte. Bd. 11, Nr. 2.)

La Baume, Wolfgang: Beitrag zur Kenntnis der fossilen und subfossilen Boviden. (Danzig 1909: Kafemann.) 39 S. 8° ¶(Ersch. mit Tafeln in: Schriften d. Naturforschenden Gesellsch. in Danzig. N. F. Bd 12, H. 3.)
Berlin, Phil. Diss. v. 27. Febr. 1909, Ref. Branca
[Geb. 8. Febr. 85 Wurzen, Kgr. Sachsen; Wohnort: Halensee-Berlin; Staatsangeh.: Preußen; Vorbildung: Gymn. Wolfenbüttel Reife O. 03; Studium: Jena 3, Freiberg i. S. Bergakademie 1, Berlin 5 S.; Rig. 12. Nov. 08.] [U 09. 220

La Baumelle, s. La Beaumelle, Laurent Angliviel de

de la Baune, J. Vita Constantini Magni, ed. A. Jaeger. 8. Norimbergae 1779.

Labaurière, kleinerer Katechismus der Sozialreform. (23 S.) München, M. Ernst. 1902 —. 30.
(Sammlg. gesellschaftswissensch. Aufsätze. H. 17.)

Labauve, E. Entscheidungen des Reichs-Oberhandelsgerichts im Versicherungswesen. Oldenburg 1880.

Labauve, E., die Feuer-Versicherung. Ein Wegweiser für Behörden, Agenten und sonst Jedermann. Mit Anhang, betr. Feuerwehren und Brandstiftungen in ihrer Beziehung zur Assecuranz. 8. (89 S.) Oldenburg 881, Hintzen. * 1 20

Labbé, Alphonse, Sporozoa, s.a. Tierreich, das.

Sporozoa par Alphonse Labbé à Paris. Avec 196 fig. *Berlin R. Friedländer & Sohn 1899* (XX, 180 S.) gr 8°
= Tierreich, Das. Lfg 5.

Labbe, Pet., Elogia sacra theologica et philos. 8. Lps. F. G. W. Vogel. 706.

La Beaume, Jul., Heinr. Fremond. Psycholog. Bild d. Priesters. A. d. Franz. übers. v. A. v. F., geb. v. K. 2 Thle. 8. (37½ B.) Berlin 840, Voß'sche Buchh.

La Beaumelle, Laur. Angliviel de, s.a. Beaumelle, Laur. Angliviel de la

de La Beaumelle, Laur Angliviel. Additions et corrections au Siècle de Louis XIV 12. Berlin 1753

La-Beaumelle, Laur. Angliviel de.

Beyträge zu den Gedanken [desselben] ... Berlin u. Leipzig 1754. Ü: *Beneckendorf, Carl Frdr.* (Ky) (Milchs)

BAUMELLE. — Gedanken 1) von der Ehe, 2) von der Freundschaft, 3) von der Liebe etc., aus der Spectatrice danoise übersetzt. Copenhagen 1757. 8°. 8¼ Bogen.

BAUMELLE (= Beaumelle), Laurent Angliviel De La-, Gedanken von den menschlichen Thorheiten, von den Seelen der Thiere, von dem Ehestande. Aus dem Französischen (von Christian Gottlob Menzel). Koppenhagen und Leipzig 1756. 8°. (In Aarau.)

La Beauté, der Parfümerie-Fabrikant oder die Damen-Toilette. Eine ausgewählte Sammlung der neuesten und besten Verfahren zur Bereitung von Pommaden, Essenzen, Räucheressigen, Zahntinkturen ꝛc., nebst Mitteln zur Verschönerung des Teints, der Haare ꝛc. und zur Heilung des übelriech. Athems. 8. (X und 93 S.) Erfurt 847, Hennings und Hopf. Thlr.

Labe-Becher für Fahrlustige. ****** Die launige Locomotive, od. der lustige Gesellschafter auf der Eisenbahn; zur Erheiterung im Dampfwagen gesammelt u. hrsg. v. JoCosus satIrICus. Mit (2 lith.) Skizzen v. D. Rahfeld. 16. (12 B.) Meißen 842, Goedsche.

La Beche, Henry T. de, s.a. Beche, Henry T. de la

Labèche, H. T. de. und Lyon Plaifair Bericht über die zur Dampfschifffahrt geeigneten Steinkohlen Englands. Wien 1849.

Labèche, H. T. de. Handbuch der Geognosie. Aus dem engl. durch H. v. Dechen. Berlin 1832.

——— Untersuchungen über theoretische Geologie; aus dem Englischen von Hartmann. Quedlinburg und Leipzig 1836. 8.

Labèche, H. T de. Vorschule der Geologie. Aus dem engl. durch E. Dieffenbach. Braunschweig 1852.

de La Bédollière, E. Histoire de la guerre d'Italie. Villafranca. Quadrilatero. Zürich. (80.) 4. Paris 1859. fr. 1.50.

La Bédollière, Ém. de, Histoire de la mode en France. 16. (188 S.) Leipzig 858, A. Dürr.

La Belle-Croix, Baron de. Enthüllungen und Erinnerungen . . . aus den Unglückstagen von Metz und Sedan. 4. Aufl. Hannover 1885. 8°.

Labendzinski, Stanislaus: Ueber die Konstitution der gelösten Schwermetallsalze auf Grund von Potentialmessungen. *Breslau 1904: H. Fleischmann.* (48 S.) 8°
Breslau, Phil. Diss. v. 27. Febr. 1904

***Labensky,* F. R.,** Galerie de l'hermitage gravée d'après le plus beaux tableaux qui la composent, avec la description histor. par Camille de Genève. III Livrais. gr. 4. St. Petersb. 805. (Halle, Schwetschke u. S.) 70 ß

Laber, Alois, letzte Hilfe für Nervenleidende. Eine populäre Belehrung über die Nervenleiden aller Art, ihre Ursachen und ihre unausbleibliche Heilung. Mit vielen beglaubigten Thatsachen vollkommen geheilter Kranken. 16. (108 S.) Wien 854(55), Benedikt.

—— einzige Rettung für Brustkranke. Wohlmeinende auf 18jährige prakt. Erfahrungen gestützte Nachweisungen, allen Lungensüchtigen, Schwindsüchtigen und Tuberkulosen zu ihrer Heilung und Lebensverlängerung mitgetheilt. 16. (XIV und 82 S.) Wien 855, Benedikt.

Laber, Alois, einzige Rettung für Brustkranke. Wohlmeinende, auf 18jährige praktische Erfahrungen gestützte Nachweisungen, allen Lungensüchtigen, Schwindsüchtigen u. Tuberkulosen zu ihrer Heilung u. Lebensverlängerung mitgetheilt. 2. verm. Aufl. Wien 861. Benedikt. 32. (XIV, 82 S.) 6 ngr.

Laber, Erwin, a. Cöln: Die Übertragung des Verlagsrechtes. Cöln a. Rh. 1906: M. DuMont Schauberg. (51 S.) 8°
Freiburg i. B., Rechts- u. staatsw. Fak., Ref. Schulze, Diss. v. 1906
[Geb. 6. Sept. 81 Cöln a. Rh.; Wohnort: Cöln; Staatsangeh.: Preußen; Vorbildung: Gymn. Cöln; Studium: Bonn 1, Berlin 3, Leipzig 1, Freiburg i. B. 2 S.; Rig. 19. Febr. 06.]

Laber, Hadamars v., Jagd, mit Einleitung und erklärendem Commentar hrsg. von Karl Stejskal. gr. 8. (XLIV, 219 S.) Wien 880, Hölder. * 6 —

v. Laber, Hadamar, Jagd- u. drei andere Minnegedichte, siehe: Bibliothek des literar. Vereins in Stuttgart, XX. Thl.

Laber, Jos. Älteste Chronik der Stadt Wemdingen im Rezatkreise Bayerns 8. Oettingen 1836

Laber, Jos., neue Chronik der Stadt Wemding in Bayern oder Wemding unter bayer. Regenten vom J. 1467—1860. Sammt Nachrichten von dem Wildbade daselbst. gr. 8. (XV und 228 S. mit 8 Stnt.) Nördlingen 861, (Beck'sche Buchh.) *

Laber, M., Salzburger Sagen, s. Volks- und Jugend-Bibliothek, österreichische.

Laber, M., Wanderungen durch Salzburg, s. Volks- und Jugend-Bibliothek.

Laber, Victorin

Laber, ..., falWesten, Therese.

Therese Westen, oder Großmuth und unglückliche Treue. Originaltrauerspiel in vier Aufzügen (von *Victorin Laber*). Brünn 1790.
Anon.-Lex. IV. p. 392 (nach Goedeke u. Kayser)

Laber, W., u. Carl Scheffel, der Gerichts-Stenograph. Anleitung zur prakt. Verwendg. der Stenographie im Justiz- u. Verwaltungsdienst. Redeschrift. Erstmals bearb. (70 S.) 8. Wolfenbüttel 908. Heckner. 1. 20

Laber, Willy, a. Berlin, Unterarzt im Culmer Inf.-Reg. Nr. 141: Über die Tuberkulose des os pubis. Berlin 1906: Denter & Nicolas. (18 S.) 8°
Berlin, Med. Fak., Ref. Olshausen, Diss. v. 4. April 1906
[Geb. 29. Juli 79 Berlin; Wohnort: Berlin; Staatsangeh.: Preußen; Vorbildung: Gymn. Königsberg N.-M. Reife O. 00; Studium: Jena 1, Berlin 1, Berlin Kaiser Wilh.-Akad. 8 S.; Coll. 2. April 06; Approb. 21. März 06.]

Laberenz, Festrede, gehalten zu Fulda bei der Feier der 1000-jähr. Erinnerung an den Tod des hl. Erzbischofs Rhabanus Maurus, am 4. Febr. 1856. Fulda. (Müller.) 8. (16 S.) n. 2¾ ngr.

Laberenz, Grammatik der hebräischen Sprache des Alten Testaments. Paderborn 867. Schöningh. gr 8. (VI, 336 S.) n. 28 ngr.

Laberenz, Gttfr., katholische Homiletik. gr. 8. Regensburg 844, Manz. 1¼ ₰

Laberenz, Godefr., De vera libri Jonae interpretatione. Fulda, 1836.
Recens. Katholik 1837, Bd. 63, S. 311 f.

La Bergerie, Rougier de, Anweisung Fischteiche mit d. möglichst geringen Kostenaufwande u. auf d. Dauer anzulegen, dieselb. vortheilhaft zu besetzen u. zu fischen u. d. Fische ohne Gefahr u. mit Sicherheit zu verschicken u. zu transportiren. Nebst e. Abhandl. üb. d. Nutzen d. Fischteiche als Bewässerungsmittel. 8. (2½ B. u. 2 Bl. Abbildn.) Quedlinburg 839, Basse.

Laberius, Decimus

Laberii (Decimi) Mimi prologus. Praecedit historia poëseos mimicae apud Romanos. Edid. F. L. Becher. 8. Lipsz. 787.... 5 K

Labes [Schlagwort]

Labes, s.: Deutschland, Uebersichtskarte.

Labes [Verf.]

Labes, Carl Adolf, s. Labes, Karl Adolf

Labes, *Ernst* [aus Frankfurt a. M.]: Ueber das 1-Phenyl-2-propyl-3-methyl-5-pyrazolon ... Jena, Druck v. A. Kämpfe, 1895; 40 S., 1 Bl. 8.
Jena, Phil. Fak., Inaug.-Diss. v. [22. Juli] 1895

Labes, Eug., Ernst Moritz Arndt. Ein Büchlein für das deutsche Volk. Nebst ungedruckten Briefen Arndts u. einem Gedichte „des Alten vom Rhein Abschied u. Heimkehr." Jena 860. Döbereiner. 16. (V, 127 S. u. Portr. in Holzschnitt.) n. 10 ngr.

Labes, R. J. Eug., die bleibende Bedeutung der Brüder Grimm für die Bildung der deutschen Jugend, an den Märchen, Sagen, der Heldensage und Mythologie dargelegt. gr. 4. (32 S.) Rostock 887, Werther's Verlag. *

Labes, Eug., Charakterbilder der deutschen Literatur nach Vilmar's Literaturgeschichte geordnet mit Rücksicht auf die neueste Aufl. der Handbücher von Schaefer und Werner Hahn. Ein Buch für Gebildete so wie zum Schulgebrauch für Töchterschulen, Gymnasien, höhere Bürger- und Realschulen und Privat-Institute. 2 Bde. gr. 8. Jena 866,67, Hermsdorf. [1. Bd. (X und 272 S.) * 20 Ngr., 2. Bd. (X und 300 S.) * 25 Ngr.] *

Labes, Eug., Comparantur inter se Philippi Melanthonis loci theologici et Joannis Calvini institutio religionis christianae. Pars I. gr. 4. (15 S.) Rostock 877, (Stiller'sche Hofbuchh.) *

Labes, Robert *Julius* Eugen [Dr.]: Einige Ergebnisse der vergleichenden Sprachwissenschaft. Rostock, Druck v. Adler's Erben, 1897; 22 S. 4.
Rostock, Grosse Stadt-S (G, RG u. VS), OP 1897 (679)

Labes, Eugen, neue Gedichte. Neue Ausg. 16. (VIII, 88 S.) Rostock 872. Stiller. 1. 50

Jubiläumsklänge. Die 300jährige Jubelfeier der Universität Jena in Lied und Bild v. P. O. Eta [d. i.: Eugen Labes]. 2. Aufl. Weimar. 1858. 8°

Labes, Eug., Lieder aus Heimath u. Fremde. Dichtungen. Leipzig 866. Priber. 16. (VIII, 136 S.) 12 ngr.

— Luise, Königin v. Preussen. Nach den Meisterwerken der bildend. Kunst. gr. 16. (20 S.) Ebend. 877. — 75

— in memoriam. Zur Erinnerung an Anastasius Grün. Mscr. gr. 16. (16 S.) Ebend. 877. — 75

Labes, Eug., Palmenblätter. Ein Beitrag zum Friedrich Franz-Denkmal. gr. 8. (16 S.) Rostock 883, (Stiller'sche Hofbuchh.) — 50
Ausg. auf Velinpap. — 60

—— Poesis satirica quantum adjuverit emendationem sacrorum. Oratio. 8. (20 S.) Weimar 860, Kühn. *

— Tannengrün u. Edelweiß. Lieder aus stillen Stunden. Neue Ausg. 16. (IV, 80 S.) Ebend. 872. 1. 50

— Zeitgedichte. 1. u. 2. Aufl. Rostock 870. Stiller. 16. (40 S.) n. 5 ngr.

Labes, Felix (geb. Memel 25. 6. 1854): Ueber antiseptische Behandlung complicirter Schädelfracturen. Berlin (1875). (32 S.) 8°
Berlin, Med. Diss. v. 6. Aug. 1875

Labes, Friedrich *Carl* [aus Curow '(Pomm.)']: Pathologisch anatomische Beiträge zur Lehre von der Influenzapneumonie ... Berlin, C. Vogt's Buchdr., *1892;* 38 S., 1 Bl. 8.
Berlin, Med. Fak., Inaug.-Diss. v. 8. Nov. 1892

Labes, Jo Heinr. (Ballstädt/Sa.-Weimar), Diss. med. de febre puerperali. Jena (Schreiber) 29. III. 1825. 16 S. (3.—) 20268
Gew.: Aug. Kraft.

Labes, John, Bestimmung grösster Momente u. Querkräfte f. Eisenbahn-Balkenbrücken u. die Berechng. der Querträger v. Eisenbahnbrücken, s.: Vorschriften f. die Berechnung der eisernen Brücken der preuss. Staatseisenbahn-Verwaltung.

Labes, John, über die wesentlichen Mängel der bisher üblichen Wahlmethoden, nebst Nachweis eines Wahlmodus, der diese Mängel in einfacher Art vollständig beseitigt. gr. 8. (15 S.) Berlin 847, (Mittler und Sohn.) *

Labes, John, Tafel zur Berechnung der Druckhöhenverluste des Wassers in geschlossenen Rohrleitungen. (4 S. m. 1 Fig.) gr. 4. Wiesbaden 904. C. W. Kreidel. n. — 60
Sonderabdr. aus: „Ztschr. f. Architektur u. Ingenieurwesen".

Labes, Karl Adolf

Labes, Carolus Adolfus: De genio annuo Halis observato. Halis Saxonum (1849): Schmidt. 25 S. 8°
Halle-Wittenberg, Med. Diss. v. 13. März 1849
Geb. Riesenburg (Westpr.) [26. 3.] 1825. V.

Labes, Paul [Referendar]: Die Disziplinargewalt des Staates über seine Beamten. . . . München, Druck v. Knorr & Hirth, 1889; 2 Bl. + 60 + 1 S. 8°
Rostock, Jur. Fak., Inaug.-Diss. v. 22. Jan. 1889

Labes, Paul, General-Register, s.: Zeitschrift, mecklenburgische, f. Rechtspflege u. Rechtswissenschaft.

Labes, R., Tafeln zur Bestimmung der Querschnitte gewalzter eiserner Träger f. Hochbauten. Unter Berücksicht. aller vorkomm. Belastungsarten. gr. 8. (XVI, 94 S. m. Holzschn.) Berlin 893. W. Ernst & Sohn. Kart. n. 4. —

Labes, R. J. Eugen, s. Labes, Eugen

Labes-Stein, E., Johannes der Täufer. Histor. Erzählg. (444 S.) 8. Leipzig-Gohlis 910. B. Volger. 4. —

Labesius, kurze Anleitung zum Molkereibetriebe. Für Anfänger zusammengestellt. gr. 8. (31 S.) Bremen 880. Heinsius. n. — 80

— dasselbe. 2., erweit. Aufl. Mit 12 (eingedr. Holzschn.-) Illustr. 8. (57 S.) Ebend. 881. n. 1. —

Labhardt, Alfred [prakt. Arzt von Basel]: Über traumatische Tuberkulosen in der Chirurgie. Aarau 1899. 55 S. 8°.
Basel. Med. Diss. 1898/99.

Labhardt, Alfr[ed], Oberassistenzarzt am Frauenspital: Aus dem Frauenspital Basel-Stadt (Director: Prof. Dr O. von Herff) und aus der physiologischen Anstalt der Universität Basel (Director: Prof. Dr. Metzner). Das Verhalten der Nerven in der Substanz des Uterus. [Mit 1 Tafel.] Basel 1907. 77 S. 8°. S.-A. a. d. Archiv f. Gynäkologie Bd. 80, Heft 1.
Basel. Med. Hab.-Schr. 1906/1907.
Nicht zur Versendung bestimmt.

Labhardt, Emil, aus Steckborn. Kanton Thurgau: Ueber Nitroderivate des Bromnaphtalins. Stuttg. Hammer u. Liebich Dr. 1882. 8 Bl., 45 S., 1 Bl. 8°
Zürich, Phil. Diss. [v. 24. Febr. 1882].

Labhardt, Hans [von Basel]: Zur Kenntnis der Einwirkung von einigen Derivaten der Kohlensäure auf Abkömmlinge des Phenylhydrazins. Basel 1899. 96 S. 8°.
Zürich. Phil. Diss. II. S. 1898/99.

Labhardt, Hans P(aul). 1. Darstellung von Akridonen und Xanthonen aus arylirten Anthranil- resp. Salicylsäuren; 2. Studien über die Darstellung aliphatischer, ungesättigter Amine. Diss. Phil. Basel. 57 S. 8. Zürich, W. Coradi-Maag, 1907.

Labhardt, Theobald., Quae de Judaeorum origine iudicaverint veteres. Augsburg, Programm des St. Stephans-Gymnas., 1881, 8°, 46 S.

Labhart (in Männedorf), Referat üb. die Frage: Auf welche Weise können vorbereitende Gymnasialstudien, namentlich behufs Eintrittes in die höhern kantonalen Lehranstalten befördert werden? 8. Stäfa. 1874 —. 40

Labhart, Eman., der Alpenkranz. Eine Sammlung der schönsten u. merkwürdigsten Stellen des Schweizerlandes in malerischen Ansichten. Nach der Natur gezeichnet. — Collection des vues les plus pitoresques etc. (13 Blätter in Aqua-tinta.) (Leipzig 839. Rud. Weigel.) n. $4\frac{1}{6}$ ℳ Chin. Pap. n. $6\frac{1}{4}$ ℳ

Labhart, H., der Schreibkrampf. Wesen, Ursachen u. Behandlg., sowie einige Winke zur Verhütg. [Aus: „Fortschritt".] 8. (24 S.) Zürich 894. E. Leemann. n. — 20

Labiau [Schlagwort]

Labiau, s.: Deutschland. Kürschner-Pelp.

Labiau, Kreis, s.: Königsberg, Reg.-Bez.

Labib, A. H., coptische Grammatik in arabischer Sprache. Fasc. I. u. II. 8. Cairo 894. Leipzig, O. Harrassowitz. n. 5. —
I. (42 S.) n.n. 1. 50. — II. (137 S.) n.n. 3. 50.

Labib, Mahmud
s. Mahmud

Labib Bei, Mahmud, d. Berliner Vertrag v. 1878, seine Entstehg., Bedeutg. u. seine Konsequenzen. (39 S.) gr. 8. Berlin 908. Herm. Walther. — 50

Labiche, Eugen

Labiche, E., und Lefranc, das hohe C., s. Both's, L. W., Bühnen-Repertoir.

Labiche, E., la cigale chez les fourmis, s.: Collection d'auteurs français.

— et **Lefranc,** Embrassons-nous Folleville, siehe: Répertoire du théâtre Français, Nr. 370.

— — Fräulein Frau, siehe: Bühnen-Repertoir, Nr. 135.

— — Frisette, siehe: Omnibus, dramatique, Nr. 3. — Théâtre Français. Série IX. Livr. 6.

—— ed E. Martin, la gamba del capitano Tic, s. Emporeo drammatico.

—— und E. Martin, eine rasche Hand, s. Bloch's, E., Theater-Correspondenz.

Labiche, E., ein reizbarer Herr, s. Marc-Michel.

Labiche, Lefranc u. Mélesville

— — u. Mélesville, der Herzensdieb, siehe: Bühnen-Repertoir, Nr. 114.

Labiche, ich habe keine Zeit, —— und Marc-Michel, ich werde den Major einladen, s. Universal-Bibliothek Nr. 1446; 1279.

Labiche, E., der Kernpunkt, s.: Universal-Bibliothek.

– Ed E. Martin, Mani e manine, s. Emporeo drammatico.

Labiche, E., la moglie compromessa, s. Emporeo drammatico.

– E Vilmar, mia moglie è alle acque, s. Emporeo drammatico.

—— et Marc-Michel, un monsieur qui prend la mouche, s. Répertoire du théâtre français.

Labiche, les petits moyens, siehe: Répertoire du théâtre Français, Nr. 372.

Labiche, Bocquet père et fils, Comédie-Vaud., s. Répertoire du Théâtre fr.

— et E. Martin, la poudre aux yeux. Comédie en 2 actes. Berlin 864. Lassar. 16. (72 S.) 5 ngr.

Labiche, Eug., u. Ed. Martin, Perrichon's Reise. Schwank in 4 Aufzgn. (Deutsch v. Geo. Winter.) 16. (102 S.) München (898). Rubinverlag. n. 2.—

Labiche, s. Répertoire du Théâtre française.

— und Michel, der Ritter der Damen, s. Both's, L. W., Bühnen-Repertoir.

Labiche. Ritterdienste, s. Universal-Bibliothek Nr. 2743.

Labiche, E., u. E. Martin, Sand in die Augen, s. Theater-Repertoir, Wiener.

—— Sand in die Augen, s. Universal-Bibliothek Nr. 987.

Labiche u. Delacour, Strafe muß sein, s.: Theater, neues Wiener.

Labiche und Delacour, Wen liebt Moritz?, s. Both's, L. W., Bühnen-Repertoir des Auslandes.

Labiche — und Marc-Michel, wie man Raben fängt, s. Both's Bühnen-Repertoir.

Labiche und Marc-Michel, Wie man Raben fängt! s. Bühnen-Repertoir des Auslandes von L. W. Both 2c.

Labid. Der Diwan des Lebîd . zum ersten Male herausgegeben von Jûsuf Dijâ-ad-Dîn al-Châlidî. [Mit dem Commentar des 'Alî b. 'Abd Allâh b. Sinân aṭ-Ṭûsî.] Wien 1880.

— Lebidi Amiritae Kazidam Moallakam . cum scholiis Abi Abdallae Husseini Susenii Arabice edidit versioneque Latina et imitatione Germanica instruxit Carolus Rudolphus Samuel Peiper. Vratislaviae 1828.

† Labienus, Antibarbaro, (G. M. v. Weber), Beiträge z. Gesch. d. neuesten Literatur 2c., s. Beiträge 2c.

Labienus, A., höchstwichtige Beiträge zur Geschichte d. neuesten Literatur in Deutschland, s. Aletheios.

Labillardière, s.a. Billardière, La

Labillardière, Jak. Jul., icones plantarum Syriae rar. Dec. I. II. 4. Strassb. 791. König. 5 ₰ 12 gr

Labillardiere. Jak. Julian. novae Hollandiae plantarum specim. XXVI fasciculi, cum tabb. aen. gr. 4. Paris u. Strassb. 805—10. (Barth in Leipz.) 79 ₰ 12 gr

Labillardière, novae Hollandiae plantarum specim. XXVI fasciculi c. tab. aen. gr. 4. Paris, (Tourneisen in Cassel. Kummer, Lps.) 805-10.

— Reise in d. Südmeer, zur Aufsuchung des Lapeyrouse; aus d. Französ. 2 Thle. Mit 6 Kpf. gr. 8. Hamb. 801. (a. Campe). 3 ₰

— dass. übers. v. Sprengel, s. Bibliothek d. Reisebeschreibungen. 2r Bd.

Labin, Heinrich: De motu corporum naturalium, s. Klausing, Heinrich

Labion, Georg: Darstellung der wirtschaftlichen Verhältnisse eines Eifeldorfes unter Berücksichtigung seiner landwirtschaftlichen Zustände. *Gießen 1904: v. Münchow.* (6, 121 S.) 8°
Gießen, Phil. Diss. v. 1904

Labis, Franc., ecclesiae catholicae demonstratio, ex probatis auctoribus deprompta et ad usum scholarum concinnata. gr. 8. (324 S.) Tournai 864, Casterman.

Labischin, Gotthold Schulz-
s. Schulz-Labischin. 110. 1072

LABITTI, J.: Index legum, quae in Pand. continentur. (Par. 557. 8.) c. praef. Nic. GUNDLING. *Frcf. u. Lips.* 724. 8.

Labitti, I., index legum omnium, quae in pandectis continentur. 8. Frft. (Krug, Halae.) 724.

Labler, Wladimir, Elementar-Clavierschule, zugleich Vorbereitungsschule zum Orgel- und Harmoniumspiel für den Unterricht an Lehrerbildungsanstalten verfaßt. Wien. Verlag von Karl Graeser. (Min.-Erl. v. 5. Juni 1894, Z. 10760) 1894 1.50

Labler (Wladim.), Kling, Klang, Gloria. Deutsche Volks- u. Kinderlieder. Ausgewählt u. in Musik gesetzt v. L., illustr. v. H. Lefler u. J. Urban. (66 S. m. z. Tl. farb. Abbildgn.) qu. Lex.-8. Wien 907. F. Tempsky. — Leipzig, G. Freytag. Geb. n. 4.—

Labler, W., Liederhain f. österreichische Volksschulen, s.a. Schober, J.

Labler Wladimir, Liederhain für österreichische Knabenbürgerschulen. 9., nach dem Lehrplane vom 15. Juli 1907, Z. 2368, umgearbeitete Auflage. Wien 1908. F Tempsky. Geb. K 1.50.

Labler Wladimir, Liederhain für österreichische allgemeine Volksschulen. I. Heft. (Für das 1., 2. und 3. Schuljahr.) Wien 1909. F. Tempsky, Geb. K —.60.

Labler Wladimir, Liederhain für österreichische allgemeine Volksschulen. Wien 1910. F. Tempsky. II. Heft (für das 4. und 5. Schuljahr). 7. Auflage des 4. Heftes der Ausgabe in 5 Heften. Geb. K 1.—. III. Heft (für das 6., 7. und 8. Schuljahr). 6. Auflage des 5. Heftes der Ausgabe in 5 Heften. Geb. K —.80.

La Bletterie, J. Ph. R. de

de La Bletterie, J Ph. R. Leben des Kaisers Julian. Aus dem Französ. 8. Berlin 1737. — Übers. von J. Gebh. Pfeil. 8. Frankfurt u. Leipzig 1752.

de La Bleterie, Abt, Leben d. Kaisers Julianus; aus d. Französ. übers. u. herausg. v. Jh. Ghrd. Pfeil. 8. Frankf. u. Leipz. 752. Mevius in Gotha. 7 K

Labo's, des afrikanischen, Königs Thaten u. Regentenstreiche; nach Europa gebracht. (Voran geht der Lebenslauf e. Fliege, v. F. Paul.) A. u. d. T.: „Momus Launen." 8. Leipz. ... Centr.-Compt. 8 K

Laber, Chrn., das Land ohne Armut. Einfachste u. sicherste Lösg. der Arbeiterfrage durch Selbsthilfe. gr. 8. (75 S.) Leipzig 901. E. Demme. n. 1.—

(Josef) Labor. Quintett für Clarinette, Violine, Viola, Violoncell und Pianoforte. Op. 11. *Leipzig: Breitkopf & Härtel [1901].* (Getr. Pag.) 4° [Umschlagt.]
(Breitkopf & Härtel's Kammermusik-Bibliothek. No 921/923.) [illegible]

Laborant, der, aus d. Riesengebirge, v. Maria Constanze ***, u. Barbara, v. Ignatz Szyblowsky. Zwei Erzähln. 8. (9½ B.) Bunzlau 831, Appun.

Laboratorien, die chemischen, der königl. rheinisch-westfälischen technischen Hochschule zu Aachen. Mit 2 (phototyp.) Blatt Zeichnungen. gr. 8. (32 S.) Aachen 879, (Mayer.) *

Die Laboratorien an der Kgl. Preussischen Höheren Maschinenbauschule zu Stettin. Stettin 1906. L. Pasenow (1 Bl., 9 Taf.) 8° [illegible]

Laboratorium, das. Eine Sammlung von Abbildungen und Beschreibungen der besten und neuesten Apparate zum Behuf der pract. u. physik. Chemie Heft 1–44. Weimar 1825—40. 4 Bde. 4.

Laboratorium, das, e. Samml. v. Abbildd. u. Beschreibungen der besten u. neuesten Apparate zum Behuf der prakt. u. physikal. Chemie. 16—86 Heft. gr. 4. Weimar 825—27, Ind.-Compt. à 12 gr.

Laboratorium, das, e. Samml. v. Abbildn. u. Beschreibn. d. besten u. neuesten Apparate z. Behuf d. pract. u. physical. Chemie. 9—37. Hft. Taf. 38—149. Jedes Hft. m. 4 Kpfrt. u. Erklär. gr. 4. Weimar 828—35, Landes-Ind.-Compt. à
1—8. Hft. Ebendas. 1825—27. à 18 Gr.

Laboratorium, das, e. Samml. v. Abbildn. u. Beschreibn. d. besten u. neuesten Apparate z. Behuf d. pract. u. physikal. Chemie. 38—44. Hft. Taf. 150—177. Jed. Hft. m. 4 Kpfrt. u. Erklär. gr. 4. Weimar 836—40, Landes-Indust.-Compt. à Thlr.
1—37. Hft. Ebendas. 1825—35. à 12 Gr.

Laboratorium chemicum, enthaltend: eine Sammlung höchst merkwürdiger, u. in ihrer Anwendung eben so nützl. Geheimnisse im Gebiete der Färberey, Druckerey, Bleicher rc., auf eigne Erfahrungen und Beobachtungen gegründet. Herausgeg. von P. Bernhard. 8. Dresden, Verfasser. 816.

Das chemische *Laboratorium* d. Universität Halle. Leipz. 1844. 13 S. 2 Tvl. (Særtr.) P.

Laboratorium, Das chemische, der Universität Leipzig. Leipzig 1844. V: *Erdmann, Otto Linné.* (Biblchem)

Laboratorium, das chemische, der Universität Leipzig. gr. 8. (1 B. u. 2 Stat.) Leipzig 844, Barth. *
Aus: Journal f. prakt. Chemie besond. abgedruckt.

Laboratorium, Das chemische, der Kgl. Württemb. Centralstelle für Gewerbe und Handel in Stuttgart und die Thätigkeit dieser Stelle auf hygienischem Gebiet. Stuttgart 1882

Laboratorium, Elektrotechnisches, Aschaffenburg: Hauptliste über große, stationäre und transportable Röntgenanlagen (System Dessauer). Aschaffenburg 1905

Laboratorium, Elektrotechnisches, Aschaffenburg, und Mitteldeutsche Elektrizitätswerke, Berlin: Liste über Funkeninduktoren, Röntgenapparate usw. Aschaffenburg und Berlin 1904

Laboratorium u. Museum. Jahrg. 1901. 6 Hfte. hoch 4. (162 S.) Berlin, W. Junk. n. 6.—

— — dasselbe. Vol. III. 6 Hfte. hoch 4. (à ca. 80 S.) Ebd. 902. n. 6.—
Der 1. Jahrg. erschien unter dem Titel:
Laboratorium et Museum et Clinicum.

Laboratorium & Museum, Fortsetzg., s.: Zeitschrift, bibliographische, f. Naturwissenschaften u. Mathematik.

— et Museum et Clinicum. Centralblatt f. alle Gebiete d. Museums-, Laboratoriums-, Klinik- etc. Einrichtung. (In deutscher, engl. u. französ. Sprache.) Red.: F. Bruck, W. Junk, G. Lemke, J. Ephraim. Jahrg. 1900. 12 Nrn. hoch 4. (288 S. m. Abbildgn.) Ebd. n. 6.—

Laboratorium & Museum & Clinicum (3, 2ff.: Bibliographische Zeitschrift f. Naturwissenschaften u. Mathematik). Zentralblatt f. alle Gebiete d. Museums-, Laboratoriums-, Klinik- etc. Einrichtung. (1: Red.: Dr. med. F[ranz] Bruck, W[ilhelm] Junk, Ing. G. Lemke, Dr. phil. J. Ephraim; 2 J[ulius] Ephraim, W. Junk.) Vol. [1]–3. Berlin W. Junk 1900–07. 3 Bde 4°
[1] 1900. [2.] 1901 3. 1907 [illegible]

Laboratorium, d. neueröffnete, s. R. Dossie.

Laboratoriumsbücher f. die chemische u. verwandte Industrien, unter Mitwirkg. von Ferd. R. v. Arlt, H. Bollenbach, Fr. Erban u. anderer Fachgenossen hrsg. v. L. Max Wohlgemuth. 1.—12. Bd. gr. 8. Halle, W. Knapp. 43. 60
- Arlt, Ferd. R. v., Laboratoriumsbuch f. die Zementindustrie. (VIII, 97 S. m. 33 Abb.) 910. (Bd. 9.) 4. 50
- Bollenbach, Herm., Laboratoriumsbuch f. die Tonindustrie. (X, 80 S. m. 27 Abb.) 910. (Bd. 10.) 3. 60
- Erban, Frz., Laboratoriumsbuch f. Tinktorial-Chemiker, Koloristen, Ingenieure u. technische Reisende in Färbereien, Druckereien, Farben-, Lack- u. Papierfabriken. Mit 18 Abb. im Text. (XI, 109 S.) 908. (Bd. 4.) 5. 20
- Graefe, Ed., Laboratoriumsbuch f. die Braunkohlenteer-Industrie. Braunkohlengruben, Braunkohlenteer-Schwelereien u. -Destillationen, Paraffin- u. Kerzenfabriken, sowie Ölgasanstalten. Mit 65 in den Text gedr. Abb. (IX, 181 S.) 908. (Bd. 6.) 6. 60
- Kissling, Rich., Laboratoriumsbuch f. die Erdöl-Industrie. Eine gedrängte Schilderg. der wichtigeren, in der Praxis des Erdölchemikers vorkomm. Untersuchungsmethoden. Mit 22 in den Text gedr. Abbild. (X, 82 S.) 908. (Bd. 5.) 3. —
- Nissenson, H., u. W. Pohl, Laboratoriumsbuch f. d. Metallhüttenchemiker. (IX, 86 S.) 907. (Bd. 2.) 3. —

Orthey, Max, Laboratoriumsbuch f. Eisenhüttenchemiker, (X, 49 S.) 907. (Bd. 1.) 1. 80
Samter, Vict., Einrichtung v. Laboratorien u. allgemeine Operationen. Mit 53 in den Text gedr. Abbildgn. (VII, 65 S.) 909. (Bd. 8.) 2. 70
Simon, Osk., Laboratoriumsbuch f. die Industrie der Riechstoffe. (VII, 67 S. m. Abb.) 908. (Bd. 3.) 3. —
Tandler, R., Laboratoriumsbuch f. d. klin. Chemiker. (X, 122 S. m. 10 Abb.) 910. (Bd. 11.) 4. 80
Tietgens, L., u. H. Roemer, Laboratoriumsbuch f. die Kaliindustrie. (VIII, 76 S. m. 8 Abb. u. 1 Tab.) 910. (Bd. 12.) 3. 60
Urban, Karl, Laboratoriumsbuch f. die Industrie der verflüssigten u. komprimierten Gase. Mit 24 in den Text gedr. Abb. (VIII, 40 S.) 909. (Bd. 7.) 1. 80

Laboratoriums - Ordnung. [Aug. 1884.]

Allgemeine Laboratoriumsordnung [für das Physikalische Institut der Universität Greifswald]. *[Greifswald 1903: J. Abel.]* (1 Bl.) 8° [Kopft.]
(Nicht für den Austausch)*)

Herzogl. technische Hochschule zu Braunschweig. Laboratoriums-Ordnung [v. 1. 10. 1878].

K. Technische Hochschule in Stuttgart. **Laboratoriums-Ordnung.** Vom 19. 12. 1895.

Laboratoriums - Ordnung für die Praktikanten des elektrotechnischen Instituts der K. Technischen Hochschule zu München (v. 30. 10. 1900). 1900. — [Neudr.] 1907.

Laborde, siehe a Borde.

— vergl. a Laporte.

Laborde, die Stadt Algier, s. Algier.

Laborde, der Glaube an die unbefleckte Empfängniß der heil. Jungfrau und die Bestrebungen derer, welche diesen Glauben zu einem Dogma machen wollen, in geschichtl. u. relig. Hinsicht beleuchtet. Nebst e. Kritik einiger über die Leidensgeschichte Christi verbreiteter Legenden. Nach der 3. französ. Ausg. Stuttgart 854. Scheible. 16. (254 S.) 16 ngr.

Laborde, Alex. de

— s. 2te. Ausg. Fischer, Gemälde v. Spanien.

Gemälde Neuestes von Spanien, nach *Alex. Laborde*. 2 Thle. Leipzig 1809—10.
l. c. 521, 37 (ohne Formatsangabe).

Laborde, Alexandre de. Malerische Reise durch Spanien. A. d. Franz. Leipzig 1808—11. Ü: *Bergk, Joh. Adam.* (Ky)

de Laborde, Alex., maler. Reise durch Spanien. Aus d. Französ. (von J. A. Bergk). 3 Bde. Mit 77 Kpf. 12. Leipz. 808—11. Gr. Fleischer. 15 ₰. Hbg. P. 8 ₰ (A. u. d. T.: Leipz. Taschenbuch f. 1808—11.)

— et de Zurlauben, Voyage pittoresque de la Suisse. V Tms. ornés de 430 estamp. color. etc. Fol. Basel 780—88. (Thurneisen). 233 ₰ 8 gr

Laborde, Hnr., s. Emil Meyer, le Mercure galant.

Laborde, Henri de, s. Delaborde, Henri.

de Laborde, Léon, Débuts de l'imprimerie à Mayence et à Bamberg, ou description des lettres d'indulgence du Pape Nicolaus V, pro regno Cypri, imprimée en 1454. Aussi s le Tit.: Nouvelles recherches sur l'origine de l'imprimerie. (Mit viel. Vignetten u. 10 lithogr. Blätter.) Imp.-4. Paris 840. Strasbourg, Levrault; Leipzig, Rud. Weigel. n. 3⅓ ₰

— Débuts de l'Imprimerie à Strasbourg, ou recherches sur les travaux mystérieux de Gutenberg, dans cette ville, et sur le procès qui lui fut intenté en 1439 à cette occasion. (Mit viel. Vign. u. 5 lithogr. Bl.) Lex.-8. les mêmes 840. n. 1 ₰

Labore, Leo, durch Kindesmund überführt, s.: Sammlung interessanter Criminal- u. Detectiv-Romane. 26. Bd.

Laborer 1871 1879? Lebanon, PA
Weekly In English and German.

The Labor World: vol. 1, no. 1—26, Jan. 19—July 13, 1907.
Weekly. Published in English and German with no. 7, Mar. 2, 1907, each issue contains one page printed in German. Sub-title Devoted to the interests of those who toil. Owned and controlled by the Union Men of Columbus. Small folio, each issue 4 pages; illustrated with cartoons.
Columbus, OH

v. Labos, Jh., († d. 9. Sept. 1799.) Diss. de cultura tabacae Hungaricae; qua simul ostenditur, ex bene culta Hungarica Nicotiana etc. 8. Wien 780. Dass. Deutsch. 8. Ebd. 789.

Laboschin, Arthur [pr. Arzt aus Boyadel]: Ueber Harnleiterscheidenfisteln m. Hinzufügg e. direct geheilten Falles ... Berlin, Buchdr. v. G. Schade, *1892*; 30 S., 1 Bl. 8.
Berlin, Med. Fak., Inaug.-Diss. v. 30. Jan. 1892

Laboschin, Josef [Apotheker aus Berlin]: Studien über die Verwendbarkeit eines neuen Eiweisskörpers für bacteriologische Kulturzwecke. Berlin 1898. 34 S. 8°.
Freiburg. Mathem.-naturw. Diss. 1897/98.

de Labouche, H., Brief an Garson, d. Verbesser. d. Breviers betreffend. 8. Frankf. a. M. 780. Varrentrapp. 3 gr

Labouchère, Henry, Paris während der Belagerung. Aus dem Tagebuche e. Belagerten. 8. (IV, 68 S.) Leipzig 871. Webel. n. — 50

Labouchère, H. (Pariser Korrespondent der „Daily News".) Aus dem Tagebuche eines Belagerten. Leipzig 1871. 68 S.

—— Tagebuch während der Belagerung von Paris. Deutsche autoris. Ausg. 8. (VI, 369 S.) Leipzig 871, Löwe. [Rübe.]

Labouchere, Hermann, a. Amsterdam: Die deutschrechtlichen Bestandteile der Lex Romana Curiensis unter besonderer Berücksichtigung des Ursprungs des Gesetzbuches. Borna-Leipzig 1908: R. Noske. (VII, 62 S.) 8° [B.]
Heidelberg, Jur. Fak., Ref. Schroeder, Diss. v. 1908
[Geb. 17. Nov. 85 Amsterdam; Wohnort: Lausanne; Staatsangeh.: Holland; Vorbildung: Utrecht Reife Juni 76; Studium: Lausanne 5, Heidelberg 2 S.; Rig. 2. Mai 08.]

La Bouillerie, de, s. a Bouillerie, de la.

la Bouillerie, de, Betrachtungen über das allerheiligste Altarssacrament. Nach der 8. Aufl. aus dem Französ. übers. 16. (VIII und 280 S.) Schaffhausen 855, Hurter'sche Buchh.

La Bouillerie, de, Betrachtungen über das allerheiligste Altarssacrament. Nach der 8. Aufl. aus dem Französ. übers. von Joh. Ev. Göser. 2., verb. Aufl. Schaffhausen 865. Hurter'sche Buchh. 16. (VIII, 253 S.) 15 ngr.

Laboulaye, Edouard-René Lefebure de

Laboulaye, Ed., Abdallah oder das vierblätterige Kleeblatt. Ein arab. Märchen. Mit dem Bildnisse d. Verf. nach einer Photogr. v. M. Nadar, gest. v. M. Levasseur. Einzig rechtmäßige deutsche Uebersetzung von Thdr. Winter. 2. (Titel-)Ausg. gr. 8. (XII, 269 S.) Heidelberg (1870) 882. C. Winter. n. 2. —; geb. n. 3. —

— das Evangelium der Liebe. Mit Genehmigung des Verf. aus dem Französ. übers. von A. S. Straßburg 869. Treuttel & Würtz. 8. (11 S.) 3 ngr.

Laboulaye, Ed., die Frage der unbefleckten Empfängniß. Nach dem Französ. bearb. gr. 8. (IV und 55 S.) Berlin 855, Duncker und Humblot. *

Laboulaye, E., Geschichte der vereinigten Staaten von Amerika. Uebersetzt von J. C. Bluntschli. Heidelberg 1868—70. 3 Bände.

— Geschichte der vereinigten Staaten von Amerika. Mit einem Vorwort von J. C. Bluntschli. 3 Bde. 2. (Titel-) Ausg. 8. (XII, 438; 407 u. 562 S.) Ebend. (1870) 882. n. 6. —

— s. Juris civilis promptuarium.

— Paris in Amerika. Humoristisch-satyrischer Roman. Einzige vollständ. deutsche Uebers. der 17. Aufl. des Orig., mit einem Briefe des Autors an den Verleger. 2 Bde. (Internationale Bibliothek.) Berlin 867. R. Lesser. 8. (VII, 201 S., III, 240 S.) Jeder Bd. 15 ngr.

— — Nach der 17. Aufl. des französ. Orig. von René Lefebure. Erlangen 868. Besold. gr. 8. (VIII, 416 S.) n. 1 $\mathcal{R}$ 18 ngr.

— — Nach der 19. Aufl. des französ. Orig. übers. von Herm. Pemsel. 2. Aufl. Mit einem Vorwort von Ed. Laboulaye. Ebend. 868. gr. 8. (VIII, 416 S.) n. 1 $\mathcal{R}$

Laboulaye, Ed., Recherches sur la condition civile et politique des femmes, depuis les Romains jusqu' à nos jours. Mémoire couronné par l'Académie des sciences morales et politiques. gr. in-8. (34¾ B.) Leipzig 843, Brockhaus u. Avenarius. **

(—) Eine Stimme des Auslandes über religiöse Freiheit. Urtheil des französ. Rechtsgelehrten u. Historikers Ed. Laboulaye über Bunsen's „Die Zeichen der Zeit" u. deren Bekämpfer Stahl. Deutsch bearb. von Leop. Aug. Warnkönig. Leipzig 857. Brockhaus. 8. (XI, 130 S.) n. 16 ngr.

Laboulaye, Ed., Urtheil über Bunsen's „Die Zeichen der Zeit" 2c., s. Stimme, eine, des Auslandes über religiöse Freiheit.

Laboulaye, Ed., gesammelte Werke. Deutsche Ausg. 5 Bde. gr. 8. Heidelberg, C. Winter's Universitäts-Buchh. *

Inhalt:

Bd. 1. Prinz Pudel. (X, 291 S.) 868. *M 3.

» 2. Geschichte der Vereinigten Staaten von Amerika. Mit einem Vorwort von J. C. Bluntschli. 1. Bd.: Die Kolonien vor der Revolution. (XII, 438 S.) 868. *M 3.

» 3. —— dass. — 2. Bd.: Der Kampf um die Unabhängigkeit. (VI, 407 S.) 869. *M 3.

» 4. —— dass. — 3. Bd.: Die Verfassung der Vereinigten Staaten. 1. Hälfte. (V, S. 1—336.) *M 3.; 2. Hälfte. (V, S. 337—562.) 870. *M 2.

» 5. Abdallah oder das vierblätterige Kleeblatt. Ein arab. Märchen. Mit dem Bildnisse des Verf. nach einer Photogr. von M. Nadar (in Stahl) gest. von M. Levasseur. (X, 269 S.) 870. *M 4.

Laboulaye, Ed., Yvon u. Finette, s.: Jugendbibliothek, illustrierte.

La Boule, Joseph Stephan

--1855-1905. Erinngsblätter aus d Gesch d St Josephs-Gmde zu Milw Festausg z Feier d goldenen Jubs 1905 Milwaukee 1905

La Boule Rev Joseph Stephan. 1853-1903 Zur 50 jhr Jubs-Feier der St Heinrichs Gmde zu Watertown, Wis. Watertown. 1903

Laboun, Viktor R' Bradsky v.
s. Bradsky v. Laboun. [11. 1770]

Les imprimeurs et les libraires du département de la Vienne' (hors Poitiers)'. Par A. de La Bouralière. *Poitiers: Impr. Blais 1895.* (1 Bl., 142 S., 1 Bl., 6 Facs.) 1 Bd 8. [97. 338]

de Labourdonnere, J., s. Freund, der, guten Menschen.

Labouré, die hl. Eucharistie, Mittelpunkt des christlichen Lebens. Aus dem Franz. übers. v. E. Fourer. (41 S.) 16. Straßburg (910). F. X. Le Roux & Co. — 15

Labourt, Hieron., s.: Dionysius Bar Salibi, expositio liturgiae.

v. Labowsky, Alex., moral. Schilderungen aus d. menschlichen Leben. 8. Bayr. 783. (Grau in Leipz.) 8 $\mathcal{K}$

v. Labowsky, A., moral. Schilderungen d. menschl. Lebens. 8. Bayreuth 793. (Grau in Hof). 8 $\mathcal{K}$

Labowsky, Norbert, Referendar aus Hamburg: Eigenes Verschulden bei Schadensersatz-Ansprüchen nach gemeinem Recht und Bürgerlichem Gesetzbuch. *Berlin 1898: W. Pilz.* (46 S.) 8°
Erlangen, Jur. Diss. v. 31. Okt. 1898

Labowsky, Norb., eigenes Verschulden bei Schadensersatz-Ansprüchen nach gemeinem Recht u. bürgerl. Gesetzbuch. gr. 8. (VI, 46 S.) Berlin 899. Struppe & Winckler. n. 1. —

Labrador [Schlagwort]

Labrador, Küste von. Karte der Küste v. Labrador. Entworfen u. gezeichnet v. Linklater u. Linder, Weiz u. Jannasch. 1 : 1,250,000. [Aus: „25. Jahresbericht des Vereins f. Erdkunde zu Dresden".] 62,5 × 45 cm. Lith. Dresden 896. (A. Huhle.) n.n. — 75

Labraise, ..., d. gefällige französ. Souffleur. Zum Druck beförd. v. W. J. Petel. 8. Leipz. 799. Dann unt. d. T.: Taschenbuch d. französ. Sprache 2c. 8. Altenb. 801. Petersen. (a. Centr.-Compt. in Leipz.) 1 $\mathcal{R}$ 12 $\mathcal{K}$

Labram, Jonas David

Labram, David, singulorum generum Curculionidum unam alteramve speciem additis iconibus ad naturam delin. illustr. L. Imhoff. — Die Gattungen der Rüsselkäfer, erläutert durch bildliche Darstellung einzelner Arten, v. Labram. Nach Anleitung u. mit Beschreibungen von Imhoff. 1 - 6s Heft. Jedes mit à 8 ill. Steintaf. 8. Basel 838—40. Schweighauser. (à n 11 $\mathcal{K}$) 2¾ $\mathcal{R}$

Labram, Dav., singulorum generum Curculionidum unam alteramve speciem additis iconibus, ad naturam delineatis illustravit L. Imhoff. — Die Gattungen der Rüsselkäfer erläutert durch bildl. Darstellung einzelner Arten von Labram. Nach Anleitung u. mit Beschreibung von Imhoff. 7.—13. Heft. Jedes mit 8 ill. Steintaf. u. Text. gr. 8. Basel 840—46. (Schweighauser'sche B.) à n. 14 ngl 1.—6. $2^3/_4$ ℳ

— die Gattungen der Rüsselkäfer erläutert durch bildliche Darstellung einzelner Arten. Nach Anleitung u. mit (deutschen u. latein.) Beschreibungen v. L. Imhoff. 14—18. Hft. 8. (8. 8. 16. 16 u. 13 S. u. jed. Hft. m. 8 lith. u. color. Taf.) Basel 847—50, Schweighauser. à n. $13^1/_4$ ngl (1 - 18. n. $8^1/_4$ ℳ)

—— Insekten der Schweiz, s. Insekten.

Labram, J. Dav., Insekten der Schweiz, die vorzüglichsten Gattungen je durch eine Art bildlich dargestellt. Nach Anleitung u. mit Text v. Ludw. Imhoff. 81—100. Hft. [od. 5. u. 6. Bdchn. à 10 Hfte.] 8. (à Hft. 10 lith. u. color. Taf. u. 4 Bl. Text.) Basel 848. 49, Bahnmaier. à Bdchn. n. 2 ℳ (1—6: n. 12 ℳ)

Labram, J. D., die schweizerischen Insekten, s. Sammlung von Abbildungen schweizer. Insekten rc.

— die schweizerischen Käfergattungen in Abbildungen nach der Natur. Nach Anleitung u. mit Text von Ludw. Imhoff. 1—34. Hft. 8. (à 4 lith. u. color. Taf. u. 4 Bl. Text.) Ebd. 848—52. (à n. $^1/_6$ ℳ) n. $5^2/_3$ ℳ

Labram, J. D., Sammlung von Schweizer-Pflanzen, s.a. Sammlung.

Labram, J[onas] D[avid]. Sammlung von Schweizer-Pflanzen. Nach der Natur u. auf Stein gezeichnet von J. D. L'.... [2 Folgen; *zus.* 146 Hefte, *von je* 6 Blatt, = 876 Blatt, mit Text.] 8. Basel [1824–1846].

[I. Folge. Mit] Text von J[ohannes] Hegetschweiler [80 Hefte = 480 Blatt.] B' [1821–1834].

[II.,] Neue Folge. Mit Text [von Carl Friedrich Hagenbach. 66 Hefte = 396 Blatt]. B' [1838–1846].

Orig.-Ausgabe. — Exemplar nach den natürlichen Pflanzenfamilien geordnet, in 20 Banden, je mit hsr Register

Labram, J[onas] D[avid], und Hegetschweiler, J[ohannes]. Sammlung von Schweizer-Pflanzen. Nach der Natur gezeichnet von J D. L'. [I. Folge. Mit] Text von Dr J. H'. Zusammengetragen nach dem System Linné's. [Neue Ausg.] 10 Abtheilungen: 23 Klassen. *In 5 Bänden.* 8. St. Gallen, Werner Hausknecht, *o. J.* [1871 77].

Abtheilung 1–9 Klasse 1 .. — 19 Enthalt Blatt 1 .. — .. 444 mit Text. Abtheilung 10 Klasse 20–23. Enthält Blatt 445–477 mit Text nebst [Anhang:] Uebersicht. — *Anhang u. d. T.:* Übersicht der von J D. L' und Dr J H' herausgegebenen Schweizerpflanzen ... Zugleich als Erlauterung der Abbildungen dienlich. Zürich [1841].

Labram, J. D., Sammlung von Zierpflanzen. Nach der Natur gezeichnet u. colorirt. 17 Hefte. 8. Basel, jetzt (F. Schneider.) n. $4^1/_2$ ℳ

—— Vorlegeblätter z. Blumenzeichnen. Getreu nach der Natur. 8. (16 Bl. u. 1 Bl. Text.) Basel 845, Schweighauser'sche Buchh. $11^1/_4$ Ngr.; — col. -

— Vorlegeblätter zum Blumenzeichnen. Getreu nach d. Natur. (18 Bl. u. Text.) 8. Basel 845, Schweighauser. $^3/_8$ ℳ — color. $^3/_4$ ℳ

Labram, David, Vorlegeblätter zum Blumenzeichnen. Getreu nach der Natur. 8. (16 Steintaf. u. 1 Bl. Text.) Basel 872. Schweighauser. In Etui. n. 1.—; color. n. 2.—

Labrès, R. v., endlich die Wahrheit. Roman. (538 S.) 8. Dresden (907). E. Pierson. 5.—; geb. n. 6.—

Labrès, Rud., die Flottenführg. im Kriege auf Grund des Doppelstaffel-Systems. Mit 260 Abbildgn. im Text u. 5 Taf. in Steindr. gr. 8. (XVI, 423 S.) Berlin 900. E. S. Mittler & Sohn. n. 10.—; geb. in Leinw. n.n. 11.75

Labrès, Rud. v., Politik u. Seekrieg. (XVI, 363 S.) gr. 8. Berlin 903. E. S. Mittler & Sohn. n. 7.—; geb. n. 8.50

deLabretonne, s. *Bretonne.*

Labriano, Alb. Ferr. a, regiae Sabaudiae domus arbor. gentilitia. fol. Augsb. 702.

Labriola, Antonio, s.: Echo of conversational Italian.

— s.: Echo de l'Italien parlé.

Labriola, Antonio, s.: Echo d. italien. Umgangssprache.

Labriola, Antonio, zum Gedächtnis des kommunistischen Manifestes. Eingeleitet u. übers. v. Frz. Mehring. (VI, 42 S. m. Bildnis.) 8. Leipzig 909. Leipziger Buchdruckerei. 1.—

Labriola, Antonio, die Probleme einer Philosophie der Geschichte. Vorlesung, gehalten in der Universität zu Rom am 24. Febr. 1887. Deutsche vom Verf. durchgeseh. Übersetzung von Rich. Otto. gr. 8. (47 S.) Leipzig 888, Reissner. *

Labriola, Arturo, s. Urheberschaft (Die) des kommunist. Manifests.

Labruyère, voyez Bruyère, la.

La Bruyère, Jean de

La Bruyère, les caractères ou les moeurs de ce siècle, s.: Bibliotheca romanica.

La Bruyère, die Charaktere, s. Bibliothek ausländ. Klassiker.

La Bruyère. Die Charaktere od. die Sitten im Zeitalter Ludwigs XIV., s. Meyer's Volksbücher Nr. 743—747.

La Bruyère, die Charaktere oder die Sitten im Zeitalter Ludwig XIV. Aus dem Französ. von Karl Eitner. 8. (415 S.) Leipzig 886, Bibliograph. Institut. geb. *

La Bruyère, Jean de. Gedanken von Gott und der Religion ... a. d. Franz. ... Danzig u. Leipzig 1739. V: *Am Ende, Johann Joachim Gottlob.* (ML)

— s. K. v. M. Müller, Stute.

de Labruyere, Sittengemälde für d. Deutschen; aus d. Französ. (v. Sam Baur). 8. Leipz. 790. Weygand. 20 ℳ

La Bruyère's Werke, s.: Collection Spemann.

Labruzzi, Carlo. 13 Blatt Radirungen. Stellungen des menschlichen Körpers aus fünf Punkten entwickelt. 4°.

Labry, Emil, „Fin de siècle". Eine Gabe f. Erwachsene. 12. (180 S.) Münster 899. W. Capito. n. 2.—; kart. n. 2.50

Labulaye, Ed., de l'enseignement du droit en France et des réformes dont il a besoin. gr. in-8. (5 B.) Leipsic 840, Brockhaus et Avenarius. *

Labus, Giov., († d. 6. Oct. 1853), antiche lapidi Tergestine nuov. illustrate, siehe: Denkschriften der k. Akademie d. Wissenschaften. Philosophisch-histor. Classe, 1. Bd.

Labus, Leo, die Erbfolge nach landrechtlichen Bestimmungen und das Gesetz vom 30. Mai 1873 betr. die Erbschaftssteuer, nebst einem Anhang von Tabellen und Mustern. gr. 8. (50 S. mit 1 Stat. und 10 Tab. in gr. 8. und qu. 4.) Ober-Glogau 875. (Breslau, Leuckart.) *

Labus, Leo., das Erbschaftssteuer-Gesetz vom 30. Mai 1873 und die im Gebiete desselben bestehenden erbrechtlichen Vorschriften. Erläutert durch Gesetzesmotive, Ausführungsvorschriften, Rechtsprechung, Verwaltungs-Entscheidungen und der Praxis entnommene instruktive Grundsätze. 8. (VIII, 230 S.) Breslau 888, Kern's Verlag. geb. *

Labus, Leo, das Erbschaftssteuer-Gesetz vom 30. Mai 1873, u. die im Gebiet desselben bestehenden erbrechtlichen Vorschriften. Erläutert durch Gesetzesmotive, Ausführungsvorschriften, Rechtsprechg., Verwaltungs-Entscheidgn. u. der Praxis entnommene instruktive Grundgesetze. 2., durch das Abänderungsgesetz vom 19. Mai 1891 verm. Ausg. 8. (XVI, 230 S.) Breslau 891. J. U. Kern's Verl. Geb. in Leinw. n. 4. 50

Labus, Leo, das preußische Stempel-Gesetz vom 7. März 1822 in seiner Anwendung auf privatschriftliche u. notarielle Urkunden, auf gerichtlich aufgenommene freiwillige Akte, sowie auf Amtshandlungen u. Verträge rc. der königl. u. Kommunal-Verwaltungs-Behörden. Unter Berücksichtigung der seither ergangenen ministeriellen Erlasse, Entscheidungen der höchsten Gerichtshöfe rc. u. unter Erläuterung an Specialfällen bearb. 8. (116 S.) Breslau 880. Kern's Verl. n. 2. 40

— das preußische Stempel-Gesetz vom 7. März 1822, erläutert durch hierzu ergangene Deklarationen, landesherrl. u. ministerielle Erlasse, sowie durch Entscheidgn. der höchsten Gerichtshöfe. Mit e. Anh. enth. das Gesetz, betr. die Stempelabgaben v. gewissen, bei dem Grundbuchamte anzubring. Anträgen. Vom 5. Mai 1872. Für den prakt. Gebrauch bearb. 2. Aufl. 8. (IV, 156 S.) Ebend. 884. cart. n. 3. —

—— das preußische Stempel-Gesetz vom 7. März 1822, ergänzt durch die neuere Gesetzgebung und erläutert durch Rechtsprechung und Verwaltungs-Entscheidungen. 3. umgearb. und verm. Aufl. gr. 8. (IV, 258 S.) Ebendas. 886. geb. *

— das preußische Stempel-Gesetz vom 7. März 1882, ergänzt durch die neuere Gesetzgebg. u. erläutert durch Rechtsprechg. u. Verwaltungs-Entscheidgn. 4., ergänzte Aufl. 8. (X, 269 S.) Ebd. 889. geb. n. 4. 50

— das preußische Stempel-Gesetz vom 7. März 1822, ergänzt durch die neuere Gesetzgebung u. erläutert durch Rechtsprechung u. Verwaltungs-Entscheidungen. 5., ergänzte Aufl. gr. 8. (IV, 342 S.) Ebd. 892. Geb. in Leinw. n 6. —

Labus, Leo, d. preuß. Stempelsteuergesetz v. 31. Juli 1895, erläut. durch d. Materialien u. Rechtsanalogien. Nebst d. Ausführungs-Bestimmgn. v. 13. Febr. 1896. Handbuch f. d. prakt. Gebrauch. gr. 8. (IV, 483 S.) Breslau 896. J. U. Kern's Verl. Geb. in Halbfrz. n. 7.50

Labus, Leo, die im Handels- und Börsenverkehr zu beobachtenden Vorschriften der preußischen und der Reichs-Stempel-Gesetzgebung. 12. (VII, 83 S.) Breslau 884, Kern's Verlag. geb. *

—— die im Handels- und Börsen-Verkehr zu beobachtenden Vorschriften der preußischen und der Reichs-Stempel-Gesetzgebung. 2. Aufl. 12. (III, 104 S.) Ebendas. 885. geb. *

Labyk, J. U. — Neun und siebenzig Gnaden-Früchte und Nutzbarkeiten, so aus dem andächtigen Meßhören entspringen. Herausgegeben von — —. Gedr. bei A. Pichler's Witwe und Sohn. (7 S. 8.) 1855

Labyrinte de Versailles, der Irrgarten zu Versailles. O. O. u. J. V: *Krauss, Joh. Ulr.* (Cat. d. Stadtbibl. Zürich. Zürich 1864—97.)

Labyrinth [Sachl. OW]

Labyrinth, das, od. die bezauberte Prinzessin in einem Irrgarten. Ein Spiel z. Unterhaltung, auf 1 Fol. Blatt nebst Beschreibung. Leipz. Ind. Comt. 811.

Labyrinth, das, d. Lebens; e. Biographie a. d. Hinterlassenschaft Eduard Lehrbachs. 1r Th. 8. Lpz. Steinacker. 802.

Labyrinth, das, des Lebens, (v. Aug. Wichmann). 1r Thl. 8. Leipz. 802. Steinacker. 21 gr

Labyrinth, Schlesisches Historisches, oder kurzgefasste Sammlung von hundert Historien . . . Bresl. u. Leipz. 1737. H: *Stieff, Chn.* (ADB) (Nent) (LVS) (Kat. Bibl. Franz Schnitzer. München 1902. S. 65.)

Labyrinth, histor. Schlesisches, od. kurzgef. Samml. v. 100 Histor. allerh. denk. Namen, Oerter, Personen rc. in Schlesien. 8. Bresl. u. Lpz. Meyer. 737. Rthlr. — 14

— d., in d. Welt, nebst glückl. Ausg. a. demselb. 8. Potsd. Horvath. 781. — 16

Labyrinth [Schlagwort]

Labyrinth. Rammensée, Chr., Rundsicht vom Aussichts-Turme auf dem Labyrinth. 48,5 × 45 cm. Steindr. Hof 893. R. Lion. n. — 40

Labyrinthe. 8. Danzig 801. Brückner. 18 gr

— die, des menschl. Lebens; aus d. Engl. 2 Thle. 8. Leipz. 782. (Rauck). 1 rf

— die, d. menschl. Lebens, aus d. Engl. 2 Thle. 8. Dresden, Richter. (Sommer in Lpz.) 792.

Lac Léman. Carte au 1 : 100 000e. Report sur pierre d'une partie des feuilles XI, XII, XVI, XVII de la Carte Dufour. [Publié par le] Bureau topographique fédéral. 1901. 512/759 mm. 1 feuille fol. Berne, H. & A. Kümmerly & Frey. [fr. 2. — collé sur toile fr. 3. —]

La partie de la Haute-Savoie provient d'anciens documents.

Lac Léman. Carte au 1 : 100 000e. Report sur pierre d'une partie des feuilles XI, XII, XVI, XVII de la Carte Dufour. [Publié par le] Service topographique fédéral, Berne. Report sur pierre 1903. 514/759 mm. 1 feuille fol.-obl. [fr. 2. —, collé sur toile 3. —]

La partie de la Haute-Savoie provient anciens documents.

Lac du Perrin, s. Perrin du Lac.

Lac du Perrin, Reisen in die beyden Luisianen u. unter die wild. Völker des Misouri. a. d. Franz. gr. 8. Leipz. Hinrichs. 807. 1 18

Postpap. 2 —

Velin Pap. 3 —

Lac spirituale. Ed. F. Koldwey. Brunsv. 1864. V: *Vergerio, Pietro Paolo.* (Hauptkat. der Univ.-Bibl. Tübingen. G, Nachtr. 5.)

Lac de Zurich et ses rives, s.: Villes et paysages du monde entier.

Lacabanne, P., kurze Engl. Grammatik, s. Müller, G. H.

Lacabanne, s. G. A. Muller, prakt. Lehr- u. Hülfsb. d. Engl. Sprache.

La Caille

— Reisen u. d. Vorgebirge d. gut. Hoffnung, a. d. Fr. m. K. 8. Altenb. (Academ. Handl. in Jena.) 778.

Lacaille, ..., Reisen nach d. Vorgebirge d. guten Hoffnung; aus d. Französ. mit Kpf. 8. Altenb. 778. (Hennings in Neisse). 16 gl

La Caille, Nicolas Louis de

— vergl M. Hell.

Nicolas Louis de La Caille

[Nicolas Louis] de La Caille. [Leçons élémentaires d'astronomie géométrique et physique. Lat.:] Lectiones elementares astronomiae geometricae, et physicae, ex ed. Parisana anni 1755 in Lat. trad. a C[arl] S[cherffer]. Viennae & Pragae: Trattner 1757. 280 S. 4

Caille, C. de la, lectiones astronomiae geometr. et phys. 4. maj. Wien, Trattner. 761. Rthlr.

Nicolas Louis de La Caille

[Nicolas Louis] de La Caille: [Leçons élémentaires de mathématiques... Lat.:] Lectiones elementares mathematicae seu Elementa algebrae, et geometriae ex ed. Parisina anni 1756 in Lat. trad. a C[arl] S[cherffer]., cum corr. ab ipso authore communicatis anno 1758. Viennae, Pragae et Tergesti (1758:)Trattner. 215 S. 8

— lection. elementar. mathematicae, S. Elementa Algebrae et Geometriae; ex edit. Paris a. 1756 in Latinam traductae a K. Scherffer. 4maj. Wien 757. Ed. n. 762. ibid. 22 gl

La Caille, N. L. de. Lectiones elementares Mechanicae ... Viennae, Pragae et Tergesti 1757. Ü: *Scherffer, Carl.* (Jes) (SO) »1759« (ML)

— lection. element. mechanicae ex edit. Paris. a. 1758 in Lat. traduct. a K. Scherffer. 4maj. ibid. 759. ibid. 18 gl

Nicolas Louis de La Caille

[Nicolas Louis] de La Caille, [Leçons élémentaires de mécanique. Lat.:] Lectiones elementares mechanicae, seu Brevis tractatus de motu et aequilibrio ex ed. Parisina...in Lat. trad. a C[arl] S[cherffer] cum cor ectionibus ab ipso authore communicatis anno 1759. Viennae, Pragae et Tergesti (1759): Trattner. 148 S. 4

Nicolas Louis de La Caille

[Nicolas Louis] de La Caille,[Leçons élémentaires d'optique. Lat.:] Lectiones elementares opticae ex ed. Parisina anni 1756 in Lat. trad. a C[arl] S[cherffer]. Quibus auctarii loco acc. Brevis Theoria micrometri objectivi a Rogerio Josepho Boscovich, concinnata 1757. Viennae Austriae (1757:) Trattner. 150 S. 4

— lection. element. opticae in Latin. traduct. 4maj. ibid. 767. ibid. 18 gl

Lacalli, Helene und Paris. Ballet in 3 A., s. Helene.

CLEOPATRA. — Calprenède (Gautier de Costes de La —). — Der vortrefflichen Egyptischen Königin Cleopatra Curiose Staats- und Liebes-Geschicht. Vormahls von dem Herrn *Calprenede* in Frantzösischer Sprach geschrieben, nunmehr aber in Hoch-Teutsche Sprach übers. durch J. W. Worinnen auch zugleich die alte Römische Historien mit vorgestellet werden. 12 Thle. Hamburg, Verlegts Joh. Jost Erythropel, 1700—1702. 8°. 11 Alph. 10 Bog (25 Mk. Harrassowitz, Lpz., c. 1888.) Cplt. sehr rar! (In Berlin nur Th. 1—3 [Titelkpf., 5 Bll., 285, 301, 336 S., zus. 16 Bücher enth.]: Xx 4428.)

* **STATIRA** oder Cassandra, Die Aller-Durchlauchtigste Kayserin —. (Der Roman spielt zur Zeit Alexander des Großen in Griechenland und Asien.) Aus d. Frantzösischen (des *Gauthier de Costes*, Seigneur *de La-Calprenède*, † 1663 dans le diocèse de Cahors) und Holländischen (!) übers. von Christoff Kormarten. (Th. 1, enth. 6 Bücher.) Leipzig 1685. 8°. (In Berlin: Xx 4398; auch in Breslau, Kgl. u. Univ.-Bibl.: Litt. Gall. III. 8°. 50.)

Die Titelheldin heisst eigentlich Statira und ist die Tochter des letzten Perserkönigs Darius. — *La Calprenède*, ein Gascogner, Gardeoffizier und tragischer Dichter, verfasste seiner Zeit berühmte, heroisch-galante Romane.

Zuerst erwähnt mit der Adresse Leipzig u. Franckfurt, verlegts Joh. Fritsche. 8°. im O. M. V. 1674, E 2b, sub libr. fut. nund. prod. — Erschien erst 1685.

— — Dasselbe, Th. 2—4, tit.: Der Aller-Durchl. Käyserin Statira Oder Cassandra, Theil II. III. IV. Mit Persianisch-Griechisch-Scyth. u. Amazonischen Staats- u. Liebes-Geschichten, ... Aus d. Französ. u. Holländ. ins Teutsche übers. von D. Christoff Kormarten. Mit 16, 15 u. 14 Kpfrn. Leipzig, Jo. Fr. Gleditsch, 1686. 87. 8°. (In Wolfenbüttel; Th. 2 u. 4 von „1687" auch in München: P. o. gall. 2092.) (Th. 4 apart, 820 S., Prgt., 3 Mk. 50 Pfg. Frdr. Klüber, 1904.)

* — — Dasselbe. 2. Aufl. 5 Thle. Mit vielen Kpfrn. Ebd. 1689—1707. 8°. (In Berlin: Xx 4399.) (8 Mk., unbeschn. in Frzbdn., aber ohne die Kupfer, Otto Harrassowitz, Lpz., c. 1888; 8 Mk., nur 4 Bde. mit Kpfrn., „1687—89", Jos. Baer & Co., Frf. a. M., 1888.)

Alle 5 Thle. müssen schon 1689 fertig gewesen sein. — 9 Alph. 12 Bog. Mit 96 Kpfrn. (Cat. Meissner.) Selten so cplt.!

— — Dasselbe. 3ter Druck. 5 Thle. Mit vielen Kpfrn. Leipzig, Thomas Fritsch, 1702. 8°.

Bibl. Uffenbach I. p. 226: Frankf. Fast. M. V. 1702. K. 3a sub libris serius exhibitis. — Derselbe Verleger zeigt das Buch wieder im O. M. V. 1707. F 4b an:

Orig. (in Wolfenb.): Cassandre. 5 pts. = 10 tomes. Paris, Ant. de Sommaville, Avg. Covrbé Tovss. Qvinet, Nic. de Sercy, 1644—45. 8° — Paris, Sommaville, 1651—54. X. 8°. Avec 1 front. gr. (Vente Lobris. Munich, L. Rosenthal, 1895, no. 546.) Brunet III, col. 725. — Troyes et Paris 1660. V. 8° (In Stuttgart.) — Paris, Montalant, 1731. X. 12°. (15 fr., rel. anc. armoriée en maroquin mosaïque, Claudin, Paris, en 1876:)

La Camp, H[enricus] O[tto] de: De osteochondrophytis. Halis Saxonum 1841: Ploetz. 20 S. 8°

Halle-Wittenberg, Med. Diss., nachgeliefert von dem am 16. Dez. 1840 auf Thesen promovierten Verf.

Geb. [Hamburg 20. 2. 1816].

La Camp, Henricus Otto de: Theses controversae ... loco dissertationis de osteosteatomatibus mox edendae. Halae (1840): Ploetz. 2 Bl. 8°

Halle-Wittenberg, Med. Thesen v. 16. Dez. 1840

la Camp, Oscar [app. Arzt aus Hamburg]: Das primäre Carcinom der Gallengänge ... Leipzig, Buchdr. R. Hahn, 1895; 51 S., 1 Tab. 8.
Leipzig, Med. Fak., Inaug.-Diss. v. 12. März 1895

La Canal, S., Lectures à l'usage de la 2me et 3me Classe des deux Ecoles françoises de Königsberg, suivies des Conjugaisons des Verbes, le tout servant de suite au Recueil de Mots et de Phrases. à l'usage des Classes élémentaires. 8. Königsberg, Unzer. 820.

La Capelle, (Jean de, naquit à Bourges en 1655, † en même lieu le 29 mai 1723) Catull, romantisches Gemälde, frei bearb. von ***i. 2 Thle. Leipzig 1797. 8°. (12 Sgr. Steinkopf, Stuttg., 1874.) Selten!

La Casa, Vittorio de, imp. R. capitano O. S. Opuscolo analitico di geodesia sublime. (Mit 1 Taf.) 8. Vienna 1824.

La Casa, Vittorio de, J. R. capitano etc. Saggio intorno ad un nuovo metodo di risoluzione delle equazioni cubiche e applicazione alla resoluzione delle equazioni del relativo quarto gardo. 8. Vienna 1823.

Lacau, Pierre, Sarcophages, s.: Catalogue général des antiquités égyptiennes du musée du Caire. XIV. XXVII.

Lacau, Pierre, sarcophages antérieurs au nouvel empire, s.: Catalogue général des antiquités égyptiennes du musée du Caire. Vol. 33.

— Stèles du nouvel empire, s.: Catalogue general des antiquités égyptiennes du musée du Caire. Vol. 45.

Lacave, Nicolas Jean: Ordnungs-Reglement für die activen Mitglieder des Luxemburger Cäcilien-Vereins. Luxemburg: Bück [1867]. 2 S. 8°

Lacave, Nicolas Jean: Caecilienverein der Stadt Luxemburg. Tischlieder. Luxemburg: Bück o.J. 16 S. 16°

Lacayo, Emilio [aus Granada in Nicaragua]: Beitrag zur Casuistik der Spina bifida occulta ... Berlin, Druck v. E. Ebering, *1897;* 39 S. 8.
Berlin, Med. Fak., Inaug.-Diss. v. 10. Aug. 1897

La Caze, Louis. Medicinisch-physicalisch-moralische Schriften; a. d. Franz. ... Leipz. 1765. Ü: *Wagner, Carl Chn.* (ML)

Lacea, Constantin: Untersuchung der Sprache der „Viaţa şi Petreacerea Svinţiloru" des Metropoliten Dosoftei (1682). *Leipzig: J. A. Barth 1898.* (94 S.) 8° (Aus: v. Jahresbericht des Instituts für rumänische Sprache zu Leipzig.)
Leipzig, Phil. Diss. v. [20. Apr.] 1898

Lacedämonier, Die, dargestellt nach ihrer Staatsverfassung ... Nürnberg 1799. V: *Cragius, Nic.* (Gi)

Lacedämonier, die, nach ihrer Staatsverfassung, Sitten u. Gebräuchen. 8. Nürnb. 799. Bauer u. Raspe. 14 ℊℊ

Lacépède, Bernard Germain Etienne de Lavil le Comte

de Lacépède, Graf, Alter der Natur u. Geschichte d. Menschengeschlechts. Aus d. Französ. mit Vorr. u. Anmerkk. von H. v. Meyer. gr. 8. Frkf. 830. Brönnersche B. (Schmerber). 2 ℛ

de Lacépède, Cte, Histoire naturelle de l'homme, précédée de son éloge historique par M. le Baron G. Cuvier. Mit Lacépèdes Bildn. u. Facsimile. gr. in-8. Paris et Strasbourg 839. Levrault. 2 ℛ

Lacépède, (Bernard Germain Etienne de Laville Comte) de: Naturgeschichte der Amphibien oder der eyerlegenden vierfüßigen Thiere und der Schlangen. (Histoire naturelle des quadrupèdes ovipares et des serpents. Dt.) Übers. von Johann Matthäus Bechstein. Bd 1–5, gbd., Abb.

Weimar: Landes-Industrie-Comptoir 1800–1802

JB 85

Lacepede, de la, Naturgeschichte d. Amphibien etc., eine Forts. v. Büffons Naturgesch., a. d. Fr. m. Anm. u. Zus. v. J. M. Bechstein, 1r—5r Bd. m. K. gr. 8. Weim. Ind. C. 800—802. (1r 2 Thlr. 12 Gr. 2r—4r à 3 Thlr. 5r 2 Thlr. 18 gr.)
illum. (1r 3 Thlr. 12 gr. 2r—4r à 4 Thlr. 6r 2 Thlr. 6 gr.)

Lacepede, Naturgeschichte der Fische als eine Fortsetzung der Büffonschen Naturgeschichte, a. d. Französ. übersetzt von Loos, 1r Bd. in zwey Abtheilung. mit 25 Kupf. gr. 8. Berlin, Pauli. 799. 2 20
Schreibp. 3 8
Schreibp. illum. 4 20

— — dasselbe 2r Bd. 1r Thl. mit 8 Kupf. gr. 8. Ebend. 803. 2 —
Schreibp. 2 8
Schreibp. illum. 2 20

— — dasselbe 2r Bd. 2r Thl. mit 11 Kupf. gr. 8. Ebend. 803. 2 2
Schreibp. 2 10
Schreibp. illum. 3 4

de Lacepede, Graf, Naturgeschichte d. Fische, aus dem Französ. von Ph. W. Loos. 2 Bde. Mit 44 Kpf. gr. 8. Berl. 799—803. (Reimer). 6 ℛ 22 ℊℊ Schrbp. ill. 10 ℛ 20 ℊℊ

Lacerta

Certa, Melch. de la, Camui Eloquent. II. Tomi. 8. Norimb. Endters.

Lach' mit mir! (24 S. m. farb. Abbildgn.) gr. 8. München (908). Braun & Schneider. 1.—

Lach, August Franz

Lach. A. F., De arte gymnastica. Diss. 1846. 41 S.

Lach, August Franz : Die Gymnastik.
Wien, Med. F., Diss. 1846

Lach, Béla, die Gewinnung u. Verarbeitung des Glyzerins, s.a. Monographien üb. chemisch-techn. Fabrikationsmethoden. 7. Bd.

Die Gewinnung und Verarbeitung des Glyzerins. Von Dr. Béla **Lach.** Mit 30 Abb. Halle a. S.: W. Knapp 1907. (91 S.) 8°
—Monographien über chem.-techn. Fabrikations-Methoden. Bd 7.

— Die Stearinfabrikation, s.a. Monographien üb. chemisch-techn. Fabrikationsmethoden. 15. Bd.

Die Stearinfabrikation. Von Dr. phil. Béla **Lach.** Mit 79 Abb. Halle a. S.: W. Knapp 1908. (VIII, 180 S.) 8°
— Monographien über chem.-techn. Fabrikationsmethoden. Bd 15.

Lach, Fr. Wlh. Vikt, († d. .. Mai 1798.) Anleit. z. Kenntniß d. Sternnamen, mit Erläuterung aus d. arab. Sprache u. Sternkunde.. 8. Leipz. 796. Weidmann. 12 ℊℊ

Lach, J., Kärntischer Lehrerpersonalstand, s. Scholz, F.

Lach, Paul [Dir.]: *Rede, gehalten bei der Feier der Einweihung des neuen Schulgebäudes.* Berlin, Berl. Buchdr.-Act.-Ges., 1897; 13—17 S. 4.
Berlin, Handels-S u. VS f. h. Lehr-A, OP 1897**

Robert LACH — Zur Entwicklungsgeschichte der ornamentalen Melopöie
Prag; Phil. Diss. 1902/1903.

Lach, Theodor, aus Duisburg a. Rhein: **Ueber eine neue Diphenylmethandicarbonsäure.** *Greifswald 1899: F. W. Kunike.* (33 S.) 8°
Greifswald, Phil. Diss. v. 5. Aug. 1899

Lacha z Lachów **malowniczy podarek ludowy, wiejski i miejski naukowy i gospodarski moralny, religijny i historyczny na dwanaście miesięcy ułożony etc. 1. Wydanie 1865. * 10 Ngr.; 2. Wydanie. (Titel-Aufl.) 16. (IV und 261 S. mit eingedr. Holzschn.) Leipzig 865, (Brockhaus' Sortiment und Antiquarium.)** *

Lachabeaussière, la moral de la Raison, d. Moral d. Vernunft. Französisch u. Deutsch von S. H. Catel. 8. Berl. 798. (Köchly). 4 ℊ Französ. 2 ℊ Deutsch 2 ℊ

Lachabeaussiere, Moral d. Vernunft. v. F. H. Catel. 8. Berl. Lagarde. 798. deutsch u. franz. — 4

—. — dasselbe m. franz. od. m. deutsch. Text. — 2

— — dasselbe franz. m. d. deutschen Uebersetz. in Versen von Catel. 8. Ebendas. — 8

La Chabeaussière, [Ange-Etienne-Xavier Poisson de]. Catéchisme national de la Ch': proposé aux Jurassiens. (Ed. conforme au Catéchisme vaudois de J[ean-] J[acques] Carte [et publiée par] une société de patriotes suisses du Jura.) 8. *s. l. n. d.* [ca. 1835].

La Chabeaussière, [Ange-Etienne-Xavier Poisson de]. National-Catechismus von La Ch', aus dem Französischen ins Deutsche übertragen von Berthold. ([Nach] der Ausgabe von Johann Jakob Carte.) 8. Bern 1835.

la Chaise, ..., französ. ABC= u. Lesebuch. 8. Leipz. 799. (W. Vogel). 12 ℊ

Lachaise, C., physiolog. Abhandlung ꝛc., s. Bibliothek d. ausländ. Lit. f. pract. Med., 12. Bd.

Lachaise, C., Abhandl. über d. Verkrümmungen, s. Bibliothek d. ausl. Litt. f. Medicin 12r Bd.

La Chaise, François d'Aix de & Jacob Spoon. Briefwechsel; a. d. Franz. Dresd. 1757. Ü: *Thunckel, Joh. Frdr.* (ML) (Ky)

de LaChaise, Briefwechsel mit Spoon; aus d. Französ. (v. Jh. Fr. Thinckel). 8. Dresd. 757.

La Chalotais, Louis René de Caradeuc de. Versuch über den Kinderunterricht mit Anmerkungen und einer Vorrede. Göttingen 1771. Ü: *Schlözer, Aug. Ludwig von.* (GGr)

de Lachalotais, ..., Versuch über d. Kinderunterricht, mit Anmerkk. u. e. Vorrede ꝛc. v. A. L. Schlözer. 8. Götting. 771. Beilage. 8. Ebd. 771.

Lachambeaudie, Pierre

Lachambeaudie, P., hundert Fabeln (übers.) von Ludw. Pfau. 16. (VIII und 162 S.) Dessau 855(56,) Gebr. Katz. *

Lachambeaudie, Pierre, hundert Fabeln. Mit erläuternden Anmerkungen und einem Wörterverzeichnisse zum Schul- und Privatgebrauche hrsg. von Gfried. Ebener. gr. 8. (VIII und 111 S.) Hannover 857, Meyer. *

Lachambeaudie, P., 100 Fabeln, übers. von Ludw. Pfau. 2. (Titel-)Ausg. 16. (VIII und 162 S.) Dresden (856)68, Ehlermann. cart. mit Goldschn.

de la **Chambre,** Betracht. üb. Thier-Erkenntniß. Die Frage, ob die Seele v. Thieren Verstand habe. 1742. 8°.
1742

de la **Chambre,** B. d. Kennzeichen der Leidenschaften des Menschen. A. d. Franz. 2 Th. 275 u. 435 S. Münster. 8°.
1789

Lachambre, H., u. A. **Machuron,** Andrée im Ballon zum Nordpol. Deutsch v. H. Jahn. M. 50 Illustr. nach Photographien u. 1 Karte. 8. (VIII, IV, 246 S.) Leipzig 898. P. List. n. 3. —; geb. 4. —

Lachand, G., die schöne Frau Bodinard u. andere Geschichten, s.: Maupassant, G. de.

Lachapelle, s.a. Chapelle, de la

Lachapelle, (Madame), prakt. Entbindungskunst, oder Abhandlungen u. auserles. Beobacht. über d. wichtigsten Punkte der Geburtshülfe. Herausg. v. A. Dugès. Aus d. Französ. 1 Bd. gr. 8. Weim. 825. Ind.-Compt. 1 ℳ 12 ℊ

LA CHAPELLE. — Leiden und Freuden der Liebe; ein Roman nach *la Chapelle* frei bearbeitet. 2 Bde. Mit Vign. Leipzig 1805. 8°. (1 1/3 Rthl.)
Heinsius' B.-Lex. — Rar!

La Chapelle, A. de

La Chapelle, de. . . . gründliche und vollständige Anweisung wie man das vom ihm neu erfundene Schwimmkleid oder den sogenannten Scaphander nach untrüglichen Grundsätzen verfertigen und gebrauchen solle. Warschau, in Verlag bey Michael Groll . . . und in Dresden . . . 1776.
XX — 300 S.; 4 Taf. in Kupferst. 8°

La Chapelle, A. de. Scaphander, oder Anweisung zum Gebrauch des Schwimmkleides; a. d. Franz. Dresden 1776. Ü: *Spener, Joh. Carl Phil.* (Ky)

La Chapelle, Armand de. Nothwendigkeit des öffentlichen Gottesdienstes; a. d. Franz. Breslau 1749. Ü: *Böhm, Martin Gottlieb.* (ML)

Lachapelle, Herm., u. Ch. **Glover,** Handbuch der Fabrication gashaltiger Getränke vom hygien., wissenschaftl. u. industriellen Standpunkt. Mit genauer Beschreibung der Apparate. Nach der 3. Aufl. des französ. Orig. ins Deutsche übertragen. Mit 70 (eingedr.) Holzschn. Berlin 869. Wiegandt & Hempel. gr. 8. (XIX, 376 S.) n. 2 ℳ

La Chapelle, [Jean] de, et Massner, (Thomas). Copies De quelques lettres escrittes par les Srs. de la Ch' & Masner (1710–1711) = Copeyen etwelcher Schreiben zwischen HHn. de la Ch' und Masner. 4. *s. l. n. d.* [ca. 1711].

[La Chapelle, Jean de.] Lettres d'un Suisse, qui demeure en France, à un François, qui s'est retiré en Suisse, touchant l'estat present des affaires en Europe. (Septembre 1702 – Février 1704.) 4. *s. l.* 1704.

M. de la Chapelle. Der Halbmond. Roman. Berlin · C. Duncker [1908]. (201 S.) 8° [F.] [08. 5059

N. de La Chapelle

[N.] de La Chapelle. [Traité des sections coniques et autres courbes anciennes, appliquées et applicables à la pratique des différents arts. Deutsch:] Abhandlung von den Kegelschnitten, von den andern krummen Linien der Alten und der Cycloide nebst ihren Anwendungen auf verschiedene Künste. Uebers.u.mit Anm. versehen von Johann Lorenz Böckmann. Carlsruhe:Macklot 1771. 320,24 S. 8

La Chapelle, Salom. de, histoire judiciaire de Lyon et des départements de Rhône-et-Loire et du Rhône depuis 1790. Documents relatifs aux tribunaux de district de département et d'arrondissement. 2 vols; gr. 8. (XXVI, 247 u. 280 S.) Lyon 880. Basel, Georg. n.n. 16. —

La Chapelle Robol, Susanne, Schuld, s. Kürschner's Bücherschatz.

Schuld. Roman von Susanne La Chapelle-Robol. Autor. Übers. aus d. Holländ. von Martha Sommer. Berlin, Leipzig: H. Hillger [1906]. (128 S.) 8° [F.]
— Bücherschatz, Kürschners. No 514. [07. 12331

Lachat. – Mgr L., Évêque de Bâle, s. Hornstein, Édouard

Lachaud, Concordantiarum SS. scripturae manuale, s. de Raze.

Lachaud, G., die schöne Frau Bobinard und andere Geschichten, s. Maupassant, G. de.

La Chaussée, Pierre Claude Nivelle de: Freundeschule, s. Bröse, Gustav

La Chaux, A[rno] de: Bücherverzeichnis der Schüler-Bibliothek des Königlichen Gymnasiums zu Stade. Nach Altersstufen u. Wissenschaften geordn. u. zsgest. Stade (1908): Pockwitz. 89 S. 8°
Stade, k. G OP 1908 (410) [S 08. 264

de la Chaux, Gustav: Der Gebrauch der Verba und ihrer Ableitungen bei Nepos. (Tl 1.) Gumbinnen, gedr. bei W. Krauseneck, 1896; 3—22 S. 4.
Gumbinnen, st. RPG, P 1896 (17)

de la Chaux, Gustav: Gebrauch der Verba und ihrer Ableitungen bei Nepos. '(Forts. [d. P-Beil. 1896.])' Gumbinnen, gedr. bei W. Krauseneck, 1897; 3—17 S. 4.
Gumbinnen, st. RPG, P 1897 (18)

la Chaux, Gustav de: Gebrauch der Verba und ihrer Ableitungen bei Nepos. ⟨Fortsetzung.⟩ *Gumbinnen 1898: W. Krauseneck.* (3—12 S.) 4° ¶[Fortsetzung d. P-Beilagen 1896. 97.]
Gumbinnen, st. RPG, P 1898 (18)

La Chaux, Gustav de: Gebrauch der Verba und ihrer Ableitungen bei Nepos. ⟨Schluss.⟩ *Gumbinnen 1899: W. Krauseneck.* (S. 3—13.) 4° ¶[Schluss d. P-Beil. 1896—98.]
Gumbinnen, st. RPG, P 1899 (18)

La Chaux–de–Fonds, s. Chaux-de-Fonds.

LACHBÜCHLEIN, Neuestes, für unsere lieben Nachbarsleute, darinnen die Menge anmuthiger Historien, Mährlein u. Schwänke erzählt werden. Zur Erbauung u. Ergötzung aus uralten Büchern ans Licht gebracht. Mit Titel-Steindruck u. kleiner Titelvign. Prag, Leitmeritz u. Teplitz. 1837. Bei C. W. Medau. 8°. (60 Pfg. Taussig, c. 1905.)
Titelbild (lith. v. Medau), Titel (roth u. schwarz), 89 S. Enth. 14 Nrn., u. a.: (Nr. 2) Ein halb Dutzend (zahme) Ehestandsgeschichten u. ein passend Mährlein voran; (Nr. 14) Ein halb Dutzend lustiger Wirthshausgeschichten.

† Lachegern, Anast., Haus- u. Lach-Apotheke, s. Haus- u. Lach-Apotheke.

Lachegern, Anastasius, neueste humoristisch-homöopath Haus- u. Lach-Apotheke, oder zweihundert u. mehr humoristisch-homöopath. Pillen, Pulver und Tropfen in Form von witzigen Gedanken, launigen Einfällen und lustigen Anekdoten, sehr gut einzunehmen für augenblickliche Verstimmungen ꝛc. 12. Grätz 836. Kienreich. 5/12 ℛ︎

Lachel, F. J.: Berechtigen die an Troers Kopfe gemachten Beobachtungen auf ein Bewußtsein in demselben zu schließen? Breslau (1803).

Lachelier, J., Psychologie u. Metaphysik, s.: Bücherei, philosophisch-soziologische. Bd. 11.

Lachemaier, A. v., praktischer Leitfaden f. weibliche katholische Instituts-Zöglinge u. nach besserer Bildg. streb. kathol. Mädchen. gr. 16. (152 S.) Neuburg 874. kathol. Erziehungsverein. n. 1. 20

Lachemair, Anton

Lachemair, A., siehe: *Familien-Bibliothek.*

Lachemair, A. v., die Materialien des Maschinenbaues, s.: Bibliothek der gesamten Technik.

Die Materialien des Maschinenbaues. Von A[nton] v. Lachemair, Prof. Mit 14 Abb. Hannover: Jänecke 1909. 299 S. 8°
(Bibliothek d. gesamten Technik. Bd 131.) [10. 7013

Lachemair, Ant. v., Predigt über das Evangelium am 2. Sonnt. nach Epiphanie Joh. 2. 1 ff. gr. 8. (12 S.) Neuburg 853, Prechter. Thlr.

— Rede auf den allgemeinen Buß- u. Bettag. 9. Ausg. 1870. Gehalten in der kath. Stadtpfarrkirche zu Lindau. 8. (9 S.) Lindau 870. Stettner. n. — 20

Lachemair, A. v., die Schulfrage u. ihre bisherige Lösung. Versuch e. Studie. Augsburg 869. Kranzfelder. gr. 8. (VII, 92 S.) n. 10 ngr.

Lachemair, A. v., die Schulreformfrage. gr. 8. (68 S.) Augsburg 864, Schmid's Verlag.

Lachemair, A. v., Skizzen zum Konstruieren v. Maschinenteilen. 1. Tl. qu. 4. (48 autogr. Taf.) Augsburg 895. J. Wolff. In Leinw. kart. n. 4. —

Lachemair, A. v., drei Theaterstücke, s.a. Familien-Bibliothek.

Lachemair, Ant. v., drei Theaterstücke für Bühnen an katholischen höheren Töchter-Instituten wie in katholischen Familienkreisen. 8. (168 S. mit 1 Holzschntaf.) Einsiedeln 877, Gebr. Benziger. cart. *

Lachemair, Ant. v., über den Verfall des Glaubens und der Sittlichkeit. Eine Predigt am Schlusse des J. 1849 gehalten. gr. 8. (23 S.) Augsburg 850, Schmid'sche Buchh.

— die Verführung d. Zeitgeistes. Eine unterbrochene Predigt geh. am Sylvesterabende 1872 in der kathol. Pfarrkirche zu Lindau. gr. 8. (16 S.) Augsburg 873. Kranzfelder. n. — 20

Lachemann, Pastor [Pseud.], s.a. B a s s e, Gottfried

Lachemann, ..., (Gfr. Basse,) s.a. Reden u. Predigten, geistl., zum Todtlachen.

LACHEMANN, Pastor. (ps.), Geistliche Reden und Predigten zum Todtlachen. Oder Original-Auszüge aus merkwürdigen Predigten und geistlichen Reden, welche im 17ten und 18ten Jahrhunderte wirklich gehalten worden sind. Gesammlet und zum Besten armer Mißvergnügten herausg. vom —. Quedlinburg u. Leipzig, Basse, 1811. 8°. (2/3 Rthl.)

Lachenal, Friedr., Gedichte. br. 8. (III und 92 S.) Basel 852, Bahnmaier's Buchh. *

Lachenal, Wernhard de, Basel. Specimen inaugurale observationum botanicarum.
Basel; med. Diss. 1759.

La Chenal, Wernhard de, als Bewerber um die anatom.-botan. Professur. — Wolleb, Dan. Observationes botanico-medicae. [Bemerkungen über Schweizer-flora im Anschluß an Jacquin, Jos. Nic. Flora Austriaca, Wien 1773 ff.]
Basel; med. Diss. 1776.

La Chenal, Wernerus de [Praes.], s. W o l l e b, Daniel: Observationes botanico-medicae.

Lachenbauer, J., Lobrede auf den heil. Domitian, am 8. Febr. 1778 vorgetragen. 8. Wien 778. Trattner. 3 kr.

Lachende, Der. Linz 1776—1777. H: *Cremeri, Ben. Dom. Ant.* (WrDiar 1776, Nr. 69, 85; 1777, Nr. 18, Anhg.) (Bancalari 8555a »2/1 1777—1/1 1778«) (Schiffmann S. 118 u. 153) (BiblPort)

Lachenmaier, G. Prinz Eugen von Württemberg. (1788—1857.) Ein deutsches Fürstenleben aus grosser Zeit. Stuttgart Südd. Verl.-Institut 1888.

Lachenmaier, G., s.: Schulgrammatik, französische.

Lachenmann, Eug., die evangel. Bewegung in Frankreich, s.a. Berichte üb. den Fortgang der „Los v. Rom-Bewegung". II. 6.

Lachenmann, die evangelische Bewegung in Frankreich, s.a. Wartburghefte. 10. Hft.

Die evangelische Bewegung in Frankreich. Von Eugen Lachenmann. Hälfte 1. *München: J. F. Lehmann 1901* 8° [F.]
— Berichte über d. Fortgang der 'Los von Rom-Bewegung' T 2. H. 6.
(04. 8740

(**Lachenmann**, Eug.) Haushaltungsschule Schrozberg 1881—1906. Denkschrift zur Jubiläumsfeier nebst Statuten. (Gerabronn Ruckert. März 1906.)

— Reiseeindrücke von der evangelischen Bewegung in Frankreich. Vortrag, geh. bei d. XIV. Generalversammlg. des evangel. Bundes zu Breslau, am 9. X. 1901. gr. 8. (12 S.) Leipzig (901). (Buchh. des evangel. Bundes v. C. Braun.) n.n. — 10

Lachenmayer, J.

Lachenmayer, Farbenfibel. Kurzgefaßte Anleitung zur Mischung, Zusammenstellung und Behandlung der Farben mit Rücksicht auf deren Verwendung bei der Toilette und der Zimmerausstattung. Zum Selbstunterricht für Farbenbeflissene jeder Art, Zeichen-Schüler und Schülerinnen und Laien. gr. 8. (25 S. mit 1 Chromolithogr.) Reutlingen 883, Kocher's Buchh. *

Lachenmayer J. Zeichenatlas. (Ungarisch.) Lieferung 1-10. fol in Mappe. Budapest

Lachenmeyer, J., Rath an Frauen, um den Verlust von Kindern in schweren Geburten, die durch unvollkommene Ausbildung des weiblichen Körpers verursacht worden, zu verhindern, das Resultat einer 25jähr. Erfahrung, ebenfalls nicht uninteressant für Geburtshelfer. 8. (12 S.) Philadelphia 857, (Schäfer und Koradi.) 1/6 Thlr. *

Lachenwitz, F. L., Handbuch, f. Reisende mit Dampfschiffen v. London bis Strasburg. gr. 8. (12 1/2 B. u. 1 Karte.) Köln 836, (Du Mont-Schauberg.) *

Lachenwitz, F. L., a practical Manuel for Steam-Boat-Travellers from London to Strasbourg. On an entirely new Plan and according to the most authentic sources of information. Cont. besides a short History of the Rise and Progress of Steam-Navigation on the Rhine, an accurate and detailed account of all its establishments. Transl. from the German by John Wilkinson. Illustradet with a very detailed Map of the Course of the Rhine, from Strasbourg to Rotterdam. gr. 8. the same. n 2 ß

—— a practical manuel for Steam-Boat-Travellers from London to Strasbourg. Transl. from the German by John Wilkinson. gr. 8. (12 B. u. 1 Karte.) Cöln 836, (Du Mont-Schauberg.) *

—— Manuel à l'usage des voyageurs par bateaux à vapeur de Londres à Strasbourg. Trad. de l'Allemand par L. de Bilderbeck. gr. in-8. (12 1/2 B. u. 1 Karte.) Cologne 836, (Du Mont-Schauberg.) *

Lachenwitz, Jh. Chr. Cph., († 1818.) kleines Tischgebetbuch für nichtkathol. u. katholische Christen. 8. Dorsten 804.

Lacher, d. Lehrer d. Bajonettierens. 12. (VI, 63 S.) Berlin 898. E. S. Mittler & Sohn. n. — 80

Lacher, Carl, s. L a c h e r, Karl

Lacher, Eduard v., Bienen-Tafeln f. den Anschauungs-Unterricht. 3., v. L. Arnhart bedeutend verb. Aufl. Hrsg. v. Zentralverein f. Bienenzucht in Österreich. 3 Taf. Je 150×100,7 cm. Wien 905. (Freiburg i/B., P. Waetzel.) 12.75; m. Leinw.-Streif. u. Stäben 16.40; Erläutergn. 2. Aufl. (31 S. m. Abb.) 902. — 60

Lacher, Friedrich [approb. Arzt aus München]: Zur Casuistik des primären Nierencarcinoms . . München, Jos. Anton Finsterlin, 1886; 1 Bl. + 21 S. 8°
München, Med. Fak., Inaug.-Diss. v. 1886.

Lacher, G. A., die Gemeindeordnung für die bayerischen Landestheile diesseits des Rheines vom 29. April 1869, mit Erläuterungen aus den Motiven des Gesetzentwurfes u. den Kammerverhandlungen versehen. München 869. Ackermann. gr. 8. (VIII, 148 S.) 15 ngr.

Lacher, G. A., die Gemeindeordnung f. die bayerischen Landestheile diesseits d. Rheines vom 29. April 1869 m. Erläutergn. aus den Motiven d. Gesetzentwurfes u. den Kammerverhandlgn. versehen. 2. nach dem Gesetze v. 19. Jan. 1872 bericht. Ausg. 8. (VIII, 147 S.) München 873. Th. Ackermann. n. 1. 40

— das Gesetz über die öffentliche Armen- u. Krankenpflege vom 29. April 1869, mit Erläuterungen aus den Motiven des Gesetzentwurfes u. den Kammerverhandlungen versehen. Ebend. 869. 8. (VI, 38 S.) 4½ ngr.

Lacher, Heinrich

Lacher, H., die Schul-Ueberbürdungsfrage, s.a. Zeit- u. Streitfragen, deutsche.

Lacher, Heinrich, Die Schulüberbürdungsfrage sachlich beleuchtet, Berlin 1883, 55 S., 8°.

LACHER, Joseph (Ziemetshausen): De haemorrhagiis uteri ante, sub et post partum contingentibus.- Monachii: Deschler 1842. 19 S.
27.8.1840 - Urk; F 65
Diss.Ingolst.-Landsh.-Mchn.

Lacher, Karl, s.a. Arbeiten, kunstgewerbliche, aus der kulturhistorischen Ausstellung zu Graz 1883.

Lacher u Bude, kunstgewerbliche Arbeiten aus der kulturhistorischen Ausstellung zu Graz 1883. 100 Tafeln mit Text. 4° Graz 1884

Lacher, Carl, Dichtungen in althochdeutscher Sprache. Mit erläut. Wörterbuche. gr 8. (18 B.) Speier 836, Neidhard's Bh.

Lacher K, Führer durch d. Steiermärk. Landesmuseum in Graz. (59 S 3 Pl) Graz 1895

Lacher K, Führer durch das Landeszeughaus in Graz. (32 S) Graz 1896

Lacher, K., mustergiltige Holzintarsien der deutschen Renaissance aus dem 16. u. 17. Jahrh. gr. Fol. (30 photolith. Taf. m. 1 Bl. Text.) Graz 889. Pechel. In Mappe. n. 18. —

® Lacher, Karl, mustergiltige Holzintarsien. 889. (KBL 26.) Jetzt: Leipzig, K. W. Hiersemann.

Lacher, Karl, s.a. Kunstbeiträge aus Steiermark.

Lacher, Karl, Kunstbeiträge aus Steiermark. Blätter für Bau- und Kunstgewerbe. Verlag von Heinrich Keller in Frankfurt am Main. I. Jahrgang. Heft I. (Min.-Erl. v. 29. Juni 1893, Z. 10353) 2 Mark 50 Pf.

(Lacher), Kunstbeiträge aus Steiermark. I-III. (96 T) kIfol Graz 1893-95

— altsteirische Wohnräume im Landesmuseum zu Graz, s.a. Sammelmappe, ornamentale u. kunstgewerbliche. VIII.

Lacher K, Altsteirische Wohnräume im Landesmuseum zu Graz. (32 T mit Text) (Sammelmappe, ornamentale und kunstgewerbliche 8) fol Leipzig 1906

Lacher, Carl, Wohnräume aus Steiermark. Drei vollständ. Holztäfelungen aus den J. 1568, 1596 und 1607. Aufgenommen und hrsg. Fol. (7 Lichtdr.-Taf. mit 1 Bl. Text.) Graz 886; [Goll.] In Mappe *

Lacher, Leo., Friedrich Wilhelm IV. König von Preußen in Sigmaringen, den 24., 25. und 26. Aug. 1851. 4. (II und 14 S. mit 4 Stnt. von Wilh. Laur.) Sigmaringen 851. (Stuttgart 851, Beck und Fränkel.) *

LACHER, Ludwig (Kempten): Über Zwerchfellshernien. Mit 1 Taf. u. 1 Holzschn.- München: Hirschfeld 1879. 57 S.,Taf.- S.-Abdr.aus: Deutsches Archiv für klinische Medizin. Bd.27.
10.5.1879 - Urk (Titel: De herniis diaphragmatis.); Chr 1878/79,12
Diss.Ingolst.-Landsh.-Mchn.

LACHER, Max (München): Pseudoleukämie.- Kempten: Kösel 1900. 40 S.
23.2.1900 - Chr 1899/1900,12; Jv 1900/01,240
Diss. Ingolst.-Landsh.-Mchn.

LACHER, Otto (Nördlingen): De exstirpatione ovariorum in fibromyomate uteri. (Titel nach der Urkunde)
7.8.1879 - Urk; Chr 1879/80,14
Diss.Ingolst.-Landsh.-Mchn.

Lacher, Wilh., Nürnberger Fortbildungsschullesebuch, s.: Weiß, K.

Lacher, Wilh., Rechen-Aufgaben f. gewerbliche Fortbildungsschulen. 8. (20 S.) Nürnberg 894. Heerdegen-Barbeck. n. — 15

Lächerlich: 1879—1880. St. Louis, MO
Humorous weekly. Folio, each issue 8 pages.

LÄCHERLICHE, Das, verschiedener Nationen. Aus d. Französ. übersetzt. Leipzig, Christian Gottlob Hilscher, 1766. 8°. 114 S. (In Wolfenbüttel.)
Goedeke V, 393, 37, 3.

Lächerlichkeiten in wahren Begebenheiten, z. angenehmen Unterhalt. 2 Thle. 8. Quedlinb. Ernst. 803. 1.

Lächerlichkeiten durch Missverständinsse in einer Sammlung angenehmer unterhaltender u. wahrer Anekdoten. Leipzig 1805. V: *Möller, Chn. Friedr.* (BGE IV, 8)

— durch Mißverständnisse in e. Reihe angenehmer unterhalt. u. wahrer Anecdoten. 8. Lpz. Köhler. 805. •

Lachèse, Marthe, die Pflegetochter d. Malers. Erzählung f. die reifere Jugend. Aus dem Franz. übers. v. M. Hoffmann. Neue (Titel-)Ausg. 8. (395 S.) Freiburg i/B. 891. Herder. Geb. in Leinw. n. 2. 50

Lachèse, Marthe, die Pflegetochter Salomons. Frei aus dem Französischen übers. von M. Hoffmann. 8. (395 S.) Freiburg i/Br. 880. Herder. 3. —

La Chevallerie, s.a. Chevallerie, de la

La Chevallerie, A. de Amtm., Armengesetzgebung und Armenpflege. Ein Beitrag zur Reform des Armenwesens. 8°. Düsseldorf, Schwann, 1884.

— Zur Bekämpfung der Bettelei und Vagabondage. 8°. Münster i. W., Schöningh, 1882.

de Lachevallerie, A. F. L., s. Chevallerie.

La Chevallerie, Otto de. Der sechste August und die preußische Armee in Schleswig-Holstein. Ein Brief aus den Kriegstagen. Berlin, F. Schneider u. Comp. 1848. 12 S. 8.

Chevalerie, Otto de la, Lieutenant a. D. Bürger und Soldaten! Verlag von S Löwenherz. 1 Bl. Fol.
Flugblatt. Berlin, 19. Sept. 1848.

Chevalerie, Otto de la. Das vereinbarte Militär-Avancement. Eine Beleuchtung der Cabinetsordre vom 19. September 1848. Berlin, L. Schlesinger 1848. 16 S. 8.

La Chevallerie, O. de. Die schwebende Militairfrage. Berlin 1862. 8°.

La Chevallerie, O. von. Rückblick und Vorblick auf die preußische Volksvertretung und die neuen Wahlen. Neumark 1849. 15 S. 8.

La Chevallerie, Th. von (Hrsg.), s. Armstrong, Nicholas: Zwölf Predigten.

Lach-Feuerwerk, brillantes, oder Scherzfunken, Lustschwärmer u. Witz-Raketen. In sechs lakonischen Fronten und einer imposanten Bon-mots-Schluß-Kanonade. Enthalt.: Komische Erzählungen, Schwänke, Possen, dramatisirte Scenen 2c. Arrangirt von Vocativus Zündlichtl, Lust-Feuerwerker u. geh. Illuminations-Rathe zu Tippelskirchen. In 6 Bdchn. 2e Aufl. 16. Wien 839. Mausberger. (Leipzig, Hunger) 5/6 ₰

LACHKABINET, Pariser. Erzählungen für Busenfreunde. Budapest 1896. 8°. (3 Mk., Expl. im Orig.-Umschl., 1909.)

PARISER Lachkabinett. Erzählung für Busenfreunde. Budapest, Sachs & Pollack (um 1900). 8°.
Verb. d. Ldg. I Berlin 20 J. 720/08.

Lach-Kirchtag, wiener, im Lustwäldchen d. Frohsinns. Woselbst zu schauen ist: Ein Marionetten-Theater, e. optisch-phisikal. Kunst-Kabinet 2c. Für d. J. 1839 u. 40. (od. 1. u. 2. Jahrg.) Hrsg. v. M. J. R. 16. (11 u. 9½ B.) Wien, Mausberger. (Leipzig, Hunger.) à

Lach-Kirchtag, Wiener, im **Lustwäldchen des Frohsinns. Hsg. von M. J. R. Wien 1840. H:** *Uffenheimer, Gabriel Samuel.* (EB)

LACHKRAMPF, Der. Quintessenz der pikantesten u. auserlesensten Berliner Witze u. Redensarten, Anekdoten und scherzhaften Gedichte. Herausgegeben von A. L., Stammgast bei Rennebohm. Heilbronn 1835. 8°. Zahm. (1 Mk. 50 Pfg., G. Priewe.)
— — Dasselbe. 2 Bdchn. Ulm 1836—42. 8°. (2 Mk. 50 Pfg., Orig.-Umschl., F. Waldau, Fürstenwalde, 1908.)

Lachkrampf, der. Quintessenz der pikantesten u. auserlesensten Berliner Witze u. Redensarten, nebst e. Auswahl d. treffendsten Anekdoten u. einem Anhange scherzhafter Gedichte u. Aufsätze, welche sich zum Vortrage in fidelen Zirkeln vorzüglich eignen. Herausg. v. A. L. Stammgast bei Rennebohm. 1s u. 2s Heft. (Bdchn.) gr. 12. Ulm 836 Rübling. (1s 5/12 ₰ 2s 1/3 ₰) 3/4 ₰ — 1s Bdchn. 3e Aufl. 12. Ebd. 837. 1/3 ₰ — 2s Bdchen. 2e Aufl. 12. Ebd. 838. 1/3 ₰

Lachman, Arthur [aus San Francisco]: Über Nitroharnstoff, Nitrourethan und das Nitramid ... München, Druck v. V. Höfling, 1895; 52 S. 8.
München, Phil. Fak., Inaug.-Diss. v. 1895

Lachmann: De argumento libb. Aristot. de anima. 2 Teile. Zittau, Schul-Univ.-Schrift 1863.

Lachmann, Albert (geb. Berlin 25. 7. 1857): Ueber einen seltenen Fall von Bauchblasengenitalspalte. Berlin (1883). (37 S.) 8°
Berlin, Med. Diss. v. 10. Juli 1883

Lachmann, Alexander G.

Lachmann, Alex., die Farbewaaren, s. Encyklopädie der chemisch-technischen Wissenschaften.

Lachmann, A: Die Farbewaaren in Beziehung auf ihre Abstammung, Bestandtheile, Eigenschaften, technische Anwendung, Prüfung und merkantilischen Vertrieb. Leipzig 1860

— und L. Reichenbach, allgemeine Farbewaaren-Chemikalien- und Droguen-Kunde. Ein Handbuch für Apotheker, Droguisten, Farbewaarenhändler und Färber. gr. 8. (XVI und 864 S. mit 10 ill. Kpfrn. und eingeklebten Farbeproben.) Leipzig 851, Baumgärtners Buchh.

Lachmann, Alex., Handels-Geographie. Zum Gebrauch für den Handels- und Gewerbestand. 5 Lfgn. 8. (400 S.) Leipzig 863, M. Schäfer. à Lfg. 7½ Ngr.

Lachmann, A. G., der vollkommene Kolorist u. Färber. Ein prakt. Handbuch des Zeugdrucks u. der Färberei auf Wolle, Seide 2c., sowie gründl. Beschreibung der Farbematerialien u. d. beim Zeugdruck vorkommenden Elemente, Basen, Säuren u. Salze. Mit Benutzung des Werkes: Traité théorique et pratique de l'impression des tissus par Persoz. gr. 8. Leipzig 846, Bamberg. 2½ ₰

Lachmann, Alex. G., der vollkommene Kolorist u. Färber. Ein prakt. Handbuch des Zeugdrucks u. der Färberei auf Wolle, Seide, Halbwolle, Baumwolle u. Leinwand, sowie gründliche Beschreibung der Farbematerialien u. der beim Zeugdruck vorkommenden chemischen Elemente, Basen, Säuren u. Salze. Mit Benutzung des 1846 in Paris erschienenen u. von der Société d'Encouragement als Preisschrift gekrönten Werkes: Traité théorique et pratique de l'impression des tissus par J. Persoz. Bearb. u. m. eigenen Erfahrungen bereichert. 2. m. einem Anh. verm. Ausg. gr. 8. (XXVIII u. 420 S.) Leipzig 850, Kittler. n. 2 ₰

— neueste illustrirte Münz-, Maass- und Gewichtskunde und kurze Handelsgeographie aller Länder mit Abbildung und Beschreibung der jetzt coursirenden Gold- und Silber-Münzen nebst Angabe ihres Gewichts, Feingehalts, ihrer Geltung und ihres Werthes nach den neuesten gesetzl. Bestimmungen. 48 Lfgn. Lex.-8. (414 S. mit 96 Taf. in Congrevedr. und 96 Bl. Erklärungen.) Leipzig 858—60, E. Schäfer. à Lfg. * 5 Ngr. *

— dass. — 3., verm. und verb. Aufl. (In 30—32 Lfgn.) 1—22. Lfg. gr. 8. (S. 1—192 mit 66 Taf. in Congrevedr. und 66 Bl. Erklärungen.) Ebendas. (861)62. à Lfg. 7½ Ngr.
Die 1. Aufl. dieses Werks erschien 1858 unter dem Titel: Münzkunde, neueste.

Lachmann, Alex., neueste illustrirte Münz-, Maass- und Gewichtskunde und Handelsgeographie aller Länder mit Abbildung und Beschreibung der jetzt coursirenden Gold- und Silbermünzen nebst Angabe ihres Gewichts, Feingehalts, ihrer Geltung und ihres Werthes nach den neuesten gesetzl. Bestimmungen. 3., verb. Aufl. 23.—34. (Schluss-) Lfg. gr. 8. (XIV und S. 193—440 mit 80 Taf. in Congrevedr. und 30 Bl. Erklärungen.) Leipzig 862,63, M. Schäfer. à Lfg. 7½ Ngr.

Lachmann, Alex., neueste illustrirte Münz-, Maass- u. Gewichtskunde u. Handelsgeographie aller Länder mit Abbildung u. Beschreibung der jetzt coursirenden Gold- u. Silbermünzen nebst Angabe ihres Gewichts, Feingehalts, ihrer Geltung u. ihres Werthes nach den neuesten gesetzlichen Bestimmungen 4., verb. u. verm. Aufl. Leipzig 866, M. Schäfer. Lex.-8. (486 S. mit 90 Bl. in Congrevedr. u. 90 Bl. Erklärungen.) n. 10 ₰

Lachmann, Alex. G., die Pelzthiere. Ein Handbuch f. Kürschner u. Rauchwaarenhändler. Enth.: naturhist. Schildergn. derjenigen Thiere, von denen die Pelze im Rauchwaarenhandel vorkommen, mit Angabe der Eigenschaften der Letztern u. deren Verwendung in der Kürschnerei. 8. (VI u. 378 S.) Leipzig 852, Baumgärtner. 1 ₰

— Praxis u. Theorie d. Weißbleiche, od. die Bleichkunst baumwollener u. linnener Zeuge mit besond. Berücksichtig. der damit verbundenen Handgriffe u. Vortheile, so wie der durch den Gebrauch d. Bleichagentien bedingten chemischen Prozesse. gr. 8. (3½ B.) Leipzig 845, Bamberg.

— Vademecum der Färber und Zeugdrucker oder illustrirtes Taschenbuch der Farbewaarenkunde, zum prakt. Gebrauch hrsg. 8. (VIII und 176 S. mit 2 Tab. in Fol. und qu. gr. Fol. und 8 ill. Stat. Abbildungen in qu. 4.) Leipzig 861, E. Schäfer. *
Ohne Abbildungen *

— Waarenkunde, s. Lehrbücher für den Unterricht in Lehranstalten für erwachsene Töchter ꝛc.

— Warenkunde für die Hauswirtschaft. Leipzig 1867

—— Waarenkunde in Wort und Bild. Für Kaufleute und Fabrikanten. gr. Lex.-8. (VI und 514 S. mit 65 ill. und 8 schw. Etnt.) Leipzig 851—55, Schäfer. *

Lachmann A, Warenkunde in Wort u Bild. Für Kaufleute u Fabrikanten. Leipzig 1856

Lachmann, Alfred, prakt. Arzt: Aus der Königlichen Universitäts-Kinderklinik zu Breslau. Direktor: Prof. Dr. A. Czerny. Über das Verhalten der Kalkausscheidung bei fieberhaften Erkrankungen von Säuglingen. Breslau 1906: Breslauer Genossenschafts-Buchdruckerei. (31 S.) 8°
Breslau, Med. Fak., Ref. Czerny, Diss. v. 26. Nov. 1906
[Geb. 19. Mai 82 Sohrau O.-S.; Wohnort: Breslau; Staatsangeh.: Preußen; Vorbildung: Gymn. Ratibor Reife O. 01; Studium: Freiburg i. B. 1, Breslau 5, Heidelberg 1, Breslau 2 S.; Coll. 15. Nov. 06; Approb. 21. Mai 06.]

Lachmann, Bernhard (geb. Tremessen 12. 7 1852) Ein Fall von Ruptur des Herzens, verursacht durch Aneurysma am Sinus Valsalvae Aortae Berlin (1876). (31 S.) 8°
Berlin, Med. Diss. v 1 Aug. 1876

Lachmann, Carl, s. Lachmann, Karl

Verband der Deutschen Juden. Berlin, den 10. Dezember 1905. An das hohe Haus der Abgeordneten. Unterzeichnet: Der Verband der Deutschen Juden E. LACHMANN, Vorsitzender (Ohne bes. Titelblatt.) fol.

Lachmann, C. H., üb. Paradoxie u. Originalität. 8. Zitt. Schöps. 801. — 9
Schreibp. — 12

Lachmann, Eman., W. H. Veit als Musikdirektor v. Aachen. Eine Episode aus seinem Künstlerleben, nach Orig.-Briefen an seine Braut mitgeteilt. (106 S. m. 2 Bildnissen.) schmal 8. Leitmeritz (906). (F. Martin.) n. 1. 40

Lachmann, Erasmus Timoth., mein Glaube über e. Grundwahrheiten der heil. Schrift. in 17 Predigten. 8. Brieg u. Bresl. 803. Barth. 12 gr

Lachmann, Ferd., Rede zum ehrenden Andenken an den verstorbenen Hrn. Gymnasiallehrer Johann Gottfried Cantieny am 14. April 1858 im Gymnasium zu Zittau gehalten. Zittau 858. Schöps in Comm. gr. 8. (24 S. u. lith. Portr.) n. 4 ngr

Lachmann, Ferd., Umrisszeichnungen zu den Tragödien d. Sophokles. 16 Blätter (Kpfrst.) m. erläut. Text. gr. 4. (46 S. m. 16 Tafelerklärgn.) Leipzig 873 Seemann. 12. —; geb. n. 15. —; Auf chines. Pap. geb. n. 24. —

Lachmann, Ferdinand Heinrich

— — Ad memoriam Augusti Justi. 19. IX. 1815. Zittau (Franke). 8 S. (2.50) 20274

— — Ad memoriam Augusti Justi 6. X. 1818. Zittau (Franke). 8 S. (2.50) 20278

— — Ad orationem in Melch. Casp. Winkleri memoriam. 12. X. 1819. Zittau (Franke). 8 S. (2.50) 20280

— — Ad orationem in Melch. Casp. Winkleri memoriam. 12. XI. 1822. Zittau (Franke). 8 S. (2.50) 20282

— — Ad orationem in memoriam Casp. Christ. Seligmann. 15. X. (1816). 8 S. (2.50) 20276

— — Ad orationem in memoriam Casparis Chr. Seligmann. Zittau (Franke) 14. IX. 1819. 8 S. (2.50) 20279

— — Ad orationem in memoriam Caspar. Christ. Seligmanni 10. IX. 1822. Zittau (Franke). 8 S. (2.50) 20281

— Ferd. Heinr., Ad orationem recolendae memoriae Seligmannianae. 8. III. (1807). 8 S. (2.50) 20273

— Denklehre zum Gebrauche für Gymnasien u. Lyceen. 8. Zittau 825. Schöps. 10 gr Weiß Pap. 12 gr

Lachmann, Fd. Hnr., der Glaube an die unmittelbare Offenbarung Gottes. Eine Predigt für Alle, welche die Religion hochschätzen, u. die Vernunft nicht verachten. gr. 8. Zittau 841, Birr. 1/8 ß

— — Orationem Christiani Keimanni memoriae. dic. 24. X. 1815. Zittau (Franke). 4 Seiten. (2.50) 20275

— — Orationem in memoriam Melch. Casp. Winkleri. 5. XI. (1816). Zittau (Franke). 8 Seiten. (2.50) 20277

Lachmann, Fd. Hnr., über Paradoxien u. Originalität; zwei philosoph. Versuche. 8. Zittau 801. Schöps. 9 gr Schrbp. 12 gr

Lachmann, F. H., Rede am zweyten Tage des Jubelfestes der Reformation 1817. gr. 8. Zittau, Schöps. 817.

Lachmann, Fr. Ldlf., s. Beherzigungen, Freimüth., e. Polen.

– s. Geister u. Dichter d. 18n Jahrh., Über d. schönen.

Lachmann, Fr. Ldlf., († im Juli 1777) geistl. Lieder. 8. Berl. 777.

– s. Pascal, Blaise Provinzialbriefe

– s. Versuch e. Kirchengeschichte d. 18n Jahrh.

Lachmann, Fr. Heinrich A., s. Lachmann, Heinrich

Geschichte der Freimaurerei in Braunschweig von 1744 bis Neujahr 1844, aus den Protocollen u. Archiven der ▭ Carl zur gekrönten Säule ausgezogen vom Br. Fr[anz] H[einr.] A[ug.] Lachmann. Auf Kosten der ▭ als Ms. f. Bbr gedr. Braunschweig 1844: Otto. XII, 148 S. 8°
cf. FZ. 1 (1847) S. 287—288 (F. H. Lachmann); L. 9 (1847) S. 118—122.
Tt. 541.

Lachmann, Fr. H. A., Geschichte der Freimaurerei in Braunschweig von 1744 bis Neujahr 1844, aus den Protocollen u. Archiven der □ Carl zur gekrönten Säule ausgezogen. gr. 8. (XII u. 148 S.) Braunschweig 844. (Leipzig, Weinedel.) baar n. 2/3 ₰

Geschichte der □ Carl zur gekrönten Säule in Braunschweig von 1844 bis 1869. Ausgezogen von Fr[anz] H[einr.] A[ug.] **Lachmann.** Auf Kosten der □ als Ms. f. Br. gedr. Braunschweig 1870: Waisenhaus. 32 S. 8⁰ [Umschlagtit.]
Tt. 542. Im Anh. histor. Notizen üb. die Wohltätigkeitsanstalten der Loge.

Lachmann, F. H. A., malerische Naturgeschichte, s. Lindner, F. W.

— **Fried.,** De die alliensi. Hab.-Schrift. Göttingen (Fr. E. Huth) 2. III. 1822. 29 S. (3.—) 20283

Lachmann, (Friedr.,) de die Aliensi aliisque diebus religiosis veterum romanorum Commentatio etc. 8 maj. Göttingae 822, (Vandenhök et R.)

Lachmann, Friedrich, approb. Arzt aus Leipzig Über die chronische idiopathische **Exsudativ-Peritonitis.** *Leipzig 1901: Gebr. Arnold.* (35 S.) 8°
Leipzig, Med. Diss. v. (25. Juni) 1901

— de fontibus historiarum T. Livii commentat. I. 8 maj. Göttingae 822, Dieterich.

Lachmann, Frider., de fontibus historiar. T. Livii commentat. II. Praem. orn. 4 maj. (15 B.) Gottingae 828, Dieterich.
Commentat. I. Ebendas. 1822. 20 Gr.

Lachmann, Fridericus Carolus *(geb. Nadstowen bei Jutroschin in Pos. 1 6 1833)* De origine, decursu et distributione nervorum, qui in mammalibus et avibus musculos bulbi oculi et palpebrarum adeunt. Vratislaviae (1859). (64 S.) 8°
Breslau, Med. Diss. v. 26. Nov. 1859

Lachmann, Georg *(geb. Wachsdorf in Schles. 1 1 1857)* Ueber die Bahn des Planeten Eurynome (79) aus den bisher beobachteten Oppositionen. Breslau (1884). (54 S.) 8° *(Im Buchhandel 1884 bei Köhler in Breslau.)*
Breslau, Phil. Diss. v. 16. Aug. 1884

Geschichte des Philologischen Vereins an der Universität Breslau 1871–1896 von Georg **Lachmann.** Breslau 1896: Bresl. Genoss.-Buchdr. (20 S.) 8° [illegible]

Lachmann, Geo., über Tolylsenföle. Inaugural-Dissertation. gr. 8. (30 S.) Berlin 879. (Göttingen, Vandenhoeck & Ruprecht.) n. — 60

Lachmann, H W L., s. Lachmann, Wilhelm

Lachmann, Hedw., im Bilde. Gedichte, auch Nachdichtgn. 8. (143 S.) Berlin 902. Schuster & Loeffler. 2.—

Lachmann, Hedwig, ungarische Gedichte, übertr. v. H. L. 8. (VII, 132 S.) Berlin 891. Bibliograph. Bureau. n. 2.—; geb. n. 3.—

Lachmann, Hedw., Oscar Wilde, s. a. Dichtung, die. 34. Bd.

Oscar Wilde. Von Hedwig **Lachmann.** Berlin & Leipzig: Schuster & Loeffler [1900]. 91 S. 8°
(Die Dichtung. Bd 34.) [illegible]

Heinrich Lachmann

Instrumentorum ad corneae sectionem in cataractae extractione perficiendam, inventorum Descriptio historicae. Auctore Henrico Lachmann. Gottingae 1821. XVI, 117 S. 8

Lachmann, Dr. Fr. Hnr. A., Instrumentorum ad corneae sectionem in cataractae extract. perficiendam inventorum Descriptio historica. Mit Kpf 8maj. Gött. 821. (Deuerlich). 16 gGr 8maj. Mit 3 Kpft. Braunschw. 832. Meyer. 12 gGr

Lachmann, Henr., Instrumentorum ad corneae sectionem in cataractae extractione perficiendam, inventorum, descript. histor. 8 maj. (8½ B. u. 3 Kpfrt. Fol. u. qu. ½ Fol.) Brunsvigae 834, J. H. Meyer.

Geschichte und Gebräuche der maurerischen Hochgrade und Hochgrad-Systeme. Bearb. vom Br Heinr. **Lachmann.** Ms. f. Engbünde. Braunschweig 1866: Waisenhaus Buchdr. 251 S. 8°
Recens: Reform. 2 (1867) S. 176; Bh. 11 (1868) S. 7.
Tt. 1360.

Verzeichnis der in der Bibliothek der g. u. v. Loge Carl zur gekrönten Säule in Braunschweig vorhandenen Bücher. Aufgest. i. J. 1860 [von Heinr. **Lachmann**]. [Nebst] Nachtr. Braunschweig 1860—1869: Waisenhaus. 8⁰
Verz. 55 S. 1860; ⁰Nachtr. 12 S. 1869.

— **Heinr. Gottfr.** (Gera), Exerc. jur. de actu minus pleno. Präs. Carl Friedr. Walch. Jena (Strauss) 5. VI. 1762. 20 S. (5.—) 20284
Widm. v.: C. Fr. Walch. Christ Gottl. v. Burgsdorff, J. A. Reichardt, Jo. H. W. Lemcke.

Lachmann, Herm., Aquarium u. Terrarium, s. a. Taschenbücher, illustr., f. die Jugend. 2. Bdchn.

Aquarium und Terrarium. Hrsg. von d. Red. d. Guten Kameraden. Bearb. von Herm. **Lachmann.** Mit 76 Abb. *Stuttgart, Berlin, Leipzig. Union [1899].* (128 S.) 8° [J.]
— Taschenbücher, Illustrierte, f. d. Jugend. 2 [illegible]

Lachmann, Herm., die Giftschlangen Europas, beschrieben und in ihrer Lebensweise geschildert. 8. (105 S. mit 9 in den Text gedr. Holzschn.) Magdeburg 888, Creutz'sche Buchh. *

— die Pflege der Haustiere, s. a. Taschenbücher, illustr., f. die Jugend. 15. Bdchn.

Die Pflege der Haustiere. Hrsg. von d. Red. d. Guten Kameraden. Bearb. von Hermann **Lachmann,** Zoolog. Mit 9 Taf. u. 63 Abb. 3. Aufl. *Stuttgart, Berlin, Leipzig: Union [1901].* (126 S.) 8° [J.]
— Taschenbücher, Illustrierte, f. d. Jugend. 15. [illegible]

— die Reptilien u. Amphibien Deutschlands in Wort u. Bild. Eine systemat. u. biolog. Bearbeitg. der bisher in Deutschland aufgefundenen Kriechtiere und Lurche. gr. 8. (XII, 229 S. m. 6 Taf. u. 57 Abbildgn.) Berlin 890. Hüttig. n. 4.50

— die Reptilien u. Amphibien Deutschlands in Wort u. Bild. gr. 8. (XII, 229 S. m. 6 Taf. u. 57 Abb.) Berlin 890. Leipzig, H. Seemann Nachf. n. 4. 50

— das Terrarium, seine Einrichtung, Bepflanzung u. Bevölkerung. Mit 5 Vollbildern u. 87 in den Text gedr. Holzschn. gr. 8. (VIII, 120 S.) Magdeburg 888. Creutz. n. 3. —; geb. n. 3. 60

Ⓢ — Reptilien u. Amphibien. 890. (KBL 26.) Jetzt: Stuttgart. Franckh.

Lachmann, J., Unterr., d. jüdisch-deutsche Schreiben u. Lesen leicht zu lernen. 4. Wilna 822. (Fr. Fleischer in Leipz.) 16 gr

Lachmann, J. K. G., neueste Geographie von der Preuß. Provinz Schlesien. Für schlesische Volksschulen herausgegeben. 3. verm. u. verb. Aufl. Militsch 853. (Breslau, Kern.) gr. 8. (46 S. u. 1 lith. u. color. Karte in 4.) nn. 2½ ngr

Lachmann, Joh., drei christliche Ermahngn. an die Bauernschaft. 1.: Flugschriften aus den ersten Jahren der Reformation. II. 4.

— (Hrsg.), s. Schappeler, Christoph

Lachmann, Jh. Joach., († d. 6. Juli 1800.) Amtsreden bei Einsegnung angehender Eheleute oder Pflichten d. Verehelichten in Hochzeitreden. 4 Thle. 8. Züllichau 773—75. 2e A. 778. 3e A. 4 Thle. in 2 Bde. 784. 4e A. 790. Frommann in Jena. 1 rf 6 gr

Weder Dogma noch Glaubensbekenntnis sondern Religion. Aktuelle Lebensbetrachtungen z. Überlegung von J. J. Lachmann. *Kopenhagen: J. Jørgensen & Co. 1894.* (46 S.) 8° [01. 6461 3

Lachmann, I. I., weder Dogma, noch Glaubensbekenntnis, sondern Religion. Aktuelle Lebensbetrachtgn. zur Überlegg. 2. Aufl. gr. 8. (46 S.) Kopenhagen 895. S. Michaelsen Nachf. n. 1. —

Lachmann, J. J., Gott od. Kirche? — Wählet! Aus dem Dän. übers. u. bearb. vom Verf. gr. 8. (VII, 134 S.) Berlin 893. Bibliograph. Bureau. n. 1. 50

— s. Lehrsätze, d. Jesuiten.

Lachmann, Jh. Joach., Samml. v. Amtsreden z. Vorbereitung auf d. Genuß d. Abendmahls. 3 Thle. gr. 8. Züllichau 775—77. N. A. 791. Frommann in Jena. 1 rf 6 gr

— Samml. von Tauf- u. Confirmationsreden. 2 Thle. 8. Züllichau 776—78. 2e A. 791. Frommann in Jena. 20 gr

— Unterricht u. Trost bei Versterben naher Verwandten, in einer Samml. v. Leichenreden. 4 Thle. gr. 8. Züllichau 774—78. 4e A. in 2 Thlen. 784. Frommann in Jena. 1 rf 16 gr

Lachmann, Jos., Obs. nonnullae pract. Regiom. 4°. 1783

Lachmann, Joseph, appr. Arzt a. Znin Prov. Posen: Untersuchungen über latente Tuberkulose der Rachenmandel mit Berücksichtigung der bisherigen Befunde und der Physiologie der Tonsillen. Leipzig 1908: B. Georgi. (65 S.) 8°
Leipzig, Med. Fak., Ref. Hoffmann, Diss. v. 26. Juni 1908
[Geb. 16. Nov. 83 Znin; Wohnort: Berlin; Staatsangeh.: Preußen; Vorbildung: Humboldt-Gymn. Berlin Reife O. 02; Studium: Berlin 10 S.; Coll. 3. Juli 08; Approb. 16. Juni 08.]

Lachmann, Jul., Albert Güth. Gedächtnissrede, geh. in der Aula d. Falk-Realgymnasiums am 22. Febr. 1890. gr. 4. (17 S.) Berlin 891. R. Gaertner. n. 1. —

Lachmann, Julius: F. H. Jacobi's Kantkritik. Halle a/S. 1881: (Mertsching in Sommerfeld). 60 S. 8°
Halle-Wittenberg, Phil. Diss. v. 18. Juli 1881
Geb. Sommerfeld (Mark) 10. 7. 1850. V.

Lachmann, Jul., Wilhelm Panzerbieter. Gedächtnisrede, geh. i. d. Aula d. Falk-Realgymnasiums z. Berlin. Progr. 4. (19 S.) Berlin 901. [R. Gaertner.] Weidmann. n. 1. —

Lachmann, K. Fr. Thd., s. oben: Fr. Lachmann.

Lachmann, Karl, Ausgaben classischer Werke darf jeder nachdrucken. Eine Warnung für Herausgeber. gr. 8. Berlin 841, Besser. n. ⅙ rf

— Auswahl aus d. hochdeutschen Dichtern d. 13n Jahrh. 8. Berl. 820. Reimer. 1 rf 12 gr

Lachmann, C., Fernere Betrachtungen über die Ilias. S.-A. 1841. 66 S. 4°.

Lachmann, Carl, Betrachtungen über Homers Ilias, mit Zusätzen von Moriz Haupt. gr. 8. (110 S.) Berlin 847, G. Reimer.

Lachmann, Karl, Betrachtungen über Homers Ilias. Mit Zusätzen von Mor. Haupt. 2. Aufl. Berlin 865. G. Reimer. gr. 8. (110 S.) 15 ngr

Lachmann, Karl, Betrachtungen üb. Homers Ilias. Mit Zusätzen v. Mor. Haupt. 3. Aufl. gr. 8. (109 S.) Berlin 874. G. Reimer. 1. 50

Lachmann's, Karl, Briefe an Moriz Haupt. Hrsg. v. J. Vahlen. gr. 8. (XV, 264 S.) Berlin 892. G. Reimer. n. 4. —; geb. in Leinw. n. 5. —

— s. Buttmann, Ph.: Griech. Grammatik.

— s. Catullus, Carmina.

— in T. Lucretii Cari de rerum natura libros commentarius. gr. 8. (439 S.) Ebd. 850. 2⅓ rf

Lachmann, Car., in T. Lucretii Cari de rerum natura libros commentarius iterum editus. Berolini 855. G. Reimer. gr. 8. (439 S.) 2 rf 10 ngr

— in T. Lucretii Cari de rerum natura libros commentarius tertium editus. Ebend. 866. gr. 8. (439 S.) 2 rf 10 ngr

Lachmanni, Caroli, in T. Lucretii Cari de rerum natura libros commentarius quartum editus. gr. 8. (439 S.) Berlin 882. G. Reimer. 7. —

— dasselbe. Index copiosus, confecit Franc. Harder. gr. 8. (62 S.) Ebend. 882. n. 1. —

[Lachmann, Carolus: Commentatio de P. Ovidii Nasonis epistolis heroidum.] Berolini (1848). (S. 3-7) 4° * Wieder abgedr. in d. Verf. Klein. Schriften II 1876 S. 56-61.
Berlin, Ind. lect. S. S. 1848

Lachmann, C., De Ovidii epistulis. Pr. 1848. 7 S. 4°.

— s. Eschenbach, W. v.: Lieder.

Lachmann, C., De Aviani fabulis 4. 2. 23 et 27. Pr. 1845. 4 S. 4°.

— und Mor. Haupt, des Minnesangs Frühling. Leipzig 858. Hirzel. gr. 8. (VIII, 340 S.) n. 2 rf.

Lachmann, Karl, s.: Geschichtschreiber, die, der deutsch. Vorzeit.

— über d. ursprüngl. Gestalt d. Gedichts v. Nibelungen Noth. gr. 8. Berl. 816. Dümmler. 10 𝒦

[**Lachmann,** Carolus: De Graecis apud Lucilium commentatio.] Berolini (1851). (S. 3-5) 4° * Wieder abgedr. in d. Verf. Klein. Schriften II 1876 S. 73-76.
Berlin, Ind. lect. S. S. 1851

– s. Hartmann v. Aue: Gregorius

—— **s. Hartmann v. Aue, Iwein.**

Lachmann, C., wundersame u. ergötzliche Historie v. Till Eulenspiegel, dem Schalksnarren. Aufs Neue erzählt f. Alt u. Jung. 8. (62 S.) Elberfeld 875. Büttmann. — 30

[**Lachmann,** Carolus: Julii Frontini de controversiis agrorum libellus ed. C. Lachmann. Pars prior.] Berolini (1844). (S. 1-11) 4° * Wieder abgedr. in d. Schriften d. röm. Feldmesser hrsg. v. F. Blume, K. Lachmann u. A. Rudorff, I 1848 S. 34-46; Pars II im Ind. lect. 1844-45.
Berlin, Ind. lect. S. S. 1844

[**Lachmann,** Carolus: De Gai Lucili poetae saturarum libris.] Berolini (1849). (S. 3-6) 4° * Wieder abgedr. in d. Verf. Klein. Schriften II 1876 S. 62-66.
Berlin, Ind. lect. S. S. 1849

— **siehe: Lucretii Cari de rerum natura libri.**

Lachmann, C., De mensura tragoediarum certo numero definita. Hab. 1822. 86 S.

— **de mensura tragoediarum lib. singularis. 8 maj. Berol. 822, Reimer.**

—— **s. Minnesangs, des, Frühling.**

– s. Müller, Pt. Erasm.: Sagenbibliothek.

Lachmann, Karl, s.: Nibelunge, der, Noth u. d. Klage.

—— **zu den Nibelungen u. zur Klage. — Anmerkungen. gr. 8. (23 B.) Berlin 836, Reimer.**

— s. Nibelunge-Noth, der.

Lachmann, Carl, Observationum criticarum capita tria. Göttingen (J. C. Baier) 15. IV. 1815. 16 S. (3.40) 20269

Caroli **Lachmanni** oratio in rectoratu habita die 3. m. Aug. in memoriam Friderici Wilhelmi III. [in univ. Berol.] Berolini: Reimer 1844. (16 S.) 8°

– (Hrsg.), s. Propertius, Sextus Aurelius: Carmina. – Elegiae.

[**Lachmann,** Carolus: De Aviano fabularum Aesopearum scriptore quaestiones.] Berolini (1845). (S. 3-6) 4° * Wieder abgedr. in d. Verf. Klein. Schriften II 1876 S. 51-56.
Berlin, Ind. lect. S. S. 1845

Saecularia tertia die 28. mensis Julii 1827 celebranda universitati litterariae Marburgensi gratulatur universitas Berolinensis. Berolini [1827]. (4 Bl.) 2° * Gedicht: Verf.: Carl Lachmann.

— **die Schildbürger u. ihre wunderl., ergötzl. u. erschreckl. Abenteuer. Neu erzählt. 8. (61 S.) Ebend. 875. — 30**

Lachmann, Karl, kleinere Schriften. 2 Bde. gr. 8. Berlin 876, G. Reimer. *

Inhalt:

Bd. 1. Zur deutschen Philologie. Hrsg. von Karl Müllenhoff. (X, 576 S.) *ℳ 9.

» 2. Zur classischen Philologie. Hrsg. von J. Vahlen. (VIII, 274 S.) *ℳ 4.

—— die sieben Schwaben. Geschichte ihrer wunderbaren Fahrten und Abenteuer. Neu erzählt. 8. (59 S.) Ebendas. 875.

– s. Shakespeare: Sonette.

[**Lachmann,** Carolus: Commentarii Lucretiani specimen I.] Berolini (1847). (S. 3-7) 4° ¶ Specimen II im Ind. lect. 1847-48.
Berlin, Ind. lect. S. S. 1847

[**Lachmann,** Carolus: Commentarii Lucretiani specimen alterum.] Berolini (1847). (S. 3-4) 4° ¶ Specimen I im Ind. lect. 1847.
Berlin, Ind. lect. W. S. 1847-48

Lachmann, (C.,) Specimina linguae Francicae in usum auditorum edita. 8 maj. Berolini 825, Reimer.

Lachmann, C., de choreis systematis tragicorum Graecor. libri quatuor. 8maj. Berolini, Reimer. 819.

– (Hrsg.), s. Terentianus Maurus: De litteris syllabis metris.

– s. Testamentum novum.

– s. Theophylactus.

– s. Tibullus: Carmina.

– s. Ulrich v. Lichtenstein.

[**Lachmann,** Carolus: Commentatio de versibus Sotadeis et Attii didascalicis.] Berolini (1849). (S. 3-7) 4° * Wieder abgedr. in d. Verf. Klein. Schriften II 1876 S. 67-72.
Berlin, Ind. lect. W. S. 1849-50

– s. Walther von der Vogelweide: Gedichte.

Lachmann, Karl, s.: Wolfram v. Eschenbach.

Lachmann, Car. Frid. Joan. (geb. Braunschweig 1. 7. 1832): De infusoriorum, imprimis Vorticellinorum structura. Berolini (1855). (50 S.) 8°
Berlin, Med. Diss. v. 4. Juli 1855

Lachmann, Karl Heinr., mein Blödsinnsprozeß. Zwei Eingaben u. eine Nachschrift. 8. (20 S.) Hirschberg 848, Resener in Comm. n. 1/12 ß

Lachmann, Karl Heinr., Geschichte Griechenlands von d. Ende d. peloponnes. Krieges bis zu d. Regierungsantritte Alexanders d. Gr. 1. Thl. gr. 8. (30 B.) Leipzig 840, Vogel.

Lachmann, C. H., Geschichte Griechenlands von dem Ende des peloponnesischen Krieges bis zu dem Regierungsantritte Alexanders des Großen. 1. Bd. Neue, wohlf. (Titel-)Ausg. und 2. Bd. gr. 8. (VIII, 470, VI und 420 S.) Leipzig 854, Dyk'sche Buchh. [1. Bd. 1 Thlr.; 2. Bd. 2 Thlr. 15 Ngr.]

—— Ideen zu einer Reform der Kirche. 8. (17 S.) Hirschberg 849, (Resener.)

— **Carl Heinr.** (Landshut), De pace cimonica. Diss. Breslau 1835. 47 S. mit Biogr. (M.: Goebel.) (3.20) 20270
Gew.: Heinr. Goebel u. Carl Lachmann (Hamburg).

— die spartan. Staatsverfassung in ihrer Entwickelung u. ihrem Verfalle. Mit e. Einleit. üb. d. Anfänge d. griech. Gesch., u. e. Beil. üb. d. Epochen d. Eratosthenes u. Apollodoros, von d. Zerstör. Troja's bis z. ersten Olympiade. gr. 8. (20¾ B.) Breslau 836, (Graß, Barth u. Comp.)

Lachmann, Carol. Henr.: Theses ... pro venia legendi. Vratislaviae 1838. (2 Bl.) 8° *(Ein Exemplar bisher nur in d. Berliner Univ.-Bibliothek nachgewiesen.)*
Breslau, Phil. Fak., Hab.-Thesen v. 20. Jan. 1838

— über die Unsterblichkeit der menschl. Seele, nach den Vorstellungen des Philosophen Platon und des Apostels Paulus. 8. (32 S.) Landshut 848. (Hirschberg, Resener.) *

— über Platon's Vorstellungen von Recht und Erziehung, mit Rücksicht auf die Gegenwart. gr. 8. (60 S.) Hirschberg 849, (Resener.)

Lachmann, Karl Ldlf. Fr.

— Geschichte d. Stadt Braunschweig von ihrer Entstehung bis auf unsere Zeiten. Ein Lesebuch f. d. Jugend. 8. Braunschw. 815. Lucius. 2 ₰ 16 ℋ

— s. I d e e n über Aufklärung.

— d. Industrieschulwesen, e. wesentl. u. erreichbar. Bedürfnisse aller Bürger- u. Landschulen. gr. 8. Braunschw. 802. (Fleckeisen in Helmst.) 1 ₰

— Leitfaden zum christl. Religionsunterricht für Confirmanden &c. 8. Braunschw. 805. Schulbuchh. 2 ℋ

— Leitfaden z. erst. Religionsunterr. f. Confirmand. &c. 8. Braunschw. Bleweg. 805. — 2⅓

— de sedula, qua opus est in mutandis aut abrogandis opinionibus ritibusque sacris minus probandis, circumspectione, aliquid adspergens, vale Welandio suo dicit, simulque Schulzium suum salutat. 8. Braunschw. 798.

— s. S t a m f o r t , Entwurf.

Lachmann, Karl Ldlf. Fr., († d. 28 Febr. 1823.) über d. Umschaffung vielen unzweckmäß. latein. Schulen u. unzweckmäß. eingericht. Bürgerschulen. 8. Berl. 800. Voß. 20 ℋ

— über d. Verhältniß d. Prediger zu den Schullehrern im wohleingerichteten Staate. 8. Braunschw. 870. Meyer. 10 ℋ

— von d. allgem. u. glücklich regen Wünschen u. Bemühungen unserer öffentl. Schulverbesserungen &c. gr. 8. Lüneb., Herold u. W. 4 ℋ

— **Carl Wilh. Heinrich** (Lauban/Laus.), De fungo articulo. Diss. chir. Präs. Frid. Ludw. Kreysig. Wittenberg (Tzschiedrich) 24. IX. 1799. 29 S. (3.—) 20271

Lachmann, Kurt, Kammergerichtsreferendar a. Berlin: Die historische Entwicklung der Eviktionshaftung im römischen Recht, erläutert an der Hand der l. 22 § 1 D. 21,2 ⟨Si pro evictione fundi⟩ und der l. 23 und 24 D. eod. tit. Borna-Leipzig 1908: R. Noske. (33 S.) 8°
Erlangen, Jur. Fak., Ref. Siber, Diss. v. 9. März 1908
[Geb. 1. Jan. 86 Berlin; Wohnort: Berlin; Staatsangeh.: Preußen; Vorbildung: Sophien-Realgymn. Berlin Reife M. 04; Studium: Genf 1, Berlin 5 S.; Rig. 13. Febr. 08.]

Lachmann, L. F. Geschichte der Stadt Braunschweig. 8. Braunschweig 1815. 6,00.

Lachmann, L. T., mein Glaube üb. einige Grundwahrh. d. heil. Schrift. 8. Bresl. Barth. 803. — 12

Die Dringlichkeit einer Revision der Bauordnung. (Verf.: [Louis] **Lachmann,** Baumeister. Berlin: F. Schmelzer 1901.) (8 S.) 8°
— **Mittheilungen** d. Verbandes d. Baugeschäfte von Berlin u. d. Vororten. [Jg. 1, Beilage.] [97. 3773

Lachmann, Ludw. v., du mußt lachen, s.: Volksbibliothek, deutsche.

Lachmann, Max, Hausinstallationen f. Schwach- u. Starkstrom. Telegraphie, Telephonie u. Beleuchtg. (VI, 132 S. m. 283 Abbildgn.) kl. 8. Leipzig 906. O. Leiner. n. 3. 75; geb. in Leinw. n. 4. 35

Lachmann, Otto [aus Ostrowieczno i. Posen]: Die Ovariotomien in der Greifswalder geburtshülflich-gynäkologischen Klinik vom Jahre 1890—1897 ... Greifswald, Buchdr. C. Sell, 1897; 51 S., 1 Bl. 8.
Greifswald, Med. Fak., Inaug.-Diss. v. 26. Febr. 1897

Lachmann, Otto F. (Bearb.), s. A r i o s t o , Lodovico: Rasender Roland.

Lachmann, Reinhold [pr. Arzt]: Aus d. Kgl. chirurg. Klinik in Breslau. Über operative Behandlung des Echinococcus der Bauchorgane ... Breslau, Druck d. Bresl. Gen.-Buchdr., 1896; 2 Bl., 43 S. 8.
Breslau, Med. Fak., Inaug.-Diss. v. 22. Mai 1896

Lachmann, Rhold., üb. operative Behandlung d. Echinococcus d. Bauchorgane. Diss. gr. 8. (43 S.) Breslau 896. (Schletter.) n. — 80

Lachmann, Richard, a. Hamburg: Der Bau des Jackel im Obervintschgau. ⟨T. 5 u. 6.⟩ (Berlin 1907: W. Pilz.) (38 S.) 8° ¶ (Erschien vollst. in: Beiträge z. Paläontologie u. Geologie Oesterreich-Ungarns u. d. Orients Bd 21, 1908.)
Berlin, Phil. Fak., Ref. Branca, Diss. v. 23. Nov. 1907
[Geb. 23. Febr. 85 Hamburg; Wohnort: Charlottenburg; Staatsangeh.: Hamburg; Vorbildung: Johanneum Hamburg Reife O. 03; Studium: München 3, Berlin 4 S.; Rig. 30. Mai 07.]

Lachmann, Rud., Rechtskunde f. Besitzer v. Thieren. Nach königl. sächs. Recht bez. der Reichsgesetzgebg. zusammengestellt. 8. (VIII, 159 S.) Dresden 875. Meinhold & Söhne. 1. 50

— das Reichs-Civilehe-Gesetz üb. die Beurkundg. d. Personenstandes u. die Eheschließg. vom 6. Febr. 1875. Unter Berücksicht. der Motive u. der einschlag. sächs. Bestimmgn. m. Erläutergn. Mit e. Sachregister. 8. (67 S.) Ebend. 875. — 75

Lachmann, Sally [pr. Arzt]: Über Myome und Fibrome des Dickdarms ... Breslau, Druck v. E. May, 1897; 29 S., 2 Bl. 8.
Breslau, Med. Fak., Inaug.-Diss. v. 3. Juli 1897

Lachmann, Samuel: Untersuchungen aus der Kohlenhydratreihe. Berlin: Springer 1909. 26 S. 8°
Berlin, Phil. Diss. v. 15. Dez. 1909, Ref. Gabriel
[Geb. 21. April 78 Bartschin; Wohnort: Rixdorf; Staatsangeh.: Preußen; Vorbildung: Realgymn. Bromberg Reife O. 08; Studium: Berlin 9 S.; Rig. 18. Nov. 09.] [U 10. 201

Lachmann, Siegbert [aus Berlin]: Beiträge zur Kenntniss des Hydrastins. . . . Berlin, R. Boll (1890); 2 Bl. + 56 S. 8°
Berlin, Phil. Fak., Inaug.-Diss. v. 22. Febr. 1890

Lachmann, Siegmund [aus Nakel (Posen)]: Ein Fall von primärem Pankreaskrebs mit Ruptur der Gallenblase. . . . Greifswald, Druck v. Julius Abel, 1889; 32 S. 8°
Greifswald, Med. Fak., Inaug.-Diss. v. 1. März 1889

Lachmann, Thdr., Überlinger Sagen, Bräuche u. Sitten m geschichtlichen Erläuterungen. Ein Beitrag zur Volkskunde der bad. Seegegend. (XIX, 537 S.) 8. Konstan; 909. E. Ackermann. 3.50; geb. 4.5(

Lachmann, W., die Behandlung der v. d. Cholera Befallenen in Ermangelung schleuniger ärztl. Hülfe. gr. 8. (1 B.) Braunschweig 831, Vieweg.

Lachmann II., W., die Blinden-Tafel, ein einfaches, leicht zu behandelndes u. nicht kostspieliges Hülfsmittel für Blinde aller Stände zum Rechnen, Lesen, Schreiben u. Wiederlesen des Geschriebenen rc., beschrieben u. practisch dargestellt. gr. 8. Braunschweig 841. (Vieweg u. Sohn.) n. 3/4 ₰

Lachmann, W., die Blinden-Tafel, der Rechnenkasten für Blinde, und die ektypographische Punktschrift, drei einfache, leicht und sicher zu behandelnde und nicht kostspielige Hülfsmittel zum Unterrichte, wie zu selbstständiger Beschäftigung für Blinde aller Stände, eingerichtet und beschrieben. gr. 8. (XII und 184 S.) Braunschweig 857, (Leibrock.) *

Lachmann, W Die Entwickelung der Vegetation durch die Wärme. Braunschweig, 1855.

Lachmann W Geognosie des Herzogthums Braunschweig und des Harzgebirges. Auch unter dem Titel: Physiographie des Herzogthums Braunschweig und des Harzgebirges. Vol II. Geognosie Braunschweig. 1852. 8

Lachmann II, W., erster Jahresbericht über das Blinden-Institut zu Braunschweig, von der Entstehung desselben, im Jahr 1829 bis ult. Decbr. 1833. gr. 8. Braunschweig 834. J. H. Meyer. 1/3 ₰

—— die Jahreszeiten in ihrer klimatischen und thermischen Begrenzung, ein Beitrag zur Meteorologie. gr. 8. (VII und 68 S.) Braunschweig 859, (Leibrock.) *

– s. Müller, Franz Der Blinde

Lachmann, W., Nivellement des Harz-Gebirges, oder die Meereshöhe von 413 Punkten im Harzgebirge u. am Rande desselben, Städte, Flecken, Dörfer rc. basirt auf 1600 hypsometr. u. 560 trigonometr. Messungen, ausgeführt in den J. 1826 bis 1849, nebst krit. Zusammenstellung früherer Messungen von v Villefosse, v. Veltheim, Berghaus, Fr Hoffmann u. A. u. 7 Profil-Durchschnitten des Harz-Gebirges. gr. 8. (64 S. m 1 lith. Taf. in gr. Fol.) Braunschweig 851. (Leibrock.) n. 1/2 ₰

Lachmann, W., über die Nothwendigkeit einer zweckmäßigen Einrichtung u. Verwaltung von Blinden-Unterrichts-Erziehungs-Instituten u. von Beschäftigungs- u. Versorgungs-Anstalten f. erwachsene Blinde rc. gr. 8. (12 B.) Braunschweig 843. (Vieweg u. Sohn.) *

—— Physiographie des Herzogth. Braunschweig und des Harz-Gebirges, oder Darstellung der oreograph., hydrograph. geognost., meteorologisch-klimat., vegetabil. und zoolog. Verhältnisse des Herzogth. Braunschweig und des Harz-Gebirges. 1. Thl. A. u. d. T.: Nivellement des Herzogth. Braunschweig und des Harz-Gebirges, oder die Meereshöhe von 1588 Punkten im Weser-, Leine-, Innerste-, Oker-, Aller- und Elbgebiete, im Harz-Gebirge und am Rande desselben, basirt auf 2606 hypsometr. und 1155 trigonometr. Messungen, ausgeführt in den J. 1826 bis 1850. gr. 8. (XIX und 282 S.) Braunschweig 851, Vieweg und Sohn. *

Lachmann, W., Physiographie des Herzogth. Braunschweig und des Harz-Gebirges. 2. Thl. A. u. d. T.: Geognosie des Herzogth. Braunschweig und des Harz-Gebirges. Epipolaeographie (Oreographie und Hydrographie), Petro-Stratographie (specielle Geognosie) und Geogenese (Erdbildung), nebst einer geognostisch ill. Karte und 7 geognostisch ill. Profil-Durchschnitten. gr. 8. (XII und 316 S. mit 2 Stnt. in gr. Fol. und Imp.-Fol.) Braunschweig 852, Vieweg und Sohn. *
1 Thl. Ebendas. 1851. * 1 Thlr. 10 Ngr.

Lachmann, Walter Rudolf, Referendar am Kgl. Landgericht Chemnitz: Die erbrechtliche Auflage nach dem Bürgerlichen Gesetzbuch. Borna-Leipzig 1907: R. Noske. (VIII, 54 S.) 8°
Leipzig, Jur. Fak., Diss. v. 23. Sept. 1907
[Geb. 11. Juni 80 Auerbach (Vogtland); Wohnort: Chemnitz; Staatsangeh.: Sachsen; Vorbildung: Kgl. Gymn. Plauen (Vogtland) Reife O. 99; Studium: Freiburg i. B. 1, München 2, Leipzig 4 S.; Rig. 9. Febr. 04.]

Wilhelm Lachmann
1801-1861

Flora Brunsvicensis oder Aufzählung und Beschreibung der in der Umgegend von Braunschweig wildwachsenden Pflanzen. Von H.W.L. Lachmann [Wilhelm Lachmann] Th.1.2. Braunschweig: Meyer 1827-29. 8

Th.1: Lachmann: Flora der Umgegend von Braunschweig. Chorographie. Geognosie. Meteorologie. Allgemeine Vegetation. 1827.
Th.2: Phanerogamen. Abth.1.2. 1828-29.
Abth.1: Conspectus generum. Species Cl.1-11. 1828.
Abth.2: Species Cl.12-22. Anh. 1829.

Lachmann, H. W. L., Flora der Umgegend von Braunschweig. II Thle. gr. 8. Braunschweig, G. C. E. Meyer. 6 Thlr. 4 Gr., hrbgs. Pr.
A. u. d. Tiln.:
Thl. 1. Flora Brunsvicensis, od. Aufzähl. u. Beschreib. der in d. Umgegend v. Braunschweig wildwachs. Pflanzen, nach Linné's Sexualsystem, nebst Angabe d. Synonymen, d. Blüthezeit, d. Vorkommens, d. Fundorte etc. (23 1/2 B., 4 Tab., 1 Temperatur-Cuve, u. 1 ill. geognost.-botan. Charte.) 827. 2 Thlr., hrbgs. Pr. 1 Thlr. 16 Gr.
2. —— Phanerogamen. 2 Abthln.
Abthl. 1. Conspectus generum. Species. Cl. I—XI. (32 B.) 828. 2 Thlr. 12 Gr., hrbgs. Pr. 1 Thlr. 16 Gr.
2. —— Cl. XII—XXII. Anh. Verzeichniss der in d. Weser-, Harz- u. Blankenburger Distrikte d. Braunschweig. Landes wildwachs., so wie d. häufig angebauten Pflanzen. (22 B.) 831. 1 Thlr. 16 Gr.

Lachmanski, Hugo, Düsseldorf u. Heinrich Heine. Eine Würdigg. d. geschmähten Dichters. gr. 8. (31 S.) Berlin 893. Friedrichstädt. Buchh. (A. Hannemann.) n. — 50

Lachmanski, Hugo, aus Berlin: Die deutschen Frauenzeitschriften des achtzehnten Jahrhunderts. *Berlin 1900: B. Paul.* (76 S.) 8° ¶(Enthält nur einen Teil d. eingereichten Arbeit: Beiträge zu einer Entwickelungsgeschichte deutscher Frauenlitteratur.)
Berlin, Phil. Diss. v. 13. Juni 1900

Lachmanski, Kurt

Lachmanski, Curt: Aus der Königl. Universitäts-Frauenklinik zu Königsberg i. Pr. Fieber und Todesfälle im Wochenbett in der Königl. Universitäts-Frauenklinik zu Königsberg i. Pr. während der Jahre 1893—1897. *Königsberg i. Pr. (1898): Hartung.* (40 S. mit Taf.) 8°
Königsberg, Med. Diss. v. 27. Mai 1898

Lachmaurer, M., Brunquelle z. ewig. Heil. 8. Bamb. Göbhard. 755. Rthlr. — 8

Lachmaurer, M., Brunquell zum ewigen Heil. 8. Bamb. ... 1e A. 755. (Frankf. a. M., Weste). 8 K

Lachmund, A. Ueber den Bildungswert des Unterrichts in den alten und neueren Sprachen. Ludwigslust, G., 1883. 16 S 4 Progr.

Lachmund, A., die Entwicklungslehre. Zwei Vorträge. gr. 8. (71 S.) Leipzig 886. Findel. n. 1. —

Lachmund, A. Ueber den Gebrauch des reinen und präpositionalen Infinitivs im Altfranzösischen. Diss. Rostock 1877. 35 S.

Lachmund, Alfons

— Der Logierhausbesitzer. Prakt. Ratgeber zur Berechng. des steuerpflicht. Einkommens aus der Vermietg. möblierter Zimmer (einschl. Schank- u. Speisewirtschaft) in Kur- u. Badeorten nach den Bestimmgn. des Einkommensteuergesetzes v. 19. VI. 1906. Geeignet auch f. Zimmervermieter in Städten u. f. Hoteliers u. Gastwirte im allgemeinen. (60 S.) 8. Breslau (I, Zwingerstr. 5) (907). Steuersekretär Lachmund. Kart. 1. 50

Lachmund, A., welches Einkommen habe ich zu versteuern u. wie finde ich mein Recht? Praktischer Ratgeber zur Berechng. des steuerpflicht. Einkommens u. zur Begründg. d. Rechtsmitteln u. Ermäßigungsanträgen m. prakt. Beispielen nach den Bestimmgn. des Einkommensteuer-Gesetzes vom 19. VI. 1906. (VII, 84 S.) gr. 8. Breslau (I, Zwingerstr. 5), (906). Steuersekret. Lachmund. n. 1.50

Lachmund, A., welches Vermögen habe ich zu versteuern? Leitfaden zur Berechng. des steuerbaren Vermögens nach den Bestimmgn. d. Ergänzungssteuergesetzes in d. Fassg. der Bekanntmachg. v. 19. VI. 1906 als Nachtrag zu d. prakt. Ratgeber: „Welches Einkommen habe ich zu versteuern u. wie finde ich mein Recht?" (IV, 81 S. m. 1 Formular.) gr. 8. Breslau (I, Zwingerstr. 5) (907) Steuersekretär Lachmund. 1. —
Hauptwerk Ebd. 906. 1.50.

Lachmund, A., wie berechne ich mein steuerpflichtiges Einkommen? Praktischer Ratgeber zur Berechng. d. steuerpflicht. Einkommens u. zur Begründg. v. Rechtsmitteln u. Ermäßigungsanträgen nach den Bestimmgn. des Einkommensteuergesetzes in der Fassg. der Bekanntmachgn. v. 19. VI. 1906, 18. VI. 1907 u. 26. V. 1909 m. zahlr. prakt. Beispielen. (VIII, 184 S.) 8. Breslau (I, Zwingerstraße 5) 910. Steuersekretär Lachmund. Kart. 3. —

Lachmund, *August* [Dr.]: Ein Ferienkursus in Paris. Schwerin, Wwe. W. Krüger's Buchdr., 1897; 13 S. 4.
Schwerin, grossh. RG, OP 1897 (688)

Lachmund, Heinrich, approb. Arzt aus Goslar a. H.: Ueber locale und regionaire Anaesthesie sowie ihre Verwendbarkeit bei grösseren Operationen. *München 1901: Kastner & Lossen.* (30 S.) 8°
München, Med. Diss. v. 1901

Lachmund, Hilar., Fricassé v. Lachtauben, s. Fricassé ꝛc.

LACHMUND, Hilarius (ps.), erster Koch im Gasthofe zum rothen Spaßvogel in Scherzheim, Fricassé von Lachtauben. Eine Probe aus dem neuen Kochbuche f. Hypochondristen, Murrköpfe u. Gallsüchtige. Nordhausen, bei Ernst Frdr. Fürst. 1832. 8°.
144 S. Stellenw. derb u. frei.

— — Dasselbe. 1847.

† Lachmund, Hilarius, Knallracketen zum Todlachen. Enth. poet. Schwänke u. Schnurren. 1. Hft. gr. 12. (3 B.) Quedlinburg 840, Basse. ⅓ Thlr.

Lachmund, Jeremias (Pseudon.), s. Reithard, Johann Jacob

LACHMUND, Jocosus (ps.), Das Buch zum Lachen, enthaltend: Komisches, Launiges, Satyrisches zur angenehmen Kurzweil. Quedlinburg 1851. 8°. (2 Mk. M. Hauptvogel, Gotha, 1907:)
„Teilweise sehr schroff."

Lachmund, Jocosus, der Witzbold, s. Witzbold, der.

Witzbold, Der, im fröhlichen Gesellschaftskreise. Oder: Das Buch zum Lachen, enthaltend: Komisches, Launiges u. Satyrisches zur angenehmen Kurzweil. Von *Jocosus Lachmund.* Quedlinburg u. Leipzig, Gottfried Basse, 1851. Gr. 8°.

Lachmuskel, Bonifatius, s.: Max u. Moritz im Luftballon.

Lachneaulicus: Neuabgefasste allgemeine u. stetswährende Haus-, Land- u. Wirthschafts-Regeln ... Nürnb. (1770). 260 S. Fig. 4°.
(S. 1-144 er: Tidsregning, Astronomi og folkelig Meteorologi).

Lachner, Carl, s. Lachner, Karl

Lachner, F., Catharina Cornaro, s. Mode's, G., Operntext-Bibliothek.

Lachner, Frz., s. Album der Oper. — Costüme u. Decorationen der Oper Catharina Cornaro.

Lachner, Karl

Lachner, Carl, Elemente der darstellenden Geometrie,
—— Fachzeichnen nach Maasskizzen, Mustern und Modellen für Töpfer,
s. Lehrhefte für den Einzelunterricht an Gewerbe- u. Handwerkerschulen.

Lachner, Carl, Geschichte der Holzbaukunst in Deutschland. Ein Versuch. 1. Tl. A. u. d. T.: Der norddeutsche Holzbau, in seiner histor. Entwickelg. dargestellt. Mit 4 farb. Taf. u. 182 Textillustr. hoch 4. (VIII, 132 S.) Leipzig 885. Seemann. n. 10. —

Lachner, C., Geschichte d. Holzbaukunst in Deutschland. Ein Versuch. 2. Tl. Der süddeutsche Ständerbau u. der Blockbau. Mit 1 Radierung u. 161 Textillustr. hoch 4. (182 S.) Leipzig 887. E. A. Seemann. n. 8. — (cplt.: n. 18. —; geb. n. 20. —)

Lachner, Carl von: Grundzüge zu einer Beurteilung der Unvereinbarkeit von Priesteramt und Abgeordnetenmandat unter besonderer Berücksichtigung des Deutschen Reiches. Eine polit. Studie. Heidelberg 1908: Dörr. 58 S. 8°
Heidelberg, Phil. Diss. v. 5. Jan. 1909, Ref. Jellinek
[Geb. 28. Aug. 74 Münster i. W.; Wohnort: Heidelberg; Staatsangeh.: Preußen; Vorbildung: Realgymn. Münster Reife O. 95; Studium: Heidelberg 7 S.; Rig. 25. Juni 08.] [U 09. 2005

Lachner, Carl, die Holzarchitektur Hildesheims. 10 Hefte. Lex.-8. (IV, 142 S. mit 219 chemigr. Illustr.) Hildesheim 882, Borgmeyer. à Heft *M 1,20. geb.

Lachner's, Karl, Lehrhefte f. den Einzelunterricht an gewerbl. Fortbildungs- u. Handwerkerschulen. Hrsg. v. Philipp Schmidt. Nr. 1 b, 1 c, 2, 3, 3 a, 7, 13 u. 29—35 der lauf. Reihe. 17×21 cm. Leipzig, Seemann & Co. 11. 60
Freihandzeichnen f. schmückende Gewerbe. 1. Heft. Spiralen. (8 Bl. m. Text auf der Rückseite u. dem Umschlage.) 908. (Nr. 32.) — 60
— dasselbe. 2. Heft. Grundlegende flache Naturformen. (15 Bl. m. Text auf der Rückseite u. dem Umschlage.) 908. (Nr. 33.) 1. 15
Heyer, Rich., Fachzeichnen f. Tapeziere. 2. Aufl. (14 Bl. m. Text auf der Rückseite u. dem Umschlage.) 908. (Nr. 29.) — 95
Holm, Herm., Fachzeichnen f. Gärtner. 2. Aufl. (14 Bl. m. Text auf der Rückseite u. dem Umschlage.) 908. (Nr. 30.) — 95
Salzer, Rob., Fachzeichnen f. Maurer. 1. Heft. 6. Aufl. (15 Bl. m. Text auf der Rückseite u. 2 S. Text.) 907. (Nr. 7.) 1. —
Schaub, Karl, Fachzeichnen f. Klempner. 3. Aufl. (18 Bl. m. Text auf der Rückseite u. dem Umschlage.) 907. (Nr. 13.) 1. 20
— Fachzeichnen f. Schmiede. (12 Bl. m. Text auf der Rückseite u. dem Umschlage.) 908. (Nr. 35.) — 80
Schrift, künstlerische, zum Beschreiben v. Zeichngn. u. zu den ersten Schreibübungen f. Schriftsetzer, Buchdrucker u. Lithographen. (8 Bl. m. Text auf der Rückseite u. dem Umschlage.) 908. (Nr. 34.) — 45

Söhlemann, Hans, Fachzeichnen f. Möbeltischler. 5. Aufl. (20 Bl. m. Text auf der Rückseite u. dem Umschlage.) 908. (Nr. 2.) 1. 40
Watteroth, Karl, Fachzeichnen f. Massschuhmacher I u. II. 3. Aufl. (à 12 Bl. m. Text auf der Rückseite u. dem Umschlage.) 908. (Nr. 3. 3 a.) à — 80
Zirkelzeichnen f. schmückende Gewerbe. (8 Bl. m. Text auf der Rückseite u. dem Umschlage.) 908. (Nr. 31.) — 60
Zirkel- u. Projektionszeichnen f. Maurer. (6 Bl. m. Text auf der Rückseite u. dem Umschlage.) 908. (Nr. 1 b.) — 45
— — f. Zimmerer. (6 Bl. m. Text auf der Rückseite u. dem Umschlage.) 908. (Nr. 1 c.) — 45

Lachner, Carl, s.a. Lehrhefte f. den Einzelunterricht an Gewerbe- u. Handwerkerschulen.

Lachner C, Lehrhefte f. d. Einzelunterr. an Gew.- u. Handw.-Schulen. 4° Leipzig 1887-1900
I. Zirkelzeichnen von Ph Schmidt. — II. Masszeichnen nach Modellen: 1-10. — III. Fachzeichnen nach Massskizzen, Mustern und Modellen 1-7. — IV. Elemente der darstellenden Geometrie von C Lachner. — V. Fachzeichnen nach Massskizzen für Bauhandwerker 1-9. — V a. Geometr. Körperdarstellen nach Modellen von J Hoch.

Lachner C, Lehrhefte für den Einzelunterricht an Gewerbe u Handwerkerschulen. VII. No 1: Buchführung einer Galanterie-, Kurz- und Spielwarenhandlung von H Lie. Leipzig 1888

Lachner C, Lehrh. f. d. Einzelunterr. an Gewerbe- u Handwerkersch. qu 4° Leipzig
1 a. Zirkelzeichnen. 4. Auflage von E Krönke. 1892. — 26. Geometrisches Darstellen einfacher Körpermodelle. 3. Auflage von E Krönke. 1902.

Lachner C, Lehrhefte f. d. Einzelunterricht an Gewerbe- u Handwerkerschulen. Leipzig
VI. die gewerbliche Buchführung: 11. Galanterie-, Kurz- und Spielwarenhandlung von H Lie. 3. Aufl. 1903. — 12. Wirte von W Hoffmeister. 1897. — 13. Friseure von K Wüster. 1902. — 14. Glaser von K Wüster. 1902. — 15. Klempner von K Wüster. 1903. — 18. Für Klassen mit verschiedenen Berufen von K Wüster. 1903.

—— Steinhauerarbeiten, s. Lehrhefte für den Einzelunterricht an Gewerbe- und Handwerkerschulen.

— s.: Zeitschrift f. gewerbl. Unterricht.

Lachner, V., Composition, s.: Scheffel, J. V. v., Festgedicht zum Jubiläum der Universität Heidelberg.

Lachner, V., s. Scheffel, J. V. v., Festgedicht zum Jubiläum der Universität Heidelberg.

Lachner Vinc., unsere Lieder, s.: Abt, Frz.

Lachner, W., was muß man v. den Lebensvorgängen im menschl. Körper wissen? (Physiologie). Gemeinverständl. beantwortet. gr. 8. (84 S.) Berlin 900. H. Steinitz. n. 1.—

Lachner-Sandoval, Vincenz [aus Costa Rica]: Beitrag zur Kenntniss der Gattung Roxburghia ... (Aus: Bot. Centralblatt 1892 Bd L.) Cassel, Druck v. Gebr. Gotthelft, 1892; 20 S., 1 Bl., 1 Taf. 8.
Strassburg, Math.-naturw. Fak., Inaug.-Diss. v. 1892

Lachner-Sandoval, Vincenz: ⟨Aus dem Institut für Hygiene und Bacteriologie der Universität Strassburg. Director: Professor Dr. Forster.⟩ Über Strahlenpilze. Eine bacteriologisch-botanische Untersuchung. *Bonn 1898: C. Georgi.* (75 S. mit Taf.) 8°
Strassburg, Med. Diss. v. 1898

Lachner-Sandoval, V., über Strahlenpilze. Eine bacteriolog.-botan. Untersuchg. gr. 8. (75 S. m. 1 Taf.) Strassburg 898. L. Beust. n. 1. 80

Lachner-Sandoval, V., über Strahlenpilze, neue Folge, s.: Neukirch, H.

Lachnit, Berth., französische Notgrammatik. (28 S.) gr. 16. Marburg 904. N. G. Elwert's Verl. n. — 40

Lachnit, Franz [app. Arzt aus Breslau]: Beiträge zur Lehre von den Neuralgieen. ... Göttingen, Druck d. Univ.-Buchdr. v. W. Fr. Kästner, 1890; 19 S. 8°
Göttingen, Med. Fak., Inaug.-Diss. v. 15. März 1890

Lachnit, Frz., Beiträge zur Lehre von den Neuralgieen. Inaug.-Diss. gr. 8. (19 S.) Göttingen 890. (Vandenhoeck & Ruprecht's Verl.) n. — 60

Katalog der Büchersammlung Z. v. Lachnit. Inkunabeln, Holzschnittwerke des 15. u. 16. Jhs, Ritterromane, Manuskripte ... Versteigerung durch Gilhofer & Ranschburg in Wien 1908. Mit 22 Textill. u. 40 Abb. auf Taf. Wien: Gilhofer & Ranschburg 1908. (117 S.) 4° [08. 8184

Lachowicz Bronislaw, Dr.: Über die Benzoin- und Benzil-Anilide. S. 102. IIb. 290 . . . vgr.
Separatabdruck

-- Über die Dissoziation der Ferriphosphate durch Wasser und Salzlösungen. S. 101. IIb. 374 . . . vgr.
Separatabdruck

— Zur Einwirkung der Anilinbasen auf Benzoin. S. 103. IIb. 311 . . . vgr.
Separatabdruck

-- Über die Kondensation des Benzaldehyds mit Azetessigester mittelst aromatischer Amine. S. 105. IIb. 318 . . . vgr.
Separatabdruck

Lachowicz Bronislaw, Dr.: Über die Piperidinfarbstoffe. S. 97. IIb. 455 . . . vgr.
Separatabdruck

— Über die saure Restenergie anorganischer Salze. S. 98. IIb. 840 . . . vgr.
Separatabdruck

und Bandrowski Franz Xaver: Über die Verbindungen der organischen Basen mit den Salzen der schweren Metalle. S. 97. IIb. 499 . . . vgr.
Separatabdruck

-- Über die Zersetzung aminartiger Stickstoffverbindungen durch Amine. S. 97. IIb. 748 vgr.
Separatabdruck

Lachs, J. S. Andeutung d. Verfahrens beim Unterrichte taubstummer Kinder im Sprechen, f. Volksschullehrer. 8. (3 B.) Berlin 835, L. Oehmigke.

Lachs, J. S., Andeutung des Verfahrens beim Unterricht taubstummer Kinder im Sprechen für Volksschullehrer. 2. Aufl. Berlin 863. Oehmigke's Verlag. 8. (47 S.) 7½ ngr.

Lachs, Joh., die Gynaekologie des Galen, s.a. Abhandlungen zur Geschichte der Medicin. 4.

Die Gynaekologie des Galen. Eine gesch.-gynaekol. Studie von Johann Lachs, Frauenarzt in Krakau. *Breslau: J. U. Kern 1903.* (87 S.) 8°
= Abhandlungen z. Geschichte d. Medizin. H. 4. [03. 27 9

– Die Gynäkologie des Soranus v. Ephesus, s. a. Sammlung klinisch. Vorträge.

Die Gynäkologie des Soranus von Ephesus. Ein Beitr. z. Gesch. d. Geburtshilfe u. Gynäkologie. Von Johann Lachs, Krakau. *Leipzig: Breitkopf & Härtel 1902.* (32 S.) 8°
= Sammlung Klinischer Vorträge. N. F. No 335. [02. 6266

Lachs, Joh., Gynäkologisches v. Aretaios, s.a. Sammlung klinischer Vorträge Nr. 381.

Gynäkologisches von Aretaios von Johann Lachs, Krakau. *Leipzig: Breitkopf & Härtel 1904.* (36 S.) 8°
= Sammlung klinischer Vorträge. N. F. No 381. [04. 14636

– Die Temperaturverhältnisse bei den Neugeborenen in ihrer ersten Lebenswoche, s.a. Sammlung klinisch. Vorträge.

Die Temperaturverhältnisse bei den Neugeborenen in ihrer ersten Lebenswoche von Johann Lachs, (Krakau). *Leipzig: Breitkopf & Härtel 1901.* (20 S.) 8°
= Sammlung klinischer Vorträge. N. F. No 307. [01. 6639

Lachs, M. (Hrsg.), s. Aesculap.

Lachs Viktor: Friedrich Heinrich Jacobi und die älteren Romantiker.
II. 1910 PN 2830 Diss. Wien. Univ. 327

Lachsalven. Sammlung hochoriginaller Vorträge. 1. Bd. (63 S. m. Abb.) kl. 8. Dresden-N. (910). E. Neumann & Co. — 75

LACHSTOFFE vom Felde der gesammten deutschen Literatur, in bunter Sammlung der besten Anekdoten, Witzworte, komischen Annoncen, launigen Einfällen, drolligen Lebensszenen vom Felde der gesamten deutschen Literatur. Brieg 1838. 8°. (In Breslau, Kgl. u. Univ.-Bibl.) (1 Kr. 80 H., unbeschn. Expl., A. H. Huber, Salzburg, 1909.)

Lachstoffe in bunter Sammlung d. besten Anekdoten, Witzworte, kom. Annoncen, launigen Einfälle, drolligen Lebensscenen etc. vom Felde d. gesammt. deutschen Literatur. 8. (8 B.) Brieg 838, (Schwartz.)

Lachstoffgas. Ein neu entdecktes Mittel, die Hypochondrie radikal zu heilen. Erfunden von Daniel Gottlieb Freimund, keiner gelehrten Gesellschaft Mitgliede. 1e Portion. 12. Rathenow 835. Haase; Berlin, Plahn'sche Buchh. (Nitze.) n. 1/4 ℛ

Lachstübchen der „Allgemeinen Kellner-Zeitung". Central-Organ der österr.-ungar. Gastwirths- und Kaffeesieder-Gehilfen. 26 Nrn. Kl.-4. 4.—
Wien: Helios 1889.

LACHT zum Besch—en! Eine ausgewählte Sammlung erotischer Vorträge, Gedichte, Anekdoten, usw. für Freunde ausgelassener Fröhlichkeit. (Sotadisches Motto in Reimen.) Neu-York und Philadelphia, o. J. (c. 1882), bei A. R. Schlecker. 12°.
64 SS. Eine zweite Ausgabe mit demselben Inhalt und Titel hat auf dem Umschlag: Sch—ei und A—sch!

— — — Dasselbe. Ebd. o. J. 12°.
64 SS., aber anderer Druck und andere Reihenfolge der Stücke, wie das vorige.

Lachtaube, die. Illustrirte Kinder-Zeitung. Hrsg. von Frau Margar. Lohmeier. Jahrg. 1865. 52 Nrn. (Bgn. mit eingedr. Holzschn.) Trier, Sonnenburg. (Cöln, M. Tonger.) 4. 1 ℛ 10 ngr

—— dass. — 1. Bd. 1867. 52 Nrn. (Bog. mit eingedr. Holzschn.) gr. 4. Berlin, Winckelmann und Söhne.

Lauchtaube, die. Illustrirte Kinderzeitung. Hrsg. von Margaretha Lohmeier. 2.—4. Bd. 1868—1870. à 52 Nrn. (Bog. mit eingedr. Holzschn.) gr. 4. Berlin, Winckelmann und Söhne. à Jahrg.

Lachtaube: Die Lachtaube am Allmann
① Ein humoristisches Blättchen für heitere Leute, mit Illustrationen ⑤ ?—1855—1856—? ⑦ monatlich 1—2× ⑧ Pfäffikon (Zh): Buchdruckerei Pfäffikon ⑮ Nach dem Inserat in der Zeitung «Freie Stimmen» Nr. 52, 26. 12. 1855, p. 208.

Lachtrup, Rollschuhlaufen. Eine Gesundheitsbewegg. f. jedermann. Ein Sport u. Spiel f. jung u. alt. Mit 12 Abbildgn. u. 12 Zeichngn. im Text. (49 S.) gr. 8. Berlin 909. Priber & Lammers. 1. 20

Lachwitz, August, a. Altenau im Harz: Ueber die Pyrine des 1,3 Dimethylpyrazolons. Rostock 1908: C. Hinstorff. (84 S.) 8°
Rostock, Phil. Fak., Ref. Michaelis, Diss. v. 2. März 1908
[Geb. 14. Jan. 69 Altenau; Wohnort: Rostock; Staatsangeh.: Preußen; Vorbildung: Realgymn. Osterode Obersekunda-Reife O. 87; Studium: Techn. Hochsch. Braunschweig 7, Univ. Rostock 6 S.; Rig. 27. Febr. 08.]

Lacinula, s.: Zipfehli, Carl.

Lack, Ad., Schreib-Lese-Fibel. 1. und 2. Thl. 1. und 2. Aufl. gr. 8. Frankfurt a. M. 879, Jaeger'sche Buchh. [1. Thl. (IV, 32 S. mit 4 eingedr. Holzschn.) * 40 Pf.; 2. Thl. (III, 76 S. mit 5 eingedr. Holzschn.) * 50 Pf.] *

— dasselbe. Vorstufe des Lesebuchs. 2. Tl. 2. Aufl. Nach der für preußische Schulen vorgeschriebenen Orthographie. 8. (III, 76 S.) Ebend. 880. n.n. — 50; geb. n. — 60

Lack, Ad., Schreib-Lese-Fibel [Vorstufe des Lesebuchs]. Neue Orthogr. (Mit eingedr. Holzschn.) 2 Tle. gr. 8. Frankfurt a. M., Jaeger'sche Buchh. [1. Tl. 3. und 4. Aufl. (IV, 32 S.) 882,84. * 40 Pf.; geb. ** 50 Pf.; 2. Tl. 3. Aufl. (III, 76 S.) 882. * 50 Pf.; geb. ** 60 Pf.] *
geb. **

Lack, Ad., Schreib-Lese-Fibel. 2 Tle. 8. Frankfurt a. M., Jaeger's Verlag. **
Inhalt:
Tl. 1. Zum Lautieren im Takt eingerichtet 5. Aufl. (IV, 32 S. mit Abbild.) 887. ** 50 Pf.
" 2. Vorstufe des Lesebuchs. 4. Aufl. (76 S. mit Illustr.) 885. geb. ** 60 Pf.

Lack, A., Schreib-Lese-Fibel [Vorstufe d. Lesebuchs]. 1. u. 2. Tl. gr. 8. Frankfurt a/M. Jaeger's Verl. geb. n. 1. 10
1. 5. Aufl. (IV, 32 S. m. Abbildgn.) 887. n. — 50
2. 5. Aufl. (80 S.) 889. n. — 60

Lack, Ad., Schreib-Lese-Fibel [zum Lautieren im Takt eingerichtet]. 1. Tl. 6. Aufl. gr. 8. (IV, 32 S. m. 4 Bildern im Text.) Frankfurt a/M. 892. Jaeger's Verl. Geb. n.n. — 50

Lack, Ad., Schreib-Lese-Fibel (Vorstufe d. Lesebuchs). 2. Tl. 6. Aufl. gr. 8. (80 S. m. Abb.) Frankfurt a/M. 896. Jaeger's Verl. Geb. n.n. — 60

Bonifacius Lack. Theses physicae de principiis corporis naturalis, unione, natura, arte, magia, causis in genere etc.
Propugnabit ornatus ac eruditus Franciscus Josephus Rive, Bockenheimensis, physices et ethices auditor.
Oppugnabunt Bonifacius Lack, Professor rhet. et poetices, Franciscus Henricus Fritz, Bühlensis, Joannes Henricus Molck, Laudaviensis, physices et ethices auditores.
Badenae in aula principalis Athenaei die . . . Martii MDCCLI., horis ante et post meridiem consuetis.
Argentorati, imprimebat Simon Kürsner, Cancellariae Typographus. 1 S. Fol.
Rastatt, P 1751

Lack, C. E., s.: Für Masuren.

Der kleine Führer durch d. Masurische Seengebiet. Hrsg. von d. Masur. Dampfercompagnie zu Lötzen. [Verf.: C. E. Lack, Postmeister in Angerburg.] *Königsberg [1896]: Hartung.* (32 S.) 8° [Umschlagt.] [S.] (95. 2263) 10

Der kleine Führer durch d. Masurische Seengebiet. Hrsg. von d. Masur. Dampferkompagnie zu Lötzen. [Verf.: C. E. Lack, Postmeister in Angerburg.] 2. vervollst. Aufl. *Seyhennersdorf i. S. [1896]: M. Grossmann.* (43 S.) 8° [Umschlagt.] [S.] (96. 2268) 10

– (Hrsg.), s. Masuren, Für.

Masurens Seen. Anleitung z. Besuch derselben von C. E. **Lack**. Lötzen: Masurische Dampferkompagnie (1909). 33 S. 8° (09. 910) 10

Masurens Seen. Anleitung z. Besuch derselben von C. E. **Lack**. 2. Aufl. Lötzen: Masur. Dampfer Co. (1910). 43 S. 8° (11. 1081) 10

Lack, C. E., Wegweiser f. den Postverkehr. Nach amtl. Quellen bearb. 8. (40 S.) Tilsit 875. (Loesch.) n. — 40

Lack, E(rich), Assistenzarzt der Königl. Poliklinik für Hautkrankheiten: Aus der Königl. Poliklinik für Hautkrankheiten in Königsberg i. Pr. Beitrag zur Lehre von der Hautdiphtherie. Königsberg i. Pr. 1905: O. Kümmel. (45 S.) 8°
Königsberg, Med. Fak., Ref. Lichtheim, Diss. v. 7. Aug. 1905
[Geb. 10. Okt. 79 Sdorren O./Pr.; Wohnort: Königsberg i. Pr.; Staatsangeh.: Preußen; Vorbildung: Gymn. Lyck Reife O. 00; Studium: Königsberg 10 S.; Coll. 3. Aug. 05; Approb. 26. Jan. 05.]

Die Clause zu Castell oder: Ein Königsgrab an der Saar. Bearb. von N. **Lackas,** Lehrer. 3. verm. u. verb. Aufl. (Merzig): Selbstverl. (1900). (63 S.) 8° [F.]
[Umschlagt.:] Ein Königsgrab an d. Saar. Bearb. von Lackas. [cs. 9380

Ein Königsgrab an der Saar. Bearb. von N. **Lackas,** Lehrer. 5. verb. Aufl. mit 30 Ill. Trier: Schaar & Dathe in Komm. (1904). (68 S.) 8° [F.] [05 6629 8

Lackas, N., s.: Pensenverteilung f. die Volksschule.

Lack-Dekoration. Japanische Originalentwürfe. (34 Bl) gr 4° In Mappe.

Lackemacher, I. Gf., Observ. philologicae, quib. varia antiquitat. hebr. ac graec. capita, et nonnulla codicis collustr. λ P. 8. Lps. Weygand. 725-33. 3 —

Lackemann, Karl

Lackemann, C., die Elemente der Arithmetik. Ein Lehrbuch für den arithmet. Unterricht an höheren Bürgerschulen u. verwandten Anstalten. 2. Aufl. 8. (60 S.) Breslau 889. F. Hirt. cart. n. — 75

Lackemann, C., die Elemente der Arithmetik. Ein Lehrbuch f. den arithmet. Unterricht an 6klass. höheren Lehranstalten. 4., verb. u. verm. Aufl., unter Berücksicht. der preuß. Lehrpläne vom J. 1901 bearb. von Kreuschmer. (72 S.) 8. Breslau 905. F. Hirt. Kart. n. 1. —

Lackemann, C., die Elemente der Geometrie. Ein Lehr- und Übungsbuch für den geometr. Unterricht an höheren Bürgerschulen und verwandten Anstalten. (Mit eingedr. Fig.) 2 Tle. gr. 8. Breslau 884, F. Hirt. *
Inhalt:
Tl. 1. Planimetrie. (106 S.) * M 1.
" 2. Trigonometrie und Stereometrie. (55 S.) * 60 Pf.

Lackmann, C., die Elemente der Geometrie. Ein Lehr- und Übungsbuch für den geometr. Unterricht an höheren Bürgerschulen und verwandten Anstalten. 1. Tl.: Planimetrie. 2. verb. Aufl. 8. (112 S.) Breslau 887, F. Hirt. *
2. Tl. Ebendas. 1884. * 60 Pf.

Lackemann C., die Elemente der Geometrie. Ein Lehr- u. Übungsbuch f. den geometr. Unterricht an 6klass. höheren Lehranstalten. 1. Tl. Planimetrie. 3., nach den Lehrplänen vom 6. Jan. 1892 bearb. Aufl. gr. 8. (107 S. m. 75 Abbildgn.) Breslau 893. F. Hirt. Kart. n. 1. 25

Lackemann, C., d. Elemente d. Geometrie. E. Lehr- u. Übungsbuch f. d. geometr. Unterricht an 6-klass. höheren Lehranst., auf Grund d. preuß. Lehrpläne v. 1892 bearb. 1. u. 2. Tl. gr. 8. Breslau, F. Hirt. Kart. n. 2. 05
1. Planimetrie. 4. Aufl. (107 S. m. 75 Fig. 896. n. 1. 25
2. Trigonometrie u. Stereometrie. 3., unveränd. Aufl. (64 S. m. 23 Fig.) 898. n. — 80

Lackemann, C., die Elemente der Geometrie. Ein Lehr- u. Übungsbuch f. den geometr. Unterricht an 6-klass. höh. Lehranstalten, auf Grund der preuß. Lehrpläne v. 1892 bearb. 1. Tl. Planimetrie. 5., unveränd. Aufl. gr. 8. (107 S. m. 75 Fig.) Breslau 899. F. Hirt. Kart. n. 1.25

Die Elemente der Geometrie. Ein Lehr- u. Übungsbuch f. d. geometr. Unterr. an 6-klass. höh. Lehranst. von Dr. C[arl] **Lackemann.** weil. Dir. 6., verb. Aufl. unter Berücks. d. preuß. Lehrpl. v. J. 1901 bearb. von Prof. Dr. [Robert] Kreuschmer, Barmen. T. 1. *Breslau: F. Hirt 1902.* 8° [F.] [03. 5809

Die Elemente der Geometrie. Ein Lehr- u. Übungsbuch f. d. geom. Unterr. an 6-klass. höh. Lehranst. auf Grund der preuß. Lehrpläne von 1892 bearb. von Dr. C[arl] **Lackemann,** Dir. zu Barmen. 4. Aufl. T. 1. 2. *Breslau: F. Hirt 1896–1903.* 2 Bde 8° [F.]
1. Planimetrie. Mit 75 Fig. 1896.
2. Trigonometrie u. Stereometrie. Nebst e. Anh. über d. ersten Anfänge d. Feldmessens. Unter Berücks. d. preuß. Lehrpläne v. J. 1901 bearb. von Prof. Dr. [Rob.] Kreuschmer, Barmen. Mit 49 Fig. 1903. [04. 3411

Die Elemente der Geometrie. Ein Lehr- u. Übungsbuch f. d. geometr. Unterr. an sechsklass. höh. Lehranst. von Dr. C[arl] **Lackemann,** weil. Dir. in Barmen. 7., verb. Aufl., unter Berücks. d. preuß. Lehrpläne v. J. 1901 bearb. von Prof. Dr. [Robert] Kreuschmer. T. 1. Breslau: F. Hirt 1904. 8° [F.] [04. 169

— die Elemente der Geometrie. Ein Lehr- u. Uebungsbuch f. den geometr. Unterricht an 6klass. höh. Lehranstalten. Unter Berücksicht. der preuß. Lehrpläne vom J. 1901 bearb. v. Kreuschmer. 2 Tle. 8. Ebd. 906. Kart. à n.n. 1. 30
1. Planimetrie. 8., verb. u. verm. Aufl. (23.—29. Taus.) Mit 108 Fig. im Text. (136 S.)
2. Trigonometrie u. Stereometrie. Mit e. Anh.: I. Der Universal-Winkelmeßapparat. — II. Der neue Transporteur f. Winkelfunktionen. 6., verb. u. verm. Aufl. (12.—16. Taus.) Mit 63 Fig. im Text. (120 S.)

Lackemann, Elemente der Geometrie. Für höh. Lehranstalten bearb. v. R. Kreuschmer. 1. Tl.: Planimetrie m. e. Anh. üb. den Funktionsbegriff u. Funktionen in graph. Darstellg. im Sinne der Meraner Reformvorschläge. 9., verb. u. verm. Aufl. (148 u. 40 S. m. 125 z. Tl. farb. Fig.) gr. 8. Breslau 910. F. Hirt. Geb. 2. —

Lackemann C. Die Function II. 1873. 8.

Lackemann, C., Lehrbuch für den Unterricht in der Algebra an höheren Bürgerschulen. gr. 8. (IV, 44 S.) Düsseldorf 882. A. Bagel. n. — 60; geb. n. — 80

Lackemann, Karl Der Unterricht in der Algebra an den höheren Bürgerschulen ohne Latein mit 6jährigem Kursus, nebst einleitenden allgemeinen Bemerkungen über lateinlose höhere Bürgerschulen. 21 S. **Progr.** HB. *Düsseldorf* 1882.

Lackemann, *Karl* Veränderungen, welche für die Anstalt mit dem Schuljahr 1892/93 in Kraft treten. 4 (10 S.).
Progr. Gewerbesch. *Barmen* 1892 (470).

Lackemann, L., methodische Anleitung zum Schreiblesenunterricht, wie auch zum ersten Lese-, Schreib- u. Sprachunterricht überhaupt. Mit 2 lith. Taff. Hamburg 869. Niemeyer. gr. 8. (V, 105 S.) n. 12 *ngr.*

Die Geschichte des hamburgischen Armenschulwesens von 1815 bis 1871. Ein Beitrag z. vaterstädt. Kulturgeschichte von L. **Lackemann,** Rektor a. D. Hamburg: Boysen 1910. XVI, 355 S. 8° [11. 3077

Lackemann, *Wilhelm* [app. Arzt aus Hamburg]: Aus d. patholog. Institut zu Kiel. Beitrag zur pathologischen Anatomie und Statistik der Myokarditis. . . . Kiel, Druck v. C. Böckel, 1890; 19 S., 2 Bl. 8°
Kiel, Med. Fak., Inaug.-Diss. v. [20. Dez.] 1890

Lackemann, W., Beitrag zur pathologischen Anatomie u. Statistik der Myokarditis. 8. (19 S.) Kiel 890. Lipsius & Tischer, Verl.-Cto. n. 1. —

Lackemann, Wilh., Euler's interpolirte Producte. gr. 8. (43 S.) Göttingen 882. (Vandenhoeck & Ruprecht.) n. 1. 20

Lackenbacher Hans: Theorie des Sehens in der griechischen Wissenschaft.
H. 1908 PN 2516 **Diss.** Wien, Univ. 1642

Lehrsätze und Aufgaben über Gleichheiten, als Beitrag zur höhern unbestimmten Analytik. Von Dr. Peter Lackerbauer. — 1834. Würzburg, Zürn. — S. 3—32.
Progr. Münnerstadt.

Lackiecs, Geo. Sigism.: De haereditario succedendi jure ducum primum, deinde reg. Hungar. inde ab origine Monarch. usque ad nostra tempora. *Viennae*, Binz. 809. 8maj. (1 Thl.)

— iuris publ. ecclesiast. p. general. de ecclesia christ. 8. maj. Vien. Graeffer. 774. — 12

Lackics, G. Sgm.: Jurisprud. eccles. pars. gener., de ecclesia potestatisque sacrae c. civili nexu. *Eb.*, Gräffer. 774. gr. 8. (12 Gr.)

Lackics, G. Sgm.: Praecognita jur. eccles. univ. *Wien*, Gräffer. 775. gr. 8. (16 Gr.) (*Vened.* 781. 2 Vol. 12.)

Lackics, G. S., praelect. canonicae de legitima episcoporum instituendor. ac destituendor. ratione. 8. maj. Vien. Cataesius. 783. — 20

Lackics, G. Sgm.: Praelectt. canonn. de legitima Episcoporum institnendd. et destitnendd. ratione attemperatae legibus atque usibus regnorum Germaniae et Hungariae, *Wien*, Sonnleithner. 783. gr. 8. (1 Thl. 8 Gr.)

LACKIERER-FANNY (ps.). — P. T. . . . . mit der Unterschrift: Hochachtungsvoll f. d. Comité: *Lackierer-Fanny*. O. O. u. J. (1888.)

. In Oesterreich confiscirt.

Lackirer

— der vollkommene, ein gründlicher Unterricht, d. Lackfirnisse nicht allein gründlich zu bereiten, sondern solche auch aufzutragen u. zu poliren. Aus d. Nachlaß d. Verfassers herausg. v. A. F. Geißler. 8. Leipz., Joachim. 16 ⁄K

Lackirer, d. vollkommene, oder Handbuch e. Lackirers; aus dem Französ. 8. Frankf. a. M. 773. Varrentrapp. 8 ⁄K

— der vollkommene, oder Handbuch e. Lackirers; von dem Verfass. d. neuen vollkommenen Färbers. gr. 8. Frankf. a. M. 805. Hermann. 10 ⁄K

Lackirkunst, neu entdeckte, oder Anweis. zum Lackiren. 8. Dresd. 771. Beger. 4 ⁄K

Lackirmeister, der gründlich belehrende. 8. Leipz. 769. Heinsius. 4 ⁄K

Lackir. Schildkröten-Arbeit. 8. Nürnb. 737. — 12

Lackmann, Adam Henrich

Wahre Abbildung dess zweyköpfigten Russischen Reichs-Adlers, nach dem Vorbilde der Wappen, Müntzen, Siegel und anderer Vorstellungen, mit historischer Feder gemacht, und also vor Augen geleget v. Adam Henrich **Lackmann.** Kiel. o. J.

Abriß eines Collegii über die historiam jvris patrii oder Rechts Geschichte beyder Hertzogthümer Schleswig, Holstein, königl. u. fürstl. Antheils, zur ferneren Nutz-Anwendung auf der Kielischen Christian-Albrechts-Universität also entworffen v. Adam Henrich **Lackmann.** Kiel. 1742. 8°

— **An unqvam speculum Saxonicum extiterit, speculo Epkonis de Repgow antiquius, disqv. Kiliæ. 1748. 4. P. [Resp. Joh. Cph. Thiessen].**

— **Annalium typographicorum selecta qvædam capita. Hamburgi. 1740. 4.**

Lackmann, Ad. H., annalium typographicor. sel. quaed. cap. 4. Hamb. Bohn. 740. — 6

Vorläuffige Anzeige Eines im Druck herauszugebenden, und nach jetziger angenommenen Gewonheit der Gelehrten per subscriptiones Zubefordernden Werckes Die Genealogie der itztlebenden Schleswig-Holsteinischen Ritterschaft Betreffend. Allen Liebhabern Historischer Wissenschaften etc. etc. zur Nachricht ertheilet v. Adam Henrich **Lackmann.** Ploen. 1722. 4° k.

— **De auctoritate Chrysostomi, testis de tentata et impedita templi Hierosolymitani instauratione sub Hadriano, Constantino ac Juliano disp. Kiel. 1749. 4. [Resp. Jo. Herm. Hess].**

Lackmann, Adam Henrich: Beweiss, dass die Insel Fehmarn, weder zu dem Reiche Dennemarck, noch zum Hertzogthumb Schlesswig, oder Hollstein gehöre, sondern von jeher ein gänzlich separirtes und besonderes Land gewesen. Mit besondern Beylagen. o. O. u. J. (1728?) Fol.

Beweis, dass die Insel Femern weder dem Reiche Dannemarck, noch dem Hertzogthum Schleswig oder Holstein jemals einverleibet, sondern von jeher ein gantz separirtes und besonderes Land gewesen. Aus der einheimischen Geschichts- und Staats-Rechts-Kunde geführet durch Adam Henrich **Lackmann.** 2. Aufl. Kiel. 1746. 8.

Lackmann, Adam Henr., Diatribe historico-critica eaqve prolusoria de supremo ecclesiæ evangelicæ capite ex mente Haraldi Hvitfeldii. Kiliæ. 1710. 4. P.

Lackmann, Adam Henr., Exercitatio acad. de cognomine philosophi Antoniniano. Kilonii. 1750. 4. [Resp. Frid. Arnold Tode].

— **Ad novellam CXLVI de controversia, nata ex sacrarum literarum lectione in synagogis Judaicis compositaque per Justinianum imp. disp. Kilonii. 1752. 4. [Resp. Car. Fr. Ipsen].**

Einleitung zur Schleswig-Holsteinischen Historie, und zwar Zeit-währender Regierung des herrlich ausgebreiteten und noch blühenden Oldenburgischen Stamms, aus Beglaubten Geschicht-Schreibern, auch zum Theil Ungedruckten Urkunden bis auf gegenwärtige Zeiten mitgetheilet, und durch und durch mit Anmerkungen begleitet v. Adam Henrich **Lackmann.** 8°.

Th. 1. Hamburg. 1730. Th. 2. (Mit Anhang) ebd. 1733.
Th. 3. Welchem beygefüget die Historie der Dänischen und Schleswig-Holsteinischen Kirchen-Ordnung. ebd. 1739.
Th. 4. ebd. 1742.
Th. 5 samt der 2. Aufl. dess Beweises, dass die Insel Femern weder dem Reiche Dännemarck, noch dem Hertzogthum Schleswig, oder Holstein jemals einverleibet, sondern von jeher ein gantz separirtes und besonderes Land gewesen. ebd. 1746.
Th. 6. Nebst desselben Rede von etlichen Vorurtheilen, als Hindernissen, warum eine einheimische hohe Schule nicht nach ihrem rechten Wehrt wird geschätzet. ebd. 1750.
Th. 7 und letzter. Nebst einer Vorrede, worin von des Verfassers Leben und Schrifften hinlänglich gehandelt wird. Kiel. 1754.

— **De eo: unde lacunæ testimoniorum atque defectus in harmonia sanctorum et profanorum scriptorum, vitæ ac memoriæ Christi inservientium Disp. Kiliæ. 1745. 4. [Resp. Frid. Joach. Schnobel].**

Lackmanni, A.H., Epistt.diversi argumenti. Hamb.729. 8. 10gr.

Adami Henrici **Lackmanni**: De edendis tum Lucae Lossii, tum doctorum virorum ad illum epistolis doctrinam et historiam saec. XVI. illustrantibus consilium. inspersa est Lucae Backmeisteri: De morte Caroli V. inedita hucusque epistola. — Hamburgi: Schiller & Kisner 1719. 16 S. 8° (4°)

Unvorgreifliche Gedancken. bey Gelegenheit Des A. 1734. den 21. April ohnweit Tundern im Hertzogthum Schleswig abermahl ausgegrabenen und entdeckten güldenen Horns. in einigen kurtzgefassten Absätzen . . . v. Adam Henrich **Lackmann**. Hamburg. (1735.) 4° geb. in Fol.

— Gedank. üb. d. ohnw. Tundern abermal ausgegrab. goldne Horn. 4. Ebend. 746. — 4

— geistr. Gedichte z. Erweck. heil. Regungen. 8. Ebend. 730. — 16

Adami Henrici **Lackmanni** Historia ordinationis ecclesiasticae regnorum Daniae et Norwegiae et ducatuum Slesvicensis. Holsatiae &c. Kiliae Anno 1737. memoriae saecularis ergo publice exposita. atque iustis optimorum. et aequalium potissimum scriptorum patrociniis munita. Kiliae. (1739.) Bei desselben: Einleitung zur Schleswig-Holsteinischen Historie. Th. 3. Hamburg. 1739. 8°.

Lackmann. Adam Henrich: Eine poetische Erzehlung ... [Hochzeitsgedicht auf Johann von **Bülow**. Erbherr auf Trams. und Benedicta Margaretha von Reventlow. Aug. 1741.] — Kiel (1741): Bartsch. 2 Bl. (2°) 4°

— **Diss. epistolica de iis, quae in philosophiae moralis studio etiamnunc desiderantur. Kiliae. 1735. 4. P. (Lykønskning til Joach. Oporinus).**

— **Miscellanea litteraria. Acc. mantissae loco ex editione Lugdunensi Batav. Thomae Erpenii de peregrinatione Gallica utiliter instituenda tractatus, item brevis admodum totius Galliae descriptio et Justi Lipsii epistola de peregrinatione Italica. Hamb. 1721.**

Adami Henrici **Lackmanni** Oratio de praeiudicatis nonnullis opinionibus. tanquam impedimentis. quominus iustum statuatur pretium Academiae patriae. publice habita in alma Christiana-Albertina. quum 1749. regiminis academici solennia capesseret. Kiliae. (1749.) Siehe bei desselben: Einleitung zur Schleswig-Holsteinischen Historie. Th. 6. Hamburg. 1750. 8°.

— **Primitiae Utinenses i. e. 1. De libris e scholis cum publicis tum privatis eliminandis oratio. 2. De Chr. Falsteri specimine emendationum in A. Gellii Noctes Atticas lib. I. diss. 3. An una eademque comoedia per intervalla dierum repraesentari possit ac debeat disqu. 4. De singulari observantia Germanorum erga principes commentatio. Lubecae. 1725. 4.**

— primitiae utinenses etc. 4. Lübeck, Böckmann. 725. — 3

— **Oratio de pueris feris eorumque natura et moribus, in episcopali Lyceo Utinensi 6. Id. Jul. 1727 habita. Lubecae. 4. P.**

— **De symbolica investiendi ratione per pileum diss. historica. Kiliae. 1744. 4. [Resp. Frid. Nissen]. (U. B.).**

Lackmann. Adam Henrich: Vernünfftige Erinnerungen ... [Rede zur Hochzeit auf Ludolph Henrich **Lordemann**, Cammer-Assessor, und Margaretha Christina Klippen, 19. Febr. 1743, Lübeck.] — Kiel (1743): Bartsch. 2 Bl. 2°

— **De specimine Christiani Falsteri emendationis in Auli Gellii noct. Attic. libros 4. U. St. 1722. 4. P. (Skoleprogr. fra Eutin). (U. B.).**

Lackmann, Adam Henrich: Den alles Lob übertreffenden Adel ... [Trauergedicht auf Friederich **Ranzau**, Geheimer Raht, † 8. Febr. 1723.] — Kiel [1723]: Reuther. 2 Bl. 4°

Lackmann, Adam Henrich: Als die weiland hoch- und wohlgebohrne Frau ... [Trauergedicht auf Sophia **Magdalena Ranzow**, geb. Reventlowen, † 29. Juli 1750.] — Kiel (1750): Bartsch. 2 Bl. 2°

— Weissagung d. Einwohn. d. gelobt. Landes wid. d. Römer z. ihr. Unglück. 8. Kiel, Bohn. 748. — 5

— **Merckwürdige Weissagung, welche die bewaffneten Einwohner desz gelobten Landes und mithin die Zerstörung der Stadt Jerusalem samt der Einäscherung des Tempel-Gebäudes befordert. Zur Erläuterung einer wichtigen Stelle im 5. Cap. des 6. Buches der Historie Flavii Josephs. Kiel. 1748.**

Zeugnisse von außerordentlichem Viehsterben, aus alten und neuen Scribenten zur Beurtheilung der in den Hertzogthümern Schleswig. Holstein unter dem Horn-Vieh eingerissenen Seuche wiederum hervor gesuchet u. vor Augen geleget v. Adam Henrich **Lackmann**. Kiel. 1746. 8°

Lackmann, Charl., Guide to the german grammar. 8. (1 B.) London 845, Williams u. Norgate. (Leipzig, R. Hartmann.) Thlr. *

Lackmann, Ernst [aus Westfalen]: Zwei Fälle von Glaucoma simplex .... Greifswald, Druck v. Julius Abel, 1886; 27 S. 8°.
Greifswald, Med. Fak., Inaug.-Diss. v. 8. Aug. 1886.

Lackmann, F. C., de secretione in genere. 4. Basel, Schweighaeuser. 779. — 3

Lackmann, Franz, approb. Arzt aus Waltrop i. Westf.: **Ein Beitrag zur Casuistik der Sarcome der Glandula submaxillaris.** *München 1899: M. Ernst.* (42 S.) 8°
München, Med. Diss. v. 1899

Lackmann, Franz, Medizinalprakt.: **Beitrag zur Kenntnis der 'Friedreich'schen Ataxie'. Bamberg 1909: Gärtner. 21 S. 8°**
Erlangen, Med. Diss. v. 28. Juni 1909, **Ref. Jamin**
[Geb. 1. Mai 80 Bochum; Wohnort: Münster i. W.; Staatsangeh.: Preußen; Vorbildung: Gymn. Warendorf Reife O. 03; Studium: Münster 1, Kiel 4, Berlin 1, Erlangen 4 S.; Coll. 13. Okt. 08; Approb. 23. Juni 09.] [U 09. 775

Lackmann, Otto, Referendar am kgl. Landgericht zu Cöln: **Das Kaisertum in den Verfassungen des Deutschen Reiches vom 28. März 1849 und vom 16. April 1871. Ein Beitrag zur Geschichte d. Deutschen Staatsrechts im 19. Jh.** *Bonn 1903: C. Georgi.* (68 S.) 8°
Bonn, Jur. Diss. v. [1. Aug.] 1903

Lackmann, Theodor Johann: Ueber das Frühaufstehen nach gynäcologischen Operationen. Bonn 1908: Eisele. 40 S. 8°
Bonn, Med. Diss. v. 10. Dez. 1908, Ref. Fritsch
[Geb. 5. Sept. 77 Ennigerloh; Wohnort: Godesberg-Friesdorf; Staatsangeh.: Preußen; Vorbildung: Kgl. Gymn. Bonn Reife O. 98; Studium: Bonn 9 S.; Coll. 10. Dez. 08; Approb. 9. Juli 04.] [U 09. 346

Lackmann, Wilh. [Dr. med. aus Westerholt (Westfalen)]: Ueber Erythema nodosum. . . . Würzburg, Druck d. Bonitas-Bauer'schen Buchdr., 1888; 28 S. 8°
Würzburg, Med. Fak., Inaug.-Diss. v. 1888

Lackmann, Wilhelm, appr. Arzt a. Bochum i. W.: Ueber manisch-depressives Irresein im Kindesalter. Hamm i. W. (1907): Reimann & Co. (40 S.) 8°
Erlangen, Med. Fak., Ref. Specht, Diss. v. 10. Sept. 1907
[Geb. 4. Juni 78 Bochum; Wohnort: Erlangen; Staatsangeh.: Preußen; Vorbildung: Gymn. Meppen Reife O. 00; Studium: Freiburg i. B. 1, Kiel 1, Berlin 2, Erlangen 6 S.; Coll. 28. Juli 06; Approb. 30. Jan. 05.]

Lacknau, s. Depeschen, illustrirte.

Lackner und Lettau, Bemerkungen und Winke für den Lehrer zur Behandlung der biblischen Geschichte, s. Preuß, A. E.

Lackner, Rückblick auf d. Geschichte d. altstädtischen Kirchengemeinde zu Königsberg i. Pr. z. Feier d. 50jähr. Bestehens ihres neuen Gotteshauses. Beigegeben ist d. Bild d. alten u. d. neuen Kirche. gr. 8. (VII, 126 S.) Königsberg 895. Hartung. n 1.—

Lackner, A., Berechnungstafeln d. in den österr. Staaten bei allen Ueberschlägen öffentl. Gebäude allgem. vorgeschriebenen Trottirrechnung. gr. 8. Grätz 820. Ferstl. 14 Kr Hdg. Pr. 8 Kr

Lackner, Albert, cand. phil.: Das schmückende Beiwort in den deutschen Dichtungen des zwölften Jahrhunderts. *Greifswald 1903: F. W. Kunike.* (121 S.) 8°
Greifswald, Phil. Diss. v. 13. Mai 1903

Lackner Anton: Über zwei Flächen vierter Ordnung und das orthogonale Hyperboloid (mit 6 Textfiguren). S. 121. IIa. 889 . . . . K 1.50
Separatabdruck

— Haupttangentenkurven der Fläche vierter Ordnung mit zwei sich schneidenden Doppelgeraden und vier isolierten Doppelpunkten (mit 3 Textfiguren). S. 121. IIa. 2519 . . . . 1.20
Separatabdruck

Lackner, Anton: Die eindreideutige kubische Verwandtschaft zweier ebener Systeme, von denen das dreifache vier singuläre Punkte enthält, und Anwendung auf die Steiner'sche Fläche. – 1909. 40 S.
Diss. Wien, TH

Lackner, Carl, s. L a c k n e r , Karl

Lackner, Eugen Les 5 moralités publiées dans le IIIe volume de l'Ancien Théâtre français par Viollet le Duc, Paris 1854. 20 S. **Progr.** *Bartenstein* 1879.

Lackner, *Eugen* [Prof.]: Rückblick auf die ersten 25 Jahre des zu Mich. 1872 begründeten Königlichen Gymnasiums zu Bartenstein. Bartenstein, Druck v. Gebr. Kraemer, 1897; 57 S. 8.
Bartenstein, k. G, P 1897 (2)

Lackner, F. Einige Worte über Naturbeschreibung als Wissenschaft. Inaugural-Dissertation. Wien. 1847. 8.

Lackner, *Ludwig Eugen* Georg [aus Bartenstein (Ostpr.)]: Über zwei Fälle von Paranoia mit Gedankenlautwerden . . . Berlin. C. Vogts Buchdr., *1894*; 27 S., 2 Bl. 8.
Berlin, Med. Fak., Inaug.-Diss. v. 15. Juni 1894

Lackner, Geo., die Krankheiten der Füllen und deren homöopathische Behandlung. gr. 8. (VIII und 67 S.) Sondershausen [Gotha] 863, Cupel's Verlag.

— die Krankheiten der Pferde und deren homöopathische Behandlung. gr. 8. (VIII und 97 S.) Sondershausen [Gotha] 863, Cupel's Verlag.

Lackner, Geo., die Krankheiten der Pferde u. Füllen u. deren homöopathische Behandlung. Gotha 868. Cupel's Verlag. 8. (XVI, 164 S.) n. 20 ngr.

— Die Krankheiten der Pferde und Füllen und deren homöopathische Behandlg. 8°. (164) Gotha 68. (F. A. Günther, Langensalza.) M. 2.—

Lackner, Jh. Bpt., († d. 10. Febr. 1781.) memoriale, seu Altachae inferioris memoria superstes, ex tabul. annalibus, diplomatibus etc. Fol. Passau 779. (Lentner in Münch.) 1 fl 8 Kr

Lackner, Johann Karl v.

Lackner, Joh. K. v. (Hrsg.), s.a B l u m e n l e s e der Musen.

v. Lackner, Jh. Karl, u. F. Schink, Blumenlese d. Musen. 12. Wien 790. Kayser. 10 Kr

Lackner Josef: Erzherzog Maximilians Brautzug. D: Jahresbericht der k. k. Deutschen Staats-Oberealschule in Brünn. 1910.
1906 PN 2021 a **Diss.** Wien, Univ. 175

Lackner, Karl

Lackner, Carl [Landwirthschaftslehrer]: Darstellung der wirthschaftlichen und socialen Verhältnisse einer Ostpreußischen Landgemeinde. . . . Insterburg, Druck v. J. G. Driest, 1889; 88 S. + 1 Bl. 8°
Jena, Phil. Fak., Inaug.-Diss. v. 1889

Lackner, Ludwig

Lackner L, Entwürfe f. Zimmer-Dekorat. in verschied. Stilen. (24 T) fol München

Lackner, Ludw., Musterblätter für gothische Zimmer-Dekoration. 1. und 2. Heft. (à 6 Stnt. in Tondr.) gr. Fol. München 861, Ravizza. à Heft * 1 Thlr. 15 Ngr. *

Lackner, Dr. M. — Ueber die Abfassung von Testamenten so wie über das Erbrecht und die Erbschaftsangelegenheiten. Ein praktischer Leitfaden zur rechtsgiltigen und gesetzmäßigen Selbstverfassung aller darauf bezüglichen schriftlichen Aufsätze so wie zur Selbstvertretung in Erbfällen. Nebst einer gemeinverständlichen Auseinandersetzung des gerichtlichen Verfahrens bei der Verlassenschafts-Abhandlung. Ein zuverlässiger Rathgeber für Alle, die sich über Testaments- und Erbschaftsangelegenheiten im Geiste der neuesten Gesetzgebung schnell und gründlich belehren wollen. Von — —. Zweite mit besonderer Rücksicht auf die Königreiche Ungarn, Kroatien, Slavonien, das Temeser Banat, die serbische Woiwodschaft und das Großfürstenthum Siebenbürgen, dann auf die Abhandlungen bei den Militärgerichten gänzlich umgearbeitete und mit zahlreichen Beispielen vermehrte Auflage. 8. (VIII, 208 S.) Wien. Druck und Verlag von Fr. Manz. 1853.

[F.] Kinderharfe für die Sonntagsschulen Ost- und Westpreussens. (Vf.: D. [M.] **Lackner**, Superint.) *Königsberg: Hartung 1897.* (63 S.) 1 Bl. 8.
(58. 4191

Lackner, M., Gedanpredigt, gehalten in der königl. Schloßkirche zu Königsberg i. Pr. am 2. Septbr. 1886. gr. 8. (16 S.) Königsberg 887, Gräfe und Unzer. *

Lackner, Dr. M. F. — Was für ein Geld werden wir in Zukunft haben? Eine gemeinfaßliche Darstellung des Münzvertrages vom 24. Jänner 1857. Von — —. Wien, 1857. Dr. von Leopold Sommer. (63 S. 8)

Lackner, Matthias

Lackner, Martin Luthers kleiner Katechismus, s.: Weiß, G. B.

Lackner, Otto, zur Steuer der Wahrheit. Zurückweisung e. Parteischrift f. den zweijährigen Unterstützungswohnsitz. gr. 8. (IV, 10 S.) Berlin 884. Janke. n. — 50

Lackner, Otto: Wie unterscheidet sich das Sittengesetz vom Naturgesetz? Ein Versuch zur Lösung des Freiheitsproblems mit besonderer Berücksichtigung von Spinoza, Kant und Schleiermacher. *Königsberg i. Pr. 1897: Hartung.* (64 S.) 8°
Königsberg, Phil. Diss. v. 10. Nov. 1897

Lackner, Otto, wie unterscheidet sich d. Sittengesetz vom Naturgesetz? E. Versuch zur Lösg. d. Freiheitsproblems m. bes. Berücksicht. v. Spinoza, Kant u. Schleiermacher. gr. 8. (64 S.) Königsberg 897. (W. Koch.) n. 1. —

Lackner, Philipp

— Frdr. Jlg, Heinr. Joeckel, Ludw. Krug, deutsches Lesebuch f. die III. u. IV. Classe der Volksschulen. Im Auftrage d. Lehrervereines der deutschen Lehrer d. Bács-Syrmier evang. A. C. Seniorates verf. 8. (IV, 200 S.) Ebd. 891. Geb. n. — 80

Lackner, Phpp., deutsches Lesebuch f. die evangelischen Volksschulen in Ungarn. Im Auftrage d. Bács-Syrmier evang. Seniorates A. C. verf. 2., im Auftrage d. „Lehrervereins der deutschen evang. Lehrer im Bács-Syrmier Seniorate" u. unter Mitwirkg. v. Joh. Schneeberger, Heinr. Joeckel, Adf. Hamel u. Ludw. Krug umgearb. u. verb. Aufl. gr. 8. (VIII, 360 S.) Budapest 892. B. Hornyánßky. Geb. n. 1. 40

Lackner, R., de casuum, temporum, modorum usu in Ephemeride Dictyis-Septimii, s.a. Commentationes Aenipontanae. II.

De casuum temporum modorum usu in Ephemeride Dictyis-Septimii scripsit R. Lackner. Ad Aeni Pontem: Wagner 1908. (IV, 55 S.) 8°
— **Commentationes** Aenipontanae. 2. [08. 955]

Lackner, Wilhelm, Prof. Dr.: Über Fürst Bismarcks 'Gedanken und Erinnerungen'. Öffentl. Vortrag, geh. am 27. Febr. 1901. *Allenstein 1901: W. E. Harich.* (S. 3—16.) 4°
Allenstein, k. G, P 1901 (1)

Lackner, Wilhelm De incursionibus a Gallis in Italiam factis quaestio historica. Pars I. 4 (26 S.). Pars II. 4 (15 S.).
Progr. Friedrichs-G. *Gumbinnen* 1887 (4). 1888 (4).
Cap. I. De Livio. Cap. II. De incursionibus, quas Galli 367 et 361 a Chr. fecerunt. Cap. III. De Diodoro. Cap. IV. De Polybio. — Cap. V. De Plutarcho. Cap. VI. De Dionysio Halicarnassensi. De Appiano. De Dione Cassio et Zonara.

Lackner, W., de incursionibus a Gallis in Italiam factis. Quaestio historica. (Pars I.) Diss. inaug. gr. 4. (26 S.) Königsberg 887. (Koch.) n. 1. —

—— dass. Pars II. 4. (15 S.) Ebendas. 888.

— dasselbe. Pars II. gr. 4. (15 S.) Gumbinnen 888. Ebd. n. 1. —

Lackowitz, W., Ekkehard und die Klosterknaben von St. Gallen. Histor. Erzählung aus dem 10. Jahrh. für die deutsche Jugend. gr. 8. (III, 252 S. mit Farbendr.-Illustr. nach Aquarellen von Rud. Knötel und Wilh. Hoffmann.) Berlin 888, Drewitz' Nachf. cart.

— Ekkehard u. die Klosterknaben v. St. Gallen. Historische Erzählg. aus dem 10. Jahrh. f. die deutsche Jugend. Mit Farbendr.-Illustr. nach Aquarellen v. Rud. Knötel u. Wilh. Hoffmann. 2. Aufl. gr. 8. (III, 252 S.) Leipzig 893. O. Drewitz Nachf. Kart. 4. 50

—— Erlebnisse eines Knaben 1870/71. Erzählung für die reifere Jugend. gr. 8. (252 S. mit Farbendr.-Illustr. nach Aquarellen von R. Knötel.) Ebendas. 888.

Lackowitz, W. *Friedrich der Große* im siebenjährigen Kriege. ... Berlin, O. Drewitz, [c. 1880]. 1 Bl. 221 S. 1 Bl. u. 5 farb. Taf. 8°. Orhlwd. m. farb. Deckelbild. 8.—

—— Friedrich der Große im siebenjährigen Kriege. Eine Jubiläumsgabe für die Jugend. gr. 8. (222 S. mit 5 Farbendr.-Illustr. nach Orig.-Zeichnungen.) Berlin 887, Drewitz' Nachf. geb.

— Friedrich der Große im 7jährigen Kriege. Eine histor. Erzählg. f. die Jugend. Mit Farbendr.-Illustr. nach Aquarellen. 2. Aufl. gr. 8. (222 S.) Leipzig 893. O. Drewitz Nachf. Kart. 4. 50

Lackowitz, W., aus dem großen Jahre 1870/71. Ernste und heitere Erlebnisse eines Knaben. Erzählung für die reifere Jugend. gr. 8. (252 S. mit 5 Farbendr.-Illustr. nach Aquarellen von R. Knötel.) Berlin 887, Drewitz' Nachf. geb.

— aus dem großen Jahre 1870/71. Ernste u. heitere Erlebnisse e. Knaben. Erzählung f. die reifere Jugend. Mit Farbendr.-Illustr. nach Aquarellen v. R. Knötel. 3. u. 4. Aufl. gr. 8. (III, 252 S.) Ebd. 893. Kart. 4.50

— aus dem großen Jahre 1870/71. Ernste u. heitere Erlebnisse e. Knaben. Erzählung f. die reifere Jugend. Mit farb. Abbildgn. nach Aquarellen v. R. Knötel. 12. Aufl. gr. 8. (III, 252 S.) Leipzig (899). O. Drewitz Nachf. Geb. in Leinw. 3. —

—— der Inselkönig. Eine Erzählung für die reifere Jugend nach dem gleichnam. Roman von Phpp. Galen bearb. Mit 6 Bildern in Buntdr. von W. Schäfer. gr. 8. (III, 216 S.) Leipzig 872, Germann. [Ohme.] geb. (ℳ 4.)

— Kätzchens Leid u. Freud'. Eine wundersame, aber wahre Geschichte in 12 Kapiteln f. art. Kinder. Mit 12 in Farben schön gemalten Bildern v. Fed. Flinzer. 4. (48 S.) Ebend. 873. geb. 5. —

— berühmte Menschen. Musikalische Skizzen. Mit 23 (eingedr.) Illustr. (in Holzschn.) 8. (IV, 300 S.) Leipzig 872. Matthes. 4. —

—— Mozart, s. Ebhardt's Jugendbibliothek.

— der Operettenführer. Textbuch der Textbücher. 12. (VIII, 392 S.) Berlin 894. Verlagsanstalt Urania. Geb. in Leinw. 2. —

— d. Operettenführer. Textbuch d. Textbücher. 2. [Titel-] Aufl. 12. (VIII, 392 S.) Leipzig (894) 898. F. Reinboth. Geb. in Leinw. 2. —

— Operettenführer. Nachtrag. 12. (32 S.) Leipzig (902). F. Reinboth. n. — 50
Hauptwerk Ebd. 898. n. 2. —.

Ⓑ Lackowitz, W., Operettenführer. 898. 902. — Opernführer. 898. 899. (KBB 30. 32.) Jetzt: Leipzig, G. Esseger.

—— Der Opernführer. Ein Textbuch der Textbücher. 12. (XI, 420 S.) Berl. 892, Verlagsanstalt Urania. geb. in Leinw. 2 —

— dasselbe. (2. Tl.) 12. (VII, 324 u. VIII S.) Ebd. 898. Geb. in Leinw. 2. —

— d. Opernführer. Textbuch d. Textbücher. 2 Bde. 2., verm. Aufl. 12. (V, 432 u. V, 394, X S.) Ebd. 898. Geb. in Leinw. à 2. —

— der Opernführer. Textbuch der Textbücher. I. 6. Aufl. 12. (IX, 432 S.) Ebd. (899). Geb. 2. —

— dasselbe. 1.—3. Nachtrag. 12. (III, 70 u. II, 91 u. III, u. III, 55 S.) Ebd. (899—902). à n. — 50

— die Rache d. Schwarzfuß-Indianers, s.: Volks-Erzählungen, kleine.
— Rosita, die Trapperfrau, s.: Volks-Erzählungen, kleine.

—— musikalische Skizzenblätter. Biographische Essays. 2. (Titel-) Ausg. (von „Berühmte Menschen"). 8. (IV, 300 S.) Ebendas. (872)76. *

—— die Sommerreise. Ein kom. Heldengedicht für art. Kinder. Mit 20 in Farben schön gemalten Bildern von Fed. Flinzer. 4. (78 S.) Leipzig 878, Germann. [Ohme.] geb. (M 7.)

—— wilde Szenen aus allen Zonen, s. a. Ebhardt's Jugend-Bibliothek.

— wilde Scenen aus allen Zonen. Erzählungen f. die reifere Jugend. 2. Aufl. gr. 8. (V, 270 S. m. 6 Holzschn.-Taf.) Berlin 889. Norddeutsches Verlags-Institut, Jolowicz. geb. n. 3. —

— Kaiser Wilhelm u. seine Friedensreisen. Der aufstreb. deutschen Jugend erzählt. Mit Farbendr.-Illustr. nach Orig.-Aquarellen v. W. Hoffmann. gr. 8. (III, XXXII, 202 S.) Berlin o. J. Leipzig, O. Drewitz Nachf. Kart n. 3. —

Lackowitz, Wilhelm

Lackowitz, W. (Bearb.), s. Ascherson, Paul: Flora der Provinz Brandenburg, der Altmark u. des Herzogth. Magdeburg.

Lackowitz, W., Bilder aus dem Vogelleben Norddeutschlands u. seiner Nachbarländer. Nach Skizzen v. Paul M. Röper bearb. Mit zahlreichen (eingedr.) Holzschn.-Illustr. nach Zeichngn. v. Rösener, Schwann u. Tieffenbach. 26 Lfgn. Lex.-8. (VIII, 621 S.) Berlin 883. Ebhardt à n. — 50 (cplt.: geb. n. 15. —)

— dasselbe. A. u. d. T.: Unsere Vögel. Nach Skizzen v. Paul M. Röper bearb. Mit 204 Orig.-Holzschn.-Illustr. v. Rösener, Schwann, Tieffenbach u. A. Kolor. Ausg. Mit 26 Taf. nach Aquarellen v. Tieffenbach. 26 Lfgn. Lex.-8. (VIII, 621 S.) Ebend. 885. à n. — 60 (cplt cart.: n. 15. 60; in Halbfrz. geb. n. 20. 60)

Lackowitz, W., der kleine Brehm. Lebensbilder u. Charakterzeichngn. aus dem gesamten Tierreich. In 1 Bd. komplett. gr. 8. (VIII, 944 S. m. 320 Abbildgn.) Berlin 898. Verlagsanstalt Urania. Geb. in Leinw. n. 10. —

Lackowitz, W., das Buch der Tierwelt. Schilderungen aus dem gesamten Tierleben in Lebensbildern u. Charakterzeichngn., sowie hochinteressante Jagdgeschichten u. wilde Szenen in allen Zonen. Mit 400 Abbildgn. u. Kunstbeilagen. 65. verb. u. verm. Aufl. (VI, 944 S.) gr. 8. Berlin 905. W. Herlet. Geb. in Leinw. 4. —

Das Buch der Tierwelt. Schilderungen aus d. gesamten Tierleben in Lebensbildern u. Charakterzeichnungen, sowie hochinteressante Jagdgeschichten u. wilde Szenen in allen Zonen von W[ilhelm] Lackowitz. Mit 400 Abb. u. Kunstbeilagen. 71. verb. u. verm. Aufl. Berlin: W. Herlet 1907. (944 S.) 8° [F.]

Lackowitz, W., Flora von Berlin. Anleitung die im weiteren Umkreise von Berlin wild wachsenden u. häufiger kultivirten Pflanzen auf eine leichte u. sichere Weise durch eigene Untersuchung zu bestimmen. Berlin 868. Kortkampf. 16. (XXII, 239 S.) n. 10 ngr.

—— dass. — 2. Aufl. gr. 16. (XXII, 239 S.) Berlin 873, Gülker und Comp. [Weile.] *

Lackowitz, W., Flora v. Berlin. Anleitung die im weiteren Umkreise v. Berlin wild wachs. u. häufiger kultivirten Pflanzen auf e. leichte u. sichere Weise durch eigene Untersuchg. zu bestimmen. 2. Aufl. gr. 16. (XXII, 239 S.) Berlin 873. Weile. n. 1. 80

Lackowitz, W., Flora von Berlin und der Prov. Brandenburg. Anleitung, die in der Umgebung von Berlin und bis zu den Grenzen der Prov. Brandenburg wild wachs. und häufiger cultivirten Pflanzen auf eine leichte und sichere Weise durch eigene Untersuchung zu bestimmen. 3. Aufl. gr. 16. (XXIV, 253 S.) Berlin 877, Weile. cart. *

Lackowitz, W., Flora von Berlin u. der Provinz Brandenburg. Anleitung, die in der Umgebung von Berlin u. bis zu den Grenzen der Provinz Brandenburg wild wachsenden u. häufiger cultivirten Pflanzen auf eine leichte u. sichere Weise durch eigene Untersuchung zu bestimmen. 4. Aufl. gr. 16. (XXIV, 253 S.) Berlin 879. Friedberg & Mode. cart. n. 2. —

—— Flora von Berlin und der Prov. Brandenburg. Anleitung, die in der Umgebung von Berlin und bis zu den Grenzen der Prov. Brandenburg wild wachsenden und häufigen kultivierten Pflanzen auf eine leichte und sichere Weise durch eigene Untersuchung zu bestimmen. 6. verb. Aufl. 12. (XXIV, 253 S.) Berlin 886, Friedberg und Mode. geb. *

— Flora v. Berlin u. der Prov. Brandenburg. Anleitung, die in der Umgebg. v. Berlin u. bis zu den Grenzen d. Prov. Brandenburg wildwachs. u. häufiger kultivierten Pflanzen auf e. leichte u. sichere Weise durch eigene Untersuchg. zu bestimmen. 7., verb. Aufl. gr. 16. (XXIV, 253 S.) Berlin 889. Friedberg & Mode. geb. n. 2. 25

— Flora v. Berlin u. der Prov. Brandenburg. Anleitung, die in der Umgebg. v. Berlin u. bis zu den Grenzen der Prov. Brandenburg wild wachs. u. häufiger kultivierten Pflanzen auf e. leichte u. sichere Weise durch eigene Untersuchg. zu bestimmen. 8., verb. Aufl. 12. (XXV, 254 S.) Berlin 891. Friedberg & Mode. Geb. in Leinw. n. 2. 25

Flora von Berlin und der Provinz Brandenburg. Anleitg. die ... wildwachsenden u. häufiger kultiv. Pflanzen ... zu bestimmen. Bearb. v. W[ilh.] Lackowitz. 10. verb. Aufl. *Berlin: Friedberg & Mode 1896.* (XXIV, 272 S., 2 Bl.) 1 Bd 8.

Lackowitz, W., Flora v. Berlin u. d. Prov. Brandenburg. Anleitg., d. in d. Umgebg. v. Berlin u. bis zu d. Grenzen d. Prov. Brandenburg wild wachs. u. häuf. kultivierten Pflanzen auf e. leichte u. sichere Weise durch eig. Untersuchg. zu bestimmen. 11., verb. Aufl. 12. (XXIV, 272 S.) Berlin 899. Friedberg & Mode. Geb. in Leinw. n. 2. 25

Lackowitz, W., Flora v. Berlin u. d. Prov. Brandenburg. Anleitung, die in der Umgebg. v. Berlin u. bis zu den Grenzen der Prov. Brandenburg wild wachs. u. häufig. kultivierten Pflanzen auf e. leichte u. sichere Weise durch eigene Untersuchg. zu bestimmen. 12. verb. Aufl. 12. (XL, 297 S.) Berlin 901. Friedberg & Mode. Geb. in Leinw. n. 2. 50

Flora von Berlin und der Provinz Brandenburg. Anleitung, die in d. Umgebung von Berlin und bis zu d. Grenzen d. Prov. Brandenburg wild wachsenden u. häufiger kultivierten Pflanzen auf eine leichte u. sichere Weise durch eigene Untersuchung zu bestimmen. Bearb. von W[ilhelm] **Lackowitz**. 13. verb. Aufl. *Berlin: Friedberg & Mode 1903.* (xxxxII, 297 S.) 8° (o3. 1969 11

— **Flora v. Berlin u. der Prov. Brandenburg. Anleitg., die in der Umgebg. v. Berlin u. bis zu den Grenzen der Prov. Brandenburg wild wachs. u. häufiger kultivierten Pflanzen auf eine leichte u. sichere Weise durch eigene Untersuchung zu bestimmen. 14. verb. Aufl. (XXXXII, 301 S.) kl. 8. Berlin 905. Friedberg & Mode.** Geb. in Leinw. n. 2. 50

Lackowitz, W., Flora v. Berlin u. der Prov. Brandenburg. Anleitung, die in der Umgebg. v. Berlin u. bis zu den Grenzen der Prov. Brandenburg wild wachs. u. häufiger kultivierten Pflanzen auf e. leichte u. sichere Weise durch eigene Untersuchg. zu bestimmen. 15. verb. Aufl. (XXXXII, 301 S.) kl. 8. Berlin 908. Friedberg & Mode. Geb. in Leinw. 2. 50

— **Flora von Nord- u. Mittel-Deutschland. Anleitung, die in Nord- u. Mittel-Deutschland wild wachsenden u. häufiger cultivirten Pflanzen auf eine leichte u. sichere Weise durch eigene Untersuchung zu bestimmen. gr. 16. (XXIV, 259 S.) Ebend. 879. cart. n. 2. 80**

— **Flora v. Nord- u. Mittel-Deutschland. Anleitung, die in Nord- u. Mittel-Deutschland wildwachs. u. häufiger kultivierten Pflanzen auf e. leichte u. sichere Weise durch eigene Untersuchg. zu bestimmen. 2.. vielfach umgearb. Aufl. (XLII, 891 S. m. Fig.) kl. 8. Berlin 908. Friedberg & Mode.** Geb. in Leinw. 2. 80

—— Die Vögel Europa's. Bilder aus dem Vogelleben unseres Erdtheiles. Nach Skizzen v. Paul Röper bearb. Mit 204 Holzschn. u. 26 kolor. Taf. 2. kolor. Aufl. Lex.-8. (VIII, 621 S.) Berl. 889, Ebhardt u. Comp. geb. * 10 —

—— **unsere Vögel. Bilder aus dem Vogelleben Norddeutschlands und seiner Nachbarländer. Nach Skizzen von Paul M. Röper bearb. Kolor. Ausg. (In 26 Lfgn.) Lex.8. (621 S. mit 204 Orig.-Holzschn.-Illustr. von Rösener, Schwann, Tieffenbach u. A. und mit 26 Taf. nach Aquarellen von Tieffenbach.) Berlin 885, Ebhardt.** à Lfg. * 60 Pf. *

Lackschewitz, Paul, Untersuchungen üb. die Zusammensetzung des Blutes hungernder u. durstender Thiere. Diss. gr. 8. (74 S.) Jurjew (Dorpat) 893. (E. J. Karow.) n. 1. 40

Lackschewitz, Thdr., üb. die Wasseraufnahmefähigkeit der rothen Blutkörperchen, nebst einigen Analysen pathologischen Blutes. Diss. gr. 8. (43 S.) Jurjew (Dorpat) 892. (E. J. Karow.) n. 1. 20

Lackschrift, die. Illustrierte Anleitg. zur Erlerng. der Lackschrift für Schaufensterplakate u. -Preiskarten. 4. Aufl. 6.—9. Taus. (63 S. m. 5 Musterbog.) gr. 8. Berlin 906. L. Schottlaender & Co. Mit liniierten Probebogen u. Pinsel n. 3. 50

Lackschriftvorlagen, moderne. (8 Bl.) 32×24 cm. Berlin (905). L. Schottlaender & Co. 1. —

LA-CLOS, Pierre Ambroise François Choderlos de (1741—1803), Die gefährlichen Bekantschaften (sic!), oder: Briefe gesammelt in Einer Geselschaft (sic!) und zur Belehrung einiger anderen bekant (!) gemacht. Aus d. Französ. übersezt (sic!) von B—n. (E. F. v. Bonin). 4 Thle. Mit Churfl. Sächß. Privilegio. Mit 1 TKpf. Leipzig, bei Friedr. Gotth. Jacobäer u. Sohn, 1783. 8°. (12 Mk. Fr. Waldau, Fürstenwalde, 1892.)

Vollständige Übers. der berüchtigten „liaisons dangereuses". 1: VI, XIV—200 S. 2: S. 201—407. 3: 192 S. 4: S. 193—406, nebst 1 Bl. Druckf. — Selten u. gesucht! Cfr. Zeitg. f. d. eleg. Welt 1804. No. 62. S. 496. — Bibl. Bülov. II. 4. p. 142.

— — Dasselbe. 4 Thle. Ibid. 1793. 8°. (In Breslau, Kgl. u. Univ.-Bibl.)

Laclos, Choderlos de, gefährliche Freundschaften, s.a. Bibliothek, galante.

Laclos, Choderlos de, gefährliche Freundschaften, s.a. Liebhaber-Bibliothek, kulturhistorische, Bd. 22. 23.

— — Dasselbe, tit.: Gefährliche Freundschaften. Uebers. u. eingeleitet von Heinrich Mann. 2 Bde. (Kulturhistor. Liebhaber-Bibl., Bd. 2—3.) Berlin (c. 1903). 8°. (Br. Mk. 6—, gebd. Mk. 8—, in Leder Mk. 10—.)

Publication der Gesellschaft oesterr. Bibliophilen.

Laclos, Choderlos de, Liaisons dangereuses, s.a. Ars amandi.

Liaisons dangereuses von [Pierre-Ambroise-François] **Choderlos de Laclos**. Hrsg. von Richard Nordhausen. Zeichn. von Franz Stassen u. Hans Mützel. *Berlin: Fischer & Franke [1900].* (342 S.) 8°

— **Nordhausen**: Ars amandi. 2. (oo. 9996

– Gefährliche Liebschaften.

— — Dasselbe. Uebersetzt von Richard Nordhausen. Mit reizenden Vignetten. Berlin, o. J. (1898). 16°. Eleg. Ausstattung. (Mk. 7,50.) (5 Mk. Taussig, 1904.)

Bildet auch Bd. II der „Ars Amandi" (s. d.). Zehn Bücher der Liebe. Hrsg. von R. Nordhausen.

— — *Delaclos*, Choderlos, Gefährliche Liebschaften (Liaisons dangereuses) . . . . Uebersetzt von Marion Lorm (d. i. Frau Dr. V. Adler). 2 Thle. Berlin 1899. Gr. 8°. Modern illustr. Umschl. (Mk. 3—.) (4 Mk. Scheible, c. 1905; 3 Kr. 60 H., Bernh. Stern, Wien, 1901.)

Ungekürzte Uebersetzung des renommirten Romans. 224 u. 220 S.

— **Gefährliche Liebschaften. Mit Kpfrn. v. Gérard, Fragonard u. Monnet. (Die Übersetzg. besorgte Frz. Blei.) 2 Bde. (344 u. 312 S.) 8. München 909. H. v. Weber. In Pappbd. 20.—; Luxusausg. 50. —**

— — Dasselbe, tit.: Schlimme Liebschaften. Briefe aus einer Gesellschaft gesammelt und zu anderer Belehrung herausgegeben. Mit Reproduktionen nach 4 alten Stichen der Pariser Ausgabe von 1782. Deutsche Übertragung von M. Blei. Einmalige numerierte Auflage von 1000 Exemplaren auf reinem Hadernpapier in Taschenformat. Leipzig, Insel-verlag, 1905. 12°.

— — Dasselbe (freie Bearbeitung), tit.: *Marie von Steigentesch, Aug.* Frhr. v. (1774—1826), 2 Thle. Berlin 1811. 8°.

F. X. Wildmoser's Lhbiblcat. München 1824. p. 351. no. 7794—95.

— — — — Dasselbe. 2 Thle. Mit 2 Kpfrn. Giessen, bey Geo. Frdr. Heyer. 1812. *Am Ende:* Druck . . . . von C. L. Brede in Offenbach. 12°. 240 u. 208 S. (4 Mk. Baer & Co.)

— — — — Dasselbe, in: Gesammelte Schriften. Ausgabe letzter Hand. Darmstadt, Heyer, 1819. 8°. Th. IV, Abthl. 1.

— — — — Dasselbe, in: Erzählungen. Ebd. 1823. 8°. Nr. 3.

Goedeke V, 296, 14. 17. 18.

— — — — Dasselbe. Neue Aufl. 2 Thle. Mit 2 Kpfrn. Ebd. 1823. Kl. 8°. (5 Mk. Lehmann & Lutz, Frankf. a. M., 1884.)

Französ. Orig.: Les Liaisons dangereuses, ou Lettres recueillies dans une société, & publiées pour l'instruction de quelques autres, par *M. C . . . . de L . . . . (Choderlos de Laclos).* 4 pts. Amsterdam et se trouve à Paris, chez Durand neveu, 1782. 12°. (1ère éd. du célèbre roman.) (In Marburg, Univbibl.: XVI. C. 791 b, 2 vols.) (4 Rthlr. Scheible, vor 1875; 7 Mk. 50 Pfg. Paul Lehmann, Berlin, vor 1900; 9 Mk. A. Bielefeld, 1890; 10 Mk. Rich. Bertling, 1907.) — Le même. 4 pts. Amsterdam 1788. 8° (12 Mk. 50 Pfg., peu taché, Edm. Meyer, Berlin, 1907). — Amsterdam 1794. 12°. (22 Mk. L. Rosenthal, c. 1888; 8 Mk. 50 Pfg. Max Harrwitz, 1891.)

* — — Dasselbe, titulo: Der gefährliche Umgang. Eine Geschichte in einer Reihe von Briefen .... Nach d. Französ. frey bearb. (von P.) und mit einer Nachschrift begleitet. 2 Thle. Frankfurt a. O., Academ. Buchhandlung, 1798 bis 99. 8°. 450 u. 546 S. (In Berlin: Xy 5902.)

Lacmann, Wilh., Ritte u. Rasttage in Südbrasilien. Reisebilder u. Studien aus dem Leben der deutschen Siedelgn. (248 S. m. 12 Taf.) Lex.-8. Berlin 906. D. Reimer. Geb. in Leinw. n. 6.—

La Colonie, Jean de

de La Colonie. Mémoires de M. de La Colonie, mar. de camp des armées de l'électeur de Bavière, où l'on voit tous les événements de la guerre dep. la paix de Riswich jusqu'à la dernière paix générale. 2 v. 12. Francfort 1730.

de La Colonie, Jean M. Mémoires contenant les événements de guerre depuis le siége de Namur, en 1692, jusqu'à la bataille de Bellegarde, en 1717. 2 v. 12. Bruxelles 1737 — 3 v. 12. Utrecht 1738. — 2 v. 12. Francfort (Bordeaux) 1750.

Lacombe, de

— vergl. de Combe.

de Lacombe, A., nouv. Grammaire, s. *Seebas.*

Lacombe, Franz., der beliebte pariser Parfumeur. Neue bisher unbekannte Geheimrecepte zu den vorzüglichsten wohlriechenden Pommaden, Parfumes, Schönheitswässern ꝛc. Ein unberechenbarer Schatz für Parfumeure, Destillateure, Friseure ꝛc. Durch 30jährige eigene Fabrikation erprobt. 16. (64 S.) Wien 855(56,) (Wenedikt.)

La Combe, François Guillaume: De litteris cambialibus. 14 S. – Basel, Jur.Diss.v. 3. April 1770.

Lacombe, Jacques

— Auszug aus d. Gesch. d. Russisch. Staatsveränderungen. 8. Leipz. 761. Junius. 8 K

Lacombe de Prezel, Leben d. Königin von Schweden, Christine. Aus d. Französ. (v. Jh. Gf. Gellius.) 8. Leipz. 762. Weidmann. 8 K

La Combe, Jacques. Geschichte der Königin Christine von Schweden; a. d. Franz. Leipzig 1763. Ü: *Gellius, Johann Gottfried.* (ML) »1762« (Ky)

Lacombe, J. Geschichte der Staatsveränderungen des russischen Reiches ... Halle 1761—64. Ü: *Kästner, Imman. M.* (BrMm)

Lacombe de Prezel, Geschichte der Staatsveränderungen d. russischen Reichs, mit Verbesserr., Zusätzen u. Anmerkk. v. Jh. Fr. Joachim. 3 Thle. Mit 3 Kpf. gr. 8. Halle 761—64. (Berl., Laue). 2 ℳ

Lacomblé, E.-E.-B., Histoire de la littérature française. 2. éd. (VIII, 107 S.) gr. 8. Leipzig 908. B. G. Teubner. Geb. n. 1. 80

Lacomblé, E.-E.-B., Histoire de la littérature française. 3. éd. (VIII, 123 S.) 8. Leipzig 907. B. G. Teubner. Geb. 1. 80

Lacomblet, Theodor Josef

Lacomblet's Archiv für die Geschichte des Niederrheins, s. Archiv.

Lacomblet, Theod. Jos., Archiv f. d. Geschichte d. Niederrheins. 1. Abthl.: Sprach- u. Rechtsalterthümer. 1. Bd. 1. u. 2. Hft. gr. 8. (14 u. 15¼ B.) Düsseldorf 831, 32. (Elberfeld, Schönian.) à Hft.

Lacomblet's, Theod. Jos., Archiv für die Geschichte des Niederrheins. Fortgesetzt von Woldem. Harleß. Der neuen Folge 1. Bandes 1. Heft. (Der ganzen Reihe 6. Bdes. 1. Heft.) gr. 8. (V und 235 S. mit Lacomblet's Portr. in Holzschn.) Cöln 867, Herberle. Subscr.-Pr. * Ladenpr. *

Vgl.: Archiv für die Geschichte des Niederrheins. — Die ersten 5 Bde. (1831—66) sind in denselben Verlag übergegangen und der Preis (* 9 Thlr.) auf * 4 Thlr. herabgesetzt. Einzelne Bde. à * 1 Thlr.; einzelne Hefte à * 15 Ngr.

Lacomblet's, Thdr. Jos., Archiv für die Geschichte des Niederrheins. Fortgesetzt von Woldem. Harleß. Der neuen Folge 1. Bds. 2. Heft. [Der ganzen Reihe 6. Bds. 2. Heft.] gr. 8. (IV, S. 237—494.) Cöln 869, Heberle. Subscr.-Pr. * Ladenpr. *

1. Bd. 1. Heft. Ebendas. Subscr.-Pr. * ℳ 2,50.; Ladenpr. * ℳ 3,60. — Vgl.: XIV. Bd. 2. Abthl. S. 2.

Lacomblet, Theod. Jos., Urkundenbuch für die Geschichte des Niederrheins, s. Urkundenbuch.

Lacomblet, Jos., Urkundenbuch f. d. Geschichte d. Niederrheins od. d. Erzstifts Cöln, d. Fürstenthümer Jülich u. Berg, Geldern, Meurs, Cleve u. Mark, u. d. Reichsstifte Elten, Essen u. Werden. A. d. Quellen in d. k. Provinzial-Archiv zu Düsseldorf u. in d. Kirchen- u. Stadt-Archiven d. Provinz, vollständig u. erläut., m. 23 Registern u. Siegel-Abbildn. hrsg. I. Bd. (2 Abthln.) von d. J. 779—1200 einschliesslich. gr. 4. (56½ B. u. 2 Stnt.) Düsseldorf 840. (Elberfeld, Schönian'sche Buchh.) *

Lacomblet, Th. Jos., Urkundenbuch f. die Geschichte des Niederrheins od. des Erzstifts Cöln, d. Fürstenthümer Jülich u. Berg, Geldern, Meurs, Cleve u. Mark, u. d. Reichsstifte Elten, Essen u. Werden. Aus d. Quellen in d. kgl. Provinz.-Archiv zu Düsseldorf u. in d. Kirchen- u. Stadt-Archiven d. Provinz, vollständ. u. erläut. m. 18 Regist. u. Siegel-Abb. hrsg. II. Bd. (in 2 Abthl.) v. d. Jahre 1201 bis 1300 einschliessl. gr. 4. (87½ B. u. Kpfrst.) Elberfeld 846. Schönianssche Buchh. **

1. Bd. Ebendas. 1840. ** 5 Thlr. Beide Bände nur ** 10 Thlr.

La Condamine, (Charles Marie) de: Nachricht von dem Fieberrindenbaum. Aus dem Franz. 50 S. (S.131 - 180), gbd., Abb.

Nürnberg: Seeligmann 1760
(Sammlung verschiedener die Fieberrinde betreffender Abhandlungen und Nachrichten... Th.1)

JB 1.537/1

La Condamine, Charles Marie de: Reisen, Neue, nach Guiana etc., s. Barrere, Pierre

Lacordaire, Heinr. Domin., Briefe an einen Jüngling über das christliche Leben. Mit Genehmigung des Verf. aus dem Französ. übers. Regensburg 861. Manz. 8. (163 S.) 15 ngr.

Lacordaire, ausgewählte Gedanken. Aus seinen Werken gesammelt u. unter der Leitg. d. B. Chocarne hrsg. Nach dem Franz. übers. v. Emma Zulehner Edle v. Rheinwart. 2 Bde. 16. (368 u. 397 S.) Brünn 885. 86. Päpstl. Buchdruckerei der Benediktiner v. Raigern. n. 2. 20

Lacordaire, die enthüllten Geheimnisse des Magnetismus, s. Bibliothek geheimer Wissenschaften.

Lacordaire, Heinr., Kanzelvorträge in der Liebfrauen-Kirche zu Paris vom 1. Decbr. 1844 bis z. 19. Jan. 1845 gehalten. Nebst biograph. Mittheilungen üb. Lacordaire v. A. Du Bois u. A. Bonnetty. Deutsch u. m. Anmerkgn. v. W. Smets. 12. (8⅚ B.) Neuß 845, Schwann.

—— Kanzelvorträge in d. Liebfrauen-Kirche zu Paris v. 30. Nov. 1845 bis z. 18. Jan. 1846 gehalt. Ins Deutsche übers. von Wilh. Smets. gr. 8. (10½ B.) Neuß 846, Schwann.

—— Kanzelvorträge, in der Notre-Dame-Kirche zu Paris geh. in den Jahren 1835, 1836 u. 1843. Aus d. Franz. übers. v. Frz. Jos. Schröteler. Nebst e. Abhandlung: Lacordaire u. sein Wirken zur Wiederbelebung der kathol. Religion in Frankreich. 1. Bd. gr. 8. (29½ B. u. L's. Portr.) Neuß 846, 47, Schwann.

—— Kanzelvorträge in der Notre-Dame-Kirche zu Paris. 2. Bd. 1. und 2. Lfg. (Gehalten vom 1. Dezbr. 1844 bis zum 19. Jan. 1845.) Deutsch und mit Anmerkungen von W. Smets. 2. Aufl. gr. 8. (VII und 160 S.) Neuß 847, (Schwann-sche Vrlgsh.

—— dass. — 2. Bd. 3. Lfg. (Gehalten im J. 1846.) Aus dem Französ. übers. und mit einleitenden Inhaltsanzeigen versehen von Frz. Jos. Schröteler. gr. 8. (233 S.) Ebds. 848.

—— dass. — (3. Bd. 1. Lfg.) Gehalten im J. 1848. Aus dem Französ. übers. und mit einleitenden Inhaltsanzeigen versehen von Frz. Jos. Schröteler. gr. 8. (VII und 216 S.) Ebds. 850.
1. Bd. Ebendas. 1846—47. 1 Thlr. 7½ Ngr.

—— die Kanzelvorträge in d. Notre-Dame-Kirche zu Paris, geh. in den Jahren 1835, 1836, 1843 u. 1844. A. d. Franz. übers v. Jos. Lutz. Nebst e. Abhandlg.: Lacordaire u. seine Stellung z. Staat u. Kirche in Frankreich. 1. Bd. gr. 8. (35¼ B.) Tübingen 846, Laupp'sche Buchh.

— die Kanzelvorträge in der Notre-Dame-Kirche zu Paris. Aus d. Franz. übers. v. Jos. Lutz. 2. Bd. (Vorträge v. 1845 u. 1846.) Nebst einer Abhandlung: Lacordaire u. seine Stellung zu den socialen u. philos. Bestrebungen in Frankreich. gr 8. (LXII u. 424 S.) Tübingen 847, Laupp. 1⅔ Thlr. — Aus d. Franz. übers. von Jos. Lutz u. J. A. Hitzfelder. 3. Bd. Vorträge von 1848—1850. 3 Lfgn. gr 8. (XXVI u. 570 S.) Ebd. 849. 50. (1. Lfg. 22 Ngr. 2. Lfg. ⅔ Thlr. 3. Lfg. ½ Thlr.) 1 Thlr. 27 Ngr. — Aus d. Franz. übers. v. J. A. Hitzfelder. 4. Bd. Vorträge von 1851 gr. 8. (VI u. 240 S.) Ebd. 852 24 Ngr. (1—4: 6 Thlr. 6 Ngr.)

Lacordaire, Heinr. Domin., Conferenzen in der St. Paulskirche zu Lüttich. Gehalten in den Monaten Febr., März und April d. J. 1847. In's Deutsche übertr. von Hilmar Heinr. Beißel. gr. 8. (115 S.) Aachen 847, J. und W. Boisserée. -

Lacordaire, Hnr. Dominicus, Leben des heil. Dominicus. Aus dem Französ. gr. 8. Landshut 841, v. Vogel'sche Verlagsbuchh. 1⅛ Thlr.

Lacordaire, Heinr. Dominicus, Leben d. heiligen Dominicus. Aus dem Franz. vom Orden der Prediger-Brüder. 2. sorgfältig rev. Aufl. 8. (XIX, 332 S. m. e. Stahlst.) Regensburg 871. Pustet. 2. 25

Lacordaire, Heinr. Dominikus, Leben d. heiligen Dominikus. Aus dem Franz. (Neudruck.) 8. (XVIII, 332 S.) Regensburg 892. F. Pustet. 2. 20

— Leichenrede auf Daniel O'Connell gehalten in Paris am 10. Febr. 1848. Aus d. Franz. übers. v. Wolfg. Reithmeier. gr. 8. (26 S.) München 848, Kaiser. 3 Ngr.

—— Leichenrede O'Connell's gehalten am 10. Febr. 1848 zu Paris. 8. (26 S.) Wiesbaden 848, Schellenberg'sche Hofbuchh. *

Lacordaire, Heinr. Domin., die heilige Maria Magdalena. Nach der 2. Aufl. aus dem Französ. übers. 8. (180 S.) Regensburg 861, Manz. Thlr. ·

Lacordaire, Heinr. Domin., die heilige Maria Magdalena. Autoris. Uebersetzung nach der 2. Aufl. des Orig. Nebst einer Biographie des Verf. 16. (XI und 221 S.) Trier 862, Braun's Verlag.

—— und Ventura, über O'Connell und Pius IX. ꝛc., s. Ventura.

—— die geistl. Orden u. uns. Zeit; insbesond. üb. d. Wiederherstellung d. Prediger-Ordens in Frankreich. A. d. Französ. gr. 8. (8 B.) Augsburg 839, Kollmann'sche Buchh.

— Predigten u. Lehrvorträge. Uebers. aus dem Franz. von Olga Gräfin v. Dürckheim-Montmartin. 8. (III, 93 S.) Augsburg 898. Kranzfelder. n. 1. 20

—— der heil. Stuhl. Eine zeitgemäße, histor.-philosoph. Betrachtung. A. d. Franz. Mit e. Vorw. v. Guido Görres. gr. 8. (5½ B.) Regensburg 838, Manz.

Lacordaire's, Pater, Testament. Eine Selbstbiographie hrsg. von dem Grafen von Montalembert. Aus dem Französ. übers. von Magnus Johann. 8. (XI, 120 S.) Freiburg i. Br. 872, Herder'sche Verlagsh.
Vgl. Bleibtreu, M.

— Trauerrede auf den General Drouot, Statthalter der Insel Elba ꝛc. gehalten zu Nancy 1847. Aus d. Franz. v. L. J. Aldenhoff. 12. (46 S.) Aachen 848, Hensen & Co. 3 Ngr.

— Zywot Swiętego Dominika. gr. 12. Berlin 841, Behr. n. 1⅛ Thlr.

La Coste, s.a. Coste

La Coste (Hrsg.), s. Abendblatt für allerlei Leser.

de Lacoste, ..., Beantwortung der Fr.: ob d. Lektüre d. Ritterromane mehr Schaden als Nutzen nach sich ziehe. 8. Wittenb. 791. Kühne. 3 gr.

— s. Expériences.

— J. Loke, Gedanken über d. Erziehung d. Kinder.

de Lacoste jun., (Chirurgien,) Observations pratiques sur les Maladies vénériennes, 8. Berl. 761. Haude et Sp. 8 gr.

— Traite de la Vérole et de toutes les Maladies vénériennes, où l'on publie les moyens de guérir tous ceux qui en sont attaqués. 8. Berl. 769. Rottmann. 16 gr.

— neuer Versuch über d. Erziehung, für Eltern, Lehrer ꝛc. 8. Prag 784. Schönfeld. 12 gr.

Lacoste, C., Alexis, histor. Abhandl. über d. 1804 herrschende Fieber in Livorno, nebst Palloni's (Gaetano) medicin. Beobachtt ꝛc. 8. Leipz., Breitkopf u. H. 12 gr.

La Coste, Fr.

— Anleit. zum schiedsrichterlichen Processe in d. deutschen Provinzen Rußlands. 8. Riga 814.

— s. Durand's Nachr.

— Gedichte. 1r Bd. 8. Riga 817.

— die Taufe u. die Todtenfeier. Zwei poet. Versuche. 8. Mitau 814. (Riga, Meinshausen). 8 ggr

Lacoste, Fr., († d. 5. Sept. 1823.) neues deutsch-französ. Wörterbuch. Ein Hülfsmittel zur bequemen Anwendung d. neuern französischen Wörter u. Redensarten. Nach Dr. Leon. Snetlage's Nouv. Dict. français etc. Mit Abkürzungen, Zusätzen u. e. französ. Register. gr. 8. Leipz. 796. Voß. 18 ggr

Lacoste, J., s.: Meisterwerke der spanischen Baukunst.

de Lacoudraye, die ungewöhnl. Bauart des Schiffes: Svar til alt, 500 französ. Lasten trächtig; gebauet zu Kopenhagen 1789 u. 1799. Mit 1 Kpf. Aus d. Dän. v. H. J. Krebs. gr. 8. Kopenhag. 801. Schubothe. 5 ggr

— Fischer et Rafn, der Nutzen d. verschied. Mehlsorten aus d. Fabrike in Ottensen bei Altona, zum Gebrauch auf langen Seereisen, u. besonders zur Rumfordischen Suppe, durch Versuche bewiesen, übers. v. J. A. Markussen. 8. Kopenh. 800. Schubothe. 6 ggr

Lacour, Eduard, Richard Leidwesen. Tragikomischer Roman. (448 S.) 8. Dresden 906. E. Pierson. n. 5. —; geb. n. 6. —

Lacour, Felix, a. Kempen (Rhein): Beiträge zur Kenntnis des Hämatins. Über Nebenprodukte b. d. Oxydation d. Hämatins, d. Methyl- u. Äthylester d. Hämatinsäuren, sowie deren intramolekularen Kondensation. Würzburg 1907: C. J. Becker. (VII, 107 S.) 8°

Tübingen, Naturw. Fak., Ref. v. Hüfner, Diss. v. 26. Juni 1907

[Geb. 20. Juni 78 Bochum; Wohnort: Tübingen; Staatsangeh.: Preußen; Vorbildung: Gymn. Kempen Obersekunda, Pharmaz. Staatsprüfung; Studium: München 4, Tübingen 1, Tierärztl. Hochsch. Stuttgart 5 S.; Coll. 26. Juni 07.]

Webebuch fürs Haus. Leitfaden f. prakt. Handweberei. Mit Zeichn. u. Webemustern. Nach d. dänischen Ausgabe von Jenny la Cour u. Johanne Siegumfeldt von J. S. C. *(Striegau: R. Urban [1903].)* (40 S.) 8° [F.] [03. 18800]

La Cour, Jens Lassen

La Cour, J. L., der Kaskadenumformer, s.: Arnold, E.

— die Kommutation bei Gleichstrom- u. Wechselstrom-Kommutatormaschinen, s.: Arnold, E.

la Cour, Jens Lassen: Leerlauf- und Kurzschlußversuch in Theorie und Praxis. 1904. IV, 95 S. 8° ¶ Vollst. bei Vieweg in Braunschweig.
Karlsruhe Te. H., Hab.-Schr. v. 25. 3. 1904

— Leerlauf- u. Kurzschluss-Versuch in Theorie u. Praxis. (VIII, 127 S. m. 72 Abbildgn.) gr. 8. Braunschweig 904. F. Vieweg & Sohn. n. 3. 50

— u. O. S. Bragstad, Theorie der Wechselströme, s. a. Wechselstromtechnik, die.

Theorie der Wechselströme. Von J. L. la Cour u. O. S. Bragstad. Prof. Mit 591 Fig. 2. vollst. umgearb. Aufl. Berlin: Springer 1910. XIII, 922 S. 8°
(Die Wechselstromtechnik. Bd 1.) [10. 16-70]

La Cour, J. L., Theorie der Wechselströme u. Transformatoren, s. a. Wechselstromtechnik, die.

Theorie der Wechselströme und Transformatoren. Von J. L. la Cour. Ing. zu Karlsruhe. Mit 263 Fig. *Berlin: J. Springer 1902.* (XI, 425 S.) 8°
= Wechselstromtechnik, Die. Bd 1. [02. 3157]

— die Transformatoren, s.: Arnold, E.

La Cour, J. L., die Transformatoren, s.: Wechselstromtechnik, die. (Arnold, E.)

— die synchronen Wechselstrommaschinen, s.: Arnold, E.

— Die asynchronen Wechselstrommaschinen, s.: Wechselstromtechnik, die. (Arnold, E.)

La Cour, Paul

— u. Jak. Appel, die Physik auf Grund ihrer geschichtl. Entwickelung, f. weitere Kreise in Wort u. Bild dargestellt. Autoris. Uebersetzung von G. Siebert. 2 Tle. in 1 Bde. Mit 799 in den Text eingedr. Abbildgn. u. 6 Taf. (XII, 496 u. VIII, 491 S.) gr. 8. Braunschweig 905. F. Vieweg & Sohn. n. 15. —; geb. in Leinw. n.n. 16. 50
Erschien auch in 15 Lfgn. à n. 1. —.

La Cour, Paul, das phonische Rad, seine Theorie u. seine Anwendungen in der Wissenschaft, Technik u. Telegraphie. Aus dem Französischen übers. von Jos. Kareis. Mit 16 Holzschn. im Text. gr. 8. (VIII, 63 S.) Leipzig 880. Quandt & Händel. n. 2. —

La Cour, Paul, die Windkraft u. ihre Anwendung zum Antrieb v. Elektrizitäts-Werken. Aus dem dän. Original: „Die Versuchsmühle" übers. v. Johs. Kaufmann. Vom Verf. genehmigte Ausgabe. (III, 87 S. m. 14 Abb.) Lex.-8. Leipzig 905. M. Heinsius Nachf. n. 2. 40

Lacourner, Considérations sur l'opération de la cataracte, et parallèle entre le procédé de Scarpa et celui de Wenzel. 8. Strasb. Levrault. 803. — 15

La Court, s.: Anmuthigkeiten.

Lacretelle, Jean Charles Dominique de

Lacretelle, d. jüng., Geschichte von Frankreich während d. 18ten Jahrh. a. dem Französ. 1r u. 2r Thl. 8. Berlin, Sander. 810. 2 12
Schrbp. 2 18

Lacretelle, Jean Charles Dominique de. Geschichte von Frankreich während der Religionskriege; a. d. Franz. Berlin 1810. Ü: *Sander, Joh. Dav.* (Ky)

Lacretelle, Karl, Geschichte von Frankreich während d. Religionskriege; aus d. Französ. (v. J. D. Sander). 1r u. 2r Thl. 8. Berl. 810. Sander. 2 Rthlr 12 ggr Schrbp. 2 Rthlr 18 ggr

Lacretelle, Karl, Geschichte von Frankreich während der Religionskriege. Aus d. Franz. übers. mit e. Vorrede u. Anmerkk. von J. G. C. Kiesewetter. 2 Bde. gr. 8. (Leipzig 815. Fr. Fleischer.) 2 2/3 Rthlr

Lacretelle, C., Geschichte v. Frankreich währ. d. Relig. Kriege, aus d. Franz. übers. mit e. Vorrede u. Anmerk. begleitet, v. J. G. C. Kiesewetter. 2 Thle. gr. 8. Leipz. Kochly. 815.

— Histoire de France, depuis la restauration. III Tom. gr. in 12. Stuttgart 831 u. 32. (Hoffmann). 2 Rthlr 12 ggr

Lacretelle, Charl., Histoire de France, depuis la Restauration. III Ti. gr. in-12. (60½ B.) Stuttgart 831, 32, [Scheible.] 2 Thlr. 12 Gr., hrbgs. Pr.

— Histoire de France; depuis la restauration. 3 Vol. 8. Stuttgart 832. jetzt Gaul u. Tonger in Cöln. 1 2/3 Rthlr — dass. in 16. jetzt Ebd.

Lacretelle, Ch., Histoire de France pendant le dix-huitième siècle. 3 éd. 3 Vol. 8. Bruxelles, 819.

— div. Oeuvres. III Vol. 8. ibid. 802. 5 —
Velin Pap. 10 —

Lacretelle, Précis historique de la Convention nationale de France, av. fig. II Vol. 18. Strasb. Treuttel et W. 810. 4 —
Schreibp. 6 —

— Précis historiq. du Directoire exécutif de France etc. II Vol. av. fig. gr. 18. ibid. 4 —
Velin Pap. 6 —

— Précis historiq. de la Révolution franç. av. grav. 8. ibidem. 806. 1 8
Velin Pap. 2 —

— — Précis historique de la révolution franç. Assemblée législative. 5 Edit. 18. Strasb. et Paris, Treuttel et W. 1819.
Velinpap.

Lacrimae Thorunienses; it. das bethränte Thorn . . . O. O. 1725. V: *Hollmann, Samuel Christian.* (ML)

Lacrimas. Schauspiel . . . Berlin 1802. V: *Schütz, Christian Wilhelm von.* (EE) (Ky) (GGr) »1803« (MGT) (Cat. d. Stadtbibl. Zürich. Zürich 1864—97.)

Lacrimas. Schsp. herausgeg. v. A. W. Schlegel. gr. 8. Berlin, Realschulbchhdl. 802. Rthlr.
Holländ. Pap.
Velinpap.

Lacrimas; Schspl. (v. W. v. Schütz); herausg. von A. W. v. Schlegel. gr. 8. Berl. 802. Reimer. 16 gr.

Lacroix, s. a. Croix, la,

Lacroix, de, s. a. Delacroix.

Lacroix, ..., Connubia florum latino carmine demonstrata; notas et observat. adj. S. Clayton, c. tab. aen. 8maj. Strassb. 791. König. (Barth in Leipz.) 1 Rthlr 6 gr

de Lacroix, Arzt, Prof. Dr., Handbuch für die an Hämorrhoiden Leidenden. Nach der 8n sehr verm. Orig.-Ausg. aus d. Franz. bearb. 8. Leipzig u. Cassel 838. Krieger'sche Buch. (Fischer.) 2/3 Rthlr — 2e Aufl. 8. Ebd. 839. 2/3 Rthlr

La Croix, die Kräuterkur, ein einfaches, naturgemäßes, untrügliches Heilverfahren, bei allen chronischen Krankheiten und Indispositionen des menschlichen Körpers. Bewährt durch tausende von überraschenden Heilerfolgen, bei ihrer Anwendung in der berühmten Anstalt des königlich hannoverschen Heildirectors Frdr. Lampe zu Goslar. Nunmehr zu allen Jahreszeiten u. an allen Orten ermöglicht. Mit Autorisation des Verf. aus dem Engl. übers. Altona 860. Lehmkuhl & Co. in Comm. 16. (XI, 196 S.) 7½ ngr

Lacroix, die Schlaflosigkeit, ihre Ursachen u. ihre Beseitigung oder die Kunst sich ohne betäubende Mittel ruhigen u. erquickenden Schlaf zu verschaffen. Nach dem Französ. 1. u. 2. umgearb. u. verb. Aufl. Leipzig 865. Poenicke's Schulbuchh. 16. (32 S.) 6 ngr

de Lacroix, A., neuerfundene Aufbewahrungsart d. Getreides ohne Silos, s. E. Lelnarr, die Kunst etc.

de Lacroix, Aug., Geschichte von Abd-el-Kaders polit. u. Privatleben. Nach Mittheilungen von R. Manucci, der 2 Jahre in Abd-el-Kaders Zelte gelebt hat. Aus d. Französ. Mit Abd-el-Kaders Portr. u. Facsimile. gr. 8. Grünberg 846, Weiß. 1 Rthlr

— die Kammerjungfer, s. Franzosen, die, der neuesten Zeit.

v. Lacroix, Aug., die Wirthin der Table d'Hôte, s. Franzosen, die, der neuesten Zeit.

Lacroix, Claude: Theologia moralis antehac ex probatis auctoribus breviter concinnata a R. P. Herman. Busenbaum Societatis Jesu, SS. Theologiae Licenciato; Nunc pluribus partibus aucta a R. P. Claudio la Croix ejusdem Societ. Jesu, SS. Theologiae in Universitate Coloniensi Doctore et Professore publico.
Tomulus I. Coliniae Agrippinae 1707. 516, 223 S. 8°
Tomulus II. Ibid. 1707. 631 S. 8°
Tomulus III. Ibid. 1707. 848 p. 8°
Tomulus IV. Ibid. 1707. 844 p. 8°
Tomulus V. Ibid. 1709. 298, 449 S. 8°
Tomulus VI. Ibid. 1712. 880 S. 8°
Tomulus VII. Ibid. 1712. S. 881–1510. 8°
Tomulus VIII et ultimus. Ibid. 1714. 983 S. 8°

— — Editio altera correctior. Ibid. 1710–1714. 8 vol. 8°

— — Editio altera. Tom. V, VI, VII. 1713. Tome VIII. 1715. – Editio altera correctior. Tom. I, III, IV. 1716. – Editio tertia. Tom. II, III. 1717. – Editio tertia correctior. Tom. III, 1724.

— — Opus in duos tomos distributum, ab aliqupt millenis erroribus qui in Editionem Venetam irrepserant, summa cura expurgatum, cum Indice gemino. Coloniae 1719. 2 vol. 750; 859 S. 2°

— — Coloniae 1729. 2 vol. 750; 676, 183 S. 2°

— — Coloniae Agrippinae 1733. – 8 vol. in 8°

— — Editio novissima. Coloniae 1739. 2 vol. 750; 676, 183 S. 2°

— — Coloniae 1748. – 2 vol. LXXVIII, 729; 752, 152 S. 2°

— — Coloniae 1757. – 2 vol. LXXVIII, 720; 752, 152, 291 S. 2°

Lacroix, Desiré, die Marschälle Napoleons I. Uebertr. u. bearb. von Osk. Marschall v. Bieberstein. M. d. Porträts d. Marschälle Berthier, Murat, Moncey etc. (Prachtausg.) Lex.-8. (IV, 229 S.) Leipzig 898. H. Schmidt & C. Günther. n. 9. —; geb. n. 13. —;
Volksausg. gr. 8. n. 6. —; geb. n. 10. —

— dasselbe, s. a. Faber du Faur, G. de, Napoleons Feldzug in Russland.

Lacroix, E., Album poétique. Recueil de poésies françaises des auteurs modernes, suivi de quelques notices biographiques. 853. — Nouvelle édit. Dessau 854. (Leipzig, Haynel.) 8. (XX, 399 S.) 1 Rthlr. 15 ngr

Lacroix, E., Album poétique. Recueil de poésies françaises des auteurs modernes, suivi de quelques notices biographiques. I. Édit. 1853. et nouvelle Édition. 8. (XX und 399 S.) Leipzig 855, Haynel.

Lacroix, E., Album poétique. Recueil de poésies françaises des auteurs modernes, suivi de quelques notices biographiques. 3. édit. Leipzig 860. Haynel. (Purfürst.) 8. (XVIII, 388 S.) 1 Rthlr 15 ngr

Lacroix, E., Album poétique. Recueil de poésies françaises des auteurs modernes suivi de quelques notices biographiques. 4. édit. Leipzig 870. Haynel. 8. (XVIII, 389 S.) 1 ß 10 ngr.; in engl. Einb. 1 ß 15 ngr.

Lacroix, E., Album poétique. Recueil de poésies françaises de auteurs modernes, suivi de quelques notices biographiques. 5. éd. 8. (XVIII, 389 S.) Leipzig 872. Haynel. geb. 4. 50

Lacroix E. études sur l'exposition de 1878. 9 Bde Paris

Lacroix, F. de, Geschäfts-Korrespondenz (Briefsteller) f. Gasthaus-Gewerbetreibende, s.: Blüher's Sammel-Ausgabe v. Gasthaus-Werken.

Lacroix, F. de, Geschäfts- u. Privat-Korrespondenz f. Gasthaus-Gewerbetreibende. Ein Musterbuch zur Abfassg. aller im Geschäfts- u. Privatleben der Gasthaus-Gewerbetreibenden vorkomm. Briefe u. Eingaben etc. 1. u. 2. Tl. 8. Frankfurt a/M. 889. (Leipzig, Blüher.) cart. à n. 1. 50
1. Deutsch, nebst e. Anh., enth. die auf das Gastwirts-Gewerbe bezughab. Bestimmgn. der deutschen Gewerbe-Ordng., d. Krankenkassengesetzes u. d. Handels-Gesetzbuches. (VIII, 168 S.)
2. Französisch u. Englisch. (VIII, 184 S.)

Lacroix, F. de, Geschäfts-Korrespondenz f. Gasthaus-Gewerbetreibende. Ein Musterbuch zur Abfassg. aller im Geschäftsleben der Gasthaus-Gewerbetreibenden u. ihrer Gehilfen vorkomm. Korrespondenzen. Nebst e. Anh., enth. e. Anleitg. zur Erlerng. der franz. u. engl. Schriftsprache. 2. Tl.: Französisch u. Englisch. 2., verm. Aufl. 8. (201 S.) Leipzig 891. P. M. Blüher. Geb. in Leinw. n. 2. —

Lacroix, François Petis de

La Croix, F. P. de. Philosophische Betrachtungen über den Ursprung des gesellschaftlichen Lebens ... a. d. Franz. Nürnberg 1788. Ü: *Link, Gottlieb Christian Carl.* (BB) (MGT) (Ky) (Will)

— philosoph. Betrachtt. über d. Ursprung d. gesell. Lebens, aus d. Französ. mit Anmerkk. (v. G. C. K. Link). gr. 8. Nürnb. 788. (Eichhorn; a. Lauffer in Leipz.) 20 gr.

de Lacroix, Frz. Petit, Géographie moderne. 2 Vols. gr. 12. Regensb. 769. Montag u. W. 1 ß 8 gr.

La Croix, François Petis de. Geschichte des Kriegs, welchen die Türken mit Polen, Moskau und Hungarn geführt haben ... a. d. Franz. Fürth 1775. Ü: *Schad, Georg Friedrich Casimir.* (Ky) (ML)

— Geschichte d. Kriegs, welchen d. Türken mit Pohlen, Moskau u. Hungarn geführt haben. Aus d. Französ. übers. (v. G. F. C. v. Schad). 8. Fürth 775. Schade. 10 gr.

— Geschichte d. Osman. Reichs; aus d. Französ. v. Jh. Cph. Fr. Schulz. 3 Thle. gr. 8. Leipz. 769—72. Schwickert. 3 ß 8 gr.

— Verfassung d. vornehmsten Europ. u. d. vereinigt. Amerikan. Staaten; aus d. Französ. mit Berichtigungen d. Uebersetzers. 6 Thle. gr. 8. Leipz. 792—803. Weidmann. 6 ß 5 gr. Schrbp. 8 ß

— Taschenbuch für Naturliebhaber. 8. Petersb. 782. (Gnobloch in Leipz.) 1 ß

Lacroix, Friedr., Geheimnisse von Rußland, s. a. Geheimnisse.

§ **GEHEIMNISSE** von Rußland. Ein politisches Sittengemälde des russischen Reichs. Aus d. Französ. (des *Frédéric Lacroix* übers. von Friedr. Osswald). 2 Bde. Regensburg 1844—45. 8°. (2 1/3 Rthl.) (2 Mk. 50 Pfg. Lehmann & Lutz, Frankf. a. M., c. 1883; 3 Mk. A. Bielefeld, Carlsruhe, 1891.)
Enth. u. a.: D. Kaiser u. s. Familie. — D. Hof. — D. Geistlichkeit. — D. Adel. — D. Leibeigenen. — Sibirien u. Kamtschatka. — D. Knute. — Polizeiwesen. — Verschwörgn. — Gebrechen u. Schwächen d. russ. Reichs.

— — Dasselbe. 2. Ausgabe. Ebd. 1848. 8°.
Anon.-Lex. II. p. 167 (nach Kayser).

Lacroix, Friedr., die Mysterien Rußlands, s. Geheimnisse von Rußland.

Lacroix, J., le testament de César, s. Répertoire du Théâtre franç.

Lacroix, J. F. de, über d. Erkennung d. Temperaments, s. a. Delacroix, J. F.

de Lacroix, J. F., über die Erkennung d. Temperaments, oder Schilderung des sanguinischen, nervösen, gallichen u. schleimigen Zustandes, als Urstoffe aller Krankheiten. Nach d. 13n Aufl. aus d. Französ. bearb. u. mit Anmerkk. begl. von e. Arzte. gr. 12. Leipz. 830. Köhler. 14 gr.

DELACROIX, Jacques Vincent 1743 - 1832
Verfassung der vornehmsten europäischen und der vereinigten amerikanischen Staaten dargestellt von Herrn de la Corix ...
Aus dem Französischen mit Berichtigungen des Uebersetzers.
Erster [- Sechster und letzter] Band.
Leipzig: Weidmann. 1792 [- 1803]. 8°.
Bayerische Staatsbibliothek München: Bd. 1-3; Universitätsbibliothek Leipzig: Bd. 4-6
Übers. v. Constitutions des principaux Etats de l'Europe et des Etats-Unis d'Amérique, Paris 1791-1802.

de la Croix, Jacques Vincent,
— Der preussische Zuschauer, oder politische Betrachtungen über den gegenwärtigen Zustand der preussischen Staaten Frankfurt und Leipzig 1770. 8.

de Lacroix, Jh. Ant. Fr., Pantheon d. russischen Literatur. 1r Thl. 8. Riga 805. Meinshausen. 1 ß 8 gr. (Rein in Leipz.) 1 ß 12 gr.

v. Lacroix, J. A. F., s. Welch ein Tag!

Lacroix, Jul., der Diplomat. Ein Gemälde d. pariser Sitten. A. d. Franz. 2 Bde. 8. (37 1/4 B.) Stuttgart 836, Erhard.

Lacroix, Karl, s. a. Feaux de Lacroix, Karl.

La Croix, Nicolai Jalan de, das Verhalten der Bacterien des Fleischwassers gegen einige Antiseptica. Inaugural-Dissertation. gr. 8. (109 S. mit 3 Tab.) Dorpat 880, (Karow.) *

LACROIX, OTTO. Ueber höhere Metallchloride in Verbindung mit tertiären organischen Stickstoffbasen. (Bern) Dresden, 1895.

Lacroix, Paul

Lacroix, P. (Jacob der Bibliophile), die Abenteuer d. großen Balzac. Komische Erzählung aus d. Zeiten Ludwigs XIII. 3 Bde. 8. (34 1/4 B.) Nordhausen 846, Fürst.

Lacroix, P.: Das Apfelgartenschloß, s. Aehrenlese auf dem Felde der Romantik und Belletristik.

Lacroix, Paul, Directorium, Consulat u. Kaiserreich 1795—1815. Uebertr. von Osk. Marschall v. Bieberstein. M. Anh.: „Napoleon in d. Karikatur". M. ca. 600 Illustr. 1.—24. Lfg. Lex.-8. (S. 1—384.) Leipzig 898. H. Schmidt & C. Günther. à Lfg. — 60

Lacroix, Paul, Directorium, Consulat u. Kaiserreich 1795—1815. Uebertr. v. Osk. Marschall v. Bieberstein. Mit über 400 Textillustr., Vollbildern etc. nach den berühmtesten Malern, Bildhauern, Stechern u. Architekten Ingres, Gros, Prud'hon etc. Mit Anh.: Napoleon I. in der Caricatur. Von John Grand Carteret. 25.—37. (Schluss-)Lfg. Lex.-8. (IV u. S. 385—500 u. Anh. 108 S.) Leipzig 899. H. Schmidt & C. Günther. à —80; (kplt. n. 20.—; geb. n. 24.—)

Lacroix, Paul, Directorium, Consulat und Kaiserreich 1795—1815. Übertragen von Oskar Marschall von Bieberstein. Mit über 400 Textillustrationen, Vollbildertafeln etc. Nach den berühmtesten Malern, Bildhauern, Stechern und Architekten. (Mit 36 Abbildungen.) gr. 8. Leipzig (**1903**).

DUFOUR, Pierre (i. e. *Paul Lacroix*), Geschichte der Prostitution. Deutsch von Adolf Stille und Bruno Schweigger. Fortgeführt und bis zur Neuzeit ergänzt von Franz Helbing. 6 Bde. Berlin, o. J. (c. 1900). Gr. 8⁰. (Mk. 35—.) (25 Mk. H. Streisand, Berlin, 1906; 24 Mk. M. Glogau jr., Hamburg, 1907.)

Umfassendstes Werk über Wesen u. Gesch. d. Prostitution. — Inhalt: I. Altertum, Griechen, Römer. II. Römisches Kaiserreich. III. Christliche Aera, Byzanz, Frankreich, I. Bd. IV. Frankreich, II. Bd. V. Romanen, Slaven, Germanen, I. Bd. VI. Germanen, II. Bd., u. aussereurop. Völker.

— — Dasselbe. 6 Bde. Ebd. 1902. Gr. 8⁰. (Kr. 42—.) (30 Kr. Halm & Goldmann, Wien, 1904.)

— — Dasselbe. 3. Aufl. Ebd. 1904. Lex.-8⁰. (Kr. 42—.) (24 Kr., wie neu in 2 eleg. Orig.-Hfrzbdn., Victor Eytelhuber, Wien, 1905.)

Französ. Orig.: Histoire de la Prostitution chez tous les peuples du monde, depuis l'antiquité la plus reculée jusqu'à nos jours, par Pierre DUFOUR, membre de plusieurs académies savantes, françaises et étrangères. Paris, SERÉ, éditeur, et MARTINON, 1851—53. 6 vols. in-8, figg. sur acier. (In München: H. g. hum. 42 x: tome 1—5, 2 vols; t. 6 manque.) (Cplt. 30 Mk. Völcker, 1883; 40 Mk. Max Harrwitz, 1894.)

Drujon, 1879, p. 193—194: Cet ouvrage, successivement attribué à M. Ferdinand SERÉ et à M. RABUTAUX, qui peut-être y ont collaboré, est en réalité de M. Paul LACROIX, ainsi que le suivant, complément indispensable du premier: Mémoires curieux sur l'histoire des mœurs et de la prostitution en France, aux XVIIe et XVIIIe siècles, époques de Louis XIII et de Louis XIV, par Pierre DUFOUR, etc. Paris, MARTINON, 1854, 2 vol. in-8.

Bien que ces deux intéressants ouvrages aient été contrefaits en Belgique, ils sont de la plus grande rareté en France. Un catalogue de librairie offrait récemment un exemplaire de l'édition originale, en belle condition, au prix de 120 fr.

N. éd.: Bruxelles 1854. 8⁰. VI. Avec 20 planches. (20 Mk. Theod. Ackermann, München, Cat. 159.) — Ibid. s. d. 12⁰. VIII (en 4 vols.). Illustr. de belles gravures s. acier. (Expl. in Amsterdam, Bibl. Gerritsen.) (50 frcs. van Crombrugghe, c. 1892.)

(Pierre) Dufour [d. i. Paul **Lacroix**]. Geschichte der Prostitution (Histoire de la prostitution). Eingel. durch Staatsanw. Dr. [Erich] Wulffen-Dresden. Deutsch von Adolf Stille u. Dr. Bruno Schweigger. Fortgeführt u. bis zur Neuzeit erg. von Franz Helbing. 3 Bde in 6 Tlen. (5. Aufl.) Bd 1—3. Gr.-Lichterfelde-Ost: P. Langenscheidt [1907]. 6 Bde 4⁰

Bd 1. Die vorchristl. Zeit.

T. 1. Altertum. Griechen. Die röm. Republik. Deutsch von A. Stille.

2. Römisches Kaiserreich. Deutsch von B. Schweigger.

Bd 2. 3. Die christl. Zeit. 1. 2.

2, 1. Rom. Byzanz. Frankreich bis z. 10. Jh. Deutsch von B. Schweigger.

2, 2. Frankreich v. 11. Jh. bis z. Gegenwart. Kap. 13—22 nach Dufour deutsch von B. Schweigger. Von Kap. 23 an fortgeführt u. bis z. Neuzeit erg. von F. Helbing.

3, 1. Romanen. Slaven. German. Völker Nord-Europas. Bearb. von F. Helbing.

3, 2. German. Völker Mitteleuropas. Aussereurop. Völker. Bearb. von F. Helbing. 07. 11643

— Die Giftkammer, s. Aehrenlese auf dem Felde der Romantik und Belletristik.

Lacroix, Paul, die beiden Hofnarren, s.: **Ausland**, das belletristische, 1123—1127. Bdchn.

— s.: **Kleinpaul, Rud., das Mittelalter.**

— Pignerol, s. Aehrenlese auf dem Felde der Romantik und Belletristik.

Lacroix, P.: Sämmtliche Romane, s. Aehrenlese auf dem Felde der Romantik und Belletristik.

Lacroix, P., XVIIIme siècle. Institutions, usages et costumes. France 1700—1789. Ouvrage illustré de 21 chromolith. et de 350 gravures surbois d'après Watteau, Vanloo, Rigaud etc. hoch 4. (VIII, 520 S.) Paris 874. Didot & Co. n. 24. —; geb. m. Goldschn. n. 32. —

Lacroix, Paul, XVIIIme siècle. Lettres, sciences et arts. France 1700—1789. Ouvrage illustré de 16 chromolith. et de 250 gravures sur bois [dont 20 tirées hors texte] d'après Watteau, Vanloo, Largillière etc. Lex.-8. (XIII, 560 S.) Paris 878. Didot & Co. n. 24. —

Lacroix, Sigismond, die wahre Gestalt des Christenthums, s.: **Guyot, Yves.**

Lacroix, Sylvestre François

— Anfangsgründe d. Algebra; aus d. Französ. mit Zusätzen von Elc. M. Hahn. 2 Thle. 8. Berl. 804 u. 5. Dunker u. H. 3 Thlr. N. A. 1r Thl. Anfangsgründe, nach d. 12n Ausg. übers. v. J. P. Grüson. gr. 8. Ebd. 821. 1 Thlr. 8 Gr.

Sylvestre François Lacroix

[Traité élémentaire d'arithmétique. Deutsch:] Anfangsgründe der Algebra von S[ylvestre] F[rançois] Lacroix. Aus dem Franz., nach der 7. Aufl. übers. u. mit erl. Anm. u. Zusätzen vers. von M[atthias] Metternich. Nebst einem Anh., worin der Satz: "aus einer gegebenen Menge n Faktoren kann das Produkt nach N Weisen gebildet werden" völlig erwiesen ist. [Untersuchung über die mannigfaltigen Weisen, nach welchen die Produkte aus jeder gegebenen Menge von Faktoren gebildet werden können.] Mainz: Kupferberg 1811. XXII, 596 S. 8⁰

— Anfangsgründe d. Algebra. Aus d. Französ. von M. Metternich. gr. 8. Mainz 811. 2e A. 820. Kupferberg. 2 Thlr. 12 Gr.

— Anfangsgründe d. Arithmetik, als Einleit. z. Algebra; aus d. Französ. v. Elc. M. Hahn. gr. 8. Berl. 805. Dunker u. H. 1 Thlr. (N. A.) Nach d. 17n Origin. Ausg. übers. u. mit Anmerkk. versehen. gr. 8. Ebd. 827. Ebd. 16 Gr.

— Anfangsgründe d. Geometrie, nebst e. Abhandl., aus d. Französ. v. E. M. Hahn. Mit 7 Kpft. gr. 8. Berl. 806. Dunker u. H. 1 Thlr. 16 Gr.

— Anfangsgründe d. ebenen u. sphärischen Trigonometrie; aus d. Französ. v. E. M. Hahn. Mit 5 Kpft. gr. 8. Berl. 806. Dunker u. H. 1 Thlr. 8 Gr.

——— **Anfangsgründe der ebenen und sphärischen Trigonometrie und höheren Geometrie. Aus dem Französ. von Hahn. Berlin 1806. 8.**

— einfache Anleit. zu d. Feldmessen u. Aufnehmen. Nach d. Französ. von E. S. Unger. Mit 4 Kpfr. gr. 8. Gotha 827. Hennings. 1 ℛ (A. u. d. T.: die Forst- u. Jagdwissenschaft. 12r Thl.)

Lacroix, Sylv. Fr., Anleitung zum Feldmessen ꝛc., v. E. S. Unger, s. a. Forst- u. Jagdwissensch., hrsg. v. J. M. Bechstein, XII. Thl. 1. Bd.

Lacroix, Anleitung zu dem Feldmessen und Aufnehmen, bearbeitet von Unger. Erfurt und Gotha 1827. 8.

— Anleit. zur ebenen u. sphärischen Trigonometrie u. zur Anwendung d. Algebra auf d. Geometrie; neu übers. u. mit Anmerkk. vers. v. L. Ideler. Mit 6 Kpf. gr. 8. Berl. 822. Dunker u. H. 1 ℛ 12 gr

Lacroix, S. F., Anleitung z. ebenen u. sphär. Trigonometrie u. z. Anwend. d. Algebra auf d. Geometrie. Uebers. u. mit erläut. Anmerkn. vers. v. Ludw. Ideler. 2., verb. Ausg. gr. 8. (22 B. u. 6 Kpfrt.) Berlin 837, Duncker u. Humblot.

— weitere Ausführung seiner Geometrie, nebst Anfangsgründe d. Perspektive; aus d. Französ. v. C. M. Hahn. Mit 10 Kpf. gr. 8. Berl. 806. Dunker u. H. 1 ℛ 4 gr

— Complement des élémens d'Algèbre. 8. la même 815. 1 ℛ 16 gr

— Cours de Mathématique. VI Vols. Braunschw. 814. Plüchart. 2 ℛ 8 gr

—— Einleitung in d. Differential- u. Integral-Rechnung. A. d. Franz. übers., u. mit erklär. Zusätzen verseh. v. Frz. Funck. N. d. 2., durchgeseh. u. verb. Orig.-Ausg. M. 1 Kpfrt. (4.) gr. 8. (11 B.) Berlin 833, Reimer.

de Lacroix, Silv. Franc., élémens d'Algèbre. gr. 8. Braunschw. 814. Plüchart. 2 ℛ

— élémens de Géometrie. gr. 8. Braunschw., Plüchart. 2 ℛ

— Handbuch d. Differential- u. Integralrechnung. Aus d. Französ. von C. F. Bethke. Mit 5 Kpf. gr. 8. Berl. 817. Reimer. 2 ℛ 20 gr

—— Handbuch d. Differential- u. Integral-Rechnung. N. d. 4., verb. u. verm. Orig.-Ausg. a. d. Franz. übers., u. mit einigen Anmerkn. verseh. v. Fr. Baumann. 3 Thle. gr. 8. Berlin, Reimer.
Thl. 1. Differential-Rechnung. ($13\frac{1}{2}$ B.) 830.
" 2. Integral-Rechnung. (16 B.) 831.
" 3. Variations- u. Differenzen-Rechnung. (8 B. u. 4 Stnt.) 831.

— Lehrbegriff des Differenz- u. Integral-Calculs. Aus dem Franz. übersetzt. Mit Zusätzen u. Anmerkk. von J. P. Grüson. 2 Thle. gr. 8, Berlin 799, 800. (Leipzig, Fr. Fleischer.) (1r Thl. $1\frac{2}{3}$ ℛ 2r Thl. Mit 6 Kpfrtaf. $1\frac{2}{3}$ ℛ) $3\frac{1}{2}$ ℛ

— Lehrbegriff d. Differential- u. Integralcalcus; aus d. Französ. mit Zusätzen v. J. P. Grüson. 2 Thle. Mit 6 Kpf. gr. 8. Berl. 799 u. 800. (Leipz., Köchly). 3 ℛ 8 gr

— Lehrbuch d. Elementargeometrie. Neu (nach der 13n Ausg.) übers. v. L. Ideler. Mit 4 Kupf.- u. 3 Steintafeln. gr. 8. Berl. 828. Dunker u. H. 1 ℛ 8 gr

Lacroix, Silv. Franç., Lehrbuch der Elementargeometrie. Neu übers. und mit Anmerkungen versehen von Ludw. Ideler. 2., unveränd. Aufl. gr. 8. (XXXIX und 222 S. mit 7 Kpfrt. in qu. gr. 4.) Berlin 835, Duncker und Humblot.

— Lehrbuch d. Wahrscheinlichkeitsberechnung. Aus dem Französ. übers., u. mit Zusätzen u. Erläuterungen vermehrt v. E. S. Unger. gr. 8. Erf. 818. Keyser. 2 ℛ

— traité d'arithemétique à l'usage des écoliers, av. fig. 8. Braunschw. 815. Plüchart. 1 ℛ

— traite elementaire de calcul différentiel. gr. 8. Braunschw. 814. Plüchart. 1 ℛ 16 gr

— traite elementaire de calcul intégral. Avec fig. gr. 8. Braunschw. 815. Plüchart. 2 ℛ 8 gr

— de Trigonometrie rectiligne et sphérique et d'application d'Algèbre. gr. 8. Braunschw. 814. Plüchart. 2 ℛ 8 gr

— s.: Unger, Ephr. S.

La-Croix von Langenheim, Bruno, a. Komárom (Ungarn): Die chemischen Vorgänge im Eisen-Nickel-Akkumulator. Gießen 1905: v. Münchow. (41 S.) 8°
Gießen, Phil. Fak., Ref. Elbs, Diss. v. 1. Aug. 1905
[Geb. 11. Sept. 79 Komárom; Wohnort: Budapest; Staatsangeh.: Ungarn; Vorbildung: Oberrealsch. Preßburg Reife Juni 97; Studium: Budapest Polytechn. 2, Zürich Polytechn. 2, Gießen 3 S.; Rig. 4. Aug. 05.]

LADUSKY und Floriska, eine polnische Familiengeschichte. Aus d. Französ. (des *J. L. Lacroix de Niré*) übers. von K. L. M. Müller. 4 Thle. Leipzig, Tauchnitz, 180*. 8°. ($3\frac{1}{6}$ Rthl.) Zahm. Nicht im Anon.-Lex.
Orig.: Ladouski et Floriska. 4 vols. Avec gravures. Paris 1801. 8°. (1 fl. 12 xr. Coppenrath, Regensburg, vor 1875; 2 Mk. Stuber, Würzb., 1877.)

Lacroma, Paul Maria, Bagatellen. Skizzen u. Studien. 8. (VII, 186 S.) Dresden 893. E. Pierson. n. 2. —; geb. n. 3. —

— dasselbe. 2., verm. Aufl. 8. (VII, 187 S.) Ebd. 895. n. 2. —; geb. in Damast n. 3. —

Lacroma, Paul Maria (Frau Marie Edle v. Egger-Schmitzhausen), Bagatellen. Skizzen u. Studien. 3. durchgeseh. u. verm. Aufl. (VII, 205 S.) 8. Dresden 905. E. Pierson. n. 2. —; geb. n. 3. —

Lacroma, P. M., Deus Vicit! Kulturhistorischer Roman aus der Römerzeit Aquilejas. 8°. (307 S.) K 4.80, geb. K 6.60
Triest: Schimpff 1909.

— Deus vicit! Kulturhistorischer Roman aus der Römerzeit Aquilejas. (VIII, 307 S.) 8. Triest 910. M. Quidde. 4.—; geb. 5.50; Luxusausg. 7. —

Lacroma, P. M., Dosta v. Drontheim. Eine wundersame Geschichte. 8. (III, 187 S.) Dresden 890. Pierson. n. 1.50

— Dosta v. Drontheim. Eine wundersame Geschichte. 2., durchgeseh. Aufl. 8. (187 S.) Ebd. 892. n. 1.50

Lacroma, Paul Maria (Marie Reichsedle v. Egger Schmitzhausen), Dosta v. Drontheim. E. wundersame Geschichte. 3., durchgeseh. Aufl. M. d. Bildniß d. Verf. u. deren Biographie von E. v. Dincklage. 8. (XIV, 126 S.) Dresden 896. E. Pierson. n. 2. —

Lacroma, Paul Maria (Frau Marie Edle v. Egger-Schmitzhausen), Dosta v. Drontheim. Eine wundersame Geschichte. 4. durchgeseh. Aufl. Mit dem Bildnis der Verf. u. deren Biographie von E. v. Dincklage. (XVIII, 132 S.) 8. Dresden 904. [E. Pierson]. Berlin, Verlag Berlin-Wien. 2.—; geb. n 3. —
Auch die übrigen Schriften ders. Verfasserin aus E. Pierson's Verlag sind an obige Firma übergegangen.

Lacroma, Paul Maria, Formosa. Roman. 8. (186 S.) Leipzig 885. Wartig's Verl. n. 3. —; geb. n. 4. --

— Formosa. Roman. 2., durchgeseh. Aufl. 8. (176 S.) Ebd. 892. n. 2. —; geb. in Leinw. n. 3. —

— Kleeblätter. Novellen-Sammlg. 8. (198 S.) Görz 888. Wokulat. 3. —

— Kleeblätter. Novellen-Sammlg. 1. Bd. 2., durchgeseh. Aufl. 8. (182 S.) Ebd. 895. n. 2. —; geb. in Leinw. n. 3. —

— Kleeblätter. Novellen-Sammlg. 2. Bd. 8. (V, 161 S.) Ebd. 897. 2. —

— die Mobelltini. Roman. 8. (162 S.) Ebd. 892. n. 2. —

— d. Mobelltini. Roman. 2., durchgeseh. Aufl. 8. (162 S.) Ebd. 895. n. 2. —; geb. n. 3. 50

Noli me tangere! Roman von Paul Maria **Lacroma** [d. i. Marie Edle v. Egger-Schmitzhausen]. Dresden & Leipzig: E. Pierson 1899. (398 S.) 8° [F.] [07. 33?8]

— Stürme. Roman. 3 Bde. 8. (160, 196 u. 176 S.) Wien 883. C. A. Müller. n. 7. 20

— Stürme. Adria-Roman. (491 S.) 8. Berlin (910). Verlag Berlin-Wien. 3.50; geb. in Leinw. 4. 50

— e. Unglücksheld. Roman. 8. (275 S.) Berlin 893. O. Janke. n. 4. —

La Crosse Volksfreund: Jahrgang 1—28, no. 40, Jan. 22, 1891—Oct. 23, 1918.

Weekly edition of Herold und Volksfreund. Circulation: 1895, 1200; 1900, 1500; 1910, 3500; 1915, 3350

La Crosse

Lacrousille, Jeanne de, La jeune fille pieuse dans le monde. 12. (64 S. m. Titelbild.) Einsiedeln 897. Verlagsanstalt Benziger & Co. Geb. m. Goldschn. n. 1. —

Lacroux, J., u. C. Détain, der Ziegelrohbau. Deutsch von W. H. Uhland. 1. Lfg. Fol. (4 S. mit 4 Chromolith.) Leipzig 880. Knapp. n. 7. —

La Croze

—, Maturin Veyssiere. Historische Beschreibung des Zustandes der christlichen Religion in Ethiopien und Armenien ... aus dem Frantzösischen ins Deutsche übersetzt von Aldinor. Dantzig 1740.

Lacruz, Esteban Moréu, S. J., la nave Victoria, s.: Desde lejanas tierras. XX.

LA CRUZ Juan de. Karte der Magellanischen Straße. Hrg. v. [Franz Anton] Schrambl. 1 : 1 000 000. Wien 1787.

Lactantius, Firmianus (Pseud.), s. a. Becker, Franz

Lactantius, Firmianus, Kämpfe u. Siege der Kirche od. Gottes Strafgerichte üb. die Christen- u. Kirchenverfolger von König Herodes dem Großen bis auf Kaiser Napoleon III. Ein Trostwort an das Christenvolk. 2. Aufl. gr. 8. (IV, 310 S.) Mainz 874. Kirchheim. 3. 50

— was will der Liberalismus u. was will der Mainzer Katholikenverein? Eine kurze Abendunterhaltg. zur Belehrg. f. den Bürgers- u. Bauersmann. gr. 8. (64 S.) Ebend. 873. — 45

Lactantius, Lucius Caelius Firmianus
— s. a.: **Caecilii, Lucii, liber ad Donatum.**

Lactantii, Carmen de Phoenice ad cod. quosdam Mss. antea nondum collatos veteresque edit. recens. et cum lect. variet. edid. A. Martini. 8 maj. Lunaeburgi 825, Herold et W.

— von dem Ende der Christenverfolger; aus dem Lateinischen mit crit. u. erklär. Anmerkk. gr. 8. Landsh. 822, Weber.

Lactantii, Firm., Opera, s. a. Bibliotheca patrum eccles. Vol. 10. 11.

— opera. II Tmi. 8maj. Würzb., Stahel. 1 ℛ 18 gr (Vergl. *Opera* polemica Sanctor. patrum Vol. VI. VII.)

— opera cum notis integris Chr. Cellarii et selectis aut excerptis Erasmi Betuleii, M. Thomasii et Buchneri, recens. et notis crit. instrux. F. L. Bünemann. 8maj. Halle 739. Waisenhaus-B. 1 ℛ 12 gr

— ead. II Tmi. sine not. 8. Halle 764. Waisenhaus-B. 14 gr

– Opera omnia.

— — ead. II Tmi. 8. maj. Würzb. Stahel. 1 18

— — ead. rec. et comment. illustr. I. G. Walch. 8. Lps. Weidmann. 735. 1 4

— — ead. emend. et illustr. a. C. Aug. Heumann. 8. Gött. (Cuno, Ienae.) 736. 1 —

Lactantius, Caecil. Firm., opera omnia quae extant, c. not. integr. C. Cellarii et select. aut excerptis Erasmi Betulei, Mich. Thomasii etc. c. not. crit. et n. ind. I. L. Bünemann. 8. maj. Lps. (Waisenh. Halae.) 739. Rthlr. 1 12

Lactantius Firmianus, L. C.
Opera omnia, quae exstant, ad editionem limatissimam Jo. Ludolph. Bünemanni curate adornata. Halae 1764—65. H: *Kirchner, Johann Georg.* (Adel) (ML)

— — ead. II Tmi. sine notis. 12. Halae, Waisenh. 764. — 14

Lactantius Firmianus, L. C.
Opera omnia. Wirceb. 1783—84. H: *Oberthür, Franz.* (Th)
48.

— — ead. II Vol. 8. maj. Bipont. (Treuttel et W. Strasb.) 786. 1 4
Schreibp. 1 10

Lactanti, L. Caeli Firmiani, opera omnia, s. a. Corpus scriptorum ecclesiasticorum latinorum.

L. Caeli Firmiani **Lactanti** Opera omnia. Accedvnt carmina eivs qvae fervntvr et L. Caecilii qvi inscriptvs est De mortibvs persecvtorvm liber. Rec. Samvel Brandt et Georgivs Lavbmann. P. I. II, fasc. I. II. *Pragae & Vindobonae: F. Tempsky; Lipsiae: G. Freytag 1890—97.* 3 Bde 8.

I. Divinae institvtiones et epitome divin. instit. ... 1890. (CXVIII, 761 S.)
II, 1. Libri de opificio dei et De ira dei. Carmina. Fragmenta. Vetera de Lactantio testimonia ... 1893. (LXXXII, 167 S.)
II. L. Caecilii ... de mortibvs persecvtorvm liber vvlgo Lactantio tribvtvs ... Indices ... 1897. (XXXVI, 169—568 S.)
= **Corpus** scriptorum ecclesiasticorum Latinorum. Vol. 19. 27. [97. 83?3]

Lactantius, Luc. Cölius, Religionsunterricht. Aus d. Latein. von C. G. Hergt. 8. Quedlinb. 787. Ernst. 1 ℛ 8 gl. Wohlf. Ausg. Ebd. 818. 1 ℛ

— Gottes Schöpfung. Aus dem Lat. übertr. u. m. sachl. u. sprachl. Bemerkgn. vers. v. Ant. Knappitsch. gr. 8. (69 S.) Graz 898. Styria. n. 1. 35

Lactantius' ausgewählte Schriften, s.: Bibliothek der Kirchenväter.

— Symposium, s. centum epigrammata, c. annotat. Heumanni. 8. Hannov. Helwing. 722. — 6

Lactantius Placidus, s. Mythographen, lateinische.

Lactantii Placidi qui dicitur commentarii in Statii Thebaida et commentarium in Achilleida, s.: Statius, P. Papinius.

Lactantii Placidi in Statii Thebaidos lib. III 1—323 commentarii ad fidem codicum recensiti (a Philippo Kohlmann). 4 (S. 3—19). **Progr.** Wilhelms-G. u. Rprg. *Emden* 1887 (284).

Lacum, Jo. El. (Salzungen/Meiningen), Diss. chem. de ferro salito. Prüs. Sal. Const. Titius. Wittenberg (Tzschiedrich) 7. IV. 1798. 20 S. (3.—) 20286
Gew.: D. H. B. Lembke, D. T. F. Trendelenburg.

La Curé [Schlagwort]

La Cure, s.: Schweiz. Atlas.

Das Ritterwesen des Mittelalters nach seiner politischen und militärischen Verfassung. Aus d. Franz. des [J. Bapt.] de la Curne de Sainte-Palaye mit Anmerk., Zusätzen, und Vorr. von Joh. Ludw. Klüber. Bd 1—3. Nürnberg: Grattenauer 1786—1791. 8°
1. XLVI, 311 S. 2 Taf. 1786; 2. 410 S. 1788; 3. 581 S. 1791.
Kl. 2178. Sehr selten.

Lacus Ladogae et Sinus Finici — Conspectus recens et accuratus magnae partis — cum interjacentibus et adjacentibus regionibus ad exemplar. Petropolitanum in aes. incidit. A. Matth. Seutter. Aug. Vind. Ohne M. 1 Bl.

Lacy, Alex., Santa Casa. Episode aus Goethes Jugendzeit. Eine Novelle. 2 Thle. 8. (IV und 456 S.) Mainz 853, Kunze.

Lacy, Thom. Hailes, the school for daughters, s.: Lawler, D.

Lacy Th. H., the school for daughters, s.: Theatre, modern english comic.

Laczkowski, Ludwik von [aus Buzenin (Polen)]: Zur Kenntnis der Carbindogenide. Freiburg (Schweiz) 1898. 42 S. 8°.
Freiburg. Mathem.-naturw. Diss. 1898/99.

Laczynski, C. J. M. v., Anleitung aus d. bekannten Polhöhe die Abweichungen d. Magnetnadel zu finden. — A. u. d. T.: Abweichungen d. Magnetnadel etc. gr. 8. (1¼ B.) Mohrungen 833, Rautenberg.

—— Instruction pour savoir déterminer les aberrations de l'Aiguille aimantée, la Hauteur polaire étant donnée. — A. s. l. t.: l'aberrations de l'Aiguille aimantée etc. gr. in-8. (1¼ B.) Mohrungen 833, Rautenberg.

—— Lehrbuch d. ebenen Trigonometrie. Zum Selbstunterr. verfaßt. M. 1 Stnt. (gr. 4.) gr. 8. (5 B.) Mohrungen 833, Rautenberg.

—— Theorie d. Aëronautik, od. mathemat. Abhandl. üb. d. Leitung d. Aërostaten durch Ruder, Segel u. comprimirte Luft. Mit (ill.) Zeichnn. auf 4 Blätt. (gr. qu. Fol.) gr. 8. (4½ B.) Mohrungen 833, Rautenberg.

—— Théorie de l'Aéronautique, ou Traité mathématique de direct. des Aérostats par moyen des rames, de voiles et d'air comprimé. Avec des figures en 4 Tab. gr. in-8. (4¼ B.) Mohrungen 833, Rautenberg.

Lada. Belletristický a módní časopis. Vydavatelka a redaktorka: Antonie Körschnerova. Ročník I. 1861. April —December. 18 Nrn. (à 1½ Bgn., 1 lith. Musterbogen u. 1 lith. Modenbild.) Prag, Lehmann. gr. 4. n. 3 ℛ

Ladach, Reise nach d. Monde. 8. Ofen 772. ... 4 gl.

Ladage, Emil, meine Konversion und ihre Folgen. Ein Beitrag zur Geschichte der religiösen Freiheit und Duldung im neuen Deutschen Reiche. 8. (68 S.) Paderborn 885, Bonifacius-Druckerei.

Ladage, G., Meine Konversion u. ihre Folgen. Ein Beitrag zur Geschichte der religiösen Freiheit u. Duldung im neuen Deutschen Reiche. Paderborn, Bonif.-Druckerei, 1885, 8°, 68 S., 45 Pf.

Ladame (Dr.) Des enfants illégitimes en Suisse. In-8°, 23 p. Bern, J. Dalp. 1883 — 80

Ladame, Henry. Contribution à l'étude de la mortinatalité suisse. Diss. Méd. Berne. [Extrait de la Zeitschrift für Schweizerische Statistik. Jahrg. 40, Band 2, Liefg. 6.] 33 p. 4. Berne, Stæmpfli & Cie, 1904.

Ladame, P. Dr. Le nouvel asile des aliénés à Genève et les questions qui s'y rattachent. Historique de la création de l'Asile de Bel-Air. In-8°. 110 p. Genève et Bâle, Georg & Co. 1895 1 50

Ladame, P., Dr. La responsabilité criminelle des aliénés dans l'antiquité, au moyen-âge et à la renaissance. In-12°, 29 p. Genève et Bâle, H. Georg. 1887 1 —

Ladame, P[aul]. Le régime des aliénés en Suisse, avec Annexe: Quelques données statistiques sur les Sociétés suisses de secours aux aliénés, par le Dr P[aul]-L[ouis] L'. privat-docent à ... Genève. II + 42 + *Annexe* 76 p. 8. Genève, Soc. Générale d'Imprimerie (*Aufdruck:* Genève et Bâle, Georg & Cie, libraires ...), 1905. [fr. 2. —]
2 Parties: 1. (Le r' des al' en Suisse: Les sociétés cantonales de secours aux al'. Conférence faite ... par le Dr P.-L. L'.... Extrait du Bulletin de la Société genevoise d'Utilité Publique Tome 8 — No 58); — *2. u. d. T.:* Annexe — — aliénés ([par le] Dr. P.-L. L'). Extrait du «Journal de statistique suisse», année [41e,] 1905 [Band 1, Liefg. 3]. Berne, Impr. Stæmpfli & Cie, 1905.

Ladame, Paul, Symptomatologie u. Diagnostik der Hirngeschwülste. Würzburg 865. Stahel'sche Buchh. gr. 8. (VIII, 264 S. mit 1 Steintaf.) n. 1 ℛ 18 ngr.

Ladányi, F. J. Der Anstand. Praktisches Lehrbuch für die Jugend. Klgft., Bertschinger. 1870. 23 S.

Láday, Etienne, la lutte contre la criminalité des mineurs en Hongrie, s.: Kun, Béla.

Laddey, Emma, Alpenröschen. Drei Erzählungen für die reifere weibl. Jugend. gr. 8. (365 S. mit 16 Illustr. von R. E. Kepler und Paul Hey.) Stuttgart 887, Süddeutsches Verlags-Institut. geb. *

Laddey, Emma, Alpenröschen. Drei Erzählgn. f. die reifere weibl. Jugend. Mit 16 Illustr. v. R. E. Kepler u. Paul Hey. gr. 8. (365 S.) Stuttgart 888. Süddeutsches Verlags-Institut. geb. n. 6. —

Laddey, Emma, Blumenmärchen. Mit 4 (lith.) Bildern in Farbendr. nach Aquarellen von Adph. Schrödter. Stuttgart 869. Kröner. gr. 16. (III, 204 S.) cart. 24 ngr.

Laddey, Emma, aus dem Familienleben. Erzählungen f. die Jugend. Mit 8 farb. Bildern. 2. Aufl. 8. (VI, 194 S.) Stuttgart 874. Kunstverl. geb. 1. 50

Laddey, Emma, Feenhände. Eine Erzählg. f. die reifere weibl. Jugend. gr. 8. (158 S. m. 4 Chromolith.) Stuttgart 884. Hänselmann. geb. n. 3. —

Laddey, Emma, Feenhände. E. Erzählg. f. junge Mädchen. Mit 5 Farbdr.-Bild. nach Aquarellen von F. Lipps 2., verm. Aufl. gr. 8. (III, 172 S.) Stuttgart 896. Süddeutsches Verlags-Institut. Geb. in Leinw. n. 3. —

Laddey, Emma, Feenhände. Eine Erzählg. f. junge Mädchen. Mit Titelbild. (215 S.) 8. Berlin (909). Verlag Jugendhort. Geb. 4. —

— Flitter u. Gold. Ein Roman f. Mütter u. Töchter. gr. 8. (VI, 335 S.) Stuttgart 873. Kröner. 3. —; geb. n. 3. 75

Laddey, Emma, Flitter und Gold. Roman für Mütter und Töchter. 2. Aufl. 8. (XI, 352 S.) Stuttgart 878. Gebr. Kröner. * M 3.; geb. *

— Flitter u. Gold. Ein Roman f. Mütter u. Töchter. 3. Aufl. 8. (VI, 343 S.) Stuttgart 884. Kröner. n. 3. —; geb. n. 4. —

— Flitter u. Gold. Ein Roman f. Mütter u. Töchter. 4. Aufl. 8. (VI, 343 S. m. farb. Titelbild.) Stuttgart 890. Union. geb. n. 5. —; geb. n. 4. —

Laddey, Emma, Flitter u. Gold. Ein Roman f. Mütter u. Töchter. 5. Aufl. (IV, 346 S. m. farb. Titelbild.) 8. Stuttgart (904). Union. Geb. in Leinw. n. 4. —

Laddey, Emma, Frauenbilder im Spiegel der Dichtung. gr. 8. (IV, 301 S. m. 4 Lichtdr.-Bildern.) München 891. Literar. Institut Dr. M. Huttler. Geb. n. 8. —

— auf eigenen Füßen. Erzählungen f. Deutschlands Töchter. gr. 8. (VIII, 247 S.) Ebend. 870. n. 2. 25; geb. n. 3. —

—— auf eigenen Füßen. Erzählungen für Deutschlands Töchter. Mit einem Anhang: „Berufsarten für die Töchter gebildeter Stände". 2. verm. Aufl. gr. 8. (VIII, 282 S.) Ebendas. 876. M 3.; geb. *

— auf eigenen Füßen. Erzählungen f. Deutschlands Töchter. Mit e. Anh.: „Berufsarten f. die Töchter gebildeter Stände". 3. Aufl. 8. (VIII, 284 S.) Ebend. 884. n. 3. —; geb. n. 4. —

— bei der Großmama. Ein Buch f. die Kinderwelt von 8—12 Jahren m. vielen (z. Tl. farb.) Illustr. gr. 8. (264 S.) Fürth 890. G. Löwensohn. Kart. n. 3. 50

— aus Haus u. Welt. Erzählungen f. die Jugend. Mit 8 farb. Bildern. 2. Aufl. 8. (VI, 197 S.) Stuttgart 874. Kunstverl. geb. 1. 50

—— aus Haus und Welt. Erzählungen für die Jugend. 2. Aufl. 8. (VI, 197 S. mit 8 farb. Bildern.) Stuttgart 874, H. Müller's Kunstverlag. geb.

—— Helene und andere Erzählungen, s. Grimm, E.

—— Herzensgeschichten aus der Kinderwelt. 2. Aufl. 8. (VI, 183 S. mit 8 farb. Bildern.) Ebendas. 874. geb.

—— ein Jahr in Märchen. 4. (183 S. mit 12 chromolithogr. Bildern nach Aquarellen von Heinr. Braun.) München 885, Stroefer. geb. *

Laddey, Emma, selbstständige Mädchen. Novellen u. Erzählungen aus dem modernen Frauenleben. gr. 8. (254 S.) München 890. Literar. Institut v. Dr. M. Huttler. n. 3. —; geb. n. 4. —

— vier Mädchenleben oder Deutsch u. Amerikanisch. Erzählung für Deutschlands Töchter. 8. (301 S.) Stuttgart 879. Bonz & Co. n. 3. —; geb. n. 4. —

LADDEY, E. *Onkel's Plauderabende*. Ein Buch für liebe Kinder von 8 bis 12 Jahren. Mit 80 Illustrationen. [Holzschnitte]. Text von Emma Laddey. Fürth, G. Löwensohn [c. 1885]. 3 Bl., 249 S., 1 Bl. Gr.-8°. Leicht benutzter Orhlwd. m. farb. Deckelbild. 9.—

— Onkels Plauderabende. Ein Buch f. liebe Kinder von 8—12 Jahren, m. 80 (z. Tl. farb.) Illustr. gr. 8. (VI, 249 S.) Ebd. 889. Kart. n. 3. 50

— Prachtbibliothek f. die Jugend. 1—3. Bd. mit je 8 farb. Bildern gezeichn. v. Carl Grote. 8. (VI, 183; VI, 194 u. VI, 197 S.) Ebend. 872. geb. á 2. 10

LADDEY. Prachtbibliothek für die Jugend. I. [bis III.] Band. — 1. Herzensgeschichten aus der Kinderwelt von Emma Laddey. Mit 8 farbigen Bildern gezeichnet von CARL GROTE. Stuttgart, H. Müller's Kunstverlag. — 2. Aus Haus und Welt. Erzählungen für die Jugend etc. — 3. Aus dem Familienleben. Erzählungen etc. Auch Bd. II & III enthalten je 8 farb. Bilder nach CARL GROTE (c. 1880/82). Orhlwdbde. m. farb. Deckeln. 30.—

★ Erstausgabe: es sind nur diese 3 Bände der „Prachtbibliothek" erschienen. Die 24 Bilder sind handkolorierte Lithographien. — Gutes Ex.

— die Priesterin d. Glückes. Roman f. Mütter u. Töchter. 8. (VI, 392 S. m. farb. Titelbild.) Stuttgart 890. Union. geb. n. 5. —; geb. n. 4. —

Laddey, Emma: Aus dem Reiche der Frau. Bilder aus d. Frauenleben. — Stuttgart: Metzler 1873. XII, 359 S. 8°

— aus dem Reiche der Frau. Bilder aus dem Frauenleben. Mit dem Portr. der Verf. (Kpfrst.) gr. 16. (XII, 359 S.) Stuttgart 874. Bonz & Co. geb. n. 5. 70; geb. m. Goldschn. 6. —

—— aus dem Reiche der Frau. Bilder aus dem Frauenleben. gr. 16. (XII, 359 S. mit dem Portr. der Verf., Kpfrst.) Stuttgart 874, Metzler's Verlag. geb. *
geb. mit Goldschn.

—— aus der Schule des Lebens. Erzählungen für Deutschlands Frauen und Töchter. 8. (VII, 253 S.) Stuttgart 886, Gebr. Kröner. *ℳ 3.—.; geb. *

— das Storchen=Bilderbuch oder die Geschichte vom kleinen Hänschen. 8 kindl. (chromolith.) Bilder mit sinnigen Versen. qu. 4. (8 S.) Eßlingen 880. Schreiber. geb. n. 1. 20

— Tagebuch e. Waise. Eine Erzählg. f. Deutschlands Töchter. gr. 16. (299 S.) Ebend. 876. n. 4. —

— aus sonnigen Tagen. Novellen. 8. (275 S.) Leipzig 885. Schulze & Co. n. 4. —

— Aus freier Wahl. Charakterbilder aus d. Frauenwelt. — Stuttgart: Metzler 1874. 443 S. 8°

Laddey E. aus freier Wahl. Stuttgart 1876

Laddey, Emma, wild erblüht. Eine Geschichte für junge Mädchen. gr. 16. (398 S.) Stuttgart 877. Bonz & Co. geb. n. 4. 80

— wild erblüht. Eine Geschichte f. junge Mädchen. 2. Aufl. 8. (416 S.) Stuttgart 885. Bonz & Co. 3. 60; geb. n. 4. 80

Laddey, Emma, Wild erblüht. Eine Geschichte f. junge Mädchen. 3. Aufl. 8. (III, 345 S.) Stuttgart 898. A. Bonz & Co. Geb. in Leinw. n. 3. —

— tausend Wochen. Eine Geschichte f. junge Mädchen. 8. (279 S.) Ebend. 884. n. 3. —; geb. n. 4. —

Lade

— s. auch Ladde.

Ladé, Auguste, (de Genève): De la chorée. Zur. Schiller & Cie Impr. 1863. 39 S., 1 Bl. Thesen. 8°.
Zürich, Med. Diss. [v. 10. Aug. 1863].

Lade, Bernhard (Hrsg.), s. M a l o t , Hector: Sans Famille.

Lade, Curt Heinrich Rudolf, s. L a d e , Kurt Heinrich Rudolf.

Lade, Ed. v., der Obst- u. Gartenbau in Monrepos. Praktische Rathschläge f. jeden Monat des Jahres. Auf Grund 30jähr. Erfahrg. 8. (XI, 99 S.) Wiesbaden 893. J. F. Bergmann. Kart. n. 1. 50

Lade, Ed. v., der Obst- u. Gartenbau in Monrepos. Prakt. Rathschläge f. jeden Monat des Jahres. Auf Grund 30jähr. Erfahrg. 2., unveränd. Aufl. gr. 8. (XI, 99 S.) Wiesbaden 895. J. F. Bergmann. Geb. in Leinw. n. 2. —

— hygieinische Winke. 2. Aufl. 8. (64 S. m. 3 Taf. u. 3 Bl. Erklärgn.) Monrepos bei Geisenheim (894). (Wiesbaden, Feller & Gecks.) Geb. in Leinw. n.n. 3. —

Lade, Frhr. Ed. v., hygienische Winke. 3. Aufl. 8. (74 S. m. 3 Abbildgn.) Wiesbaden 902. H. Staadt. n. 2. —; geb. n. 2. 80

Lade, Eduard Frhr. v., das Problem der unmittelbaren Ausnutzung der Sonnenenergie u. e. neuer Vorschlag zu seiner Lösung. (13 S.) gr. 8. Köln 903. Kölner Verlagsanstalt u. Druckerei. — 80

Lade, Eduard v.: Ein W o r t zur Schulfrage. Eine ernste u. dringliche Mahnung zur zeitgemäßen Reform unserer höheren Schulen, namentlich für Gymnasien. 2. verm. Aufl. Wiesbaden 1900: Schellenberg. 19 S. 8°

Lade, F., Binsenmichel, s. T h a l i a für die deutsche Jugend.

Lade, Fritz, Bemerkungen üb. den praktischen Betrieb d. Weinbaues im Rheingau. gr. 8. (77 S.) Wiesbaden 873. Rodrian. 1. 80

Lade, Jh. Eph., Samml. e. großen Auswahl vorzügl. Miscellen rc. 2 Bde. gr. 8. Stuttg. 826 u. 27. Löfflund. 2 ₰ 16 K

Lade, Karl, Staatsverfassung, Fürstenrecht u. Hausvermögen, s. A. A r b e i t e n aus dem juristisch-staatswissenschaftlichen Seminar der königl. Universität Marburg. 11. Heft.

Lade, Karl, Referendar: Staatsverfassung, Fürstenrecht und Hausvermögen. Borna-Leipzig 1910: Noske. IX, 41 S. 8° ¶ (Ersch. vollst. als: Arbeiten aus d. jur.-staatswiss. Seminar d. Univ. Marburg. H. 11.)
Marburg, Jur. Diss. v. 26. April 1910, Ref. Schücking
[Geb. 23. Mai 83 Wiesbaden; Wohnort: Wiesbaden; Staatsangeh.: Preußen; Vorbildung: Gymn. Wiesbaden Reife O. 02; Studium: Freiburg i. B. 1, München 2, Berlin 1, Marburg 2 S.; Rig. 9. Febr. 10.] [U 10. 3305

Staatsverfassung, Fürstenrecht und Hausvermögen. Von Dr. Karl **Lade.** Marburg: Ebel 1910. VII, 114 S. 8°
(Arbeiten aus d. jurist.-staatswiss Seminar Marburg. H. 11.)

Lade, Kurt Heinrich Rudolf

Zwo Predigten über: I. Jesu Kenntniss aller Herzen, II. das gute Herz Jesu, auf dem Lande gehalten. Einem ehrw. Freymäurer zugeeignet von M[agister] Curt. Heinr. Rud. Lade. Leipzig: Crusius 1776. 63 S. 8°
Kl. 938.

Lade, Kurt Hnr. Rud., († d. 13. Dec. 1784.) zwei Predigten üb. d. Kenntniß Jesu aller Herzen, das gute Herz Jesu. 8. Leipz. 776. (W. Vogel). 4 K

Ladebeck, Hermann, Medizinalpraktikant in Leipzig: Aus d. med. Universitäts-Klinik zu Leipzig. ⟨Geheimrat Professor Dr. Curschmann.⟩ Ueber Hernia diaphragmatica und Hochstand des Zwerchfells. Leipzig 1907: B. Georgi. (97 S.) 8°
Leipzig, Med. Fak., Ref. Curschmann, Diss. v. 6. Dez. 1907
[Geb. 9. Juli 83 Leipzig; Wohnort: Leipzig; Staatsangeh.: Sachsen; Vorbildung: Thomas-Gymn. Leipzig Reife O. 02; Studium: Leipzig 9 S.; Coll. 16. Dez. 07; Approb. 21. Mai 07.]

Ladebeck, Herm., Schwimmschule. Lehrbuch der Schwimmkunst für Anfänger und Geübte. Ausführliche Anleitung zum Selbstlernen derselben. Zahlreiche Schwimmkünste und Sprünge. Vermeidung der Fehler beim Schwimmen rc. Mit 30 (eingedr.) Abbild. in Holzschn. nebst einem Lichtdr.-Bilde [Atelier von A. Naumann]. 8. (XV, 83 S.) Leipzig 878, (Klein'sche Kunsth.) *

Ladebeck, Herm., Schwimmschule. Lehrbuch der Schwimmkunst für Anfänger und Geübtere. Ausführl. Anleitung zum Selbstlernen derselben. Zahlreiche Schwimmkünste und Sprünge. Vermeidung der Fehler beim Schwimmen rc. Mit 31 Abbild. in Holzschn., nebst dem (Holzschn.-)Portr. des Verf. 2. verb. und verm. Aufl. 8. (XVI, 78 S.) Leipzig 880, Bruckner. *

Ladebeck, Herm., Schwimmschule. Lehrbuch der Schwimmkunst f. Anfänger u. Geübte. Ausführliche Anleitg. zum Selbstlernen derselben. Zahlreiche Schwimmkünste u. Sprünge. Vermeidung der Fehler beim Schwimmen &c. Mit 31 Abbildgn. 3. Aufl. gr. 8. (XVI, 78 S.) Leipzig 885. Bruckner. n. 2. —

Ladebeck, H., Schwimmschule. Lehrbuch der Schwimmkunst f. Anfänger u. Geübte. Ausführliche Anleitg. zum Selbstlernen derselben. Mit 31 Abbildgn. in Holzschn. 4. Aufl. gr. 8. (XVI, 78 S.) Leipzig 889. F. Fleischer. n. 2. —; geb. n. 2. 50

Ladebeck, Herm., Schwimmschule. Lehrbuch der Schwimmkunst f. Anfänger u. Geübte. Ausführliche Anleitg. zum Selbstlernen derselben. Mit 31 Abbildgn. in Holzschn. 5. Aufl. gr. 8. (94 S.) Leipzig 892. F. Fleischer. n. 2. —; geb. n. 2. 50

Ladebeck's, Herm., Schwimmschule. Lehrbuch der Schwimmkunst f. Anfänger u. Geübte, m. ausführl. Anleitg. zum Selbstlernen, zu zahlreichen Schwimmkünsten, Sprüngen u. zur Vermeidg. der Fehler beim Schwimmen. 6. Aufl., verm. durch e. ärztl. Einleitg. v. F. A. Schmidt. gr. 8. (III, 94 S. m. 31 Abbildgn.) Leipzig 900. R. Voigtländer. Kart. n. 1. 40

Ladeck, Karl, Peter Mayr, der Wirt in der Mahr, s.: Volkstheater, österreichisches.

Ladein, F., De Octavia praetexta. 1894. 107 S.

— — Vgl. Ladek, Friedrich

Ladein Josef: De Atheniensium saeculi a Ch. n. quinti praetoribus.
1881 PN 220 Diss. Wien, Univ. 1429

— — 133 S. 8° Wien, Ther., Progr. 1882.

Ladek A.: Die Stadt Eger und Heinrich IV. der Jüngere von Plauen 1471—79. Vorwiegend nach Handschr. des Egerer Stadtarchivs. 21. Eger 82. Progr.

Ladef, Adf., s. Knappe, Jos., Grundriß der Geographie.

Ladek Friedrich: De Octavia praetexata.
D: Diss. phil. Vindobonensis, III. Bd., 1891.
1888 PN 519 Diss. Wien Univ. 1479

— — Vgl. Ladein, F.

Ladek, Karl, Lehrbuch der Geographie, s.: Sonklar.

Lademann Söhne, C. F. W: Jll. Beschreibungen für Utensilien zur Waschküche und Plättstube. Katalog. Berlin (1894?)

Lademann Söhne, C. F. W: Jll. Catalog über Gartenmöbel usw. Berlin (1894?)

Lademann Söhne, C. F. W: Preisliste über Eis-Schränke usw. Berlin (1894?)

Lademann Söhne, C. F. W: Jll. Preisliste für Bettstellen usw. Berlin (1894?)

Lademann Söhne, C. F. W: Jll. Preisliste für Molkerei-Geräthe, Apparate und Maschinen. Berlin (1894?)

Lademann Söhne, C. F. W: Verzeichniß aller im Etablissement vorhandenen, zu Wirthschafts-Einrichtungen und für den häuslichen Comfort erforderlichen Gegenstände. Berlin (1894?)

Lademann, C., Reichs-Gerichtskostengesetz. Reichs-Gebührenordnung für Gerichtsvollzieher. Reichs-Gebührenordnung für Zeugen und Sachverständige. Mit Erläuterung. gr. 8. (58 S.) [Berlin 878, Donny und Sohn.] Leipzig, Mertens. (* 75 Pf.)

— Strafgesetzbuch für das deutsche Reich. Mit dem neuen Gesetz, betr. die Unterbringung von verwahrlosten Kindern in Erziehungs- u. Besserungsanstalten. Erläutert durch 330 dazu ergangene Entscheidungen des preußischen Obertribunals u. der höchsten deutschen Gerichtshöfe. Mit ausführlichem Sachregister. 16. (VII, 251 S.) Berlin 878. Hempel. n. 2. 80

Lademann, Fr. Thdr., († d. 25. Febr. 1809.) Kirchengeschichte d. Stadt u. Herrschaft Cottbus. 8. Cottbus 798, 99.

Lademann, Gebh., Tierfabeln u. andere Erzählungen in Suaheli, s.: Archiv f. das Studium deutscher Kolonialsprachen. XII.

Lademann, Jh. Math. Fr., († d. 5. Juni 1816.) Nachr. von d. Zustande des Helmstädtischen Waisenhauses. 8. Helmst. 782—90.

— Reden u. Gespräche in dem Helmstädt. Waisenhause gehalten. 8. Helmst. 783—90.

Lademann, Konrad, zu Steglitz-Berlin, Kammergerichts-Ref.: Der dolus eventualis im Deutschen Strafrecht. *Berlin 1899: G. Pintus.* (72 S.) 8° [Ant. u. F.]
Erlangen, Jur. Diss. v. 22. Dez. 1898

Lademann, Werner [aus Magdeburg]: Gonorrhoe und gerichtliche Medizin ... Berlin, Druck v. E. Ebering, *1897;* 29 S., 1 Bl. 8.
Berlin, Med. Fak., Inaug.-Diss. v. 16. Juli 1897

Lademaschine. Elektrisch betriebene Lade- und Entlademaschine für Retorten. Patent Oerlikon und Bertrand. (Mit [Figuren und] Tafel I.) Sonder-Abdruck aus «(Schillings) Journal für Gasbeleuchtung und Wasserversorgung» ([Jahrg. 48,] 1905).... [Hrg. von der Maschinenfabrik Oerlikon, Oerlikon bei Zürich.] II + 13 S. 8. München, R. Oldenbourg, 1905.

Fr. Enotrio Ladenarda. Giosue Carducci. Vol. 1. Palermo: Reber 1910. 8° [10. 10466

Ladenbauer, Willibald: [Festrede bei der Feier des 70. Geburtsfestes Sr. Majestät des Kaisers.] S. 47—54. 8.
Progr. K. k. deutsches Staatsgymn. *Budweis* 1901.

Ladenbauer, Willibald, der historische Unterricht als Grundlage e. religiösen Weltanschauung. gr. 8. (53 S.) Budweis 886. (Wien, Pichler's Wwe. & Sohn.) n. 1. —

Ladenbauer, Willib., O. Cist., das sociale Wirken der kathol. Kirche in der Diöcese Budweis, s.a. Wirken, das sociale, der kathol. Kirche. 9. Bd.

Ladenbauer, Willibald: Das sociale Wirken der katholischen Kirche in der Diöcese Budweis (Königr. Böhmen). Wien: Mayer & Co. in Comm. 1899. (XII, 335 S.) 8° (F.)
Wirken, das sociale, der kathol. Kirche in Oesterreich. Bd.9.

v. Ladenberg, P. W. A., s.a. Preußens gerichtl. Verfahren in Civil- u. Criminalsachen.

[Ladenberg, Adalb.]: Preußens gerichtliches Verfahren in Civil- und Kriminal-Sachen. E. Auszug aus den darüber bestehenden Gesetzen ... nebst e. Einl. Köln a. Rh. 1825.
— 4. Aufl. 1847.

Ladenberger, H., die Talma'sche Operation, s.: Abhandlungen, Würzburger, aus dem Gesamt-Gebiet der praktischen Medizin. VIII, 7.

Ladenburg [Schlagwort]

Ladenburg, s.: Geologische Karten. Spezialkarte (Baden).

Ladenburg [Verf.]

Ladenburg, die Anweisung und der gezogene Wechsel. gr. 8. (III und 121 S.) Mannheim 858, Bensheimer. *

Ladenburg, Alb., über den Einfluss der Naturwissenschaften auf die Weltanschauung. Vortrag, geh. auf der 75. Versammlg. deutscher Naturforscher u. Aerzte zu Cassel am 21. IX. 1903. (35 S.) gr. 8. Leipzig 903. Veit & Co. n. 1.—

Ladenburg, A., die Entwickelung der Chemie in den letzten 20 Jahren, s. a. Sammlung chem. u. chem.-techn. Vorträge. V. 2.

Die Entwickelung der Chemie in den letzten 20 Jahren. Von A[lbert] Ladenburg. *Stuttgart: F. Enke 1900.* (24 S.) 8°
Aus: Sammlung chem. u. chem.-techn. Vorträge. Bd 5.

Ladenburg, A., s. a. Handwörterbuch der Chemie.

LADENBURG, A.
Handwörterbuch der Chemie herausgegeben von Ladenburg unter Mitwirkung von Berend, Biedermann, Drechsel, Emmerling, Engler, Grehm, Heumann, Jacobsen, Pringsheim, von Richter, Rügheimer, Salkowski, Tollens, Weddige, Wiedemann. Breslau, 1882–89. 6 vols., roy. 8vo. Ill.

LADENBURG, A.
Handwörterbuch der Chemie. General-Register. Breslau, 1895. pp. 160, 8vo.

Ladenburg, Alb., die kosmischen Consequenzen der Spectralanalyse. Rede, bei Antritt des Rectorates der königl. Christian-Albrechts-Universität zu Kiel am 5. März 1884 gehalten. gr. 8. (24 S.) Kiel 884, (Universitäts-Buchhandlung.)

— u. C. Krügel, über das Krypton. 1. u. 2. Mittheilg. gr. 8. (6 S. m. 2 Fig. u. 2 S.) Berlin 900. (G. Reimer.) à n. — 50
Sonderabdrucke aus: „Sitzungsber. d. preuss. Akad. d. Wiss."

— über Racemie. — Baur, Emil, von den Hydraten in wässeriger Lösung. (40 S. m. 7 Abbildgn.) gr. 8. Stuttgart 903. F. Enke. n. 1. 20
Sonderabdruck aus: „Sammlg. chem. u. chem.-techn. Vortr."

Ladenburg, A., Theorie der aromatischen Verbindungen. gr. 8. (55 S.) Braunschweig 876. Vieweg & Sohn. n. 2. —

Ladenburg, A., Vorträge über die Entwicklungsgeschichte der Chemie in den letzten 100 Jahren. Braunschweig 869. Vieweg & Sohn. gr. 8. (X, 319 S.) n. 1 ₰ 20 ngr.

— Vorträge üb. die Entwicklungsgeschichte der Chemie in den letzten hundert Jahren. 2., verb. Aufl. gr. 8. (XI, 354 S.) Braunschweig 887. Vieweg & Sohn. n. 6. —

— Vorträge üb. die Entwicklungsgeschichte d. Chemie von Lavoisier bis zur Gegenwart. Gleichzeitig 3. verm. Aufl. der Entwicklungsgeschichte der Chemie in den letzten 100 Jahren. gr. 8. (X, 398 S.) Braunschweig 902. F. Vieweg & Sohn. Geb. in Leinw. n. 7. —

Ladenburg, Alb., Vorträge üb. die Entwicklungsgeschichte der Chemie von Lavoisier bis zur Gegenwart. 4. verm. u. verb. Aufl. (XIV, 418 S.) gr. 8. Braunschweig 907. F. Vieweg & Sohn. 12. —; geb. 13. 50

— Naturwissenschaftliche Vorträge in gemeinverständlicher Darstellung. (VII, 284 S.) gr. 8. Leipzig 908. Akadem. Verlagsgesellschaft. 9.—; geb. in Leinw. 10. —

Ladenburg, E., das Reflexionsvermögen des Wassers, s.: Rubens, H.

Ladenburg, E(rich): Untersuchungen über die entladende Wirkung des ultravioletten Lichtes auf negativ geladene Metallplatten im Vakuum. *Leipzig 1903: O. Leiner.* (28 S.) 8°
Leipzig, Phil. Diss. v. [24. März] 1903

Ladenburg, Leop., die Gleichstellung d. Israeliten Badens mit ihren christl. Mitbürgern, mit besond. Berücksichtig. d. Verhandln. d. 2. Kammer d. Landstände u. d. dort gefaßten Beschlusses vertheidigt. gr. 8. (9 B.) Mannheim 833, Schwan u. Götz.

—— die rechtl. Verhältnisse d. Israeliten in Baden. Eine Abhandl. aus d. Gebiete d. Badischen öffentl. Rechts. gr. 8. (3¼ B.) Mannheim 832, Schwan u. Götz.

Ladenburg, Margarete (Bearb.), s. Kurilov, Ven. Vikt.: Populäre Einleitung in das Studium der Naturwissenschaften.

Ladenburg, Max, s. a.: Heymann, Rob.

— Fritz Stagart's Abenteuer. Kriminal-Novellen. (Umschlag: Kriminal-Bibliothek.) 1.—61. Bd. (à 48 S.) 8. Dresden (905. 906). Verlag „Meteor". à Bd. — 10

— Fritz Stagart's Abenteuer. Kriminal-Novellen. (Umschlag: Kriminal-Bibliothek.) 62.—80. Bd. (à ca. 48 S.) 8. Dresden (907). Verlag „Meteor". à Bd. — 10

— Eine verhängnisvolle Brautwerbung, s.: Bibliothek, interessante.

— um e. Frauenehre, s.: Bibliothek, interessante, Nr. 18.

— Schatten der Vergangenheit, s.: Bibliothek, interessante.

— Das Testament des Frauenhassers, s.: Bibliothek, interessante.

Ladenburg, P. v., aus bescheidenen Verhältnissen. gr. 16. (166 S. m. 1 Holzschn.) Bern 874. Mann & Baeschlin. n. 1. —

Ladenburg, Rudolf, Dr. phil.: Über die Eigenschaften des leuchtenden Wasserstoffs. Breslau 1909: Graß, Barth & Co. 42 S. 8°
Breslau, Phil. Hab.-Schr. v. 11. Okt. 1909 [U 10. 652
(Nicht für den Austausch)

Ladenburg, Rudolf, a. Breslau: Über die innere Reibung zäher Flüssigkeiten und ihre Abhängigkeit vom Druck. Leipzig: J. A. Barth 1906. (126 S.) 8°
München, Phil. Fak., Ref. Röntgen, Diss. v. 6. März 1906
[Geb. 6. Juni 82 Kiel; Wohnort: Breslau; Staatsangeh.: Preußen; Vorbildung: König Wilh.-Gymn. Breslau Reife O. 00; Studium: Heidelberg 1, Breslau 2, München 6 S.; Rig. 6. März 06.]

Ladenburger, Hugo, aus Ladenburg: Über die Ernährung Typhuskranker mit Rahm nebst Versuchen über die Ausnützung der Nahrung bei Typhus abdominalis. *Würzburg 1901: F. Staudenraus.* (38 S.) 8°
Würzburg, Med. Diss. v. 1901

Ladenburger, Wilhelm, appr. Arzt a. Heimatsmühle, O./A. Aalen: Aus der Kgl. Universitäts-Frauenklinik Tübingen. Sechs Fälle von Osteomalacie. Tübingen: F. Fues 1904. (34 S.) 8°
Tübingen, Med. Fak., Ref. Döderlein, Diss. v. 29. Aug. 1904
[Geb. 12. Aug. 75 Heimatsmühle, O./A. Aalen; Wohnort: Tübingen; Staatsangeh.: Württemberg; Vorbildung: Gymn. Ellwangen Reife M. 98; Studium: Tübingen 8, Kiel 1 S.; Coll. 1. Dez. 03; Approb. 7. Aug. 03.]

Ladendorf, A., das Höhenklima in meteorologischer, physiologischer u. therapeutischer Beziehung. 1. Tl.: Das solare Klima. — Das Höhenklima. [Aus: „Deutsche Med.-Zeitg."] gr. 8. (70 S.) Berlin 889. Grosser. n. 1.—

Ladendorf, Aug., sechs Jahre Gefangenschaft unter den Folgen des Staatsstreichs und der Kampf um's Recht in der „neuen Aera". Ein Beitrag zur geschichtlichen Charakteristik der Reaction u. deren Handlanger. Leipzig 862. O. Wigand. gr. 8. (358 S.) n. 1 ℛ 15 ngr.

Ladendorf, Augustus (Joan. Frid.) (geb. 1814): De scientiae paedagogicae notione. Berolini (1847). (74 S.) 8°
Berlin, Phil. Diss. v. 20. Mai 1847

Ladendorf, Carl, s. Ladendorf, Karl

Ladendorf, Hans Gust., Antritts-Predigt üb. 2. Kor. 4,5 bei seiner Einführg. in d. Amt d. Pastors am alten allgem. Krankenhaus u. an der Anstalt Friedrichsberg in Hamburg, am 27. IX. 1898 geh. gr. 8. (16 S.) Hamburg 898. L. Gräfe & Sillem. —30

Ladendorf, (Car.) Henr. (geb. Penzlin in Meckl. 15. 3. 1812): De prosopalgia. Berolini (1842). (26 S.) 8°
Berlin, Med. Diss. v. 15. März 1842

Ladendorf, Karl, approb. Arzt aus St. Andreasberg i. H.: Aus d. Hygien. Institut zu Rostock. Zur Kenntnis der sog. Fleischvergiftungen. ⟨Massenerkrankung infolge d. Genusses d. Fleisches u. d. Organe zweier wegen Gebärparese notgeschlachteter Kühe.⟩ *Rostock 1902: H. Winterberg.* (27 S.) 8°
Rostock, Med. Diss. v. [30. Dez.] 1902

Ladendorf, Carl, Referendar: Die Stellung der Frau beim Gesamtgut der allgemeinen Gütergemeinschaft. Schönberg i. M. 1905: Lehmann & Bernhard. (75 S.) 8°
Rostock, Jur. Fak., Ref. Bernhöft, Diss. v. 10. Febr. 1905
[Geb. 18. Juli 76 Schönberg i. M.; Wohnort: Schönberg; Staatsangeh.: Mecklenburg-Strel.; Vorbildung: Realprogym. Schönberg, Realgym. Rostock Reife O. 95, Ergänzungsexamen Gymn. Rostock O. 97; Studium: Marburg 2, Rostock 2, München 2, Rostock 3 S.; Rig. 5. Dez. 04.]

Ladendorf, Otto, Hans Hoffmann. Sein Lebensgang u. seine Werke. (255 S. m. 1 Bildnis.) 8. Berlin 908. Gebr. Paetel. 5.—; geb. in Leinw. 6.—

— Schillers Räuber, s.: Dünzer, Heinr.

Ladendorf, Otto, historisches Schlagwörterbuch. Ein Versuch. (XXIV, 365 S.) 8. Straßburg 906. K. J. Trübner. n. 6.—; geb. in Leinw. n. 7.—

Ladendorf, Otto: Christoph Otto Freiherr von Schönaich. Beiträge zur Kenntnis seines Lebens und seiner Schriften. *Leipzig-R. 1897: O. Schmidt.* (78 S.) 8°
Leipzig, Phil. Diss. v. [14. Dez.] 1897

— Theodor Storm's Immensee u. Ein grünes Blatt, s. a. Dichter, deutsche, des 19. Jahrh. 4. Bdchn.

Theodor Storm. Immensee u. Ein grünes Blatt. Von Dr. Otto Ladendorf in Leipzig. *Leipzig & Berlin: B. G. Teubner 1903.* (36 S.) 8° [F.]
— Dichter, Deutsche, des neunzehnten Jahrhunderts. Bdch. 4.

— Theodor Storms Pole Poppenspäler, Ein stiller Musikant, s. a. Dichter, deutsche, des 19. Jahrh. 17. Bdchn.

Theodor Storm. Pole Poppenspäler, Ein stiller Musikant. Erl. von Dr. Otto Ladendorf, Leipzig. Leipzig & Berlin: B. G. Teubner 1905. (40 S.) 8° [F.]
— Dichter, Deutsche, d. neunzehnten Jahrhunderts. Bdch. 17.

— (Hrsg.), s. Zachariä, Friedrich Wilhelm: Zwei polemische Gedichte.

— s.: Zeitschrift f. den deutschen Unterricht.

Ladendorff, A., über die Gründung von Volksanatorien für Phthisiker, s. Sonderabdrücke der Deutschen Medizinal-Zeitung.

Ladendorff, G., militairische Zeit- und Charakterbilder. Leipzig 863. Magazin für Literatur. 8. (2 Bl., 288 S.) 27 ngr

Ladendorff, K., s. Ladendorf, Karl

Ladendorff, Otto: Theses loco dissertationis de viro syphilitico mox edendae. Halis Saxonum (1866): Ploetz. 2 Bl. 8°
Halle-Wittenberg, Med. Thesen v. 20. Juni 1866

Ladendorff, Otto: De typho abdominali. Halis Saxonum (1866): Ploetz. 31 S. 8°
Halle-Wittenberg, Med. Diss., nachgeliefert von dem am 21. [Prom.-Buch u. Annales: 20.] Juni 1866 auf Thesen promovierten Verf.
Geb. Berlin 27. 11. 1843. V.

Laden-Regeln für Detaillisten in Materialwaaren-Handlungen. Eine Tabelle in 50 Paragraphen zum Aufhängen in Materialwaaren-Handlungen. Nordhausen 860. Büchting. (Leipzig, Wilfferodt.) gr. Fol. 3 ngr

Ladensack, Jh. Mch., († d. 10. Aug. 1790.) der durch Europa u. Amerika aufmerksame Reisende. In Absicht zu suchen wahre Kinder Gottes. Der aber nirgends selbige gefunden, als den Namen nach, u. im Schein, aber nicht im Wesen. Hierüber höchst betrübt u. ermüdet, legt er sich in Amerika unter einen Baum, da ihm in e. Gesicht viele große u. kleine Partheien des äußern Christenthums gezeigt werden ꝛc. 8. Hamb. 767.

Ladenstüblein, Das, im Lande Utopia. [Stuttgart 1817.] V: *Schläpfer, Johann Georg.* (GGr) (NN XIII, 401)

Laderechnung der Gesellen der bürgerl. Vergolder und Lackirer vom 1. Jänner bis 31. Dezember 1856. Druck von A. Pichlers Witwe und Sohn. (1 Bl. 4.)

Laderechnung der bürgerl. Vergolder, Lackirer und Wagenmaler-Innung vom 1. Jänner bis 31. Dez. 1856.

Laderer, (Gerichts-Notar) Zusammenstellung der Bestimmungen über die Notariatssporteln für die Geschäfte d. freiwilligen Gerichtsbarkeit, so wie über die Erbschafts- und Vermächtniß-Sporteln auch Accise-Schuldigkeiten. Mit alphabet. Sachregister u. Reduktionstabellen. Fol. Ravensberg ... Gradmann u. Knapp. 1 ℛ 1 f.

Ladewig, Beurtheilung der Peerlkamp'schen Bemerkungen zu den ländlichen Gedichten Vergil's. 4. (26 S.) Neu-Strelitz 864. (Berlin, Calvary und Comp.) *

Ladewig, A., der Gesang des Harzers Kanarienvogels. 8. (IV, 49 S.) Bütow 881. (Hameln, Fuendeling.) n. 1.—

Ladewig, Franz, aus Crivitz: Über die Knospung der ektoprokten Bryozoen. Mit 1 lithogr. Taf. *Leipzig: W. Engelmann 1900.* (21 S.) 8° ¶(Aus: Zeitschrift f. wiss. Zoologie, Bd 67, H. 3.)
Rostock, Phil. Diss. v. [11. Nov.] 1899

Ladewig, Joan. Christ(ian.) (geb. Verchen in Pomm. 30. 6. 1820): De dyscrasia arthritica. Berolini (1848). (34 S.) 8°
Berlin, Med. Diss. v. 2. Okt. 1848

Ladewig, Louis [aus Hamburg]: Über die Einwirkung von Pyrophosphorsäurechlorid und Phosphorpentoxyd auf Amine der aromatischen Reihe ... Rostock, C. Hinstorffs Buchdr., 1896; 51 S. 8.
Rostock, Phil. Fak., Inaug.-Diss. v. [11. Aug.] 1896

Zwei Böcklin-Aufsätze von Paul **Ladewig.** [Essen a. d. R. 1903: Buchdr. d. Gussstahlfabrik Essen.] (8 S.) 8° [F.]
Aus: Badische Presse. 1895, No 135; 1897, No 243. [03. 13318 9

Die Kruppsche Bücherhalle in Essen-Ruhr. [Verf.: Paul **Ladewig.**] Sonderdr. aus Reyer 'Fortschritte d. volkstüml. Bibliotheken' ⟨Leipzig: W. Engelmann 1903.⟩ nebst Statist. Tabelle über d. Benützung d. Bücherhalle v. 1. März 1899–31. Mai 1905. Als Hs. gedr. (Essen/Ruhr 1905: Gußstahlfabr. F. Krupp.) (11 S.) 8° [05. 14311 9

Die Kruppsche Bücherhalle in Essen-Ruhr. [Verf.: Paul **Ladewig.**] S.A. aus 'Fortschritte d. volkstüml. Bibliotheken' ⟨Leipzig... 1905⟩ nebst statist. Tabelle... ⟨Als Hs. gedr.⟩ (Essen) 1906: (Kruppsche Buchdr.). (11 S.) 8° [06. 9803 4

[**Ladewig,** P.,] Die Kruppsche Bücherhalle in Essen-Ruhr. Nebst statistischer Tabelle über die Benutzung der Bücherhalle vom 1. März 1899 bis 31. Mai 1905. [Ausg. 1905]. Essen-Ruhr, 1905. 11 S. mit 1 Abb. und 1 Tab.
Dasselbe. [Ausg. 1908.] Ebd., 1908. 14 S. mit 1 Taf.

Ladewig, Paul (geb. Brest-Litowsk 25. 10. 1858): Poppo von Stablo und die lothringisch-cluniacensische klosterreform in der ersten hälfte des 11. jahrhunderts. Danzig (1882). (40 S.) 8° * Vollst. ersch. u. d. T.: Poppo von Stablo u. die klosterreformen unter den ersten Saliern. Berlin: Puttkammer u. Mühlbrecht 1883.
Berlin, Phil. Diss. v. 12. Okt. 1882

Ladewig, P., s. Regesta episcoporum Constantiensium.

Ladewig, Paul. Regesta Episcoporum Constantiensium. Regesten zur Geschichte der Bischöfe von Konstanz von Bubulcus bis Thomas Berlower (517—1496). Heft II. (1107—1227.) In-8°. Innsbruck, Wagner'sche Univers.-Buchhandlung. 1888

[**Ladewig,** Paul]: Die Verwaltung und Einrichtung der Kruppschen Bücherhalle. Essen 1905

Ladewig, T., Ueber den Kanon des Volcatius Sedigitus. Pr. 1842. 40 S. 4°.

Ladewig, T., Probe eines latein. Schulwörterbuchs. Pr. 1861. 16 S. 4°.

Ladewig, T., Plautinische Studien. S.-A. o. J. 59 S.

Ladewig, Th., Analecta scenica. 4. (40 S.) Strelitiae novae 848, Barnewitz. Thlr. *

Ladies-fashions, new. Red.: Gust. Lyon. Jahrg. 1910. 10 Nrn. (à ca. 8 S. m. 18 Taf.) 42×32 cm. Berlin. (Leipzig, W. Opetz.) 30.—; halbj. 17.50; Jährlich 2 Tableaux gratis. einz. Nrn. 3.50

Ladies Washing-boock. — Mémoire de linge à laver des Dames. — Wasch-Tabellen für Damen. 24 Bl. gr. 8. Mainz 844, Le Roux. (Jannitsch et Kunkel.) n. 1/3 ß

Ladiges, C. v., vollständ. u. getreuer Abdruck d. Rechnungsabschlüsse d. J. 1834, 1835, 1836 u. 1837 d. Wirthschaft Kranichstein etc. Besond. wichtig f. diejen. Oekonomen, welche sich v. der auf d. landwirthschaftl. Rechnungs-Führung angewandten doppelten Buchhalt. vollständ. Kenntniß verschaffen wollen. 1. Hft. 1834 u. 1835 enth. gr. 8. (6¼ B.) Darmstadt 838, Expedition d. allgem. Zeitschr. f. Land- u. Hauswirthschaft.
Aus: Zeitschrift für Land- u. Hauswirthschaft, besond. abgedruckt.

—— Wochenschrift f. Land- u. Hauswirthschaft, s. Wochenschrift.

—— Zeitschrift f. Land- u. Hauswirthschaft, s. Zeitschrift.

Ladijensky, M. [aus Krementschug (Russland)]: Zur differentiellen Diagnose zwischen Fibrocysten des Uterus und Ovarialcysten.... Würzburg, Paul Scheiner's Buchdr., 1886; 94 S. 8°.
Würzburg, Med. Fak., Inaug.-Diss. v. 1886.

LADINIG, Simon: De statu politico ecclesiae Germanicae. — (1832) 80 S. 8° (Handschr.) Diss. 28
Diss. Wien, Univ.

Ladisch, Karl

Ladisch, Carl, aus Arnswalde N. M.: Über die Hexahydro-p-Benzylamincarbonsäuren. *München 1899: L. Wildenauer Nachf.* (37 S.) 8°
München, Phil. Diss. v. 1899

Ladisch, Wilhelm, approb. Arzt aus Arnswalde: Aus d. Psychiatr. u. Nervenklinik zu Kiel. Ein Fall von Akromegalie mit bitemporaler Hemianopsie. *Kiel 1903: Ch. Donath.* (12 S.) 8°
Kiel, Med. Diss. v. [6. Juli] 1903

Ladislaus Posthumus, Erzherzog von Oestreich; König v. Ungarn und Böhmen. Historisch-romant. Gemälde von Wilh. v. Gersdorf. 8. Brünn, Traßler. (Leipzig, Hartmann.) 818. Rthlr.

Ladner, Carl, s. Ladner, Karl

Ladner, Gustav: Ueber Halogen- und Halogennitroderivate des Phenanthrens. 1905. VI. 32 S. 8° * Vgl. Berichte d. Deutschen Chem. Gesellschaft. Jg. 37. 1904.
Stuttgart, Dr.-Ing.-Diss. v. 15. 12. 1904

Ladner, Joh. Bapt., Languard-Rundschau. Ein hypsometrisches Verzeichniss von tausend über 8000′ hohen Gipfeln und Gräten der Alpenkette zwischen Montblanc und Grossglockner, welche vom 10,887′ hohen Piz-Languard im Ober-Engadin aus gesehen werden, mit Bezeichnung von Lage und Entfernung der Berge, sowie einiger Hauptorte dieser Alpen- und deren Nachbarländer. Nach vielfachen eigenen Beobachtungen und den besten neuesten Quellen zusammengestellt und allen Languard-Freunden gewidmet. Chur 858. (Grubenmann.) 8. (32 S.) 7½ ngr.

Ladner, Joh. Bapt., Languard-Rundschau. Ein hypsometrisches Verzeichniss von tausend über 8000′ hohen Gipfeln und Gräten der Alpenkette zwischen Montblanc und Grossglockner, welche vom 10,887′ hohen Piz-Languard im Ober-Engadin aus gesehen werden mit Bezeichnung von Lage und Entfernung der Berge, sowie einiger Hauptorte dieser Alpen- und deren Nachbarländer. Nach vielfachen eigenen Beobachtungen und den besten neuesten Quellen zusammengestellt und allen Languard-Freunden gewidmet. 8. (32 S.) Chur 858, (Grubenmann.)

Ladner, Jos. (Trevir), De dignoscendis phthiseos tuberculosae pulmonum symptomatis. Diss. path. Berlin (Nietack) 28. XI. 1837. 38 S. mit Biogr. (M.: Angel. Metlach.) (3.20) 20288
Gew.: Jo. Hug. Wyttenbach.

Ladner, Karl

Ladner, Carl, Arzt [a.] Trier ⟨a. d. Mosel⟩: Aus der Königlichen Universitäts-Frauenklinik zu Bonn. Zur Kasuistik der Wendung. Bonn 1907: C. Georgi. (107 S.) 8°
Bonn, Med. Fak., Ref. Fritsch, Diss. v. 7. Aug. 1907
[Geb. 27. Okt. 78 Trier; Wohnort: Bonn; Staatsangeh.: Preußen; Vorbildung: Gymn. Montabaur Reife O. 99; Studium: Heidelberg 1, München 6, Bonn 6 S.; Coll. 7. Aug. 07; Approb. 9. Juli 07.]

Ladoff [Russe]
s. Ljadov. [og. 10376 ll

Ladoff, E., die Idealisten der russischen Revolution. (I.) Die ersten Schritte. (In russ. Sprache.) (58 S.) 8. Berlin 907. [F. Gottheiner.] H. Caspari. 1. 20

— dasselbe. (II. Bd.) Ein kühner Vorstoss. (In russ. Sprache.) (38 S.) 8. Ebd. 907. 1. 20

Ladomus, Jh. Fr.

— Pestalozzische Anschauungslehre d. Zahlenverhältnisse in Beziehung auf die Arithmetik als Wissenschaft. gr. 8. Heidelb. 807. Mohr. 4 gr

— Beitrag zur Methodik in d. reinen Mathematik ꝛc. 8. Heidelb. 809. (Herder in Freiburg). 6 gr

— über Pestalozzi's Grundidee d. Erziehung. gr. 8. Heidelb. 813. Mohr. 8 gr

Ladomus, Jh. Fr., geometrische Constructionslehre für Lehrer u. Lernende. Ein Versuch geometrischer Geistesgymnastik. Mit 17 Kpft. gr. 8. Freiburg 81?. Herder. 1 Rthlr 4 gr 2r Thl. A. u. d. T.: Die Lehre von den Kegelschnitten. Mit 13 Steint. gr. 8. Ebd. 818. 1 Rthlr 3 gr 3r Thl. A. u. d. T.: Tulla's Annäherungsconstructionen. Ein für d. Raumtechnik höchst wichtiger Unterrichtszweig. Bearbeitet von Ladomus. — Nebst e. Anhange, enthaltend: Tulla's Methode d. graphischen Centrirung d. Winkel u. d. Correction d. Seiten u. Winkel d. Dreiecke bei geodätischen Vermessungen, ausgearb. vom Obergeometer J. Zipfel. Mit 13 Steint. gr. 8. Karlsr. 832. Groos. 20 gr

— über technische Lehranstalten. 8. Karlsr. 824. Marx. 6 gr

— Umfang u. Eintheil. d. Perspective. Mit 4 Tabellen. Herausg. J. A. Breyssig. gr. 8. Königsb. 804. Unzer. 20 gr

— Zeichnungslehre nach Pestalozzischen Grundſ. 16 Heft. m. K. gr. 8. Lpz. Gräff. 805. — 8

— Zeichnungslehre nach Pestalozzischen Grundsätzen. 16 Heft. Mit Kpf. gr. 8. Leipz. 805. (Wienbrack). 8 gr

Ladoucette, Mme la Baronne de, Ave Maria. Souvenirs d'Einsideln. 25 ans de Pèlerinage. 8. (173 S. m. 6 Lichtdr.) Einsiedeln 889. Benziger & Co. geb. m. Goldschn. n. 4. 80

Ladowski, Maciej Marcyan: Inwentarz konstytucyy koronnych y. w. x. Litewskiego, od 1550 do 1683 krotko zebrany. A przez Jozefa Jedrzeia na Załuskach Załuskiego . . . zkorygowany przydatkiem opuszczonych artykułow poprawiony y supl. obszernym od r. 1683. az do ostatniey konstytucyi seymu 1726 incl. opatrzony. Lipsku 1733.
[Inventarium d. Konstitutionen d. Krone Polen u. d. Großfürstentums Litauen von 1550—1683. Verb. durch Hinzufügung ausgelassener Artikel u. mit e. ausführl. Suppl. v. 1683—1726 einschl. versehen.]

Ladowskiego, Mac. Marc., Inwentarz Konstytucyi Koronnychy W. X. Litewskiego, od. Roku Panskiego 1550. do R. 1683. Krotko Zebrani, a przez I. W. I. M. C. J. X. Jozefa Jedrzeia na Zaluskach Zaluskiego u Supplementem Obszernym od. Roku, 1683, asdo ostamicy Konstytucyi, Seymu 1726, fol. Lpz. Weidmann. 733. 5 —

Lädrach, O[tto]. Ein Missionsfest im Heidenland. [Illustriert.] IV + 16 S. 8. Basel, Basler Missionsbuchh., 1907. (fr. —. 10 = M. —. 10)

Ladrasch, R.: Algebraische Bestimmung der Tangenten, der Wendepunkte und des Krümmungskreises der algebraischen ebenen Curven. 20 S.– Breslau F. G., Progr. 1858.

Ladrasch, *Rudolf* Summation der Reihe, deren Glieder die Potenzen desselben Grades der natürlichen Zahlen mit positiven ganzzahligen Exponenten sind. 4 (S. 3—26).
Progr. Rg. *Dortmund* 1886 (342).

Ladrone, Konrad, s. Leinwand, über deren Verfertigung.

— s. Samml. aus prof. u. poet. Schriften.

Ladrone, Konr.: Akademische Rede, über die politische Erziehungsfrage: Ob es nicht aus Menschenliebe räthlich . . . sey, die in einem Staat sich befindende jüdische Nation an den allgem. u. öffentl. Erziehungsanstalten Theil nehmen zu lassen. Frankfurt a. M. 1782.

Ladrone, Konr., über einfache u. zusammengesetzte Schönheit, nach Engels u. Mendelssohns Grundsätzen. 8. Mainz 784.

— über d. Vortheile d. öffentl. Erziehung vor d. Privaterziehung. 1e u. 2e Abtheil. 8. Mainz 787, 88.

Ladung und Verpackungsart bei den Feldgeschützen und neuartigen Batterie-Munitions-Wagen. (Lithographiert.) 8. (Wien zirka 1843.)

Ladungs- und Verpackungs-Art bei den Feldgeschützen und Munitions-Karren. 8. (Wien 1831.)

Ladungs- und Verpackungs-Art bei den Feldgeschützen und Munitions-Karren. 8. (1840 ?)

Ladungslisten über die in den Revaler Hafen ein- und auslaufenden Schiffe nebst deren Ladungen. Jährlich 60—80 Nrn. 4. und 8. Reval, Lindfors' Erben. à Jahrg. **

Ladurner, Alois, Gedichte. 12. (IV, 76 S.) Meran 884, Plant's Buchh. 1 20

Ladurner, Fr., d. organische Leben d. gesunden u. kranken Menschen. Ein „Weckruf" zur naturgem. Lebensweise. gr. 16. (24 S.) Meran 897. (C. Jandl.) n. — 40

Ladurner, Fr., das organische Leben des gesunden u. kranken Menschen. Ein „Weckruf" zur naturgemäßen Lebensweise. 12. (24 S.) Gratsch-Meran 899. (Leipzig, H. Hartung & Sohn.) n. — 30

Ladurner, J., Die Familie der Edlen von Negri di s. Pietro. Innsbruck 1874.

Ladurner, Jos., s.: Piffrader, Jos., d. bair. Illuminaten.

Ladurner, Justinian, Beiträge zur Geschichte der Pfarrkirche von Bozen. gr. 8. (40 S. mit 1 Stahlst. und 1 Stnt.) Bozen 851, (Promperger'sche Buchh.)

Ladurner, J., urkundliche Beiträge zur Geschichte des deutschen Ordens in Tirol, s. Zeitschrift des Ferdinandeums.

Ladurner, P. Justinian. Urkundliche Beiträge zur Geschichte des deutschen Ordens in Tirol. [SA.] 8. Innsbruck 1861.

Ladusky u. Floriska, eine poln. Familiengeschichte; aus d. Französ. v. K. L. M. Müller. 4 Thle. 8. Leipz., (Fort). 3 ♂ 4 gl Hbg. Pr. 1 ♂ 18 gl

Ladusky und Floriska, eine polnische Familiengeschichte. Aus d. Französ. übers. von K. L. M. Müller. Leipzig 180*. V: *Lacroix de Niré, J. L.* (BGE IV, 8)

Ladusky u. Floriska; e. polnische Familiengesch., a. dem Französ. v. K. L. M. Müller, m. Kupf. 4 Thle. 8. Leipzig, Tauchnitz. 802.

Ladvocat, Jean Baptiste

Ladvocat, J. B., tractatus de concillis in genere. 8. Lips. 780. Schneider. 20 gl

Ladvocat, Jean Baptiste. Historisches Handwörterbuch ... Ulm 1760—1816. Ü: *Hegelmaier, Thomas Gottfried, Otto Chn v. Lohenschiold, Sam. Baur & Joh. Herk. Haid.* (ML) (MGT) (Ky)

Ladvokat, histor. Handwörterbuch von Patriarchen, Kaisern, Königen, Fürsten, großen Feldherrn, heidnischen Gottheiten, Päpsten rc. Aus d. Französ. (von Lohenschiold, Hegelmaier, Sam. Baur u. Jh. Herk. Haid.) 11 Thle. gr. 8. Ulm 760—816. Stettin. 19 ♂ (5r—11r Thl. A. u. d. T.: neues histor. Handlexikon oder kurzgefaßte Nachr. v. Patriarchen, Kaisern, Königen rc. 7 Bde. gr. 8. Ebd. 785—816. [1r u. 2r Neue Aufl. 801—6.] 12 ♂ 8 gl)

— — 7r Bd. N. A. gr. 8. Ebend. 816.

Ladwig, Emil, Gerichtsassessor: Die Erwerbung der Staatsangehörigkeit durch Anstellung nach dem Reichsgesetze vom 1. Juni 1870. Greifswald 1908: J. Abel. (44 S.) 8°
Greifswald, Jur. Fak., Ref. Stoerk-Sartorius, Diss. v. 24. Febr. 1908
[Geb. 28. Juni 79 Pollnow (Pommern); Wohnort: Pollnow; Staatsangeh.: Preußen; Vorbildung: Gymn. Dramburg Reife O. 98; Studium: Greifswald 1, Berlin 2, Greifswald 4 S.; Rig. 5. Dez. 07.]

Lady, a brave, by the author of „John Halifax, gentleman," s. Collection of British Authors.

Lady Chevelev, od. d. Frau v. Ehre, s. Chevelev.

Lady every physician
Arzt für das schöne Geschlecht. (Every lady her own physician, or the closet companion, containing ample instructions for the prevention and cure of all disorders incident to the fair sex..., corrected and revised by Silvester Mahon. Dt.) Übers.und mit praktischen Anmerkungen...begleitet von Christian Friedrich Michaelis. 216 S., gbd.

Leipzig: Junius 1790

JB 3.918

Lady, my little, s.: Collection of brith. authors.

Ladysmith [Schlagwort]

Ladysmith, s.: Kriegsschauplatzkarten.

Laë, A. G., Früherate. Gedichte e. jungen Mädchens. (24 S.) 8. Leipzig 909. Modernes Verlagsbureau. 1. —

Laennec, René Théophile Hyacinthe

Laennec, R. T. H., Abhandl. von d. Krankheiten d. Lungen rc., s. Bibliothek d. ausländ. Lit. f. prakt. Med., 15. u. 16. Bd.

Laennec, R[ené] T[héophile] H[yacinthe]: Abhandlung von den Krankheiten der Lungen und des Herzens und der mittelbaren Auscultation als eines Mittels zu ihrer Erkenntniss. Aus d. Franz. übers. von Friedrich Ludwig Meissner. Thl 1. 2. Leipzig 1832.
(Bibliothek d. ausländischen Literatur für praktische Medicin. Bd 15. 16.)

Laennec, R(ené) T(héophile) H(yacinthe): Die mittelbare Auskultation (das Hören mittelst des Stethoscops) oder Abhandlung über die Diagnostik der Krankheiten der Lunge und des Herzens. (De l'Auscultation médiate... Dt.) Nach dem Französischen im Auszuge bearb. Abth.1 - 2, 618 S., gbd., Abb.

Weimar: Landes-Insdustrie-Comptoir 1822

Laennec in der Westentasche. Kurze und fassl. Uebersicht der Lehre von der Percussion und Auscultation. 32. (101 S.) Berlin 860, Peiser. *

Laennec in der Westentasche. Kurze u. fassliche Uebersicht der Lehre von der Percussion und Auscultation. 860. — 2. Aufl. Berlin 864. Peiser. 32. (103 S.) n. 10 ngr

Laennec in der Westentasche. Kurze u. fassl. Uebersicht der Lehre v. der Percussion u. Auscultation. 3. verm. u. verb. Aufl. 16. (102 S.) Berlin 872. W. Peiser's Verl. n. 1. —

Laënnec, zur Vorgeschichte des Sthetoskops. Ein Orig.-Brief. Mit Bemerkgn. v. C. Gerhardt. Lex.-8. (4 S.) Berlin 900. [Verlag „Die medicin. Woche".] Vogel & Kreienbrink. n. — 40
Sonderabdruck aus: „Die medicin. Woche".

Laertius, Diogenes, s. *Diogenes* Laertius.

Laertius, Diogenes, philosophische Gesch., od. von d. Leben, der Meinungen rc. der berühmtesten Philosophen Griechenlands. a. d. Griechischen. 8. Leipz. Schwickert. 806. 1 16

— de vitis philosophorum libri X. gr. et lat. add. indic. Paul Dan. Longolii. II Tmi. 8. maj. Vien. et Lps. Krauss. 758. 2 —

— — ejusd. liber decimus, gr. et lat. edit. Norimbergens. 8. maj. Nrnb. Stein. 791. — 16

Lafage. Recueil de Desseins gravés d'après les fameux Maitres, tirés de la Collection de l'Académie Electorale Palatine des beaux Arts à Düsseldorff. 1780 — 1781. Fol.

La Faille, Clément de. Versuch über die Naturgeschichte des Maulwurfes... A. d. Franz.... Frankf. u. Leipz. 1778. Ü: *Eichhof, Joh. Peter.* (Ky) (BrMm)

de Lafaille, ..., Versuch über d. Naturgesch. d. Maulwurfs; aus d. Französ. (von Jh. Pt. Eichhof). Mit Kpf. 8. Frankf. u. Leipz. 778. Fr. Fleischer. 6 gr

Lafar, Frz., s.: Handbuch der technischen Mykologie.

– (Hrsg.), s. Morphologie. Allgemeine, und Physiologie der Gärungsorganismen.

– (Hrsg.), s. Mykologie des Bodens, des Wassers und des Düngers ...

Lafar, Frz., technische Mykologie. E. Handbuch d. Gärungsphysiologie f. techn. Chemiker, Nahrungsmittel-Chemiker, Gärungstechniker, Agrikulturchemiker, Pharmaceuten u. Landwirte. M. e. Vorwort v. Emil Chr. Hansen. 1. Bd.: Schizomyceten-Gärgn. Mit 1 Lichtdr.-Taf. u. 90 Abb. im Text. gr. 8. (XII, 362 S.) Jena 897. G. Fischer. n. 9. —

Lafar, Frz., technische Mykologie. Ein Handbuch der Gärungsphysiologie für techn. Chemiker, Nahrungsmittel-Chemiker, Gärungstechniker, Agriculturchemik., Pharmaceuten u. Landwirte. Mit e. Vorwort v. Emil Chr. Hansen. II. Bd.: Eumyceten-Gärgn. 1. Hft. Mit 68 Abbildgn. im Text u. 1 Tab. gr. 8. (S. 363—538.) Jena 901. G. Fischer. n. 4. —
I. Bd. Ebd. 897. n. 9. —.

– technische Mykologie. Ein Handbuch der Gärungsphysiologie f. techn. Chemiker, Nahrungsmittel-Chemiker, Gärungstechniker, Agrikulturchemiker, Pharmaceuten u. Landwirte. Mit e. Vorwort von Emil Chr. Hansen. Quellen-Verzeichnis u. Sach-Register. (138 S.) gr. 8. Jena 903. G. Fischer. n. 2. 80

— dasselbe. 2. Bd.: Eumyceten-Gärungen. Unter Mitwirkg. v. A. Bau, M. Hahn, Alb. Klöcker u. a. hrsg. 2. Drittel. Mit 31 Abbildgn. im Text. Red. Sonderabdr. aus L., Handbuch der techn. Mykologie. (S. 539 bis 714.) Lex.-8. Ebd. 906. n. 4. 40
I u. II 1. Ebd. 897. 901. n. 13. —.

— Technische Mykologie. Ein Handbuch der Gärungsphysiologie f. techn. Chemiker, Nahrungsmittel-Chemiker, Gärungstechniker, Agrikulturchemiker, Pharmaceuten u. Landwirte. 2. Bd.: Eumyceten-Gärungen. Unter Mitwirkg. v. A. Bau, M. Hahn, Alb. Klöcker u. a. hrsg. 3. Drittel. (Schluss.) Mit 19 Abb. im Text. Red. Sonderabdr. aus L., Handbuch d. techn. Mykologie. (S. 715—871, III, S. 93—149 u. X S.) Lex. 8. Jena 907. G. Fischer. 5. 50
I. u. II. 1. 2 mit Reg. 897—908. 20. 20

Lafar, Franz: Spezielle Physiologie der Ernährung und der Vermehrung und Methodik der Reinzüchtung der Hefen. – um 1908.
Diss. Wien. TH

Lafar, Franz [aus Wien]: Bacteriologische Studien über Butter ... (Aus: Arch. f. Hygiene Bd XIII.) München, Druck v. R. Oldenbourg, 1891; 2 Bl., 39 S., 1 Taf. 8.
Leipzig, Phil. Fak., Inaug.-Diss. v. [24. Dez.] 1891

Nachrichten von den wichtigsten Begebenheiten, Die sich unter Regierung Ludwigs XIV. in Franckreich zugetragen, Wobey die Eigenschafften der vornehmsten Personen, die daran Theil gehabt, entdeckt werden, Durch L. M. *D. L. F. (Charles Auguste* marquis *de La-Fare)* Frantzös. verfaßt, Und ... ins Deutsche übers. Leipzig, Joh. Friedr. Gleditschens Seel. Sohn, 1716. 8°. (In Wolfenb.)

Lafarge, Marie, die schlaue Diamanten-Diebin u. fürchterliche Giftmischerin. Criminalgeschichte der neuesten Zeit. 8. Leipzig 841, Schreck. 1 ℔

Lafarge, Marie, verurtheilt als Giftmischerin rc., s. Bibliothek v. Ritter-, Räuber- u. Criminal-Geschichten, 2. Suite 5. Bd.

Lafarge, Marie Cappelle, Denkwürdigkeiten, von ihr selbst geschrieben. 2 Thle. gr. 12. Leipzig 841, Brockhaus u. Avenarius. n. 2⅔ ℔

Lafargue et Dumanoir, Madame Bertrand et Mademoiselle Raton, s. Dumanoir.

Lafargue, un povero gentiluomo, s. Emporeo drammatico.

Lafargue, der arme Marquis, s. Theater-Repertoir, Wiener.

Lafargue, Paul, Agrarprogramm. Aus dem Französ. (In russ. Sprache.) 8°. St. Petersburg 1906.

– Thomas Companella, d. große Utopist, s. Geschichte, Die, des Sozialismus in Einzeldarstellungen.

Lafargue, Paul, die Entwicklung des Eigenthums. Aus dem Franz. v. E. Bernstein. Neue durchgeseh. Aufl. gr. 8. (74 S.) Berlin 893. Buchhdlg. d. „Vorwärts". n. — 35

Lafargue, P., s.: Geschichte, die, des Sozialismus in Einzeldarstellgn.

– D. Jesuitenstaat in Paraguay, s. Geschichte, Die, des Sozialismus in Einzeldarstellungen.

— Kommunismus u. Kapitalismus. Der Kommunismus u. die ökonom. Entwicklg. Übers. v. R. Bernstein. gr. 8. (32 S.) Ebd. 894. n. — 20

— d. wirthschaftl. Materialismus nach d. Anschauungen v. Karl Marx. gr. 8. (37 S.) Hottingen-Zürich 887. Berlin, Buchh. d. Vorwärts. n. — 20

— Das Recht auf Faulheit. Aus dem Französischen übersetzt. 8°. Hottingen-Zürich, Gen.-Buchdr., 1884.

Lafargue, Paul. Das Recht auf Faulheit. A. d. Franz. v. Ed. Bernstein. 8. (31 S.) Berl. 891, Verlag d. „Vorwärts", Berliner Volksblatt. * — 15

— Die Religion des Kapitals. 8°. London, German Cooperative Publishing Co., 1890. (Sozialdemokrat. Bibliothek, Nr. 34.)

Lafargue, Paul: Die Religion vom Kapital (La religion du capital, jüd.-deutsch). Herausgegeben vom allg. idischen Arbeiterbund. (Genève 1904: Impr. israélite.) 54 S. 8°

Ursprung und Entwicklung des Begriffs der Seele. Von Paul **Lafargue**. Übers. von Luise Kautsky. Stuttgart: Singer 1909. 32 S. 8°
(Neue Zeit. Erg.H. 4) [illegible] 4

Lafaurie, Dr., die materiellen Interessen. Eine kritische Beleuchtung der politischen Oekonomie in ihrer gegenwärtigen Gestaltung als Wissenschaft. gr. 8. Kiel 841, Universitäts-Buchh. n. ¼ ℔

Lafaurie. Vide: Volkstribun (Thüringer).

Lafaurie, Ad., ein Blick in das Zunftleben der deutschen Medicin. Geschrieben für die Gebildeten aller Stände. Hamburg 866. O. Meissner. 8. (54 S.) 6 ngr.

Lafaurie, Adolph, freie Gemeinden u. freie Menschen. Der bevorstehenden General-Versammlung der Gustav-Adolph-Vereine, wenn auch nicht gewidmet, so doch zum Nachdenken empfohlen. gr. 8. (28 S.) Hamburg 851, Richter. 1/6 Thlr.

Lafaurie, Ad., Geschichte des Handels in Beziehung auf polit. Oekonomie und öffentl. Ethik. Lex.-8. (IV und 262 S.) Stuttgart 848, Franckh'sche Vrlgsh.
Aus: Neue Encyklopädie der Wissenschaften und Künste. 5. Bd., besonders abgedruckt.

— das letzte Rettungsmittel der Gesellschaft ist der Bankerott. gr. 8. (36 S.) Hamburg 852, Richter. n. 1/6 Thlr.

— Schleswig-Holsteins u. Dänemarks papiernes Recht. gr. 8. (VI u. 37 S.) Ebd. 852. n. 6 ngr.

Lafauri, Schleswig-Holsteins und Dänemarks papiernes Recht. (2., verm. Aufl.) gr. 8. (VIII und 147 S.) Hamburg 864, J. F. Richter.

Lafaurie, Ad., das Unbegründete der Vaccinationslehre u. das Unberechtigte d. Zwanges. Ein offenes Sendschreiben an den deutschen Reichstag. gr. 8. (IV, 31 S.) Hamburg 873. Richter. n. — 50

Lafaurie, Ad., über die Unzulänglichkeit der bisherigen Pemphigus-Diagnose. Mit Abbildg. u. Beschreibung selbstbeobachteter, seltener u. zum Theil streitiger Fälle. Würzburg 856. Halm. gr. 8. (133 S. u. 1 lith. u. color. Taf.) n. 1 Thlr.

de Lafaye, s. Delafaye. Rthlr.

La Faye, Antoine de s. Bèze, Théodore de, et La Faye, Antoine de.

Lafaye, G., s.: Inscriptiones graece ad res romanas pertinentes.

George de La Faye

Georg de La Faye (Principes de chirurgie. [Deutsch:]) Anfangsgründe der Wundarzeneykunst,... aus d. Franz. übers. Neue u. um die Helfte verm. Aufl. auch m. verschiedenen Anm. d. Uebers. begleitet. Straßburg: König 1765. 506 S. 8°

de Lafaye, Geo., Instrumentarium chirurgicum, quod servavit, describet J. B. Siebold. Prs. I. Cum XI. tabb. aen. Fol. Würzb. u. Leipz. 800. Baumgärtner. 8 Thlr.

La Faye, Georges de: Instrumentarium chirurgicum, quod servavit, descripsit et auxit Johann Bartholomäus von Siebold. Pars prior, gbd., 45 Taf.

Wirceburgi: v. Siebold 1800

JB 6.329

Lafaye-Brehier, Julie de, s. Brehier; Delafaye.

de Lafaye-Brehier, Julie, d. kleinen Bearner, oder moralische Vorlesungen für d. Jugend. Aus d. Französ. 4 Thle. 8. Stuttg. 827 u. 28. v. Cotta. 2 Thlr. 4 gr.

— s. Rath, guter, für d. kindliche Alter.

— d. kleine Reisende nach Griechenland od. Briefe d. jungen Euaristu. seiner Familie. Aus d. Französ. v. H. G. Zehner. 3 Thle. Mit 3 ill. Kpf. 16. Hanau 827. Edler. 1 Thlr. Hbg. Pr. 18 gr.

— d. französische Robinson, oder d. kleine Schiffbrüchige. Aus d. Französ. 2 Thle. (Aus d. neuen Kinderbibliothek abgedruckt.) Mit 2 Kpf. 16. Darmst. 828. Leske. 10 gr. Mit illum. Kpf. 12 gr.

La Fayette als Staatsmann, als Krieger und als Mensch. Nach dem Französischen mit einer Vorrede von Johann Reinhold Forster. Magdeburg 1794. V: *Bérenger, Louis Pierre.* (HIBD IX, 328)

Lafayette als Staatsmann, als Krieger u. als Mensch; nach d. Französ. (v. H. J. L. v. Rohr). Mit e. Vorr. v. J. R. Forster u. Lafayettes Bildniß. 8. Magdeb. 794. Creutz. 1 Thlr.

Lafayette als Staatsmann, Krieger und Mensch . . . Magdeb. 1794. V: *Rohr, Heinrich Julius Ludw. von.* (Pr) (MGT) (Ky)

Lafayette, vgl.: Büdinger, Max.

Lafayette, Fräulein von, s. Fayette.

Lafayette, (Gräfin), verschied. Werke. Aus d. Französ. 2 Thle. 8. Bayr. 780. Grau. 16 gr.

Lafayette, Gilbert Mottier de

— s. Erklärung d. Generals Lafayette.

—— Memoiren, Correspondenz u. Manuscripte, hrsg. v. seiner Familie. A. d. Franz. v. E. Brinckmeier. 3 Thle. gr. 12. (59 1/4 B. u. L's. Bildn.) Braunschweig 837, G. C. E. Meyer sen.

— dass. aus d. Franz. übersetzt von A. Neurohr. 1r Bd. — 1s Hft. gr. 8. Freiburg 837. Fr. Wagner. 1/4 Thlr.

Lafayette's, du Général, Mémoires, Correspondance et Manuscrits, publiés par sa famille. (6 Tomes.) gr. in-8. Paris 837, 38. (Leipzig, Brockhaus et Avenarius.) n. 15 Thlr.

Lafayette, (Gilbert Mottier, Marq. de,) Mémoires, Correspondance et Manuscrits, publié par sa famille. VI Ts. gr. in-8. (210 1/4 B. u. 1 Kärtchen.) Leipzig 838, Brockhaus et Avenarius. •

Lafayette. Mémoires, correspondance et manuscrits du général L., publ. par sa famille. 6 v. 8. Paris 1837 38. — mis en ordre, annot. et publ. par Franç. de Corcelle. 3 v. 8. Bruxelles 1838. 39 — 6 v. (210 f.) 8. Leipzig 1838. 45,00.

Lafayette, des General (Gilbert Mottier, Marquis de) Reise durch Amerika, in d. J. 1824 u. 1825. Beschrieben v. A. Levasseur, u. aus d. Franz. übers. v. A. Levasseur, geb. Zeis. 2 Bde. (od. 4 Abthln.) gr. 8. (56 B.) Naumburg 829, Wild.

Lafayette's, (des Generals), Reise durch Amerika in den Jahren 1824 u. 25. Beschrieben v. A. Levasseur u. aus d. Französ. von A. Levasseur, geb. Zeis. 2 Bde. in 4 Abtheill. gr. 8. Naumb. 829 u. 30. Wild. Velinp. 4 Thlr. 16 gr.

LA FAYETTE (Mme. Marie Madeleine Pioche de la Vergne, comtesse de, 1634—93), Zaide, nach d. Französ. der —; (nebst Seitenstück.) Prinzessin von Clèves, deutsch von Fr. Schulz. 2 Bde. Mit 2 Kpfrn. u. 2 Vignetten. 8⁰. (4 Mk. 20 Pfg. Taussig, 1906.)

Lafayette County Pionier : 1860? Lexington, MO
Edited & published by Philip Reichter

Der Lafayette Herold 1871?- 1872? Lafayette, IN
Weekly Circulation 1871, 650. Edited & published by F. Benninghausen.

Laferrière, A., Buch III, Kapitel I, s. Universal-Bibliothek Nr. 989.

Laferrière, A., et E. Pierron, Livre III, chapitre I, s.: Répertoire du théâtre Français, Nr. 369.

Laferté, Victor

— Alexander II. Unbekannte Einzelheiten über sein Familienleben u. seinen Tod. 8. (224 S.) Ebend. 882. n. 2.50

Laferté, Vict., Alexandre II. Détails inédits sur sa vie intime et sa mort. 8. (219 S.) Basel 882, Georg. 2 40

Laferté, Victor Alexandre II. Détails inédits sur sa vie intime et sa mort 8. 1882.
[1re éd.] (Bâle, Genève, Lyon)
2me éd., revue et augmentée (Bâle, Genève, Lyon)

Lafèvre, Dr., die Geheimnisse der Mnemonik, oder leichtfaßl. Methode, wodurch bei Kindern u. Erwachsenen ein scharfes Gedächtniß erzielt wird. Nach pädagog. u. rationellen Grundsätzen bearb. gr. 12. Prag 841, Haase Söhne. 5/12 ß

Laff, C., Steiger's Leben, Verurtheilung u. Flucht aus dem Gefängnisse zu Luzern. 8. (½ B.) Berlin 845, Wolff.

Laffan, May, Flitters, Tatters and the Counsellor, the Game Hen, Baubie Clark, s. Collection of British Authors.

Laffecteur, die Kunst, sich gesund u. schön z. erhalten, für Frauenzimmer; aus d. Französ. mit Anmerkk. d. Uebersetzers. (A. u. d. T.: über d. phys. u. moral. Krankheiten d. weibl. Geschlechts. Ein Handbuch f. Frauenzimmer.) 8. Leipz. 801. Müller. (Joachim). 1 ℳ 8 K

Lafferre, Henri

Das Evangelium Renans. Nach der 17 gänzlich umgearb. und beträchtlich verm. französischen Originalausgabe. Mainz, Kirchheim, 1864, 16°, VIII u. 104 S., 1 Mk.

(Laffert, v.) Memoiren eines v. Estorff'schen Husaren vor und während des Befreiungskrieges von 1813 bis 1817. Hamburg 1866.

Laffert, Andr. Friedr. v. (Lüneburger Edelmann), Diss. jur. de jure principis circa imaginationem. Präs. Laur. Fleischer. Halle (Gg. Jac. Lehmann) Oct. 1716. 48 S. (4.50) 20299

Laffert, Gustav. Experimentelle Studien über die Fütterungstuberkulose der Meerschweinchen und die Beeinflussung derselben durch stomachal verabreichtes Tuberkulin. Diss. Vet.-Med. Bern. [Sep.-Abdr. aus: Arbeiten aus dem Institut zur Erforschung der Infektionskrankheiten in Bern.... Heft 1.] *Kopftitel:* Aus dem Institut zur Erf' der Inf' Bern. Direktor: Prof. Dr. W[ilhelm] Kolle. 23 S. 8. Jena, Gustav Fischer, 1908.

[Laffert, H. W. v.], Nachricht von denen Pfarr-Kirchen, Capellen und deren Eingepfarrten auch denen Evangelischen Superintendenten, Pastoribus und Diaconis im Fürstenthum Lauenburg, mitgetheilet im J. 1715. Lauenburg. — Mitgetheilet im J. 1722. Ratzeburg.

Laffert, Hans, Fest-Prolog zur 50. Wiederkehr des Allerhöchsten Geburtstages Sr. Maj. Kaiser Wilhelms II. (3 S.) 8. Berlin 908. A. Parrhysius. — 75

— dasselbe, s.a. Kaiser's Geburtstag 1908.

Festrede zur Feier der 46. Wiederkehr des Allerhöchsten Geburtstages Sr. Maj. Kaiser Wilhelm's II. (Verf.: Hans **Laffert.**) Berlin: M. Böhm [1905]. (2 Bl.) 8° [F.] {05. 9856

— Fest-Rede zur Feier der 50. Wiederkehr des Allerhöchsten Geburtstages Sr. Maj. Kaiser Wilhelms II. (4 S.) 8. Berlin (908). A. Parrhysius. — 75

— dasselbe, s.a. Kaiser's Geburtstag 1908.

Kaisers Gebutstag 1908. Fest-Prolog zur Feier der 49. Wiederkehr des Allerhöchsten Geburtstages Sr. Maj. Kaiser Wilhelms II. Von Hans **Laffert.** Berlin: M. Böhm 1907. (2 Bl.) 8° [F.] {08. 4619

Gott grüße Dich! Fest-Prolog z. Feier d. 46. Wiederkehr d. Allerh. Geburtstages S. M. Kaiser Wilhelm's II. Von Hans **Laffert.** Berlin M. Böhm [1905]. (2 Bl.) 8° [F.] {05. 9857

Zum 27. Januar 1908. Fest-Rede zur Feier der 49. Wiederkehr des Allerhöchsten Geburtstages Sr. Maj. Kaiser Wilhelms II. (Verf.. Hans **Laffert.**) Berlin: M. Böhm [1907]. (2 Bl.) 8° [F.] {08. 4620

Illuminiert. Eine Reihenfolge Lebender Bilder mit verbind. Text z. Allerh. Geburtstage Kaiser Wilhelm's II. Von Hans **Laffert.** Berlin: M. Böhm [1905]. (8 S.) 8° [Ant. u. F.] {05. 9858

Kaisergeburtstags-Ball oder: Der Soldatenfeind. Genrebild in 1 Akt von Hans **Laffert.** Berlin: M. Böhm [1905]. (24 S.) 8° [Ant. u. F.] {05. 9859

Laffert, Hi. Wigand e, relationes et casus criminales. 4. Cellis, Hofmann. 721. — 12

A Laffert, H. W.: Semicentaria relationum crimin., oder Peinl. Fälle, d. Verlauff, Erörter. u. Abschaffung in kurtz verh. Berichten, sambt einigen dahin gehörigen Respons. od. Urtheilen. Lüneb. 702. 4.

Laffert, Hieronymus Ernst von

Laffert, H E de De hypotheca per resolutionem addictionis in diem sub conditione resolutiva non sublata Diss. Goettingae 1749

— — De jure occupandi exuvias defunctorum, sigillatim ex utroque privilegio Stadensi. Präs. Ant. Ludw. Seip. Göttingen (Jo. Chr. L. Schultz) Oct. 1748. 56 S. (5.—) 20302
Gew.: W. Chr. D. v. Fürstenstein, Jo. Fr. v. Mannsberg, Ant. Ludw. Seip, E. Aug. v. d. Busche, Jo. E. Grote, Jo. Frid. v. Stafhorst.

— **Hier. Ernst v.** (Lüneburger Edelmann), Sylloge observationum de ritu tangendi ss. euangelia in jure jurando. Präs. Jo. Friedr. Jugler. Lüneburg (Stern). 48 S. (5.—) 20301
Gew.: Gerl. Ad. v. Münchhausen, Ernst von Steinberg, C. D. z. Fürstenstein, A. W. von Schwichelt.

Laffert, Jul., Hilfsbuch zum evangelischen Kirchen- und Haus-Gesangbuche für die Königlich Preußischen Schlesischen Lande. Mit einem Vorwort von Aug. Hahn. Breslau 860. Korn. 8. (VIII, 263 S.) n. 21 ngr

Laffert, K. F., Eine genaue Beschreibung des schrecklichen und unmenschlichen Sclaven-Handels, anzeigend die Behandlung, welche die Sclaven erfahren, die Manier, wie solche herbeigeschafft werden etc. Nach dem Engl. Mit 1 Steindr. 8°. Berlin, Boike, 1822. a. Logier.

— s. Geschichte d. Inquisition.

Was ist Freimaurerei? erörtert von [K. F.] Laffert. Berlin: Selbstverl. 1822. 15 S. 8°
Recens: AZ. 1824 S. 252.
Kl. 624. Selten.

Laffert, K. F., was ist Freimaurerei? 8. Berl. 822. (Leipz., Leich). 6 gr

Laffert, Ldlf. Fr. v.

— s. Augusts, Churf. v. Sachsen, Obstgartenbüchlein.

v. **Laffert**, Ldlf. Fr., Beschreib. d. neuerfund. Fockschen Buttermaschine. Mit 1 Kpf. 4. Halle 806. Schulze. 12 gr

Laffert, Osc., und Paul de Wit, internationales Hand- und Adressbuch für die gesammte Musikinstrumentenbranche, enthaltend die Adressen sämmtl. Fabrikanten und Händler von fertigen Instrumenten, Lieferanten von Rohmaterialien und Bestandtheilen, sowie mit der Branche verwandten Berufsgenossen. Nach zuverlässigstem Material und authent. Quellen hrsg. gr. 8. (IV, 200 S. mit Holzschn.-Portr.) Leipzig 883, Expedition der Zeitschrift für Instrumentenbau. geb. 15 —

Laffitte, Etude sur la navigation intérieure en Allemagne. (Enquêtes de la Société „La Loire navigable." I.) Nantes 899. Berlin 900. Puttkammer & Mühlbrecht.

Laffitte, J N [Mutmaßl. Verf.]
s. Courchamps, Maurice Cousin Cte de: Les nuits de Berlin. 1838.

[Laffon, Johann Conrad.] ([Aus] dem naturhistorischen Museum Schaffhausens: Ovis Ammon, Steinbock. Uebersicht der dem n' M' angehörenden Säugethiere. [Mit 1 Tafel.]) Njbl. Naturhistor. Museum Schaffhausen. Jahrg. 1, 1846. 4. [Schaffhausen.]

Laffter, Kurt

Laffter, Curt, Arzt aus Antonienhütte ⟨Oberschl.⟩: **Beiträge zur 'Gruber-Widal''schen Reaktion.** *Freiburg i. B.: Speyer & Kaerner 1904.* (38 S.) 8°
Freiburg i. B., Med. Diss. v. 1904

Laffter, Theodor *(geb. Oppeln 12. 11. 1845)*: Versuche zur Physiologie der Gallensecretion. Breslau (1873). (24 S.) 8°
Breslau, Med. Diss. v. 24. Febr. 1873

Lafitau, histoires des découvertes et conquêtes des Portugais dans le nouv. monde. IV Vol. av. fig. 12. Paris. (Varrentrapp et W. Frankf.) 3 —

Lafitau, Pierre François

Lafitau, P. F. Geistliche Briefe an eine Klosterjungfrau; a. d. Franz. Bamberg 1767. Ü: ***Strauch, Benedict.*** **(Ky)**

— geistl. Briefe an e. Klosterjungfrau; aus d. Französ. (v. B. Strauch). 8. Bamb. 767. (Wesche in Frankf.) 1 ₰

— Briefe an e. Klosterjungfr. a. d. Franz. 8. Bamb. Gebhard. 787. 1 —

— geistl. Einsamkeit, oder 8tägige Exercitia für Ordensgeistliche u. Klosterfrauen. Freyburg ... Wagner. 8 gr

Lafitau, Pierre François. Fastenpredigten; a. d. Franz. Wien 1761-62. Ü: ***Heyde, Joh. Daniel.*** **(ML)** ***Heubner*** **[?]. (Ky)**

— Fastenpredigten; aus d. Französ. (v. Heubner). 4 Thle. gr. 8. Wien 761 u. 62. Krauß. 2 ₰

— auserles. Fastenpredigten. Aus d. Französ. 4. Bamb. 757. (Rieger in Augsb.) 20 gr

Lafitau, Frz., geistl. Vorstellung wicht. Bewegursachen zur Bekehrung rc. 8. Augsb. 756. M. Rieger. 6 gr

Lafite, d. Frau v., Schr., s. Fite.

Lafite, Fréd., s. Lafitte

de Lafite, Jh. Dan., s. *Lavater*, essais physiognomiques.

Lafite, M., Des doctrines pédagogiques de Plutarque, et, en particulier, de son traité sur l'éducation des enfants. Diss. 1848. 55 S. 1.50

de **Lafite**, Maria Elisab., geb. Boué, († im Nov. 1794.) Erzähll. für Kinder u. Kinderfreunde. Nach d. Französ. v. J. A. Armbruster. 2 Theile. 8. St. Gallen 788—92. Huber. 17 gr

— Eugenie et ses Elèves, ou lettres et dialogues à l'usage de jeunes gens. 8. Dresd. 792. Walther. 20 gr

— Eugenie u. ihre Schülerinnen, oder Briefe u. Gespräche zum Gebrauch für junge Leute. 8. Bern 788. (Münst., Coppenrath). 20 gr

— das Orakel, oder Versuche, durch Frag- u. Antwortspiele die Aufmerksamkeit d. Jugend zu üben rc. aus d. Französ. übers. von Frz. Th. Chastel. Mit Anmerkk. v. A. F. W. Crome u. mit e. Vorrede versehen v. Sophie v. Laroche. 8. Offenb. 791. Brede. 18 gr

— Reponses à démêler, ou Essai d'une manière d'exercer l'attention. 12. Leipz. 802. Rabenhorst. 20 gr

La Fitte, de. Mémoire militaire sur la frontière de Flandre et de Hainaut. Basel 1797. 8°.

Lafitte, Ed. Feige-, Choix de morceaux en prose et en vers, tirés des meilleurs écrivains français. gr. in-8. (10 B.) Dresde 834, Arnold. Thlr.

Lafitte, Ed., Choix de morceaux en prose et en vers, tirés des meilleurs écrivains français. 2. édit. gr. in-8. (10 B.) Dresde et Leipsic 839, Arnold.

—— Gedichte. 8. (3 B.) Dresden 833, Arnold.

—— Gedichte. 2. Samml. 8. (3 B.) Leipzig u. Dresden 838, Arnoldische Buchh. •
1. Samml. Ebendas. 1834. 9 Gr.

Lafitte, Ed., Gedichte. 1., 2. und 3. Sammlung. 4., bedeutend veränderte Aufl. gr. 8. (82 S.) Dresden 868, (Schilling.) •

Lafitte, Fréd., Cours pratique et théorique de langue française réduit aux principes fondamentaux de la grammaire etc. A. u. d. T.: Praktische u. theoret. Art, die franz. Sprache auf ihre natürlichen Grundsätze zurückgeführt, für jedes Alter u. Geschlecht anwendbar, u. bis zur vollkommenen Ausbildung zu lernen. Nach der Grammaire von Noël und Chapsal zum Gebrauche der Deutschen bearbeitet. (3 Thle.) 8. Grätz 839. Kienreich. (Leipzig, Weygand.) $1\frac{2}{3}$ ℛ

—— Universalgrammatik d. französ. Sprache, s. Heyne, C. T.

Der rothe Doctor. Gemålde aus dem Seelenleben, von J[ean] B[apt.] P[ierre] **Lafitte.** Aus d. Franz. übers. von Theod. Hell [d. i. Theod. Winkler]. Bdch. 1. 2. Leipzig: Teubner 1844. 8⁰
1. 252 S.; 2. 219 S.
Das Original hat den Titel: Le Docteur rouge. Vol. 1—3 Paris 1844: Boulé. 8⁰
Das 2. Bdch betr. auch Mesmer u. Cagliostro.

Lafitte, J. B. P., die drei Marien, s. Masson, M.

Lafleur, A. F., conseils d'un homme de qualité à sa fille. 8. Brandenb. 804. Hessenland in Magdeb. 8 gℓ

Lafleur, Jh., petite oeuvre contenant toutes sortes de choses plaisantes et amusantes. kl. 8. S. l. 809.

Lafleur, Ysop (Chr. A. Glo. Eberhard), sämmtliche Werke, oder meiner Herrschaft und meiner Wenigkeit mahlerische Reise in d. Sächs. Sandsteingebirge an d. Elbe. Mit Kpf. 8. Halle 798. Renger. 1 ℛ 8 gℓ

Jean Baptiste Lafon

[Philosophie médicale. Deutsch:] Philosophie der Heilkunde oder Grundsätze der Wissenschaft und der Kunst die Gesundheit des Menschen zu erhalten und wieder herzustellen von [Jean Baptiste] Lafon. Aus d. Franz. übers. [Übers.: Johann Christian Gottlieb Ackermann.] Nürnberg: Raspe 1799. XVI, 352 S. 8

Lafon, ..., die Philosophie der Heilkunde. Aus dem Französ. (v. J. C. G. Ackermann). 8. Nürnb. 799. Bauer u. Raspe. 20 gℓ

Lafon Mary, Die Pest von Marseille. (La peste de Marseille.) Roman. Bearbeitet von Alexander Patuzzi. 8. (446 S.) Wien, Lechners Sep. Cto. 1861 2 fl.
—— dasselbe, s. a. Museum.

de Lafond, s. Sigaud.

Lafond, Charl., s. Lafont

Lafond (de Lurcy), Gabr., quinze ans de voyages autour du monde. II Ts. gr. in-8. (46 B., 2 Kpfrt. u. 2 Stnt.) Leipzic 840, Brockhaus et Avenarius. •

Lafond, Sigm. de, Vorles. üb. d. Experimentalnaturl. a. d. Frz. 2 Thle. m. K. gr. 8. Dresden, Walther. 774. 1 16

Lafons, s. a. Delafons.

de Lafons, J. P., Beschreib. e. neu erfundenen Instruments zum Ausziehen d. Zähne, so wie e. Methode, künstl. Zähne zu befestigen. Aus d. Engl. v. F. A. Wiese. Mit 3 Kpft. gr. 8. Leipz. 827. Baumgärtner. 12 gℓ

Lafont, die Gefangenen der Czaarin, s. Bayard.

Lafont, das Geheimniß der Tiber. Dramatisirte Novelle, n. d. Franz. v. Theod. Hell. 8. ($16\frac{1}{2}$ B.) Dresden u. Leipzig 836, Arnoldische Buchh.

Lafont, Charl.

Lafont, C., Dornen und Lorbeer, s. Theater des Auslandes.

La Font, Charl. Die drey Brüder als Nebenbuhler. Lustspiel in 1 A. Nach dem Französ. Frankfurt und Leipzig 1772. B: *Faber, Joh. Heinr.* Vgl. GGr V, 250, 5, 7: *La Fontaine* als Verf.; GGr V, 372, 4: *Joh. Andre* als Bearb. Dort auch abweichender Titel des Stückes. (DARP)

Lafond, die drei Brüder als Nebenbuhler. Lstspl. 8. Frankf. 772. Eßlinger. (Schäfer). 4 gℓ

Lafont, Ch., la petite Fadette, s. Sammlung französischer Theaterstücke.

Lafont-Poulotti, Esprit Paul de, Vorschläge zur Verbesserung der Pferdezucht, siehe: Flandrin.

Lafontaina, Sto Bajek z 100 Obrazkami przez J. J. Grandville. Zebrane z różnych tłomaczeń przez J. N. Bobrowicza. Poszyt 1—10. (Poszyt 1—7, mit 65 Steindrücke.) gr. 8. Lipsku 838. Breitkopfa i Haertela. $3\frac{1}{3}$ ℛ 1—10. $6\frac{2}{3}$ ℛ

Lafontaine, seine Fabeln u. ihre Gegner, s.: Kulpe, W.

La Fontaine, Jean de, sein Leben und seine Fabeln, s. Kulpe, Wilh.

Lafontaine, s.a. Fontaine

Lafontaine, A.

— mosaïque française ou extraits des poëtes et des prosateurs français à l'usage des Allemands. I. Partie élémentaire et pratique, avec des nombreuses notes explicatives. Berlin 870. Langenscheidt. 8. (VIII, 160 S.) n. 10 ngr.

La Fontaine, A. de, mosaique française ou extraits des prosateurs et des poëtes 1. partie avec de nombreuses notes explicatives et un vocabulaire. 2. éd. refondue et augmentée. gr. 8. (IV, 278 S.) Berlin 873. Langenscheidt. n. 1. 80

La Fontaine, A. de, Mosaique française ou extraits des prosateurs et des poëtes français à l'usage des Allemands. Avec de nombreuses notes explicatives et un vocabulaire. 3e édit. gr. 8. (VIII, 278 S.) Berlin 877, Langenscheidt'sche Verlagsb. * ℳ 2.; geb. *

La Fontaine, A. de, Mosaïque française ou extraits des prosateurs et des poëtes français à l'usage des allemands. Avec de nombreuses notes explicatives et un vocabulaire. 4e édit. gr. 8. (VIII, 278 S.) Berlin 881, Langenscheidt'sche Verlagsh. 2 —

La Fontaine, A. de, mosaïque française ou extraits des prosateurs et des poëtes français à l'usage des Allemands. Avec des nombreuses notes explicatives et un vocabulaire. 5. éd. avec la nouvelle orthographie en français et en allemand. 8. (VIII, 278 S.) Berlin 884. Langenscheidt. n. 2. —; geb. 2. 50

La Fontaine, A. de, mosaïque française ou extraits des prosateurs et des poëtes français à l'usage des Allemands. 1. partie avec de nombreuses notes explicatives et un vocabulaire. 6. éd. avec la nouvelle orthographie en français et en allemand. gr. 8. (VIII, 278 S.) Berlin 894. Langenscheidt. n. 2. —; geb. 2. 60

La Fontaine, Alph. de, Faune du pays de Luxembourg ou manuel de zoologie contenant la description des animaux vertébrés observés dans le pays de Luxembourg. Oiseaux. 1. et 2. Partie. Luxembourg 865, 66. Bück. gr. 8. (S. 1—326.) à Partie 24 ngr

La Fontaine, Alph. de, faune du pays de Luxembourg ou manuel de zoologie contenant la description des animaux vertébrés observés dans le pays de Luxembourg. Reptiles. gr. 8. (52 S.) Luxemburg 871. Brück. n. — 80

— faune du pays de Luxembourg ou manuel de zoologie contenant la description des poissons observés dans le pays de Luxembourg. gr. 8. (V, 89 S. m. 2 Steintaf.) Ebend. 873. n. 1. 60

Lafontaine, August

Lafontaine, A. Ueber die Erlernung der französischen Vokabeln. Karlsruhe, H. B., 1878. 9 S. 4. Progr.

Lafontaine, August Heinrich Julius

Lafontaine, Aug., Agathe, od. das Grabgewölbe. 3 Thle. 8. Leipz. 817. Gr. Fleischer. 5 ℛ

— Antonie, oder das Klostergelübde. 8. Halle 795. Anton 14 gr

Lafontaine, A., Aphorismen aus d. Gebiete d. Liebe, Freundschaft ꝛc. 8. Prag ... Centr.-Compt. in Leipz. 16 gr

Lafontaine, Aug. Hnr. Jul., († d. 20. April 1831.) Aphorismen u. Maximen, aus dem Gebiete d. Liebe, Freundschaft ꝛc. gesammelt u. herausg. v. B. W. P. Mit 1 Kpf. 8. Berl. 802. (Joachim in Leipz.) 16 gr

— Aristomenes u. Gorgus, s. unten: Sagen des Alterthums. 1r Bd.

— Arkadien. 3 Bde, s. unten: Gemälde des menschl. Herzens, 7r, 8r u. 9r Bd.

Lafontaine, August (Bearb.), s. Aeschylus: Tragoedien.

— kleine Aufsätze f. Frauenzimmer. 2 Thle. 8. Gießen 807. Müller. 1 ℛ 8 gr

— d. Haus Bärburg, od. d. Familienzwist. 8. Berl. 805. Sander. 1 ℛ 21 gr

— das Bekenntniß am Grabe. 3 Thle. 8. Halle 805. Renger. 5 ℛ

— der Baron v. Bergedorf, s. unten: So geht es in der Welt. 1r Thl.

— die beiden Bräute. 3 Thle. 8. Berl. 809. Sander. 5 ℛ 6 gr

— Bürgersinn u. Familienliebe, od. Tobias Hoppe. 3 Bde. 8. Halle 812. Renger. 5 ℛ

Lafontaine, neueste Charabenlese, gesammelt auf d. Gefilden d. Witzes u. d. Laune. Eine Auswahl sinnreicher Räthsel, Logogryphen u. Charaden d. vorzügl. Dichter. 12. (10½ B. u. Titkpfr.) Pesth 833. (Wien, Wenedikt.)

— Henriette Düfort. 8. Berl. 801.
(Prag: Michaelis; Leipzig: Joachim.)

— Eduard, od. d. Maskenball, s. unten: Gemälde d. menschl. Herzens. 13r—15r Bd.

— Eduard u. Margarethe, s. unten: So gehts ꝛc. 2r u. 3r Thl.

— Emma. 2 Thle. 8. Berl. 809. Sander. 4 ℛ

Lafontaine, August, kleine Erzählungen und Aufsätze für das weibliche Geschlecht, 2 Theile, 8. Görlitz, 793. Hermsdorf. 2 Rthl.

— u. Huber, kleine auserles. Erzählungen z. Bildung d. Herzens. 8. Hamb., (Herold jun.) 12 gr

— moral. Erzählungen. 6 Bde. 8. Berl. 794—801. Voß. 8 ℛ 6 gr

— Eugenia, der Sieg üb. die Liebe. 3 Thle. 8. Halle 814. Renger. 5 ℛ

- s. Euripides: Hecuba.

— Wenzel Falk u. seine Familie. 3 Bde. 8. Berl. 810. Sander. 5 ℛ 8 gr

— der Familien-Ehrgeiz, s. unten: Sittenspiegel. 5r Bd.

— — Familiengeschichten, 2 Theile, (enthält die Familie von Halden) mit Kupf. gr. 8. Daselbst, 797. Derselbe. Schweizerp. 5 Rthl. 8 sgl. Dasselbe Buch, 2 Theile, mit Kupf. 8. Schreibpapier. 3 Rthl. 10 sgl.

Lafontaine, A. Familiengeschichten, 3r Theil mit Kupfern, 8. Berlin, 798. Voß. 1 Rthl. 20 sgl. Dasselbe Buch auch unter dem Titel: Julien, Saint, von A. Lafontaine.

— Familiengeschichten. 1r u. 2r Bd. Die Familie Halden. 8. Berl. 803. Voß. 3 Rthl. 8 gr. — 3r Bd. St. Julien. 8. Ebd. 803. 1 Rthl. 16 gr. — 4r u. 5r Bd. Herrmann Lange. 2 Bde. 8. Berl. 801. Sander. 3 Rthl. 8 gr. — 6r Bd. K. Engelmanns Tagebuch. 8. Ebd. 801. 1 Rthl. 8 gr. — 7r u. 8r Bd. Leben eines armen Landpredigers. 2 Thle. 8. Ebd. 802. 3 Rthl. 12 gr. — 9r u. 10r Bd. Henriette Bellmann. 2 Bde. 8. Ebd. 802. 3 Rthl. — 11r u. 12r Bd. Barneck u. Saaldorf. 2 Bde. 8. Ebd. 804, 5. 3 Rthl. 8 gr.

— die Familienpapiere, od. die Gefahren d. Umgangs. 2 Thle. 8. Berl. 806. Sander. 3 Rthl. 20 gr.

— Fedor u. Marie, od. Treue bis zum Tode. 8. Berl. 805. Sander. 1 Rthl. 12 gr.

— Quinctius Heymeran v. Flemming. 4 Bde. 8. Berl. N. Aufl. 798. Voß. 4 Rthl. 16 gr.

— Gemälde des menschl. Herzens. 1r Bd. der Naturmensch. 3e Aufl. 8. Halle 801. Fr. Ruff. 1 Rthl. 16 gr. — 2r—4r Bd. Der Sonderling. 3 Thle. 3e Aufl. 8. Ebd. 801. 5 Rthl. — 5r u. 6r Bd. Rudolph u. Julie. 2 Bde. 8. Ebd. 802. 3 Rthl. — 7r—9r Bd. Arkadien. 3 Bde. 8. Ebd. 807. 6 Rthl. — 10r—12r Bd. Alnie v. Riesenstein. 3 Bde. 8. Ebd. 808. 5 Rthl. 8 gr. — 13r—15r Bd. Eduard, od. der Maskenball. 3 Bde. 8. Ebd. 809. 5 Rthl.

— Gemäldesammlung z. Veredlung d. Familienlebens. 2 Thle. 8. Berl. 806. Sander. 4 Rthl.

Lafontaine, Aug., das heiml. Gericht d. Schicksals, od. Rosaure. 3 Thle. 8. Halle 817. Renger. 5 Rthl.

— die Geschwister, od. die Reue. 2 Thle. 8. Halle 819. Renger. 3 Rthl. 8 gr.

— die Gewalt d. Liebe, in Erzähll. 4 Thle. 8. Berl. 791—94. 2e Aufl. 797. (Dümmler). 3 Rthl. 6 gr. Schrbp. 3 Rthl. 18 gr.

Lafontaine, die Gewalt der Liebe, 4 Theile, mit Vignetten, neue mit neuen Erzählungen vermehrte Auflage, 8. Berlin, 797. Maurerf. 3 Rthl. 8 sgl.

— der Hausvater, od. das liebt sich u. warum? 3 Thle. 8. Halle 810. Renger. 5 Rthl.

— Amalie Horst, od. das Geheimniß glücklich zu sein. 2 Bde. 8. Halle 810. Fr. Ruff. 3 Rthl. 8 gr.

— Amalie Horst, oder das Geheimniß glücklich zu seyn. 2 Bde. 8. Halle 810. jetzt Fr. Fleischer in Leipzig. 3 1/3 Rthl.

— Huldigungsrede beim Regierungsantritt Königs Friedrich Wilhelm III. v. Preußen. 8. Halle 798. Schwetschke u. Sohn. 2 gr.

— Kampf mit den Verhältnissen, od. d. Unbekannte. 3 Bde. 8. Halle 815. Renger. 5 Rthl.

— Ida v. Kiburg, od. das Verhängniß. 8. Berl. 816. Sander. 2 Rthl.

— Leben e. armen Landpredigers, s. oben: Familiengeschichten, 7r u. 8r Bd.

— Liebe u. Dankbarkeit; e. französ. Familiengeschichte. 8. Manh. 805. Löffler. 8 gr.

— Liebe um Liebe, e. Erzählung. 8. Manh. 799. Löffler. 9 gr.

— Mährchen u. Erzählungen. 2 Bde. 8. Berl. 801. Sander. 2 Rthl. 16 gr.

— u. Fr. Kind, Makaria, Atalante u. Kassandra. Drei Erzählungen. 8. Züllichau 803. (Leipz., Gerig). 12 gr.

— Museum für das weibl. Geschlecht. 1r 2r Jahrg. jeder von 6 Stck. 8. Halle, Franke. 792. 93. 4 —
(dasselbe ist 1795. unter dem Titel ausgeg.: kleine Erzählungen und Aufsätze zu 2 Rthlr.)

— die Pfarre an d. See. 3 Bde. 8. Halle 816. Renger. 5 Rthl.

Lafontaine, August Heinrich Julius

Die Pfarre an der See. Ein Roman. Bd. 1 - 3.
Wien: Haas 1816. 8°

— Klara du Plessis u. Clairant. 8. Berl. 801. Voß. 1 Rthl. 21 gr.

— Dass. französisch. 3 Thle. 8. Leipz. 799. Hinrichs. Rthl. 16 gr.

— Raphael, od. d. stille Leben. 8. Halle 809. Fr. Ruff. 1 Rthl. 16 gr.

— Reinhold. 3 Thle. 8. Halle 818. Renger. 5 Rthl.

— Reisen im Alterthume; e. Gegenstück zu d. Sagen aus dem Alterthume. 2 Thle. Mit Kpf. 8. Gießen 804. (Ferber). 3 Rthl. 8 gr.

— Robert u. Agnes, od. die Herzen ohne Maske. 2 Thle. 8. Zerbst 806. Füchsel. 2 Rthl. 12 gr.

Lafontaine, August Heinrich Julius

(Drey kleine Romane.
Wien [um 1810]) 196 S. 8°

Inhalt: Lenardo und Blandine.- Die Mündel.- Die Blumen - Titelbl. fehlt.

— kleine Romane, aus Zeitschriften gesammelt. 1e Samml. 8. Rostock 799. Stiller. 16 gr.

— kleine Romane u. moral. Erzählungen. 9 Bde. 12. Berl. Sander. 7 Rthl. 12 gr. — 10r—12r Thl. od. gesammelte kleine Romane u. Erzähll. 3 Bde. Ebd. 810. 2 Rthl. 12 gr.

— Rosen, gesammelte Erzählungen. 8. Manh. 814. N. Aufl. 828. Löffler. 21 gr.

— — Sagen aus dem Alterthume, 1r Theil, mit Kupf. (Aristomenes und Gorgus enthaltend) gr 8. Daselbst, 796. Voß Schweizerp. 4 Rthl. Dasselbe Buch. Schreibp. 1 Rthl. 15 sgl.

— Sagen d. Alterthums. 1r Thl. Aristomenes u. Gorgus. 8. Berl. 801. Voß. 1 Rthl. 12 gr. 2r Thl. Romulus. N. Aufl. 8. Ebd. 803. 1 Rthl. 12 gr.

— Sagen aus d. Alterthume, fortgesetzt von Prof. [illegible]. 3r u. 4r Thl. 8. Gießen 807. jetzt Fr. [illegible] in Leipzig. 3 Rthl.

— **Salier et Julie trad. de l'allem. 16. Gotha 802. Perthes 8 gr.**

— Scenen. 2 Thle. 1r Thl. A. u. d. T.: Brutus oder die Befreiung Roms. 2r Thl. Kleomenes. 8. Leipz. 788. Göschen. 1 Rthlr. 14 gr.

— — Scenen, (die Befreyung Roms und Kleomenes enthaltend) 2 Theile, mit Kupf. 8. Leipzig, 789. Göschen. 1 Rthl. 18 sgl.

— **Schilderung des menschl. Lebens. 1r u. 2r Bd. Bertha v. Waldeck. 2e Aufl. 8. Halle 811. Fr. Ruff. 3 Rthlr. 8 gr. — 3r u. 4r Bd. Tinchen, od. die Männerprobe. 2 Bde. 8. Ebd. 811. 3 Rthlr. 8 gr. — 5r u. 6r Bd. Das Moralsystem, od. Ludwig v. Eisach. 2 Bde. 8. Ebd. 812. 3 Rthlr. 8 gr. — 7r u. 8r Bd. Isidore, od. die Waldhütte. 2 Bde. 8. Ebd. 817. 3 Rthlr. 8 gr. — 9r u. 10r Bd. Die beiden Freunde. 2 Bde. 8. Ebd. 819. 3 Rthlr. 8 gr.**

— Schilderungen aus d. menschl. Leben. 10 Bde. 8. Halle 812—19. jetzt Fr. Fleischer in Leipzig. (1r u. 2r Bd. Die Gefahren der großen Welt, oder Bertha von Waldeck. 2 Bde. — 3r u. 4r Bd. Tinchen oder die Männerprobe. 2 Bde. — 5r u. 6r Bd. Die Moralsysteme, oder Ludwig von Eisach. 2 Bde. — 7r u. 8r Bd. Isidore oder die Waldhütte. 2 Bde. — 9r u. 10r Bd. Die beiden Freunde. 2 Bde.)

— s. Gelchow.

— **Sittenspiegel f. d. weibl. Geschlecht. 1r u. 2r Thl. 8. Halle 804. Renger. 3 Rthlr. 12 gr. — 3r u. 4r Thl. Erzähll. aus d. häusl. Leben. 2 Bde. 8. Ebd. 805. 3 Rthlr. — 5r Thl. Familienehrgeiz. 8. Ebd. 807. 1 Rthlr. 12 gr. — 6r Thl. Natur u. Kunst rc. 8. Halle 811. Renger. 1 Rthlr. 16 gr.**

— **So geht es in der Welt. 1r Thl. Der Baron v. Bergedorf. 8. Berl. 803. Sander. 1 Rthlr. 18 gr. — 2r u. 3r Thl. Eduard u. Margarete. 2 Bde. 8. Ebd. 803 u. 4. 3 Rthlr. 6 gr.**

MILTENBERG (d. i. *Aug. Heinr. Julius Lafontaine*, 1758 bis 1831), Der Sonderling. Ein (zieml. verfängl.) Gemählde des menschlichen Herzens. 2 Thle. Mit schönen TKpfrn. (Ch. Sambach del., J. Mansfeld sc.) Hohenzollern (Wien), bey Joh. Bapt. Wallishausser. 1793—94. 8°. 309 u. 253 S.

— **Stärke d. Vorurtheils. Leipz. ... Gerig. 12 gr. Hbg. Pr. 4 gr.**

— **die Stiefgeschwister. 3 Bde. 8. Halle 822. Renger. 5 Rthlr.**

— **das Testament. 3 Thle. 8. Halle 810. Renger. 5 Rthlr. 12 gr.**

— **Theodor, od. Kultur u. Humanität. 2 Bde. 8. Berl. 802. Sander. 2 Rthlr. 16 gr.**

— **Walther, od. das Kind v. Schlachtfelde. 3 Bde. 8. Halle 813. Renger. 5 Rthlr.**

— **die Wege des Schicksals. 2 Thle. 8. Halle 820, 21. Renger. 3 Rthlr. 8 gr.**

— **Rudolph v. Werdenberg. 8. Berl. 806. Voß. 1 Rthlr. 16 gr.**

— dramatische Werke. 8. Görlitz, Anton. 806. 1 6
Schreibp. 2 —
(enth. die Prüfung d. Treue, und die Tochter der Natur.)

Lafontaine, Aug., dramat. Werke. (Die Tochter d. Natur. 15 gr. Die Prüfung d. Treue, oder d. Irrungen. 15 gr.) 8. Görlitz 806. Anton in Halle. 1 Rthlr. 6 gr. N. Ausg. Ebd. 824. 15 gr.

— Zeitschrift f. Gattinnen u. Mütter, s. K. Fr. Bahrdt.

Die deutsche Götterwelt im Luxemburger Lande von Edmond de **la Fontaine**. (Luxembourg 1906: J. Beffort.) (280 S.) 8°
= **Publications** de la Section hist. de l'Institut G.-D. de Luxembourg. Vol. 53. [07. 9464 5]

La Fontaine, Ed. de, die luxemburger Kinderreime. gr. 8. (XII, 62 S.) Luxemburg 877. Bück. n. 1. —

La Fontaine, Ed. de, Luxemburger Sitten und Bräuche. Gesammelt und hrsg. gr. 8. (V, 168 S.) Luxemburg 883, Brück. 4 —

la Fontaine, Ed. de, Versuch über die Orthographie der luxemburger deutschen Mundart. gr. 8. (15 S.) Luxemburg 855, Bück. **

Lafontaine, Edm. de: Die Luxemburger Volkslieder älterer Zeit. Worte u. Weisen von Ed(m.) de Lafontaine. Nachgelass. Werk. Luxemburg: Stomps 1904. 52 S. 8°

La Fontaine, Ed[mond] de: Die Weinberge und die Catasterrevision. Luxemburg: Bück 1867. 19 S. Aus: Annalen des Acker- und Gartenbau-Vereins des Großherzogthums Luxemburg.

La Fontaine, F. Leopold, s. La Fontaine, Friedrich Ludwig

Friedrich Ludwig de La Fontaine

F[riedrich] L[udwig] de La Fontaine. Chirurgisch-medicinische Abhandlungen verschiedenen Inhalts Polen betr. Breslau & Leipzig: Korn 1792. 269 S. 8°

Lafontaine, F. L. de, Briefe üb. chir. mediz. Gegenst. a. d. Königr. Polen, s. Fontaine.

Friedrich Ludwig de La Fontaine

F[riedrich] L[udwig] de La Fontaine, Über den vernünftigen Gebrauch und die zweckmäßige Pflege der Augen. Hrsg. von J[eremias] R[udolf] Lichtenstadt. Breslau: Korn 1824. IV, 74 S. 8°

La Fontaine, F.L(eopold) de: Hinterlassene vermischte medicinische Schriften. Hrsg. von J(eremias) R(udolph) Lichtenstädt. 120 S., gbd.

Breslau: Korn 1824

JB 2.464

La Fontaine. H.: Histoire sommaire et chronologique des arbitrages internationaux. (1794–1900. Aus Revue de droit internat. 1902.) Bruxelles, Berlin usw.: Puttkammer & M. (1902).

Lafontaine, H., gute Kameraden, s. Engelhorn's allgemeine Romanbibliothek.

Lafontaine, Hans, s. Lafontaine, Jean de

La Fontaine, Henri, avocat à la Cour d'Appel de Bruxelles, senateur de Belgique. Bibliographie de la paix et de l'arbitrage international. Tome I. Mouvement pacifique. (016 : 172.4.)
8. Monaco. Paris. Bruxelles. Vienne. Zurich 1904.

La Fontaine, Jean de, les amours de Psyché et de Cupidon, s.a Bibliothèque classique intéressante.

Lafontaine, J., les Amours de Psyché. 1 vol. in 18. édit. stéréot. (Leipzig, Barth.)
(Pap. fin. 12 Gr. Pap. vél. 1 Thlr. form. in 12. 1 Thlr. 16 Gr.)

Lafontaine, choix de fables, s.: Bibliothek gedieg. u. interessanter französ. Werke im Nachtrag zu Bd. XXIX d. Lexikons.

Lafontaine, choix de fables, s.: Collection d'auteurs franç.

— — Contes. 2 vol. édit. stéréot. 18. (le même.) (Pap. fin. 1 Thlr. Pap. vélin 2 Thlr. format in 12. 2 Thlr. 16 Gr.)

Lafontaine, Jh, Contes et Nouvelles. II Vols. 18. (Leipz., Nauck). 1 ℛ

— Contes et Nouvelles en Vers. 2 Vols. N. Ed. 8. Leipz. 780. Barth. 18 gr

— Contes et nouvelles. Nouv. Edition, corrigée et revue sur les meilleures copies etc. par K. P. Fröbel. II Vols. 8. Rudolst. 822 u. 23. Hofbuchh. 1 ℛ 10 gr

Lafontaine, des Contes et novelles. Nouv. Edit. corr. et rev., et suivie d'un Dictionn. des mots vieux etc. par C. P. Proebel. 2 Voll. 8. Rudolstadt 823, Hof-Buchhandl.

Lafontaine, des Jean de, Erzählungen. Ins Deutsche übertr. v. Thdr. Etzel. Mit Reproduktionen nach den Kupfern v. Charles Eisen. (230 S.) 8. München 910. G. Müller. Geb. in Halbfrz. 18. —

— Fabeln

— s. auch Fabeln.

— dasselbe, s. a. Universalbibliothek.

Lafontaine, Jean de. Fabeln; Französisch und Deutsch. Berlin 1791—94. Ü: *Catel, Samuel Heinrich.* (Ky)

— Fabeln; Französ. u. Deutsch (v. S. H. Catel). 4 Thle. 8. Berl. 791—94. (1r Thl. N. A. 795.) Köchly. 2 ℛ 4 gr

— Fabeln, Franz. u. Deutsch, herausg. von S. H. Catel. 1r Thl. Enth.: 1s—4s Buch. N. Aufl. 8. Berlin 795. (Leipzig, Fr. Fleischer.) 1/2 ℛ — 2r Thl. Enth.: 5s—8s Buch. N. Aufl. 8. Ebd. 797. (Ebd.) 2/3 ℛ — 3r Thl. Enth.: 9s—11s Buch. N. A. Ebd. 799. (Ebd.) 1/2 ℛ — 4r Thl. Enth.: 12s Buch. N. A. 8. Ebd. 794. (Ebd.) 1/2 ℛ

— dies. nach d. Französ. frei bearb. für d. Jugend, (v. K. A. H. Clodius). Mit 216 Kpf. 2 Thle. 8. Leipz. 803. (Gr. Fleischer). 3 ℛ ill. 4 ℛ 12 gr Dass. französ. Ebd. 802. 2 ℛ 12 gr ill. 4 ℛ 12 gr

— Fabeln. Ein Versuch für Freunde ächter Originalität. Aus d. Französ. übers. 8. Brandenb. 819. Wiesike. 1 ℛ

La Fontaine, Fabeln. In neuer Auswahl u. Bearbeitung von Frdr. Hoffmann. Mit 12 (lith.) Bildern. gr. 16. (VIII u. 184 S.) Stuttgart 850, Hoffmann. 1/2 ℛ

Lafontaine's, Jean, Fabeln. In neuer Auswahl und Bearbeitung von Friedr. Hoffmann. Neue (Titel-)Ausg. gr. 16. (VIII und 184 S. mit 12 ill. Stnt.) Stuttgart 854(55,) Chelius.

La Fontaine's Fabeln, übers. von F. J. Jäger. 18. (XVIII und 413 S.) Paris 857. Leipzig, Michelsen's Buchh.

Lafontaine's Fabeln. In neuer Auswahl und Bearbeitung von Friedr. Hoffmann. 2. Aufl. 16. (VI und 164 S. mit 12 ill. lithogr. Bildern.) Stuttgart 864, Chelius. cart.

—— Fabeln. In neuer Auswahl und Bearbeitung von Friedr. Hoffmann. 3. Aufl. gr. 16. (VI, 154 S. mit 8 lithogr. illum. Bildern.) Stuttgart 870, Chelius. [Leipzig, Berndt's Verlag.] cart. (ℳ 2.)

— Fabeln, übers. v. E. Dohm. Illustrirt v. Gust. Doré. (In ca. 45 Lfgn.) 1—24. Lfg. Fol. (1. Bd. 364 S. u. 2. Bd. S. 1—80 m. eingedr. Holzschn. u. Holzschntaf.) Berlin 876. Moeser. à n. 2. —

— Fabeln. Uebers. von E. Dohm. Illustr. von Gust. Doré. 25—45. [Schluß-]Lfg. Fol. (1. Bd. XXVII u. S. 305—310 u. 2. Bd. S. 81—382 mit eingedr. Holzschn. u. Holzschntaf.) Berlin 877. Moeser. à n. 2. —

—— dass. — Mit Einleitung und deutschem Commentar von Adf. Laun. 2 Thle. Fol. Heilbronn 877, Gebr. Henninger. à Thl. * ℳ 4,50. *

Inhalt:
Thl. 1. Die 6 Bücher der 1. Sammlung von 1668. (IV, 235 S.)
» 2. Die 5 Bücher der 2. Sammlung von 1678—1679 mit dem 12. Buch von 1694. (271 S.)

La Fontaine, Fabeln. Unterhaltendes Bilderbuch für artige Kinder, enth. 6 bewegl. chromolithogr. Tableaux. qu. 4. (6 Bl. Text.) Fürth 885, Schaller und Kirn. geb. geb. mit Goldpressung

La Fontaine, ausgewählte Fabeln, hrsg. v. Max Frdr. Mann, s.: Hartmann's, K. A. Mart., Schulausgaben, Nr. 12.

— Hrsg. v. M. Fuchs, s.: Simion, Leonh., Nf.'s Sammlung französischer Schulausgaben.

La Fontaine, ausgewählte Fabeln f. die Jugend. Illustr. v. M. B. de Monvel. Ins Deutsche übertr. v. J. Wege. qu. 4. (48 farb. S.) Paris 893. E. Plon. Nourrit & Co. Geb. n. 4. —

Ausgewählte Fabeln [Fables, Auswahl] von (Jean) de **La Fontaine**. Mit biogr. u. literar. Einl., erkl. Anm., e. Übersicht über d. Versbau u. e. Charakteristik d. Sprache. Hrsg. von Dr. Otto Kötz. [Nebst] Anm. Berlin: Weidmann 1908. 2 Bde 8°
(Weidmannsche Sammlung franz. u. engl. Schriftsteller.) (o8. 9937

— **Ausgewählte Fabeln.** Mit biograph. u. literar. Einleitg., erklär. Anmerkgn., e. Übersicht üb. den Versbau u. e. Charakteristik der Sprache hrsg. v. Otto Kötz. (IV, 170 u. 108 S.) 8. Berlin 908. Weidmann. Geb. u. geh. 2. 60

Lafontaine's beste Fabeln. Getreu übertr. v. Pet. Lang. Mit Illustr. v. Karl Girardet u. dem Bildnisse Lafontaine's. 8. (L, 194 S.) Dresden 901. E. Pierson. n. 2. —; geb. n. 3. —

— 30 Fabeln. Frei in deutsche Verse gebracht v. Rud. Schiff. Mit 20 Kunstdr. nach Stichen der Orig.-Zeichnungen aus dem XVIII. Jahrh., im Besitze der französ. National-Bibliothek, u. e. neuen Abb. v. La Fontaine. (96 S.) kl. 8. Paris (907). Ch. Eitel. Kart. 2. —

— 60 Fabeln, hrsg. von Jos. Sarrazin, s.: Poëtes français.

Lafontaine, (Jean de): Sechzig Fabeln. M. Anm. z. Schulgebr. hrsg. v. Dr. Jos. Sarrazin, Prof....zu Freiburg i. Br. (Nebst) Wörterbuch. Bielefeld & Leipzig: Velhagen & Klasing 1895. 2 Bde. 8.
(Text: 120 S.) Wörterb. (32 S.)
Sammlung, Velhagen & Klasing's, französ. u. engl. Schulausgaben. Poètes franc. Lfg 1. Ausg. A.

—— zwölf Fabeln. 8. (1¼ B. u. 12 ill. Abbild.) Berlin 812, Hasselberg'sche Vrlgsh.
Vgl.: France.

— neuer Fabelschatz. Mit Text in Versen nach L. v. Gellert, Gleim, Hagedorn u. A. Mit 6 (farb.) Bildern v. Frz. Schmidt. 8. (16 S.) Leipzig 891. W. Opetz. Kart. n. — 50

La Fontaine, de, Fables etc., s. a. Choix de lecture française etc.

— Fables, hrsg. v. Ludw. Appel, s.: Klassiker-Bibliothek, französisch-englische. Nr. 54.

— — Fables. 1 vol. édit. stéréot. 18. (le même.)

— — les mêmes, suivies d'Adonis, poëme. 2 vol. in 18. (le même.)
(Pap. fin. 1 Thlr. Pap. vélin. 2 Thlr. format in 12. 2 Thlr. 16 Gr.)

— les mêmes. Edition de Crapelet ornée de gravures etc. par Simon et Coiny. VI Vols. 12. Paris. (Leipz., Nauck). 30 ℛ

— fables. gr. 12. Basel 766. Schweighauser. 12 gr

— fables. Avec un nouv. Commentaire par Mr. Coste. 12. Paris 803. (Leipz., Nauck). 21 gr

— fables. In 3 Theilen. Mit e. Erklärung d. schweren Wörter u. Redensarten zur Erleichterung d. Uebersetzens ins Deutsche, für d. Schulgebrauch. Neue wohlf. Ausg. 8. Leipz. 811. Gr. Fleischer. 1 ℛ

— fables. Nouv. Edit. avec les notes etc. de Coste et Chamfort. III Vols. 12. Braunschw. 815. Plüchart 1 ℛ 12 gr

— fables. 12. Strassb. 820. Levrault. 9 gr

— fables. Suivies de quelques autres poemes. II Tomes. 16. Pesth 829. Hartleben. 18 gr Hbg. Pr. 12 gr

Lafontaine, Fables. 16. (17¾ B.) Stuttgart 835, Erhard.

— Fables, mit Anmerkungen, einem Verzeichnisse, worin die Moral, welche jede Fabel behandelt, angegeben ist, u. jedesmaliger Bezeichnung derjenigen Fabeln, welche sich zum Auswendiglernen für Kinder eignen. Zum Schul- u. Privat-Gebrauch. Bearbeitet u. herausgeg. von C. Schnabel. 8. Leipzig 846, Schrey. n. ⅔ ℛ

Lafontaine, Fables. 16. Leipzig 846, B. Tauchnitz jun. 9 ngr

—— Fables, avec notes. Vollständ. Ausg. Mit einem ausführl. Wörterbuche von Friedr. Aug. Menadier. 8. (XIV und 468 S.) Quedlinburg 817, Basse.

La Fontaine, Jean, Fables, mit biograph., histor., geograph., mytholog., litterar. und grammat. Anmerkungen, einem Verzeichnisse, worin die Moral, welche jede Fabel behandelt, angegeben ist, und jedesmaliger Bezeichnung derjenigen Fabeln, welche sich zum Auswendiglernen für Kinder eignen. Zum Schul- und Privat-Gebrauch. Bearb. und hrsg. von C. Schnabel. 2., unveränd. (Titel-) Aufl. 8. (XII und 425 S.) Leipzig 849, Schrey.

—— Fables. Edition illustrée. 8. (XII und 425 S. mit 8 ill. Holzschn.) Leipzig 849, Schrey.

— dasselbe. Mit Einleitung u. deutschem Commentar von Adf. Laun. 1. u. 2. Thl. Heilbronn 877. Henninger. à n. 4. 50
1. Die 6 Bücher der 1. Sammlung von 1668. (IV, 235 S.)
2. Die 5 Bücher der 2. Sammlung von 1678—1679 mit dem 12. Buch von 1694. (271 S.)

La Fontaine, J. de, fables. Erklärt von E. O. Lubarsch. 1—3. Tl.: gr. 8. Berlin 881. 82. Weidmann. 4. 50
1. Buch I—III. (V, 160 S.) 1. 50
2. Buch IV—VI. (IV, 122 S.) 1. 20
3. Buch VII—IX. (IV, 188 S.) 1. 80

— fables. Erklärt v. E. O. Lubarsch. 4. Tl. Buch X—XII nebst Philémon et Baucis. 8. (200 S.) Berlin 888. Weidmann. 2. 25 (1—4.: 6. 75)

La Fontaine. *Fables choisies.* Mises en vers par Monsieur De La Fontaine, et par luy reveües, corrigées & augmentées de nouveau. Puis Traduites & mises en prose allemande le plus succinctement qu'il a été possible par Monsieur Balthasar Nickisch . . . A Augsburg, Chés Jean Ulric Kraus Bourgeois . . . Auserlesene Fabeln . . . Zu Augspurg Bey Joh. Ulrich Krauß, Burger und Kupfferstecher . . . 1708. 5 Teile (= 6 Bücher) in 1 Band. 4 Bll., S. 1—496 (davon fehlen 7/8, 37/38, 41/42 und außerdem etwa die letzten 5 Blätter), 5 schöne Frontispize und 115 (statt 117) Kupfertafeln mit 230 schönen Kupfern von Krauss (es fehlen die Kupfer 9/10, 28/29). Kl.-8°. Hldrbd. des 19. Jh. 40.—
Reizend illustrierte, seltene Ausgabe mit deutschem u. franz. Text. Einige wenige Kupfer sind leicht ankoloriert. Teilw. etw. fleckig, einige Bll. eingerissen oder stark beschnitten, 2 Bll. angerändert.

— fables choisies, mises en vers français. Nouv. Edit. IV Vols. gr. 8. Dresd. 757—76. Walther. 3 ℛ

— le même. Edit. illustrée de 16 gravures d'après les dessins de Grandville. 16. le même 845. ½ ℛ — relié ⅔ ℛ

— et S. Lavalette, Fables choisies. Avec des notes explicatives en dessous du texte et un vocabulaire. 16. Stuttgart 845, Erhard. ⅜ ℛ

— fables, choisies pour la jeunesse. Mit grammat. u. sachl. Anmerkgn. u. e. vollständ. Wörterbuche f. den Schul- u. Privatgebrauch hrsg. v. Ed. Hoche. gr. 19. (VIII, 248 S.) Leipzig 871. E. Fleischer. 1. 20

La Fontaine, Fables choisies pour la jeunesse. Mit grammat. und sachl. Anmerkungen und einem vollständ. Wörterbuche für den Schul- und Privatgebrauch hrsg. von Ed. Hoche. 2. Aufl. gr. 16. (VIII, 248 S.) [Leipzig 879, E. Fleischer.] Berlin, Friedberg und Mode.

— Fables choisies soigneusement pour la jeunesse et enrichies d'un vocabulaire par E. J. Hauschild. 8. (Mit 1 Holzschn.) Leipzig 846, Renger. 12 ngr

Lafontaine, (Jean), fables choisies soigneusement pour la jeunesse et enrichies d'un vocabulaire par E. I. Hauschild. 2. édit. Berlin 857. Renger. 16. (240 S.) 12 ngr

Lafontaine, Fables choisies soigneusement pour la jeunesse et enrichies d'un vocabulaire par E. J. Hauschild. 4e édit. gr. 16. (240 S.) Berlin 868, Renger'sche Buchh.

— Fables choisies soigneusement pour la jeunese et enrichies d'un vocabulaire par E. J. Hauschild. 4. édit. Berlin 869. Renger. gr. 16. (240 S.) 12 ngr

La Fontaine, Jean de, Fables, choisies soigneusement pour la jeunesse et enrichies d'un vocabulaire. 5e édit. gr. 8. (131 S.) Leipzig 882, Renger'sche Buchh. 1 80

—— Douze fables. Choisies pour la jeunesse. 8. (16 S. m. 5 Farbendr.) Lpz. 891, Opetz. cart. * — 50

—— 80 fables, s. Bibliothèque instructive des écoles secondaires.

§ * — — Die Liebe der Psiche (so!) und des Cupido in einer anmuthigen Geschicht vorgestellet und aus d. Frantzös. des Herrn *de la Fontaine* ins Teutsche übersetzt. Franckfurt und Leipzig b. Joh. George Lochner. 1745. 8° 12 Bog. (In Berlin: Xt 7860.) (3 Kr. 20 H. M. Gottlieb, Wien, 1905.)

Nachahmung (in Prosa) der Erzählung des Apulejus, keine Uebersetzung.

Orig. Les amours de Psyché et de Cupidon. Paris, Claude Barbin 1669. 12° 12 ff., 500 pp. (In München.) — Ed. nouv. Avec frontisp. La Haye 1707. 12°. (5 Mk. S. Calvary & Co., c. 1900.) — Le même Y-joint Adonis poëme par Lafontaine. Avec frontisp. Paris, J. L. Nion, 1708. 8°. (12 Mk., veau, avec ex-libris du Comte Max de Preysing, h. 162 mill., L. Rosenthal, 1886.) Non cité par Brunet. — Les Amours de Psyché et de Cupidon. 2 vols. (Collection du Comte d'Artois, vol. 59—60.) Paris 1782. — Le même. 2 tom. Avec figures. Paris 1793. 12° (In München ex bibl. erot. Krenner) — Le même. Ibid., F. Didot, 1825. Fol. (Ed. de luxe.) (In München.)

— — Oeuvres diverses. 2 vol. in 18. (Leipzig, Barth.) (Pap. fin. 1 Thlr. Pap. vélin. 2 Thlr. format in 12. 2 Thlr. 16 Gr.)

— — Oeuvres complètes, ornées de 120 gravures, d'après les dessins de Deseaue, Chaudet, Huet etc. 16 vol. in 18. Paris, 8 o. Pap. velin.

La Fontaine, Hans v., Schelmereien Amor's. Schwänke und Märchen. Dem Französ. nachgedichtet. 2 Bde. gr. 16. (1. Bd. XL und 804 S.) Berlin 860, Rücker und Püchler.

La Fontaine, Hans v., Schelmereien Amor's. Schwänke und Märchen. Dem Französ. nachgedichtet. 2 Bde. 2. (Titel-) Aufl. gr. 16. (XLIV und 632 S.) Berlin (860)62, Rücker und Püchler.

LA FONTAINE Jean (geb. 8. Juli 1621 zu Château Thierry, † 13. März 1695 zu Paris). — Schwänke und Märchen von *Hans La Fontaine*. Verdeutscht durch einen alten Wälschen. 2 Bde. Mit Titel-Portr (L. im Alter, Medaillon-Profil-Bildniss auf schwarzem Grunde, mit Unterschrift, unsign.). Boston (Berlin, Rücker) 1811. 8°. Antiquatypen. (16 Mk. Max Perl's Berliner Octob.-Auct. 1907, no. 560; 35 Mk., schönes Expl., Adolf Weigel, 1907.)

Einzige uncastrirte vollständige deutsche Uebertragung in Versen (meist reimlosen Jamben); bereits selten! I XXXX—298 S., 1 Bl. Inh. II: Tit., 340 S., 1 Bl. Inh. Dem Expl. der Wiener Stadtbibl. [Secr. A 50] sind in Bd. 1 40 freie Kpfr., in Bd. 2 33 ebensolche Kpfr und 1 weiteres Portrait von einem Bibliophilen beigegeben, so dass es wohl das kostbarste existierende Expl. dieser Uebersetzung darstellt.

Lafontaine, Hans, Schwänke u. Mährchen. Verdeutscht durch e. alten Wälschen. 2 Bde. 8. Boston 811. (Berl., Rücker), 8 ß (Hinrichs, in Leipz.) 3 ß

— — Dasselbe. Ebd., Rücker & Püchler, 1860. 8°

I: XXXVII, 1 Bl., 304 S. II: 2 Bll., 328 S.

Englische Ueberstzg. s. bei Graesse, Trésor IV, 76.

Orig.: Contes et nouvelles en vers (partie 1) Paris, Claude Barbin, s. d. (165*) 12° — Seconde partie des contes et nouvelles. Ibid. 1646 (in Wirklichkeit 1656). 12°

— — Théatre. 1 vol. in 18. (Leipzig, Barth.) (Pap. fin. 12 Gr. Pap. vélin 1 Thlr. format in 12. 1 Thlr. 8 Gr.)

—— Uswahl vo Fawlà, in Milhüserditsch ufgesetzt vom Ernest Meininger. Mit em Ahang: s' Marià vom Wi. 8. (66 S.) Mülhausen 879, Detloff's Buchh. **

— — Gesammelte Werke. I. Die Erzählungen. Ausgewählt und ins Deutsche übertragen von Th. Etzel. Mit den entzückenden Bildern nach Eysen, gestochen von Boily, Baquoy, Choffard, Delafossé, de Longueil u. A. München, Georg Müller, 1910. 8°. (Hldr. Mk. 18—; Luxusausgabe in Ganzldr. Mk. 35—.)

Lafontaine, Jules de, Beitrag zur Kenntniss stalactitischer Vorkommnisse u. deren Genese. Inaugural-Dissertation. gr. 8. (74 S.) Bern 882. (Jenni.) n. 1. 20

Lafontaine, Just., s. Taschenbuch d. Grazien.

Lafontainesche Fabeln, zwölf, mit 12 color. Abbildungen. 8. Berlin 842, Hasselberg. 1/4 ß

La Foreade, Dom, s.: Correspondants, les, de Grandidier

Forest, de la, Art u. Weise, die Protestanten zur kathol. Kirche zurückzuführen u. die Katholiken in ihrem Glauben zu befestigen. Nach dem Franz. bearbeitet. Regensb., Manz (jetzt Verlagsanst.), 1867. 8°, 386 S., 3 Mk.

Laforest, das Aufgebot. Vaterländ. Gelegenheitsstück. 8. Wien 798. Rehm. 8 K

— l'art de soigner les pieds. 12. Bern ... Typogr. Soc. 3 K

Laforest

[L'Art de soigner les pieds. Deutsch:] Ueber die Kunst die Füße zu besorgen oder die Behandlungsart der Leichdornen, Warzen, Schwielen, Ballen, ... aus d. Franz. des Laforest. Übers. u. mit Anm. vers. von J[ohann] G[eorg] Hoffmann [Hofmann, 1788]. Leipzig: J.G. Müller 1788. 132 S. 8°

Laforest, die Kunst, d. Füße z. besorgen oder Behandlungsart der Leichdornen rc. Aus d. Französ. übers. v. J. G. Hofmann. 8. Leipz. 793. Müller. 8 K N. A. 8. Ebd., Joachim. 9 K

— Unterr. von Wartung d. Füße für Liebhaber d. Gesundheit. Aus d. Französ. 8. Leipz. 781. Weygand. 6 K

Laforest, Dubut de, der Commis-Voyageur. Roman. Deutsch v. Ludw. Wechsler. 8. (188 S.) Budapest 900, G. Grimm. n. 1. 50

— im Flugfeuer der Liebe, s.: Collection Tiefenbach.

— Pariser Frauen. Ein Pariser Sittenroman. 8. (319 S.) Berlin (902). Iris-Verlag. n. 3. —

— die Gekreuzigte od. die Märtyrerin der Liebe. Pariser Sittenroman. Deutsch v. Ludw. Wechsler. 8. (269 S.) Berlin 899. A. Wildorff. 2. —; kart. 2. 50

Laforest, Dubut de, das Mädchen f. Alles. Pariser Sittenroman. Einz. autor. Übersetzg. v. Ludw. Wechsler. 3. Aufl. 8. (331 S.) Leipzig 898. C. F. Tiefenbach. n. 2. —; geb. 3. —

— ein Mädchen f. alles. Pariser Sittenroman. Deutsche Ausg. v. Egon Berg. 8. (106 S.) Groß-Lichterfelde (899). [v. Piper.] Berlin, F. Gnadenfeld & Co. n. 1. —

— das Mädchen f. Alles. Pariser Sittenroman. Einzig autoris. Übersetzg. v. Ludw. Wechsler. 4. Aufl. 8. (328 S.) Leipzig (902). C. F. Tiefenbach, Sep.-Cto. n. 3. —

— Schwester Madeleine u. Anderes. Deutsch von Ludw. Wechsler. 8. (153 S.) Ebd. 897. n. 2. —; geb. n. 3. —

— die Rächerin. Pariser Sittenroman. Deutsch v. Ludw. Wechsler. 1. u. 2. Aufl. 8. (à 256 S.) Leipzig 900. [O. Gracklauer.] Leipz. Verl.-Comptoir. n. 3. —

— der Stellvertreter, s.: Collection Brillant. 8. Bd.

— Fräulein Tantalus. Roman. Deutsch von Ludw. Wechsler. 8. (220 S.) Ebd. 897. n. 2. —; geb. 3. —

Laforest, Dubut de, die Tochter des Generals. Französischer Sittenroman. Deutsch von Ludw. Wechsler. (208 S.) schmal 8. Leipzig (904). Deutsches Verlagsinstitut. n. 2. —

Laforest, Frz. Thiard de, die Bocche di Cattaro. M. 10, v. Verf. aufgenomm. Photographien in Lichtdr. gr. 8. (68 S.) Spalato 898. Cattaro, Selbstverlag. n. 3. 40

Laforest, Frz. Thiard de, Spalato u. seine Alterthümer. Mit 10 vom Verf. nach der Natur aufgenommenen Photogr. gr. 8. (41 S.) Spalato 878. (Wien, Frick.) geb. n. 12. —

LAFOREST, Ludwig (Edenkoben): De doloribus sympathicis.- Monachii: Wild 1842. 23 S. 5.8.1841 - Urk; F 65
Diss.Ingolst.-Landsh.-Mchn.

Laforet, Nicolas Joseph. Die Märtyrer von Gorkum. Mit Genehm. des Verfassers ins Deutsche übertragen. Münster 1867. Ü: *Beckmann, Peter.* (RASS)

Laforet, N. J., die Märtyrer von Gorkum. Mit Genehmigung des Verf. ins Deutsche übertragen bei Gelegenheit der am 29. Juni d. J. statthab. Heiligsprechung der Märtyrer. Münster 867. Regensberg. 8. (XVI, 130 S. mit 4 nach Orig.-Gemälden lith. Portr.) n. 12½ ngr

Laforet, N. J., Dissertatio historico-dogmatica de methodo theologiae, sive de auctoritate ecclesiae catholicae tamquam regula fidei christianae. 8maj. (VIII und 226 S.) Lovanii 849. (Bonnae, Marcus.) **

Laforet, Nic. Jos., der moderne Unglaube und seine Hauptursachen. Mit Genehmigung des sel. Verf. nach der 3. Aufl. übers. von Mart. Bosen. 8. (XVI, 216 S.) Mainz 873, Kirchheim.

Laforet, Wilh., das Zwangsabtretungsgesetz vom 17. XI. 1837 in der Fassung der Novelle vom 13. VIII. 1910 u. der Abschnitt Zwangsenteignung des Ausführungsgesetzes zur Reichszivilprozeßordnung in der Fassung der Bekanntmachung vom 26. VI. 1899, erläutert. (XII, 293 S.) kl. 8. München 910. J. Schweitzer Verl. Geb. in Leinw. 3. 20

La Forge, Frederick B(urr), a. Bridgeport, Conn., U. S. A.: Über die Isomerie der Carbäthoxyldiglycylglycinester und die Beständigkeit von N-Carbonsäuren. (Berlin 1908: A. W. Schade.) (24 S.) 8°
Berlin, Phil. Fak., Ref. Fischer, Diss. v. 4. Aug. 1908
[Geb. 12. März 82 Bridgeport; Wohnort: Berlin; Staatsangeh.: Vereinigte Staaten; Vorbildung: Princeton Univ. Bach. of Sc. 01; Studium: Berlin 5 S.; Rig. 9. Juli 08.]

La Forge, Louis de, s. Laforgue

Laforgue, Prof., s. Beauval, Fr., dialogues.

La Forgue, Emile P., O. A., Nouvelle méthode pratique et facile pour apprendre la langue anglaise, s.: Ahn, F.

Laforgue, J., tableau ou itinéraire descriptif et pittoresque de la Suisse saxonne avec la partie comprise dans la Bohème. Imitation libre du manuel publié par W. A. Lindau et J. G. Wiegmann. 16. (X und 187 S. mit 25 Ansichten und 1 Charte der sächs. Schweiz.) Leipzig 847, Arnoldische Buchh. *
Mit 44 Ansichten und 1 Charte. *

Laforgue, Jak., Paronymes français ou Recueil de la majeure partie des mots de la langue française qui ne diffèrent orthographiquement que par quelques consonnes, mais dont la signification est presque toujours diamétralement opposée etc. 8. Dresd. u. Leipz. 820. Arnold. 1 ₰ 3 gr

Laforgue, Jules, Pierrot der Spassvogel. (Eine Auswahl v. Frz. Blei u. Max Brod.) (118 S. m. Titelbild.) 8. Stuttgart (909). Charlottenburg, A. Juncker Verl. 2. —

Laforgue, Jul., sagenhafte Sinnspiele. Mit e. Vorrede v. Maurice Maeterlinck. Mit unbekannten Briefen an Max Klinger, Théophile Ysaye u. Klary. Mit Porträts Laforgues v. Frz. Skarbina, Fél. Valloton u. a. Umschlagzeichnung v. Lucian Bernhard. Verdeutscht u. eingeleitet v. Paul Wiegler. (VIII, 280 S.) 8. Stuttgart 905. A. Juncker. n. 4. —

Laforgue, Louis

Laforgue, L. Handbuch der Zahnarzneikunst . . . Mit Zusätzen . . . von Angermann. Leipzig 1803. Ü: *Burdach, Carl Friedrich.* (R-N)

Laforgue, L., die Kunst des Zahnarztes; aus d. Französ. (v. J. E. Aronsson), m. 16 Kpf. gr. 8. Berl. 803. (Rücker). 2 ₰

Louis Laforgue

[L'Art du dentiste. Deutsch:] Die Kunst des Zahnarztes; oder vollständiger theoretischer und practischer Unterricht über die an den Zähnen vorkommenden chirurgischen Operationen,... Von L(ouis] Laforgue. Aus d. Franz. übers. u. m. Anm. u. Zusätzen versehn von J[akob]E[sechiel] Aronsson. Berlin: Unger 1803. XII, 396 S. 8°

Louis de La Forge

Ludovici de La Forge. [Traité de l'esprit de l'homme. Lat.:] Tractatus de mente humana, ejus facultatibus et functionibus, nec non de ejusdem unione cum corpore, em. & auctus... [Übers.: Johannes Flender.] Acc. in hac nova ed. Petri Jens [Enchiridion philosophicum] Aphorismi cognitionis humanae, omnia secundum principia Renati Descartes. Bremae: Wessel 1701. 224, 64 S. 8°

Laforgue, L., die Zahnarzneikunst in ihrem ganzen Umfange ꝛc. Nach d. Französ. d. Gariot bearbeitet v. C. F. Angermann. 3 Thle. mit 28 Kpf. gr. 8. Leipz. 805. 6. Hinrichs. 4 ₰ Velinp. 5 ₰ (3r Thl. d. Krankheit des Mundes. A. u. d. T. Gariots System der Physiologie, Pathologie ꝛc. mit 8 Kpf. gr. 8. Ebd. 806. 2 ₰ Velinp. 2 ₰ 12 gr)

Laforrelle, ..., Lebensbilder, militärisches ꝛc. d. Fräul. d'Eon de Beaumont.

EON de Beaumont (Charles Géneviève Louis Auguste André Thimothée d', né le 5 octobre 1728 à Tonnerre en Bourgogne, † 1810). — De la Fortelle, Das militärische, politische u. Privat-Leben des Fräuleins D'Eon de Beaumont, ehemal. Ritters D'Eon. Aus dem Französ. übers. u. mit Zusätzen vermehrt. Mit Portr. in Kupf. Frankfurt u. Leipzig, Esslinger, 1779. 12°. (6 Mk. Adolf Weigel, 1907.)

Untersuchungen u. Anekdoten üb. das Geschlecht des berühmten Chevaliers d'Eon; sein Briefwechsel mit Beaumarchais.

Gallerie merkwürd. Frauenzimmer. Göttingen 1794. 8°. S. 214—240: „D'Eon du Beaumont, Dr. des Civil- u. kanon. Rechts, Advokat beim Pariser Parlament, Generalcensor d. schönen Wissensch. u. d. Geschichte in Paris, Dragonerkapitain u. hernach Generaladjutant d. Marschalls Grafen v. Broglio, Ritter d. kgl. französ. Militairordens vom heil. Ludwig, Gesandschaftssekretair bei dem Marquis de l'Hospital, bevollmächtigtem Minister am russ. Hofe, Gesandschaftssekretair beim Herzog v. Nivernois, französ. Ambassadeur am engl. Hofe, u. hernach bevollm. Minister das. etc. etc."

„Chev. d'Eon begleitete 1755 in Frauenkleidern den Emissär Douglas nach St. Petersburg und galt für seine Nichte, ward als Vorleserin bei der Kaiserin Elisabeth angestellt und befestigte sich in ihrer Gunst. Ueber sein Geschlecht waren stets Zweifel." (Heberle, Cöln, Cat. 74 N. [1870], Nr. 115.)

Französ. Orig.: Fortelle, M. de, La vie militaire et privée de Mademoisell (!) d'Eon de Beaumont écuyer, ambassadeur, ministre etc. connue jusqu' en 1777 sous le nom de chevalier d'Eon. Nouv. éd. avec une épitre de Dorat et des pièces de Beaumarchais. Avec joli portrait. Paris 1779. 8°. (30 Kr. Halm & Goldmann, Wien. 1907.)

Lafoß, der neue, s. Täuber, Isidor.

Lafoss, s. Lafosse

Lafosse, s. Lafosse.

La fosse, de, et Duché, Oeuvres. 1 vol. in 18. édit. stéréot. (Leipzig, Barth.)
(Pap. fin. 12 Gr. Pap. vélin. 1 Thlr. form. in 12. 1 Thlr. 8 Gr.)

Lafosse, der geschwinde Franzos; od. Kunst, die franz. Sprache ohne Sprachmeister auf eine geschwinde, leichte u. ganz neue Art zu lernen. 2 Thle. (1. Thl. 13. Aufl. — 2. Thl. 12. Aufl.) 12. (8⅓ B.) Wien 844. (Braumüller u. Seidel.) Thlr. * —

Lafosse, der geschwinde Franzos; od. Kunst, die franz. Sprache ohne Sprachmeister zu lernen. 2 Thle. 1. Thl. 14. Aufl. 2. Thl. 13. Aufl. 12. (168 S.) Wien 847, Lechner. 5/12 ₰ — Die Ortographie u. Aussprache ist nach dem Dictionnaire des Catineau berichtigt u. m. den gebräuchlichsten Sprichwörtern verm. 2 Thle. 15. wolf. Orig.-Ausg. gr. 12. (167 S.) Ebd. 852. n. 8 ngr

Lafoß, geschwinder französ. Sprachmeister, oder: Kunst, die französ. Sprache ohne Sprachmeister geschwind zu erlernen. Wien 810. 4e A. 826. Schrämbl. 12 K

Lafosse, Etienne Guillaume, s. Lafosse, Philippe Etienne.

Lafosse, J. C., Iconologie, nouvelle histor. ou attributs hieroglyphes, av. fig. 8. Amsterd. 810 Sulpke. 8 ₰ 16 K

Lafosse, Philippe Etienne

– Abhandl. über den Roz der Pferde. Aus d. Franz. Wien (1781). 54 S.
– — nebst einem Unterricht f. Liebhaber d. Pferde. S. St. (o. A.). 54 S. 1 Tvl.
(Denne Udg. uden Forf.s Navn).

— Abhandlung über den Rotz d. Pferde; aus d. Französ. v. Jh. Ant. Meier. 8. Wien 781. Gerold. 3 K

— Abhandlung von dem wahren Sitze des Rotzes bei den Pferden. Aus d. Französ. v. D. G. Schreber. Mit 6 Kpf. 8. Halle 752. W. G. Korn in Bresl. 6 K Frankf. 754. Varrentrapp. 2 K

Lafosse, Phil. Et., Abhandlung von dem wahren Sitz des Rotzes. Aus dem Franz. von Dan. Gf. Schreber. 8. Halle 754. Gebauer. M. —.75

de Lafosse, Dictionnaire d'Hippiatrique. II Vols. 8. Frankf. 776. (Varrentrapp). 1 ₰ 4 K

— — Neue Entdeckungen an Pferden, z. Behuf d. Armeen, Landwirte, Kurschmiede etc. Aus dem Franz. übers. von D. G. Schreber. 8. Ebd. 759

— Handbuch zum Gebrauch d. Pferdeärzte bei Regimentern. 8. Hannov. 785. Helwing. 8 K

La Fosse, Philippe Etienne.
Lehrbegriff der Pferdearzneikunst. A. d. Franz. . . . Prag 1797—98. H: *Wolstein, Joh. Glieb.* (BV)

Lafosse, (Étienne Guillaume): Lehrbegriff der Pferdarzney. (Cours d'hippiatrique, ou traité complet de la médecine des chevaux... Dt.) Übers.von Johann Knobloch. Bd 1 - 4, gbd., Abb.

Prag u.Leipzig: Bd 1: Widtmann 1787
Bd 2 - 4: mit Rosenmüllerischen Schriften 1787 - 1788

JB 5.885

Lafosse, Viot., Dogma u. Wissenschaft, Glauben u. Wissen. Glaubt die Menschheit? Weiss sie? Was weiss sie? Kommunikation. Autoris. Uebersetzg. v. E. Asshoff. (27 S.) 8. Strassburg 906. J. Singer. — 50

— was ist der Mensch? Seine Natur. — Seine Stellg. im Universum. Demonstration auf der (psycholog.) Basis des Rechts u. der Moral. Autoris. Uebersetzg. v. E. Asshoff. (55 S. m. 1 Tab.) 8. Ebd. 906. n. — 75

LAFOSSETTE, Claire de (ps.), Erotische Skizzen und Phantasien. (Confessions érotiques.) Hrsg. von D. Peter Kasper Strauch (ps.). Mit 10 farbigen Tonätzungen von Reymond Duplessis. (Privatdruck der Gesellschaft oesterreich. Bibliophilen. IX.) Wien 1908. 8°. VII u. 55 S. (In Wien, Stadtbibl.: Secr. B 304. Expl. in Orig.-Carton-Mappe.)
(Gewöhnl. Ausgabe, 500 numer. Expll., Mk. 30—; Luxusausgabe, nur 25 numer. Expll., Mk. 60—.)

Lafouge-Agimont, die Pathin des Fürstbischofs. Historische Novelle. Nach dem Französischen bearb. von Phpp. Laicus. 8. (224 S.) Mainz 881. Kirchheim. 2. —

La Frémoire's Sammlung von Lehrsätzen und Aufgaben der Elementar-Geometrie (Planimetrie und Stereometrie). Aus dem Französ. übers. von Kauffmann. Nach dem Tode des Uebersetzers durchgesehen und hrsg. von C. G. Reuschle. Mit ca. 400 Abbild. gr. 8. (XXIV und 287 S. mit eingedr. Holzschn.) Stuttgart 858, Becher's Verlag.

La Frémoire's Sammlung von Lehrsätzen und Aufgaben der Elementar-Geometrie [Planimetrie und Stereometrie]. Aus dem Französ. übers. von E. F. Kauffmann. Nach dem Tode des Uebersetzers durchges. und hrsg. von C. G. Reuschle. (2. Aufl.) Neue wohlfeilere (Titel-)Ausg. gr. 8. (XXIV, 287 S. mit ca. 400 Abbild.) Stuttgart 884, A. Koch. * 2 —

Lafrentz, Ferd. W. Nordische Klänge; plattdeutsche Reimels. 1st ed. Chicago, 1881; 2d ed. Chicago, 1882.

Lafrenz, Hans, s.a. Bildnisse, Frankfurter.

Frankfurter Bildnisse. Eine Samml. von Portraits Frankfurter Persönlichkeiten. (Verf.: Hans **Lafrenz**.) Bd 1. Frankfurt a. M.: Minjon (1910). 4° [11. 9761]

La Fruston, s.a. Fruston, de la.

La Fruston, Fr. de, praktische Anleitung zum Französisch-Sprechen. Mit einem vollständ. Wörterbuche. 6. Aufl. Leipzig 870. Violet. 8. (IV, 192 S.) geb. 15 ngr.

La Fruston, Fr. de, Écho français, ou nouveau cours gradué de conversation française. Praktische Anleitung zum Französisch-Sprechen. Mit einem vollständigen Wörterbuche. 1—3. Aufl. 8. (VI und 120 S. mit Wörterbuch 74 S.) Leipzig 857—59, [Violet.] geb.

—— **Echo français, ou nouveau cours gradué de conversation française.** — Практическое руководство для французскаго бесѣдованія. Съ совершеннымъ словарѣ составленнымъ Фр. Боотъ-Арнооскимъ. 8. (IV und 194 S.) Leipzig 861, Violet. geb. *

La Fruston, Fr. de, Echo français, ou nouveau cours gradué de conversation française. Prakt. Anleitung zum Französisch-Sprechen. Mit einem vollständ. Wörterbuche. 4. Aufl. 8. (IV und 192 S.) Leipzig 863, Violet. geb.

Ritter's geographisch-statistisches Lexikon üb. die Erdtheile. 7. Aufl. v. Lagai. 2 Bde. Leips. 883.

LAGAI, GEORG. Ueber Phenetolsulfosäuren. Ueber Schwefelverbindungen in Petroleum. (Basel) Stuttgart, 1892.

Lagai, Heinr., Geschichte der europäischen Staaten in chronologischer Darstellung. 1. Heft: Das alte Griechenland. — Macedonien. Jena 862. Maukе. Lex.-8. (S. 1—96.) n. 10 ngr.

LAGAIL, Dr. med. A. S. Das Paradies des Fleisches oder Das göttliche Liebesbrevier. Die Kunst, die Wollust in 136 Verzückungen zu genießen. Aus dem Französischen übersetzt von Dr. Ludwig Rost. Als Manuskript gedruckt. Paris 1909. 8°. 140 S.

LAGAIL, Dr. med. (pseud.) Das Paradies des Fleisches oder Das göttliche Liebesbrevier. Die Kunst, die Wollust in 136 Verzückungen zu genießen. Wien (C. W. Stern, 1910).

Lagally, Max, aus Regensburg: Ueber Flächen mit sphärischen Krümmungslinien, vom kugelgeometrischen Standpunkt aus betrachtet, und die entsprechenden Flächen des Linienraumes. *München 1903: F. Straub.* (87 S.) 8°
München, Phil. Diss. v. 1903

Lagally, M., geodätische Netze auf Rotationsflächen, s.: Sitzungsberichte der königl. bayerischen Akademie der Wissenschaften. Mathem.-phys. Kl. 1909. VI.

Über die Verbiegung geodätischer Netze von M[ax] Lagally. München: Akad.; Franz in Komm. 1910. 14 S. 8°
(Sitzungsberichte d. Kgl. Bayer. Akademie d. Wiss. Math.-physikal. Kl. Jg 1910, Abh. 10.) [12. 820

Claude Toussaint Marot [Cte] de La Garaye

[Chimie hydraulique.Deutsch:] Chymia hydraulica oder Neu-entdeckte Handgriffe,vermittelst welcher man das wesentliche Saltz aus Vegetabilien, Animalien und Mineralien mit schlechtem Wasser ausziehen kan. Erfunden und anfänglich in frans.Sprache bekannt gemacht von dem Grafen von Garaye [Claude-Toussaint Marot Comte de La Garaye.]Nunmehro aber... ins Teutsche übers. Von e.Liebhaber der Naturlehre. 2.,verb.Aufl. Franckfurt & Leipzig:Fleischer 1755. 364 S. 8°

Lagarde, s.a. Garde, de la

Discours pour le jour de la fête de St. Jean L'Évang. en la Loge St. Jean, sous le tître de la Candeur [in Hamburg]: présentement devenuë loge allemande. Dédié à tout bon frère, par de la Garde. o. O. [ca. 1772]. 2 Bl. 4° [Kopftit.] Kl. 924. Selten. Verkündet das Lob des Frmrs.

Lagarde, Anna de, Paul de Lagarde. Erinnerungen aus seinem Leben, zusammengestellt v. A. de L. gr. 8. (191 S. m. Bildnis.) Göttingen 894. Dieterich's Sort. n. 2. —

La Garde, Graf August de

Lagarde, A. de, fêtes et souvenirs du congrès de Vienne, tableaux des salons, scènes anecdotiques et portraits. 1814—1815. Tome I. II. 12. (44⅔ B.) [Leipsick 843, Brockhaus et Avenarius.] * 1

de La Garde, le Comte A., fêtes et souvenirs du congrès de Vienne, tableaux des salons, scènes anecdotiques et portraits. 1814—1815. Tome I. II. 12. Paris et Leipsick 843, Brockhaus et Avenarius. n. 1¾ ℛ

Garde, Graf de la,
Gemälde des Wiener Congresses 1814—1815. Erinnerungen, Feste. Sittenschilderungen Anecdoten. Uebersetzt (aus d. Französ.) v. L. Eichler. 4 Bde. Leipzig 1844. 8°. (9 Kr. 50 H. Halm & Goldmann, 1904.)

Lagarde, Comte de, les obsèques de Kosciuszko aux tombeaux des rois de Pologne à Cracovie. Poëme, suivi de notes historiques. Avec frontisp. (portr. et vue du tombeau dans la cathédrale), grav. par *C. Pfeiffer* (à Vienne). *Munich*, J. J. Lentner, 1819. 4°. Gleichzeit. rother Ppb.
3 Bll., IV—64 S., 1 Bl. Err.

de Lagarde, (Graf,) Reise v. Moskau nach Wien, über Kiow, Odessa, Constantinopel, einen Theil des schwarzen Meeres, bis Varna, Silistria ꝛc. In Briefen an J. Griffiths. Aus d. Franz. mit Anmerkk. v. Therese Huber. 8. Heidelb. 825, Engelmann.

Lagarde, die Tranchirkunst. Od. Anweisung, alle Fleischspeisen, als Braten ꝛc., geschmackvoll u. ziert. zu zerlegen u. vorzuschneiden. Nebst Belehrn., wie man Speisetafeln anordnet, die Schüsseln wohlgefällig gruppirt u. d. verschied. Speisen anrichtet u. ausschmückt. M. 2 Taf. Abbild. 8. (4 B.) Quedlinburg 830, Basse.

Lagarde, J., Contribution à la connaissance des Discomycètes charnus. (Diss.) (141 S. m. Abbildgn. u. 2 Taf.) gr. 8. Burg 906. (Berlin, R. Friedländer & Sohn.) n.n. 6. —
Sonderabdruck aus: „Annales mycologici".

Lagarde, Louis, Abrégé d'histoire de la littérature française, s.: Le Tournau, Marcel.

Lagarde, Louis, la clef de conversation française. 2. éd. revue, corrigée et considérablement augmentée. gr. 8. (XII, 167 S.) Berlin 902. [R. Gaertner.] Weidmann. Geb. in Leinw. n. 2.—
1. éd. (VIII, 120 S.) Ebd. 901. geb. n. 1.60.

La clef de la Conversation française par Louis Lagarde. 4. ed., rev., corr. et augm. Berlin: Weidmann 1905. (XII, 170 S.) 8° [06. 19.6

— La clef de la conversation française. 5. éd. revue et corrigée. (XII, 170 S.) 8. Berlin 908. Weidmann. Geb. 2. —

Lagarde, Louis, Fernand Ozanne et Léon Pommeret, Conversations françaises de la vie pratique. La visite — Le déjeuner — En wagon — A l'hôtel. Disque pour gramophones. (8 S.) gr. 8. Stuttgart (910). W. Violet. — 10

— — — Französische Gespräche aus dem tägl. Leben. En wagon — Le déjeuner — La visite — A l'hôtel. Auf e. Sprechmaschinenplatte gesprochen. Text m. Aussprachebezeichng. der Methode Schliemann u. deutscher Übertragg. (7 S.) gr. 8. Ebd. 910. — 10

— La lutte pour la vie. Nouvelle, systématiquement rédigée pour servir à l'étude de la langue pratique, des moeurs et des institutions françaises à l'usage des écoles et de l'enseignement privé. Avec un appendice: Notes explicatives. (Violets Sprachlehrnovellen. Schulausg.) (VIII, 144 u. 29 S.) 8. Stuttgart 906. W. Violet. Geb. n. 1. 80

— Seule au monde. Nouvelle pour servir à l'étude de la langue pratique, des mœurs et des institutions françaises, spécialement appropriée aux besoins des écoles de jeunes filles à l'usage des écoles et de l'enseignement privé. Avec un appendice: Notes explicatives. (Violet's Sprachlehrnovellen.) (VII, 164 S.) 8. Stuttgart 907. W. Violet. Geb. 1. 80

A travers la vie pratique. Morceaux de conversation sur Paris, Berlin et autres sujets, avec questionnaires et vocabulaire par Louis Lagarde et Dr. August Müller, Prof., Berlin. *Berlin: Weidmann 1903.* (VI, 197 S.) 8° [03. 5Im

— et Aug. Müller, A travers la vie pratique. Exercices de conversation sur Paris, Berlin et autres sujets, avec vocabulaire. 2. ed. soigneusement revue et corrigée. (V, 200 S.) 8. Berlin 906. Weidmann. Geb. n. 2. 40

CLAIREFONTAINE (adeliges Nonnenkloster der Bernhardinerinnen im Luxemburgischen, gegründet in der 1. Hälfte des XVI. Jahrh. von der Gräfin Ernesinde [† 1546], 1794 von den Franzosen zerstört). — La Garde, Marcellin („ehemaliger Prof. am Athenäum zu Arlon, dann Prof. in Hasselt"), Clairefontaine. Histor. Novelle. Unter Mitwirkung des Verfassers aus d. Französ. übers. u. mit einer Einleitg. versehen von R. Müldener. Gotha, Wilhelm Opetz, 1863. 12°.

X—118 S. Der Umschl. trägt oben d. Worte: In Belgien auf den Index gesetzt". Das Orig. („Le dernier jour de Clairefontaine") erschien um 1860 anonym zu Arlon u. erlebte eine neue Auflage, sowie eine engl. u. italien. Uebersetzung.

La Garde, Marcellin, der letzte Tag von Clairefontaine. Historische Novelle. Unter Mitwirkung des Verf. aus dem Französ. übers. u. mit einer Einleitung versehen von R. Müldener. Gotha 863. Opetz. 16. (X, 118 S.) 6 ngr.

Lagarde, Paul Anton de

—— s. Berliner, A. — Kaufmann, D. — Ziemlich, B.

Lagarde, Paul Anton de, s.a. Boetticher, Paul

Lagarde, Paul de, gesammelte Abhandlungen. Leipzig 866. (Brockhaus.) gr. 8. (XL, 304 S.) n. 5 ₰

[Umschlagt.:] Gesammelte Abhandlungen v. Paul de Lagarde. Anastatischer Neudr. 1896. *Göttingen: L. Horstmann.* (XL, 304 S.) 1 Bd 8. [98. 387 Go

Lagarde, P. de, s.: Agathangelus u. die Akten Gregor's v. Armenien.

Aegyptiaca Pauli de Lagarde studio et sumptibus edita. Gottingae: Dieterich 1883. (VIII, 296 S.) 8°

[Umschlagt.:] Aegyptiaca von Paul de Lagarde. Anastat. Neudr. 1896. Göttingen: L. Horstmann in Comm. [03. 15487 4

[Umschlagt.:] Aegyptiaca v. Paul de Lagarde. Anastatischer Neudruck 1896. *Göttingen: L. Horstmann.* (VIII, 296 S.) 1 Bd 4.(8.) [98. 388 Go

Lagarde, Paul de, Altes u. Neues üb. das Weihnachtsfest. Mit e. Anh. [Aus: „Mittheilungen".] gr. 8. (S. 211 – 323 u. 384—428.) Göttingen 891. Dieterich's Sort. n. 2. —

Lagardii, P., analecta syriaca. gr. 8. (XX und 208 S.) Leipzig 858, Teubner. Thlr. **

— — Lagardius, P., Ad Analecta sua Syriaca appendix. Berolini 1858.

—— ad analecta sua syriaca appendix. gr. 8. (IV und 28 S.) Leipzig 858, Teubner. **

Lagarde, Paul de, Ankündigung einer neuen ausgabe d. griechischen übersezung des alten testaments. Lex.-8. (64 S.) Göttingen 881. Dieterich's Sort. in Comm. n.n. 3.—

—— Ankündigung einer neuen ausgabe der griechischen übersetzung des alten testaments. Lex.-8. (64 S.) (Ebendas.) 882. ** 3 —

—— Anmerkungen zur griechischen Übersetzung der Proverbien. gr. 8. (VIII und 96 S.) Leipzig 863, (Brockhaus.) *

Lagarde, Paul A. de, Beiträge zur baktrischen Lexikographie. gr. 8. (80 S.) Leipzig 868, Teubner. [Strassburg Trübner.] *

— Bescheinigung üb. den richtigen Empfang e. v. Hrn. Otto Ritschl an mich gerichteten offenen Briefes. Lex.-8. (29 S.) Göttingen 890. Dieterich's Sort. n. — 60

Lagarde, Paul de [früher Paul Boetticher]. Bibliothecae syriacae a P. de L. collectae, quae ad philologiam sacram pertinent. gr. 4. (403 S.) Gött. 892, Dieterich's Sort. ** 50 —

Lagarde, Paul de, s. Bruno, Giordano, le opere italiane.

—— s. Catenae in evangelia aegyptiacae, quae supersunt.

— s. Clementina.

Lagarde, Pauli Ant. de, de geoponicon versione syriaca commentatio. 4. (24 S.) Lipsiae 855, Teubner. **

—— Constitutiones apostolorum. Lex.-8. (XVI und 288 S.) Leipzig 862, (Teubner.) *

— Erinnerungen an Friedrich Rückert. Lipman Zunz u. seine Verehrer. gr. 8. (82 S.) Göttingen 886. Dieterich's Sort. n.n. 1. 50

... Erinnerungen an Friedrich Rückert. Ueber einige Berliner Theologen, und was von ihnen zu lernen ist. Zwei Aufsätze v. Paul de Lagarde. In e. neuen Abdr. überreicht v. Anna de Lagarde. *Göttingen: Dr. d. Dieterichschen Univ.-Buchdr. 1897.* (1 Bl., 127 S.) 1 Bd 8. [97. 8:25

—— die vier Evangelien arabisch, aus der Wiener Handschrift hrsg. gr. 8. (XXXII und 143 S.) Leipzig 864, (Brockhaus.) *

— Veteris testamenti ab Origine recensiti fragmenta apud Syros servata quinque. Praemittitur Epiphanii de mensuris et ponderibus liber, nunc primum integer et ipse syriacus ed. gr. 8. (IV, 356 S.) Göttingen 880. Dieterich's Sort. n.n. 15. —

—— Gedichte. 8. (64 S.) Göttingen 885, Dieterich's Verlag. *

[F.] Gedichte v. Paul de Lagarde. Gesammtausg. besorgt v. Anna de Lagarde. *Göttingen: L. Horstmann 1897.* (115 S.) 1 Bd 8. [97. 6633]

Lagarde, Paul de, aus dem deutschen Gelehrtenleben. Aktenstücke und Glossen. gr. 8. (119 S.) Göttingen 880, Dieterich'sche Verlagsh. * 2 50

— s. Genesis graece. — Hagiographa chaldaice.

— s. Harizii, Judae, macamae.

— s. Johannis, Euchaitorum metropolitae, quae in codice Vaticano graeco 676 supersunt.

— Juden u. Indogermanen. Eine Studie nach dem Leben. [Aus: „Mittheilungen" 2. Bd.] gr. 8. (95 S.) Ebd. 887. n.n. 1. 50

Lagarde, Paul de, üb. die gegenwärtige lage d. deutschen reichs. Ein bericht. gr. 8. (112 S.) Göttingen 876. Dieterich's Verl. n. 2. —

— librorum veteris testamenti canonicorum pars I, graece edita. Lex.-8. (XVI, 541 S.) Göttingen 883. Dieterich's Sort. n.n. 20. —

— die revidierte Lutherbibel d. Halleschen Waisenhauses, besprochen. Lex.-8. (40 S.) Göttingen 885. Dieterich's Verl. n. 1. —

— die revidierte Lutherbibel des Halleschen Waisenhauses, besprochen. Lex.-8. (40 S.) Ebendas. 885. *
Aus: Göttinger gelehrte Anzeigen, besonders abgedruckt.

— Materialien zur Kritik und Geschichte des Pentateuchs. Herausgegeben von Paul de Lagarde. I. II. Leipzig 1867.

— Materialien zur Kritik u. Geschichte des Pentateuchs. Leipzig 867. (Teubner.) gr. 8. (XVI, 413 S.) n. 10 ℳ

— Mittheilungen. gr. 8. (384 S.) Göttingen 884, Dieterich'sche Sortimentsb. ** 10 —

— Mittheilungen. 2. Bd. gr. 8. (388 S.) Göttingen 887, (Dieterich'sche Universitäts-Buchh.) **
1. Bd. Ebendas. 1884. ** ℳ 10.—.
Daraus einzeln:
— Erinnerungen an Friedrich Rückert. Lipman Zunz und seine Verehrer. (82 S.) 886. ** ℳ 1.50.
— Juden und Indogermanen. Eine Studie nach dem Leben. (95 S.) 887. ** ℳ 1.50.

— Mittheilungen. 3. Bd. Lex.-8. (376 S.) Ebd. 889. ** 10 —

— Mitthoilungon. 4. Bd. Lex.-8. (432 S.) Ebd. 891. n.n. 12. — (1—4.: n.n. 44. —)

— dass. — 4. Bd. Lex.-8. (432 S.) Ebd. ** 12 —
Daraus einzeln:
Altes u. Neues über das Weihnachtsfest. Mit e. Anh. gr. 8. (S. 211—323; 884—426.) 891. * 2 —.
Über einige Berliner Theologen, und was von ihnen zu lernen ist. Lex.-8. (S. 49—126.) 890. * 1 60.
Bescheinigung über d. richtigen Empfang e. v. Hern. Otto Ritschl. an mich gerichteten offenen Briefes. (29 S.) 890. * — 60.

Boetticher. Lagarde, Paul Anton de, Nachrichten ueber einige Familien des Namens Boetticher. Berlin 1867.

— Neu-Griechisches aus Klein-Asien. gr. 4. (68 S.) Göttingen 886, Dieterich's Verlag. *
Aus: Abhandlungen der k. Gesellschaft der Wissenschaften zu Göttingen, besonders abgedruckt.

— Onomastica sacra. 2 Thle. in 1 Bde. gr. 8. (VIII, 304; 160 S.) Göttingen 870, Rente. [Dieterich's Verlag.] *

— onomastica sacra, P. de L. studio et sumptibus alterum edita. Lex.-8. (VIII, 368 S.) Göttingen 887, (Dieterich'sche Universitäts-Buchh.) **

Lagarde, Paul de, Orientalia. Heft I. II. Aus dem 24. [und] 26. bande der abhandlungen der königlichen gesellschaft der wissenschaften zu Göttingen. Göttingen 1879. 1880.

— Oriontalia. 1. u. 2. Hft. [Aus: „Abhandlungen d. k. Gesollsch. d. Wiss. zu Göttingon".] gr. 4. (104 u. 64 S.) Ebend. 879. 80. n. 9. —

— Orientalia. 2. Heft. gr. 4. (64 S.) Göttingen 880, Dieterich'sche Verlagsh. * 3 —
1. Heft. Ebendas. 1879. * ℳ 6.
Aus: Abhandlungen der k. Gesellschaft der Wissenschaften zu Göttingen, besonders abgedruckt.

– (Hrsg.), s. Pentateuch, Der.

— Praetermissorum libri duo. gr. 8. (IV, 252 S.) Göttingen 879. Dieterich's Sort. in Comm. n.n. 20. —

— probe e. neuen ausgabe der lateinischen übersezungen d. alten testaments. Lex.-8. (48 S.) Göttingen 885. Dieterich's Sort. n.n. 2. —

Lagarde, Paul de: Programm für die konservative Partei Preussens, entworfen. — Göttingen: Dieterich 1884. 64 S. 8°

– (Hrsg.), s. Prophetae Chaldaice.

— s. Psalmi 1—49 arabice.

— psalterii graeci quinquagena prima, a P. de L. in usum scholarum edita. gr. 4. (IV, 66 S.) Ebd. 892. n.n. 5. —

— s.: Psalterii versio Memphitica.

— s. Psalterium, Job. Proverbia arabice.

— Purim. Ein Beitrag zur Geschichte der Religion. gr. 4. (58 S.) Göttingen 887, Dieterich's Verlag. *
Aus: Abhandlungen der k. Gesellschaft der Wissenschaften zu Göttingen, besonders abgedruckt.

— the question: whether marriage with a deceased wife's sister is, or is not, prohibited in the Mosaic writings, answered. [Aus: „Nachrichten der k. Gesellsch. d. Wiss. u. d. G.-A.-Universität zu Göttingen".] gr. 8. (16 S.) Göttingen 882. Dieterich's Verl. n. — 40

— Rede, gehalten an seinem Sarge, s. Wilamowitz-Moellendorf, Ulr. von.

— Register u. Nachträge zu der 1889 erschienenen Uebersicht üb. die im Aramäischen, Arabischen u. Hebräischen übliche Bildung der Nomina. [Aus: „Abhandlgn. d. k. Gesellsch. d. Wiss. zu Göttingen".] gr. 4. (76 S.) Göttingen 891. Dieterich's Verl. n. 8. — (Hauptwerk m. Register: n. 28. —)

– (Hrsg.), s. Reliquiae iuris ecclesiastici antiquissimae.

— Über die v. Hrn. Paul Güssfeldt vorgeschlagene Reorganisation unserer Gymnasien. Lex.-8. (34 S.) Gött. 890, Dieterich's Verlag. * — 60
Aus: Götting. gelehrte Anzeigen, besonders abgedruckt.

— deutsche Schriften. gr. 8. (256 S.) Ebendas. 878. *

—— deutsche Schriften. 2. Bd. gr. 8. (112 S.) Ebendas. 881. * 2 —
1. Bd. Ebendas. 1878. *ℳ 4.

—— deutsche Schriften. Gesammtausg. letzter Hand. Lex.-8. (526 S.) Ebendas. 886. *

— deutsche Schriften. Gesammtausg. letzter Hand. 2. u. 3. Abdr. Lex.-8. (420 S.) Ebd. 891. n. 4. —

Lagarde, Paul de, deutsche Schriften. 4. Aufl. (5.—7. Tausend) Gesammtausg. letzter Hand. (420 S. m. Bildnis.) gr. 8. Göttingen 903. L. Horstmann. n. 4. —; geb. n. 5. —

—— s. Schriften, deutsche, s. nationales Leben.
Vgl.: Ritschl, O. Die Sendung d. Bischofs D. Ritschl nach Petersburg. — Erziehung, unsere nationale.

Lagarde, Paul de, Semitica. 1. 2. Heft. Aus dem 23. und 25. Bande der AKGWG. Göttingen 1878. 1879.

—— Semitica. 1. und 2. Heft. gr. 4. Ebendas. [1. Heft. (71 S.) 878. *ℳ 8.; 2. Heft. (48 S.) 879. *ℳ 2,40.] *

—— Septuaginta-Studien. 2 Thle. in 1 Bd. gr. 4. (102 S.) Ebd. 892. * 12 —
Aus: Abhandlgn. d. kgl. Ges. d. Wiss. zu Göttingen, besonders abgedruckt.

—— Novae psalterii graeci editionis specimen. 4. (40 S.) Ebendas. 887. *
Aus: Abhandlungen der k. Gesellschaft der Wissenschaften zu Göttingen, besonders abgedruckt.

—— am Strande. Gedichte. 8. (52 S.) Göttingen 887, (Dieterich'sche Universitäts-Buchh.) **

Lagarde, Paul de, Armenische Studien. Aus dem 22. bande der abhandl... königlichen gesellschaft der wissenschaften zu Göttingen. Göttingen 1877.

— armenische Studien. [Aus: „Abhandlungen d. k. Gesellsch. d. Wiss. zu Göttingen".] gr. 4. (216 S.) Göttingen 877. Dieterich's Verl. n. 8. —

—— persische Studien. gr. 4. (76, 140 S.) Ebendas. 884. * 8 —
Aus: Abhandlungen der k. Gesellschaft der Wissenschaften zu Göttingen, besonders abgedruckt.

— Symmicta. I. gr. 8. (IV, 232 S.) Ebend. 877. n. 5. —

—— Symmicta. II. gr. 8. (VIII, 224 S.) Göttingen 880, (Dieterich'sche Sortimentsh.) ** 5 —
I. Ebendas. 1877. **ℳ 5.

De Lagarde. De novo testamento ad versionum orientalium fidem edendo. 20 S.
Berlin, R. G., Progr. 1857

— üb. einige Berliner Theologen u. was von ihnen zu lernen ist. [Aus: „Mittheilungen IV. Bd."] Lex.-8. (S. 49—128.) Ebd. 890. n. 1. 60

— (Hrsg.), s. Titus Bostrenus: Contra Manichaeos.

—— die lateinischen übersezungen des Ignatius, hrsg. gr. 4. (VIII, 156 S.) Göttingen 882, Dieterich'sche Verlagsh. * 6 —
Aus: Abhandlungen der k. Gesellschaft der Wissenschaften zu Göttingen, besonders abgedruckt.

— Uebersicht üb. die im Aramäischen, Arabischen u. Hebräischen übliche Bildung der Nomina. [Aus: „Abhandlgn. d. k. Gesellsch. d. Wissenschaften zu Göttingen".] gr. 4. (240 S.) Göttingen 889. Dieterich's Verl. n. 20. —

—— dass. — Register u. Nachträge. gr. 4. (76 S.) Ebd. 891. * 8 —
Hauptwerk u. Register sind aus: Abhandlgn. d. k. Gesellsch. d. Wissensch. zu Göttingen, besonders abgedruckt.

[**Lagarde**, Paul de], Zur Urgeschichte der Armenier. Ein philologischer Versuch. Berlin 1854.

Lagarde, Paul de, Ueber das verhältnis des deutschen staates zur theologie, kirche und religion. ein versuch nicht-theologen zu orientiren. Göttingen 1873. 8. . . (0.)

— über das verhältnis d. deutschen staates zu theologie, kirche u. religion. e. versuch nicht-theologen zu orientiren. gr. 8. (63 S.) Ebend. 873. n. 1. —

Lagarde, Steph. (geb. Saarlouis 7. 1. 1816): De morbo scrophuloso et tuberculoso. Berolini (1843). (26 S.) 8°
Berlin, Med. Diss. v. 29. Juli 1843

La Candeur: **L'Avènement du titre de la loge La Candeur à Hambourg. par l'humble frère [Ludw. Phil. Thom.] de la Garde [de Pontval] à l'ordre de ses respectables frères. [Hamburg 1775.] 2 Bl. 4° [Umschlagtit.]**
Kl. 925. Gedicht: „L'aurore du plus beau matin, . . ."

Lagarrigue, Juan Enrique, die Religion der Menschheit, nach der Lehre August Comte's dargestellt, aus dem Span. übers. v. H. Molenaar. (V, 128 S.) gr. 8. Leipzig (903). R. Uhlig. n. 1. 50
Sonderabdruck aus: „Die Religion d. Menschheit".

Zur Lage der nichtmagyarischen Abgeordneten im ungarischen Parlamente. — ([Wien: Diaconovich] 1888). 16 S.
Aus: „Romänische Revue". H. 12, 1888.

Lage, die, in Afrika unmittelbar vor u. nach dem deutsch-englischen Vertrage, vom politischen Standpunkte aus betrachtet. gr. 8. (55 S.) Dresden 890, Pierson. n. 1. —

Lage (Allgemeine) der arbeitenden Klasse und der Einwanderer in New York im Jahre 1854. 8°. Köln 1857.

Lage (Zur) der Arbeiter im staatlichen Bergbau an der Saar. Denkschrift vom Vorstand des Gewerkvereins christlicher Bergarbeiter Deutschlands. Lex.-8°. Cöln, Christlicher Gewerkschaftsverlag, 1910.

Lage (Die) der Arbeiter in der Holzindustrie. 8°. Stuttgart 1904

Lage (Zur) der Arbeiter im Schneider- und Schuhmachergewerbe in Frankfurt a. M. Veröffentlicht von Mitgliedern der volkswirtschaftlichen Sektion, hrsg. von Dr. phil. Stein, eingeleitet Namens der Sektion von Dr. Flesch. (Schriften des Freien deutschen Hochstiftes, VIII.) gr. 8°. Frankfurt a. M., Gebr. Knauer, 1897.

— die, der in der Seeschiffahrt beschäft. Arbeiter, s. a. Schriften des Vereins f. Socialpolitik. Bd. 103. II u. 104.

Die **Lage** der in der **Seeschiffahrt** beschäftigten **Arbeiter**. Bd [1.] 2. *Leipzig: Duncker & Humblot 1902-04.* 4 Bde 8° [F.]
[1], Abt. 1. — Fitger, Emil: Die wirtschaftl. u. techn. Entwicklung d. Seeschiffahrt von d. Mitte d. 19. Jh. bis auf d. Gegenwart. Mit e. Vorbemerkung von Prof. Dr. E[rnst] Francke. 1902.
2. 8 Abhandlungen: (Die geschichtl.) Entwicklung d. Seehandels u. s. Rechts ⟨Prof. Dr. (Max) Pappenheim⟩. Die Verhältnisse in d. Emshäfen (Die Lage d. Schiffahrt u. d. Schifferbevölkerung im Emsbezirk) ⟨Navigationslehrer Spillmann⟩, in der Seefischerei von Geestemünde ⟨Hafenmeister Duge⟩, in Rostock (-Warnemünde) u. Wismar ⟨Dr. [Hinrich] Asmus⟩, in Stettin (u. Nachbarhäfen) ⟨Dr. K[urt] Meister⟩, in d. west- u. ostpreuß. Häfen (Die Häfen in West- u. Ostpreußen) ⟨Kapit. a. D. [Richard] Döbler⟩, sowie in England (Die Lage der im britischen Kauffahrteidienste beschäftigten Personen ⟨Henry W. Macrosty⟩ u. Frankreich (Untersuchung über d. Lage d. französ. Handelsflotte u. d. französ. Seeleute ⟨L(éon) de Seilhac⟩. 1903.
2, Abt. 1. 7 Abhandlungen: Arbeitsbedingungen zur See auf amerikan. Schiffen ⟨E(ugen) T[yler] Chamberlain⟩. Wirtschaftl. u. soc. Verhältnisse d. norweg. Seemannstandes ⟨A[nders] Th[eodor] Kiær u. N[icolai Theodorius Nilssen] Rygg⟩. Die Lage der in d. Seeschiffahrt Hamburgs beschäftigten Arbeiter ⟨Dr. S(iegfried) Heckscher⟩. Die gesundheitl. Verhältnisse bei d. Seeleuten ⟨Dr. B[ernhard] Nocht⟩. Die Seeschiffahrt in ihren Beziehungen z. bäuerlichen Bevölkerung in Deutschland ⟨Dr. K[arl] Thie:⟩. Die Lage d. Seeleute im Wesergebiet ⟨Dr. (Wilhelm) Böhmert⟩. Die Ostseehäfen Flensburg, Kiel, Lübeck ⟨Dr. (Ferdinand) Tönnies⟩. 1903.
2. Die Lage der in d. Seeschiffahrt beschäftigten Arbeiter in Österreich. (Vorr.: Alexander Dorn.) 1904.
— **Schriften** d. Vereins f. Socialpolitik. 103. 104. (04. 1151)

Lage, Die, und die Aufgabe der heutigen Landwirtschaft. Aarau 1882. V: *Krämer, A. Adolph.* (BSchwLk V, 9ab)

Die **Lage** der **Bäckereiarbeiter Deutschlands**. Nach statist. Erhebungen d. Vorstandes d. deutschen Bäckerverbandes im Jan. 1904. *Hamburg: O. Allmann 1904.* (189 S.) 8° [F.] (04. 11:20)

Lage, die, der Bäckereiarbeiter Deutschlands. Nach statist. Erhebgn. des Vorstandes des deutschen Bäckerverbandes im Jan. 1904. (189 S.) gr. 8. Hamburg 904. (Leipzig, R. Lipinski.) n. 1. 50

— die, der Bediensteten der Staatsbahnen. I. Tl.: Die Lage der Wächter der k. k. Staatsbahnen. Auf Grund e. Erhebg. des k. k. Eisenbahnministeriums hrsg. vom k. k. arbeitsstatist. Amte im Handelsministerium. (III, 91 S. m. 1 Tab.) Lex.-8. Wien 903. A. Hölder. n. 1. 50

— die, der **Bediensteten der k. k. Staatsbahnen. II. Tl.: Die Lage der Werkstättenarbeiter der k. k. Staatsbahnen. Auf Grund e. Erhebg. des k. k. Eisenbahnministeriums hrsg. vom k. k. arbeitsstatist. Amte im Handelsministerium. (V, 119 S.) Lex. 8. Wien 906. A. Hölder.** 1.80
I. Tl. Ebd. 903. 1.50.

Lage, die, der Bergbau- und Hütten-Industrie in Ober-Schlesien. Berlin 861. E. Kühn. Lex.-8. (92 S.) n. 10 ngr.

— u. Beschaffenheit des Donaumooses in Baiern. 8. Mannh. 801. Kaufmann. 8 Kr.

— u. **Besoldungsverhältnisse** der Volksschullehrer der Eifel. 8. (18 S.) Bielefeld 891. A. Helmich. n.n. — 50

Zur Lage in Böhmen. 1. 2. Aufl. 8. (35 S.) Prag, Calve'sche U.-B. (D. Beyer.) 1869. 30 kr.
— Dasselbe. 3. Auflage. Ebd. 30 kr.
— — Dasselbe. 4. Auflage. Ebd. 30 kr.

Lage, die, der Christen in der Türkei und das russische Protectorat. Ergebnisse persönlicher Erfahrungen während eines mehrjährigen Aufenthalts im Orient veröffentlicht von Christophilos Alethes. gr. 8. (118 S.) Berlin 854, Rauh. *

—— die, der Deutschkatholiken im Königr. Sachsen. Denkschrift als Petition an die hohe Ständeversammlung des Königr. Sachsen. gr. 8. (16 S.) Leipzig 861, Friese. *

— die, der Dinge in Kurhessen nach dem Abgang des Ministeriums Hassenpflug. Wer wird nicht Minister? Frankfurt a. M. 855. Auffarth. gr. 8. (15 S.) 3 ngr.

Lage der **Eisenbahnfrage** in Deutschland, Frankreich und der Schweiz. Die gegenwärtige, und die Eisenbahn-Tarif-Reformpläne des Deutschen Reichskanzlers. Von einem Fachmanne. Strassburg 1879. 8. . . . . (M.-A.)

Lage und Aussichten, Europens, im August 1813. Riga 1813. V: *Merkel, Garlieb Helwig.* (Ky) (R-N)

—— die, Europa's in den letzten Monaten des J. 1869. Ein Beitrag zur Zeitgeschichte. Von einem Sachsen. gr. 8. (45 S.) Dresden 870, Lehmann's Buchdruckerei. *

Lage, Europens politische, und Staats-Interesse . . . O. O. 1796—99. V: *Riem, Andreas.* (Ky) (MGT)

Lage, Die, der schweizerischen Fabrikbevölkerung und Vorschläge zu Hebung derselben . . . Winterthur 1855. V: *Clox, Hnr. Wilh.* (Cat. der Stadtbibl. Zürich. Zürich 1864—97.)

— die, der schweizerischen Fabrikbevölkerung und Vorschläge zur Hebung derselben. Von einem Arbeiter. Winterthur 855. Steiner. gr. 8. (52 S.) 6 ngr.

Lage, die finanzielle, der chemnitz-riesaer Eisenbahn am Schlusse des zweiten Baujahres 1846. gr. 8. (37 S.) Leipzig 847, Fr. Fleischer. *

Lage, die finanzielle, der gewerblichen Unterrichtsanstalten. Bericht der Grossherzogl. Zentralstelle für Gewerbe, Darmstadt. 1898-99. (12 S) 4° Darmstadt 1900

Lage, die finanzielle, der gewerblichen Unterrichtsanstalten. 1899-1900. 4° Darmstadt 1901

Lage, die finanzielle, der gewerblichen Unterrichtsanstalten. 1900/01-10. 4° Darmstadt 1901-10

Ueber die finanzielle und volkswirthschaftliche Lage Oesterreichs. Von einem Reichsrathe. Lex. 8. (24 S.) Wien, Manz. 1866 50 kr.

Lage.– Frankreichs politische Lage u. Verhältnisse gegen das übrige Europa ..., s.a. Hauterive, Bl.

Lage und Verhältnisse, Frankreichs politische, gegen das übrige Europa in dem Laufe des XVIII. und zu Anfang des XIX. Jahrhunderts. Leipzig 1801. V: *Hauterive, Alexandre Maurice Blanc de Lanautte comte de.* (KA)

Lage, über die gegenwärtige, des Ackerbau's, der Gewerbe u. des Handels im Regierungsbezirke Minden, mit besond. Berücksichtigung des physischen u. moralischen Zustandes der arbeitenden Classen. (Von G. F. v. Gülich.) gr. 8. Rinteln 843, Bösendahl. 1/2 ₰

[Lage.] Über die gegenwärtige Lage und die Aussichten des oberharzischen Bergwerks- und Hüttenhaushalts. Klausthal, 1862. 65 S.

— die **gegenwärtige**, Deutschlands. München 867. Kaiser. gr. 8. (31 S.) n. 4 ngr.

Lage, die gegenwärtige, der Eisenbahnfrage in Deutschland, Frankreich und der Schweiz und die Eisenbahn-Tarif-Reformpläne des deutschen Reichskanzlers. Von einem Fachmanne. — La situation actuelle de la question des chemins de fer en Allemagne, en France et en Suisse et les plans du chancelier de l'Empire allemand sur la réforme des tarifs des chemins de fer. gr 8. (103 S.) Straßburg 879, Schultz und Comp.

Lage, Die gegenwärtige, der Deutschen Eisen- und Stahl-Industrie mit besonderer Berücksichtigung der Zollverhältnisse beleuchtet vom Verein Deutscher Eisen- u. Stahl-Industriellen. Berlin 1875. gr 4.

— über die gegenwärtige, von Europa, ein Bericht Sr. Hch. dem Prinzen von ** auf Befehl vorgelegt vom Freiherrn v. X. Herausgg. v. K. H. Kollmanner. gr. 8. Frankf. u. Leipz. 822. (Stuttg., Hoffmann). 9 K

— die gegenwärtige, Europas u. das Kriegs-Budget Oesterreich-Ungarns. gr. 8. (45 S.) Wien 891. L. W. Seidel & Sohn. n. 1. —

Lage, die gegenwärtige, der Grundbuchgesetzgebung für Elsaß-Lothringen und der Bericht der Spezialkommission des Landes-Ausschusses. [Beilageheft zur Juristischen Zeitschrift für das Reichsland Elsaß-Lothringen, X. Bd.] gr. 8. (47 S.) Mannheim 885, Bensheimer's Verlag. *

Ueber die gegenwärtige Lage der zürcher. Kirche. Vortrag. 8. Zürich, Dépot der evang. Gesellschaft. 1873 —. 40

Lage, Die, der Diözese Constanz ... Rom u. Constanz [Bamberg] 1817. V: *Frey, Frans Andr.* (Th)

Lage, über die gegenwärtige, der Diöcese Constanz, aus dem kirchen- und staatsrechtl. Gesichtspunkte rc. 8. Rom u. Constanz. (Bamberg, Compt. d. Zeitung.) 817.

Lage, über die gegenwärtige, der Diöcese Constanz, aus dem kirchen- u. staatsrechtl. Gesichtspunkte rc. 8. Rom u. Constanz. 817. (Drausnik in Bamb.) 16 K

Lage, Die gegenwärtige, unserer Landwirthschaft, ihre Aufgabe für die Zukunft und die genossenschaftliche Viehhaltung. Zürich 1882. V: *Krämer, A. Adolph.* (BSchwLk V, 9ab)

— üb. die gegenwärt., der Leinenmanufaktur in Kurhessen von dem Verf. der gesammten gewerbl. Zustände in den bedeutend. Ländern der Erde. gr. 8. Kassel 843, Fischer. n. 1/6 ℔

⊙ Die gegenwärtige politische Lage der Herzogthümer Schleswig-Holstein o. O [1866. 8° (Kopft)

— die gegenwärtige, Preußens. Ein Wort an die Männer des preuß. Volkes. gr. 8. (30 S.) Gotha 868, Stollberg'sche Verlagsh. *

— die gegenwärt., der Protestanten in Bayern v. Armatus, s.: Schaudig, Hilmar, Glaubens-Frühling.

Lage, die gegenwärtige, d. Aldenburg-Bentinckschen Rechtsstreites rc., s. a. Heffter, A. W.

Lage, Die gegenwaertige, des Reichsgraeflich Aldenburg-Bentinckschen Rechtsstreites über die Nachfolge in die ... Fideicommiss-Herrschaften ... Berl. 1840. V: *Heffter, August Wilhelm von.* (Schz) (Ky) (Wa) (Engl)

Lage, die gegenwärtige, des Reichsgräflich Aldenburg-Bentinckschen Rechtsstreites über die Nachfolge in die Reichsgräflich Aldenburg-Bentinckschen Fideicommiß-Herrschaften und Güter Kniphausen, Varel, Varmß u. s. w. (Von A. W. G. Heffter.) gr. 8. Berlin 840. (Grantz.) n. 2/3 ℔

Lage. Die gegenwärtige L. der Schweiz. Bern 1844 s. [Snell, Ludwig].

Ueber die gegenwärtige Lage des Biologischen Unterrichts an höheren Schulen. Verhandlungen d. vereinigten Abteilungen f. Zool., Bot., Geol., Anat. u. Physiol., der 73. Versammlung deutscher Naturforscher u. Aerzte, 25. Sept. 1901 in Hamburg. *Jena: G. Fischer 1901.* (43 S.) 8° (01.12474)

Zur gegenwärtigen Lage. o. O. (1908) 7 S. 8°.

aus: ArSt. Behandelt die Stellung der altpreussischen Grosslogen zum „Grand Orient de France".

Lage, Geographische, einiger Ortschaften im Fürstenthum Halberstadt ... [Halberstadt 1800.] V: *Fischer, Georg Nathanael.* (ML)

— die, des bäuerlichen Grundbesitzes in Deutschland. Verhandlungen der zwölften Versammlung des deutschen Landwirthschaftsraths. Auf Grund der Sitzungsprotokolle und der stenograph. Aufzeichnungen erstattet von Mueller. gr. 8. (III, 430 S.) Berlin 884, Parey. * 4 —
Aus: Archiv des deutschen Landwirthschaftsraths, besonders abgedruckt.

(H. H-s.) „Hamburgs jetzige mercantilische Lage und Wirkungskreis der Darlehns-Anstalten", Deutschland 1807. — Vorh.: Com. Bibl. Hamburg.

Lage (Die) der deutschen Holzarbeiter. Ergebniss statistischer Erhebungen für d. Jahr 1893 veranstaltet vom Deutschen Holzarbeiter-Verband. 8°. Stuttgart, Karl Kloss, 1895.

Lage, die, der deutschen Holzarbeiter nach statistischen Erhebungen für 1897 (55 S) Stuttgart 1899

Lage (Die) der Holzarbeiter Oesterreichs im Jahre 1906. 8°. Wien, Verlag des „Holzarbeiter", 1907.

Zur Lage der Hoteldiener. Umfrage über d. Arbeits-, Wohnungs-, Lohn- u. Stellenvermittelungs-Verhältnisse d. Hoteldiener Deutschlands, veranst. v. 'Verein Berliner Hoteldiener.' Hrsg. v. Verband deutscher Hoteld. Sitz Berlin. *Berlin: R. Dirsing [1903].* (29 S.) [F.] (03.1010)

Ueber die jetzige politische Lage Europens. Nebst einem Anhange. Schleswig und Lpz. 1794.

— üb. die jetz. polit., Europens. 8. Schleswig, Christiani. 794.

— — über d. jetzige polit., Europens. 8. Schleswig. 794. Jetzt Hammerich in Altona.

Zur Lage der bayrischen Kabinetskasse. Von einem deutschen Patrioten. Berlin 1886. Allgemeiner Verlag (H. Specht). 8° Cart. *) 23 S. Apologie d. Königs. — A. E. Druck von Gebr. Kiesau, Berlin SW, Wilhelmstr. 34.

— die, der Katholiken im Elsaß. 8. (20 S.) Berlin 878. Germania. — 30

— die, der Katholiken in Preußen am Schlusse der III. Legislatur-Periode. Düsseldorf 855. Engels u. Leusch. gr. 8. (154 S.) n. 16 ngr
Fortsetzung zu: Interessen, die kathol., in den preuß. Kammern 1853—54.

Lage, Die, der katholischen Kirche unter der Herrscnaft des Staatskirchenrechtes im Kanton St. Gallen; Denkschrift . . . St. Gallen 1858. V: *Mirer, Johann Petrus.* (CLZür Forts. II)

—— die, der katholischen Kirche unter der Herrschaft des Staatskirchenrechtes im Kanton St. Gallen. Denkschrift des hochw. Hrn. Bischofs von St. Gallen gegen das konfessionelle Gesetz vom 16. Juni 1855 an den Großen Rath des Kantons. gr. 8. (IV und 75 S.) St. Gallen 858, Köppel.

—— dass. — 2. Aufl. Mit einer Vorrede. gr. 8. (XXXI und 75 S.) Ebendas. 858.

—— die, der katholischen Kirche im Grossherzogth. Hessen. gr. 8. (88 S.) Mainz 885, Kirchheim. *
Aus: Archiv für katholisches Kirchenrecht, besonders abgedruckt.

Lage, Die, der katholischen Kirche und das öffentliche Recht in der Schweiz. Denkschrift der schweizerischen Bischöfe . . . St. Gallen 1871. V: *Greith, Carl.* (Zuwachsverz. d. Bibl. Zürich 1898 ff, 7.)

Die **Lage** der kathol. Kirche und das öffentliche Recht in der Schweiz. Denkschrift der schweiz. Bischöfe an die h. Bundesversammlung bei Anlass der Revision der schweizer. Bundesverfassung. 96 S. 8. St. Gallen, J. J. Sonderegger. —. 80
1871.

Lage, Die, der lutherischen Kirche in Heiligengrabe . . . Leipzig 1849. V: *Marbach, Franz Adolph.* (zu) V: *Uhden, Herm. Ferd.* (schr)

—— die, der lutherischen Kirche in Heiligengrabe. Eine Denkschrift an die gesammte luther. Kirche Deutschlands hrsg. im Auftrage der Aebtissin des Stiftes Heiligengrabe in der Priegnitz. Mit Aktenstücken. 8. (68 S.) Leipzig 849, (Dörffling und Franke.) *

Die **Lage** des Kleinhandels in Deutschland. Ergebnisse der auf Veranl. v. Handelskammern, Handels- u. Gewerbekammern u. von wirthsch. Vereinen angestellten Erhebungen. Hrsg. v. d. Handelskammer zu Hannover. Bd 1. 2. *Berlin: Siemenroth & Troschel 1899–1900.* 2 Bde 8°

Lage, die, des Kleinhandels in Deutschland. Ergebnisse der auf Veranlassg. v. Handelskammern, Handels- u. Gewerbekammern u. v. wirthschaftl. Vereinen angestellten Erhebgn. Hrsg. v. der Handelskammer zu Hannover. 1. u. 2. Bd. gr. 8. Berlin, F. Siemenroth. n. 8. —
1. (XII, 262 S.) 899. n. 5. —. — 2. (VIII, 136 S.) 900. n. 3. —.

Lage, die, d. niederen Clerus in Oesterreich. Von e. aus dem niederen Clerus. gr. 8. (71 S.) Wien 874. Roßner. n. — 60

— die kritische, der schweizerischen Milchwirthschaft u. die Mittel zu ihrer Linderung, s.a. Mittheilungen der Gesellschaft schweizer. Landwirthe.

Lage, Die kritische, der schweizerischen Milchwirthschaft u. die Mittel zu ihrer Linderung. Gr. in-8°. 56 S. Bern, K. J. Wyss. 1893. — 80
*** Mittheilungen der Gesellschaft schweizer. Landwirthe. 20. Heft.

Lage (Die) der Landwirtschaft, insbes. im Bezirke Lothringen, und die Mittel zu ihrer Hebung. Von einem Freunde der Landwirtschaft. 4°. Metz 1886.

Lage, die, d. ungar. Landwirthschaft. Von Cautes. gr. 8. (III, 115 S.) Budapest 895. (F. Kilián Nachf.) n. 2. —

Lage, Die, der deutschen Leinen-Industrie. Denkschrift des Verbandes deutscher Leinen-Industrieller zur Wahrung ihrer gemeinsamen Interessen. Osnabrück 1877. 8.

Lage, Die, von Mannheim am Ende des achtzehnten Jahrhunderts . . . Regensb. u. Wetzlar [Mannheim] 1798. V: *Friedrich, Albrecht.* (Wr) (Ky) (MGT)

— von Mannheim, am Ende d. 18. Jahrh., (v. Albr. Friedrich). gr. 8. Mannh. 798. Kaufmann. 8 gl

Lage (Die materielle) des Arbeiterstandes in Oesterreich. (Von Frhr. v. Vogelsang.) I. Textil- und Bekleidungs-Industrie. (Aus: „Oesterr. Monatsschr. f. christl. Socialreform, Gesellschaftswissenschaft" etc.) gr. 8°. Wien 1883. II. und III. Ibid. 1884.

Lage, Die materielle, des Arbeiterstandes in Österreich. Wien 1884. V: *Vogelsang, Carl Freiherr von & Ernst Schneider.* (EB)

Lage, die materielle, des Arbeiterstandes in Oesterreich. 1.—3. Abthl. gr. 8. Wien, Kirsch. [1. Abthl. (69 S.) 883. • 80 Pf.; 2. Aufl. (84 S.) 884. • ℳ 1.; 2. Abthl. (96 S.) 884. ℳ 1.; 3. Abthl. (102 S.) 884. • ℳ 1.] * 3 —
Aus: Monatsschrift für christliche Social-Reform rc., besonders abgedruckt.

— die materielle, des preußischen Richterstandes. Wittenberg 870. Herrosé. 8. (18 S.) n. 5 ngr

—— die militärische, Belgiens im Falle eines deutsch-französischen Krieges. Die Ansichten eines Franzosen v. M. Autoris. Uebersetzung. gr. 8. (32 S.) Hannover 887, Helwing's Verlag. *

Lage, Die, der Mohamedaner in Bosnien von einem Ungarn. Wien 1900. V: *Kallay, Benjamin von.* (Meyers Grosses Konv. Lex. 6. Aufl. III. 26.)

— die, der Mohammedaner in Bosnien. Von e. Ungarn. gr. 8. (126 S.) Wien 900. A. Holzhausen. n. 2.60

Lage, Die neue, Preussens seit dem 3. Februar 1847. Ein publicistisches Vorwort von einem Preussen. Leipzig 1847. V: *Ruge, Arnold.* (BMARSCH 155)

— die neue, Preußens seit d. 3. Febr. 1847 Ein publicistisches Vorwort von einem Preußen. gr. 8. (25 S.) Leipzig 847, O. Wigand. n. 4 ngr

Die Lage des Bayerischen Notariats angesichts des Entwurfs des Deutschen BGB. (Aus der Rheinpfalz.) [und] Weber, Fr.: Das Bayerische Notariat und der Entwurf des Reichs-Civilgesetzbuchs. 1888.
(in: Bayerische Notariats-Zeitung. 1888, Nr 6.)

— die, der Oberlehrer in Bremen. Denkschrift, hrsg. im Auftrage der Vereinigg. akadem. gebild. Lehrer in Bremen. (63 S. m. 1 Tab.) gr. 8. Bremen 903. G. Winter. n. 1.—

—— des Papstes und das letzte Wort über die römische Frage. Autoris. Uebersetzung von: La situation du Pape. gr. 8. (68 S.) Berlin 881, Germania. 1 —

—— die politische. gr. 8. (64 S.) Stuttgart 862, Cotta'sche Buchh. *
Aus: Deutsche Vierteljahrs-Schrift 1862, besonders abgedruckt.

— politisch., v. Europa rc. 8. Frankf. Gebbardt und K. 795.

— die politische, in Oesterreich. Von e. Reichsrathsabgeordneten. 8. (12 S.) Linz-Urfahr 900. (Verlag des kathol. Pressvereines.) n. — 35

[Z.] Die politische Lage und die Parteien im deutschen Reiche angesichts der kommenden Reichstagswahl. *Paderborn: F. Schöningh 1898.* (16 S.) 8.
— Broschüren-Cyclus f. d. kathol. Deutschland. Jg. 33. H. 1

Lage. Ueber die politische L. der Schweiz. Aarau 5 [Rengger, Albrecht].

— polit., u. Staatsinterr. d. Kön. v. Preuß. 8. Dresden, Richter. 795.

— — s. Bauchwitz.

Lage Deutschlands, Die politische und wirthschaftliche. Denkschrift des allgem. deut. Arbeitervereins, gerichtet an den deutschen Reichstag. Hamburg 1879.

Lage, Die politische, und die Zukunft der evangelischen Kirche in Deutschland. Gotha 1867. V: *Fabri, Fr̈dr.* (Hauptkat. d. Univ.-Bibl. Tübingen. G, Nachtr. 7.)

— die politische, u. die Zukunft der evangelischen Kirche in Deutschland. Gedanken zur kirchl. Verfassungsfrage von einem deutschen Theologen. 1. u. 2. Aufl. Gotha 867. F. A. Perthes. gr. 8. (V, 113 S.) n. 16 ngr

Die Lage der deutschen Privateisenbahn-Beamten. Hrsg. v. Verband Deutscher Privateisenbahn-Beamten E. V Berlin 1909. Berlin (1909): G. Heinicke. 133 S. 8°

Lage, Die, der Protestanten in der Niedergrafschaft Lingen . . . Osnabrück 1846. V: *Fachtmann, Th.* (zu)

Lage, die, der Protestanten in d. Niedergrafschaft Lingen. Den deutschen Vereinen d. Gustav-Adolph-Stiftung gewidmet v. e. Mitgliede d. osnabrückschen Hauptvereins-Vorstandes. gr. 8. (3¾ B.) Osnabrück 846, Rackhorst'sche Buchh. *

— die, der Protestanten in der Oesterreichischen Monarchie einst und jetzt. Leipzig 855. Jackowitz. gr. 8. (44 S.) 12 ngr

Die Lage der Schmiede, Kesselschmiede und deren Hülfsarbeiter in Deutschland. Nach statist. Erheb. d. Vorstandes d. Zentralverbandes aller in d. Schmiederei beschäft. Personen im Jan. 1905. Hamburg 1906. 8°.

Lage (Die sociale) der Gärtner und deren rechtliche Stellung. 8⁰. Hamburg, s. a.

— die sociale, der Tabak-Arbeiter Deutschlands, zusammengestellt nach den Ergebnissen des Congresses der Tabak-Arbeiter, abgeh. in Berlin vom 19.—25. Novbr. 1893. Hrsg. im Auftrage d. Congresses v. der Congreß-Kommission. Lex.-8. (120 S.) Berlin 894. (Buchhdlg. d. „Vorwärts".) n. — 50

Lage, Die sociale, der Cigarrenarbeiter im Grossherzogthum Baden . . . Karlsruhe 1890. V: *Wörishoffer, F.* (stam) (Stadtbibl. Frankf. a. M. Kat. der Neueren Bestände.)

Lage, die sociale, der Cigarrenarbeiter im Großherzogth. Baden. (Von Wörishoffer.) Beilage zum Jahresbericht des großh. bad. Fabrikinspektors f. d. J. 1889. Hrsg. im Auftrage des großherzogl. Ministeriums des Innern. gr. 8. (VI, 231 S.) Karlsruhe 890. (F. Thiergarten.) Ermäß. Preis: n. 2. —

Zur Lage des Spiritusgewerbes. Ein Promemoria, herausgegeben vom Verein deutscher Spiritus-Interessenten. Berlin 1902.

Zur Lage der höheren Staatstechniker. Berlin 1907. 2°.
Aus: Verhandlungen d. Abg.-Hauses.

Lage der Stockarbeiter (Zur). Verhandlungen der Stockarbeiter-Konferenz zu Berlin 1905. Mahnruf an alle in der Bürsten- und Pinsel-Industrie beschäftigten Arbeiter und Arbeiterinnen. Seht, was die Organisation leistet. Blätter des Deutschen Holzarbeiterverbandes. Stuttgart, Selbstverlag, 1905.

Die tarifliche Lage im deutschen Buchdruckgewerbe unter besond. Berücks. d. Zeitungsgewerbes. Hannover: Verein deutscher Zeitungsverleger 1909. 27 S. 8°

Lage (Die) der Schwarzwälder Uhrenarbeiter nach den Erhebungen der Agitations-Kommission in Schwenningen im März 1898. 8⁰. Stuttgart 1898.

Lage, Die unglückliche, der protestantischen Pfarramts-Kandidaten . . . Ulm 1841. V: *Binder*, *Rud.* (Heyd)

— die unglückliche, der protest. Pfarramts-Kandidaten u. die verfehlte Stellung der Vikarien in Würtemberg. Zur Beantwortung der Klagen über einreißende Demoralisation d. jüngern Geistlichen u. über Abnahme der Achtung vor dem geistlichen Stande. Aus dem Nachlaß eines Verstorbenen. gr. 8. Ulm 841, Wagner'sche Verlagsbuchh. 1/3 ₰

Lage (Unsere). Flugblatt beginnend: „Als vor nunmehr 4 Jahren in Deutschland das Unerhörte und anscheinend Unmögliche zur Thatsache ward", und mit den Schlussworten: „Darum an die Gewehre, Kameraden!" 8⁰. s. l. s. a.

— unsere gegenwärtige kirchliche. Vorwort der evangel. Kirchenzeitung auf das J. 1873 begründet von E. W. Hengstenberg, hrsg. von T. H. Tauscher. 8. (90 S.) Berlin 873, (Beck.) *
Aus: Evangelische Kirchenzeitung, besonders abgedruckt.

— unsere militärische, u. die Wehrreformen. Von e. Offizier. Mit 6 Beilagen. (VIII, 119 S.) gr. 8. Wien 905. G. Freytag & Berndt. n. 1. 70

— unsere u. unsere Pflicht. Ein deutsches Wort an's bayer. Volk. Nördlingen 867. Beck'sche Buchh. gr. 8. (15 S.) 2 ngr

— die, der deutschen Volksschullehrer. Skizzen aus dem prakt. Leben. Von einem Schul- und Volksfreunde. 8. (24 S.) Darmstadt 848, Pabst.

Die Lage der Wächter der k. k. Staatsbahnen. Gr.-8°. (III, 91 S.) † K 1.50
Wien: Hölder 1903.

Lage. Ueber die wahre L' der vom Meiländischen Capitulat festgesetzten ... Unbefugtheit eines anhaltenden Aufenhalts der Reformirten Bündtner in Unterthanen Landen, gegen Herrn Wolfgang P Juwalta. 8. *o. O.* 1790.

Die Lage der Werkstättenarbeiter der k. k. Staatsbahnen. Lex.-8°. (119 S.) † K 2.—
Wien: Hölder 1907.

Zur Lage des Winzerstandes. Eine Stimme vom Rhein 1882. Neuss 1882: Ges. für Buchdr. 16 S. Aus: Christl.-sociale Blätter. -- Bibliothèque Nationale et Universitaire de Strasbourg*

— die wirtschaftliche, der dtschn. Handlungsgehilfen im J. 1908. Bearb. nach statist. Erhebgn. des deutschnationalen Handlungsgehilfen-Verbandes, vorgenommen im J. 1908. 1.—3. Tausd. (XIV, 154 S. m. 9 Tab.) Lex. 8. Hamburg 910. Buchh. des deutschnationalen Handlungsgehilfen-Verbandes. 2.80; geb. 3. 80

Lage (Die wirtschaftliche) der deutschen Handlungsgehilfen im J. 1908. Bearbeitet nach statist. Erhebungen des deutsch-nationalen Handlungsgehilfenverbandes, vorgenommen im J. 1908. 2 Teile. Lex.-8⁰. Hamburg, Buchhandlg. des deutsch-nation. Handlungsgehilfen-Verbandes, 1910—11.

— die wirtschaftliche, der Privatangestellten. Denkschrift üb. die im Oktbr. 1903 angestellten Erhebgn. Bearb. im Reichsamt des Innern. (116 S.) 32,5×23,5 cm. Berlin 907. C. Heymann. 1. 50

Die wirtschaftliche **Lage** der eichsfeldischen Teile des Regierungsbezirks Erfurt und Vorschläge zu ihrer Verbesserung.
Erfurt 1909: Stenger. 27 S. 4⁰ (2⁰)

Zur wirtschaftlichen Lage. Wien 1875

— die, des Dresdner Wohnungsmarktes im J. 1907, s.a. Mitteilungen des statistischen Amtes der Stadt Dresden. 17. Heft.

Die **Lage** des Dresdner Wohnungsmarktes im Jahr 1907 mit Rückblicken auf d. Vorjahre u. Vorbemerkungen über d. Methode d. Wohnungsstatistik. Dresden: v. Zahn & Jaensch 1908. (54 S.) 4°(8°) [F.]
= **Mitteilungen** d. Statist. Amtes d. Stadt Dresden. H. 17. [08. 1407 2

— Würtembergs gegen d. Ausland. 8. Stuttg. 79. Erhardt. 2 Ngr

Lage der deutschen Zucker-Raffinerien, Die, gegenüber der Erhöhung der französischen Zuckersteuer. Köln 1872.

Lage, Bertha v. der [wirkl. Name], s.a. E g a l , B. [Pseud.]

Lage, Bertha v. der. Englische Erzählung zur Uebg. in d. Umgangssprache f. den Schulgebrauch u zum Selbstunterricht. Uebersetzung d. „manuel de conversation" par B. Egal [B. v. d. L.] 3. verb. Aufl. 8. (96 S.) Berl. 891, H. W. Müller. cart. * — 80

— Ferienreisen u. Studien. gr. 8. (IV, 196 S.) Berlin 900. [R. Gaertner.] Weidmann. n. 2.40; geb. n.n. 3.—

Lage, Bertha v. d.: Kaiserin Friedrich und ihr Wirken für Vaterland und Volk. — Gera & Leipzig: Hofmann 1888. 55 S. 8°

Lage, Bertha v. der, Kaiserin Friedrich und ihr Wirken für Vaterland und Volk. 1.—3. Aufl. gr. 8. (55 S.) Gera 888. Th. Hofmann. *

Lage, B. v. der, französische Conversations-Grammatik. B. Mittelstufe. Nach der Anschauungs-Methode bearb. 8. (IV, 187 S.) Berlin 871. Guttentag. n. 1. 10

Lage, B. von der, französische Conversations-Grammatik. A. Unterstufe. [Zweijährig.] Nach der Anschauungs-Methode bearb. 2., verb. u. verm. Aufl. 8. (160 S.) Berlin 877. H. W. Müller. cart. n. 1. —

— das höhere Mädchenschulwesen Frankreichs seit der Republik, s. Zeit- und Streit-Fragen.

Lage, B[erta] v. d.: Das höhere Mädchenschulwesen Frankreichs seit der Republik. — Berlin: Habel 1885. 48 S. 8° (Zeit- u. Streitfragen. Jg. 14, H. 221.)

— Das höh. Mädchenschulwesen Frankreichs. (48 S.) Ebd. 1886. Hamb. Verlagsanstalt.

—— Manual of Conversation. Exercises for Conversation for the use of schools and private lessons. [Translation of the „Manuel de la conversation" par B. Egal. (B. v. d. Lage.)] Englische Erzählung zur Uebung in der Umgangssprache für den Schulgebrauch und zum Selbstunterricht. 1. Aufl. (IV, 80 S.) 1870, und 2. verb. Aufl. 8. (88 S.) Berlin 875, Guttentag.

— manual of conversation. Exercises for conversation for the use of schools and private-lessons. Translation of the „manuel de la conversation" par B. Egal [B. v. d. Lage]. — Englische Erzählg. zur Uebg. in der Umgangssprache f. den Schulgebrauch u. zum Selbstunterricht. Uebersetzg. d. „manuel de conversation" par B. Egal (B. v. d. Lage). 3., verb. Aufl. 8. (96 S.) Berlin 891. H. W. Müller. Kart. n. — 80

— Manual of conversation. Exercises for conversation for the use of schools and private lessons. Translation of the „Manuel de la conversation" par B. Egal (B. v. d. Lage). — Englische Erzählgn. zur Übg. in der Umgangssprache f. d. Schulgebrauch u. zum Selbstunterricht. Übersetzung des „Manuel de la conversation" par B. Egal (B. v. d. Lage). 4., verb. Aufl. 8. (94 S.) Berlin 901. H. W. Müller. Kart. n. — 80

— manuel de la conversation, s.a. Egal, B.

Manuel de la conversation. Récit français et exercice de conversation à l'usage des écoles et à l'étude personnelle. Französ. Erzählung z. Übung in d. Umgangssprache f. d. Schulgebr. u. z. Selbstunterr. Par B. Égal ⟨B[erta] v. d. Lage⟩. 9. éd. revue et corr. Berlin: H. W. Müller 1908. (104 S.) 8° [07. 16997

Lage, Bertha von der: Studien zur Genesiuslegende. T. 1. *Berlin: R. Gaertner 1898.* (40 S.) 4°
Berlin, Charlotten-S, OP 1898**

Lage, Bertha von der: Studien zur Genesiuslegende. T. 2. *Berlin: R. Gaertner 1899.* (23 S.) 4° ¶ [Schluss d. P-Beil. 1898.]
Berlin, Charlotten-S, OP 1899**

— Studien zur Genesiuslegende. 2. Tl. Progr. 4. (23 S.) Berlin 899. [R. Gaertner.] Weidmann. n. 1. —

—— Das Unterrichtswesen u. die Erziehungsideale des spanischen Amerika, s.a. Zeit- u. Streit-Fragen, deutsche, 46.

Lage B von der, das Unterrichtswesen und die Erziehungsideale des spanischen Amerika. (Zeit- und Streitfragen, Deutsche, Neue Folge 46) Hamburg 1888

— Das Unterrichtswesen u. d. Erziehungsideale d. span. Amerika. (52 S.) Hamburg 1889. Verl.-Anst. u. Druckerei.

Lage, Bertha v. d.: Ein Wort zur Frauenfrage. — Berlin: H. W. Müller 1882. 89 S. 8°

Lage, G. W. v., Acten d. thüring. Sündfluth, v. J. 1719. 4. Leipzig. 720.

Lage, J. v. der, Blumengrüße. Sechs Blumen-Karten nach Aquarellen. Chromolithogr. 16. Leipzig 880, Böhme. * — 60

Lage, Wilhelm von der

v. der Lage, W., Bericht über das Pädagogium zu Charlottenburg bei Berlin. 8. Berlin 841, A. Duncker. n. 1/4 ℛ︎ℓ

Lage, von der, Wilh., Nachricht üb. d. Conersche Erziehungsanstalt zu Charlottenburg bei Berlin, 1840. 8. Berlin, Alex. Duncker. *

Lägel, Carl, approb. Arzt aus Planitz: Ueber Cholecystitis typhosa. *Leipzig 1903: B. Georgi.* (25 S.) 8°
Leipzig, Med. Diss. v. (20. März) 1903

Lagemann, C. D., im dunklen Forst od. Maria hilf! s.: Heidelmann's, A., Theaterbibliothek.

Lagemann, C. D., dat aule Molkenschapp. 'Ne Bueren-Kammeedigge in eenen Uptaog. 8. (36 S.) Osnabrück 888. Beith. n. — 50

— dasselbe, s.a. Theater, kleines.

Lagemann, C. D., dat aule Molkenschapp. 'Ne Bueren-Kammeedigge in eenen Uptaog. 8. (36 S.) [Osnabrück 888, Beith.] Paderborn, Kleine. [* 50 Pf.] *

— de Poggenstöhle, s.: Dilettanten-Theater.

— Peter Schwarz od. Gott lebt noch, s.: Heidelmann's, A., Theaterbibliothek.

Lagemann, Car. Augustus Frid. Franc. (geb. Zerbst 29. 9. 1836): De partu praematuro artificiali. Berolini (1860). (32 S.) 8°
Berlin, Med. Diss. v. 13. Okt. 1860

Lagemans, E. G., s. Auswahl von Predigten. — Dermont, J. J., geistliche Rede zum Andenken an Se. Maj. Wilhelm Friedrich, Grafen v. Nassau, König d. Niederlande.

Lagemans, Ev. Goth., Dissertatio de A. Cascellio, Icto. 8. Leyd. 823. (Leipz., Weigel). 1 ℛ︎ℓ 14 𝒢𝓇

Lagenpusch, Emil: Kaiser Friedrich II. und die Konstitutionen von Melfi. T. 1. Memel 1910: Siebert. 38 S. 8°
Memel, k. Luisen-G OP 1910 (13) [S 10. 247

Grundriss zur Geschichte der Philosophie von Dr. Emil Lagenpusch. T. 1. 2. *Breslau: E. Trewendt 1900.* 2 Bde 8°
1. Gesch. d. alten Philosophie u. d. Philosophie d. Mittelalters.
2. Gesch. d. neueren Philosophie. [00. 339

Lagenpusch, Emil, das germanische Recht im Holiand, s.a. Untersuchungen zur deutschen Staats- u. Rechtsgeschichte.

Lagenpusch, Emil *Friedrich* [aus Königsberg i. Pr.]: ... Das germanische Recht im Heliand ... (Erschien vollst. als Heft 46 von: Unters. z. deutsch. Staats- u. Rechtsgesch. hrsg. v. O. Gierke.) Breslau, W. Koebner, 1894; 3 Bl., 36 S., 3 Bl. 8.
Königsberg, Phil. Fak., Inaug.-Diss. v. 7. März 1894

Das germanische Recht im Heliand von Emil Lagenpusch. *Breslau: W. Koebner 1894.* (VII, 70 S.) 8°
= Untersuchungen zur Deutschen Staats- u. Rechtsgeschichte. H. 46. [94. 12869

Lagenpusch, Emil, Dr.: Zum hundertsten Todestage Schillers. Rede, gehalten am 9. Mai 1905. Memel 1906: F. W. Siebert. (19 S.) 8° [J.]
Memel, k. Luisen-G P 1906 (13)

Lagenpusch, Emil, Walhallklänge im Heliand, s.: Festschrift, z. 70. Geburtstage Oskar Schade dargebracht.

Lageplan (des) Friedhof(es) in Annabichl. (Klgft., v. Kleinmayr, 1901.) Folio/Oktav.

Lageplan der Stadt Gleiwitz. 1 : 2500. 1882. 1 Bl. c. Hz.

Lageplan des Amts- und Gemeindebezirks Grunewald, Kreis Teltow. Abgeschlossen am 10. Okt. 1904. Maßst. 1 : 4,000. [Mit 1 Nebenkarte.] (Berlin: J. Straube 1904.) (1 Kartenbl. 57×72 cm.) [gestochen] [kol.] [05. 7000

Lageplan von Mittel-Zillerthal und Umgegend. 1 Bl. Hz.

Lagepläne u. Beschreibungen neuerer Gasanstalten. Zur 39. Jahresversammlg. d. deutsch. Vereins v. Gas- u. Wasserfachmännern in Cassel. Lex.-8. (67 S. m. Abb. u. 12 Taf.) München 899. R. Oldenbourg. n. 2.—

Lager, Das, 1783. Von J. E. H. k. k. Offizier. Wien o. J. V: *Haasey, J. E.* (Provinc. Nachr. 1783, Nr. 1213) (Bespr. Realzeitung 1783, Nr. 48, S. 762/4) (BIBL PORT)

Lager der Kays. Kön. Ungarischen Armee bey Budin in Böhmen vor der Schlacht bey Lowositz. Anno 1756. O. M. 1 Bl.

Lager der Sächsischen und Preussischen Arméen bey Pirna samt umliegender Gegend. 1757. 1 : 65,000. 1 Bl.

— — bei Augsburg, Regensburg u. Schweinfurt 1858. Sammlung von Anordnungen ꝛc Mit Pl. u. Beil. (Lith.) o. O 1858. 4°
(s. a. Uebungslager.)

A. v. D. Das Lager von Châlons und die Kampfweise und Ausbildung der französischen Infanterie. 8. Darmstadt und Leipzig 1863.

Lager, das, von Châlons, und die Kampfweise und Ausbildung der französischen Infanterie. Von A. v. D. 1. u. 2. unveränd. Aufl. Darmstadt 863. Zernin. gr. 8. (121 S. u. 2 lith. Taf. in 4.) n. 20 ngr

Lager, Das, bey Dresden vom 11. bis 20. Sept. 1802; ein historisches Gemählde . . . Dresden 1802. V: *Engelhardt, Carl August.* (NN) (MGT)

Lager bey Erix (249 J. v. Chr.) Weimar. 1820. 10 Stadien = 0',297 1 Bl.

Lager bei München 1852 Heft 1—3. Mit 1 Pl. o. O 1852 4°

— — bei München, Nürnberg u. Bamberg 1857 Sammlung von Anordnungen ꝛc Mit Pl. u. Beil (Lith.) o. O 1857. 4°

Lager, das nürnberger, od. Berichte u. Erinnerungen üb. d. Uebungslager d. k. bayr. Truppen im Monat Sept. 1810. (Lagerzeitung. 12 Nrn.; 1/4 Bog.) gr. 8. Nürnberg 810, (Winter.)

Das Preussische **Lager** bei Lockstedt 1865. Hamburg (1865.) Lithogr 1 Bl. Fol. 37½·49 cm

Lager, das römische, in Bonn. Festschrift zu Winckelmann's Geburtstage am 9. Dezbr. 1888, hrsg. vom Vorstande des Vereins von Alterthumsfreunden im Rheinlande. gr. 4. (XVII, 43 S. mit 2 Plänen und 2 Karten.) Bonn 888, (Marcus.) **

Aus dem Lager des H. Gen.-Major v. Stutterheim zu Dauer bey Prenzlow v. 3. Sept. 1760. (1 Bl.) 4.

Türkisches u. Russisches Lager am Pruth 1711. (Peter der Grosse eingeschlossen.) Ohne Titel. 1 : 5800. 1 Bl.

Lager u. Uebungen, die, des Rheinisch-Westphälischen Heeres bei Grimlinghausen und Büllesheim u. die Bürger- und Kriegerfeste bei der Anwesenheit des Königs u. der Königin von Preußen in Rheinland-Westphalen und Neuenburg im Spätsommer 1842. 12. Solingen 842, Amberger. 1/2 ℔ — cart. 5/8 ℔

Die **Lager** und Uebungen des rheinisch-westphälischen Heeres bei Grimlinghausen u. Büllesheim u. die Bürger- und Krieger-Feste bei der Anwesenheit des Königs und der Königin von Preußen in Rheinland-Westphalen und Neuenburg im Spätsommer 1842. Solingen, Amlinger 1842. VIII 222 S 8.

Lager, Christian

Lager. Die Endres'sche Schrift: „Das Bantusseminar zu Trier", s. Scheuffgen.

Lager, s.: Chronik, trierische.

Lager, das Domcapitel in Trier in seinem Verhältnisse zum dortigen Bantusseminar, s.: Scheuffgen.

Lager, der selige Pater Fourier. Ein Beitrag zur Geschichte Lothringens im 17. Jahrh. 8. (IV, 224 S.) Regensburg 884, Manz. * 2 —

— Johann II. v. Baden, Erzbischof u. Kurfürst v. Trier, s.a. Archiv, trierisches. IV. Erg.-Hft.

Johann II. von Baden, Erzbischof und Kurfürst von Trier. Von Domkapitular Dr [Christian] **Lager.** Trier. F. Lintz 1905. (110 S.) 8°
= **Archiv,** Trierisches. Erg.H 4. [05. 6303] 3

Lager, Leben des hl. Franz v. Sales, Fürstbischof v. Genf. Nach dem Franz. (v. Haman) bearb. 2., verb. Aufl. gr. 8. (IV, 710 S.) Paderborn 900. Bonifacius-Druckerei. n. 6.—

Lager, Prüfung u. Würdigung der Endres'schen Schrift: „Das Bantusseminar zu Trier", s.: Scheuffgen.

— Regesten der in den Pfarrarchiven der Stadt Trier aufbewahrten Urkunden, s.a. Archiv, trierisches. 11. Erg.-Heft.

Regesten der in den Pfarrarchiven der Stadt Trier aufbewahrten Urkunden Bearb. von Dr [Christian] **Lager** Trier F Lintz 1910. 224 S. 8°
(Veröffentlichungen d. Gesellschaft f. Trierische Geschichte u. Denkmalpflege 3.)
(Trierisches Archiv Erg.H 11) A 11. 7635

Lager, J. C., urkundliche Geschichte der Abtei Mettlach. gr. 8. (VIII, 411 S. m. 8 Phototyp. in gr. 8. u. qu. 4) Trier 875. (Lintz.) n. 8. —

Läger, s.: Adreßbuch u. Wohnungs-Anzeiger f. d. Stadt Nordhausen.

Läger, Jo. Died. (Hannover), Diss. de jure connagii. Präs. Heinr. Ernst Kestner. Rinteln (H. Aug. Enax) 8. XI. 1704. 8 S. (5.—) 20289

— — Diss. de jure connagii Germ. Vom Recht der Jungferschafft. Präs. H. Ernst Kestner. Rinteln u. Jena (Heller) (1726). 13 S. (5.—) 20290

— — Dasselbe. Jena (Heller) 1734 13 Seiten. (5.—) 20291

Laeger, Otto [Dr.]: **Die Lebensbeschreibungen des heiligen Leudegar. Nordhausen, Druck v. C. Kirchners Buchdr.,** 1892; 1—28 S. 4.
Nordhausen, k. RG, OP 1892 (265)

Laeger, Otto, Lebensskizzen der Lehrer des königl. Dom-Gymnasiums zu Magdeburg. 1. Tl. (1675—1700), vorzugsweise nach archival. Quellen bearb. gr. 4. (38 S.) Magdeburg 902. Heinrichshofen's Sort. n. 1.60

Laeger, Otto, Dr.: **Lebenskizzen der Lehrer des Königlichen** Domgymnasiums zu Magdeburg. T. 2. ⟨1700—1726⟩. *Magdeburg 1903: K. Friese.* (S. 39—56.) 4° ¶[Forts. d. P-Beil. 1902 unt. d. Tit.: Biographisches Verzeichnis der Lehrer ...]
Magdeburg, k. Dom-G, OP 1903 (279)

Laeger, Otto, Dr.: Lebensskizzen der Lehrer des Königlichen Domgymnasiums zu Magdeburg. T. 3. ⟨1727—1752⟩. Magdeburg 1904: Carl Friese. (57—74 S.) 4° ¶[Forts. d. P-Beil. 1902. 1903.]
Magdeburg, k. Dom-G OP 1904 (283)

Laeger, Otto, Dr.: Lebensskizzen der Lehrer des Königlichen Domgymnasiums zu Magdeburg T. IV. ⟨1753—1769⟩. Magdeburg 1905: Carl Friese. (75—96 S.) 4° ¶[Forts. d. P-Beil. 1902—1904.]
Magdeburg, k. Dom-G OP 1905 (284)

Laeger, Otto: De veterum epicorum studio in Archilochi, Simonidis, Solonis, Hipponactis reliquiis conspicuo. Halis Saxonum 1885: Karras. 75 S. 8°
Halle-Wittenberg, Phil. Diss. v. [26. Juni] 1885
Geb. Nordhausen 14. 5. 1863. V.
Im Buchhandel Halis Sax. (Leipzig: Fock) 1885.

Laeger, Otto, de veterum epicorum studio in Archilochi, Simonidis, Solonis, Hipponactis reliquiis conspicuo. gr. 8. (75 S.) Halis Sax. 885. (Leipzig, Fock.) n. 1. 20

Laeger, Otto, Dr.: Biographisches Verzeichnis der Lehrer des Königlichen Domgymnasiums zu Magdeburg. T. 1. ⟨1675 1700.⟩ *Magdeburg 1902: C. Friese.* (38 S.) 4° | F.]
Magdeburg, k. Dom-G, OP 1902 (264)

[F.] **Lager- und Wegebau-Anleitung.** '(L. u. W. A.)' *Berlin: A. Bath 1896.* (116 S.) 1 Bd 8. 96. 8391

Anomoura und Brachyura der schwedischen Südpolar-Expedition von Torsten **Lagerberg**. Mit 1 Taf. Stockholm 1905: Lith. Inst. d. Generalstabs; Berlin: A. Asher & Co. (39 S.) 4°(8°) [Umschlagt.]
= **Ergebnisse**, Wissenschaftl., d. schwed. Südpolar-Expedition 1901—1903. Bd 5, Lfg 7. 1.6. 9018

Lagerberg, Torsten, zur Entwickelungsgeschichte des Pteridium aquilinum (L.) Kuhn. (28 S. m. 5 Taf.) 8. Uppsala & Stockholm 906. (Berlin, R. Friedländer & Sohn.) n.n. 2. 50
Sonderabdruck aus: „Arkiv f. botanik".

LAGERBERG, Karl Erik Torsten.
Studien über die Entwicklungsgeschichte und systematische Stellung von Adoxa moschatellina L. Akademische Abhandlung von Torsten Lagerberg. Uppsala 1909. 4:o. 86 s., 3 pl. (K. Sv. Vet.-Akad. Handl., Bd 44: N:o 4.)
Diss. Uppsal. phil.

Studien über die Entwicklungsgeschichte und systematische Stellung von Adoxa moschatellina L. Von Torsten **Lagerberg**. Mit 3 Taf. u. 23 Textfig. Uppsala & Stockholm 1909: Almqvist & Wiksell. 80 S. 4°
(K. Svenska Vetenskapsakademiens Handlingar. Bd 44, Nr 4) 09. 13780

Lagerberg, Torsten, Studien üb. die Entwicklungsgeschichte u. systematische Stellung v. Adoxa Moschatellina L. (86 S. m. 23 Fig. u. 3 Taf.) 81,5×25,5 cm. Uppsala 909. Berlin, R. Friedländer & Sohn. nn 5. —
Sonderabdruck aus: „Kungl. svenska vetenskapsakademiens handlingar".

Lagerbier, das, und der Tabak. Zwei historisch-panegyrische Possen von Cerevisius Nicotianus. 16. (46 S.) Nordhausen (861)62, Förstemann'sche Buchh. *

Lagerborg, Rolf, das Gefühlsproblem. (Studien zum peripher. Mechanismus des Bewusstseinslebens.) (VI, 141 S.) 8. Leipzig 905. J. A. Barth. n. 3. —

LAGERBORG, Rolf

Studien zum peripherischen Mechanismus des Bewusstseinslebens. Das Gefühlsproblem. Leipzig 1905. VI + 142 pg. 8:o. Diss. Hels.

Studien z. peripherischen Mechanismus d. Bewußtseinslebens. Das Gefühlsproblem von Dr. Rolf Lagerborg. Leipzig: J. A. Barth 1905. (VI, 141 S.) 8° 05. 10380

Lagerbring, Swen. Abriss der Schwedischen Rechtshistorie . . .; a. d. Schwed. Greifswald 1776. Ü: *Möller, Johann Georg Peter.* (Ky)

Lagerbring, S., Abriß der Schwedischen Reichshistorie. 8. 776. Ist Verl. v. Enobloch in Leipzig.

Lagercrantz, Otto

Lagercrantz, O., Griech. Etymologien. S. A. 1896. 24 S.

Lagercrantz, Otto, zur griechischen Lautgeschichte. (Upsala Universitets Årsskrift 1898. Filosofi, språkvetenskap och historiska vetenskaper. II.) gr. 8. (III, 156 S.) Upsala 898. Akadem. Buchh. n. 3. 40

Zur griechischen Lautgeschichte von Otto Lagercrantz. *Upsala 1898: E. Berling.* (156 S.) 8°
= Årsskrift, Upsala Universitets. 1898. [..] 99. 11866

Lagerfestungen, Über. Zusammengestellt aus den einschlägigen Daten in der „Armee in der Bewegung" und der österr. Militär-Zeitschrift. Jahrg. 1877 „Lagerfestungen und Beziehungen zum grossen Krieg etc." „Behelfe zum Studium der Kriegsgeschichte" Wien 1878.

Lagergren, Jonas Petrus

Lagergren, J. P., De vita et elocutione C. Plinii Caecilii Secundi. Gekr. Pr. 1871. 183 S 4.50

Lagergren, Jonas Petrus, de vita et elocutione C. Plinii Caecilii secundi. gr. 8. (183 S.) Upsala 872, Academ. Buchh. *
Aus: Universitets Arsskrift, besonders abgedruckt.

Lagergren, Sten

Ueber die Dämpfung elektrischer Resonatoren. Von S. Lagergren. M. 1 Taf. . . . *Stockholm: Kgl. Boktr. P. A. Norstedt & söner 1897.* (30 S., 1 Tab.) 8.
= Bihang till K. Svenska Vet.-Akad. Handlingar. Bd 23. Afd. 1. No 4. 97. 4018

LAGERGREN, Sten Yngve.
Über elektrische Energieausstrahlung. Akademische Dissertation von Sten Lagergren. Stockholm 1902. 8:o. 102 s.
Diss. Upsal. phil.

Lagergren, Sten, über elektrische Energieausstrahlung. (102 S. m. Abbildgn.) gr. 8. Stockholm (Villagatan 23) 902. Dr. St. Lagergren. n. 2. —

Zur Theorie der sogenannten Absorption gelöster Stoffe von S. Lagergren. *Stockholm 1898: P. A. Norstedt & söner.* (39 S.) 8°
= Handlingar, K. Svenska Vetenskaps-Akademiens. Bihang. Bd 24. Afd. 2, No 4. 99. 5819

Ueber die beim Benetzen fein verteilter Körper auftretende Wärmetönung von S. Lagorgren. *Stockholm 1899: P. A. Norstedt & söner.* (14 S.) 8°
— Handlingar, K. Svenska Vetenskaps-Akademiens. Bihang. Bd 24. Afd. 2, No 5.

Lagerhaus-, Quai- und Hafen-Frage.
[Köln 1883.] V: *Steinmann-Bucher, Arnold.*
(stBKöln II, 261)

Lagerhaus-Gesetz, das, vom 28. April 1889, s. a. Gesetze, Sep.-Ausg. d. neuen oesterreichischen. Nr. 62.

Lagerhaus-Gesetz, das, vom 28. April 1889, betr. die Errichtung u. den Betrieb öffentl. Lagerhäuser u. die v. denselben ausgestellten Lagerscheine. Mit Bemerkgn. f. die Praxis, Erläutergn. u. Auszügen aller einschläg. Gesetze, Verordngn. u. Erlässe, sowie den Lagerhaus- u. Warrant-Gesetzen aller anderen Staaten versehen v. W. Wertheimer 8. (VIII, 216 S.) Prag 889. Mercy. n. 3. 20

Lagerheim, Gustaf

Lagerheim G.: [Otte Afhandlinger]. [Rostr. Saml.].
(Zur Biologie d. *Iochroma macrocalyx Benth.* 1892. — Zur Kenntnis d. Tovariaceen. 1892. — Die »Siempreviva« von Quito (*Cotyledon quitensis Baker*). 1893. — Note s. une Cypéracée entomophile. 1893. — Ueber die andinen *Alchemilla*-Arten. 1894. — *Sagina normaniana* . 1898. — Ueber die Bestäubungs- u. Aussäugungseinrichtungen v. *Brachyotum ledifolium (Desr.) Cogn.* 1899).

Zur Anatomie der Zwiebel von Crinum pratense Herb. Von G. **Lagerheim.** Kristiania 1894 = Skrifter udg. af Videnskabsselskabet i Christiania. I math.-nat Klasse 1894 Nr 3.

Lagerheim, G., zur Anatomie der Zwiebel v. Crinum pratense Herb. [Aus: „Videnskabsselskabets skrifter".] gr. 8. (8 S.) Christiania 894. (J. Dybwad.) — 60

Lagerheim G.: Eine neue, goldgelbe *Brugmansia* (*B. aurea Lagerh.*). 1893. [Rostr Saml.].

Lagerheim G.: Zur Frage d. baktericiden Eigenschaften d. Humor aqeus., 1900. [Rostr. Saml.].

Lagerheim G.: Ueber *Lasius fuliginosus* (*Latr.*) u. seine Pilzzucht. 1900. [Rostr Saml.].

Ueber das Phycoporphyrin, einen Conjugatenfarbstoff. Von G[ustaf] **Lagerheim.** *Kristiania: In Comm. b. J Dybwad, A. W Brøggers Buchdr. 1895.* (25 S.) 4.(8.)
= **Skrifter** udg. af Videnskabsselskabet i Christiania. 1895. I. Mathem.-naturv Kl. No 5.

Vegetabilisches Süßwasser-Plankton aus der Bären-Insel (Beeren Eiland) von G. **Lagerheim.** *Stockholm 1900: P. A. Norstedt & söner.* (25 S.) 8°
— Beiträge z. Flora d. Bären-Insel. 2.
= **Handlingar,** K. Svenska Vetenskaps-Akademiens. Bihang. Bd 26, Afd. 3, No 11

Lagerhjelm, Peter

Lagerhjelm, P., Versuche z. Bestimmung d. Dichtheit, Gleichhartigkeit, Elasticität, Schmiedbarkeit u. Stärke d. gewalzten u. geschmied. Stabeisens. A. d. Schwed. v. J. W. Pfaff. M. 11 Kpfrt. (Fol.) gr. 4. (36½ B.) Nürnberg 829, Schrag.

Lager-Instruction f. d. Übungen d. Art a d Lechfelde Augsburg 1868.

Lagerkatalog 1907. A. Hartleben, Buchhandlung. Gr.-8°. (112 S.)

Lager-Katalog des leipziger Kunst-Comptoirs (W. Drugulin.) 1. und 2. Abthl. gr. 8. (214 S.) Leipzig 858, Kunst-Comptoir. [1. Abthl. * 10 Ngr., 2. Abthl. * 20 Ngr.] *

Lager-Katalog v. Rud. Schuster, ehem. C. G. Lüderitz, Kunstverlag — Artaria u. Fontaine — Julius Buddeus. 1. Abth. Religiöse Darstellgn. hoch 4. (48 S. m. 21 Taf. in Photograv. u. 2 S. Text.) Berlin 891. R. Schuster. In Halbleinw.-Mappe. n. 4. —

Lager-Katalog von Rud. Schuster, ehemals C. G. Lüderitz Kunstverlag — Artaria & Fontaine — Julius Buddeus. II.—IX. Abth. 4. Berlin, R. Schuster. n. 16. 40 (Kplt.: 20. —; geb. in 2 Leinw.-Bdn. od. Text geb. Tafeln in Mappe n. 24. —; Text allein n. 2. —)
II. Genrebilder. (III u. S. 49—80 m. 2 Abb. u. 23 Taf. in Photograv.) 892. n. 5. —
III. Historische Darstellgn. (III u. S. 81—100 m. 19 Taf. in Photograv.) 893. n. 2. 70
IV. Bildnisse u. Studienköpfe. (IV u. S. 101—150 m. 10 Taf. in Photograv.) 894. n. 2. —
V. Ansichten — Landschaften — Seestücke. (III u. S. 151—176 m. 13 Taf. in Photograv.) 895. 3. —
VI. Jagd- u. Thierstücke. (II u. S. 177—198 m. 8 Taf. in Photograv.) 895. 1. 90
VII. Allegor. u. mytholog. Darstellgn. (III u. S. 199—218 m. 5 Taf. in Photograv.) 895. 1. 10
VIII. Werke. (S. 219—233 m. Abb.) 896. Kostenlos.
IX. 1. Nachtrag. (II u. S. 235—272 m. Abb.) 895. n. — 70

Lagerkatalog, theologischer Nr. 111 von J. J. Heckenhauer in Tübingen. 1882 s. Tit. 1,88

Lager-Lieder. Anklänge aus dem Kriegs- und Soldaten-Leben dem österreich. Heere gewidmet vom Verf. der „Feldsträußchen." gr. 16. (68 S.) Wien 861, Braumüller's Verlags-Conto. *

Lagerliste, Leipziger. Zusammenstellung der Firmen, welche in Leipzig ein Auslieferungs-Lager haben; mit Brücksichtigung der Handlungen, welche ihren Verlag nur theilweise, beziehentlich nur fest oder baar in Leipzig ausliefern lassen. 5. Aufl. Reudnitz 868. Pfeil. 4. (15 S.) 7½ ngr

Lagerliste, Leipziger. Zusammenstellung der Firmen, welche in Leipzig ein Auslieferungs-Lager haben, mit Berücksicht. der Firmen, welche ihren Verlag nur theilweise, beziehentl. nur fest oder baar in Leipzig ausliefern lassen. 5. Aufl. 1868. 75 Pf., und 6. Aufl. 4. (15 S.) Leipzig 872, Pfeil. [Leiner.] **

Lagerlöf, E., Om dialogen sofisten. Diss. 1892. 158 S.

Lagerlöf, Nic. [Praes.], s. Lundeberg, Nic. D.: De distinctione attributorum divinorum.

Lagerlöf, Selma, Astrid, s. a. Bücherei, allgemeine. N. F. 2.

LAGERLÖF, Selma
(F) Astrid. Von Selma Lagerlöf. Autorisirte Uebertragung aus dem Schwedischen von Francis Maro. [Allgemeine Bücherei. Neue Folge 2.] Stuttgart und Wien. 1900. Roth. 8°. 62 S. K —.24

— **Unsichtbare Bande,** s. a. Volksbücherei.

Lagerlöf, Selma, unsichtbare Bande. Novellen. Aus d. Schwed. übers. v. Margarethe Langfeldt. 8. (III, 204 S.) Leipzig 897. G. H. Meyer. n. 2. —; geb. in Leinw. n. 3. —

— unsichtbare Bande. Erzählgn. Deutsch v. Margarethe Langfeldt. (III, 331 S.) 8. Berlin 905. F. Wunder. n. 3. —; geb. n. 4. —

— dasselbe. Einzige berecht. Uebersetzg. aus dem Schwed. v. Francis Maro. (316 S.) 8. München 905. A. Langen. n. 3. —; geb. n. 4. —

– Gösta Berling, s.a. Universal-Bibliothek.

[F.] Gösta Berling. E. Sammlg Erzählgn aus d. alten Wermland v. Selma Lagerlöf. A. d. Schwed. übs. v. Margarethe Langfeldt. Th. 1. 2. *Leipzig: H. Haessel 1896.* 2 Bde 8.
1. (VI S., 1 Bl., 287 S.) 2. (2 Bl., 287 S.) [96. 6007

Lagerlöf, Selma, Gösta Berling. Roman. Autoris. Uebersetzg. aus dem Schwed. v. Pauline Klaiber. 2 Tle. in 1 Bde. (532 S. m. 1 Karte.) 8. München 903. A. Langen. n. 4. —; geb. n. 5. —

— Gösta Berling. Eine Sammlg. Erzählgn. aus dem alten Wermland. Aus dem Schwed. übers. v. Margarethe Langfeldt. 3. durchgeseh. Aufl. 2 Tle. (V, 287 u. III, 287 S.) kl. 8. Leipzig 905. H. Haessel Verl. n. 4. —; geb. n. 5. —

— Gösta Berling. Eine Sammlg. Erzählgn. aus dem alten Wermland. Aus dem Schwed. übers. v. Margar. Langfeldt. 4. Aufl. 2 Tle. in 1 Bde. (V, 287 u. III, 287 S. m. 8 Vollbildern.) kl. 8. Leipzig 908. H. Haessel Verl. Geb. in Leinw. 5. —

Selma **Lagerlöf**. Gösta Berling (Gösta Berlings Saga). Roman. Autor. Übers. aus d. Schwed. von Pauline Klaiber. 2 T. in 1 Bd. 6. Taus. T. 1. 2. München: A. Langen 1908. (531 S.) 8° [F.] 108. 10998 11

— dasselbe. Erzählungen aus dem alten Wermland. (Ins Deutsche übertr. v. Mathilde Mann.) 2 Bde. (263 u. 219 S.) kl. 8. Leipzig 909. Insel-Verlag. 5. —; in Pappbd. 7.—; geb. in Ldr. 10. —

— Christuslegenden. Berechtigte Uebersetzg. aus dem Schwed. v. Francis Maro. 1.—6. Taus. (V, 264 S.) 8. Ebd. 904. 905. n. 3. 50; geb. n. 4. 50

Selma Lagerlöf. Christuslegenden. [Kristuslegender.] Berecht. Übers. aus d. Schwed. von Francis Maro [d. i. Marie Franzos]. München: Langen [nach 1905]. 204 S. 8° A 12. 2520 11

— Erzählungen. Uebers. u. eingeleitet v. Jos. Sieber, s.a. Dichter, neuere, f. die studierende Jugend.

(F) **Lagerlöf, S.**, Erzählungen. Herausgegeben von Prof. J. Sieber. [Neuere Dichter für die studierende Jugend.] 8°. (124 S.) geb. K 1.—
Wien: Eberle 1910.

— Das Gänsemädchen, Asa u. Klein Matts, s.: Schatzgräber, der.

— Die Geschichte v. Karr u. Graufell, s.: Schatzgräber, der.

— Schwester Olives Geschichte u. andere Erzählungen, s.: Bibliothek Langen, kleine.

– Eine Gutsgeschichte, s. Universal-Bibliothek.

— eine Herrenhofsage. Autoris. Uebersetzung aus dem Schwed. v. Pauline Klaiber. 1.—3. Taus. (162 S.) 8. Ebd. 903. 904. n. 1. 50; geb. in Leinw. n. 2. 50

— Eine Herrenhofsage. Autoris. Übersetzg. aus dem Schwed. v. Pauline Klaiber. 4. Taus. (162 S.) 8. München 908. A. Langen. 1. 50

— Jerusalem I u. II. Erzählung. Autoris. Übersetzg. aus dem Schwed. v. Pauline Klaiber. 8. München, A. Langen. n. 7. 50; geb. n. 9. 50
I. In Dalarne. Erzählung. 1. u. 2. Aufl. (à 356 S.) 902. 908. n. 3. 50; geb. n. 4. 50
II. Im hl. Lande. Erzählung. (386 S.) 903. n. 4.—; geb. n. 5.—

Jerusalem [deutsch]. Erzählung von Selma **Lagerlöf**. Einzige berecht. Übers. aus d. Schwed. von Pauline Klaiber. 1. 2. München: Langen [um 1909–]1909. 8°
1. In Dalarne [I Dalarne] [um 1906]
2. Im heiligen Lande [I det heliga landet]. 1909. A 12. 1800 11

— Ingrid, s.a. Bücherei, allgemeine. N. F. 9—11.

LAGERLÖF, Selma
(F) **Ingrid.** Von Selma Lagerlöf. Uebertragung aus dem Schwedischen von Karl Oberländer. [Allgemeine Bücherei. Neue Folge 9—10.] Stuttgart und Wien. [1901.] Roth. 8°. 135 S. K —.20

— Die Kassette der Kaiserin, s.a. Frauen-Bibliothek, moderne. Nr. 22.

— dasselbe, s.a. Siesta.

Die Kassette der Kaiserin. Erzählung von Selma **Lagerlöf**. (Deutsch von Milly Stefarta Leibeigen von M[aria] Heinz. 3.–7. Aufl. Berlin & Leipzig: Seemann [1910]. 87 S. 8°
(Siesta. 20.) A 12. 1307 11

— die Königinnen v. Kungahälla. Novellen. Einzige berecht. Uebersetzg. aus dem Schwed. v. Francis Maro. (187 S.) 8. München 903. A. Langen. n. 2. 50; geb. n. 3. 50

— Ein Stück Lebensgeschichte u. andere Erzählungen. Einzige berecht. Übersetzg. aus dem Schwed. v. Marie Franzos. (285 S.) 8. München (909). A. Langen. 3.50; geb. n 5.—; in Halbfrz. b 6. 50

— Legenden u. Erzählungen. Einzig autoris. Übersetzg. aus dem Schwed. v. Francis Maro. 8. (III, 300 S.) Mainz 901. F. Kirchheim. n. 2. 80; geb. n. 4. —

— Legenden u. Erzählungen. Berecht. Uebersetzg. aus dem Schwed. v. Francis Maro. (Neue [Titel-]Ausg.) (273 S.) 8. Ebd. [901.] 906. n. 2. 50; geb. n. 3. 50

— s.: Meisternovellen nordischer Frauen.

Lagerlöf, S.: Novellen. [Volksbücherei. Nr. 252/254. Bd. 73.] 8°. (207 S.) Graz: Styria 1910.

— schwedische Novellen, s. Meyer's Volksbücher.

LAGERLÖF, SELMA. *Wunderbare Reise* des kleinen Nils Holgersson mit den Wildgänsen. Einzige berechtigte Übersetzung aus dem Schwedischen von Pauline Klaiber. 3 Bde. München, Albert Langen, 1907/08. 8°. Orlwd. (der 3. Band abweichend gebunden). Deutsche ★ Erstausgabe eines der berühmtesten neueren Kinderbücher. 35.—

— wunderbare Reise des kleinen Nils Holgersson m. den Wildgänsen. Einzige berecht. Uebersetzg. aus dem Schwed. v. Pauline Klaiber. (323 S.) 8. Ebd. 907. n. 4. —; geb. n. 5. —

Lagerlöf, Selma, wunderbare Reise des kleinen Nils Holgersson m. den Wildgänsen. Einzige berecht. Übersetzg. aus dem Schwed. v. Pauline Klaiber. (2. u. 3. Bd.) 8. München, A. Langen. 7.—; geb. 9.—
2. (328 S.) 908. 4.—; geb. 5.—
3. (270 S.) 908. 3.—; geb. 4.—

— dasselbe. Ein Kinderbuch. Einzige berecht. Übersetzg. aus dem Schwed. v. Pauline Klaiber. Ausg. in 1 Bde. Mit 95 Textillustr. u. 8 farb. Vollbildern v. Wilh. Schulz, sowie e. Übersichtskarte v. Schweden. (507 S.) Lex. 8. Ebd. (909). 10.—; geb. n 12.50

Lagerlöf, Selma, Herrn Arnes Schatz. Erzählg. Einzig berecht. Uebersetzg. aus dem Schwed. v. Francis Maro. (159 S.) 8. München 904. A. Langen. n. 3.—; geb. n. 4.—

— Die Vogelfreien, s.: Bücher, bunte.

— Wunder des Antichrist. Roman. Einzig autoris. Uebersetzg. aus dem Schwed. v. Ernst Brausewetter. 8. (448 S.) Ebd. 899. n. 3.50; geb. n. 5.—

— die Wunder des Antichrist. Roman. Deutsch v. Pauline Klaiber. (380 S.) 8. Ebd. 905. n. 3.—; geb. n. 4.—

— Wunder des Antichrist. Roman aus dem Schwed. Autoris. Übersetzg. v. Ernst Brausewetter. 2. verb. Aufl. (424 S.) 8. Mainz 908. Kirchheim & Co. 2.—; in Salonbd. 4.—

Lagermeister, Der, oder fassliche Anweisung beim Einkauf und Verschnitt von Rum ... Hamburg 1831. V: *Pacht, Chn Philipp Conr.* (CBH)

Lagermeister, der, od. fassl. Anweis. beim Einkauf u. Verschnitt v. Rum, Spriet u. Branntewein, durch Tabn. erläut., auch Angabe z. Selbstmessen d. runden, nicht vollen Fässer. 2. Aufl. 8. (5¼ B.) Hamburg 834, Meissner.

Lägern. Ueber die L'. Ein Beitrag zur Geologie des Kantons Zürich. Njbl. s. [Stutz, Ulrich].

Lägern-Bote
① Obligatorisches Publikationsmittel der Gemeinden des Wehn- und Regensdorfer Thales, Sünikon und Niedersteinmaur. Obligatorisches Publikationsmittel des Bezirkes Dielsdorf. ④ Zürcher Unterländer ⑤ 8. 1. 1859—4. 1. 1949 ⑥ 4°, dann 2° ⑦ Wochenblatt; wöchentlich 2×; wöchentlich 3× ⑧ Regensberg: Samuel Hunziker, Emil Abel (bis November 1864), Heinrich Kunz; Bülach: Severin Scheuchzer, S. Scheuchzers Erben, Steinemann-Scheuchzer (seit 1927) ⑨ Alphorn ⑩ die Drucker ⑪ F. Bopp, Steinemann-Scheuchzer ⑫ bäuerlich, demokratisch ⑬ BGSZ: 1111 ⑭ Zh: Z (unvollständig) ⑮ Seit 1910 Kopfblatt der «Bülach-Dielsdorfer Wochen-Zeitung».

Lägernkette [Schlagwort]

Lägernkette, s.: Geologische Karten. Mühlberg.

Lager-Ordnung für die Infanterie des II. Armee-Corps während der großen Übung 1840. Stettin (1840). 8°.

Lager-Ordnung für die Kurf. Hess. Infanterie. Cassel (1841). 8°.

Lager-Ordnung für die Truppentheile der k. preuss. Artillerie. 8. Berlin 1859.

Lager-Reglement für die Kgl. Hannov. Armee. Hannover 1858. 8°.

Lager-Reglement für die Infanterie. Hannover 1826. 8°.

Lager-Regulative für Läger unter Zoll-Aufsicht. Vom Bundesrath des Deutschen Reiches in der Sitzung vom 8. Juni 1887 genehmigte Fassung. 2. Aufl. gr. 8. (80 S.) Hamburg 887, Marquard und Schering. *

—— für Läger unter Zoll-Aufsicht. Vom Bundesrath des Deutschen Reiches in den Sitzungen vom 8. Juni 1887 und 21. Juni 1888 beschlossene Fassung. [I. Privatlager-Regulativ. II. Weinlager-Regulativ. III. Konten-Regulativ.] 2. Aufl. gr. 8. (80 S.) Ebendas. 888. *

Lager-Regulative f. Läger unter Zoll-Aufsicht. Vom Bundesrath d. Deutschen Reiches in der Sitzg. vom 8. Juni 1887 genehmigte Fassg. 2. Aufl. gr. 8. (80 S.) Hamburg 887. Oberstedt & Schering. n. 1.50

— dasselbe, f. Hamburg nach dem Zollanschluß zur Anwendg. kommende Fassg. I—III. gr. 8. Ebd. 887. à n. 1.—; auf Schreibpap. à n. 1.20
I. Privatlager-Regulativ. (26 S.)
II. Weinlager-Regulativ. (22 S.)
III. Konten-Regulativ. (32 S.)

Lägers, Joh. Conr., Geschichte, den Ausgang der Hamelischen Kinder betreffend. 741. s. a. S.

Lagershausen, H., Festpredigt, geh. am 9. XI. 1905 in der Hauptkirche B. M. V. zu Wolfenbüttel bei der Jahresversammlung des Braunschw. Hauptvereins des Evangelischen Bundes. (12 S.) 8. Wolfenbüttel 905. J. Zwißler. n. —20

— Festschrift zur Einweihung der St. Paulikirche in Braunschweig. Hrsg. im Auftrage des Kirchenvorstandes. Mit 4 Bildern u. 1 Grundriß. (36 S.) 8. Braunschweig 906. A. Neumeyer. n.n. —50

Lagershausen, H., Konfirmations-Predigt üb. Off. Joh. 2, 10, am 2. Osterfeiertag 1901 in der Katharinenkirche zu Braunschweig geh. gr. 8. (11 S.) Braunschweig 901. J. Neumeyer n. —20

Lagershausen, Otto [aus Gittelde a./Harz]: Beiträge zur Casuistik der Hernien des Processus vermiformis ... Würzburg, Graph. Anst. v. J. Seelmeyr, 1893; 28 S. 8.
Würzburg, Med. Fak., Inaug.-Diss. v. 1893

Lagerstätten [Schlagwort]

Lagerstätten, s.: Bergbau.

Lagerström, Angelica v., s. a. Möller, A. v.

Lagerström, Angelika v., Campanella, die kleine Geigerin. Frei nach dem Englischen der Mrs. Mercier. Autoris. deutsche Ausg. Mit Illustr. (Holzschntaf.) von Wold. Friedrich. 8. (206 S.) Leipzig 879. Hirt & Sohn. n. 3.50; geb. n. 5.—

LAGERSTRÖM, A. VON. *Erzählungen und Schauspiele* für die reifere Jugend von 11 bis 14 Jahren. Von Angelika von Lagerström. Mit [4] Bildern in [handkolor.] Tondruck. Stuttgart, R. Chelius, 1861. 3 Bl. 162 S. 8°. Orig.-Prägeband mit prächtigem, breitem, weißem Spitzenmuster auf blauem Grunde. 24.—
Hübsche Erzählungen u. 2 kleine Dramen. Schön illustr. — Der interess. Einband etwas fleckig u. am Rücken lädiert.

Lagerström, Angelika v., deutsche Frauen. 7 Lfgn. 8. (322 S.) Königsberg 872,73, Academ. Buchh. à Lfg. * 50 Pf. *

Lagerström, Angelika v., deutsche Frauen. Biograph. Skizzen und Charakterschilderungen. 2. (Titel-)Aufl. 8. (III, 323 S.) Leipzig 883, Laudien's Verlag. geb. mit Goldschn. 4 —

Lagerström, Angelika v., edle Frauen. Skizzen. Gotha 870. F. A. Perthes. 8. (V, 327 S.) n. 28 ngr

— biographisches Gedenk-Buch. 1—4. Quartal. Jan. bis Decbr. gr. 8. (VII, 507 S.) Gotha 871. 72. F. A. Perthes. à n. 3. —

— biographisches Gedenkbuch. Biographien der berühmtesten Männer, deren Charakteristiken und merkwürd. Aussprüche. 2. (Titel-)Ausg. 2 Bde. gr. 8. (487; 507 S.) Leipzig (871)78, Siegismund und Volkening. à Bd. ℳ 6.

— Kinderleben in England. Erzählung für die Jugend von 10—14 Jahren. Frei nach dem Engl. gr. 16. (182 S. mit 4 lithogr. und ill. Bildern.) Stuttgart (861)62, Thelius.

— Kinderleben in England. Erzählung für die Jugend. Mit 4 bunten Illustr. (Chromolithogr.) von Louise Thalheim. 8. (159 S.) Breslau 874, Trewendt. geb.

— Florence Nightingale, die Krankenwärterin im Felde. [Aus der Verf.: „Edle Frauen."] Ebend. 870. 8. (39 S.) n. 4 ngr

— Panorama d'historiettes, s. Rasché-Briod, Mme. A.

— die ungleichen Schwestern. Eine Erzählung für die reifere weibliche Jugend. 2., umgearb. Aufl. 8. (158 S.) Leipzig 878. Hirt & Sohn. n. 1. 60; geb. n. 2. 50

Lagerström, Angelika v., die ungleichen Schwestern. Eine Erzählung für die reifere weibl. Jugend. 3. unveränd. Aufl. 8. (184 S. mit 1 Titelbild von P. Wagner.) Leipzig 888, Hirt und Sohn. ℳ 2.25.; geb.

— le trésor d'histoires, s. Rasche-Briod, A.

Lagerung, über die, und das Einrücken der Truppen ins Zeltlager u. in den Bivuak. Lex.-8. (Mit 3 Steintafeln.) Neiße 841, Burckhardt. n. 1/4 ₰

Lagerung, Verstellbare, der Tragebretter an Bücherregalen, Schränken u. dgl. ... Leipzig 1892. V: *Ebrard, Friedrich Clemens.* (StBFrankf I, 131)

Lager- u. Wegebau-Vorschrift. (L. u. W. V.) Entwurf. 12. (104 S. m. 80 Bild.) Berlin 894. E. S. Mittler & Sohn. n. — 70; kart. n. — 90

Lages, Joan. Henr. Guil. (geb. Büudheim in Braunschw. 13. 5. 1823): De ictero. Berolini (1854). (27 S.) 8°
Berlin, Med. Diss. v. 1. Febr. 1854

Lager, Wilh., fünf Predigten über d. Einfluß d. christl. Religion in d. Glückseeligkeit d. bürgerl. Gesellschaft; a. d. Franz. v. Jh. A. Emmerich. 8. Meining. 785. Hanisch in Hildburgh. 6 gr

— Predigten über wichtige Gegenstände; a. d. Französ. v. Jh. A. Emmerich. 8. Meining. 778. Hanisch in Hildburgh. 18 gr

— sermons sur divers sujets importans. II Vols. gr. 8. Basel 779. Flick. (Neukirch). 2 ₰

Lagetschnikoff, J. J., der Eis-Pallast. A. d. Russ. übers. v. Carl Joh. Schultz. 2 Bde. 8. (47 1/4 B.) Leipzig 838, Kollmann.

Lagetchnikoff, der Eispalast, s. Lese-Cabinet, neuestes belletristisches.

Lagetchnikoff, la maison de glace, trad. par Alex. Dumas. 4 Vols. 16. (748 S.) Leipzig 859, A. Dürr.

Lagez, G. de, El perfecto Español, s. a. Cray's, O., Sammlung v. Sprachführern. Nr. 6.

Lagez, G. de, el perfecto Español. Der perfekte Spanier. Eine Anleitung, in 14 Tagen Spanisch richtig lesen, schreiben und sprechen zu lernen. Mit beigefügter vollständ. Aussprache-Bezeichnung. gr. 16. (178 S.) Berlin 885, Berliner Verlagsanstalt (O. Cray).

Lagez, G. de, el perfecto Español. Der perfekte Spanier. Eine Anleitg. ohne Lehrer Spanisch richtig lesen, schreiben u. sprechen zu lernen. Mit beigef. Aussprache-Bezeichng. 2., verb. Aufl. gr. 16. (178 S.) Berlin 890. Berliner Verlagsanstalt (O. Cray). — 80; geb. 1, 10

[F. u. Ant.] El perfecto Español. Der perfecte Spanier. E. Anleitg ohne Lehrer Spanisch richtig lesen, schreiben u. sprechen zu lernen ... M. beigefügter vollst. Aussprache-Bezeichng v. Dr. G. de Lagez, Lehrer ... d. span. Spr. 3. verb. Aufl. *Schweidnitz & Leipzig: C. Lerch [1897].* (178 S., 1 Bl.) 1 Bd 8.
= Sammlung, O. Cray's, v. Sprachführern. No 6. [97. 7243]

El perfecto Español. Der perfekte Spanier. Eine Anleitung ohne Lehrer Spanisch richtig lesen, schreiben u. sprechen zu lernen. Mit beigefügter vollst. Aussprache-Bezeichnung von Dr. G. de Lagez ... 4. verb. Aufl. *Schweidnitz & Leipzig: C. Lerch [1900].* (178 S.) 8° [Ant. u. F.]
= Sammlung, O. Cray's, von Sprachführern. No 6. [00. 8362]

Laggai, Friedrich, approb. Arzt aus Ludwigsburg: Aus d. Tübinger Universitäts-Augenklinik. Über die Beziehungen der spontanen Netzhautablösung zu Geschlecht, Lebensalter und Refraktion nach dem Materiale der Klinik. *Tübingen 1900: H. Laupp jr.* (17 S.) 8°
Tübingen, Med. Diss. v. 1900

Laghi [Schlagwort]

Laghi, Cap, s.: Adriatisches Meer.

Lagiewski, Theodosius von, appr. Arzt: Ueber die chronische ankylosierende Entzündung der Wirbelsäule (Spondylosis rhizomelica). Leipzig 1905: B. Georgi. (42 S.) 8°
Leipzig, Med. Abt., Ref. Curschmann, Diss. v. 31. Juli 1905
[Geb. 18. Sept. 78 Janowitz, Bez. Bromberg; Wohnort: Naumburg a. S.; Staatsangeh.: Preußen; Vorbildung: Gymn. Dramburg Reife M. 99; Studium: Berlin 1, Breslau 1, Berlin K. Wilh. Akad. 7 S.; Coll. 10. Aug. 05; Approb. 6. Juni 05.]

Das Land der blauen Rosen. Mären u. Märchen von J. v. Lagin. Berlin: H. Walther 1907. (138 S.) 8° [F.] [07. 17698]

Lagler, Heinrich

Lagler, H., Die Erziehung der deutschen Arbeiterfrau. 8°. Elberfeld 1894.

Lagler, Heinrich: Festschrift zur Feier des 25jährigen Jubiläums der evangelischen Knaben- und Mädchenschule in Czernowitz. Czernowitz: Selbstverl. d. Anstalt 1878.

Lagler, Heinrich (Red.), s. Gemeinwohl.

Lagler, Heinrich: Die Kaiserreise in die Bukowina. Czernowitz: Eckhardt 1880.

Lagler, H[einrich]: Die Volksschule in Kotzman. (1780–1880). Kotzman: Verl. d. Ortsschulrates 1880.

Lagler, H., Die Wohlfahrtspflege im Deutschen Reich. 8°. München s. a. (ca. 1895).

Lagler, Henriette, Kochbuch f. die böhmische u. deutsche Küche. Nützliches Handbuch bei Zubereitg. der Speisen f. junge angeh. Hausfrauen. 2. verb. Aufl. Mit Berücksicht. d. neuen Maßes u. Gewichtes. 8. (XXVI, 301 S.) Leipzig 875. Halle, Gesenius. n. 2. —; geb. n. 3. —

Lagler, Henriette, Kochbuch für die böhmische und deutsche Küche. Nützliches Handbuch bei Zubereitung der Speisen für junge angehende Hausfrauen. 3. verb. Aufl. 8. (XXVIII, 292 S.) (Halle 884, Gesenius.) Aussig, Grohmann. *
geb. *

Lagler, Henriette, Kochbuch f. die böhmische u. deutsche Küche. 3., verb. Aufl. 8. (XXVIII, 292 S.) Teplitz 884. (Außig, Grohmann.) n. 2. —

Lagler, Henriette, Kochbuch f. die böhmische u. deutsche Küche. Nützliches Handbuch bei Zubereitg. der Speisen für junge angeh. Hausfrauen. 4. verb. Aufl. 8. (XXVIII, 292 S. m. Bildnis.) Aussig (899). A. Grohmann. n. 2. —; geb. n. 3. —

Lagler, Henriette, die böhmische Köchin. Kochbuch für die feinere und bürgerliche Küche. Ein Rathgeber bei Zubereitung der Speisen. Nützliches Handbuch für junge angehende Hausfrauen. 8. (XXIII, 276 S.) Leipzig 868, Knobloch.

Laegler, Carl (ed). Festschr z goldenen Jub d Gnia Männerchor v Balt, 1906. Baltimore, 1906.

Lagneau, L. V., die Kunst, alle Arten Lustseuche zu erkennen, zu heilen u. sich dafür zu sichern. gr. 8. Gotha ... 4e Aufl. 815. Hennings. 1 ₰ 12 Gr

Lagner, Dr. Leopold, Allgemeine Elektrotherapie. Mit Abbildg. Gr.-8. (124 S.) 2.—
Wien: Urban & Schwarzenberg 1898.

Laegner, C. L., Diss. inaug. med.-chirurg. de haemorrhagiis gravidarum et puerperarum. 4. Helmst. 808. Fleckeisen. 3 Gr

Lagny, Germain de, die Knute und die Russen. Sitten und Organisation Rußlands. Aus dem Französ. übers. 32. (245 S.) Stuttgart 854, Scheible.

Lago [Sachl. OW]

Lago di Como. — Lago Maggiore. — Lago di Lugano. 60 Photogrammes. qu. gr. 4. (32 S.) Zürich (901). Th. Schröter. Geb. n. 3. 20

Lago di Como. (32 S. Abbildgn.) qu. 8. Zürich (906). (Leipzig, C. Güttich.) 1. 60

— di Lugano. (32 S. Abbildgn.) qu. 8. Ebd. (906). 1. 60

— di Lugano, Lago di Como, e Lago Maggiore. (36 S. Abbildgn.) qu. 8. Ebd. (906). 1. 60

Lago Maggiore. 61 Bl photographische Ansichten vom Lago Maggiore und Umgegend. qu fol Stresa
»

— Maggiore. (32 S. Abbildgn.) qu. 8. Ebd. (906). 1. 60

Lago Maggiore. Der L' M' und die benachbarten Täler. Nord-Italien — Simplonbahn — Gotthardbahn. Illustrierter Führer (*Umschlag:* Ill' F' des L' M'). Hrg. unter Leitung von Prof. A[ugusto] D[omenech]. Mit Zahlreichen Abbildungen in zinkätzung [auf 16 Tafeln] und einer geographischen Karte als Anhang. Deutsche Ausg. von Prof. A Wihlfahrt. IV + 140 S. 8. Leipzig, F. A. Brockhaus, 1910. (M. 2. 50)

Lago [Schlagwort]

Lago grande u. Lago piccolo, Hafen, s.: Adriatisches Meer.

Lago Maggiore, s. a. Langensee.

Lago [Verfasser]

Lago, A., Valerie. Lustspiel, s. **Bibliothek, dramat., des Auslandes.**

LAGODZINSKI, KASIMIR. Beiträge zur Kenntniss des Dimethylalphanaphtylamins. (Basel) Karlsruhe, 1892.

Lagomarsini, Hier., Orationes. Aug. Vind. 740. 4. 1 rthl. 4 gr.

Lagorio, Alex., microscopische Analyse ostbaltischer Gebirgsarten. gr. 8. (IV, 155 S. mit 5 lithogr. und color. Taf.) Dorpat 876. (Leipzig, K. F. Köhler.) *
Aus: Archiv für die Naturkunde Liv-, Ehst- und Kurlands, besonders abgedruckt.

Lagosiade; e. kom. Heldengед. in Prosa, v. Fr. Wilh. Zacharia. 8. Lpz. Dyk. 756.

Lagosta [Schlagwort]

Lagosta, s.: Adriatisches Meer.

LAGOUDAKIS, Constantin P. (Smyrna): De febri intermittente. (Titel nach der Urkunde)
5.4.1862 – Urk; F 70
Diss. Ingolst.-Landsh.-Mchn

Lagow und seine Umgebungen. Führer f. Sommergäste u. Reisende. Bearb. v. Lehrerverein Lagow u. Umgegend. Mit 1 Karte. *Schwiebus: C. Wagner [1903].* (43 S.) 8° [F.] [09. 1333]

La Grande, Natalie [Pseud.], s. Schöpfer, Irene Friederike

(L(agrange) Roßmann, Fischbach und Gründeler, oder wer von ihnen hat Recht? 1797.

La Grange, Ornamenten-Album in Original-Zeichnungen für Decorations- und Flachmaler, Stukatur-Arbeiter, Steinhauer etc., überhaupt für alle techn. Gewerbe. 12 Lfgn. gr. Fol. (73 Stnt., theilweis in Buntdr.) Zürich 870, (Kraut und Bosshart.) à Lfg. * ℳ 2. *

Lagrange, C., Tante Veronika, s.: Dasbach's, Frdr., Novellenkranz. 13. Bdchn.

Lagrange, C., Tante Veronika, s. Novellenkranz.

LAGRANGE, EDMONDE JEAN BAPTISTE BOUILLON.
Handbuch der Chemie übersetzt von D. Jäger. Leipzig, 1801–03.

– Dass., s.a. Lagrange-Bouillon, C. J. B.

Lagrange, Abbé [illegible] Geschichte der heiligen Paula, nebst einem Antwortschreiben des [illegible] Bischofes von Orleans Monsignor Dupanloup und ein[illegible]schreiben Sr. Heiligkeit Papst Pius IX. an den Verfasser [illegible] gr. 8. (572 S.) Brixen, theol. Verl.-Anstalt. 2 fl. 30 kr.

Lagrange, F., Geschichte der heiligen Paula, nebst einem Antwortschreiben des Bischofs von Orleans, Monsignor Dupanloup und einem Belobungsschreiben Papst Pius IX. an den Verf. Autorisirte Uebersetzung. gr. 8. (572 S.) Brixen 869, Weger's Buchh. *

Lagrange, F., Geschichte der heil. Paula, nebst einem Antwortschreiben des Bischofs Dupanloup und einem Belobungsschreiben Sr. Heil. Papst Pius IX. an den Verf. Autoris. Uebersetzung. 2. (Titel-)Ausg. gr. 8. (572 S.) Brixen 880, Theolog. Verlags-Anstalt. *

— Geschichte des heiligen Paulinus v. Nola. Autoris. Uebersetzung. gr. 8. (XIX, 536 S.) Mainz 882. Kirchheim. n. 4. 80

Lagrange, Joseph Louis

Lagrange, Rodrigues, Jacobi u. Gauss, Abhandlungen üb. die Prinzipien der Mechanik, s.: Ostwald's, Wilh., Klassiker der exakten Wissenschaften.

Lagrange, Joseph Louis: Abhandlungen über die Variationsrechnung, s. Ostwald's, W, Klassiker der exakten Wissenschaften.

— u. Augustin-Louis Cauchy, zwei Abhandlungen zur Theorie d. partiell. Differentialgleichgn. 1. Ordnung, s.a. Ostwald's, W., Klassiker der exakten Wissenschaften.

Zwei Abhandlungen zur Theorie der partiellen Differentialgleichungen erster Ordnung. Von [Joseph Louis] **Lagrange** (1772) u. [Augustin Louis] Cauchy (1819). Aus d. Franz. übers. u. hrsg. von Dr. Gerhard Kowalewski. *Leipzig: W. Engelmann 1900.* (54 S.) 8°
= **Klassiker**, Ostwald's, d. exakten Wissenschaften. No 113. (00. 9.13) 2

Lagrange's [Jos. Louis], mathematische Elementarvorlesungen. Deutsche Separatausg. von H. Niedermüller. gr. 8. (IV, 116 S.) Leipzig 880, Teubner. *

Lagrange, Joseph Louis: Über Kartenprojektion, s. Ostwald's, W, Klassiker der exakten Wissenschaften.

Lagrange, Joseph Louis de: Ueber die Construction geographischer Karten. (Sur la construction des cartes géographiques.) 1 2 1894. In Kartenprojection, Ueber. (Klassiker, Ostwald's, d. exakten Wissenschaften. No 55.)

Lagrange, Jos. Louis, üb. die Lösung der unbestimmten Probleme zweiten Grades, s.a. Ostwald's, Wilh., Klassiker der exakten Wissenschaften, Nr. 146.

Über die Lösung der unbestimmten Probleme 2. Grades [Sur la solution des problèmes indéterminés du second degré] von Joseph Louis **Lagrange** (1768). Aus d. Franz. übers. u. hrsg. von Eugen Netto in Gießen. Leipzig: W. Engelmann 1904. (131 S.) 8°
— **Klassiker**, Ostwald's, d. exakten Wissenschaften. No 146. (04. 1.4) 11

— analyt. Mechanik; aus d. Französ. mit Anmerkk. v. F. W. A. Murhard. 4. Gött. 797. Vandenhöck u. R. 2 Thlr. 6 Gr.

Lagrange, J. L., analytische Mechanik. Deutsch hrsg. v. H. Servus. gr. 8. (XXXI, 640 S.) Berlin 887. Springer. n. 16. —

— de la resolution des équations numeriques de tous les degrés. 4. Paris 799. (Kochly in Berl.) 1 Thlr.

Lagrange, J. L., Theorie der analytischen Functionen, in welcher die Grundsätze der Differenzrechn. vorgetragen werden etc. Aus d. Franz. v. J. P. Grüson. 2 Thle. gr. 8. Berlin 798. (Leipzig, Fr. Fleischer.) (1r Thl. 2/3 Thlr. 2r Thl. 5/6 Thlr.) 1 1/2 Thlr.

Lagrange, J. L., Theorie d. analyt. Functionen, in welcher d. Grundsätze d. Differentialrechnung vorgetragen werden etc. A. d. Französ. v. Grüson. 2 Thle. gr. 8. Berl. 798. (Köchly in Leipz.) 1 Thlr. 12 Gr.

Lagrange s.: Vorreden u. Einleitungen zu klassischen Werken der Mechanik.

Lagrange's, (J. L.,) mathemat. Werke, deutsch herausg. von A. L. Crelle. 1r 2r Band Theorie der analyt. Functionen. Mit Kpfrn. gr. 8. Berlin 823, Reimer.

— dess. 3r Bd. — A. u. d. T.: Ueber d. Auflösung der numerischen Gleichungen von beliebigen Graden. Nebst Bemerk. üb. verschied., die Theorie der algebraischen Gleichungen betreff. Gegenstände. Neue, vom Verfass. durchges. u. verm. Aufl. Ins Deutsche übers. u. mit Anmerkk. bearb. v. A. L. Crelle. gr. 8. Berlin 824, Reimer.

Lagrange, J. L., Zusätze zu L. Euler's Algebra, s. a. Euler.

Lagrange's, Jos. Louis, Zusätze zu Eulers Elementen d. Algebra. Unbestimmte Analysis, s. a. Ostwald's, W., Klassiker d. exakten Wissenschaften.

Joseph Louis **Lagrange's** Zusätze zu Eulers Elementen der Algebra. Unbestimmte Analysis. A. d. Franz. übs. v. A[rthur] J[oachim] v. Oettingen, hrsg. v. H[einr.] Weber in Strassburg. *Leipzig: W. Engelmann 1898* (170 S., 1 Bl.) 1 Bd 8.
= **Klassiker**, Ostwald's, d. exakt. Wissenschaften No 103. (98. 36) 11

Lagrange, L., vollständige Apothekerwissenschaft. 4 Bde. A. d. Französ. gr. 8. Leipz. 796. 97. Baumgärtner. 5 Thlr. Hbg. Pr. 2 Thlr. 12 Gr.

— Handbuch f. Pharmaceutiker; aus d. Französ. Mit 6 Kpf. gr. 8. Leipz. 802. Gr. Fleischer. 1 Thlr. 8 Gr.

Lagrange-Bouillon, E. J. B., Handbuch der Chemie etc. Aus d. Französ. übers. mit Anmerkk. v. Dn. Jäger. 2 Thle. mit Kpf. gr. 8. Leipz. 801—3. Grieshammer. 3 Thlr. 16 Gr.

– Dass., s.a. Lagrange, Edmonde Jean Baptiste Bouillon

— s. Kunst, feines engl. Steinporzellan etc. zu verfertigen.

Lagrave, Ctesse de

BEAURÉGARD, Sophie v. (Aus d. Französ.) 2 Thle. Hamburg, Verlagsgesellschaft, 1799. 8°. (1½ Rthl.)
Orig.: Sophie de Beaucegard, ou le véritable amour. 2 vols. Avec gravures. Paris VII (1799). 8°. (14 Sgr. Scheible, c. 1870.)
— — Dasselbe, titulo: Sophie v. Beauregard. Ein Ehestandsgemälde. 2 Thle. Breslau, Schall, 1802. 8°. (1 Rthl.)
Beide Titel bei Kayser.

Lagrèze, Gustav W[ilhelm], Referendar in Straßburg i. Els.: Über die Anweisung des B.G.B. Straßburg 1906: Straßburger Dr. u. Verlagsanstalt. (42 S.) 8°
Jena, Jur. Fak., Ref. Danz, Diss. v. 2. Juli 1906
[Geb. 25. Juli 81 Diedenhofen; Wohnort: Straßburg i. E.; Staatsangeh.: Elsaß-Lothringen; Vorbildung: Lyzeum Straßburg i. E. Reife M. 99; Studium: Straßburg 7 S.; Rig. 29. Mai 06.]

Lagrèze, Ludwig, appr. Arzt a. Markirch: Über habituellen Ikterus gravis Neugeborener. Straßburg i. E. 1904: C. Müh & Cie. (51 S.) 8°
Straßburg, Med. Fak., Ref. Fehling, Diss. v. 18. Sept. 1904
[Geb. 15. Aug. 79 Markirch, Ob.-Els.; Wohnort: Straßburg; Staatsangeh.: Elsaß-Lothringen; Vorbildung: Lyz. Straßburg Reife O. 99; Studium: Straßburg 4, Halle 1, Straßburg 4 S.; Coll. 29. Juli 04; Approb. 19. Juli 04.]

Lagrèze, Wilh. Einiges über die Ausdehnung der Piraterie im Altertume. 15 S. **Progr.** *Diedenhofen* 1883.

Lagro, J., d. Weg durch d. Küche od. Drei v. d. Artillerie, s.: Theater-Album, militär.

Laguemack, Joseph Fr.: „Allgemeines gesellschaftliches Recht, nebst der Politik", Berlin 1745.

Laguerinière, s. *Guerinière.*

La Guérinière, [Franç. Robichon] de: Die Reitkunst oder gründliche Anweisung zur Kenntnis der Pferde, deren Erziehung, Unterhaltung und Abrichtung, nach ihrem verschiedenen Gebrauch und Bestimmung. Aus d. Franz. der École de Cavalerie übers. von J. Daniel Knöll. Mit Kupfern. Marburg 1791. XX, 357 S., 17 Taf.

la Guérronnière, de, s. Guérronnière, de la.

La Guérronnière, Vicomte Alfr. de

—— Frankreich, Rom und Italien, s. Sammlung von Schriften über die römische Frage.

La Guéronnière, A. de, Frankreich, Rom und Italien. Deutsche Ausgabe der Schrift: La France, Rome et l'Italie. Berlin 861. J. Abelsdorff. 8. (40 S.) n. 5 ngr.

—— Frankreich, Rom und Italien. Deutsch von L. v. Alvensleben. gr. 8. (40 S.) Dessau 861, Neubürger. *

— der Kaiser Napoleon III. und Italien. Nach dem Franzôs. 1—3. Aufl. Berlin 859. Reichardt & Co. gr. 8. (46 S.) 5 ngr.

— der Papst und der Congreß, s. Papst, der.

Der Papst und der Congress. (Vom Staatsrath Vicomte de Laguerronière unter direkter Eingebung des Kaisers Napoleon III.) Aus dem Französischen. Leipzig. 1860. 8°.

la Guérronnière, Alfr. de, England's Staatsmänner des 19. Jahrhunderts. Sir Robert Peel, Lord Aberdeen, Benjamin D'Israeli, Lord Palmerston, Sir James Graham, Lord John Russell, William Gladstone. Mit einem Seitenblick auf Rußland und seine Politik. Nach dem Französ. von F. v. Biedenfeld. gr. 8. (XIII und 305 S.) Weimar 855, Voigt.

Laguna, s. Martyni.

Lagus, Gust. (Ratibor), Ueber die Broncekrankheit. Diss. Berlin (G. Lange) 5. I. 1876. 30 S. mit Biogr. (3.—) 20308

Lagus, Hugo, a. Björneborg, Finland: Über den Holzexport und die Wälder Finlands, mit 25 Tab. u. 1 Diagr. Heidelberg 1908: J. Hörning. (120 S.) 8°
Heidelberg, Phil. Fak., Ref. Gothein, Diss. v. 10. April 1908
[Geb. 3. Jan. 71 Helsingfors; Wohnort: Björneborg; Staatsangeh.: Finnland; Vorbildung: Gymn. Helsingfors Reife O. 90; Studium: Helsingfors 18, Heidelberg 2 S.; Rig. 20. Febr. 08.]

Lagus, Car. Guil. Theod. (geb. Berlin 20. 5. 1816): Pathologia morborum chronicorum laryngis. Berolini (1840). (32 S.) 8°
Berlin, Med. Diss. v. 13. Jan. 1840

Lagusius, s. Hasenöhrl.

Lagusius, Nikol. v., Gedichte der Großeltern. Ihren der Kindheit entwachsenen Enkeln und Enkelinen gewidmet. Mit begleitenden Worten von Adalb. Stifter. 2. Aufl. 8. (VII und 64 S.) Leipzig 860, Schrag's Verlag. *

Lagutt, Jan [aus Warschau]: Beiträge zur Kenntnis des β-Phenylhydroxylamins. Zürich 1899. 3 Bl. 102 S. Mit Tab. 8°.
Zürich. Phil. Diss. II. S. 1898/99.

Lahann, Wilhelm: Ein Fall von primärem Medullar-Carcinom der Harnblase. *München 1897: Kastner & Lossen.* (23 S.) 8°
München, Med. Diss. v. 1897

de Lahardt, Karl, Abhandl. vom Hanfe. Mit Kpf. 8. Prag. 785. v. Schönfeld. 8 K

La Harpe, s. Harpe, de la.

de Laharpe, abrégé de l'histoire gén. des voyages etc. XXIII Vols. 8. Strassb. 780—86. Acad. B. 50 ℳ

Laharpe, abrégé de l'histoire générale des voyages, réduit aux traits les plus intéressans et le plus curieux, orné de 8 fig. 2 vol. 12. Paris, 820.

— — Nouv. édit. avec un Atlas in fol. Tom. 1 à 20, in 8. Paris. 820.

Laharpe, Discours sur l'état des lettres en Europe, s. Bibliothek gediegener und interessanter französischer Werke.

— du malheur de la guerre et des avantages de la paix. 8. Leipz. 767. Hilscher. 3 K

— oeuvres. II Vols. gr. 8. Hamb. 777. Herold. 20 K

Laharpe: Théatre. 2 vol. in 18. édit. stéréot. (Leipzig: Barth) (Pap. fin. 1 Thlr. Pap. vél. 2 Thlr. form. in 12° 2 Thlr. 16 Gr.)

La Harpe, Charles de

La Harpe, C. de. De l'enseignement des langues vivantes. Berlin, Handelssch., 1853. Progr.

De la Harpe, C. Étude sur les œuvres philosophiques de Frédéric le Grand. Berlin, Franz. G., 1848. 25 S. 4. Progr.

— Étude sur les œuvres poétiques de Frédéric le Grand. Berlin. Fr. Wilh.-G., 1852. 41 S. 4. Progr.

La Harpe, Ch[arles] de. Zinal et ses environs ‹Val d'Anniviers, Valais› Avec 11 illustrations [et 1 planche]. E. 8. Genève et Bâle 1899.

De la Harpe, Ch. Zinal et ses environs (Val d'Anniviers, Valais). In-8°. 46 p. av. 11 illustr. Bâle et Genève, Georg & Co. 1 25
, Extrait de l'Echo des Alpes. 1899.

La Harpe, Eugène de

La Harpe, Eugène *H* de [né en 1861] *s.* Busset, Emile, et La Harpe, Eugène *H* de — Kaufmann, John, und La Harpe, Eugène *H* de.

La Harpe, Eugène de, Docteur en médecine [von Rolle, Kt. Waadt] Contribution à l'étude de la thermométrie puerpérale. Des écarts fébriles passagers chez la femme en couches. Lausanne L. Vincent Impr 1876. 3 Bl., 57 S., 1 Bl., 3 Tab. 8°
Zürich, Med. Diss [v. 22. Juli 1876].

La Harpe, Eugène de, Genfer-See u. Chamounix, s.: Kaufmann, John.

— la Suisse balnéaire et climatérique, ses eaux minérales, bains, stations climatériques d'été et d'hiver, établissements hydrothérapiques etc. 1. et 2. éd. 8. (VIII, 400 S. m. Abbildgn. u. 1 Karte.) Zürich 891. 892. C. Schmidt. Geb. n. 5. —

Harpe, E. de la. La Suisse balnéaire et climatique, ses eaux minérales, bains, stations climat. etc. 2ᵉ éd. In-8°. 420 S. m. Abb. u. 1 Karte. Zürich, Cäsar Schmidt. 1898. Geb. in Lwd. 6 --

La Harpe, Eugène de. La Suisse balnéaire et climatique (*Umschlag:* climatérique). Ses eaux minérales, bains, stations climatiques d'été et d'hiver, établissements hydrothérapiques, etc. etc. Par le Dr. Eugène de la Harpe.... 2e éd., revue et augmentée [Avec 1 carte, 2 panoramas et 25 planches.] VIII + 420 p. 8. Zurich, César Schmidt, 1902. [relié fr. 3. 75]
(Guides Schmidt.)

La Harpe, E[ugène] de. Über die u[n]mittelbare Wirkung der kohlensauren Bäder auf den Blutdruck. (Vortrag, gehalten an der 3. Jahresversammlung der Schweiz. Balneolog. Gesellschaft am 11/12. Oktober 1902 in Montreux.) Separatabdruck aus Heft 1 der «Annalen der Schweiz. Balneologischen Gesellschaft». 4 S. 8. (Aarau, H R. Sauerländer & Co., [1905].)

La Harpe, Frédér[ic-] Cés[ar] de. Beitrag zur Lebensgeschichte des Nicolaus Friedrich v(on) Mülinen (1760–1833), Schultheissen der Stadt und Republik Bern, [verfasst von Johann Ludwig Wurstemberger und] enthalten in dem 9ten Bande des schweizerischen Geschichtsforschers, durch Friedr Cäs. de la H. 8 Bern 1837

Laharpe, Friedr. Cäs. de, Beitrag z. Lebensgesch. d. Nic. Friedr. v. Mülinen, Schultheißen d. Stadt u. Republik Bern. A. d. Franz. übers. 8. (3½ B.) Bern 838, Fischer.

La Harpe, Frédéric-César de. Mémoires *s* Vogel, [Johann] Jacob. Mémoires.... Paris.. 1864 - Schweizergeschichtliche Studien.... Bern 1864.

La Harpe. Frédéric-César [de]. Rechtfertigungsschrift des Bürgers César Friedrich Laharpe . Nebst einigen Erklärungs-Noten. 8 Basel 1800.

Laharpe, J. F., de fanatisme dans la langue révolutionnaire, etc. 8 Paris u. Cöln, Thurneysen u. Sohn. 16 gr.

— Le même. 8. Strassb., Levrault. 12 gr.

— vom Fanatismus in d. Revolutionssprache, oder von d. Verfolgung d. christl. Religion u. ihrer Diener durch die Barbaren d. 18. Jahrh. Aus d. Französ. 8. Wien 797. Degen. 16 gr.

— s. Grammaire nouv. raisonnée.

Laharpe, J. F., Lycée ou cours de Littérature ancienne et moderne. Edition classique et complète. Vol. 1 à 10. gr. in 8. Paris, 817 – 820.

— philosophie du 18. siecle. III Vols. 12. Braunschw. 805. Plüchart. 3 rthl.

Laharpe, J.F., philosophie du 18me siècle. 3 Vols. 8. Braunschweig 805. jetzt Leibrock. 3 rthl.

— was heißt Schwärmerei in d. Spr. d. Staatsumwälzung. A. d. Französ. 8. Dortm. 799. Mallinkrodt. (Schulz in Hamm). 18 gr.

La Harpe, Jean François de. Warwick; ein Trauerspiel in fünf Handlungen, a. d. Franz. München 1773. Ü: *Daun, Maximilian Joseph Graf von.* (Ky)

Laharpe. J[ean-Jacques] C[harles] De. Faune Suisse: Lépidoptères. 4ᵉ–6ᵉ Partie. (N Denkschr Schweizer. Ges. für Naturwiss. ....) 4 (Zürich 1853 -1864.)
4ᵈ Partie Phalénides [Avec] 3 Suppléments [et 2 planches]. (N Denkschr Band 13, 14 *u.* 20 Z 1853. 1855 *u* 1864.)
5ᵉ Partie Pyrales (N Denkschr Band 14. Z 1855.)
6ᵉ Partie Tortricides (N Denkschr .. Band 16. Z 1858.)
1re Partie r Meyer-Dür [Rudolf] Verzeichniss der Schmetterlinge der Schweiz . (Zürich 1852.) — *D'autres parties n'ont point paru.*

La Harpe, Jo. Jac. Carl (Waadt/Schweiz), De tubuli metallici immissione in cura obstructionis ductus nasalis. Diss. Göttingen (Fr. E. Huth) 1827. 74 S. u. 1 Tafel. (3.50) 20309

La Harpe, M. de, trois contes orientaux pour la jeunesse. 8. (94 S.) Leipzig 875. Wilfferodt. n. — 60

Laharpe, M., u. A. Caillot, die merkwürdigsten u. abenteuerlichsten Land- u. Seereisen zu allen Zeiten in allen Theilen d. Erde. Zur Belehr. u. Unterhalt. histor. dargest. A. d. Franz. d. 4. Aufl. v. Wilh. Hammer. 2 Bde. gr. 12. (41⅙ B. u. 2 Titlbild.) Stuttgart 835, [Scheible, Rieger u. Sattler.]

Laharpe, M., und A. Caillot, die merkwürdigsten u. abenteuerlichsten Land- und Seereisen zu allen Zeiten in allen Theilen der Erde. Zur Belehrung und Unterhaltung historisch dargestellt. Aus d. Franz. der 4n Aufl. von Wilh. Hammer. 2 Bde. Mit 2 Titelbilder. gr. 12. Stuttgart 835. Scheible; jetzt Gaul u. Tonger in Cöln. 2½ rthl.

La Harpe, Phil[ippe] De. Étude des Nummulites de la Suisse et Révision des espèces éocènes des genres Nummulites & Assilina. 3 Parties. Mém. Soc. Paléont Suisse .... 4. 1881–1883.
2me Partie. [[Avec 1 figure.] Mém. .... Vol. 8. (Basel und Genf, Paris 1881.)
3e et dernière Partie ‹posthume›. [Avec 5 planches.] Mém. .... Vol. 10. (Basel und Genf. Lyon) 1883.

La Harpe, Philippe de s. Gaudin, Charles-Théophile, et La Harpe, Philippe de — Renevier, Eugène, et La Harpe, Philippe de.

La Harpe, Roger de [prakt. Arzt aus Lausanne]: Beiträge zur Kasuistik und zur Technik der Bottinischen Operation. Leipzig 1901. 38 S. 8° (S.-A. aus Centralblatt für die Krankheiten der Harn- und Sexual-Organe, Bd. 12, 1901.)
Basel. Med. Diss. 1900/1901.

Auf klingenden Bahnen. Von Hilde La Harpe-Hagen. Wien & Leipzig: Braumüller 1908. XXI, 255 S. 8° A 12.100:8

La Harpe-Hagen, Hilde, Sonnengrüsse. Mit Geleitworten v. Ant. Aug. Naaff. (XII, 221 S. m. Bildnis.) 8. Stuttgart 906. Strecker & Schröder. n. 3. —; geb. n. 4. —

La Hault, Raoul de. Die geheimnisvolle Dame des «Bal Paré.» ‹Münchener Anekdote.› — [Fernerer] Inhalt: Italia — Die rote Fahne — Die Braut der ... Hyder — Von edlem Blut — Alles ist verloren, selbst die Ehre — Die Rache. [Novelletten.] 1. Aufl. .... 80 S. 8. (München-Schwabing, Georg Lindners Buchdr. — *Aufdruck:* Caesar Schmidt, Verlagsbuchh., Zürich —, [1904].) [fr. —. 80]

la Hausse, Joseph [app. Arzt aus Dachau]: Aus d. kgl. Univ.-Kinderklinik zu München. Zur Casuistik der Anämia splenica. . . . München, *Druck v. H. Weyrather*, 1890; 1 Bl. + 30 S. 8°
München, Med. Fak., Inaug.-Diss. v. 1890

la Hausse, Ludwig [app. Arzt aus Ochsenfurt]: Aus d. kgl. Univ.-Kinderklinik u. aus d. patholog. Institute zu München. Beiträge zur Casuistik der Hirngeschwülste. . . . München, *Druck v. H. Weyrather*, 1890; 1 Bl. + 32 S. 8°
München, Med. Fak., Inaug.-Diss. v. 1890

Lahaut, Gust., der praktische Führer in der Färberei für angehende Färber und zum Selbstunterricht. Eine Anweisung nicht nur alle Arten von Zeugen, sondern auch andere Gegenstände zu färben, nebst Belehrungen über die Farbstoffe, über die in der Färberei angewendeten chemischen Agentien, über die verschiedenen Färbungen etc. Nach dem Französ. bearb. Quedlinburg 862. Basse. 8. (XV, 150 S.) 20 ngr.

Lahautière, Rich.

— Ueber das gesellschaftliche Gesetz. 8°. Biel 1841.

Lahautière, Rich., kleiner Katechismus d. Sozialreform, s. a. Sammlung, gesellschaftswissensch. Aufsätze. 17.

— Kleiner Katechismus der Social-Reform. 8°. Biel 1841.

Lahautière. Rich., Kleiner Katechismus der Sozialreform. gr. 8°. München, M. Ernst, 1902. (Sammlung gesellschaftswissensch. Aufsätze, Heft 17.)

La Haye, J.: „Anleitung für Conscribirte und ihre Eltern; nach der westphälischen Gesetzgebung bearbeitet", Kassel 1811.

La Haye, J.: „Gegenwärtiger Zustand der Gesetzgebung über die Militair-Conscription im Königreich Westphalen", Kassel 1811.

v. Lahaye, J. A.: Ausführl. Repertorium ad codicem judiciarium Bavaricum, mit dessen gelehrt. Anmerk. *München*, Lentner. 761. Fol. (20 Gr.)

de Lahaye, J. A.: Repertorium ad Codicem Maximilianeum civilem, mit dessen gelehrten Anmerk. zum dienl. Gebrauche vorgestellet. *München*, Lentner. 760. Fol. (20 Gr.)

La Haye de Launay, de. Friedrich's II. Königs von Preussen ökonomisch-politisches Finanzsystem gerechtfertigt durch dessen Geheimen Oberfinanzrath de la Haye de Launay. Eine Widerlegung der falschen Behauptungen des Grafen Mirabeau in seiner Schrift: Ueber die preussische Monarchie. 8°. Berlin 1789.

De la Haye de Launay, Justification du systéme d'Economie politique et financière de Frédéric II. Roi de Prusse, etc. (112 S.) — Uebersetzt u. d. T.: Friedrich's des Zweiten, Königs von Preußen, ökonomisch-politisches Finanzsystem. Berl. 1789.

Lahde, G. L., Abbildungen Dänischer Nationaltrachten. 4. Kopenh. 807. Proft. (Brummer). 4 ℛ

— s. Dänemarks Städte u. Schlösser.

— Figuren nach Thorwaldsen, 12 Blätter in Umrissen. gr. 4. Kopenh., Gyldendal. 3 ℛ

Lahde, das tägliche Leben in Kopenhagen; oder: charakteristische Figuren nach der Natur. 1s—3s Heft. gr. 4. Kopenhagen, Gyldendal. schwarz à 1 Thlr.
colorirt à 2 Thlr.

— Pomona, oder Früchte nach der Natur. gr. 4. Kopenh., Gyldendal. schwarz 1 ℛ colorirt 2 ℛ

— Samml. von Bildnissen verdienstvoller Dänen. 2 Thle. 8. Kopenh. 798—800. Proft. (Brummer). 4 ℛ 16 ß

— Vorstellung u. Beschreibung des Brandes in Kopenhagen d. 5. 6. u. 7. Juni 1795. 4. Kopenh. 797. Proft. (Brummer). 2 ℛ 8 ß illum. 4 ℛ

— Zeichenbuch für die Jugend. 1s Hft. mit Kpft. 4. Kopenh. 800. Proft. (Brummer). 1 ℛ 16 ß illum. 1 ℛ 20 ß

Lahire, s. de la *Hire*.

Lahire, de, Abhandlung üb. alle Arten d. prakt. Malerei etc., s. Hire, de la.

Jean de **La Hire**. Die Hölle des Soldaten. Dunkle Bilder aus e. franz. Lazarett. Berlin-Gr.-Lichterfelde: P. Langenscheidt [1904]. (250 S.) 8° (Dr. P. Langenscheidt's Bibliothek d. Zeit. 1.) [07. 19011

J[ean] de **La Hire**. Die Königsdirne. Autor. Übers. Ill. von P. Chatelaine. Berlin-Gr.Lichterfelde: P. Langenscheidt [1904]. (190 S.) 8°
— **Mignon**, Bibliothek. [Jg.] 1, [Bd] 1. [07. 19047

LA HIRE, [Graf] Jean de. Der Abbé Pompadour (Abbé von Aigre). Nach den unveröffentlichten Aufzeichnungen des Grafen de la Hire 1715—1790 herausgegeben. Privatdruck. Berlin, W. Borngräber, 1911. 8°. Ganzlederband.
Nur in 500 numerierten Exempl. hergestellt, auf altdeutschem Handbütten abgezogen.

HIRE, J. de la (ps.), Irmas Regiment. Ein Bordellroman. (c. 1907.) (Mk. 3—.)

— -- Die sieben Reize der Marquise. (c. 1907.) (Mk 3—)
Beides confiscirt — Willy Schindler, Pressburg, 1910, ohne Angabe von Ort u. Jahr

Jean de **La Hire**. Die Torera [La Torera]. Span. Roman. Autor. Übers. von Max Schoenau. Ill. von O. Guillonnet &c. Berlin-Gr.Lichterfelde: P. Langenscheidt [1904]. (192 S.) 8°
— **Sans-Gêne**, Bibliothek. [Jg] 1, [Bd] 1 (07. 12140

Lahire, P., das non plus ultra der Tanzkunst. Eine gründliche Anweisung, nach welcher Jeder in sehr kurzer Zeit ohne Tanzlehrer der geschickteste Tänzer werden kann. 12. Nordhausen 841, Fürst. 5/12 ℛ — 2. Aufl. gr. 16. Ebend. 842. 5/12 ℛ

Philippe de La Hire

[Tabulae astronomicae. Deutsch:] Astronomische Tabellen des [Philippe] de La Hire. Mit e. neuen ausführlichen und deutlichen Beschreibung, vor alle Rechnungen; absonderlich aber, wie die Mond-u. Sonnen-Finsternisse...berechnet...werden. ... in teutscher Sprache hrsg. von Johann Albrecht Klimm. Nürnberg: Weigel 1725. 43,243 S. 8°

Lahm, G., Zusammenstellung der in Westfalen beobachteten Flechten unter Berücksicht. der Rheinprovinz. gr. 8. (IV, 163 S.) Münster 885. Coppenrath. n. 2. —

Lahm, J. G., die Armuth im Geiste, nach ihrer Bedeutung für das Leben des Einzelnen u. der Gesellschaft dargestellt. gr. 8. (3⅝ B.) Münster 845, Theissing.
Aus: Sonntags-Blatt f. kathol. Christen besond. abgedruckt.

Lahm, Karl [app. Arzt aus Edenkoben '(Pfalz)']: Zur Entstehung des Kindbettfiebers ... Würzburg, A. Boegler'sche Buchdr., 1892; 28 S. 8.
Würzburg, Med. Fak., Inaug.-Diss. v. 1892

Lahm, Carl, Paris tanzt, s.: Eckstein's Miniaturbibliothek. 85.

Lahm, Wilhelm: Flora der Umgebung von Laubach (Oberhessen), enthaltend: Die Gefässpflanzen nebst Pflanzengeographischen Betrachtungen .... Grünberg, Buchdr. v. Heinrich Robert, 1887; XXXII + 107 S. u. 1 Taf. 8°.
Giessen, Phil. Fak., Inaug.-Diss. v. 1887.

Lahm, Wilh, Flora der Umgebung von Laubach [Oberhessen], enth.: Die Gefässpflanzen, nebst pflanzengeograph. Betrachtungen. 8. (XXXII, 106 S. mit 1 Karte.) Giessen 887, Ricker'sche Buchh. *

Lahm Wilh. Morphologisches und Physiologisches aus dem Reiche der Pflanzen. 32 S. u. Taf. **Progr.** *Laubach* 1882

Lahm *Wilhelm* Der naturgeschichtliche Unterricht 4 (S. 3—14). **Progr.** Grofsherz. G. Fridericianum *Laubach* 1892 (627)

Lähm up! Wat de Trängsoldate Mattiges Pappstoffel, dei met synem Pasteoer im Franßeosenlanne wiäsen is anplatz Köster, vam grauten Kryge to vertellen weit. Erlebnisse im Feldzuge 1870—1871 im Paderborner Dialekt mitgetheilt von einem Sohne der rothen Erde. [Neue Folge d. „Niu lustert mol!"] 8. (158 S.) Celle 877. Literar. Anstalt. 1. 20

Lahmann, Heinr., die diätetische Blutentmischung [Dysämie] als Grundursache aller Krankheiten. Ein Beitrag zur Lehre v. der Krankheitsdisposition u. Krankheitsverhütg. Ein Buch sowohl f. jene, welche gesund machen, als auch f. solche, die gesund bleiben od. werden wollen. gr. 8. (V, 165 S.) Leipzig 892. O. Spamer. n. 1. 50; kart. n. 1. 80

— dasselbe. 2. Aufl. 4.—6. Taus. gr. 8. (193 S.) Ebd. 893. n. 1. 50; kart. n. 1. 80

— dasselbe. 3. u. 4. Aufl. 7.—12. Taus. gr. 8. (189 S.) Ebd. 894. n. 1. 50; kart. n. 1. 80

Lahmann, Heinr., d. diätetische Blutentmischung (Dysämie) als Grundursache aller Krankheiten. Ein Beitrag zur Lehre v. d. Krankheitsdisposition u. Krankheitsverhütg. E. Buch sowohl f. jene, welche gesund machen, als auch f. solche, die gesund bleiben od. werden wollen. 6. Aufl. 16.—18. Taus. gr. 8. (197 S. m. 1 Taf.) Leipzig 896. O. Spamer. n. 1. 50; kart. n.n. 1. 80

— dasselbe. 8. Aufl. 22.—24. Taus. gr. 8. (207 S. m. Abb.) Ebd. 897. n.n. 1. 70; kart. n.n. 2. —

Lahmann, Heinr., die diätetische Blutentmischung (Dysämie) als Grundursache aller Krankheiten. Ein Beitrag zur Lehre v. der Krankheitsanlage u. Krankheitsverhütg. Ein Buch sowohl f. jene, welche gesund machen, als auch f. solche, die gesund bleiben oder werden wollen. 11. verm. Aufl. 31.—33. Taus. gr. 8. (217 S. m. Abbildgn.) Leipzig 901. O. Spamer. n.n. 1. 70; kart. n.n. 2. —

Lahmann, Heinr., die diätetische Blutentmischung (Dysämie) als Grundursache der Krankheiten. Ein Beitrag zur Lehre v. der Krankheitsanlage u. Krankheitsverhütg. Ein Buch sowohl f. jene, welche gesund machen, als auch f. solche, die gesund bleiben od. werden wollen. 15. verm. Aufl. 43.—45. Taus. (245 S. m. Abb.) 8. Leipzig 905. O. Spamer. Kart. n.n. 2. 50
13. Aufl. (215 S.) 903. n. 1. 70; kart. n. 2. —.
14. Aufl. (219 S.) 904. Kart. n.n. 2. —.

Lahmann, Heinr., die diätetische Blutentmischung (Dysämie) als Grundursache der Krankheiten. Ein Beitrag zur Lehre v. der Krankheitsanlage u. Krankheitsverhütg. Ein Buch sowohl f. jene, welche gesund machen, als auch für solche, die gesund bleiben od. werden wollen. 17. u. 18. Aufl. 49. —54. Taus. (249 S. m. Abbild. u. Bildnis.) 8. Leipzig 907—10. O. Spamer. Geb. nn 2. 50

— der krankmachende Einfluss atmosphärischer Luftdruckschwankungen (barometrischer Minima). Ein Beitrag zur Lehre von den Ursachen der Frühjahrs- u. Herbsterkrankgn., insonderheit der Influenza. gr. 8. (40 S. m. Kurven.) Ebd. 899. n. — 75

— der krankmachende Einfluss atmosphärischer Luftdruckschwankungen (barometrischer Minima), zugleich e. Beitrag zur Lehre v. den Ursachen der Frühjahrs- u. Herbsterkrankgn., insonderheit der Influenza. 3. Aufl. 11.—15. Taus. (41 S. m. Kurven.) 8. Stuttgart 903. A. Zimmer. n. — 75

— die naturgemässe Gesundheitspflege u. d. Naturheilkunde. (Flugschriften des deutschen Vegetarier-Bundes.) 6.—15. Taus. 16. (16 S.) Leipzig 900. K. Lentze. n. — 10

— die naturgemässe Gesundheitspflege u. die Naturheilkunde. 16.—20. Taus. (16 S.) 16. Leipzig 904. K. Lentze. — 10

— die wichtigsten Kapitel der natürlichen (physikalisch-diätetischen) Heilweise. 2. Aufl. der „Physiatr. Blätter". gr. 8. (VIII, 232 S. m. Abbildgn.) Stuttgart 894. A. Zimmer. n. 2. 50; geb. in Leinw. n. 3. —

— die wichtigsten Kapitel d. natürl. (physikalisch-diätetischen) Heilweise. 3. Aufl. d. „Physiatr. Blätter". gr. 8. (VIII, 229 S.) Stuttgart 897. A. Zimmer. n. 2. 50; geb. in Leinw. n. 3. —

— die wichtigsten Kapitel der natürlichen (physikalisch-diätetischen) Heilweise. 4. Aufl. der „Physiatr. Blätter". gr. 8. (VIII, 286 S. m. Abbildgn.) Stuttgart 901. A. Zimmer. n. 2. 50; geb. in Leinw. n. 3. —

—— Koch u. die Kochianer. Eine Kritik der Koch'schen Entdeckg. u. der Koch'schen Richtg. in der Heilkunde. gr. 8. (96 S.) Stuttg. 891, Zimmer's Verlag. * * — 75

Lahmann, Heinr., die Kohlensäurestauung in unserem Körper (Carbonacidaemie u. Carbonacidose), die wichtigste allgemeine Krankheitsursache. Ein Beitrag z. Verständnis d. Wesens innerer Krankheiten, zugleich e. Kritik der Haig'schen Harnsäuretheorie (Collaemie). 51. bis 55. Taus. (45 S. m. 3 Abb.) gr. 8. Stuttgart 905. A. Zimmer. n. — 75

— können nicht die meisten blutigen gynäkologischen Operationen durch e. ursächliche Therapie vermieden werden? [Aus: „Der Frauenarzt".] gr. 8. (15 S.) Neuwied 893. Heuser's Verl. — 50

— das Luftbad als Heil- u. Abhärtungsmittel. gr. 8. (30 S. m. 3 Abb.) Ebd. 898. n. — 75

— das Luftbad als Heil- u. Abhärtungsmittel. 3. Aufl. (36 S. m. 5 Abbildgn.) 8. Ebd. 904. n. — 75

— die Reform der Kleidung. 3., verm. Aufl. 8. (III, 140 S. m. 51 Abb. u. 1 Titelbild.) Ebd. 898. n. 1. 80; geb. in Leinw. n. 2. —

Die Reform der Kleidung von Dr. med. Heinrich Lahmann. 4. verm. Aufl. Mit 30 Textbild. u. 15 Taf. *Stuttgart: A. Zimmer 1903* (132 S.) 8° [F.] [illegible]

Dr. med. H[einr.] Lahmann. Zasady naturalnego leczenia. Zeszyt 1. Tłumaczył S. S. Będzikiewicz ... *Kraków: Nakl. wydawnictwa arcydziel hygienicznych* (aufgest.: *Berlin: Przewodnik zdrowia*) *1896.* [... Grundsätze d. Naturheilmethode ... Übs. v. S. S. B. ...] 8. (Wydawnictwo arcydzieł hygienicznych.) [illegible]

Lahmann, Hunold, Korpulenz, e. ernste Gefahr f. Gesundheit u. Leben. Neue Mittel u. Wege zur Beseitigg. v. Fettansatz u. zur Herabminderg. des Körpergewichts. (III, 118 S.) 8. Leipzig (907). Modern-medizin. Verlag. 2. —

Lahmann's, Hunold, neues System zur Stählung u. Abhärtung des Körpers sowie zur Erlangung harmonisch entwickelter Körperformen. Mit 60 Illustr. nach Orig.-Aufnahmen nebst e. Uebungstabelle m. Angabe der Zeitdauer der Uebungen, sowie e. Anh.: Die Anwendg. u. Wirkg. der Autogymnastik durch den Autogymnast. 2. Aufl. (VII, 104 S.) gr. 8. Leipzig (906). Modern-medizin. Verlag F. W. Glöckner & Co. n. 2. —
1. Aufl. (VI, 87 S.) 905. n. 2. —.

— Neues System zur Stählung u. Abhärtung des Körpers sowie zur Erlangung harmonisch entwickelter Körperformen. Mit Anh.: Das Gesundheitsturnen m. dem Autogymnast. Athletische Muskelkraft u. herkul. Körpergestalt durch Leicht-, Mittel- u. Schwergewichts-Übgn. Mit 150 Illustr. nach Orig.-Aufnahmen nebst e. Uebungstabelle m. Angabe der Zeitdauer der Uebgn. 4. verm. u. verb. Aufl. (IV, 116 S.) gr. 8. Ebd. (908). 2. —

Lahmann, Joh. Frdr., ägyptische Gedichte. (IV, 91 S.) 8. München 904. C. H. Beck. Kart. n. 2. 50; geb. m. Goldschn. n. 3. 50

Genovefa. Ein Schauspiel in 5 Akten von Johann Friedrich Lahmann. Bremen: M. Heinsius Nachf. 1893. (148 S.) 8° [F.] [illegible]

Lahmann, J. F., Gesänge u. Balladen. 8. (196 S.) Bremen 890. Heinsius' Nachf. n. 3. —; geb. in Leinw. m. Goldschn. n. 4. —

Lahmann, Joh., Sehnsucht. Skizzen u. Studien. (63 S.) 8. Delmenhorst (905). L. Horstmann & Sohn. n. — 75

Lahmann, Joh. Friedr., auf den Tod Kaiser Friedrichs. Eine Dichtung. gr. 8. (39 S.) Bremen 888, Silomon. *

Lahmann's Reform. Eine Kritik der Prof. Dr. Gust. Jaeger'schen Wollbekleidungslehre, Seelenlehre und Heiltheorie. 1. und 2. Aufl. gr. 8. (V, 95 S.) Stuttgart 887, [Sanitätsverlag.] Zimmer. *

Lahme, E., s. Wohnungs- und Geschäfts-Anzeiger, Dortmunder.

Die Zahlenlehre im Rechenunterrichte der Volksschule. Von Martin Lahme, Werdohl. Hilchenbach: Wiegand [1910]. 120 S. 8° [illegible]

Lahmer Josef: Der Dialog in Franz Grillparzers Dramen.
H. 1907 PN 2288 Diss. Wien, Univ. 221

Lahmeyer, Btr. z. Erkl. v. Ev. Luc. 16. 1—13. Lanebz. 1963
Schul-/Univ.-Schrift

Lahmeyer, C., s.a. Lahmeyer, K.

Lahmeyer, C. Der Ernst August-Stollen am Harze. Festschrift. Clausthal. 1864.

Lahmeyer, C. Ueber die gegenwärtige Lage und die Aussichten des Oberharzer Bergwerks- und Hüttenhaushalts. Clausthal. 1862.

Lahmeyer, C. Das Magazinkornwesen des Oberharzer Bergbaues. Abdruck. Bonn. 1880.

Lahmeyer, C. Die Neugestaltung des Knappschaftswesens im Oberbergamtsbezirk Clausthal. Bonn, 1886.

Lahmeyer, C., die Reform des Knappschaftswesens im Anschluß an die sociale Gesetzgebung. gr. 8. (18 S.) Essen 884, Bädeker. *

Lahmeyer, C., die Witwenkasse für die hannoversche Hof- und Civil-Dienerschaft. Vortrag, gehalten in der Versammlung der Clausthal-Zellerfelder Witwenkasse-Interessenten. gr. 8. (15 S.) Hannover 877, Schmorl und v. Seefeld.

Lahmeyer, Carl. s. Lahmeyer, Karl

Lahmeyer, Gust., de libelli Plutarchei, qui de malignitate Herodoti inscribitur, et auctoritate et auctore. Commentatio praemio regio ornata. 4maj. (VIII und 102 S.) Gottingae 848, (libr. Dieterich.) Thlr. *

— Orationis de haruspicum responso habitae origo Tulliana. gr. 8. (VI u. 65 S.) Gottingae 850, Dieterich. n. 1/3 ₰

Lahmeyer, J. W., Erfahrungsresultate über die Bewegung d. Wassers in Flußbetten u. Kanälen. gr. 8. (12½ B.) Braunschweig 845, G. C. E. Meyer sen.

Lahmeyer, Karl

Lahmeyer, Carl: Das Pronomen in der französischen Sprache des 16ten und 17ten Jahrhunderts .... Göttingen, Druck d. Univ.-Buchdr. v. E. A. Huth, 1886; 108 S. + 1 Bl. 8°.
Erlangen, Phil. Fak., Inaug.-Diss. v. 1886.

Lahmeyer, C., das Pronomen in der französischen Sprache des 16. u. 17. Jahrh. Inaug.-Diss. gr. 8. (106 S.) Göttingen 886. (Vandenhoeck & Ruprecht's Verl.) n. 2. 40

Lahmeyer, Ludwig [Oberl. Dr.]: Die Alliteration in Ciceros Rede de imperio Cn. Pompei. (Umschl.-Tit.: Studien z. lat. Grammatik. I. . . .) Görlitz, Druck d. Görlitzer Nachr. u. Anzeiger, 1891; S. 3—14; 4°
Rossleben, Kloster-S, P 1891 (242)

Lahmeyer, L., Studien zu latein. Grammatik. I. Die Allitteration in Ciceros Pompeiana. Pr. 1891. 14 S. 4°. 1.20

Lahmeyer, Ludw., de apodotico qui dicitur particulae δέ in carminibus homericis usu. Dissertatio. gr. 4. (VI, 46 S.) Leipzig 879. (Teubner.) n. 1. 60

Lahmeyer, W., Theorie der Kreisgewölbe. Berlin. 1843. 4.

Lahn [Sachl. OW]

Lahn, Claudine, oder Bescheidenheit behält den Preis . . . Leipzig 1802-03 Neue Aufl. 1815. V: *Lohmann, Johanna Friderike.* (Ky) (MGT) (schl)

Lahn, Claudine, od. Bescheidenh. u. Schönh. behält d. Preis v. d. Verfass. der Clara v. Wallburg. 2 Thle. 8. Lpz. Jacobäer. 802-3. (I. 1 Rthlr. 4 gr. II. 1 Rthlr. 8 gr.)

Lahn, Claudine, od. Bescheidenheit u. Schönheit behält den **Preis, (v. Joh. Frdke. Lohmann). 2 Thle. N. Aufl. 8. Leipz 815. (Aue in Altona). 1 ₰ 16 gl**

Lahn, Claudine. 2 Thle. neue Ausgabe. 8. Leipz. Jacobäer. 815.

Lahn [Schlagwort]

Lahn, s.: Rheingau.

Lahn [Verfasser]

Lahn, Gust., Lehrbuch der Vermessungskunde, s. a. Klauser, J. H.

Lahn, Gustav, J. H. Klauser's Lehrbuch der Vermessungskunde. Bearbeitet und herausgegeben von —. 2. vollständig umgearbeitete Auflage. Mit 110 in den Text eingeschalteten Figuren und einer Tafel. Reichenberg 1895. J. Fritsche. (Min.-Erl. vom 4. Januar 1896, Z. 26397 ex 1895) 2.—

Depressions-Perioden und ihre einheitliche Ursache von J. J. O. **Lahn.** *Brooklyn, N. Y. 1903.* (94 S.) 8° [Umschlagt.] [04. 1616 3]

Der Kreislauf des Geldes und Mechanismus des Sozial-Lebens von J. J. O. **Lahn.** (Vorr.: Prof. Dr. Adolph Wagner.) *Berlin: Puttkammer & Mühlbrecht 1903.* (VII, 253 S.) 8° [Ant. u. F.] [03. 4997]

Lahn, Ludw. zur, Lieder eines Einsamen, s.: Dichtung, deutsche, der Gegenwart. 1.

Lahn, W. (L.), Lehre der Honig-Verwerthung. Anweisung zur Fabrikation von Meth, Wein, Champagner, Liqueur, Syrup, Essig, moussirender Limonade, Alkohol rc., zur Herstellung feiner Backwerke mit Honig, wie Nürnberger und italien. Lebkuchen, Konfitüren, Honig- und Pfefferkuchen rc. und zum Einmachen der Früchte in Honig. Nebst Anleitung zum Gebrauch des Honigs in der Gesundheitspflege und einem Anhang: Das Wachs und seine Verwerthung. Mit Dzierzon's (Holzschn.-) Bildniß. 8. (VIII, 125 S.) Oranienburg 884, Freyhoff's Verlag.

—— Lehre der Honig-Verwertung. Anweisung zur Fabrikation von Met, Wein, Champagner, Liqueur, Sirup, Essig, moussierender Limonade, Alkohol rc., zur Herstellung feiner Backwerke mit Honig wie Nürnberger und italien. Lebkuchen, Konfitüren, Honig- und Pfefferkuchen rc., und zum Einmachen der Früchte in Honig. Nebst Anleitung zum Gebrauch des Honigs in der Gesundheitspflege und einem Anhang: Das Wachs und seine Verwertung und ein Blick in die Geheimmittellehre. 2. neubearb. Aufl. 8. (XVI, 148 S. mit Dzierzon's Bildnis und 33 in den Text gedr. Abbild.) Oranienburg 888, Freyhoff. *

Lahn, W., Lehre der Honig-Verwertung. Anweisung zur Fabrikation v. Met, Wein, Champagner, Likör, Sirup, Essig, moussier. Limonade, Alkohol u. zur Herstellung feiner Backwerke m. Honig, wie Nürnberger u. italien. Lebkuchen, Konfitüren, Honig- u. Pfefferkuchen rc. u. zum Einmachen der Früchte in Honig. Nebst Anleitg. zum Gebrauch des Honigs u. e. Anh.: Das Wachs u. seine Verwertg. Mit Dzierzon's Bildnis u. 31 in den Text gedr. Abbildgn. 3. durchgeseh. u. ergänzte Aufl. (XVI, 144 S.) 8. Leipzig 909. Leipziger Bienenzeitg. 2.—; geb. 2.50

Lahn, Wilhelm

Lahn, W., s. Engelien, A., der Volksmund.

Lahn, W., Handbüchlein f. Kinder in Volksschulen, s.: **Krüger, A.**

Lahn, W. (II.), Handbüchlein für Kinder in ein- und mehrklassigen Volksschulen, s. Krüger, A.

Noch einmal seh ich alles wieder. Erinnerungen eines Fünfundsiebzigjährigen von W[ilhelm] **Lahn.** Potsdam: A. Stein (1906). (212 S.) 8° [F.] [07. 10695 11]

— der 2. September. Eine Anleitg. zur Feier d. deutschen Nationalfesttages in der Schule. 8. (15 S.) Berlin 875. Muskalla. n. — 10

Lahn, W., der Volksmund in der Mark Brandenburg, s. Engelien, A.

— Volksschul-Lesebuch, s.: Wolter, A.

Lahn, W., Volksunterhaltungsabende u. d. Stellung d. Lehrer dazu, s. a. Sammlung pädagog. Vorträge.

Volksunterhaltungsabende und die Stellg d. Lehrer dazu. Von W[ilh.] Lahn, Lehrer em. zu Stolpe bei Berlin. Wie kann die Volksschule auch schon in ihrer gegenwärtigen Gestalt den künftigen Beruf der Mädchen berücksichtigen? Von W. Heumann, Rektor zu Herrenstadt in Schlesien. *Bielefeld: A. Helmich [1896].* (19 S.) 8.
= Sammlung pädagogischer Vorträge. Bd IX. H. 5. [97. 1476]

Lähn, August

— zwischen d. Dünen. Schausp. in 1 Aufzug. 8. (III, 34 S.) Dresden 899. E. Pierson. n. 1.—

Lähn, Aug., Onkel Ehestifter, — die gebild. Schwiegertochter, } s. a. Liebhaber-Theater.

[Z.] Onkel Ehestifter. Schwank in 1 Aufzuge v. August Lähn. *Mülheim a. d. Ruhr: J. Bagel [1896].* (30 S.) 1 Bd 8.
— Liebhaber-Theater. Bdch. 63.

[Z.] Die gebildete Schwiegertochter. Schwank in 1 Akt v. August Lähn. *Mülheim a. d. Ruhr: J. Bagel [1896].* (32 S.) 1 Bd 8.
— Liebhaber-Theater. Bdch. 64.

Lahn-Basalt- und Lava-Werke, Gellnau a. L. — (Hamburg 1906: Lütcke & Wulff.) 31 S., 3 Pl. quer-8° 38.

Lahnek, Fr., Anleitung zur Holzmalerei nebst Anweisung zum Poliren der gemalten Gegenstände. 8. (46 S.) Leipzig 876. Glaser & Garte. n. 1. —

Lahnek, Fr., Anleitung zur Holzmalerei, nebst Anweisung zum Poliren der gemalten Gegenstände. 2., durchgeseh. Aufl. 8. (48 S.) Leipzig 880. Garte. n. 1. —

Lahneck, Fr., Anleitung zur Holzmalerei. 3. Aufl. 8. (48 S.) Leipzig 887, Garte.

Lahnek, Fr., Anleitung zur Holzmalerei. 8. v. Cornelius Hebing völlig umgearb. Aufl. (IV, 80 S. m. Abbildgn.) gr. 8. Leipzig (903). C. Haberland. n. 1. 50

Lahnek, M., Aennchens Badereise nach Frankenhausen. Eine Kindergeschichte in Reimen. Mit (12 chromolithogr.) Bildern von Freundinnen und Freunden der Kinderheilanstalt zu Frankenhausen in Thüringen. 4. (36 S. mit chromolithogr. Titelblatt.) Halle 883, Fricke's Verlag. geb. *

Lahnek, M., Soolbad Frankenhausen i. Thür. 8. (16 S.) Frankenhausen 876. Werneburg. n. — 25

Lahner, Andr. Die ehemalige Benedictiner-Abtei Michelsberg zu Bamberg. gr. 8. (IV, 484 S. m. 4 Lichtdr.-Taf.) Bamb. 889, (Buchner). * 3 —

Lahner, Fr., das Wesen d. Lustseuche. gr. 8. Preßb. 818. (Andrä in Leipz.) 16 gr

Lahner, Leonhard Christoph

– s. Beck, Johann Jodokus: Diss. de juribus.

— Einl. in d. bürgerl., bes. nürnberg. Rechte. 8. Frankfurt. (Monath u. K. in Nürnb.) 765.

Lahner, Lh. Cp.: Einleit. in d. bürgerl., bes. Nürnberg. Rechte. *Nürnberg*, Monath. (Rucknagel.) (765) 780. 8. (1 Thl. 8 Gr.)

— Einleit. in die Nürnberg. Rechte. Nürnb. 779. (Monath u. K.) 1 Rthl 8 gr

— tabellar. Entwurf von den actionibus, wem solche zukommen. Fol. Nürnb. 773.

– s. Entwurf, Tabellarischer, die lateinische Sprache in kurzer Zeit zu erlernen.

– s.a. Entwurf, Tabellarischer, von gerichtlichen Klagen . . .

(Lahner, L. H.): Tabellarischer Entwurf v. gerichtl. Klagen, woher solche u. d. vorgesetzten Hauptabtheilung entspringen; wem eine jede insbesondre zukommt, wider wen sie gehet u. worauf sie zu richten. (*Nürnberg*, Zeh. 771.) 2e Aufl. von Graf M. v. Etzdorf. *Erlangen*, Palm. 788. fol. (5 Gr.) — 4e Aufl. *München*, (*Regensb.*, Manz.) 816. fol. (15 Gr.)

— tabellar. Entwurf von der Staatswirthschaft. Fol. Nürnb. 771. (v. Jenisch u. Stage in Augsb.) 8 gr

Lahner, Leonhard Christoph: „Tabellarischer Entwurf der Staatswirthschaft und Polizeywissenschaft", Nürnberg 1771 (v. Jenisch & Stage in Augsburg).

– s. Grundriß e. Nürnb. Polizeirechts.

Lahner, Leonhard Christoph: „Kurzer Inbegriff der ganzen Polizeywissenschaft", Nürnberg 1771 (v. Jenisch & Stage in Augsburg).

Lahnen, Leonh. Ch., Inbegr. der ganz. Polizeywissenschaft. Fol. Nürnb. (Stage, Augsb.) 772.

Eb. Realindex derer des h. r. R. freien Stadt Nürnberg bürgerl. u. Polizeygesetze gesammelt u. in alphab. Ordn. gebr. *Nürnberg*. 795. 4. (2 Thl. 4 Gr.)

Lahner, Lh. Cp.: Der fr. St. Nürnberg verneuerte Reformat. de a. 1564 sammt denen bisher ergangenen u. dahin einschlagenden oberherrl. Additional-Decreten u. Verordn. in e. tabellar. Entwurf gebr. u. mit d. allgem. Rechten vereinigt. *Nürnb.*, (Schwarzkopf.) 770. 3 Thle. fol. (2 Thl. 8 Gr.)

— Samml. der zu der Stadt Nürnberg d. a. 1564 verneuert. Reformation gehörigen Additional-Decreten. 3 Thle. Mit Registern. 4. Nürnb. 773. Schwarzkopf. 1 Rthl 16 gr

Eb. Vollständ. Samml. derer zu d. fr. St. Nürnberg verneuerten Reform. de a. 1564 gehör. Additionaldekreten. *Nürnberg*, Stein. 773. 4. (1 Thl. 16 Gr.)

– s. Taschenbuch f. angeh. Juristen.

Lahner, Ludwig, Dr., aus Erlangen: Statistische Beiträge zu Ileus. *Erlangen 1899: F. Junge.* (72 S.) 8°
Erlangen, Med. Diss. v. 1898

Lähner, Fr., das evangelische Waisenhaus in Oedenburg. 8. (24 S.) Oedenburg 860, Reichard.

Lahngebiet [Schlagwort]

Lahngebiet, s.: Rhein. — Taunus.

Lahnlied, das. Geschichte des Wettbewerbs vom J. 1899, nebst e. Anh., enth. 100 Lieder zum Preise der Lahn. Hrsg. vom Emser Jagdverein. gr. 8. (139 S.) Ems (902). (R. Sommer). n. 2. —

Lahnmärchen. Seinen lieben Neffen u. Nichten der Onkel H. 8. (48 S.) Ebd. (900). Kart. — 75

Lahnor, Hugo [Dr.]: Goethes Faust als weltliche Bibel betrachtet. Wolfenbüttel, Druck v. O. Wollermann, 1894; 35 S. 4.
Wolfenbüttel, herz. G, OP 1894 (700)

Laehns, Erich: Die Bischofswahlen in Deutschland von 936—1056 unter besonderer Berücksichtigung der königlichen Wahlprivilegien und der Teilnahme des Laienelementes. Greifswald 1909: Abel. 93 S. 8°
Greifswald, Phil. Diss. v. 29. Juli 1909, Ref. Bernheim
[Geb. 5. Nov. 86 Wittstock, Prov. Brandenburg; Wohnort: Wittstock; Staatsangeh.: Preußen; Vorbildung: Gymn. Wittstock Reife O. 05; Studium: Tübingen 1, Berlin 1, Greifswald 5 S.; Rig. 3. März 09.] [U 09. 1539

Lahnstein, Emanuel (Büdingen)
Ueber die künstliche Eröffnung der Eihäute.
Giessen: Ottmann 1861. 31 S. u. 2 Bl. Thesen.
Diss. med. 17.5.1861. vorh. 7. 11.

Lahnstein, Ernst, das Problem der Tragik in Hebbels Frühzeit. (VIII, 170 S.) gr. 8. Stuttgart 909. F. Frommann. 4.—; geb. 5.20

Lahnstein, Ernst, das Problem d. Tragik in Hebbel's Frühzeit. Jetzt: Berlin-Zehlendorf, B. Behr's Verl.

Lahnstein, Ferdinand [aus Idstein]: Die Beeinflussung unserer Hauttemperatur durch Amylnitrit .... Würzburg, Druck d. A. Memminger'schen Buchdr., 1886; 15 S. 8°.
Würzburg, Med. Fak., Inaug.-Diss. v. 1886.

Lahnstein, Ferdinand, die Beeinflussung unserer Hauttemperatur durch Amylnitrit. Diss. Würzburg 1886, Stahelsche Univ.-Buchh. 8°. 15 S.

Lahnstein, M., üb. Associationen. Praktischer Rathgeber f. Kaufleute, Industrielle, Banquiers, Gewerbetreibende, Kapitalisten u. Private. 8. (24 S.) Frankfurt a/M. 893. F. Honsack & Co. n.n. — 75

Lahnthal [Schlagwort]

Lahnthal, s.: Ems.

Lahnthal, s.: Hessen-Nassau. Beth.

Lahnthal, s.: Oberhessen. — Rheingaugebiet.

Lahnthal, s.: Taunus.

Lahnthal, s.: Woerl's Reisehandbücher.

La Hodde

— Geschichte der geheimen Gesellschaften und der republikanischen Partei in Frankreich. Vom Regierungs - Antritte Louis Philipps bis zur Februar-Revolution 1830—48. Schilderungen, Verschwörungsscenen und unbekannte Thatsachen. Aus dem Französ. gr.-8°. Basel, Fel. Schneider, 1851.

de la Hode Histoire de la vie et du règne de Louis XIV publiée par Bruzen de la Martinière 5 v 4 av pl. Francfort et Lahaye 1740—41 — 6 v 4 Basle 1741

Lahode, Gust., und Theod. Drobisch, Dichtungen. 8. Leipzig 837. (Fischer u. Fuchs.) 1 ₰

Lahode, Gust., u. Theod. Drobisch, Dichtungen. 8. (14 B.) Leipzig 837, [Serigsche Buchh.]

Lahode, J., de die et anno ultimi paschatis Christi. Hal. 1749. 4.

de Lahogue, L. Aeg., tractatus de religione ad usum theologiae candidatorum. 8. Mainz 816. (Müller). 1 ₰

Lahola, Karl, Synchronistische Gedächtnißtafeln der wichtigsten geschichtlichen Ereignisse, insbesondere Deutschlands und Oesterreich-Ungarns Zunächst als Hilfs-Lehrmittel für Lehrer- und Lehrerinnenbildungs - Anstalten. 3 Tafeln. In Umschlag —.30
Wien Pichler 1890.

Lahor, Jean [Autorname] = Cazalis, Henri.

Lahousen, Edler v. Vivremont, Wilh., die Verwendung der Cavallerie im Gefechte, abgeleitet aus dem Wesen und den Eigenschaften der Waffe. gr. 8. (34 S.) Wien 885, Seidel und Sohn. *

de Lahoussaye, Amelot, erläuterter Cornelius Tacitus von dem Leben und den Staatsmaximen d. Kaisers Tiberius; aus dem Französ. v. v. Barati. 8. Augsb. 777. (Rieger). 1 ₰ 4 K

— s. N. Machiavel, d. Fürst.

Lahousse, Gust. Praelectiones logicae et ontologiae, quas in collegio maximo Lovaniensi S. J. habebat G. L. gr. 8. (XIX, 603 S.) Lovanii. Mainz 889, (Kirchheim). * 9 60

Lahousse, Gust., S. J., Tractatus de sacramentis in genere, de baptismo, de confirmatione, de eucharistia. (Universa theologia scholastica, quam in collegio Lovaniensi S. J. tradebant L. de San, G. Lahousse et A. Vermeersch e. S.) gr. 8. (820 S.) Brugis 900. Regensburg, F. Pustet. n.n. 6. 40

Lahousse, Gust., S. J., Tractatus de virtutibus theologicis. (Universa theologia scholastica, quam in collegio Lovaniensi S. J. tradebant L. de San, G. Lahousse et A. Vermeersch e. S.) gr. 8. (412 S.) Brugis 900. Regensburg, F. Pustet. n. 3. 60

Lahovari, Gregor Ioan De usufructu bonorum. Berolini (1858) (56 S.) 8°
Berlin, Jur Diss. v 25. Febr. 1858

Lahovary, Fürst, s.: Manolescu, Georges.

Lahr [Schlagwort]

Lahr, s.a. Deutschland. Kürschner-Peip.

Lahr, s.a. Schwarzwald. Karte.

Lahr. Wunsch, E., Schulwandkarte d. Amtsbez. Lahr. 2 Blatt à 64,5 × 110,5 cm. Farbdr. Emmendingen 897. Druck- u. Verlags-Actiengesellschaft vorm. A. Dölter. Auf Leinw. m. Stäben n.n. 20. —

Lahr [Verfasser]

Lahr, s. Rechtsprechung.

Lahr, v. der. Versuch über die Anwendung der Minen im Belagerungskriege. 2. Aufl. T. 1. 2. (Neisse) 1798. 4°. (Lithogr.) (1. Aufl. 1778—80.)

Lahr, E: Gleiches Recht für Alle? Kritische Beleuchtung der Polizeiverordnung, den Verkehr mit Geheimmitteln und ähnlichen Arzneimitteln betreffend. Würzburg 1904

Lahr, Ferd. [app. Arzt aus Stein-Bockenheim]: Aus d. patholog. Institut zu Giessen. Ueber den Blutsturz nach der Tracheotomie ... Giessen, grossh. Hof- u. Univ.-Dr. C. v. Münchow, 1894; 26 S. 8.
Giessen, Med. Fak., Inaug.-Diss. v. 1894

Lahr, H. v. der, De hominibus propriis et liberis Germanorum. 4°. Halae M., 1701.

Lahr, J. [aus Wendelsheim]: Die Grassmann'sche Vocaltheorie im Lichte des Experiments . . . Leipzig, Druck v. Metzger & Wittig, 1886: 28 S. 8°.
Jena, Phil. Fak., Inaug.-Diss. v. 1886.

Lahr, J., die Grassmann'sche Vocaltheorie im Lichte des Experiments. Diss. Jena 1885, G. Neuenhahn. 8° 28 S.

Lahr, Wilh. Karl, der Advocat, oder verständlicher Rathgeber für Jedermann, seine gerichtlichen Angelegenheiten ohne einen Anwalt selbst besorgen zu können. Nach der neuen revid. Prozeß-Ordnung und dem neuesten Gesetz über die Militärgerichtsbarkeit bearb. Mit einem Anhange. Donaueschingen 855. Schmidt. 12. (VI, 163 S.) n. 16 ngr.

Laehr, Bernhard(us) Henr(icus): De mutationibus genitalium muliebrium brevi post conceptionem addita disquisitione anatomica virginis statim post coitum defunctae instituta. Halis (1843): Ruff. 35 S. 8°
Halle-Wittenberg, Med. Diss. v. 2. Aug. 1843
Geb. Sagan 10. 3. 1820. V.
Diplom fälschlich vom 27 Juli.
Verf. erlebte die Diplomerneuerung 1893 als Geheimer Sanitätsrat und Leiter einer Privatirrenanstalt im Schweizerhof Zehlendorf bei Berlin (Kr. Teltow) und erhielt 1903 zu seinem 60jährigen Dr.-Jubiläum ein Gratulationsschreiben der Fakultät; vgl. Anh. Nr. 390.

Laehr, Ed. (Sagan), De radii extremitatis inferioris fractuva. Diss. chir. Berlin (Nietack) 30. IX. 1834. 30 S. mit Tafel u. Biogr. (M.: Frid. Henn.) (3.—) 20292

Laehr, Georg [aus Schweizerhof]: Aus d. patholog. Institut zu Bonn. Ueber den Untergang des Staphylokokkus pyogenes aureus in den durch ihn hervorgerufenen Entzündungsprocessen der Lunge. Mit einer Tafel . . . Bonn, Univ.-Buchdr. v. Carl Georgi, 1887; 26 S. + 2 Bl. u. 1 Taf. 8°
Bonn, Med. Fak., Inaug.-Diss. v. 28. Dez. 1887

Laehr, Hans, die Angst, s.: Klinik, Berliner.

Die Anstalten für Psychisch-Kranke in Deutschland, Deutsch-Österreich, der Schweiz und den baltischen Ländern. Von Dr Hans **Laehr**. 6. Aufl. (in d. Norm. Heil- u. Pflegeanstalten. 5. Aufl.). Berlin G Reimer 1907. (XV, 281 S.) 8°
Frühere Aufl. u. d. T. Die Heil- u. Pflege-Anstalten f. Psychisch-Kranke d. deutschen Sprachgebietes. Von Dr Heinr. Laehr u. Dr Max Lewald. [07.1139]

Laehr, Hans. Die Anstalten für Psychisch-Kranke in Deutschland, Deutsch-Österreich, der Schweiz und den baltischen Ländern. 6. (*d. i.* 5.) Aufl. XVI + 281 S. 8. Berlin, Georg Reimer, 1907. [M. 5. —]

(*4 frühere Auflagen*, von Heinrich Laehr — *4:* und Max Lewald —, *sind unter etwas andern Titeln ersch. 1875 – 1899.*)

— die Dämonischen des Neuen Testaments. Eine Antwort auf Hrn. Pastor Hafners Schrift üb. den gleichen Gegenstand. gr. 8. (30 S.) Leipzig 894. F. Richter. n. —50

Die Darstellung krankhafter Geisteszustände in Shakespeares Dramen. Von Dr. Hans **Laehr**, Dirig. Arzt d. Heilanst. 'Schweizerhof' in Zehlendorf b. Berlin. *Stuttgart: P. Neff 1898.* (2 Bl., 200 S.) 1 Bd 8. [97.7141]

(B) **Laehr, Hans, die Darstellung krankhafter Geisteszustände in Shakespeares Dramen. 898. (KBL 30.) Jetzt: Berlin, G. Reimer.**

Laehr, Hans (Heinr.) (geb. Schweizerhof bei Zehlendorf 6. 12. 1856): Die Pacchionischen Granulationen (Arachnoidealzotten) und ihre Beziehungen zu der Blutcirculation im Schädel. Berlin (1880). (51 S.) 8°
Berlin, Med. Diss. v. 5. Okt. 1880

Die Heilung des Orest in Goethes Iphigenie. Von Dr Hans **Laehr**, Arzt in Zehlendorf. *Berlin G. Reimer 1902* (86 S.) 8° [02.809]

Eine bisher nicht veröffentlichte Ode des Qu[intus] Horatius Flaccus. Auf Veranl. d. alten Pförtner in Berlin u. Umgegend mit Erl. hrsg. von Hans **Laehr**. Nebst e. freien Übers. von O. Kahle. (Herrn Geh. San. R. Dr. F. Koerte z. 90. Geburtstag gewidmet.) Berlin. G. Reimer 1908. (12 S.) 8° [08.3138]

Die Wirkung der Tragödie nach Aristoteles. Von Dr. med. Hans **Laehr**. *Berlin: G. Reimer 1896.* (2 Bl., 160 S.) 1 Bd 8. [96.887]

— s.: Zeitschrift, **allgemeine**, f. Psychiatrie.

Laehr, Heinr., Fortschritt? — **Rückschritt! Reform-Ideen** des Herrn geh. Rathes Prof. Dr. Griesinger in Berlin auf dem Gebiete der Irrenheilkunde beleuchtet. gr. 8. (VII, 88 S.) Berlin 868, Oehmigke's Verlag. *
—— dass. — II. Berichtigung der Streitschrift des Herrn Geheimrath Griesinger. gr. 8. (42 S. mit 1 lithogr. Situationszeichnung.) Ebendas. 868. *

Laehr, Heinr., Gedenktage der Psychiatrie aller Länder. gr. 8. (XVI, 65 S.) Berlin 885, G. Reimer. *
2. Aufl. u. d. T.:

Laehr, H., Gedenktage der Psychiatrie u. ihrer Hülfsdisciplinen in allen Ländern. 2., verm. Aufl. gr. 8. (XIX, 104 S.) Berlin 887. G. Reimer. n. 2. —

Laehr, Heinr. Gedenktage der Psychiatrie u. ihrer Hülfsdisciplinen in allen Ländern. 3. verm. u. verb. Aufl. gr. 8. (XXIII, 160 S.) Berl. 889, G. Reimer. 4 —

Laehr, Heinr., Gedenktage der Psychiatrie u. ihrer Hülfsdisciplinen in allen Ländern. 4., verm. u. umgearb. Aufl. gr. 8. (XIV, 478 S.) Berlin 893. G. Reimer n. 12. —

Laehr, Heinr., die Heil- u. Pflegeanstalten f. Psychisch-Kranke in Deutschland, der Schweiz u. den benachbarten deutschen Ländern. Mit (lith.) Karte (in qu. gr. 4.) gr 8. (XIV, 183 S.) Berlin 875. G. Reimer. n. 3. —

Laehr, Heinr., die Heil- u. Pflegeanstalten für Psychisch-Kranke des deutschen Sprachgebietes. Neue Aufl. Mit geograph. (lith.) Karte. gr. 8. (XXI, 233 S.) Berlin 882. G. Reimer. **n. 4. —**

- - Die Heil- u. Pflegeanstalten für Psychisch-Kranke des deutschen Sprachgebietes im J. 1890. Mit geograph. Karte. 3. Aufl. gr. 8. (XII, 229 S.) Ebd. 891. * 4 —

— u. Max Lewald, die Heil- u. Pflegeanstalten f. Psychisch-Kranke des deutschen Sprachgebietes am 1. I. 1898. Mit col. geogr. Karte. gr. 8. (XI, 348 S.) Berlin 899. G. Reimer. n. 5. 40

— die Idioten-Anstalten Deutschlands u. der benachbarten deutschen Länder. Nebst (lith.) Karte (in qu. gr. 4.) gr. 8. (33 S.) Ebend. 874. n. — 80

Laehr, Heinr., über Irrsein und Irrenanstalten. Für Aerzte und Laien. Nebst einer Uebersicht über Deutschland's Irrenwesen und Irrenanstalten, erläutert durch eine (lithogr. und) ill. Karte in Fol. Lex.-8. (XII und 286 S.) Halle 852, Pfeffer. *

Laehr, Hnr., Über Irrsinn u. Irrenanstalten. Für Aerzte u. Laien. Nebst einer Uebersicht über Deutschlands Irrenwesen u. Irrenanstalten, erläutert durch eine lithogr und ill. Karte in Fol. Halle 1852. Lex.-8.

— die Literatur der Psychiatrie im XVIII. Jahrh. Festschrift zum 50jähr. Jubiläum der Heilanstalt Illenau, Baden, am 27. Septbr. 1892. Imp.-4. (53 S.) Ebd. 892. n. 5. —

Laehr, Heinr., d. Literatur d. Psychiatrie, Neurologie u. Psychologie im XVIII. Jahrh. 2. Aufl. Festschrift z. 60jähr. Jubiläum d. Prov.-Irrenanstalt Nietleben bei Halle a. S. am 1. Novbr. 1894. gr. 4. (XI, 215 S.) Ebd. 895. n. 7. 50

Die Literatur der Psychiatrie, Neurologie und Psychologie von 1459-1799. Mit Unterst d. Kgl. Akad. d. Wiss. zu Berlin hrsg von Dr. Heinrich **Laehr**, Prof. Bd 1-3. *Berlin: G. Reimer 1900.* 4 Bde 8°
1 Die Literatur von 1459-1699. 2. Die Literatur von 1700-1799. Hälfte 1. 2. 3. Register d. Bände 1 u. 2 [00. 3591

— zur Reform des Irrenwesens in Preussen. [Aus: „Deutsche mod. Wochenschr."] gr. 8. (18 S.) Leipzig 893. G. Thieme. n. — 80

Laehr, H., die Seelenheilkunde in der Gegenwart. Vortrag gehalten im wissenschaftl. Verein zu Berlin am 16. Febr. 1861. gr. 8. (42 S.) Berlin 861, A. Hirschwald.

— s.: Zeitschrift, allgem., f. Psychiatrie.

Die nervösen Krankheitserscheinungen der Lepra m. bes. Berücks. ihrer Differential-Diagnose nach eignen auf e. Studienreise in Sarajevo u. Constantinopel gesamm. Erfahrgn v. Dr. Max **Laehr**, Privatdoc an d. Univ. Berlin. M. 4 Lichtdrucktaf. u. e. Abb. im Text. *Berlin G. Reimer 1899.* (XII, 162 S., 4 Taf.) 1 Bd 8. [99. 5230

Laehr, Max [app. Arzt aus Schweizerhof bei Berlin]: Aus d. Patholog. Institute zu München. Ueber subcutane Rupturen der Leber und der Gallengänge und die secundäre gallige Peritonitis. . . . München, Druck v. M. Ernst, 1890; 32 S. 8°
München, Med. Fak., Inaug.-Diss. v. 1890

Lähr, Max E. [app. Arzt aus Schlochau (West-Pr.)]: Ein Fall seltener Missbildung ... Neuwied, Heuser's Buchdr., 1895; 26 S. 8.
Erlangen, Med. Fak., Inaug.-Diss. v. 26. Juli 1894

Lahrmann, Heinrich, aus Aarau: Beiträge zur Kenntnis der Ammoniumphosphorvanadinmolybdate. Bern 1904 61 S. 8°. [30. VI. 04.]
Bern. Phil. Diss. 1904/1905.

Lahrmann, Heinrich, Beiträge zur Kenntnis der Ammoniumphosphorvanadinmolybdate. Diss. Phil. Bern. 61 S. 8. Bern. Gottfr Iseli, 1904.

Lahrmann, Otto: Über Magnesiumoxychlorid und seine Beziehung zu Sorels Magnesiazement. 1910. 29 S. 8°
München, Dr.-Ing.-Diss. v. 1. 7. 1910

Lahrs, L(udwig): Andachten und Gebete für den Schulgebrauch. Königsberg i. P. 1910: Hartung. 44 S. 8°
Königsberg i. P., st. RG OP 1910 (19) [S 10. 248

Lahrs, L., Andachten u. Gebete f. den Schulgebrauch. (44 S.) 8. Leipzig 910. Quelle & Meyer. — 80

Lahrs, L., Leitfaden d. evangelischen Religionsunterrichts f. die oberen Klassen höherer Schulen. gr. 8. (131 S.) Breslau 889. F. Hirt. n. 1. 25

— kleine Sitten- u. Glaubenslehre f. höhere evangel. Schulen, im Anschluß an die 5 Hauptstücke d. Katechismus Dr. Martin Luther's, nebst e. Anh. 8. (IV, 76 S.) Ebd. 889. geb. n. — 60

Kleine Sitten- und Glaubenslehre für höhere evangelische Schulen, im Anschluß an d. 5 Hauptstücke d. Katechismus Dr. Martin Luthers, nebst e. Anh. Bearb. von L[udwig] **Lahrs**, Prof. zu Königsberg i. Pr. 2., durchges. Aufl. *Breslau: F. Hirt 1903.* (64 S.) 8° [F.] [04. 7660

Lahrßen, Friedr., die Bibel oder die heiligen Schriften Alten und Neuen Testamentes im Auszuge. Auf Grund der deutschen Uebersetzung Dr. Mart. Luthers für Schule und Haus bearb. gr. 8. (IV, 408; IV, 249 S.) Oldenburg 883, Bültmann und Gerriets. *

Lahrssen, Friedr., Sammlung der Gesetze, Verordnungen, Bekanntmachungen ꝛc., welche das evangel. Volksschulwesen des Herzogth. Oldenburg betreffen. Oldenburg 868. Stalling's Verl. gr. 8. (VIII, 345 S.) n. 1 ₰ 10 ngr.

Lahrssen, Frdr., Sammlung der Gesetze, Verordnungen, Bekanntmachungen ꝛc., welche das evangelische Volksschulwesen des Herzogt. Oldenburg betreffen. 4., fortgeführte u. verb. Aufl. gr. 8. (IV, 430 S.) Oldenburg 894. G. Stalling's Verl. n. 6. —

Lahrssen, Frdr., Sammlung der Gesetze, Verordnungen, Bekanntmachgn. ꝛc., welche das evangelische Volksschulwesen des Herzogt. Oldenburg betreffen. 6. verb. u. verm. Aufl. gr. 8. (IV, 480 S.) Oldenburg 901. G. Stalling's Verlag. n.n. 8. 50

Unter der rothen Fahne. Blätter aus d. Tagebuche e. Volksschullehrers im J. 151 (1943) mitgeteilt von Hermann **Lahrßen**. 1-3. Taus. *Leipzig: P Hobbing 1894.* (233 S.) 8° [F.] [94. 4330

Lahrssen, Herm., Leitfaden bei dem Unterrichte in der Geographie für gehobene Volksschulen und die untern und mittlern Klassen höherer Lehranstalten. gr. 8. (VIII und 203 S.) Oldenburg 867, Schmidt. *

Lahrssen, Herm., Leitfaden bei dem Unterrichte in der Geographie für gehobene Volksschulen u. die unteren u. mittleren Klassen höherer Lehranstalten. Oldenburg 869. Schmidt. gr. 8. (VIII, 203 S.) n. 12 ngr.

— — 2., vollständig verb. Aufl. Ebend. 869. gr. 8. (VIII, 207 S.) n. 10 ngr.

—— Weltgeschichte in Biographien. Für Volksschulen bearb. 3 Thle. gr. 8. Leipzig 868, Klinkhardt.
Inhalt:
Thl. 1. Alte Geschichte (mit Ausnahme der deutschen) bis auf Julian den Abtrünnigen. (VIII und 187 S.) 12 Ngr.
" 2. Alte deutsche und mittlere allgemeine Geschichte bis Ende der Hohenstaufenzeit. (VII und 263 S.) 18 Ngr.
" 3. Neuere Geschichte. (VI und 353 S.) 24 Ngr.

Lahrssen, Herm., Weltgeschichte in Biographien. Für Volksschulen bearb. 3 Thle. gr. 8. Leipzig, Klinkhardt.
3 Thle. in 1 Bd. *
Inhalt:
Thl. 1. Alte Geschichte [mit Ausnahme der deutschen] bis auf Julian den Abtrünnigen. 2. verb. Aufl. (VIII, 180 S.) 875. *M 1,60.
" 2. Alte deutsche und mittlere allgemeine Geschichte bis Ende der Hohenstaufenzeit. (VII, 263 S.) 878. *M 2.
" 3. Neuere Geschichte. (VI, 402 S.) 880. *M 3.

Lahrssen, Herm., Weltgeschichte in Biographien. Für Volksschulen bearb. 2., verb. Aufl. gr. 8. Leipzig 878. 80. Klinkhardt. n. 5. — (cplt. in 1 Bd.: n. 6. 60)
2. Alte deutsche u. mittlere allgemeine Geschichte bis Ende der Hohenstaufenzeit. (VII, 263 S.) n. 2. —
3. Neuere Geschichte. (VI, 402 S.) n. 3. —

— kleine Weltgeschichte. Leitfaden u. Wiederholungsbuch für Mittelschulen u. vielklass. Volksschulen. gr. 8. (VIII, 183 S.) Oldenburg 881. Schulze. n. 1. 40

Lahrts, Hieronymus: Über Tuberculininjectionen mit besonderer Berücksichtigung der in der Greifswalder medicinischen Universitätsklinik angestellten Versuche. *Greifswald 1898: J. Abel.* (28 S.) 8°
Greifswald, Med. Diss. v. 14. März 1898

Lahs, Georg, approb. Arzt aus Marburg (Hessen): Aus d. patholog. Institut zu Marburg. Über leukämische Erkrankung des Fötus unter dem Bilde des allgemeinen Hydrops. *Kiel 1898: (C. A. Kaemmerer & Co., Halle a. S.).* (34 S.) 8°
Kiel, Med. Diss. v. [26. Sept.] 1898

Lahs, Heinr, die Achsenzug-Zangen mit besonderer Berücksichtigung der Tarnier'schen Zangen. Eine geburtshülfliche Abhandlung. Mit 4 lith. Taf. gr. 8. (55 S.) Stuttgart 881. Enke. n. 2. 80

Lahs, Heinr., die Geburt mit unterbrochenem allgemeinen Inhaltsdruck, die patholog. Geburt, —— zur Kenntniss der Wirkungen der Lageveränderungen der Frucht, } s. Schriften der Gesellschaft zur Beförderung der gesammten Naturwissenschaften zu Marburg.

— zur Mechanik der Geburt. Erklaerung v. Geburtsvorgängen bei normalen Schädellagen. Mit e. lith. Taf. gr. 8. (III, 53 S.) Berlin 872. Hirschwald. n. 1. 60

Lahs. I. Zur Reform der Kreisphysikate. II. Zur Heilserumfrage. gr. 8. (27 S.) Marburg 895. N. G. Elwert's Verl. n. — 50

Lahs, Heinr., die Theorie der Geburt. [Physiologie und allgemeine Pathologie.] gr. 8. (VII, 351 S. mit 97 eingedr. Holzschn.) Bonn 877, Cohen und Sohn. *

Die Verstaatlichung des Medicinalwesens in Preussen. Von Prof. Dr. med. [Heinr] Lahs in Marburg a. L. *Marburg: N. G. Elwert 1896.* (V S., 1 Bl., 128 S.) 1 Bd 8. [96. 7976

—— Vorträge und Abhandlungen zur Tokologie und Gynäkologie. gr. 8. (III, 98 S. mit 4 lithogr. Taf.) Marburg 884, Elwert'sche Verlagsb. 4

Lahse, Erich: Schleiermachers Lehre von der Volksschule im Zusammenhange mit seiner Philosophie. *Leipzig 1901: J. Klinkhardt.* (VIII, 87 S.) 8°
Leipzig, Phil. Diss. v. [16. Jan.] 1901

Lahure, Bar. A., notes sur le service des états-majors en campagne et en temps de paix. Avec planches, cartes, croquis de guerre et tableaux. 2 tomes. gr. 8. (XV, 542 u. 298 S.) Bruxelles 875. Muquardt. n. 12. —

Lahure, Louis, das Christenthum rc., s. Christenthum, das, und die Philosophen.

Lahure, Louis, das Christenthum u. die Philosophen, od. entscheidende Darlegung, die ohne Anspruch auf eine umfass. Geschichte der kathol. Religion vom Anfange der Welt bis auf unsere Zeit zu machen, auf eine deutliche u. überzeug. Weise alle religiösen Fragen erörtert. Von e. kathol. Priester. 5 Lfgn. 8. (49¼ B.) Wien 846, 47, Mechitaristen-Congreg.-Buchh. à Lfg. 8 Ngr.

Lahusen, Abhärtungskuren im Hause. Kurze Anleitg. f. Wasserfreunde zur rationellen Wasseranwendg. gr. 8. (32 S.) München 893. Dr. E. Albert & Co., Sep.-Cto. n. — 75

— die Fettsucht u. ihre Behandlung in Seebädern f. Aerzte u. gebildete Laien. 8. (34 S.) Berlin 891. H. Steinitz' Verl. n. 1. —

Lahusen, Leitfaden für See-Badereisende mit besond. Rücksicht auf Westerland-Sylt. 16. (66 S.) Tondern 885, Dröhse. *

— die Lungen-Tuberculose u. ihre Verhütung vermittelst rationeller Abhärtung durch Wasserkur im Hause. Für Aerzte u. gebildete Laien. gr. 8. (32 S.) München 893. Dr. E. Albert & Co., Sep.-Cto. n. — 75

Lahusen, hydropathische Prozeduren. Beiheft zu jedem Medizinal-Kalender. gr. 16. (16 S.) Brunnthal 894. München, H. Lukaschik. n. — 50

— wie bereist man Italien? Praktischer Reisebegleiter f. e. Rundfahrt üb. den St. Gotthard, Mailand—Genua—Rom—Neapel—Florenz—Venedig u. den Brennerpass. 12. (28 S.) München 894. H. Lukaschik. Kart. n. — 80

Lahusen, D., Bremen u. seine Sonderstellung. gr. 8. (56 S.) Bremen 883. Kühtmann & Co. n. 1. 50

—— die Correction der Unterweser und die Bremische Handelskammer. Drei Fragen, aufgeworfen und beantwortet. 8. (31 S.) (Ebendas.) 883.

—— das Differenzgeschäft, s. Sammlung von Vorträgen.

—— Sammlung der Entscheidungsgründe des Ober-Appellations-Gerichts der freien Städte Deutschlands zu Lübeck, s. Stadtländer.

Lahusen, Frdr., Alles u. in allen Christus. Predigten. 1. u. 2. Aufl. gr. 8. (à VII, 116 S.) Berlin 899. M. Warneck. n. 1. 20; geb. in Leinw. n. 2. —

Lahusen, F., Antritts-Predigt, s. Einführung und Antritts-Predigt.

Die Charakterbildung des Geistlichen. Die Macht d. christl. Ethik f. d. moderne Bewusstsein. Vorträge geh. 1900 von d. Pastoren [Friedrich] Lahusen u. [Justus] Jacobi zu Berlin. 2. Predigt von Superint. [Gottfr. Hermann] van Randenborgh-Brandenburg z. Eröffnung d. Konferenz. Hrsg vom Vorst. d. kirchl. Konferenz in d. Kurmark *Gr Lichterfelde: E. Runge (1900).* (39 S.) 8° [F.] [01. 4618

Lahusen, Frdr., „Einer trage des andern Last, so werdet ihr d. Gesetz Christi erfüllen". Predigt üb. Galater 6, 2, am Buß- u. Bettag 1894 geh. 8. (12 S.) Bremen 894. Morgenbesser. n. — 20

Er wohnte unter uns. Predigten aus d. Leben Jesu von Fr[iedrich] Lahusen, Pfarrer. *Berlin: M Warneck 1902.* (VI, 254 S.) 8° [F.] [02. 370

Das Evangelium des Paulus, des Apostels Jesu Christi. Predigten von Konsist.R. [Friedrich] Lahusen, Berlin. Berlin M. Warneck 1907 (V, 251 S.) 8° [F.] [07 1733

Lahusen, Frdr., zum Gedächtnis Schleiermachers, s.: Faber, W.

— gedenket der Diaspora auf dem Wasser. Predigt, beim Festgottesdienst der Vereinigg. zur kirchl. Fürsorge f. die Flussschiffer Berlins u. Charlottenburgs am Sonntag Cantate 1903 geh. (14 S.) 8. Berlin 903. M. Warneck. n. — 20

Lahusen, Frdr., die christliche Gemeinde u. die sociale Frage. Vortrag, am 21. Novbr. 1890 geh. gr. 8. (23 S.) Bremen 890. Morgenbesser. n. — 25

Das apostolische Glaubensbekenntnis f. unsere Zeit d. Gemeinde ausgelegt von Fr[iedrich] Lahusen. Berlin Warneck 1909. 228 S. 8° (09. 17319

— Das apostolische Glaubensbekenntnis, f. unsere Zeit der Gemeinde ausgelegt. 1. u. 2. Aufl. (228 S.) 8. Ebd. 909. 10. 2.50: aeb. in Leinw. 3. —

— der Mensch gewordene Gottessohn. Predigt über Philipper 2, 5—11, geh. am Sonntag Judika 1905. (12 S.) 8. Ebd. 905. n. — 20

— halte im Gedächtnis Jesum Christum! Abschiedspredigt, geh. am 2. Ostertage 1899 in U. L. Frauen-Kirche. gr. 8. (12 S.) Bremen 899. J. Morgenbesser. n. — 20

— der Herr allein hilft uns! Festpredigt bei der XVIII. Generalversammlung des Evangel. Bundes am 10. X. 1905 in der Michaeliskirche zu Hamburg. (15 S.) 8. Leipzig 905. (C. Braun.) n. — 30

— Herr, hier bin ich, sende mich! Predigt im Schlußgottesdienst d. 35. Kongresses f. innere Mission in der Stiftskirche zu Stuttgart. (13 S.) gr. 8. Stuttgart 910. Verlag der ev. Gesellschaft. — 20

— für Jesus, wider den Barrabasgeist. Predigt z. Gedächtn. Kaiser Wilhelms I. üb. Markus 15, 1—15, am 21 III. 1897 geh. 8. (16 S.) Ebd. 897. n. — 20

— Jesus u. seine Bibel. Predigt über Matthäi 4, 4, geh. am Sonntag Misericordias domini 1901. 8. (15 S.) Berlin 901. M. Warneck. n. — 20

— Jesus u. d. Nervenkranken. Zeitpredigt üb. Matthäus 17, v. 14—21, am 7. Juli 1895 geh. 1. u. 2. Aufl. 8. (16 S) Ebd. 895. n. — 20

Ihr werdet den Himmel offen sehen. Ein Wort zu d. Frage nach d. Offenbarung. Predigt über Joh. 1, 51, geh. 1903 von Friedrich Lahusen. Pfarrer zu Berlin. 2. Aufl. *Berlin: M. Warneck 1903.* (15 S.) 8° [F.] (03 10638

— der Menschensohn ist der Sohn Gottes. Predigt über Matth. 26, 62—64, geh. am Sonntag Okuli 1905. (14 S.) 8. Ebd. 905. n. — 20

Predigt zur Jahresversammlung des Evangelisch-Kirchlichen Hülfsvereins und der Frauenhülfe 1904 in Berlin, geh. von Konsist.R. [Friedrich] Lahusen-Berlin. Potsdam: Stiftungsverl. 1904. (11 S.) 8° [F.] (06. 1490

— s.: Predigten, 9, bei der 50. Hauptversammlung des evang. Vereins d Gustav-Adolf-Stiftg.

— s.: Predigten, 3, bei der 55. Hauptversammlung des evangel. Vereins der Gustav Adolf-Stiftung geh.

— s.: Predigten, zwei, bei der 60. Hauptversammlung des evang. Vereins der Gustav-Adolf-Stiftung.

Warum müssen wir in den kirchlichen Kämpfen der Gegenwart an dem Bekenntnis zur Gottheit Christi festhalten? Vortrag, geh. im evang. Vereinshause zu Berlin 1907 von Konsist.R. (Friedrich) Lahusen, Berlin. (2. Aufl.) Berlin · M. Warneck 1907. (20 S.) 8° [F.] (07. 3736

Warum müssen wir in den kirchlichen Kämpfen der Gegenwart an dem Bekenntnis zur Gottheit Christi festhalten? Vortrag, geh. von Konsist.R. (Friedrich) Lahusen, Berlin. (3. Aufl.) Berlin: M. Warneck 1907. (20 S.) 8° [F.] (08. 8555 II

Wirkt das Gebet Wunder der Heilung? Vortrag geh. auf d. Kurmärkischen kirchl. Konferenz zu Potsdam am 12. Mai 1902 von Friedrich Lahusen, Pfarrer in Berlin. *Berlin: M. Warneck 1902.* (22 S.) 8° [F.] (03. 904

— wirkt das Gebet Wunder der Heilung? Vortrag, geh. auf der kurmärk. kirchl. Konferenz zu Potsdam am 12. V. 1902. Hrsg. vom Vorstande der kirchl. Konferenz d. Kurmark. 2. Aufl. gr. 8. (22 S.) Ebd. 902. n. — 30

— Gottes Zeugnis v. seinem Sohn. Ein Wort zu d. Frage, ob Jesus gelebt hat. Predigt üb. 1. Johannes 5, 6—12, am Sonntag Invocavit geh. (16 S.) 8. Ebd. 910. — 20

— s: Zum Gedächtnis an D. Corn. Rudolf Victor.

Lahusen, J., über die russischen Aucellen. [Mémoires du comité géologique, vol. VIII, Nr. 1.] (Russisch und deutsch.) Imp.-4. (46 S. mit 5 Taf. und 5 Bl. Erklärungen.) St. Petersburg 888, (Eggers und Comp.) *

—— die Inoceramenschichten an dem Olenek und der Lena, s.a. Mémoires de l'Académie impériale des sciences de St.-Pétersbourg.

Lahusen (J.), Die Inoceramen-Schichten an dem Olenek und der Lena. (Mémoires de l'Acad. Impér. des Sciences de St. Pétersbourg. VIIe Sér., Tome XXXIII.) St. Pétersbourg 1886. 4. Mit 2 Tafeln.

Lahusen, Johs., zur Entstehung der Verfassung bairisch-österreich. Städte, s.a. Abhandlungen zur mittleren u. neueren Geschichte.

Lahusen, Johannes, a. Freiburg i. B.: Zur Entstehung der Verfassung bairisch-österreichischer Städte. Berlin u. Leipzig: W. Rothschild 1908. (78 S.) 8°
Freiburg i. B., Phil. Fak., Ref. v. Below, Diss. v. 1908
[Geb. 19. Juni 84 Bremen; Wohnort: Freiburg i. B.; Staatsangeh.: Preußen; Vorbildung: Thomas-Gymn. Leipzig Reife O. 03; Studium: Tübingen 3, Bonn 2, Freiburg i. B. 3 S.; Rig. 8. Mai 07.]

Zur Entstehung der Verfassung bairisch-österreichischer Städte. Von Johannes Lahusen. Berlin & Leipzig W Rothschild 1908. (78 S.) 8°
[Erschien auch als Inaug.-Diss. Freiburg i. B. 1908.]
= Abhandlungen z. mittleren u. neueren Geschichte. H. 5. (08. 14830 6

Lahusen, Karl August

Lahusen, Carl August (geb. Zeven in Hann. (5. 8.) 1846) Therapie des Erysipelas. Berlin (1872). (32 S.) 8°
Berlin, Med. Diss.
nachgeliefert v. dem am 25. Juli 1870 auf Grund gedruckter Thesen promov. Verf.

Lahusen, Martin, Referendar in Berlin: Die Einwendungen im Verteilungsverfahren der Zivilprozeßordnung und des Zwangsversteigerungsgesetzes. Berlin 1908: G. Schade. (56 S.) 8°
Leipzig, Jur. Fak., Diss. v. 27. Juli 1908
[Geb. 13. März 83 Mettmann; Wohnort: Berlin; Staatsangeh.: Preußen; Vorbildung: Friedrich-Wilhelms-Gymn. Berlin Reife M. 02; Studium: Tübingen 2, Leipzig 2, Berlin 3 S.; Rig. 1. Juni 06.]

Lái dschóu fu [Schlagwort]

Lái dschóu fu, s.: Tschili.

Lái yang hsiën [Schlagwort]

Lái yang hsiën, s.: Tschili.

(de La Jaille, G.) de La Jailles Reise nach Senegal und der abendländischen Küste Afrikas zum Vorgebirge Blanc bis an den Serraleonefluss. Ein Beitrag zur Erweiterung der Geographie Schiffahrts- und Handlungskunde. Nebst einem noch ungedruckten Aufsatz von Buffon über die Produkte Afrikas und Labarthens Bemerkungen über die Lage dieser Küste bis zum Anfang des Jahres 1802. Hamburg u. Mainz 1802. VIII 248 S. 8°

La-Jaille, J., Reise nach d. Senegal u. d. abendländ. Küste Afrika's, von d. Vorgebirge Blanc bis an d. Sierra-Leonefluß, zur Erweiterung d. Geographie, Schiffahrts- u. Handelskunde. 8. Hamb. 802. (Herold jun.) 20 K

Lajaille, J., Reise nach Senegal in d. Jahr. 1784—85. (a. d. Bibliothek der Reise-Beschreib. 7r Bd. besonders abgedruckt.) m. 1 Charte. 8. Weimar, Land. Industrie-Comt. 802.

— Dieselbe, s. a. Bibliothek d. Reisebeschreibb. 7r Bd. Weimar.

Laib, s.: Biblia pauperum.

Laib, Local-Gütertarif für Stuttgart. Mit Genehmigung der Königl. Eisenbahn-Direktion bearb. und hrsg. gr. 8. (43 S.) Stuttgart 888, (Metzler'sche Buchh.) **

Laib, Fr.

Laib u. Schwarz, Formenlehre des romanischen und gothischen Baustyls. Stuttgart 1858. 8°.

Laib, Fr., und Fr. Jos. Schwarz, Formenlehre des romanischen und gothischen Baustyls. 2., verm. Aufl. gr. 8. (IV und 92 S. mit 12 Stnt. in qu. gr. 4.) Stuttgart 858, Rümelin's Wwe.

Laib, Fr., u. Frz. Jos. Schwarz, Formenlehre des romanischen u. gothischen Baustyls. 2. Aufl. Zürich 867. Woerl. gr. 8. (IV, 92 S. mit eingedr. Holzschn. u. 12 Steintaff. in gr. 4.) 18 ngr.

—— —— Studien über die Geschichte des christlichen Altars. Hrsg. vom rottenburger Diözesan-Verein für christliche Kunst. qu. gr. 4. (VII und 88 S. mit 16 lithogr. Bildertaf. und 1 Farbendr.) Stuttgart 858, Rümelin's Wwe. *

Laib, G. H., Anfangsgründe d. deutschen Grammatik. 8. Straßb. 823. Heiz. 12 K

Laib, J. G., 48 dreistimm. u. 2 vierstimm. Lieder z. Beförderung d. mehrstimm. Gesanges in Schulen u. ähnl. Anstalten. (1. Hft.) qu. gr. 4. (6½ B.) Chur 837, [Grubenmannsche Bh.]

—— dass. — Samml. zweistimm. Schullieder. 2. Hft. qu. 8. (3 B.) Ebds. 840. *

Laibach [Sachl. OW]

Laibach. Statistischer Bericht über die wichtigsten demographischen Verhältnisse. Verfasst vom Stadtmagistrate von Laibach. Lex.-8. (12 S.) Wien 887, C. Gerold's Sohn. *
Aus: Städtebuch, österreichisches, besonders abgedruckt.

Für Laibach. Zum Besten der durch die Erdbeben-Katastrophe im Frühjahre 1895 schwer betroffenen Einwohner von Laibach und Umgebung. Herausgegeben von der Genossenschaft der bildenden Künste Wiens. Mit zahlreichen Illustrationen. 4. (159 S.) 3.—
—. Dasselbe. Pracht-Ausgabe. 4. (159 S.) Cartonnirt 6.—
Wien Gerold 1895.

Laibach. Illustrierter Wegweiser durch die Landeshauptstadt von Krain. Laibach. Katholische Buchhandlung 1910. (63 S.) 8°

Laibach [Schlagwort]

Laibach, s. a. Radfahrerkarten. Freytag.

Laibach-Triest, s.: Radfahrerkarten, Letoschek, E.

Laibach. Koch, C. M., Laibach. (Umschlag: Plan der Landeshauptstadt Laibach.) 1 : 10,000. 58,5×45 cm. Farbdr. Laibach 910. Kathol. Buchh. 2 farbig —30; 5 farbig —50

Laibach [Verfasser]

Laibach, Friedrich, a. Limburg a. d. Lahn: Zur Frage nach der Individualität der Chromosomen im Pflanzenreich. Mit 1 Taf. o. O. u. J. (24 S.) 8°
Bonn, Phil. Fak., Ref. Strasburger, Diss. v. 29. April 1907
[Geb. 2. April 85 Limburg a. d. Lahn; Wohnort: Limburg; Staatsangeh.: Preußen; Vorbildung: Gymn. Limburg Reife O. 03; Studium: Freiburg i. B. 1, Göttingen 1, Bonn 5 S.; Rig. 14. Nov. 06.]

Laible, Anton [app. Arzt aus Burgau]: Ueber einen Fall von Iristuberkulose. .. München, Druck v. Carl Aug. Seyfried, 1890; 14 S. 8°
München, Med. Fak., Inaug.-Diss. v. 1890

Laible, Friedrich Johannes, appr. Arzt a. Briesnitz-Dresden: Über die Wirkung kleiner Alkoholgaben auf den Wärmehaushalt des tierischen Körpers. Halle a. S. 1905: Heynemann. (60 S.) 8°
Halle, Med. Fak., Ref. Harnack, Diss. v. 13. Mai 1905
[Geb. 13. März 82 Briesnitz b. Dresden; Wohnort: Briesnitz; Staatsangeh.: Sachsen; Vorbildung: Gymn. Dresden Reife O. 00; Studium: Halle 5, München 2, Halle 3 S., Coll. 22. Febr. 05; Approb. 14. Jan. 05.]

*Laible, Heinrich Der Tosefta-Traktat Berachóth aus dem Hebräischen ins Deutsche übersetzt III. 32 S. 8.
Progr. K bayer Progymn. *Rothenburg o. Tbr* 1902

Laible, Heinr., der Tosefta-Traktat Berachôth, aus dem Hebr. ins Deutsche übersetzt. Progr. (32 S.) gr. 8. Rothenburg o. T. 902. (Leipzig, M. W. Kaufmann.) n. 1.—

Laible, Heinr., Jesus Christus im Thalmud, s. a. Schriften d. Institutum judaicum in Berlin.

Laible, Heinr., Jesus Christus im Thalmud, nebst e. Anh.: Die thalmud. Texte, mitgeteilt von Gust. Dalman, s. a. Schriften des Institutum judaicum in Berlin. Nr. 10.

Laible, Jacob [aus Buch am Wald]: Mikroskopisch-chemische Untersuchung einiger Silurgesteine Norwegens und Böhmens. . . . München, Druck d. Münchner Handelsdr. & Verlagsanst. M. Poessl, 1891, 1 Bl., 18 S. 8°
Erlangen, Phil. Fak., Inaug.-Diss. v. 1891

Laible, Jos., Geschichte d. Stadt Konstanz u. ihrer nächsten Umgebung. gr. 8. (XXIII, 317 S. m. 47 Abb. u. 2 Plänen.) Konstanz 896. E. Ackermann. n. 4.—; geb. n.n. 4.50

Laible, Walther: De Pluti Aristophaneae aetate interpretes antiqui quid iudicaverint. Lipsiae: Dörffling & Franke 1909. 98 S. 8°
Leipzig, Phil. Diss. v. 14. Juni 1909, Ref. Lipsius, Bethe
[Geb. 4. März 84 Karlshuld; Wohnort: Leipzig; Staatsangeh.: Sachsen; Vorbildung: Nikolaisch. Leipzig Reife O. 03; Studium: Leipzig 10 S.; Rig. 29. Okt. 08.] [U 09. 3005

Laiblin, Rich., über Nicotin u. Nicotinsäure. Inaugural-Dissertation. gr. 8. (80 S.) Göttingen 878. (Vandenhoeck & Ruprecht.) n. 2.—

Laicharding, Johann Nepomuk

s.: Laicharting, Johann Nepomuk

Laicharting, Frz., s. v. Baroni, Anweis. z. Seidenbau.

v. Laicharting, Jh. Nep., († d. 7. Mai 1797.) Beitrag zur Luftschiffkunst, nebst e. Anweis., Luftmaschinen von Papier zu verfertigen u. frei fliegen zu lassen. Mit 1 Kpfr. gr. 8. Kempt. 785. Typogr. G. 3 K

— systemat. Eintheilung des Mineralreichs in Form einer Tabelle. Fol. Innsbr. 788. (Wagner). 3 gr

Hilf- und Lehrbüchlein für den Landmann bey Abschaffung des Wetterläutens, welches zeiget, wie man sich, und das Seinige vom Blitze schützen könne, desgleichen wie man vom Blitz getroffene Leute vom Tode retten solle. 2. Aufl. Innsbruck [ca. 1790]. V: *Laicharding, Johann Nepomuk von.* (Margr)

— manuale botanicum, sistens plantar. Europaearum characteres, generum, specierum differentias, nec non ear. loca natalia. Sect. I. II. 8maj. Lips. 794. Barth. 1 Thlr 18 gr

— — id. liber. 8. maj. Insbruck, Wagner. (ct. Weber, Presburg.) 794.

— Rede üb. d. Angenehme d. Naturgesch. 8. Ebend. 790.

— Rede üb. d. Angenehme d. Naturgesch. 8. Insbr. 793. Wagner. 3 gr

Laicharting, Johann Nep(omuk): Vegetabilia Europaea in commodum botanicorum per Europam peregrinantium ex systemate plantarum Caroli a Linné collecta et novis plantis ac descriptionibus adaucta. Pars 1 - 2, gbd.

Oeniponte: Trattner 1790 - 1791

JB 40

— vegetabilia Europaea in commodum Botanicorum per Europaeam peregrinantium ex systemate plant. a Linné collecta et novis plantis ac descriptionibus adaucta. II Tomi. 8. (Wien) 790. 91. Trattner. 2 Thlr 16 gr

— Vegetabilia Europaea in commodum Botanicorum per Europam etc. II Tom. 8. Vien. Tendler. 791.

— Verzeichniß u. Beschreibung d. Tyroler Insekten. 1r Thl. 1r u. 2r Bd. gr. 8. Zürich 781—82. Ziegler u. S. 1 Thlr

— Verzeichn. d. Tyroler Insekten. 1r Bd. 2 Thle. gr. 8. Zurich, Ziegler. 781—84.

— Vorschläge, sich u. d. Seinigen vor d. Blitz zu schützen. 8. Insbr. 786. Wagner. 2 gr

Laichinger, H., das System der christlichen Glaubens- u. Sittenlehre vom Begriff d. höchsten Gutes aus aufgefaßt u. dargestellt. gr. 8. (XII, 755 S.) Gotha 876. F. A. Perthes. n. 12. —

Laichinger, J., Hülfsbuch z. Rechtschreiben. 8. Gmünd 827. (Stuttg., Sonnewald). 8 gr

Laichter, Jos., Wahrheitssucher, s.: Romanbibliothek, slavische. VIII. IX.

Lajčiak, Johann, Hilfsprediger d. ev. Gem. A. C. an d. Kerepescher-Strasse in Budapest: Die Plural- und Dualendungen am semitischen Nomen. *Leipzig 1902: A. Pries.* (56 S.) 8°
Leipzig, Phil. Diss. v. [19. Juli] 1902

LAICSÁK, FRANZ: Beöthy Eugen und der Bischof von Groß-Wardein. o. O. 1840: J. Fr. Hammerich. 16 S. - gr. 8°

(F) Laicus, C., Moderne Schlagworte gegen die kath. Priester. (Kath. Volksbroschüre Nr. 78.) 8°. (42 S.)
Linz-Urfahr: Verlag d. Kath. Pressevereins 1902.

Laicus, Joh. Ulpianus, Beitrag zur Beurtheilung der Frage: Sind die Fallibilisten, auch „Altkatholiken" genannt, nach preussischen Gesetzen noch als Mitglieder der kathol. Kirche zu betrachten. gr. 8. (22 S.) Mainz 874, Kirchheim.
Aus: Archiv für katholisches Kirchenrecht, besonders abgedruckt.

Laicus, Johs., Andachtsbuch, s.a. Andachtsbuch.

Laicus, Johs., Andachtsbuch für alle Verehrer Mariä, insbesondere für die Marianischen Sodalitäten und Congregationen. Aus den alten Sodalitätsbüchern, den Schriften der Heiligen und den besten Gebetbüchern zusammengestellt. 853. — 2. Aufl. 855. — 3. Aufl. Mainz 858. Kirchheim. 16. (VIII, 404 S.) n. 10 ngr

Laicus, Johs., Andachtsbuch für alle Verehrer Mariä, insbesond. für die Marianischen Sodalitäten u. Congregationen. Aus den alten Sodalitätsbüchern, den Schriften der Heiligen u. den besten Gebetbüchern zusammengestellt. 4. Aufl. Mainz 868. Kirchheim. 16. (VIII, 404 S.) 10 ngr

— aus der Kindheit, }
— Schatzkästlein, } s. Trösteinsamkeit, katholische.

Laicus, Johs., katholische Trösteinsamkeit, s. Trösteinsamkeit, katholische

Laicus, Phpp., s. a.: Wasserburg, Phpp.

Laicus, Ph., der Alte vom Berge, s.a. Familienfreund.

— Der Alte vom Berge. Eine Erzählung aus der Bühnenwelt. In-8°, 208 S. Eins., Gebr. Benziger. 1884. Geb. 1 75

Laicus, Phpp., [Phpp. Wasserburg], der Arzt. Ein socialer Roman der Gegenwart. 8. (498 S.) Mainz 876. Kirchheim. 4. —

– Auf dunklen Pfaden zu lichten Höhn, s.a. Familienfreund.

Laicus, Ph. Auf dunklen Pfaden zu lichten Höhn. Geschichtl. Original-Roman. In-8°, 256 S. Einsiedeln, Gebr. Benziger. 1884. Geb. 2 50

Laicus, Phpp. (Phpp. Wasserburg), zwölf Briefe üb. d. Gottesglauben. [Aus: „Stimmen vom Berge".] gr. 8. (79 S.) Regensburg 896. Nationale Verlagsanstalt. n. — 70

Laicus, Ph., der Cabecilla, s.: Familienfreund.

— Haus Cardigan. Historische Erzählg. 8. (III, 404 S.) Mainz 898. F. Kirchheim. n. 4. —

Laicus, Phpp. [Phpp. Wasserburg]. Christoph Columbus, sein Leben u. seine Entdeckungen. Nach dem Franz. d. Grafen Roselly de Lorgues deutsch bearb. Reich illustrirt mit Randeinfassungen, Scenen, Landschaften, Seestücken, Porträts u. Karte. hoch 4. (592 S.) Einsiedeln 889 - 91. Benziger u. Comp. * 12 —; geb. * 15 —
Die Ausgabe erfolgte in 18 Lieferungn. à * — 80.

Laicus, Phpp. (Phpp. Wasserburg), der rothe Dieter, s.: Dasbach's, Frdr., Novellenkranz. 10. Bdchn.

— der rothe Dieter, s.: Novellenkranz.

—— eine moderne Ehe, s. Familien-Bibliothek.

– Ein Eifersüchtiger, s. Familienfreund.

— etwas später! Fortsetzung v. Bellamy's Rückblick aus dem J. 2000. 1. u. 2. Aufl. 8. (VII, 208 S.) Mainz 891. F. Kirchheim. n. 1. 80

—— Das Evangelium der liberalen Toleranz unter kritischer Sonde. Ebendas. 1873, 8°, 160 S., 1,25 Mk.

Der Verf. unterzieht die von Lessing in seinem bekannten Drama „Nathan der Weise" gepredigte Toleranz einer eingehenden Prüfung. Vgl. J. Helten, Stimmen a. M.-Laach Bd. 4 (1873), S. 491—5. Hülskamp, Litt. Handw. 1873, S. 76—7.

†Laicus, Phpp. [Phpp. Wasserburg], das Evangelium der liberalen Toleranz. Unter krit. Sonde. 8. (III, 186 S.) Mainz 878, Kirchheim.

Laicus, Ph., siehe: *Familien-Bibliothek.*

Laicus, Ph., siehe: *Familienfreund.*

Laicus, Philipp, das kleine Familienhaupt, s.: Fleuriot, Zenaïde.

— Feder, Schwert u. Fackel. Erzählungen aus d. Geschichte d. Stadt Magdeburg. 8. (III, 393 S.) Mainz 895. F. Kirchheim. n. 3. 50; geb. n. 4. 50

— der Gehorsam. Ein Wort zur Beherzigung für Bibelgläubige u. Atheisten. gr. 8. (IV, 189 S.) Mainz 877. Kirchheim. 1. 50

†Laicus, [Phpp. Wasserburg], um Geld und Gut. Eine Erzählung aus der Gegenwart. 2 Bde. 8. (IV, 503; III, 480 S.) Mainz 878, Kirchheim.

— der letzte Häuptling v. Killarney. Eine histor. Erzählg. 8. (533 S.) Mainz 884. Kirchheim. 4. 80

— Irma. Schicksale einer Verlassenen. Orig.-Erzählg. 2 Bde. 8. (314 u. 336 S.) Ebend. 883. 6. —

– Hochmutsnarren, s. Familienfreund.

– Der letzte König der Gothen, s. Familienfreund

— Kreuz u. Halbmond, s.: Familienfreund.

Laicus, Ph., Kreuz u. Kelle, s.: Familienfreund.

— aus dem Leben e. Ehrgeizigen. Eine Erzählung. 8. (III, 327 S.) Mainz 890. Kirchheim. 3. —

—— ringende Mächte. Ein socialer Roman aus der Gegenwart. 2 Bde. 8. (III, 296; III, 328 S.) Ebendas. 872.

†Laicus, Phpp. [Phpp. Wasserburg], Madonna di Tirano. Eine Veltliner Geschichte aus der Reformationszeit. 8. (XI, 567 S.) Mainz 888, Kirchheim.

– Montecchi und Capuleti, s. Familienfreund.

– Roman Paluski, s. Familienfreund.

— die Papstwahl. Eine geschichtliche Darstellung nach den besten Quellen. Mit den (lith.) Bildnissen des hochsel. Papstes Pius IX. u. seines Nachfolgers Leo XIII., sowie 15 weiteren (eingedr. Holzschn.-)Illustr. gr. 8. (96 S.) Einsiedeln 878. Benziger. 1. —; geb. in Halbleinw. 1. 20; in Leinw. mit Goldschn. n. 1. 60

— die Perle der Djalmara, s.: Familien-Freund.

—— die Petroleuse. Nach dem Französ. des A. Téram. 8. (268 S.) Mainz 875, Kirchheim.

Laicus, Philipp, Liberale Phrasen beleuchtet. Mainz, Kirchheim, 1871, 8°, 152 S., 1. u. 2. Aufl., 1 Mk. (Vergriffen.)

Die hier vorzugsweise beleuchteten lügenhaften, gegen d. Kirche gerichteten Phrasen u. Schlagwörter sind: „Der Liberalismus ist der Träger d. modernen Kultur"; Toleranz u. Aufklärung; freie Kirche im freien Staat, Nationalität u. Nichtintervention, Altkatholicismus u. Neukatholicismus; Jesuitismus &c.

—— der Herr Professor, s. Familien-Bibliothek.

— das Haus Brozzius. Ein Charakterbild aus der modernen Gesellschaft. 8. (492 S.) Mainz 881. Kirchheim. 4. —

— in blutigem Ringen. Histor. Erzählg. aus d. Mitte d. 10. Jahrh. 8. (III, 414 S.) Ebd. 897. n. 3. 50; geb. n. 4. 60

— die Rose vom Wetternsee. Historischer Roman. 8. (432 S.) Ebend. 880. 4. —

Laicus, Philipp, siehe: *Roselly de Lorgues.*

Laicus, Phil., Rosen u. Dornen aus dem Leben Papst Pius IX. Mainz 868. Kirchheim. 8. (VII, 235 S.) 12½ ngr.

– Die Rosen des Herrn Commissionsraths, s. Familienfreund.

— der Schmugglerkönig, s. Familien-Bibliothek.

—— die Sensenträger des Todes, s. Familienfreund.

—— Silvio. Ein Roman aus den Tagen von Mentana. 2 Bde. 8. (VI, 315; 395 S.) Ebendas. 873.

Laicus, Phpp., der Sonderling. Eine Erzählg. aus der neuesten Zeit. 8. (475 S.) Mainz 874. Kirchheim. 4. —

— Sonntagsheiligung — Sonntagsruhe, s.a. Broschüren, Frankfurter zeitgemäße.

Laicus, Phpp., Sonntagsheiligung — Sonntagsruhe. (Frankfurter zeitgemässe Broschüren, Bd. 15, Heft 1.) gr. 8°. Frankfurt 1894.

— Fürstenthum Sperbershausen. Sein Glück u. Ende. Mit 5 Orig.-Illustr. v. C. Sutter. 12. (VI, 287 S.) Ebd. 895. n. 2. 40; geb. n. 3. —

— zur rechten Stunde. Eine Erzählg. aus dem amerikan. Pflanzerleben. Frei nach dem Engl. d. Capt. Mayne Reid. 2 Bde. gr. 8. (366 S.) Krefeld 876. Klein. 3. —

— zur rechten Stunde. Eine Erzählg. aus dem amerikan. Pflanzerleben. Frei nach d. Engl. v. Mayne Reid. 8. (415 S.) Mülheim a/R. (900.) M. Hegner. 3. —; geb. n. 4. —

— Julia de Trécoeur. Ein Charakterbild, frei nach dem Franz. d. Octave Feuillet bearb. 8. (128 S.) Mainz 874. Kirchheim. 1. —

— der Herr Vetter, s.: Familien-Bibliothek.

—— die Waise. 8. (352 S.) Mainz 886, Kirchheim.

— amerikanisches Wanderbuch. Land- u. Lebensbilder aus Nord- u. Mittel-Amerika. Preisgekrönt von der franz. Akademie. Nach Lucian Biart frei bearb. Mit 55 (eingedr. Holzschn.-)Illustr. 10 Lfgn. Lex.-8. (316 S.) Einsiedeln 880. Benziger. à — 60

— was will die Socialdemokratie? Weckruf an das christliche Volk. gr. 16. (85 S.) M.-Gladbach 891. Riffarth. n. — 20

Der Werkführer. Eine Episode aus der Arbeiterbewegung unserer Tage. 8°. Mainz, Kirchheim, 1872.

—— der Werkführer. Eine Episode aus der Arbeiter-Bewegung unserer Tage. 1. und 2. Aufl. 8. (70 S.) Ebendas. 872.

—— Wohin mit diesem Culturkampf? Patriotische Erwägungen eines Vaterlandslosen. 8. (80 S.) Mainz 875, Kirchheim.

— der Wucherer, s. a. Aus Vergangenheit u. Gegenwart.

Der Wucherer. Eine Originalnovelle von Ph. Laicus [d. i. Philipp Wasserburg]. Kevelaer: Butzon & Bercker 1899. (96 S.) 8° [Fr.]
= Vergangenheit. Aus, u. Gegenwart. Bdch. 20. [illegible]

Laïde, A. de, d. Geschwister, s. a. Weihnachts-Rosen.

Die Geschwister. Von A. de Laïdo. Cöthen: Ev. Vereinsb. [Berlin: Sonntagsschulbuchh. 1897]. (23 S.) 8° [Fr.]
= Weihnachts-Rosen H. 17 [illegible]

Laidion oder die Eleusinischen Geheimnisse. Lemgo 1774. 2. Aufl. 1799. V: *Heinse, Johann Jacob Wilhelm.* (MGT) (Mn) (GGr) (Ky) (JL) (Cat. der Stadtbibl. Zürich. Zürich 1864—97.) (Grisebach, Weltlitteraturkat. Berl. 1898—1900. I, 217.)

Laidion, od. d. Eleusinischen Geheimnisse. (v. W. Heinse.) 8. Lemgo, Meyer. 799

Laie, ein römisch-katholischer, an Pius den Neunten, Papst der römischen Kirche, welcher im Laufe dieses Jahres ein ökumen. Konzil zusammenberufen will, u. an die Väter, welche zu diesem Konzil berufen werden sollen. Aus dem Latein. übersetzt vom Verf. Leipzig 869. Berlin, Denicke. gr. 8. (35 S.) 7½ ngr

Laien-Adresse an den hochw. Herrn Bischof von Trier. Coblenz 869. Hergt. gr. 8. (14 S.) 3 ngr

Laienagende. Besorgt von Abthl. II. der Gesellschaft für innere Mission nach dem Sinn der luther. Kirche. Nr. 12. 2., verm. und verb. Aufl. 8. (XIV und 76 S.) Nürnberg 853. (Nördlingen, Beck'sche Buchh.) *

Laienantworten auf die bischöflichen Hirtenbriefe. gr. 8. (56 S.) Leipzig 875, [J. W. Krüger.] Kummer. *

Laienbibel das ist: Bibel für das Volk. 1—7. Lfg. gr. 8. (400 S.) Jüterbog 851—52, Colditz'sche Buchh. à Lfg. 3 Ngr.

Laienbibel d. i.: Bibel für das Volk. Neue und gründlich verb., allenthalben erläuterte und gemeinverständliche, vollständige und treue Uebersetzung und Bearbeitung für Schule und Haus. 8—17. Lfg. gr. 8. [N. T. VIII und S. 161—280 und A. T. 1. Hälfte. S. 1—536., 2. Hälfte. 262 S. (Schluß.)] Leipzig 852. 53, [Graul.] à Lfg. 3 Ngr.

Laienbibel das ist: Bibel f. das Volk. Neue u. gründl. verb., allenthalben erläuterte u. gemeinverständliche, vollständige u. treue Uebersetzung u. Bearbeitung für Schule u. Haus. (In ca 25 Lfgn.) 1—9. Lfg. gr. 8. (N. T. VIII u. 260 S.) Jüterbog u. Leipzig 851 52, Colditz (jetzt: Renger). (à 3 ngr) 27 ngr

Laienbibel das ist: Bibel für das Volk. Neue und gründlich verbesserte, allenthalben erläuterte und gemeinverständliche, sorgfältig gereinigte und treue Uebersetzung und Bearbeitung für Schule und Haus. 10—17. Liefg. Leipzig 853. Renger in Comm. (Dresden, Breyer.) gr. 8. (A. T.: 530, 262 S.) Jede Liefg. 3 ngr

Laienblüthen. Eine Sammlung religiöser Gedichte u. Lieder von den Jahren 1859 bis 1862. Neu-York 862. (Philadelphia, Schäfer & Koradi.) gr. 16. (153 S.) geb. n. 1 *ℳ*

Laien-Bote, der evangelische. Ein Sonntags-Blatt aus Süddeutschland. Jahrg. 1860. 52 Nrn. (à ½ Bgn.) Heilbronn, (Scheurlen.) 4. n. 1 *ℳ* 7½ ngr

Laienbrevier, neues, s. a. Wolfsohn.

Laienbrevier, neues. Aus deutschen Dichtern der Vergangenheit und Gegenwart. Hrsg. von Wilh. Wolfsohn. 16. (XII und 370 S.) Dessau 851, Gebr. Katz.

Laienbrevier, neues. Aus deutschen Dichtern der Vergangenheit und Gegenwart. Hrsg. von Wilh. Wolfsohn. 2., verm. Ausg. 16. (XV und 392 S.) Dessau 854, Gebr. Katz. –

—— politisches! oder: Schnurrige und kurrige Reden über die Gegenwart des einigen Deutschlands. Von Schillers Capuziner-Prediger in Wallensteins Lager. 1. Heft. 1—3. Aufl. 16. (46 S.) Leipzig 851, (Bibliopolische Anstalt.)

Laienbriefe, theologische, hrsg. v. C. G. Schwab. 8. (XII, 418 S.) Stuttgart 889. Kohlhammer. n. 4.—

Laienevangelium u. erste Entwicklung d. Christenthums nach der Apostelgeschichte m. Rücksicht auf die vorchristl. Zeit. Von Frauenhand. gr. 16. (VII, 117 S.) Emden 873. Haynel. n. 1. 50

Laiengedanken, Einige, über das neue Steuergesetz für den Kanton Zürich. [Zürich 1900.] V: *Pestalozzi, F. Otto.* (Zuwachsverz. d. Bibliotheken in Zürich 1898 ff.)

Laien-Gottesdienst od. himmlischer Wegweiser f. verwaiste Gemeinden v. e. Mitarbeiter der grünen Heftchen. 2. Aufl. 12. (48 S.) Münster 876. Russe. n. — 40

Laien-Philosophie. Von einem Ungenannten. Altena 866. (Sauß.) gr. 8. (19 S.) 7½ ngr

Laienpredigten. Lose Blätter der Lebensweisheit. 1. u. 2. Sammlg. Halle 1884. V: *Sonntag, Waldemar.* (Mitth. M. Grolig.)

Laienpredigten. Lose Blätter der Lebensweisheit. 8. (VIII, 336 S.) Halle 884. Hendel. 3. —; geb. n. 4. —

Laien-Predigten in Versen. Verfaßt auf der Wanderung in Wald u. Gebirg. Von e. Nichttheologen. 8. (VII, 80 S.) Bremen 890. Rößler. n. 1. 50; geb. 2. 25

Laienversammlung, die katholische, in Solothurn vom 29. April 1871 üb. das Dogma v. der päpstlichen Unfehlbarkeit. gr. 8. (34 S.) Bern 871. Jent & Reinert. — 60

Laien-Vorträge, zur Zeit d. Krieges in e. preuß. Landhause gehalten. Bevorwortet v. Wichern. gr. 8. (79 S.) Berlin 872. Wiegandt & Grieben. n. 1. —

Laienwort, ein, zur Synodalfrage in Kurhessen von A. S. Leipzig 869. (Roßberg.) gr. 8. (72 S.) n. 10 *ngr.*

Laienworte über die Hegel-Straussische Christologie. Zürich 1836. V: *Nägeli, Hans Georg.* (Cat. der Stadtbibl. Zürich. Zürich 1864—97.)

Laienworte üb. d. Hegel-Straußische Christologie. 1. u. 2. Aufl. gr. 8. (à 2⅓ B.) Zürich 836, 39, Orell, Füßli u. Comp. à

Laienworte über Strauss Leben Jesu . . . 2. Aufl. Zürich 1839. V: *Naegeli, Hans Georg.* (Ky) (Zu)

Laier, L., zur Theorie u. Praxis des Schreibleseunterrichtes. (16 S.) 8. Nürnberg 908. F. Korn. — 40
Sonderabdruck aus: „Blätter f. d. Schulpraxis".

Laifle, Franz Xaver, Assistenzarzt im k. b. 15. Infanterie-Regiment „König Friedrich August von Sachsen" zu Neuburg a. D.: Ueber einen Fall von Mediastinal- und Lungencarcinom. München 1905: Kastner & Callwey. (27 S.) 8°
München, Med. Fak., Ref. v. Bauer, Diss. v. 27. Juli 1905
[Geb. 17. Febr. 78 Kempten; Wohnort: Neuburg a. D.; Staatsangeh.: Bayern; Vorbildung: Gymn. St. Stephan Augsburg Reife Juli 98; Studium: München 10 S.; Coll. 27. Juli 05; Approb. 25. Juli 03.]

[F.] Zur Jahrhundertwende. Gedichte v. Laifo. *Erfurt: Moos 1898.* (4 Bl., 80 S.) 1 Bd 8. [98. 3164 Ha

Laifo, zur Jahrhundertwende. Gedichte. 2. Aufl. 8. (V, 86 S.) Erfurt 898. Bonn, E. Moos. n. 2. —; geb. n. 3. —

[F.] Zur Jahrhundertwende. Gedichte v. Laifo. 2. Aufl. *Leipzig, Erfurt & Zürich: E. Moos 1898.* (4 Bl., 86 S.) 1 Bd 8. [98. 2949

[F.] Laifo. Die Y-Z-Strahlen des Prof. Dr. Antinom. *Erfurt & Leipzig: E. Moos 1899.* (2 Bl., 171 S.) 1 Bd 8. [99. 1976 3

Laifo, die Y-Z-Strahlen d. Professors Dr. Antinom. 2. Aufl. 8. (171 S.) Erfurt 899. Bonn, E. Moos. n. 3.—; geb. n. 4.—

Laikos, Johannes. O, dass Du es doch erkenntest, Was Dir zum Frieden dient! -- ⟨Lukas 19, 42⟩. Soziale Gedanken. IV + 31 S. 8. Zürich, Caesar Schmidt, 1905. [fr. —. 75]

Laima. Taschenbuch auf d. J. 1836. Hrsg. v. C. Loose jun. 12. (10 B., 3 Stndr. u. 1 Musikbeil.) Mohrungen u. Braunsberg, (Rautenberg. ?)

Lain, Otto, eine Todesstunde. Dramatisches Trauerbild aus der jüngsten Passionsgeschichte. 16. (36 S.) Lüneburg 852(53,) Herold und Wahlstab. *

Lainer, Alex., Anleitung zur Ausübung der Photoxylographie, s. a. Encyklopädie der Photographie.

Lainer A. Anleitung zur Ausführung der Photoxylographie. (52 S) (Encyklopädie der Photographie 4) Halle 1894

— Anleitung zu den Laboratoriumsarbeiten m. besond. Rücksicht auf die Bedürfnisse d. Photographen. gr. 8. (III, II, 103 S. m. 243 Abbildgn.) Halle a/S. 892. W. Knapp. n. 3. —

Lainer, Alex., Anleitung zum ration. Sammeln der photograph. Silber-, Gold- u. Platinrückstände u. deren Werthbestimmg. gr. 8. (III, IV, 59 S. m. 4 Abb.) Bunzlau 894. (Leipzig, P. Beyer.) n. 2. —

— Anleitg. z. Verarbeitg. photograph. Rückstände, sow. zur Erzeugg. u. Prüfg. photograph. Gold-, Silber- u. Platinsalze, s. a. Encyklopädie d. Photographie.

Anleitung zur Verarbeitung photographischer Rückstände sowie zur Erzeugung und Prüfung photographischer Gold-, Silber- und Platinsalze. Halle, 1895. 8vo. Ill.

— Quantitative Bestimmung von Silber und Gold mittelst salzsauren Hydroxylamins. S. 109. IIb. 611 . . . . vgr.
Separatabdruck

— Ein neues wasserfreies Goldchloridkalium. S. 20. IIb. 217 . . . . vgr.
Separatabdruck

Lainer, A: Lehrbuch der photographischen Chemie. Wien
Th. 1. Anorganische Chemie. 1889
Th. 2. Organische Chemie. 1899
Abth. 1. Photographische Chemie der Methanderivate.
Abth. 2. Photographische Chemie der Benzolderivate.

Lainer, Alex., Lehrbuch der photograph. Chemie u. Photochemie, s. a. Lechner's photogr. Bibliothek.

Lainer, A., Lehrbuch der photographischen Chemie u. Photochemie. 1. Thl. Anorganische Chemie. gr. 8. (VIII, 266 S.) Halle a/S. 889. Knapp. n. 6. —

LAINER, A.
Lehrbuch der photographischen Chemie und Photochemie. Zweite Auflage. Wien, 1899. 8vo. Ill.

— u. **Max Bamberger**, Leitfaden f. den Unterricht in der Naturlehre. gr. 8. (III, VIII, 85 S.) Wien 891. Spielhagen & Schurich. n. 1. 80

Lainer Alexander: Über die Verwendung des salzsauren Hydroxylamins in der quantitativen Analyse. S. 97. IIb. 195 . . . . vgr.
Separatabdruck

—— Vorträge über photographische Optik. Die photograph. Objective, ihre Eigenschaften u. Prüfg. Autographie m. 163 Fig. gr. 8. (III, 239 S.) Wien 890, Spielhagen u. Schurich. * * 6 —

Laines, Jac., disputationes Tridentinae, ad manuscriptorum fidem ed. et commentariis historicis instruxit Hartm. Grisar. 2 tomi. gr. 8. (106, 512; 85, 568 S.) Innsbruck 885, F. Rauch's Buchh. *

Iacobi Laines Disputationes Tridentinae. Ad mss. fidem edidit et commentariis historicis instruxit H. Grisar. Oeniponte, Rauch, 1886, in 8°.
Tom. I.: Disputatio de origine iurisdictionis episcoporum et de Rom. Pontificis primatu. 106* et 512 p.

Laing, (Al. G.,) Reise in d. Gebiet d. Timmannis, Kuranko's u. Sulimas in West-Africa. A. d. Engl. (A. d. ethnogr. Archiv abgedr.) gr. 8. Jena 826, Bran.

Laing, Frederick A., and **Th. Welscher**, analyses of classic english plays for the use of students of english litterature. 8. (III, 112 S.) Stuttgart 883. Neff. n. — 75; geb. n. 1. —

Laing, H., s. Laing, Sidney Herbert

Laing, Sam., Reise durch Norwegen, } s. Weltpanorama.
—— Reise in Schweden, }

—— Reisen in Schweden u. Norwegen. Nach d. Engl. bearb., m. Zusätzen u. Anmerk. v. W. Ad. Lindau. 2 Thle. gr. 8. Dresden u. Leipzig 843, Arnoldische Buchh.
A. u. d. Ttln.:
Thl. 1. Reise in Schweden. (22¼ B. u. lith Ttlbl.) 2 Thlr.
„ 2. Reise in Norwegen. Mit e. Anhange: Geschichte des norweg. Grundgesetzes. (29¼ B. u. lith. Ttlbl.) 2 Thlr. 15 Ngr.

— Tagebuch über eine Reise durch Norwegen 1834—1836, s. Weltpanorama, 16.—19. Bd.

Laing, Sidney Herbert, widerlegter Darwinismus [Darwinism refuted, an essay.] Ueber Mr. Darwin's Theorie der „Abstammg. d. Menschen." Aus dem Engl. gr. 8. (III, 80 S.) Leipzig 872. Schlicke. 2. —

Lainier de Verton, Albert [Pseud.], s. Baillet, Adrien

Laino, E. G., das Leben Jesu auf Grundlage des vornehmsten Gebots. 1. Thl. und 2. Thl. 1.—3. Abthl. gr. 8. Leipzig 872—74, (Buchh. des Vereinshauses.) [1. Thl. (XVI, S. 1—208.); 2. Thl. 1. Abthl. (VIII, S. 209—394); 2. Abthl. (VI, S. 395—640.); 3. Abthl. (VII, S. 641—1040.)] à Abthl. *M 2. *

Laino, E. G., das Leben Jesu auf Grundlage d. vornehmsten Gebots. 2 Thle in 4 Abthlgn. gr. 8. (XVI, 208 u. XXI, 1040 S.) Leipzig 872—74. Stuttgart, J. F. Steinkopf. n. 8. —

— dasselbe. 1. Thl. u. 2. Thl. 1. Unterabth. 2. verb. Aufl. gr. 8. (228 u. 190 S.) Stuttgart 876. J. F. Steinkopf. à n. 2. —

Laino, E. G., das Leben Jesu auf Grundlage des vornehmsten Gebots. 2. Thl. 2. u. 3. Unter-Abth. 2., verb. Aufl. u. 3. (Schluß-)Thl. gr. 8. (244, 406 u. 169 S.) Stuttgart 877. J. F. Steinkopf. n. 6. — (cplt.: n. 10. —)

Laino, E. G., das Leben Jesu auf Grundlage des vornehmsten Gebots. 3 Thle. in 5 Bdn. 3. umgearb. Aufl. gr. 8. (XII, 124; III, 127; IV, 183; IV, 267; IV, 232 S.) Leipzig 881—83, Böhme. *

Lainveber, Antonius Josephus nobilis (geb. Stupzy 1801): Nonnulla de variis sanguinis in operationibus cruentis fluxus inhibendi methodis. Berolini (1831). (38 S.) 8°
Berlin, Med. Diss. v. 20 Aug. 1831

Lair, P. A., Essai sur les combustions humaines produites par un long abus des liqueurs. 12. Paris et Strasb. König. 800.

Lair, S., neue Behandlungsmethode d. Geschwüre, Ulcerationen u. Anschwellungen d. Uterus. Nach d. 2. Ausg. d. Orig. a. d. Franz. übers. M. 1 Kpfrt. gr. 8. (8 B.) Weimar 828, Landes-Ind.-Comptoir.

Laird, George J. [aus London, Ont., Canada]: Über die Krystallographischen Beziehungen der Methyl- und Aethylsulfinchloroplatinate .... (Aus: „Zeitschr. f. Krystallographie etc." XIV, 1. 1888) Leipzig, Wilhelm Engelmann, 1888; 1 Bl. + 16 S. + 2 Bl. 8°
Breslau, Phil. Fak., Inaug.-Diss. v. 4. Febr. 1888

Laireiter, A., Nachfolge d. heil. Aloysius. Vollständiges Gebet- u. Erbauungsbuch f. die heranwachs. Jugend beiderlei Geschlechts. 2. Aufl. 16. (488 S. m. 1 Farbendr.) Salzburg 889. Pustet. —90; geb. in Leinw. n. 1.—; m. Goldschn. 1.20; in Chagrin m. Goldschn. n. 1.50

Lairesse, Gerhard de

— Anleit. zur Zeichenkunst; a. d. Holländ. mit Kpf. gr. 4. Nürnb. 780. N. A. 804. Schneider u. W. 18 gr. Anhang dazu, mit 13 Kpft. 4. Ebd. 16 gr.

— Anweis. z. Zeichenkunst, a. d. Holl. m. K. gr. 4. Ebd. 780.

Lairesse, Gerhard de. Grundlegung zur Zeichen-Kunst. Aus dem Holländischen in das Hoch-Teutsche übersetzt. Nürnberg 1727. 4°.

Lairesse, Gerhard de. Grosses Mahler-Buch. Aus dem Holländischen in das Hoch-Teutsche übersetzt. 2 Bde. Nürnberg 1728. 4°.

de Lairesse, Gerh., großes Malerbuch. 3 Bde. Mit Kpf. 4. Nürnb. ... N. A. 784—800. Schneider u. W. 3 Rthl. 8 gr. Neue wohlf. Aufl. Ebd. 818. 19. 3 Rthl.

Lairesse, G. de, großes Malerbuch. (6s Heft die Lehre von d Landschaften. M. K. N. A. 818. 16 Gr. — 7s H. der Portraitmahler. N. A. 818. 8 Gr. — 8s H der Architekt. N. A. 819. 10 Gr. — 9s H. der Plafondmahler. N. A. 819. 10 Gr. — 10s H. der Bildhauer. N. A. 819. 8 Gr. — 11s H. die Lehre von unbewegl. Dingen. N. A. 6 Gr. — 12s H. der Blumenmahler. — N. A. 819. 3 Gr. — 13s H. der Kupferstecher. 819. 6 Gr.) 4. Nürnberg, Schneider u. Weigel. 818 u. 819.

— neueröffn. Schule d. Zeichenkunst, worin d. Anfangsgr. ders. nach e. leicht. u. kurz. Art beschr. werd. m. 120 K. Fol. Leipz. Arkstee. 746.

Lairesse, Gerh. de, Unterr. in d. Zeichenkunst. m. K. 4. Nürnb. Schneider u. W. 804. Rthlr.

— — der Anhang hierzu besonders

Lairitz, Gebrüder, Handbuch für den Färberstand. Extract der Allgemeinen Muster-Zeitung vom J. 1846 Nr. 1—6. u. vom J. 1847 Nr. 1—6. gr. 8. (200 S.) Leipzig 848, Leiner. 1½ Rthl.

– (Hrsg.), s. Musterzeitung für den Färberstand.

Lairitz, die Pflege der Haut, s. Pflege, die, der Haut.

LAIRITZ, J. G. Johann Georg Lairitzius . . . Herodisches Blut-Bad Der unschuldig ermordeten Bethlehemitischen Kinder wie auch Die Fata Des Ungerathenen Sohnes nach JACOBI BIDERMANI Erfindung Aus Seinen angefügten Lateinischen in Teutschen Versen vorgestellet. Frankfurt aM. & Leipzig. Druckts und verlegts Carl Friedrich Jungnicols hinterl. Wittwe in Erffurth, 1737. 8°. 4 Bl. 392 und 160 S.

Lairiz, Jo. Gg. (Bayreuth), Diss. jur. eccl. de oblationibus quae fiunt in eccl. per sacculum sonantem Vom Klinge-Beutel. Präs. Chr. Wildvogel. Jena (Müller) Nov. 1704. (4.—) 20311
Widm. v.: Chr. Wildvogel.

Lairitz, J. Geo., synopsis historiae ecclesiast. 8. Leipz. 760. (Brockhaus). 12 gr.

— Synops. historiae ecclesiast. 8. Lips. Gleditsch. 760.

Lairitz, L., und E. Lairitz, Wegweiser zur naturgemäßen Heilung vieler, namentlich Erkältungskrankheiten speciell von Gicht u. Rheumatismus u. damit verwandten Leiden. 8. (77 S.) Saalfeld 878. Wiedemann. — 40

Lairiz, s. Lairitz.

Lais, Die, von Smirna oder Nachrichten zu dem Leben der Psycharion. Ein erotisches Fragment. Nach d. Griech der Nicarette, aus einem Manuscript in der Bibliothek des Milord *** übers. Smirna [Gotha] 1776. V: *Meunier de Querlon, Anne Gabr.* (BGE IV, 14)

Lais, Die, von Smirna, oder Nachrichten zu dem Leben der Psycharion ... Smirna [Gotha] 1776. V: *Meusnier de Querlon, Anne Gabriel.* (BGE)

— die, v. Smirna, od. Nachricht v. d. Leben d. Psycharion, nach d. Griech.; e. erotisches Fragment. 8. Smirna. (Ettinger in Gotha.) 776.

LÄIS, E. D.: Die Stock- und Vogteiguts-Besitzer der Eifel und der umliegenden Gegenden wider ihre Gemeinden im Betreff streitiger Waldungen. Historisch-juristische Darstellung merkwürdiger Rechtsfälle, nebst ihren Entscheidungen und Belegen. - Trier 1830 u. 1831. 2 Bd. VI, 418 S. u. VIII, 376 S.

Läis, E. D., die Stock- u. Vogteiguts-Besitzer d. Eifel u. d. umlieg. Gegenden wider ihre Gemeinden in Betreff streit. Waldungen. Histor.-jurist. Darstellung merkwürd. Rechtsfälle, nebst ihren Entscheidungen u. Belegen. 1. Bd. gr. 8. (26½ B.) Trier 830, (Montigny.)

Läis, E. D.: „Die Stock- und Vogtei-Gutsbesitzer der Eifel und der umliegenden Gegenden wider ihre Gemeinden in Betreff streitiger Waldungen. Historisch-juristische Darstellung merkwürdiger Rechtsfälle nebst ihren Entscheidungen und Belegen". Trier 1838 (Montigny).

Laisant, C. A., **Einführung in die Mathematik. Allen Kinderfreunden gewidmet. Autoris. deutsche Ausg.** v. F. J. Schicht. (XV, 199 S. m. 106 Fig.) 8. Wien 908. F. Deuticke. 2.—

Laisné, J., Handbuch der Geniewaffe. Bearbeitung der neuesten Aufl. des Aide mémoire à l'usage des officiers du génie, bearb. von Ig. Körbling. Mit in den Text eingedr. Holzst. 2 Hälften. 8. Braunschweig, Vieweg und Sohn. [1. Hälfte. (456 S.) 868. * 2 Thlr., 2. Hälfte. (XIX und S. 457—862 und Anh. 154 S.) 864. * 2 Thlr. 12 Ngr.] *

Laissle, Franz

Laissle, Fr., und Ad. Schübler, der Bau der Brückenträger mit wissenschaftl. Begründung der gegebenen Regeln und mit besonderer Rücksicht auf die neuesten Ausführungen. gr. 8. (VIII und 158 S. mit eingedr. Holzschn. und 7 Stnt.) Stuttgart 857, Neff. *

Laissle, Fr., und Ad. Schübler, der Bau der Brückenträger mit wissenschaftlicher Begründung der gegebenen Regeln und mit besonderer Rücksicht auf die neuesten Ausführungen. 2., umgearb. Aufl. gr. 8. (1. Hälfte. VIII und 112 S. mit eingedr. Holzschn. und 5 Stnt. in gr. 4. und Fol.) Stuttgart 864, Neff. *

Laissle, Frz., u. Ad. Schübler, der Bau der Brückenträger mit besond. Rücksicht auf Eisen-Constructionen. 1. Thl. 3. umgearb. Aufl. Stuttgart 869. Neff. gr. 8. (XII, 207 S. mit eingedr. Holzschn. u. 8 Steintaff. in 8., 4. u. Fol.) n. 1 ℛ 24 ngr.

— — 2. Thl. Ebend. 870. gr. 8. (VIII, 191 S. mit 8 Steintaff. in qu. 4. u. qu. Fol.) 2 ℛ

Laissle, Frz., und Ad. Schübler, der Bau der Brückenträger mit besond. Rücksicht auf Eisen-Constructionen. 1. Thl. 3. umgearb. Aufl. (XII, 207 S. mit eingedr. Holzschn. und 8 Stnt. in 8., gr. 4. und Fol.) 1869. *ℳ 5,40., und 1. Thl. 1. Hälfte. 4. umgearb. Aufl. gr. 8. (IV, 128 S. mit 4 Stnt. in gr. 8. und qu. 4.) Stuttgart 874, Neff. *

Laissle, Fr., und Ad. Schübler, der Bau der Brückenträger mit besond. Rücksicht auf Eisen-Constructionen. 1. Thl. 2. Hälfte. 4. umgearb. Aufl. gr. 8. (XII, S. 129—300) mit eingedr. Holzschn. und 7 Stnt. in qu. 4. und qu. Fol.) Stuttgart 876, Neff. *
1. Thl. 1. Hälfte. Ebendas. 1874. *ℳ 4.

— — **calcul et construction de ponts métalliques Traduit de l'allemand avec l'approbation des auteurs. Tome I. et II. Lex.-8. (XIV u. S. 1-391 m. eingedr Holzschn. u. 16 Steintaf. in 8., 4. u. Fol.) Ebend. 871.** à n. 8. —

Laißle, Friedrich von: Straßenbau ..., s.a. Dietrich, Max

Laissle, F. v., Strassenbau, einschliesslich der Strassenbahnen, hrsg. v. L. v. Willmann, s.a. Handbuch der Ingenieurwissenschaften. IV. Bd.

Der Straßenbau einschließlich der Straßenbahnen. Bearb. von [Friedrich] Laissle, Prof. zu Stuttgart, hrsg. von L[eo] v. Willmann, Prof. zu Darmstadt. 3. verm. Aufl. Mit 327 Textfig., vollst. Sachreg. u. 15 Taf. (In 2 Lfgen.) *Leipzig: W. Engelmann 19(02–)03.* (XIX, 473, VII S.) 4°(8°)
— Handbuch d. Ingenieurwissenschaften. Bd 1, Abt. 4. [03. 10536]

Straßenbau einschließlich der Straßenbahnen. Bearb. von F(riedrich]) v. **Laißle** †, hrsg. von L[eo] v. Willmann, Prof. in Darmstadt. 4., verm. Aufl. Lfg 1. Leipzig: W. Engelmann 1907. 4°(8°)
= **Handbuch** d. Ingenieurwissenschaften. T 1, Bd 4, Lfg 1. [07. 14319]

Laissle, Hedwig, appr. Ärztin: Aus d. med. Klinik in Tübingen. Über schwere Anämien mit atypischem und wenig typischem Befund. Leipzig: Vogel 1910. 33 S. 8° ¶(Aus: Deutsches Archiv f. klin. Medizin. Bd 99.)
Tübingen, Med. Diss. v. 10. Juni 1910, Ref. v. Romberg
[Geb. 10. Aug. 82 Reutlingen; Wohnort: Reutlingen; Staatsangeh.: Württemberg; Vorbildung: Mädchengymn. Zürich Reife M. 02; Studium: Zürich 5, Genf 1, Zürich 2, Tübingen 2 S., Coll. 2. März 10; Approb. 8. Juni 10.] [U 10. 4161

Laistner, E., die Lokalbahnfrage in Württemberg. Vortrag. gr. 8. (IV, 48 S.) Stuttgart 890. Kohlhammer. n. —80

Laistner, J. Ch., die Gedächtnißübungen in der Volksschule. Eine gekrönte Preisschrift. Mit einem Vorworte von Diesterweg. gr. 8. (X und 130 S.) Leipzig 853, Brandstetter. Thlr.

Laistner, J. Ch., das Lesebuch auf der Stufe der Anschauung. Proben seiner Behandlung. 8. (199 S.) Stuttgart 857, Ch. Hallberger.

—— **Pläne und Kostenberechnungen über die verschiedenen Organisirungen der Volksschulen welche das Gesetz vom 6. Nov. 1858 fordert oder gestattet. Für Schulvorstände und Gemeindebehörden. gr. 8. (186 S.) Stuttgart 859, Metzler'sche Buchh. Verlags-Conto.** *

Laistner, [Joh. Chr.] Die Zusatzartikel zum Volksschulgesetz vom 29. Sept. 1836 in ihrer Wirkung auf Schule und Lehrer. Stuttgart Köhler 1856.

Laistner, Ludw., der Archetypus der Nibelungen. [Sonderabdr. der Einleitung zu dem Werke: Das Nibelungenlied nach der Hohenems-Münchener Handschrift in phototyp. Nachbildung.] 4. (III, 48 S.) München 887, Verlagsanstalt für Kunst und Wissenschaft. *
Phototypische Nachbildung des Originals, s. Handschriften, berühmte, des Mittelalters.

Laistner, Ludw., Barbarossa's Brautwerber. Eine wirtemberger Sage. gr. 16. (120 S.) Stuttgart 875. Hallberger. geb m. Goldschn. n. 4. 50

Laistner, L. (Übers.), s.a. G o l i a s Studentenlieder des Mittelalters.

Laistner, Ludw., Golias. Studentenlieder des Mittelalters. Aus dem Lat. 8. (XXIII, 117 S.) Stuttgart 879. Spemann. n. 3. —

Laistner, Ldwg. Nebelsagen. Stuttgart 1879. 8. . . . .

— Nebelsagen. gr. 8. (VIII, 366 S.) Ebend. 879. n. 9. —

Laistner, Ludw., Novellen aus alter Zeit. [Schneekind. Der geraubte Spielmann. Heinrike. Unehrliche Leute.] 8. (VII, 431 S.) Berlin 882, Hertz. ℳ 6.; geb.

Laistner, Ludwig (Hrsg.), s. N o v e l l e n s c h a t z, Neuer deutscher

— das Rätsel der Sphinx. Grundzüge e. Mythengeschichte. 2 Bde. gr. 8. (XXIV, 348 u. VI, 471 S.) Berlin 889. Hertz. n. 20. —

—— das Recht in der Strafe. Beitrag zur Geschichte der Philosophie und ein Versuch einer Dialektik des Strafrechtsproblems. gr. 8. (IV, 198 S.) München 872, Oldenbourg. *

Laistner, Ludw., germanische Völkernamen. [Aus: „Württemberg. Vierteljahrshefte f. Landesgeschichte".] gr. 8. (67 S.) Stuttgart 892. W. Kohlhammer. n. 1. —

—— bezauberte Welt, s. Novellenschatz, neuer deutscher.

[L a e i s z] F. Laeisz. Erinnerungen a. dem Leben eines alten Hamburgers. Den Freunden d. Verstorbenen gewidmet von s. Enkel. (Als Ms. gedr.) 8. (50 S.) Hamb. 891. Nicht im Handel

Laeisz, C. M., Erinnerungen an Helgoland. Eine Sammlung der vorzüglichsten Ansichten des berühmten Seebades, in Stahl gest. von J. Gray. qu. gr. 8. (17 Stahlst. und lithogr. Titel in Golddr.) Hamburg 850, Berendsohn. * ill. *

Laeisz, Walt., Technik u. Wirtschaftlichkeit im Schiffahrtsbetriebe, s.a. A b h a n d l u n g e n des staatswissenschaftlichen Seminars zu Jena. IX. Bd. 2. Heft.

Technik und Wirtschaftlichkeit im Schiffahrtsbetriebe Von Dr. Walter **Laeisz.** (Hrsg Prof Dr J[ulius] Pierstorff.) Jena Fischer 1910. 100 S. 8°
(Abhandlungen d Staatswiss. Seminars zu Jena. Bd 9, H 2.) 10. 17652

Das Blaue Kreuz und der Guttemplerorden in Deutschland. Im Auftr d. geschäftsführ Ausschusses hrsg. von J. **Laitenberger,** Tuningen. Barmen Elim [1905]. (46 S.) 8° [B.] 05. 9860

Laitenberger, Ph. Chr., praes. R. J. **Camerarius,** De colica spasmodica. 16 pp. Tüb. 4° Auch im *Camerarius,* Hist pcd. tunndi u *Haller,* Disp. chir 16° Laus. 1756 V, 461 75. 1720

Beiträge zur Kenntniss der Verhältnisse zwischen Alcalescenz [!], Acidität und Toxicität einiger Bacterienkulturen von Dr Taav[etti] **Laitinen.** (Aus d. path. Inst. zu Helsingfors.) *(Helsingfors 1900 Off typogr. soc. litt. fenn.)* (49 S.) 4°
= Acta Societatis scientiarum Fennicae. T 26, No 1

Laitinen, Taav., über den Einfluss des Alkohols auf die Empfindlichkeit des thierischen Körpers f. Infectionsstoffe. (Acta societatis scientiarum fennicae. Tom. XXIX. Nr. 7.) gr. 4. (210 S. m. eingedr. Kurven.) Jena 900. G. Fischer. n. 8. —

Ueber den Einfluß des Alkohols auf die Empfindlichkeit des thierischen Körpers für Infektionsstoffe von Dr. Taav[etti] **Laitinen,** Doc., Helsingfors. (Aus d. hyg. Inst. zu Halle a. S. u. aus d. path. Inst. zu Helsingfors.) *(Helsingforsiae: Soc. litt. fennica 1903.)* (210 S.) 4°
= Acta Societatis scientiarum Fennicae. T. 29, No 7.

Laitl Franz: Die Sigma-Funktionen und ihr Zusammenhang mit den Theta-Funktionen. 29. Sternberg R. 04.
Progr.

[L a i t y, Armand.] Der Prinz Napoleon in Strasburg, oder geschichtliche Darstellung des Aufstandes vom 30. Oktober 1836. Von einem Augenzeugen. Nach der französischen Handschrift übersetzt. 8. Stuttgart 1838.

Laizner Josef: Das Bukowiner Gewerbemuseum. 5. Czernowitz St. O Sch. 92.
Progr.

L a i z n e r, Jos., Zeichnenhefte für den vorbereitenden Unterricht im Freihand-Zeichnen an Volksschulen. Zusammengestellt auf Aufforderung der Commission, welche zur Berathung des Zeichnen-Unterrichtes für Volksschulen in Prag stattgefunden. 6 Hefte. qu. 4. (à 16 Stat.) Brünn 867, (Buschak und Irrgang.) à Heft * 2 Ngr. *

L a k e, the, of the four cantons, s. A m Vierwaldstätter See.

Lake Eyre. 1,500,000. G. M. 1863 u. 1867.

Lake, Bernard, Lector publicus d. engl. Sprache u. Assistent am engl. Seminar an d. Univ. Leipzig: A general introduction to Charles Lamb. Together with a special study of his relation to Robert Burton, the author of the 'Anatomy of melancholy.' *Leipzig: Seele & Co. 1903.* (91 S.) 8°
Leipzig, Phil. Diss. v. 1903

L a k e, (J. W.,) the Life of Lord Byron. 16. Frkf. a. M. 827, Schäfer.

— dasselbe in gr. 16. Eb. 827, Eb.

— dasselbe, aus den Engl. v. Fr. Pauer. Mit 1 Bildn. 8. Quedlinb. 827, Basse.

Lake Distrikt und Great Stony Desert, im Innern von Australien. 1,000,000. G. M. 1867.

Lake Erie Bezirk d Nord-anischen Sängerbundes. Konstitution .. Erie, Pa, 1905

Lake Erie Turn-Zeitung: 1889?—1918?
Monthly circulation 1000.
Cleveland, OH

Lakemacher, Johann Gottfried

Lakemacher, Joh. Gottfried, . De Alkendi Arabum philosopho celeberrimo .. disputabunt praeses — et respondens Joh. Christoph Harenberg. Helmstadii 1719.

L a k e m a c h e r, I. Gf., antiquitat. graecor. sacrae. 8. Helmst. (Weygand, Lips.) 734.

Lakemacher, Ioh. Godofredus, Elementa linguae Arabicae . Accedunt textus aliquot Arabici et iustae analyseos exemplum. Cum praefatione Hermanni von der Hardt. Helmstadii 1718.

Lakemacher. Ioh. Gottfried, Dissertatio inauguralis historico-litteraria de fatis studiorum apud Arabes. [Diss.] Helmstadii [1719].

Lakemacher, M. Jo. Gottfr., De necessitate sepulturae et statu hominis post mortem. Helmst. (H. D. Hamm) 1721. (3.—) 20313

L a k e m a c h e r i, Observationes philologicae, quibus varia antiquitatis Hebraicae atque Graecae capita collustrantur. Helmst. 725. sq. 10 Part. 8. 1 rthlr. 8 gr.

Lakemacheri, J. G., Observationes philologicae, quibus varia antiquitatum Hebraicarum ac Graecarum capita collustrantur. Lips. 725-33. 10 P. 8. 3 rthl.

— observation. philolog. X part. 8. ibid. 729—33.

Lakemacher, Jo. Gottfried [Praes.], s. Rathleff, Ernst Ludwig: De simulacro Nebucadnezaris aureo ad illustrandum Dan. III. 1.

— — De ritibus quibusdam bacchicis. Helmst. (P. Diet. Schnorr) (17. X.) 1724. 48 S. (4.—) 20314

Lakemacherus, Io. Gothofr., De studio rabbinico, a recentiorum quorundam criminationibus vindicato, oratio, publice recitata, cum linguarum orientalium professionem ... auspicaretur. Helmaestadii 1728.

Lakemacher, J. G., de tempore, quo primum orta sit secta Pharisaeorum. Helmst. 1723. 4.

Lakeman, Jo. Frid. (Havelberg), Disp. jur. de matrimonio absentium. Präs. Petr. Müller. Jena (Bauhofer) Febr. 1685. (5.—) 20315
Widm. v.: Petr. Müller, Wilh. God. Schuband.

— — Disp. jur. de matrimonio absentium. Germ. Von Verlobungen zweyer einander abwesender Personen. Präs. Petr. Müller. Ed. II. Jena (Jo. B. Heller) 1722. 40 S. (4.—) 20316

— — Disp. jur. de matrimonio absentium. Germ. Von Verlobung, auch der Ehe, zweyer einander abwes. Personen. Ed. III. Jena (B. Heller) 1740. 44 S. (4.—) 20317

— — Disp. jur. de matrimonio absentium. Präs. Petr. Müller. Wittenbg. (Hake) 1745. (5.—) 20318

Lakemann, Just. Heinr. (Hameln), Diss. phys. de calore animali. Göttingen (Barmeier) 29. XII. 1801. 14 S. (3.—) 20319

Lakemann, J. H., de calore animali. 4. Götting. 801. Brose. 3 gr.

Lakemeyer, Wilhelm [aus Steinheim '(Preussen)']: Zur Kenntnis der substituierten Oxime des Benzils und der Phenylsulfoderivate der Benziloxime ... Erlangen, k. b. Hofbuchdr. v. A. Vollrath, 1894; 36 S. 8.
Erlangen, Phil. Fak., Inaug.-Diss. v. [18. Juli] 1894

Laker, Carl, die Anwendung d. Massage bei d. Erkrankgn. d. Athmungsorgane (Nasen-, Rachen-, Kehlkopf- u. Brustkrankheiten). gr. 8. (III, 75 S. m. 32 Abb.) Wien 897. F. Deuticke. n. 1. 50

— Beobachtungen an den geformten Bestandteilen des Blutes (mit 1 Taf.). S. 93. III. 21 . . —.60
Separatabdruck

Laker, Carl, Beobachtungen an den geformten Bestandtheilen d. Blutes. [Mit 1 Taf.] Lex.-8. (20 S.) Wien 886. (Gerold's Sohn.) n. — 60

Laker, Carl, Beobachtungen an den geformten Bestandtheilen des Blutes. Lex.-8. (20 S. mit 1 Taf.) Wien 886, (Tempsky.) *
Aus: Sitzungsberichte der k. Akademie der Wissenschaften, besonders abgedruckt.

Erwiderung Dr. (Karl) **Laker**'s auf die Erklärung des akademischen Senates der k. k. Franzens-Universität in Graz in Grazer Tagesblättern vom 11. April 1901. *(Graz: Selbstverl. 1901.)* (8 S.) 4° [Kopft. F.]
Aus: Grazer Wochenbl. 1901, No 21. [os. 48u 5]

— Die ersten Gerinnungserscheinungen des Säugetierblutes unter dem Mikroskope. S. 90. III. 167 . . . . . —.24
Separatabdruck

Laker, Karl, die ersten Gerinnungserscheinungen des Säugethierblutes unter dem Mikroskope. Lex.-8. (12 S.) Wien 884, (Gerold's Sohn.) * *

Laker, Carl, die Heilerfolge der inneren Schleimhaut-Massage bei den chronischen Erkrankungen d. Nase, d. Rachens, d. Ohres u. d. Kehlkopfes. 1. u. 2. unveränd. Aufl. gr. 8. (XI, 103 S. m. 14 Abbildgn.) Graz 892. Leuschner & Lubensky. n. 2. —

Über mangelhaften gesetzlichen und behördlichen Schutz gegen maskierte Erpressungen weiblicher Personen. Studie aus uns. Rechtsleben. Von Dr. Karl **Laker**. Leoben: J. H. Prosl 1905. (32 S.) 8° [F.] [08. 1907 II]

Laker Karl: Studien über die Blutscheibchen und den angeblichen Zerfall der weißen Blutkörperchen bei der Blutgerinnung (mit 1 Taf.). S. 86. III. 173 . . . . . . —.90
Separatabdruck

— Studien über die Blutscheibchen und den angebl. Zerfall der weissen Blutkörperchen bei der Blutgerinnung. Lex.-8. (30 S. mit 1 lithogr. und color. Taf.) (Ebendas.) 882. * *
Vorstehende Schrift aus: Sitzungsberichte der k. Akademie der Wissenschaften, besonders abgedruckt.

Laker, Karl, das Umtonen (Transponieren). Nach e. leichten u. bequemen Verfahren f. Anfänger dargestellt. (12 S.) gr. 8. Graz 910. Leuschner & Lubensky. — 50

Vereinfachung der Notenschrift und der Einführung in die Musiklehre von Dr. Karl **Laker**. Mit 18 Notenbeispielen. Graz: Leuschner & Lubensky 1910. 40 S 8° [10. 9166]

Über das Wesen und die Heilbarkeit des Krebses. Von Dr. Karl **Laker**. Mit 1 Abb. Leipzig & Wien: F. Deuticke 1906. (VII, 73 S.) 8° [07. 98]

Lake Shore Wächter: 1888 – Mar. 1891.
Independent weekly. Merged with Appleton Volksfreund (Appleton, Wis.). Circulation: 1890, 800. Edited by H. J. Lohmer, & published by Wächter Publishing Co.
Clintonville, WI

Lake Superior Pionier: 1891? – 1898?
Independent weekly. Place of publication varies: Hancock, Mich., 1898. Circulation: 1895, 1100; 1898, 1104. Edited & published by K. Moosbrugger, 1891 – 98.
Marquette, MI

Lake View Postillion: 1885 – 1894?
Independent weekly (semi-weekly, 1888 – 90). Title varies: Postillion, 1891 – 94. Circulation 1890, 1800. Edited & published by Edward Rummel, 1885 – 94.
Chicago, IL

Lake View Tribune: 1886 – 1892?
Republican weekly, published in English and German. Circulation: 1891, 1150. Edited & published by Henry Bonnefoi, 1888 – 92.
Chicago, IL

Lakics, Geo. Sigism., de haereditario succedendi jure ducum primum, deinde reg. Hungar. inde ab origine Monarch. usque ad nostra tempora. 8maj. Wien 809. Binz. (Liebeskind in Leipz.) 1 rl

— Institutiones Juris ecclesiastici. II Tmi. III Vol. 8. maj. Budae, Typ. 779—81.

— juris publ. ecclesiast. Prs. general. de eccles. christ. 8. maj. Wien 774. Gräffer. 12 gr.

— praecognita juris ecclesiast. univers. 8maj. Wien 775. Gräffer. 16 gr.

— praelectiones canonicae de legitima Episcoporum instituendorum ac destituendorum ratione attemperatae legibus; atque usibus Regiorum Germaniae et Hungariae. 8maj. Wien 783. (Heubner). 20 gr.

Lakmayer, F r a n. Umni čebelar Izd. družba sv Mohorja. V Celovcu, St. Hermagoras-Druck., 1907 256 S.

Lakner, Frz., praktisches Handbuch der neuen österreichischen Gewerbe-Ordnung. Enthaltend den vollständigen Text des Gesetzes vom 20. Decbr. 1859, nebst einer ausführlichen u. gemeinfaßlichen Erläuterung aller einzelnen Paragraphe, vielen praktischen Beispielen u. Formularien 2c., sowie einem alphabetischen Verzeichnisse sämmtlicher Gewerbe, nebst Beifügung der Klasse, in welche dieselben gehören. Wien 860. Sommer. (F. Klemm.) 8. (VI, 101 S.) n. 10 *ngr.*

LAKNER Karl Antwort auf die freimuthigen Bemerkungen über das Verbrechen und die Strafe des Garde-Obristlieutenants Szekeles von 1 o. V., Wien 1786. 1 vol. 15 S.

Lakner, M., über die Abfassung von Testamenten, sowie über das Erbrecht und die Erbschaftsangelegenheiten. Ein prakt. Leitfaden zur rechtsgiltigen und gesetzmäßigen Selbstverfassung aller darauf bezüglichen schriftlichen Aufsätze, sowie zur Selbstvertretung in Erbfällen. Nebst einer gemeinverständlichen Auseinandersetzung des gerichtlichen Verfahrens bei der Verlassenschafts-Abhandlung. Ein zuverlässiger Rathgeber für Alle, die sich über Testaments- und Erbschaftsangelegenheiten im Geiste der neuesten Gesetzgebung schnell und gründlich belehren wollen. 1. Aufl. (XII und 180 S.) 1852. 16 Ngr., 2. Aufl. (VIII und 207 S.) 1853. und 3., mit Rücksicht auf alle Kronländer, und auf die Abhandlungen bei den Militärgerichten gänzlich umgearb. und verm. Aufl. gr. 8. (VIII und 193 S. mit 1 Holzschn. in qu. 4.) Wien 856, Manz.

Lakner, M., üb. die Abfassung v. Testamenten, sowie üb. das Erbrecht u. die Erbschaftsangelegenheiten. Ein prakt. Leitfaden zur Selbstverfassg. aller darauf bezügl. schriftl. Aufsätze, sowie zur Selbstvertretg. in Erbfällen. Nebst e. gemeinverständl. Auseinandersetzg. d. gerichtl. Verfahrens bei der Verlassenschafts-Abhandlg. 4. gänzlich umgearb. u. m. zahlreichen Beispielen verm. Aufl. gr 8. (VIII, 210 S.) Wien 874. Manz. n. 3. —

—— **practisches Handbuch der neuen österreichischen Gewerbe-Ordnung. Enthaltend den vollständigen Text des Gesetzes vom 20. Decbr. 1859, nebst einer ausführl. und gemeinfaßl. Erläuterung aller einzelnen Paragraphe, vielen pract. Beispielen und Formularien** 2c., **sowie einem alphabet. Verzeichnisse sämmtl. Gewerbe, nebst Beifügung der Klasse, in welche dieselben gehören. gr. 8. (VI und 101 S.) Wien 860, Sommer. (F. Klemm.)** *

— die gesetzlichen Vorschriften für Miether u. Vermiether, für Pachtungen u. Wohnungsaufkündigungen, dann die Verordnungen üb. das Dienstbotenwesen, sowie den Lohnvertrag überhaupt. Gemeinfaßlich im Geiste der neuesten Gesetzgebung erläutert u. mit den nöthigen Beispielen und Formularen verf. Wien 853. Manz. 8. (VI, 65 S.) 10 *ngr.*

Lakner, M. Frz., was für ein Geld werden wir in Zukunft haben? Eine gemeinfaßl. Darstellung des Münzvertrages vom 24. Jänner 1857, enthaltend den Text des Vertrages, die zwischen den contrahirenden Regierungen vereinbarten Zusatzartikel und eine populäre Erläuterung der einzelnen Vertragspunkte, dann die Nachtragsverordnungen vom 14. Juni 1857 und 27. April 1858, und 7 Reductionstabellen für 1—10,000 Ein- und Zweivereinsthaler, neue österreichische Gulden und Viertelgulden auf Gulden und Kreuzer Conv.-Münze und süddeutscher Währung, Lire und Centesimi u. f. w. 1—5., verm. Aufl. gr. 8. (76 S.) Wien 857. 58, Wallishausser'sche Buchh. *

Lakner, M. F., *Dr.* Was für ein Geld werden wir in Zukunft haben? Eine gemeinfassliche Darstellung des Münzvertrages v. 24. Jänner 1857 etc. V. verm. Aufl. *Wien* 1858. *Wallishausser'sche* Buchh. *(Jos. Klemm.)* 69 S. 8°. 40 kr.

Nordseebad **„Lakolk"** auf Röm 1904 Tondern (1904.) 8°
—— 1906 o O (1906) 8°
—— 1907 (Doberan 1907) 8°

Lakorder, O. Henr. Dom., O Jezusie Chrystusie. Konferencyje miane, w koscicle n. p. Maryi w Paryzu. Przeklad A. Nowosielskiego. Leipzig 870. Kasprowicz. gr. 8. (227 S.) n. 1 *ϯ* 10 *ngr.*

Die Algenflora der Danziger Bucht. Ein Beitrag z. Kenntnis d. Ostseeflora. Von Prof. Dr. [Konrad] **Lakowitz.** Danzig Mit 70 Textfig., 5 Doppeltaf. u. 1 Vegetationskarte. Hrsg v. Westpreuß. Botan.-Zoolog. Ver Danzig. W Engelmann, Leipzig, in Komm. 1907. (VII, 141 S.) 4°(8°) [08. 798 10

Lakowitz, Conrad *(geb. Danzig 22 6. 1859)* Ueber die beiden in ihrem anatomischen Bau und ihren sonstigen Eigentümlichkeiten wenig gekannten Araceen Amorphophallus Rivieri Dur. und A. campanulatus Bl. Breslau [1881]. (41 S.) 8° *[Im Buchhandel 1881 bei Barschak in Breslau.]*
Breslau, Phil. Diss. v 2. Mai [1881]

Lakowitz, Conr., über die beiden in ihrem anatomischen Bau und ihren sonstigen Eigenthümlichkeiten wenig gekannten Araceen: Amorphophallus Rivieri Dur und A. campanulatus Bl. Inaugural-Dissertation. gr. 8. (41 S.) Breslau 881, (Preuss und Jünger.)

Lakowitz, C., Beiträge zur Kenntniss der Tertiärflora d. Ober-Elsass,
— d. Oligocänflora d. Umgegend v. Mülhauson i/E., } **s.: Abhandlungen zur geolog. Specialkarte v. Elsass-Lothringen.**

Lakowitz Die Feier des 150jährigen Stiftungsfestes der Naturforschenden Gesellschaft zu Danzig am 2. u. d. 3. Januar 1893. ([S.-A.] Schriften der Naturforschenden Gesellschaft zu Danzig. N. F. Bd. 8. Heft 3.) (Danzig 1893.) 53 S. 8°

Katalog der Bibliothek der Naturforschenden Gesellschaft in Danzig. Bearb. von Oberl. Dr. [Konrad] **Lakowitz.** H. 1. Danzig: Engelmann in Leipzig in Komm. 1904. 8° [05. 3048

Lakshmana Sûri, S'rî, Parimala, a commentary on Madana's Pârijâṭamañjarî. (In indischer Sprache.) (V. 19 S.) 8. Leipzig 907. O. **Harrassowitz.** 1. –

[Sanskr.] Parimalākhyā Pārijatamañjarī-nāṭikā-vyākhyā Śrī-(M[allādi]) **Lakṣmaṇa**-Sūri-viracitā. (Vorr.: E[ugen] Hultzsch.) Leipzig: O. Harrassowitz 1907. (19 S.) 8°
[Nebent.:] Parimala, a commentary on Madana's Pârijâtamañjarî by L a k s m a ṇ a Sûri. [08. 6844

Laktantius, s. L a c t a n t i u s

Lalajew, General-Major. Historische Skizze der M i l i t ä r U n t e r r i c h t s - A n s t a l t e n, welche unter der Hauptverwaltung der Militär-Bildungs-Anstalten stehen. Von der Gründung militärischer Schulen in Russland bis zum Schlusse der ersten fünfundzwanzig Jahre der glücklichen Regierung Seiner Majestät des Kaisers Alexander Nikolajewitsch 1700—1880. (In russischer Sprache.) gr 8. St. Petersburg 1880.

Lalala, Tralala; ein Roman mit zwei Titeln. Eisenach 1782—84. V: ***Kramann, H. L.*** **(Ky)**

Lalala, Tralala; e. Roman mit zwei Titeln, (v. H. L. Kramann.) 2 Bde. 8. Eisenach 782—84. Bärecke. 20 gr

Lalala, Tralala, ein Roman mit zwey Titeln, worinne der Herausgeber auch mit unter ein Wörtchen redet, 2 Theile, 8. Eisenach, 782–84. Krumbhaar. 25 sgl.
Auch unter dem Titel:
Minne und Harm eines Volksdichters, 2 Theile.

Lalala, Tralala; e. Rom. m. zwey Titeln, worein d. Herausgeber auch ein Wörtchen redet. 2 Bde. 8. Eisenach, Wittekind. 782. 784. •

El derecho de comercio, de cambio, de quiebra y maritimo del Perú. Das Handelsrecht, Wechselrecht, Konkursrecht u. Seerecht von Peru. Bearb. u. erl. von Miguel Antonio de **La Lama**, Richter. Übers. von Ernst Eisenmann, Rechtsanw. Berlin: v. Decker 1907[-08]. 287, 287 S. 4°(8°)
(Die Handelsgesetze d. Erdballs. Ausg D. Bd 5. [2.]) 1905

Lama, de la, M. A., finan. Handelsrecht, s. Handelsgesetze des Erdballs.

Lama, A. de la, Handelsrecht von Peru. s. Handelsgesetze des Erdballs.

Lalance, Aug., la crise de l'industrie cotonnière. gr. 8. (29 S.) Mülhausen i/Els. 879. (Bufleb.) — 50

Laland, Abriß d. deistischen Schriften; aus d. Engl. 1n u. 2n Thls. 1e u. 2e Abth. 8. Hannov. 756. Hahn. 1 Rthlr.

de Lalande, astronom. Handbuch, od. die Sternkunst in e. kurzen Lehrbegriff verfaßt. A. d. Französ. übers. Mit Kpf. gr. 8. Leipz. 775. Kummer. 2 Rthlr. 8 gGr.

de Lalande, Kunst, das Leder auf Ungar. Art zu bereiten. Mit Kpf. gr. 4. Marb. 764. Krieger. 6 gGr.

La Lande, de: Die Kunst das Leder auf ungarische Art zu bereiten. Deutsch von D. G. Schreber. Leipzig 1767.

— Leder auf ungar. Art zu bereiten, a. d. Fr. m. K. gr. 4. Lpz. (Krieger in Marb.) 767.

— Kunst, d. Leder ohne Oel zu bereiten. gr. 4. (Marb.) 763. Krieger. 6 gGr.

— Kunst, Saffianleder zu bereiten. gr. 4. Leipz. (Unzer in Königsb.) 12 gGr.

— Die Kunst Saffianleder zu bereiten. Deutsch von D. G. Schreber. Leipzig 1767.

— Kunst, Saffianleder zu bereiten, a. d. Frz. gr. 4. Lpz. (Kanter in Königsb.) 767.

— Kunst des Lohgerbers. gr. 4. Leipz. (Unzer in Königsb.) 1 Rthlr. 8 gGr.

— Die Lohgerberkunst. Deutsch von D. G. Schreber. Leipzig, Königsberg und Mietau 1766.

— Kunst d. Lohgerbers, a. d. Frz. m. K. gr. 4. Leipzig, (Kanter in Königsb.) 766.

— Kunst, Papier zu machen. gr. 4. Leipz. (Unzer in Königsb.) 2 Rthlr.

— Kunst, Papier zu machen, a. d. Fr. m. K. gr. 4. Ebend. 762.

— Kunst, Pappen zu machen, a. d. Fr. m. K. gr. 4. Leipz. (Günther in Glogau.) 764.

— Kunst, Pergament zu machen. gr. 4. Leipz. (Chr. Fr. Günther in Glogau). 12 gGr.

— Kunst d. Weißgerbers, das Leder mit Oel zu bereiten. gr. 4. (Marb.) 767. Krieger. 6 gGr.

— d. Kunst des Weißgerbers, welcher die Felle mit Oel zubereitet. 4. Leipz. Compt. f. Litt. 767.

— Die Kunst des Weißgerbers, welcher die Felle ohne Oel zurichtet. Deutsch von D. G. Schreber. Leipzig 1767.

Lande, de la, d. Kunst des Weißgerbers, welcher d. Felle ohne Oel zubereitet. 4. Lpz. Comt. f. Literat. 776. Rthlr.

— Die Kunst des Weißgerbers, welcher die Gemsen- und andere Felle mit Oel zubereitet. Deutsch von J. H. G. v. Justi. Königsberg und Mietau 1765.

— Lobrede auf Bailly; aus d. Französ. gr. 8. Gotha 795. Reyher. 5 gGr.

de Lalande. (August.) Ferd. (Begisl.) (geb. Magdeburg 22. 7. 1801):
De elephantiasi. Berolini 1824. (40 S.) 8°
Berlin, Med. Diss. v. 20. Apr. 1824

Lalande, Jerome de

— Logarithmentafeln für die Zahlen u. für die Sinus u. Tangenten, mit Erklärung u. Anwendung d. Logarithmen. Die Originaltafeln mit deutscher Erklärung u. Anmerkk. herausgg. v. d. Hamburg. Gesellsch. mathemat. Kenntnisse. 12. Hamb. 824. Perthes u. B. 1 Rthlr. 4 gGr.

— Jerôme de, Nachricht von Steinen, die in Bresse aus der Luft gefallen sind. (Aus: Journ. de Physique, Tome 55.) (Annal. der Physik, Bd. 13, St. 3, J. 1803, St. 3.)

Lalande's, Jerome de, Tafeln der fünfstelligen Logarithmen. 4., neu bearb. Ster.-Ausg. 1. Aufl. 1868, und 2. Aufl. 16. (VI, 410 S.) Leipzig 870, Holtze.

Lalande's, Jerome de, Tafeln der fünfstelligen Logarithmen. 4. neu bearb. Ster.-Ausg. 3. und 4. Aufl. 16. (VI, 410 S.) Leipzig 876,79, Holtze.

Lalande's, Jerome de, Tafeln der fünfstelligen Logarithmen. 4. neu bearb. Ster.-Ausg. (Hrsg. von Karl Heym.) 5. Aufl. 16. (VI, 410 S.) Leipzig 882, Holtze.

Lalande's, Jerome de, Tafeln der fünfstelligen Logarithmen. 6. Aufl. 16. (VI, 410 S.) Leipzig 886, Holtze.

de Lalande, J., logarithm.-trigonometr. Tafeln, durch die Tafel der Gaußischen Logarithmen u. a. Tafeln u. Formeln vermehrt. Herausgeg. v. H. G. Köhler. A. u. d. T.: Tables de logarithmes pour les nombres et pour le sinus etc. 16. Leipz. 827. Tauchnitz. 12 gGr. Fein Pap. 20 gGr.

Lalande, Jerome de, logarithm.-trigonometrische Tafeln. Vermehrt durch die Tafeln der Gaußischen Logarithmen; durch die Logarithmen d. Atomgewichte unzerlegter u. einiger zusammengesetzten chemischen Stoffe; durch die Logarithmen anderer Zahlen die in der Chemie u. Physik oft gebraucht werden u. durch einige mathemat. Formeln. Hrsg. v. Heinr. Gtlieb. Köhler. 2. Stereot.-Ausg. 16. (21⅝ B.) Leipzig 844, Karl Tauchnitz.

de la Lande's, Jerome, logarithmisch-trigonometrische Tafeln. Vermehrt durch die Tafeln der Gaußischen Logarithmen; durch die Logarithmen der Atomgewichte unzerlegter u. einiger zusammengesetzten chem. Stoffe; durch die Logarithmen anderer Zahlen, die in der Chemie u. Physik oft gebraucht werden u. durch einige mathemat. Formeln. Hrsg. v. Heinr. Glieb. Köhler. 3. verb. u. verm. Ster.-Ausg. 16. (XXXIV u. 312 S.) Leipzig 849, Karl Tauchnitz. 1/12 Rthlr.

La Lande's, Jerome de, logarithmisch-trigonometrische Tafeln. Vermehrt durch die Tafeln der Gaußischen Logarithmen, durch die Logarithmen der Atomgewichte unzerlegter u. einiger zusammengesetzter chem. Stoffe, durch die Logarithmen anderer Zahlen, die in der Chemie u. Physik oft gebraucht werden u. durch einige mathemat. Formeln. Herzg. von Heinr. Glieb. Köhler. 3. Ster.-Ausg. Neuer Abdr. Leipzig 865. Holtze. 16. (XXXIV, 312 S.) 18 ngr.

Lalande, Jer. de, Voyage en Italie. Avec un Atlas. Paris 769. 8 Vol. 12. Ib. 786. 9 Vol. 12. Berne 791. 7 Vol. 8. 7 rthl.

Lalande, ..., Voyages en Italie. VII Vols. 8. Bern 791. Typograph. 8. 7 ℳ

Lalangue, J. B., Diss. neurologiam sistens. 43 pp. Vindob. 12°.
Haller, Bibl. anat. II, 674.

1770

Lalanne, Léon, der Abacus oder die Universal-Rechenmaschine. Nach der 2. Aufl. deutsch bearb. von H. J. K. Mit einem Exemplar der Maschine (in Fol.) und einer andern Steindrtaf. 12. (X und 90 S.) Frankfurt a. O. 852, (Harnecker und Comp.) **-

Lalanne, Leon., Beschreibung u. Gebrauchsanweisung des Abacus od. der allgem. Rechnungstaf., welche augenblickl. alle arithmetischen, geometr. u. mechanisch. Rechnungsresultate giebt. 12. (3½ B.) Leipzig 840, Steinacker.

de Lalauze, Abhandlung über d. Kultur d. Getreides, s. A. Parmentier.

Lalemberg, Justus Heinrich [Praes.], s. Kranichfeldt, Christian Adam: Rudolphum I. Habspurgicum imperatorem tanquam exemplum restauratae reipublicae.

Lalenbuch, das, s. a. Lieblingsbücher in alten u. neuen Geschichten.

Das Lalenbuch. Wunderfeltfame, abenteuerliche, unerhörte und bisher unbefchriebene Gefchichten und Thaten der Lalen zu Lalenburg, in Misnopotamia hinter Utopia gelegen. Mit 51 Lithographien (von W. Cornelius). (Stuttgart 1839.)
Heitz-Ritter (Volksbücher) unbekannte Neu-Ausgabe.

Das lustige und recht lächerliche Lalen-Buch, Das ist Wunderseltsame Geschichten und Thaten der Lalen zu Lalenburg Durch M. Aleph, Beth, Gimel, der Bestung Ypsilonburger Amtmann. (Hlzschn.) Letzterer Druck, so mit Figuren vermehret ist. 8° Mit Hlzschn. (Aus dem Anfang des 18. Jahrh.)

Lalézari, Scheich Muhamed, vom Narcissenbau, s. H. F. v. Dietz.

Lalič, Jos., Otvoranje domačeg lěčiva za ljude, marvu i njekoja na gospodarstvo spadajuće u broju 140 koje naravnih koje simpatetičkih srětstvih etc. gr. 16. Agram 849, Suppan. Verklebt. n. 24 ngr

Lalio, Jos., Heilmethode gegen die Hundswuth (Hydrophobie) bei Menschen u. Thieren, so wie auch gegen den Biß giftiger Schlangen. 8. (1½ B. u. 1 Stnt.) Wien 844. (Kaulfuß Wwe., Prandel u. Comp.) -

Lalič, Joseph: Heilmethode gegen die Hundswuth (Hydrophobie) bei Menschen und Thieren, so wie auch gegen den Biß giftiger Schlangen; durch 35jährige praktische Behandlung erprobt...und für das allgemeine Menschenwohl herausgegeben. 29 S., gbd., Abb.

Wien: typ.PP.Mechitaristen 1844

Lalin, Esaias

Lalin, E., De „dum, donec, quoad" part. usu apud Terentium. 1888. 21 S. 4°

Lalin, Esaias, de particularum comparativarum usu apud Terentium. gr. 4. (34 S.) Norrcopiae 894. (Leipzig, Simmel & Co.) n. 1. 60

Lalin, E., De praepositionum usu apud Aeschylum. Diss. 1885. 57 S. 4°.

Lalin, Esaias, de praepositionum usu apud Aeschylum. Commentatio academica. gr. 4. (57 S.) Upsaliae 885. (Leipzig, Simmel und Comp.) *

Lalita Vistara. Leben u. Lehre des Çâkya-Buddha. Textausg. mit Varianten-, Metren- u. Wörterverzeichnis von Dr. S[alomon] Lefmann, Prof. (T. 1. 2.) Halle a. S.: Waisenhaus 1902-08. 2 Bde 8°
[Nebent.:] Lalita Vistara hrsg. von S. Lefmann. T. 1. 2.
1. Text. 1902. 2. Varianten-, Metren- u. Wörterverzeichnis. 1908. [08. 14633

Lalita Vistara. Leben u. Lehre des Çâkya-Buddha. Textausg. m. Varianten-, Metren- u. Wörterverzeichnis v. S. Lefmann. 2. (Schluss-)Tl.: Varianten-, Metren- u. Wörterverzeichnis. (XXVII, 260 S.) gr. 8. Halle 908. Buchh. des Waisenhauses. 16.—
I. Tl. Ebd. 902. 24.—

Lälius Postumus. Auf den Wunsch des Verfassers zum Zürcher Sechseläuten 1885 herausgegeben als ein Denkmal für seine Freunde. In-8°, 16 S. 1885.

Laelii, Aelii, epistolae galateae I. II. oder drei Sendschreiben, nebst Anmerkk. über Franz Seedorfs Briefe (v. G. A. Fabricius). 8. Leipz. 750. Keßler. 9 K

— — dasselbe. 8. Frankf. Hermann. 753.

Lalla Roûkh. Divertissement mêlé de chants et de danses . . . Berlin 1822. V: *Brühl, Frdr. Alois Graf.* (Kat. d. Lipperheideschen Kostümbibl. Berlin 1896 ff.)

Lalla Rûkh. Ein Festspiel mit Gesang und Tanz . . . Berlin 1822. V: *Brühl, Frdr. Alois Graf.* (Kat. der Lipperheideschen Kostümbibl. Berlin 1896 ff.) V: *Spiker, Samuel Heinrich.* (Koner)

Lallemand, s.a. Lallemant

Lallemand, Ch[arles]. Lettres sur les fêtes du couronnement à Kœnigsberg et Berlin Octobre 1861. Strasbourg, Typographie de G. Silbermann 1861.
Tit. 28 S. m. 1 Holzschn.; 6 Taf. in Holzschn. 2°

Lallemand, Charles, Schwarzwälder Volkstrachten. 16 Orig.-Aufnahmen. Lithogr. und color. Neue Ausg. Imp.-4. Strassburg 885, Schmidt's Universitäts-Buchh. *

Lallemand, (Claude) F(rançois): Beobachtungen über die Krankheiten der Harnwerkzeuge. (Observations sur les maladies des organes génito-urinaires. Dt.) Übers.von A(ugust) W(ilhelm) Pestel.
Leipzig: Magazin für Industrie und Literatur 1825 - 1828
Th.1: Ueber Verengerungen der Harnröhre und deren Behandlung. (Des retrécissements de l'urètre et de leur traitement. Dt.) 1825
Th.2: Krankheiten der Harn- und Geschlechtsorgane. (Des maladies des organes génito-urinaires. Dt.) 1828

JB 3.769

Lallemand, F., Beobachtungen üb. d. Krankheiten d. Harnwerkzeuge. A. d. Franz. mit Anmerkn. v. A. W. Pestel. 2. Thl. — A. u. d. T.: Krankheiten d. Harn- u. Geschlechtsorgane; enthalt.: Neue Beobachtn. üb. d. Verengerung d. Harnröhre u. deren Behandl. Prakt. Bemerkn. üb. nichtkontag. Ausflüsse u. chron. (inveterirte) Tripper u. deren Heilung durch d. Kauterisazion. Chron. Entzündn. d. Blasenhalses u. deren glückl. Heilung durch d. Kauterisazion. gr. 8. (17 B.) Leipzig 828, Magazin f. Ind.
1 Thl. Ebendas. 1825. 1 Thlr.

Lallemand, (F.), medicinisch-chirurg. Klinik veröffentl. v. Herm. Kaula, seinem Privat-Assistent. Uebers. v. N. Davis. 1. Bd. 1. Abthl. Venerische Affectionen. — Harnröhrenverengerung. — Krankheiten d. Vorsteherdrüse. gr. 8. (18½ B.) Nürnberg 846, Korn'sche Buchh.

Lallemand, (Claude) F(rançois): Krankheiten der Harn- und Geschlechtsorgane. (Des Maladies des organes génito-urinaires. Dt.) Übers. von A(ugust) W(ilhelm) Pestel. 198 S., gbd., 4 Taf.

Leipzig: Magazin für Industrie und Literatur 1828

(Lallemand, (C.) F.: Beobachtungen über die Krankheiten der Harnwerkzeuge. (Observations sur les maladies des organes génito-urinaires. Th. 2)

JB 3.769/2

Lallemand, F., über d. unfreiwill. Samenergiessungen als wahre u. allein. Ursache e. grossen Zahl ganz falsch beurtheilter Krankheiten d. jetz. Generation, u. üb. ihre vorzügl. anderweit., als d. gewöhnl. Geschlechtsausschweifungen etc. A. d. Franz. übers. u. mit d. nothwendigsten Zusätzen vers. v. Carl Joh. Alex. Venus. 1. Aufl. 837. u. 2. Ausg. gr. 8. (à 16½ B.) Weimar 841, Voigt. à Thlr.

—— über unwillkürl. Samenverluste. Aus Auftrag d. Verf. u. unt. dess. Augen deutsch bearb. v. C. A. Osterdinger. 1. Bd. 2 Abthln. u. 2. Bd. 1. Abthl. Lex.-8. Stuttgart, Hallberger'sche Vrlsh. [1. (40⅓ B.) 840. 2⅔ Thlr., 2. 1. (19½ B.) 841. 1½ Thlr.]

Lallemand, (Claude) F(rançois): Anatomisch-pathologische Untersuchungen über das Gehirn und seine zugehörigen Theile. (Recherches anatomico-pathologiques sur l'encéphale et ses dépendances. Dt.) Übers. von Karl Weese. Th. 1-2, gbd.

Leipzig: Magazin für Industrie und Literatur 1825

JB 4.519

Lallemand, (Claude) F(rançois): Ueber Verengerungen der Harnröhre und deren Behandlung. (Des Retrécissements de l'urètre et de leur traitement. Dt.) Übers. von A(ugust) W(ilhelm) Pestel. 262 S., gbd.

Leipzig: Magazin für Industrie und Literatur 1825

(Lallemand, (C.) F.: Beobachtungen über die Krankheiten der Harnwerkzeuge. (Observations sur les maladies des organes génito-urinaires. Th. 1)

JB 3.769/1

(Allemand, P, Fritz) Die kaiserlich königliche österreichische Armee im Laufe zweier Jahrhunderte. Herausgegeben in 40 colorirten Blättern von J. Bermann und Sohn in Wien. qu. Fol. Wien 1846.

Lallemant, Avé-
s. a. Avé.

Lallemant, Av., kurzgef. tabellar. Anweis. z. leicht. u. gründl. Erlern. d. franz. Spr. Fol. Magdeb. Creutz. 788.

Lallemant, Jacques Philippe

Lallemant, J. P. Über die Apostelgeschichte. Augsburg 1781. Ü: *Steur, Ignaz.* (Ky)

— kurze Auslegung der Psalmen; aus d. Französ. v. Ign. Steur. Latein. u. deutsch. 8. Augsb. 778. 3e A. Ebd. 786. Wagner. 20 kr

P. Lallemants kurze Auslegung des eigentlichen und buchstäblichen Verstands der Psalme Davids in einer zusammenhangenden Dolmetschung, samt dem Inhalt eines jeden Psalms. Ein Werk, das in Frankreich von 16 Bischöfen nicht nur gutgeheißen, sondern auch mit den größten Lobsprüchen erhoben und aufs nachdrücklichste ist empfohlen worden und allen jenen, welche entweder Standes halber oder aus Andachtstriebe die priesterlichen Tagzeiten oder die Tagzeiten der Muttergottes beten, zu großem Troste und Behufe sein kann. Nach der 9. franz. Aufl. übersetzt von Ignatz Steur. Augsburg, Wagner, 1786, 8°, 3. Aufl., XXV u. 462 S. (1. Aufl. 1778.)

Lallemand, P., d. Christ a. d. Krankenbette od. geistr. Betrachtungen f. Seelsorg. u. Christ., d. e. selig. Ende wünschen, a. d. Franz. 3 Thle. gr. 8. Brünn, Bauer. (Graff, Leipz.) 788.

— üb. d. vier Evangelisten. 4 Bde. gr. 8. Freyb. Wagner. 782—87.

Moralische Gedanken über die Apostelgeschichte, aus dem Französ. übers. von Ignatz Steur. Ebendas., 1786, 8°, 2. Aufl. (1. Aufl. 1782.)

Lallemant, J. P. Moralische Gedanken über die vier heiligen Evangelien ... a. d. Franz. ... Augsburg 1782. Ü: *Steur, Ignaz.* (Ky)

P. Lallemants moralische, lehr- und geistreiche Gedanken über die 4 Evangelien mit P. Languedocs Bemerkungen. Ein Werk, das in Frankreich von 24 Bischöfen ist gutgeheißen, gepriesen und empfohlen, nun aber nach der neuesten Aufl. übersetzt worden von Ignatz Steur. Augsburg, Wagner, 1786, 8°, 4 Bde, 2. Aufl. (1. Aufl. 1781.)

— moral. Gedanken über die vier heil. Evangelien mit P. Languedoc's Anmerkk., a. d. Französ. übers. (v. Ign. Steur). 5 Thle. gr. 8. Augsb. 782. 2e A. 786. Wagner. 4 fl 4 kr (5r Thl. A. u. d. T.: üb. d. Apostelgesch. gr. 8. Ebd. 781. 20 kr)

— moral. Gedanken üb. d. Evangelist., d. Apostelgesch., Br. Pauli rc. 12 Thle. gr. 8. Ebend. 781—84.

Lallemant, Jacques Philippe. Moralische Gedanken über das Sendschreiben des Apostel Paulus ... Augsburg 1782—83. H: *Steur, Ignaz.* (Ky)

— moral. Gedanken über d. Sendschr. d. Apostel Paulus, zum Druck beförd. (v. Ign. Steur). 5 Thle. gr. 8. Augsb. 782. 83. Wagner. 4 fl 4 kr

— moral. Gedanken über die 7 kathol. Sendschreiben u. Offenbarungen Johannes, sammt e. vollst. Register über alle 12 Thle. v. Lallemants Schriften. Herausgeg. v. J. Steur. 2 Thle. gr. 8. Augsb. 784. Wagner. 1 fl 20 kr

— geistl. Werke rc. 2 Bde. gr. 8. Augsb. 808. Daisenberger, (a. Doll). 20 kr

Lallemant, Louis, S. J., die Gaben des hl. Geistes. Genehmigte Uebertragung v. Clara Rheinau. (III, 75 S.) 16. Mainz 906. Druckerei Lehrlingshaus. n. — 75

Lallemant, Ludw., Unterricht im geistlichen Leben, s. Leitsterne.

Lallemant, Rob. C. B. A., das gelbe Fieber, nach dessen geographischer Verbreitung, Ursachen, Verschleppbarkeit, Hauptserscheinungen, Behandlung und anderen wissenschaftlichen Beziehungen. Aus eigenen Beobachtungen und Erfahrungen dargestellt. Nebst einem Anhang: Behandlung des gelben Fiebers auf Schiffen, wenn kein Arzt zugegen ist. gr. 8. (VIII und 341 S.) Breslau 857, Hirt's Verlag.

—— am Mucuri. Eine Waldgeschichte aus Brasilien zur Erläuterung, Warnung und Strafe für Alle, die es angeht. gr. 8. (IV und 75 S.) Hamburg 859, Perthes-Besser und Mauke. * Vgl. a. Avé-Lallemant.

Reise durch Nord-Brasilien im Jahre 1859. Leipzig. 1860. 8.

Lallemant Rob. Ave. Reise durch Süd Brasilien im Jahre 1858 II Vol. Leipzig. 1859. 8

Lallement, Geschichte v. Columbien, übers. v. E. S. 1r u. 2r Thl. Mit 1 Charte u. 10 Abbildd. 8. Quedlinburg 827, Basse à 1 Rthl. 4 gr.

Lallerich von Stammelburg. Harfenklänge. Leipzig: Selbstverl 1910. 271 S. 8° [illegible]

Lallerich v. Stammelburg, Harfenklänge. O. F. (VI, 269 S. m. 1 Karte.) 8. Leipzig 910. O. Wigand. 3.—; geb. in Pappbd. 4.50; in Leinw. 6.—

Lally-Tolendal

— Bittschrift an den König von Preußen Friedr. Wilhelm II. für de la Fayette. Nebst Briefen v. Ludwig XVI, Ludwig XVIII., Lally-Tolendal u. Lafayette; a. d. Französ. gr. 8. Leipz. 795. Dyck. 12 gr.

— défense des Emigrés. II Tom. gr. 8. Hamb. 797. Fauché. 1 Thlr 16 gr.

— Essai sur la vie de T. Wentworth. gr. 8. Leips. Dyk. 796.

— s. Schilderung d. Zustandes v. England etc.

— d. Graf Strafford, Trauersp. a. d. Franz. 8. Berlin, Belitz. 796.

— — dasselbe. 2 Thle. 8. Leipzig, Gräff.

Lally-Tollendal, der Graf Strafford. Trspl. 8. Berl. 796. (Wienbrack in Leipz.) 12 gr.

— — dess. 2r u. 3r Th. od. Schilder. d. Zustandes v. England, Schott- u. Irland unt. Carl I. 8. Ebend. 797. (2r 20 gr. 3r 16 gr.)

Lally-Tolendal, Vertheidigung der französ. Ausgewanderten; a. d. Französ. gr. 8. Braunschw. 797. 16 gr.

— Vertheidigung Ludwigs XVI.; aus d. Französ. 8. Leipz. 794. Griesshammer. 12 gr.

— Vie de Wentworth, Comte de Strafford. gr. 8. Leipz. 796. Dyck. 1 Thlr 8 gr.

Lälli. Basler Lälli. Unabhängiges Organ der Basler Narrenzunft. Jahrg. 15. 1901. 2 Nummern. [Mit Vignetten.] [*zus.* 8 S.] fol. (Basel, Emil Birkhäuser.) *je* fr. —. 20

Lälli. Basler Lälli. Unabhängiges Organ der Basler Narrenzunft. Jahrg. 17. 1903. 2 Nos. [Mit Vignetten.] [*zus.* 8 S.] fol. (Basel, Genossenschafts-Buchdr.) *je* fr. —. 20

Lälli. Basler L'. Unabhängiges Organ der Basler Narrenzunft. Jahrg. 18. [Fastnacht] 1904. 2 Nos. [Illustriert.] [*zus.* 8 S.] fol. (Basel, Genossenschafts-Buchdr.) *je* fr. —. 20

Lälli. Basler L'. Unabhängiges Organ der Basler Narrenzunft. Jahrg. 20. [Fastnacht] 1906. No. 1, *einzig ersch.* [Mit Vignetten.] [4 S.] fol. (Basel, Genossenschafts-Buchdr.) fr. —. 20

Lälli. Basler L'. Unabhängiges Organ der Basler Narrenzunft. Jahrg. 21. [Fastnacht] 1907. 2 Nrn. [Mit Vignetten.] [*zus.* 8 S.] fol. (Basel, Genossenschafts-Buchdr.) *je* fr. —. 20

Lälli. Basler L'. Unabhängiges Organ der Basler Narrenzunft. Jahrg. 22. [Fastnacht] 1908. 2 Nrn. [Mit Vignetten.] [*zus.* 8 S.] fol. (Basel, Genossenschafts-Buchdr.) *je* fr. —. 20

Lallinger, Joseph: Beitrag zur Histologie und Genese der primären Eihüllen bei den Knochenfischen. *Augsburg 1901: Th. Lampart.* (40 S.) 8°
München, Phil. Diss. v. 1902

Lalomia, Frz., der Monat Mariä. Aus dem Franz. 16. (255 S. m. e. Stahlst.) Paderborn 875. Junfermann. — 75

Lalonde, Ornamente, s. Daudet.

Lalonde, Ornamente, s.: Meister, alte.

LALOS Johann. Abhandlung von der Pflege des ungarischen Tabakes. Wien 1789

Lalotte und Fanfan, oder die Begebenheiten zweier . . . ausgesetzter Kinder . . . A. d. Franz. Liegnitz u. Leipzig 1789—90. V: *Ducray-Dumenil, Franç. Guill.* Ü: *Schmit, Frdr.* (GGr VII, 676) (Ky) (MGT) »verschlagener Kinder. 1802.« (Ullrich, Robinson u. Robinsonaden. Weimar 1898.)

Lalotte u. Fanfan, Geschichte zweier auf e. wüsten Insel ausgesetzten Kinder; aus d. Französ. (v. Fr. Schmit). 4 Thle. 8. Liegnitz ... (Heymann in Glogau). 1 Thlr 16 gr.

Lalotte u. Fanfan, oder die Begebenheiten zweier Kinder auf einer wüsten Insel ausgesetzt. Aus d. Franz. 4 Thle. 8. 789. jetzt Heymann in Berlin. 1⅓ Thlr

Lalotte und Fanfan, oder die Begebenheiten zweyer auf einer wüsten Insel ausgesetzten Kinder, aus dem Franz. 4 Theile, mit Kupf. 8. Liegnitz, 789 - 90. Siegert. 1 Rthl. 20 sgl.

[illegible] Beschreibung des Königreichs Siam. Aus dem Französischen [illegible] Mit Kupfern und Charten. Nürnberg 1800. 382 S. 8°

de Laloubère, Beschreibung d. Königreichs Siam; aus d. Französ. mit Kpf. u. Kart. gr. 8. Nürnb. 800. (Lauffer in Leipz.) 1 Thlr 8 gr.

La Luzerne, César Guillaume de. Betrachtungen für die Leidenszeit Jesu Christi. A. d. Franz. Karlsruhe 1823. Ü: *Keller-Schleidheim, Franz de Paula Ign. Jos. Freiherr von.* (Ky) (MGT) (Schmal)

de Lalucerne, (Card.), Betrachtt. f. die Leidenszeit Jesu Christi, aus d. Französ. (von Frz. P. J. J. v. Keller). gr. 12. Mannh. 823. (Löffler). 16 Kr weiß Pap. 19 Kr

— Homilien auf alle Sonn- u. Feiertage. 4 Bde. gr. 8. Augsb. Wolff. 2 fl 16 Kr

Lama, Auguste v., Desiderata. Nach 5 Jahren. 2 Mädchengeschichten. (382 S.) kl. 8. Regensburg 909. F. Pustet. 1.80; geb. in Leinw. n 2. 50

Lama, Charles de, Bibliothèque des écrivains de la congrégation de Saint Maur, ordre de Saint-Benoit en France. Ouvrage publié avec le concours d'un bénédictin de la congrégation de France de l'abbaye de Solesmes. 8. (VI, 262 S.) Munich 882. (Freiburg i. Br., Herder'sche Verlagsh.) *

Lama, Fr., u. P. Lohmeier, v. d. Luftschiffkunst. 8. Tüb. Heerbrand. 784.

Lama, Karl v

Lama, Carl v., Führer durch Traunstein, Salinenstadt u. Curort in Oberbayern, mit Umgebung: Adelholzen, Empfing, Seon, Chiemsee, Traun-Thäler, Grossachen- u. Prienthal, nebst den angrenzenden Theilen von Reichenhall, Salzburg, Berchtesgaden u. Nordtirol, mit besonderer Berücksichtigung der Salzburg-Tiroler Gebirgsbahn [Giselabahn]. Unter stetem Hinblick auf das Bedürfniss des Curgastes, Sommerfrischler's u. Touristen. Mit einem Vorwort von E. Richter u. Joh. Stüdl, u. einer (chromolith.) Specialkarte vom Chiemsee mit Umgebung. 8. (VIII, 188 S.) Augsburg 877. Lampart & Co. geb. n. 3. —

Lama, C. Ritter v., G. Roggenhofer u. a., Füssen, Reutte, Hohenschwangau, Neuschwanstein, Linderhof. Das Vils-, Tannheimer-, tiroler Lech-, Lober- u. Halblechtal, Graswang- u. Loisachtal, sowie Pfronten, Falkenstein, Plansee, Fernpass, Lermoos, Garmisch, Partenkirchen u. Oberammergau. Wegweiser f. Einheimische u. Fremde. Mit 1 Distanzenkarte. (VIII, 144 S.) kl. 8. Füssen 910. J. Gruber. 1. —

Lama, Miguel Antonio de la, das Handelsrecht, Wechselrecht, Konkursrecht u. Seerecht v. Peru, s.: Handelsgesetze, die, des Erdballs.

Lama, P. de, Iscrizioni antiche collocate ne' muri della scala farnese. gr. 4. Parma. (Leipzig, Gleditsch.) 818.

de Lama, P., Iscrizioni antiche collocate ne' muri della scala farnese. gr. 4. Parma 819. (Leipz. Brockhaus). 3 fl 12 Kr

— Tavola alimentaria velejata detta trajana restituita alla sua vera lezione. gr. 4. Parma 819. (Leipz., Brockhaus). 4 fl 16 Kr

Lamann, Georg: Die Niederschlagsverhältnisse am Riesengebirge. . . . Berlin, Druck d. Vereins-Buchdr. Gebr. Cohn, 1880; 1 Bl. + 88 S. + 1 Bl. 8°
Berlin, Phil. Fak., Inaug.-Diss. v. 13. Aug. 1880

Lamann, W., der electrolytische Schaum als Nebenschluss (nach rhinologischen Untersuchungen). [Aus: „Monatsschr. f. Ohrenheilkde."] gr. 8. (8 S. m. 1 Fig.) Berlin 894. O. Coblentz. n. 1. —

Lamann, W., das natürliche Schutzsystem der oberen Wege als Fremdkörpertheorie, s.a. Vorträge, klinische, auf dem Gebiete der Otologie usw. Erg.-Hft.

Das natürliche Schutzsystem der oberen Wege als Fremdkörpertheorie Nach eigenen Untersuchungen u. Beobachtungen von Dr. W. Lamann, St. Petersburg. Vom Autor aus d. Russ. neu bearb. *(Jena: G. Fischer 1903)* (42 S.) 8°
— Vorträge, Klinische, aus d. Geb. d. Otologie u. Pharyngo-Rhinologie. Bd 5, Erg.H. [c4. 1903] 5

Lamansky, S., Ueber die Grenzen der Empfindlichkeit des Auges für Spectralfarben. (Aus v. Graefes Archiv für Ophthalmologie, XVII, 1.)

Lamansky, W., die ältesten silurischen Schichten Russlands. (Russisch u. Deutsch.) Mit Profilen u. Abbild. im Text u. 3 phototyp. Taf.) (VII, 203 S. m. 3 Bl. Erklärgn.) 34×25,5 cm. St.-Pétersbourg 905. (Leipzig, M. Weg.) nn 6. 48
Sonderabdruck aus: „Mémoires du comité géol."

La Mara (Pseud.), s.a. Lipsius, Maria

La Mara, Ludwig van Beethoven. Biographische Skizze. 1. Aufl. 1870. M 1,50., und 2. Aufl. Mit einem Portr. Beethovens nach einer noch nicht veröffentl. Handzeichnung (Holzschntaf.). 8. (107 S.) Leipzig 873, Schmidt und Günther. geb.

La Mara (Frl. Marie Lipsius), s.a. Berlioz, Hect., Briefe an die Fürstin Caroline Sayn-Wittgenstein.

La Mara. Briefe von Hector Berlioz an die Fürstin Carolyne Sayn-Wittgenstein. Leipzig 1903.

La Mara. Franz Liszt's Briefe. Band 1-8. Leipzig 1893–1905.
[Band 3 u. d. T. Briefe an eine Freundin. Band 4-7 Briefe an die Fürstin Carolyne Sayn-Wittgenstein. Band VIII. Neue Folge zu Band I und II.]

La Mara (Marie Lipsius), s.a. Briefe hervorrag. Zeitgenossen an Franz Liszt.

Briefe hervorragender Zeitgenossen an Franz Liszt. Band 1-2. Leipzig 1895. Band 3. Neue Folge. Leipzig 1904

— Briefwechsel zwischen Franz Liszt und Hans von Bülow. Leipzig 1898.

— Briefwechsel zwischen Franz Liszt und Carl Alexander, Grossherzog von Sachsen. Leipzig 1909.

La Mara, das Bühnenfestspiel in Bayreuth. gr. 8. (47 S.) Leipzig 877. Schmidt & Günther. n. 1. —

La Mara, Die Frauen im Tonleben der Gegenwart. (393 S.) Leipzig 1882. Breitkopf u. Härtel.

— Gedanken berühmter Musiker über ihre Kunst. (Titel-Ausg. von: „Musikalische Gedanken-Polyphonie".) 8. (XII, 290 S.) Ebend. (1873) 877. n. 2. 25; geb. n. 3. —

— musikalische Gedanken-Polyphonie. Aussprüche berühmter Tonsetzer über ihre Kunst. Mit Vignetten und Initialen nach Zeichnungen von Baumgarten. 8. (XII, 290 S.) Leipzig 873, Leuckart. [Schmidt und Günther.] *

La Mara (Frl. Marie Lipsius), Beethovens unsterbliche Geliebte. Das Geheimnis der Gräfin Brunswik u. ihre Memoiren. (137 S. m. 1 eingedr. Bildnis, 4 Vollbildern u. 1 Fksm.) 8. Leipzig 909. Breitkopf & Härtel. Kart. 3.—; Liebhaberausg., geb. in Perg. m. Goldschn. 15. —

— aus der Glanzzeit der Weimarer Altenburg. Bilder u. Briefe aus dem Leben der Fürstin Carolyne Sayn-Wittgenstein. (XV, 444 S. m. Vollbildern u. 1 Fksm.) 8. Leipzig 906. Breitkopf & Härtel. n. 5. —; in Orig.-Bd. n. 6. 50; auf Büttenpap. in Perg. od. Ldr. 20. —

La Mara, Im Hochgebirge. Skizzen aus Oberbayern und Tyrol. 1. Aufl. (VII, 311 S.); 2. (Titel-)Ausg. 8. (XII, 311 S.) Leipzig 876, Schmidt und Günther. *ℳ 4.; geb. *

La Mara (Marie Lipsius), Classisches u. Romantisches aus der Tonwelt. 8. (IX, 361 S.) Leipzig 892. Breitkopf & Härtel. n. 4. 50; geb. n.n. 5. 50

— im Lande der Sehnsucht. Cicerone durch ital. Kunst u. Natur in Versen. 16. (255 S.) Leipzig 901. H. Seemann Nachf. n. 2. 50; geb. n. 4. —

La Mara. Späte Liebe. Briefe Heinrich Marschners an Therese Janda. (Illustrierte Deutsche Monatshefte, LXIII. 376—Januar 1888.)

— s.: Liszt's, Frz., Briefe.

— s.: Liszt, Frz., u. Hans v. Bülow, Briefwechsel.

— s.: Liszt, Frz., u. Carl Alexander Grossherzog v. Sachsen, Briefwechsel.

— s.: Liszt, Frz., et Hans v. Bülow, correspondance.

— s.: Liszt, Frz., et Charles Alexandre, Grand-Duc de Saxe, correspondance.

— Liszt u. die Frauen. (VII, 321 S. m. 23 Bildnissen.) 8. Leipzig 911. Breitkopf & Härtel. 6.—; geb. in Leinw. 7.—: in Ldrbd. 8. —

— s.: Mouchanoff-Kalergis, Marie v., geb. Gräfin Nesselrode, in Briefen an ihre Tochter.

La Mara, Musikerbriefe aus fünf Jahrhunderten. Nach den Urhandschriften erstmalig hrsg. 2 Bde. Mit den Namenszügen der Künstler. 8. (XIV, 364 u. X, 392 S.) Leipzig 886. Breitkopf & Härtel. n. 7. —; geb. n. 9. —

— der Ring der Nibelungen. Erstes Bühnenfestspiel in Bayreuth. 8. (47 S.) Ebend. 878. n. — 80

La Mara, Sommerglück. 8. (VII, 192 S.) Leipzig 881, [Knapp's Verlag.] Breitkopf und Härtel. *ℳ 2,60.; geb. *

— musikalische Studienköpfe. 1. und 2. Bd. 8. Leipzig, Weißbach. [1. Bd. (VII, 326 S.) 868. ℳ 5,40.; 2. Bd. (XV, 256 S.) 872. ℳ 4,20.]

— dass. — 1. und 2. Bd. 2. umgearb. Aufl. 8. (VIII, 359; 256 S.) Leipzig 873, Schmidt und Günther. ℳ 8.; geb.

— dass. — 1. Sammlung. 2. umgearb. Aufl. 2. Abdr. 8. (359 S.) Ebendas. 875. *ℳ 3.; geb. *

— dass. — 2. Bd.: Ausländische Meister: Cherubini — Spontini — Rossini — Boieldieu — Berlioz. Mit den Verzeichnissen ihrer Werke. 3. umgearb. Aufl. 8. (VII, 330 S.) Ebendas. 876. *ℳ 3.; geb. *

— musikalische Studienköpfe aus der Jüngstvergangenheit und Gegenwart. (3. Bd.) Charakterzeichnungen von Moscheles, David, Henselt, Franz, Rubinstein, Brahms, Tausing, nebst den Verzeichnissen ihrer Werke. 8. (V, 328 S.) Ebendas. 875. * geb. *

— musikalische Studienköpfe. 1.—3. Bd. 8. Ebendas. à Bd. *ℳ 3. * geb. à Bd. *ℳ 4. *

Inhalt:

Bd. 1. Romantiker. 3. umgearb. und 4. unveränd. Aufl. (VIII, 467 S.) 1877,78; 5. umgearb. Aufl. (VII, 438 S.) 879.

" 2. Ausländische Meister. Mit den Verzeichnissen ihrer Werke. 3. umgearb. Aufl. (VII, 330 S.) 1876; 4. umgearb. Aufl. (VII, 336 S.) 878.

" 3. Jüngstvergangenheit und Gegenwart. 2. und 3. Aufl. (338 S.) 876,77; 4. umgearb. Aufl. (VI, 338 S.) 878.

La Mara, musikalische Studienköpfe. 4. Bd.: Classiker. 10 Lfgn. 8. (VII, 472 S.) Leipzig 881, [Knapp's Verlag.] Breitkopf und Härtel. à Lfg. * 40 Pf. * 4 — geb. * 5 —

— dasselbe. 5. Bd.: Die Frauen im Tonleben der Gegenwart. 8. (XI, 393 S. mit 1 Lichtdr.) Leipzig 882. Breitkopf & Härtel. n. 4. —; geb. n. 5. —

— musikalische Studienköpfe. 1.—3. Bd. 8. Leipzig, Schmidt und Günther. *ℳ 10.; geb. *

Inhalt:

Bd. 1. Romantiker. 6. umgearb. Aufl. (VII, 420 S. mit 1 Lichtdrtaf.) 884. *ℳ 3,50.; geb. *ℳ 4,50.

" 2. Ausländische Meister. Mit den Verzeichnissen ihrer Werke. 5. Aufl. (342 S.) 881. *ℳ 3.; geb. *ℳ 4.

" 3. Jüngstvergangenheit und Gegenwart. 5. umgearb. Aufl. (VII, 338 S.) 884. *ℳ 3.; geb. *ℳ 4.; 6. Aufl. (338 S. mit 1 Lichtdrtaf. 884. *ℳ 3,50.; geb. *ℳ 4,50.

— musikalische Studienköpfe. 4. Bd.: Classiker. 2. Aufl. (IX, 472 S. mit 1 Lichtdr.-Taf.) 1882; 3. umgearb. Aufl. 8. (IX, 491 S. mit 1 Lichtdr.-Bild.) Ebendas. 888. * geb. *

1.—3. Bd. Leipzig 1881—84, Schmidt und Günther. *ℳ 10.—.; geb. *ℳ 13.—.; 5. Bd. Leipzig 1882, Breitkopf und Härtel. *ℳ 4.—.; geb. *ℳ 5.—.

— musikalische Studienköpfe. 1.—3. Bd. 8. Leipzig 894. H. Schmidt & C. Günther. n. 10. —; Einbde. à n. 1. —

1. Romantiker. 7., umgearb. Aufl. Mit Portraits (1 Lichtdr.-Taf.). (VII, 447 S.) n. 3. 50
2. Ausländische Meister. 5., umgearb. Aufl. (VII, 342 S.) n. 3. —
3. Jüngstvergangenheit u. Gegenwart. 6. Aufl. (VII, 338 S.) n. 3. 50

— Musikalische Studienköpfe. 1. Band. 7. Auflage. Leipzig (1894). 2. Band. 6. Auflage. Leipzig (1896). [3.] 4. 5. Band. Leipzig 1875 (1880) (1882).

— Musikalische Studienköpfe. 1.—3. Bd. 8. Leipzig, Breitkopf & Härtel. à 4.—; geb. à 5. —

1. Romantiker. 9. Aufl. (VI, 447 S. m. 1 Bildnistaf.) (894.)
2. Ausländische Meister. 7. umgearb. Aufl. (VII. 348 S. m. 1 Bildnistaf.) (897.)
3. Jüngstvergangenheit. 7., neubearb. Aufl. (V, 318 S. m. 6 Bildnissen.) 910.

— musikalische Studienköpfe. 4. u. 5. Bd. 8. Leipzig, Breitkopf & Härtel. n. 9. —; geb. n. 11. —

4. Classiker. 4. neubearb. Aufl. (V, 480 S. m. 1 Bildnistaf.) 900. n. 4. —; geb. n. 5. —
5. Die Frauen im Tonleben der Gegenwart. 3. neubearb. Aufl. (XI, 380 S. m. 24 Bildnissen.) 902. n. 5. —; geb. n. 6. —

— Verzeichniß der Compositionen ꝛc. von Carl Maria v. Weber, Frz. Schubert, Felix Mendelssohn, Rob. Schumann, Fred. Chopin, Frz. Liszt u. Rich. Wagner. [Aus: „Musikal. Studienköpfe" 5. Aufl.] 8. (86 S.) Leipzig 879. Schmidt & Günther. n. 1. 50

La Mara, Pauline Viardot-Garcia, s. a. Sammlung musikalischer Vorträge.

— Pauline Viardot-Garcia. »Sammlung musikalischer Vorträge.« (20 S.) Ebd. 1882.

— der deutschen Jungfrau Wesen u. Wirken, s.: Milde, Karoline G. J.

Copie De la Lettre Du Comte de **la Marc**, à Monsieur Rumpf. Resident des Etats Generaux à la Cour de Suede. Lunden le 23. October. 1717.
Copia Eines Schreibens Von dem Grafen de **la Marck** An den Herrn Rumpf, der Herren General-Staaten Residenten in Schweden. Lunden den 23. October 1717. o. O. u. J. 4° k.

Lamarche, Temperaturen der Luft und des Meeres, beobachtet auf einer Reise von Brasilien nach Frankreich im Jahre 1816. (Annalen der Physik, Jahrg. 1820, 10. Stück.)

La Marche, C. F. S. de [Pseud.], s.a. S c h w a n , Christian Friedrich

[DE LA MARCHE, C. F. S.], Ruszische Anecdoten oder Briefe eines teutschen Officiers an einen Liefländischen Edelmann, worinnen die vornehmsten Lebens-Umstände des Ruszischen Kaysers Peter III enthalten sind. Wansbeck. 1765.

[L a m a r c h e, Friedrich.] Zur Erinnerung an die XXVII. Jahresversammlung des Schweiz. Ingenieur- & Architecten-Vereins. [Zürich's Gebäude und Sehenswürdigkeiten. Beschreibung der Stadt mit Illustrationen, wovon 23 Tafeln, und 1 Plan.] Den werthen Collegen gewidmet von der Section Zürich [und in ihrem Auftrag hrg. von F' L']. 8. Zürich 1877.

[L a m a r c h e, Friedrich.] Zürich's Gebäude und Sehenswürdigkeiten. Beschreibung der Stadt mit 57 Illustrationen [wovon 23 Tafeln] und einem Plane in Farbendruck. Anlässlich der XXVII. Jahresversammlung des Schweizerischen Ingenieur- und Architecten-Vereins ... bearb. von der Section Zürich [und in ihrem Auftrag hrg. von F' L']. 8. Zürich 1877

La Marche, Georg August de (Resp.): Observationes practicas de amicae verae usu, s. A l b e r t i, Michael (Praes.)

La Marche, Olivier de, le triumphe des dames. Ausg. nach den Handschriften v. Julia Kalbfleisch, geb. Benas. Diss. gr. 8. (XXVIII, 119 S.) Rostock 901. (H. Warkentien.) n. 4.—

La Marck, Graf de, s. L a M a r c

La Marck, J. B., s. L a m a r k

Lamarck, Jean, zoologische Philosophie. Nebst e. biograph. Einleitg. v. Charles Martins. Aus dem Franz. übers. v. Arnold Lang. gr. 8. (Biogr. LII u. XXIV, 512 S.) Jena 876. Deistung. n. 10. —

Lamarck, Jean, zoologische Philosophie. Nebst einer biograph. Einleitg. v. Charles Martins. Aus dem Franz. übers. v. Arnold Lang. 2. unveränd. (anastat.) Abdr. (XXIV, 512 S.) gr. 8. Leipzig 903. J. A. Barth. n. 10.—

Lamarck, Jean, zoologische Philosophie. Deutsch v. Heinr. Schmidt. Mit Einleitg. u. e. Anh.: Das phylogenet. System der Tiere nach Haeckel. (Kröners Volksausg.) (XVI, 118 S.) gr. 8. Leipzig (909). A. Kröner. 1. —

L a m a r e, C. J. de, Cours de thèmes français. gr. 8. (72 S.) Brunswic 848, G. C. E. Meyer sen.

de **Lamare**, Fr., der schnellrechnende Haushalter, oder Tabellen, was ein Pfund, Elle, Stück, Fuß, Hunten ꝛc. bis zu 10,000, vom einem Pfennig an gerechnet bis zu 36 Mariengroschen betragen. gr. 8. Einbeck 815. Neue verm. u. verb. Aufl. gr. 8. Hannov. 816. Hahn. 18 gr

L a m a r e, de, Tabellen, was ein Pfund, Elle, Stück, Fuß ꝛc. bis zu 10,000 von 1 Pfennig an gerechnet bis zu 1 Rthlr. betragen. gr. 8. Einbeck. (Braunschw. Lucius in Comm.) 815. -

Lamare, F. de, s. a. See, F. vom.

(**Lamare, F. de.**) Die Türken vor Cassel. Ein Gedenkblatt für die Aliirte Armee zur Zeit des siebenjährigen Krieges. (Plattdeutsch.) Von F. vom See. (**Pseud.**) Bockenem (1906). 8°.

Lamark, J B.

— Hydrogeologie od. Untersuch. üb. d. Einfluß des Wassers auf die Veränderung der Erdoberfläche, aus d. Französ. von E. G. J. Wrede. gr. 8. Berl. 805. Rauck. 1 rthl

Lamark, J. B., neues System der Conchyliologie; aus d. Französ. v. L. F. Froriep, mit 1 Kpf. 8. Weim. 807. Industr.-C. 9 gr

La Marmora, General und die preussisch-italienische Allianz. Leipzig 1868. V: *Schöll, Rud.* (Mitth. Dr. H. Friedjung.)

La Marmora, General u. die preussisch-italienische Allianz. Leipzig 868. O. Wigand. gr. 8. (47 S.) 7½ ngr

La Marmora, Alphons, Etwas mehr Licht. Enthüllungen über die polit. und militär. Ereignisse des J. 1866. Aus dem Italien. 1. Aufl. 1873, und 2. Aufl. gr. 8. (XII, 340 S.) Mainz 874, Kirchheim.

La Marmora, Alf., an die Wähler von Biella. Brief. Mit Genehmigung des Verf. aus dem Ital. übers von E r n s t P o p p e. Berlin 868. (Scheller.) gr. 8. (32 S.) n. 6 ngr

de Lamarque', d. colonies pénitent. et du patronage d. libérés. **Strassb.** 863.

Lamarque, traité des établissements de bienfaisance. **Strasbourg** 862.

Lamarque, Frdr., der Hochzeitskranz. Gedichte u. Lieder. gr. 8. (VIII, 69 S.) Berlin (W., Lützowstr. 85) 901. Verlag Heureka. Geb. in Leinw. m. Goldschn. n. 2.—

Lamarsch und Kullil, Städtealbum von Österreich-Ungarn I. Mähren und Schlesien. I. Abt. 4°. (132 S.) geb. K 7.— no
Olmütz Laurenz Kullil 1907

Lamaert, F., über die Realisierbarkeit volkswirtschaftlicher Probleme. (31 S. m. Fig.) gr. 8. Wien 910. Huber & Lahme Nachf. 1. —

Lamartellière, die drei Gilblas; nach d. Französ. 8. Leipz. Joachim. 1 rthl 6 gr

L a m a r t i n, Dr. — Schutz gegen alle äußerlichen Krankheiten. Treu nach Ricord's Ordination und Methode von — —. Wien, 1856. Druck von L. C. Zamarski. (20 S, 8.)

Lamartine, Alphonse de

Lamartine, A. de, Antoniella, s. Frankreich, belletristisches.

— Poetische Betrachtungen

— dass. nach d. 6n Aufl., aus d. Französ. übers. v. J. B. Schaul. 12. Gmünd 823. Ritter. 12 kr

de Lamartine, Alphons, poetische Betrachtungen. Nach der 11n franz. Orig.-Ausg. in Versen frei verdeutscht durch Fr. Gotz. 8. Mannh. 825. Schwan u. G. 1 ℛ

Lamartine, A. de, Captivité, procès, mort de Louis XVI et de sa famille, hrsg. v. Bernh. Lengnick, s.: Schulbibliothek, französ. u. engl.

Lamartine, A. de, Captivité, procès et mort de Louis XVI et de sa famille. Wörterbuch. s.: Schulbibliothek, franz. u. englische.

Lamartine, A. de, Christophe Colomb, s.a. Bibliothek gediegener u. interessanter französischer Werke.

— Christophe Colomb, s.a. Collection d'auteurs français.

— Christophe Colomb, s.a. Sammlung französischer u. englischer Textausgaben.

—— Christophe Colomb. [1436—1506.] Mit einem Wörterbuche zum Schulgebrauche. 16. (155 S. und Wörterbuch 81 S.) Trèves 855(56,) libr. Lintz.

de Lamartine, Alphonse, les confidences. 2 vols. 8. (323 S.) Berlin 848, Behr. (à 1/2 ℛ) 1 ℛ

— les confidences. 5 livrs. 8. (310 S.) Leipzig 848, Brockhaus. (à 6 ngr) 1 ℛ

—— les Confidences. 2 Vols. 8. (323 S.) Berlin 849, Behr's Buchh.

—— le même. — 8. (310 S.) Leipzig 849, [Brockhaus.]

—— nouvelles Confidences. 8. (174 S.) Berlin 850, Behr's Buchh.

— nouvelles confidences. 2 livrs. 8. (164 S.) Leipzig 850, Brockhaus. (à 6 ngr) 12 ngr

—— ausgewählte Dichtungen, übers. von Alphonse Levy. 16. (59 S.) Dresden 880, Pierson. • — 50
geb. • 1 —

—— dass. — s.a. Universal-Bibliothek Nr. 1420.

Lamartine

Duel poétique entre MM. Barthélemy et de Lamartine.
s. Barthélemy, Auguste Marseille

—— Faits et journées mémorables de la révolution française. Extrait de l'histoire des Girondins. Arrangé à l'usage des écoles et des maisons d'éducation par P. Brée. Mit einem erläut. Wörterbuche. 2. Aufl. 8. (IV und 306 S.) Leipzig 851, Baumgärtners Buchh.

Lamartine, (Alphonse) de, Faits et journées mémorables de la révolution française. Extrait de l'histoire des Girondins. Arrangé à l'usage des écoles et des maisons d'éducation par P. Brée. 3. Aufl. Mit Noten und Wörterbuch von C. Hapatzky. 8. (IV und 332 S.) Leipzig 857, Baumgärtner's Verlagsh.

— Faits et journées mémorables de la révolution français. Extrait de l'Histoire des Girondins. Arrangé à l'usage des écoles et des maisons d'éducation par P. Brée. 4. Aufl. Mit Noten u. Wörterbuch von K. Hapatzky. Leipzig 865. Baumgärtner's Buchh. 8. (IV, 332 S.) 18 ngr

Lamartine, Adph. de, faits et journées mémorables de la révolution française. Extrait de l'histoire des Girondins. Arrangé à l'usage des écoles et des maisons d'éducation par P. Brée. Mit Noten u. Wörterbuch v. K. Hapatzky. 5. Aufl. 8. (IV, 332 S.) Leipzig. 873. Baumgaertner. 1. 80

v. **Lamartine**, Alph. Die Februarrevolution in Frankreich [1848]. Deutsch von Reclam. (V. 470) 8. Leipzig 1849. — ib. 1865. — ib. 1874. 3,00.

—— Flor d'Aliza. 3 Vols. (Bibliothèque choisie. Vol. 602—604.) 16. (470 S.) Naumburg 863, Pätz.

—— zur socialen Frage: Wie man den Revolutionen vorbeugt. Ein Morgen in London oder der conservative und destructive Socialismus. gr. 8. (40 S.) Aachen 851, ter Meer.

— poet. Gedanken. Metrisch übers. v. G. Schwab. Mit beigefügtem französ. Texte. gr. 8. Stuttg. 826. v. Cotta. 1 ℛ 8 kr

— auserles. Gedichte. Metrisch übers. v. G. Schwab. Mit beigefügtem franz. Texte. gr. 8. Stuttg. 826, v. Cotta.

—— Geneviève. Histoire d'une servante. 2 Livr. 8. (249 S.) Leipzig 850, Brockhaus.

de **Lamartine**, Alphonse, Genoveva. Volkserzählung. Aus d. Franz. übertr. von Ferd. Fliessbach. 2 Bde. 8. (216 u. 320 S.) Leipzig 850, Kollmann. (1. 1/2 ℛ 2. 3/4 ℛ) 1 1/4 ℛ (siehe auch: Bibliothek, Europäische, 379. Bd.)

—— Geschichte der Februar-Revolution in Frankreich. Neue (Titel-)Ausg. gr. 8. (V und 470 S. mit dem Portr. Lamartine's in Stahlst.) Leipzig (849)65, Senf.

— Geschichte der Februar-Revolution in Frankreich. Mit dem Portrait Lamartine's. 3. Ausg. gr. 8. (VII, 470 S.) Leipzig 874. G. Senf. 2. 50

— Geschichte der Girondisten. Aus d. Franz. übers. v. Gust. Diezel u. Glob. Fink. 8 Bde. Baden 847, Zehnder. (à 1 ℛ) 8 ℛ Herabges. Pr. n. 1 1/3 ℛ

— Geschichte der Girondisten. Aus dem Franz. 8 Bde. 8. (2368 S.) Leipzig 847. 48, Brockhaus. (à 1 ℛ) 8 ℛ

—— Geschichte der Restauration, s.a. Bibliothek, neueste historische, des Auslandes.

Lamartine, A. Geschichte der Restauration. 2. Aufl. (8 Bde.) 12. Kassel 1854—1855.

— Geschichte der Revolution von 1848. Uebers. von Frdr. Funck. 2 Bde. br. 8. (234 u. . . . S.) Frankfurt a. M. 849, Streng. n. 1 ℛ

— Geschichte der französ. Revolution von 1848. Aus dem Franz. v. A. Reclam. 2 Bde. 8. (294 u. 323 S.) Leipzig 849, Matthes. (à 1 ℛ) 2 ℛ (— siehe auch: Hausbibliothek, histor., 12. Bd. — Lese-Cabinet, histor., 1—8. Lfg.

—— Geschichte der Türkei. Deutsch von Johs. Nordmann. 8 Bde. 8. Wien 854—56, [Wallishausser's Hoftheater-Druckerei.] [Bd. 1. (259 S.) 2. (260 S.) 3. (266 S.) 4. und 5. (514 S.) 6. (282 S.) 7. und 8. (516 S.)]

— Geständnisse. — Neue Geständnisse, s.: Bibliothek, Europäische, 195. 196 u. 405. Bd.

—— Graziella, s. Bibliothèque française.

Lamartine, A. v., Graziella, s. Bücher-Schätze.

—— Graziella, s. Haus-Bibliothek.

—— dass. — s. Universal-Bibliothek Nr. 1151.

— Graziella, hrsg. v. H. Glinzer, s.: Perthes' Schulausgaben englischer u. französischer Schriftsteller.

—— Graziella, übers. von Ed. Leipold. 8. (192 S.) Augsburg 862, Wolffische Buchh. *

Lamartine, A. de, Gutenberg, s.: Prosateurs modernes.

— Gutenberg et Jacquard, s.: Sammlung französischer u. englischer Textausgaben zum Schulgebrauch.

—— Harmonieen f. Freunde d. heil. Dichtkunst, deutsch bearb. v. Chr. Fr. Karl Schirlitz. I. Bdchn. gr. 8. (8½ B.) Leipzig 832, Schumann. 18 Gr., Vlnp.

— poet. u religiose Harmonien. 2 Bde. Aus d. Französ. übersetzt. gr. 12. Münch. 831. (Landsh., Krüll). 1 ß 18 K

—— poet. u. relig. Harmonieen. 2 Bde. A. d. Franz. übers. gr. 12. (25⅓ B.) München 831. (Regensburg, Manz.)

Lamartine, Alphonse de, Harmonies poetiques et religieuses. gr. in-12. (18 B.) Stouttgart 830, [Scheible.] 1 Thlr. 6 Gr., hrbgs. Pr.

de Lamartine, Alphonse, Harmonies poétiques et religieuses. 16. Stuttg. 830 jetzt Gaul et Tonger in Cöln. 7/8 ß

— Harmonies poetiques et religieuses. Tom. 1. gr. 12. Stuttg. 831. Hoffmann. 1 ß 6 K

—— Histoire des Girondins. 8 Tomes. (2163 S.) Leipzig 847, [Brockhaus.] à Tome 1 Thlr.

— Histoire des Girondins. 4 vols. gr. 12. (464. 467. 477 u. 469 S.) Berlin 849, Schneider & Co. n. 3 ß

—— Histoire de la révolution de 1848. 2 Vols. gr. 12. (1. Bd. 314 S.) Bruxelles 849, Muquardt. -

— Histoire de la révolution de 1848. 2 tomes à 4 livrs. 8. (617 S.) Leipzig 849, Brockhaus. (La livr. à ¼ ß) 2 ß

— Histoire de la révolution de 1848. 2 vols. gr. 12. (277 u. ... S.) Leipzig 849, Twietmeyer. 1 ß 6 ngr

Histoire de la Revolution française 1789 Les Constituants par Alphonse de Lamartine. T 1--4 Bruxelles et Leipzig 1854 55.

—— le même. — Extrait par P. Brée, s. oben: Faits.

—— Histoire de la Russie. gr. 8. (IV und 389 S.) Paris 855. (Leipzig, Gerhard.)

—— Histoire de la Turquie. 4 Vols. gr. 8. (XXII und 1022 S.) Paris 855. (Leipzig, Gerhard.) à Vol. 1 Thlr. 15 Ngr.

Lamartine, Alphonse de, Jeanne d'Arc et Graziella, hrsg. v. Heinr. Saure, s.: Auteurs français mod. VI.

—— Jocelyn. Episode. Journal trouvé chez un curé de village. Edit. orig. II Ts. 12. (20⅙ B.) Paris 836. (Francfort s. M., Jügel.) *

—— Jocelyn. Tagebuch eines Dorfpfarrers. Eine epische Dichtung. Uebers. von Julie Bernhard. 8. (XVI, 353 S.) Hamburg 880, Grüning. 3 60
geb. mit Goldschn. 5 —

— le lac et l'automne. hrsg. von Heinr. Saure, s.: Auteurs français mod. V.

— Louis XVI, s.: Bibliothek französ. Werke.

—— Toussaint Louverture, s. Théâtre français.

—— Toussaint Louverture, poëme dramatique. 16. (XVI und 142 S.) Leipzig 850, Twietmeyer's Buchh. *

— nouvelles meditations poëtiques. 16. Wien 824, Armbruster.

— le mémes, Nouv. édit. augm. des nouvelles méditations et de la mort oe Socrate. 2 Tom. gr. 12. Berl. 824, Dunker et H.

Lamartine, Alphonse de, meditations poétiques. 16. Vienne, Armbruster. 821. Rthlr. -

— meditations poetiques. III Vols. gr. 12. Stuttg. 828. Hoffmann. 15 K Nouv. Edit. gr. 12. 831. 18 K

— Méditations poétiques avec commentaires. 16. (XXXII u. 222 S.) Leipzig 850, Avenarius & Mendelssohn. 1 ß; in Engl. Einb. m. Goldschn. n. 1⅓ ß

— meditations poetiques et religieuses. Nouv. Edit. 8. Stuttg. 831. Scheible. 14 K

— Méditations poétiques et religieuses. 16. Stuttgart 831. jetz Gaul et Tonger in Cöln. 5/8 ß

— Premières méditations poétiques, s. Bibliotheca romanica.

— nouvelles meditations poetiques. 12. Wien 824. Armbruster. 18 K

—— drei Monate am Staatsruder. Aus dem Französ. übers. von Roth. 8. (70 S.) Leipzig 848, Matthes.

—— Mort de Louis XVI, s. Bibliothek gediegener und interessanter französ. Werke.

—— la mort de Socrate. Poeme. 8. (2¼ B.) Berlin 841, Schlesinger.

—— Nachruf an Louis Philipp. (Méditation poétique.) Ode an Napoleon. Manifest an die europäischen Mächte. gr. 8. (16 S.) Stuttgart 843, Franz. Köhler.

— Nelson, s.: Sammlung französ. u. engl. Textausgaben.

Lamartine, Alphonse de, Oeuvres complètes, s. Bibliothèque des classiques français.

Lamartine. Oeuvres complètes. Souvenirs, impressions, pensées et paysages pendant un voyage en Orient. (5 Bde.) 8. Francfort a. M. 1854.

de Lamartine's Alphonse, Oeuvres poétiques. Tome I. — A. s. le t.: Meditations poétiques. 16. Wiesbade 841, Beyerle. 5/8 ₰ — Geb. in Leinw. u. mit Goldschn. 7/8 ₰

— s. Parnasse français, le, etc.

—— le Passé, le présent, l'avenir de la république. 2. Parties. 8. (VIII und 230 S.) Leipzig 850, Avenarius und Mendelssohn.

— Poésies. Vol. 1. Méditations poétiques. Vol. 2. Nouv. Méditations poetiques. — La Mort de Socrate. — Vol. 3. Le dernier chant du pélerinage d'Harold. — Le chant du sacre, ou la Veille des armes. 12. Berlin 824, Dunker et H. 2 Rthl. 12 gr. Fein Pap.

— Poésies. Choix: Méditations poétiques. Harmonies poét. et religieuses. Recueillements poét. Epitres et Poesies. La mort de Socrate. Jocelyn. Chant du sacre. Dernier chant du pélérinage d'Harold. La chute d'un ange. 8. Berlin 841, Schlesinger. 2/3 ₰

— dass. mit d. Goldbr.-Umschlag: Le Parnasse moderne. 1 ₰

— s. a. Politik, die rationelle.

—— über die rationelle Politik. Aus dem Französ. gr. 8. (32 S.) Leipzig 848, Matthes. *

—— Portraits und Biographien. Deutsch von C. W. Whistling. Autoris. Uebersetzung. 1. und 2. Bdchn. 16. Leipzig 865, Steinacker Separat-Conto. à Bdchn. * 8 Ngr. *
Inhalt:
Bdchn. 1. Charlotte Corday. (112 S.)
" 2. Madam Roland. (V und 96 S.)

—— Proces et mort de Louis XVI, s. Prosateurs français. — Schulbibliothek, französ. u. engl.

Lamartine, Procès et mort de Louis XVI, hrsg. v. Paul Voelkel, s.: Prosateurs français. 88. Lfg.

—— Raphael, s. Universal-Bibliothek Nr. 1524 und 1525.

—— dass. — s. Ausland, das belletristische. — Bibliothek, europäische. — Miniaturbibliothek ausländ. Klassiker. — Unterhaltungs-Bibliothek, illustrirte.

—— Raphaël, pages de la vingtième année. 16. (200 S.) Bruxelles 849, Muquardt.

—— Raphael. Blätter aus dem zwanzigsten Jahre. Uebersetzt von Friedr. Funck. br. 8. (271 S.) Frankfurt a. M. 849, Streng.

— Raphaël, pages de la vingtième année. 8. (183 S.) Leipzig 849, Brockhaus. 3/4 ₰

— Raphael. Erinnerungen aus d. 20. Lebensjahre. Deutsch von W. v. Blankenburg. 2 Bde. 8. (190 u. 206 S.) Leipzig 849, Kollmann. 1 ₰

Lamartine, Alphonse de
Raphael, eine Liebesgeschichte. Deutsch von Scherr. Stuttgart: Franckh 1849. 232 S. 8°

— Raphael. Blätter aus dem zwanzigsten Jahre. Deutsch v. Frdr. Müller. Mit 12 Illustr. (in Holzschn.), gez. von C. Rittmeyer. 8. (280 S.) Stuttgart 849, Hofbuchdruckerei Zu Guttenberg. 21 ₰; in Engl. Einb. n. n. 1 ₰ 2 ₰; in Engl. Einb. m. Goldschn. n. n. 1 1/6 ₰ (siehe auch: Ausland, das belletristische, 1258—1260. Bdchn. — Bibliothek, Europäische, 197 u. 198. Bd.)

— Raphael. Ein Seelengemälde. Aus d. Franz. übers. von Geo. Nicol. Bärmann. 16. (328 S.) Hamburg 850, Schuberth & Co. 1/2 ₰; in Engl. Einb. m. Goldschn. n. 1 ₰

— Reise in den Orient in d. Jahren 1832 u. 1833. Erinnerungen, Empfindungen, Gedanken und Landschaftsgemälde. Aus d. Franz. v. Gust. Schwab und Frz. Demmler. 4 Bde. gr. 8. Stuttgart 835, 36. Metzler. 5 ₰

—— Résumé politique concernant la question d'Orient. 8. (3 B.) Leipzig 840, [Brandstetter.]

— Résumé politique concernant la Question d'Orient. 8. Leipzig 840. Kinhorn. 1/4 ₰

— et Alfred de Musset, das Rheinlied, dessen Freunde u. Gegner in Frankreich. Die Friedens-Marseillaise. Antwort. La Marseillaise de la paix et réponse, à M. Nicolas Becker au chant national „Ils ne l'auront pas le libre Rhin allemand." „Sie sollen ihn nicht haben, den freien deutschen Rhein." 8. Berlin 841, Schlesinger. 1/12 ₰

—— Souvenirs, impressions, pensées et paysages, pendant un voyage en Orient (1832—1833), ou notes d'un voyageur. IV Ts. 1. ed. (58 3/4 B., L's. Portr. u. 2 Kart.) 835. 2 1/2 Thlr., 2. et 3. ed. gr. in-12. (à 51 1/2 B., 2 Stahlst. u. 2 Kart.) Stuttgart 837, 39, [Scheible, Rieger et Sattler.] à 2 7/8 Thlr., hrbgs. Pr.

—— le même. IV Ts. gr. in-16. (96 3/4 B. u. L's. Bildn.) Francfort s. M. 835, Jügel. *

—— le même. — Für d. Gebr. auf Schulen im Ausz. u. mit sacherklär. Anmerkn. hrsg. 1. Aufl. 837., 2. A. 8. (à 18 B.) Lemgo 840, Meyersche Hofbuchh. à

— souvenirs, impressions, pensées et paysages pendant un voyage en Orient (1832—1833). Für den Gebrauch auf Schulen im Auszuge u. mit sacherklär. Anmerk. herausgeg. 3. Aufl. gr. 8. Lemgo 844, Meyer'sche Hofbuchh. 2/3 ₰

—— der Steinhauer von Saint-Point. Ländliche Erzählung. br. 8. (228 S.) Leipzig 859, Voigt und Günther. *

—— der Steinmetz von Saint-Point, s. Lese-Cabinet, belletristisches.

—— le Tailleur de pierres de Saint-Point. Récit villageois. 8. (178 S.) Leipzig 851, Brockhaus.

—— die Unsterblichkeit. Gedanken über den Menschengeist und das räthselvolle Jenseits in gebundener Rede. Deutsche Bearbeitung von Gust. Strümpell. gr. 8. (7 S.) Braunschweig 868, (G. C. E. Meyer sen.) *

—— Vergangenheit, Gegenwart und Zukunft der französ. Republik. Deutsch von Carl Albrecht. 8. (200 S.) Leipzig 850, Matthes.

— voyage en orient, s. a. Bibliothek gediegener u. interessanter französischer Werke.

—— voyage en Orient, s. a. Bibliothèque française à l'usage des écoles.

— voyage en Orient, hrsg. v. H. Lambeck, s.: Prosateurs français.

— le même. IV Tomes. Mit Bildn. gr. in-16. Francfort 835. Jügel. 4 1/2 ß

— Voyage en Orient 1832 et 1833. Auszug in Einem Bde. mit erklär. Noten, einem Wörterbuche u. 3 Registern üb. 1) die Namen, 2) die citirten Stellen aus Girault-Duvivier, Nod, Hirzel, Hauschild, Dreßler, Frings, Sanguin und Simon, und endlich 3) über die abgehandelten grammatischen Streitfragen überhaupt. gr. 12. Leipzig 836. 2e Ausg. 838. Baumgärtner. 3/4 ß.

— dass. für den Gebrauch auf Schulen im Auszuge u. mit Sacherklär. Anmerkungen herausg. 8. Lemgo 837. 2e Aufl. 840. Meyersche Hofbuchh. 2/3 ß

—— Voyage en Orient, 1832—1833. Extrait. 16. (17 1/4 B.) Stuttgart 839, Erhard.

— voyage en Orient 1832 — 1833. Auszug in 1 Bde. mit erklärenden Noten, einem Wörterbuche u. 3 Registern. 3. Aufl. 12. Leipzig 844, Baumgärtner. 3/4 ß

— Voyage en Orient 1832 – 1833. Auszug in 1 Bd. mit erklär. Noten, einem Wörterbuch u. einem Register. 4. verb. Aufl. Ster.-Ausg. 8. (VI u. 317 S.) Leipzig 848, Baumgärtner. — 5. verb. Aufl. Ster.-Ausg. 8. (VI u. 317 S.) Ebd. 851. — 6. verb. Aufl. Ster.-Ausg. 8. (VI u. 317 S.) Ebd. 852. 18 ngr

—— Voyage en Orient. 1832—1833. Auszug in 1 Bd. mit erklärenden Noten, einem Wörterbuche und einem Register. 7. Aufl. (Mit Ster. gedr.) 8. (VI und 317 S.) Leipzig 856, Baumgärtners Buchh.

—— Voyage en Orient 1832—1833. Auszug in einem Bde. mit erläuternden Noten, einem Wörterbuche und einem Register. 8. Aufl. (Mit Stereot. gedr.) 8. (VI und 317 S.) Leipzig 861, Baumgärtner's Verlagsh.

—— dass. — Auszug in 1 Bde. mit erläut. Noten, einem Wörterbuche und einem Register. 9. Aufl. Mit Ster. gedr. 8. (VI und 317 S.) Leipzig 865, Baumgärtner's Buchh.

— Voyage en Orient 1832—33. Im Auszuge. Mit Erläuterungen u. einem Wörterbuche hersg. von J. H. Lohmann. Quedlinburg 867. Basse. 8. (III, 283 S.) 20 ngr

—— Voyage en Orient 1832—1833. Auszug in 1 Bde. mit erläut. Noten, einem Wörterbuch und einem Register. 10. Aufl. 1870, und 11. Ster.-Aufl. 8. (VI, 317 S.) Leipzig 875, Baumgaertner's Buchh.

—— Voyage en Orient. Hrsg. und mit Anmerkungen versehen von A. Korell. 1. Bd. gr. 8. (217 S.) Berlin 878, Weidmann'sche Buchh.

—— dass. — 2. Bd.: Jérusalem. Jéricho. La Mer morte. Peuplades du Liban. Paysages et pensées en Syrie. Balbek. Damas. Jaffa. Constantinople. gr. 8. (247 S.) Ebendas. 879. *

— sämmtl. Werke. Uebers. von G. Herwegh. 1.—30. Liefg. Mit Lamartine's Bildniß. gr. 16. Stuttgart 842—44, Schelble, Rieger u. C. (à 1/8 ß) 3 3/4 ß

— sämmtliche Werke, übersetzt von G. Herwegh. 1r—6r Bd. od. 12 Theile. Mit Lamartine's Bild in Stahlstich. 16. Stuttgart 839, 40. Rieger u. Comp. (à 1/4 ß) 3 ß — Vier Stahlstiche hierzu, zur Reise in den Orient. n. 1/3 ß

— sämmtliche Werke. Uebers. v. Geo. Herwegh. 7—9. Bd. à 2 Abthlgn. 10. Bd. u. 11—27. Bd. à 2 Abthlgn. [Mit d. Umschlagstitel: A. v. Lamartine's neueste Werke, als Fortsetzung der sämmtlichen Werke. 1—39. Thl.] gr. 16. VII. u. VIII. Bd. à 2 Abthlgn. Geschichte der französ. Revolution vom J. 1848. Aus d. Franz. von Thdr. Roth. 2 Bde. (356 u. 381 S.) IX. 1. Die Vergangenheit, Gegenwart u. Zukunft d. franz. Republik. Aus d. Franz. von P. Meyer. (208 S.) X. Toussaint Louverture. Dramatisches Gedicht. Aus d. Franz. v P. Meyer. (158 S.) XI. 1. u. 2. Raphael. Gedenkblätter aus dem zwanzigsten Jahre. Uebers. u. nach der 2. Ausg. des Originals auf's Neue bearb. von Frdr. Müller. (268 S.) XII. 1. u. 2. Genovefa die Magd. Volkserzählung. Aus dem Franz. v. P. Meyer. (288 S.) XIII. 1. u. 2. Enthüllungen. Aus d. Franz. v. P. Meyer. (372 S.) XIV. Neue Enthüllungen. Aus d. Franz. v. Wilh. Schöttlen. (192 S.) XV—XXII. Bd. à 2 Abthlgn. Geschichte d. Girondisten. Nach der 3. franz. Aufl. übers. v. Wilh. Schöttlen. 8 Bde. XXIII u. XXIV. à 2 Abthlgn. Geschichte der Restauration. Aus d. Franz. v. Thdr. Roth. 1. u. 2. Bd. (... u. ... S.) XXV—XXVII. à 2 Abthlgn. Geschichte der Restauration. Aus d. Franz. von Wilh. Schöttlen. 3—5. Bd. (à 328 S.) Stuttgart 850 — 52, Rieger. à Abthl. 6 ngr

— sämmtliche Werke. Uebers. von Geo. Herwegh. Stuttgart 852, 53. Rieger. 16. Jeder Bd. 12 ngr
28—30. Bd.: Geschichte der Restauration. Aus d. Franz. übers. von Wilh. Schöttlen. 6—8. Bd. oder 11—16. Thl. (336; 336; 336 S.)

— dasselbe. 1832—1833. Auszug in 1 Bde. m. erläut. Noten, einem Wörterbuche u. einem Register. 12., völlig neu rev. Aufl. 8. (IV, 316 S.) Leipzig 881. Baumgärtner. geb. 1. 80

—— wo stehen wir? wohin gehen wir? u. was haben wir zu thun? od.: Ueber d. vernünft. Gestaltung uns. Staaten. A. d. Franz. übers. rc. gr. 8. (4 1/2 B.) Braunschweig 832, [Horneyer.]

— Wo stehen wir? wohin gehen wir? und was haben wir zu thun? oder: Ueber die vernünftige Gestaltung unserer Staaten. Aus d. Französ. übers. u. der Beachtung unserer Zeit beim Beginne des Jahres 1832 gewidmet. gr. 8. Braunschw. 832. Verlags-Compt. 8 K

Lamartine, E v

— Vergl. Mission, die heilige.

Lamartine, E. v., die vorzüglichsten Wahrheiten der Religion in vertraulicher Erklärung, vornehmlich z. Gebrauche f. die Jugend. Aus d. Franz. 8. (14 1/2 B.) Regensburg 843, Manz.

Lamaté, L., Anleitung z. gründl. Erlernung d. schönen u. wissenswürd. Kunst d. Granit u. schneeweißen Grund auf Kästchen, Chatoullen u. a. Holzarbeiten zu machen, nebst e. Anweis. z. Rechtsabziehen, d. h. Lithographien, Schriften rc. so abzuziehen od. zu decalkiren, wie sie auf d. Papiere sind, sowie die dazu gehör. Lacke zu verfertigen. Für Schreiner rc. A d. Franz. übers. 8. (ca. 1 B.) Hanau 836, Edler'sche Buchh. Verklebt

—— gründl. Anweisung d. schöne Kunst Lithographien in Oel zu malen auf d. leichteste Art zu erlernen, sowie auf e. sehr leichte Manier auf Glas zu malen. A. d. Franz. übers. 8. (ca. 1 B.) Hanau 836, Edler'sche Buchh. Verklebt

Lamatsch, Ignaz, s. Lamatzsch

Lamatsch, Joh., Handbuch der allgemeinen Waarenkunde für das Volk und seine Lehrer zum Gebrauch bei Vorlesungen und zum Selbstunterricht insbesond. für Cameralisten, Aerzte, Pharmaceuten etc. 1. Bd. 1. Abthl. gr. Lex.-8. (XII und 651 S. mit 9 Tab. in qu. gr. Fol.) Wien 864, (Braumüller's Sortiment.) **

LAMATSCH (J.). Handbuch der allgemeinen Waarenkunde, aus dem Pflanzenreiche . . . Wien, 1864–7. 8°.
At end—Rohe Arzneiwaaren . . . aus dem Pflanzenreiche . . . with separate pagination.

LAMATSCH, Jul. Die ſchöne Tony, oder Fügung der Vorſehung, ſichtbar in dem Leben einer Müllerstochter, die ihren Geliebten aus Räuberhänden befreit, und eine große Frau wird. O. O. u. J. (ca. 1800). 4°. 2 Bl.
Jahrmarktsgeſchichte mit einem Bänkelſängerlied am Schluß.

Lamatſch, Paul, Erzählungen, Sagen u. Gedichte. 2 Bde. gr. 12. (21½ B.) Brünn 840. (Znaim, Fournier.) *

Lamatzſch, Ign., Beiträge zur Geſchichte des Dominikaner-Ordens, ſ. Beiträge.

LAMATSCH, IGNATZ: Beiträge zur Geschichte der Dominikaner- und Prediger-Ordens in allen Ordens-Provinzen. Neuer Abdruck. Oedenburg 1835: Adolf Reichard. 305 S. 1 t. - 230 mm
- Dass. Oedenburg 1855 - 8°

LAMATSCH, IGNAZ: Beiträge zur Geschichte / des / Dominikaner- / oder / Prediger-Ordens / in / allen Ordens-Provinzen. / Oedenburg 1855. Druck v. Adolf Reichhard. 305 S. - 222 mm

Lamay, Georg: Die Standesverhältnisse des Hildesheimer Domkapitels im Mittelalter. Bonn 1909: Broch. 103 S. 8°
Bonn, Phil. Diss. v. 28. Apr. 1909, Ref. Schulte
[Geb. 28. Jan. 85 Eblhalten; Wohnort: Bommersheim; Staatsangeh.: Preußen; Vorbildung: Kaiser-Friedrichs-Gymn. Homburg v. d. H. Reife O. 04; Studium: Würzburg 3, München 1, Bonn 7 S.; Rig. 16. Dez. 08.] [U 09. 408

Lamazou, Vic., die Pariſer Commune. Hiſtoriſche Actenſtücke über deren Anfang und Ende. Mit einem Briefe vom Biſchof Fel. Dupanloup. Autoriſ. Ueberſetzung. gr. 8. (VII, 190 S.) Mainz 872, Kirchheim.

Lamazure, Arth., das System der Obligations foncières u. der Pfandbriefe in Frankreich, Deutschland, Österreich u. nach den Bestimmgn. des schweiz. Zivilgesetzbuches, s. Abhandlungen zum schweiz. Recht. 36. Heft.

Lamazure, Arthur. Das System der Obligations foncières und der Pfandbriefe in Frankreich, Deutschland, Österreich und nach den Bestimmungen des schweiz. Zivilgesetzbuches. XII + 252 S. 8. Bern, Stämpfli & Cie., 1909.
Ausg. A: Diss. Jur. Bern....
Ausg. B: Von Dr. A'L'. [fr. 5. —.] — Abhandlungen zum schweizerischen Recht.... Heft 36.

Lamb, Carl, s. Lamb, Karl

Lamb, Charl., essays of Elia, s.: Collection of british a. american standard authors.

Lamb, Ch., the essays of Elia and Eliana, s. Collection of British Authors.

Lamb, Charles, Erzählungen nach Shakespeare. Eine Vorſchule dieſes Dichters f. die deutſche Jugend, nebſt e. Lebensgeſchichte Shakespeare's v. Heinr. Künzel. (Supplementband zu allen deutſchen Ueberſetzungen Shakespeare's.) gr. 8. (27⅓ B., 3 Stahlſt. u. 1 Vign.) Darmſtadt 842, Leske. *

—— und Marie Lamb, Erzählungen aus Shakeſpeare. Wortgetreu nach H. R. Mecklenburg's Grundſätzen aus dem Engl. überſ. von R. T. 4 Hefte. 32. (256 S.) Berlin 885,86, H. R. Mecklenburg. à Heft * 25 Pf. *

— u. M. Lamb, Erzählungen aus Shakſpeare. Wortgetreu überſ. v. R. F. 4.—6. Hft. 32. (S. 169—385.) Berlin 889. H. R. Mecklenburg. à n. — 25

Lamb, Charles. Rosamunda Gray und die alte blinde Margaretha. Aus dem Engl. Berlin 1801. Ü: *Rohr, Heinrich Julius Ludwig von.* (Russell XVI, 1, 2, 1860)

Lamb, Karl, Roſamunde Gray u. die alte blinde Margarethe. A. Berl. 801. Nicolai. 8 gr.

Lamb, Charles, and Mary Lamb, The merchant of Venice; King Lear ed. by F. Lotsch, s.: Collection of famous authors. IV.

—— Shakſpeare-Erzählungen. Ueberſ. v. F. W. Dralle. 8. (17⅜ B. u. 1 Kpfr.) Stuttgart 843, Erhard.

—— Shakeſpeare-Erzählungen. Deutſch von Karl Heinr. Keck. 8. (X, 359 S. mit Titelbild.) Leipzig 888, Teubner.

—— five tales from Shakespeare, s. Schüler-Bibliothek, engliſche.

Lamb, Charles, five tales from Shakespeare, s.: Wiemann's, A., engl. Schüler-Bibliothek. 1. Bdchn.

Lamb, Charles, and Mary Lamb, six tales from Shakspere, s.: Authors, English.

— (Ch. and Miss), six tales from Shakspeare. Ein Lesebuch für mittlere Classen. Mit grammatikalischen Anmerkungen u. einem vollständigen Wörterbuche versehen von F. Balty. Altenburg 860. Schnuphase. 8. (VIII, 111 S.) n. 9 ngr.

—— and Miss Lamb, six Tales from Shakespeare. [Ein Lesebuch für mittlere Klassen.] Mit grammat. Anmerkungen und einem vollständ. Wörterbuche versehen von F. Balty. 3. verm. und verb. Aufl. 8. (IV, 120 S.) Altenburg 875, Schnuphase'sche Hofbuchh.

— — six tales from Shakspeare. Ein Lesebuch f. mittl. Klassen. M. grammat. Anmerkgn. u. e. vollst. Wörterbuche verseh. v. F. Balty. 4., verb. Aufl., besorgt v. J. Schneider. 8. (VII, 120 S.) Altenburg 896. Schnuphase. Geb. in Leinw. n. 1 50

—— —— Tales from Shakespeare, s. Authors, English. — Rauch's English readings.

—— and M., Tales from Shakspeare, s. Series for the young.

Lamb, Charles, and **Mary Lamb,** tales from Shakespeare, hrsg. v. A. Matthias, s.: Rauch's English readings.

—— Tales from Shakspeare, designed for the use of the young persons. 9. edit. 16. (18 B.) Stuttgart 843, Erhard.

—— Tales from Shakspeare. With a copious vocabulary compiled by E. Amthor. 16. (21 B. u. 1 Holzschn.) Leipzig 846, Renger'sche Buchh.

Lamb, Charles, Tales from Shakspeare. With a copious vocabulary compiled by E. Amthor. 2. Edition. 8. (VIII und 284 S.) Leipzig 854, [Graul.]

Lamb, Charles, tales from Shakspeare. With a copious vocabulary compiled by E. Amthor. 3. edit. Berlin 864. Renger. 8. (VIII, 284 S.) 18 ngr.

— tales from Shakspeare. With a copious vocabulary compiled by E. Amthor. 4. Aufl. 16. (260 S.) Berlin 873. Renger. 1. 80

— dasselbe. Hrsg. u. erläutert v. L. Riechelmann. gr. 8. (XI, 307 S.) Berlin 877. Weidmann. 2. 70

Lamb, Charles, tales from Shakespeare. With a copious vocabulary, compiled by A. Amthor. 5. ed. gr. 16. (VIII, 260 S.) Leipzig 879. Renger. 1. 80

Lamb, Charles, Tales from Skakespeare. With a copious vocabulary, compiled by E. Amthor. 6th edit. gr. 8. (VIII, 248 S.) Leipzig 882, Renger'sche Buchh. 2 —
Ohne Vocabulary (VIII, 228 S.) 1 80

Lamb, Charles, tales from Shakspeare designed for the use of young people. Mit Anmerkgn. u. teilweiser Accentuierg. hrsg. v. Dav. Bendan. 2 Tle. gr. 8. (VIII, 173 u. III, 157 S.) Berlin 883. Friedberg & Mode. à n. 1. 20; Wörterbuch dazu (III, 40 S.) n. — 50; cplt. m. Wörterbuch in 1 Bd. n. 2. 60

— dasselbe. Erklärt v. L. Riechelmann. 1. u. 2. Tl. 2. Aufl., bearb. v. Gust. Lücking. 8. (VII, 168 u. IV, 157 S.) Berlin 884. 85. Weidmann. à 1. 50

— three tales from Shakspeare (Macbeth, King Lear, Hamlet). Zum Schul- u. Privatgebrauch hrsg. v. Erwin Walther. M. e. Wörterverzeichnis. 8. (III, 88 S.) München 896. J. Lindauer. n. 1. 20

Lamb, Ch., 20 tales from Shakespeare. Mit Wörterbuch. Von Amthor. 7. Aufl. gr. 8. (VIII, 248 S.) Leipzig 888. Renger. 2. —

Beiträge zur Geschichte der Wormser Freimaurerloge. Festgabe zur Feier des 100 jährigen Jubiläums des Loge „Zum Wiedererbauten Tempel der Bruderliebe" zu Worms. Bearb. von Ph. Schüler und Friedr. Lamb. Lauterbach [1908]: May. 195 S. 8°
[Umschlagtit.:] Loge zum „Wiedererbauten Tempel der Bruderliebe" Worms am Rhein.
Recens: S. 15 (1908) S. 109 (F. Rackhorst). cf. L. 31 (1908) S. 368 (P. Fischer); BZC. 37 (1908) S. 527; Bbl. 23 (1909) S. 29 (G. Diercks).
Eingel. durch die Gesch. der Loge zur brüderlichen Liebe, Worms. Nebst Verzeichn. der Stuhlmstr. seit Gründung der Loge.

Lamb, Horace, Einleitung in die Hydrodynamik. Uebers. u. bearb. v. Rich. Reiff. gr. 8. (XII, 332 S.) Freiburg i/Br. 884. Mohr. n. 7. —

Lamb, Horace, Lehrbuch d. Hydrodynamik, s. a. Teubner's, B. G., Sammlg. v. Lehrbüchern auf d. Gebiete d. mathem. Wissenschaften. XXVI.

Horace Lamb, Prof., Manchester. Lehrbuch der Hydrodynamik [Hydrodynamics]. Deutsche autor. Ausg. (nach d. 3. engl. Aufl.) besorgt von Dr. phil. Johannes Friedel. Mit 79 Fig. Leipzig & Berlin: B. G. Teubner 1907. (XIV, 787 S.) 8°
— Sammlung, B. G. Teubner's, von Lehrbüchern auf d. Geb. d. math. Wiss. Bd 26. [07. 1469]

Lamb, J., prakt. Anleitung zum Uebersetzen aus dem Deutschen ins Lateinische, nach dem, in den k. k. Staaten eingeführten Schulplane bearbeitet. 4 Curse, mit einem Anhang enth. Exercitationes variae. gr. 8. Wien 816. 17. (Gerold). 4 ℛ Hbg. Pr. 2 ℛ 12 ℊ

Lamb, J., praktische Anleitung zum Uebersetzen aus dem Deutschen ins Lateinische rc. 4 Theile mit Anh. exercitationes variae super regulis grammaticae latinae. gr. 8. Wien, Geistinger, 818.

Lamb, J., praktische Anleitung zum Uebersetzen aus dem Deutschen ins Lateinische, nach der an dem k. k. öster Gymnasien eingeführten Schulgrammatik zum Privat-Unterrichte bearbeitet. 1r u. 2r Bd. 1e u. 2e Grammatikal Classe. 2e nach d. neuesten Lehrbuche ganz umgearb. Aufl. (2 Thle.) gr. 12. Wien 836. Mayer u. Comp. (à 3/8 ℛ) 3/4 ℛ — 3r u. 4r Bd. 3e u. 4e Grammatikal-Classe. 2e, nach dem neuesten Lehrbuche ganz umgearb. Aufl. (2 Thle.) gr. 12. Ebd. 838. (à 1/2 ℛ) 1 ℛ

Lamb, J., practische Anleitung z. Uebersetzen aus d. Deutschen ins Lateinische nach der an den k. k. Gymnasien eingeführten Schul-Grammatik z. Privat-Unterr. bearb. I. Grammatikal-Classe. I. u. II. Semester. 3., nach d. neuesten Lehrbuche umgearb. Aufl. gr. 12. (7 B.) Wien 843, Mayer u. Comp.

Lamb, Joh., über die Rechtsvertretung des Landvolkes im Civil-Prozeß: Patrimonial-Gerichte u. Etwas über den inquisitor. Strafprozeß. gr. 8. (31 S.) Prag 848. (Credner & Kleinbub.) n. 6 ℊ

Lamb, Karl, s.a. Lamb, Charles

Lamb, Carl, ideale Frauengestalten. (46 S.) 8. Pirmasens (904). Braun & Kohlermann. n. 1. —; geb. n. 1. 50

— der arme Heinrich. Eine deutsche Sage v. Gerhard Hauptmann. Eine Studie. (28 S.) 8. Ebd. 904. — 50

Lamb, Karoline, Ada Reis, od. d. Tripolitan. Corsar. A. d. Engl. v. F. L. Rhode. 2 Bde. gr. 12. (20¼ B.) Mannheim 834, Hoff.

Lamb, Thornton Charles [aus Manchester '(Engl.)']: Die Schmelzpunkte anorganischer Salze ... Heidelberg, Univ.-Buchdr. v. J. Hörning, 1895; 28 S., 1 Bl. 8.
Heidelberg, Naturw.-math. Fak., Inaug.-Diss. v. [1. Juli] 1895

Lambach, H. K. (Domain. Secretair Diesing), Taschenbuch für Kalligraphen u. schreibende Geschäftsmänner, mit d. Anleit., die Eigenschaften d. verschied. Schreibmaterialien zu erkennen, zu verbessern u. derlei Bedürfnisse, Tinten von allen Farben, Oblaten, Siegellak rc. zu bearbeiten. 8. Brünn 827. Traßler. 10 ℊ

Lambacher, Philipp Jakob

Lambacher, Ph., († d. 10. Nov. 1774.) Diss. epistolaris de aetate juris illius antiqui Germanici, quod vulgo vocatur speculum suevicum, deque significatu vocabuli Semperleute, quod in eo usurpatur, quorum utrumque hactenus minus cognitum ex Codice praestantissimo Harrachiano nunc eruitur. 4. Wien 740. Ed. nova 757.

— — De aetate juris illius antiqui Germanici quod vulgo vocatur speculum suevicum. Ed. II. Wien (Joh. P. v. Ghelen) 1757 (1739). 20 S. (3.—) 20323

Lambacheri, P. J., Bibliotheca antiqua Vindobonensis civica, seu Catalogus libror. antiquor. C. annotatt. Vienn. 750. Tom. I. 4.

Lambacher, Phil. Jac.: Demonstratio iuris seu tituli quo imp. Rudolphus Habspurgicus usus est, cum evectus ad culmen imperii ditiones austriacas ab Ottocaro rege Bohemiae, earum tum possessore, imperio vindicaret easque inde in comitiis Aug. Vind. celebratis an. 1282. filiis suis Alberto et Rudolpho filiis in feudum concederet. Lipsiae 1754.

Lambacher, Philipp Jacob (Wien), Demonstr. juris seu tituli quo imp. Rudolphus Habsburgicus usus est. Lpz. (Breitkopf) 1754. 74 S. (5.—) 20322

— — Diss. hist.-jur. de imp. Alberti I expeditione in Hollandiam susc. ann. 1300. Regensburg (Em. Fel. Bader) 1758. 115 S. (6.50) 20324

Lambacher, P. J. Dissertatio historico-critica de expeditione Alberti I. Imperatoris in Hollandiam suscepta ao 1300 ad tuenda jura imperii adversus Joannem de Avennis. 4. Augsburg 1758. 8. Regensburg 1800. 0,75.

Lambacher, Phil. Iac., diss. hist. iurid. in Albertum I. 8. Regensb. Montag et W. 800.

— Oesterreich. Interregnum, od. Staatsgeschichte v. d. Todesfalle Friedrich d. Streitbaren; aus d. Babenberg. Geschlechte bis auf die neuen Herzoge aus dem Hause Habsburg. 4. Wien 773. Ghelen. 1 ₰

— Ram. v., De philosophia in genere. Präs. Frob. Forster. O. O. (Jo. Bapt. Lang) 1748. 31 Seiten. (5.—) 20325

v. Lamballe, (Prinzessin), geheime Memoiren d. franzöſ. Hofes während der Revolution. Aus ihrem Tagebuche herausgeg. Nach d. Engl. v. G. Lotz. 2 Bde. 8. Nürnb. 827. Zeh. 2 ₰

Lambardt, August, appr. Tierarzt: Aus d. physiol. Inst. zu Giessen. Das Kardiogramm. München 1910: Kastner & Callwey. 45 S. 8°

Gießen, Veterinär-Med. Diss. v. 8. Aug. 1910, Ref. Frank

[Geb. 10. Febr. 82 Unna-Königsborn; Wohnort: Gießen; Staatsangeh.: Preußen; Vorbildung: Oberrealsch. Barmen-Wupperfeld Reife M. 03; Studium: Tierärztl. Hochschulen Hannover 4, Berlin 1, Univ. Gießen 2 S.; Rig. 24. Jan. 08.] [U 10. 1223

Lambe, Will., die Würgengel der Menschheit oder Schwindsucht, Scrofeln, Krebs, Asthma, Hypochondrie, Nervenleiden und andere chron. Krankheiten unter naturgemäßer Behandlung. Deutsche Ausg. von E. Weilshäuser. Hrsg. von Th. Hahn. 8. (VIII, 179 S.) [Berlin 880.] Leipzig, Grieben's Verlag. * 2 40

Lambeaux, Josef. Sein Leben, seine Werke ... Berlin 1900. V: *Ruhemann, Alfred.* (EB)

Lambecius, H., Rechenbuch v. allerh. Haus- u. Kaufmanns-Rechnungen. 8. Hamb. Hoffmann. 787.

Lambecius, Petrus

Lambecii, P., et D. Nesselii Bibliotheca acroamatica-sivo Recensio specialis omnium codd. mss. Cura J. F. Reimmanni. Hannov. 712. 8. 1 rthl.

— et Nesselii, Commentarii de bibl. Caes. Vind. Opera et stud. Kollarii. Vindob. 766–82. 8 Vol. f.

Lambecius, Pet., commentar. de Bibliotheca Caesar. Vindobon. c. A. F. Kollarii. VIII Vol. c. fig. fol. maj. Vien. Tendler. 766—82. (1r 4 Rthlr. 16 gr. 2r 6 Rthlr. 3r 4 Rthl. 16 gr. 4r 2 Rthlr. 16 gr. 5r 3 Rthlr. 8 gr. 6r 4 Rthlr. 7r 4 Rthlr. 16 gr. 8r 6 Rthlr.) Rthlr.

Lambecius, Peter, commentar. de August. bibliotheca Caesar. Vindobon. c. A. F. Kollarii. VIII Voll. c. fig. Fol. maj. Wien 766—82. Trattner. 36 ₰ — Libros VIII suppl. liber I. posthumus. Fol. Ebd. 790. 3 ₰ 8 Kr

— Fortsetzung hiervon, s. Denis cod. Mscrpti etc.

Petri **Lambecii** Origines Hamburgenses, sive Rerum Hamburgensium Liber primus (–secundus), ab Urbe condita usque ad annum 1225 (–1292). Cum Appendice, quae duplicem continet Sancti Anscharii Vitam, integre primum à Lambecio erutam è tenebris. Accedunt in hâc editione Breviarium Vitae Sancti Anscharii & excerpta Chronologica à Claudio Arrhenio composita. Praeterea Catalogus scriptorum Lambecii integer, qualem ipse 1673. Vindobonae edidit.
Liber 1. Hamburgi. 1706.
Liber 2.: Petri Lambecii Hamburgensis Rerum Hamburgensium Liber 2. ab Anno 1225. usque ad annum 1292. Cui accedunt Chronologia et Auctarium Libri 1. 1706.
Siehe in: Erpoldi Lindenbrogii Scriptores septentrionales etc. Fol.

Lambecius, Petrus. Origines Hamburgenses ... Hamburgi 1706. H: *Fabricius, Joh. Albertus.* (Petz)

Lambecii, P., Prodromus historiae literariae. Ed. nov. cura J. A. Fabricii. Hamb. 710. f. 2 rthl.

— prodromus hist. literariae, acced. diarium itineris Cellensis. c. Fabricii. fol. Hamb. Bohn. 710.

Lambecius P. Prodromus historiae liter. fol. Hamburg. 710. Jetzt Verl. v. Hoffmann u. Campo u. d. Preis

Lambeck, A. G. H., Abriß der christl. Glaubens- u. Sittenlehre mit erklärenden Bibelsprüchen f. Konfirmanden bearb. 3. wesentlich veränd. Aufl. 8. (IV u. 117 S.) Thorn 847, Lambeck. n. 6 ngl

Lambeck, A. G. H., Bibelsprüche z. Gebr. bei d. Unterr. in d. Religion; geordnet u. erklärt. (Angeh. ist D. M. Luthers kl. Katechismus mit bess. Erklär.) gr. 8. (5 B.) Berlin 831, Hold.

Lambeck, A. G. H., gemeinfaßliche Erklärung der Sonn- und Festtags-Evangelien und Episteln für evangelische Lehrer an Stadt- und Landschulen. gr. 8. (VI und 545 S.) Thorn 850, (Lambeck.) *

Lambeck, A. G. H., gemeinfaßliche Erklärung der Sonn- und Festtags-Evangelien und Episteln für evangel. Lehrer an Stadt- und Land-Schulen und Alle, die sich auf die Sonn- und Festtags-Andachten würdig vorbereiten wollen. 2., verb. und verm. Aufl. gr. 8. (VIII und 566 S.) Thorn 861, Lambeck. *

— Geschichte der Begründung und des Wachsthums der Reformation in Westpreußen. gr. 8. (VII und 178 S.) Thorn 850, Lambeck. *

Lambeck, A. G. H., die christliche Glaubenslehre für Konfirmanden und für das Haus bearb. 4., völlig umgearb. Aufl. 8. (IV und 155 S.) Thorn 864, Lambeck. *

— Sammlung liturgischer Formulare für Landschullehrer, welche die sonntägl. Andachten in Bethäusern zu leiten haben. 4. (II und 48 S.) Thorn 850, Lambeck. *

Lambeck, A. G. H., welche Ueberzeugung muß der Christ haben von d. Bibel, von d. Person Christi, seinen Wundern, seiner Auferstehung, u. der durch ihn bewirkten Erlösung, wenn er in Wahrheit als Christ will angesehen werden? gr. 8. (3½ B.) Thorn 845, Lambeck.

Lambeck, Anita, ein Volksfest in Pareh, s.: Jugend- u. Volksbühne.

Lambeck, G. A. Lessings Ansichten über das Verhältnis der Tragödie zur Geschichte kritisch dargestellt. 34 S. OR. *Coblens* 1885.
Progr.

Lambeck, G. A., vermischte Gedichte. 8. (6½ B.) Marburg 833, Elwert.

Lambeck, *Gustar Adolf* Ansprache an die Primaner und Obersekundaner der neunklassigen höheren Lehranstalten des Wupperthals. (Am Königsstuhl bei Rhense am Rhein, 13. Juli 1894). 4 (S. 6—7).
Progr. Städt. Rg. u. verb. Kgl. Päd. Seminar *Barmen* 1895 (481).
Wieder abgedruckt in Evers, Matthias Schule und Vaterland. Barmen 1896, Wiemann) S. 212ff.

Lambeck, *Gustar Adolf* Antrittsrede. 17. Mai 1894. 4 (S. 1—5).
Städt. Rg. u. verb. Kgl. pädag. Seminar *Barmen* 1895 (481).
Progr.

Lambeck, *Gustar Adolf*: Philosophische Propädeutik auf naturwissenschaftlicher Grundlage. 4 (S. 3—13). 4 (S. 24—25).
Städt. Rg., mit demselb. verbund. Rsch. u. Kgl. Päd. Seminar *Barmen* 1897 1898
Progr.

Lambeck, *Gustav Adolf*: *Rede zur Feier des Jahrhundertwechsels am 20. Dezember 1899.* 4 (S. 27—30).
Progr. Städt. Rg. u. verb. Rsch. (Reformsch.) *Barmen* 1900

Lambeck, *Gustav Adolf* [Dir. Prof.]: **Zwei Reden.** (I. Antrittsrede. 17. Mai 1894. II. Ansprache an die Primaner und Obersekundaner der neunklassigen höheren Lehranstalten des Wupperthals. Am Königsstuhl bei Rhense a. Rh., 13. Juli 1894.) Barmen, Druck v. Steinborn & C., *1895;* 1 Bl., 7 S. 4.
Barmen, st. RG, P 1895 (481)

Lambeck, H., Psalm CIV im Urtext m. seiner Uebertragung in elf Sprachen als Specimen e. Psalter-Polyglotte. gr. 4. (IV, 72 S.) Köthen 883. Schettler's Erben. n. 3. —

– Dass., s.a. Lambel, Hans

Lambeck, H. J. J. Rousseau und seine Neue Héloïse, mit einem vergleichenden Blick auf verwandte Erscheinungen anderer Literaturen. Stralsund, R., 1874. 36 S. 4.
Progr.

Heinrich Lambeck's Rechenbüchlein. 1661
--- durch *Bernhard Kellermann.* 8. 1705
--- vermehrt und verbessert durch *Joh. Heinr. Wohlgemuth.* 8. 1718

Lambeck, Herm., Handwörterbuch d. engl. u. deutschen Sprache, s.: Köhler, Frdr.

Lambeck, Herm., englisch-französisch-deutsches Hilfsbuch zur leichten u. gründlichen Erlernung der Konversation in diesen drei Sprachen, s.: Universal-Bibliothek.

– (Hrsg.), s. Marmont, Auguste Frédéric Louis Viesseck: Mémoires.

Lambeck, Hermannus (geb. am 3 März 1835 in Gurske bei Thorn): De Mercurii Statua Vulgo Iasonis habita ... Thoruni, typ. Typographiae Senatus (1860). 2 Bl., 29 S., 1 Bl., 1 Taf. 4. ¶ Erschien 1861 selbständig bei Lambeck in Thorn.
Bonn, Phil. Fak., Diss. v. 29 März 1860

Lambeck, Herm., de Mercurii statua, vulgo Jasonis habita. Commentatio archaeologica. gr. 4. (III und 29 S. mit 1 Stat.) Thorn 861, Lambeck.

— englisch-deutsches u. deutsch-englisches Taschen-Wörterbuch, s.: Köhler, Frdr.

— französisch-deutsches u. deutsch-französisches Taschen-Wörterbuch, s.: Köhler, Frdr.

Lambek, Karl

Lambek, Carl, zur Harmonie der Seele. Studien üb. Kultivierg. d. psych. Lebens. Autoris. Übersetzg. aus d. Dän. v. Elisab. Dauthendey. Mit Einführg. v. Ellen Key. (VIII, 307 S.) 8. Jena 907. E. Diederichs. 5. —

Lambel, H., s.: **Art u. Kunst, deutscher, einige fliegende Blätter.**

Lambel, H. Deutscher Art u. Kunst einige fliegende Blätter, s. Litteraturdenkmale, deutsche, d. 18. u. 19. Jahrh.

Die Aufführungen des Horitzer Passionsspieles. Von Hans Lambel. *Prag: Selbstverl. 1891.* (23 S.) 8° [δ.]
Aus: Mittheilungen d. Ver. f. Gesch. d. Deutschen in Böhmen. Jg. 32. for 1891

Lambel, Hans, s.: **Beiträge zur Kenntnis deutschböhmischer Mundarten.**

Lambel, Hans, Bericht über die im August 1868 in Oberösterreich angestellten Weisthümer-Forschungen. [Aus den Sitzungsber. der k. Akad. d. Wiss.] Wien 869. (Gerold's Sohn.) Lex.-8. (12 S.) n. 2 *ngr.*

Lambel, Hans, Bericht üb. die im August u. September 1871 in Ober-Oesterreich angestellten Weisthümer-Forschungen. [Aus „Sitzungsber. d. k. Akad. d. Wiss."] Lex.-8. (35 S.) Wien 872. Gerold's Sohn in Comm. n. — 50

— **Bericht** üb. die im August u. September 1872 angestellten Weisthümer-Forschungen. [Aus: „Sitzungsber. d. Akad. d. Wiss."] Lex.-8. (30 S.) Ebend. 873. n. — 40

Lambel, Hans, ein neuentdecktes Blatt einer Holland-handschrift. [Mit einer (chromolith.) Taf.] [Aus: „Sitzungsber. d. k. Akad. d. Wiss."] Lex.-8. (14 S.) Wien 881. Gerold's Sohn in Comm. n.n. — 90

—— Erzählungen und Schwänke, s. Classiker, deutsche, des Mittelalters.

—— Psalm CIV im Urtext mit seiner Uebertragung in elf Sprachen als Specimen einer Psalter-Polyglotte. gr. 4. (IV, 72 S.) Ebendas. 883. 3 —

– Dass., s.a. Lambeck, H.

Lambel, Hans, s. Volmar, das Steinbuch.

Lambelet, Georges

Lambelet, G., neues Orts- u. Bevölkerungs-Lexicon der Schweiz. Nach offiziellen Quellen zusammengestellt. (Deutsch u. französisch.) 3 Lfgn. 12. (221 S.) Zürich 889. Schulthess. à Lfg. n. 1. —; cplt. geb.: n. 3. 20

Lambelet, Geo., neues Orts- u. Bevölkerungs-Lexikon der Schweiz. Nach offiziellen Quellen zusammengestellt. — Nouvel indicateur des communes et de la population de la Suisse. (225 S.) kl. 8. Zürich 904. Schulthess & Co. Geb. in Leinw. n. 3. 20

Lambelly, H., principes de lecture et de prononciation françaises rédigés sur un plan entiérement neuf et renfermant des exercises variés sur les difficultés que rencontrent les Allemands et les Anglais dans la prononciation de notre langue gr. 8. (43 S.) (Genf) 873. Basel, Georg. n. 1. 50

Lambelly, H., Principes de lecture et de prononciation française, rédigés sur un plan entièrement neuf et renfermant des exercises variés sur les difficultés que rencontrent les Allemands et les Anglais dans la prononciation de notre langue. 2. édit. 43 pp. in-8. Genève et Bâle, H. Georg. 1872 1. 50

†**Lamber, Juliette** [**Madame E. Adam**], **eine Heidin und andere Novellen. Autoris. Uebersetzung aus dem Französ. von M. Bruckmüller.** 8. (VIII, 308 S.) Breslau 886, Schottländer. * geb. *

Lamber, Juliette, le mandarin. 12. (251 S.) Leipzig 861, A. Dürr. *

—— **mon village.** gr. 12. (215 S.) Leipzig 860, A. Dürr. *

Lamberg, Hugo von, gest. [Salzburg 1884.] V: *Freisauff, Rud. von.* (Hr)

Lamberg's Gesch., s. Geschichte der Brüder des grünen Bundes.

Lamberg, Carl Eugen v., s. Lamberg, Karl Eugen v

Lamberg, G. v., Criminal-Verfahren, vorzüglich bei *Hexenprozessen*, im ehemal. Bissthum (!) Bamberg, während der Jahre 1624—1630. Aus actenmässigen Urkunden gezogen. Nürnberg, bei Riegel u. Wiessner, o. J. (c. 1820?). 8⁰. Ppb.
Tit. 30 S. Text u. 38 S. urkundl. Beilagen. — Auch ein netter Beitrag zum Justizverfahren der „guten alten Zeit", in einem geistlichen Fürstenthum. — S. 17, Anmerk. „Dem Dornheimischen Fuchs (so hiess der damalige Bischof Johann Georg II.) haben (also) das Folterwesen u. die Hexenprocesse ihren Culminationspunct zu verdanken. Mit Recht nannte man ihn noch lange nach seinem Tod den Hexenbischof."

Lamberg, G. v., Criminal-Verfahren vorzügl. bei Hexenprozessen im ehemal. Bißthum Bamberg während d. J. 1624—1630. Aus actenmäß. Urkunden gezogen. gr. 8. (5½ B.) Nürnberg 835, Riegel u. Wießner.

Lamberg, G. v., Criminalverfahren, vorzüglich bei Hexenprozessen im Bisthum Bamberg 1624—30, aus Urkunden. Nürnberg (1838). 8⁰ 68 Seiten. Selten! (6 Mk. Völcker, 1906.)

Lamberg, Hugo Graf, Bergkräuteln. Gedichte in österreichisch-deutscher Gebirgsmundart. gr. 16. (IV, 139 S.) Salzburg 879, Dieter. *

Lamberg, Hugo Graf, Bergkräuteln. (2. Folge.) Gedichte in österreichisch-deutscher Gebirgsmundart. 12. (V, 139 S.) Salzburg 881, Dieter. 1 80
1. Thl. Ebendas. 1879. * ℳ 1,80.

— wo d'Welt am Schönsten is. Mundart-Lieder. m. 24 photogr. Orig.-Aufnahmen. gr. 4. (95 S.) Salzburg 882. Kerber. geb. m. Goldschn. 30. —

LAMBERG, J.
Die erste Hilfe bei plötzlichen Erkrankungen und Verletzungen der Radfahrer. Von Dr. J. Lamberg. Illustrirt von August Stephan. Herausgegeben vom Oesterreichischen Touring-Club. Wien. Pest. Leipzig. 1899. Hartleben. 16⁰. 95 S. fl. —.40

Lamberg, J., die erste Hilfe bei plötzlichen Unglücksfällen. Tabellarisch u. alphabetisch dargestellt. Hrsg. v. der Wiener freiwill. Rettungs-Gesellschaft. 3. Aufl. 20. Taus. gr. 16. (72 S. m. 28 Abbildgn. u. 1 Taf.) Wien 901. (F. Deuticke.) Geb. in Leinw. n.n. 1.—; Plakat-Ausg. (Imp.-Fol.) n. 1.—

Lamberg, J., Die erste Hilfe bei plötzlichen Unglücksfällen, m. Abb., 4. Aufl.
N. Wandtafel d. —, Wien 1901, 16⁰ u. 2⁰. 2 Bde.

v. **Lamberg, Graf Karl Eug., August v. Cronenthal; e. Schspl.** in 3 Handl. 8. Brünn 789.

DIOGENES, Der deutsche, oder der Philosoph nach der Mode. Ein (komischer) Roman (von *Carl Eugen* Graf *v. Lamberg*). Mit Kpfrn. Wien 1792. 8⁰. 328 S. Rar!
Dr. Franz Schnitzer's Bibl. München 1902. no. 104. — Anon.-Lex. I. p. 407 (nach Kayser u. Meusel).

Lamberg, Maximilian Joseph Graf v.

— s. le Canot.

— Entwurf zum öffentl. Gerichtsverfahren in peinl. Sachen. gr. 8. Sulzb. 822. v. Seidel. 8 gr.

v. **Lamberg, Graf Max. Jos., Geschichte d. Königr. England, v. Cassiavellanus, 55 Jahre vor Christi Geb., bis zur Regentschaft König Georg IV. d. 6. Febr. 1811.** 3 Bde. gr. 8. Bamberg 826. Dresch. 6 ₰

v. *Lamberg*, Graf Max. Jos., Reichs-Ritter, († d. 23. Juni 1792.) lettres critiques, moral. et politiques. II Vols. 8. Amsterd. (oder eigentl. Hanau) 786. Supplément. 8. Ebd. 788. Paris 802. (Frankf. a. M., Varrentrapp). 2 ₰

Lamberg, Maximilian Josef Graf von. Lettres critiques morales et politiques. Frankfurt u. Bern 1789. H: *Villaume, Peter.* (Ky 3/461) (BiblPort)

— — **les mêmes.** II Tom. 8. Berne, Haller. 789.

— — **les mêmes,** II part. gr. 8. Strasb. Acad. 786.

Lamberg, Max. le Comte de, Lettres critiques moral. et polit. 8. Frcf. Varrentrapp et W. 8₃2.

Lamberg, Maximilian Joseph Graf von. Les Loisirs. Francfurt u. Bern 1789. H: *Villaume, Peter.* (Ky)

— **les mêmes.** ed. P. Villaume. II Tom. 8. Frankf. u. Bern 789. Haller. 2 ₰

— Mémorial d'un mondain. 8. Frcft. Esslinger. 775.

— s. Tablettes fantastiques.

— **Tagebuch eines Weltmannes.** Aus d. Französ. (v. Hnr. Leop. Wagner.) 2 Stcke. 8. Frkf. a. M. 775. (Münch., Lindauer). 12 gr.

— Tagebuch eines Weltmanns. 2 Thle. 8. Frankf. Eichenberg. 775.

— **Vorstellung an die Ständeversammlung beider Kammern, gegen ein Rescript d. Königl. Finanz-Ministerii.** gr. 8. Bamberg 822, Kunz.

Lamberg, Mor., Brasilien. Land u. Leute in eth., polit. u. volkswirtschaftl. Beziehg. u. Entwicklg. Erlebnisse, Studien u. Erfahrgn. während e. 20jähr. Aufenthaltes. Mit 10 Taf. in Heliograv., 32 Taf. in Autotyp. u. 1 Karte. gr. 8. (VIII, 359 S.) Leipzig 899. H. Zieger. n. 18.—; geb. in Leinw. n. 20.—

Lamberg, Pet., Harmonia evangelica omnium dictorum et factor. Christi. 4. Giessen, Lammer. 719.

Lamberg, W., Jedermann Stegreifdichter! Anleitung zur blitzschnellen poet. Improvisation nach Augenblicks-Ideen, Unfehlbarkeit im Gedanken-Verbinden u. Reimen. Nebst wicht. Fingerzeigen zur Abfassg. v. Postkarten- u. Stammbuchversen. 8. (71 S.) Leipzig (900). A. F. Schlöffel. n. — 75

Lamberg-Schwarzenberg, Eleonore Gräfin, s. Curipeschitz, Bened., Itinerarium d. Botschaftsreise des Josef v. Lamberg.

Lamberg-Schwarzenberg, E., Benedict Curipeschitz. Itinerarium der Botschaftsreise des Josef von Lamberg und Niclas Jurischitz durch Bosnien, Serbien, Bulgarien nach Konstantinopel 1530. Gr.-8°. (83 S.) K 3.—
Innsbruck: Wagner 1910.

Lamberger, Alexander

Lamberger: Ueber Logarithmen d. natürlichen Zahlen. 120 S. 8° – Troppau OR., Progr. 1867

Lamberger, Alex., der österreichische Rechenmeister. Gemeinfaßliches Lehr- und Nachschlagebuch des gesammten prakt. Rechnens. Zum Selbststudium für Jedermann. 11 Hefte. gr. 8. (XVI, 732 S.) Troppau [Wien] 869,70, Buchholz und Diebel. 1.—9. Heft à 60 Pf.; 10. und 11. Heft ℳ 1,00.
—— dass. — Zum Selbststudium für Jedermann, sowie zum Unterrichtsgebrauche an Handels-Lehranstalten, Gewerbe- und Industrieschulen. 2., mit besond. Berücksicht. des neuen österreich. Maßes und Gewichtes umgearb. Aufl. Mit einer Taf. fünfstell. Logarithmen, 24 verschiedenen Tab. und 64 in den Text gedr. Abbild. (in Holzschn.). 13 Lfgn. gr. 8. (XIII, 817 S.) Wien 875,76, Buchholz und Diebel. à Lfg. * 60 Pf. *

Lamberger A.: Die Zinseszinsen- und Rentenrechnung in ihrer Anwendung auf die Rückzahlung von Capitalien. 29. Wien R. V. 76. Progr.

Lamberger, Josephus Antonius, Disputatio inauguralis de circularibus edictis contra personas palantes, in specie Zingaros, Jauner und Spitzbuben, quam praeside Johanne Friderico Moegling io examini submittit Josephus Antonius Lamberger. Tubingae 1746.

Lamberger, Rich., der Getreidebau, s.: Miniatur-Bibliothek.

Lambert, Joh. Heinr., nach seinem Leben u. Wirken, aus Anlaß d. zu seinem Andenken begang. Secularfeier, in 3 Abthln. dargest. Hrsg. v. D. Huber. gr. 8. (12½ B., L's. Bildn. u. Fac-Simile u. 1 Stndr.) Basel 829, Schweighauser.

Lambert von Aschaffenburg

Lamberti, Schafnab., Annales, s. a. J. C. *Krause,* Corpus.

Lamberti, Schafnab., Annales a I. C. Krause (ist Corpus script. med. aevi II) 8. maj. Halae, Ruff. 797.

Lambert v. Aschaffenburg, die Buße Kaiser Heinrichs IV., siehe: Geschichten aus alter u. neuer Zeit. II.

Lambertus von Aschaffenburg, Geschichten d. Deutschen, nebst Bruchstücken aus Chroniken, u. einer Einleitung zur Kenntniß d. deutschen Mittelalters u. Kaiserthums, durch F. B. v. Buchholz. gr. 8. Frankf. a. M. 819. Andreä. 2 ℳ 12 Kr.

Lambert von Hersfeld

Lamberti Hersfeldensis annales, s.: Scriptores rerum Germanicarum.

– Carmen de bello Saxonico, s. Pannenborg, Alb.

Lambert von Hersfeld, Jahrbücher, übers. von Hesse, s. Geschichtschreiber der deutschen Vorzeit.

Lambert von Hersfeld. Die Jahrbücher des L' von H'. Nach der Ausgabe der Monumenta Germaniae übersetzt von L[udwig] F[riedrich] Hesse. 8. Berlin 1855.
Die Geschichtschreiber der deutschen Vorzeit. XI. Jahrhundert Band 6.

Lamperti, monachi Hersfeldensis, opera, s.: Scriptores rerum germanicarum.

Lambert li Tors et Alexandre de Bernay, li Romans d'Alixandre. Nach Handschriften der Königl. Büchersammlung zu Paris. Hrsg. von Heinr. Michelant, s. Bibliothek des litterarischen Vereins in Stuttgart, Bd. 13.

Lambert, Abhandlung üb. die Kreismessung, s.: Rudio, F.

Lambert, Bethlehem. Aus den neuprovenzal. Weihnachtsliedern ausgewählt u. frei übertr. durch W. Kreiten, S. J. 8. (VI, 125 S.) Freiburg i/Br. 882. Herder. 1. 50; geb. n. 2. 40

Lambert, Bethlehem. Aus d. neuprovenzal. Weihnachtsliedern ausgew. u. frei übertr. durch W. Kreiten, S. J. 2., verm. Aufl. M. e. Titelbild in Lichtdr. 8. (IV, 198 S.) Freiburg i/B. 895. Herder. n. 2. 40; geb. in Damastleinw. m. Goldschn. n. 3. 60

Lambert's, Pater, Darlegung der Weissagungen und Verheißungen, welche Gott seiner Kirche für das Ende der „Zeiten der Heiden" gegeben hat. Nach der deutschen Bearbeitung von Joh. Fr. v. Meyer kurz zusammengefaßt. br. 8. (VIII, 42 S.) Elberfeld 870. (Barmen, Buchh. der evangel. Gesellschaft.)

Lambert's Darlegung der Weissagungen u. Verheißungen, welche Gott seiner Kirche für das Ende der „Zeiten der Heiden" gegeben hat. Nach der deutschen Bearbeitung von Joh. Fr. v. Meyer kurz zusammengefaßt. Elberfeld 870. (Barmen, Klein.) br. 8. (VIII, 42 S.) 7½ ngr.

Lambert u. Boffert, Leitfaden f. die Ausbildung der Unterführer u. der Mannschaft zum Feuergefecht. I. u. II. Thl. gr. 8. Hannover 898. Leipzig, Zuckschwerdt & Möschke. à n. — 80
I. Ausbildung der Schützen, der Rotte, der Gruppe. 9., verm. Aufl. (64 S.)
II. Verhalten bei fehlender Feuerleitung. Entfernungsschätzer. Beobachtung der Feuerwirkung. Schießregeln. Beschießen e. Batterie. Munitionsersatz. Zug. Beispiele. 6. Aufl. (66 u Nachtrag 4 S.)

Lambert u. Boffert, Leitfaden f. d. Ausbildg. d. Unterführer u. d. Mannschaft z. Feuergefecht. II. Thl. 7., verb. u. verm. Aufl. gr. 8. (88 S.) Leipzig 896. Zuckschwerdt & Co. n. — 80

— dasselbe, neue Aufl., s.: Mach, Walt. H. v.

Lambert, Ob u. in wie fern Rußland den März-Errungenschaften gefährlich sei? gr. 8. (13 S.) Prag 848. (Kronberger.) 3 Kr.

Lambert, höchst wunderb. Schicksale des in d. Kindheit unt. d. Irokesen in Amerika ausgesetzten Joh. Bapt. Couture, e. franz. Gelehrten. N. d. Franz. frey bearb. v. C. Hirschmann. 8. (1½ B.) Straubing 834, Schorner.

Skizzen zum 700jährigen Jubiläum des Franziskanerordens. Von Fr. Lambert, O. F. M., aus d. Rochus-Neisser-Noviziat. Breslau 1909: Schles. Volkszeitung. 20 S. 8° [09. 1190] 2

Lambert, P., d. Weissagungen u. Verheißungen d. Kirche Jesu Christi auf d. letzten Zeiten d. Heiden gegeben. Mit Zusätzen u. Anmerkk. begleitet von Jaschem (Jh. Fr. v. Meyer), herausg. von J. A. Kanne. gr. 8. Nürnb. 818. Schrag. 1 ₰ 8 K Anhang dazu 3 K

Lambert, P., die Weissagungen u. Verheißungen der Kirche Jesu Christi auf die letzten Zeiten der Heyden gegeben. Auszugsweise bearb. u. mit Zusätzen u. Anmerkungen begleitet v. Joh. Friedr. v. Meyer. Wohlf. Ausg. gr. 8. (27½ B.) Nürnberg 842, Schrag, Brlgsh.

Lambert, André

Lambert, A., u. E. Stahl, Arbeiter-Wohnungen. Einzelhäuser f. 1 Familie u. Doppelhäuser f. 2 u. 4 Familien in farb. Darstellg. 12 Lfgn. Fol. (à 5 Taf.) Stuttgart 891. 892. K. Wittwer's Verl. à n. 8. —

Lambert & Stahl, Architekten in Stuttgart. Arbeiter-Wohnungen. (Privat- und Gemeindebauten. Serie IV.) Einzelhäuser für eine Familie und Doppelhäuser für zwei und vier Familien, in farbiger Darstellung herausgegeben. (Mit 60 Taf. Abbild.) Fol. Stuttgart (1894).

Lambert & Stahl, Arbeiterwohnungen. (60 T) fol Stuttgart (1897)

Lambert, A., u. E. Stahl, Arbeiter-Wohnungen, Fortsetzg., s.: Böklen u. Feil.

Lambert, André et Rychner, Alfred. L'architecture en Suisse aux differentes époques. Bâle-Genève 1883. Fol.

—- et Alfred Rychner, l'architecture en Suisse aux différentes époques. Fragments, recueillis et publiés. Fol. (57 Lichtdrtaf. mit 1 Bl. Text.) Basel 884, Georg. In Mappe ** 60 —

Lambert, André, et Alfr. Rychner. L'Architecture en Suisse aux différentes époques. Gr. in-fol. 40 planches. Zürich, M. Kreutzmann. 40 —
1899

— — Architektur von 1750—1850. (In 10 Lfgn.) 1.—5. Lfg. (100 [20 farb.] Taf. m. VIII S. Text.) gr. Fol. Berlin (903—906). E. Wasmuth. à n. 30. —

Lambert, André, u. Ed. Stahl, Architektur v. 1750—1850. 6.—8. Lfg. (60 [12 farb.] Taf. m. 4 S. Text.) 49,5×33 cm. Berlin (907—10). E. Wasmuth. à Lfg. 30. —

Lambert, A., u. E. Stahl, moderne Architektur. Ausgeführte städt. Wohngebäude, Geschäfts- u. Einfamilienhäuser, Villen m. ihren Nebenbauten, interessante Details u. Innenansichten, Holz- u. Zierbauten, Grundrisse etc. in farb. Darstellung. 1.—12. Lfg. Fol. (à 5 Taf.) Stuttgart 889. 890. Wittwer's Verl. à 7. 50

— — moderne Architektur. Ausgeführte städt. Wohngebäude, Geschäfts- u. Einfamilienhäuser, Villen m. ihren Nebenbauten, interessante Details u. Innenansichten, Holz- u. Zierbauten, Grundrisse etc. etc. in farb. Darstellg. 13.—20. Lfg. Fol. (à 5 Taf., m. 1 Bl. Text.) Ebd. 891. à 7. 50 (kplt. in Mappe: n. 150. —)

— — Barock- u. Rococo-Architektur d. Gegenwart in farb. Darstellung. 10 Lfgn. gr. Fol. (à 6 Taf. u. 1 Bl. Text.) Ebd. 892. 893. à n. 10. — (kplt. in Mappe: n. 100. —)

Lambert A und E Stahl, Barock- und Rokoko-Architektur der Gegenwart in farbiger Darstellung. (60 T) fol Stuttgart (1897)

Lambert & Stahl, Alt-Stuttgarts Baukunst, hrsg. v. der Stadtverwaltung Stuttgart. Mit 20 Abbildgn. im Text u. 60 Taf. (28 S.) gr. 4. Stuttgart (906). K. Wittwer. Geb. m. Goldschn. n. 20. —

— — moderne Baukunst. Aussen- u. Innen-Ansichten mod. ausgeführter Wohn- u. Geschäftshäuser, Villen u. Landhäuser. 3 Abtlgn. (60 z. Tl. farb. Taf. m. 4, 2 u. 4 S. Text m. eingedr. Grundrissen.) gr. Fol. Stuttgart (905). K. Wittwer. In Mappe n. 60. —

—— —— s.a. Bautischler, der praktische.

— — der praktische Bautischler. II. Serie. Eine Sammlung aller beim innern Ausbau der Neuzeit vorkomm. Bautischler- u. Glaserarbeiten m. Details in grösserem Maasstabe. 10 Lfgn. gr. Fol. (à 6 Taf.) Ebd. 889. 890. à 2. 50 (2. Serie cplt. in Mappe: n. 26. —)
Die I. Serie erschien u. d. T.: Bautischler, der praktische, hrsg. v. W. Kick u. Otto Seubert. 885. 10 Lfgn. à 2. 50

Lambert, André (Hrsg.), s. Buch, Spemanns goldenes, vom Eigenen Heim.

Lambert, André, u. Ed. Stahl, d. Garten-Architektur, s.a. Handbuch d. Architektur.

Die Garten-Architektur. Von André Lambert u. Eduard Stahl, Architekten in Stuttgart. M. 107 in d. Text eingedr. Abb., sowie 5 in d. Text eingeheft. Taf. *Stuttgart: A. Bergsträsser 1898.* (VI, 115 S., 1 Bl., 5 Taf.) 1 Bd 4.(8.)
— Entwerfen, Anlage u. Einrichtg d. Gebäude. Halb-Bd 10.
— Handbuch d. Architektur. Th. 4. Halb-Bd 10. [8. 98]

Lambert A u E Stahl, die Gartenarchitektur. 2. Auflage. (152 S 22 T) (Handbuch der Architektur IV, 10) Leipzig 1910

Lambert, André, Madonna di San Biagio près Montepulciano batie par Antonio di San Gallo de 1518 à 1528. Levé et dessiné par A. L. gr. Fol. (7 Lichtdr.-Taf. m. 1 Bl. Text.) Stuttgart 884. Wittwer. In Mappe. n. 9. —

Lambert, A., u. E. Stahl, das Möbel. Ein Musterbuch stilvoller Möbel aus allen Ländern in histor. Folge, aufgenommen u. hrsg. (In 16 Lfgn.) 1. Lfg. Fol. (6 Taf. m. 1 Bl. deutschem u. französ. Text.) Stuttgart 886. J. Hoffmann. n. 2. —

— — das Möbel. Ein Musterbuch stilvoller Möbel aus allen Ländern in historischer Folge. 2.—17. Hft. Fol. (94 Taf. m. 19 Bl. Text.) Stuttgart 887—890. Jul. Hoffmann. n. 31. — (cplt. cart.: n. 35. —)
2.—13. Hft. à n. 2. —. — 14.—17. Hft. n. 7. —.

— — Motive der deutschen Architektur d. 16., 17. u. 18. Jahrh. in historischer Anordnung. Mit Text von H. E. v. Berlepsch. 1. Abth. Früh- u. Hochrenaissance 1500—1650. 100 Taf., nebst e. histor. Einleitg. u. erläut. Text. 18 Lfgn. Fol. (XXXV S. m. 100 Taf.) Stuttgart 888—890. Engelhorn. à n. 2. 75 (1. Abth. cplt. in Mappe: n. 50. —)

— — dasselbe. 2. Abth. Barock u. Rokoko. 1650—1800. (In 18 Lfgn.) 1.—3. Lfg. Fol. (à 6 Taf.) Ebd. 890. à n. 2. 75

— — Motive der deutschen Architektur d. 16., 17. u. 18. Jahrh. in historischer Anordnung. Mit Text von H. E. v. Berlepsch. 2. Abth. Barock u. Rokoko. 1650—1800. 4.—18. Lfg. gr. Fol. (92 Taf. m. IV, LIV S. illustr. Text.) Stuttgart 891—893. J. Engelhorn. à n. 2. 75 (2. Abth. kplt. in Mappe: n. 50. —)

(B) — — Motive d. deut. Architektur d. 16.–18. Jahrh. 888–898. (KBL 26. 28.) Jetzt: Berlin, Weise & Co. Ladenpr. aufgeh.

— — Privat- u. Gemeindebauten. II. Serie. Eine Sammlg. ausgeführter ländl. u. städt. Wohngebäude, Gesellschafts-, Schul- u. Rath-Häuser, Kirchen, Armen- u. Kranken-Häuser, Pavillons, Stallgn., Gewächs-, Garten- u. Geflügel-Häuser, Veranden, Friedhöfe, Turnhallen, Feuerwehr-Magazine, Arbeiter-Wohngn. Kleinere Fabrikanlagen wie Färbereien, Brauereien, Schlacht-Häuser, Seifensiedereien, Gerbereien etc. Unter Mitwirkg. namhafter Fachgenossen hrsg. 1. u. 2. Lfg. Fol. (à 6 autogr. Taf. m. 1 Bl. Text.) Stuttgart 886. Wittwer. à n. 3. —

— — Privat- u. Gemeindebauten. II. Serie. Eine Sammlung ausgeführter ländl. u. städt. Wohngebäude, Gesellschafts-, Schul- u. Rath-Häuser, Kirchen, Armen- u. Kranken-Häuser, Pavillons, Stallungen, Gewächs-, Garten- u. Geflügel-Häuser, Veranden, Friedhöfe, Turnhallen, Feuerwehr-Magazine, Arbeiter-Wohngn., kleinere Fabrikanlagen, wie Färbereien, Brauereien, Schlacht-Häuser, Seifensiedereien, Gerbereien etc. Unter Mitwirkg. namhafter Fachgenossen hrsg. 3.—12. (Schluss-)Lfg. Fol. (à 6 autogr. Taf. m. 1 Bl. Text.) Stuttgart 887. 888. Wittwer. à n. 3. — (cplt. in Mappe: n. 36. —)

— — Dtsch. Residenzen u. Gärten d. XVIII. Jahrh. I. Tl.: Nymphenburg-Schleissheim. (20 Taf. m. 27 Abb. u. XII S. Text m. 2 Abb.) 51,5×35 cm. Leipzig 909. Seemann & Co. In Mappe 30. —

— — moderne Villen u. Landhäuser in Holz u. Stein. Einfamilienhäuser u. villenart. Wohngebäude. Details, Innenansichten, Grundrisse etc. etc. in farb. Darstellg. 20 Lfgn. gr. Fol. (à 5 Taf. m. 2 Blatt Text.) Stuttgart 895—898. K. Wittwer. à Lfg. 7. 50; (kplt. in Mappe: n. 150. —)

— — ausgeführte Wohn- u. Einfamilienhäuser. Eine Sammlg. v. einfachen städt. Wohngebäuden, kleineren Villen u. Einfamilienhäusern in Holz u. Stein m. Fassaden in farb. Darstellg, Grundrissen, Schnitten u. Details. (In 10 Lfgn.) 1.—5. Lfg. Fol. (à 10 Taf.) Ebd. 898. à Lfg. 6. —

— — ausgeführte Wohn- u. Einfamilienhäuser. Eine Sammlg. v. einfachen städt. Wohngebäuden, kleineren Villen u. Einfamilienhäusern in Holz u. Stein m. Fassaden in farb. Darstellg., Grundrissen, Schnitten u. Details. 6.—10. Lfg. Fol. (à 10 Taf.) Stuttgart 899. K. Wittwer. à 6. —; (kplt. in Mappe 60. —)

— — eingebaute Wohn- u. Geschäftshäuser. E. Sammlg. ausgef. städt. Kauf- u. Bankhäuser, Restaurants u. Hotels, Wohn- u. Geschäftsgebäude aller Art. M. Fassaden in farb. Darstellg., Grundrissen u. Details. 10 Lfgn. gr. Fol. (à 10 [6 farb.] Taf. m. 1 Bl. Text.) Ebd. 897—898. à n. 10. — (kplt. in Mappe: n. 100. —)

Lambert, Anne Thérèse de Marguenat de Courcelles Marquise de

— avis d'une mère à son fils et à sa fille. gr. 12. Augsb. 763. v. Jenisch u. Stage. 4 ℳ

Lambert, Anne Thérèse de Marguenat de Courcelles Marquise de. Betrachtungen über das Frauenzimmer ... a. d. Franz. ... Leipzig 1730. Ü: *Gottsched, Luise Adelgunde geb. Kulmus.* (ML) (Waniek, Gottsched. Leipz. 1897, S. 255.)

— 2 Briefe von der Erziehung; aus d. Französ. v. J. P. W. Lud. 8. Michelstadt 760.

Lambert, A. T. de M. de C. M. de. Gedanken von der Auferziehung ...; a. d. Franz. ... Leipzig 1729. Ü: *Wolf, Georg Christian.* (ML) (Krusche)

Lambert, Frau v., Gedanken v. Auferzieh. d. Kinder. 8. Leipz. 729.

v. Lambert, Marquisin, Gedanken von Auferziehung d. Kinder; aus d. Französ. 8. Hamb. 773. Buchenröder. 6 ℳ

Lambert, A. T. de M. de C. M. de. Gedanken von der Ehre; a. d. Franz. ... Leipzig 1729. Ü: *Wolf, Georg Christian.* (ML)

— Grundsätze z. Bildung f. Geist und Herz, s. a. Grundsätze.

— Grundsätze zur Bildung für Geist u. Herz; nach d. Französ. v. K. H. Heydenreich. Mit 1 Kpf. 8. Leipz. 798. Martini. (Enobloch). 16 ℳ

— oeuvres. gr. 12. Augsb. Stage. 764.

Lambert, Anne Thérèse de Marguenat de Courcelles, Marquise de. Sämtliche Schriften der Frau Marquisin v. Lambert, nebst beygefügten Lebens-Lauf, aus dem Französischen in das Teutsche übersetzet. Frankfurt & Leipzig, Knoch- und Eslingersche Buchhandlung. 1750. 8°. 9 Bl. 434 S. (Pagin. springt von 363 auf 371). 12 Bl.

— sämmtl. Schriften, in welchen Alles, was z. Erziehung d. Jugend nothwendig, enthalten ist. 8. Frankf. a. M. 750. Eßlinger. 12 ℳ

Der Marq. de **Lambert** sämmtliche Schriften zur Bild. junger Frauenz. frey bearb. v. K. H. **Heydenreich.** *Lpz.*, Martini. 797. 8° 21 ℳ

— sämmtl. Schriften, zur Bildung junger Frauenzimmer; nach d. Französ. frei bearb. mit Anmerkk. von K. H. Heydenreich. 8. Leipz. 798. (Enobloch). 21 ℳ Velinp. 1 ♯ 8 ℳ

[**Lambert,** Anne Thérèse Marquise de.] Der Marquisin von Lambert sämtliche Schriften zur Bildung junger Frauenzimmer frey bearb. u. m. Anm. vers. v. Karl Heinrich Heydenreich. — Leipzig: Martini 1798. XVI, 278 S. 8°

Lambert, Arth., Irrsinnig, s. a. Vereinstheater, neues.

[J.] Irrsinnig. Volksstück in 3 Akten v. Arthur Lambert. *Essen: Fredebeul & Koenen 1897.* (39 S.) 1 Bd 8.
— Vereinstheater, Neues. No 14. [98. 6796]

Lambert, Arth., der geprellte Onkel s. a. Vereinstheater, neues.

Der geprellte Onkel. Lustspiel in 2 Aufz. von Arthur Lambert. *Essen-Ruhr: Fredebeul & Koenen 1902.* (40 S.) 8° [J.]
— Vereinstheater, Neues. No 43. [02 45385]

Lambert, Arth., im Redaktionsbureau, s. a. Vereinstheater, neues.

Im Redaktionsbureau. Schwank in 1 Akt. Von Arthur Lambert. Essen-Ruhr: Fredebeul & Koenen 1903. (19 S.) 8° [F.]
= Vereinstheater, Neues. No 53.

– Der Theaterdirektor, s.a. Vereinstheater, Neues.

Der Theaterdirektor. Lustspiel in 2 Akten von Arthur Lambert. Essen-Ruhr: Fredebeul & Koenen 1902. (39 S.) 8° [F.]
= Vereinstheater. Neues. No 40.

SCHWÄRMEREIEN der Liebe. Aus dem Französischen. Leipzig 1817.
[B. VII, 245.]
Verfasser: Aug. Lambert; vgl. Rosenbaum Nr. 631 u. Zeitschr. f. Bücherfr. 1918, S. 114 f.

Lambert, Bernard. Weissagungen und Verheissungen der Kirche Jesu Christi auf die letzten Zeiten der Heiden . . . Nürnberg 1818. Be: *Meyer, Joh. Frdr. v.* (Th) (schmal)

Lambert, Camden Elizabeth
Ella oder des Kaisers Sohn. Aus dem Engl. von Gustav Diezel. Bd. 1 - 3.
Stuttgart: Metzler 1839. 8°

Lambert, Mlle Cécile, Lehrbuch der französ. Sprache, s.: Pilz, C., u. H. Pilz.

* **PROTEUS,** Der neue, Oder Abentheuerliche Mönch Denkwurdige Geschichte Geschrieben von dem Verfaßer DE LA NOUVELLE MARIANNE. Aus dem Französischen (des Abbé *Chr. Fr. Lambert*) ins Teutsche übersetzt. Cöln, bey Peter Marteau. 1741 8° Rar! (In Berlin: Xy 2542, mit 1 Beibd.)
Ziemlich frei. Kupfertitel, Titel u. S. 3—186 Text.
Orig Le Nouveau Protée ou le moine avanturier. Mémoires curieux écrits par l'auteur de la Nouvelle Marianne Avec 1 grav Haarlem 1740. 8° (3 Rthlr Scheible 49. p. 24.)

* **SICILIANERIN,** Die Tugendhaffte, Oder Begebenheiten der Marqvisin von Albelini, Beschrieben von dem Verfasser der Geschichte einer Frau vom Stande. Aus dem Frantzösischen (des *Chrn. Fr. Lambert*) ins Deutsche übersetzt von CRISIUS. Dreßden und Leipzig, Zu finden in der Lesch- und Hubnerischer Erben Buchhandlung, 1744. 8° (In Berlin Xy 2550, mit 1 Beibd.) (4 Mk. Paul Neubner, Coln, c 1890.)
Titel (roth u. schwarz). 2 Bll. u. S. 7—292 Text, nebst 2 Bll. Inh. — Fehlt im Anon.-Lex.
Orig (in Dresden, s. Doubl. Cat. II p. 247) La vertueuse Sicilienne, ou Mémoires de la Marquise d'Albelini Have 1742. pet. in-8° (18 Sgr Scheible, vor 1875.)

§ **BEGEBENHEITEN** dreyer Coquetten, die der cyprischen Göttin gedient, oder die Spazier-Gänge zu Thuilleries (sic!). Aus d. Französ. des Verf. der Neuen Mariane (Abbé *Claude François Lambert*) übers. Mit Titelkpf. O. O. (Sorau, Hebold) 1761. 8° 110 S. Sehr rar!
Orig.: Avantures de trois coquettes, ou les promenades de Thuilleries. par l'auteur de la nouvelle Marianne. Haarlem 1740. 8°. Av frontisp. (⁵/₆ Rthl. Schmidt, Halle; jetzt theurer!) — In München ist Avantures et lettres galantes, avec la promenade de Tuilleries. 2 tomes. Amsterdam 1718. pet.-in-8°.

BEGEBENHEITEN dreyer Coquetten, die der cyprischen Göttin gedient, oder die Spazier-Gänge zu Thuilleries (so!). Aus d. Französ. (des Abbé *Lambert*) des Verf der Neuen Mariane übersetzt Mit Titelkpfr. O. O. (Sorau, Hebold) 1761 8° Rar! 110 S. (3 Mk. G. Priewe, 1895, jetzt theurer!)
Orig. Avantures de trois coquettes, ou les promenades des Thuilleries. Avec frontisp. Harlem 1740. 8° (2 Rthlr Scheible 32. p. 17)

Lambert, Claude François. Gelehrte Geschichte der Regierung Ludwig XIV; a. d. Franz. Leipzig u. Kopenhagen 1759—61. Ü: *Hübler, Daniel Gotthold Joseph.* (Ky) (MGT)

Lambert, Abt ..., gelehrte Geschichte d. Regierung Ludwig XIV. Aus d. Französ. (v. D. G. J. Hübler). 3 Bde. gr. 8. Leipz. u. Kopenh. 759—61. (Brockhaus). 2 Thlr 12 Ngr

de Lambert, E. L., vollständige theoretisch-praktische Grammatik der englischen Sprache f. den öffentlichen u. Privatunterricht. Durch geeignete Beispiele erläutert mit zahlreichen Uebungen begleitet u. nach einem durch vieljähr. Erfahrung bewährten Systeme bearb. 8. (XX u. 496 S.) Leipzig 852, B. Tauchnitz. In Engl. Einb. n. 1½ Thlr

Lambert, E. L. de, neues Konversations-Taschenbuch der englisch-deutschen Umgangssprache, s. a. Fischer, Aug.

Lambert, Dr. E. L. de —. Neues Konversations-Taschenbuch der englisch-deutschen Umgangssprache zum Gebrauche für Reisende und Schüler jedes Alters als praktische Anleitung und Erleichterung zum Sprechen beider Sprachen. Nach den besten Werken ähnlicher Art bearbeitet, mit neuen Gesprächen, Anglicismen und Briefmustern vermehrt und erweitert. (New Pocket — Edition of english and german conversation for the use of Travellers and Students of every Age etc. ...) 8 (VIII et 512 pag.) Wien, Lechner Rudolph, Universitäts-Buchhandlung. Gedruckt bei Anton Benko, 1853.

Lambert, E. L. de, neues Conversations-Taschenbuch der englisch-deutschen Umgangssprache zum Gebrauch für Reisende und Schüler jedes Alters als prakt. Anleitung und Erleichterung zum Sprechen beider Sprachen. Nach den besten Werken ähnlicher Art bearb., mit neuen Gesprächen, Anglicismen und Briefmustern erweitert und vermehrt. 2. Aufl. 24. (VIII und 511 S.) Wien 859, Lechner's Universitäts-Buchh.

Lambert, E. L. de, neues Conversations-Taschenbuch der englisch-deutschen Umgangssprache zum Gebrauche für Reisende und Schüler jeden Alters, als prakt. Anleitung und Erleichterung zum Sprechen beider Sprachen. Nach den besten Werken ähnlicher Art bearb., mit neuen Gesprächen, Anglicismen und Briefmustern bereichert und vermehrt. 4. Aufl. 16. (VII, 450 S.) Wien 880, Lechner's Verlag. geb. 2 25

Lambert, E. L. de, new Pocket-Edition of English and German Conversation for the use of Travellers and Students of every Age, being a complete and practical instruction in the art of speaking both these languages with ease and propriety, containing Elementary Locutions, Original Dialogues, Models of Notes and Letters, an ample collection of Anglicisms and Germanisms, carefully compiled from the best authorities, revised and enlarged. A. u. d. T.: Neues Conversations-Taschenbuch der englisch-deutschen Umgangssprache zum Gebrauch für Reisende und Schuler jedes Alters etc. Vienna 853. Lechner. 12. (VIII, 511 S.) 1 Thlr

Lambert, E. L. de, über die Zwecke u. Vortheile der Erlernung fremder neuer Sprachen im Allgemeinen u. d. engl. insbesondere. Eine Antrittsrede rc. gr. 8. (1¾ B.) Pesth 845, Geibel.*

de Lambert, E. L., über die Zwecke u. Vortheile der Erlernung fremder neuerer Sprachen im Allgemeinen und in der englischen insbesondere. Eine Antrittsrede, gehalten am 2. Octbr. 1844. gr. 8. Pesth 846. (Geibel.) n. ⅙ Thlr

Lambert, Emile, des moyens pratiques d'organiser le travail. Extrait de l'Abeille, Journal français de Berlin. 8. (2½ B.) Berlin 846, Behr.

Lambert, Ernst Max

Lambert, E. M., die Entwicklung der deutschen Städte-Verfassungen im Mittelalter. Aus den Quellen dargelegt. 2 Bde. Halle 865. Buchh. des Waisenhauses. gr. 8. (VIII, 595 S.) 2 ₰ 15 ngr.

Lambert, Ernst Max., die ältere Geschichte und Verfassung der Stadt Erfurt. Ein Beitrag zur Geschichte des deutschen Städtewesens im Mittelalter. Mit 41 Urkunden. gr. 8. (X, 146 S.) Halle 868, Pfeffer. *

Lambert, E. M., das Hallische Patriciat. Ein Beitrag zur Geschichte der deutschen Städteverfassungen des Mittelalters, eingeleitet durch ein offenes Sendschreiben an Herrn Prof. Dr. Laband über Altfreiheit, Unfreiheit u. Ministerialität. Halle 866. Buchh. des Waisenhauses. gr. 8. (XXVI, 101 S.) n. 15 ngr.

Lambert, Ernestus Frid(ericus) **Maxim(ilianus)**: De primordiis et incrementis rerum municipalium Germanicarum. Halis Saxonum (1862): Orphanotropheum. 34 S. 8°
Halle-Wittenberg, Phil. Diss. pro impetratis honoribus v. 30. Aug. 1862
Geb. Schöneck bei Danzig 24. 12. 1835. V.
Verf. war am 4. Aug. 1862 promoviert worden.

Lambert, Ernst Max., die Rathsgesetzgebung der freien Reichsstadt Mühlhausen in Thüringen im 14. Jahrh. nach den Quellen des Stadtarchivs mit einer Einleitung in die Geschichte der Stadt Mühlhausen hrsg. gr. 8. (XIV, 181 S.) Halle 870, Pfeffer. *

Lambert, F. H. C., de casu memorabili exsectae dimidiae maxillae inferioris ex articulo, praevia subligatione carotidis. Praefat. est C. H. Dzondi. 8maj. Leipz. 826. (Barth). 4 gr.

Lambert, François. Beitrag zur Theorie der Torsion des Humerus, nebst einer kurzen Uebersicht in Esperanto (Internationale Hilfssprache). Diss. Phil. [II.] Univ. Zürich. [Mit Figuren und 1 Doppel-Tafel.] 152 S. 8. Lausanne, Charles Guex, 1904.

Lambert, Franc., epist. ad Coloniens etc. 4. Giessen, Lammer. 730.

Lambert, Frz. v., der amüsante Gesellschafter. Eine Sammlung v. interessanten Spielen, humorist. Vortragsgedichten u. Vorlesgn., Scherzfragen, Anekdoten, Rätseln, Parodien, Karten- u. sonstigen Kunststücken zur heiteren Unterhaltg. größerer u. kleinerer Kreise. (167 S.) 8. Dresden (906). F. Casper & Co. n. 2. —

Lambert, Frz. v., der mod. Liebesbriefsteller od. Die Kunst, Damen durch Briefe zu erobern. Beste u. vorzüglichste Sammlg. mod. Liebesbriefe m. e. ausgieb. Anh.: Die geheime Liebes-Korrespondenz. (75 S.) 8. Dresden (907). F. Casper & Co. 2.—; geb. 3. —

Lambert, Frz. v., gute Umgangsformen u. wie man sie ohne Tanzstunde erlangt. (77 S.) 8. Leipzig (905). R. Nitzschke. n. 2. —

— wie man das Plaudern u. die Kunst der Unterhaltg. erlernt. Eine prakt. Anleitung, geschickt Gespräche anzuknüpfen, bei den verschiedensten Anlässen Passendes zu sagen, sowie nett u. amüsant zu plaudern, nebst einer Darstellg., wovon man sich in der guten Gesellschaft unterhält. (VII, 132 S.) 8. Leipzig (906). Modern medizin. Verlag. n. 2. —

— Wie man das Plaudern u. die Kunst der Unterhaltg. erlernt. Eine prakt. Anleitg., geschickt Gespräche anzuknüpfen, bei den verschiedensten Anlässen Passendes zu sagen, sowie nett u. amüsant zu plaudern, nebst e. Darst., wovon man sich in d. guten Gesellsch. unterhält. 8. verb. Aufl. (19.—24. Taus.) (VII, 132 S.) 8. Leipzig (910). Modern-medizin. Verlag. 2. —

Lambert, Friedrich *Wilhelm* [aus Jülich]: Das Rankenangiom und seine Behandlung ... Berlin, C. Vogt's Buchdr., *1893;* 29 S., 1 Bl. 8.
Berlin, Med. Fak., Inaug.-Diss. v. 3. März 1893

[F.] **Lambert**, *Friedrich:* Studien zu J. J. Rousseaus Emil. 1. Die Abhängigkeit J. J. Rousseaus in seiner Erziehungslehre von J. Locke. Halle a. S., Druck d. Buchdr. d. Waisenhauses, 1893; 34 S. 4.
Halle a. S., RG u. R d. Franckeschen Stiftungen, OP 1893 (267)

Lambert, Frid(ericus) Henricus Christophorus: Dissertatio ... sistens casum memorabilem exsectae dimidiae maxillae inferioris ex articulo, praevia subligatione carotidis. [Praeses:] Curtius Sprengel. Halae (1826): Gebauer. 23 S. 8°
Halle-Wittenberg, Med. Diss. v. 5. Apr. 1826
Geb. Gardelegen 25. 10. 1800. V.
Im Buchhandel u. d. T.: Commentatio chirurgica. De casu memorabili ... Praefatus est C. H. Dzondi. Lipsiae Barth 1826. 32 S.

Lambert, G., Panorama der Badischen Eisenbahn. Stahlst. (7' lang, 9" hoch.) Mit erläut. Text. (26 S. in gr. 8.) Mannheim 848. Zeiler. n. 5/6 ₰

—— Panorama der Main-Neckar-Eisenbahn. (Stahlst. 4' lang und 8½" hoch.) Mit erläut. Text. (15 S. in gr. 8.) Mannheim 848. Zeiler. *

— Panorama der Taunus-Eisenbahn. Stahlst. (2' 5" lang, 8½" hoch.) Mit erläut. Text. (13 S. in gr. 8.) Ebd. 848. n. 2/3 ₰
Obige 3 Panoramen zusammen in gr. 8. Carton. n. 2 ₰

Lambert, Geo. Frider., de Phengophobia cynolyssica. Dissertat. inaug. med. 8 maj. (4 B.) Fuldae 832, Müller. Thlr.

Lambert, H., die decorative Flora. Farbige Blatt- und Blumencompositionen. Fol. (30 farb. Taf.) Berlin 888, Claesen und Comp. In Mappe *

Lambert, J., étude stratigraphique, s.: Loriol, P. de, description des mollusques et brachiopodes des couches Séquaniennes de Tonnerie (Yonne).

Lambert, Jac., Anguilla sotto scoglio, s. Emporeo drammatico.

Lambert, Jacob Wilhelm

Lambert. Jac. G. De barometri motu ex venti directione pendente. 29 S. und Figuren. . . . .
Wetzlar, Progr. 1842

Lambert, Jac. Guilelm., Dr., De barometri motu a venti directione pendente, ex observationibus XII annorum MDCCCXXVIII usque ad MDCCCXXXIX Wetzlariae meridie medio institutis derivato. Giessae 1842.

Lambert, J. W., s. L. Poinsot, Anfangsgründe d. Statik.

Lambert, J. W. Commentatio de variationibus barometri regularibus unoquoque die revertentibus, sive de aestu medio atmosphaerae, anno 1828 Wetzlariae observato. 15 S. . . . .
Wetzlar, Progr. 1829

Lambert, Miß Jenni, das neue Häkelbuch. Mit 55 Mustern (auf 17 Taf.) 16. Leipzig 845, Hartung. n. 1/3 ₰ — 2. Aufl. 846. n. 1/3 ₰ — 2. u. 3. Heft. Mit 26 Taf. 16. Ebend. 846. à n. 1/3 ₰

Lambert, Jenni, das neue Häkelbuch. 3 Hfte. 16. Leipzig, Hartung. [1. (1. u. 2. Aufl.) (5⅝ B. u. 18 Taf.) 845, 2. (4½ B. u. 8 Taf.) 46, 3. (3¾ B. u. 18 Taf.) 47. à * 10 Ngr.]*

—— das neue Strickbuch. Mit eingedruckten Abbild. 16. (5 B.) Leipzig 846, Hartung.

— nyeste Strikkebog. Med Mynstertegninger i Chemitypie. Oversat af J. F. gr. 16. (59 S.) Kjøbenhavn 847, Philipsen. (Leipzig, Hinrichs.) 12 ngl

—— Taschenbuch f. Damenarbeiten. Mit mehr als 200 Mustern. 4 Abthl. in 1 Bde. I—III. Häkelbuch. IV. Strickbuch. 16. (18 B. u. 43 Taf.) Leipzig 846, Hartung.

Lambert's Bauernfreund. Prakt. Ratgeber f. jeden Landwirt. Hrsg. von J[oh.] Lambert & Söhne, Samenhandl., Trier. *Trier: Selbstverl.; F. Lintz in Comm. 1899.* (159 S.) 8° [F.] (oo. 5098

Lambert's Gartenfreund. Anleitung zur Gemüse-, Blumen- u. Zimmergärtnerei. 8. (IV, 116 S. m. 8 Taf.) Trier 889. (Stephanus.) n.n. — 50; geb. n.n. — 75

Lambert's Gartenfreund. Anleitung zur Gemüse-, Blumen- u. Zimmergärtnerei, Erdbeeren- u. Rosenzucht. Hrsg. v. J. Lambert & Söhne. 2., vergrößerte Aufl. 8. (VIII, 178 S.) Trier 891. Fr. Lintz. n. 1. —; kart. n. 1. 20

Lambert's Gartenfreund. Anleitung z. Gemüse-, Blumen- u. Zimmergärtnerei, Erdbeeren- u. Rosenzucht. Hrsg. u. verf. von J[oh.] Lambert & Söhne, Samenhandl., Trier. 4. durchges. u. vergrösserte Aufl. *Trier: Selbstverl.; F. Lintz in Comm. 1899.* (199 S.) 8° [F.] (oo. 5099

Lambert's Gartenfreund. Anleitung zur Gemüse-, Blumen- u. Zimmergärtnerei, Erdbeeren- u. Rosenzucht. Hrsg. u. verf. v. J. Lambert & Söhne. 5. durchgeseh. u. vergrößerte Aufl. (XV, 259 S. m. Abbildgn.) kl. 8. Trier 904. (F. Lintz.) n. 1. 30; kart. n. 1. 60

Lambert's, P., Gartenfreund. Anleitg. z. Gemüsegärtnerei, Blumen- u. Zimmergärtnerei, Erdbeeren- u. Rosenzucht. Hrsg. u. verf. v. J. Lambert & Söhne. 6. durchgeseh. u. verm. Aufl. (XV, 284 S. m. Abb.) 8. Trier 909. (F. Lintz.) Geb. in Leinw. 1. 60

— s.: Rosen-Zeitung.

Jo. Frid. Lambert historiae litterariae mineralogiae primae lineae. Lips. 1800. 4.

Lambert, Johann Heinrich

— Abhandlung über etliche akust. Instrumente. Aus d. Französ. übers. mit Zusätzen 2c. v. J. S. G. Huth. Mit 2 Kpf. gr. 8 Berl. 796. (Reimer). 12 gr

Lambert's, J. H., Abhandlungen zur Bahnbestimmung der Cometen, s. Ostwald's, W., Klassiker der exakten Wissenschaften.

J[ohann] H[einrich] Lambert's Abhandlungen zur Bahnbestimmung der Cometen. Insigniores orbitae Cometarum proprietates ⟨1761⟩. Observations sur l'Orbite apparente des Comètes ⟨1771⟩. Auszüge aus d. 'Beyträgen z. Gebrauche d. Mathematik' ⟨1772⟩. Deutsch hrsg. u. mit Anm. versehen von J[ulius] Bauschinger. Mit 35 Fig. *Leipzig: W. Engelmann 1902.* (148 S.) 8°
= Klassiker, Ostwald's, d. exakten Wissenschaften. 133. (c. 1902) 2

Lambert, J. H., logische und philos. Abhandlungen, v. Bernoulli. 2 Bde. 8. Dessau. (Graffé, Leipz.) 782—87.

Lambert, J. H. Beyträge zur Mathematik und deren Anwendung. 3 Teile Berlin 1782.

— Beyträge z. Mathematik und Geometrie. 5 Thle. m. K. 8. Berlin, Realsch. 792—72.

— Beschreibung einer mit dem Calau'schen Wachse ausgemalten Farbenpyramide, wo die Mischung jeder Farben aus weiss und drei Grundfarben angeordnet, dargelegt und derselben Berechnung und vielfacher Gebrauch gewiesen wird. Berlin 1772.

— Beschreibung einer mit Calauischem Wachs ausgemalten Farbenpyramide. 4. Berl. 772. Haude u. Sp. 16 gr

— Beschreibung u. Gebrauch d. logarithm. Rechenstäbe in Auflösung aller zur Proportion gemeinen u. sphärischen Trigonometrie gehörigen Rechnungen u. in Vorstellung unzähl. mathemat. Tabellen, als e. Verbesserung d. Scheffeltschen Pes mechanicus etc. 8. Augsb. 772.

— Beschreibung u. Gebrauch d. logarithm. Stäbe. 8. Augsb. 761. Klett.

— Beschreib. u. Gebrauch e. neuen ekliptischen Tafel, worauf alle Finsternisse des Monds u. d. Erde in ihrer natürl. Gestalt vorgestellt werden. Mit 2 Kpfr. 8. Berl. 765. (Reimer). 9 gr

— — dasselbe französisch. m. K. 8. Ebend. 765.

— Beschreib. der von Geo. Fr. Brander 2c. neuerfundenen Glas-Barometer. Mit 1 Kpf. Münch., (Franz). 6 gr

— kosmolog. Briefe über die Einrichtung d. Weltbaues. gr. 8. Augsb. 761. Klett. 16 gr

Lambert, J. H. Briefwechsel mit G. F. Brander. Berlin. 1783.

— deutscher gelehrter Briefwechsel, herausgeg. v. Joh. Bernoulli. 4 Bde. mit Kpf. gr. 8. Dessau 782—84. (Graffé in Leipz.) 6 ₰ 20 gr (3r Bd. A. u. d. T.: zwölfjähr. Briefwechsel mit Brander. 783. 1 ₰ 12 gr 4r Thl. A. u. d. T.: Briefwechsel mit von Felbiger u. Scheibel. 784. 18 gr)

Johann Heinrich Lambert

Joh[ann] Heinrich Lamberts Deutscher gelehrter Briefwechsel. Hrsg. von Joh[ann] Bernoulli [1744-1807]. Bd 1-5. Berlin: Hrsg.; Dessau (3.4: Leipzig & Dessau; 5 Leipzig): Buchh. der Gelehrten (1781-) 85. 8°

Bd 1: (1781)
Bd 2: 1782.
Bd 3: 1783.
Bd 4: 1784.
Bd 5, Th. 1: 1785.

— Briefwechsel mit v. Felbiger u. Scheibel (ist ob. B. 4n Bds. 2c.) 784.

— zwölfjähr. Briefwechsel m. Brander. (ist der vorhergeh. 3r Bd. 783.

Lambert, J. H., Christenlehrpredigten, neu übers. gr. 8. Augsb. Wolf. 786.

– Dass., s.a. L a m b e r t , Josef

Johann Heinrich Lambert

[Beschreibung und Gebrauch einer neuen und allgemeinen ekliptischen Tafel. Franz.:] Description d'une table écliptique nouvelle et universelle. ... Par [Johann Heinrich] Lambert. Trad. de l'allemand. Berlin: Librairie de l'école réelle. 1765. XVI,151 S. 8°

— description d'une table écliptique nouvelle et universelle; trad. de l'allem., av. fig. 8. Berl. 765. (Reimer). 12 gr

Johann Heinrich Lambert

[Photometria. Deutsch:] Merkwürdigste Eigenschaften der Bahn des Lichts durch die Luft und überhaupt durch verschiedene sphärische und concentrische Mittel ... durch J[ohann] H[einrich] Lambert [Verf.u.] aus d.Franz.übers. Berlin:Haude & Spener 1772. 128 S. 8°

— von dem Gebrauche d. Mittagslinie beim Land- u. Feldmessen. Mit 1 Kpft. Münch., (Franz). 10 gr

— Grundregeln d. Perspective, aus Betrachtung e. perspectivisch gezeichn. Landschaft abgeleitet; zum Druck befördert von Karl Fr. Hindenburg. Mit 1 Kpf. 8. Leipz. 799. Kühn. 6 gr

Lambert, Jean Henri. Hygrometrie ...; a. d. Franz. ... Augsburg 1774. Ü: *Thenn, Johann Christoph.* (Ky)

— Hygrometrie, oder Abhandl. von den Hygrometern; aus d. Französ. übers. (von J. Chr. Thenn). 2 Thle, mit 3 Kpft. 8. Augsb. 774. Klett. 16 gr Fortsez., mit 2 Kpft. 8. Ebd. 775.

Lambert, Johann Heinrich, Observations sur l'influence de la lune dans le poids de l'atmosphère. (Nouveaux Mémoires de l'Académie Royale des Sciences et Belles-Lettres.) Berlin 1771.

— Sur les observations du vent. Berlin 1777.

J. H. **Lambert's** neues Organon, oder Gedanken üb. d. Erforsch. u. Bezeichn. d. Wahren u. dess. Unterscheid. v. Irrthum u. Schein. *Lpz.*, Fritsch. 764. 2 Bde. gr8° 2 ß

— neues Organon, oder Gedanken über d. Erforschung u. Bezeichnung des Wahren u. dessen Unterscheidung vom Irrthum u. Schein. 2 Thle. 8. Leipz. 764. (Hahn). 2 ß

— perspective affranchie de l'Embarras du plan géométral, av. fig. 8. Zürich 759. Orell. 16 gr

Lambert, J. H. Die freye Perspektive oder Anweisung, jeden Perspektivischen Aufriss von freyen Stücken zu verfertigen. Zürich 1752. 8°. — Dasselbe Werk in zweiter mit Anmerkungen und Zusätzen versehener Auflage. Zürich 1774.

— die freie Perspective, oder Anweis., jeden perspectivischen Aufriß von freien Stücken ohne Grundriß zu verfertigen. Mit 6 Kpft. gr. 8. Zürich 759. Neue, mit d. 2ten Thl. verm. Aufl. 774. Orell. 1 ß 4 gr

Johann Heinrich Lambert

I[ohannis] H[enrici] Lambert Photometria sive De mensura et gradibus luminis, colorum et umbrae. Augustae Vindelicorum: Klett 1760. 547 S. 8°

—— Photometrie, s.a. Klassiker der exakten Wissenschaften.

— **Photometrie, s.a. Ostwald's Klassiker d. exakten Wissenschaften.**

Lambert, Johann Heinrich: P h o t o m e t r i e . (Photometria sive de mensura et gradibus luminis, colorum et umbrae). (1760.) Deutsch hrsg. v. E(rnst) Anding. H. 1-3. Leipzig: W. Engelmann 1892. 3 Bde 8°
1. Th. 1 u. 2. Mit 35 Fig. im Text.
1. Th. 3, 4 u.5. Mit 32 Fig. im Text.
3. Th. 6 u. 7. Anmerkungen. Mit 8 Fig. im Text.
(Klassiker, Ostwald's, d. exakten Wissenschaften. No 31-33.)

— **insigniorum orbitae cometarum proprietates.** 8. Augsb. Klett. 761.

— les propriétés remarquables de la route de la lumière par les airs, et en général par plusieurs milieux réfringens, sphériques et concentriques etc. Mit 2 Kpf. 8. à la Haye 759. — Deutsch von ihm selbst: merkwürd. Eigenschaften d. Bahn des Lichts durch d. Luft. Mit Zusätzen u. Kpf. 8. Berl. 772. Haude u. Sp. 8 gr

— Pyrometrie, oder vom Maaß d. Feuers u. d. Wärme. Mit e. Vorr. herausg. von W. J. G. Karsten. Mit 8 Kpft. gr. 4. Berl. 779. Haude u. Sp. 2 ß 12 gr

— kurzgefaßte Regeln zu perspectivischen Zeichnungen, mittelst eines zu deren Ausübung eingerichteten Proportionalzirkels. Mit Kpf. gr. 8. Augsb. 768. Klett. 4 gr

— **Regeln z. perspectivischen Zeichnungen, mitt.lst eines Proportionalzirkels. m. K. gr. 8. Augsb. Klett. 772.**

Lambert, Suite de l'essai d'hygrométrie. 1772.

— Vorschläge zu verschied. Beobachtt., welche verdienten gemacht zu werden, um d. Meteorologie d. Vollkommenheit näher zu bringen; aus d. Französ. übers. durch d. Abt v. Felbiger. 4. Sagan (773.)

— Zusätze zu den Logarithmischen und Trigonometrischen Tabellen zur Erleichterung und Abkürzung der bei Anwendung der Mathematik vorfallenden Berechnungen. Berlin 1770.

Lambert, Jos., Christenlehrpredigten, für d. Landvolk; aus dem Französ. neu übers. (v. Gorb. Gärtner). gr. 8. Augsb. 786. Kranzfelder. 1 ß 4 gr

– Dass., s.a. L a m b e r t , Johann Heinrich

— Predigten auf die Sonn- u. Festtage des Jahres, für das Landvolk. 2 Bde. 8. Augsb. 798. Kranzfelder. 1 ß 18 gr

Les Echinides fossiles des îles Snow-Hill et de Seymour par J[ules] Lambert. Avec 1 pl. Stockholm: Lith. Inst. d. Generalstabs; Berlin: Asher 1910. 15 S. 4° [Umschlagt.]
(Wissenschaftl. Ergebnisse d. schwed. Südpolarexpedition 1901–1903. Bd 3. Lfg 11.)
(11. 1363: 2

Lambert, L., Darstellung d. Ursachen, warum reisende Handlungsdiener so häufig Unterschleife begehen. 8. Frankf. Pech. 791.

Lambert, Lambert, Abwandlungsart d. französ. regelmäßigen, unregelmäßigen u. mangelhaften Zeitwörter. 2e Aufl. Fol. Manh. 825. Schwan u. G. (Sonnewald in Stuttg.) 3 ℊ

— allgem. u. z. Gebrauch d. Schulen eingerichtete Conjugationstabelle d. französ. Zeitwörter. 2te Aufl. gr. Fol. Frankfurt a. M. 824, Andreä.

— neuer praktischer Leitfaden z. ersten Unterricht in d. französ. Sprache. 2e Aufl. gr. 8. Manheim 827, Schwan u. G.

— neuer prakt. Leitfaden z. ersten Unterricht in d. französ. Sprache. 2e Aufl. gr. 8. Manh. 825. Schwan u. G. 8 ℊ 3e verb. Aufl. gr. 12. Karlsr. 831. Marx. 9 ℊ

Lambert Lambert, neuer pract. Leitfaden zum ersten Unterricht in der französ. Sprache. 4. verm. u. verb. Aufl. 12. Carlsruhe 842, Marx'sche Buchh. geb. 1/2 ℛ

Lambert, Lambert, neuer praktischer Leitfaden zum ersten Unterricht in der französischen Sprache. 5. Aufl. 12. (VI und 168 S.) Carlsruhe 857, Malsch und Vogel. geb.

Chants et chansons populaires du Languedoc recueillis et publ. avec la musique notée et la trad. franç. par Louis **Lambert**. T. 1. 2. Paris, Leipzig: H. Welter 1906. 2 Bde 8° [06. 1255]

Lambert, M. Emile, des moyens pratiques d'organiser le travail. Extrait de l'Abeille, Journal français de Berlin. 8. Berlin 846, Behr. 1/4 ℛ

Lambert, Otto (Osthofen)
Ueber die Merkmale des Ertrinkungstodes.
Giessen: Keller 1860. 23 S. + 2 Bl. Thesen.
Diss. med. 24.11.1860. vorh. 7.11.

Lambert, P., tabellarische Zusammenstellung der Resultate aus der angewandten Festigkeitslehre. Mit besond. Berücksicht. v. Constructionen in Eisen u. Holz. 12. (11 S. u. 140 Bl. m. 1 graph. Steintaf.) Fluntern-Zürich 880. (Zürich, Verlags-Magazin.) geb. n. 15. —; serienweise auf Leinw. in 2 Mappen n. 18. —

Lambert Th., die moderne Dekoration auf der Pariser Weltausstellung 1900. (40 T) fol Stuttgart (1900)

Lambert, Th., die moderne Dekoration auf der Pariser Weltausstellung 1900. 180 photograph. Aufnahmen auf 40 Lichtdr.-Taf. m. kurzen erläut. Notizen. gr. Fol. (6 S. Text) Stuttgart (901). J. Hoffmann. In Mappe n. 32. —

— das moderne Möbel a. d. Pariser Weltausstellung 1900. (40 T) fol Stuttgart (1901)

Lambert, Th., das moderne Möbel auf der Pariser Weltausstellung 1900. 214 photograph. Aufnahmen auf 40 Lichtdr.-Taf. m. kurzen erläut. Notizen. 2. Aufl. gr. Fol. (6 S. Text.) Stuttgart (900). J. Hoffmann. In Mappe n. 32. —

Lambert, Wilhelm

Lambert, Guilelmus, De geographia plantarum in Wetteravia et Marchia Brandenburgica indigenarum nonnulla. Berolini 1849.

Lambert–Saint

— s. auch Saint-Lambert.

Lambert, v. Saint, oriental. Fabeln u. Erzähl. a. d. Frz. gr. 12. Lpz. Dyk. 771.

— Gesellschaftskunst. a. d. Franz. 2 Thle. gr. 8. Ebend. 800.

— Jahreszeiten. a. d. Franz. gr. 12. Ebend. 772.

— Manuel de l'honnête homme, auquel on a joint des fables orientales. 8. Lausanne, Pott. 770.

— Tugendkunst, oder Universalkatechismus für alle Völker der Erde &c. a. d. Franz. 3 Thle. gr. 8. Ebend. 799—800. (1r 1 Thlr. 8 gr. 2r u. 3r à 1 Thlr.)

Lamberti, Annus pastorum. 4. Augsb. Wolf. 750.

— gel. Gesch. d. Regier. Ludwigs XIV. a. d. Franz. 3 Thle. gr. 8. Kopenh. (Gleditsch in Leipz.) 759—61.

— Hist. générale, civ., nat., polit. et relig. de tous les Peuples du Monde. XV Vol. 12. Par. et Dresde. 750.

Lamberti, Andreas v.

— s. Abhandll., 3 chronologische.

v. Lamberti, Andr., krit. Beleucht. des anonymen Aufsatzes über Branntweinsbrand, Mästung u. eigene Viehzucht in Liefland. 8. Dorpat 818. (Riga, Hartmann). 8 ℊ

Lamberti, A. v., krit. Beleuchtung des anonymen Aufsatzes über Branntweinsbrand, Mästung u. eigene Viehzucht in Liefland. 8. (Riga, Hartmann.) 819.

— das vorzügl. Brodsurrogat oder Nothbrod, als Beitrag zur Rettung d. Menschen vor dem Hungertode. 4. Dorpat 809.

— d. Dampf-Destillir-Apparat, oder d. Hauptfehler, die man bei Erbauung e. Dampfbrennerei vermeiden muß. 8. Dorpat 811.

— d. allerneuesten Fortschritte d. Destillirkunst. 1s, 2s Heft. (1s, Alkoholgehalt. 1 ℛ 2s, Pyrometrie, mit Kpf. 1 ℛ 8 ℊ) Ebd. 820. 2 ℛ 8 ℊ

Lamberti, Andreas von.
Allerneuesten (Die) Fortschritte der Destillirkunst. Dorpat, 1821.
Part I, Alcoholometrie: Part II, Pyrometrie.

— d. Eiskeller. 4e Aufl. 8. Riga 813.

— Versuch zur Begründung e. neuen Feldbausystems für einen großen Theil des russ. Reichs, insbesondere aber für d. südliche Rußland. 8. Dorpat 819. (Riga, Hartmann). 16 ℊ (Serig in Leipz.) 12 ℊ

Lamberti, Martin (Jülich)
Dissertatio inauguralis juridica de spuriis et genuinis feudi hereditarii notis.
Gissae Aug. 1710: Joh. R. Vulpius. 50 S. 4°
pro summis in utroque jure honoribus ... consequendis.
auch in: Jenichen, Gottlob Aug.: Thesaurus jur. feud. Vol. 2. Francofurti a.M. 1751. 4° S. 609 f.

Lambertini, die sel. Imelda, s. a. Blumen, eucharistische.

Lambertini, die selige Imelda, Jungfrau, aus dem Orden des hl. Dominikus, Schutzpatronin der Erstkommunikanten. 1322—1333. Verf. v. e. Dominikanerin aus dem Kloster Prouille (Südfrankreich). Freie, autoris. Uebersetzg. Ein Lebensbild, zunächst der lieben Schuljugend gewidmet. Mit 10 Abbildgn. u. e. Anh. (131 S.) kl. 8. Münster (906). Alphonsus-Buchh. n. — 85; geb. in Leinw. n. 1. —

Lambertini, C. G., s. Archiv d. Congregation.

Lambertini, C. G., Archiv der Congregation, s. Archiv ꝛc.

Lambertini, Prospero

Lambertinus, P., s.a. Benedictus XIV.

— casus conscientiae propositi ac resoluti, c. IX. append. 8. Augsb. Rieger. 766—92.

— — idem ab anno 1759. usque ab annum 1769. 8. maj. Budae, Typ.

— casus conscientiae propositi ac resoluti. Opus confessariis omnibus atque animarum curam gerentibus perutile ac necessarium cum Indice locupletissimo. 8maj. Ofen 766. Typogr. Soc. 2 ₰ 16 gr.

Lambertini, Prosperi, commentarii duo, de Jesu Christo matrisque ejus festis et de missa. II Tom. Fol. Patav. 751. 2 ₰ 8 gr.

Lambertus, s.a. Lambert

Lambertus, Otto: Das sog. landesherrliche Patronatrecht. Breslau 1907: Koebner. (XI, 57 S.) 8° [F.]
Breslau, Jur. Fak., Ref. Brie-Fischer, Diss. v. 31. Jan. 1907
[Geb. 26. Mai 83 Liegnitz; Wohnort: Görlitz; Staatsangeh.: Preußen; Vorbildung: Gymn. Augustum Görlitz Reife O. 03; Studium: Freiburg i. B. 1, Leipzig 1, München 1, Berlin 1, Breslau 2 S.; Rig. 7. Dez. 06.]

Kurzgefaßte Geschichte des Römerkanals (röm. Wasserleitung aus d. Eifel bis Köln). Technisch, volkswirtschaftl. u. hist. dargest. von A. Lambertz. (2. Aufl.) Schleiden: F. W. Braselmann 1899. (17 S.) 8° [F.] 05. 13;16 5

Lambertz, A., Rothaw, oder der zum Sklaven gemachte Indianer, s.: Volksbücher, Münchener.

Lambertz, Joseph: Beiträge zur Geschichte der St. Sebastianus-Schützengesellschaft in Kohlscheid. Zur Erinnerung an die 250jährige Jubelfeier der Gründung der Gesellschaft. (1660—1910) Kohlscheid, Selbstverlag, 1910, 27 S.

Lambertz, Jos., die Entwicklung des menschl. Knochengerüstes während des fötalen Lebens, s. Fortschritte auf dem Gebiete der Röntgenstrahlen. 1. Erg.-Hft.

Die Entwicklung des menschlichen Knochengerüstes während des fötalen Lebens dargest. an Röntgenbildern von [Josef] **Lambertz,** Stabsarzt. Mit 46 Röntgenbild. auf 9 Taf. u. 20 Fig. im Text u. 1 lith. Taf. *Hamburg: L. Gräfe & Sillem 1900.* (81 S.) 4°
— Atlas d. normalen u. pathol. Anat. in typischen Röntgenbildern. [1.]
— **Fortschritte** auf d. Geb. d. Röntgenstrahlen. Erg. H. 1. 00. 16,6

Lambertz, Karl [aus Erkelenz]: Ein Fall von Pseudoelephantiasis der oberen Extremität nach syphilitischer Knochen- und Gelenkerkrankung ... (Aus: Beitr. z. klin. Chir., Bd x Heft 3.) Tübingen, H. Laupp'sche Buchh., 1893; 1 Bl., 8 S., 1 Bl., 1 Taf. 8.
Freiburg i. B., Med. Fak., Inaug.-Diss. v. 1893

Lambertz, Leonard. (geb. Arsbeck 1. 2. 1825): De praedispositione recens natorum ad morbos certos. Berolini (1852). (25 S.) 8°
Berlin, Med. Diss. v. 7. Aug. 1852

Lambertz, Max: Die griechischen Sklavennamen. I. Teil. S. 3 bis 49. 8. II. Teil. S. 3—42. 8.
Progr.-K. k. Staatsgymn. im VIII. Bezirke *Wien* 1907. 1908.

Lambertz, Peter, a. Düsseldorf: Die Sprache des Orrmulums nach der lautlichen Seite untersucht. Marburg 1904: (S. Foppen, Bonn). (150 S.) 8°
Marburg, Phil. Fak., Ref. Viëtor, Diss. v. 26. Nov. 1904
[Geb. 21. Aug. 79 Düsseldorf; Wohnort: Düsseldorf; Staatsangeh.: Preußen; Vorbildung: Gymn. Neuss Reife O. 00; Studium: Bonn 3, Marburg 4 S.; Rig. 25. Nov. 03.]

Lamberz, Fridericus (geb. am 31 Dez. 1809 in Bonn): De palato duro et molli fisso eiusque operatione ... Bonnae, typ. C. Georgii (1834). 4 Bl., 20 S., 2 Bl., 1 Taf. 4.
Bonn, Med. Fak., Diss. v. 11 Dez. 1834

Lambeth-Psalter, der. Eine altengl. Interlinearversion des Psalters in der Hs. 427 der erzbischöfl. Lambeth Palace Library, zum ersten Male vollständig hrsg. v. U. Lindelöf. I. Text u. Glossar. (Acta societatis scientiarium fennicae. Tom. XXXV. Nr. 1.) (VI, 323 S. m. 1 Taf.) Lex. 8. Helsingfors 909. (Leipzig, O. Harrassowitz.) nn 10. —

Lambillotte, P. J., der Tröster, oder fromme Lesungen für Kranke und Leidende aller Art. Aus dem Französ. übers. und mit einem Anhang der gewöhnlichen Gebete versehen von einem Priester der Diöcese Rottenburg. 18. (VIII und 508 S.) Mainz 857, Kupferberg.

Lambillotte, P. J., der Tröster, oder fromme Lesungen für Kranke u. Leidende aller Art. Aus dem Franz. übersetzt u. mit einem Anh. der gewöhnl. Gebete versehen von e. Priester der Diöcese Rottenburg. 2. Aufl. Mainz 870. Kupferberg. 16. (VIII, 508 S.) 18 *ngr.*

Lambin, Denis, s.a. Dionysius Lambinus

—— Tullianae emendationes. Ex edit. Ciceronis operum Lambiniana principe repetitas accur. F. N. Klein. Accessit pictur. lith. manum D. Lambini repraesentans. 8 maj. (43¼ B.) Confluentibus 830, Hoelscher.

Lambini, Dion., in Q. Horatium Flaccum ex fide atque auctoritate complurium libror. Msptr. a se emendatum et aliq. recogn. et cum diversis exemplaribus antiquis comparatum multisque locis purgatum. Commentarii copiosiss. et ab auctore plus tertia parte amplificati. II Pts. Edit. nova. 8 maj. Confluentibus 829, Hoelscher. [I. (37¼ B.), II. (40½ B.) à 3 Thlr. 8 Gr.] Zusammen genomm. nur

Lambinat, P., Recherches sur l'origine de l'imprimerie. Brüssel 798. 8. Paris 810. 8.

Lambinet, Ludwig: Der Begriff des Schönen in der Ästhetik Jouffroy's. Mainz 1908: Falk. XIII, 62 S. 8°
Gießen, Phil. Diss. v. 11. Dez. 1908, Ref. Groos
[Geb. 17. März 78 Mainz; Wohnort: Mainz; Staatsangeh.: Hessen; Vorbildung: Realgymn. Mainz Reife O. 99; Studium: Heidelberg 4, Gießen 4 S.; Rig. 13. Okt. 08.] [U 09. 1217

Lambl u. Löschner, aus dem Franz-Josef-Kinder-Spitale, s. Löschner.

Lambinus, Dionysius, s. Lambin, Denis

Lambl, C.: Der Weinbau in Croatien, Slavonien und der Militärgrenze. Agram Albrecht 1873. -- [Zit. nach Bibliotheca oenologica, Nachtr. 4]

Lambl, Carl, s. Lambl, Karl

Lambl, J., F. Wolff, W. Weiss und E. Jonák.
Bericht über chemische Producte, Färberei und Druckerei, Kautschuk, Leder, Papier, Tobakfabrikate auf der Pariser Agricultur- und Industrie-Ausstellung im Jahre 1855. Leipzig, 1858.

Lambl, J. B., u. **Gust. Schmidt, Bericht üb. die internationale Mähemaschinen-Concurrenz auf der Besitzg. Sr. Maj. d. Kaisers Ferdinand zu Hostiwitz bei Prag am 31. Juli, 1. u. 2. August 1872.** Im Auftrage der k. k. patriot.-ökonomisch. Gesellschaft in Böhmen verfasst. Mit 1 (lith.) Situationsplan (in qu. gr. Fol.), 3 Tab. (in qu. Fol.) u. 11 Abbildgn. (in eingedr. Holzchn.) gr. 8. (III, 99 S.) Prag 872. Calve. n. 3. —

Lambl, J. B., Depecoration [Viehabnahme] in Europa. Volkswirthschaftlich-agronom. Studie, zugleich Mahnruf an Regierungen u. Landwirthe civilisirter Staaten, womit die wachs. Calamität zu bekämpfen wäre. 8. (XIX, 265 S.) Leipzig 878. Hirschfeld. n. 6. —

Lambl, J. B., Oesterreichs Feldbausysteme, Rübenzucker- und Spiritusfabrikation und ihre national-ökonomische Aufgabe vom agricultur-chemischen Standpunkt besprochen. gr. 8. (VI und 63 S.) Prag 859, (Calve'sche Universitäts-Buchh.) *

Lambl, J. B., Oesterreichs Feldbausysteme, Rübenzucker- u. Spiritusfabrikation u. ihre national-ökonomische Aufgabe vom agricultur-chemischen Standpunkt besprochen. Neue (Titel-)Ausg. Prag (859) 865 (Kober.) 8. (63 S.) 8 *ngr.*

— die Grundrente als Zweck aller Landwirthschaft u. Viehzucht. Ein Beitrag zur Reform irrigor Betriebs-, Buchführungs- u. Ertrags-Taxations-Grundsätze. gr. 8. (162 S.) Prag 880. Rziwnatz in Comm. n. 3. —

Lambl, J. B., die Grundrente als Zweck aller Landwirthschaft und Viehzucht. Ein Beitrag zur Reform irriger Betriebs-, Buchführungs- und Ertrags-Taxations-Grundsätze. 2. fast unveränd. Ausg., vermehrt mit einem Nachtrage, die Correctur des Grundsteuergesetzes betr. gr. 8. (170 S.) Prag 888, (Řivnáč.) *

Lambl, J. B., die Landguts-Substanz u. d. landwirtschaftliche Rechnungsführung. Vermächtnis e. alten Lehrers f. jüngere Berufsgenossen u. f. prakt. Landwirte. (VII, 35 S.) Wien 904. W. Frick. n. 1. 60

Lambl, J. B. — Leitfaden zum Studium der Gestein- und Bodenkunde nach den Vorträgen an landwirthschaftlichen Lehranstalten. Zusammengestellt von — —. B. Geognostischer und geologischer Theil. Tetschen a/d Elbe. Druck von F. W. Stopp. (34 S. 8.) 1857

Lambl, J. B., nauka o plemenitbě,
— nauka o setbě, s. Rolník nového věku.
— nauka o vzdělávání země,

— die landwirthschaftliche Taxation. (Internationaler land- u. forstwirthschaftl. Congress zu Wien 1890, 17. Hft.) gr. 8. (17 S.) Wien 890. (Frick.) n. 1. 20

Lambl, J. B., die landwirthschaftliche Taxation, ihre Hindernisse u. deren Beseitigung. [Aus: „Oesterr. landw. Wochenbl."] 8. (64 S.) Wien 892. W. Frick. n. 1. —

Lambl, J. B., e. volkswirthschaftlicher Vortrag geh. am 14. März 1876 u. nach den stenograph. Aufzeichgn. redigirt. Mit 18 (eingedr. Holzschn.-)Illust. u. vielen Tabellen. gr. 8. (78 S.) Prag 876. Kober in Comm. n.n. 2. —

Lambl, Karl

Lambl, Carl, landwirthschaftliches Geschäftsnotizbuch für 1861, zugleich Kalender und Jahrbuch mit statist. Tab. 8. (97 S.) Leitomischl 860, Augusta. geb. in Pap. geb. in Leinw. 24 Ngr.; geb. in Leder

Lambl, Karl, Landwirthschaftliches Geschäfts-Notizbuch, zugleich Kalender und Jahrbuch mit statistischen Tabellen u. s. w., auf das Jahr 1868. Bearbeitet und herausg. für die österr. Monarchie. 12. (105 Notizblätter u. 97 S.) Leitomischl, Augusta. cart. 80 kr. Leinwbd. 1 fl. Lederbd. 1 fl. 20 kr.

– Die Kultur der Wiesen, s.a. Landwirth, Der österreichische.

Lambl, Carl, die Kultur der Wiesen und ihr möglichst höchster Ertrag. 2. (Titel-)Ausg. 8. (104 S. mit 87 Abbild. in eingedr. Holzschn.) Prag (860)63, Kober. *

— — s. Landwirth, der Oesterreichische.

— rolnik nového věku,
— rozjímání o nynějším stavu našeho rolnictví, s. Rolník.

— die landwirthschaftliche Thierzucht des Kaiserstaates, s. Landwirth, der österreichische.

— die landwirthschaftliche Thierzucht des Kaiserstaates, ihre Bedeutung und die Mittel zu ihrer Hebung und Vervollkommnung. 2. (Titel-)Ausg. 8. (80 S. mit 86 Abbild. in eingedr. Holzschn.) Prag (861)63, Kober. *

Lamblardie, Traité de métaphysique et morale. gr. in-8. Braunschweig 801. (Leibrock.) 1 ₰

Lamblardieu, traite element. de metaphysique. 8. Leipz. (Pluchart in Braunschw.) 1 ₰

Lambo, R., Oden. gr. 4. Hamb. 755. Bohn. 20 ₰

Lamboifest, das, in u. außer d. Stadt. Eine Hanauer Lokal-Skizze, in 2 Abthln. (in Hanauer Mundart geschr.), nebst e. kurzen Beschreib. üb. d. Veranlass. dies. Festes. 8. (4 B.) Hanau 833, Edler.

Lamboifest, das, in und außer der Stadt. Eine Hanauer Lokal-Skizze in 2 Abthlgn. In Hanauer Mundart geschrieben. Neudruck. 8. (48 S.) Hanau 886, Lutz. **

Lambossy-de Fuyens, (I.). Souvenirs d'Italie. [E.] 8. Fribourg 1857

Lambotte, Emil, aus Köln a. Rh. Ueber die Einwirkung von Hippurazid auf α-Alanin. *Heidelberg 1903: K. Rößler.* (41 S.) 8°
Heidelberg, Naturw.-math. Diss. v. 1903

Lamboy, s. Lambry

Lamboy, Emil

LAMBOY, Aemilianus: De litibus super investitura inter sedem apostolicam et imperatores Romano-Germanicos e stirpe Francica agitatis. — (1880) 154 S. 4° (Handschr.) Diss. 357
Diss. Wien, Univ.

Lamboy, J., Rechenkunst in ihrem ursprüngl. Lichte. gr. 8. Prag, Schönfeld. 786.

J. Lamboy's Rechenkunst in ihrem ursprünglichem Lichte. Prag, Schönfeld, gr. 8. (20 gr.)
1786

Lamboy, Johann (Übers.):

s.: Haen, Anton de: Abhandlung über die Art des Todes der Ertrunkenen, Erhenkten und Erstickten; dann über die Mittel, durch welche denselben das Leben hergestellet werden kann. Aus dem lateinischen (Manuskript?). Wien: 1772

JB 5.218

LAMBRANZI, Gregorio („Ital. Tanz-Meister u. Componist allerley Frantzös., Engl., wie auch Schertz- u. Ernsthaffter Theatral. Täntze"), Neue und curieuse Theatralische Tantz-Schul. Erster (Zweiter) theil, in sich haltend 50 (+ 50) Täntze von Allerhand Nationen und Theatralischen Figuren, sowohl in ihrer Kleidung, als auch wie man sich in denen Posituren, so diese Täntze vorstellen, auf eine kunstmässige doch leichte Manier, zusamt denen, dazu gehörigen Arien, wie der volkomene (!) Bericht ausweisset, zu verhalten habe, ingleichen wie man eine Jede der Selbigen, ohne Einem Tantz Meister, und Chorographia zu wissen begreiffen, und bey durchlessung alles, gar leicht in dass Gedächtniss bringen möge. Erfunden und ans licht gestellt von —. Gezeichnet und in Kupffer gestochen von Johann Georg Puschner, Kupfferstecher. Nürnberg Verlegts Joh. Jacob Wolrab 1716. Fol. (Th. 1 apart 60 Mk., Prgtbd., Th. Ackermann, München, vor 1885; jetzt theuer! Th. 1 apart 40 Mk., defekt, Prgtbd., Th. Bertling, Danzig, 1887.)
Cplte. Expll. beider Theile mit 100 interess. Kpfrn. in Folio (bei jedem Beschreibung und Musikbeispiel des betreffenden Tanzes) kaum auffindbar! (Brunet 135 frcs.; jetzt theurer!)

de Lambre, über d. Arithmetik d. Griechen. Aus d. Französ. übers., mit einigen Verbesserungen u. e. Tabelle versehen von J. J. J. Hoffmann. 4. Mainz 817. Kupferberg. 12 gr.

Lambry

Lamboy. Darstellung einer Verfahrungsart, den Weinstock vor dem Verbluten zu schützen u. die Reife der Weintrauben zu befördern. Aus dem Franz. gr. 8. Wien, Armbruster. 819.

Lamboy, Darstell. e. Verfahrungsart, d. Weinstock v. d. Verbluten z. schützen u. d. Reife d. Weintrauben z. befördern; aus d. Französ. v. Ign. Frhrn v. Münk. gr. 8. Wien, 1819. (Gerold.) — 12⅔

Lambrechts Alexander, [Basler Bearbeitung]. Hrsg. von Richard Maria Werner, s. Bibliothek des litterarischen Vereins in Stuttgart, Bd. 154.

Lambrecht, A., u. K. Kleye, uns. jetz. direkt. Steuersystem, nebst e. Betrachtg. üb. d. in Aussicht gen. Staats-Einkommensteuer-Gesetz. 8. (36 S.) Braunschweig 895. H. Wollermann. n. — 50

Lambrecht, Aug., das Herzogthum Braunschweig. Geographisch, geschichtlich u. statistisch dargestellt zum Gebrauch für Haus u. Schule. Wolfenbüttel 863. Stichtenoth in Comm. 8. (XVI, 739 S.) 1 ₰ 10 ngr

Lambrecht, Aug., Bruno und Brunhilde. Historisch-dramat. Gemälde aus den Zeiten Carl's des Großen in 8 Abthlgn. gr. 16. (XI und 184 S.) Salzgitter 861. (Wolfenbüttel, Stichtenoth.) * *

Lambrecht, W. W., Grab-Rede bei der Beerdigung d. 112jähr. Israel Meyer, gehalten am 27. Sept. 1838. 8. Wesel 838. Becker. $^1/_6$ ₰

Lambrecht, Caroline, s. Lambrecht, Karoline

Lambrecht, Erich: Ueber die jodometrische Säuremessung und ihre Anwendung zum Nachweis von Hydrolyse. 1909. 55 S. 8°
Hannover, Dr.-Ing.-Diss. v. 24. 7. 1909

Lambrecht, E(rnest[us]) F(rid[ericus]) H(enr[icus]) C(arolus): De incrementis, quae physiologia uteri hoc saeculo ceperit, eorumque in artem obstetriciam vi. Halae (1832): Baentsch. 78 S. 8° Hall. gekrönte Medizin. Preisschrift.
Halle-Wittenberg, Med. Diss. v. 25. Aug. 1832
Geb. Hadmersleben (Kr. Wanzleben) [31. 1.] 1811. V.

Lambrecht, H. G., Wlaska od. die Männerfeindin. Ein Drama in 5 Aufz. nach van der Velde. 8. Mannheim 836. Hoff. ¾ ₰

Lambrecht, Hans [aus Salzdahlum]: Zehn Fälle von künstlicher Frühgeburt bei engem Becken. Aus d. Göttinger Univ.-Frauenklinik ... Göttingen, Druck d. Dieterich'schen Univ.-Buchdr., 1894; 45 S. 8.
Göttingen, Med. Fak., Inaug.-Diss. v. [7. März] 1894

Lambrecht, Heinr. Erlentraube, s. Jüngst's Reise-Bibliothek.

Lambrecht, Hnr., Gedichte. 8. Oldenburg 840. Schulzesche B. (W. Berndt.) n. 1½ ₰

Die Lustfahrt nach Helgoland auf dem eisernen Bremer See-Dampfschiffe Koning Willem II. v. Heinrich **Lambrecht.** Oldenburg. 1845. 8°

— **Just. Ludw. Dan.** (Jerxheim / Braunschw.), De eruditione. Präs. Chr. Koecher. Braunschweig (Keitel) 21. X. 1746. 40 S. (5.—) 20330
Widm. v.: El. Casp. Reichard, Al. D. Aug. v. Schnee, W. Chr. D. z. Fürstenstein.

Lambrecht, Karl [aus Stadthagen (Fürstent. Schaumburg-Lippe)]: Über einen Fall von congenitaler Cystenniere bei Verschluss des zugehörigen Ureters. . . . Würzburg, Paul Scheiner's Buchdr., 1889; 31 S. 8°
Würzburg, Med. Fak., Inaug.-Diss. v. 1889

Lambrecht, Karoline

Lambrecht, Caroline, leichtfaßl. Erlernung des Neuwaschens u. Fleckenreinigens von Seide, Blonden, Wollen, Herren-Kleidern, Mousseline de laine u. aller Stoffe, nebst Zubereitung der Seife. 12. (1 B.) Bonn 844. (Cöln, Lengfeld.)

Lambrecht, Ludovicus Ferdinandus: De elephantiasi Arabum lymphorrhagica: adiecta historia morbi. Halis (1867): Lipke. 31 S. 8°
Halle-Wittenberg, Med. Diss. v. 25. Mai 1867
Geb. Stöckey (Kr. Grfsch. Hohenstein) 12. 1. 1844. V.

Lambrecht, Matth. Geo., Beiträge z. deutschen Theater. (Der Alkade v. Molerido; Lstspl. nach Picard. 9 gr. Die Pflegetochter; Lstspl. in 4 A. nach Caigniez. 8 gr. Die lästige Würde; in 5 A. nach Duval. 8 gr.) 8. Münch. 811. J. Lindauer. 1 ₰

— s. Goldsmith: Er hat die alle zum Besten.

– s. Hirngespinste.

– s. Junggeselle, Der alte.

— Liebe u Freundschaft. Lstspl. in 4 A. 8. Nürnb. 801. Stein. 6 𝒦

— List gegen Bosheit. Lstspl. in 3 A. 8. Nürnb. 799. Stein. 6 𝒦

– s. Mädchen, Das 16jährige

— die Mitternachtsstunde. Singspl. in 3 A., nach la Guerre ouverte. 8. Nürnb. 801. Stein. 6 𝒦

– s. Quasi-Mann, Der.

— die Pflegetochter. Schspl. in 4 A. Frei nach Caigniez. 8. München 811. J. Lindauer. 8 𝒦

— neue Schauspiele für das deutsche Theater. 8. Augsb. 786. v. Jenisch u. St. 20 𝒦 (Blos neuer Titel zu den ältern 4 Lustspielen.)

— solche Streiche spielt die Liebe, s. Marivaux.

— die alte schlaue Tante u. ihre Erben. Lstspl. in 5 A. Frei nach Picard. 8. Münch. 818. J. Lindauer. 16 𝒦

— und er soll dein Herr sein. Lstspl. in 5 Aufz., oder die Ueberraschung nach d. Hochzeit. Nach d. Engl. 8. Augsb. 786. v. Jenisch u. St. 8 𝒦

— die Vergeltung. Schspl. 8. Münch. 789. J. Lindauer. 5 𝒦

— die lästige Würde, s. Düval.

Lambrecht, Nanny (Alça Ruth), Allsünderdorf. Neue Novellen u. Skizzen. (477 S.) 8. Essen 908. Fredebeul & Koenen. 4.80; geb. in Leinw. 6. —

— Armsünderin. Roman aus d. Hunsrück. (505 S.) 8. Kempten 909. J. Kösel. 5.—; geb. 6. —

— Familienehre, s. a. Aus Vergangenheit u. Gegenwart.

Familienehre. Erzählung von Nanny Lambrecht. Kevelaer: Butzon & Bercker (1908). 103 S. 8°
(Aus Vergangenheit u. Gegenwart Bchn. 94.)

— die Finanzmänner, s.: Volksschriften, Münchener. Nr. 26. 27.

— das Haus im Moor. Eifelroman. (328 S.) 8. Essen, 906. Fredebeul & Koenen. n. 4. —; geb. in Leinw. n. 5. —

— Hausiererkinder. Erzählung für Kinder. Für die Unter- u. Mittelstufe. (Jugend-Bücherei des Vereins kathol. deutscher Lehrerinnen.) (168 S.) kl. 8. Münster 905. Alphonsus-Buchh. Geb. in Leinw. n. — 80

Hausiererkinder. Erzählung f. Kinder von Nanny Lambrecht. Für d. Unter- u. Mittelstufe. Münster in W.: Alphonsus-Buchh. 1905. (168 S.) 8° [J.]
(Jugend-Bücherei d. Ver. kath. deutscher Lehrerinnen.) [06. 9804

— Joseph Haydn, s.: Erzählungen f. Schulkinder. II. 5.

— Kinder-Exempelgebetbuch. Praktische Belehrgn. u. Erwäggn. in der Hand der Eltern, Erzieher u. Kinder, nebst e. Anh. Kindergebete in Reimen zu allen Gelegenheiten. (128 S.) 16. Dülmen 903. A. Laumann. Geb. in Leinw. n. — 40

— Das Land der Nacht, s. a. Bücherhalle, die. 1. Bd.

Das Land der Nacht. Roman von Nanny Lambrecht. Kevelaer: Thum [1908]. 295 S. 8°
(Die Bücherhalle. [Bd. 1.]) [10. 3342

— Die Mädchen. Eine Schultragödie in 4 Aufzügen. 1. u. 2. Taus. (158 S.) 8. Essen 910. Literatur-Verlag. 3.—; geb. 4. —

— W. A. Mozart, s.: Erzählungen f. Schulkinder. II. 4.

— Die neue Mutter, s. a. Bücher der Freude.

Lambrecht, Nanny: Die neue Mutter. — Warendorf: Schnell 1909. 174 S. 8° (Bücher d. Freude. [1.])

— Die Statuendame! Roman e. Ehe u. e. Volkes. (663 S.) 8. Minden (908). J. C. C. Bruns. 5,75; geb. 6,75

Lambrecht, Nanny (Alca Ruth), was die Dichter sagen. Ein Büchlein für Freunde u. Jünger der Dichtkunst. (24 S. m. 9 Bildnissen.) gr. 8. Baden-Baden (906). P. Weber. n. — 60

— was im Venn geschah..... Erzählungen aus d. Eifel u. der Wallonie. (V, 239 S.) 8. Essen 906. Fredebeul & Koenen. n. 2. 40; geb. n. 3. —

— Was im Venn geschah ... Erzählungen aus d. Eifel u. d. Wallonie. 2. Aufl. (296 S.) 8. Essen (909). Fredebeul & Koenen. 3.20; geb. in Leinw. 4. —

— illustr. Wegweiser durch d. Seebäder d. Nord- u. Ostsee, s.: Weber.

Lambrecht, Otto, prakt. Arzt aus Berlin: **Beitrag zur Kenntnis des primären Pleurakrebses.** *Greifswald 1903: H. Adler.* (51 S.) 8°
Greifswald, Med. Diss. v. 23. Jan. 1903

Lambrecht, Richardus Nonnullae de usu hydroconii observationes. Halis Saxonum (1863): Ploetz. 31 S. 8°
Halle-Wittenberg, Med. Diss. v 5. Sept 1863
Geb. Brandenburg a. d. H. 2. 1. 1841 \

Lambrecht, Rudolf. Studien über die Einwirkungsprodukte des Schwefelwasserstoffs auf Triphenylmethanfarbstoffe und einige andere Farbkörper. Diss. Phil. [II.] Univ. Zürich von R' L' aus Wien.... 79 S. 8. Zürich, Orell Füssli, 1905.
Ausg. A: Umschlag-Titel.
Ausg. B: Umschlag ohne Bezeichnung als Diss. [fr. 2. —]

Lambrecht, Walther: Geschwefelte Abkömmlinge des Benzylidenacetophenons. Freiburg i. B. 1909: Wagner. 49 S. 8°
Freiburg i. B., Phil. Diss. v. 1909, Ref. Gattermann
[Geb. 19. März 82 Nürnberg; Wohnort: Nürnberg; Staatsangeh.: Bayern; Vorbildung: Realgymn. Würzburg Reife Juli 02; Studium: München 4, Freiburg i. B. 8 S.; Rig. 15. März 09.] [U 09. 1026

Lambrecht, Wilhelm

Lambrecht: Anleitung zum Gebrauch des Lambrecht'schen neuen Luftprüfers für die theoretischen wie praktischen Zwecke der Hygiene wie auch zur Vorausbestimmung von Nachtfrost und Gewitter. 1885

Lambrecht, Wilh., populärwissenschaftliche Mittheilgn. aus dem Gebiete der praktischen Meteorologie. I. gr. 8. Göttingen 894. (Akadem. Buchh. v. G. Calvör.) n. — 25
Das Hagelwetter in Wien am Morgen des 7. Juni 1894 u. seine am Tage vorher bekannt gewordenen Ursachen. (10 S.)

Lambrecht, Wilh., ein Nimbus u. sein Werth oder Klinkorfues u. sein Wettercompass. Antwort auf fortgesetzte Herausforderungen. gr. 8. (44 S. m. 3 eingedr. Holzschn.) Göttingen 881. Spielmeyer in Comm. n. — 50

Lambrecht, Wilhelm, aus Nürnberg: [1.] Über Nitroderivate der Cumarine. [2.] Verhalten von Kupfersalzen schwacher Säuren gegen Methylalkohol. *Tübingen 1903: H. Laupp jr.* (VIII, 35 S.) 8°
Tübingen, Naturw. Diss. v. 1903

Lambrecht, W: Polymeter, eine Wetterwarte im Kleinen. 25. Aufl. Göttingen 1888

— **Polymeter**, e. Wetterwarte im Kleinen, die keine Vorkenntnisse erfordert. Zugleich e. Apparat f. naturwissenschaftl., techn. u. hygien. Zwecke. 30. Aufl. schmal gr. 8. (27 u. 2 S.) Ebd. 900. n. — 60

— kleiner **Ratgeber** f. den Erwerb meteorologischer Instrumente. gr. 8. (18 S.) Ebd. 896. n. — 25

Lambrecht: Patent-Thaupunktspiegel, zugleich ein Instrument zur Hervorbringung niedriger Temperaturen. Bleicherode (Um 1885)

— **Lambrechts Taupunktspiegel** u. d. Condensations-Hygrometer nach Dr. W. A. Nippoldt. Mit e. Anh.: „Ueber Feuchtigkeitsmessgn." 2. Aufl. gr. 8. (19 S. m. 2 Abb.) Minden 896. Göttingen, W. Lambrecht. n. — 25

— **Thermohygroskop** u. Wettertelegraph. Das Wetterinstrument der Zukunft. II. Aufl. gr. 8. (24 S.) Göttingen 899. W. Lambrecht. n. — 25

Lambrecht, Wilh., **Wetter-Regeln** beim Gebrauche d. Lambrecht'schen Barometers. schmal Fol. (1 Bl.) Göttingen 896. W. Lambrecht. n. — 50

— wie man e. **Wetterprognose** macht! gr. 8. (7 S.) Ebd. (900). n. — 20

— wo u. wie soll man **Wettersäulen** bauen? Eine Mahng. an Kur- u Städteverwaltgn., Verschönerungs-Vereine, Vereine zur Hebg. d. Fremdenverkehrs, sow. e. Wink f. Gönner der Wissenschaft. Am 250. Geburtstage d. „Torricelli'schen Wetterglases, genannt Barometer", gedr. zu Hannover. gr. 8. (24 S.) Göttingen 895. (Vandenhoeck & Ruprecht.) n. 1. —

Lambrecht, Wilh., zeigt mein **Barometer** richtig u. wie stelle ich es ein, wenn dies nicht der Fall ist? Mit einigen belehr. Zusätzen. II. Aufl. gr. 8. (8 S. m. 2 Fig. u. 1 Taf.) Göttingen 899. W. Lambrecht. n. — 25

Lambrechts, Eduard. (geb. Wesel März 1817). De apoplexia cerebri. Berolini (1842). (29 S.) 8°
Berlin, Med. Diss. v. 7. März 1842

Lambrechts, R. J., Platonis sententia de animi libertate. Diss. 1858. 98 S.

Lambrechtsen, Th. A. De societate mutua. D. 1849.

Lambrinos, Cyril, die Blutnacht v. Belgrad od. d. Geheimnisse des serb. Königshauses. Dargestellt nach amtl. Quellen. (104 S. m. Titelbild.) gr. 8. Dresden-Niedersedlitz 908. H. G. Münchmeyer. n. — 50

Lambris, Gustav: Studie über die Kohlenstoffaufnahme durch Metalle bei der Elektrolyse aus wässeriger Lösung, mit besonderer Berücksichtigung des Nickels. 1909. 55 S. 8° ¶ Ausz. in: Zeitschrift f. Elektrochemie. Jg. 15.
Aachen, Dr.-Ing.-Diss. v. 3. 11. 1909

Lambros, P J. (geb. Corfu 16. 8. 1853) Ueber die spitzwinklige Ankylose im Kniegelenk und deren Streckung durch die Abmeisselung der Patella. Berlin (1879). (35 S.) 8°
Berlin, Med. Diss. v 14. Okt. 1879

Lambros, Spyridion, ein Besuch auf dem Berge Athos. Bericht an die griech. Kammer über seine Sendung nach dem heil. Berge im Sommer 1880. Aus dem Neugriech. Von dem Verf. genehmigte und durchges. Uebersetzung von Heinr. v. Rickenbach. gr. 8. (32 S.) Würzburg 881, Woerl. * 1 —

— die **Bibliotheken** der Klöster des Athos. Nach dem Rechenschaftsberichte an die griech. Kammern deutsch v. Aug. **Boltz**. gr. 8. (32 S.) Bonn 881. Nolte. n. 1. —

Lambros, Sp. P., u. N. G. **Politis**, d. olymp. Spiele im Altertum, s.: **Spiele**, d. olympischen, 776 v. Chr. bis 1896 n. Chr.

Lambruschini, Aloys., polemische Dissertation über die unbefleckte Empfängniß Mariä. Aus d. Italien. von M. Zürcher. gr. 12. (4 B.) Schaffhausen 843, Hurter.

—— über die unbefleckte Empfängniß Mariä. Polemische Dissertation. Mit Anmerk. u. Zusätzen v. A. Kellner. 12. (3⅚ B.) München 843, Lentner.

Lambruschini, Joh. Bapt., der geistliche Führer. Gebetbuch für kathol. Christen. Nach d Ital von einem kathol. Priester. 18. (525 S. m. 1 lithochrom. Bilde u. lithochrom. Titel.) Mainz 848. Kirchheim & Schott. 18 ngr In gepreßtem Einb. n. 1 ₰ 4 ngr In Engl Einb. n. 1 ₰ 18 ngr — 2 Aufl. 18. (525 S. m. 1 Stahlst.) Ebd. 851. ½ ₰

Lambruschini, Joh. Bapt., der geistliche Führer. Gebetbuch für katholische Christen. Nach dem Italien. von einem kathol. Priester. 4. Aufl. Mainz 855. Kirchheim. 18. (525 S. u. 1 Stahlst.) 10 ngr

Lambruschini, Joh. Bapt., der geistliche Führer. Gebetbuch für kathol. Christen. Nach dem Italien. von einem kathol. Priester. 9. Aufl. 18. (525 S. mit 1 Stahlst.) Mainz 861, Kirchheim.

Lambruschini, Joh. Bapt., der geistliche Führer. Gebetbuch für kathol. Christen. Nach dem Italien. von einem kathol. Priester. 10. Aufl. 1863. und 11. Aufl. 16. (525 S. mit 1 Stahlst.) Mainz 867, Kirchheim.

Lambruschini, Joh. Baptista, der geistliche Führer. Gebetbuch f. kathol. Christen. Nach dem Ital. v. e. kathol. Priester. 12. Aufl. 16. (525 S.) Mainz 872. Kirchheim. 1. —

— dasselbe. Katholisches Gebet- u. Erbauungsbuch. Aus dem Ital. übersetzt v. Frz. Rothenflüe. 16. (448 S. m. 2 Chromolith.) Einsiedeln 874. Benziger. — 85

Lambruschini, Johs. Bapt., der geistliche Führer. Kathol. Gebet- und Erbauungsbuch. Aus dem Italien. übers. von Frz. Rothenflüe. 2. Aufl. 16. (448 S. mit 3 Chromolithogr.) Einsiedeln 880, Gebr. Benziger. — 80

Lambruschini, Joh. Bapt., Führer zum Himmel. Ein Gebetbuch. Auf's Neue aus dem Italien. übers. u. bearb. von Al. Bendel. 863. (XIV, 412 S.) — 2. Aufl. Mit 1 Stahlst. Freiburg im Br. 864. Herder. 12. (XV, 386 S.) n. 10 ngr

Lambruschini, Joh. Bapt., Führer zum Himmel. Ein Gebetbuch. Auf's Neue aus dem Italien. übers. u. bearb. von Al. Bendel. 3. Aufl. Freiburg im Br. 868. Herder'sche Verlagsh. 16. (XVI, 464 S. mit 1 Stahlst.) n. 7½ ngr; Velinpap. n. 10 ngr

Lambruschini, Johs. Bapt., Führer zum Himmel. Ein Gebetbuch. Auf's Neue aus dem Italien. übers. und bearb. von A. Bendel. 4. Aufl. 1872, und 5. Aufl. Ausg. Nr. 3 auf feinem Papier. 16. (XVI, 464 S. mit 2 Stahlst. und Farbentitel.) Freiburg i. Br. 875, Herder'sche Verlagsh.
Ausg. Nr. 4. auf gewöhnl. Pap. mit 1 Stahlst. und Farbentitel

— Führer zum Himmel. Ein Gebetbuch. Auf's Neue aus dem Ital. übers. u. bearb. v. A. Bendel. 5. Aufl. Ausg. Nr. III. auf feinem Pap. Mit 2 Stahlst. u. Farbentitel. 16. (XVI, 464 S.) Freiburg i/Br. 876. Herder. 1. 50; Ausg. Nr. IV, auf gewöhnl. Pap. m. 1 Stahlst. u. Farbentitel. 1. 20

Lambruschini, Joh. Bapt., Führer zum Himmel. Ein Gebetbuch. Auf's Neue aus dem Ital. übers. u. bearb. v. A. Bendel. 6. Aufl., m. 2 Stahlst. Ausg. Nr. 3. (Feine Ausg.) 12. (XVI, 464 S. m. chromolith. Titel.) Freiburg i/Br. 879. Herder. 1. 50

Lambruschini, Joh. Bapt., der Führer zum Himmel. Aus dem Gebetbuch von J. B. L. Auf's Neue aus dem Italien. übers. und bearb. von A. v. Bendel. Neue Ausg. Nr. 10. Mit Farbentitel und 1 Stahlst. 6. Aufl. (XX, 447 S.) 1885; 7. Aufl. 32. (XX, 415 S.) Freiburg i. Br. 887, Herder'sche Verlagsh.

Lambruschini, Joh. Bapt. Der Führer zum Himmel. Auf's Neue aus dem Ital. übersetzt u. bearb. von A. v. Bendel. 8. Aufl. Mit Farbentitel u. Titelbild. Ausg. Nr. X. kl. 32. (XVIII, 415 S.) Freib. i. Br. 889, Herder. — 80

Lambruschini, Joh. Bapt., der Führer zum Himmel. Aus dem Gebetbuch v. J. B. L. Auf's Neue aus dem Ital. übers. u. bearb. v. A. v. Bendel. 9. Aufl. Mit Farbentitel u. Titelbild. Ausg. Nr. 10. 16. (XVIII, 415 S.) Freiburg i/B. 891. Herder. — 80; geb. in Leinw. n. 1. 10; in Ldr. n. 2. 50

Lambruschini, Joh. Bapt., der Führer zum Himmel. Aus dem Gebetbuch v. L. Auf's Neue aus dem Ital. übers. u. bearb. von A. v. Bendel. 11. Aufl. 16. (XX, 422 S. m. farb. Titel u. 1 Stahlst.) Freiburg i/B. (900). Herder. — 70

Lambruschini, Joh. Bapt., der Führer zum Himmel. Aus dem Gebetbuch v. L. Aufs Neue aus dem Ital. übers. u. bearb. von Aloys v. Bendel. 12. Aufl. (XX, 422 S. m. farb. Titel u. Titelbild.) 24. Freiburg i/B. (903). Herder. n. — 60

Lambruschini, Joh. Bapt., der Führer zum Himmel. Aus d. Gebetbuch v. L. bearb. von Aloys v. Bendel. 14. Aufl. (XX, 425 S. m. 1 Stahlst.) 12,1×7,7 cm. Freiburg i. B. (910). Herder. Geb. in Ldr. — 95; m. Goldschn. 1. 15

— der kleine geistliche Führer. Gebetbuch für kathol. Christen. Nach dem Italien. von einem kathol. Priester. 18. (VIII und 315 S. mit 1 Stahlst.) Mainz 851, [Kirchheim.]

— der kleine geistliche Führer. Gebetbuch für kathol. Christen. Nach dem Italien. von einem kathol. Priester. 3. Aufl. 18. (VIII und 315 S. mit 1 Stahlst.) Mainz 855, Kirchheim.

— der kleine geistliche Führer. Gebetbuch für kathol. Christen. Nach dem Italien. von einem kathol. Priester. 6. Aufl. 18. (VIII und 315 S. mit 1 Stahlst.) Mainz 861, Kirchheim.

Lambruschini, Joh. Bapt., der kleine Führer zum Himmel. Auszug aus dem Gebetbuch. Auf's Neue aus dem Italien. übers. u. bearb. von Al. Bendel. Mit 1 Stahlst. Freiburg 864. Herder. 16. (XV, 270 S.) 6 ngr

— der kleine Führer zum Himmel. Auszug aus dem Gebetbuch. Auf's Neue aus dem Italien. übers. u. bearb. von Al. Bendel. 2., verb. Aufl. Freiburg im Br. 868. Herder'sche Verlagsh. 16. (XV, 318 S. mit 1 Stahlst.) 6 ngr

— der kleine Führer zum Himmel. Auszug aus dem Gebetbuch. Auf's Neue aus dem Italien. übers. und bearb. von A. Bendel. 3. Aufl. 1872, und 4. Aufl. Feine Ausg. Nr. 5. 32. (XVIII, 388 S. mit 2 Stahlst.) Ebendas. 875.
Ausg. Nr. 6 auf gewöhnl. Pap. mit 1 Stahlst.

— der kleine Führer zum Himmel. Auszug aus dem Gebetbuch. Auf's Neue aus dem Italien. übers. und bearb. von A. Bendel. 5. Aufl. 16. (XVIII, 424 S. mit 1 Stahlst.) Freiburg i. Br. 880, Herder'sche Verlagsh. — 80
Feine Ausg. mit 2 Stahlst. 1 —

Lambruschini, Ludwig

— kathol. Gebet- u. Betrachtungsbuch. Aus d. Italien. von Albert von Haza Radlitz. Mit 1 Stahlstich. gr. 12. Regensburg 839. Manz. 5/12 ₰

Lambruschini, (Cardinal) Ldw., Werke geistlichen Inhalts. Aus d Italien. von Albert von Haza Radlitz. 3 Bdchn. Mit Stahlstiche. gr. 12. Regensburg 839. Manz. 1¼ ₰

— kleine geistl. Schriften, besteh. in Andachtsübungen, Betrachtungen u. kurzen theolog. Abhandln. 3 Thle. A. d. Italien. v. Jos. Karl Stumpf. Nebst e. Einleit. u. Vorr. gr. 12. (21½ B. u. 2 6. Portr., Stahlst.) Augsburg 839, Kollmann'sche Buchh.

— das. — Hierzu d. Anhang: Kurzer Bericht üb. d. Leben u. d. Tod d. Schwester Maria Laura Tommasi. gr. 12. (2 B.) Ebds. 840.

Lambruschini, Raph., die Frühstücke der blinden Großmutter, siehe: Abendunterhaltungen, lehrreiche, 7. Bd.

Lambruschini, Raph., die Frühstücke der blinden Großmutter. Erzählungen f. christl. Jugend u. christl. Volk. Aus dem Ital. v. Karl Riedl. 3. Aufl. Mit 1 Stahlst. 8. (173 S.) Regensburg 875. Volks- u. Jugendschriften-Verl. 1. 20

— der Großvater im Kreise seiner Enkel, siehe: Lebensschatzirungen.

Lambry: Darstellung einer praktisch-bewährten Verfahrungsart den Weinstock vor dem Verbluten zu schützen, und die Reife der Weintrauben zu befördern. Aus d. Franz. übers. von Ignatz Freyherrn von Münck. Mit 1 Kupfertaf. Wien: Armbruster 1819. 46 S. -- UB Brünn*. UB Wien
Anmerkung bei BJ: 'Wird öfters irrig unter dem Namen Lamboy zitiert'. -- Bibliotheca oeconomica: Lamboy. -- Dochnahl: Lamboy. -- Gatterer: Lamboy. 1819. -- Simon: Bibliotheca vinaria: Lamboy. -- Thienemann: Lamboy. 1819. -- Weber: Lamboy. 1819.

Lambs, Aug., ein Dutzend elsässischer Sprichwörter aus Geyler's Schriften, s.: Schriften d. protestantischen liberalen Vereins in Elsaß-Lothringen.

Lambs, Aug. Elsässische Sprichwörter aus Geyler's Schriften, s. Schriften d. protest. lib. Vereins in Elsaß-Lothringen.

Hilko. Roman aus d. Befreiungskriegen Germaniens von Fedor Armin **Lambsbach**. *Breslau: S. Schottlaender 1900.* (249 S.) 8° [F.]

Lambsdorff, Gustav v.

Lambsdorff, Graf v., deutsch-russisches militär. Wörterbuch m. e. Anh. 12. (106 S.) Leipzig 898. C. Baldamus. Geb. in Leinw. n. 2.—

Lambsdorff, Graf v., deutsch-russisches militärisches Wörterbuch m. e. Anh. 2. Aufl. 8. (110 S.) Berlin 902. E. S. Mittler & Sohn. n. 1.75; geb. n. 2.—

Lambsma, D. N., ventris fluxus multiplex, ex antiquis et centior. monumentis propositus. 8. Amst. et. Lips. B. Fleischer. 792.

Lamby, A., Versuch e. Construction d. asiat. Cholera. gr. 8. (5 B.) Osnabrück 831, Rackhorst.

Lamby, Jean Leonard, geb. Weismes bei Malmedy 21. 8. 1826: De anatomia pathologica nonnulla, quibus necessitas et officium, mortuorum sectiones et instituendi et permittendi, probatur. Berolini (1850). (70 S.) 8°. * Die Vita nennt die S. 57-70 ein
Berlin, Med. Diss. v. 21. Jan. 1850

Lamby, Joseph, aus Bruyères bei Malmedy: **Ueber die Wirkung der Silbersalze bei perkutaner Applikation.** *Würzburg 1898: A. Boegler.* (34 S.) 8°
Würzburg, Med. Diss. v. 1898

Lamche, Friedrich, Tierarzt in Oranienburg: Vorbeugung und Behandlung der Hundestaupe mit Deutschmanns Antistreptokokkenserum und mit der Dauerhefe „Antigourmine". [Mit einer Figur im Text.] Dessau 1909. 144 S. 8°. [5. III. 10.]
Zürich. Univ. Vet.-med. Diss. 1909/10.

Lamé, G., Lehrbuch d. Physik f. höh. polytechn. Lehranstalten. Deutsch bearb. u. mit d. nöth. Zusätzen vers. v. C. H. Schnuse. 1—3. Bd. gr. 8. Darmstadt, Leske.
Bd. 1. Allgem. Eigenschaften d. Körper. — Physikal. Theorie d. Wärme. (34½ B. u. 9 Stnt.) 838. 2 Thlr. 12 Gr.
" 2. Akustik. — Physikal. Theorie d. Lichtes. (Allgem. physikal. Theorie d. Wellen.) (21½ B. u. 6 Stnt.) 838. 2 Thlr. 6 Gr.
" 3. Electricität. — Magnetismus. — Electrodynamik. (Physikal. Aufgaben.) (36½ B. u. 7 Stnt.) 841. 2 Thlr. 12 Gr.

Lamé-Fleury, M.

— s. a.: Fleury, J.

Lamé-Fleury, M., Histoire de la découverte de l'Amérique, hrsg. v. M. Schmidt, s.: Schulbibliothek, französ. u. englische.

Lamé-Fleury (M.), l'histoire de France, hrsg. v. Fr. Weyel, s.: Bibliothèque française.

— L'histoire de France, hrsg. v. W. Coordts, s.: Prosateurs français 166 Lfg.

— dasselbe, de 406—1328, hrsg. von J. Hengesbach, s.: Schulbibliothek, französische u. englische.

— dasselbe, de 1329—1862, hrsg. v. J. Hengesbach, s.: Schulbibliothek, französische u. englische.

Lamé-Fleury, la storia antica narrata ai fanciulli. Nuova traduzione italiana di A. L. Morpurgo. 16. (228 S. mit 1 Holzschnt.) Triest 859, Coen. *

Lamé Fleury, la storia romana raccontata ai fanciulli. 2 Vol. 16. (408 S.) Triest 863, Coen. *

— la storia sacra narrata ai fanciulli. Nuova traduzione italiana, corredata da note storiche di A. L. Morpurgo. gr. 16. (246 S. mit 1 Holzschnt.) Triest 859, Coen. *
Vgl.: Fleury, Lamé.

Lamec, Saad, Plan de Smyrne. Leipsik 1876.

Lamec Saad, Plan de Smyrne. 1:5000. 2 Bl. Chromolithogr. Imp.-Fol. Leipzig 877, (Hinrichs'sche Buchh.) *

Lamejus, And., Geschichte d. alt. Graf. v. Ravensberg in Westphal. 4. Mannh. Löffler. 779.

— princeps de principatu, principatus de principe laesus. 4. ibid. 766.

— v. d. Ursprunge d. churpfälz. Reichsvicariats. Ebend. 790.

Lamekis oder wunderbare Reisen eines Egypters in die Tiefe der Erde. Leipzig 1737. V: *Mouhy, Charles de Fieux Chevalier de.* (Mitth. Prof. Dr. Ullrich-Brandenburg a. H.)

Lamekis, od. wunderbare Reise e. Aegypters unter d. Erden, nebst Entdeckung d. Insel d. Sylphiden, a. d. Franz. d. Ritters v. Mauby. 2 Thle. 8. Liegnitz, Siegert. 789.

Lamennais, Félicité de, das Volksbuch, s.: Hauptwerke des Sozialismus u. der Sozialpolitik. 3. Hft.

Das Volksbuch [Livre du peuple] von Félicité de **Lamennais**. Aus d. Franz. übers. von Alfred Paetz. Mit e. Einl. von Georg Adler. Leipzig: C. L. Hirschfeld 1903. (98 S.) 8° [F.]
— **Hauptwerke** d. Sozialismus u. d. Sozialpolitik. H. 3.

La Mennais, François Robert de. Absolutismus und Freiheit ... A. d. Franz. Bern 1834. Ü: *Kurz, Heinrich.* (AarK) (ABJP)

v. La Mennais, F., Absolutismus u. Freiheit. Dialoghetti. Aus d. Franz. übersetzt. 2e Aufl. 8. Bern 834. Burgdorfer. 1/8 ℔

— Angelegenheiten Rom's. Uebersetzt von A. Hindemidt. gr. 8. Basel 837. Neukirch. n. 1 5/8 ℔

La Mennais, F. R. de. Angelegenheiten Roms ... 2. Ausg. ... Basel 1840. Ü: *Hindeschmidt, A.* (zu)

— die Angelegenheiten Rom's. Uebers. v. e. Theologen. 2. Ausg. verm. mit e. einl. Vorr. üb. d. Geist u. d. neuere schriftstell. Richtung d. Verf. Von Catholicus Christianus. gr. 12. (13 B.) Basel 840, Schabelitz.

— das Buch d. Volkes. A. d. Franz. übers. gr. 8. (4½ B.) Biel 838. (Mannheim, Bensheimer.)

— das Buch des Volkes. Aus d. Franz. übersetzt. gr. 8. Biel 838. Schneider u. G.; St. Gallen, Scheitlin u. Zollikofer. ⅛ ₰

de Lamennais, F., Gefahren d. Welt für d. jugendl. Alter. Ein Geschenk für Kinder bei d. ersten Communionfeier. Aus d. Franzos. von P. Sch. 12. Köln 828. Du Mont-Schauberg. 2 gr.

— Grundriß e. Philosophie. Deutsche Ausg. 3 Bde. gr. 8. (74½ B.) Paris 841, Renouard u. Comp.
Das Original: Esquisse d'une philosophie. 3 Vol. Ebendas. 841. 6 Thlr.

— Leitstern für d. christl. Jugend. Ein Gespräch des Meisters mit seinen Jüngern. Nach d. Französ. 8. Sulzbach 830. v. Seidel. 12 gr.

— le livre du peuple. 16. Paris. (Solothurn, Reuter.) ⅜ ₰

Lamennais, F., Paroles d'un croyant. 16. (VI u. 112 S.) Leipzig 850, Avenarius & Mendelssohn. ½ ₰; in Engl. Einb. m. Goldschn. n. ⅚ ₰

Lamennais, F.,
— Die Sclaverei unserer Zeit. In freier Uebersetzung von J. Eckenstein. 12⁰. Basel, Schabelitz, 1840.

— — Stimmen (Neue) aus Frankreich.

— — Weller, E.: Publicistische Stimmen.

— Versuch über d. Gleichgültigkeit. Nach d. Französ. vom Fürsten F. Lichnowsky. 1r Bd. gr. 8. Wien 821. Graffer u. Schmidl. 1 ₰

— dass. a. d. Franz. v. M. J. Müller. 1r Bd. in 3 Heften. gr. 8. Solothurn 820. (Mainz, Müller.)

— Versuch über d. Gleichgültigkeit in Religionssachen. Aus d. Französ. übers. v. Max. v. Kaiserofeld. 1r Thl., 1r Bd. gr. 8. Paris 820. (Wien, Wallishauser). 1 ₰

— gesammelte Werke. Deutsch mit einer Vorrede von Johannes Rudolphi. 1. u. 2. Bd. A. u. d. T.: Amschaspands u. Darvands. Deutsch von Johannes Rudolphi. 2 Bde. 8. Leipzig 843, Goetz. 2 ₰ — Herabges. Pr. ⅜ ₰

Lamennais (Franz Rob. v.), gesammelte Werke. Deutsch m. ein. Vorrede v. Joh. Rudolphi. 1. u. 2. Bd. A. u. d. T.: Amschaspands u. Darvands. Deutsch v. Joh. Rudolphi. 2 Thle. 8 (29⅞ B.) Leipzig 844, Goetz. (Schrey)

— Worte eines Gläubigen. .. Bern ... Jenni Sohn. 5 gr.

Lamennais, [François Robert] de Worte eines Gläubigen. Frei übertragen u. von der Biographie des Verf., Vorwort u. Sonnetten begleitet. Grimma Verl.-Comptoir 1834.

La Mennais, F. R. de. Worte eines Gläubigen vollständig übersetzt ... Hamb. 1834. Ü: *Schumacher, Wilh.* (schr)

Lamennais, (Frz. Rob.) de, Worte eines Gläubigen vollständ. übers. u. mit krit. Materialien begleit. Vorangestellt ist d. Lehre v. Verhältniß d. Christenth. z. Staat nach ein. Vortrage J. A. W. Neanders als Anleit. z. Würdigung d. Lehren d. „Gläubigen." 8. ... Hamburg 834, Hoffmann u. Campe.

— dass. Aus d. Franz. übers. v. Ch. G. Frei. gr. 12. (3½ B.) Philadelphia 834. [Leipzig, Brandstetter.]

— dass. Aus d. Franz. übersetzt v. Ch. G. Frei. 8. Philadelphia 834. Marburg, Garthe. ¼ ₰

— dass. Aus d. Franz. übers. v. Carl Weiland. 8. (5½ B.) Zürich 834, Schultheß.

Lamennais (Franz Rob. v.), Worte eines Gläubigen. Nach der neuesten Ausg. aus d. Französ. übersetzt. 2., verb. Aufl. der Uebersetz. 8. (4⅞ B.) Straßburg 843, Treuttel u. Würtz. Thlr.*

Lamennais' Worte des Glaubens, s.a. Universal-Bibliothek.

— Worte des Glaubens. Uebers. von Ludwig Börne. kl.-8⁰ Herisau, Fr. Egli, 1834.

Lamentabel, Das, der gnädigen Frauen über die Fatalitäten der gegenwärtigen Zeit. Wien 1781. V: *Strommer, Johann* (biblport)

Lamentatio Jeremiä aus den hinterlassenen Papieren des Pater Benedict Strasser. Zur Befriedigung der Neugierde ... [Landshut 1802]. H: *Gönner, Nicolaus Thaddäus.* (Erman & Horn, Bibliogr. d. dtsch. Universitäten ·. Leipz. u. Berl. 1904)

Lamentatio Jeremiae Prophetae, a IV vocibus ordinariis, cantus sacri cultoribus et studiosis dicata. 8 maj. (6 B.) Argentinae 829, Le Roux. (Moguntiae, Kirchheim, Schott et Thielmann.)

Des *Jud Süssen bittere Lamentation* als derselbe wegen seiner gespielten vielen Intriquen (sic), die er als Hochfürstl. Wurtemb. Finantz-Rath ausgeübet, in Arrest gebracht wurde Und dann die bald darauf erfolgte höchst-missfällige, doch wohl-verdiente Bewillkommnung (!) dieses Juden u. seiner Cameraden, auf der Vestung *Hohen-Neuffen*. O. O. u. J. Kl. 4⁰. Beibd.
4 eng bedr. S., ganz in Reimen, höchst selten!

v. Lamenzan, ... Vorstellung an d. großherzogl. badische Ständeversammlung 2ter Kammer, wegen willkührlicher Landesverweisung. gr. 8. Mainz 819. Kupferberg. 4 gr.

Lamer, Hans, die Götter d. klassischen Altertums, s.: Stall, H. W.

— Das griechische Haus, s.: Cybulski, Steph.

— Römische Kultur im Bilde, s.a. Wissenschaft u. Bildung.

Römische Kultur im Bilde. Hrsg. u. mit Erl. vers. von Dr. Hans **Lamer**. Mit 175 Abb. Leipzig: Quelle & Meyer 1910. IV, 90, 50 S. 8°
(Wissenschaft u. Bildung. 81) (10. 7132)

— Die Sagen des klassischen Altertums, s.: **Stoll**, H. W.

Lamer, *Mag. Fridericus* Joannes [Lipsiensis]: De choriambicis Graecorum poetarum versibus ... Lipsiae, typ. A. Hoffmanni, 1896; 144 S. 8.
Leipzig, Phil. Fak., Inaug.-Diss. v. [2. Apr.] 1897

Lamer, Joa. de choriambicis Graecorum poetarum versibus. Diss. gr. 8. (142 S.) Leipzig 897. (E. Gräfe.) n. 2. —

Lamerdin, Ed., Gottesminne. Lieder. gr. 16. (XXXI, 236 S.) Karlsruhe 889. Evangel. Schriftenverein für Baden. geb. n. 2. 40

Lamers, Alois, approb. Arzt aus Xanten a. Rh.: Aus d. chirurg. Klinik zu Gießen. Ueber fünf operativ behandelte Fälle von Darmstenose in der Ileo-coecal-Gegend. *Xanten 1902: Th. Gesthuysen.* (42 S.) 8°
Gießen, Med. Diss. v. 1902

Lamers, Antonivs Lambertvs (geb. am 9 Febr. 1837 in Hönnepel a. Niederrh.): De iodi et svlphvris conivnctionibvs chemicis ... Bonnae, typ. C. Georgi 1860. 35 S., 1 Bl. 8.
Bonn, Phil. Fak., Diss. v. 10 Aug. 1860

Lamers, W., vom Ernst des Lebens. Einzige autoris. Uebersetzg. aus dem Holl. v. Karl Emrich. (67 S.) 8. Dresden (906). C. L. Ungelenk. n. — 80

Lamers, W., vom Ernst des Lebens. Einzige autoris. Übersetzg. aus dem Holl. v. Karl Emrich. (67 S.) 8. Dresden (907). C. L. Ungelenk. — 80

— aus den Psalmen. Autoris. Uebersetzg. aus dem Holl. von Karl Emrich. (VII, 92 S.) 8. Gütersloh 904. C. Bertelsmann. n. 1. 20; geb. n. 1. 80

Lamersdorf, Karl

Lamersdorf, Carl, Referendar in Hamburg: Die Einwilligung der Erben des bisherigen Geschäftsinhabers in die Fortführung der Firma. Borna-Leipzig 1908: R. Noske. (IX, 43 S.) 8° [F.]
Leipzig, Jur. Fak., Diss. v. 30. Jan. 1908
[Geb. 13. Juli 81 Hamburg; Wohnort: Hamburg; Staatsangeh.: Hamburg; Vorbildung: Gymn. Warendorf (Westfalen) Reife O. 02; Studium: Freiburg i. B. 1, München 1, Kiel 1, Berlin 1, Kiel 3 S.; Rig. 20. Jan. 06.]

Lamert, Paul, Med.-Prakt.: Über die an der Breslauer Königl. Universitäts-Klinik für Ohren-, Nasen- und Kehlkopfkrankheiten seit dem Jahre 1902 beobachteten Fälle von Fremdkörpern in den Luftwegen. Breslau 1910: Breslauer Genossensch.-Buchdr. 30 S. 8°
Breslau, Med. Diss. v. 8. Juni 1910, Ref. Hinsberg
[Geb. 11. März 85 Nieder-Mittel-Peilau; Wohnort: Kattowitz; Staatsangeh.: Preußen; Vorbildung: Matthias-Gymn. Breslau Reife O. 04; Studium: Breslau 10 S.; Coll. 14. Febr. 10; Approb. 2. Juni 10.] [U 10. 578

La'Mert, Sam., die Lebenskunst oder das Geheimniß, wie man leben soll. Enthaltend praktische Beobachtungen über Gesundheit, Diät u. langes Leben. Nebst Liebig's Theorien über das Leben, die Gesundheit u. die Krankheiten. Aus dem Engl. nach der 2. Aufl. übers. von H. F. D. B. Mit anatomischen Abbildungen (auf 1 lith. Taf.) 16. (223 S.) Aachen 850, La Ruelle. 1 ℛ

— Lebenskunst. Inbegriff praktischer Anweisungen zur Verlängerung des menschlichen Lebens. Eine vollständige Lösung der großen Frage: Wie man leben muß u. nach welchen physischen u. moralischen Grundsätzen der Mensch von seiner Geburt bis zum Greisenalter behandelt werden muß. Hrsg. v. L. Raudnitz. Mit Holzschn. 8. (180 S.) Leipzig 850, Spamer. n. 5/6 ℛ

— der persönliche Schutz. Medizinische Abhandlung über die Krankheiten der Geschlechtstheile, welche aus den geheimen Lastern, den Ausschweifungen der Jugend u. der Ansteckung hervorgehen; nebst prakt. Bemerkungen über die frühzeitige Impotenz, mit anatom. Abbildungen. Deutsch von einem prakt. Arzte. Mit 25 color. Kupfertaf. der engl. Originalausg. 8. Antwerpen 849, Kornicker. Verklebt. 1/2 ℛ

— der persönliche Schutz. Unentbehrliche ärztliche Rathschläge f. alle Krankheiten der Geschlechtstheile, welche in Folge geheimer Ausschweifungen, Jugendsünden u. durch Ansteckung entstehen, nebst prakt. Bemerkungen über frühzeitiges geschlechtliches Unvermögen u. Unfruchtbarkeit. Mit erläut. anatom. Abbildgn. Allgem. verständl. bearb. u. übertr. von F. Weiß. 8. Zürich 850, Kiesling. Verklebt. 1 1/4 ℛ

— la science de la vie ou comment il faut vivre et pourquoi il faut vivre, suivie d'observations pratiques sur la santé, la diète et la longévité, et d'un extrait des théories populaires de Liebig sur la vie, la santé et les maladies etc., ornée d'un magnifique portrait de l'auteur gravé par A. Varin et de planches anatomiques; traduit de l'anglais sur la 2. édition, par J.-M. gr. 18. (245 S.) Hambourg 849, Herold. n. 1 1/2 ℛ

— die Selbstbewahrung. Medizinische Abhandlung über die Krankheiten der Geschlechtsorgane, die in Folge heimlicher Sünden, jugendl. Ausschweifungen oder durch Ansteckung entstehen, nebst prakt. Bemerkungen über die vorzeitige Impotenz und die weibl. Unfruchtbarkeit. Mit vielen anatom. Abbildungen. 8. Düsseldorf 849, Schulz. *

La Mert, Sam., Selbst-Bewahrung. Eine medizinische Abhandlung über die Philosophie der Ehe u. über die Krankheiten u. Zerrüttungen des Nerven- u. Zeugungssystems, welche von heimlichen Angewohnheiten, Ausschweifung oder Ansteckung entstehen, erläutert durch 50 anatom. Kpfr., im gesunden u. kranken Zustande. 60. Aufl. Leipzig (857.) Schulbuchhandlung. (Pönicke.) 8. (VI, 198 S. u. 24 lith. Taf.) 2 ℛ.

La Mert, Sam., Selbst-Bewahrung. Eine medizin. Abhandlung über die Philosophie der Ehe und über die Krankheiten und Zerrüttungen des Nerven- und Zeugungssystems, welche von heiml. Angewohnheiten, Ausschweifung oder Ansteckung entstehen, erläutert durch 50 anatom. Kpfr. 60. Aufl. 8. (VI und 198 S. mit 24 Stnt.) London 857. Leipzig, Schulbuchhandlung. Thlr.

La Mert's, Sam., Selbst-Bewahrung. Eine Abhandlung über die Krankheiten und Zerrüttungen des Nerven- und Zeugungssystems durch Onanie, Ausschweifung und Ansteckung. 61. Aufl. Nach dem Engl. Durchaus neu bearb. u. verb. von O. Retau. Mit 37 pathologisch-anatomischen Abbildgn. (auf 12 lith. Taf.) Leipzig 864. Pönicke. 16. (X, 176 S.) n. 1 ℛ

— — 66. Aufl. Mit 27 pathologisch-anatomischen Illustr. (in Holzschn.) Ebend. 864. 16. (XVI, 219 S.) n. 1 ℛ

La Mert's, Sam., Selbst-Bewahrung. Eine Abhandlung über die Krankheiten u. Zerrüttungen des Nerven- u. Zeugungssystemes durch Onanie, Ausschweifung u. Ansteckung. 67—71. Aufl. Nach dem Engl. durchaus neu bearb. u. verb. Nebst einem Anh. über die Folgen der Onanie beim weibl. Geschlecht von O. Retau. Leipzig 865—67. G. A. Poenicke's Schulbuchh. 16. (VII, 219 S. mit 27 pathologisch-anatom. Illustr. in Holzschn.) n. 1 ℛ

— u. Lima **La Mert**, die Selbst-Erhaltung. Aerztlicher Rathgeber für alle Krankheiten der Geschlechtstheile, die in Folge geheimer Jugendsünden, übermäß. Genusses in der geschlechtl. Liebe u. durch Ansteckung entstehen, nebst prakt. Bemerkungen über die vorzeit. Impotenz, das weibl. Unvermögen u. deren Heilung. 9. Aufl. Hamburg 865. Falcke. 8. (XII, 127 S. mit 13 Kpfrtaff.) 1 ℛ

Lamertin, Jos(ephus) Basilius *(geb. Breslau [11. 10. 1802])*: De vera falsaque gastritide atque enteritide seu de gastro-enteritide chronica cum gastro-enteralgia comparata. Vratislaviae (1835). (37 S.) 8° *[Verf. nennt sich im Immatrik.-Album: Lemmerdeng u. Lamerdeng.]*

Breslau, Med. Diss. v 30. Dez. 1835

Lamet, Dictionnaire, voy. Dictionnaire de cas de conscience etc.

Lameth, Alex., Geschichte d. constituirenden Versammlung. Aus d. Französ. von Ph. v. M. 1r Thl. gr. 8. Stuttg. 830. (Brodhag). 2 ℛ

Lameth, Alex., s. Soullé, Fr., der Herzog v. Guise.

de Lametherie, ..., Gedanken über d. Glückseligkeit. 8. Halle 751. Schwetschke u. S. 4 gr

de Lametherie, J. C., über d. reine Luft u. verwandte Luftarten u. Stoffe; aus d. Französ. übers. von S. Hahnemann. 2 Thle. gr. 8. Leipz. 791. (W. Vogel). 2 ℛ 20 gr

— Theorie d. Erde; aus d. Französ. von C. G. Eschenbach; mit e. Anhang von J. R. Forster. 3 Thle, mit Kpf. 8. Leipz. 797, 98. Breitkopf u. H. 3 ℛ 16 gr Hbn. Pr. 1 ℛ 6 gr

— — dieselben. (v. Bernoulli.) 2 Bde. 8. (Matzdorf in Berlin in Commiss.)

— Anlage zur Architektonik, od. Theorie des Einfachen u. Ersten in d. philosoph. u. mathemat. Erkenntniß. 2 Bde. 8. Riga 771. Hartknoch in Leipz. 2 ℛ

— Anmerkk. über d. Gewalt des Schießpulvers u. den Widerstand d. Luft. Auf Veranlassung der von Robins u. d'Arcy angestellten Versuche. Mit 1 Kpfr. 8. Dresd. 766. Walther. 8 gr

— **Anmerk. über die Brauderschen Mikrometer v. Glase. m. K. 8. Augsb. Klett. 769.**

— Anmerkk. über die Branderschen Mikrometer v. Glase u. deren Gebrauch; nebst Beilagen 1) Tob. Mayer's Beschreibung e. neuen Mikrometers. 2) J. F. Brander's, des diopt. Sektors 3) Dessen Beschreib. e. Libell- oder Nivellirwage. Mit Kpf. 8 Augsb. 770. Klett. 9 gr

Lambert, J. H., Anmerkungen u. Zusätze zur Entwerfung der Land- u. Himmelskarten, s.a. Ostwald's, W., Klassiker der exakten Wissenschaften.

Anmerkungen und Zusätze zur Entwerfung der Land- und Himmelscharten. Von J(ohann) H(einrich) Lambert. '(1772.)' Hrsg. v. A(lbert) Wangerin. M. 21 Textfig. Leipzig: W. Engelmann 1894. (95 S.) 1 Bd 8. (Klassiker, Ostwald's, d. exakten Wissenschaften. No 54.)

— s. e. Arcy, Versuch.

Lambert, Jh. Hnr., von den Barometerhöhen u. ihren Veränderungen. Mit 1 Kpft. Münch. (Franz). 20 gr

— Beiträge zum Gebrauch d. Mathematik. 3 Thle. mit Kpf. 8. Berl. 765—772. (Reimer). 4 ℛ 2 gr

Lametta, Gräfin. Acht Tage aus dem Leben der Berliner Hochfinanz. Erzählt vom Roland v. Berlin. Titelbild v. Frz. Starbina. (152 S.) 8. Berlin 904. Verlag „Der Roland v. Berlin". n. 2. —

§ **KUNST**, Die, die Wollust zu empfinden. Aus d. Französ. des *Aletheius Demetrius* (d. i. *Julien Offroi de la Mettrie*) übers. (von Ioh. Lud. Jul. Dedekind). Mit einer Zuschrift von dem Verfasser an den Herrn Professor Haller in Goettingen. Cythera (Brnschw. u. Wolfenb., Meissner) 1751. 8°.

Sehr selten!

Original (in München): L'art de jouir. (Poëme en prose.) A Cythère 1751. 8°. (6 Mk. Max Weg, Lpz., 1897.) Ed. I titulo: L'école de la volupté. Cologne, P. Marteau, 1742. 12°. u. öfter.

— — Dasselbe, tit.: Die Kunst, Wollust zu empfinden. Aus d. Französ. des *Demetrius*. Cöthen 1756. 8°.

§ — — Dasselbe, tit.: Die Kunst, Wollust zu geniessen, an Lucinden. Mit Titel- u. Schluss-Vignette. O. O. (Brnschw. u. Wolfenb., b. Joh. Chp. Meissner.) 1756. 8°. 112 S.

(5 Mk., beschäd. Expl., Kühl.) Auch Drucke m. d. Jahrz. 1755?

S. auch Unterweisung zur Vergnügung u. Ergötzlichkeit, 1747.

Ueber La Mettrie, den Freund Friedrichs d. Gr., s. Quépat, N., Essai sur La Mettrie, sa vie et ses oeuvres. Avec portrait. Paris 1873. 8°. (Kr. 4,20.) (2 Kr. 40 H. Bernh. Stern, Wien, 1901.)

La Mettrie, Julien Offroy de (geb. zu St. Malo 1709, † 11. Nov. 1751 zu Berlin in d. Wohnung d. französ. Gesandten Mylord Tirconell).

Sein Bild hat der berühmte G. F. Schmidt auf Kosten eines Hrn. v. Marschall in Kpf. gestoch., darunter:

Sous ces traits vifs, tu vois le Maître
Des jeux, des ris & des bons mots;
Trop hardi d'avoir de son être
Osé débrouiller le Cahos:
Sans un Sage il étoit la victime des sots.

Oeuvres philosophiques (6 mémoires). A Londres (Berlin) 1751. 4°.

1. L'homme machine (ganz vom materialist. Standp.). 2. Traité de l'âme. 3. Abregé des systèmes pour faciliter l'intelligence du traité de l'âme. 4. L'homme plante. 5. Les animaux plus que machines. 6. Système d'Epicure.

Les mêmes (publ. p. El. Luzac, libraire à Leyde etc.). 2 tom. A Amsterdam (Leyde) 1753. 18°. Enth. noch: Anti-Senèque u. l'art de jouir.

Meyling p. 20—28 (zu Jöcher).

La Mettrie, de, der Mensch eine Maschine, s. Bibliothek, philosophische.

Julien de La Mettrie

Ouvrage de Pénélope, ou Machiavel en médecine. Par Aletheius Demetrius [d.i. Julien de La Mettrie] T.1.2. Berlin 1748. 1 Bd 8°

La Mettrie, Julien Offray de: Ouvrage de Pénélope; ou Machiavel en médecine. Tom.1 - 3, gbd.

Tom.1 - 2: Genève: Cramer & Philibert 1748
Tom.3 (=Supplément): Berlin: 1750

JB 5.528

La Mettrie, (Julien Offray) de: Oeuvres de médecine, dédiées au Roi. 328 S., gbd.

Berlin: Fromery 1755

JB 1.844

La Mettrie, Julien Offray de: Supplément à l'ouvrage de Pénélope; ou Machiavel en médecine. 386 S. Berlin: 1750

s.: La Mettrie, J.O.de: Ouvrage de Pénélope; ou Machiavel en médecine. Tom.3.

JB 5.528/3

UNTERWEISUNG zur Vergnügung und Ergötzlichkeit, Aus d. Frantzös. (des *Julien Offray de Lamettrie*, 1709—51). (Lat. Motto aus Lucretius.) In der Insul Calypso. Auf Kosten der Nymphen (Frankfurt a. M., Eßlinger). M D CC XLVII. (1747) 8⁰. (In Dresden. Lit. Germ. rec. C. 1160.) (8 Mk. G. Priewe, 1895; 10 Mk. M. Edelmann, 1906.)

Lamey, Andr.

– (Red.), s. Acta Academiae Theodoro-Palatinae.

— de advocatis provincial. Spirgoviae. 4maj. Münch. 792. (Franz). 4 kr

— Annales diplomatici Conradi I., Germaniae regis. 4maj. Münch. 799. (Franz). 6 kr

— Annales diplomatici Henrici I., Germaniae regis. 4maj. Münch. 792. (Franz). 4 kr

— Diss. ad aras Herculis infra Rigomagum repertas. 4maj. Münch. 787. (Franz). 2 kr

— Dissert. ad aras votivas, nunc primum editas. 4maj. Münch. 787. (Franz). 2 kr

– Akademische Beiträge zur Jülich. und Berg. Geschichte, 3. Teil, s. Kremer, Christoph Jakob.

— Dissert. de columna milliari apud Rigomagum ad Rhenum inventa. 4maj. Münch. 776. (Franz). 2 kr

— disquisitio genealogico-hist. de Dapiferis Palatinatus. Rh. Allejanis, c. 1 tab. 4maj. Münch. 792. (Franz). 8 kr

— pagi Craichgoviae, qualis antiquis temporibus fuerit, descriptio, c. charta geogr. 4maj. Münch. 776. (Franz). 8 kr

— Elsenzgoviae, Franciae Rhenensis pagi, qualis medio aevo maxime fuerit, descriptio. c. charta geogr. 4maj. Münch. 787. (Franz). 4 kr

— descriptio pagi Lobodunensis ex chartis sec. VIII. et IX., cum charta geographica. 4maj. München 765. (Franz). 4 kr

— descriptio pagi Navensis, qualis sub Carolingis maxime regibus fuerit, c. charta geogr. 4maj. München 782. (Franz). 10 kr

— Pagi Rhenensis, qualis sub Carolingis maxime regibus fuit, descriptio. 4maj. Münch. 767. (Franz). 4 kr

— descriptio pagi Spirensis, qualis antiquis fuit temporibus, c. charta geogr. 4maj. Münch. 771. (Franz). 5 kr

— descriptio pagi Wingartheibae, c. charta geogr. 4maj. Münch. 792. (Franz). 5 kr

— descriptio pagi Wormatiensis, cum charta geogr. 4maj. Münch. 765 (Franz). 8 kr

— epistolae maximam partem Palatinae, ex codice Mss. protractae, cum notis. 4maj. Münch. 792. (Franz). 12 kr

— Diss. de castro ac familia Erenberg, prope Mosellam inf. 4maj. Münch. 787. (Franz). 8 kr

Lamey, Andr., Diss. de familia dynastarum Schauenburg. ad stratam montanam. 4maj. Münch. 787. (Franz). 3 kr

— familia dynastarum a Steinach nomen habentium. 4maj. Münch. 792. (Franz). 2 kr

— de Stralenbergensi dynastarum familia dissertatio genealogica. 4maj. Münch. 782. (Franz). 5 kr

Lamey, Andr., († d. 17. März 1802.) diplomat. Geschichte d. alten Grafen v. Ravensberg, mit e. Geschlechtskarte, Landkarte u. Urkundenbuche von 139 Urkunden. 4. Manh. 779. Löffler. 1 Rthlr 12 kr

— de inscriptione Rom. Moguntiae reperta, quae deleto Commodi imp. nomine insignis; cum tab. 4maj. Münch. 767. (Franz). 4 kr

— Diss. de inscriptionibus sepulcralibus aevi Rom. nunc primum editis. 4maj. Münch. 787. (Franz). 4 kr

– (Hrsg.), s. Kremer, Christoph Jakob: Geschichte des rheinischen Franziens.

— Dissert. ad lapides antiquos Hedhernheimenses, ubi de Novo Vico et Tauno mont. etc. C. 1 tab. 4maj. Münch. 771. (Franz). 4 kr

— Diss. ad lapides quosdam Romanos, inventos ad Neccarum, cum III tabb. aere incis. 4maj. Münch. 765. (Franz). 3 kr

— de legione I. adjutrice ad lapidem Moguntinum. 4maj. Münch. 767. (Franz). 2 kr

— Dissert. de matronis earumque monumentis, in ducatu Juliacensi nuper repertis. 4maj. Münch. 787. (Franz). 2 kr

— de Insignium Palatinorum origine, augmentis et variationibus; c. II tabb. 4maj. Münch. 782. (Franz). 6 kr

— oratio princeps de principatu, principatus de principe laesus. 4. Manh. 766. Löffler. 3 kr (Franz in Münch.) 4 kr

– (Hrsg.), s. Schöpflin, Johann Daniel: Alsatia . . . diplomatica.

— tituli sepulcrales Christianorum Roma allati. 4maj. Münch. 776. (Franz). 2 kr

— Diss. de castro olim Palatino Turrum ad Mosellam inf. prope Alkem sito. 4maj. Münch. 787. (Franz). 3 kr

Lamey, Aug., Gedichte. gr. 12. (10⅓ B.) Strasburg 839, Schmidt u. Grucker.

Lamey, Aug., Gedichte. 2. verm. Aufl. gr. 12. Straßburg; Heidelberg 842, C. F. Winter. n. $1^1/_6$ Rthlr.

Lamey, Aug., Gedichte. Strassburg 860. (Treuttel & Würtz.) 12. (XII, 452 S. u. Portr. in Kpfrst.) n. 1 Rthlr. 10 ngr.

Lamey, Aug., Gesch. d. Franken am Rheinstrom. 8. Straßb. 791.

— Marius zu Karthago; ein dramat. Gemälde. 8. Straßb. 799. König. 8 kr

Lamey, Aug., Cato's Tod. Trspl. in 1 A. gr. 8. Straßb. 799. König. 6 kr

— Vertheidigungsschrift für Sr. Exc. den Herrn Erzbischof zu Freiburg. Freiburg im Br. 860. Herder. gr. 8. (28 S.) n. 3 ngr.

Lamey, Cr. Andr., von dem Ursprunge des bischöfl. Reichsvicariats. 8. Manh. 790. 2e A. 791. Löffler. 9 kr

Lamey, Ferd., romanische **Handschriften** der grossherzogl. badischen Hof- u. Landesbibliothek. [Aus: „Die Handschriften der grossherzogl. badischen Hof- u. Landesbibliothek" Beilage II.] (Festgabe zur Begrüssg. des 6. allgemeinen deutschen Neuphilologen-Tages zu Karlsruhe, Pfingsten 1894, dargebracht vom Karlsruher Verein der Lehrer neuerer Sprachen.) Lex.-8. (VI, 49 S. m. 3 Lichtdr.) Karlsruhe 894. Ch. Th. Groos. n. 1.50

— dasselbe, s.a. **Handschriften**, die, der grossherzogl. badischen Hof- u. Landesbibliothek in Karlsruhe.

— Hermann v. der Hardt in seinen Briefen u. seinen Beziehgn. zum Braunschweigischen Hofe, zu Spener, Francke u. dem Pietismus, s.: **Handschriften**, die, der grossherzogl. badischen Hof- u. Landesbibliothek in Karlsruhe.

Lamey, Ferd., 2 Idyllen aus J. P. Hebels alemanischen Gedichten. (28 S.) 8. Freiburg i/B. 910. F. Bielefeld. — 50

Lamey, F., Kartensammlung, s.a. **Katalog** der grossherzogl. Hof- u. Landesbibliothek in Karlsruhe.

Hof- und Landesbibliothek in Karlsruhe, Grhzgl., XVI. Kartensammlung .... von F. Lamey. Karlsruhe 1859. 8. . . . . (b.)

Lamey, Ferd., das künstlerisch gestaltete Lesestück. Ein Handbuch f. den Gebrauch des Lehrers in der Volksschule u. auf der Unterstufe der Mittelschule. Zugleich e. Beitrag zur prakt. Lösg. der Kunsterziehungsfrage. (X, 280 S.) gr. 8. Karlsruhe 906. J. Lang. n. 3.75

Lamey, Ferdinand: Der L o t s e , s. B r a u e r , Max

Lamey, J., Plutarchs vergleich. Lebensbeschreibungen, s.a. **Plutarch**.

Lamey, J., Plutarchs vergleichende Lebensbeschreibungen in einer Auswahl für die Jugend bearb. 8. (XI und 478 S.) Mannheim 854, [Bassermann'sche Vrlgsh.] *

Lamey, J., Plutarchs vergleichende Lebensbeschreibungen in einer Auswahl für die Jugend bearb. Neue (Titel-)Ausg. 8. (IX und 478 S.) Mannheim [Heidelberg] (854)63, Bassermann'sche Verlagsh. 18 Ngr.; geb.

Lamey, J., Johann Reuchlin. Eine biographische Skizze. Pforzheim 855. Flammer. gr. 8. (96 S. u. lith. Portr.) 10 ngr.

Lamey: Das Turnen eine Ergänzung der Schule. Karlsruhe 1845. 31 S. Karlsruhe, Lyzeum P 1845.

– (Hrsg.), s. T u r n - Z e i t u n g .

Dr. J. Lamey. Über den geschichtlichen Unterricht der Benderschen Anstalt. S. 19 bis 48 des Programms. Weinheim, P 1843

Lamey, R. P. Mayeul, Leibnitz und das Studium der Wissenschaften in einem Kloster. Mit Erlaubniß des Verf. aus dem Französ. übers. von Bernard Deppe. gr. 8. (37 S.) Münster 879, Aschendorff'sche Buchh.
Aus: Natur und Offenbarung, besonders abgedruckt.

Lamezan, Adr., elementa philosophiae veteris ac novae. 8. Vien. Neven. 730. Rthlr.

Lamezan, E. Graf, über menschliche Willensfreiheit u. strafrechtliche Zurechnung, s.: **Bücherei**, deutsche.

v. **Lamezan**, Frhr. Fd. Adr., († d. 15. Dec. 1817.) Skizze über d. Gesezgebung, in Briefen. 8. Manh. 782. Löffler. 10 kr

v. **Lamezan**, Gust. Frhr., Beiträge zur Philosophie der Mathematik mit besond. Rücksicht auf das sogenannt Imaginaire. gr. 8. (36 S.) Würzburg 851, Stahel in Comm. n. $^1/_3$ Rthlr.

Lamezan, Gust. Frhr. v., die Flächen kleinsten Widerstandes u. größten Antriebes. Berechnet u. verwerthet für das Vordertheil u. Hintertheil von Schiffen. gr. 8. (56 S.) Berlin 881. Mittler & Sohn. n. 1.20

Lamezan, Gust. Frhr. v., die theoretisch beste Curve für die Spitze der Geschosse u. Schiffe. München 867. Literarisch-artistische Anstalt. gr. 8. (32 S. mit eingedr. Holzschn.) n. 10 ngr.

v. **Lamezan**, Gust. Frhr., eine in ihren Principien u. Resultaten neue Methode zur Auffindung von Curven, welche Eigenschaften eines Größten oder Kleinsten besitzen. gr. 8. Würzburg 845, L. Stahel. n. $^1/_3$ Rthlr.

Lamezan, Jos. v., S. J. Aloysius-Predigten über die Hauptmomente d. Lebens. 3. Aufl., besorgt v. e. Priester derselben Gesellschaft. gr. 8. (VII, 182 S.) Freib. i. Br. 892, Herder. * 1 20

Lamezan, Jos. v., die fünf- u. sechsundzwanzigste Gedächtnißfeier der Erhebung Pius IX. u. die Drangsale der Kirche. Drei Festreden in Coblenz geh. u. auf mehrfachen Wunsch veröffentlicht. gr. 8. (41 S.) Paderborn 872. Schöningh. n. — 50

—— die H a u p t m o m e n t e des Lebens. Sechs Kanzelvorträge auf die sechs Aloysian. Sonntage mit vorausgehender Lobrede auf den heil. Aloysius von Gonzaga zu Aachen gehalten. 8. (III, 148 S.) Freiburg i. Br. 870, Herder'sche Verlagsh.

Lamezan, Jos. v., die Hauptmomente d. Lebens. 6 Kanzelvorträge auf die 6 Aloysian. Sonntage m. Lobrede auf den hl. Aloysius v. Gonzaga aus der Gesellschaft Jesu. 2. Aufl. gr. 8. (III, 129 S.) Freiburg i/Br. 883. Herder. n. 1.20

Lamezan, Jos. v., die **Vollkommenheiten** Gottes. 18 Predigten. Hrsg. von Urb. Drecker, S. J. 8. (XV, 308 S.) Paderborn 882. F. Schöningh. n. 2. —

—— W o l l e t nicht lieben die Welt. Fastenpredigten nebst Charfreitags- und Oster-Predigt. Im Dome zu Münster gehalten. gr. 8. (III, 152 S.) Paderborn 872, Schöningh.

— „W o l l e t nicht lieben die Welt". Fastenpredigten, nebst Charfreitags- und Oster-Predigt. 2. Aufl. 8. (IV, 152 S.) Ebendas. 882. * 1 50

Lamezan, Jos. v., ein Wort über Knaben-Seminarien oder Jugendbildung des Priesters. Rede am Tage Mariä-Opferung zu Münster gehalten. Münster 854. Aschendorff. gr. 8. (22 S.) 3 ngr

Lamgarben [Schlagwort]

Lamgarben, s.: Geologische Karten (Preussen).

Lamhofer, A., diagnostisch-therapeut. Vademecum, s.: Schmidt, Heinr.

Lami, Heinrich

— s. Fresco-Anekdoten von L***.

Lami, Heinr., Curiositäten-Cabinet. Schnacken u. Schnurren z. Erschütterung d. Zwerchfells; in Reime gebracht. gr. 12. (4 B. u. 40 ill. Bild.) Berlin 840, Rubach. *

Lami, H., Mixpickel u. Mengemus; eingemacht. (Anekdoten in Versen.) 1. u. 2. Hft. Magdeburg, Rubach. [1. (3 B. u. 16 ill. Stnt.) gr. 16. 828., 2. (2 B. u. 18 Vign.) 12. 831. à 20 Gr.]

Lami, H., Mixpickel u. Mengenus, eingemacht. (Anekdoten in Versen.) Mit 16 color. Steinabdr. gr. 16. Magdeb. 828. Rubach. 20 gr 2s Heft, mit 18 Vign. 830. 20 gr

Lamich, Rud., das schriftliche Multiplizieren u. Dividieren in der Volksschule. Ein Beitrag zu d. Frage: „Stellenwertbestimmen od. nicht?" (22 S.) gr. 8. Olmütz 908. (F. Grosse.) n. — 40

Laminecius, pro graeci ritus non unitis. 8. maj. Vienae, Gräffer. 782.

Lamiral, Afrika u. seine Bewohner, s. Afrika.

(L'Amiraux.) Erklärende Anzeige des historisch-geographisch-statistischen Gemäldes des älteren und neueren Germaniens. 8° und Fol.

La Mise de Moussac, Mmlle., dem Lichte entgegen, s.: Rheinau, Klara.

Lamlé, Gust., der Schutzjude von Magdeburg. Histor. Erzählung. 2 Bde. Berlin 866. Sacco Nachf. 8. (V, 336 S.) 2 Thlr

Lamlé, R., Anleitung zur Stenographie nebst lexicographischen Tabellen nach Stolze, zum Schulgebrauch herausg. 3. verm. u. verb. Aufl. (Lith.) 8. (53 S.) Magdeburg 847, Baensch. 1/3 Thlr

Lamlé, R., Anleitung zur Stenographie nebst lexicographischen Tabellen nach Stolze, zum Schulgebrauche und Selbstunterricht hrsg. 5., verm. und verb. Aufl. gr. 8. (54 lithogr. S.) Leipzig 859, Gräbner. *

Laemlé, Léon, Coeur et préjugés. Roman alsacien. (284 S.) 8. Strassburg 905. J. Noiriel. n. 2. —

— L'abbé Laurent. (LXXII, 308 S.) 8. Ebd. 906. n. 2. 40

Lamm, das gerettete, od. ich lasse dich nicht. Aus dem Engl. gr. 16. (16 S. m. 1 Bild.) Hamburg 893. J. G. Oncken Nachf. n. — 10

Lamm, das kleine. 32. (32 S. m. eingedr. Holzschn.) Bremen 870. Verl. d. Tractathauses. n. — 20

Lamm, Das, unter den Wölfen. Bagatelle. Neue Ausg. Leipzig 1809. V: *Heyne, Christian Leberecht.* (EE)

Lamm, d., unt. d. Wölfen, v. Ant. Wall, (e. Anh. z. Amathonte.) 8. Altenbg. Rink. (Hinrichs in Lpz.) 809.

Lamm's bibliotheca judaica. Sammlung v. Neudrucken aus d. Gebiete d. jüd. Geschichte u. Literatur. Nr. 8 u. 9. Berlin, L. Lamm. nn 12. —
Fuchs, E. M., über die ersten Niederlassgn. d. Juden in Mittelfranken. (Anastat. Neudr.) (24 S.) Lex. 8. [839.] 909. (Nr. 9.) 3. —
Jehuda ha-Levi, Rabbi, das Buch Kusari nach dem hebr. Texte d. Rabbi Jehuda Ibn Tibbon, hrsg., übers. u. m. e. Commentar, sowie m. e. allgem. Einleitg. versehen v. Dav. Cassel. 3. Aufl. (Anastat. Neudr.) (IV, 440 S.) gr. 8. [868. 69.] 909. (Nr. 8.) nn 9.—; geb. nn 10. 80

Lamm, Bruno, Arzt aus Guben ⟨Brandenb.⟩: Zur **Hepaticus-drainage.** *Freiburg i. B.: Speyer & Kaerner 1900.* (34 S.) 8°
Freiburg i. B., Med. Diss. v. 1900

Lamm, Carl Mor., s. Lamm, Karl Mor.

Lamm, Fritz, Gerichtsass. a. D.: Das Verhältnis der Wandelung zur Anfechtung des Kaufs wegen Irrtums oder Betruges und die Zulässigkeit der Wandelung vor der Uebergabe der Kaufsache. Berlin 1909: Preuß. 63 S. 8°
Heidelberg, Jur. Diss. v. 13. Juli 1909, Ref. Heinsheimer
[Geb. 21. Dez. 76 Görlitz; Wohnort: Schöneberg b. Berlin; Staatsangeh.: Preußen; Vorbildung: Gymn. Görlitz Reife O. 96; Studium: Berlin 6, München 1 S.; Rig. 25. Mai 09.] [U 09. 1836

Lamm, Herm., († ...) physica electica, compendiaria exegesi dilucidata. 8. Bamb. 768.

Lamm, Johannes Georg

Lamm, J. G. De bonis alienatis cameralibus, praesertim emtitiis ac in feudum consessis, a Successore Domini non revocandis. 4°. Weimar 1753.

— — De bonis alienatis cameralibus. Weimar (S. Heinr. Hoffmann) 1753. 60 S. (5.—) 20336

— — Comm. de feudi hereditarii censualis. Weimar (S. Heinr. Hoffmann) 1750. 80 S. u. Reg. (5.—) 20334

— comment. de feudi haereditarii censualis qualitate vere feudali. 4. Weim. 780. Hoffmann. 4 gr

— comment. de Gabella detractionis vel emigrationis etc. 4. Weim. 748. Ed. nova auctior et emendat. 752. Hoffmann. 4 gr

— Johannes Georg, De gabella de tractionis vel emigrationis. ed nova. Weimar (Sig. Heinr. Hoffmann) 1751. 44 S. (4.—) 20335

— de Gabella. 4. ibid. 752.

Lamm, Jo. Ge.: Commentatio de legitima, in casu, si coniugi superstiti in omnia defuncti bona per statutum successio tribuitur, regulariter, etiam hodie, et in foro, parentibus competente. Vinariae 1760.

— comment. de legitima in casu, si conjugi superstiti etc. 4. Weim. 760. Hoffmann. 4 gr

Lamm, Jo. Gg. (Sachsen-Weimar), Diss. jur. qua observationes miscellas. Erfurt (Jo. Chr. Hering) 24. XII. 1742. 54 S. (5.—) 20333

Lamm Josef: Quellenforschungen und Studien zu Karl E. Ebert's Balladen.
H. 1906 PN 2053 Diss. Wien, Univ. 184

Lamm, Karl von. Das Bankwesen in Elsass-Lothr., s. Studien, staatswissenschaftliche.

Lamm, Karl v., die Entwickelung des Bankwesens in Elsass-Lothringen seit der Annexion, s.: Studien, staatswissenschaftliche.

Lamm, Karl, Christi Person u. Werk m. Bezug auf d. Christologie Ritschl's u. dessen Schule. gr. 8. (VII, 150 S.) Frankfurt a/M. 896. Heyder & Zimmer. n. 2. —

Lamm, Karl Mor.

Lamm, Carl Mor., s.: Annalen d. kgl. sächs. Ober-Landes-Gerichts zu Dresden.

Lamm, die Bedeutung der Stenographie für die Rechtspflege, s.: Sammlung von Vorträgen aus dem Gebiete der Stenographie.

Lamm, Carl Mor., das Rechtsmittel der Beschwerde im Strafprozeß. gr. 8. (68 S.) Leipzig 883, Roßberg'sche Buchh. *

Lamm, Carl Mor., das Rechtsmittel der Revision im Strafprozesse. gr. 8. (49 S.) Leipzig 881. Roßberg. n. — 80

Zur Geschichte der Juden in Lauingen. Von Louis Lamm. *Mainz 1903: J. Wirth.* (12 S.) 8°
[04. 1998]

Lamm, Louis, Nehemias Jehuda Leib, e. Märtyrer f. d. Judenleibzoll. (19 S.) gr. 8. Ebd. 910. — 75

Lammasch, Heinr., Auslieferungspflicht und Asylrecht. Eine Studie über Theorie und Praxis des internationalen Strafrechtes. gr. 8. (XVI, 912 S.) Leipzig 887, Duncker und Humblot. *

Lammasch, Heinr., Diebstahl u. Beleidigung. Rechtsvergleichende u. criminalpolit. Studien m. besond. Rücksicht auf den österreich. Strafgesetzentwurf. gr. 8. (IV, 80 S.) Wien 893. Manz. n. 1. 20

Lammasch, Heinr., die Fortbildung des Völkerrechts durch die Haager Konferenz. gr. 8. (19 S.) Stuttgart 900. München, J. Roth. n. — 50
Sonderabdruck aus: „Die Kultur".

— Grundriß des Strafrechts, s. Grundriß des österreichischen Rechts. II. 4.

Grundriss des Strafrechts. Von Dr. Heinrich Lammasch, Prof. ... in Wien. Leipzig: Duncker&Humblot 1899. (IX,91 S.) 1 Bd.4.(8.)
(Grundriss d. Österreich. Rechts in systemat. Bearbeitung. Bd. II. Abt.4.)

Grundriss des Strafrechts. Von Heinrich **Lammasch**, Prof. in Wien. 2., verm. u. verb. Aufl. *Leipzig: Duncker & Humblot 1902.* (IX, 109 S.) 8° [F.]
— **Grundriss** d. Österreichischen Rechts. Bd 2, Abt. 4. [03. 3000 11]

Grundriß des Strafrechts. Von Heinrich **Lammasch**. 3., bericht. u. erg. Aufl. Leipzig: Duncker & Humblot 1900. (X, 114 S.) 8° [F.]
— **Grundriß** d. Österreichischen Rechts. Bd 2, Abt. 4. [08. 5813 11]

Lammasch, Heinr., das Moment objectiver Gefährlichkeit im Begriffe des Verbrechensversuches. gr. 8. (85 S.) Wien 879. Hölder. n. 2. —

Lammasch, Heinr., das Recht der Auslieferung wegen politischer Verbrechen. gr. 8. (III, 109 S.) Wien 884. Manz. n. 2. 40

— militärischer Staatsverrath u. Spionage im österreichischen Strafgesetz-Entwurfe. gr. 8. (22 S.) Wien 892. Verlagsanstalt „Reichswehr". n. — 60

— die Verbesserung des Ehrenschutzes, s.: Klein, Fr.

Vorschläge zur Revision des Strafgesetzentwurfes. Von Prof. Dr. Heinrich **Lammasch**. *Wien: Manz 1894.* (58 S.) 8° [F.]
Aus: Allg. österr. Gerichtszeitung. [04. 718 6]

Das Werk des Strafgesetzausschusses. Besprochen von Prof. [Heinrich] **Lammasch**. [1. 2.] Wien: Manz (2: Selbstverl.) 1893. 2 Bde 8° [F.]
Aus: Allgem. österr. Gerichts-Zeitung. [03. 14500 6]

Lämmchen, das, s. Erzählungen f. Kinder- u. Kinderfreunde, 8. Bdchn.

Lämmchen, das. Eine Erzählung für Kinder u. Kinderfreunde. Von dem Verf. der Ostereier [Chrph. v. Schmid.] Neue illustr. Orig.-Aufl. Mit 1 Stahlst. u. Holzschn. (im Text). Regensburg 864. Manz. 8. (112 S.) 7½ ngr.

Lämmchen, das. Eine Erzählung für Kinder u. Kinderfreunde. Von dem Verf. der Ostereier. (Chrph. v. Schmid.) Neue illustr. Orig.-Aufl. (2. Abdr.) Mit (1) Stahlst. u. feinen (eingedr.) Holzschn. Regensburg 870. Manz. 8. (112 S.) 7½ ngr.

Lämmchen, das. Eine Erzählung für Kinder und Kinderfreunde. Von dem Verf. der Ostereier. 3.—6. Orig.-Aufl. gr. 16. (126 S.) Regensburg 869—76, Manz.

Lämmchen, das verlorne; Lstspl. in 1 A. 8. Frankf. 799. Andreä. 3 gr.

Laemmle, Hugo, zur Codification des canonischen Rechts. Denkschrift. gr. 8. (VII, 223 S.) Freiburg i/B. 899. Herder. n. 5. —

Lammel, s. Wolf: Kurrent- und Lateinschriftformen . . .

Lammel Anna: Die Entwicklung der weiblichen Handarbeit. 6. Aussig höh. Töchtersch. 15.
Prag.

Historia Welleriana i. e. histor. Beschreibung des adelichen Geschlechts und Lebens des Herrn Hier. Welleri von Molsdorff etc., (von C. F. Lämmel). Leipzig 1700. 4.

Lämmel, Fritz, Dresden, seine Schätze u. Umgebungen f. 30 Pfennige. Wegweiser f. Fremde u. Rathgeber f. Einheimische. Nach amtl. Angaben. Frühjahrs-Ausg. 1876. 64. (124 u. 32 S.) Dresden 876. Berndt. n. — 30

Laemmel, Mart., Entwickelungs-Geschichte d. Menschen. 8. (6 Lichtdr.-Taf.) Leipzig 885. Dorn & Merfeld. In Leinw.-Mappe. n. 8. —

Laemmel, Rudolf. Die Methoden zur Ermittlung von Wahrscheinlichkeiten. [Mit Figuren und 1 Tabelle.] VI + 80 S. 8. Zürich, E. Speidel, 1904. [fr. 2. 50]
[Titel-Ausg. der Diss. Phil. II. Univ. Zürich des gleichen Verf.]

Laemmel, Rud., die Reformation d. nation. Erziehung. Mit e. Vorwort v. Ernst Mach. (110 S. m. Abb. u. 1 Tab.) gr. 8. Zürich-Oberstrass 910. E. Speidel. 2. 40

Laemmel, Rudolf. Untersuchungen über die Ermittlung von Wahrscheinlichkeiten. Diss. Phil. [II.] Univ. Zürich. [Mit Figuren und 1 Tabelle.] VI + 80 S. 8. Zürich, Jean Frey, 1904.

Lammenett, K., schreibe richtig Deutsch, s.a. Hilf dir selbst.

[F.] Schreibe richtig Deutsch! E. Hilfsbüchlein z. Selbstunterr. v. K. **Lammenett,** Lehrer. *Aachen: C. H. Georgi [1898].* (44 S.) 1 Bd 8. (Hilf dir selbst! Dein eigener Lehrer. [No 7.])

– S p r i c h richtig Deutsch, s.a. H i l f dir selbst.

[F.] Sprich richtig Deutsch. E. Hilfsbüchlein z. Selbstunterr. v. K. **Lammenett,** Lehrer ... *Aachen: C. H. Georgi [1898].* (39 S.) 1 Bd 8. (Hilf dir selbst! Dein eigener Lehrer. [No 6.])

Lammer Dr. Eugen: Zwei fatalistische Gedichte: 1. Das Glück von Edenhall. 2. Der Ring des Polykrates. 17. Stockerau 99. Progr.

Stockerau LROG.: Katalog der Lehrerbibl. 97 99. v. Dr. Eugen Lammer. 37. 20. **Progr.**

Lammer Eugen: Die syntaktische Verwendung der Partikeln io und iomer im Althochdeutschen. H. 1884 PN 328 **Diss.** Wien, Univ. 22

Lammer, Guido Eug., sind die Kulturvölker noch Nationen? Eine zeitgemäße Frage. gr. 8. (40 S.) Wien 884, Rosner. *

—— ein alpiner Ritter von der traurigen Gestalt. Prof. Dr. Karl Schulz in Leipzig. 1. und 2. durchges. und verm. Aufl. gr. 8. (50 S.) Wien 888, Sallmayer'sche Buchh. *

Lammer, Hans, das Recht der treuen Hand nach deutschem Rechte. Inaugural-Dissertation. gr. 8. (57 S.) Würzburg 875. Stuber. n. 1. 20

Lammer Paul: Über die Einwirkung organischer Magnesiumverbindungen auf 2. 3-Oxynaphtoesäuremethylester. S. 122. Hb. 1451 . . . . ver. Separatabdruck

Laemmer, Eduard. Ludov. Hugo: Theses theologicae. Berolini (1856). (2 Bl.) 4°
Berlin, Theol. Thes. v. 18. Aug. 1856

Laemmer, Hugo, Analecta Romana. Kirchengeschichtliche Forschungen in röm. Bibliotheken und Archiven. Eine Denkschrift. gr. 8. (VIII und 158 S.) Schaffhausen 861, Hurter'sche Buchh. *

— in decreta concilii Ruthenorum Zamosciensis animadversiones theologico-canonicae. Ebend. 865. hoch 4. (63 S.) n. 28 ngr.

—— scriptorum Graeciae orthodoxae bibliotheca selecta, s. Scriptorum etc.

Lämmer, H., De Leonis Allatii codicibus, qui Romae in bibliotheca Vallicellana asservantur. 1864. 86 S. —.90

Laemmer, Hugo, de Caesaris Baronii literarum commercio diatriba. (VIII, 110 S.) gr. 8. Freiburg i/B. 903. Herder. n. 3.—

Laemmer, Hugo, Clementis Alexandrini de λόγῳ doctrina. Commentatio historica theologica ex decreto s. v. theologorum Lipsiensium ordinis die sacrorum instauratorum a. 1854, praemio regio ornata. 8maj. (V und 108 S.) Lipsiae 855, Brockhaus. *

Lämmer, Hugo, coelestis urbs Jerusalem. Aphorismen nebst. einer Beilage. Freiburg im Br. 866. Herder'sche Verlagsh. hoch 4. (148 S.) n. 1 ₰ 15 ngr.

Laemmer, Hugo, Institutionen des katholischen Kirchenrechts. gr. 8. (XV, 553 S.) Freiburg i. Br. 886, Herder'sche Verlagsh. *ℳ 7.—; geb. *

Laemmer, Hugo, Institutionen d. katholischen Kirchenrechts. 2., vielfach verm. u. verb. Aufl. gr. 8. (XV, 712 S.) Freiburg i/B. 892. Herder. n. 8. —; geb. in Halbfrz. n. 10. —

—— zur Kirchengeschichte des 16. und 17. Jahrhunderts. Lex.-8. (192 S.) Freiburg im Br. 863, Herder'sche Verlagsh. *

Zur C o d i f i c a t i o n des canonischen Rechts. Denkschrift von Dr. Hugo Laemmer, Prof., Breslau. Freiburg i.B.: Herder 1899. (223 S.) 8°

—— s. Mantissa, meletematum romanorum.

Laemmer, Hugo, de martyrologio romano. Parergon historico-criticum. gr. 8. (114 S.) Regensburg 878, Manz. *

Lämmer, Hugo, Misericordias Domini. Freiburg, Herder, 1861. 8°. 144 S., 1,50 Mk. (Fehlt.)
Autobiographie u. Kontroversschr. in deutscher Sprache. Kath. Littztg 1861, S. 321—5. Hist.-pol. Blätt. Bd. 48, S. 670—6. Bamberger Pastoralbl. S. 3.

—— Monumenta Vaticana, s. Monumenta.

— Papst Nikolaus der Erste und die byzantinische Staats-Kirche seiner Zeit. Eine kirchengeschichtliche Skizze. Berlin 857. Wiegandt u. Grieben. gr. 8. (VIII, 51 S.) n. 10 ngr.

—— die vortridentinisch katholische Theologie des Reformations-Zeitalters aus den Quellen dargestellt. gr. 8. (XV und 358 S.) Berlin 858, Schlawitz.

Universitatis litterarum Vratislaviensis ordo theologorum catholicorum Hugoni **Laemmer** solemnia sacerdotii semisaecularia celebranti s. (Vratislaviae 1909:) Soc. typographorum Vratislaviensium. 1 Bl. gr.-2° [U 09. 648
(Nicht für den Austausch)

Viro clarissimo et reverendissimo **Hugoni Laemmer** ... ordinis theologorum catholicorum seniori ... diem ... quo ante hos quinquaginta annos munus docendi in Universitate Berolinensi suscepit ... gratulatur Universitas Litterarum Vratislaviensis ... interpretibus Maximiliano Sdralek hoc tempore rectore et senatu academico. P. P. Vratislaviae die VII. mensis Martii anni 1907. Vratislaviae (1907): Offic. universitatis. (1 Bl.) gr 2°
(Nicht für den Austausch)

Viro illustrissimo ac plurimum reverendo **Hugoni Laemmer**... in Universitate Literarum Vratislaviensi ordinis theologorum catholicorum seniori ... diem quo ante hos quinquaginta annos ab amplissimo Universitatis Lipsiensis ordine summos in philosophia honores ... accepit ... congratulantur collegae ordini theologorum catholicorum adscripti ... Datum Vratislaviae die x. Decembris anni 1904. Vratislaviae (1904): Offic. universitatis. (1 Bl.) gr 2°
(Nicht für den Austausch)

Lämmerbil, Rechenbuch. 8. Cöln, Haas.

Lämmerer, Jh., Gedichte. Herausg. von Just. Kerner. 12. Gmünd 820. Ritter. 6 gr

(Lämmergeier. Der Lämmergeyer.) Njbl. s.a.[Schinz, Heinrich Rudolf].

Lämmergeier, Der, ein in der Schweiz für ausgestorben gehaltener Vogel. Zürich 1887. V: *Larguier.* (BschwLk IV, 6)

Der Lammerhirt. Current in 1870's. Philadelphia, PA

Lämmerhirt, Adf., s. Hoffmann, Ludw., Vademecum des praktischen Baumeisters.

Lämmerhirt, Adf., eine Palästina-Fahrt. Erlebtes u. Beobachtetes in Athen, Konstantinopel, Syrien, Palästina u. Kairo während d. Jerusalamer Kaiser-Reise. Mit 1 photograph. Orig.-Aufnahme: Gruppenbild der Sphinx- u. Cheops-Pyramide. (79 S.) gr. 8. Eisenach 898. (Schleusingen, M. Schewe.) n. 1.50

Lämmerhirt, Carl Heinrich, s. Lämmerhirt, Karl Heinrich

Lämmerhirt, Gr. Carl, Handbuch über die Anzucht aller Arten von Bäumen des Kern- u. Steinobstes, so wie der zweckmäß. Veredlung u. ferneren naturgemäßen, wie auch kunstgerechten Behandlung derselben. Mit 5 lith. Taf. Lex.-8. Leipzig 843, L. Schumann. (T. O. Weigel.) 1 ß

Lämmerhirt, C. C., tabellar.-systemat. Zusammenstellung d. vorzüglichsten in Deutschland vorkomm. Aepfel- u. Birn-Sorten, wie solche A. F. A. Diel systemat. in 21 Hftn. u. 6 Bdn. beschrieben, u. in d. 2. Fortsetz. d. systemat. Obstbaumverzeichnisses v. C. W. F. Diel aufgeführt sind; unt. Hinweis. auf d. charakt. Kennzeichen d. Classe, sowie d. Ordn. u. bei den Birnen zudem auch d. Geschlechts, zu welcher jede Sorte gehört. Zum nützl. Gebr. f. d. unterricht. Pomologen 2c. qu. gr. 4. (8½ B.) Suhl 836, Müller.

Lämmerhirt, Fritz, aus Stettin: Zur **Kasuistik** der primären Lungenkarzinome. *Greifswald 1901: H. Adler.* (30 S.) 8°
Greifswald, Med. Diss. v. 25. Mai 1901

Lämmerhirt, Gust., Bilder a. d. Geschichte der weimar. Stadtkirche, s.: Aus Weimar's kirchl. Vergangenheit.

– Dass., s. Vergangenheit, Aus Weimar's kirchlicher.

Laemmerhirt, Gustavus [Vimariensis]: De priscorum scriptorum locis a Servio allatis . . . (Aus: Dissertationes Ienenses. IV.) Lipsiae, typ. B. G. Teubneri, 1890; 3 Bl. + S. 313–408. 8°
Jena, Phil. Fak., Inaug.-Diss. v. 1890

Lämmerhirt, *Hermann* Der Golfstrom. Seine Entstehung und sein Einfluſs auf das Klima des nordwestlichen Europas. 4 (19 S.).
Progr. G. u. Rsch. *Bremerhaven* 1887 (670).

Lämmerhirt, Hermannus: De Herodoti fide quaestiones. Halae Saxonum (1874: Fischer & Wittig in Leipzig). 30 S. 8°
Halle-Wittenberg, Phil. Diss. v. 22. Juli 1874
Geb. Suhl 22. 11. 1852. V.

Lämmerhirt, Hugo, Ein Jahr aus dem Leben des alten Jahn, m. e. noch ungedr. Briefe Jahns an Dr. Feuerstein, Weimar, 8 S., Gr.-8°.

Lämmerhirt, Johann Ludwig

— Anleit. zur richtigen Erkenntniß u. Behandlung d. Brüche u. Vorfälle. Für Kranke selbst, so wie auch für angehende Wundärzte bearbeitet. 3te sehr verm. Aufl. Mit 1 Kpft. in qu. Fol. 8. Berl. 832. (Herbig). 10 K

Lämmerhirt, L., Handbuch üb. **Beinbrüche** u. Verrenkungen, mit e. Vorrede v. Mursinna. 2te Aufl. 8. Berlin, Franke. 811.

— Taschenbuch über Beinbrüche u. Verrenkungen, für angehende Wundärzte, u. e. Vorrede von Mursinna. 8. Berl. 805. Haude u. Sp. 12 K 2e Aufl. unt. d. T.: Handbuch über Beinbrüche u. Verrenkungen, mit e. Vorrede von Mursinna. 8. Ebd. 805. 2e A. 811. Franke. 21 K

Lämmerhirt, (Wundarzt) J. L., Verhaltungsregeln für Bruchkranke u. für diejenigen, die davon geheilt werden können 2c. 8. Berl. 811. 2e Aufl., mit 1 Abbild. 8. Ebd. 812. (Rücker). 8 K (Mittler). 6 K

Johann Ludwig Laemmerhirt

Verhaltungsregeln für Bruchkranke und für diejenigen, die davon geheilt werden können,... von J[ohann] L[udwig] Laemmerhirt. 2., verb., mit e. Abb. verm. Aufl. Berlin: Braunes 1812. 32 S. 8°

Beigeb.: Albrecht, Johann Friedrich Ernst: Rathgeber für alle, die an Brüchen bes. des Unterleibes leiden. Hamburg (1809.)

Lämmerhirt, Verhaltungsregeln f. Bruchkranke u. f. die davon geheilt werden können. 2e Auflage. 8. Berlin 822, (Mittler.)

Lämmerhirt, Karl Heinrich

Laemmerhirt, Carolus Henricus: Aphorismi de Frustraneo Ad Curandas Febres Intermittentes Arsenici Usu. [Vratislaviae] (1813.) (2 Bl.) 4°
Breslau, Med. Thesen v. 6. Apr. 1813

Laemmerhirt, Carl Heinr. (Guben/Lausitz), De inflammatione scarlatinosae natura et indole commentarius. Präs. Jo. Wendt. Breslau (typ. Univers.) 6. VI. 1812. 26 S. (4.—) 20294

Laemmerhirt, Otto

—— und Herrm. Degenkolb, Beiträge zur Beförderung der Kern- und Steinobst-Kultur unter den Landwirthen. gr. 8. (VIII, 52 S. mit 33 eingedr. Abbild.) Dresden 886, Schönfeld's Verlagsb. *

Laemmerhirt, Otto, Normal-Obstsortiment, zum allgemeinen Anbau im Königr. Sachsen zu empfehlen und für die verschiedenen Boden- und klimat. Verhältnisse gesondert zusammengestellt von einer hierzu berufenen Kommission, bestehend aus Kunstgärtner Arnold-Dresden, Baumschulenbes. Beck-Dresden, Rittergutsbes. Degenkolb-Rottwerndorf 2c. Lex.-8. (14 S.) Dresden 884. (Leipzig, H. Voigt.) *

Lämmerhirt, Otto, der Obstbau auf dem Lande. Nach seinen Vorträgen in den landwirthschaftl. Vereinen zusammengestellt. 3. verm. und verb. Aufl. gr. 8. (48 S.) Dresden 875, Schönfeld's Verlag. **
Die 1. und 2. Aufl. erschienen im Selbstverlag.

Laemmerhirt, O., die wichtigsten Obstbaumschädlinge u. die Mittel zu ihrer Vertilgung. Im Auftrage des Landes-Obstbauvereins f. das Königr. Sachsen unter Mitwirkg. v. E. Fleischer bearb. 8. (36 S. m. 8 farb. Taf.) Dresden 890. Heinrich. n. — 80

Laemmerhirt, Otto, die wichtigsten Obstbaumschädlinge u. die Mittel zu ihrer Vertilgg. Im Auftrage d. Landes-Obstbauvereins f. das Königr. Sachsen unter Mitwirkg. v. E. Fleischer bearb. gr. 8. (36 S. m. Abbildgn. u. 8 farb. Taf.) Dresden 891. Heinrich. n. — 80

Laemmerhirt, Otto, d. wichtigsten Obstbaumschädlinge u. d. Mittel zu ihrer Vertilgg. 2., gänzl. umgearb. Aufl. m. 6 farb. Taf. u. Abb. im Texte. 8. (68 S.) Dresden 898. C. Heinrich. Geb. n. 1. —

Laemmerhirt, Otto, die wichtigsten Obstbaumschädlinge u. die Mittel zu ihrer Vertilgung. 2. gänzlich umgearb. Aufl. m. 6 farb. Taf. u. Abbildgn. im Texte. (68 S.) 8. Dresden 908. E. Heinrich. n. — 60

Laemmerhirt, Otto, die Obstverwertung in ihrem ganzen Umfange. Anleitung zur vollkommensten Ausnutzung der Obsternten für Wirtschaft und Handel. Unter Mitwirkung von Emil Holzapfel für die Praxis und zum Gebrauch an Gartenbauschulen bearb. gr. 8. (VII, 195 S. mit 35 in den Text gedr. Abbild.) Berlin 885, Parey. cart. *

Lämmerhirt, Richard

—: Die Einweihungsfeier am 9. April 1907. (Nach dem Berichte des Wollsteiner Tageblattes, bezw. des Kreisblattes des Bomster Kreises.) S. 14—19. 4. Kgl. Realschule i. E. *Wollstein* 1908 (234).
Progr.

Laemmerhirt, Rich., George Peele. Untersuchungen über sein Leben und seine Werke. gr. 8. (68 S.) Rostock 882. (Lübeck, Dittmer'sche Buchh.) *

Lämmerhirt, Rudolf: Thomas Blenerhassets 'Second Part of the Mirror for Magistrates'. Eine quellenstudie. Weimar 1909: Uschmann. VIII, 138 S. 8°
Straßburg, Phil. Diss. v. 19. Dez. 1908, Ref. Koeppel
[Geb. 12. Okt. 85 Weimar; Wohnort: Straßburg; Staatsangeh.: Sachsen-Weimar; Vorbildung: Realgymn. Weimar Reife O. 05; Studium: Jena 3, Straßburg 4 S.] [U 09. 3838

Der Lämmer-Hirte: Band 1—80, 1858?—1940.
Monthly, 1858—75; semi-monthly, 1875—1940. Organ of Deutsch-Reformirte Kirche in den Vereinigten Staaten, later Evangelische und Reformirte Kirche. Absorbed DER MORGENSTERN. Place of publication varies: Chambersburg, Pa.; Philadelphia, Pa. Folio, each issue 4 pages; illustrated. Circulation: 1871, 9000; 1880, 7000. Edited by the Rev. J. C. Beinhauer, 1858?—1875?; by C. Bank; by the Rev. Dr. Carl F. Heyl, 1917—40. Published by the Evangelisch-Reformirte Buchanstalt [later Central Publishing House].
Cleveland, OH

Lämmer-Hirte. Ein Angebinde für die unerwachsenen Glieder der Kirche. Hrsg. von Joh. Gantenbein. 1—4. Bd. oder Jahrg. 1857—60. à 12 Nrn. (Bog. mit eingedr. Holzschn.) Fol. Philadelphia, (Schäfer und Koradi.) à Bd. *

—— dass. — Ein Angebinde für die christl. Jugend. Hrsg. von Demselben. 5. Bd. oder Jahrg. 1861. 12 Nrn. (Bog. mit eingedr. Holzschn.) 4. Ebendas. *

Laemmermann, Chr. Aug. (Nürnberg), Delibata diversorum jurium. O. O. (Magn. Dan. Meyer) 24. V. 1708. 22 S. (4.—) 20295
Gew.: Heinr. Hildebrand.

NORIS, Die schlummernde und aufgeweckte, occasione eines Pasquillanten J. F. R. (Joh. Friedr. Riederer's) . . . . (Vf.: *Christoph Aug. Lämmermann.*) O. O. 1732.
Anon.-Lex. III. p. 216 (nach Baader, Adelung, Will). — Höchst rar!

— Jo. Jac. (Nürnberg), De eo quod memorabile ac justum est circa agnos Vulgo Von Lämmer-Recht. Präs. W. Engelbrecht. Helmst. (P. Diet. Schnorr) 1727 ed. II. 70 S. (4.50) 20296
Widm. v.: Jo. W. Goebel, H. Hildebrand, Laur. Heister, Chr. Aug. Laemmermann, Jo. Conr. Hagendorn.

Lämmermann, Matth. Fr., Synodalpredigt, gehalten in Hersbruck am 21. Juli 1813. 8. Nürnb. 813. (v. Ebner). 2 K

Lämmermayr, Ludw., Beiträge z. Kenntnis der Heterotrophie v. Holz u. Rinde. gr. 8. (34 S. m. 2 Taf.) Wien 901. (C. Gerold's Sohn.) n. 1.10
Sonderabdruck aus: „Sitzungsber. d. k. Akad. d. Wiss."

Lämmermayr, Ludw., weitere Beiträge z. Kenntnis der Anpassung d. Farne an verschiedene Lichtstärke. Progr. (14 S. m. 1 Taf.) Lex. 8. Leoben (908). (L. Nüssler.) nn 1.25

Lämmermayr, Ludwig: Zur Heterophyllie der Phanerogamen im allgemeinen und des Efeu im besonderen. (Mit 2 Tafeln.) S. 3—28. 8.
Progr. K. k. Staatsgymn. *Leoben* 1905.

— Zur Heterophyllie d. Phanerogamen im allgem. u. des Efeu im besonderen. Progr. (28 S. m. 2 Taf.) Lex. 8. Ebd. (906). nn 1.50

— Leoben u. Umgebung im Dienste des naturwissenschaftlichen Anschauungsunterrichtes. Progr. (15 S. m. 1 Taf.) Lex. 8. Ebd. (908). nn 1.—

— Die grüne Pflanzenwelt der Höhlen. 1. Teil: Materialien zur Systematik, Morphologie und Physiologie der grünen Hohlenvegetation unter besonderer Berücksichtigung ihres Lichtgenusses (mit 5 Textfiguren). D 87. 325 . . . . 3.60
— — 1. Teil (Fortsetzung). D 90. 125 . . . . 2.50
Separatabdruck

Lämmermayr, Ludwig: Studien über die Anpassung der Farne an verschiedene Lichtstärke. (Mit einer Tafel.) S. 3—30. 8. — Weitere Beiträge zur Kenntnis der Anpassung der Farne an verschiedene Lichtstärke. (Mit einer Tafel.) S. 3—14. 8.
Progr. K. k. Staatsgymn. *Leoben* 1907. 1908.

Lämmermeyer, d. Lied d. drei Jünglinge (Dan. 3, 56—88) dargelegt nach s. kanon. Geltg., s. Inhalte u. s. liturg. Verwendg. 8. (IV, 102 S.) Regensburg 896. National-Verlagsanstalt. 1.—

Laemmermeyer, Karl, Handbuch z. bibl. Geschichte von Chr. v. Schmid-Werfer, f. d. Gebrauch v. Lehrern u. Katecheten. Altes Testament. 8. (VI, 148 S. m. 2 Taf.) München (900). R. Oldenbourg. Geb. in Halbleinw. n.n. 1.50

Laemmermeyer, Karl, Handbuch zur biblischen Geschichte von Chr. v. Schmid-Werfer, f. den Gebrauch v. Lehrern u. Katecheten. Altes Testament. 2. Aufl. (VI, 144 S.) München (903). R. Oldenbourg. Kart. n.n. 1.50

— dasselbe zunächst im Anschluß an das Schulbuch von Chr. v. Schmid-Werfer, f. den Gebrauch v. Lehrern u. Katecheten. Neues Testament. 2. Aufl. 8. (VIII, 157 S.) Ebd. (901). Geb. n.n. 1.50
1. Aufl. (VIII, 154 S.) Ebd. (899). Geb. n.n. 1.—.

Laemmermeyer, Karl, Handbuch zur biblischen Geschichte zunächst im Anschluß an das Schulbuch von Chr. v. Schmid-Werfer, f. den Gebrauch v. Lehrern u. Katecheten. Neues Testament. 3. Aufl. (VIII, 156 S. m. 1 farb. Karte.) 8. München (907). R. Oldenbourg. Geb. nn 1.50

— Predigt am Tage der unbefleckten Empfängnis Mariens 1905 aus Anlass der feierlichen Profess des Hochw. Hrn. P. Benedikt Brenner, O. S. B. Geh. in der Basilika zu München. (14 S.) 8. München (906). J. Pfeiffer. n. — 20

Lämmermeyer, L.: Ueber die Berechnung solcher geradliniger Dreiecke, bei denen einzelne Winkel nahe an Null, einen oder zwei Rechten liegen. 15 S. 4° – Linz, OR., Progr. 1872.

Lämmermeyr, Anton: Neue Kritik der Erkenntnistheorie Salomon Maimons. An der Hand der Mathematik und im Vergleich mit Leibniz und Kant. Nürnberg 1910: Hilz. VII, 112 S. 8°
Erlangen, Phil. Diss. v. 21. Juli 1910, Ref. Hensel
[Geb. 23. Nov. 82 Nürnberg; Wohnort: Nürnberg; Staatsangeh.: Bayern; Vorbildung: Neues Gymn. Nürnberg Reife 01; Studium: Bamberg Lyz. 2, Würzburg 2, Erlangen 8 S.; Rig. 17. Juni 10.] [U 10. 874

Lämmermeyr, Joseph (kgl. Subrektor) „Ueber die Aufgabe der Landwirthschafts- und Gewerbsschulen". pg. 3—6. 4°. Franz Seraph Lerno.
Straubing, Progr. 1839/40

Lämmermeyr, Jos. (kgl. Subrektor) „Ueber die Geometrie als Lehrgegenstand an technischen Anstalten". pg. 3—10. 4°. Mit einer Tafel. Franz Seraph Lerno.
Straubing, Progr. 1840/41

Lämmermeyr, Joseph (Rektor) „Ueber die Construktion der Räder, insbesondere über die Gestalt der Zähne und der Getriebe bei Zahnrädern". pg. 3—26. 4°. Mit 2 Tafeln. Franz Seraph Lerno.
Straubing, Progr. 1846/48

Lämmermeyr, Joseph „Rückblick auf die ersten 25 Jahre des Bestehens der k. Landwirthschafts- und Gewerbsschule zu Straubing. pg. 3—16. 4°. Clemens Attenkofer.
Straubing, Progr. 1861/62

Lämmermeyr, Joseph „Ueber das Verhältniss der Kunst zur Industrie und die wünschenswerthe Annäherung beider". pg. 3—6. 4°. Franz Seraph Lerno.
Straubing, Progr. 1851/52

Lämmermeyr, Jos. (kgl. Subrektor) „Einige Worte über die Nothwendigkeit einer gründlichen Berufsbildung der Gewerbtreibenden durch technische Schulen, und deren Einwirkung in rationeller und religiös-sittlicher Beziehung". pg. 3—10. 4° Franz Seraph Lerno'sche Schriften.
Straubing, Progr. 1838/39

Lammers, August

Lammers, A., Anleitung zum Guten, s.a. Zeit- und Streit-Fragen, deutsche.

Lammers A, Anleitung zum Guten. (Zeit- u Streitfragen NF 11) Hamburg 1886

Lammers, A., Armen-Beschäftigung, s.a. Zeitfragen, volkswirthschaftliche.

Lammers A, Armenbeschäftigung. (Zeitfragen, volkswirtschaftl. 40) Berlin 1883

Lammers, Armenbeschäftigung. Berlin 884.

Lammers, A.,
— Armenwesen und Armenrecht. 8°. Berlin 1887.

Lammers, August (Hrsg.), s.a. Aufgaben u. Pläne Dt Verein gegen den Misbrauch geistiger Getränke.

— Aufgaben u. Pläne des Deutschen Vereins etc. Bremen 1883. 18 S.

Lammers, A., die deutsche Auswanderung unter Bundesschutz. Berlin 869. Herbig. gr. 8. (32 S.) 6 ngr.

Lammers, A. Bekämpfung d. Trunks. Berlin 1881. 2. A. Berlin 1887.

Lammers, A., Bekämpfung der Trunksucht, s.: Zeit- u. Streit-Fragen, deutsche.

— die Bettel-Plage, s.a. Zeitfragen, volkswirthschaftliche.

Lammers A, die Bettelplage (Zeitfragen, Volkswirtschaftliche 6) Berlin 1879

— Branntwein- und Kaffee-Schenken, s.a. Zeitfragen, volkswirthschaftliche.

Lammers A, Branntwein- und Kaffeeschenken. (Zeitfragen, Volkswirtschaftliche 30) Berlin 1882

— Branntwein- u. Kaffee-Schenken. (32 S.) Ebd. 1883.

Lammers, A, s.: Denkschrift üb. den erziehl Knabenhandarbeits-Unterricht.

Lammers, A., Deutschland nach dem Kriege. Ideen zu e. Programm nationaler Politik. gr. 8. (135 S.) Leipzig 871. Duncker & Humblot. n. 2. —

Lammers, A. Entwickelung der Branntwein-Besteuerung in Schweden. (Sonderabdruck aus der „Vierteljahrsschrift f. Volkswirtschaft".) Berlin 1887 20 S.

— die geschichtliche Entwicklung des Freihandels, s.a. Sammlung gemeinverständl. wissenschaftl. Vorträge.

Lammers A, die geschichtliche Entwicklung des Freihandels. (Sammlung gemeinverständlicher wissenschaftlicher Vorträge 85) Berlin 1869

— Erhöhung der Kraft in Menschen und Völkern, s.a. Zeitfragen, volkswirthschaftliche.

Lammers A, Erhöhung d. Kraft in Völkern u Menschen. (Ztfr. Volksw. 70) Berlin 1887

— die Erziehung zur Arbeit, s.a. Zimmer's Handbibliothek der praktischen Theologie.

— Die Erziehung zur Arbeit. (48 S.) Gotha 1891. F. A. Perthes.

— s.: Götze, W., aus der Lehrerbildungsanstalt d. deutschen Vereins f. Knabenhandarbeit.

— Hand-Bildung und Hausfleiß, s.a. Zeit- und Streit-Fragen, deutsche.

Lammers A, Handbildung und Hausfleiss. (Zeit- u Streitfragen 157) Berlin 1881

– (Hrsg.), s. Handelsblatt, Bremer.

– Öffentliche Kinder-Fürsorge, s.a. Zeitfragen, volkswirtschaftliche.

Lammers A, öffentliche Kinderfürsorge. (Zeitfragen, Volkswirtsch. 52) Berlin 1885

— die Bremer Landwirthschafts-Ausstellung im Juni 1874. s.a. Zeit- u. Streitfragen, deutsche.

Lammers A, d. Bremer Landwirtschafts-Ausstellung 1874. (Zt- u Strtfr. 47) Berlin 1875

— der Liberalismus u. die innere Mission. gr. 8. (41 S.) Bremen 883. Roussell. n. 1. —

— Die neue Mässigkeitsbewegung in Deutschland. Bremen 1883.

— die Mässigkeitsgesetzgebung in ihrer Wirksamkeit, s.a. Beiträge, wissenschaftliche, zum Kampf gegen den Alkoholismus.

— Mässigkeitsgesetzgebung in ihrer Wirksamkeit. 8°. Bonn 1885.

— Die Mässigkeitsgesetzgebung in ihrer Wirksamkeit. Bonn 1886. Strauss.

– (Hrsg.), s. Mittheilungen des Deutschen Vereins gegen den Mißbrauch geistiger Getränke

— der Moorrauch und seine Culturmission, s.a. Zeit- und Streit-Fragen, deutsche.

Lammers, A., Der Moorrauch und seine Kultur-Mission. Berlin, 1876. 36 S.

— das Schnäpschen, s.a. Volksbibliothek d. Lahrer hinkenden Boten.

— Das Schnäpschen. (Volksbibliothek des Lahrer hinkenden Boten No. 707 u. 708.) Lahr, Schauenburg 1891. Mk. —.10.

— die Schutzzölle, s.a. Vorträge, gemeinfaßliche, zum Vorlesen in Vereinen.

Lammers, d. Schutzzölle. Breslau 877.

— Sonntagsfeier in Deutschland, s.a. Zeit- u. Streit-Fragen, deutsche.

Lammers, Aug., Sonntagsfeier in Deutschland. Berlin 1882. 8.
Ist: Deut. Z.- u. Str.-Fr. Jhg. 11. H. 166. . . . . (D.; LUK.; UC.)

Lammers, A., u. Hossbach, Th., Die Sonntagsfrage. Referate, geh. auf dem 10. deutschen Protestantentag zu Heidelberg am 31. Aug. 1876. Hrsg. im Auftrage des geschäftsführenden Ausschusses des deutschen Protestantenvereines. gr. 8⁰. Berlin, Haack, 1876.

— der Socialismus, s.a. Volksschriften, deutsche.

— Der Socialismus. (A. u. d. T.: Deutsche Volksschriften, I.) 8⁰. Breslau 1878.

—— Sparen und Versichern, s.a. Zeitfragen, volkswirthschaftliche.

Lammers A. Sparen und Versichern. (Zeitfragen, Volkswirtsch. 23) Berlin 1881

— Staats-Armenpflege, s.a. Zeitfragen, volkswirthschaftliche.

— Staats-Armenpflege. »Zeitfragen, Volkswirthschaftliche.« (27 S.) Ebd. 1881. L. Simion.

— Trunksucht und Armenpflege. 8⁰. Leipzig 1888.

— Uebersicht gemeinnütziger Kaffeeschenken in Deutschland. Bremen 1888 19 S. 8⁰.

— Umwandlung der Schenken, s.a. Zeit- u. Streit-Fragen, deutsche.

— Umwandlung der Schenken. 8⁰. Berlin 1883.

— Umwandlung der Schenken. Erläuterung der Vorschläge der Schenken-Commission des deutschen Vereins gegen den Missbrauch geistiger Getränke. »Zeit- u. Streitfragen, Deutsche.« (32 S.) Berlin 1884. Habel.

– Die Unternehmung im Sparkassen–Geschäft, s.a. Zeit – u. Streit– Fragen, Deutsche.

Lammers A, die Unternehmung im Sparkassengeschäft. (Zeit- u Str. 174) Berlin 1883

— Vereinsthätigkeit und Staatsfürsorge im Mässigkeitskampf. Vortrag. Zürich 1887. 3 S.

— Verjüngung der Kirche. gr. 8. (32 S.) Bremen 876. Bruns. n. — 60

— die Verpflanzung armer Kinder ins Freie, s.a. Zeit- u. Streitfragen, deutsche.

Lammers A, die Verpflanzung armer Kinder ins Freie. (Zeit- und Streitfragen NF 74) Hamburg 1890

— Vortrag über die Bekämpfung des Alkohols vor den Lehrern zu Mannheim am 22. Mai 1891. 7 S. 8⁰

Lammers, ..., einige Worte über d. tarif- u. nicht tarifmäß. Gewinn d. Bierbrauer, 8. Erlang. 822. Heyder. 4 K

– (Hrsg.), s. Zeit- und Streitfragen, Deutsche.

—— Ziele und Bahnen der deutschen Armenpflege, s.a. Zeitfragen, volkswirthschaftliche.

Lammers, Aug., Ziele und Bahnen der deutschen Armenpflege. Berlin 1881 8.
Ist: Volksw. Zeitfr. B. 28. . . . . (D.)

— Ziele und Bahnen der deutschen Armenpflege. »Zeitfragen, Volkswirthschaftliche.« (32 S.) Ebd. 1882.

Lammers, B., Geschichte d. Ortes Peterswaldau am Eulengebirge im Kreise Reichenbach in Schlesien. gr. 8. (IV, 151 S. m. 8 Steintaf. u. 1 genealog. Tab.) Reichenbach i/Schl. 884. (Höfer.) cart. n.n. 2. 25

Lammers, Emil, Dichterlibe. Lider u. Gedichte aus Leben u. Traum. 8. (XII, VI, 266 S.) Würzburg 879. Kreßner. n. 3. —; geb. n. 4. —

Lammers, Ferd.

Lammers, F., Geschichte d. Stadt Erlangen v. ihrem Ursprunge unt. d. fränk. Königen bis z. Abtretung an d. Krone Baierns nach Urkunden u. amtl. Quellen bearb. 8. (15¾ B. u. 2 lith. Abbild.) Erlangen 834, (Palm u. Enke.)

Lammers, Ferd., Geschichte d. Stadt Erlangen von ihrem Ursprunge unter d. Fränkischen Königen bis zur Abtretung an die Krone Bayern, nach Urkunden u. amtl. Quellen bearb. Mit 2 Kpfr. 8. Erlangen 835. Palm u. Enke. n. 1 ℔

Lammers, Ferd., Geschichte d. Stadt Erlangen v. ihrem Ursprunge unt. d. fränk. Königen bis z. Abtretung an d. Krone Bayern, nach Urkunden u. amtl. Quellen bearb. gr. 8. (16 B. u. 2 Ansichten.) Erlangen 841, (Bläsing.) Thlr. *

Lammers, Dr. Ferd. (I. Bürgermeister das.). Geschichte d. Stadt Erlangen von ihrem Ursprunge unter d. fränkischen Königen bis zur Abtretung an die Krone Bayern. Nach Urkunden u. amtl. Quellen bearb. 2. Ausg. f. d. 100jähr. Jubiläum d. Hochschule Erlangens („Academia Fridericiana", eröffnet 4. Novbr. 1743). Mit Titel-Stahlst. (von *Poppel*) u. 3 Lithogr. (von Verschiedenen). Erlangen, Theod. Bläsing, 1843. 8⁰. Ppb.*)
VIII—232 S. Ed. I. 183'. — Von Lammers erschien auch: Statistik u. Jahrbücher d. Stadt Erlangen von 1818—1838. Ebd. 1839. Gr. 8⁰.

—— Statistik u. Jahrbücher d. Stadt Erlangen v. 1818—1838. gr. 8. (7⅛ B.) Erlangen 839, Bläsing. *

Lammers, Fritz *Wilhelm Arthur* [aus Berlin]: Störungen seitens des Nervensystems als Complicationen und Nachkrankheiten der acuten infectiösen Exantheme. ... Berlin, Buchdr. v. G. Schade, *1890*; 49 S. 8⁰
Berlin, Med. Fak., Inaug.-Diss. v. 7. Nov 1890

Lammers, Hans Heinrich, Referendar am Kgl. Landgericht zu Breslau: Die **Rentenschuld** des Bürgerlichen Gesetzbuchs. *Breslau 1904: Schles. Druckerei-Genossenschaft.* (44 S.) 8⁰
Breslau, Jur. Diss. v. 18. Juli 1904

Lammers, Herm., Beiträge zur Wirkung des Natron salicylicum beim Typhus abdominalis. Inaugural-Dissertation. gr. 8. (23 S.) Göttingen 879. (Vandenhoeck & Ruprecht.) n. — 60

Lammers, Herm., Kinderharfe. Liederbüchlein f. evangel. Schulen, Sonntagsschulen u. Kindergottesdienste. 16. verm. u. verb. Aufl. 12. (182 S.) Essen 900. G. D. Baedeker. Geb. n. — 40
Auch u. d. T.: Rheinisch-westfälische Kinderharfe.

Lammers, H., rheinisch-westfälische Kinderharfe. Liederbüchlein für evangel. Schulen, Sonntagsschulen und Kindergottesdienste. Für den Bereich des Evangel. Gesangbuches der Synoden Jülich, Cleve, Berg und Grafsch. Mark zusammengestellt. 1.—4. Aufl. 12. (121 S.) Essen 886,87, G. D. Baedeker. * geb. *

Lammers, Herm., rheinisch-westfälische Kinderharfe. Liederbüchlein f. evangel. Schulen, Sonntagsschulen u. Kindergottesdienste. 8., nach dem neuen „Evangel. Gesangbuch f. Rheinland u. Westfalen" umgearb., verm. u. verb. Aufl. 12. (156 S.) Essen 893. G. D. Baedeker. Kart. n. — 40

Rheinisch-Westfälische Kinderharfe. Liederbüchlein f. evangel. Schulen, Sonntagsschulen u. Kindergottesdienste, hrsg. von Dr. Hermann **Lammers**, weil. ev. Pfarrer in Essen. 18. verm. u. verb. Aufl. *Essen: G. D. Baedeker 1901.* (182 S.) 8° [F.] (w. 5490

Lammers, Herm., rheinisch-westfälische Kinderharfe. Liederbüchlein f. evangel. Schulen, Sonntagsschulen u. Kindergottesdienst. 24. Aufl. (182 S.) kl. 8. Essen 904. G. D. Baedeker. Geb. n. — 40

Lammers, Herm., Rheinisch-westfälische Kinderharfe. Liederbüchlein f. evangel. Schulen, Sonntagsschulen u. Kindergottesdienste. 31. Aufl. (182 S.) kl. 8. Essen 908. G. D. Baedeker. Geb. — 40

Lammers, Hermann: • Judaeorum prophetiae cum rebus manticis antiquarum gentium comparatae vis ac notio definita. 41 S. 4° (2°)
Halle-Wittenberg, Phil. Diss. v. 17. Juli 1875
Geb. [Berlin 30. 12. 1851]

Lammers, Hermann Arnold Max Marie, approb. Arzt aus Amsterdam: Zur Frage der Entstehung des Promontoriums während der Fötalperiode. *Straßburg i. E. 1904: C. Müh & Co.* (45 S.) 8°
Straßburg, Med. Diss. v. 1903

Lammers, Johann [Apotheker aus Eddelak '(Schleswig-Holst.)']: Beiträge zur Kenntnis des Cytisins ... Marburg, Buchdr. v. J. Hamel, 1897; 60 S., 1 Bl. 8.
Marburg, Phil. Fak., Inaug.-Diss. v. [26. Mai] 1897

Lammers, Jh. Fr. Wlh., († d. 11. Juni 1805.) Erörterung der Frage: Ob d. Renunciation auf d. Erbschaft von d. Collationsverbindlichkeit befreie? 8. Erlang. 795. Palm. 2 K

— s. Jn wiefern d. Miether e. Hauses.

Lammers, Julius [app. Arzt aus Wesselburner-Koog in Schleswig-Holstein]: Aus d. geburtshülfl.-gynäkolog. Klinik zu Kiel. Anatomische und klinische Mitteilungen zur Physiologie der Nachgeburtsperiode. . . . Kiel, Druck v. Carl Böckel, 1880; 26 S. + 2 Bl. 8°
Kiel, Med. Fak., Inaug.-Diss. v. 19. März 1880

Lammers, J., anatomische u. klinische Mittheilungen zur Physiologie der Nachgeburtsperiode. Aus der geburtshülflich-gynäkolog. Klinik zu Kiel. Inaug.-Diss. gr. 8. (27 S.) Kiel 890. (Lipsius & Tischer.) n. 1. —

Lammers, Mathilde, der Feierabend, s.: Volksbibliothek d. Lahrer hinkenden Boten.

Lammers, Mathilde: Die Frau. Ihre Stellung u. Aufgabe in Haus u. Welt. — Leipzig: Veit 1877. XII, 204 S. 8°

Lammers, Mathilde, Hausbackenes. 8. (VII, 248 S.) Bremen 886. Roussell. n. 2. —; geb. n. 3. —

— Kaffeeschänken. 8°. Bremen 1883.

– Schmale Kost, s. Volksbibliothek d. Lahrer hinkenden Boten.

— deutsche Lehrerinnen im Auslande, s. a. Zeit- u. Streit-Fragen, deutsche.

Lammers, M[athilde]: Deutsche Lehrerinnen im Auslande. — Berlin: Habel [Umschlagt. überklebt: Hamburg: Richter] 1884. 72 S. 8° (Deutsche Zeit- u. Streit-Fragen. H. 205 206.)

— Deutsche Lehrerinnen im Auslande. »Zeit- u. Streitfragen, Deutsche.« (72 S.) Hamburg 1885. Verlagsanstalt u. Druckerei.

—— s. Nordwest-Geschichten.

— Volks-Kaffeehäuser. Rathschläge f. ihre Einrichtg. u. Bewirthschaftg. Nach engl. Quellen bearb. gr. 8. (86 S.) Bremen 888. Roussell. n. 1. —

Lammers, Mathilde. Volks-Kaffeehäuser. Ratschläge für ihre Einrichtung und Bewirtschaftung. Bremen 1890.

Lammers, Mathilde, das lebendige Weihnachtsgeschenk. Eine Erzählung für Kinder von 10 bis 14 Jahren. gr. 16. (109 S.) Bremen 878. Nordwestdeutscher Volksschriften-Verlag. cart. n. 1. —

LAMMERS, Paul (Brakel): Die Steinoperationen mit besonderer Würdigung der Litholapaxie.- München: Wolf 1885. 40 S.
18.5.1885 - Urk (Titel: De litholapaxie.); Chr 1884/85,21
Diss. Ingolst.-Landsh.-**Mchn.**

Lammers, Peter Heinr. (geb. Wiedenbrück in Westf. 1. 3. 1841): Ueber den Lupus und seine Beziehung zur Syphilis. Berlin (1868). (35 S.) 8°
Berlin, Med. Diss. v. 21. März 1868

Lammers, Richard [aus Bütow]: Aus d. patholog. Institut zu Greifswald. Angioma ventriculi simplex. Beitrag z. Entwicklgsgesch. d. Angiome ... Greifswald, Druck v. J. Abel, 1893; 26 S. 8.
Greifswald, Med. Fak., Inaug.-Diss. v. 10. Mai 1893

Lammers, **Vincens**: Zur Kasuistik des nichttraumatischen Chylothorax. Borna-Leipzig 1910: Noske. 39 S. 8°
Leipzig, Med. Diss. v. 22. März 1910, Ref. Marchand
[Geb. 16. Jan. 81 Peterswaldau Schl.; Wohnort: Berlin; Staatsangeh.: Preußen; Vorbildung: Gymn. Heiligenstadt Reife O. 02; Studium: Berlin 11 S.; Coll. 23. März 10; Approb. 10. April 09.] [U 10. 3015

Lämmerschwanz, Kaspar Hektor, s. *Orbis* pictus, kleiner, für große Kinder.

Lammersdorf, Joa. Ant., Diss. inaug. botan. sistens plantarum cryptogamicarum, fructificationis historiae prodromum de filicum fructificatione. 8maj. Götting. 781. Dieterich. 2 K

LAMMERSDORFF, Joannes Antonius: Dissertatio inauguralis botanica, sistens plantarum cryptogamicarum fructificationis historiae prodrorum, de Filicum fructificatione. - Goettingae 1781. 35 S.

Lammersmann, Constanz, aus Coesfeld: Vergleichende Darstellung der abweichenden Bestimmungen über die Kommandit-Gesellschaft im alten und neuen Handelsgesetzbuch. *Erlangen 1900: F. Junge.* (VI, 59 S.) 8°
Erlangen, Jur. Diss. v. 3. Nov. 1899

Lammerstraat-Lied, s. a. Von d. Mann, de sik wat maken kann.

Lammerstraat-Leed. 31 Oplag. (Hamburg) o. J. ((1905?) 2 Bl. 4° k

Lammerstraat-Leed. Von den Mann, de sick wat maken kann. 32. Opl. (Hamburg: P. Conström 1906.) (2 Bl.) 8° [Kopft. F.] (07. 17931 9

Lammert, Edmund

Lammert, E., Zu Polybios. S. A. 1888. 16 S.

Lammert, Edmund [Dr.]: Polybios und die römische Taktik. Leipzig, Druck v. A. Edelmann, 1889; S. 1–24; 4° Leipzig, k. G, OP 1889 (518)

Lammert, E., Polybios u. die römische Taktik. I. Tl. gr. 4. (24 S.) Leipzig 889. (Hinrichs' Sort.) n. 1. —

Lammert, E., De pronominibus relativis Homericis. Diss. 1874. 37 S. 1.50

— Übungsbuch f. den Unterricht im Lateinischen. Kurs. der Quarta. gr. 8. (IV, 137 S.) Leipzig 888. Reisland. geb. n.n. 1. 20 (1–3.: n.n. 3. 70)

Lammert, E., Übungsbuch f. den Unterricht im Lateinischen Kurs. der Quarta. 2., verb. Aufl. gr. 8. (IV, 137 S.) Leipzig 891. O. R. Reisland. Geb. n.n. 1. 20

— dasselbe. Kursus der Quarta. 4. verb. Aufl. gr. 8. (IV, 137 S.) Ebd. 901. Geb. n.n. 1. 20

Lammert, E., Übungsbuch f. den Unterricht im Lateinischen. Kurs. der Quinta. gr. 8. (IV, 169 S.) Leipzig 885. Fues. geb. n.n. 1. 30

— dasselbe. Kurs. der Quinta. 3., verb. Aufl. gr. 8. (III, 164 S.) Ebd. 894. Geb. n.n. 1. 30

— dasselbe. Kursus der Quinta. 5., verb. Aufl. gr. 8. (III, 164 S.) Ebd. 901. Geb. n.n. 1. 30

Lammert, E., Übungsbuch für den Unterricht im Lateinischen. Kursus der Sexta. gr. 8. (X, 153 S.) Leipzig 884, Fues's Verlag. cart. *

— dasselbe. Kursus der Sexta. 2. Aufl. gr. 8. (XI, 147 S.) Ebend. 884. cart. n. 1. 20

— dasselbe. Kursus der Sexta. 3., verb. Aufl. gr. 8. (XI, 147. S.) Ebd. 888. geb. n.n. 1. 20

— dasselbe. Kurs. der Sexta. 5. Aufl. (Verb. Ster.-Abdr. der 4. umgearb. Aufl.) gr. 8. (IV, 149 S.) Ebd. 894. Geb. n.n. 1. 20

Lammert, E., Übungsbuch f. den Unterricht im Lateinischen. Kursus der Sexta. 7. Aufl. gr. 8. (IV, 149 S.) Leipzig 908. O. R. Reisland. Geb. n.n. 1. 20

Lammert, E., Übungsbuch f. den Unterricht im Lateinischen. Kursus der Sexta. 8. Aufl. (IV, 149 S.) 8. Leipzig 908. O. R. Reisland. Geb. nn 1. 20

— Vokabularium zu dem Übungsbuche f. den Unterricht im Lateinischen. Kursus der Quinta. gr. 8. (22 S.) Ebend. 886. n.n. — 25

Lammert, E., Vokabularium zu d. Übungsbuche f. d. Unterr. i. Latein. Kurs. d. Quinta. 3. Aufl. gr. 8. (22 S.) Leipzig 897. O. R. Reisland. n.n. — 25

— dasselbe. Kursus der Sexta. gr. 8. (20 S.) Ebend. 886. n.n. — 25

Lammert, E., Vokabularium zu dem Übungsbuche f. den Unterricht im Lateinischen. Kurs. der Sexta. 4. Aufl. gr. 8. (20 S.) Leipzig 899. O. R. Reisland. n.n. — 25

Lammert, Gottfried

Lammert, G., zur Geschichte des bürgerlichen Lebens u. der öffentlichen Gesundheitspflege, sowie insbesondere der Sanitätsanstalten in Süddeutschland. Ein Beitrag zur Geschichte der Cultur u. Medicin. gr. 8. (IV, 301 S.) Regensburg 880. Wunderling. n. 3. 60

Lammert, G., Geschichte der Seuchen, Hungers- und Kriegsnoth zur Zeit d. 30jähr. Krieges. gr. 8. (VIII, 291 S.) Wiesbaden 890. Bergmann. n. 8. —

Lammert, Gustav

Lammert, G., Volksmedizin und medizinischer Aberglaube in Bayern und den angrenzenden Bezirken, begründet auf die Geschichte der Medizin und Cultur. Mit histor. Einleitung. gr. 8. (VI, 274 S. mit 1 lithogr. Taf.) Würzburg 869, Julien'sche Buchh. [Frankfurt a. M., Lud. St. Goar.] (*M 4,20.) *

LAMMERT, Josef (Regensburg): Über die osteoplastische Fussresection nach Binkubicz. (Titel nach der Urkunde)
26.7.1887 - Urk; Chr 1887/89,18
Diss. Ingolst.-Landsh.-Mchn.

Lämmert, die Engel Gottes, e. wichtiges Stück d. christlichen Glaubens. 8. (48 S.) Stuttgart 892. Buchh. d. Evangel Gesellschaft. n. — 20

— v. Jesu Christo od. kurze u. einfache Erklärg. d. 2. Hauptartikels unseres apostol. Glaubenbekenntnisses. 8. (16 S.) Ebd. 893. n. — 10

Wie schützt sich der Bergmann gegen Unfälle? Eine Anweisung f. d. Bergleute d. Saarbrücker Steinkohlengruben von Obersteiger Lämmert zu Grube König St. Johann a. d. S. 1902 Saardr (32 S.) 8° [F.] (07. 14088

Laemmert, Arnold [aus Kirchheim a. N., Württemb.]: Das perforierte Ulcus ventriculi rotundum in gerichtlich-medizinischer Beziehung nebst Bemerkgn über d. Häufigkeit d. runden Magengeschwürs zu München in d. Jahren 1883—1888 ... München, Buchdr. Kastner & Lossen, 1896; 1 Bl., 23 S. 8. München, Med. Fak., Inaug.-Diss. v 1896

Lämmert, Aug. Chrn., Babel, das Thier und der falsche Prophet. Biblisch-symbolische Studie über Offenbarung Joh. 13—19, nebst einer Einleitung in die Apokalypse. Gotha 862. Besser. gr. 8. (130 S.) 15 ngr

Lämmert, A. C., christl. Gebet-Buch mit Liedern, für Alle, die den Herrn suchen. Mit Titelkpfr. gr 8. Schwäb. Hall 838. Haspel. 1/2 rthl geb. zu 3/4 rthl u. zu 5/6 rthl

Lämmert, A. C., Gebetbuch für evangelische Schulen. Stuttgart 856. Oetinger. 8. (93 S.) n. 10 ngr

—— lehret alle Völker! Missions-Rede. 8. (1 B.) Schwäb. Hall 838, Haspel'sche Buchh.

Lämmert, Aug. Chr., die erste Liebe, eine Darstellung des äußeren u. inneren Lebens der ersten Christen. Nach Gottfr. Arnold neu bearbeitet. gr. 8. Stuttgart 844, Rommelsbacher. n. 5/6 ₰

—— der Morgenstern, s. 9. Bd. Morgenstern, der.

— die Offenbarung Johannis, durch die heilige Schrift für alle Bibelfreunde ausgelegt. Stuttgart 865. J. F. Steinkopf. gr. 8. (X, 346 S.) n. 1 ₰ 10 ngr

— biblische Reden über die Evangelien-Texte eines Jahrgangs. 1. Heft. gr. 8. Tübingen 841. (Sortiments-Buchh.) Zu Guttenberg. — 6 Hefte: n. 1½ ₰

—— bibl. Reden üb. d. Evangelien-Texte ein. Jahrgangs. 6 Hfte. gr. 8. Tübingen 841, 42, (Zu-Guttenberg, Sortbh.) *

—— ein Wegweiser aus der Irre. Eine Betracht. üb. Joh. 3, 3. 2. Aufl. 8. (1½ B.) Nürnberg 836, Raw'sche Buchh.

Lammertz, Gottfr. (Köln)
Dissertatio inauguralis juridica, de remediis abbreviandarum litium.
Gissae Aug. 1703: Joh. Reinh. Vulpius. 88 S. 4°
pro summis in utroque jure honoribus et privilegiis doctoralibus rite ac legitime capessendis.

Lammertz, J. H., Jesus meine Zuflucht. Ein Handbuch für kathol. Seelsorger am Kranken- u. Sterbebette. gr. 12. Aachen 842, Cremer'sche Buchh. (F. Cazin.) ½ ₰

Lammertz, Jos., Nymphenspiel. [Ein Nymphenspiel.] (E. dramat. Dichtg.) 8. (145 S.) Freiburg i/B. 895. Lorenz & Waetzel. n. 2. —

Lammertz, Jos., die deutsche Rechtschreibung f. d. deutsche Volk. Ein Werkchen f. jeden Deutschen, der seine Muttersprache richtig schreiben lernen u. lehren will. (120 S.) gr. 16. Aachen 903. P. Urlichs. Kart. n. — 75

Lammer-Weide · Band I Jan. 1875? 1918?
Weekly Sub-title Ist besonders für die kleineren Sonntagsschüler bestimmt. Organ of Evangelische Gemeinschaft. Octavo, each issue 4 pages illustrated printed on coloured paper. Published by W. F. Schneider, 1875—79: by Lauer & Yost, 1880—87 by Lauer & Mattill, 1888—94 by Thomas & Mattill, 1895—1902, by Mattill & Lamb, 1903—04 by J. H. Lamb, 1905—11 by C. Hauser 1912 1918?
Cleveland, OH

Lammers, Ferd. Andr. (Main), Diss. jur. de praeeminentia s. sedis Moguntinae. Erfurt (Francken berg) 2. X. 1731. 63 S. (5.—) 20338

Lammeyer, Joseph, Religions- u. Oberlehrer in Neuß: Das Siegesdenkmal des Königs Scheschonk I. zu Karnak. Neuß 1907: H. Goder. (35 S.) 8° ¶(Erscheint vollst. u. d. T.: 'Sisaks Krieg gegen Palästina. Die grosse Scheschonk-Inschrift neu herausgegeben, übersetzt u. erklärt.')
Bonn, Phil. Fak., Ref. Wiedemann, Diss. v. 6. Aug. 1907
[Geb. 13. März 70 Fulda; Wohnort: Neuß; Staatsangeh.: Preußen; Vorbildung: Gymn. Warburg Reife M. 91; Studium: Würzburg 1, Münster 1, Bonn 6 S.; Rig. 8. Mai 07.]

Lammfromm, Hermann [aus Tübingen]: Beiträge zur Geschichte der Erbschaftsklage . . . Tübingen, Druck v. H. Laupp jr., 1887; IV + 143 S. 8°.
Tübingen, Jur. Fak., Inaug.-Diss. v. 1887.

Lammfromm, Herm., Teilung, Darlehen, Auflage u. Umsatz-Vertrag. Untersuchgn. aus d. Privatrecht. gr. 8. (XVIII, 286 S.) Leipzig 897. Duncker & Humblot. n. 6. 40

Lammfromm, Jul., das Königl. Wüttembergische Gesetz vom 6. Mai 1852, betr. die Einführung einer kürzeren Verjährungsfrist für gewisse Forderungen. Im Zusammenhange mit dem bisherigen Rechte gemeinfaßlich erläutert. Mit ausführlichem Sachregister. Stuttgart 855. Metzler. 8. (96 S.) 10 ngr

Lammfromm, Leop., geistige Brosamen, oder: Wohlverhaltungs- u. Anstandslehren, mit strenger Rücksicht auf unsere zerfallene Zeit vom belehrendsten Standpunkte aus bearb., zum Gebrauche in Schule u. Haus, f. Schüler aller Confessionen. Ulm 854. (Stuttgart, Sonnewald.) 8. (VI, 87 S.) 5 ngr

—— Erörterungen pädagogischer Lebensfragen für die Jetztzeit. br. 8. (50 S.) Ulm 852, (Stettin'sche Buchh.)

— Katechismus über die nothwendigsten Glaubens- u. Sittenlehren der biblisch-mosaischen Religion für die Mittelclassen israelit. Schulen. gr. 12. (VI u. 74 S.) Blaubeuren 846, Mangold. 4½ ngr

— Lesebuch für Israeliten. Zum Gebrauch in Schule u. Haus. 1. Thl. gr. 8. (IV u. 290 S.) Blaubeuren 847. (Mangold.) ⅔ ₰

Lammich, F. C., Tagebuch, geführt auf der Reise nach u. in Costa Rica in Central-Amerika. gr. 16. (36 S.) Leobschütz 850, Weilshäuser in Comm. ⅛ ₰

Lamminger, Mt., über d. Firnißsieden d. Buchdrucker, oder wie solches ohne Furcht vor Gefahr u. Schaden u. auf eine leichte, Zeit u. Holz ersparende Art geschehen könne. 8. Nürnb. 817. Stein. 4 K

Lämmle, Jonas: Abentheuer (aus seinen eigenen Briefen) Aus d. Ungar. des Benjamin Szalay, (Karl v. Kisfaludy) 12. Kaschau 827. Heckenast in Pesth. – Vgl. 6r Bd Szalay

Lämmlein, A. G., s. Uschekoff, Geschichte der Feldzüge in der Türkei.

Laemmlein, Joh., Basel. Dissertatio inauguralis medica de variolarum infantilium exstirpatione, variolarum vaccinarum insitione perficienda.
Basel; med. Diss. 1802.

Lämmler, Arthur, Ref. in Cöthen i. Anh.: Das Verlöbnisrecht nach dem Bürgerlichen Gesetzbuch. Borna-Leipzig 1905: R. Noske. (VIII, 108 S.) 8°
Leipzig, Jur. Fak., Diss. v. 4. Jan. 1906
[Geb. 6. Dez. 81 Cöthen; Wohnort: Cöthen; Staatsangeh.: Anhalt; Vorbildung: Ludwigs-Gymn. Cöthen Reife O. 00; Studium: Marburg 1, München 2, Halle 3 S.; Rig. 3. Aug. 03.]

(Lämmlin, Vorsteher der Mädchensekundarschule in Thun), Die Errichtung eines Fröbel'schen Kindergartens in Thun. Gedruckt auf Veranstaltung des gemeinnützigen Vereins für Volksbildung. 32 Stn. 8. Thun, E. Stämpfli. 1873

Lämmlin, Johann s König, J[ohann]. Schweizergeschichte. 2. Aufl. Bern 1881.

Lamoignon, Malesherbes, Bemerkungen üb. d. allgemeine u. besondere Naturgeschichte Büffons u. Daubentons als eine Fortsetzung d. Naturgeschichte Buffons. 2 Thle. gr. 8. Berl. Pauli. 800.

Lamoignon de Malesherbes, Bemerkk. über d. allgem. u. besondere Naturgeschichte Büffons u. Daubentons, als eine Fortsetzung d. Naturgeschichte Büffons. 2 Thle. gr. 8. Berl. 800. (Reimer). 2 ß

Lamoignon de Malesherbes, die Ränke, oder List über List; ein Lstspl. in 3 A., aus d. Französ. 8. Frburg 790. Craz u. G. 3 K

— u. Barthelemy, zwei histor. Versuche; aus d. Französ. 12. Berl. 796. (Rottmann). 12 K

Lamoni, Carlo-Felice, aus Muzzano (Tessin): Die Kondensation von Phenylbrenztraubensäure mit Phenolen und Phenoläthern. (Aus dem I. Chemischen Laboratorium der Universität Freiburg i. Schw. Prof. Bistrzycki.) Freiburg (Schweiz) 1910. 64 S. 8°.
Freiburg i. Schw. Math.-naturw. Diss. 1909/10.

Lamonnerie (dict. Fattorini) C., De ovariorum exstirpatione. Diss. med. Göttingen (F. E. Huth) 1828. (3.—) 20330
Gew.: J. Lizar.

Lamont, Johann

— s. Annalen für Meteorologie.

Lamont, J., s. Annalen der königl. Sternwarte bei München.

(Lamont, J.), Annalen der Königlichen Sternwarte bei München, auf öffentliche Kosten herausgegeben. IV. Supplementb. mit IX lithograph. Taf. München 1863.

Lamont, J. v., s. Annalen der Münchener Sternwarte.

—— Astronomie und Erdmagnetismus. Lex.-8. (VIII und 289 S. mit 4 Stnt. in qu. gr. 4.) Stuttgart 851, Franckh'sche Vrlgsh.
Aus: Neue Encyklopädie für Wissenschaften und Künste &c., besonders abgedruckt.

Lamont, Dr., Bemerkung über die Bestimmung des Werthes der Skalentheile in magnetischen Observatorien. (Aus Poggend. Annal., Bd. CXII, 1861.)

Lamont, Dr., und Pettenkofer, Max, Dr., Bemerkungen und Gegen-Bemerkungen über die Schwankungen des Grund-Wassers und die davon herrührende Infection der Luft. (Aerztl. Intelligenz-Blatt, VII. Jahrg., No. 9, 14 und 15.) München 1860.

Lamont, J., Dr., Magnetische Beobachtungen im Jahre 1840, angestellt in dem magnetischen Observatorium der Kön. Sternwarte bei München. (Aus den Annalen für Meteorologie, Erd-Magnetismus und verwandte Gegenstände, herausgegeben von Dr. J. Lamont, 1842, 1. Heft.)

—— und Joh. v. Soldner, meteorologische Beobachtungen, s. Beobachtungen.

Lamont, J., Beobachtungen, meteorologische, auf dem Hohenpeissenberg, s. Beschreibung.

—— s. Beobachtungen, meteorologische und magnetische der königl. Sternwarte bei München.

—— Beschreibung der an der münchener Sternwarte zu den Beobachtungen verwendeten neuen Instrumente und Apparate. gr. 4. (102 S. mit 8 Stnt.) München 851, (Franz.) *
Aus: Abhandlungen der k. bayr. Akademie der Wissenschaften, 2. Classe, 6. Bd. 2. Abthl., besonders abgedruckt.

Lamont, J., Astronomische Bestimmung der Lage des Bayerischen Dreiecksnetzes auf dem Erdsphäroid. München 1865.
Sep.-Abdr. aus Sitz.-Berr. d. k. b. Akad. (D.)

—— Bestimmung der Horizontal-Intensität des Erdmagnetismus nach absolutem Maase. gr. 4. (52 S. mit 1 Stnt.) (München 851, Franz.) *
Aus: Abhandlungen der 2. Classe der Akademie der Wissenschaften 3. Bd., besonders abgedruckt.

Lamont, J. v., astronomisch-geodätische Bestimmungen, ausgeführt an einigen Hauptpunkten d. bayerischen Dreiecksnetzes, s: Annalen der Münchener Sternwarte.

— Brief an Prof. Heiss in Münster, über die elektrischen Ströme in Telegraphen-Leitungen.

Lamont, J., Dr., Darstellung der Temperatur-Verhältnisse an der Oberfläche der Erde. (Aus den Abhandl. der II. Cl. d. Akad. d. Wissensch. II. Theil, Abth. 1.)

— Mittlere magnetische Deklination in München. (Aus den Annal. für Meteorologie, Erd-Magnetismus und verwandte Gegenstände, herausgegeben von Dr. J. Lamont, 1842, 1. Heft.)

Lamont, J., Denkrede auf die Akademiker Dr. Thaddäus Siber und Dr. Georg Simon Ohm. Im Auszuge vorgetragen in der öffentlichen Sitzung d. k. b. Akad. d. W. zu München zur Feier ihres 96. Stiftungstages am 28. März 1855. München 855. (Franz.) 4. (36 S.) 10 ngr

— Differential-Instrumente für magnetische Deklination und Horizontal-Intensität. (Aus den Annalen für Meteorologie, Erd-Magnetismus und verwandte Gegenstände, herausg. von Dr. J. Lamont, 1842, 1. H.)

Lamont, J., Dr., Neue Einrichtung des Psychrometers. (Aus den Annalen für Meteorologie, Erdmagnetismus und verwandte Gegenstände. Herausgegeben von Dr. J. Lamont. 1842. 1. Heft.)

Lamont, J., der Erdstrom und der Zusammenhang desselben mit dem Magnetismus der Erde. Mit 26 Holzschn. (im Text) u. 1 (lith.) Taf. Leipzig 862. Voss. gr. 4. (2 Bl., 74 S.) n. 1 ß 10 ngr

— Ueber die vortheilhafteste Form der Magnete. (Aus Poggendorff's Annal., Bd. CXIII.) 1861.

— Handbuch des Erdmagnetismus. (I. Tbl.) Mit 6 lith. Taf. (in qu. gr. 4.) gr. 8. (VIII u. 264 S.) Berlin 849, Veit & Co. n. 2 ß

— Handbuch des Magnetismus, s. Encyklopädie, allgemeine, der Physik.

Lamont, Johann, Handbuch des Magnetismus. Mit 281 in den Text eingedruckten Holzschnitten. (A. m. d. T.: Allgem. Encyklopädie der Physik. Herausgeg. von Gustav Karsten. Bd. XV.) Leipzig 1867.

Lamont, (Conservator Dr.) J., Jahrbuch der Königl. Sternwarte bei München, für 1838–1840. 1r—3r Jahrg. gr. 12 München 838—40. Fleischmann. (1r J. 11/12 ß 2r J. 1 ß 3r J. 1 ß) 2 11/12 ß

Lamont, J., Jahrbuch der Königl. Sternwarte bei München, f. 1841. 4. Jahrg. gr. 12. München 841, Fleischmann. n. 1 ß

Lamont, J., Jahres-Bericht der königl. Sternwarte bei München für 1852 erstattet an den königl. Gen.-Conservator der wissenschaftlichen Sammlungen und Vorstand der königl. Akad. der Wissenschaften Hrn. geh. Rath. Fr. v. Thiersch. gr. 8. (VIII und 140 S. mit eingedr. Holzschn.) München 852, (Franz.) Thlr. *

Lamont, J., Dr., Jahresbericht der Königl. Sternwarte bei München für 1852. München 1852.
— Dasselbe Werk für 1854. München 1854.
— Dasselbe Werk für 1858. Mit 1 lithograph. Tafeln. München 1859.
(Demselben Bande sind ausserdem noch die monatlichen und jährlichen Resultate der an der königl. Sternwarte zu München 1825—1866 angestellten meteorolog. Beobachtungen, identisch mit B.-N. 289, beigefugt.)

—— astronomischer Kalender für das Königr. Bayern auf das gemeine J. 1850 verfasst und hrsg. an der k. Sternwarte bei München. Mit Beiträgen von K. Kuhn. (1. Jahrg.) gr. 8. (173 S.) München 849, (Franz.) **

—— dass. — auf die J. 1851—53. verfasst und hrsg. an der k. Sternwarte bei München. Mit Beiträgen von Kuhn, Meister und Pollak. (2—4. Jahrg.) gr. 8. Ebds. 849—52. [2. (264 S.) ** 1 Thlr. 1 Ngr., 3. (160 S.) ** 1 Thlr., 4. (144 S. mit eingedr. Holzschn.) ** 1 Thlr. 4 Ngr.] **

—— magnetische Karten von Deutschland und Bayern, nach den neuen bayer. und österreich. Messungen, unter Benützung einiger älterer Bestimmungen entworfen und hrsg. Fol. (IV und 16 S. mit 6 lithogr. und ill. Karten.) München 854, (Franz.) **

— Correction der absoluten Intensitäts-Messungen, wegen des in den Magnetstäben inducirten Magnetismus. (Aus den Annalen für Meteorologie, Erd-Magnetismus und verwandte Gegenstände, herausgegeben von Dr. J. Lamont, 1842, 1. Heft.)

Lamont, Lehrbuch des Erdmagnetismus. Mit 6 Steindrucktafeln. Berlin 1849. 8.

— Magnetismus, s. Encyklopädie, allgemeine, der Physik.

— Magnetismus. Encyklopädie der Physik. VII. Abth. I. [o. O. u. J.]

Lamont, J., Magnetismus der Erde, s. Repertorium.

—— über d. Nebelflecken. Eine öffentl. Vorles., gehalt. in d. festl. Sitzung d. k. b. Akad. d. Wissenschaften am 25. Aug. 1837. gr. 4. (4 B. u. 1 Stnt.) München 837, (Franz.) *

—— Observationes astronomicae, s. Annalen der k. Sternwarte bei München.

— s. Observatt. Astronom. in Specula Regia Monach. institutae.

—— Observationes astronomicae in specula reg. Monachiensi institutae etc. Vol. VI., VIII. et X—XIV. seu novae seriei Vol. I., II. et V—IX. 4 maj. Monachii. (Franz.) à Vol. * 1 Thlr. 20 Ngr. *
Vol. VI., VII. Observationes annis 1828—32. (37¾ B.) 811.
X. — annis 1835—37. (15½ B.) 812.
XI. — annis 1838—40. (... B.) 843.
XII. — anno 1841. (... B.) 844.
XIII. — anno 1842. (... B.) 844.
XIV. — anno 1843. (... B.) 844.
Vgl. 9. Bd. 1. Abthl. S. 535.

Lamont, J., Observationes astronomicae in specula reg. Monachiensi institutae atque reg. jussu publicis impensis editae. Vol. VIII. seu novae seriei Vol. III. Observat. an. 1833 factas continens. 4 maj. (16½ B.) Monachii 834, (Franz.)
Vol. I—VII. Ebendas. .....

—— Observationes astronomicae in specula Regia Monachiensi institutae atque Regio Jussu publicis impensis editae. Vol. IX. seu novae seriei Vol. IV. observationes anno 1834 factas continens. 4 maj. (20½ B.) Monachii 836, (Franz.) *
Vol. I—VII., vgl. Soldner. — Vol. VIII. Ibid. 1834. * 1 Thlr. 16 Gr.

— Observationes astronomicae in specula regia Monachiensi institutae etc. Vol. XV. s. novae seriei vol. X et ultim., observationes an. 1844 factas contin. gr. 4. (100 S.) Ebd. 848. n. 1⅔ ℛ

— über das magnetische Observatorium der königl. Sternwarte bei München. Eine öffentliche Vorlesung, gehalten in der festl. Sitzung der königl. Akademie der Wissenschaften am 25. Aug. 1840. gr. 4. München 841. (Franz.) n. ⅓ ℛ

— magnetische Ortsbestimmungen ausgeführt an verschiedenen Puncten des Königreichs Bayern und an einigen auswärtigen Stationen. 1. Thl. enthltd. die allgemeinen Grundlagen zur Bestimmung des Laufes der magnetischen Curven in Bayern. Mit 18 lith. Taf. München 854. (Franz.) Lex.-8. (199, CCCCIV S.) nn. 2 ℛ. 12 ngr

— — 2. Thl., nähere Bestimmungen über den Verlauf der magnetischen Curven enthltd. Mit 26 lith. Taf. München 856. (Franz.) Lex.-8. (192, CCXCII S.) n. 2 ℛ. 10 ngr

— Resultate der an der königl. Sternwarte bei München angestellten meteorologischen Beobachtungen, s. Annalen der königl. Sternwarte in München.

—— Resultate der magnet. Beobachtungen in München während der dreijährigen Periode 1840—42. gr. 4. (S. 673—688 und 1 Stnt.) München 847, Franz. *

—— dass. — während der dreijährigen Periode 1843—45. gr. 4. (S. 1—117 und 1 Stnt.) Ebds. 847. *
aus: Abhandlungen der 2. Classe der Akademie der Wissenschaften 3. und 5. Bd., besonders abgedruckt.

—— monatliche und jährliche Resultate der an der königl. Sternwarte bei München in dem 28jähr. Zeitraume 1825—1856 angestellten meteorologischen Beobachtungen nebst einigen allgemeinen Zusammenstellungen und daraus abgeleiteten Interpolations-Reihen. III. Supplementbd. zu den Annalen der münchener Sternwarte. gr. 8. (LXXIV und 304 S.) München 859, (Franz.) **
2. Supplementbd., s. Beobachtungen, meteorologische.
1. und 2. Supplementbd. (Ebendas.) 1856,58. ** 3 Thlr. 20 Ngr.

— Resultate des magnetischen Observatoriums in München während der dreijährigen Periode 1843—1845. Beigefügt sind:
Angström, J. A., Magnetische Messungen auf einer Reise nach Deutschland und Frankreich im Jahre 1844. München 1846.

— Resultate aus den an der königl. Sternwarte veranstalteten meteorologischen Untersuchungen nebst Andeutungen über den Einfluss des Clima von München auf die Gesundheitsverhältnisse der Bewohner. Aus d. Abhdlgn. d. k. bayer. Akad. d. W. München 857. (Franz.) 4. (59 S.) n. 15 ngr

Lamont, J., über die Temperatur-Verhältnisse in Bayern. gr. 8. (23 S.) München 849, (Franz.) Thlr. *
Aus: Annalen der münchener Sternwarte 3. Bd., besonders abgedruckt.

—— Untersuchungen über die Richtung und Stärke des Erdmagnetismus in Nord-Deutschland, Belgien, Holland, Dänemark im Sommer des J. 1858 ausgeführt. gr. 4. (188 S. mit 3 lithogr. Fig.-Taf. und 6 lithogr. Karten.) München 859, Franz. *

— Untersuchungen über die Richtung und Stärke des Erdmagnetismus an verschiedenen Puncten des südwestlichen Europa im Allerh. Auftrage Sr. Maj. des Königs Maximilian II. von Bayern ausgeführt. Herausg. auf Kosten Sr. Maj. des Königs etc. München 858. (Franz.) gr. 4. (198, CXVIII S. u. 13 lith. Taf. u. Karten.) n. 4 ℛ. 20 ngr

— Ueber das Verhältniss der atmosphärischen Luft zu dem in derselben befindlichen Wasserdampfe.

—— Verzeichniss der vorzüglichsten im Königr. Bayern gemessenen Höhepunkte nebst den geograph. Positionen der grösseren Städte und Tafeln zur Höhenbestimmung mittelst des Barometers. 1. Aufl. 1849. und 2., verm. und verb. Aufl. gr. 8. (84 S.) München 851, Franz. *

— Verzeichniss von telescop. Sternen, s. Annalen der k. Sternwarte in München.

– s. Verzeichniss v. 3571 telescopischen Sternen zwischen +9°u. + 15° Declination, s. Annalen der Münchener Sternwarte.

München, (Lamont, J., Dr.), Zusammenstellung der täglichen meteorolog. Beobachtungen von Regensburg, Würzburg, Hof und Leipzig (1841) und der monatlichen Mittel des Luftdrucks und der Temperatur in Landsberg, Regensburg, Burglengenfeld, Gunzenhausen, Ansbach, Neustadt a. d. A., Würzburg, Uffenheim, Hof, Leipzig, Cronberg. (Aus den Annalen für Meteorologie, Erdmagnetismus und verwandte Gegenstände.)

Lamont, Ldw., s. Observationes astronomicae in Specula Reg. Monach. institutae etc.

de Lamorlière, vom Einfluß d. Schicksals auf d. Geschichte des menschl. Herzens, in Anekdoten. Aus d. Französ. 8. Leipz. 770. (W. Vogel). 8 ℊ

La Morliere, Angola, s.: Bibliothek, moderne.

Lamormain, P. Wilh. — Ferdinand II. ein Tugendspiegel für alle Stände. Verfaßt in lateinischer Sprache gleich nach des Kaisers seligen Hintritt im Jahre 1637, von seinem langjährigen Gewissensrathe — —. Uebersetzt und herausgegeben zum Besten des katholischen Gesellen = Vereines in Wien. Wien, 1857. Gedruckt bei Karl Ueberreuter. (123 S. 8.)

Lamormanei, Guil, die Tugenden Ferdinand II. römischer Kaisers. 8. Augsburg ... M. Rieger. 5 ℊ

Lamormain, Guillaume. Die Tugenden Ferdinands des zweyten Römischen Kaysers . . . Augsburg 1792. Ü: *Curtz, Johann Jacob.* (Jes)

de Lamorre, annuaire topographique du Depart. de la Sarre. 8. Trier 810. (Lintz). 1 ℛ

Lamort, Eugène Jacques: Die Regulirung der Wasserläufe durch den landwirthschaftlichen Dienst im Grossherzogthum Luxemburg. – Luxemburg: Léon Bück 1891. 18 S. 8°

PHILIPPE II. v. Orléans, Duc-Régent (né en 1674, † en 1723). — § Leben PHILIPPI von ORLEANS(,) Enckels von Franckreich, Regenten des Reichs währender Minderjährigkeit Ludwig des XV. Aus dem Frantzösischen des Herrn *L. M. D. M.* (d. i. *La Mothe* dit *de Lahode*) Ins Hoch-Teutsche übersetzt (von Julius Friedr. Scharfenstein), Mit schönen (unsignierten) Kupffern gezieret und mit nöthigen Anmerckungen versehen. Franckfurth und Leipzig (Nürnberg) M.D.CC.XXXIX. (1739.) 8°. (In Marburg, Univ.-Bibl.: VII n C 1641.)

Lamothe, A. de, die Sensenträger des Todes, s. Familienfreund.

Lamothe-Guion, J. M. B. v.

— Anweis. zum steten Wandeln in d. Gegenwart Gottes. Aus d. Französ. 8. Stuttg. 765. Mezler. 1 ℛ 16 ℊ

v. Lamothe-Guion, Frau J. M. B., geisterhebende Beschäftigungen des Herzens mit Gott; aus d. Französ. übers. von G. Tersteegen. 2 Thle, mit Kpf. 8. Bern 804. Haller. 1 ℛ 8 ℊ Schrbp. 2 ℛ

v. Lamothe-Guion, Frau J. M. B., Leben, von ihr selbst beschrieben. Aus d. Französ. von Henr. v. Montenglaut. 3 Bde. 8. Berl. 826. Sander. 4 ℛ 12 ℊ

— Dass., aus d. Französ. 3 Thle. 8. Frankf. 756. Raspe. 3 ℛ

— kurzes u. sehr leichtes Mittel, das innere Gebet zu verrichten, u. d. geistl. Ströme. Nach d. 7ten französ. verb. Ausg. zum 3ten Mal ins Deutsche übersetzt. gr. 12. Aarau 832. Christen. (Lpz., Kummer). 12 ℊ

Lamothe-Langon, Leo v., Bonaparte u. der Doge. A. d. Franz. v. E. Brinckmeier. 2 Thle. gr. 12. (21⅔ B.) Braunschweig 838, G. C. E. Meyer sen.

— s. Cambacérès, vertraul. Mittheilungen.

v. Lamothe-Langon, Baron, die beiden Familien, oder das Schloß von Saint-Felix. Nach d. Französ. von Wlh. Ldw. Wesché. 2 Bde. kl. 8. Leipzig 841, Kollmann. 2⅔ ℛ

v. Lamothe-Langon, Bar., der Hof eines regier. Fürsten, od. die 2 Maitressen; aus d. Französ. 4 Bdchen. 8. Stuttg. 827. (Brodhag). 4 ℛ

v. Lamothe-Langon, (Bar.,) der Hof eines regierenden Fürsten oder die 2 Maitressen. A. d. Franz. 4 Bdchn. 8. Stuttg. 827, Frankh.

— vertraul. Mittheilungen etc. s. Cambacérès.

Lamothe, Fünf Monate in Paris, s. Bibliothek ausgew. Romane.

Lamothe-Langon, E. L. B. de, fünf Monate aus d. Geschichte v. Paris im J. 1830. Deutsch v. Fr. Gleich. 2 Bde. 8. (26½ B. u. Louis Philipp I. Bildn.) Leipzig 831, Allgem. niederländ. Buchh.

— der Polizei-Spion. Ein Sittenroman, 4 Thle. 8. Stuttg. 827. (Brodhag). 3 ℛ 12 ℊ

— der Polizeispion. Ein Sittenroman 4 Thle. 8. Stuttg. 827, Frankh.

LA MOTHE LE VAYER, FR. DE. Historisch-Moralisch- und Satyrisches Gespräch über die seltenen und furtrefflichen Eigenschaften der Esel dieser Zeit zwischen Philonius und Paläologus. Aus dem Französischen . . . Frankfurt und Leipzig. 1748. Kl. 8°. 80 S. *Mit Titelvignette (Esel) von J. Haas.*

Lamotte

— s. auch Motte, de la.

(*De la Motte*, 1818—20 Hoftheater-Intendant) Prüfung der von dem vormaligen Intendanten des kgl. Hoftheaters Herrn *Stich* (La Motte's Nachfolger seit 18. März 1820) vertheilten Schrift, u. d. Tit.: „Ueber die Administration des k. Hoftheater-Intendanten Stich, zur Beleuchtung der Gründe seiner Dienstentlassung". O. O. u. J. (Auf S. 55 Name [Autograph] des Verf., de dato München, d. 1. Septbr. 1824.) 8°. Cart.

75 S. Von Interesse wegen der vergleichenden Uebersicht des Repertoire's von 1818—20, bezw. 1820—22.

Angeheftet eine Bekanntmachung, gez. Baron v. Perfall (dat. München, den 1. Oktob. 1868), das Hoftheater-Abonnement betreffend (2 Bll. Fol., Abschriften).

La Motte, Über die am häufigsten vorkommenden Krankheiten unter den Schafen und ihre Verhinderungsmittel. S.-A. (12 S.) Bromberg 47. Levit. M. —25

La Motte, Baron de. Spanien. Ein Handbuch für Zeitungsleser. Uebersetzt etc. von Dr. E. Brinckmeier. 8. Braunschweig 1836.

Lamotte, Antoine Houdard de. Ines de Castro. Trauerspiel a. d. Franz. Leipzig 1774. Ü: *Bertuch, Friedrich Justin.* (Ky)

– Dass., s.a. Lamotte, K. A. de

[Glafey, Christian Gottlieb]. — **La Motte. Antoine Houdar[d] de.** Herrn Houdart de la Motte Neue Fabeln, Aus dem Frantzösischen in Deutsche Verße übersetzt und durchgehends mit Kupfern gezieret. Frankfurt & Leipzig, zu finden bey Gottlieb Siegert, Buchh. in Hirschberg. 1736. 4°. *Allegor. Titelkupfer (Die Figur der Fabel zeigt einem Fürsten die strahlende Figur der Wahrheit) von G. Böhmer,* 10 Bl. 367 S. 4 Bl. *mit 99 Kupfern im Text.* **Schöner moderner Pgtbd.**

Fromm 1451. Erste vollständige deutsche Ausgabe. Der Übersetzer C. G. Glafey, geb. um 1687, ein Gottschedianer, war — wie das Privileg sagt — „Burger und Handelsmann" zu Hirschberg in Schlesien, wo er 1753 starb. Houdars Fabeln (das Original war 1719 erschienen) waren vor allem auf Gellert und Hagedorn [von] Einfluß, die diese Übersetzung sicherlich gekannt haben.

Verfuch einer Ueberfetzung in deutfche Reimen des Trauer-Spiels betittult: **Die Machabaeer** etc. v. Mr. Houdart de la Motte. Drefzden u. Leipz. 1735. 8o.
Gottsched I. S. 309.

Lamotte, de, Houdart de, Oeuvres etc. 2 vol. in-18. (Didot) (Leipzig, Barth.)
papier fin, 1 Thlr. papier vélin, 2 Thlr. format in-12. pap. vélin, 2 Thlr. 16 Gr.)

[F.] **La Motte, Christian** [aus Sonderburg]: Die deutsche Fabrikinspektion. Ihre Leistgn, ihre Mängel, ihre Reform ... Sonderburg, Druck v. C. F. la Motte jr., 1891; 94 S. 8.
Freiburg i. B., Phil. Fak., Inaug.-Diss. v. 1891

Lamotte, F. Farbige Vorlagen f. Decorateure. Entwürfe f. Fenster- u. Bettvorhänge, Portièren, Lambrequins, Toiletten etc. 25 Taf. gr. Fol. Berl. 891, [Claesen u. Comp.] Hessling u. Spielmeyer. In Mappe * 28 —

La Motte, Guillaume Manquest de

de Lamotte Manquest, Abhandl. d. Chirurgie; aus d. Französ. von G. L. Huth. 4 Thle. gr. 8. Nürnb. ... (Eichhorn). 2 Rthl. 16 gr.

La Motte, Guillaume Mauquest de: Vollständige Abhandlung der Chirurgie, in welcher über alle chirurgischen Kranckheiten und die Art sie zu heilen, nützliche Wahrnehmungen und nöthige Anmerckungen enthalten sind. (Traitè complet de chirurgie... Dt.) Übers. von Georg Leonh(ard) Huth. Th. 1 - 2, gbd.

Nürnberg: Lochner 1762

JB 3.223

La Motte, (Guillaume Mauquest) de: Tractat von Kranckheiten schwangerer und gebährender Weibs-Persohnen,... wie denenselben so wohl bey natürlicher als nicht natürlicher Gebährung beyzuspringen, auch der üblen Disposition und Beschaffenheit neugebohrner Kinder zu helffen seye... (Traitè complet des accouchemens naturels, non naturels et contre nature... Dt.) Übers. von Johann Gottfried Scheid. 627 S., gbd., Abb.

Strasburg: Beck 1732

JB 6.616

Lamotte, Gustav August Heinrich de

— cameralist. Abhandll. 2 Bde. gr. 8. Berl. 793—94. Pauli. 2 Rthl.

— ausführl. Abhandll. von den Landesgesetzen u. Verfassungen, welche d. Landstraßen u. Wege in den königl. preuß. Staaten betreffen. gr. 8. Leipz. 789. Fr. Fleischer. 22 gr. Schrbp. 1 Rthl. 8 gr.

de Lamotte, Gust. Aug. Heinrich: „Anleitung zu einer gründlichen und ordentlichen Abnahme der Rechnungen", Leipzig 1778 (Breitkopf).

— neue prakt. Beyträge z. Cameralwissenschaft, f. d. preuß. Staaten. 1r Th. gr. 8. Berl. (Akadem. Buchhandl. in Frkf.) 789.

Lamotte, Gust. Aug. Heinr. de. Praktische Beiträge zur Cameralwissenschaft für die Cameralisten in den preuss. Staaten. 1. u. 2. Thl. gr. 8°. Leipzig. 1. Thl. 1782. N. A. 1783. 2. Thl., Breitkopf u. H., 1784. 3. u. 4. Thl. gr. 8°. Halle, Waisenh.-B., 1785/86. — Neue praktische Beiträge etc. 1. Thl. gr. 8°. Berlin 1789.

— s. Gedanken von d. Schädlichkeit d. Krambuden.

de Lamotte, Gust. Aug. Hnr., († d. 16. März 1798.) Vorschläge zur Abfuhr d. Unreinigkeiten von den Straßen u. Gassen in einer großen u. volkreichen Stadt rc. 8. Götting. 775. Dieterich. 5 gr.

la Motte, Hermann de: Untersuchungen über die Zuckersäure. Halle 1878: Heynemann. 32 S. 8°
Halle-Wittenberg, Phil. Diss. v. [5. Aug.] 1878
Geb. Elbitz (Seekr. Mansfeld) 3. 1. 1850. V.

Lamotte, Houdard de, s. Lamotte, Antoine Houdard de

La Motte, Jeanne de Luz de St. Remy de Valois comtesse de. Rechtfertigungsschrift der Gräfin Valois de la Motte die Halsbandgeschichte von ihr selbst aufgesetzt. London [Nürnberg] 1789. 2. Aufl. 1789. 3. Aufl. 1789. 4. Aufl. 1790. Ü: *Schubart, Ludwig Albr.* (WR I, 142) (H. Hayn, Vier neue Curiositaeten-Bibl., S. 45) (Hdschr. Mitth. von Friedrich Müller, München.) (GGR VII/196, Nr. 16/3) (BIBLPORT)

La Motte, J. de L. de S. R. de V. c. de. Zweite Rechtfertigungsschrift; a. d. Franz., mit Zusätzen. Nürnberg 1799. Ü: *Schubart, Ludw. Albr.* (Ky)

La Motte, Jeanne de Luz de St. Remy de Valois comtesse de. Vertheidigungsschrift. A. d. Franz. [Nürnberg] 1789. Ü: *Schubart, Ludwig Albr.* (GGR)

DE LA MOTTE, JOAN. CAROL., Nonnulla de apoplexia. Diss. inaug. Kiliae. 1835. 4. P.

de Lamotte, K. A., Schauspiele. 8. Manh. 806. Schwan u. G. 1 ꝛß

— Ines de Castro. Trspl., aus d. Französ. (v. Fr. Just. Bertuch). 8. Leipz. 774. Schwickert. 5 gl

– Dass., s.a. Lamotte, Antoine Houdard de

— Alf von Dülmen. Trspl. 8. ... 793. ... 8 gl

— Ida Münster. Schspl. in 5 A. 8. Manh. 806. Schwan u. G. 14 gl

— der beste Wucher. Schspl. in 3 A. 8. Manh. 806. Schwan u. G. 9 gl

Lamotte, L. A., s. Linar, od. Geschichte ꝛc.

Linar, oder Die Geschichte eines deutschen Grafen. Vom Winter 1788—1789. [Von L. A. Lamotte.] Tübingen: Heerbrandt 1789. 253 S. 8°
cf. ALZ. 1789 S. 392; °Allg. deutsche Bibl. 100 (1791) S. 418.
Kl. 3963, TB. 57. Nach Kl. 3963 kann auch Th. v. Gugomos Verf. sein. Nach TB. 1799 mit neuem Titel erschienen; diese Ausg. führen auch Heinsius u. Kayser an, wobei der Letztere Osiander als Verleger bezeichnet.

Lamotte, Louis Alexandre

– s. Alembert, d': Lobrede.

Lamotte, Louis Alexandre. Auswahl unterhaltender und lehrreicher Lesestücke . . . A. d. Franz. Stuttgart 1801. Ü: *Roth, Carl Joh. Friedrich.* (Ky)

Lamotte, L. A. Choix de lectures intéressantes . . . Stuttgart 1799. H: *Roth, Carl Joh. Friedrich.* (Ky)

Lamotte, L. A. Cours de langue française à l'usage des collèges . . . 3. édit. Stuttgart 1799—1807. H: *Roth, Carl Joh. Friedrich.* (Ky)

Lamotte, Louis Alex., Cours de langue française à l'usage des collèges, continué par un de ses amis. T. I. mit einem deutschen Wortregister, a. u. d. Titel: Lectures élémentaires pour les prèmières années de la jeunesse avec une préface de Ströhlin. 8. Stuttg. Steinkopf. 811.

Lamotte, Louis Alex., († d. 30. April 1798.) cours de langue franç, à l'usage des collèges, continué par un de ses amis (Chr. Fr. Roth). Tom. I. Mit e. deutschen Wortregister. (A. u. d. T.: Lectures élement: pour les premieres années de la jeunesse. 8. Stuttg. ... 2e Ausg. (von K. J. F. Roth), avec une preface de F. J. Ströhlin). ... 3e Ausg. 812. 4e A. 822. 5e A. 831. Steinkopf. 12 gl

Lamotte, Louis Alex., Cours de la langue française à l'usage des collèges, continué par un de ses amis. Tom. I. troisième edition. Mit einem deutschen Wortregister.
Auch unt. d. Titel:
Lectures élémentaires pour les premières années de la jeunesse, av. une préface de Ströhl... 8. Stuttg. Steinkopf. 812.

Lamotte, Louis Alex., Cours de langue Française à l'usage des Collèges. Continue par un de ses amis. Tom. I. — A. a. l. t.: Lectures élémentaires pour les premières années de la jeunesse. Avec une préface de Ströhlin. 5. édit. augm. revue et corr. 8. (19¾ B.) Stouttgart 831, Steinkopf.

Lamotte, L. A. Cursus der französischen Sprache . . . Stuttgart 1800—01. H u. Ü: *Roth, Carl Joh. Friedr.* (Ky)

— Cursus d. französ. Sprache, zum Gebrauch d. Schulen u. Gymnasien, fortges. von e. seiner Freunde, (K. J. F. Roth). 1r Bd. (A. u. d. T.: Elementarbuch für d. Jugend, mit e. Vorr. von F. J. Ströhlin. Aus d. Französ. 8. Stuttg. 800. Steinkopf. 12 gl 2r Bd. (A. u. d. T.: Auswahl unterhalt. u. lehrreicher Lesestücke für d. reifere Jugend. Aus d. Französ. (v. K. J. F. Roth). 8. Ebd. 801. 18 gl

— — dasselb. 2r Bd. (u. d. Titel: Auswahl unterhaltender u. lehrreicher Lesestücke f. d. reifere Jugend, a. d. Franz.) 8. Ebend. 801.

— le même livre. T. II. (A. u. d. T.: choix de lectures interess. et instruct. par la jeunesse plus avanc. Contin. par (K. J. F. Roth). 8. Ebd. 799. 2e A. 811. 3e A. 828. 18 gl

— le même livre. T. III. (A. u. d. T.: morceaux d'éloquence, de morale et de philosophie tirés des meilleurs auteurs franç. 8. Ebd. 807. 1 ꝛß

– s. Montgaillard: Frankreichs Zustand.

— Phraseologie über einen Theil vom 1n Bde d. cours de langue française. 2e Aufl. 8. Stuttg. 822. Steinkopf. 5 gl

— Sätze aus d. Naturrecht. 4. Stuttg. 784.

– s. Schreiben e. Württembergers.

— Versuch über den Einfluß d. französ. Literatur in d. Sitten d. deutschen Nation. 4. Stuttg. 780.

Lamotte, M. L.

Lamotte, Cours méthodique de dessin linéaire et de géometrie usuelle applicable à tous les modes d'enseignement. Ouvrage autorisé par le conseil royal de l'instruction publique. 9. édit. 2 parties. Fol. Liège 846. (Leipzig, Brockhaus.) n. 3 ꝛß 6 ngl

Lamotte, M. L., das Linearzeichnen und die Elemente der geometrischen Zeichnenkunst. Nach d. Franz. der 3n Ausg. für deutsche Lehranstalten bearbeitet von C. F. Kaufmann. Mit 21 Steintaf. gr. 8. Stuttgart 835. Balz. 1¼ ꝛß

la Motte, W. Mauquest., Vollst. Abhdl. d. Chir. 2 B. Nürnb. 1762. 8°. 1762

La Motte, Walther de: Aus d. Psychiatr. u. Nervenklinik zu Kiel. Beitrag zur Lehre von den Gefängnispsychosen. Neumünster 1909: Hieronymus. 42 S. 8°
Kiel, Med. Diss. v. 23. Juni 1910, Ref. Siemerling
[Geb. 10. Juli 81 Taarstedt; Wohnort: Kiel; Staatsangeh.: Preußen; Vorbildung: Gymn. Hadersleben Reife O. 03; Studium: Kiel 6, Berlin 1, München 2, Kiel 3 S.; Coll. 12. Febr. 09; Approb. 15. Febr. 10.] [U 10. 2450

de Lamotte Fenelon, s. Fenelon.

de Lamotte Fouqué, s. Fouqué.

de Lamotte Fouquet, Baron, memoires avec sa correspondance avec Frederic II. II Vols. 8. Berl. 788. (Köchly). 1 ₰ 12 ℊ Holländ. P. 2 ₰ 8 ℊ Schweiz. P. 3 ₰ 8 ℊ — Dass. deutsch: Denkwürdigkeiten aus d. Leben d. königl. preuß. Generals Frhrn. de Lamotte Fouquet, sammt seinem Briefwechsel mit Friedrich II., (vom Kriegsr. Büttner). 2 Thle, mit Fouquet's Bildn. 8. Ebd. 788. 1 ₰ 12 ℊ

La Motte Fouqué, de (Hrsg.), s. Zeitung für den deutschen Adel.

Lamotte Fouqué, Carol. Bar. de, s. Fouqué.

La Motte Fouqué, Friedr. Baron de, s. Fouqué, Friedr., de la Motte.

Ruchel. — La Motte Fouqué, Friedrich Baron de, Major d. Cav. a. D. und Ritter. — Ernst Friedrich Wilhelm Philipp v. ....., k. preuss. General der Infanterie. Militärische Biographie. (2 Bde.) 8. Berlin 1828.

La Motte Fouqué, Friedrich Baron de. Geistliche Gedichte. Mit einem Vorwort von H. Kletke. 2. Aufl. Berlin 1858. H: *La Motte Fouqué, Albertine Baronin de.* (ZU)

Pellegrin (d. i. *Friedr.* Baron *de la Motte-Fouqué*), Historie vom Edlen Ritter Galmy und einer schönen Herzogin aus Bretagne. 2 Thle. Mit Titel- u. Schlussvign. Berlin, 1806. in der Himburg'schen Buchhandl. 8°. 313+196 S. Lat. Lett. (2⅔ Rthl.) (Auch in der Berliner Magistratsbibl.)

F. Baron de la Motte Fouqué: d. Mensch d. Südens u. d. Mensch d. Nordens; Sendschreiben in Bezug auf d. gleichnam. Werk d. Hrn. v. Bonstetten an d. Freih. Alex. v. Humboldt. *Berl.*, Vereinsb. 829. 8° 15 ℊ

Lamotte Fouqué, Heinrich August Baron von. Denkwürdigkeiten aus dem Leben . . . Berlin 1788. Ü: *Büttner, G. A.* (KY)

La Motte-Fouqué, Marie de, s. Rochow, Caroline v.: Vom Leben am preußischen Hofe.

de Lamotte Valois, s. Valois.

La Mottraye, A. de. Reisen in Europa, Asien und Afrika . . .; a. d. Franz. Berlin 1781. Ü: *Trost, Carl Friedrich.* (KY)

de Lamottraye, Reisen in Europa, Asien u. Afrika, im Ausz. aus d. Französ. (von K. F. Tröst). gr. 8. Berl. 781. Nicolai. 20 ℊ

La Mottraye, Aubry de. Reisen in die Morgenländer . . . Berlin u. Stettin 1783. Ü: *Trost, Carl Friedrich.* (ENGG)

Lamour, Jean, Kunstschmiedearbeiten d. XVIII. Jahrh. aus Nancy. Entworfen u. ausgef. v. L. Neue, m. e. Einleitg. verseh. Ausg. v. D. Joseph. gr. Fol. (23 Lichtdr.-Taf. m. 8 S. Text.) Berlin 898. B. Hessling. In Mappe n. 24. —

Lamouraux, s. Lamouroux

Lamourette, Abbé, über den bürgerl. Zustand d. Juden. Aus d. Französ. von K. F. Pockels. 8. Braunschw. 807. Vieweg. 4 ℊ

Lamouroux, fils, Dissertation sur plusieurs espèces de fucus, fascic. I. av. pl. gr. 4. Paris et Strasb, Treuttel et W. 806.

Velinpap.

Lamouroux, J. P., Abriß der Botanik, s. Taschen-Encyklopädie d. Botanik.

Lamouroux, J. V. F., Umriß e. Elementar-Lehrcursus d. phys. Geographie für den Unterricht in diesem Theile d. Naturgeschichte. Aus d. Französ. übers. von le Bret. gr. 8. Stuttg. 823. v. Cotta. 1 ₰ 4 ℊ

Gedichte v. Elisabeth Lamp. Kiel. 1881. 8°.

Lamp, Ernst

Lamp, E. Das Aequinoctium für 1860. o abgeleitet aus den von Dr. C. F. Pape am Meridiankreise der Altonaer Sternwarte in den Jahren 1859—1862 angestellten Sonnenbeobachtungen. 1882. 4.

Habil–Schr. Kiel.

Definitive Bahnbestimmung des Cometen 1891 I. Von Prof. Dr. E[rnst] Lamp. *(Kiel 1894: C. Schaidt.)* (18 S.) 4°
= Publikation d. Sternwarte in Kiel. 9, No 1.

Lamp, E., Dr., Der Brorsen'sche Komet. I. Theil: Die Verbindung der Erscheinungen 1873 und 1879 und die Vorausberechnung für 1890. Kiel.

Lamp, Ernst, der scheinbare Ort d. Polarsterns *α* Ursae minoris. Astronomische Dissertation. gr. 8. (67 S.) Kiel 874. (Göttingen, Vandenhoeck & Ruprecht's Verl.) n. 1. —

Lamp, J. F.

— Abrégé de Géographie pour les écoles. Ouvrage autorisé par le Conseil royal de l'instruction publique. 4e édit. corrigée. 12. Paris et Strasbourg 838. Levrault. ¼ ₰ — Mit 8 Karten $^{5}/_{12}$ ₰

Lamp, J.F., éléments de géographie moderne. Nouv. Edit. 12. Strassb. Heitz. (Brieff in Petersb.) 10 ℊ

Lamp, J. F., Elémens de Géographie moderne. Nouv. édit entièrement revue et augmentée par Aug. Oldecop. gr in-8. St. Pétersbourg 832. Brieff. $^{5}/_{6}$ ₰

(Lamp, J. F.,) kleine Geographie f. Volksschulen, s. Geographie.

Lamp, J. F., Précis de géographie moderne, suivi de deux tableaux, l'un statistique, l'autre contenant la valeur des monnaies des principaux états de l'Europe. 2 voh 2e édit. 12. (Strasbourg et Paris, Treuttel et W. in comm.) 820.

— Tables synchronistiques de l'histoire ancienne et moderne. 4. Strassb., Heitz.

Lamp, Johs., neue Berechnung der Parallaxe von 61 Cygni aus den Beobachtungen von Schweizer in Moskau 1863—1866. Inaugural-Dissertation. gr. 8. (59 S.) Kiel 883, (v. Maack's Buchh.) *

Lamp, Karl, das österr. Arbeiter-Krankenversicherungs-Gesetz u. die Praxis, s.a. Forschungen, staats- u. socialwissenschaftliche. XIX. 6.

Das österreichische Arbeiter-Krankenversicherungs-Gesetz und die Praxis. Beobachtungen e. Verwaltungsbeamten. Von Dr. Karl Lamp, Graz. *Leipzig: Duncker & Humblot 1901.* (161 S.) 8°
— Forschungen, Staats- u. socialwissenschaftl. Bd 19, H. 6. (cl. 1947)

Lamp, Karl, Das österreichische Arbeiter-Krankenversicherungs-Gesetz und die Praxis. Beobachtungen eines Verwaltungsbeamten. gr. 8°. Leipzig, Duncker u. Humblot, 1902. (Staats- u. social-wiss. Forschungen, Bd. 19_6.)

Lamp, Karl, die Garantien f. die Rechtmässigkeit der auton. Landesverwaltung in Oesterreich. Ein Rechtsgutachten der Czernowitzer Juristen-Fakultät. (IV, 79 S.) gr. 8. Wien 910. Manz. — 85

— Die Person des Zollschuldners in der Zollrechtsgeschichte, s. Abhandlungen, staatsrechtliche. Festgabe f. Paul Laband.

Lamp, Karl, das Problem der städtischen Selbstverwaltung nach österreich. u. preuss. Recht. Eine verwaltungsrechtl. Studie in drei Vorträgen u. e. Anh. (VIII, 168 S.) gr. 8. Leipzig 905. Duncker & Humblot. n. 3. 60

Lampa, Ant., über Absorption u. Berechnung des Lichtes in kolloidalen Metallösgn., speziell in kolloidalen Goldlösungen. (17 S.) gr. 8. Wien 909. A. Hölder. — 55

Lampa, A., Über Absorption und Brechung des Lichtes in kolloidalen Metallösungen, speziell in kolloidalen Goldlösungen. [Aus: Sitzungsber. d. kais. Akademie der Wissensch., mathem.-naturw. Klasse.] Gr.-8°. (17 S.) † K —.55
Wien: Hölder 1909.

Lampa, Ant., üb. die Absorption d. Lichtes in trüben Medien. [Aus: „Sitzungsber. d. k. Akad. d. Wiss."] Lex.-8. (10 S. m. 1 Taf.) Wien 891. (F. Tempsky.) n. — 70

— Über Abstossungsversuche mit Wechselströmen S. 122. IIa 1891 . . . . —40
Separatabdruck

— Über e. einfache Anordnung zur Herstellung e. elektrostatischen Drehfeldes. (8 S. m. 2 Fig.) gr. 8. Ebd. 907. — 85
Sonderabdruck a.: „Sitzungsber. d. k. Akad. d. Wiss."

Lampa, Ant., üb. d. Bestimmg. d. Dielektricitätsconstante e. anisotropen Stoffes nach e. beliebigen Richtg. aus d. Dielektricitätsconstanten nach d. Hauptrichtungen. [Aus: „Sitzungsber. d. k. Akad. d. Wiss."] gr. 8. (37 S.) Wien 895. (C. Gerold's Sohn.) n. — 80

LAMPA, Anton
Über einen Beugungsversuch mit elektrischen Wellen von Dr. Anton Lampa. (Mit 8 Textfiguren.) Aus den Sitzungsberichten der kaiserl. Akademie der Wissenschaften in Wien. Mathem.-naturw. Classe; Bd. CVIII. Abth. II. a. Juli 1899. Wien. 1899. In Comm. Gerold's Sohn. Gr.-8°. 17 S. fl. —.25

— üb. d. Brechungsquotienten einiger Substanzen f. sehr kurze elektr. Wellen. [Aus: „Sitzungsber. d. k. Akad. d. Wiss."] gr. 8. (14 S. m. 2 Fig.) Ebd. 896. n. — 50

— dasselbe. (2. Mittheilg.) [Aus: „Sitzungsber. d. k. Akad. d. Wiss."] gr. 8. (10 S.) Ebd. 896. n. — 20

— Elektrostatik e. Kugel, welche v. e. concentrischen aus e. isotropen Dielektricum bestehenden Kugelschale umgeben ist. gr. 8. (22 S.) Wien 902. (C. Gerold's Sohn.) n. — 50
Sonderabdruck aus: „Sitzungsber. d. k. Akad. d. Wiss."

— Farbe und Teilchengrösse von kolloidalen Goldlösungen. S. 119. IIa [illegible] . . . . . —35
Separatabdruck

— Über die Farben ungefärbter Körper, s.: Vorträge des Vereins zur Verbreitung naturwissenschaftlicher Kenntnisse in Wien. 40. Jahrg. 3. Heft.

— über Fluorescenz u. Phosphorescenz, s.: Vorträge d. Vereines zur Verbreitung naturwissenschaftl. Kenntnisse in Wien. 40. Jahrg. 13. Hft.

— der Gefrierpunkt v. Wasser u. einigen wässerigen Lösungen unter Druck. gr. 8. (17 S.) Wien 902. (C. Gerold's Sohn.) n. — 40
Sonderabdruck aus: „Sitzungsber. d. k. Akad. d. Wiss."

— über Capillarität, s.: Vorträge des Vereines zur Verbreitung naturwissenschaftl. Kenntnisse in Wien. 41. Jahrg. 9. Hft.

— Lehrbuch der Physik zum Gebrauche f. Studierende. (IX, 565 S. m. 293 Fig.) gr. 8. Wien 908. W. Braumüller. 10.—; geb. in Leinw. n 11. 80

Lampa, Ant., zur Moleculartheorie anisotroper Dielektrica. Mit e. experimentellen Bestimmg. der Dielektricitätsconstante e. gespannten Kautschukplatte senkrecht zur Spannungsrichtg. (14 S.) gr. 8. Wien 902. (A. Hölder.) n. — 40

— die Nächte des Suchenden. Das Erlösungsbedürfnis d. Menschen u. die doppelte Form seines Erkennens. gr. 8. (115 S.) Braunschweig 893. C. A. Schwetschke & Sohn. n. 1. 50

® — Die Nächte d. Suchenden. 893. (KBL 28.) Jetzt: Leipzig, M. Altmann.

— Naturkräfte u. Naturgesetze. Gemeinverständliche Vorträge. (In 12 Lfgn.) 1. Lfg. 8. (S. 1—224 m. 1 Bildnis.) Wien 894. 1. Wiener Volksbuchh. (J. Brand). à n. — 20

— Naturkräfte u. Naturgesetze. Gemeinverständl. Vorträge. 8. - 14. Lfg. 8. (XXII u. S. 225—424 m. 1 Bildn.) Wien 895. Wiener Volksbuchh., J. Brand. à n. — 20 (kplt.: n. 2. 80; geb. in Leinw. n. 3. 30)

Lampa, Dr. Anton, Naturkräfte und Naturgesetze. Gemeinverständliche Vorträge. Vollständig in 12 Lieferungen. 3. Lieferung. 8. (S. 65 bis 96) —.12
Wien: 1. Wiener Volksbuchhandlung 1894.

Lampa, Dr. Anton, Naturkräfte und Naturgesetze. Gemeinverständliche Vorträge. Vollständig in 12 Lieferungen. 4. Lieferung. 8. (S. 97 bis 128) —.12
Wien: 1. Wiener Volksbuchhandlung 1894.

Lampa, Dr. Anton, Naturkräfte und Naturgesetze. Gemeinverständliche Vorträge. Vollständig in 12 Lieferungen. 6. Lieferung. 8. (S. 161 bis 192) —.12
Wien: 1. Wiener Volksbuchhandlung 1894

Lampa, Dr. Anton, Naturkräfte und Naturgesetze. Gemeinverständliche Vorträge. Vollständig in 12 Lieferungen. 7. Lieferung. 8. (S. 193 bis 224) —.12
Wien: 1. Wiener Volksbuchhandlung 1894.

Lampa, A., Über einen Reibungsversuch. [Aus: Sitzungsber. d. k. Akad. d. Wiss., mathem.-naturw. Klasse. Bd. CXV. Abt. IIa.] Gr.-8°. (ill. 10 S.) † K —.40
Wien: Hölder 1906.

— Uber Rotationen im elektrostatischen Drehfelde. Ein Beitrag zur Frage der dielektr. Hysteresis. (82 S. m. 2 Fig.) gr. 8. Wien 908. A. Hölder. — 95

— über die elektromagnetischen Schwingungen e. Kugel sowie üb. diejenigen e. Kugel, welche von e. konzentr. dielektr. Kugelschale umgeben ist. (30 S.) gr. 8. Ebd. 903. n. — 60

— über Strahlung, s.: Vorträge d. Vereines zur Verbreitg. naturwiss. Kenntnisse in Wien. 42. Jahrg. 7. Hft.

— über d. elektrolyt. Stromunterbrecher v. A. Wehnelt, s.: Vorträge d. Ver. zur Verbreitg. naturwiss. Kenntnisse in Wien. 40. Jahrg. 7. Hft.

— über Stromunterbrechung, m. besond. Berücksicht. des Wehnelt'schen Unterbrechers. gr. 8. (16 S. m. 2 Fig.) Wien 901. (C. Gerold's Sohn.) n. — 40

— eine Studie üb. den Wehnelt'schen Unterbrecher. gr. 8. (11 S. m. 1 Fig.) Ebd. 900. n. — 30
Sonderabdruck aus: „Sitzungsber. d. k. Akad. d. Wiss."

— zur Theorie d. Dielektrica. [Aus: „Sitzungsber. d. k. Akad. d. Wiss."] Lex.-8. (43 S.) Ebd. 896. n. — 80

— Theorie der [illegible] im einfachen elektrostatischen Wechselfeld mit 1 Text[illegible] S. 120 [illegible] — .45
Separatabdruck

— Uber das Verhalten v. Isolatoren im elektrostatischen Drehfeld. (9 S.) gr. 8. Ebd. 908. — 35
Sonderabdruck a.: „Sitzungsber. d. k. Akad. d. Wiss."

— über e. Versuch m. Wirbelringen. (9 S.) gr. 8. Ebd. 903. n. — 30
Sonderabdruck aus: „Sitzungsber. d. k. Akad. d. Wiss."

[illegible] 1 Textfigur. S. 123. IIa. [illegible] — 40
Separatabdruck

— über Wirbelbewegung, s.: Vorträge des Vereines zur Verbreitung naturwiss. Kenntnisse in Wien. 39. Jahrg. 17. Hft.

Über die Wirkung eines intermittierenden Kontaktes in einem eine Kapazität enthaltenden Wechselstromkreis. S. 121. IIa. [illegible] 1.30
Separatabdruck

— s.: Wissen, das, f. alle.

— s.: Zentralblatt f. Volksbildungswesen.

Lampa, Emma, über die Entwickelung einiger Farnprothallien. gr. 8. (17 S. m. 1 Fig. u. 6 Taf.) Wien 901. (C. Gerold's Sohn.) n. 1. 50
Sonderabdruck aus: „Sitzungsber. d. k. Akad. d. Wiss."

Lampa, Emma, Untersuchungen an einigen Lebermoosen. (13 S. m. 5 Taf.) gr. 8. Wien 902. (A. Hölder.) n. 1. —

— dasselbe. II. (14 S. m. 4 Taf.) gr. 8. Ebd. 903. n. 1. 10
Sonderabdruck aus: „Sitzungsber. d. k. Akad. d. Wiss."

Lampadius, Beiträge z. Badischen Geschichte, mit 2 K. gr. 8. Heidelb. Mohr u. W. (in Comm.) 811.

Lampadius, Frdr., König Albert der Gütige v. Sachsen. Ein Lebensbild, f. die Jugend unseres Volkes gezeichnet. gr. 8. (16 S. m. 1 Bildn.) Leipzig 902. Ch. Steffen. n. — 20

— empor die Herzen. Eine Gedichtsammlg. 8. (VI, 98 S.) Leipzig 901. (O. Käphel.) n. 1. 50

Lampadius, Frdr., die Geburtsstätte d. Liedes an die Freude. Das Schiller-Haus in Gohlis. 8. (16 S. m. Bild.) Leipzig 891. Selbstverlag. Roßstraße 6. n. — 50

Lampadius, Frdr., d. Geburtsstätte d. Liedes an d. Freude. Das Schillerhaus in Gohlis. 2., verb. u. verm. Aufl. gr. 8. (16 S. m. 1 Abb.) Leipzig 895. (J. Naumann's Sort.) n. — 30

— die Kantoren der Thomasschule zu Leipzig. Ein biograph. Denkmal, deutschen Tonmeistern errichtet. 8. (79 S.) Leipzig 902. Ch. Steffen. n. 1. 50; geb. n. 2. 25

— Nikolaus Lenau. Eine Gedächtnisschrift zu seinem 100. Geburtstage. gr. 8. (16 S.) Ebd. 902. n. — 20

Lampadius, Fr., Friedrich Schiller, der Lieblingsdichter des deutschen Volkes. Ein Lebensbild, zur 100. Wiederkehr seines Todestages gezeichnet. (30 S. m. 1 Bildnis.) kl. 8. Torgau 905. F. Jacob. n. — 30

— deutsche Weihnachten in Wittenberg. Ein Lutherfestspiel m. Musik u. Gesang in 5 Akten. 8. (59 S.) Ebd. 902. n. — 40

Lampadius, Hanns, der Bankerotteur. Schauspiel in 4 Akten. (55 S.) 8. Leipzig-Gohlis 908. B. Volger. — 80

Lampadius, Hermann und Schindler: „Drei Abhandlungen über die Preisfrage: Worin der Unterschied zwischen Roheisen aus hohen Oefen und aus geschmeidigem Eisen aus Frischherden bestehe? und nach welcher Methode läßt sich das letztere am besten und vortheilhaftesten aus dem ersteren bearbeiten?" herherausgegeben von der böhmischen Gesellschaft der Wissenschaft. Mit einer Vorrede von Franz A. von Gerstner, Leipzig 1799 (Breitkopf & Härtel).

Lampadius Jul., (Jul. Leichtlen), Almanach d. Universität Heidelberg auf d. J. 1813. (A. u. d. T.: Handbuch für Studirende auf d. Universität Heidelberg.) Mit 1 Portr. 8. Heidelb. 812. (Engelmann). 1 ₰

— Beiträge zur Badischen Geschichte. Mit 2 Kpf. gr. 8. Heidelb. 811. (Mohr). 1 ₰ 8 gl

Lampadius, Kurt, Medizinalprakt.: Ueber einen Fall von einer Mischgeschwulst in der Trachea. Leipzig 1909: Lehmann. 45 S. 8°
Leipzig, Med. Diss. v. 26. Juni 1909, Ref. Trendelenburg
[Geb. 18. Juni 83 Meißen; Wohnort: Meißen; Staatsangeh.: Sachsen; Vorbildung: Fürstensch. S. Afra Meißen Reife O. 03; Studium: Leipzig 5, Freiburg i. B. 1, Leipzig 5 S.; Coll. 9. Juli 09.] [U 09. 3816

Lampadius, Malwina, was Kaliforniens Sonnenkönigin erzählt! Skizzen aus dem Goldlande Nordamerikas. (80 S. m. 4 Taf.) 8. Gießen (908). A. Töpelmann. Kart. 1. 25

Lampadius, Malwina Doris, Libussa. Historischer Roman. 8. (147 S.) Dresden 900. E. Pierson. n. 2.—; geb. n. 3.—

Clarus, Herm.: Rede am Begräbnisstage seines besten und treuesten Freundes Herm. Clarus† am 16. Nov., gehalten am 20. Nov. in dessen Behausung von W. A. Lampadius. Als Ms. f. Freunde gedr. Leipzig 1871: Fischer & Wittig. 14 S. 8° [Umschlagtit.]

Lampadius, Wilhelm Adolf

Lampadius, Wilh. Ad., die kathol. Bewegung v. ihrem ersten Entstehen bis auf die Gegenwart aus protest. Gesichtspunkte histor. krit. beleuchtet. gr. 8. (4½ B.) Leipzig 846, Klinkhardt.

—— Luthers Geist, ein Geist v. Gott u. Gedanken u. Entschließungen evangel. Christen an Luthers Grabe. Zwei geistliche Reden zu Luthers Andenken gehalt. am 15. u. 22. Febr. in der neuen Kirche zu Leipzig. gr. 8. (2 B.) Magdeburg 846, Falckenberg u. Comp. *

— Luthers Geist, ein Geist von Gott u. Gedanken u. Entschließungen evangel. Christen an Luthers Grabe. Zwei geistliche Reden zu Luthers Andenken gehalt. am 15. u. 22. Febr. in der neuen Kirche zu Leipzig. gr. 8. Magdeburg 846, Falckenberg u. Comp. n. 3 Ngr.

Lampadius, W. A., die Grundlagen, auf welchen sich die Einigung eines christlichen Volkes vollziehen soll. Predigt über Ephes. K. 4. V. 1–6, am 17. Sonntage nach Trinitatis 1870 in der Nicolaikirche zu Leipzig. Leipzig 870. Pernitzsch. gr. 8. (16 S.) n. 2 Ngr.

Lampadius, Wilh. Ad., Felix Mendelssohn-Bartholdy. Ein Denkmal für seine Freunde. 8. (218 S.) Leipzig 848, Hinrichssche Buchh.

Lampadius, W. A., Felix Mendelssohn Bartholdy. Ein Gesammtbild seines Lebens und Wirkens. gr. 8. (XVI, 379 S. mit dem Holzschn.-Portr. und einem facs. Briefe Felix Mendelssohn Bartholdy's.) Leipzig 886, Leuckart. *

— s. Pabstthum u. Hierarchie.

—— was sind Fortschritte im Geiste der Reformation? Eine Zeitfrage auf Grund der heil. Schrift beantwortet 2c. gr. 8. (1 B.) Leipzig 844, Klinkhardt. *

Lampadius, W. A., des Christenvolkes Wettlauf nach einer unvergänglichen Krone. Predigt über 1. Cor. 9, V. 24–27 am ersten Tage des 3. allgemeinen deutschen Turnfestes Sonntag den 2. Aug. 1863 gehalten in der Nikolaikirche zu Leipzig. gr. 8. (16 S.) Leipzig 863, (Pernitzsch.)

Lampadius, Wilhelm August (Mitarb.), s. A b h a n d l u n g e n, Drei, über die Preisfrage: worin besteht der Unterschied . . .

— Herrmann u. Schindler. 3 Abhandll. über d. Preisfr.: Worin d. Unterschied zwischen Roheisen aus hohen Oefen, u. geschmeidigem Eisen aus Frischheerden bestehe? u. nach welcher Methode läßt sich d. letztere am besten u. vortheilhaftesten aus dem ersten bearbeiten. Herausg. von d. böhm. Gesellschaft d. Wissensch. Mit e. Vorrede von Frz. X. v. Gerstner. Mit 5 Kpft. 4. Leipz. 799. Breitkopf u. H. 2 Thlr.

Lampadius, Wilhelm August (Bearb.), s. A c c u m , Friedrich: Praktische Abhandlung über das Gaslicht.

Lampadius, Wilh. Aug., Anleitung z. Gebr. d. chem. Hülfsmittel z. Verminderung d. Feuersgefahr in uns. Wohnungen. gr. 8. (1 B.) Leipzig 834, Barth. Thlr.

Lampadius, W. A.: „Anleitung zum Studium des Bergbaues und Hüttenwesens auf der Bergakademie zu Freiberg". Freiberg 1820.

— Anleit. zum Studium des Bergbaues u. Hüttenwesens auf d. Bergacademie zu Freiberg. 8. Frberg 821. Graz u. G. 2 gr.

— das Bad zu Godelheim an d. Weser, nebst seinen reizenden Umgebungen für Freunde u. Kenner d. Natur. 8. Frberg 823. Graz u. G. 6 gr.

– s. B a y r h a m m e r , J. K.: Anweis. zum Gebrauch d. isländ. Flechte.

LAMPADIUS, WILHELM AUGUST.
Beiträge zur Atmosphärologie . . . Freyberg, 1816. 8vo.

— Beiträge zur Atmosphärologie. Ein Nachtrag zum Grundriß d. Atmosphärologie. Mit 1 Kpf. 8. Frberg 817. Graz u. G. 1 Thlr.

— Beitrr. zur Erweiterung d. Chemie u. Hüttenkunde. 1r Bd., mit Kpf. gr. 8. Frberg 804. Graz u. G. 1 Thlr. 15 gr.

— system. chem. Beobacht. d. einfachen Naturkörper sowohl, als auch der aus diesen gebildeten Mischungen d. Natur u. Kunst, in 12 Klassen, nebst den vorzügl. Geschlechtern u. Gattungen dieser Körper zum Beweise, zum Gebrauch seiner Vorlesungen. Fol. Frberg 803. Graz u. G. 12 gr.

Lampadius, W. A., Bestatigung meiner 1796 gemachten Entdeckung eines liquiden Schwefelprodukts. (Aus Neues Allg. Journ. d. Chemie, 2. B., 2. H.)

— chem. Briefe für Frauenzimmer. 8. Frberg 817. Graz u. G. 1 Thlr. 8 gr. Neue Ausg. 8. Ebd. 828. 1 Thlr. Fortsetzung derselben. 8. Ebd. 828. 20 gr.

Chemische Briefe für Frauenzimmer. Freiberg, 1818. 8vo.

– s. C a m e r a , da: Abhandl.

— kurze Darstell. d. vorzügl. Theorieen d. Feuers, dessen Wirkungen u. verschied. Verbindungen. 8. Götting. 793. Dieterich. 9 gr.

Systematische Darstellung der einfachen Naturkörper . . . Freiberg, 1806. Fol.

Lampadius, W. A., neue Erfahrungen im Gebiete d. Chemie u. Hüttenkunde in d. J. 1808–15, mit K. gr. 8. Weim. Ind. Comt. 816.

— neue Erfahrungen im Gebiete d. Chemie u. Hüttenkunde in d. J. 1808—17. 2 Bde, mit 11 Kpft. gr. 8. Weim. 817. Ind.-Compt. 3 Thlr.

Lampadius, W. A.: „Neue Erfahrungen im Gebiete der Landwirthschaft und Gärtnerei, nebst Bemerkungen über den merkwürdigen Witterungsverlauf des Jahres 1822". Freiberg 1822 (Cratz).

— neue Erfahrung im Gebiete d. Landwirthschaft u. Gärtnerei, nebst Bemerkk. über den Witterungslauf d. Jahres 1822. 8. Frberg 823. Graz u. G. 6 gr.

— Erfahrr. über den Runkelrübenzucker. 8. Frberg 800. Graz u. G. 6 gr.

Lampadius, W A Erläuterungen der Experimente der Mineralchemie. Bd I II Freiberg 1809/10.

— Experimente üb. die technische Chemie. gr. 8. Gött. Dieterlch. 814.

— Experimente über d. technische Chemie. gr. 8. Götting. 815. Dieterich. 1 Rthlr

— erläut. Experimente über d. Grundlehren d. allgem. Mineralchemie, welche in dem Freiberger academ. Lehrcurse von 1808,9. angestellt wurden, nach eigenen Beobachtt. gesammelt u. herausg. von Jch. Breisig. 1r Bd., d. Experimente über allgem. Chemie enthaltend. 8. Frberg 803. Graz u. G. 1 Rthlr 12 Gr 2r Bd., von 1809—10, herausg. von Chr. Bercht u. Geo. Gli. Pusch, d. Experimente über d. Mineralchemie enthalt. 8. Ebd. 810. 2 Rthlr

— Exposé de quelques observations qu'on pourroit faire pour répandre du jour sur la meteorologie (Nouveaux Mémoires de l'Académie Royale des Sciences et Belles-Lettres 1771). Berlin 1771.

Lampadius, Wilh. Aug., die neuern Fortschritte im Gebiete d. gesammten Hüttenkunde in Nachträgen z. Grundrisse d. allgem. Hüttenkunde. gr. 8. (19 B.) Freiberg 839, Engelhardt.

— s. Frenzel : Chemie.

— s. Garneij : Abhandl.

— Grundriß d. technischen Chemie. 8. Frberg 815. Graz u. G. 1 Rthlr 12 Gr

— Grundriß d. Elektrochemie. 8. Frberg 817. Graz u. G. 9 Gr

— Grundriß e. allgem. Hüttenkunde, zum Gebrauch bei Vorlesungen u. zum Selbstunterricht. gr. 8. Götting. 827. Dieterich. 1 Rthlr 12 Gr

— systemat. Grundriß d. Atmosphärologie, nebst Literatur derselben. 8. Frberg 803. Graz u. G. 1 Rthlr 12 Gr

— Grundriß des Systems d. Chemie, oder claff. Aufstellung d. einfachen u. gemischten Körper, vorzügl. nach Lavoisier u. Berzelius, so wie nach eigenen Erfahrungen. gr. 8. Frberg 822. Graz u. G. 1 Rthlr 18 Gr

— Handbuch z. chem. Analyse d. Mineralkörper. mit 1 K. gr. 8. Freyberg, Craz u. G. 801.

Handbuch der chemischen Analyse der Mineralkörper. Freyberg, 1801. 8vo. Plate.
Nachträge . . . Freyberg, 1818. 8vo.

— Handbuch zur chem. Analyse d. Mineralkunde. Mit 1 Kpf. gr. 8. Frberg 791. Graz u. G. 1 Rthlr 12 Gr Nachtrag dazu. gr. 8. Ebd. 818. 9 Gr

— Handbuch d. allgem. Hüttenkunde. 1r Bd. u. 2n Bdes 1r — 4r Thl., mit Kpf. (1r—3r Thl., mit 36 Kpf.) gr. 8. Götting. 801—10. Dieterich. 11 Rthlr 16 Gr 2e bericht. Aufl. 2 Bde in 5 Thlen, mit Kpf. gr. 8. Ebd. 817, 18. 12 Rthlr

Lampadius, W A Handbuch der allgemeinen Hüttenkunde in theoretischer und praktischer Hinsicht Bd. I. II. Göttingen, 1801—1804.
dgl. 2. Theil. Bd. I—IV Ebend., 1804—1810.
dgl. Supplement. Bd. I. II. Ebend., 1818 und 1826.

— Handwörterbuch d. Hüttenkunde, in theoret. u. prakt. Hinsicht ausgearbeitet. gr. 8. Götting. 817. Dieterich. 1 Rthlr

Lampadius, Wlh. Aug., die Lehre v. den mineralischen Düngmitteln, mit besond. Rücksicht auf Dr. Sprengels neuere Analysen der Pflanzen und Bodenarten, sowie nach eigenen Erfahrungen. gr. 8. Leipzig 833. Barth. 3/8 Rthlr

Lampadius, Professor, Nachricht von einem höchst elektrischen Graupel- und Schnee-Wetter, welches Abends am 25. Januar 1822 die Freiberger Gegend traf. (Aus Annalen der Physik. B. 70, St. 2, J 1822, St. 2.)

— — Nachträge zum Handbuche der chemischen Analyse der Mineralkörper. gr. 8. Ebend. 818.

Lampadius, Wlh. Aug., d. Reise zu den 7 Schwestern am Rhein u. an d. Weser im J. 1810, in Briefen an e. Freund. 8. Frberg 811. Graz u. G. 1 Rthlr

Lampadius, Wlh. Aug., Samml. chem. Abhandll. 3 Thle. gr. 8. Dresd. 795—800. Walther. 2 Rthlr 4 Gr

Lampadius, Wilhelm August: „Sammlung praktisch-chemischer Abhandlungen und vermischter Bemerkungen". 2 Bände. Dresden 1795.

— über d. Schwefelalkohol, nehmlich über dessen Entdeckung, Zubereitung u. Eigenschaften, vorzügl. über dessen Anwendung in d. Arzneikunde. 8. Freiberg 826, Craz u. G.

— über den Schwefelalcohol, nämlich über dessen Entdeckung, Zubereitung und Eigenschaften, vorzüglich über dessen Anwendung in der Arzneikunde. 2e, mit neuen Erfahrungen bereicherte Aufl. 8. Freiberg 832. Craz u. Gerlach. 1/4 Rthlr

— Stärkenzucker u. Kastanienkaffee. Zwei neue Stellvertreter des indischen Zuckers u. Kaffees. Deutsch u. französ., übers. v. F. L. de Berette. 8. Frberg 812. Graz u. G. 6 Gr Blos deutsch, 2e verb. u. mit Anmerkk. verseh. Ausg. 812. 6 Gr

— Supplemente zum 1n u. 2n Thle d. allgem. Hüttenkunde. Mit Kpf. gr. 8. Götting. 818, 26. Dieterich. 2 Rthlr 20 Gr

— — Supplemente zum 2ten applicativen Theil der allgemeinen Hüttenkunde. Mit Kupf. gr. 8. Ebend. 818.

— Supplemente z. Handbuche d. allgem. Hüttenkunde. 2r Bd. Mit Kpfrtaf. gr. 8. Göttingen 826, Dieterich.
(Das Handbuch selbst, 2 Thle in 5 Bänden, kostet in d. neuesten Aufl. 12 Rthl. — Der 1e Suppl.-Bd. 818, 1 Rthl. 4 gr.)

— chemische Untersuchungen d. Mineralquellen bei Radeberg. 8. Frberg ... Graz u. G. 2 Gr

Lampadius (W. A. E.). Versuche und Beobachtungen über die Electricität und Wärme der Atmosphäre, angestellt im Jahre 1792. Berlin und Stettin 1793. 8.

Lampadius, W. A. E: Versuche und Beobachtungen über die Elektrizität und Wärme der Atmosphäre, angestellt im Jahre 1792. Berlin und Leipzig 1797

— Versuche u. Beobachtungen über Elektricität u. Wärme d. Atmosphäre, nebst e. Theorie d. Luftelektricität nach de Lücs Grundsätzen u. einer Abhandl. über d. Wasser. 8. Berl. 793. Unveränd. Aufl. 8. Leipz. 805. Hinrichs. 18 Gr

— gehörige Würdigung des Karlsbader Säuerlings auf chemische u. sonstige Erfahrungen gegründet. 8. Frberg 821. Graz u. G. 5 Gr

Lampadius, Prof., Zerlegung der salzsauren Oxyde (Chlorin-Metalle) durch Kohle. (Aus Gilb. Annal. d. Physik, B. 72, St. 4, J 1822, St. 12.)

Λαμπάκης, Γεώργιος [*διδάκτωρ τῆς φιλοσοφίας*]: *Χριστιανικὴ Ἀρχαιολογία τῆς Μονῆς Δαφνίου . . . Ἐν Ἀθήναις, ἐκ τοῦ τυπογραφείου Ἀλεξ. Παπαγεωργίου*, 1889; 144 S. u. 1 Taf. 8°
Erlangen, Phil. Fak., Inaug.-Diss. v. 1889

Lampart's erstes lebendiges Bilderbuch m. bewegl. Figuren. Zur Belustigg. f. Kinder. Hanswurst's lust. Streiche. 8 (lith. u. color.) Blätter nach Originalzeichngn. u. m. Originaltext v. Ed. Ille. 4. Aufl. Fol. Augsburg 875. Lampart & Co. geb. 4. —

Lampart's erstes lebendiges Bilderbuch mit beweglichen Figuren. Hanswurst's lust. Streiche. 8 (lithogr. und color.) Blätter mit Orig.-Zeichnungen und mit Orig.-Text von Ed. Ille. 6. Aufl. gr. 4. Stuttgart 887, Waag. geb. *

Lampart's lebendiges Bilderbuch mit beweglichen Figuren. Zur Belustigung für Kinder. 9 (lithogr. und ill.) Blätter nach Orig.-Zeichnungen und mit Orig.-Text von Ed. Ille. 1. Aufl. 1862. * 1 Thlr. 5 Ngr. und 2., verb. und verm. Aufl. gr. 4. Augsburg 863, Lampart und Comp. cart. *

—— zweites lebendiges Bilderbuch mit beweglichen Figuren. Zur Belustigung für Kinder. Staberl's Reiseabentheuer. 8 (lithogr. und ill.) Blätter nach Orig.-Zeichnungen und mit Orig.-Text von Ed. Ille. gr. 4. Augsburg 864, Lampart und Comp. cart. *

— zweites lebendiges Bilderbuch m. bewegl. Figuren. Staberl's Reiseabenteuer. 8 (lith. u. color.) Blätter nach Originalzeichngn. m. Originaltext v. Ed. Ille. 2. Aufl. Fol. Ebend. 875. geb. 4. —

— zweites lebendiges Bilderbuch m. beweglichen Figuren. Staberl's Reiseabenteuer. 8 (color.) Blätter nach Orig.-Zeichngn. u. m. Orig.-Text v. E. Ille. 3. Aufl. gr. 4. Ebd. 889. geb. n. 4. —

Lampart, Ed., Gloria in excelsis Deo! 20 1-, 2-, 3- u. 4stimm. leicht ausführbare Kinderchöre als Gesangseinlagen zu leb. Bildern u. Weihnachtsspielen, f. d. christl. Jugend komponiert. Partitur u. Stimmen. qu. 8. (48, 18 u. 17 S.) Donauwörth 895. L. Auer. n. 1. 20; einz. Stimmen n. — 10

Lampart, Eduard, aus Göggingen: Die geodätischen Linien auf der dreiaxigen Fläche zweiten Grades, welche sich mittels einer Transformation zweiten Grades durch elliptische Funktionen ausdrücken. *München 1900: F. Straub.* (42 S.) 8°
München, Phil. Diss. v. 1900

Lampart, Thdr., Berg-Fahrten im Algäu u. den Dolomiten. Hochtouren im J. 1898. Vortrag, geh. am 17. XI. 1898 in der Sektion Augsburg des deutschen u. österr. Alpen-Vereins. gr. 8. (56 S.) Augsburg 898. (Lampart & Co.) n. 1. —

Lampart (Sohn), Thdr., e. Besteigung d. Parseier-Spitze im J. 1895. 8. (16 S.) Augsburg 896. (Lampart & Co.) n. — 50

Lamparter C, Geschichte d. Lithographie in Württemberg. (30 S) 4° Stuttgart 1899

Lamparter, E., christliches Glaubensleben. Handbuch für den Religionsunterricht an höh. Lehranstalten. (VIII, 132 S.) gr. 8. Tübingen 905. J. C. B. Mohr. n. 1. 60; geb. n. 2. —

Lamparter, E., Unrecht und Recht oder das rechte Verhalten in Trübsal. Eine angefochtene Predigt. gr. 8. (16 S.) Stuttgart 866, (J. F. Steinkopf.) *

Lamparter, E., Unrecht u. Recht oder das rechte Verhalten in Trübsal. Eine angefochtene Predigt. Stuttgart 867. (J. F. Steinkopf.) gr. 8. (16 S.) n. 2 ngr.

Lamparter, Ed., Gustav Adolf, König v. Schweden, der Befreier d. evangel. Deutschland. 20 Lfgn. 8. (III, 652 S. m. 1 Bildnis.) Barmen 892. D. B. Wiemann. n. 6. —

Lamparter, Glob., Beiträge zur Geschichte des Gymnasiums in Stuttgart. IV. Zur Geschichte des Pädagogiums vom J. 1645—1685. gr. 4. (20 S.) Stuttgart 877. (Tübingen, Fues.) n. — 60

Lamparter, Gottl. Beiträge zur Geschichte des Gymnasiums in Stuttgart. IV. Zur Geschichte des Pädagogiums vom Jahre 1645—1685. 20 S. V. Zur Geschichte des Gymnasiums von 1686—1793/94. 30 S. [I—III: 1864. 67. 68.] Kö. G. *Stuttgart* 1877. 1879.
Progr.

Lamparter, G., noch einmal zu Platons Phädon 62 A. 4. (44 S.) Stuttgart 886. (H. Lindemann's Sort.) — 75

Lamparter, Heinr., Leben d. ehrwürd. Ludwig de Ponte aus d. Gesellschaft Jesu. Ein Blick in d. äußere Leben dies. Ordens in seiner ersten Blüthe. N. d. Latein frei bearb. u. hrsg. v. Magn. Jocham. 2 Thle. 16. ($26\frac{1}{2}$ B.) Sulzbach 840, v. Seidel'sche Buchh.

—— die Leiden uns. Herrn Jesu Christi, s. Leitsterne auf d. Bahn d. Heils, 11, 15. Bd.

LAMPARTER, HERMANN W. Chemische Untersuchungen einiger Flechtenstoffe. Tübingen, 1864.

Lamparter, O[skar]: Über die Einwirkung magnesiumorganischer Verbindungen auf das p-Methoxytolylphenylketon und das p-Methoxytolylmethylketon. 1910. 54 S. 8°
Stuttgart, Dr.-Ing.-Diss. v. 26. 7. 1910

Lamparter, Otto, approb. Arzt aus Stuttgart: Ueber Combination maligner Ovarialtumoren mit Magencarcinom. *Tübingen: F. Pietzcker 1901.* (17 S.) 8°
Tübingen, Med. Diss. v. 1901

Lampato, Paolo, Echo. Zeitschrift, s. Echo.

Mein Lämpchen zur Beleuchtung des zwischen Sr. Päbstl. Heilig. u. Sr. Königl. Maj. v. Baiern abgeschlossenen Concordats. 808.

Lämpchen, mein, zur Beleuchtung des zwischen Sr. päpstl. Heiligkeit u. zwischen Sr. königl. Majestät v. Baiern geschlossenen Concordats. 8. Augsb. 818. Doll. 5 gl.

Lampe, Die. Nach einer wahren Begebenheit erzählt von J. v. G.: Wiener Zeitschr. 1830, Nr. 26/31. V: *Grossmann, Julie von.* (DARP)

Lampe, die, e. neue Erzählung, vorzügl. d. reif. Jugend gewid., von ein. Weltmanne. (Th. Relk.) 12. (3 B. u. Titlbild.) Nördlingen 841, Beck'sche Buchh.

Die ewige Lampe oder Lampe der Haje. Nr. 21. (Die 20 ersten Nummern sind ausgefallen) o. D. (Juni 1848). 8.

Lampe, die ewige. Ein Oppositions-Blatt. Hrsg. von Carl Siechen nebst Familie. 1. Jahrg. 1848. Mai—Decbr. 68 Nrn. (½ Bog.) Lex.-8. Berlin, (Lassar.) Vierteljährl. *

— dass. — Politisch-satyrisches Oppositionsblatt. 2. Jahrg. 1849. 15. April — Decbr. 37 Nrn. (½ Bog.) Mit dem Beiblatt: Die Knute. 8 Nrn. (½ Bog.) gr. 8. Leipzig, Brügmann. *

— dass. — Redig. von Arth. Müller. (3.) Jahrg. Febr. — Decbr. 1850. 55 Nrn. (½ Bog.) gr. 8. Berlin, (Lassar.) Vierteljährl. *

Lampe: Über die Bewegung einer Kugel, welche in einer reibenden Flüssigkeit als feststehende Axe rotierend schwingt. Ein Beitrag zur Theorie der inneren Reibung der Flüssigkeiten. 32 S. – Danzig, Progr. 1866.

Lampe: Le participe gérondif et le gérondif. 14 S. – Emden, Progr. 1867.

Lampe, A., Be- u. Entwässerung der Städte, s.: Tolkmitt, G., Bauaufsicht u. Bauführung.

Lampe, A., Fibel, s.: Wichmann, A.

— Gehaltsverhältnisse der seminarisch gebildeten Lehrer in Berlin u. dessen Vororten, sowie in den 383 Städten Preussens m. höheren Schulen nach den vorhandenen Kategorieen — Lehrer an staatl. u. städt. höheren Schulen u. deren Vorschulen, der Lehrer, Hauptlehrer u. Rektoren an Vorschulen, der Mittelschullehrer, Töchterschullehrer, Taubstummenlehrer, Semin.- u. Präparandenlehrer etc., zusammengest. u. hrsg. 8. (41 S.) Berlin 902. Hilfsverein deutscher Lehrer. — 75

Lampe, A., s.: Jahrbuch f. Lehrer an höh. Schulen u. deren Vorschulen in Preussen.

Lampe, A., die Klassensteuer. Anleitung zum Verständnisse der preuß. Klassensteuergesetze. 8. (VIII, 124 S.) [Breslau 877.] Leipzig, Leuckart. cart. *

Lampe, A., die Klassensteuer. Anleitung zum Verständnisse der preuß. Klassensteuergesetze. 2. verb. Ausg. 8. (VIII, 119 S.) Breslau 880, Leuckart'sche Sortimentsb. *

— u. E. Vogel, deutsches Lesebuch f. die Vorschulen höherer Unterrichtsanstalten sowie f. die entsprechenden Klassen der höheren Bürgerschulen, Mittelschulen usw. 1. u. 2. Tl. gr. 8. (à VIII, 240 S.) Berlin 894. E. Sicker. Geb. in Leinw. à n. 1. 60
1. Für die 2. Vorschulklasse. — 2. Für die 1. Vorschulklasse.

— u. E. Vogel, deutsches Lesebuch f. d. Vorschulen höh. Unterrichtsanst., sow. f. d. entspr. Klassen d. höh. Bürgerschulen, Mittelschulen u. s. w. Ausg. A. 2. Tle. (f. d. 2., resp. 1. Vorschulklasse). 2. Aufl. gr. 8. (à VIII, 240 S.) Ebd. 897. Geb. in Leinw. à n. 1. 60

— u. E. Vogel, deutsches Lesebuch f. die Vorschulen höh. Unterrichtsanstalten, sowie f. die entsprech. Klassen der höh. Bürgerschulen, Mittelschulen u. s. w. Ausg. A. 2 Tle. (f. die 2., resp. 1 Vorschulklasse). 4. Aufl. gr. 8. (à VIII, 240 S.) Berlin 899. E. Sicker. Geb. in Leinw. n. 1. 60

— u. E. Vogel, deutsches Lesebuch f. die Vorschulen höh. Unterrichtsanstalten, sowie f. die entsprech. Klassen der höh. Bürgerschulen, Mittelschulen usw. Ausg. A. 2 Tle. 8. Berlin, E. Sicker. Geb. 3. 20
1. (Für die 2. Vorschulklasse.) 8. Aufl. (VIII, 216 S.) 905. 1. 60
2. (Für die 1. Vorschulklasse.) 8. Aufl. (VII, 232 S.) 905. 1. 60

— — dasselbe. Ausg. B. m. Anh. 3. Aufl. gr. 8. Ebd. 897. Geb in Leinw. n. 3. 55
1. (VIII, 240 u. 24 S.) n. 1. 75.
2. (VIII, 240 u. 24 S.) n. 1. 80.

— dasselbe. Ausg. B. 2 Tle. 8. Ebd. Geb. n. 3. 55
1. (Für die 2. Vorschulklasse.) 9. Aufl. (VIII, 216 u. 36 S.) 905. n. 1. 75
2. (Für die erste Vorschulklasse.) 9. Aufl. (VII, 232 u. 52 S.) 905. n. 1. 80

— Schreibschule. 10 Hfte. gr. 8. (à 24 S.) Berlin 895. E. Sicker. à n. — 10
1—5. Für deutsche Schrift. — 6—9. Für lateinische Schrift. 10. Für beide Schriftarten.

Lampe, Andreas, s. Lampe, M. Andreas

Lampe, A[ugust]: [Gedächtnisrede für den am 22. Dezember 1908 verstorbenen Vorschullehrer Friedrich Toepfer.] S. 14—17. 4. Progr. Sophien-Realgymn. *Berlin* 1909 (116).

Gehaltsverhältnisse der seminarisch gebildeten Lehrer in Berlin u. dessen Vororten, sowie in d. 383 Städten Preussens mit höheren Schulen nach d. vorhandenen Kategorieen. Zsgest. u. hrsg. von A[ug.] **Lampe**, Vorschull. *Berlin: Hilfsver. Deutscher Lehrer am Soph.-Realgymn. 1902.* (56 S.) 8° [F.] (o. 1903)

Lampe, C., Kerbschnitt-Vorlagen der Lübecker Schülerwerkstatt. Blatt 1—14. Entworfen u. systematisch geordnet. Fol. (Mit 1 Bl. Text.) Altona 891. A. Send. n. 2. 50

Lampe, C., lose Tagebuchblätter. Flüchtige Aufzeichnungen mit eingelegten Dichtungen verschiedener Dichter während meines Aufenthaltes in Bad Schwalbach und am Rhein. gr. 16. (151 S.) Osterwieck 879, Zickfeldt. geb.

Lampe, C. J. H., allgemeine Bemerkungen üb. die Bewegung d. Wassers in Röhren nebst Messgn. v. Druck u. Geschwindigkeit an der ca. 45000 Fuss langen neuen Danziger Wasserleitg. Mit 2 lith. Taf. (in Lex.-8. u. qu. Fol.) [Aus „Schriften der naturforsch. Ges. zu Danzig".] Lex.-8. (III, 72 S.) Danzig 872. (Anhuth.) n. 2. 40

Lampe, Christof Das apollonische Taktionsproblem; für die Prima. 17 S. u. 2 Taf. Progr. *Ohlau* 1876.

Lampe, Carl . . ., s. Lampe, Karl . . .

Lampe, C., deutsche Lebensbilder u. Sagen, s.: Wagner, K.

Lampe, Sagen u. Lebensbilder, s.: Wagner.

Lampe, C., lose Tagebuchblätter. Flüchtige Aufzeichnungen mit eingelegten Dichtungen verschiedener Dichter während meines Aufenthaltes in Bad Schwalbach u. am Rhein. gr. 16. (151 S.) Osterwieck 879. Zickfeldt. geb. 2. —

Lampe, Eduard

— Ergebnisse der meteorologischen Beobachtungen der Station II. Ordnung Wiesbaden im J. 1900. gr. 8. (51 S.) Ebd. 901. n. 2. —
Sonderabdruck aus: „Jahrbb. d. nass. Ver. f. Naturkde."

— Ergebnisse der meteorologischen Beobachtungen der Station II. Ordnung Wiesbaden in d. J. 1901—1905. 51, 51, 51, 54 u. 54 S.) gr. 8. Ebd. 902—906. à n. 2. —
Sonderabdrucke aus: „Jahrbb. d. nass. Ver. f. Naturkde."

Lampe, Eduard, Ergebnisse der meteorologischen Beobachtungen der Station II. Ordnung Wiesbaden in den J. 1906—1909. gr. 8. Wiesbaden, J. F. Bergmann. 5. 20
1906. (54 S.) 907. 1. 60 — 1907. (54 S.) 908. 1. 20.
1908. (54 S.) 909. 1. 20 — 1909. (54 S.) 910. 1. 20.
Sonderabdrucke aus: „Jahrb. d. nass. Ver. f. Naturkde."

— Über zwei seltene Gäste [Somateria mollissima (L.) u. Recurvirostra avosetta (L.)]. (S. 221 u. 222.) gr. 8. Ebd. (908). — 20

[Ant. u. Russ.] Haferkuren bei Diabetes mellitus von San.-Rat Eduard Lampé in Frankfurt a. M. Éduard Lampe. Lečenie ovsjankoj pri sacharnom močeiznurenii. Perevod s ném. M[oiseja] Lemberka. Berlin: Muravkin [1910]. 23 S. 4°(8°) (11. 9541)

Lampe, Ed., Catalog der Reptilien-Sammlung (Schildkröten, Crocodile, Eidechsen u. Chamaeleons) des naturhistorischen Museums zu Wiesbaden. Mit Bemerkgn. u. Beschreibg. e. neuen Eidechsenart versehen von Wilh. A. Lindholm. gr. 8. (46 S. m. 1 Taf.) Wiesbaden 901. J. F. Bergmann. n. 1.60

Lampe, Eduard, Catalog der Reptilien- u. Amphibien-Sammlung (Schlangen: Frosch-, Schwanz- u. Schleichenlurche) des naturhistor. Museums zu Wiesbaden. Mit Bemerkgn. v. W. A. Lindholm. (66 S.) gr. 8. Wiesbaden 902. J. F. Bergmann. n. 1.60

— Catalog d. Säugetier-Sammlg. d. naturhistor. Museums zu Wiesbaden. gr. 8. (S. 1—39.) Ebd. 900. n. 1.—

— Katalog der Vogel-Sammlung des naturhistorischen Museums zu Wiesbaden. I—III. Tl. gr. 8. Ebd. n. 4—
I. (Picariae u. Psittaci.) Abgeschlossen 20. X. 1904. (33 S.) 904. n. 2.—
II. (Columbae u. Pterocletes.) Abgeschlossen am 23. VIII. 1905. (23 S.) 905 n. 1.—
III. (Gallinae, Hemipodii, Fulicariae et Alectorides. [Aus: „Jahrbb. d. nass. Ver. f. Naturkde."] (36 S.) 906. n. 1.—

— Katalog der Vogelsammlung des naturhistorischen Museums zu Wiesbaden. IV. Tl. (Gavinae, Tubinares, Plataleae, Herodiones, Steganopodes, Pygopodes, Alcae et Impermes.) (35 S.) gr. 8. Ebd. 909. 1.—
I.—III. Tl. Ebd. 904—06. 4.—.

— Zur Wirbeltier-Fauna des Reg.-Bez. Wiesbaden. (S. 197—199.) gr. 8. Ebd. 910. —80
Sonderabdruck a.: „Jahrb. d. nass. Ver. f. Naturkde."

LAMPÉ, Eduard (Frankfurt): Ueber Zungenamputationen bei dem gegenwärtigen Stand der Chirurgie.- München: Wolf 1884. 22 S.
22.10.1884 - Urk (Titel: De linguae amputationibus.); Chr 1884/85,20
Diss.Ingolst.-Landsh.-Mchn.

Lampe, Emil, s.: Archiv der Mathematik u. Physik.

Lampe, Emil, geometrische Aufgaben zu den kubischen Gleichungen, nebst einem Anh. mit Aufgaben über biquadrat. Gleichungen. Ein Supplement zu jeder Sammlung algebr. Aufgaben. gr. 8. (VII, 112 S.) Berlin 877. H. W. Müller. n. 2.—

Lampe, E., geometrische und mechanische Aufgaben zur numerischen Auflösung von Gleichungen höherer Grade. 4. (24 S.) Berlin 885, Gaertner's Verlag. *

Lampe, E[mil]: Die Entwickelung der Mathematik im Zusammenhange mit der Ausbreitung der Kultur. 1893. 26 S. 4°
¶ Abgedr. in: Zeitschrift f. math. u. naturwiss. Unterricht. Jg. 24.

— Guido Hauck. Rede zur Gedächtnisfeier f. Guido Hauck am 17. V. 1905 in der Halle der techn. Hochschule zu Charlottenburg, geh. Nebst der Rede am Sarge in der Halle des Friedhofes der Zwölfapostelgemeinde, geh. am 28. I. 1905 v. A. Parisius. (32 S. m. 1 Bildnis.) Lex.-8. Leipzig 905. B. G. Teubner. n. 1.—
Sonderabdr. a.: „Jahresber. d. deut. Mathemat.-Vereinigg."

Lampe, Emil, s.: Jahrbuch üb. d. Fortschritte der Mathematik.

— s.: Jahresbericht der deutschen Mathematiker-Vereinigung.

— die reine Mathematik in den J. 1884—1899. Nebst Actenstücken zum Leben v. Siegfried Aronhold, weil. Professor der Mathematik (1860—1883) an der königl. techn. Hochschule zu Berlin. Mit seinem Bildnisse. Ein Gedenkblatt zur 100jähr. Jubelfeier der königl. techn. Hochschule zu Berlin. gr. 8. (48 S.) Berlin 899. W. Ernst & Sohn. n. 1.60

— Emil, Dr., Sur quelques problèmes relatifs à la surface des ondes. Berlin 1870.

[F.] Rede bei der Feier des 25jährigen Gedenktages der Proklamirung des Deutschen Reiches am 18. Jan. 1896 in d. Aula d. Kgl. Techn. Hochschule zu Berlin geh. v. E[mil] Lampe. *Berlin: Denter & Nicolas (1896).* (25 S.) 1 Bd 4. (96. 2441)

— Karl Weierstrass. Gedächtnisrede, geh. in der Sitzg. d. physikal. Gesellschaft zu Berlin am 5. III. 1897. gr. 8. (24 S.) Leipzig 897. J. A. Barth. n. —60

Lampe (Erich Hermann), Beiträge zur Alkalichlorid-Elektrolyse. Üb. d. Einfluss d. Salze d. Urans, d. Wolframs, d. Molybdäns, d. Vanadins u. d. Phosphorsäure. Berlin (1910). 65 S.
Berlin, Ing.-Diss. v. 1910

Lampe, Ernst: Beiträge zur Geschichte Heinrichs von Plauen. (1411—1413.). . . Danzig, Druck v. A. W. Kafemann, 1889; 1 Bl. + 47 + 1 S. + 1 Bl. 8°
Königsberg, Phil. Fak., Inaug.-Diss. v. 28. Febr. 1889

Lampe, Ernestvs (geb. am 2 Dez. 1825 in Schildesche bei Bielefeld): Sectionis caesareae casvs dvo; alter favstissimvs, alter infavstissimvs . . . Bonnae, typ. C. Georgi 1860. 2 Bl. 8. ¶ Nur Titelbl., Vita u. Thesen.
Bonn, Med. Fak., Thes. v. 17 Aug. 1860

Lampe, E(rnst), Seminaroberl. Dr.: Aus der Geschichte der Herrschaft Droyßig. *Breslau: F. Hirt 1902.* (S. 146—168.) 8° | F. |
Droyßig, k. ev. Lehrerinnen-Sem, Festschr. 1902 **

LAMPE, Eugen: De criterio moralitatis. — 1900. 206 S. Diss. Graz, Univ.

Lampe, F. Gedichte. Altoona, Pa.: Lamade & Gamber. 1881. GSP

Lampe, F. C. H., Gedichte. 12. (280 S.) Altoona, Pa. 881. (Philadelphia, Schäfer und Koradi.)

Lampe, Fel., Berlin u. die Mark Brandenburg. s. a. Land u. Leute. Nr. 14.

Berlin und die Mark Brandenburg. 2. neubearb. Aufl. von Felix Lampe. Mit 147 Abb. u. 1 Kt. Bielefeld & Leipzig: Velhagen & Klasing 1909. 211 S. 4° (8°)
(Die 1. Aufl. erschien u. d. T.: Berlin... von Fedor v. Zobeltitz.)
(Land u. Leute. 14.)

— Zur Einführung in den erdkundlichen Unterricht an mittleren u. höh. Schulen. Anregungen u. Winke. (225 S.) gr. 8. Halle 908. Buchh. des Waisenhauses. 3.—

Lampe, F., die transsibir. Eisenbahn, s. a. Sammlung geograph. u. kolonialpolit. Schriften.

[F.] Die transsibirische Eisenbahn. Von Dr. F. Lampe. *Berlin: H. Paetel 1897.* (35 S.) 1 Bd 8.
— Sammlung geographischer u. kolonialpolit. Schriften. No 8. (97. 3804)

Lampe, Fel., zur Erdkunde. Proben erdkundl. Darstellg., f. Schule u. Haus ausgewählt u. erläutert. (Aus deutscher Wissenschaft u. Kunst.) (III, 151 S.) 8. Leipzig 905. B. G. Teubner. Geb. n. 1.20

— Erdkunde f. höhere Mädchenschulen. Auf Grund v. A. Kirchhoffs Schulgeographie unter Berücksicht. der Lehrpläne vom 12. XII. 1908 bearb. 1. u. 2. Heft. 8. Ebd. Geb. in Leinw. 3.30

1. Für die 7. u. 6. Klasse. Anfangsgründe. Länderkunde v. Mittel- u. Westeuropa. (IV, 121 S. m. 33 Abbildgn.) 909. Geb. 1.50

2. Für die 5. u. 4. Klasse. Länderkunde. Anfangsgründe der allgemeinen Erdkunde. (IV, 179 S. m. Abb.) 910. Geb. 1.80

— Erdkunde in der Mittelschullehrerprüfung, s. Zur Fortbildung des Lehrers.

Erdkunde in der Mittelschullehrer-Prüfung. Von Dr. Felix Lampe. Berlin Gerdes & Hödel 1908. 25 S. 8°
(Zur Fortbildung d. Lehrers. H 7) [10. 12176]

— Erdkunde f. Schulen, s.: Kirchhoff, Alfr.

— Geschichte in der Mittelschullehrer-Prüfung, s. Zur Fortbildung des Lehrers.

Geschichte in der Mittelschullehrer-Prüfung. Von Dr. Felix Lampe. Berlin. Gerdes & Hödel 1909. 22 S. 8°
(Zur Fortbildung d. Lehrers. H 10.) [10. 12177]

Lampe, Felix, Dr. Der mittelamerikanische Kanal. Mit 1 Kartenbeilage. *Berlin: R. Gaertner 1902.* (55 S.) 4° [F.]
Berlin, Zehnte R (HB), OP 1902 (132)

Lampe, Fel., der mittelamerikanische Kanal. Mit e. Kartenbeilage. Progr. 4. (55 S.) Berlin 902. [R. Gaertner.] Weidmann. n. 1.—

Lampe, *Carolus Aemilius* Felix: Qui fuerint Gregorii Magni papae temporibus in imperii Byzantini parte occidentali exarchi et qualia eorum iura atque officia ... Berolini, Mayer & Mueller, *1892;* 2 Bl., 42 S., 1 Bl. 8.
Berlin, Phil. Fak., Inaug.-Diss. v. 11 März 1892

— s.: Rechts u. links der Eisenbahn.

— Sagen u. Lebensbilder, s.: Wagner.

— Schulgeographie, s.: Kirchhoff, Alfr.

— Die Schutzgebiete des Deutschen Reichs, s.: Kirchhoff, Alfr.

Lampe, Frančišek Jeruzalemski romar V Celovcu, St Hermagoras-Druck., 1892 362 S.

LAMPE, Franz: Die Causalität. Ein Beitrag zur Erkenntnistheorie. — 1885. 144 S. Diss. Graz, Univ.

Lampe, Friedrich Adolph

Lampe, F. Adf., zwei Abhandlungen von der Ewigkeit der Strafen, worin diese Hauptlehre unserer Bekenntnisse bewiesen wird. Brem. (729.) 733. 8.

— Auslegung des Evangelii St. Johannis 2 Thle. gr. 4. Lpz. Saurmann. 729.

— Balsam aus Gilead wider ansteckende Seuchen. 8. Brem. Saurmann. 739.

Lampe, Fr. Ad., zur Beleuchtung d. Basedow'schen Verhältnisses gegen Mangelsdorf. 8. Leipz. 777. (Joachim). 3 K

— Betracht. über d. ganze Leidensgeschichte Jesu Christi, nach allen vier Evangelisten. 2 Thle. 8. Lemgo 756. Meyer. 1⅙ K

— 33 Betrachtungen v. Sterben u. Tode d. Menschen. 8. Ebend. 731.

— heil. Brautschmuck d. Hochzeitgäste des Lammes, in e. Verhandlung von dem rechten Gebrauch d. heil. Abendmahls. 8. Brem. 772. Förster. 12 K

Lampe, Friedr. Adph., der Heilige Braut-Schmuck der Hochzeit-Gäste des Lammes an seiner Bundes-Tafel in e. Verhandlung. Von dem rechten Gebrauch d. heil. Abendmahls zur gemeinen Erbauung aufgesetzt nebst e. Auswahl der schönsten Lieder Lampe's. A. u. d. T.: Communionbuch des sel. Dr. Friedr. Adph. Lampe. Revidirt und zur Erbauung der Christengemeinde unserer Tage neu herausg. von J. R. Tiele. Bremen 854. J. G. Heyse. gr. 8. (XVI, 208 S.) 12 ngr

— Bündl. in auserlesener Predigten v. d. Früchten der Leiden Jesu Christi unsers Erlösers. 2 Thle. 8. Bremen, Saurmann. 737—38.

— commentarius analytico-exegeticus cum literalis quam realis evangelii secundum Ioannem. III Tom. 4. Basel, Turneisen. 725—27.

— — idem liber. 4. Amsterdam. 724—26.

Lampe, Fr. Adolph, commentarius in Psalmos graduum fragmenta in apocalyp. Iohannis et in ecclesiast. Salomon. annotationes edit. D. Gerdes. 4. Basel, Imhof. 742. Rthlr.

— — idem liber. 4. Berl. Lange. 724.

Lampe, Fr. Adolph, Compendium theologiae naturalis. 8. Traj. ad Rhen. Imhof. 734. Rthlr.

— — idem liber. 8. Francf. 722.

— — — — 8. Lips. Jacobäer. 753.

Lampe, Fridericus Adolfus. De cymbalis veterum libri tres. Cum figuris aeneis. Trajecti ad Rhenum 1703. 8°.

— delineatio theologiae activae. 4. Traj. ad Rhen. Imhof. 727.

— Dissertat. philolog. theolog. tum earum quae ad ulteriorum evangelii Ioannis illustrationem pertinent tum reliquacum varii generis et eruditionis multivariae syntagma. II Vol. 4. Amsterd. Jäger. 737

— dissertationes VII. de spiritu sancto. 4. Bremen, Cramer. 728.

— exercitationum sacrarum dodecas ad Psalmum XLV. 4. Bremen. 745.

Lampe, Einleitung zu dem Geheimniß d. Gnadenbundes. 12. Basel, Turneisen. 789.

— Einleit. zum Geheimniß des Gnadenbundes. 12. Basel 789. 12. Frankf. a. M. 809. Brönner. 1⅓ K

— herrl. Ende der Leiden Christi u. seines Volks in 8 Predigten üb. d. 41sten Psalm. 8. Ebend. 734.

— Erklärung üb. d. Gebet d. Herren in 8 Predigten. gr. 8. Frkf. Eßlinger. 747.

— zergliedernde Erklärung einiger Psalmen, namentl. d. 1. 2. 5. 8. 11. 14. 15. 16. u. 18. 8. Lemgo 752. Meyer. 12 gr

— fundamenta theologiae didacticae. 8. Giessen. 727.

— das Gebet Daniels Cap. 9. v. 1—19. in 10 Predigten zergliedert, nebst 2 Anleitungsreden zu demselben aus Jeremias 14. v. 19. 20. u. Jesaias 26. v. 20. 21. 8. Ebend. 748.

— Geheimniß d. Gnadenbundes, dem grossen Bunde Gottes zu Ehren und allen heilbegierigen Seelen zur Erbauung geöffnet. 6 Thle. 8. Ebend. 740.

— Gestalt d. Braut Christi, von ihrem Ausgang aus Babel. 8. Lpz. (Saurmann in Bremen) 731.

— — Nachlese einiger ausgesuchten Pred. als Anhang dazu. 8. Ebend. 721.

— Grundriß der thätigen Gottesgelahrheit. 4. Frankf. 728.

— Historia ecclesiae reformatae in Hungaria et Transsylvania. 4. Frcof. 728.

— d. Hochzeit u. Siege des Lammes bis ans Ende d. Tage, in 18 Betracht. über d. 45. Psalmen. 8. Lemgo 755. Meyer. 10 gr

Lampe, Frieder. Adph., Communionbuch. Revidirt und zur Erbauung der Christengemeinde unsrer Tage neu hrsg. von J. N. Tiele. A. u. d. T.: Der Heilige-Braut-Schmuck der Hochzeit-Gäste des Lammes an seiner Bundes-Tafel in einer Verhandlung von dem rechten Gebrauch des heil. Abendmahls zur gemeinen Erbauung aufgesetzt, nebst einer Auswahl der schönsten Lieder Lampe's. 8. (XVI und 208 S.) Bremen 851, Heyse's Verlag.

— Klugheit der Gerechten in 25 Betrachtungen über die zukünftigen Dinge d. Menschen vorgestellt. 8. Lemgo, Meyer. 745.

— Lieder. Nebst e. kleinen Zugabe. Neue unveränd. Aufl. 8. Elberf. 830. Hassel. 6 gr

Lampe, Friedr. Ado., (geistl.) Lieder. 2. u. 3., unveränd. Aufl. 8. (à 7 B., L's. Bildn. u. Titvign.) Elberfeld 830, 33, Hassel. à

Lampe, Friedrich Adolph.
Methodus concionandi ... Francofurti ad M. 1748. H: *Conradus, Joannes.* (BrMm)

— methodus concionandi, accod. concionum paradigmadicarum hexas secundum analysin disposita. 8. Frcof. Esslinger. 748.

— Milch d. Wahrheit, nach Anleit. des Heidelberg. Katechism. 12. Frankf. a. M. 806. Brönner. 6 gr

— liebreiche Nöthigung zum Genuß d. herrlichsten Festgüter des neuen Bundes, über Jesaias 55. 8. Bremen 758. Sauermann. 12 gr

— 16 Predigten über das 65ste Kapitel Jesaid. 8. Basel, Brandmüller. 727.

— 34 Predigten über verschiedene Texte heil. Schrift. 4. Basel, Brandmüller. 725.

— 10 Predigten üb. Sprüche. 8. Frkf. Brandmüller. 720.

— 3 heilige Reden. 8. Bremen, Förster. 766.

— rudimenta theologiae elenchticae. 8. Bremen, Crame 729.

Lampe, F. A., de sacrificiis eucharisticis. Brem. 1729. 4.

— synopsis Historiae sacrae et ecclesiasticae de origine mundi ad presentia tempora secundum seriem periodorum deductae. 8. Amsterd. Wettstein. 726.

— Verhandlung v. d. Ewigkeit der Höllenstrafen. 8. Bremen, Saurmann. 729.

— 4 Verhandlungen von dem Glauben, worin seine Natur u. Verknüpfung mit den guten Werken untersucht wird. 8. Ebend. 737.

— große Vorrechte des unglückseligen Apostels Judas Ischarioth. 8. Frkf. u. Lpz. Gottschalk. 739.

[F.] Erste Wahrheitsmilch. Zur bequemen Anleitung entw. v. Friedrich Adolph Lampe. *Elberfeld: G. Diederich 1897.* (24 S.) 1 Bd 8.

Lampe, Frdr. Adph., erste Wahrheitsmilch. Zur bequemen Anleitg. entworfen. (Neue Ausg.) 16. (24 S.) Elberfeld 897. Verlag d. reform. Schriftenvereins. Geb. n. — 20

Lampe, Friedrich. Erste Wahrheits-Milch für Säuglinge am Altar und Verstand. Oder kurzgefasste Grund-Regeln des Reformirten Christentums. Philadelphia: Armbruester, 1762. HSP

Lampe, Geo., Humor u. Ernst. Eine Sammlg. v. Gedichten u. Erzählgn. heitern u. ernsten Inhalts sowie kleinen Bühnenspielen. (344 S.) 8. Leipzig-Gohlis 910. B. Volger. 3. —

Lampe, Geo., aus verklungenen Zeiten. E. Sammlg. kleiner Gedichte, Bühnenspiele u. Erzählgn. gr. 8. (256 S.) Lüneburg 895. Herold & Wahlstab. n. 4. —; geb. n. 5. —

Lampe, Gustav, aus Mettingen, Westf.: Ueber traumatische Pseudo-hydronephrosen mit besonderer Berücksichtigung eines in der Greifswalder Chirurg. Univ.-Klinik beobachteten, mit einer doppelseitigen wahren Hydronephrose complizierten Falles. *Greifswald 1899: J. Abel.* (35 S.) 8°
Greifswald, Med. Diss. v. 9. März 1899

Lampe, Frau H. v., Anleitung zu Strickarbeiten. 12. (VIII, 122 S. m. Schlüssel, 1 Bl. in schmal Fol.) Reval 894. (F. Kluge.) Kart. n. 2. —

Lampe, H., die Decimalrechnung mit Einschluß der Quadrat- und Kubikwurzel und die Rechnung mit den zehntheiligen Maßen, Gewichten und Münzen für Schüler mittlerer Klassen höherer Lehranstalten und zum Selbstunterricht. 2. verm. und verb. Aufl. gr. 8. (70 S.) Danzig 875, [Kafemann.] Gruihn's Verlag. * geb. *

Lampe, H., die Kabale. Operette. 8. Stendal 790. Franzen u. Gr. 3 gr

Lampe, H.: Physik des täglichen Lebens, s. Fahle, Heinrich

Lampe, Heinrich [Praes.], s. Ahasver, Johann Abraham: De Marco Coccejo Nerva Roman. imper. qua de ejus vita moribus et majoribus, horumque ad jus pertinentibus reliquiis, agitur.

Lampe, Heinr. (Bremen), Diss. jur. de testamentifactione Bremensi. Göttingen (Jo. H. Schulz) 16. VI. 1770. 102 S. (5.—) 20343

Lampe, Heur., de vi et efficaci cautelarum pro tuendo etc. 4. Götting. Dieterich. 795.

Lampe, Hermann [aus Goslar]: Beiträge zur Kenntniss von Carvol und Campher . . Göttingen, Druck d. Dieterich'schen Univ.-Buchdr. (W. Fr. Kästner), 1889; 53 + 1 S. 8°
Göttingen, Phil. Fak., Inaug.-Diss. v. 21. Jan. 1889

Lampe, Herm. Beiträge zur Kenntniss v. Carvol u. Campher. Diss. gr. 8. (53 S.) Gött. 889, (Vandenhoeck u. Ruprecht). * 1 20

Lampe, Hermann: Die Entwicklung der braunschweigischen Domäne Süpplingenburg. Diss. Jena. Halle a. S. 1910

Lampe, Hermann Nonnen Ueber den Positionswechsel des Kindes während der Schwangerschaft. Halle (1867): Ploetz. 27 S. 8°
Halle-Wittenberg, Med. Diss. v 3. Dez. 1867
Geb. Bremen 6. 2. 1845. V.

Lampe, J. E., der gewissenh. Feldprediger. 8. Braunschweig, Fickel. 707.

Lampe, J. F., Briefe üb. versch. Gegenst.-a. d. Mathemat. m. K. 8. Lpz. Barth. 780.

PREDIGT wider die sündliche Gewohnheit, hohe Fest und Sonntage mit lermenden Ergötzlichkeiten zu beschliessen (von *Johann Lampe*). Frankf. 1714.
Anon.-Lex. III p. 293 (nach Meusel).

Lampe, Jb., († d. 16. Sept. 1790.) einige Reden bei Confirmationen gehalten. 8. Frankf. a. M. 776.
Gab heraus: Gedichte e. Frauenzimmers (Frau Merk). Frkf. 759., s. Gedichte 1e u. 2e Samml. 759, 60.

— Joh. Christ. (Leipzig), Ad dissert. de cura maritali. Präs. E. Tenzel. Erfurt (Joh. Heinr. Grosch) 12. II. 1720. 20 S. (3.—) 20344
Widm. v.: Ernst Tenzel.

Lampe, Joh. Chr. Conr., Lehrbuch d. deutsch. Sprache nebst e. prakt. Anleitung z. Styl- u. Briefübungen. Zum Schul- u. Selbstunterr. 2 Thle. in 1 Bde. gr. 8. (27⅜ B.) Bremen 844. (Geisler.) *

Lampe, Jh. Chr. Conr., kaufmänn. Rechenbuch. Zum Gebrauch für öffentl. u. Privatlehrer; zum Selbstunterricht für Handlungs-Commis u. Lehrlinge, so wie für Geschäftstreibende. gr. 8. Bremen 846. (Geisler.) n. 2 ₰

— Jo. Friedr. (Leipzig), Controvers. juris selectarum dec. I. Präs. Gottfr. Ludw. Mencke. Lpz. (Im. Titius) 20. VIII. 1711. 20 S. (3.80) 20345

— — Disp. jur. de juramento haeredum. Präs. Balth. Wernher. Wittenberg (Gerdes) 22. II. 1712. 40 S. (4.20) 20346
Gew.: Ant. Eg. v. Fürstenberg. — Widm.: Balth. Wernher.

— — (Braunschweig), Diss. de jure Augustissimae et Augustae domus Brunsvicensis in comitatum peinensem. Präs. Jo. Wilh. Goebel. Helmst. (Herm. Dan. Hamm) März 1720. 72 S. (4.20) 20347

Lampe, Karl [Pseud.], s.a. W e r t h e r , Karl Ludwig

Lampe, Karl, über die Ausschließung des Dr. Jul. Rupp aus dem Vereine der Gust.-Ad.-Stiftung. gr. 8. Leipzig 846, Vogel. n. 2 *ngl*

Der Feldkornet. Eine Erzählung aus d. letzten Boerenkriege f. d. Jugend von Carl Lampe. Neu-Ruppin: G. Kühn [um 1904]. (160 S.) 8° [F.]
(Gustav Kühn's Jugendschriften. 712.) [05. 9069]

Lampe, Karl, kurzgefaßte Geschichte der Organisationsbestrebungen der Gabelsbergerschen Schule bis zur Gründung des deutschen Stenographenbundes. Preisschrift. gr. 8. (47 S.) Dresden 900. E. Haendcke. n. — 50

Lampe, Karl, Geschichte der Stenographie, s. a. Hillger's illustrierte Volksbücher 47. Bd.

Geschichte der Stenographie von Dr. Karl Lampe. Mit 14 Ill. u. Schriftproben u. 7 Taf. Berlin, Leipzig: H. Hillger [1906]. (83 S.) 8° [F.]
— Volksbücher, Hillgers illustrierte. Bd 47. [07. 18098]

Lampe, Karl, Geschichte der Stenographie in Sachsen. Dem sächs. Landesverbande „Gabelsberger" zum 25 jähr. Jubelfeste 4—6. VI. 1910 als Festgabe überreicht. (IV, 160 S.) 8. Dresden (910). F. E. Boden. 1. 75

Lampe, [Karl]: [Prof.] Hermann Roeder †. 1 Bl. 4.
Oberrealschule an der Lutherkirche *Hannover* 1908 (436).
Bestimmungen, betreffend die Jubiläums-Stiftung der Leibniz-Schule. S. 14—15. 4. Progr. Städt. Leibnizschule *Hannover* 1901 (353).

Lampe, Karl, a. Kolberg: Die Schlacht bei Maupertuis ⟨19. September 1356⟩. (Gräfenhainichen 1908: C. Schulze & Co.) (72 S.) 8°
Berlin, Phil. Fak., Ref. Delbrück, Diss. v. 15. April 1908
[Geb. 31. Aug. 82 Kolberg; Wohnort: Charlottenburg; Staatsangeh.: Preußen; Vorbildung: Stadtgymn. Stettin Reife M. 03; Studium: Berlin 7 S.; Rig. 13. Febr. 08.]

Lampe, Karl, aus Celle: Studien über Iffland als Dramatiker mit besonderer Berücksichtigung der ersten Dramen. *Celle 1899: W. Ströher.* (110 S.) 8° [F.]
Leipzig, Phil. Diss. v [8. Juni] 1899

Lampe, Karl, Studien üb. Iffland als Dramatiker m. besond. Berücksichtigg. der ersten Dramen. gr. 8. (111 S.) Celle 899. (K. André..) n.n. 2. —

Lampe, Karl Otto Emil

Lampe, Car Otto Aemil. (geb. Gollwitz bei Brandenburg a. H. 23. 12. 1840) De superficiebus quarti ordinis quibus puncta triplicia insunt Berolini (1864). (17 S.) 4°
Berlin, Phil. Diss. v. 21. Dez. 1864

Lampe, Carol. Otto Aemil., de superficiebus quarti ordinis quibus puncta triplicia insunt. Dissertatio inauguralis. Berlin 865. (Calvary & Co.) 4. (18 S.) n. 15 *ngr.*

Lampe, Karl Wilh., Katechismuslehre in geschichtlichen Beispielen nach der Ordnung des zürcherischen Katechismus u. unter Berücksichtigung der übrigen in der reformirten Schweiz gebrauchten Katechismen, sowie des aargauer Spruchbuches zusammengestellt. A. u. d. T.: Geschichten aus dem Reiche Gottes. Ein Lesebuch für das Volk. Zürich 859. Depot der evangel. Gesellschaft. 8. (XII, 354 S.) 15 *ngr.*

Lampe, Carl. Wilh., die Predigt des Evangeliums. Synodalpredigt gehalten den 30. Oktbr. 1855 zu Zürich. Lex.-8. (12 S.) Zürich 855, Höhr. *

Lampe, Karl Wilh., die biblischen Wahrheiten im Zusammenhange dargestellt für Freunde derselben. 8. (VIII u. 286 S.) Zürich 851, Hanke. n. ½ ₰

Lampe, Lh. H. A., s. Bemerkk. e. ständischen Deputirten über d. Entwurf e. Gesetzbuchs rc. u. setze hinzu: (von L. H. A. Lampe).

Lampe's, (M. A.), Bienenzucht. Populäres Handbuch der Anatomie, Zucht, Pflege u. sämtl. Krankheiten der Bienen, sowie e. ausführl. Nachschlagewerk aller die Imkerei betr. Verrichtgn. Mit 69 Illustr. u. 2 zerlegbaren Modellen v. Drohne u. Königin. 2. [Titel-]Aufl. (II, 230 S.) Lex.8. Charlottenburg 909. Berlin, Schreiter. Geb. in Leinw. 5. —

— Fischzucht. Populäres Handbuch der Anatomie, Arten, Pflege, Zucht u. sämtl. Krankheiten der Fische, sowie e. ausführl. Nachschlagewerk aller die Süßwasserfischerei betr. Verrichtgn. Mit 336 Illustr. u. e. zerlegbaren Modell e. Karpfen. 2. [Titel-]Aufl. (II, 258 S.) Lex. 8. Ebd. 909. Geb. in Leinw. 5. —

— Henry Davenport u. Woldem. Nagel, das Pferd. Ein Handbuch üb. Bau, Pflege, Zucht, Hufbeschlag u. Krankheiten des Pferdes, sowie e. ausführl. Ratgeber üb. den Reit- u. Fahrsport. In 2 Bdn. hrsg., der allgem. Tl. v. L., der sportl. Tl. v. D. u. N. Mit ca. 1500 Abb., 44 Taf. der Gestütsbrände, 16 Rassebildern, zahlr. schwarz. u. 2 farb. Taf. von Hans H. Netto, H. Graf u. a., sowie 2 zerlegbar. Modellen des Hufes u. der Entwickelg. der Zähne, entworfen u. bearb. v. A. Schwarz. 4. Ebd. Geb. in Leinw. à n. 17. —

1. (VIII, 816 u. 2 S.) 900.
2. Reitkunst u. Fahrkunst. (V, 811, XXXII u. 3 S.) 901.

Lampe, M. A., das Pferd. Ein Handbuch üb. Bau, Pflege, Zucht, Hufbeschlag u. Krankheiten des Pferdes. Mit zahlreichen Abbildgn., 44 Taf. der Gestütsbrände, 16 Rassen-Taf. u. 1 farb. Taf. v. Hans H. Netto, H. Graf u. a., sowie e. zerlegbaren Modell des Hufes, entworfen u. bearb. v. A. Schwarz. 2. unveränd. [Titel-]Aufl. (des 1. Bds. v.: M. A. Lampe, Henry Davenport u. Woldem. Nagel, das Pferd). (VIII, 816 u. 4 S.) Lex.-8. Leipzig [900] 905. E. Wiest Nachf. Geb. in Leinw. n. 18. —; auch in 56 Lfgn. à — 25

— Henry Davenport u. Woldem. Nagel, das Pferd. Ein Handbuch üb. Bau, Pflege, Zucht, Hufbeschlag n. Krankheiten des Pferdes, sowie e. ausführl. Ratgeber üb. den Reit- u. Fahrsport. In 2 Bdn. hrsg., der allgemeine Tl. v. L., der sportl. Tl. v. D. u. N. Mit 1500 Abbildgn., 44 Taf. der Gestütsbrände, 16 Rassen- u. 2 farb. Taf. v. Hans H. Netto, H. Graf u. anderen namhaften Künstlern, sowie 2 zerlegbaren Modellen des Hufes u. der Entwickelg. der Zähne, entworfen u. bearb. v. A. Schwarz. 3. Aufl. 6.—10. Tausf. (1. Bd.) (X, 816 u. 4 S.) Lex. 8. Ebd. 908. Geb. in Leinw. 18. —

Lampe, Illustrierte Tierheilkunde. Populäres Handbuch der Anatomie, Gesundheitspflege etc. der Haustiere. Mit vielen Abbildungen und 5 zerlegbaren Modellen. Leipzig 98. E. Wiest Nachfgr. Geb. M. 25.—

Lampe's, M. A. (J. G. Voigt), illustr. Tierheilkunde. Popul. Handbuch der Anatomie, Gesundheitspflege, Zucht, Geburtshilfe, des Hufbeschlags u. s. w. unserer Haustiere, e. ärztl. Hausschatz f. sämtl. Krankheiten derselben, unter besond. Berücksicht. der Hausmittel u. Homöopathie. Mit zahlr. Illustr., farb. Taf., sowie 5 zerlegbar. Modellen (in separat. Einbande) v. Pferd, Rind, Schaf, Schwein u. Hund, entworfen u. bearb. von A. Schwarz u. A. Seyffert. 4. (XVI, 1295 u. XX S. u. 26 S. Erklärgn. in qu. 4.) Leipzig 900. E. Wiest Nachf. Geb. in Leinw. 25. —

— illustrierte Tierheilkunde. Populäres Handbuch der Anatomie, Gesundheitspflege, Zucht, Geburtshilfe, des Hufbeschlags usw. unserer Haustiere, e. ärztl. Hausschatz f. sämtl. Krankheiten derselben, unter besond. Berücksicht. der Hausmittel u. Homöopathie. Mit zahlr. Illustr., farb. Taf., sowie 7 zerlegbaren Modellen (in separatem Einbande) v. Pferd, Rind, Schaf, Schwein, Hund, Gänserich u. Hahn, entworfen u. bearb. v. A. Schwarz u. A. Seyffert. 3. Aufl. 2 Tle. (XVI, 1296 u. XX S. u. 32 S. Erklärgn. in 20×27 cm.) Lex. 8. Leipzig 910. E. Wiest Nachf. Geb. in Leinw. 28. —

Lampe, M. Andreas

Lampe, Andr. Die abscheuliche Sünde der Küpper und Wipper, nebst einem Urtheile, welches die Fürstl. Magdeburgischen Schöppen zu Halle hierüber gesprochen, mit einer Vorrede von M. Ernst Zobel. 8°. Leipzig, Lanckisch, 1754.

Lampe, M. Andr., abscheul. Sünde d. Kipper u. Wipper ꝛc. 8. Leipz. 755. (Brockhaus). 3 ℳ

Lampe, M. Andr., abscheul. Sünde der Kipper u. Wipper ꝛc. 8. Lpz. Gleditsch. 755.

Lampe, Martin, cand. theol. a. Cammin i. Pommern: Das Problem der Willensfreiheit bei Lipps, Eucken, Windelband, v. Hartmann und Wundt. Berlin 1907: R. Trenkel. (VI, 81 S.) 8°

Erlangen, Phil. Fak., Ref. Falckenberg, Diss. v. 9. Dez. 1907

[Geb. 22. Sept. 82 Cammin (Pommern); Wohnort: Coepenick; Staatsangeh.: Preußen; Vorbildung: Marienstifts-Gymn. Stettin Reife M. 02; Studium: Halle 1, Tübingen 1, Berlin 5 S.; Rig. 31. Okt. 07.]

Lampe, Otto: Ueber einen Fall von Spontan-Perforation eines Meckel'schen Divertikels. Leipzig 1909: Lehmann. 37 S. 8°

Leipzig, Med. Diss. v. 26. Juni 1909, Ref. Trendelenburg

[Geb. 15. Febr. 83 Wedlitz; Wohnort: Leipzig; Staatsangeh.: Anhalt; Vorbildung: Gymn. Dessau Reife O. 03; Studium: Freiburg i. B. 1, Kiel 4, Leipzig 3, Berlin 1, München 1 S.; Coll. 9. Juli 09; Approb. 15. Juli 09.] [U 09. 2817

Lampe, Otto [aus Leipzig]: Ueber das Phenylpyrazolidin und einige seiner Derivate ... Leipzig, Druck v. J. B. Hirschfeld, 1893; 43 S. 8.

Rostock, Phil. Fak., Inaug.-Diss. v. [21. Dez.] 1892

Lampe, P. S. H., Taschenbuch für Reisende u. Correspondenten. 12. Berl. 802.

Lampe, Paul, a. Nürnberg: Über die Elastizität koagulierter wässeriger Gelatinelösungen und Koagulationsgeschwindigkeit. Erlangen 1908: Junge & Sohn. (38 S.) 8°

Erlangen, Phil. Fak., Ref. Wiedemann, Diss. v. 27. Juli 1908

[Geb. 12. Juli 85 Nürnberg; Wohnort: Erlangen; Staatsangeh.: Bayern; Vorbildung: Realgymn. Nürnberg Reife 03; Studium: München 4, Erlangen 5 S.; Rig. 2. Juni 08.]

Lampe, Paul, Rect. Dr.: Ueber die Entwicklung der Mittelschule (vom Mittelalter bis jetzt). *Quedlinburg 1898: Wendeborn, Meyer & Steymann.* (S. 3—5.) 4° [F.]

Quedlinburg, siebenstufige Knaben-Mittel-S, P 1898

Lampe, Paul: Zur Kenntniss des Baues und der Entwicklung saftiger Früchte. Halle a. S. 1884: Plötz. 34 S. 8°

Halle-Wittenberg. Phil. Diss. v. [15. Okt.] 1884

Geb. Neuhaldensleben 6. 8. 1860. V.

Ersch. auch in: Zeitschrift für Naturwissenschaften. Bd 59. Halle, Leipzig, Stuttgart 1886. S. 295—323.

PHILIPP ADOLPH LAMPE, Gedächtnissrede auf den Herrn D. Nathanael Matthaeus von Wolf in der ausserordentlichen öffentlichen Versammlung der naturforschenden Gesellschaft zu Danzig am 10. Mai 1785 gehalten. (Mit 1 Tafel.) Danzig, gedruckt bei Johann Emanuel Friedrich Müller. 4°.

— Ph. Ad. (Danzig), De noxis ex sepultura in templis. Strassburg (Jo. Heinr. Heitz) 1776. 40 S. (3.20) 20348

Lampe, Phil. C., s. Lampe von Rundeel, Phil. Ch. v.

Lampe, Richard [app. Arzt aus Ohlau]: Über zwei Fälle von sogenannter foetaler Rachitis. '(Aus d. patholog. Institut zu Marburg.)' ... Marburg, *Buchdr. v. G. Schade, Berlin,* 1895; 52 S., 1 Bl. 8.

Marburg, Med. Fak., Inaug.-Diss. v. 3. Okt. 1895

Lampe, Richard, approb. Arzt aus Wedlitz ⟨Hzgt. Anhalt⟩: **Prognose der Endometritis puerperalis gonorrhoica, septica, saprica.** *Leipzig 1901: B. Georgi.* (65 S.) 8°
Leipzig, Med. Diss. v. (6. Juni) 1901

LAMPE, Robert: Antikritik. "Versuch, die Buchen-Hochwaldwirtschaft mit den Forderungen und Grundsätzen der heutigen forstlichen Finanzrechnung in Einklang zu bringen". - Braunschweig 1869. 28 S.

Lampe, Rob., Antikritik. „Versuch die Buchen-Hochwaldwirthschaft mit den Forderungen und Grundsätzen der heutigen forstl. Finanzrechnung in Einklang zu bringen" rc. 8. (28 S.) Braunschweig 870, (Graff und Müller.) *

Lampe, Rob., die Forstdienstorganisations-Frage. Nebst e. Anh. forstwissenschaftl. Aufsätze. gr. 8. (36 S.) Leipzig 871. Wilfferodt. n. — 80

Lampe, Rob., Versuch die Buchen-Hochwald-Wirthschaft mit den Forderungen u. Grundsätzen der heutigen forstlichen Finanz-Rechnung in Einklang zu bringen. Vom rein pract. Standpunkte beleuchtet. Leipzig 868. Wilfferodt. gr. 8. (81 S.) n. 16 ngr

Lampe, Siegfried, Referendar in Bremen: Die auf Grund von Kommissionsverträgen entstehenden Bankdepotgeschäfte. Borna-Leipzig 1908: R. Noske. (IX, 51 S.) 8°
Leipzig, Jur. Fak., Diss. v. 13. April 1908
[Geb. 5. Okt. 81 Genua (Italien); Wohnort: Bremen; Staatsangeh.: Bremen; Vorbildung: Städt. Gymn. Bonn Reife O. 03; Studium: Heidelberg 2, Bonn 1, Berlin 1, Kiel 2 S.; Rig. 22. Dez. 06.]

Lampe, Victor. Zur Kenntnis des Brasilins; — Zur Kenntnis des Rhamnetins. Diss. Phil. Bern. 32 S. 8. Bern, W. Wälchli, 1903.

Lampe, die Kirchensteuergesetze der evangelisch-lutherischen Kirche der Prov. Schleswig-Holstein nebst den Ausführungsanweisungen. Mit Anmerkgn. zum Handgebrauch hrsg. (VIII, 120 S.) kl. 8. Preetz 906. J. M. Hansen. Kart. 1. 60

Lampe, W., die unterbrochene Verlobung. Schspl. in 2 A. 8. Frburg 810. Graz u. G. 8 K

Lampe, Wilh., Zweites Buch für Kinder. Ein Lese- u. Sprachbuch für Volksschulen. Clausthal 867. Große'sche Buchh. 8. (VIII, 160 S.) n. 6 ngr

Lampe, Wilh. [aus Hornhausen]: Tetilla japonica, eine neue Tetractinellidenform mit radiärem Bau .... Berlin, Nicolai, 1886; 18 + 1 S. u. 1 Taf. 8°.
Leipzig, Phil. Fak., Inaug.-Diss. v. 15. Mai 1886.

Lampe, Wilhelm [aus Hameln]: I. Über die Oxydation des Mannits und Dulcits. II. Über die Verbindungen des Paratolylhydrazins mit einigen Zuckerarten und Säuren der Zuckergruppe ... Würzburg, Becker's Univ.-Buchdr., 1892; 24 S. 8.
Würzburg, Phil. Fak., Inaug.-Diss. v. 1892

Lampe von Rundeel, Phil. Ch. v.

Lampe, Phil. C., Freyh. v. Rundel, d. in d. Bataille victorisirende Vestung. 4. Nrnb. 738.

Lampe Frh. von Rundeel, Ph. Ch. Die in Bataille victorisirende Vestung. Aufs neue hrsg., verb. u. verm. Mit Taf. Nürnberg 1738. 40 S. 4°

Lämpe, Rudolf: ⟨Aus d. Med. Poliklinik zu Jena.⟩ Beitrag zur Kenntnis der Phosphaturie. Dresden 1910: Teubner. 31 S. 8°
Jena, Med. Diss. v. 14. Mai 1910, Ref. Lommel
[Geb. 13. Sept. 85 Zschieschen; Wohnort: Dresden; Staatsangeh.: Sachsen; Vorbildung: Städt. Realgymn. Dresden Reife O. 04; Studium: Leipzig Jura 1, Med. 6, München 1, Jena 2 S.; Coll. 10. Nov. 09; Approb. 8. Juli 10.]
[U 10. 2303

Lampedo, ein Melodrama. O. O. [ca. 1780]. V: *Lichtenberg, Friedrich Chn.* (ML) (Adel)

Lampeiano. Siehe Pallavicini.

Lampeiano, osservazioni sulla cronologia degli antichi. 8. Dresd. 757.

Lampel, Adolf

Lampel, A., mythologische Erzählungen u. Märchen, zur Unterhaltung u. Belehrung f. die reifere Jugend. 8. (IV, 167 S.) Münster 889. Regensburg. n. 1. 60; geb. n. 2. —

Lampel, Alex., die Schreibschule. (Ein zuverläss. Wegweiser zur Verbesserg. der Handschrift.) Oktbr.—Dezbr. 1909. 3 Hefte. (à ca. 16 S. m. Abbildgn. u. Taf.) gr. 8. Berlin, C. Hause. 1. 50

Lampel Alfred: **Ein natürliches System der Baukunstlehre.**
1910 PN 3075 Diss. Wien, Univ. 152

Lampel, Ant., Ueber Drehschwingungen einer Kugel mit Luftwiderstand. [Aus: „Sitzungsbericht der k. Akad. d. Wissensch."] Lex.-8°. (23 S.) Wien, Gerold's Sohn. fl. —.22.
1886.

Lampel, Ant., über Drehschwingungen einer Kugel mit Luftwiderstand. Lex.-8. (23 S.) Wien 886, (Tempsky.) *
Aus: Sitzungsberichte der k. Akademie der Wissenschaften, besonders abgedruckt.

Lampel, Chrn., praktische Winke für Vermögensverwaltung und insbesondere für die sichere Anlegung von Capitalien mit Rücksicht auf die bestehenden Gesetze in Bayern. gr. 8. (47 S.) Bayreuth 854, (Grausche Buchh.) *

Lampel, F., das Infanterie-Exerzieren. Nach dem Reglement übersichtlich zusammengestellt. 8. (VII, 45 S. mit 16 Taf. Abbild.) Berlin 885, Mittler und Sohn. *

—— der Infanterie-Feldbienst. Ein Handbuch für den Kompagniechef bei der Ausbildung, im Manöver und im Felde, sowie für Offiziere, Unteroffiziere und Offiziersaspiranten des aktiven und beurlaubten Standes. 8. (VIII, 100 S. mit Skizzen und 2 Fig.-Taf. im Text.) Ebendas. 886. *

Lampel H.: Über Desamidoglobulin. S. 116. IIb. 525 . . . . vgr.
Separatabdruck

Lampel, H., Heimatkunde des Kreises Inowrazlaw. Unter Benutzg. amtl. Quellen bearb. gr. 8. (20 S.) Lissa 902. F. Ebbecke. n. — 20

— und Skraup Zdenko Hans: Über Hydrolyse des Serumglobulins durch Alkalien. S. 118. IIb. 139 . . . . vgr.
Separatabdruck

Lampel, Jos., die Einleitung zu Jans Enenkels Fürstenbuch. Ein Beitrag zur Kritik österreich. Geschichtsquellen und zur Geschichte der Babenberger. Inaugural-Dissertation. gr. 8. (55 S.) Wien 883, Hölder. *

Lampel, Jos., die 3 Grafschaften der karolingischen u. der ottonischen Ostmark, s. a. Vorträge u. Abhandlungen, hrsg. v. der Leo-Gesellschaft. 28.

(F) **Lampel,** J., Die drei Grafschaften der Karolingischen und der Ottonischen Ostmark. [Vorträge und Abhandlungen, herausg. von der Leo-Gesellschaft. 28.] Gr.-8°. (19 S.) K —.30
Wien: Mayer 1906.

Lampel, Jos., die Landesgrenze von 1254 und das steirische Ennsthal. Ein Beitrag zur Geschichte des österreich. Zwischenreichs mit 32 urkundl. Beilagen. Lex.-8. (156 S.) Wien 887, (Gerold's Sohn.) *
Aus: Archiv für österreichische Geschichte, besonders abgedruckt.

Lampel, J., die Landesgrenze v. 1254 u. das steirische Ennsthal. Ein Beitrag zur Geschichte d. österreich. Zwischenreichs m. 32 urkundl. Beilagen. [Aus: „Archiv f. österreich. Geschichte".] Lex.-8. (156 S.) Wien 887. (Tempsky.) n. 2. 40

— Elfhundert Jahre Österreich, s. a. Vorträge u. Abhandlungen, hrsg. v. der Leo-Gesellschaft. 24.

(F) Lampel, J., Elfhundert Jahre Österreich. [Vorträge und Abhandlungen, hrsg. von der Leo-Gesellschaft. Heft 24.] 8°. (20 S.) K — 30
Wien: Mayer 1906.

Lampel, Jos., Urkundenbuch d. aufgehobenen Chorherrenstiftes St. Pölten, s.: Urkundenbuch, niederösterreichisches.

Lampel, Karl [cand. med. aus Peterswaldau (Schlesien)]: Ueber Pigmentbildung aus Blutfarbstoff im Anschluss an einen Fall von Pigmentierung des parietalen Pericardialblattes. . . . Würzburg, Anton Boegler'sche Buchdr., 1890; 21 S. 8°
Würzburg, Med. Fak., Inaug.-Diss. v. 1890

Lampel, Leop. Über den Einfluſs der Dichtung auf die geistige Entwickelung der Jugend und insbesondere auf deren sittliche Bildung. 31 S. 8. Progr. G. Brünn 1877

Lampel, Leop., Grundriß d. dtschn. Literaturgeschichte, s. a. Langer, Leo.

(F) Lampel, L. und Langer, L., Grundriß der deutschen Literaturgeschichte im Anschluß an das deutsche Lesebuch. 1. Heft (für die 5. Klasse). Gr.-8°. (81 S.) geb. K 1.—
Wien: Hölder 1909.

— u. Ign. Pölzl, Grundriß der deutsch. Literaturgeschichte im Anschluß an das deutsche Lesebuch f. d. oberen Klassen österreich. Realschulen. I. u. II. Heft. gr. 8. Ebd. 910. Geb. 1. 70
I. (f. die V. Klasse.) (IV, 63 S.) Geb. — 85
II. (f. die VI. Klasse. (III, 67 S.) Geb. — 85

—— deutsches Lesebuch für die oberen Classen österreichischer Gymnasien. 2 Thle. gr. 8. Ebendas. [** ℳ 7.20.] **
Inhalt:
Thl. 1. [Für die 5. Classe.] (XXII, 367 S.) 885. geb. * ℳ 3.20.
" 2. [Für die 6. Classe.] 1. und 2. verb. Aufl. (VIII, 496 S.) 886,87. ** ℳ 4.—.; 3. umgearb. und gekürzte Aufl. (VI, 416 S.) 888. geb. ** ℳ 2.92.

Lampel, L., deutsches Lesebuch f. die oberen Classen österreichischer Gymnasien. 1. Thl., f. die V. Classe. Anh., enth. e. Auswahl aus Klopstock's „Messias" u. Wieland's „Oberon", nebst den dazugehör. Anmerkgn. [ausgehoben aus dem f. die VI. Classe bestimmten Bde.]. gr. 8. (S. 141—255 u. 368—396.) Wien 890. Hölder. n. — 40

— dasselbe. 2.—4. Thl. gr. 8. Ebd. geb. n.n. 7. 76
2. [Für die VI. Classe.] 3. Aufl. (VI, 416 S.) 888. n.n. 2. 92
3. [Für die VII. Classe.] (VIII, 267 S.) 889. n.n. 2. 32
4. [Für die VIII. Classe.] (X, 335 S.) 890. n.n. 2. 52

Lampel, Leop., deutsches Lesebuch f die oberen Classen österreichischer Gymnasien. 2 Thle. gr. 8. Wien 891. A. Hölder. Geb. in Leinw. n.n. 5. 44
1. [Für die 5. Classe.] 2., umgearb. Aufl. (XV, 356 S.) n.n. 2. 84.
2. [Für die 6. Classe.] Ausg. I. [m. mittelhochdeutschen Texten.] 4., umgearb. u. gekürzte Aufl. (VIII, 348 S.) n.n. 2. 60

— dasselbe f. d. oberen Classen österr. Gymnasien. 1. Thl. (f. d. V. Classe). 3., unveränd. Aufl. gr. 8. (XII, 356 S.) Ebd. 898. Geb. n. 2. 92

— deutsches Lesebuch f. die oberen Classen österr. Gymnasien. 2. u. 3. Thl. gr. 8. Ebd. 900. Geb. in Leinw. n. 5. 12
2. (Für die VI. Klasse.) Ausg. I (m. mittelhochdeutschen Texten.) 5., unveränd. Aufl. (VI, 348 S.) n. 2. 70
3. (Für d. VII. Klasse.) 2., unveränd. Aufl. (VI, 267 S.) n. 2. 42

Lampel Leopold, Deutsches Lesebuch für die oberen Klassen österreichischer Gymnasien. III. Teil (für die VII. Klasse). 3., unveränderte, sonach gemäß Min.-Erl. vom 6. Oktober 1900, Z. 27597, allgemein zulässige Auflage. Wien 1900, Geh. K 2.04, geb. K 2.54.

Lampel, Leop., deutsches Lesebuch für die oberen Klassen österreichischer Gymnasien. I. u. IV. Tl. gr. 8. Wien, A. Hölder. Geb. in Leinw. n. 5. 10
I. (f. die V. Klasse). 4. im wesentlichen unveränd. Aufl. (XII, 349 S.) 903. Geb. n. 2. 60
IV. (f. die VIII. Klasse). 2. Aufl. (Mit e. Anh. üb. die Literatur der neuesten Zeit.) (VIII, 363 S.) 904. Geb. n. 2. 50; Anh. allein (35. S.) n. — 44

Lampel Leopold, Deutsches Lesebuch für die oberen Klassen österreichischer Gymnasien. I. Teil (für die V Klasse). 5., unveränderte, sonach gemäß Min.-Erl. vom 15. September 1903, Z. 30010, allgemein zulässige Auflage. Wien 1908. A. Hölder Geh. K 2.45, geb. K 2.95. (Min.-Erl. vom 30. Dezember 1907, Z. 52187.)

Lampel Leopold, Deutsches Lesebuch für die oberen Klassen österreichischer Gymnasien. II. Teil (für die VI. Klasse). Wien 1907 A. Hölder. Ausgabe I (mit mittelhochdeutschen Texten). 6., verbesserte Auflage Geh. K 2.28, geb. K 2.78. Ausgabe II (ohne mittelhochdeutsche Texte). 4., verbesserte Auflage. Geh. K 1.80, geb. K 2.30

(F) Lampel, L., Deutsches Lesebuch für die oberen Klassen österreichischer Gymnasien. III. Teil. (Für die VII. Klasse.) 3. Aufl. Gr.-8°. (VI, 284 S.) K 2.04, geb. K 2.54
Wien: Hölder 1907.

Lampel, Leopold, Deutsches Lesebuch für die Oberklassen österreichischer Gymnasien. I. Teil (Für die V. Klasse.) 6., nach den neuen Lehrplänen völlig umgearbeitete Auflage. Mit Beiheft. Herausgegeben von Dr. Leo Langer. Wien 1909. A. Hölder. Geh. K 2.70, geb. K 3.20.

— Deutsches Lesebuch f. die oberen Klassen österreich. Gymnasien. I. Tl. (f. die V. Klasse). 6., nach den neuen Lehrplänen völlig umgearb. Aufl., hrsg. v. Leo Langer. Mit Beiheft. (VIII, 307 u. 111 S.) gr. 8. Wien 910. A. Hölder. Geb. in Leinw. u. geh. 2. 80

Lampel Leopold, Deutsches Lesebuch für die oberen Klassen österreichischer Gymnasien II. Teil (für die VI. Klasse). 7., völlig umgearbeitete Auflage, herausgegeben von Dr. Leo Langer. Wien 1910. Alfred Hölder. Geb. K 3.20.

Lampel Leopold, Deutsches Lesebuch für die II. Klasse österreichischer Gymnasien. 11., umgearbeitete Auflage. Wien 1909. Alfred Hölder. Geh. K 1.92, geb. K 2.40.

Lampel, Leop., deutsches Lesebuch für die erste Classe österreichischer Mittelschulen. gr. 8. (XVI, 300 S.) Wien 883, Hölder. * ℳ 2,20.; cart. *

—— dass. — für die zweite Classe österreichischer Mittelschulen. gr. 8. (XVIII, 320 S.) Ebendas. 883. cart. *

—— dass. — für die dritte Classe österreichischer Mittelschulen. gr. 8. (XV, 329 S.) Ebendas. 884. geb. *

Lampel, Leop., deutsches Lesebuch für die erste Classe österreichischer Mittelschulen. 2. durchgeseh. und verb. und 3. und 4. unveränd. Aufl. gr. 8. (XVI, 288 S.) Wien 885,86, Hölder. geb. *
—— dass. — für die zweite Classe österreichischer Mittelschulen. 2. verb. und 3. unveränd. Aufl. gr. 8. (XIX, 308 S.) Ebendas. 885,86. 2. Aufl. geb. **
3. Aufl. geb. **
—— dass. — für die dritte Classe österreichischer Mittelschulen. 2. Aufl., mit einem Anhange, enthaltend die in der 1. Aufl. fehlenden Gedichte des Canons der Instructionen. gr. 8. (XV, 336 S.) Ebendas. 886. geb. *

—— dass. — für die vierte Classe österreichischer Mittelschulen. 1. Aufl. (XI, 344 S.) 1884. * ℳ 2.84.; 2. theilweise veränd. Aufl. gr. 8. (XI, 355 S.) Ebendas. 888. * geb. *

—— dass. — Anhang, enthaltend Lesestücke aus der antiken und german. Götter- und Heldensage. gr. 8. (IV, 120 S.) Ebendas. 885. *

—— Deutsches Lesebuch f. die IV. Classe österreichischer Mittelschulen. 3. umgearb. Aufl. gr. 8. (X, 295 S.) Ebd. 891. geb. in Leinw. ** 2 —

Lampel, Leopold. Deutsches Lesebuch für die erste Classe österreichischer Mittelschulen. 5. im Wesentlichen unveränderte Auflage Gr.-8. (XII, 274 S.) In Lwd. geb * 1 —
Wien: Hölder 1892.

— dasselbe f. die 1., 3. u. 4. Classe österreichischer Mittelschulen. gr. 8. Ebd. Geb. n. 6. 28
1. 6. unveränd. Aufl. (X, 274 S.) 894. n. 1. 68; geb. n. 2. 8
3. 3. Aufl. (IX, 294 S.) 894. n. 1. 80; geb. n. 2. 20
4. 4. unveränd. Aufl. (VIII, 295 S.) 893. geb. n. 2. —

Lampel, Leopold, Deutsches Lesebuch für die zweite Classe österreichischer Mittelschulen. 4. im Wesentlichen unveränderte Auflage. Wien 1895. A. Hölder. (Min.-Erl v. 12. März 1895, Z. 5282.) Geheftet —.96, gebunden 1.16.

Lampel, Leopold, Deutsches Lesebuch für die dritte Classe österreichischer Mittelschulen. 4 Auflage. Wien 1896. A. Hölder. (Min.-Erl. v. 11. Juli 1896, Z. 17054.) Geheftet —.90, gebunden 1.10

Lampel, Leopold, Deutsches Lesebuch für die IV. Classe österreichischer Mittelschulen. 5 Aufl. Wien 1896. A. Hölder. (Min.-Erl. v. 7. Aug. 1896, Z. 16074.) Geheftet —.80, geb. 1.—

Lampel, Leop., deutsches Lesebuch f. d. 1.—4. Classe österr. Mittelschulen. gr. 8. Wien, A. Hölder. Geb. n. 8. 60
1. 7., unveränd. Aufl. (X, 274 S.) 897. n. 2. 08
2. 5., unveränd. Aufl. (XII, 313 S.) 898. n. 2. 32
3. 5., unveränd. Aufl. (IX, 294 S.) 898. n. 2. 20
4. 6., unveränd. Aufl. (VIII, 295 S.) 898. n. 2. —

Lampel, Leop., deutsches Lesebuch f. die I.—IV. Klasse österreichischer Mittelschulen. gr. 8. Wien 902. A. Hölder. Geb. in Leinw. n. 8. 98
I. 10. Aufl. Inhaltlich im wesentl. unveränd., nach der neuen Rechtschreibung hergestellter Abdr. d. 9. Aufl. (X, 273 S.) 902. n. 2. 18
II. 8. Aufl. (XII, 312 S.) 902. n. 2. 40
III. 7. unveränd., nach der neuen Rechtschreibg. hergestellte Aufl. (IX, 294 S.) 902. n. 2. 30
IV. 7. unveränd. Aufl. (VIII, 295 S.) 901. n. 2. 10

Lampel, L., Deutsches Lesebuch für die dritte Klasse österr Mittelschulen. 8. Aufl. Gr.-8°. (IX. 294 S.)
Wien. Hölder 1903. * K 1.80, geb. K 2.30

(F) **Lampel, L.,** Deutsches Lesebuch für die vierte Klasse österr. Mittelschulen. 8. Aufl. Gr.-8°. (VIII, 295 S.)
Wien: Hölder 1903. K 1.60, geb. K 2.10

Lampel, L., Deutsches Lesebuch für die zweite Klasse österr Mittelschulen. 9. Aufl. Gr.-8°. (XII, 312 S.)
Wien: Hölder 1904. K 1.92, geb. K 2.40

— dasselbe f. die I.—IV. Klasse österreichischer Mittelschulen. gr. 8. Ebd. Geb. in Leinw. n. 7. 85
I. 11. Aufl. (X, 273 S.) 904. Geb. n. 1. 95
II. 10. Aufl. (XII, 312 S.) 906. Geb. n. 2. 10
III. 9. Aufl. Inhaltlich unveränd. Abdr. der 8. Aufl. (IX, 294 S.) 905. Geb. n. 2. —
IV. 9. Aufl. Inhaltlich unveränd. Abdr. der 8. Aufl. (VIII, 295 S.) 905. Geb. n. 1. 80

Lampel Leopold, Deutsches Lesebuch für die I. Klasse österreichischer Mittelschulen. 12., inhaltlich unveränderte, sonach laut Min.-Erl. vom 16. Juli 1904, Z. 23448, allgemein zulässige Auflage. Wien 1906. A. Hölder. Geh. K 1.68, geb K 2.18.

Lampel Leopold, Deutsches Lesebuch für die III. Klasse österreichischer Mittelschulen. 10., unveränderte, sonach gemäß Min.-Erl. vom 23. Juni 1905, Z. 23513, allgemein zulässige Auflage. Wien 1907. A. Hölder. Geh. K 1.80, geb. K 2.30.

Lampel Leopold, Deutsches Lesebuch für die IV. Klasse österreichischer Mittelschulen. 10., im wesentlichen unveränderte, sonach gemäß Min. Erl. vom 28. August 1905, Z. 31942, allgemein zulässige Auflage Wien 1907 A. Hölder Geh. K 1.60, geb. K 2.10

Lampel Leopold, Deutsches Lesebuch für die I. Klasse österreichischer Mittelschulen. 13. Auflage. Wien 1909. Alfred Hölder. Geh. K 1.68, geb. K 2.18.

Lampel Leopold, Deutsches Lesebuch für die I. Klasse österreichischer Mittelschulen. 14., unveränderte, somit gemäß Min.-Erl. vom 26. März 1908. Z. 12747. allgemein zulässige Auflage. Wien 1909. Alfred Hölder. Geh. K 1.68, geb. K 2.18.

Lampel, Leop., deutsches Lesebuch f. die 1. Klasse österreichischer Mittelschulen. 15., nach den neuen Lehrplänen umgearb. Aufl. Ausg. A (f. Gymnasien u. Realgymnasien.) (IX, 270 S.) gr. 8. Wien 910. A. Hölder. Geb. 1. 95

— dasselbe. 15., nach den neuen Lehrplänen umgearb. Aufl. B (f. Realschulen). (IX, 285 S.) gr. 8. Ebd. 910. Geb. 1. 90

— u. Ign. Pölzl, deutsches Lesebuch f. die oberen Klassen österreichischer Realschulen. I. Tl. (f. die V. Klasse). (XIV, 401 S.) gr. 8. Ebd. 905. Geb. n. 2. 60

Lampel Leopold und **Pölzl Ignaz,** Deutsches Lesebuch für die oberen Klassen österreichischer Realschulen. II. Teil (für die VI. Klasse). Wien 1906. Alfred Hölder. Ausgabe I, mit mittelhochdeutschen Texten. Geh. K 2.46, Geb. K 2.96. Ausgabe II, ohne mittelhochdeutsche Texte. Geh. K 2.22, geb. K 2.72.

Lampel Leopold und **Pölzl Ignaz,** Deutsches Lesebuch für die oberen Klassen österreichischer Realschulen. III. Teil (für die VII. Klasse). Wien 1907. A. Hölder. Geh. K 2.50, geb. K 3.—.

— — Deutsches Lesebuch f. die oberen Klassen österreich. Realschulen. I. u. II. Tl. 2., nach den neuen Lehrplänen vollständ. umgearb. Aufl. gr. 8. Ebd. 910. Geb. in Leinw. 5.—; bezw. 4. 80
I. (f. die V. Klasse.) Ausg. I (m. mittelhochdeutschen Texten.) (X, 393 S.) Geb. 2.60; Ausg. II (ohne mittelhochdeutsche Texte.) (X, 358 S.) Geb. 2. 40
II. (f. die VI. Klasse.) (X, 334 S.) Geb. 2. 40

— u. Leo Langer, deutsches Lesebuch f. die oberen Klassen österreichischer Realgymnasien u. Reform-Realgymnasien. I. u. II. Tl. gr. 8. Ebd. 910. Geb. in Leinw. 5. 60
I. (f. die V. Klasse). Mit Beiheft. (VIII, 307 u. 111 S.) Geb. u. geh. 2. 80
II. (f. die VI. Klasse.) (IX, 420 S.) Geb. 2. 80

Lampel, Paul, Assistenzarzt am Malteser-Kinder-Hospital St. Anna zu Breslau aus Simmenau ⟨Kr. Kreuzburg⟩: Tabellen über die Aussengrenzen des Gesichtsfeldes für weiße und farbige Objekte. Leipzig 1906: B. Georgi. (41 S.) 8°
Leipzig, Med. Fak., Ref. Sattler, Diss. v. 31. März 1906
[Geb. 24. März 74 Simmenau; Wohnort: Breslau; Staatsangeh.: Preußen; Vorbildung: Matthias-Gymn. Breslau Reife O. 93; Studium: Breslau 6, Würzburg 1, Breslau 6 S.; Coll. 31. März 06; Approb. 29. März 01.]

Lampel, Theodorich, die Incunabeln u. Frühdrucke bis zum J. 1520 der Bibliothek des Chorherrnstiftes Vorau. gr. 8. (VIII, 294 S.) Wien 901. Verlag der Leo-Gesellschaft. n. 5. —

LAMPEN, F. A., Zwo Verhandlungen von der Ewigkeit der (Höllen-) Strafen. Bremen 1729. 8°. 341 S. (3 Mk., schönes Expl. in Prgtbd., Friedr. Klüber, 1905.) Rar!

Lampenputzer, j. a. Fackel, c., auf dem Wegewinkel d. Pastors Keller in Düsseldorf.

Lampenputzer, Der. A. d. Engl. übersetzt von Robert Springer. Berlin 1854. V: *Cumming, Constance Frederica Gordon.* (Ky)

Lampenputzer, der. Aus dem Engl. (der Miß Cumming) übers. von Rob. Springer. 4 Thle. Berlin 854. Bieler u. Co. 8. (272; 258; 228; 248 S.) n. 1 af. 6 ngr

— — Deutsch von Treumund Whelp (Ed. Pelz). 2 Bde. 854. 1 af. 10 ngr — 2. (Titel-)Aufl. Leipzig 856. Voigt u. Günther. 8. (3 Bl., 293; 2 Bl., 303 S.) 20 ngr
Vgl.: Cumming. — Lampenwärter. — Laternenmann.

Lampenscherf, Gebetbuch für kathol. Soldaten, s. Gebetbuch.

Lampenscherf, G., Gedächtnißrede auf den hochsel. König von Preußen, Friedrich Wilhelm IV. Gehalten in der Stadtpfarrkirche zu Sigmaringen, am 17. Febr. 1861. gr. 8. (30 S.) Sigmaringen 861, Liehner'sche Buchh. *

Lampenscherf, J. A., Predigt bei der Dankfeier für die wunderbare Errettung Ihrer Maj. des Königs u. der Königin in der kathol. Militair-Pfarrkirche zu Münster am 4. Aug. 1844 gehalten. gr. 8. Münster 844. (Deiters.) 3 ngl

Lampenscherf, Josef, aus Benrath bei Düsseldorf: **Ueber die Unterbrechung der Schwangerschaft bei Osteomalacie.** *Würzburg 1899: A. Boegler.* (28 S.) 8°
Würzburg, Med. Diss. v. 1899

Lampenscherf, P. Musices usus an juveni studioso sit commendandus? 8 S. . . . .
Progr. Neuß 1826

Beim **Lampenschimmer**. Illustrierte Wochenschrift f. d. deutsche Familie. [Jg. 1], Nr 1. (Berlin: Verlagshaus f. Volksliteratur u. Kunst 1910.) 4° (10. 11070)

Lampenwärter, der, s. Roman- und Novellen-Zeitung.

Lampen-Zeitung. Rundschau üb. die gesamte Beleuchtungsindustrie f. Fabrikanten, Händler u. Behörden. Red.: M. Alt. 1. Jahrg. 1. Sem. März – Septbr. 1891. 12 Nrn. ($1^1/_2$ Bog. m. Abbildgn.) gr. 4. Dresden, Kunstwart-Verlag. n. 3. —

— dasselbe. 1. Jahrg. 2. Sem. Oktbr. 1891—Febr. 1892. 26 Nrn. (à 1—$1^1/_2$ Bog. m. Abbildgn.) gr. 4. Ebd. n. 6. —

Lampert, s. a. Lambert

Lampert, offener Brief an den Vorstand d. unterfränkischen Protestantenvereins Herrn Illing in Kitzingen. 8. (8 S.) Nürnberg 872. Löhe. — 15

Lampert, Wintergrün. Sonntags-Schul-Blätter zunächst für die Iphofheimer Schuljugend früherer u. späterer Zeit. 8. (107 S.) Rothenburg a. T. 847, Beck in Comm. n. 7 ngl

Lampert, A., Leitfaden der unorganischen Chemie m. Berücksicht. der neuesten Ansichten der Wissenschaft. gr. 8. (74 S.) Brieg 875. Bänder. n. 1. 25

Lampert, A., neue einfache Pflanzenornamente. (16 farb. Taf.) 32,5×25 cm. Plauen (908). Ch. Stoll. In Mappe 18. —

Lampert, Carl Ignaz, s. Lampert, Ignaz

Lampert, David: Ein Fall von tuberkulösem Corpus luteum Abscess bei einer Retroflexio uteri gravidi fixati. Aus d. Universitätsfrauenklinik in Heidelberg. Heidelberg 1910: Pfeffer. 30 S. 8°
Heidelberg, Med. Diss. v. 15. März 1910, Ref. Menge
[Geb. 20. April 84 Grodno; Wohnort: Warschau; Staatsangeh.: Rußland; Vorbildung: Gymn. Grodno Reife M. 03; Studium: Phil. Leipzig 1, Med. Leipzig 1, Berlin 2, Heidelberg 3, München 1, Heidelberg 3 S.; Rig. 2. März 10.] [U 10. 2073

Lampert, Eugenius (*geb. Neiße 7. 2. 1818*): De phlegmasia alba dolente. Vratislaviae (1841). (43 S.) 8°
Breslau, Med. Diss. v. 20. Nov. 1841

Lampert, Frz. v., gute Umgangsformen u. wie man sie ohne Tanzstunde erlangt. (77 S.) 8. Leipzig (906). R. Nitzschke. n. 2. —

Lampert, Frz. Geo., methodisches Handbuch zur Uebung im Brief- u. Geschäftsstile in der Elementar-, Fortbildungs- u. erweiterten Volksschule. Für die Hand des Lehrers. Freiburg im Br. 869. Herder. 8. (XVI, 396 S.) 24 ngr

Lampert, Frz. Geo., der verlorne Sohn oder vollständiger Beicht-Unterricht für Kinder von 9—12 Jahren in 14 Katechesen, für die Hand der Lehrer und Erzieher bearb. 8. (VIII und 80 S.) Mainz 866, Kupferberg.

Lampert, Friedrich. Von den Alpen bis zum Meere. Bunte Fahrten im Herbst gesammelt. (2 [Bände].) 8. Stuttgart 1882.
([Band] 1) *a. u. d. T.*: Diesseits und jenseits der deutschen Alpen — Aus dem Schwarzwald — Eine Fahrt durch Rugen.
([Band] 2) *a. u. d. T.*: Spatsommer in der Schweiz — Im Bayrischen Hochgebirge — Bilder aus der frankischen Schweiz — An und auf der Donau — Die Perle der Ostsee.

Lampert, Friedr., Anneken v. Mönchgut, s. Volks- und Jugendschriften, deutsche.

LAMPERT, FRIEDRICH. Ueber einige Derivate des Trichlorpara-Amidophenols. Rostock, 1885.

Lampert, Friedr., der Fall Magdeburgs. 8. (IV und 92 S.) Nürnberg 861, Bauer und Raspe.

Lampert, Frdr., im Herbst gesammelt. Bunte Fahrten. 2 Bde. 8. (280 u. 262 S.) Stuttgart 876. Richter & Kappler. n. 6. —

— Kriegs- u. Sieges-Chronik 1870—1871. Für die Dank- u. Denktage d. deutschen Volkes erzählt. 8. (40 S.) Nördlingen 873. Beck. n.n. — 25

(*Lampert*, Pfarrer), König Ludwig II. Ein Rückblick auf d. 13. Juni 1886. Von einem Mitglied der bayer. Abgeordnetenkammer. Mit Vign. (Schloss Neuschwanstein. Holzsch.) Nördlingen, Beck, 1886. 8°. Illustr. Orig.-Ppb. IV—42 S.

—— Ludwig II., König v. Bayern. Ein Lebensbild. Mit vielen Lichtdruck-Beilagen u. Text-Illustr. 15 Hefte. gr. 4. (VIII, 236 S.) Münch. 890, Franz' Verlag. à Heft * 1 50; * 22 50; geb. * 30 —

—— die Mühlenhexe, s. Volks- und Jugendschriften, deutsche.

—— Oberammergau und sein Passionsspiel 1880, nebst Führer in die nächste Umgebung. 12. (97 S. mit 3 Stahlst. und 2 lithogr. Karten.) München 880, Franz'sche Buchh. cart. *
Mit Panorama des Hochgebirges *

—— Oberammergau u. sein Passionsspiel 1890, nebst Führer in die nächste Umgebg. u. zu den Königsschlössern. Mit Ansichten u. Karten. 1.—3. Aufl. 12. (IV, 102 S.) Ebd. 890.
cart. * 1 60; mit Panorama d. Hochgebirges * 2 40

Lampert, Frdr., das Passionsspiel in Oberammergau. Zur Führung u. Orientirung. Würzburg 870. Stuber. 8. (IV, 67 S.) n. 7½ ngr.

—— des Thürmers Töchterlein von Rothenburg, s. Volks- und Jugendschriften, deutsche.

Lampert, Frdr., d. Türmers Töchterlein v. Rothenburg. E. Erzählg. aus d. J. 1631. 2. Aufl. M. Bild. v. Jul. Widnmann. 8. (IV, 137 S.) München 896. C. H. Beck. Kart. n. 1. 60

— für's Vaterland. Aus dem Leben e. bayer. Trompeters. 8. (III, 84 S.) Nördlingen 872. Beck. — 75

—— der Würm-See oder Starnberger See. Ein Führer an demselben in Bild und Wort. Mit 108 xylogr. Vignetten, 1 xylogr. Ansicht des Gebirges von der Roseninsel aus gesehen und 1 lithogr. illumin. Karte. 7. vollständig umgearb. Aufl. 12. (VIII, 72 S.) München 883, Stahl. *

Lampert, F., aus Alt-Ansbacher Zeit. Erzählung. 8. (211 S.) Stuttgart 889. Bonz & Co. n. 3. —; geb. n. 4. —

Lampert, J., Karte des königl. bayerischen Reg.-Bez. Unterfranken und Aschaffenburg. Nach amtl. Quellen bearb. und gezeichnet. 2. Aufl. 4 Bl. Chromolithogr. qu. gr. Fol. Würzburg 877, (Woerl.) * ℳ 4.; auf Leinw. * Mit Stäben *

Lampert, J H, s. Picard Abhandlung vom Wasser wägen.

Lampert, Ign., Charakterbilder aus dem Gesammtgebiete der Natur für Schule und Haus gesammelt und hrsg. Mit einem Vorworte von E. Herberger. 2 Bde. (oder 8 Hefte.) 1. Bd. 1—3. Heft. gr. 8. Mainz, Kunze. [1. (IV und 380 S. mit 1 Nadirg.) 2. (384 S. mit 1 Lithochrom.) 854.]

Lampert, Ign., Charakterbilder aus dem Gesammtgebiete der Natur für Schule u. Haus gesammelt und herausg. Mit einem Vorw. von E. Herberger. 2 Bde. Mainz 854. Kunze. gr. 8. (IV, 380; 384 S., 1 Kpfrtaf. u. 1 lith. Taf. in Farbendruck.) 2 ℛ. 10 ngr.

Lampert, Ign., Charakterbilder aus dem Gesammt-Gebiete der Natur für Schule und Haus gesammelt und hrsg. 2., verm. Aufl. 8 Hefte oder 2 Bde. gr. 8. Mainz 859. 60. Kunze. [1. Bd. (VI und 409 S.) 2. (414 S. mit 1 Stahlst.)] à Heft 9 Ngr.

Lampert, Ign., Charakterbilder aus dem Gesammt-Gebiete der Natur für Schule und Haus gesammelt und hrsg. 2 Bde. 3. (Titel-)Aufl. gr. 8. (VIII und 823 S. mit 1 Stahlst. und 1 Chromolithogr.) Mainz (860)65, Kunze's Nachf.

Lampert, Ign., 100 Erzählungen aus der biblischen Geschichte des alten u. neuen Testaments für die unteren Klassen katholischer Volksschulen. 16. (III, 71 S.) Würzburg 879. Woerl. n.n. — 30

Lampert, J., 70 Erzählungen aus d. bibl. Geschichte alten u. neuen Testaments f. kathol. Volksschulen. Neueste Aufl. 8. (36 u. II S.) Würzburg 897. F. X. Bucher. n. — 20

Lampert, Ign., Geographie von Unterfranken und Aschaffenburg für Volksschulen. 12. (27 S. mit 11 eingedr. Holzschn.) Würzburg 881, Woerl. *

— Geschichte der Kgl. Kreis-Landwirthschaft- und Gewerb-Schule zu Würzburg. Zur Feier des 25jähr. Bestehens derselben. Würzburg 858. Stahel. gr. 4. (32 S.) n. 8 ngr.

Lampert, Ignaz „Geschichte der Königlichen Kreis-Landwirthschaft- und „Gewerb-Schule zu Würzburg“. Ein Programm zur Feier des fünfundzwanzigjährigen Bestehens derselben. pg. 3—32. 4°. Fr. Ernst Thein. Würzburg, Progr 1857/58

Lampert, Carl Ignaz „Die ersten sechzehn Jahre der Landwirthschafts- und Gewerbs-Schulen Bayerns, nebst den damit verbundenen Sonn- und Feiertags-Handwerks-Schulen“. III/IV und pg. 1-105. 4°. Carl Anton Zürn. Würzburg, Progr. 1849/50

— katholische Kanzel-Vorträge auf die Sonn- und Feiertage des katholischen Kirchenjahres. 1. u. 2. Thl. Würzburg 857, 58. Kellner. gr. 8. 1 ℛ. 22 ngr.
1. Thl.: Predigten auf die Sonntage des kathol. Kirchenjahres gehalten bei dem Gottesdienste der Junggesellensodalität zu Würzburg. (X, 298 S.) 27 ngr.
2. Thl.: Predigten auf die Festtage des kathol. Kirchenjahres. (X, 230 S.) 25 ngr.

— katholische Kanzel-Vorträge auf die Sonn- und Feiertage des katholischen Kirchenjahres. Würzburg, Kellner. gr. 8.
3. Thl.: Katholische Lehren u. Wahrheiten bei den Versammlungen der Junggesellen-Sodalität zu Würzburg vorgetragen. 861. (VII, 364 S.) 27 ngr.

—— katholische Kanzel-Vorträge auf die Sonn- und Feiertage des katholischen Kirchenjahres. 3 Thle. in 1 Bde. 2. (Titel-) Aufl. gr. 8. (XIV und 892 S.) Würzburg (857—61)63 Kellner.

Lampert, Ign., Karl u. Ludwig. Oder: Die beiden Brüder. Eine Erzählung f. die Jugend. Mit 1 Stahlst. 8. (219 S.) Regensburg 850, Manz ½ ℛ

Lampert, J. (I.), katholische Krankenblätter für Seelsorger und Kranke zur Unterstützung und Erbauung. (In 3 Heften.) 1. und 2. Heft. gr. 8. (80; 76 S.) Mainz 870, Kunze's Nachf. à Heft *
Feine Ausg. à Heft *

— Lehrbuch der Geographie für Latein-, Real- u. Gewerb-Schulen. 3., gänzlich umgearb. u. verm. Aufl. 8. (XI, 360 S.) Würzburg 876. Kellner. n. 2. —

—— Lehrbuch der Geographie für technische Lehranstalten. 8. (VIII und 320 S.) Würzburg 864, Kellner. *

Lampert, J., Lehrbuch der deutschen Sprache u. Stylistik f. Mittelschulen bearb. 1. Curs. Deutsche Grammatik u. Orthographie f. Mittelschulen bearb. v. J. Lampert u. J. Haselmayer. gr. 8. (VI, 131 S.) Würzburg 874. Kellner. n. 1. 10

—— der Mensch und sein Temperament. 12. (III und 88 S.) Würzburg 858, Stahel'sche Buchh. *

Lampert, Jo. Frid., Historiae litterariae mineralogiae primae lineae. Leipzig (Carl Tauchnitz) 5. IV. 1800. 31 S. (3.—) 20349
Gew.: Jo. Fr. Randhan (Weissenfels).

Lampert, Joh. Wilh. Friedr., An-, Mit- u. Nachklänge zum Jubelton d. Secularfestes 1830. Eine vierfache Gabe f. Amts- u. Geistesverwandte. 8. (3 B.) Nürnberg, Campe.

Lampert, (J. W. Fr.,) Betstunden in einzelnen religiösen Betracht. 1r Bd. gr. 8. Erlangen 821, (Palm u. E.)

— Betstunden in einzelnen religiösen Betracht. 1r Bd. gr. 8. Marktbreit 821. (Centr.-Compt. in Leipz.) u. Kesselring in Hildburgh.) 16 𝒦 2r Bd. A. u. d. T.: kirchl. Betstunden. 1r Thl. gr. 8. Hildburgh. 826. Kesselring. 1 ℛ 2r Thl. A. u. d. T.: evangel. Bilder, in religiösen Betracht. aus d. neutestamentl. Geschichte. gr. 8. Hildburgh. 828. Kesselring. 18 𝒦

—— Betstunden. 3. Thl., kirchl. Betstunden. 2. Thl. — A. u. d. T.: Evangel. Bilder, in relig. Betrachtn. a. d. neutestamentl. Geschichte. Für öffentl. u. häusl. Erbauung. gr. 8. (14 B.) Hildburghausen 828, Kesselring.

Lampert, Jh. Wlh. Fr., Betstunden, in Betrachtungen üb. alttestamentliche Abschnitte. 4r Thl. A. u. d. T.: Skizzen in religiösen Betrachtungen aus den alttestamentl. Schriften. 8. Hildburghausen 834. Kesselring. 5/6 ℛ (1r—3r Thl. Ebd. 821—28. kosten 2 5/12 ℛ)

— liturgische Blätter aus meiner Amtsführung. 8. Ansbach 819. Gassert. 1 ℛ

— tapho-liturgische Blätter in Reden, Entwürfen u. Gebeten an Gräbern, f. häusl. u. kirchl. Erbauung. gr. 8. Nürnb. 826, Riegel u. W.

— tapho-liturgische Blätter in Reden, Entwürfen u. Gebeten an Gräbern, für häusl. u. kirchl. Erbauung. gr. 8. Nürnb. 826. Riegel u. W. 1 ℛ

— Denkworte d. christl. Glaubens- u. Sittenlehre nach d. Bibel u. d. Gesangbuche. Zum Gebrauch in d. königl. baier. Volksschulen rc. 8. Marktbreit 817. 2r A. 8. Nürnb. 828. Riegel u. W. 2 𝒦

Lampert, Joh. Friedr. Wilh., der Evangelienschatz. Ein Gebetbuch in Witschel'schen Gesängen über alle Evangelien u. Episteln mit Zugabe einer Gebetswoche. 2. Ausg. des Sonntagsbreviers. 8. (21¾ B. u. 1 Stahlst.) Stuttgart 842, Griesinger'sche Buchh. Thlr.

—— Feierklänge. (Relig. Gedichte.) — Amts- u. Geistesverwandten geboten. 8. (11 B.) Nürnberg 832, Campe.

Lampert, Joh. Wilh. Friedr., der Friedhof. Texte, Entwürfe und metr. Gebete an Christengräbern, eine liturg. Sammlung für Prediger und Cantoren. 16. (VIII und 184 S.) Nürnberg 853, v. Ebner'sche Buchh., Verlags-Conto.

Lampert, Joh. Wilh. Friedr., Gräberweihe in Lieder-Homilien u. Leichengesängen. Zunächst f. Leseleichen auf d. Lande u. f. Cantoren. gr. 8. (13½ B.) Nürnberg 838, Fr. Campe'sche Buchh.

—— christl. Haus-Tafel. 1 Bog. gr. Fol. mit Verzierungen u. Einfassung. Rothenburg a. d. T. 834, Beck.

— Mischlinge. Eine Versgabe z. Freunden dargeboten. 8. Nürnb. 824. Monath u. K. 16 𝒦

—— Morgen- u. Abendopfer. 12. (3 B.) Rothenburg a. d. T. 834, Beck.

—— Morgen- u. Abend-Opfer. 2. Aufl. 12. (3 B.) Schwäb. Hall 837, Haspel'sche Buchh.

— Palmblätter. Zusprache zum Herzen denkender Confirmanden. 8. Hildburghausen 835. Kesselring'sche Hofbh. 1/6 ℛ

—— Sonntags-Brevier f. Geistliche u. Geistige. In religiös-dichterischen Ergüssen üb. d. sonntägl. Evangelien u. Episteln mit Zugabe e. Gebetwoche. 8. (21¾ B.) Stuttgart 840, Liesching u. Comp

— Sphinxe, Fragen, Räthsel u. and. Aufgaben mit ihrer Lösung; aus d. Sprachlehre, Natur- u. Völkergeschichte rc. 8. Neustadt 827. Wagner. 9 𝒦

—— Strahlen aus Klio's Lichtkreisen. Gesammelt zunächst f. d. Erwärmung jugendl. Herzen. 8. (6¼ B.) Neustadt a. d. O. 828, Wagner.

— Veilchenkranz, hundert fromme Sprüche für Schule u. Haus. 16. Nürnb. 829. Stein. 2 𝒦

—— kleine Vor- u. Nebenschule, in religiös-sittl. Denksprüchen u. geograph.-geschichtl. Reimen. Lieben Müttern z. Selbstunterr. ihrer Kleinen geweiht. 8. (7 B.) Nürnberg 828, Campe.

—— christliche Weihestunden in Betrachtungen für die Hauptfeste des Jahres mit der Zugabe einer Gebetwoche. Der Kirche und dem Hause geboten. 8. (VI und 342 S.) Nürnberg 855, v. Ebner'sche Buchh., Verlags-Conto. *

— wie nöthig es in unsern Tagen sey, daß wir unser Herz bei d. eigenen Sorge auch für fremde Noth offen erhalten. Eine Predigt. Im Anh. mit e. Elegie über d. Umgebungen Leipzigs rc. 8. Ansb. 814.

Lampert, Johs. B., O. S. B., s.: Bibliothek f. Prediger.

— Exempel-Lexikon f. Prediger u. Katecheten, s.: Scherer, A.

— s.: Sonntage, die, des Kirchenjahres.

— Die Sonntage des Kirchenjahres, s.: Scherer, Aug.

Lampert, K., Beiträge zur Geschichte des französischen Wirthschaftslebens im 11. Jahrh., s.: Forschungen, staats- u. socialwissenschaftliche.

Lampert, Karl, Gedichte. Leipzig 862. Rein in Comm. 16. (2 Bl., 152 S.) n. 1 ℛ

Lampert, Karl Ignaz, s. Lampert, Ignaz

Lampert, Kurt, die Abstammungslehre, s. a. Universal-Bibliothek.

Die Abstammungslehre von Prof. Dr. Kurt Lampert, Oberstudienr. Mit d. Bildn. d. Verf., 4 bunten, 7 schwarzen Taf. u. 9 Abb. Leipzig Reclam (1910). 207 S. 8°
(Bücher d. Naturwissenschaft. Bd 7.)
(Universal-Bibliothek 5241/43.) Iii. 152

— Bilder aus dem Käferleben, s.: Wegweiser, naturwiss. A. 2.

Lampert, Kurt, s. a. Bilderatlas des Tierreichs.

Lampert, Kurt, Bilder-Atlas des Tierreichs, hrsg. im Verein m. verschiedenen Fachgelehrten. 1. u. 2. Tl. gr. 8. Eßlingen (901). J. F. Schreiber. Geb. in Leinw. à n. 4.—
1. Säugetiere. 32 feine Farbendr.-Taf. m. 200 Abbildgn., u. 71 S. erklär. Text m. 55 Illustr. (III, VI S.)
2. Vögel. 32 feine Farbendr.-Taf. m. 260 Abbildgn., u. 57 S. erklär. Text m. 8 Illustr. (III, VI S.)

Lampert, Kurt: Bilder-Atlas des Tierreichs. Esslingen und München
T 3. Kriechtiere, Lurche, Fische, niedere Tiere. 1913
T 4. Die Fische des Meeres und der Binnengewässer. Von Marianne Plehn. 1910

— Großschmetterlinge u. Raupen Mitteleuropas m. besond. Berücksicht. der biologischen Verhältnisse. (In 30 Lfgn.) 1.—12. Lfg. (S. 1—104 m. Abb. u. 86 [85 farb.] Taf.) Lex.-8. Eßlingen (906). J. F. Schreiber. à n. — 75

— Großschmetterlinge u. Raupen Mitteleuropas m. besond. Berücksicht. der biolog. Verhältnisse. Ein Bestimmungsbuch f. Sammler, Schulen, Museen u. alle Naturfreunde. 95 Taf. in Farben- u. Schwarzdr. v. mehr als 2000 Formen u. 350 S. Text m. 70 Abbildgn. 13.—30. Lfg. (VI - XX, S. 105—308 u. XVIII S. m. Abb. u. 56 farb. Taf.) Lex. 8. Eßlingen (907). J. F. Schreiber. à Lfg. — 75 (Kplt. geb. in Leinw. 27. —)

— d. v. Dr. Stuhlmann in d. J. 1888 u. 1889 a. d. Ostküste Afrikas gesammelten Holothurien, s.a. Mitteilungen aus d. naturhistor. Museum in Hamburg.

Die von Dr Stuhlmann in den Jahren 1888 und 1889 an der Ostküste Afrikas gesammelten Holothurien. Von Prof Dr K[urt] Lampert in Stuttgart. Mit 4 Abb. *Hamburg 1896. (Berlin. D Reimer 1901).* (23 S.) 4°(8°)
Aus Mitth aus d Naturhist. Mus 13.
— Ergebnisse, Zoolog., einer in d. Küstengebiete von Ost Afrika unternomm. Reise Bd 2, No 12

Lampert, Kurt, Dr, Die Holothurien von Süd-Georgien nach der Ausbeute der deutschen Polarstation in 1882/83. Hamburg 1886.

Lampert, Kurt, s.: Jahreshefte d. Vereins f. vaterländ. Naturkunde in Württemberg.

— d. Leben d. Binnengewässer. Mit ca. 12 Taf. in farb. Lith. u. Lichtdr., sow. vielen Holzschn. im Text. 1.—11. Lfg. gr. 8. (S. 1—512.) Leipzig 897. 98. Chr Herm. Tauchnitz. à n. 1. 50

— das Leben der Binnengewässer. Mit 12 Taf. in farb. Lith. u. Lichtdr., sowie vielen Holzschn. im Text. 12. Lfg. gr. 8. (XVI u. S. 513—591.) Leipzig 899. Ch. H. Tauchnitz. n. 1.50; (kplt. geb. in Leinw. n. 20.—)

— Das Leben der Binnengewässer. 2., verm. u. verb. Aufl. Mit 17 Taf. in Chromolith., Lichtdr. u. Autotypie, sowie 279 Abb. im Text. (XVIII, 856 S.) Lex. 8. Leipzig 907—10. Ch. H. Tauchnitz. 18.—; geb. in Leinw. n 20.—; auch in 18 Lfgn. à 1.—

— Leitfaden der Kolonialkunde, s.: Rohrbach, Paul.

-- s. Natur und Haus.

Säugetiere von Oberstudienrat Prof Dr Kurt Lampert. Mit 17 Abb. von Alb. Kull. Leipzig Göschen 1900. 184 S. 8°
(Das Tierreich. 1.)
(Sammlung Göschen. 282) A 12, 1222 II

Lampert, K., die Seewalzen, s. Semper, C., Reisen im Archipel der Philippinen.

— Stuttgart—Schaffhausen—Zürich u. zurück, s.: Rechts u. links der Eisenbahn.

— das Tierreich, s.: Sammlung Göschen.

— die Völker der Erde. Eine Schilderg. der Lebensweise, der Sitten, Gebräuche, Feste u. Zeremonien aller leb. Völker. 2 Bde. Mit 776 Abbildgn. nach dem Leben. gr. 4. (VII, 388 S. m. 4 farb. Taf. u. 1 Karte u. VIII, 428 S.) Stuttgart (902). Deutsche Verlags-Anstalt. n. 21.—; in 2 Leinw.-Bdn. n. 25.—
Erschien auch in 35 Lfgn. à n. — 60.

— (Hrsg.), s. Wegweiser, Naturwissenschaftliche.

— Die Welt der Organismen, s.: Aus Natur u. Geisteswelt.

Die Welt der Organismen. In Entwicklung u. Zusammenhang dargestellt von Oberstudienrat Prof Dr K[urt] Lampert, Stuttgart. Mit 52 Fig. Leipzig. Teubner 1909. 137 S. 8°
(Aus Natur u. Geisteswelt. Bdch. 236.)

Lampert, L., lateinisches Elementarbuch für die erste Unterrichtsstufe. gr. 8. (V, 154 S.) Nürnberg 883, Korn'sche Buchh. *

Lampert, P., tabellarische Zusammenstellung der Resultate aus der angewandten Festigkeitslehre. Mit besonderer Berücksichtigung von Constructionen. 16. (11 S. u. 140 Bl.) Zürich 880. Meyer & Zeller. geb. n. 9. —

— Sam. Jo. Chr. (Ansbach), De obligatione ad martyrium. Präs. Jo. Fr. Hiller. Wittenberg (Schlomach) 25. IX. 1754. 30 S. (5.—) 20350
Widm. v.: Jo. Fr. Hiller.

Lampert, U[lrich]. Zur rechtlichen Behandlung des kirchlichen Eigentums in der Schweiz. Separatabzug aus der «Monatsschrift für christliche Sozialreform» Jahrg. 1904, Heft 1, 2 und 4, Basel ⟨Schweiz⟩. 64 S. 8. Freiburg ⟨Schweiz⟩, ⟨B. Veith⟩, 1904. [fr. 1.50]

Universität Freiburg, Schweiz. Bericht über das Studienjahr 1907—1908 erstattet von dem zurücktretenden Rektor Professor Dr. Ulrich Lampert. Freiburg (Schweiz) 1909. 36 S. 8°.
Freiburg i. Schw Univ.-Schr. 1908/09.

Lampert, U[lrich]. Zur Beurtheilung des persönlichen Eherechts im Vorentwurf eines schweizer. Civilgesetzbuchs. Von Prof. Dr. jur. U. Lampert, Freiburg ⟨Schweiz⟩. Separatabzug aus der Monatsschrift für christliche Sozial-Reform. II + 54 S. 8. Basel, Actiendruckerei Basler Volksblatt, 1901. [fr. —. 60]

Lampert, Prof. Dr. U., Zur Beurteilung des persönlichen Eherechts im Vorentwurf e. schweiz. Civilgesetzbuchs. »Monatsschrift f. christliche Sozialreform.« (54 S.) Basel 1901. Freiburg. Schweiz. Univ.-Buchh.

— die kantonalen Kultusbudgets u. der Anteil der verschiedenen Konfessionen an denselben vom rechtlichen u. rechtshistorischen Standpunkt beleuchtet. (IV, 80 S.) 8. Zürich 906. Baessler, Drexler & Co. n. 1. 20

Université de Fribourg (Suisse). Rapport sur l'année académique 1907—1908 par le recteur sortant Ulrich Lampert. Fribourg (Suisse) 1909. 35 S. 8°.
Freiburg i. Schw. Univ-Schr. 1908/09.

Universität Freiburg, Schweiz. Die rechtliche Stellung der Landeskirchen in den schweizerischen Kantonen. Rede beim Antritt des Rektorates der Universität Freiburg. Schweiz, gehalten am 15. November 1907 von Professor Dr Ulrich Lampert. Rektor der Universität. Freiburg (Schweiz) 1908. 60 S. 8°.
Freiburg i. Schweiz. Univ.-Schr 1907/08.

Die Technik des Belcanto von G[iovanni] B[attista] Lamperti unter Mitw. von Maximilian Heidrich. Berlin: A. Stahl (1905). (38 S.) 4°

Lampertico, Fedele, s.: Festgaben f. Adolph Wagner.

Lampertus, s. Lambert

Lampferhoff, Car. Joseph. (geb. Essen 16. 1 1811). De vesicularum seminalium, quas vocant, natura atque usu. Berolini (1835). (58 S.) 8°
Berlin, Med. Diss. v. 27 Nov. 1835

Lamping, August [approb. Arzt aus Oldenburg]: Epulis .... München, Druck v M. Ernst (vorm. G. Pollner), 1886; 31 S. u. 1 Taf. 8°.
München, Med. Fak., Inaug.-Diss. v. 1886.

Lamping, Klemens

Lamping, Clemens, Erinnerungen aus Algerien. 2 Thle. 8. Oldenburg, Schulze'sche Buchh. [1. (15 B.) 844, 2. (15½ B.) 46. à 1 Thlr. 7½ Ngr.]

Lamping, Willy, Musestunden e. Musikanten. (98 S.) 8. Leipzig-Gohlis 908. B. Volger. 1.50; geb. 2.—

Lampke, Fritz, Geschichte des Männerturnvereins Velten E. V. (Festschr. z. Einweihung der Turnhalle des M. T. V. Velten, S. 5—20), m. Abb., Velten 1908, 40 S., 8°.

LAMPL, Karl
(F) Karl Lampl. Frühlingsblumen. Märchen und Geschichten für grosse Kinder. Prag. 1901. In Comm. Neugebauer. Gr.-8°. 128 S. K 1.20

Lampl, Karl, praktisches Verfahren beim Taubstummen-Unterrichte. Nach Aichinger's Theorie: „Organische Entwicklung der Intelligenz u. Sprache". gr 8. (XII u. 336 S.) Linz 852, Haslinger in Comm. 1⅓ ₰

Lamplighter, the, s. Collection of british authors.

Lampmann, Jo. Gg. (Neven-Crona-Svartzenfeld / Hessen), De poena talionis in homicidio. Präs. Jo. Gg. Mülhausen. Marburg (Ph. Cas. Müller) 24. II. 1724. 40 S. (5.—) 20351

Lampmann, Konrad

Lampmann, Conr., Reflexlichter! Ein Bilderbuch für alte Kinder. Humoristische Dichtgn. Illustriert v. Adf. Wagner. (111 S.) gr. 8. Berlin (908). [R. Eckstein Nachf.] Leipzig, Thüring. Verlagsanstalt. 2.—; geb. 3.—; erm. Pr. n. 1.—; geb. n. 1.50

Lamprecht v. Regensburg, Sanct Francisken Leben u. Tochter Syon. Zum ersten Mal hrsg. nebst Glossar v. Karl Weinhold. 8. (VII, 645 S.) Paderborn 880. F. Schöningh. n. 8.—

Lamprecht's Alexander, s. a. Handbibliothek, germanistische.

Lamprecht, des Pfaffen, Alexander, Gedicht des 12. Jahrhunderts. (1. Bd.) Urtext u. Uebersetzung nebst geschichtlichen u. sprachlichen Erläuterungen, sowie (2. Bd.) der vollständigen Uebersetzung d. Pseudo-Kallisthenes u. umfassenden Auszügen aus den latein., französ., engl., pers. u. türk. Alexanderliedern v. Heinr. Weismann. 2 Bde. 8. (1. Bd. CCXXIV u. 556 S. 2. Bd. VIII u. 608 S.) Frankfurt a. M. 850, Literarische Anstalt. n. 4 ₰ (St. Goar n. 1 ₰ 26 ngr)

Lamprecht, d. Pfaffen, Alexanderlied, s. a. Bibliothek der Gesamtlitteratur.

[F.] Das Alexanderlied des Pfaffen Lamprecht. In neuhochdeutscher Übertragg nebst Einleitg u. Kommentar v. Rich. Eduard Ottmann. M. e. Nachbildg d. Anfangsseite d. Vorauer Alexandertextes. *Halle a. S. O. Hendel [1898].* (LXVII, 436 S., 1 Bl., 1 Facs.) 1 Bd 8.
= Bibliothek d. Gesamtlitteratur d. In- u. Auslandes. No 1210—1216.
199. 2778

Lamprecht, Bekämpfung der Sittenlosigkeit u. Unzucht. »Pastoralblätter f. Homiletik, Katechetik u. Seelsorge. März-Nr.« Leipzig 1900. Richter.

Lamprecht, ..., Gespräche über d. sogenannten Gedichte des Bruders J. Chrisostomus Cantor, Benedictiner zu Banz. 8. Leipz. 798. Barth. 3 ℳ

Lamprecht: Zum ersten Kapitel des Hebräerbriefes. 24 S.–Cöslin, Progr. 1866.

Lamprecht. Ueber Abel Mathieu: Devis de la langue française. Paris 1572. Berlin, G. z. gr. Klost., 1875. 22 S. 4. Progr.

Lamprecht, C., historische Novellen. Landshut 862. Krüll in Comm. 8. (VII, 259 S.) 1 ₰ 5 ngr

Lamprecht, Conrad, s. Lamprecht, Konrad

— Died. Gottfr. (Bergedorf), Comm. ad legum XIII dig. de pignoratitia actione. Göttingen (Abr. Vandenhoeck) 24. III. 1750. 32 S. (4.50) 20353
Widm. v.: Jo. St. Pütter (Prof.), Chr. Fr. Gg. Meister, Heinr. Balemann an Herm. Gg. Bünekau.

Lamprecht, Ed., Palästina, oder Leitfaden zur bibl. Geographie, mit 1 color. Doppelkupf. u. d. Plane von Jerusalem. 8. Meißen 846, Goedsche. 3 ngl

— der kleine Sachse. Karte vom Königr. Sachsen, mit 4 Seiten Text. qu. gr. 16. Wesel 845, Bagel. 1 ngl

LAMPRECHT, Ernst (pf.) Das Musterhaus. Schwank. Wien (?) 1910. 8°.

Lamprecht, F., s. Kreyssig, Fr., Geschichte der französischen Nationalliteratur.

Lamprecht, F., De rebus Erythraeorum publicis. Diss. 1871. 87 S.

Lamprecht, F., Übungsbuch zum Übersetzen ins Französische im Anschluß an Lückings Grammatik für den Schulgebrauch. gr. 8. (VIII, 138 S.) Berlin 884, Weidmann'sche Buchh. *

Lamprecht, F. A., neues Dresdner Kochbuch, oder vollständ. Unterricht für Koch u. Köchin. gr. 8. Leipz. 801. Schwickert. 1 ₰

Lamprecht, Ferdinand, (Prof. Dr.): Die mundartlichen Worte in den Romanen und Erzählungen von A. Theuriet. *Berlin: R. Gaertner 1900.* (27 S.) 4° ¶ (Soll fortgesetzt werden.)
Berlin, Berlinisches G zum grauen Kloster, OP 1900 (51)

Lamprecht, Ferd., die mundartlichen Worte in den Romanen u. Erzählungen v. A. Theuriet. Progr. 4. (27 S.) Berlin 900. [R. Gaertner.] Weidmann. n. 1.—

Lamprecht, Fritz, bei guter Laune. Eine Sammlung von 85 kom. Vorträgen, Couplets, Liedern und Deklamationen der neuesten Zeit von verschiedenen Verfassern. 8. (VIII, 195 S.) Quedlinburg 881, Ernst'sche Buchh. *

—— dass. — Eine Sammlung von 82 kom. Vorträgen, Couplets, Liedern und Deklamationen der neuesten Zeit von verschiedenen Verfassern. 2. verb. Aufl. (VIII, 195 S.) 1881; 3. und 4. verb. Aufl. 8. (VIII, 192 S.) Ebendas. 883,84. *

Lamprecht, Fritz, bei guter Laune. Eine Sammlung von 67 kom. Vorträgen, Duetts, Couplets, Liedern und Deklamationen der neuesten Zeit von verschiedenen Verfassern. 5. verb. Aufl. (VIII, 180 S.) 1885; 6. verb. Aufl. 8. (VIII, 172 S.) Quedlinburg 886, Ernst'sche Buchh. *
—— dass. — Eine Sammlung von 73 kom. Vorträgen, Duetts, Couplets, Liedern und Deklamationen der neuesten Zeit von verschiedenen Verfassern. 7. Aufl. (IV, 175 S.) 1886; 8. verb. Aufl. 8. (VIII, 156 S. mit Portr. des Hrsgbrs.) Ebendas. 888. *

Lamprecht, F., bei guter Laune. Eine Sammlg. v. 73 kom. Vorträgen, Duetts, Couplets, Liedern u. Deklamationen der neuesten Zeit v. verschiedenen Verfassern. 9., verb. Aufl. 8. (VIII, 173 S. m. 1 Bild.) Quedlinburg 890. Ernst. n. 1.—

Lamprecht, Fritz. Bei guter Laune. Eine Sammlg. v. 70 kom. Vorträgen, Duetts, Couplets, Liedern etc. 10. verb. Aufl. 8. (VI, 167 S. m. 1 Bild.) Halberst. 891, Ernst. * 1 —

Lamprecht, Fritz, bei guter Laune. 1. u. 2. Tl. Eine Sammlg. v. kom. Vorträgen, Duetts, Couplets, Liedern u. Deklamationen der neuesten Zeit v. verschiedenen Verfassern. 8. Halberstadt 893. Ernst. à n. 1. —
1. 11. Aufl. (VIII, 163 S.) — 2. (VII, 152 S. m. Bildnis.)

— dasselbe. 12. Aufl., s.: Bei guter Laune.

Lamprecht, Georg Friedrich

Lamprecht, G. F. v., Entw. e. Encyklopädie u. Methodologie d. ökonom. prakt. Kameralwissenschaft. gr. 8. Halle, Hemmerde u. Schw. 785.

Lamprecht, Geo. Fr. v. Entwurf einer Encyklopädie und Methodologie der ökonomisch-praktischen Kameralwissenschaften. gr. 8°. Halle, Schwetschke u. S., 1785.

— über d. Gemeinnützigkeit des Studiums d. ökonom. u. Kameralwissenschaften. gr. 4. Halle 787.

— v. Kameralverfass. u. Verwalt. d. Handw. Fabriken u. Manufact. in d. Preuß. St. gr. 8. Berlin, Schmidt. (auch Belitz.) (a. Gräff in Lpz.) 797.

— von d. Kameralverfassung u. Verwaltung d. Handwerke, Fabriken u. Manufakturen in den preuß. Staaten. gr. 8. Berl. 797. Schmidt. (Wienbrack in Leipz.) 2 ℛ

— Lehrbuch d. Technologie, od. Anl. z. Kenntn. d. Handwerker. gr. 8. Halle, Hemmerde u. Schw. 787.

— Lehrbuch d. Technologie, oder Anleit. zur Kenntniß d. Handwerker rc. gr. 8. Halle 787. Schwetschke u. S. 1 ℛ 4 gr Neue Aufl. gr. 8. Insbr. 808 u. 14. Wagner. 1 ℛ 14 gr

Lamprecht, G. F. v., Lehrbuch d. Technologie, od. Anleitung z. Kenntniß d. Handwerke. gr. 8. Innsbruck, Wagner. 813.

von Lamprecht, Georg Friedrich: „Programm, worinnen behauptet wird, daß es für künftige Kameralisten nützlich sey, auf Universitäten die Grundsätze und Begriffe der Kameralwissenschaft vorläufig zu lernen". Berlin 1784.

— über d. Studium d. Kameralwissenschaften. gr. 8. Halle 783. Hendel. 3 gr

— Versuch e. vollständ. Systems d. Staatslehre, mit Inbegriff d. Polizei. 1r Bd. gr. 8. Berl. 784. Nauck. 2 ℛ

— **Gerh. Heinr.** (Lübeck), Diss. jur. de forma heredis institutionis ex jure Germanico, präs. Lubecensi. Göttingen (Schultz, F. A. Rosenbusch), 6. XII. 1760. 69 S. (5.—) 20351
Widm. v.: Eb. Habernikkel, Gg. Heinr. Grimsehl, J. O. Mensching.

Lamprecht, Guido. Wetter, Erdbeben u. Erdenringe. Beiträge z. astronom. u. physikal. Begründg. d. Wetterkunde. gr. 8. (IV, 40 S. m. 1 lithogr. Taf.) Zittau 890, Pahl. * 1 50

Wetterkalender von Guido Lamprecht. Bautzen 1905: (E. M. Monse). (30 S.) 8° [05. 6371]

Lamprecht, Guido: Wetterperioden. Bautzen, Druck v. E. M. Monse, *1897*; 29 S. 4.
Bautzen, G, OP 1897 (552)

Lamprecht, G., eine Bauernstube während der Schlacht bei Sedan. Militärische Scene in 1 Aufzug. 8. (16 S.) Chemnitz 890. (B. Richter.) n.n. — 75

Lamprecht, G., Die sociale Frage und die Bibel. 8°. Bretten, s. a.

— eine Instruktionsstunde in der Kaserne. Militärische Scene. 8. (14 S.) Ebd. 890. n.n. — 75

— Weihnachten 1870. Militärische Scene. 8. (16 S.) Ebd. 890. n.n. — 75

Lamprecht, H., Diakonissendienst, s.a. Für Feste u. Freunde d. inn. Mission.

Lamprecht, Past. H., Diakonissendienst. »Für Feste u. Freunde d. inneren Mission, 15. Heft.« (16 S. m. Abbildgn.) Berlin 1898. Buchh. des Ostdeutschen Jünglingsbundes.

Lamprecht, H., Kochbuch f. drei u. mehr Personen. Eine Anleitg., gut aber auch sparsam f. kleinere Haushaltgn. zu kochen. Besonders f. junge Frauen. Neue durchgeseh. u. erweit. Aufl. gr. 8. (XVI, 329 S. m. Fig.) Reutlingen (901). Enßlin & Laiblin. Geb. in Leinw. 2. 60

Lamprecht, H., Kochbuch f. drei u. mehr Personen. Eine Anleitg., gut, aber auch sparsam f. kleinere Haushaltgn. zu kochen. Besonders f. junge Frauen. Neue, durchgeseh. u. erweit. Aufl. 57.—66. Taus. (16, 343 S.) 8. Reutlingen (909). Enßlin & Laiblin. Geb. in Leinw. 2. 60

Lamprecht, Hans: Biologische Schülerübungen an der Friedrichs-Werderschen Oberrealschule zu Berlin. Berlin: Weidmann 1909. 48 S. 4°
Berlin, Friedrichs-Werdersche OR OP 1909 (150) [S 09. 277

Lamprecht, Hans, der verlorene Sohn. Auf abschüssiger Bahn, s.a. Osterglocken. 26. Hft.

Der verlorene Sohn. Auf abschüssiger Bahn. Erzählungen von Hans Lamprecht. Berlin: Ostdeutscher Jünglingsbund [1903]. (15 S.) 8° [F.] = Osterglocken. H. 26. [03. 3790]

Lamprecht, Heinrich: Aufdeckung eines römischen Friedhofes zu Regensburg in den Jahren 1872—1874. Nach den Aufzeichnungen Pfarrer Dahlems bearbeitet. (Nördlingen 1904: C. H. Beck.) (40 S.) 8°
Regensburg, k. Neues G P 1904*

HERMANN LAMPRECHT. Die Goldwespen Deutschlands. Abhandlung mit Bestimmungstabellen und Steindrucktafel. Beilage zum Bericht des Naturwissenschaftlichen Vereins. Zerbst 1881. Druck von Römer & Sitzenstock (Otto Schnee). 4°.*)

Lamprecht, Herm., Verzug bei dem Kauf. Eine Darstellg. aus dem Handelsrecht. [Aus Busch's Archiv f. Theorie u. Praxis d. allgemeinen deutschen Handels- u. Wechselrechts.] gr. 8. (139 S.) Leipzig 872. Arnold. 2. 25

Lamprecht, J. G. Th., Predigt über d. Entdeckung d. Schutzblattern. 8. Lüneb. 818. (Herold u. W.) 2 gr

LAMPRECHT, JACOB FRIEDR. Leben des Freyherrn Gottfried Wilhelm von Leibnitz. Berlin, Haude. 1740. 8°. *Kupferstichporträt Leibniz' (Busch fecit)*, 6 Bl. 111 S. *Mit Titelvignette.* Beschäd. älterer Karton.
Erstausgabe dieser unter Benutzung eines Manuskripts von Leibniz' Freund JOHANN GEORG VON ECKARDS zustandegekommenen Biographie.

Lamprecht, Jacob Friedrich, Lobrede // auf die // Alten Deutschen, // bey dem Abschiede aus Leipzig // in der Deutschen Gesellschaft // abgelesen, // von // Jacob Friedrich Lamprecht. // Leipzig, 1735 // Gedruckt bey Bernhard Christoph Breitkopf. - 48 S. -
Seite 27 ff. steht:
M. Heinrich Gottlieb // Schellhaffers // Antwort // auf obige Rede.

B. S. T. 8°.392.

Lamprecht, Jacob Friedrich.
Menschenfreund . . . Hamburg 1749. H: *Dreyer, Johann Matthias.* (BrMm)

— Menschenfreund aus s. hinterl. Schr. rc. gr. 8. Hamb. Holle. 749.

SAMMLUNG vermischter Schriften (von *Jacob Friedr. Lamprecht*, 1707—44). Erster (u. einz.) Band. Berlin, 1744. 8°. (In Berlin: Yz 4861.) Selten!

Lamprecht, Jakob Friedrich (Vorr.), s. Ziegler, Christiane Marianne von: Sammlung der Schriften und Gedichte . . .

Lamprecht, Joh., geistl. Ehrenhalle d. i. aus Oberösterreich entstamm. Geistliche höh. Ranges. 2. Aufl. gr. 8. (IV, 94 S.) Linz 895. F. J. Ebenhöch. n. 2. —

— **Jo. Aug. Friedr.** (Ortrand. / Meissen), Aetiologia morborum quorundam ex superioris anni constitutione. Präs. Jo. Carl Gehler. Lpz. (Sommer) 16. VI. 1786. 30 S. (3.—) 20355

Lamprecht, Joh. Ev., Beschreibung der k. k. oberösterreichischen Gränzstadt Schärding am Inn und ihrer Umgebungen. Historisch-topographisch u. statistisch beleuchtet u. zusammengestellt. Mit 1 lith. Titel-Vignette u. 2 (lith.) Ansichten von Schärding (in 4.). Wels 860. (Linz, Haslinger.) gr. 8. (XIV, 512 S.) n. 2 *rß* 10 *ngr.*

Lamprecht, Joh. Ev., historisch-topograph. u. statist. Beschreibg. d. k. k. landesfürstl. Gränzstadt Schärding am Inn u. ihrer Umgebungen. Neu umgearb., vielfach vermehrt u. berichtigt. 2 Thle. gr. 8. (IX, 356 u. 428 S. m. 3 Taf. u. 2 Tab.) Schärding 886. 88. (J. Heindl.) n.n. 7. —

Lamprecht, Joh. Ev., Beschreibung der kaiserl. königl. oberösterreichischen Gränzstadt Schärding am Inn und ihrer Umgebungen. Historisch-topograph. und statist. beleuchtet und zusammengestellt. gr. 8. (XIV und 512 S. mit 1 lithogr. Titel-Vignette und 2 lithogr. Ansichten von Schärding in qu. 4. und gr. 4.) Wels 860. (Linz, Haslinger.) **

Lamprecht, K., s. Kahl. W., Reichsfinanzreform.

Lamprecht, Karl

Lamprecht, K., die Trierer Ada-Handschrift, s.: Publikationen der Gesellschaft f. rheinische Geschichtskunde.

Lamprecht, Karl, Americana. Reiseeindrücke, Betrachtgn., geschichtl. Gesamtansicht. (VII, 147 S.) 8. Freiburg i/B. 906. [H. Heyfelder.] Berlin, Weidmann. n. 2. 60; geb. in Leinw. n. 3. 60

Lamprecht, Karl, die nationale Bedeutung der Reichsfinanzreform, s.: Kahl, W.

Lamprecht, Karl, Beiträge zur Geschichte des französischen Wirthschaftslebens im 11. Jahrh., s. Forschungen, staats- und socialwissenschaftliche.

Lamprecht K, Beiträge zur Geschichte des französischen Wirtschaftslebens im 11. Jahrhundert. (Forschungen, Staatswissenschaftliche I, 3) Leipzig 1878

— s.: Beiträge zur Kultur- u. Universalgeschichte.

Lamprecht, Karl, Bilder v. d. roten Erde. gr. 8. (109 S.) Hamm 897. C. Dietrich. n. 1. 25

Lamprecht, Karl, der Dom zu Köln und seine Geschichte. 8. (45 S.) Bonn 881, Cohen und Sohn.

— Die gegenwärtige Entwicklung der Wissenschaften, insbesondere der Geisteswissenschaften, u. der Gedanke der Universitäts-Reform. Rede des antret. Rektors beim Rektorwechsel an der Universität Leipzig am 31. X. 1910. (24 S.) Lex. 8. Leipzig (910). A. Edelmann. nn — 90

– s. Festgabe für Georg Hanssen zum 31. Mai 1889

— die römische Frage von König Pippin bis auf Kaiser Ludwig den Frommen, in ihren urkundl. Kernpunkten erläutert. gr. 8. (III, 143 S.) Leipzig 889. A. Dürr. n. 3. 60

Lamprecht, K: Deutsche Geschichte.
Bd 1. 3. Aufl. Berlin 1902
Bd 2. 3. Aufl. Freiburg i. Br. 1904
Bd 3. 2. Aufl. Freiburg i. Br. 1904
Bd 4. 2. Aufl. Berlin 1896
Bd 5. Hälfte 1. 2. Aufl. Berlin 1896
Hälfte 2. 1. und 2. Aufl. Berlin 1895
Bd 6. 1. und 2. Aufl. Freiburg i. Br. 1904
Bd 7. Hälfte 1. 1. und 2. Aufl. Freiburg i. Br. 1905
Hälfte 2. 1. und 2. Aufl. Freiburg i. Br. 1906
Bd 8. Hälfte 1. 1. und 2. Aufl. Freiburg i. Br. 1906
Hälfte 2. 1. und 2. Aufl. Freiburg i. Br. 1906
Bd 9. 1. und 2. Aufl. Berlin 1907
Bd 10. 1. und 2. Aufl. Berlin 1907
Bd 11. Hälfte 1. 1. und 2. Aufl. Berlin 1908
Hälfte 2. 1. und 2. Aufl. Berlin 1909
Bd 12. 1. und 2. Aufl. Berlin 1909
Erg. Bd 1. Berlin 1902
Erg. Bd 2. Hälfte 1. 1. und 2. Aufl. Freiburg i. Br. 1903
Hälfte 2. 1. und 2. Aufl. Freiburg i. Br. 1904

— deutsche Geschichte. (In 7 Bdn.) 1. Bd. gr. 8. (XVII, 364 S.) Berlin 891. Gaertner. n. 6. —; geb. n. 8. —

Lamprecht, Karl, deutsche Geschichte. 2.—4. Bd. u. 5. Bd. 1. Hälfte. 2., durchgeseh. Aufl. gr. 8. Berlin, R. Gaertner. à n. 6. —; geb. in Halbfrz à n.n. 8. —
2. (XV, 397 S.) 895. – 3. (XII, 420 S.) 895.
4. (XV, 488 S.) 896. — 5. I. (XIII, 358 S.) 896.

— dasselbe. 5. Bd. 2. Hälfte. 1. u. 2. Aufl. gr. 8. (XV u. S. 359—768) Ebd. 895. n. 6. —; geb. in Halbfrz. n.n. 8. — (I.—V.: n. 36. —; geb. n.n. 48. —)

Lamprecht, Karl, deutsche Geschichte. (Der ganzen Reihe 1. Bd.) 1. Abtlg.: Urzeit u. Mittelalter. Zeitalter des symbol., typ. u. konventionellen Seelenlebens. 1. Bd. 3. durchgeseh. Aufl. gr. 8. (XXXV, 368 S.) Berlin 902. [R. Gaertner.] Freiburg i/B., H. Heyfelder. n. 6. —

— dasselbe. 1. Ergänzungsbd. gr. 8. Ebd. n. 6. —; geb. in Leinw. n. 7. —; in Halbfrz. n.n. 8. —
Zur jüngsten deutschen Vergangenheit. 1. Bd. Tonkunst — Bildende Kunst — Dichtung — Weltanschauung. 1. u. 2. Aufl. 1.—5. Taus. (à XXIII, 471 S.) 902.

— deutsche Geschichte. Der ganzen Reihe II.—VIII. Bd. gr. 8. Ebd. n. 60. —; geb. in Halbfrz. n. 80. —
II. 1. Abtlg. Urzeit u. Mittelalter. Zeitalter des symbol., typ. u. konventionellen Seelenlebens. 2. Bd. 3. durchgeseh. Aufl. (XVII, 411 S.) 904. n. 6. —; geb. n.n. 8. —
III. 1. Abtlg. Urzeit u. Mittelalter. Zeitalter des symbol., typ. u. konventionellen Seelenlebens. 3. Bd. 3. durchgeseh. Aufl. (XVIII, 437 S.) 906. n. 6. —; geb. n. 8. —
IV. 1. Abtlg. Urzeit u. Mittelalter. Zeitalter des symbol., typ. u. konventionellen Seelenlebens. IV. Bd. 3. durchgeseh. Aufl. (XIX, 488 S.) 904. n. 6. —; geb. n.n. 8. —
V. 2 Hälften. 2. Abtlg.: Neuere Zeit. Zeitalter des individuellen Seelenlebens. I. Bd. 2 Hälften. 3. durchgeseh. Aufl. (XV, XVII, 779 S.) 904. à n. 6. —; geb. à n.n. 8. —
VI. 2. Abtlg.: Neuere Zeit. Zeitalter des individuellen Seelenlebens. 2. Bd. 1. u. 2. Aufl. (XVI, 482 S.) 904. n. 6. —; geb. n.n. 8. —
VII. 2 Hälften. 2. Abtlg.: Neuere Zeit. Zeitalter des individuellen Seelenlebens. III. Bd. 2 Hälften. 1. u. 2. Aufl. (XV, XIV u. 878 S.) 905. 906. à n. 6. —; geb. à n.n. 8. —
VIII. 2 Hälften. 3. Abtlg.: Neueste Zeit. Zeitalter des subjektiven Seelenlebens. 1. Bd. 2 Hälften. 1. u. 2. Aufl. (VIII, IX, 719 S.) 906. à n. 6. —; geb. à n.n. 8. —

— dasselbe. I. Ergänzungsbd. u. II. Ergänzungsbd. 2 Hälften. gr. 8. Ebd. n. 22. —; geb. in Leinw. n. 25. —; in Halbfrz. n.n. 28. —
I. Zur jüngsten deutschen Vergangenheit. 1. Bd. Tonkunst — Bildende Kunst — Dichtung — Weltanschauung. 1. u. 2. Aufl. 6. u. 7. Taus. (XXI, 471 S.) 905. n. 6. —; geb. in Leinw. n. 7. —; in Halbfrz. n.n. 8. —
II. 1. Hälfte. Zur jüngsten deutschen Vergangenheit. II. Bd. 1. Hälfte. Wirtschaftsleben. — Soziale Entwicklg. 1. u. 2. Aufl. Neuer Abdr. (XVIII, 520 S.) 905. n. 7. —; geb. in Leinw. n. 8. —; in Halbfrz. n.n. 9. —
II. 2. Hälfte. Zur jüngsten deutschen Vergangenheit. 2. Bd. 2. Hälfte. Innere Politik. — Aeußere Politik. 1. u. 2. Aufl. Neuer Abdr. (XVIII, 761 S.) 906. n. 9. —; geb. in Leinw. n. 10. —; in Halbfrz. n.n. 11. —
— s.: Geschichte der europäischen Staaten.

— Deutsche Geschichte. Der ganzen Reihe II. Bd. 1. Abtlg.; VI. Bd. 2. Abtlg.; IX. Bd. 3. Abtlg.; X. Bd. 3. Abtlg.; XI. Bd. 1. Hälfte 3. Abtlg.; XI. Bd. 2. Hälfte 3. Abtlg. u. XII. (Schluß-)Bd. 8. Berlin, Weidmann. 48. —; geb. 64. — (Kplt. m. Erg.-Bdn. 118. —; geb. 156. —)
II. 1. Urzeit u. Mittelalter. Zeitalter des symbol., typ. u. konventionellen Seelenlebens. 2. Bd. 4. durchgeseh. Aufl. (XVII, 411 S.) 909. 6. —; geb. 8. —
VI. 2. Neuere Zeit. Zeitalter des individuellen Seelenlebens. 2. Bd. 3. Aufl. (XVI, 482 S.) 910. 6. —; geb. 8. —
IX. 3. Neueste Zeit. Zeitalter des subjektiven Seelenlebens. 2. Bd. 1. u. 2. Aufl. (XIV, 516 S.) 907. 6. —; geb. 8. —
X. 3 Neueste Zeit. Zeitalter des subjektiven Seelenlebens. 3. Bd. 1. u. 2. Aufl. (XII, 539 S.) 907. 6. —; geb. 8. —
XI. 1. III. Neueste Zeit. Zeitalter des subjektiven Seelenlebens. IV. Bd. 1. Hälfte. 1. u. 2. Aufl. (IX, 359 S.) 908. 6. —; geb. 8. —
XI. 2. III. Neueste Zeit. Zeitalter des subjektiv. Seelenlebens. IV Bd. 2. Hälfte. 1. u. 2. Aufl. (IX u. S. 361—749.) 909. 6. —; geb. 8. —
XII. Anhang. Bibliographie. Register. 1. u. 2. Aufl. (VIII, 439 S.) 909. 6. —; geb. 8. —

— s.: Geschichte d. europ. Staaten.

--Geschichte des Deutschen Volks Freiburg im Breisgau, 1906

— moderne Geschichtswissenschaft. 5 Vorträge. (VIII, 131 S.) 8. Freiburg i/B. 905. [H. Heyfelder.] Berlin, Weidmann. n. 2. —

— Moderne Geschichtswissenschaft. 5 (Neu-Yorker) Vorträge. 2. Aufl. (VII, 131 S.) 8. Berlin 909. Weidmann. 2. —

Lamprecht, Karl, Die Goldwespen Deutschlands. Mit Bestimmungstabellen und Steindrucktafeln. Zerbst 1881. 4.
Progr.

—— Initial-Ornamentik des VIII. bis XIII. Jahrhunderts. 44 (lithogr.) Taf., meist nach rhein. Handschriften, nebst erläut. Text. gr. 4. (IV, 32 S.) Leipzig 882, A. Dürr. *

— Das kgl. sächsische Institut f. Kultur- u. Universalgeschichte bei der Universität Leipzig. Rede, geh. bei der Eröffng. des Instituts am 15. V. 1909. (23 S.) 8. Leipzig 909. Röder & Schunke. — 60

— Kinderzeichnungen bis zum 14. Lebensjahr, s.: Levinstein, S.

Lamprecht, Karl, Leitfaden f. d. Unterricht in d. Bibelkunde f. evang. Schulen. Insbes. z. Gebrauch in Bürger-, Mittel- u. Fortbildungsschulen, Realschulen u. Gymnasien, Töchterschulen, Präparandenanstalten, Lehrer- u. Lehrerinnenseminaren. 8. (VII, 78 S.) Langensalza 896. Schulbuchh. — 70

— die historische Methode des Herrn v. Below. Eine Kritik. gr. 8. (50 S.) Berlin 899. [R. Gaertner.] Freiburg i/B., H. Heyfelder. n. 1. —

— Histor. Methode u. histor.-akadem. Unterricht. Mitteilungen u. Darleggn. zum jüngsten Stande der geschichtswissenschaftl. Probleme. (45 S. m. 1 Abb. u. eingedr. Grundrissen.) 8. Berlin 910. Weidmann. 1. —

Die kulturhistorische Methode. Von Dr. Karl Lamprecht, Prof., Leipzig. *Berlin: R. Gaertner 1900.* (46 S.) 8° [F.] [00. 10682

— Zur universalgeschichtl. Methodenbildung, s.: Abhandlungen der königl. sächs. Gesellschaft d. Wissenschaften. Phil.-histor. Klasse. 27, II.

— zur Organisation der Grundkartenforschung, s.: Über historische Grundkarten.

— Paralipomena der deutschen Geschichte, s.a. Wissen f. Alle-Serie. Nr. 3.

Lamprecht, K., Paralipomena der deutschen Geschichte. Aphorismen. [Wissen für Alle. Serie Nr. 3.] 8°. (21 S.) K —.60
Wien: Heller & Cie 1910.

— s.a. Porträtgalerie aus L.'s deutscher Geschichte.

Porträtgalerie aus (Karl) Lamprechts Deutscher Geschichte. Mit e. Einl. von Dr. Hans F[erdinand] Helmolt. Mit d. Bildn. Lamprechts. Leipzig: Reclam [1910]. 222 S. 8°
(Universal-Bibliothek. 5181/5182) [10. 6984

— Friedrich Ratzel. Nekrolog, gesprochen in der Sitzg. der philologisch-histor. Klasse am 10. XII. 1904. (18 S.) gr. 8. Leipzig 904. B. G. Teubner. n. — 60
Sonderabdruck aus: „Berichte der philolog.-histor. Klasse d. kgl. sächs. Gesellsch. d. Wiss."

Zwei Reden zur Hochschulreform. Von Karl Lamprecht. Berlin: Weidmann 1910. 45 S. 8° [11. 2745

— alte u. neue Richtungen in d. Geschichtswissenschaft. I. Über geschichtl. Auffassung u. geschichtl. Methode. II. Ranke's Ideenlehre u. d. Jungrankianer. gr. 8. (IV, 79 S.) Berlin 896. R. Gaertner n. 1. 50

Lamprecht, Karl, Skizzen zur rheinischen Geschichte. gr. 8. (III, 246 S.) Leipzig 887, A. Dürr. *
geb. *

—— Zur Socialgeschichte d. deutschen Urzeit. I. Gaugemeinde, Sippe u. Familie der Urzeit. II. Sippe u. Familie nach d. fränk. Volksrechten. Lex.-8. (12 S.) Tübingen 889, Laupp. * — 60
Aus: Festgabe f. Geo. Hanssen, besonders abgedruckt.

— s.: Staatengeschichte, allgemeine.

Lamprecht, K., deutsches Städteleben am Schluß d. Mittelalters, s.a. Sammlung v. Vorträgen.

Lamprecht, Karl, Deutsches Städteleben am Schluss des Mittelalters. Heidelberg 1894. 8.
Ist Sammlung von Vorträgen. Bd. 12. H. 3. (BRG.)

— zwei Streitschriften, d. Herren H. Oncken, H. Delbrück, M. Lenz zugeeignet. gr. 8. (77 S.) Ebd. 897. n. 1. —

Lamprecht, Karl (Hrsg.), s. Studien, Leipziger, auf dem Gebiet der Geschichte.

Lamprecht, K., der Unterricht in der Naturgeschichte, s.a. Abhandlungen, pädagogische.

Der Unterricht in der Naturgeschichte. Von K[arl] Lamprecht. *Bielefeld: A. Helmich [1901].* (15 S.) 8°
— Abhandlungen. Pädagogische. H. 40. [08. 3136

— s.: Untersuchungen, geschichtliche.

Zur jüngsten deutschen Vergangenheit. Von Karl **Lamprecht**. Bd 1. 2, Hälfte 1. 2. *Berlin: R. Gaertner* (2: *Freiburg i. Br.: H. Heyfelder) 1902–04.* 3 Bde 8° [F.]
1 Tonkunst. Bildende Kunst. Dichtung. Weltanschauung. 1902.
2, 1 Wirtschaftsleben. Soz. Entwicklung. 1. u. 2. Aufl. 1903.
2, 2 Innere Politik. Äußere Politik. 1. u. 2. Aufl. 1904.
— **Lamprecht**: Deutsche Geschichte. Erg.Bd 1. 2. [03. 1360]

—— **Wirthschaft und Recht der Franken zur Zeit der Volksrechte, s. Taschenbuch, historisches.**

— **deutsches Wirtschaftsleben im Mittelalter. Untersuchungen üb. die Entwicklg. der materiellen Kultur d. platten Landes auf Grund der Quellen zunächst d. Mosellandes. 3 Tle. in 4 Bdn. Lex.-8. (XVI, XI, 1640; X, 784 u. XII, 608 S. m. 6 eingedr. Holzschn. u. 18 Karten.) Leipzig 886. A. Dürr.** n. 80. —

—— **deutsches Wirtschaftsleben im Mittelalter. Untersuchungen über die Entwicklung der materiellen Kultur des platten Landes auf Grund der Quellen zunächst des Mosellandes. 3 Tle. in 4 Bdn. Lex.-8. (XVI, XI, 1640; X, 784; XII, 608 S. mit 6 eingedr. Holzschn. und 18 Karten.) Ebendas. 886.** *

— s.: Zeitschrift, deutsche, f. Geschichtswissenschaft.

— **s.: Zeitschrift, westdeutsche, f. Geschichte u. Kunst.**

Zur feierlichen Einführung des Neuen Rectors der Universität am 19. Oct. 1880 . . . ladet ein d. z. Rector Wilhelm Herrmann Doktor d. Theol. u. Phil., o. Prof. d. Theol. . . . – Inhalt: Verzeichnis niederrheinischer Urbarialien, eine Vorarbeit zur Herausgabe der Rheinischen Urbare, von *Karl Gotthart* **Lamprecht. Marburg, Buchdr. O. Ehrhardt, 1880; 1 Bl., 54 S., 1 Bl. 4°**

Lamprecht, Konrad

Lamprecht, Conr., der Hopfen. Inaugural-Dissertation. gr. 8. (59 S.) Breslau 874. (Göttingen, Vandenhoeck & Ruprecht's Verl.) n. 1 —

Lamprecht, Paul Daniel (Lübeck)
Meditatio ad articulum IX. tituli II. libri II. statutorum Lubecensium.
Giessae 17. Juni 1778: Jo. Jak. Braun. 20 S. 4°
pro summis in utroque jure honoribus ac privilegiis legitime impetrandis.

LAMPRECHT, PHIL. CASP., Diss. jur. inaug. de jure Saxonico et Lubecensi ducatu Holsatiæ juxta et civitate Lubecensi, qua repræsentationem in successione collateralium, exulantibus. Kiliæ. 1736. 4. (M. Univ.-Progr.). [Præs. Jo. Zach. Hartmann].

Lamprecht, Richard: Die Große **Stadtschule** von Spandau von ca 1300 bis 1853. *(Spandau) 1903: (H. S. Hermann in Berlin).* (VI, 196 S.) 8°
Spandau, k. G, P 1903 (98)

Lamprecht, *Robert*: Anwendungen der Quaternionenrechnung auf Geometrie. 8 (S. 3—8).
Progr. Zur Gedächtnisfeier f. d. Senator Ph. F. A. Just G. *Zittau* 1897
Nicht im Tauschverkehr

*Lamprecht, R[obert]: Zur Behandlung der Kreisbewegung im Unterricht. S. 3—8, 1 Taf. 8.
Z. Gedächtnisfeier f. mehrere verdiente Männer. Gymn. *Zittau* 1909.
Progr.

Lamprecht, (Robert): Fourier und das Prinzip der virtuellen Geschwindigkeiten. Zittau 1910: Menzel. S. 1—20. 4°
Zittau, G P 1910 (757) [S 10. 249

Lamprecht, Rob., die Grubenbrandgewältigung. Beschreibung sämmtl. Methoden der Grubenbrandgewältigung, im Besonderen in Schlagwettergruben u. der hierfür erforderl. Vorrichtgn. als Dammbauten, Athmungs- u. Rettungsapparate etc. nebst zahlr. Beispielen a. d. Praxis. Mit 7 lith. Taf. gr. 8. (XX, 142 S.) Leipzig 899. A. Felix. n. 7.—

Lamprecht, Rob., die Kohlen-Aufbereitung. gr. 8. (XII, 114 S. mit einem Atlas von 26 autogr. Taf. in qu. gr. Fol.) Leipzig 888, Felix. *

Lamprecht, Rob., eine Kohlenstaub-Explosion in Anina, Süd-Ungarn. Fachmännisch behandelt. gr. 8. (52 S. m. 1 Taf.) Leipzig 896. A. Felix n. 2. 50

Lamprecht, Robert [Oberl.]: Zur Theorie der Elektrodynamik. Zittau, Druck v. R. Menzel, 1891; 1 Bl., 32 S. 4°
Zittau, G, OP 1891 (542)

Lamprecht, Rob., Wegweiser durch Zittau u. das Zittauer Gebirge. Mit 10 Ansichts-Postkarten in Lichtdruck. gr. 16. (46 S.) Zittau 901. W. Fiedler. Kart. n. 1.—

Lamprecht, Rudolph: Rede bei der feyerlichen Eröfnung der chirurgischen privat Bildungs-Anstalt zu Agram. Gehalten in dem Spitale der Barmherzigen Brüder im anatomischen Hörsaale am 2.April 1812. 8 S., gbd.

Agram: mit v.Novosselischen Schriften (1812)

JB 5.710

Lamprecht, B. G. L., Predigten. 8. Lübeck 789.

Lamprecht, *Ludwig Ernst* Werner [pr. Arzt in Einbeck]: Über die nachträgliche Beseitigung starker Verkürzungen der Knochen als Folge schlecht geheilter Frakturen . . . Marburg, *1896*; 30 S., 1 Taf. 8.
Marburg, Med. Fak., Inaug.-Diss. v [30.] März 1896

LAMPREDI, Giov. Mar.: Del commercio dei popoli neutrali in tempo di guerra. *Fiorenza*, 788. II T. 8.

J. Mar. **Lampredi** üb. d. Handel neutraler Völker, a. d. Ital. v. K. Adf. **Cäsar**. 1r Th. *Lpz.*, Pott. 791. gr8° 10 gl

Lampredi, über den Handel neutraler Völker in Kriegszeiten; aus d. Italien. von K. A. Cäsar. 8. Halle 792. (Reinicke u. Comp.) 12 gl

— — **dass. a. d. Ital. v. Cäsar. 8. Halle, Ruff. 792.**

Lampredi, üb. d. Handel neutraler Völker in Kriegsz. a. d. Ital. 8. Lpz. Pott. 792.

Lampret, Anton: Der durchschnittliche Kochsalzgehalt des Wiener Selchfleisches. 4°
Wien, Vet.-med. Diss. v. 1909.
Aus: Tierärztl. Zentralblatt. Jg. 1909.

Lampridius, Aelius; vid. Scriptores Histor. Augustae.

Lampros, Spyridon P.

Lampros, S. P., De conditorum coloniarum Graecarum indole praemiisque et honoribus. Diss. 1878. 59 S. 1.25

Lampros, Spyridon P., de conditorum coloniarum Graecarum indole praemiisque et honoribus. Dissertatio inauguralis historica. gr. 8. (59 S.) Lipsiae 874. (Berlin, Calvary und Comp.) *

Lampros. S P *Κάνανος Λάσκαρις καὶ Βασίλειος Βατάτζης, δύο Ἕλληνες περιηγηταὶ τοῦ ιε καὶ ιη αἰῶνος.* S.-A. 1881 15 S. —.60

Lampros, S. P., *Ἡ ὀνοματολογία τῆς Ἀττικῆς καὶ ἡ εἰς τὴν χώραν ἐποίκησις τῶν Ἀλβανῶν.* S.-A. 1896. 89 S. 1.—

Lampson, Siegfried, Referendar a. Berlin: Beitrag zur Feststellung des Notwehrgebietes, insbesondere durch Untersuchung der Natur der einzelnen Rechte. Berlin 1906: H. S. Hermann. (80 S.) 8°
Jena, Jur. Fak., Ref. Thon, Diss. v. 22. Mai 1906
[Geb. 7 Okt. 81 Berlin; Wohnort: Berlin; Staatsangeh.: Preußen; Vorbildung: Gymn. Detmold Reife O. 01; Studium: Heidelberg 1, Bonn 2, Leipzig 1, Berlin 3 S.; Rig. 22. Mai 06.]

Lampuë P. Konkurrenzen der Ecole des Beaux-arts in Paris. Les grands prix de Rome. 6 Bde in Mappen. fol Berlin

Lampuë P. Portale von Pariser Monumentalbauten. (25 T) grfol Berlin 1878

Lampugnani's Reise-Führer. Pompeji sonst u. jetzt. Von Aloysius Fischetti. Mit 56 Abbildgn. u. 1 Plane der Ausgrabungsstätte. (108 S.) schmal kl. 8. Mailand (905). (Rom, Loescher & Co.) Geb. in Leinw. n.n. 2.—

Lamsbach, Fed. Armin, Hilko. Roman aus den Befreiungskriegen Germaniens. 8. (249 S.) Breslau 900. Schles. Buchdruckerei ꝛc. n. 4.—; geb. n. 5.—

Hilko. Roman aus d. Befreiungskriegen Germaniens von Fedor Armin Lamsbach. *Breslau: S. Schottlaender 1900.* (240 S.) 8° [F.] [illegible]

Lamsdorf, Josef Friedrich v

v. Lamsdorf, J. F., das Spargelbuch, ob. Anweis., auf eine seither in Deutschland unbekannte u. ganz einfache Art den Spargel 10—12 Zoll lang ꝛc. zu erziehen ꝛc. 8. Linz 821. Acad. B. (Leipz., Schmidt). 12 gr

Lamsdorf, Jos. Friedr. v., das Spargelbuch, ob. Anweis., auf eine, seither in Deutschland unbekannte u. ganz einf. Art, d. Spargel 10 bis 12 Zoll lang, gerade wie e. Wachskerze, u. von d. Dicke eines Zolles im Durchmesser zu erziehen, u. d. Spargelbeete durch 20 Jahre in vollkommen tragbarem Stande zu erhalten. Durch 20jähr. Erfahrn. geprüft ꝛc. 3., unveränd. Aufl. 8. (7 B.) Linz 832, (Eurich u. Sohn.)

Lamspringe [Schlagwort]

Lamspringe, s.: Preussen. Messtischblätter.

Lamstedt [Schlagwort]

Lamstedt, s.: Geologische Karten. Karte (Preussen).

Lamstedt, s.: Preussen. Messtischblätter.

Lamszus, Wilh., Thomas Münzer. Eine Tragödie des Prophetentums. (78 S.) gr. 8. Berlin 909. Verlag Neues Leben. 1.50

— Unser Schulaufsatz e. verkappter Schundliterat. s.: Jensen, Adf.

Lamüraille, s. Heinrich.

Lamüraille, Heinrich und Henriette Boissy, ein geheimes Aktenstück aus den Tagen der neufränkischen Regierung und des Vendee Krieges, 2 Theile, mit 1 Kupf. 8. Weißenfels, 796/97. Severin, 1 Rthl. 15 sgl.

Lamüraille, Heinrich, u. Henriette Boissy, e. geheimes Aktenstück aus den Tagen d. neufränkischen Regierung und des Vendeekrieges. 2 Thle. 8. Weißenfels, (Hinrichs in Lpz.) 811. (à 1 Rthlr.)

Lamy'y, die Verherrlichung d. Stadt Bursa. Eine Reihe türk. Gedichte. In d. Deutsche übertr. v. Aug. Pfizmaier. gr. 12. (1 B.) Wien 839, (Gerold's Brlsh.) Thlr. *

Lamy, Bernhard

Lamy, Bernh., apparat. biblicus, method. antiquitatum hebraicar. disposit. exhibens. 8. Ienae, Cröcker. 709. *

— apparatus biblicus sive manuductio ad S. scripturam clarius etc. Cum fig. aen. 4. Ofen 762. Typogr. Soc. 1 ₰ 16 gr

— Beweis von d. Wahrheit u. Heiligkeit d. christl. Sittenlehre. 2 Thle. 8. Manh., Löffler. 1 ₰ 20 gr

— Beweis v. d. Wahrh. u. Heiligk. d. christl. Sittenlehre. a. d. Frz. v. Mesteln. 2 Thle. 8. Lpz. Blochberger. 757.

Lamy, Bernard. Kunst zu reden; a. d. Franz. . . . Altenburg 1753. Ü: *Messerschmid, Johann Christian.* (ML) (Ky)

Lamy, Bhrd., d. Kunst zu reden; a. d. Französ. v. M. J. C. M. (Jh. Chr. Messerschmid). Mit e. Vorrede von d. Vorlesungen d. Alten. 8. Altenb. 753. (Hennings in Neisse). 10 gr (Vergl. Amy).

Ein Opfer der Geheimbünde. Auszüglich bearb. nach dem histor. Roman des A[ntonio] Bresciani: der Jude von Verona. Von E. **Lamy.** Köln: Bachem 1873. VIII, 260 S. 8°
TB. 873.

Lamy, Eugen: **Geschichte und Beschreibung des Umbaues.** *(Brieg 1898: C. L. Albrecht.)* (3—5 S. mit Taf.) 4°
Brieg, k. G, P 1898 (189)

Lamy, M. M., explication detaillee des gravures d'Hogarth, s. Hogarth, Kupferstiche.

Lamy, T. J., Renan's Leben Jesu, kritisch beleuchtet. Mit Autorisation des Verf. aus dem Französ. übers. von C. Ferrier. Mainz 864. Kirchheim. 8. (IV, 155 S.) 10 ngr

— Renan's „Leben Jesu" vor dem Richterstuhle der Kritik. Uebersetzt von Aug. Rohling. Münster 864. Brunn. gr. 8. (87 S.) 10 ngr